U0179458

Springer
Handbook
of Robotics
2nd Edition

机器人手册

（原书第2版）

第3卷 机器人应用

［意］布鲁诺·西西利亚诺（Bruno Siciliano）
［美］欧沙玛·哈提卜（Oussama Khatib） 主编

于靖军 译

机械工业出版社

《机器人手册》（原书第2版）第3卷 机器人应用分成两篇：作业型机器人、机器人与人。

　　第6篇作业型机器人主要介绍了特定环境中工作的机器人，包括工业机器人、空间机器人、农林机器人、建造机器人、危险环境作业机器人、采矿机器人、救灾机器人、监控与安保机器人、智能车、医疗机器人与计算机集成外科手术、康复与保健机器人、家用机器人、竞赛机器人，涉及硬件设计、控制感知和用户界面，以及驱动上述应用发展的经济/社会因素。

　　第7篇机器人与人主要介绍了一些与人-机器人交互有关的最新成果，包括仿人机器人、人体运动重建、人-机器人物理交互、人-机器人增强、认知型人-机器人交互、社交机器人、社交辅助机器人、向人类学习、仿生机器人、进化机器人、神经机器人和感知机器人，以及教育机器人、机器人伦理学各主题，对于创建在以人为中心的环境中运行的机器人至关重要。

　　本手册可供机器人、人工智能、机械工程、自动化、计算机等领域的科研技术人员使用，也可供高等院校相关专业师生参考，还可供机器人业余爱好者阅读。

First published in English under the title

Springer Handbook of Robotics (2nd Edition)

edited by Bruno Siciliano and Oussama Khatib

Copyright © Springer International Publishing Switzerland，2016

This edition has been translated and published under licence from Springer Nature Switzerland AG.

北京市版权局著作权合同登记号：图字 01-2019-8087 号。

图书在版编目（CIP）数据

机器人手册：原书第 2 版. 第 3 卷，机器人应用/（意）布鲁诺·西西利亚诺（Bruno Siciliano），（美）欧沙玛·哈提卜（Oussama Khatib）主编；于靖军译 .—北京：机械工业出版社，2022.10
书名原文：Springer Handbook of Robotics 2nd Edition
ISBN 978-7-111-71235-0

Ⅰ.①机… Ⅱ.①布…②欧…③于… Ⅲ.①机器人–手册 Ⅳ.①TP242-62

中国版本图书馆 CIP 数据核字（2022）第 125620 号

机械工业出版社（北京市百万庄大街 22 号 邮政编码 100037）
策划编辑：孔 劲 责任编辑：孔 劲 李含杨
责任校对：张 征 刘雅娜 封面设计：张 静
责任印制：刘 媛
盛通（廊坊）出版物印刷有限公司印刷
2022 年 10 月第 1 版第 1 次印刷
184mm×260mm·47 印张·2 插页·1481 千字
标准书号：ISBN 978-7-111-71235-0
定价：269.00 元

电话服务　　　　　　　　　网络服务
客服电话：010-88361066　　机 工 官 网：www.cmpbook.com
　　　　　010-88379833　　机 工 官 博：weibo.com/cmp1952
　　　　　010-68326294　　金 书 网：www.golden-book.com
封底无防伪标均为盗版　　　机工教育服务网：www.cmpedu.com

译者序

机器人诞生于20世纪50年代，至今已有70多年的历史，其研究取得了巨大进展，已在制造业、服务业、国防安全和深空探测等领域得到了广泛应用。2013年，《从互联网到机器人：美国机器人路线图》预言，机器人是一项能像网络技术一样对人类未来产生革命性影响的新技术，有望像计算机一样在未来几十年里遍布世界的各个角落。21世纪的头20年，人们正在越来越深切地感受到机器人深入产业、融入生活的坚实步伐。

机器人的快速发展是多学科交叉融合的产物，机器人技术日益成熟的背后离不开全球范围内大量科学家、工程师和其他科技人员的开拓进取和通力合作。通力合作的集大成代表作之一便突出反映在2008年出版的Springer《机器人手册》上。这是一本聚集了全球机器人领域大量活跃的科学家和研究人员的集体智慧，充分反映了学科基础与前沿发展的综合文献。手册从立意到成稿，历时6年，共7篇64章，由165位作者撰写，超过1650页，内含950幅插图和5500篇参考文献。主编Siciliano和Khatib通过"学科基础层、技术层和应用层"的三层结构将这些丰富的材料有序组织成一个富有逻辑且内在统一的整体。

Springer《机器人手册》自问世以来非常成功，得到了业内的广泛好评，在机器人学领域树立起了一道丰碑。但由于机器人新的研究领域不断诞生，机器人技术更是持续推陈出新，所以又促使手册主编们着手开展手册第2版的编写工作，从2011年开始，历时5年，终于在2016年出版。

Springer《机器人手册》（原书第2版）共7篇80章，由229位作者撰写，超过2300页，内含1375幅插图和9411篇参考文献，荟萃了当今世界机器人研究和技术领域中各学科专业的最新成果。第2版手册不仅调整和增加了部分章节，而且还大幅更新和扩展了第1版手册的内容。例如，新增了16章内容，包括机器人学习（第15章）、蛇形机器人与连续体机器人（第20章）、软体机器人的驱动器（第21章）、仿生机器人（第23章）、视觉对象类识别（第33章）、移动操作（第40章）、主动

操作感知（第41章）、水下机器人的建模与控制（第51章）、飞行机器人的建模与控制（第52章）、监控与安保机器人（第61章）、竞赛机器人（第66章）、人体运动重建（第68章）、人-机器人增强（第70章）、认知型人-机器人交互（第71章）、社交辅助机器人（第73章）、向人类学习（第74章）。对第1版手册中的部分章节进行了全面更新，如飞行机器人（第26章）、工业机器人（第54章）、仿生机器人（第75章），也对其中大部分章节进行了部分更新和拓展，具体内容可见各章。此外，还新增了数百个多媒体资源，其中的视频内容使读者能够更直观地理解书中的内容，并作为手册的全面补充。

需要说明的是，第2版手册总体上沿用了第1版手册三层七主题的组织架构，但在逻辑关系上略有调整。相对于第1版手册，第2版手册具有以下特点：①对机器人学基础的内容进行了扩展；②强化了不同类型机器人系统的设计；③扩展了移动作业机器人的内容；④丰富了各类机器人的应用。

如手册的编者所言，本手册不仅为机器人领域的专家学者而写，也为将机器人作为扩展领域的初学者（工程师、医师、设计师等）提供了宝贵的资源。尤其需要强调的是，在各篇中，第1篇的指导价值对于研究生和博士后很重要；第2~5篇对于机器人领域所覆盖的研究有着很重要的科研价值；第6和第7篇对于那些对新应用感兴趣的工程师和科学家具有较高的附加值。

为了满足不同用户的需要，将《机器人手册》（原书第2版）分为3卷，即第1卷 机器人基础（第1篇和第2篇）、第2卷 机器人技术（第3~5篇）和第3卷 机器人应用（第6篇和第7篇），力争做到深入浅出，以便于读者应用和自学。本手册可作为机器人、人工智能、机械工程、自动化和计算机等领域的科研人员、高等院校相关专业师生的参考用书，还可供机器人业余爱好者阅读。

需要说明的是，有很多人为本手册的翻译、校对工作提供了帮助。衷心感谢北京航空航天大学机械工程及自动化学院的近百名博士生、硕士生和本

科生（大多数是我的研究生和授课学生）的辛苦付出。在本手册的翻译过程中参阅了《机器人手册》中文版，在此对所有译者表示感谢。另外，机械工业出版社的领导和责任编辑也为本手册付出了异常辛苦的工作，值此《机器人手册》（原书第 2 版）3 卷本出版之际，我也向本手册的编辑，以及机械工业出版社表示诚挚的感谢！也真心希望本手册能够为中国的机器人技术发展和人才培养起到绵薄之力。

鉴于本手册内容浩瀚，而译者水平有限，错误和不妥之处在所难免，敬请读者批评指正。

于靖军

作者序一（第1版）

我对机器人的首次接触源于 1964 年接到的一个电话。打电话的人是 Fred Terman，时任斯坦福大学教务长，同时也是享誉国际的专著——《无线电工程师手册》的作者。Terman 博士告诉我，计算机科学教授 John McCarthy 刚刚得到一大笔科研经费，其中一部分将用于开发由计算机控制的机器人。已有人向 Terman 建议，如果以数学见长的 McCarthy 教授能够与机械设计人员一道合作开发机器人，这不失为明智之举。而我恰是斯坦福教员中从事机械设计研究的最佳人选，Terman 博士因此才决定与我联系。尽管之前我们从未打过交道，而且我当时还只是个刚刚博士毕业、在斯坦福工作仅两年的助理教授。

Terman 博士的电话让我与 John McCarthy 和他所创建的斯坦福人工智能实验室（Stanford Artificial Intelligence Laboratory，SAIL）从此有了紧密的联系。机器人研究也成为我整个学术生涯的主体。时至今日，我依然保持着对这一方向的浓厚兴趣，无论是教学还是科研。

机器人操作的历史可以追溯到 20 世纪 40 年代后期。当时伺服控制的操作臂已被开发出来，将其与主从式操作臂连接起来，以协同处理核废料，从而保护工作人员。这一领域的发展一直延续至今。然而，在 20 世纪 60 年代初期，有关机器人的学术活动及商业活动还很少。1961 年，麻省理工学院（MIT）H. A. Ernst 的论文是该领域的首个学术成果，他开发了一款配有接触传感器的从动式操作臂，可以在计算机的控制下进行工作。其研究思想就是利用接触传感器中的信息来引导操作臂运动。

之后，斯坦福人工智能实验室开展了相关研究，MIT 的 Marvin Minsky 教授也启动了类似的项目。在当时，这些研究是机器人领域屈指可数的学术探索活动，在商业操作臂方面也有一些尝试，其中的大部分与汽车行业的零件生产相关。在美国，汽车行业正在试验两种不同的操作臂设计：一个来自 AMF（美国机械和铸造）公司，另一个来自 Unimation 公司。

此外，还出现了一些被开发为手、腿和手臂假

伯纳德·罗斯（Bernard Roth）
美国斯坦福大学机械工程系教授

肢的机械装置。不久之后，为了提升人类的能力，还出现了外骨骼装置。那时还没有微处理器，因此这些装置既不受计算机控制，也不受远程的所谓小型机遥控，更不用说受大型计算机控制了。

最初，计算机科学领域的部分学者认为，计算机的功能已足够强大，可以控制机械装置完美地执行各种任务，但很快发现并非如其所愿。为此，我们制订了两条技术路线并分头实施：一条路线是为斯坦福人工智能实验室开发一种特殊装置，用作硬件演示与概念验证样机，以保证刚刚起步的机器人团队开展相关试验；另一条路线则与斯坦福人工智能实验室的工作间接相关，即构建机器人学的机械科学基础。我当时有一种强烈的预感，可能会由此创建一个有意义的新学科。因此，最好着力于构建一般概念，而不专注于特定的设备开发。

幸运的是，这两条路线彼此间竟然和谐融洽地向前发展。更重要的是，学生们对这一领域的研究都很感兴趣。硬件开发为更多的基本概念提供了具体例证，同时也能不断完善相关理论。

起初，为了加速研究进程，我们购买了一款操作臂。在洛杉矶的 Rancho Los Amigos 医院，有人正在销售一种由开关控制的电动外骨骼操作臂，用于帮助那些臂部失去肌肉的患者。于是，我们购买了

一台，并将它连接在 PDP-6 型分时计算机上。这套设备被命名为"奶油手指"，它成为我们实验室的第一台机器人。一些电影中所展示的视觉反馈控制、码垛任务和避障等镜头，都是由这台机器人明星来完成的。

而由我们自主设计的第一台操作臂简称为"液压臂"。顾名思义，该操作臂是由液压驱动的。当时的理念是开发一个速度很快的操作臂，为此我们设计了一种特殊的旋转式驱动器。这个操作臂工作得非常好，它也是最早研究机器人操作臂动力学分析与时间最优控制的试验测试平台。然而在当时，无论是计算能力，还是规划和传感的性能都十分有限，由于设计速度比实际要快得多，导致这项技术的应用受到了限制。

之后，我们又去尝试着开发一种真正意义的数字化操作臂，由此诞生了一种蛇形结构，并将其命名为 Orm（挪威语中的蛇）。Orm 由若干节组成，每节即为可膨胀的气动驱动器阵列，要么完全伸展，要么完全收缩。基本思想是，虽然 Orm 在其工作空间中仅能到达有限数量的位置，但如果可达的位置足够多，也可以满足要求。后来，又开发了一个小型的概念型样机 Orm，但我们发现，这种类型的操作臂无法为斯坦福人工智能实验室服务。

我们实验室第一台真正的功能型操作臂是由当时的研究生 Victor Scheinman 设计的，即后来大获成功的"斯坦福操作臂"。目前，在一些大学、政府和工业界的实验室中，仍有十几台斯坦福操作臂被作为研究工具使用。斯坦福操作臂有 6 个独立的驱动关节，均由计算机控制的直流伺服电动机驱动。其中一个是移动关节，另外 5 个是旋转关节。

"奶油手指"的几何结构使其逆运动学的求解需要不断迭代（只有数值解），而"斯坦福操作臂"的特殊几何位形可保证其逆运动学具有解析解，可以通过编程很快求解，应用起来简单高效。不仅如此，经过特殊的机械结构设计，可以兼容分时计算机控制固有的局限性。形状不一的末端执行器可与操作臂末端相连，作为机器人手来使用。在我们设计的这个版本中，机器人手做成了夹钳的形式，由两只滑动手指组成，通过伺服驱动器驱动手指运动。因此，该操作臂的实际自由度是 7，还包含一个经过特殊设计的六轴腕力传感器。Victor Scheinman 之后又开发了多款机器人，都产生了重要影响：首先是一个有 6 个旋转关节的小型仿人操作臂，最初的设计是在 MIT 人工智能实验室 Marvin Minsky 教授的资助下完成的。Victor Scheinman 后来成立了 Vicarm 公司。Vicarm 开始只是一家小公司，专门为其他实验室研制小型仿人操作臂和"斯坦福操作臂"，后来成为 Unimation 公司的西海岸分部。在通用汽车公司的资助下，Victor Scheinman 研制出了著名的 PUMA 操作臂。后来，Scheinman 还为 Automatix 公司开发了一款全新的多机器人系统，即 Robot World。在 Scheinman 离开 Unimation 公司后，他的同事 Brian Carlisle 和 Bruce Shimano 重组了 Unimation 公司的西海岸分部，创建了 Adept 公司，该公司现在已成为美国最大的装配机器人制造商。

很快，日益精益化的机械与电子设计，不断优化的软件，以及全方位的系统集成技术等已成为常态技术。现在，这些技术的集成水平可以充分反映在最先进的机器人装置中。当然，这也是 mechatronic［机械电子学（又译机电一体化或电子机械学）］中的基本概念。mechatronic 一词发源于日本，它是机械和电子两个词的组合体，依赖于计算机的机械电子学，正如我们今天所知的，是机器人技术的实质。

随着机器人技术在全球范围内的发展与普及，很多人开始从事与机器人相关的工作，由此也诞生了若干子学科及专业。最早出现的也是最大的一个分支是从事操作臂和视觉系统工作的群体。因为在早期，视觉系统在提供机器人周围环境的信息方面看起来比其他方法更有前途。

视觉系统通过摄像机来捕获周围物体的图像，然后使用计算机算法对图像进行分析，进而推断出物体的位置、姿态和其他特性。图像系统最初的成功主要用于解决障碍物的定位问题、物体的操作问题和读取装配工程图。人们发现，视觉用在与工厂自动化和太空探索相关的机器人系统中潜力巨大，由此促使人们开始研发软件，使视觉系统能够识别机械零件（特别对于那些部分未知的零件，如发生在所谓的"拾箱"问题中）和形状不规则的碎石。

当机器人具备了"识别"和移动物体的能力之后，下一种能力自然就是让机器人按预定的规划算法去完成一项复杂的任务，这使得规划问题研究成为机器人技术一个非常重要的分支。在已知的环境中进行相对固定的运动规划，相对而言是件比较简单的事情。然而，机器人学所面临的挑战之一是，由于误差或意外事件引起环境发生了始料未及的变化，而此时的机器人还能够识别出这种环境的变化，并且调整自身的行为。在该领域，部分开创性的研究都是在一台名为 Shakey 的智能车上完成的，该研究始于 1966 年，由斯坦福研究所（Stanford

Research Institute）（现被称为 SRI）的 Charlie Rosen 小组负责实施。Shakey 上装有一台摄像机、距离探测器、碰撞传感器，通过无线电和视频连接到 DEC PDP-10 和 PDP-10 计算机上。

Shakey 是第一台可以对自己的行为进行决策的移动机器人。它利用程序获得了独立感知、环境建模并生成动作的能力：低级别的操作程序负责简单的移动、转动和路径规划；中级别的操作程序包含若干个低级别程序，可以完成稍复杂的任务；高级别的操作程序能够通过制订和执行规划来实现用户提出的高级目标。

视觉系统对导航、定位物体，以及确定它们之间的相对位置与姿态都非常有效，但当机器人应用在受到某种环境约束的场合，如装配零件或与其他机器人一道工作，这时只有视觉系统通常是不够的。由此产生了一种新的需求，即能对环境施加给机器人的力与力矩进行有效测量，并将测量结果用于控制机器人的运动。多年以来，力控制问题已成为斯坦福人工智能实验室和世界上其他几个实验室的主要研究方向之一。不过，力控制在工程实际中的应用始终滞后于该领域的研究进展，其主要原因可能在于：尽管某种高级的力控制系统对一般的机器人操作问题十分有效，但对于那些要求适应条件异常苛刻的工业环境中的特殊问题，经常只能在有限的力控制甚至没有力控制的情况下加以解决。

20 世纪 70 年代，一些特殊场合中应用的机器人，如步行机器人、机器人手、无人驾驶汽车、多传感器融合机器人和恶劣环境作业机器人等也开始迅猛发展。今天，更是有大量的、种类繁多的与机器人相关的专题研究，其中一些发生在经典的工程学科领域，如运动学、动力学、自动控制、结构设计、拓扑学和轨迹规划等。这些学科在研究机器人之前都已经走过了一段漫长的路程，而为了发展机器人系统和应用，每个学科已成为机器人技术不断完善发展的必要环节。

在机器人学理论迅猛发展的同时，工业机器人，尽管与理论研究稍微有些分离，但也在同步迈进。在日本和欧洲，机器人商业开发的劲头十足，美国也紧紧跟进。与机器人相关的工业协会纷纷成立［日本机器人协会于 1971 年 3 月成立，美国机器人工业协会（RIA）于 1974 年成立］，并定期举办贸易展和以应用为导向的技术会议。其中最具影响力的有国际工业机器人研讨会（ISIR）、工业机器人技术会议［现在称为工业机器人技术国际会议（ICIRT）］、RIA 年度贸易展（现在称为国际机器人与视觉展会）。

首个定期的系列会议于 1973 年在意大利乌迪内召开，会议主要是交流机器人学研究领域各方面的进展，与工业界关系不大，由国际机械科学中心（ICSM）与国际机构与机器理论联合会（IFToMM）共同赞助（尽管 IFToMM 仍在使用，但该组织现已更名为国际机构学与机器科学联合会）。该会议全称为"机器人和操作臂理论与实践研讨会（RoManSy）"，其主要特色是强调机械科学，来自东欧、西欧、北美和日本的科研人员积极交流、分享成果。会议现在依然每年举办两次。在我的记忆里，好像就是在 RoManSy 会议中首次遇到了本手册的两位主编：1978 年遇到了 Khatib 博士，1984 年遇到了 Siciliano 博士。他们当时还都是学生：Bruno Siciliano 已经攻读博士学位差不多一年了，Oussama Khatib 那时刚刚完成他的博士学位论文答辩。每次邂逅都一见如故！

RoManSy 之后，机器人领域又诞生了一些新的会议和研讨会。如今，每年在世界各地举办多场以研究为导向的机器人会议。其中，规模最大的会议要属可吸引超过上千位参会者的 IEEE 机器人与自动化国际会议（ICRA）。

20 世纪 80 年代初，Richard P. Paul 撰写了美国第一部有关机器人操作的教材《机器人操作臂：数学、编程与控制》（MIT 出版社，1981）。在该书中，作者将经典力学的理论应用到了机器人学领域。此外，书中的部分主题取材于他在斯坦福人工智能实验室的学位论文（在该书中，许多例子都基于 Scheinman 的"斯坦福操作臂"）。Paul 的教材是美国的一个里程碑事件，它为未来几本有影响力的教材撰写开创了一种范式；更为重要的是，激励众多的大学与学院开设了专门的机器人学课程。

大约在同一时间，一些新的期刊开始创刊，主要刊登机器人相关领域的论文。在 1982 年的春天，*International Journal of Robotics Research* 创刊；三年之后，*IEEE Journals of Robotics and Automation*（现为 *IEEE Transactions on Robotics*）创刊。

随着微处理器的普及，关于什么是机器人或什么不是机器人的问题逐渐凸显出来。在我的脑海里，这个争论好像从来没有停止过，我认为永远也不会找到一个能得到普遍认可的定义。当然，还存在着科幻小说中所描绘的各种各样的外太空生物，以及戏剧、文学作品和电影中所塑造的形态各异的机器人。早在工业革命之前，就有一些想象中的类似机器人的生物，但实际的机器人又会是什么样的呢？我的观点是，机器人的定义实质上就是一个随着科技进步而不断改变其特征的"移动靶"。例如，陀螺仪自动罗盘刚开始用在船上时，被当作是一个机器人，而现在呢，当我们罗列现存于这个星球中的机器人时，它通常不包括在内，它已经降级，现在被看作是一种自动控制装置。

很多人认为，机器人应该包含多功能的含义，即意味着在设计和制造时就具备了容易适应或通过重新编程以完成不同任务的能力。理论上讲，这种想法应该不难实现，但在实际应用中，大多数的机器人装置都只能在非常有限的领域内实现所谓的多功能。人们很快发现，在工业领域，一台具有特定功能的机器，其性能通常要比一台多功能机器好得多，当生产量足够高的时候，一台具有特定功能的机器的制造成本也会比一台多功能机器低。因此，人们开发了很多可以实现特种功能的机器人，如用于喷漆、铆接、零部件装配、压装、电路板填充等方面。有时，机器人被用于如此专一的应用场合，以至于很难划清一台所谓的机器人与一条自动化流水线之间的界限。人类理想中的机器人应该是能做"所有事"的万能机器，但许多机器人的实际情况则恰好与之相反。这种专一用途的机器人由于可以大批量销售，价格也会相对便宜。

我认为，机器人的概念应与在特定时间内哪些活动与人相关，以及哪些活动与机器相关联系起来。如果一台机器能够完成我们通常和人联系在一起的工作时，这台机器就可以在定义上被提升为机器人的范畴。过了一段时间，人们习惯于这件工作由机器来完成了，这个装置就从"机器人"降为"机器"的范畴。相对而言，那些没有固定基座，或者具有手臂及腿状部件的机器更有可能被称为机器人。总之，很难让人想到一套始终如一的定义标准，并适合目前所有的命名习惯。

事实上，任何机器，包括我们熟悉的家用电器，用微处理器来控制其动作的都可以被认为是机器人。除了真空吸尘器，还有洗衣机、冰箱和洗碗机等，都可以很容易地当作机器人被推向市场。当然，还有更多，包括那些具有对环境感知反馈和决策能力的机器。在实际中，那些被看作是机器人的装置，其中传感器的数量和决策能力差异显著，由很大、很强到几乎完全没有。

在最近的几十年里，对机器人的研究已经由一个以机电一体化装置研究为中心的学科扩展为一个宽泛得多的交叉性学科，被称作以人为本的机器人尤其如此。在该研究领域中，人们正在研究人与智能机器之间的相互作用，这是一个正在快速发展的前沿领域。其中，对机器人与人之间相互作用的研究已经吸引了来自传统机器人研究领域以外的专家学者参与。人们正在研究一些诸如人与机器人情感之类的概念，而一些像人体生理学和生物学等的传统领域正逐渐成为主流的机器人研究方向。通过这些研究活动，不断地将新的工程与科学引入机器人的研究中，从而大大丰富了机器人学的研究范畴。

最初，稚嫩的机器人界主要关注如何让机器去工作。对于那些早期的机器人装置，人们只关注它们能不能工作，而很少去在意它们的性能。现在，我们拥有大量精密、可靠的装置，使之成为现代机器人系统的一部分。这一进步是全世界千百万人智慧的结晶，这些工作很多都是在大学、政府的研究实验室和企业里完成的，这一成就创造了包含在本手册64章⊖中的大量信息，这是全世界工程界和科学界的一笔财富。显然，这些成果并非出自于任何一个国家规划或一个整体有序的计划。因此，本手册的主编所面临的任务十分艰巨，即如何保证将这些材料组织成一个富有逻辑而且内在统一的整体。

主编将内容分为三层结构：第一层主要阐述学科基础。该层由9章组成，详细讲述了运动学、动力学、自动控制、机构学、总体架构、编程、推理和传感，这些都是进行机器人研究与开发的学科基础。

第二层包含四个部分。第一部分阐述了机器人的结构，包括手臂、腿、手及其他大多数机器人共有的部件。乍一看，手臂、腿和手这些硬件可能相互之间差异很大，但它们之间存在共性，能够用相同的或接近的、在第一层中描述过的原理去分析。第二部分涉及传感与感知，这是任一真正自主机器人系统所必备的基本能力。如前所述，许多所谓的机器人实际上只具备上述的部分能力，但很显然，更先进的机器人离不开它们，而且总体趋势是将这些能力赋予机器人。第三部分主要讲述与操作和接口技术相关的主题。第四部分由8章组成，主要介绍移动机器人和不同形式的分布式机器人。

第三层由两部分共22章组成，涉及当今机器

⊖　指本手册第1版。——译者注

人前沿研究及开发的高级应用。一部分涉及野外与服务机器人，另一部分讲述以人为本和类生命机器人。对于大部分读者，不妨认为这些章节即代表着现代机器人的全部。尽管如此，还要必须意识到，这些非同寻常的应用如果没有前两层所介绍的理论和技术基础，就很可能不复存在。

正是这种理论与实践的有机结合促成了机器人学的飞速发展，并成为现代机器人的一种标志。对于我们当中那些拥有机会同时从事机器人研究和开发的同行而言，这已成为了个人成就之源。本手册很好地反映了本学科在理论与实践中的互补性，并向人们展现了近五十年来累积而成的大量研究成果。有理由相信，本手册的内容将作为有价值的工具和向导，引导人们发明出更有竞争力和多样化的新一代机器人！

向本手册的主编和作者致以衷心的祝贺和敬意！

伯纳德·罗斯（Bernard Roth）
美国斯坦福大学
2007 年 8 月

作者序二（第1版）

翻开本手册，纵观其中全部64章[⊖]的丰富内容，我们不妨从个人的视角，对机器人学在基础理论、发展趋势及关键技术等方面的进展进行一个概述。

现代机器人学大约开始于20世纪50年代，并沿两个不同的路线向前发展。

首先，让我们了解一下操作臂可能涉及的应用范围。从对遭受辐射污染产品的遥操作机器人到工业机器人，无不包含在其中。而这之中，最具标志性的产品是UNIMATE，意为通用操作臂。相关工业产品的开发，也大多围绕6自由度串联操作臂来进行，将机械工程与自动控制有机结合，成为机器人发展的主要驱动力。当今特别值得关注的是，通过运用复杂但功能强大的数学工具，我们在新颖的结构优化设计方面所付诸的努力终于获得了回报。与之类似，为了研制出新一代的认知型机器人，涉及机器人的手臂和手的设计与开发问题变得越来越重要。

其次，还未被人类充分认识但我们应该清楚的是涉及人工智能相关主题的研究。在该领域中，最具里程碑意义的项目是斯坦福国际开发的移动机器人Shakey。这项旨在通过集成计算机科学、人工智能和应用数学等知识来研发智能机器人的工作，作为一个子领域至今已经有很长一段时间了。20世纪80年代，通过开展包括从极端环境（如星际、南极探测等）的漫游机器人到服务机器人（如医院、博物馆导游等）等个案研究，研究力度和范围不断加大，日趋奠定了智能机器人的地位。

因此，机器人学的研究可以将这两个不同的分支有机地联系起来，将智能机器人按照一种纯粹的计算方式界定为有限的理性机器。这是在20世纪80年代对第三代机器人定义的基础上所做的扩展，原定义为"（机器人）是一台在三维环境中运行的机器，通过智能将感知和行为联系在一起，具有理解、推断并执行某项任务的能力。"

乔治·吉拉特（Georges Giralt）
法国图卢兹LAAS-CNRS中心主任

作为一个被广泛认可的测试平台，自主机器人领域最近从机器人设计方面的突出贡献中受益良多，而这些贡献是通过在环境建模和在机器人定位上运用几何算法及随机框架方法（SLAM，同步定位与建图），以及运用贝叶斯估计与决策方法所带来的决策程序的进展等共同取得的。

20世纪90年代，机器人学研究的重心已放在了智能机器人上。在这样一个覆盖了先进传感与感知、任务推理与规划、操作与决策自主性、功能集成架构、智能人机接口、安全性与可靠性等研究范畴的主题下，将机器人与通用的机器智能研究紧密结合起来。

对于第二个分支，多年来被认为是非制造机器人学的范畴，涉及大量有关现场、服务、辅助，以及后来的个体机器人的、以研究为驱动的真实世界的案例。这里，机器智能是各个主题的中心研究方向，使机器人能够在以下三个方面有所作为：

1）作为人类的替代者，尤其能在远程或恶劣环境中工作。

2）扩展协作型机器人或以人为本机器人的应

用，使之能与人类近距离交互，并在人类环境中进行作业。

3）与用户紧密协同，从机械外骨骼辅助、外科手术、保健和康复扩展到人类丰胸。

总之，在千年之交，机器人学已成为一个广泛的研究主题。不仅有工程化程度很高的工业机器人产品，也有大量在危险环境中运行的面向不同领域的应用案例，如水下机器人、复杂地形（火星）漫游车、医疗/康复机器人等。

机器人学的发展首先依赖于理论研究，目前正从应用领域向技术及科学领域转移。本手册的组织构架很好地阐释了这三个层次。此外，为了研发出未来的认知型机器人，除了大量的软件系统，人们还需要考虑与人友好交互环境中所需的各种物理单元及新部件，包括腿、手臂和手的设计。

在 2000—2010 年的这十年中，处于学科前沿的机器人学取得了突出的进展，主要表现在以下两个方面：

1）中短期面向应用的个案研究。

2）面向中长期的通用研究。

为了完整起见，我们还需要提到大量外围的、激发机器人灵感的主题，通常涉及娱乐、广告和精致玩具等。

助友型机器人的前沿研究包括了大量应用领域，其中机器人（娱乐、教育、公共服务、辅助和个人机器人等）在人类环境或与人类密切相关的环境中工作，势必涉及人机交互等关键性问题。

正是在这个领域的核心，出现了个体机器人的前沿研究方向。在这里我们着重强调其三个一般特征：

1）可能由非专业使用者来操作。

2）可能与使用者共同完成较高层次的决策。

3）它们可能包含与环境装置、机器附件、远程系统和操作者的联系；其中隐含的共同决策自主概念意味着有一系列新的研究课题和伦理问题有待解决。

个体机器人的概念，正扩大为机器人助手和万能"伴侣"，对于机器人学来说确实是一项重大的挑战。机器人学作为科学和技术领域的一个重要分支，提供了在中长期对社会和经济可能产生重大影响的若干新观念。例如（主要是认知方面的研究主题），可协调的智能人机交互、感知（场景分析、种类识别）、开放式学习（了解所有的行为）、技能获取、机器人世界的海量数据处理、自主决定权和可信赖性（安全性、可靠性、通信和操作鲁棒性）等。

上面提到的两种方法具有明显的协同性，尽管架构之间可能存在差异。科学联系不仅将问题与取得的成果结合在一起，更有积极意义的是两者交互带来的和谐交互与技术进步。

事实上，这些研究与应用领域的发展离不开当前知识爆炸时代各种实用技术的支持，如计算机处理能力、通信技术、计算机网络、传感装置、知识检索、新材料、微纳米技术等。

今天，展望不远的将来，我们不仅要面对与机器人相关的各种建设性议题及观点，同时也必须对相关的批评性意见与隐含的风险做出回应。这种风险主要表现为，有人担心机器人在与人类接触的过程中，可能会实施一些不可控或不安全的行为。因此，必然会存在一个非常明确的课题需求，即研究机器人安全性、可靠性及其相应的系统约束问题。

《机器人手册》的出版非常及时，其中的内容也十分丰富，165 位作者归纳总结的大量难题、问题等分布在全书的 64 章中。就其本身而言，它不仅是本领域世界各地研究成果的一个有效展现，而且为读者提供了大量的观点和方法。它确实是一本可以带来科技进步的重要工具书，而更为重要的是，它将为机器人学在千禧年之后的 20 年中的研究提供方向，使之成为机器智能领域的核心学科。

乔治·吉拉特（Georges Giralt）

法国图卢兹

2007 年 12 月

作者序三（第1版）

机器人学领域诞生于20世纪中叶，当时新兴的计算机正在改变科学与工程的每一个领域。机器人学研究经历了不同的阶段：从婴儿期、童年期到青春期，再到壮年期，已经完成了快速而健康的成长，现已逐渐成熟，并有望在未来提升人们的生活质量。

在机器人学发展的婴儿期，人们认为其核心是模式识别、自动控制和人工智能。面对这些挑战，该领域的科学家和工程师齐聚一堂，共同探索全新的机器人传感器和驱动器、规划和编程算法，以及连接各组件的最优结构。在此过程中，他们发明了在现实世界中可以与人进行交互的机器人。早期的机器人学研究专注于手-眼系统，同时也可作为研究人工智能的试验平台。

童年期机器人的活动场地主要是工厂。工业机器人研发出来后，就将其应用到工厂，用于自动喷涂、点焊、打磨、物料处理和零件装配。拥有传感器和记忆功能的机器人使工厂车间变得更加智能，也使机器人的操作变得更加柔性化、可靠和精确。这种机器人自动化将人类从繁重乏味的体力劳动中解放出来，汽车、电器和半导体行业迅速将其传统的生产线重构成机器人集成系统。英文单词"mechatronics（机械电子学）"（又称"机电一体化""电子机械学"）最早是由日本人在20世纪70年代末提出来的，它定义了一种全新的机械概念。其中，电子和机械系统有机融合在一起，使一系列工业产品的结构更简单、功能更强大，并可编程和智能化。机器人学和机械电子学无论对制造工艺的设计和操作，还是产品的设计都产生了积极的影响。

随着机器人学进入青春期，研究者开始雄心勃勃地探索新的领域。运动学、动力学和系统控制理论变得更加精妙，同时也被应用于相对复杂的机器人机构中。为了规划和完成真正的任务，机器人必须具备认知周围环境的能力。视觉系统作为外部感知的主要途径，同时作为机器人了解其所处外部环境的最常用、最有效的手段，已成功地研发出来。各种高级算法和精密装置进一步提高了机器人视觉

井上博允（Hirochika Inoue）
日本东京大学教授

系统的速度及鲁棒性。与此同时，对触觉传感器和力传感系统也提出了需求，只有将上述传感器配备齐全，机器人才能更好地操控对象；在建模、规划、认知、推理和记忆方面的研究进一步提升了机器人的智能属性。因此，机器人学也逐渐被定义为"对传感与驱动之间进行智能连接的研究"。这种定义覆盖了机器人学的所有方面：三大科学内核和一个集成它们的综合性方法。事实上，正是系统集成技术使类生命机器的发明成为可能，后者已经成为机器人领域中一个关键性议题。发明类生命机器人的乐趣同时也强烈吸引了众多学生投身到机器人学领域。

随着机器人学的进一步发展，如何理解人类成为一个新的科学性议题，并引起众多学者的研究兴趣。通过对人与机器人的比较性研究，学者在人体功能的科学建模方面开辟出了一条新路。认知机器人、类生命行为、受生物激发灵感的机器人和机器人生理心理学方法等方面的研究，充分让人们认识到机器人的未来潜能有多么大！一般来说，在科学探索中不太容易找到一个不太成熟的研究领域，而20世纪八九十年代的机器人学正处于这样一个年轻的不成熟阶段，它吸引了大量充满好奇心的研究者进入这个新的前沿领域，他们对该领域持之以恒的

探索，形成了这本富含科学内涵的综合性手册。

伴随着对机器人学科前沿知识的掌握，进一步的挑战为我们打开了将成熟的机器人技术应用于实际的大门。早期机器人的活动空间是工业机器人的舞台，而内科机器人、外科机器人、活体成像技术为医生做手术提供了强有力的工具，也使许多病人免于病痛的折磨，人们期望诸如康复、卫生保健、健康福祉领域的新型机器人能够改善老龄人的生活质量。机器人必将遍布世界的每一个角落：或者天上，或者水下，或者太空中。人类希望能和机器人协同工作，无论在农业、林业、矿业、建筑业，还是危险环境及救援中，并认识到机器人在家务、商店、餐馆、医院服务中也大有用武之地。机器人可以以各种方式助力我们的生活，但目前来看，机器人的主要应用仍限定在结构化的环境中，出于安全考虑，机器人与人是相互隔离的。下一个阶段，机器人所处的环境需要扩展到非结构化环境中，其中人作为享受服务的对象，要与机器人一起工作和生活。在这样的环境中，机器人需要配备更高性能的传感器，更加智能化，具有更好的安全性，以及更强的理解人类的能力。为了找到研制上述机器人的妙方，不仅必须考虑技术上的问题，还必须考虑可能带来的社会问题。

自从我最初的研究——让机器人变成一个"怪人"，到现在已经过去了四十年。作为机器人学完整成长历程的见证者之一，我由衷地感到幸运和幸福！机器人学诞生伊始，便从其他学科引进了基础技术，但苦于没有现成的教科书和手册。为达到目前的这个阶段，许多科学家和工程师须不断面临着新的挑战，在推动机器人学向前发展的同时，他们从多维度的视角丰富了知识本身。所有努力的成果都已经编入这本《机器人手册》中了，这本出版物是百余位国际级领军的专家和学者协同工作的成果。现在，那些希望投身于机器人学研究的人们可以找到建构自己知识体系的坚实基础了。这本手册必将对促进机器人学的进步，强化工程教育与系统的知识学习有所帮助，并促进社会与工业创新。

在老龄化社会中，人与机器人的角色是科学家和工程师们需要考虑的一个重要议题。机器人能够对捍卫和平、促进繁荣和提高生活质量做出贡献吗？这是一个悬而未决的问题。然而，个体机器人、家用机器人与仿人机器人的最新进展表明，机器人正从工业领域向服务业转移。为了实现这种转移，机器人学就不能回避这样的现实，即机器人学基础中还应包括社会学、生理学、心理学、法律、经济、保险、伦理、艺术、设计、戏剧和体育科学等。因此，将来的机器人学应该作为包含人类学和技术的一门交叉性学科来研究。本手册有选择地提供了推进机器人学这个新兴科学领域的若干技术基础知识。我衷心地期待机器人学持续向前发展，不断促进未来社会的繁荣与进步！

井上博允（Hirochika Inoue）
日本东京
2007 年 9 月

作者序四 （第 1 版）

机器人已经让人类痴迷了数千年。在 20 世纪之前制造的那些机器人并没有将感知和动作联系起来，只是通过人力或作为重复机器来操纵。直到 20 世纪 20 年代，当电子学登上历史舞台后，才出现了第一台真正能够感知环境并正常工作的机器人；20 世纪 50 年代，人们开始在一些主流期刊上看到了对真正机器人的描述；20 世纪 60 年代，工业机器人开始进入人们的视野。商业上的压力迫使机器人对环境变得越来越不敏感，但在它们自己的工程世界中，速度却变得越来越快；20 世纪 70 年代中期，机器人再一次出现在法国、日本和美国的少数科研实验室中；今天，我们迎来了一个全球性的研究热潮和遍布世界的智能机器人的蓬勃发展。本手册汇集了目前机器人学各个领域的最新研究进展：涉及机器人机构、传感和认知、智能、动作及其他许多应用领域。

我非常幸运地成为过去 30 年来这场机器人研究大潮之中的一员。在澳大利亚，当我还是一个懵懂顽童的时候，受 1949 年和 1950 年 Walter 在《科学美国人》中所描述的乌龟的启发，制作了一个小小的机器人玩具。1977 年，当我抵达硅谷时，恰好是计算个性化开始发展的时候，我的研究反而转向了希望更为渺茫的机器人世界。1979 年，我成为斯坦福人工智能实验室 Hans Moravec 教授的助手。当时他正在绞尽脑汁地让他的机器人（Cart）在 6h 之内行驶 20m，而在 26 年之后的 2005 年，在同一个实验室，Sebastian Thrun 和他的团队已经可以让机器人在 6h 之内自动行驶 200km 了。在仅仅 26 年间速度竟提高了 4 个数量级，比每两年翻一番的速度还快！更为重要的是，机器人不仅在速度上得到了提升，在数量上也大大增加了。我在 1977 年刚到斯坦福人工智能实验室时，世界上只有 3 台移动机器人。最近，我投资建立的一家公司，已经生产了第 300 万台移动机器人，并且步伐还在加快。机器人的其他领域也有类似惊人的发展，简直难以用简单的数字来描述。以前，机器人无法感知周围环境，所以人与机器人近距离一起工作非常不安全，而且机器人也根本意识不到人的存在，但近些年

罗德尼·布鲁克斯（Rodney Brooks）
麻省理工学院机器人学教授

来，人们逐渐放弃传统机器人的研究，开始研发可以从人的面部表情和声音韵律中领悟其要义的机器人。最近，机器人已经跨越了肉体和机器的界限，我们现在看到这样一类神经机器人，包括假肢机器人，以及专门为残疾人设计的康复机器人等。机器人俨然成为认知科学和神经科学研究的重要贡献者。

本手册提供了众多推动机器人重大进步的关键思想。参与和部分参与此项工作的主编们和所有的作者将这些知识汇集起来，完成了这项一流的工作，将为机器人的进一步研发提供基础。谢谢你们，并祝贺所有在这项工作中付出劳动的人们！

在未来机器人的研究中，有些将是渐进式的，可通过继承和改善现有技术不断进步；而其他方面则需要一些颠覆性的研究，其研究基础可能会与传统观念和本手册所述的若干技术背道而驰。

当你读完本手册，并通过自己的才华和努力找到一些研究领域，为机器人研究做出贡献时，我想提醒你，如我一贯所相信的那样，能力与灵感会让机器人变得更加有用、更加高产、更容易被接受。我将这些能力按照一个孩子拥有同等能力时的年龄来描述：

1）一个两岁孩子的物体认知能力。

2）一个四岁孩子的语言能力。

3）一个六岁孩子的灵巧操作能力。

4）一个八岁孩子的社会理解能力。

让机器人达到上述每一种能力的要求都是相当困难的事情。即便如此，以上任何一个目标上的微小进步都会使机器人在外部世界中即刻得到应用。

当你希望对机器人学有所贡献时，请好好阅读本手册并祝你好运！

罗德尼·布鲁克斯（Rodney Brooks）

麻省理工学院

2007 年 10 月

第2版前言

经过 2002—2008 年为期六年的不懈努力，Springer《机器人手册》终于出版，这是一本聚集大量活跃的科学家和研究人员的集体智慧，充分反映学科基础与前沿发展的独特的综合参考资料。本手册自出版以来非常成功，受到业内的广泛好评。不断有新的研究人员被机器人技术吸引进来，同时为机器人学这一跨学科领域的进一步发展做出贡献。

手册出版之后，很快就在机器人学领域树立起一座丰碑。在过去的七年中，它一直是 Springer 所有工程书籍中的畅销书，章节下载量排名第一（每年将近 4 万）。2011 年，在所有 Springer 图书中下载量排名第四。2009 年 2 月，手册被美国出版商协会（AAP）授予 PROSE 杰出物理科学与数学奖及工程与技术奖。

机器人领域的快速发展以及不断诞生的新研究领域，促使我们于 2011 年着手第 2 版的撰写工作，其目的不仅是更新原手册内容，还包括对已有内容的扩展。编辑委员会（David Orin、Frank Park、Henrik Christensen、Makoto Kaneko、Raja Chatila、Alex Zelinsky 和 Daniela Rus）在过去的四年中积极热心地协调着作者，并将手册的组织架构分为三大部分 7 个主题（即 7 篇内容），通过内容重组以实现 4 个主要目标：

1）对机器人学基础内容进行扩展。
2）强化各类不同机器人系统的设计。
3）扩展移动机器人方面的内容。
4）丰富各类现代机器人的应用。

这样，不仅对第 1 版中全部 64 章进行了修订，还针对新的主题增加了 16 章内容，新一代的作者也加盟到手册的创作团队中。手册主体内容在 2015 年春季完成后，又经过广泛的审查和反馈后，2015 年秋正式完工。此时，记录在我们文件夹中的往返电子邮件已从第 1 版时的 10000 个又创纪录地增加了 12000 多个。其成果同样令人震撼：整个手册内容包括 7 篇 80 章，由 229 位作者撰写，超过 2300 页，内含 1375 幅插图和 9411 篇参考文献。

第 2 版中还有一个主要新增的内容，即多媒体资源，并专门为此成立了一个编辑小组，由 Torsten Kröger 牵头，Gianluca Antonelli、Dongjun Lee、Dezhen Song 和 Stefano Stramigioli 也参与其中。在这样一群充满活力的年轻学者的努力下，多媒体项目与手册项目齐头并进。多媒体编辑团队根据（各章）作者的建议，如他们对视频质量的要求和与本章内容的相关性，为每一章精心选择视频。此外，手册的责任编辑还专门制作了教程视频，读者可以直接从手册的每篇导读部分进行访问，为此还创立了一个开放的多媒体网站，即 http://handbookofrobotics.org，这些视频由 IEEE 机器人与自动化学会和 Google 共同管理。该网站已经被看作是一项传播性项目，反映最新的机器人技术对国际社会的贡献。

我们对手册扩展小组的成员，特别是项目中新人的不懈努力深表感谢！还想对 Springer 公司的 Judith Hinterberg、Werner Skolaut 和 Thomas Ditzinger 的大力支持，以及 Anne Strohbach 和 le-tex 公司员工非常专业的排版工作表示感谢和赞赏。

在《机器人手册》（第 1 版）出版八年后，它的第 2 版与读者见面，这已经完全超越了手册对机器人这个群体本身的价值。我们深信，本手册将继续吸引新的研究人员进入机器人领域，并作为激发灵感的有效资源，在这个引人入胜的领域中蓬勃发展。自手册第 1 版创作团队成立以来，合作精神不断激励着我们这个团队。在《手册——简史》（ VIDEO 844 ）中有趣地记录了这一点。手册第 2 版的完成同样受到了相同的精神鼓舞，并让我们坚持不懈:-) 现在提醒机器人团队的同仁保持;-)。

意大利那不勒斯　布鲁诺·西西利亚诺
（Bruno Siciliano）
美国斯坦福大学　欧沙玛·哈提卜
（Oussama Khatib）
2016 年 1 月

多媒体扩展序

在过去的十年中，机器人技术领域的科学与技术加速发展。2011 年，Springer《机器人手册》（第 2 版）启动之初，主编 Bruno Siciliano 和 Oussama Khatib 决定增加多媒体资源，并任命了一个编辑团队，Gianluca Antonelli、Dongjun Lee、Dezhen Song、Stefano Stramigioli 和我本人作为多媒体的责任编辑。

在该项目实施的五年中，团队中的每个成员与所有 229 位作者，各篇与各章的责任编辑协同工作。此外，还组成了一个由 80 人组成的作者团队，帮助审查、选择和改进所有视频内容。

我们还翻阅了自 1991 年以来由 IEEE 机器人与自动化学会组织的机器人学会议上发布的所有视频；总共往来发送了 5500 多封电子邮件，以协调项目并确保内容质量。我们开发了一个视频管理系统，允许作者上传视频，编辑查看视频，而读者可以访问视频。视频选用的主要原则是能将内容有效传达给第 2 版的所有读者，这些视频可能与技术、科学、教育或历史有关。所有的章节和篇视频都可公开访问，并通过以下网址访问：

http://handbookofrobotics.org

除了各章中引用的视频，全部 7 篇的各篇篇首也都附有一个教程视频，用于对该篇内容进行概述。这些故事版本的视频由各篇的责任编辑创建，然后由专业人士制作。

多媒体扩展中提供的视频内容作为手册的全面补充，可使读者更容易理解书中内容。书中描述的概念、方法、试验和应用以动画、视频并配以音乐和解说的形式展现，以使读者对本书的书面内容有更深入的理解。

协调 200 多名贡献者的工作不能仅仅由一个小团队来完成，我们非常感谢许多人和组织所给予的大力支持！海德堡 Springer 团队的 Judith Hinterberg 和 Thomas Ditzinger 在整个制作阶段为我们提供了专业支持；用于智能手机和平板计算机的应用 App 由 StudioOrb 公司的 Rob Baldwin 完成，可使读者轻松访问这些多媒体内容。IEEE 机器人与自动化学会授权使用已发布在该学会主办的会议系统中的所有视频。Google 和 X 公司通过捐赠支持网站的后端维护。

跟随编辑们的灵感，让我们作为一个集体继续工作和交流！并团结一致！

美国加利福尼亚州山景城　托尔斯腾·克洛格（Torsten Kröger）
2016 年 3 月

如何访问多媒体内容

多媒体内容是 Springer《机器人手册》（第 2 版）不可或缺的一部分，如第 69 章包含如下视频图标：

◁●▷ VIDEO 843

每个图标表示一个视频 ID，可通过网络连接，以简单、直观的方式访问其中的每个视频。

1. 多媒体 App 的使用

我们建议用智能手机和平板计算机访问多媒体 App。你可以使用下面的二维（QR）码在 iOS 和 Android 设备上安装此应用程序。该应用程序允许你简单地扫描书中的以下页面，便可以在阅读正文时自动在设备上播放所有视频。

多媒体内容

2. 网站的使用（http://handbookofrobotics.org）

各章视频和每篇的篇首视频都可以直接从网站中的"多媒体扩展（multi-media extension）"进行访问。只需要在网站右上方的搜寻栏中输入视频 ID 即可，也可以用网站浏览各章节视频。

3. PDF 文件的使用

如果你想阅读该手册的电子版本，则每个视频图标都包含一个超链接，只需要单击链接即可观看相应的视频。

4. QR 码的使用

每章均以 QR 码开头，其中包含指向该章所有的视频链接。篇视频可以在每篇的开篇部分通过 QR 码访问。

主编简介

布鲁诺·西西利亚诺（Bruno Siciliano），那不勒斯大学自动控制与机器人学教授，1987 年毕业于意大利那不勒斯大学，获电子工程博士学位。主要研究方向包括力控制、视觉伺服、协作机器人、人机交互和飞行机器人。合著出版专著 6 本，发表期刊、会议论文及专著章节 300 余篇，被世界多家机构邀请，发表了 20 多场主题演讲，参加了 100 多场座谈会和研讨会。IEEE、ASME 和 IFC 会士，Springer "高级机器人技术系列图书" 与 Springer《机器人手册》主编，后者荣获 PROSE 杰出物理科学与数学奖和工程与技术奖；曾担任众多核心期刊的编委会委员，多家知名国际会议的主席或联席主席。IEEE 机器人与自动化学会（RAS）前任主席，获荣誉多项，包括 IEEE RAS George Saridis 领袖奖和 IEEE RAS 杰出服务奖等。

欧沙玛·哈提卜（Oussama Khatib），斯坦福大学计算机科学教授，1980 年毕业于法国图卢兹高等航空航天研究所，获电气工程博士学位，主要研究以人为本的机器人设计和方法，包括仿人控制架构、人体运动合成、交互式动力学仿真、触觉交互和助友型机器人设计等。合著发表期刊、会议论文及专著章节 300 余篇，被世界多家机构邀请，发表了 100 多场主题演讲，参加了数百场座谈会和研讨会。IEEE 会士，Springer "高级机器人技术系列图书" 与 Springer《机器人手册》主编，后者荣获 PROSE 杰出物理科学与数学奖和工程与技术奖。曾担任众多核心期刊的编委会委员，多家知名国际会议的主席或联席主席，国际机器人学研究基金会（IFRR）主席，获荣誉多项，包括 IEEE RAS 先锋奖、IEEE RAS George Saridis 领袖奖、IEEE RAS 杰出服务奖，以及日本机器人协会（JARA）研究与开发奖。

篇主编简介

戴维·E. 奥林
（David E. Orin）

美国哥伦布　俄亥俄州立大学
电气与计算机工程系
orin. 1@ osu. edu

第 1 篇

David E. Orin，1976 年获得俄亥俄州立大学电气工程博士学位。1976—1980 年，在凯斯西储（Case Western Reserve）大学任教；1981 年以来，在俄亥俄州立大学任教，现为电气与计算机工程荣誉教授；于 1996 年在桑地亚国家实验室担任休假教授。主要研究兴趣集中在仿人与四足机器人的奔跑和动态行走、腿部运动机动性和机器人动力学，发表论文 150 余篇。他对教育的贡献使其获得俄亥俄州立大学 Eta Kappa Nu 年度最佳教授奖（1998—1999 年）和工程学院 MacQuigg 杰出教学奖（2003 年）。IEEE 会士（1993 年），曾担任 IEEE 机器人与自动化学会主席（2012—2013 年）。

朴钟宇
（Frank Chongwoo Park）

韩国首尔　首尔国立大学机械
与航空航天工程系
fcp@ snu. ac. kr

第 2 篇

Frank Chongwoo Park，1985 年获得麻省理工学院电气工程学士学位，1991 年获得哈佛大学应用数学博士学位。1991—1995 年，担任加利福尼亚大学尔湾分校机械与航天工程助理教授；1995 年以来，担任韩国首尔国立大学机械与航空航天工程教授。研究方向主要包括机器人机构学、规划与控制、视觉与图像处理。2007—2008 年，荣获 IEEE 机器人与自动化学会（RAS）杰出讲师。Springer《机器人手册》、Springer "高级机器人技术系列图书"、*Robotica* 和 *ASME Journal of Mechanisms and Robotics* 编委；IEEE 会士，IEEE Transactions on Robotics 主编。

亨里克·I. 克里斯滕森
（Henrik I. Christensen）

美国亚特兰大　佐治亚理工学院
机器人学与智能机器实验室
hic@ cc. gatech. edu

第 3 篇

Henrik I. Christensen，佐治亚理工学院机器人学系主任，兼任 KUKA 机器人总监。分别于 1987 年和 1990 年获得丹麦奥尔堡大学硕士和博士学位，曾在丹麦、瑞典和美国任职，发表了有关视觉、机器人学和 AI 领域学术论文 300 余篇，其成果通过大型公司和六家衍生公司得到了商业化应用。曾在欧洲机器人学研究网络（EURON）和美国机器人学虚拟组织中担任要职，也是《美国国家机器人路线图》的编辑。国际机器人研究基金会（IFRR）、美国科学促进会（AAAS）、电气与电子工程师协会（IEEE）会士，Springer "高级机器人技术系列图书" 和多个顶级机器人期刊编委。

金子真人
（Makoto Kaneko）

第 4 篇

日本吹田　大阪大学机械工程系
mk@mech. eng. osaka-u. ac. jp

Makoto Kaneko，分别于 1978 年和 1981 年获得东京大学机械工程硕士和博士学位；1981—1990 年，担任机械工程实验室研究员；1990—1993 年，任九州工业大学副教授；1993—2006 年，任广岛大学教授，并于 2006 年成为大阪大学教授。主要研究兴趣包括基于触觉的主动感知、夹持策略、超人类技术及其在医学诊断中的应用，获奖 17 项。担任 Springer "高级机器人技术系列图书" 编委，曾担任多个国际会议主席或联席会议主席。IEEE 会士，IEEE 机器人与自动化学会副主席，*IEEE Transactions on Robotics and Automation* 技术主编。

拉贾·夏提拉
（Raja Chatila）

第 5 篇

法国巴黎　皮埃尔和玛丽·居里大学智能系统与机器人研究所
raja. chatila@laas. fr

Raja Chatila，IEEE 会士，法国国家科学研究中心（CNRS）主管，巴黎皮埃尔和玛丽·居里大学智能系统与机器人研究所所长，人机交互卓越智能实验室主任。2007—2010 年，担任法国图卢兹 LAAS-CNRS 主任。在机器人领域的主要研究方向包括导航与 SLAM、运动规划与控制、认知与控制体系结构、人机交互与机器人学习。发表论著 140 余篇（部）。目前主要负责机器人自我认知项目 Roboergosum 和人口稠密环境中的人机交互项目 Spencer。2014—2015 年，担任 IEEE 机器人与自动化学会主席，Allistene 信息科学与技术研究伦理委员会成员，荣获 IEEE 机器人与自动化学会先锋奖和瑞典厄勒布鲁大学名誉博士学位。

亚历克斯·泽林斯基
（Alex Zelinsky）

第 6 篇

澳大利亚堪培拉　国防部 DST 集团总部
alexzelinsky@yahoo. com

Alex Zelinsky，博士，移动机器人、计算机视觉和人机交互领域的科研带头人。2004 年 7 月，任澳大利亚联邦科学与工业研究组织（CSIRO）信息与通信技术中心主管。曾担任 Seeing Machines 公司首席执行官，该公司致力于计算机视觉系统的商业化，该技术主要是 Zelinsky 博士从 1996—2000 年在澳大利亚国立大学担任教授期间开发完成的。2012 年 3 月，受聘澳大利亚国防科学与技术组织（DSTO）任首席执行官，目前是澳大利亚首席国防科学家。早在 1997 年，他就创立了 "野外与服务机器人" 系列会议。Zelinsky 博士的贡献得到了多方认可：荣获澳大利亚工程卓越奖（1999 年、2002 年）、世界经济论坛技术先锋奖（2002—2004 年）、IEEE 机器人与自动化学会 Inaba 创新引领生产技术奖（2010 年）和 Pearcey（皮尔西）奖章（2013）；于 2002 年当选澳大利亚技术科学与工程院会士，2008 年当选 IEEE 会士，2013 年当选澳大利亚工程师学会名誉会士。

丹妮拉·露丝
（Daniela Rus）

第 7 篇

美国剑桥　麻省理工学院 CSAIL 机器人中心
rus@csail. mit. edu

Daniela Rus，麻省理工学院 Andrew and Erna Viterbi 电气工程与计算机科学教授，计算机科学与人工智能实验室（CSAIL）主任。主要研究兴趣是机器人技术、移动计算和数据科学。Rus 是 2002 级麦克阿瑟会士，也是 ACM、AAAI 和 IEEE 会士，以及 NAE 成员。获康奈尔大学计算机科学博士学位，在加入 MIT 之前，曾是达特茅斯学院计算机科学系教授。

多媒体团队简介

托尔斯腾·克洛格
(Torsten Kröger)

美国山景城
谷歌公司
t@kroe.org

Torsten Kröger，谷歌公司机器人专家，斯坦福大学访问学者。于 2002 年在德国布伦瑞克工业大学获电气工程硕士学位。2003—2009 年，布伦瑞克工业大学机器人研究所助理研究员，2009 年获得计算机科学博士学位（优等生）。2010 年，加盟斯坦福大学 AI 实验室，从事瞬时轨迹生成、机器人自主混合控制，以及分布式实时硬件和软件系统的研究。作为布伦瑞克工业大学派生子公司 Reflexxes GmbH 的创始人，致力于确定性实时运动生成算法的开发；2014 年，Reflexxes 被谷歌收购。担任多个 IEEE 会议论文集、专著和丛书的主编或副主编，曾获得 IEEE RAS 早期职业奖、Heinrich Büssing 奖、GFFT 奖，以及两项德国研究学会的奖学金；同时，也是 IEEE/IFR IERA 奖和 eu-Robotics 技术转移奖的决赛入围者。

詹卢卡·安东内利
(Gianluca Antonelli)

意大利卡西诺 卡西诺与南拉齐奥大学电子与信息工程系
antonelli@unicas.it

Gianluca Antonelli，卡西诺与南拉齐奥大学副教授，主要研究方向包括海洋与工业机器人、多智能体系统辨识等。发表国际期刊论文 32 篇，会议论文 90 余篇，《水下机器人》一书的作者。IEEE 意大利分部 IEEE RAS 分会主席。

李东俊
(Dongjun Lee)

韩国首尔 首尔国立大学机械与航空工程系
djlee@snu.ac.kr

Dongjun Lee，博士，目前在首尔国立大学（SNU）主要负责交互与网络机器人实验室（INRoL）。于 KAIST 分别获得学士和硕士学位，于美国明尼苏达大学获得博士学位。主要研究方向包括机器人及机电一体化系统的结构与控制，涉及遥操作、触觉、飞行机器人和多机器人系统等。

宋德真
(Dezhen Song)

美国大学城 得克萨斯 A&M 大学计算机科学系
dzsong@cs.tamu.edu

Dezhen Song，2004 年获得加利福尼亚大学伯克利分校工程学博士学位。得克萨斯 A&M 大学副教授，主要研究方向包括网络机器人、计算机视觉、优化与随机建模。与 J. Yi 和 S. Ding 一起获得 2005 年 IEEE ICRA 的 Kayamori 最佳论文奖；2007 年，获 NSF 早期职业（CAREER）奖。

斯蒂凡诺·斯特拉米焦利
（Stefano Stramigioli）

荷兰恩斯赫德　特温特大学
电子工程、数学与计算科学
系控制实验室
s. stramigioli@ utwente. nl

Stefano Stramigioli，分别于 1992 年和 1998 年获得荷兰特温特大学硕士和博士学位，期间曾担任该校的研究助理。1998 年以来，担任教员，目前为特温特大学先进机器人技术领域的全职教授，机器人学与机电一体化研究室主任；IEEE 工作人员和高级会员。出版论著 200 余篇（部），包括 4 本专著、专著章节、期刊和会议论文等。现任 IEEE 机器人与自动化学会（IEEE RAS）会员活动分部副主席，IEEE RAS AdCom 成员；欧洲航空局（ESA）微重力捕捉动力学及其在机器人和动力假肢应用专题小组成员。

作者列表

Markus W. Achtelik
ETH Zurich
Autonomous Systems Laboratory
Leonhardstrasse 21
8092 Zurich, Switzerland
markus@ achtelik. net

Alin Albu-Schäffer
DLR Institute of Robotics and Mechatronics
Münchner Strasse 20
82230 Wessling, Germany
alin. albu-schaeffer@ dlr. de

Kostas Alexis
ETH Zurich
Institute of Robotics and Intelligent Systems
Tannenstrasse 3
8092 Zurich, Switzerland
konstantinos. alexis@ mavt. ethz. ch

Jorge Angeles
McGill University
Department of Mechanical Engineering and
Centre for Intelligent Machines
817 Sherbrooke Street West
Montreal, H3A 2K6, Canada
angeles@ cim. mcgill. ca

Gianluca Antonelli
University of Cassino and Southern Lazio
Department of Electrical and Information
Engineering
Via G. Di Biasio 43
03043 Cassino, Italy
antonelli@ unicas. it

Fumihito Arai
Nagoya University
Department of Micro-Nano Systems Engineering
Furo-cho, Chikusa-ku
464-8603 Nagoya, Japan
arai@ mech. nagoya-u. ac. jp

Michael A. Arbib
University of Southern California
Computer Science, Neuroscience and ABLE Project
Los Angeles, CA 90089-2520, USA
arbib@ usc. edu

J. Andrew Bagnell
Carnegie Mellon University
Robotics Institute
5000 Forbes Avenue
Pittsburgh, PA 15213, USA
dbagnell@ ri. cmu. edu

Randal W. Beard
Brigham Young University
Electrical and Computer Engineering
459 Clyde Building
Provo, UT 84602, USA
beard@ byu. edu

Michael Beetz
University Bremen
Institute for Artificial Intelligence
Am Fallturm 1
28359 Bremen, Germany
ai-office@ cs. uni-bremen. de

George Bekey
University of Southern California
Department of Computer Science
612 South Vis Belmonte Court
Arroyo Grande, CA 93420, USA
bekey@ usc. edu

Maren Bennewitz
University of Bonn
Institute for Computer Science VI
Friedrich-Ebert-Allee 144
53113 Bonn, Germany
maren@ cs. uni-bonn. de

Massimo Bergamasco
Sant'Anna School of Advanced Studies
Perceptual Robotics Laboratory
Via Alamanni 13
56010 Pisa, Italy
m. bergamasco@ sssup. it

Marcel Bergerman
Carnegie Mellon University
Robotics Institute
5000 Forbes Avenue
Pittsburgh, PA 15213, USA
marcel@ cmu. edu

Antonio Bicchi
University of Pisa
Interdepartmental Research Center "E. Piaggio"
Largo Lucio Lazzarino 1
56122 Pisa, Italy
bicchi@ ing. unipi. it

Aude G. Billard
Swiss Federal Institute of Technology (EPFL)
School of Engineering
EPFL-STI-I2S-LASA, Station 9
1015 Lausanne, Switzerland
aude. billard@ epfl. ch

John Billingsley
University of Southern Queensland
Faculty of Engineering and Surveying
West Street
Toowoomba, QLD 4350, Australia
john. billingsley@ usq. edu. au

Rainer Bischoff
KUKA Roboter GmbH
Technology Development
Zugspitzstrasse 140
86165 Augsburg, Germany
rainer. bischoff@ kuka. com

Thomas Bock
Technical University Munich
Department of Architecture
Arcisstrasse 21
80333 Munich, Germany
thomas. bock@ br2. ar. tum. de

Adrian Bonchis
CSIRO
Department of Autonomous Systems
1 Technology Court
Pullenvale, QLD 4069, Australia
adrian. bonchis@ csiro. au

Josh Bongard
University of Vermont
Department of Computer Science
205 Farrell Hall
Burlington, VT 05405, USA
josh. bongard@ uvm. edu

Wayne J. Book
Georgia Institute of Technology
G. W. Woodruff School of Mechanical Engineering
771 Ferst Drive
Atlanta, GA 30332-0405, USA
wayne. book@ me. gatech. edu

Cynthia Breazeal
MIT Media Lab
Personal Robots Group
20 Ames Street
Cambridge, MA 02139, USA
cynthiab@ media. mit. edu

Oliver Brock
Technical University Berlin
Robotics and Biology Laboratory
Marchstrasse 23
10587 Berlin, Germany
oliver. brock@ tu-berlin. de

Alberto Broggi
University of Parma
Department of Information Technology
Viale delle Scienze 181A
43100 Parma, Italy
broggi@ ce. unipr. it

Davide Brugali
University of Bergamo
Department of Computer Science and Mathematics
Viale Marconi 5
24044 Dalmine, Italy
brugali@ unibg. it

Heinrich Bülthoff
Max-Planck-Institute for Biological Cybernetics
Human Perception, Cognition and Action
Spemannstrasse 38
72076 Tübingen, Germany
heinrich. buelthoff@ tuebingen. mpg. de

Joel W. Burdick
California Institute of Technology
Department of Mechanical Engineering
1200 East California Boulevard
Pasadena, CA 9112, USA
jwb@ robotics. caltech. edu

Wolfram Burgard
University of Freiburg
Institute of Computer Science
Georges-Koehler-Allee 79
79110 Freiburg, Germany
burgard@ informatik. uni-freiburg. de

Fabrizio Caccavale
University of Basilicata
School of Engineering
Via dell'Ateneo Lucano 10
85100 Potenza, Italy
fabrizio. caccavale@ unibas. it

Sylvain Calinon
Idiap Research Institute
Rue Marconi 19
1920 Martigny, Switzerland
sylvain. calinon@ idiap. ch

Raja Chatila
University Pierre et Marie Curie
Institute of Intelligent Systems and Robotics
4 Place Jussieu
75005 Paris, France
raja. chatila@ isir. upmc. fr

FrançisChaumette
Inria/Irisa
Lagadic Group
35042 Rennes, France
francois. chaumette@ inria. fr

I-Ming Chen
Nanyang Technological University

School of Mechanical and Aerospace Engineering
50 Nanyang Avenue
639798 Singapore, Singapore
michen@ ntu. edu. sg

Stefano Chiaverini
University of Cassino and Southern Lazio
Department of Electrical and Information
Engineering
Via G. Di Biasio 43
03043 Cassino, Italy
chiaverini@ unicas. it

Gregory S. Chirikjian
John Hopkins University
Department of Mechanical Engineering
3400 North Charles Street
Baltimore, MD 21218-2682, USA
gchirik1@ jhu. edu

Kyu-Jin Cho
Seoul National University
Biorobotics Laboratory
1 Gwanak-ro, Gwanak-gu
Seoul, 151-744, Korea
kjcho@ sun. ac. kr

Hyun-Taek Choi
Korea Research Institute of Ships & Ocean
Engineering (KRISO)
Ocean System Engineering Research Division
32 Yuseong-daero 1312 Beon-gil, Yuseong-gu
Daejeon, 305-343, Korea
htchoiphd@ gmail. com

Nak-Young Chong
Japan Advanced Institute of Science and
Technology
Center for Intelligent Robotics
1-1 Asahidai, Nomi
923-1292 Ishikawa, Japan
nakyoung@ jaist. ac. jp

Howie Choset
Carnegie Mellon University
Robotics Institute
5000 Forbes Avenue
Pittsburgh, PA 15213, USA
choset@ cs. cmu. edu

Henrik I. Christensen
Georgia Institute of Technology
Robotics and Intelligent Machines
801 Atlantic Drive NW
Atlanta, GA 30332-0280, USA
hic@ cc. gatech. edu

Wendell H. Chun
University of Denver
Department of Electrical and Computer
Engineering
2135 East Wesley Avenue
Denver, CO 80208, USA
wendell. chun@ du. edu

Wan Kyun Chung
POSTECH
Robotics Laboratory
KIRO 410, San 31, Hyojadong
Pohang, 790-784, Korea
wkchung@ postech. ac. kr

Woojin Chung
Korea University
Department of Mechanical Engineering
Anam-dong, Sungbuk-ku
Seoul, 136-701, Korea
smartrobot@ korea. ac. kr

Peter Corke
Queensland University of Technology
Department of Electrical Engineering and
Computer Science
2 George Street
Brisbane, QLD 4001, Australia
peter. corke@ qut. edu. au

Elizabeth Croft
University of British Columbia
Department of Mechanical Engineering
6250 Applied Science Lanve
Vancouver, BC V6P 1K4, Canada
elizabeth. croft@ ubc. ca

Mark R. Cutkosky
Stanford University
Department of Mechanical Engineering
450 Serra Mall
Stanford, CA 94305, USA

cutkosky@ stanford. edu

Kostas Daniilidis
University of Pennsylvania
Department of Computer and Information Science
3330 Walnut Street
Philadelphia, PA 19104, USA
kostas@ upenn. edu

Paolo Dario
Sant'Anna School of Advanced Studies
The BioRobotics Institute
Piazza MartiridellaLibertà 34
56127 Pisa, Italy
paolo. dario@ sssup. it

Kerstin Dautenhahn
University of Hertfordshire
School of Computer Science
College Lane
Hatfield, AL10 9AB, UK
k. dautenhahn@ herts. ac. uk

Alessandro De Luca
Sapienza University of Rome
Department of Computer, Control, and
Management Engineering
Via Ariosto 25
00185 Rome, Italy
deluca@ diag. uniroma1. it

Joris De Schutter
University of Leuven (KU Leuven)
Department of Mechanical Engineering
Celestijnenlaan 300
B-3001, Leuven-Heverlee, Belgium
joris. deschutter@ kuleuven. be

RüdigerDillmann
Karlsruhe Institute of Technology
Institute for Technical Informatics
Haid-und-Neu-Strasse 7
76131 Karlsruhe, Germany
dillmann@ ira. uka. de

Lixin Dong
Michigan State University
Department of Electrical and Computer
Engineering

428 South Shaw Lane
East Lansing, MI 48824-1226, USA
ldong@ egr. msu. edu

Gregory Dudek
McGill University
Department of Computer Science
3480 University Street
Montreal, QC H3Y 3H4, Canada
dudek@ cim. mcgill. ca

Hugh Durrant-Whyte
University of Sydney
Australian Centre for Field Robotics (ACFR)
Sydney, NSW 2006, Australia
hugh@ acfr. usyd. edu. au

Roy Featherstone
The Australian National University
Department of Information Engineering
RSISE Building 115
Canberra, ACT 0200, Australia
roy. featherstone@ anu. edu. au

Gabor Fichtinger
Queen's University
School of Computing
25 Union Street
Kingston, ON, K7L 2N8, Canada
gabor@ cs. queensu. ca

Paolo Fiorini
University of Verona
Department of Computer Science
Strada le Grazie 15
37134 Verona, Italy
paolo. fiorini@ univr. it

Paul Fitzpatrick
Italian Institute of Technology
Robotics, Brain, and Cognitive Sciences
Department
Via Morengo 30
16163 Genoa, Italy
paul. fitzpatrick@ iit. it

Luke Fletcher
Boeing Research & Technology Australia
Brisbane, QLD 4001, Australia

luke. s. fletcher@ gmail. com

Dario Floreano
Swiss Federal Institute of Technology (EPFL)
Laboratory of Intelligent Systems
LIS-IMT-STI, Station 9
1015 Lausanne, Switzerland
dario. floreano@ epfl. ch

Thor I. Fossen
Norwegian University of Science and Technology
Department of Engineering Cyberentics
O. S. Bragstadsplass 2D
7491 Trondheim, Norway
fossen@ ieee. org

Li-Chen Fu
Taiwan University
Department of Electrical Engineering
No. 1, Sec. 4, Roosevelt Road
106 Taipei, China
lichen@ ntu. edu. tw

Maxime Gautier
University of Nantes
IRCCyN, ECN
1 Rue de la Noë
44321 Nantes, France
maxime. gautier@ irccyn. ec-nantes. fr

Christos Georgoulas
Technical University Munich
Department of Architecture
Arcisstrasse 21
80333 Munich, Germany
christos. georgoulas@ br2. ar. tum. de

Martin A. Giese
University Clinic Tübingen
Department for Cognitive Neurology
Otfried-Müller-Strasse 25
72076 Tübingen, Germany
martin. giese@ uni-tuebingen. de

Ken Goldberg
University of California at Berkeley
Department of Industrial Engineering and
Operations Research
425 Sutardja Dai Hall

Berkeley, CA 94720-1758, USA
goldberg@ ieor. berkeley. edu

Clément Gosselin
Laval University
Department of Mechanical Engineering
1065 Avenue de la Médecine
Quebec, QC G1K 7P4, Canada
gosselin@ gmc. ulaval. ca

Eugenio Guglielmelli
University Campus Bio-Medico of Rome
Faculty Department of Engineering
Via Alvaro del Portillo 21
00128 Rome, Italy
e. guglielmelli@ unicampus. it

Sami Haddadin
Leibniz University Hannover
Electrical Engineering and Computer Science
Appelstrasse 11
30167 Hannover, Germany
sami. haddadin@ irt. uni-hannover. de

Martin Hägele
Fraunhofer IPA
Robot Systems
Nobelstrasse 12
70569 Stuttgart, Germany
mmh@ ipa. fhg. de

Gregory D. Hager
Johns Hopkins University
Department of Computer Science
3400 North Charles Street
Baltimore, MD 21218, USA
hager@ cs. jhu. edu

William R. Hamel
University of Tennessee
Mechanical, Aerospace, and Biomedical
Engineering
414 Dougherty Engineering Building
Knoxville, TN 37996-2210, USA
whamel@ utk. edu

Blake Hannaford
University of Washington
Department of Electrical Engineering

Seattle, WA 98195-2500, USA
blake@ ee. washington. edu

Kensuke Harada
National Institute of Advanced Industrial Science
and Technology
Intelligent Systems Research Institute
Tsukuba Central 2, Umezono, 1-1-1
305-8568 Tsukuba, Japan
kensuke. harada@ aist. go. jp

Martial Hebert
Carnegie Mellon University
The Robotics Institute
5000 Forbes Avenue
Pittsburgh, PA 15213, USA
hebert@ ri. cmu. edu

Thomas C. Henderson
University of Utah
School of Computing
50 South Central Campus Drive
Salt Lake City, UT 84112, USA
tch@ cs. utah. edu

Eldert van Henten
Wageningen University
Wageningen UR Greenhouse Horticulture
Droevendaalsesteeg 4
6708 PB, Wageningen, The Netherlands
eldert. vanhenten@ wur. nl

Hugh Herr
MIT Media Lab
77 Massachusetts Avenue
Cambridge, MA 02139-4307, USA
hherr@ media. mit. edu

Joachim Hertzberg
Osnabrück University
Institute for Computer Science
Albrechtstrasse 28
54076 Osnabrück, Germany
joachim. hertzberg@ uos. de

Gerd Hirzinger
German Aerospace Center (DLR)
Institute of Robotics and Mechatronics
Münchner Strasse 20

82230 Wessling, Germany
gerd. hirzinger@ dlr. de

John Hollerbach
University of Utah
School of Computing
50 South Central Campus Drive
Salt Lake City, UT 84112, USA
jmh@ cs. utah. ledu

Kaijen Hsiao
Robert Bosch LLC
Research and Technology Center, Palo Alto
4005 Miranda Avenue
Palo Alto, CA 94304, USA
kaijenhsiao@ gmail. com

Tian Huang
Tianjin University
Department of Mechanical Engineering
92 Weijin Road, Naukai
300072 Tianjin, China
tianhuang@ tju. edu. cn

Christoph Hürzeler
Alstom Power Thermal Services
Automation and Robotics R&D
Brown Boveri Strasse 7
5401 Baden, Switzerland
christoph. huerzeler@ power. alstom. com

Phil Husbands
University of Sussex
Department of Informatics
Brighton, BN1 9QH, UK
philh@ sussex. ac. uk

Seth Hutchinson
University of Illinois
Department of Electrical and Computer
Engineering
1308 West Main Street
Urbana-Champaign, IL 61801, USA
seth@ illinois. edu

Karl Iagnemma
Massachusetts Institute of Technology
Laboratory for Manufacturing and Productivity
77 Massachusetts Avenue

Cambridge, MA 02139, USA
kdi@ mit. edu

Fumiya Iida
University of Cambridge
Department of Engineering
Trumpington Street
Cambridge, CB2 1PZ, UK
fumiya. iida@ eng. cam. ac. uk

Auke Jan Ijspeert
Swiss Federal Institute of Technology (EPFL)
School of Engineering
MED 1, 1226, Station 9
1015 Lausanne, Switzerland
auke. ijspeert@ epfl. ch

GenyaIshigami
Keio University
Department of Mechanical Engineering
3-14-1 Hiyoshi
223-8522 Yokohama, Japan
ishigami@ mech. keio. ac. jp

Michael Jenkin
York University
Department of Electrical Engineering and
Computer Science
4700 Keele Street
Toronto, ON M3J 1P3, Canada
jenkin@ cse. yorku. ca

ShuujiKajita
National Institute of Advanced Industrial Science
and Technology (AIST)
Intelligent Systems Research Institute
1-1-1 Umezono
305-8586 Tsukuba, Japan
s. kajita@ aist. go. jp

Takayuki Kanda
Advanced Telecommunications Research (ATR)
Institute International
Intelligent Robotics and Communication
Laboratories
2-2-2 Hikaridai, Seikacho, Sorakugun
619-0288 Kyoto, Japan
kanda@ atr. jp

Makoto Kaneko
Osaka University
Department of Mechanical Engineering
2-1 Yamadaoka
565-0871 Suita, Japan
mk@ mech. eng. osaka-u. ac. jp

Sung-Chul Kang
Korea Institute of Science and Technology
Center for Bionics
39-1 Hawolgok-dong, Wolsong-gil 5
Seoul, Seongbuk-gu, Korea
kasch@ kist. re. kr

Imin Kao
Stony Brook University
Department of Mechanical Engineering
167 Light Engineering
Stony Brook, NY 11794-2300, USA
imin. kao@ stonybrook. edu

Lydia E. Kavraki
Rice University
Department of Computer Science
6100 Main Street
Houston, TX 77005, USA
kavraki@ rice. edu

Charles C. Kemp
Georgia Institute of Technology and Emory
University
313 Ferst Drive
Atlanta, GA 30332-0535, USA
charlie. kemp@ bme. gatech. edu

Wisama Khalil
University of Nantes
IRCCyN, ECN
1 Rue de la Noë
44321 Nantes, France
wisama. khalil@ irccyn. ec-nantes. fr

Oussama Khatib
Stanford University
Department of Computer Sciences,
Artificial Intelligence Laboratory
450 Serra Mall
Stanford, CA 94305, USA
khatib@ cs. stanford. edu

Lindsay Kleeman
Monash University
Department of Electrical and Computer Systems
Engineering
Melbourne, VIC 3800, Australia
kleeman@ eng. monash. edu. au

Alexander Kleiner
Linköping University
Department of Computer Science
58183 Linköping, Sweden
alexander. kleiner@ liu. se

Jens Kober
Delft University of Technology
Delft Center for Systems and Control
Mekelweg 2
2628 CD, Delft, The Netherlands
j. kober@ tudelft. nl

Kurt Konolige
Google, Inc.
1600 Amphitheatre Parkway
Mountain View, CA 94043, USA
konolige@ gmail. com

David Kortenkamp
TRACLabs Inc
1012 Hercules Drive
Houston, TX 77058, USA
korten@ traclabs. com

Kazuhiro Kosuge
Tohoku University
System Robotics Laboratory
Aoba 6-6-01, Aramaki
980-8579 Sendai, Japan
kosuge@ irs. mech. tohoku. ac. jp

Danica Kragic
Royal Institute of Technology (KTH)
Centre for Autonomous Systems
CSC-CAS/CVAP
10044 Stockholm, Sweden
dani@ kth. se

TorstenKröger
Google Inc.
1600 Amphitheatre Parkway

Mountain View, CA 94043, USA
t@ kroe. org

Roman Kuc
Yale University
Department of Electrical Engineering
10 Hillhouse Avenue
New Haven, CT 06520-8267, USA
kuc@ yale. edu

James Kuffner
Carnegie Mellon University
The Robotics Institute
5000 Forbes Avenue
Pittsburgh, PA 15213-3891, USA
kuffner@ cs. cmu. edu

Scott Kuindersma
Harvard University
Maxwell-Dworkin 151, 33 Oxford Street
Cambridge, MA 02138, USA
scottk@ seas. harvard. edu

Vijay Kumar
University of Pennsylvania
Department of Mechanical Engineering and
Applied Mechanics
220 South 33rd Street
Philadelphia, PA 19104-6315, USA
kumar@ seas. upenn. edu

Steven M. LaValle
University of Illinois
Department of Computer Science
201 North Goodwin Avenue, 3318 Siebel Center
Urbana, IL 61801, USA
lavalle@ cs. uiuc. edu

FlorantLamiraux
LAAS-CNRS
7 Avenue du Colonel Roche
31077 Toulouse, France
florent@ laas. fr

Roberto Lampariello
German Aerospace Center (DLR)
Institute of Robotics and Mechatronics
Münchner Strasse 20
82234 Wessling, Germany

roberto. lampariello@ dlr. de

Christian Laugier
INRIA Grenoble Rhône-Alpes
655 Avenue de l'Europe
38334 Saint Ismier, France
christian. laugier@ inria. fr

Jean-Paul Laumond
LAAS-CNRS
7 Avenue du Colonel Roche
31077 Toulouse, France
jpl@ laas. fr

Daniel D. Lee
University of Pennsylvania
Department of Electrical Systems Engineering
460 Levine, 200 South 33rd Street
Philadelphia, PA 19104, USA
ddlee@ seas. upenn. edu

Dongjun Lee
Seoul National University
Department of Mechanical and Aerospace
Engineering
301 Engineering Building, Gwanak-ro 599,
Gwanak-gu
Seoul, 51-742, Korea
djlee@ snu. ac. kr

Roland Lenain
IRSTEA
Department of Ecotechnology
9 Avenue Blaise Pascal-CS20085
63178 Aubiere, France
roland. lenain@ irstea. fr

David Lentink
Stanford University
Department of Mechanical Engineering
416 Escondido Mall
Stanford, CA 94305, USA
dlentink@ stanford. edu

John J. Leonard
Massachusetts Institute of Technology
Department of Mechanical Engineering
5-214 77 Massachusetts Avenue
Cambridge, MA 02139, USA

jleonard@ mit. edu

Aleš Leonardis
University of Birmingham
Department of Computer Science
Edgbaston
Birmingham, B15 2TT, UK
a. leonardis@ cs. bham. ac. uk

Stefan Leutenegger
Imperial College London
South Kensington Campus, Department of
Computing
London, SW7 2AZ, UK
s. leutenegger@ imperial. ac. uk

Kevin M. Lynch
Northwestern University
Department of Mechanical Engineering
2145 Sheridan Road
Evanston, IL 60208, USA
kmlynch@ northwestern. edu

Anthony A. Maciejewski
Colorado State University
Department of Electrical and Computer
Engineering
Fort Collins, CO 80523-1373, USA
aam@ colostate. edu

Robert Mahony
Australian National University (ANU)
Research School of Engineering
115 North Road
Canberra, ACT 2601, Australia
robert. mahony@ anu. edu. au

Joshua A. Marshall
Queen's University
The Robert M. Buchan Department of Mining
25 Union Street
Kingston, ON K7L 3N6, Canada
joshua. marshall@ queensu. ca

Maja J. Matarić
University of Southern California
Computer Science Department
3650 McClintock Avenue
Los Angeles, CA 90089, USA

mataric@ usc. edu

Yoshio Matsumoto
National Institute of Advanced Industrial Science
and Technology (AIST)
Robot Innovation Research Center
1-1-1 Umezono
305-8568 Tsukuba, Japan
yoshio. matsumoto@ aist. go. jp

J. Michael McCarthy
University of California at Irvine
Department of Mechanical Engineering
5200 Engineering Hall
Irvine, CA 92697-3975, USA
jmmccart@ uci. edu

Claudio Melchiorri
University of Bologna
Laboratory of Automation and Robotics
Via Risorgimento 2
40136 Bologna, Italy
claudio. melchiorri@ unibo. it

Arianna Menciassi
Sant'Anna School of Advanced Studies
The BioRobotics Institute
Piazza MartiridellaLibertà 34
56127 Pisa, Italy
a. menciassi@ sssup. it

Jean-Pierre Merlet
INRIA Sophia-Antipolis
2004 Route des Lucioles
06560 Sophia-Antipolis, France
jean-pierre. merlet@ sophia. inria. fr

Giorgio Metta
Italian Institute of Technology
iCub Facility
Via Morego 30
16163 Genoa, Italy
giorgio. metta@ iit. it

François Michaud
University of Sherbrooke
Department of Electrical Engineering and
Computer Engineering
2500 Boul. Université

Sherbrooke，J1N4E5，Canada
francois. michaud@ usherbrooke. ca

David P. Miller
University of Oklahoma
School of Aerospace and Mechanical Engineering
865 Asp Avenue
Norman，OK 73019，USA
dpmiller@ ou. edu

Javier Minguez
University of Zaragoza
Department of Computer Science and Systems
Engineering
C／María de Luna 1
50018 Zaragoza，Spain
jminguez@ unizar. es

Pascal Morin
University Pierre and Marie Curie
Institute for Intelligent Systems and Robotics
4 Place Jussieu
75005 Paris，France
morin@ isir. upmc. fr

Mario E. Munich
iRobot Corp.
1055 East Colorado Boulevard，Suite 340
Pasadena，CA 91106，USA
mariomu@ ieee. org

Robin R. Murphy
Texas A&M University
Department of Computer Science and Engineering
333 H. R. Bright Building
College Station，TX 77843-3112，USA
murphy@ cse. tamu. edu

Bilge Mutlu
University of Wisconsin-Madison
Department of Computer Sciences
1210 West Dayton Street
Madison，WI 53706，USA
bilge@ cs. wisc. edu

Keiji Nagatani
Tohoku University
Department of Aerospace Engineering，
Graduate School of Engineering

6-6-01，Aramaki aza Aoba
980-8579 Sendai，Japan
keiji@ ieee. org

Daniele Nardi
Sapienza University of Rome
Department of Computer，Control，and
Management Engineering
Via Ariosto 25
00185 Rome，Italy
nardi@ dis. uniroma1. it

Eduardo Nebot
University of Sydney
Department of Aerospace，Mechanical and
Mechatronic Engineering
Sydney，NSW 2006，Australia
eduardo. nebot@ sydney. edu. au

Bradley J. Nelson
ETH Zurich
Institute of Robotics and Intelligent Systems
Tannenstrasse 3
8092 Zurich，Switzerland
bnelson@ ethz. ch

Duy Nguyen-Tuong
Robert Bosch GmbH
Corporate Research
Wernerstrasse 51
70469 Stuttgart，Germany
duy@ robot-learning. de

Monica Nicolescu
University of Nevada
Department of Computer Science and Engineering
1664 North Virginia Street，MS 171
Reno，NV 8955，USA
monica@ unr. edu

Günter Niemeyer
Disney Research
1401 Flower Street
Glendale，CA 91201-5020，USA
gunter. niemeyer@ email. disney. com

Klas Nilsson
Lund Institute of Technology
Department of Computer Science

22100 Lund, Sweden
klas. nilsson@ cs. lth. se

Stefano Nolfi
National Research Council (CNR)
Institute of Cognitive Sciences and Technologies
Via S. Martino della Battaglia 44
00185 Rome, Italy
stefano. nolfi@ istc. cnr. it

Illah Nourbakhsh
Carnegie Mellon University
Robotics Institute
500 Forbes Avenue
Pittsburgh, PA 15213-3890, USA
illah@ andrew. cmu. edu

Andreas Nüchter
University of Würzburg
Informatics VII-Robotics and Telematics
Am Hubland
97074 Würzburg, Germany
andreas@ nuechti. de

Paul Y. Oh
University of Nevada
Department of Mechanical Engineering
3141 Chestnut Street
Las Vegas, PA 19104, USA
paul@ coe. drexel. edu

Yoshito Okada
Tohoku University
Department of Aerospace Engineering,
Graduate School of Engineering
6-6-01, Aramakiaza Aoba
980-8579 Sendai, Japan
okada@ rm. is. tohoku. ac. jp

Allison M. Okamura
Stanford University
Department of Mechanical Engineering
416 Escondido Mall
Stanford, CA 94305-2203, USA
aokamura@ stanford. edu

Fiorella Operto
Scuola di Robotica
Piazza Monastero 4
16149 Genoa, Italy
operto@ scuoladirobotica. it

David E. Orin
The Ohio State University
Department of Electrical and Computer
Engineering
2015 Neil Avenue
Columbus, OH 43210-1272, USA
orin. 1@ osu. edu

Giuseppe Oriolo
University of Rome "La Sapienza"
Department of Computer, Control, and
Management Engineering
Via Ariosto 25
00185 Rome, Italy
oriolo@ diag. uniroma1. it

Christian Ott
German Aerospace Center (DLR)
Institute of Robotics and Mechatronics
Münchner Strasse 20
82234 Wessling, Germany
christian. ott@ dlr. de

Ümit Özgüner
Ohio State University
Department of Electrical and Computer
Engineering
2015 Neil Avenue
Columbus, OH 43210, USA
umit@ ee. eng. ohio-state. edu

Nikolaos Papanikolopoulos
University of Minnesota
Department of Computer Science and Engineering
200 Union Street SE
Minneapolis, MN 55455, USA
npapas@ cs. umn. edu

Frank C. Park
Seoul National University
Mechanical and Aerospace Engineering
Kwanak-ku, Shinlim-dong, San 56-1
Seoul, 151-742, Korea
fcp@ snu. ac. kr

Jaeheung Park
Seoul National University
Department of Transdisciplinary Studies
Gwanggyo-ro 145, Yeongtong-gu
Suwon, Korea
park73@ snu. ac. kr

Lynne E. Parker
University of Tennessee
Department of Electrical Engineering and
Computer Science
1520 Middle Drive
Knoxville, TN 37996, USA
leparker@ utk. edu

Federico Pecora
University of Örebro
School of Science and Technology
Fakultetsgatan 1
70182 Örebro, Sweden
federico. pecora@ oru. se

Jan Peters
Technical University Darmstadt
Autonomous Systems Lab
Hochschulstrasse 10
64289 Darmstadt, Germany
mail@ jan-peters. net

Anna Petrovskaya
Stanford University
Department of Computer Science
353 Serra Mall
Stanford, CA 94305, USA
anya@ cs. stanford. edu

J. Norberto Pires
University of Coimbra
Department of Mechanical Engineering
Palácio dos Grilos, Rua da Ilha
3000-214 Coimbra, Portugal
norberto@ uc. pt

Paolo Pirjanian
iRobot Corp.
8 Crosby Drive
Bedford, MA 01730, USA
paolo. pirjanian@ gmail. com

Erwin Prassler
Bonn-Rhein-Sieg Univ. of Applied Sciences
Department of Computer Sciences
Grantham-Allee 20
53754 Sankt Augustin, Germany
erwin. prassler@ h-brs. de

Domenico Prattichizzo
University of Siena
Department of Information Engineering
Via Roma 56
53100 Siena, Italy
prattichizzo@ ing. unisi. it

Carsten Preusche
German Aerospace Center (DLR)
Institute of Robotics and Mechatronics
Münchner Strasse 20
82234 Wessling, Germany
carsten. preusche@ dlr. de

William Provancher
University of Utah
Department of Mechanical Engineering
50 South Central Campus Drive
Salt Lake City, UT 84112-9208, USA
wil@ mech. utah. edu

John Reid
John Deere Co.
Moline Technology Innovation Center
One John Deere Place
Moline, IL 61265, USA
reidjohnf@ johndeere. com

David J. Reinkensmeyer
University of California at Irvine
Mechanical and Aerospace Engineering and
Anatomy and Neurobiology
4200 Engineering Gateway
Irvine, CA 92697-3875, USA
dreinken@ uci. edu

Jonathan Roberts
Queensland University of Technology
Department of Electrical Engineering and
Computer Science
2 George Street
Brisbane, QLD 4001, Australia
jonathan. roberts@ qut. edu. au

Nicholas Roy
Massachusetts Institute of Technology
Department of Aeronautics and Astronautics
77 Massachusetts Avenue 33-315
Cambridge, MA 02139, USA
nickroy@ csail. mit. edu

Daniela Rus
Massachusetts Institute of Technology
CSAIL Center for Robotics
32 Vassar Street
Cambridge, MA 02139, USA
rus@ csail. mit. edu

Selma Šabanović
Indiana University Bloomington
School of Informatics and Computing
919 East 10th Street
Bloomington, IN 47408, USA
selmas@ indiana. edu

Kamel S. Saidi
National Institute of Standards and Technology
Building and Fire Research Laboratory
100 Bureau Drive
Gaitherbsurg, MD 20899-1070, USA
kamel. saidi@ nist. gov

Claude Samson
INRIA Sophia-Antipolis
2004 Route des Lucioles
06560 Sophia-Antipolis, France
claude. samson@ inria. fr

Brian Scassellati
Yale University
Computer Science, Cognitive Science, and
Mechanical Engineering
51 Prospect Street
New Haven, CT 06520-8285, USA
scaz@ cs. yale. edu

Stefan Schaal
University of Southern California
Depts. of Computer Science, Neuroscience, and
Biomedical Engineering
3710 South McClintock Avenue
Los Angeles, CA 90089-2905, USA
sschaal@ tuebingen. mpg. de

Steven Scheding
University of Sydney
Rio Tinto Centre for Mine Automation
Sydney, NSW 2006, Australia
steven. scheding@ sydney. edu. au

Victor Scheinman
Stanford University
Department of Mechanical Engineering
440 Escondido Mall
Stanford, CA 94305-3030, USA
vds@ stanford. edu

Bernt Schiele
Saarland University
Department of Computer Science
Campus E1 4
66123 Saarbrücken, Germany
schiele@ mpi-inf. mpg. de

James Schmiedeler
University of Notre Dame
Department of Aerospace and Mechanical
Engineering
Notre Dame, IN 46556, USA
schmiedeler. 4@ nd. edu

Bruno Siciliano
University of Naples Federico II
Department of Electrical Engineering and
Information Technology
Via Claudio 21
80125 Naples, Italy
bruno. siciliano@ unina. it

Roland Siegwart
ETH Zurich
Department of Mechanical Engineering
Leonhardstrasse 21
8092 Zurich, Switzerland
rsiegwart@ ethz. ch

Reid Simmons

Carnegie Mellon University

The Robotics Institute

5000 Forbes Avenue

Pittsburgh, PA 15213, USA

reids@ cs. cmu. edu

Patrick van der Smagt

Technical University Munich

Department of Computer Science, BRML Labs

Arcisstrasse 21

80333 Munich, Germany

smagt@ brml. org

Dezhen Song

Texas A&M University

Department of Computer Science

311B H. R. Bright Building

College Station, TX 77843-3112, USA

dzsong@ cs. tamu. edu

Jae-Bok Song

Korea University

Department of Mechanical Engineering

Anam-ro 145, Seongbuk-gu

Seoul, 136-713, Korea

jbsong@ korea. ac. kr

CyrillStachniss

University of Bonn

Institute for Geodesy and Geoinformation

Nussallee 15

53115 Bonn, Germany

cyrill. stachniss@ igg. uni-bonn. de

Michael Stark

Max Planck Institute of Informatics

Department of Computer Vision and Multimodal
Computing

Campus E1 4

66123 Saarbrücken, Germany

stark@ mpi-inf. mpg. de

Amanda K. Stowers

Stanford University

Department Mechanical Engineering

416 Escondido Mall

Stanford, CA 94305-3030, USA

astowers@ stanford. edu

Stefano Stramigioli

University of Twente

Faculty of Electrical Engineering, Mathematics &
Computer Science, Control Laboratory

7500 AE, Enschede, The Netherlands

s. stramigioli@ utwente. nl

Gaurav S. Sukhatme

University of Southern California

Department of Computer Science

3710 South McClintock Avenue

Los Angeles, CA 90089-2905, USA

gaurav@ usc. edu

Satoshi Tadokoro

Tohoku University

Graduate School of Information Sciences

6-6-01 Aramaki Aza Aoba, Aoba-ku

980-8579 Sendai, Japan

tadokoro@ rm. is. tohoku. ac. jp

Wataru Takano

University of Tokyo

Department of Mechano-Informatics

7-3-1 Hongo, Bunkyo-ku

113-8656 Tokyo, Japan

takano@ ynl. t. u-tokyo. ac. jp

Russell H. Taylor

The Johns Hopkins University

Department of Computer Science

3400 North Charles Street

Baltimore, MD 21218, USA

rht@ jhu. edu

Russ Tedrake

Massachusetts Institute of Technology

Computer Science and Artificial Intelligence
Laboratory (CSAIL)

The Stata Center, Vassar Street

Cambridge, MA 02139, USA

russt@ csail. mit. edu

Sebastian Thrun

Udacity Inc.

2465 Latham Street, 3rd Floor

Mountain View, CA 94040, USA

info@ udacity. com

Marc Toussaint
University of Stuttgart
Machine Learning and Robotics Lab
Universitätsstrasse 38
70569 Stuttgart, Germany
marc. toussaint@ ipvs. uni-stuttgart. de

James Trevelyan
The University of Western Australia
School of Mechanical and Chemical Engineering
35 Stirling Highway
Crawley, WA 6009, Australia
james. trevelyan@ uwa. edu. au

Jeffrey C. Trinkle
Rensselaer Polytechnic Institute
Department of Computer Science
110 8th Street
Troy, NY 12180-3590, USA
trink@ cs. rpi. edu

Masaru Uchiyama
Tohoku University
Graduate School of Engineering
6-6-01 Aobayama
980-8579 Sendai, Japan
uchiyama@ space. mech. tohoku. ac. jp

H. F. Machiel Van der Loos
University of British Columbia
Department of Mechanical Engineering
2054-6250 Applied Science Lane
Vancouver, BC V6T 1Z4, Canada
vdl@ mech. ubc. ca

Manuela Veloso
Carnegie Mellon University
Computer Science Department
5000 Forbes Avenue
Pittsburgh, PA 15213, USA
mmv@ cs. cmu. edu

Gianmarco Veruggio
National Research Council (CNR)
Institute of Electronics, Computer and
Telecommunication Engineering
Via De Marini 6
16149 Genoa, Italy
gianmarco@ veruggio. it

Luigi Villani
University of Naples Federico II
Department of Electrical Engineering and
Information Technology
Via Claudio 21
80125 Naples, Italy
luigi. villani@ unina. it

Kenneth J. Waldron
University of Technology Sydney
Centre of Mechatronics and Intelligent Systems
City Campus, 15 Broadway
Ultimo, NSW 2001, Australia
kenneth. waldron@ uts. edu. au

Ian D. Walker
Clemson University
Department of Electrical and Computer
Engineering
105 Riggs Hall
Clemson, SC 29634, USA
ianw@ ces. clemson. edu

Christian Wallraven
Korea University
Department of Brain and Cognitive Engineering,
Cognitive Systems Lab
Anam-Dong 5ga, Seongbuk-gu
Seoul, 136-713, Korea
wallraven@ korea. ac. kr

Pierre-Brice Wieber
INRIA Grenoble Rhône-Alpes
655 Avenue de l'Europe
38334 Grenoble, France
pierre-brice. wieber@ inria. fr

Brian Wilcox
California Institute of Technology
Jet Propulsion Laboratory
4800 Oak Ridge Grove Drive
Pasadena, CA 91109, USA
brian. h. wilcox@ jpl. nasa. gov

Robert Wood
Harvard University
School of Engineering and Applied Sciences
149 Maxwell-Dworkin
Cambridge, MA 02138, USA

rjwood@ seas. harvard. edu

Jing Xiao
University of North Carolina
Department of Computer Science
Woodward Hall
Charlotte, NC 28223, USA
xiao@ uncc. edu

Katsu Yamane
Disney Research
4720 Forbes Avenue, Suite 110
Pittsburgh, PA 15213, USA
kyamane@ disneyresearch. com

Mark Yim
University of Pennsylvania
Department of Mechanical Engineering and
Applied Mechanics
220 South 33rd Street
Philadelphia, PA 19104, USA
yim@ seas. upenn. edu

Dana R. Yoerger
Woods Hole Oceanographic Institution
Applied Ocean Physics & Engineering
266 Woods Hole Road
Woods Hole, MA 02543-1050, USA
dyoerger@ whoi. edu

Kazuhito Yokoi
AIST Tsukuba Central 2

Intelligent Systems Research Institute
1-1-1 Umezono
305-8568 Tsukuba, Ibaraki, Japan
kazuhito. yokoi@ aist. go. jp

Eiichi Yoshida
National Institute of Advanced Industrial Science
and Technology (AIST)
CNRS-AIST Joint Robotics Laboratory, UMI3218/CRT
1-1-1 Umezono
305-8568 Tsukuba, Ibaraki, Japan
e. yoshida@ aist. go. jp

Kazuya Yoshida
Tohoku University
Department of Aerospace Engineering
Aoba 01
980-8579 Sendai, Japan
yoshida@ astro. mech. tohoku. ac. jp

Junku Yuh
Korea Institute of Science and Technology
National Agenda Research Division
Hwarangno 14-gil 5, Seongbuk-gu
Seoul, 136-791, Korea
yuh. junku@ gmail. com

Alex Zelinsky
Department of Defence
DST Group Headquarters
72-2-03, 24 Scherger Drive
Canberra, ACT 2609, Australia
alexzelinsky@ yahoo. com

缩略词列表

k-NN	*k*-nearest neighbor	*k* 阶最近邻域
2. 5-D	two-and-a-half-dimensional	两维半
3-D-NDT	three-dimensional normal distributions transform	三维正态分布变换
6R	six-revolute	6 个转动副
7R	seven-revolute	7 个转动副

A

A&F	agriculture and forestry	农业和林业（简称：农林）
AA	agonist-antagonist	激发剂-拮抗剂
AAAI	American Association for Artificial Intelligence	美国人工智能协会
AAAI	Association for the Advancement of Artificial Intelligence	人工智能促进协会
AAL	ambient assisted living	环境辅助生活
ABA	articulated-body algorithm	关节体算法
ABF	artificial bacterial flagella	人工细菌鞭毛
ABRT	automated bus rapid transit	自动公共汽车快速交通（自动快速公交）
ABS	acrylonitrile-butadiene-styrene	丙烯腈-丁二烯-苯乙烯
AC	aerodynamic center	空气动力中心
AC	alternating current	交流电
ACARP	Australian Coal Association Research Program	澳大利亚煤炭协会研究计划
ACBS	automatic constructions building system	自动施工建造系统
ACC	adaptive cruise control	自适应巡航控制
ACFV	autonomous combat flying vehicle	自主战斗飞行器
ACM	active chord mechanism	主动和弦机构
ACM	active cord mechanism	主动绳索机构
ACT	anatomically correct testbed	人体工程学试验台
ADAS	advanced driving assistance system	高级驾驶辅助系统
ADC	analog digital conveter	模-数转换器
ADCP	acoustic Doppler current profiler	声学多普勒流速分析仪
ADL	activities for daily living	日常活动
ADSL	asymmetric digital subscriber line	非对称数字用户线
AFC	alkaline fuel cell	碱性燃料电池
AFC	armoured (or articulated) face conveyor	铠装（或铰接）端面输送机
AFM	atomic force microscope	原子力显微镜
AFV	autonomous flying vehicle	自主飞行器
AGV	autonomous guided vehicle	自动导引车
AHRS	attitude and heading reference system	姿态和航向参考系统
AHS	advanced highway system	先进公路系统
AI	artificial intelligence	人工智能
AIAA	American Institute of Aeronautics and Astronautics	美国航空航天学会
AIM	assembly incidence matrix	装配关联矩阵
AIP	air-independent power	空气独立电源
AIP	anterior intraparietal sulcus	前顶内沟
AIP	anterior interparietal area	顶叶前区
AIS	artificial intelligence system	人工智能系统

AIST	Institute of Advanced Industrial Science and Technology	先进工业科学技术研究所
AIST	Japan National Institute of Advanced Industrial Science and Technology	日本国家先进工业科学技术研究所
AIST	National Institute of Advanced Industrial Science and Technology（Japan）	国家先进工业科学技术研究所（日本）
AIT	anterior inferotemporal cortex	前下颞皮质
ALEX	active leg exoskeleton	主动腿外骨骼
AM	actuator for manipulation	操纵驱动器
AMASC	actuator with mechanically adjustable series compliance	机械可调串联柔度驱动器
AMC	Association for Computing Machinery	计算机协会
AMD	autonomous mental development	自主心智发展
AMM	audio-motor map	音频马达图
ANN	artificial neural network	人工神经网络
AOA	angle of attack	迎角
AP	antipersonnel	防步兵
APF	annealed particle filter	退火粒子滤波器
APG	adjustable pattern generator	可调模式发生器
API	application programming interface	应用程序接口
APOC	allowing dynamic selection and changes	允许动态选择和变更
AR	auto regressive	自回归
aRDnet	agile robot development network	敏捷机器人开发网络
ARM	Acorn RISC machine architecture	Acorn RISC 机器架构
ARM	assistive robot service manipulator	辅助机器人服务操作臂
ARX	auto regressive estimator	自回归估计器
ASAP	adaptive sampling and prediction	自适应采样与预测
ASCII	American standard code for information interchange	美国标准信息交换码
ASD	autism spectrum disorder	孤独症谱系障碍
ASIC	application-specific integrated circuit	专用集成电路
ASIMO	advanced step in innovative mobility	创新机动的先进步骤
ASK	amplitude shift keying	幅移键控
ASL	autonomous systems laboratory	自主系统实验室
ASM	advanced servomanipulator	高级伺服操作臂
ASN	active sensor network	有源传感器网络
ASR	automatic spoken-language recognition	自动口语识别
ASR	automatic speech recognition	自动语音识别
ASTRO	autonomous space transport robotic operations	自主空间运输机器人操作
ASV	adaptive suspension vehicle	自适应悬架车辆
ASyMTRe	automated synthesis of multirobot task solutions through software reconfiguration	通过软件重构自动合成多机器人任务方案
AT	anti-tank mine	防坦克
ATHLETE	all-terrain hex-legged extra-terrestrial explorer	全地形六腿星际探测器
ATLANTIS	a three layer architecture for navigating through intricate situations	用于在复杂情况下导航的三层体系架构
ATLSS	advanced technology for large structural systems	大型结构系统先进技术
ATR	automatic target recognition	自动目标识别
AuRA	autonomous robot architecture	自主机器人体系架构
AUV	autonomous underwater vehicle	自主水下航行器（自主水下机器人）
AUVAC	Autonomous Undersea Vehicles Application Center	自主水下航行器应用中心
AUVSI	Association for Unmanned Vehicle Systems International	国际无人机系统协会
AV	anti-vehicle	防车辆

B

B/S	browser/server	浏览器/服务器
B2B	business to business	企业对企业
BCI	brain-computer interface	脑机接口
BE	body extender	身体扩展器
BEMT	blade element momentum theory	叶素动量理论
BEST	boosting engineering science and technology	促进工程科学和技术的发展
BET	blade element theory	叶素理论
BFA	bending fluidic actuator	弯曲流体驱动器
BFP	best-first-planner	最优规划器
BI	brain imaging	脑成像
BIP	behavior-interaction-priority	行为交互优先级
BLE	broadcast of local eligibility	本地适任度广播
BLEEX	Berkely exoskeleton	伯克利外骨骼
BLUE	best linear unbiased estimator	最佳线性无偏估计器
BML	behavior mark-up language	行为标记语言
BMS	battery management system	电池管理系统
BN	Bayesian network	贝叶斯网络
BOM	bill of material	物料清单
BoW	bag-of-word	词袋
BP	behavior primitive	行为原语
BP	base plate	基座
BRICS	best practice in robotics	机器人技术最佳实践
BRT	bus rapid transit	公共汽车快速交通（快速公交）
BWSTT	body-weight supported treadmill training	负重跑步机训练

C

CJ	cylindrical joint	圆柱副
C/A	coarse-acquisition	粗采集
C/S	client/server	客户端/服务器
CA	collision avoidance	防撞（避免冲突）
CACC	cooperative adaptive cruise control	协作自适应巡航控制
CAD	computer-aided drafting	计算机辅助绘图
CAD	computer-aided design	计算机辅助设计
CAE	computer-aided engineering	计算机辅助工程
CALM	communication access for land mobiles	陆地移动通信接入
CAM	computer-aided manufacturing	计算机辅助制造
CAN	controller area network	控制器局域网
CARD	computer-aided remote driving	计算机辅助远程驾驶
CARE	coordination action for robotics in Europe	欧洲机器人技术协作行动
CASA	Civil Aviation Safety Authority	民航安全局
CASALA	Centre for Affective Solutions for Ambient Living Awareness	环境生活意识情感解决方案中心
CASPER	continuous activity scheduling, planning, execution and replanning	持续的活动调度、规划、执行和重新规划
CAT	collision avoidance technology	防撞技术
CAT	computer-aided tomography	计算机辅助层析
CB	compulional brain	计算脑
CB	cluster bomb	集束炸弹
CBNRE	chemical, biological, nuclear, radiological, or explosive	化学、生物、辐射、核或爆炸
CC	compression criterion	压缩准则
CCD	charge-coupled device	电荷耦合器件
CCD	charge-coupled detector	电荷耦合检测器

CCI	control command interpreter	控制命令解释器
CCP	coverage configuration protocol	覆盖配置协议
CCT	conservative congruence transformation	保守同构变换
CCW	counterclockwise	逆时针旋转
CC&D	camouflage, concealment, and deception	伪装性、隐蔽性和欺骗性
CD	collision detection	碰撞检测
CD	committee draft	委员会草案
CD	compact disc	光盘
CDC	cardinal direction calculus	基向计算
CDOM	colored dissolved organic matter	有色溶解有机物
CE	computer ethic	计算机伦理学
CEA	Commissariat à l'Énergie Atomique	法国原子能委员会
CEA	Atomic Energy Commission	原子能委员会
CEBOT	cellular robotic system	胞元机器人系统
CEC	Congress on Evolutionary Computation	进化计算大会
CEPE	Computer Ethics Philosophical Enquiry	计算机伦理哲学探究
CES	Consumer Electronics Show	消费电子展
CF	carbon fiber	碳纤维
CF	contact formation	接触形式
CF	climbing fiber	攀缘纤维
CFD	computational fluid dynamics	计算流体动力学
CFRP	carbon fiber reinforced prepreg	碳纤维增强预浸料
CFRP	carbon fiber reinforced plastic	碳纤维增强塑料
CG	computer graphics	计算机图形学
CGI	common gateway interface	公共网关接口
CHMM	coupled hidden Markov model	耦合隐马尔可夫模型
CHMM	continuous hidden Markov model	连续隐马尔可夫模型
CIC	computer integrated construction	计算机集成建造
CIE	International Commission on Illumination	国际照明委员会
CIP	Children's Innovation Project	儿童创新项目
CIRCA	cooperative intelligent real-time control architecture	协同智能实时控制架构
CIS	computer-integrated surgery	计算机集成外科手术
CLARAty	coupled layered architecture for robot autonomy	机器人自主耦合分层架构
CLEaR	closed-loop execution and recovery	闭环执行和恢复
CLIK	closed-loop inverse kinematics	闭环逆运动学
CMAC	cerebellar model articulation controller	小脑模型关节控制器
CMC	ceramic matrix composite	陶瓷基复合材料
CML	concurrent-mapping and localization	并发映射与定位
CMM	coordinate measurement machine	坐标测量机
CMOMMT	cooperative multirobot observation of multiple moving target	多机器人协同观测多个移动目标
CMOS	complementary metal-oxide-semiconductor	互补金属氧化物半导体
CMP	centroid moment pivot	质心力矩枢轴
CMTE	Cooperative Research Centre for Mining Technology and Equipment	采矿技术与设备合作研究中心
CMU	Carnegie Mellon University	卡内基梅隆大学
CNC	computer numerical control	计算机数控
CNN	convolutional neural network	卷积神经网络
CNP	contract net protocol	合同网协议
CNRS	Centre National de la Recherche Scientifique	国家科学研究中心
CNT	carbon nanotube	碳纳米管
COCO	common objects in context	背景中的常见对象

CoG	center of gravity	重心
CoM	center of mass	质心
COMAN	compliant humanoid platform	柔性仿人平台
COMEST	Commission mondialed' éthique desconnaissancess cientifiques et destechnologies	世界科学知识与技术伦理委员会
COMINT	communication intelligence	通信情报
CONE	Collaborative Observatory for Nature Environments	自然环境合作观测站
CoP	center of pressure	压力中心
CoR	center of rotation	旋转中心
CORBA	common object request broker architecture	通用对象请求代理体系架构
CORS	continuous operating reference station	连续运行参考站
COT	cost of transport	运费
COTS	commercial off-the-shelf	商用现货
COV	characteristic output vector	特征输出向量
CP	complementarity problem	互补性问题
CP	capture point	捕获点
CP	continuous path	连续路径
CP	cerebral palsy	脑瘫
CPG	central pattern generation	中枢模式生成
CPG	central pattern generator	中枢模式发生器
CPS	cyber physical system	信息物理系统（赛博系统）
CPSR	Computer Professional for Social Responsibility	计算机社会责任专家联盟
CPU	central processing unit	中央处理器
CRASAR	Center for Robot-Assisted Search and Rescue	机器人辅助搜救中心
CRBA	composite-rigid-body algorithm	复合刚体算法
CRF	conditional random field	条件随机场
CRLB	Cramér-Rao lower bound	克拉默-拉奥下界
CSAIL	Computer Science and Artificial Intelligence Laboratory	计算机科学与人工智能实验室
CSIRO	Commonwealth Scientific and Industrial Research Organisation	联邦科学与工业研究组织
CSMA	carrier-sense multiple-access	载波侦听多址访问
CSP	constraint satisfaction problem	约束满足问题
CSSF	Canadian Scientific Submersile Facility	加拿大科学潜水设施
CT	computed tomography	计算机断层扫描
CTFM	continuous-transmission frequency modulation	连续传输调频
CU	control unit	控制单元
cv-SLAM	ceiling vision SLAM	天花板视觉 SLAM
CVD	chemical vapor deposition	化学气相沉积
CVIS	cooperative vehicle infrastructure system	协同车辆基础设施系统
CVT	continuous variable transmission	无级变速
CW	clockwise	顺时针旋转
CWS	contact wrench sum	接触力旋量

D

D	distal	远端
D-A	digital-to-analog	数-模
DAC	digital analog converter	数-模转换器
DARPA	Defense Advanced Research Projects Agency	国防高级研究计划局
DARS	distributed autonomous robotic systems	分布式自主机器人系统
DBN	dynamic Bayesian network	动态贝叶斯网络
DBN	deep belief network	深层信念网络
DC	disconnected	断线

DC	direct current	直流
DC	dynamic constrained	动态约束
DCS	dynamic covariance scaling	动态协方差缩放
DCT	discrete cosine transform	离散余弦变换
DD	differentially driven	差速驱动
DDF	decentralized data fusion	分布式数据融合
DDP	differential dynamic programming	微分动态编程
DDS	data distribution service	数据分发服务
DEA	differential elastic actuator	差动弹性驱动器
DEM	discrete element method	离散元法
DFA	design for assembly	兼顾产品设计
DFRA	distributed field robot architecture	分布式现场机器人架构
DFT	discrete Fourier transform	离散傅里叶变换
DGPS	differential global positioning system	差分全球定位系统
D-H	Denavit-Hartenberg	D-H 法
DHMM	discrete hidden Markov model	离散隐马尔可夫模型
DHS	Department of Homeland Security	国土安全部
DIRA	distributed robot architecture	分布式机器人体系架构
DIST	Dipartimento di Informatica Sistemica e Telematica	系统和远程通信部
DL	description logic	描述逻辑
DLR	Deutsches Zentrumfür Luft-und Raumfahrt	德国航空航天中心
DLR	German Aerospace Center	德国航空航天中心
DMFC	direct methanol fuel cell	直接甲醇燃料电池
DMP	dynamic movement primitive	动态运动原语
DNA	deoxyribonucleic acid	脱氧核糖核酸
DNF	dynamic neural field	动态神经场
DOD	Department of Defense	国防部
DOF	degree of freedom	自由度
DOG	difference of Gaussian	差分高斯
DOP	dilution of precision	稀释精度（精度衰减因子）
DPLL	Davis-Putnam algorithm	戴维斯-普特南算法
DPM	deformable part model	可变形零件模型
DPN	dip-pen nanolithography	蘸笔纳米光刻
DPSK	differential phase shift keying	差分相移键控
DRIE	deep reactive ion etching	深层反应离子刻蚀
DSM	dynamic state machine	动态状态机
DSO	Defense Sciences Office	国防科学办公室（美国）
DSP	digital signal processor	数字信号处理器
DSRC	dedicated short-range communications	专用短程通信协议
DU	dynamic-unconstrained	动态无约束
DVL	Doppler velocity log	多普勒速度计
DWA	dynamic window approach	动态窗口法
DWDM	dense wave division multiplex	密集波分复用
D&D	deactivation and decommissioning	去激活和退役

E

e-beam	electron-beam	电子束
EAP	electroactive polymer	电活性聚合物
EBA	energy bounding algorithm	能量边界算法
EBA	extrastriate body part area	纹状体外区
EBID	electron-beam induced deposition	电子束诱导沉积
EC	externally connected	外接

EC	exteroception	外感知
ECAI	European Conference on Artificial Intelligence	欧洲人工智能会议
ECD	eddy current damper	涡流阻尼器
ECER	European Conference on Educational Robotics	欧洲教育机器人会议
ECG	electrocardiogram	心电图
ECU	electronics controller unit	电子控制器单元
EDM	electrical discharge machining	电火花加工
EE	end-effector	末端执行器
EEG	electroencephalography	脑电图
EGNOS	European Geostationary Navigation Overlay Service	欧洲同步卫星导航覆盖服务
EHC	enhanced horizon control	增强型地平线控制
EHPA	exoskeleton for human performance augmentation	人体性能增强的外骨骼
EKF	extended Kalman filter	扩展卡尔曼滤波器
ELS	ethical，legal and societal	道德、法律和社会
EM	expectation maximization	期望最大化
emf	electromotive force	电动势
EMG	electromyography	肌电图
EMIB	emotion，motivation and intentional behavior	情感、动机与意向性行为
EMS	electrical master-slave manipulator	电动式主从操作臂
EO	electro optical	光电
EO	elementary operator	初等算子
EOA	end of arm	手臂末端（臂端）
EOD	explosive ordnance disposal	易爆军械处理
EP	exploratory procedure	探索性程序（探测流程）
EP	energy packet	能量包
EPFL	Ecole Polytechnique Fédérale de Lausanne	洛桑联邦理工学院
EPP	extended physiological proprioception	扩展生理本体感知
EPS	expandable polystyrene	可膨胀聚苯乙烯
ER	electrorheological	电流变
ER	evolutionary robotics	进化机器人学
ERA	European robotic arm	欧洲机器人手臂
ERP	enterprise resource planning	企业资源计划
ERSP	evolution robotics software platform	进化机器人软件平台
ES	electricalstimulation	电刺激
ESA	European Space Agency	欧洲航天局
ESC	electronic speed controller	电子速度控制器
ESL	execution support language	执行支持语言
ESM	energy stability margin	能量稳定裕度
ESM	electric support measure	电子支援措施
ETL	Electro-Technical Laboratory	电子技术实验室
ETS-VII	Engineering Test Satellite VII	工程测试卫星七号
EU	European Union	欧盟
EURON	European Robotics Research Network	欧洲机器人学研究网络
EVA	extravehicular activity	舱外活动
EVRYON	evolving morphologies for human-robot symbiotic interaction	人-机器人共生交互的演化形态

F

F5	frontal area 5	额头第 5 区域
FAA	Federal Aviation Administration	联邦航空管理局（美国）
FAO	Food and Agriculture Organization	粮食及农业组织
FARSA	framework for autonomous robotics simulation and analysis	自主机器人仿真与分析框架
FastSLAM	fast simultaneous localization and mapping	快速同步定位与建图

FB-EHPA	full-body EHPA	全身 EHPA
FCU	flight control-unit	飞行管制单位（飞行控制单元）
FD	friction damper	摩擦阻尼器
FDA	US Food and Drug Association	美国食品药品监督管理局
FDM	fused deposition modeling	熔融沉积建模
FE	finite element	有限元
FEA	finite element analysis	有限元分析
FEM	finite element method	有限元法
FESEM	field-emission SEM	场发射扫描电子显微镜
FF	fast forward	快进
FFI	Norwegian defense research establishment	挪威国防研究机构
FFT	fast Fourier transform	快速傅里叶变换
FIFO	first-in first-out	先进先出
FIRA	Federation of International Robot-soccer Association	国际机器人足球联合会
FIRRE	family of integrated rapid response equipment	综合快速反应设备系列
FIRST	For Inspiration and Recognition of Science and Technology	激励和表彰科学技术
Fl-UAS	flapping wing unmanned aerial system	扑翼无人飞行系统
FLIR	forward looking infrared	前视红外
FMBT	feasible minimum buffering time	可行的最短缓冲时间
FMCW	frequency modulation continuous wave	频率调制连续波
FMRI	functional magnetic resonance imaging	功能性磁共振成像
FMS	flexible manufacturing system	柔性制造系统
FNS	functional neural stimulation	功能性神经刺激
FOA	focus of attention	着眼点（焦点）
FOG	fiber-optic gyro	光纤式光学陀螺仪
FOPEN	foliage penetration	植被穿透
FOPL	first-order predicate logic	一阶谓词逻辑
FOV	field of view	视场
FP	fusion primitive	融合原语
FPGA	field-programmable gate array	现场可编程门阵列
FR	false range	虚假范围
FRI	foot rotation indicator	脚旋转指示器
FRP	fiber-reinforced plastics	纤维增强塑料
FRP	fiber-reinforced prepreg	纤维增强型预浸料
FS	force sensor	力传感器
FSA	finite-state acceptor	有限状态接收器
FSK	frequency shift keying	频移键控
FSR	force sensing resistor	力敏电阻
FSW	friction stir welding	搅拌摩擦焊
FTTH	fiber to the home	光纤到户
FW	fixed-wing	固定翼

G

GA	genetic algorithm	基因算法（遗传算法）
GAPP	goal as parallel programs	作为并行程序的目标
GARNICS	gardening with a cognitive system	园艺认知系统
GAS	global asymptotic stability	全局渐近稳定性
GBAS	ground based augmentation system	地基增强系统
GCDC	Grand Cooperative Driving Challenge	合作驾驶大挑战赛
GCER	Global Conference on Educational Robotics	全球教育机器人会议
GCR	goal-contact relaxation	目标接触松弛
GCS	ground control station	地面控制站

GDP	gross domestic product	国内生产总值
GenoM	generator of modules	模块生成器
GEO	geostationary Earth orbit	地球静止轨道
GF	grapple fixture	抓斗夹具
GFRP	glass-fiber reinforced plastic	玻璃纤维增强塑料
GI	gastrointestinal	胃肠道
GIB	GPS intelligent buoys	GPS 智能浮标
GICHD	Geneva International Centre for Humanitarian Demining	日内瓦国际人道主义排雷中心
GID	geometric intersection data	几何交叉点数据
GIE	generalized-inertia ellipsoid	广义惯性椭球
GIS	geographic information system	地理信息系统
GJM	generalized Jacobian matrix	广义雅可比矩阵
GLONASS	globalnaya navigatsionnaya sputnikovaya sistema	人造地球卫星全球导航系统
GNSS	global navigation satellite system	全球导航卫星系统
GMAW	gas-shielded metal arc welding	气体保护电弧焊
GMM	Gaussian mixture model	高斯混合模型
GMSK	Gaussian minimum shift keying	高斯最小移频键控
GMTI	ground moving target indicator	地面移动目标指示器
GNC	guidance，navigation，and control	制导、导航和控制
GO	golgi tendon organ	高尔基肌腱器官
GP	Gaussian process	高斯过程
GPCA	generalized principal component analysis	广义主成分分析
GPRS	general packet radio service	通用分组无线服务
GPS	global positioning system	全球定位系统
GPU	graphics processing unit	图形处理单元（图形处理器）
GRAB	guaranteed recursive adaptive bounding	保证递归自适应约束
GRACE	graduate robot attending conference	出席会议的研究生机器人
GraWoLF	gradient-based win or learn fast	基于梯度赢取或快速学习
GSD	geon structural description	几何结构描述
GSN	gait sensitivity norm	步态敏感性标准
GSP	Gough-Stewart platform	Gough-Stewart 平台
GUI	graphical user interface	图形用户界面
GV	ground vehicle	地面车辆
GVA	gross value added	总增加值
GZMP	generalized ZMP	广义零力矩点

H

H	helical joint	螺旋关节
HAL	hybrid assistive limb	混合辅助肢体
HAMMER	hierarchical attentive multiple models for execution and recognition	执行与识别的分层感应多种模型
HASY	handarm system	手臂系统
HBBA	hybrid behavior-based architecture	基于混合行为的架构
HCI	human-computer interaction	人-计算机交互
HD	high definition	高清晰度（高清）
HD	haptic device	触觉装置
HD-SDI	high-definition serial digital interface	高清串行数字接口
HDSL	high data rate digital subscriber line	高速数字用户线
HE	hand exoskeleton	手部外骨骼
HF	hard finger	硬手指
HF	histogram filter	直方图滤波器
HFAC	high frequency alternating current	高频交流电

HHMM	hierarchical hidden Markov model	分层隐马尔可夫模型
HIC	head injury criterion	头部损伤标准
HIII	Hybrid III dummy	混合Ⅲ型假人
HIP	haptic interaction point	触觉交互点
HJB	Hamilton-Jacobi-Bellman	汉密尔顿-雅可比-贝尔曼
HJI	Hamilton-Jacobi-Isaac	汉密尔顿-雅可比-艾萨克
HMCS	human-machine cooperative system	人-机器人协作系统
HMD	head-mounted display	头戴式显示器
HMDS	hexamethyldisilazane	六甲基二硅氮烷
HMI	human-machine interaction	人-机器交互
HMI	human-machine interface	人机界面
HMM	hidden Markov model	隐马尔可夫模型
HO	human operator	人类操作员
HOG	histogram of oriented gradient	定向梯度直方图
HOG	histogram of oriented features	定向特征直方图
HPC	high-performance computing	高性能计算
HRI	human-robot interaction	人-机器人交互
HRI/OS	HRI operating system	HRI 操作系统
HRP	humanoid robotics project	仿人机器人项目
HRR	high resolution radar	高分辨率雷达
HRTEM	high-resolution transmission electron microscope	高分辨率透射电子显微镜
HSGR	high safety goal region	高安全目标区域
HST	Hubble space telescope	哈勃太空望远镜
HSTAMIDS	handheld standoff mine detection system	手持式远距离雷场探测系统
HSWR	high safety wide region	高安全宽度区域
HTAS	high tech automotive system	高科技汽车系统
HTML	hypertext markup language	超文本标识语言
HTN	hierarchical task net	分层任务网
HTTP	hypertext transmission protocol	超文本传输协议
HW/SW	hardware/software	硬件/软件

I

I/O	input/output	输入/输出
I3CON	industrialized, integrated, intelligent construction	工业化、集成化、智能化建设
IA	interval algebra	区间代数
IA	instantaneous allocation	瞬时分配
IAA	interaction agent	交互代理
IAB	International Association of Bioethics	国际生物伦理学协会
IACAP	International Association for Computing and Philosophy	国际计算与哲学协会
IAD	interaural amplitude difference	耳间振幅差
IAD	intelligentassisting device	智能辅助装置（设备）
IARC	International Aerial Robotics Competition	国际飞行机器人竞赛
IAS	intelligent autonomous system	智能自主系统
IBVS	image-based visual servo control	基于图像的视觉伺服控制
IC	integrated chip	集成芯片
IC	integrated circuit	集成电路
ICA	independent component analysis	独立成分分析
ICAPS	International Conference on Automated Planning and Scheduling	自动规划和调度国际会议
ICAR	International Conference on Advanced Robotics	先进机器人国际会议
ICBL	International Campaign to Ban Landmines	国际禁止地雷运动
ICC	instantaneous center of curvature	瞬时曲率中心

ICE	internet communications engine	互联网通信引擎
ICP	iterative closest point	迭代最近点
ICR	instantaneous center of rotation	瞬时旋转中心
ICRA	International Conference on Robotics and Automation	机器人与自动化国际会议
ICT	information and communication technology	信息和通信技术
ID	inside diameter	内径
ID	identifier	标识符（识别码）
IDE	integrated development environment	集成开发环境
IDL	interface definition language	接口定义语言
IE	information ethics	信息伦理学
IED	improvised explosive device	简易爆炸装置
IEEE	Institute of Electrical and Electronics Engineers	电气电子工程师协会
IEKF	iterated extended Kalman filter	迭代扩展卡尔曼滤波器
IETF	internet engineering task force	互联网工程任务组
IFA	Internationale Funk Ausstellung	国际无线电展览会
IFOG	interferometric fiber-optic gyro	干涉式光纤陀螺仪
IFR	International Federation of Robotics	国际机器人联合会
IFREMER	Institut français de recherche pour l' exploitation de la mer	法国海洋开发研究所
IFRR	International Foundation of Robotics Research	国际机器人研究基金会
IFSAR	interferometric SAR	干涉式合成孔径雷达
IHIP	intermediate haptic interaction point	中间触觉交互点
IIR	infinite impulse response	无限脉冲响应
IIS	Internet Information Services	互联网信息服务
IIT	IstitutoItaliano di Tecnologia	意大利理工学院
IJCAI	International Joint Conference on Artificial Intelligence	国际人工智能联合会议
IK	inverse kinematics	逆运动学
ILLS	instrumented logical sensor system	仪表逻辑传感器系统
ILO	International Labor Organization	国际劳工组织
ILQR	iterative linear quadratic regulator	迭代线性二次调节器
IM	injury measure	损伤措施
IMAV	International Micro Air Vehicles	国际微型飞行器
IMTS	intelligent multimode transit system	智能多模式交通系统
IMU	inertial measurement unit	惯性测量单元（惯性传感器）
INS	inertia navigation system	惯性导航系统
IO	inferior olive	下橄榄核
IOSS	input-output-to-state stability	输入-输出-状态稳定性
IP	internet protocol	互联网协议
IP	interphalangeal	指间
IPA	Institute for Manufacturing Engineering and Automation	制造工程与自动化研究所
IPC	inter-process communication	进程间通信
IPC	international AI planning competition	国际人工智能规划大赛
IPMC	ionic polymer-metal composite	离子聚合物金属复合材料
IPR	intellectual property right	知识产权
IR	infrared	红外线
IRB	Institutional Review Board	机构审查委员会
IREDES	International Rock Excavation Data Exchange Standard	国际岩石挖掘数据交换标准
IRL	in real life	在现实生活中
IRL	inverse reinforcement learning	逆强化学习
IRLS	iteratively reweighted least square	迭代复权最小二乘法
IRNSS	Indian regional navigational satellite system	印度区域导航卫星系统
IROS	Intelligent Robots and Systems	智能机器人与系统

IS	importance sampling	重要性采样
ISA	industrial standard architecture	工业标准架构
ISA	international standard atmosphere	国际标准大气
ISAR	inverse SAR	逆合成孔径雷达
ISDN	integrated services digital network	综合业务数字网络
ISE	international submarine engineering	国际海底工程
ISER	International Symposium on Experimental Robotics	实验机器人学国际研讨会
ISM	implicit shape model	隐性形状模型
ISO	International Organization for Standardization	国际标准化组织
ISP	internet service provider	互联网服务提供商
ISR	intelligence, surveillance and reconnaissance	情报、监控和侦察
ISRR	International Symposium of Robotics Research	机器人学研究国际研讨会
ISS	international space station	国际空间站
ISS	input-to-state stability	输入状态稳定性
IST	Instituto Superior Técnico	高等理工学院
IST	Information Society Technologies	信息社会技术
IT	intrinsic tactile	内在触觉
IT	information technology	信息技术
ITD	interaural time difference	耳间时间延迟差
IU	interaction unit	交互单元
IV	instrumental variable	工具变量（辅助变量）
IvP	interval programming	间隔编程
IWS	intelligent wheelchair system	智能轮椅系统
IxTeT	indexed time table	索引时间表

J

JAEA	Japan Atomic Energy Agency	日本原子能机构
JAMSTEC	Japan Agency for Marine-Earth Science and Technology	日本海洋地球科学和技术厅（日本海洋厅）
JAMSTEC	Japan Marine Science and Technology Center	日本海洋科学与技术中心
JAUS	joint architecture for unmanned systems	无人系统联合架构
JAXA	Japan Aerospace Exploration Agency	日本宇宙航空研究开发机构
JDL	joint directors of laboratories	实验室联合主任（主管）
JEM	Japan Experiment Module	日本实验舱
JEMRMS	Japanese experiment module remote manipulator system	日本实验模块遥控操作臂系统
JHU	Johns Hopkins University	约翰斯·霍普金斯大学（美国）
JND	just noticeable difference	最小可觉差
JPL	Jet Propulsion Laboratory	喷气推进实验室
JPS	jigsaw positioning system	拼图定位系统
JSC	Johnson Space Center	约翰逊航天中心
JSIM	joint-space inertia matrix	关节空间惯性矩阵
JSP	Java server pages	Java 服务器页面

K

KAIST	Korea Advanced Institute of Science and Technology	韩国科学技术院
KERS	kinetic energy recovery system	动能回收系统
KIPR	KISS Institute for Practical Robotics	KISS 实用机器人研究所
KLD	Kullback-Leibler divergence	Kullback-Leibler 散度
KNN	k-nearest neighbor	k 邻域
KR	knowledge representation	知识表征
KRISO	Korea Research Institute of Ships and Ocean Engineering	韩国船舶和海洋工程研究所

L

| L/D | lift-to-drag | 升阻比 |
| LAAS | Laboratory for Analysis and Architecture of Systems | 系统分析与体系架构实验室 |

LADAR	laser radar	激光雷达
LAGR	learning applied to ground robots	用于地面机器人的学习
LARC	Lie algebra rank condition	李代数秩条件
LARS	Laparoscopic Assistant Robotic System	腹腔镜辅助机器人系统
LASC	Longwall Automation Steering Committee	长壁自动化指导委员会
LBL	long-baseline	长基线
LCAUV	long-range cruising AUV	远程巡航 AUV（水下机器人）
LCC	life-cycle-costing	生命周期成本
LCD	liquid-crystal display	液晶显示器
LCM	light-weight communications and marshalling	轻型通信与编组
LCP	linear complementarity problem	线性互补问题
LCSP	linear constraint satisfaction program	线性约束满足度规划
LDA	latent Dirichlet allocation	潜在的（隐含）狄利克雷分配
LED	light-emitting diode	发光二极管
LENAR	lower extremity nonanthropomorphic robot	下肢非各向异性机器人
LEO	low Earth orbit	低地球轨道
LEV	leading edge vortex	前缘涡
LFD	learning from demonstration	从示范中学习
LGN	lateral geniculate nucleus	外侧膝状体核
LIDAR	light detection and ranging	光探测与测距
LIP	linear inverted pendulum	线性倒立摆
LIP	lateral intraparietal sulcus	顶壁外侧沟
LiPo	lithium polymer	锂聚合物
LLC	locality constrained linear coding	局部约束线性编码
LMedS	least median of squares	最小平方中值（最小中位数平方法）
LMS	laser measurement system	激光测量系统
LOG	Laplacian of Gaussian	高斯-拉普拉斯算子
LOPES	lower extremity powered exoskeleton	下肢动力外骨骼
LOS	line-of-sight	视线
LP	linear program	线性程序
LQG	linear quadratic Gaussian	线性二次高斯
LQR	linear quadratic regulator	线性二次调节器
LSS	logical sensor system	逻辑传感器系统
LSVM	latent support vector machine	潜在支持向量机
LtA	lighter-than-air	比空气轻
LtA-UAS	lighter-than-air system	轻于空气的系统
LTL	linear temporal logic	线性时间逻辑
LVDT	linear variable differential transformer	线性可变差动变压器
LWR	light-weight robot	轻型机器人

M

MACA	Afghanistan Mine Action Center	阿富汗排雷行动中心
MACCEPA	mechanically adjustable compliance and controllable equilibrium position actuator	机械可调柔度和可控平衡位置驱动器
MAP	maximum a posteriori	最大后验概率
MARS	multiappendage robotic system	多附件机器人系统
MARUM	Zentrum für Marine Umweltwissenschaften	海洋环境科学中心
MASE	Marine Autonomous Systems Engineering	海洋自主系统工程
MASINT	measurement and signatures intelligence	测量与特征情报
MAV	micro aerial vehicles	微型飞行器
MAZE	Micro robot maze contest	微型机器人迷宫大赛
MBA	motivated behavioral architecture	动机行为架构

MBARI	Monterey Bay Aquarium Research Institute	蒙特雷湾水族馆研究所
MBE	molecular-beam epitaxy	分子束外延
MBS	mobile base system	移动基站系统
MC	Monte Carlo	蒙特卡洛
MCFC	molten carbonate fuel cell	熔融碳酸盐燃料电池
MCP	metacarpophalangeal	掌指
MCS	mission control system	任务控制系统
MDARS	mobile detection assessment and response system	移动检测评估与响应系统
MDL	minimum description length	最小描述长度
MDP	Markov decision process	马尔科夫决策过程
ME	mechanical engineering	机械工程
MEG	magnetoencephalography	脑磁图
MEL	Mechanical Engineering Laboratory	机械工程实验室
MEMS	microelectromechanical system	微机电系统
MEP	motor evoked potential	运动诱发电位
MESSIE	multi expert system for scene interpretation and evaluation	多专家场景解释与评估
MESUR	Mars environmental survey	火星环境调查
MF	mossy fiber	苔藓纤维
MFI	micromechanical flying insect	微机械飞虫
MFSK	multiple FSK	多重 FSK
MHS	International Symposium on Micro Mechatronics and Human Science	微机电一体化与人类科学国际研讨会
MHT	multihypothesis tracking	多假设跟踪
MIA	mechanical impedance adjuster	机械阻抗调节器
MIME	mirrorimage movement enhancer	镜像运动增强器
MIMICS	multimodal immersive motion rehabilitation with interactive cognitive system	交互式认知系统的多模态沉浸式运动康复
MIMO	multi-input-multi-output	多输入多输出
MIP	medial intraparietal sulcus	枕内沟
MIPS	microprocessor without interlocked pipeline stages	无级联锁的微处理器
MIR	mode identification and recovery	模式识别与恢复
MIRO	middleware for robot	机器人中间件
MIS	minimally invasive surgery	微创手术
MIT	Massachusetts Institute of Technology	麻省理工学院
MITI	Ministry of International Trade and Industry	国际贸易和工业部
MKL	multiple kernel learning	多核学习
ML	machine learning	机器学习
MLE	maximum likelihood estimate	最大似然估计
MLR	mesencephalic locomotor region	中脑运动区
MLS	multilevel surface map	多级表面映射
MMC	metal matrix composite	金属基复合材料
MMMS	multiple master multiple-slave	多主多从
MMSAE	multiple model switching adaptive estimator	多模型切换自适应估计器
MMSE	minimum mean-square error	最小均方误差
MMSS	multiple master single-slave	多主单从
MNS	mirrorneuron system	镜像神经元系统
MOCVD	metallo-organic chemical vapor deposition	金属有机化学气相沉积
MOMR	multiple operator multiple robot	多操作员多机器人
MOOS	mission oriented operating suite	面向任务的操作套件
MOOS	motion-oriented operating system	面向运动的操作系统
MORO	mobile robot	移动机器人

MOSR	multiple operator single robot	多操作员单机器人
MP	moving plate	动平台
MPC	model predictive control	模型预测控制
MPF	manifold particle filter	流形粒子滤波器
MPFIM	multiplepaired forward-inverse model	多对正逆模型
MPHE	multiphalanx hand exoskeleton	多指手外骨骼
MPSK	M-ary phase shift keying	M 进制相移键控
MQAM	M-ary quadrature amplitude modulation	M 进制正交幅度调制
MR	magnetorheological	磁流变
MR	multiple reflection	多重反射
MR	multirobottask	多机器人任务
MRAC	model reference adaptive control	模型参考自适应控制
MRDS	Microsoft robotics developers studio	微软机器人开发人员工作室
MRF	Markov random field	马尔科夫随机场
MRHA	multiple resource host architecture	多资源主机架构
MRI	magnetic resonance imaging	磁共振成像
MRSR	Mars rover sample return	火星漫游车样品返回
MRTA	multirobottask allocation	多机器人任务分配
MSAS	multifunctional satellite augmentation system	多功能卫星增强系统
MSER	maximally stable extremal region	最大稳定极值区域
MSHA	US Mine Safety and Health Administration	美国矿山安全与健康管理局
MSK	minimum shift keying	最小频移键控
MSL	middle-size league	中型联赛
MSM	master-slave manipulator	主从操作臂
MST	microsystem technology	微系统技术
MT	momentum theory	动量理论
MT	multitask	多任务
MT	medial temporal	颞内侧
MTBF	mean time between failures	平均故障间隔时间
MTI	moving target indicator	移动目标指示器
MVERT	move value estimation for robot teams	机器人团队的移动值估计
MWNT	multiwalled carbon nanotube	多壁碳纳米管

N

N&G	nursery and greenhouse	苗圃与温室
NAP	nonaccidental property	非意外财产（非偶然的性质）
NASA	National Aeronautics and Space Agency	美国国家航空航天局
NASDA	National Space Development Agency of Japan	日本国家空间开发厅
NASREM	NASA/NBS standard reference model	NASA/NBS 标准参考模型
NBS	National Bureau of Standards	国家标准局
NC	numerical control	数控
ND	nearness diagram navigation	近程图导航
NDDS	network data distribution service	网络数据分发服务
NDGPS	nationwide different GPS system	国家差分 GPS 系统
NDI	nonlinear dynamic inversion	非线性动态反演
NDT	normal distributions transform	正态分布变换
NEMO	network mobility	网络移动性
NEMS	nanoelectromechanical system	纳米机电系统
NEO	neodymium	钕
NERVE	New England Robotics Validation and Experimentation	新英格兰机器人技术验证与实验
NESM	normalized ESM	标准化能量稳定裕度
NIDRR	National Institute on Disability and Rehabilitation Research	国家残疾和康复研究所

NiMH	nickel metal hydride battery	镍氢电池
NIMS	networked infomechanical systems	网络信息机械系统
NIOSH	National Institute for Occupational Safety and Health	国家职业安全和健康研究所
NIRS	near infrared spectroscopy	近红外光谱
NIST	National Institute of Standards and Technology	国家标准与技术研究所
NLIS	national livestock identification scheme	国家牲畜识别计划
NLP	nonlinearprogramming problem	非线性规划问题
NMEA	National Marine Electronics Association	国家海洋电子协会
NMF	nonnegative matrix factorization	非负矩阵分解
NMMI	natural machine motion initiative	自然机器运动倡议
NMR	nuclearmagnetic resonance	核磁共振
NN	neural network	神经网络
NOAA	National Oceanic and Atmospheric Administration	国家海洋和大气管理局
NOAH	navigationand obstacle avoidance help	导航和避障帮助
NOC	National Oceanography Centre	国家海洋学中心
NOTES	natural orifice transluminal endoscopic surgery	自然腔道内镜手术
NPO	nonprofit organization	非营利组织
NPS	Naval Postgraduate School	海军研究生院
NQE	national qualifying event	全国资格赛
NRI	national robotics initiative	国家机器人计划（倡议）
NRM	nanorobotic manipulator	纳米操作机
NRTK	network real-time kinematic	网络实时运动学
NTPP	nontangential proper part	非切向正交部分
NTSC	National Television System Committee	国家电视系统委员会
NURBS	nonuniform rational B-spline	非均匀有理 B 样条
NUWC	Naval Undersea Warfare Center（Division Newport）	海军海底作战中心（Newport 分部）
NZDF	New Zealand Defence Force	新西兰国防军

O

OAA	open agent architecture	开放式代理架构
OASIS	onboard autonomous science investigation system	机载自主科考系统
OAT	optimal arbitrary time-delay	最佳任意时滞
OBU	on board unit	机载设备
OC	optimal control	最优控制
OCPP	optimal coverage path planning	最佳覆盖路径规划
OCR	OC robotics	OC 机器人公司
OCT	opticalcoherence tomography	光学相干层析扫描
OCU	operator control unit	操作控制单元
OD	outer diameter	外径
ODE	ordinary differential equation	常微分方程
ODE	open dynamics engine	开放式动力学引擎
ODI	ordinary differential inclusion	常微分包含
OECD	Organization for Economic Cooperation and Development	经济合作与发展组织
OKR	optokinetic response	光动反应（视动反应）
OLP	offline programming	离线编程
OM	optical microscope	光学显微镜
ONR	US Office of Naval Research	美国海军研究办公室
OOF	out of field	视野外
OOTL	human out of the loop control	人出环控制
OPRoS	open platform for robotic service	开放式机器人服务平台
ORCA	open robot control architecture	开放式机器人控制架构
ORCCAD	open robot controller computer aided design	开放式机器人控制器计算机辅助设计

ORI	open roboethics initiative	开放式机器人伦理计划（倡议）
ORM	obstacle restriction method	障碍约束法
OROCOS	open robot control software	开放式机器人控制软件
ORU	orbital replacement unit	轨道更换单元
OS	operating system	操作系统
OSC	operational-space control	操作空间控制
OSIM	operational-space inertia matrix	操作空间惯性矩阵
OSU	Ohio State University	俄亥俄州立大学
OTH	over-the-horizon	超视距
OUR-K	ontology based unified robot knowledge	基于本体的统一机器人知识
OWL	web ontology language	网络本体语言
OxIM	Oxford intelligent machine	牛津智能机器研究所

P

P	prismatic joint	移动关节
P&O	prosthetics and orthotic	假肢和矫形器
PA	point algebra	点代数
PACT	perceptionfor action control theory	行动控制知觉理论
PAD	pleasure arousal dominance	快感唤醒优势
PAFC	phosphoric acid fuel cell	磷酸燃料电池
PAM	pneumatic artificial muscle	气动人工肌肉
PaMini	pattern-based mixed-initiative	基于模式的混合倡议
PANi	polyaniline	聚苯胺
PAPA	privacy, accuracy, intellectual property, and access	隐私权、准确性、知识产权和访问权
PAS	pseudo-amplitude scan	伪振幅扫描
PAT	proximity awareness technology	近距离感知技术
PB	parametric bias	参数偏差
PbD	programmingby demonstration	示教编程
PBVS	pose-based visual servo control	基于位姿的视觉伺服控制
PC	polycarbonate	聚碳酸酯
PC	personal computer	个人计算机
PC	principal contact	主接触
PC	passivity controller	无源控制器
PC	proprioception	本体感知
PC	Purkinje cell	浦肯野细胞
PCA	principal component analysis	主成分分析
PCI	peripheral component interconnect	外围组件互连
PCIe	peripheral component interconnect express	外围组件互连快线
PCL	point cloud library	点云库
PCM	programmable construction machine	可编程建造机器人
PD	proportional-derivative	比例-微分
PDE	partial differential equation	偏微分方程
PDGF	power data grapple fixture	电源数据抓斗固定装置
PDMS	polydimethylsiloxane	聚二甲基硅氧烷
PDOP	positional dilution of precision	位置精度衰减因子
PDT	proximity detection technology	近距离探测技术
PEAS	probing environment and adaptive sleeping protocol	探测环境和自适应睡眠协议
PEFC	polymer electrolyte fuel cell	聚合物电解质燃料电池
PEMFC	proton exchange membrane fuel cell	质子交换膜燃料电池
PerceptOR	perception for off-road robotics	越野机器人的感知
PET	positron emission tomography	正电子发射断层成像
PF	particle filter	粒子滤波器

PF	parallel fiber	平行纤维
PFC	prefrontal cortex	前额皮质
PFH	point feature histogram	点特征直方图
PFM	potential field method	势场法
PGM	probabilistic graphical model	概率图形模型
PGRL	policy gradientreinforcement learning	决策梯度强化学习
PHRI	physical human-robot interaction	人-机器人物理交互
PI	policy iteration	决策迭代
PI	possible injury	可能损伤
PI	proportional-integral	比例-积分
PIC	programmable intelligent computer	可编程智能计算机
PID	proportional-integral-derivative	比例-积分-微分
PIT	posterior inferotemporal cortex	后下颞皮质
PKM	parallel kinematic machine	并联运动学机器（并联机床）
PL	power loading	功率载荷
PLC	programmable logic controller	可编程逻辑控制器
PLD	programmable logic device	可编程逻辑器件
PLEXIL	plan execution interchange language	规划执行交换语言
PLSA	probabilistic latent semantic analysis	概率潜在语义分析
PLZT	lead lanthanum zirconate titanate	锆钛酸铅镧
PM	permanent magnet	永磁体
PMC	polymer matrix composite	聚合物基复合材料
PMMA	polymethyl methacrylate	聚甲基丙烯酸甲酯
PneuNet	pneumatic network	气动网路
PNT	Petri net transducer	Petri 网传感器（换能器）
PO	partially overlapping	部分重叠
PO	passivity observer	被动观察器（无源观测器）
POE	local product-of-exponential	局部指数积
POI	point of interest	兴趣点
POM	polyoxymethylene	聚甲醛
POMDP	partially observable Markov decision process	部分可观测马尔可夫决策过程
POP	partial-order planning	偏序规划
PPS	precise positioning system	精确定位系统
PPy	polypyrrole	聚吡咯
PR	positive photoresist	正性光刻胶
PRM	probabilistic roadmap	概率路线图
PRM	probabilistic roadmap method	概率路线图法
PRN	pseudo-random noise	伪随机噪声
PRoP	personal roving presence	个人巡视机器人
ProVAR	professional vocational assistive robot	职业辅助机器人
PRS	procedural reasoning system	程序推理系统
PS	power source	电源
PSD	position sensing device	位置传感装置
PSD	position-sensitive-device	位置敏感装置
PSK	phase shift keying	相移键控
PSPM	passive set-position modulation	无源定位调制
PTAM	parallel tracking and mapping	并行测绘（并行跟踪和建图）
PTU	pan-tilt unit	俯仰单元（云台）
PUMA	programmable universal machine for assembly	可编程通用装配机
PVA	position，velocity and attitude	位置、速度和姿态
PVC	polyvinyl chloride	聚氯乙烯

PVD	physical vapor deposition	物理气相沉积
PVDF	polyvinylidene fluoride	聚偏氟乙烯
PWM	pulse-width modulation	脉宽调制
PwoF	point-contact-without-friction	无摩擦点接触
PZT	lead zirconate titanate	锆钛酸铅（压电陶瓷）

Q

QAM	quadrature amplitude modulation	正交幅度调制（正交调幅）
QD	quantum dot	量子点
QID	qualifier, inspection and demonstration	鉴定、检验和示范（演示）
QOLT	quality of life technology	生命品质技术（生活质量技术）
QOS	quality of service	服务质量
QP	quadratic programming	二次规划
QPSK	quadrature phase shift keying	正交相移键控
QSC	quasistatic constrained	准静态约束
QT	quasistatic telerobotics	准静态遥操作机器人
QZSS	quasi-zenith satellite system	准天顶卫星系统

R

R	revolute joint	旋转关节
R. U. R.	Rossum's Universal Robots	Rossum 的通用机器人
RA	rectangle algebra	矩形代数
RAC	Robotics and Automation Council	机器人与自动化理事会
RAIM	receiver autonomous integrity monitor	接收机自主完整性监测器
RALF	robotic arm large and flexible	大型柔性机器人手臂
RALPH	rapidly adapting lane position handler	快速适应车道位置处理程序
RAM	random access memory	随机存储器
RAMS	robot-assisted microsurgery	机器人辅助显微外科
RAMS	random access memory system	随机存取存储器系统
RANSAC	random sample consensus	随机抽样一致性
RAP	reactive action package	反应行动包
RAS	Robotics and Automation Society	机器人与自动化学会
RBC	recognition by-component	成分识别
RBF	radial basis function network	径向基函数网络
RBF	radial basis function	径向基函数
RBT	robot experiment	机器人试验
RC	radio control	无线电控制
RC	robot controller	机器人控制器
RCC	region connection calculus	区域连接计算
RCC	remote center of compliance	远程柔顺中心
RCM	remote center of motion	远程运动中心
RCP	rover chassis prototype	月球车（漫游者）底盘原型
RCR	responsible conduct of research	研究负责行为
RCS	real-time control system	实时控制系统
RCS	rig control system	钻机控制系统
RDT	rapidly exploring dense tree	快速搜索密集树
RECS	robotic explosive charging system	机器人炸药装填系统
REINFORCE	reward increment = nonnegative factor×offset reinforcement×characteristic eligibility	奖励增量=非负因子×偏移加固×特征资格
RERC	Rehabilitation Engineering Research Center	康复工程研究中心
RF	radio frequency	射频
RFID	radio frequency identification	射频识别
RG	rate gyro	速率陀螺仪

RGB-D	red green blue distance	红绿蓝距离
RHIB	rigid hull inflatable boat	刚性船体充气艇
RIE	reactive-ion etching	反应离子刻蚀
RIG	rate-integrating gyro	速率积分陀螺仪
RISC	reduced instruction set computer	精简指令集计算机
RL	reinforcement learning	强化学习
RLG	ring laser gyroscope	环形激光陀螺仪
RLG	random loop generator	随机环路发生器
RMC	resolved momentum control	解析动量控制
RMDP	relational Markov decision processes	关系马尔科夫决策过程
RMMS	reconfigurable modular manipulator system	可重构模块化操作臂系统
RMS	root mean square	均方根
RNDF	route network definition file	路由网络定义文件
RNEA	recursive Newton-Euler algorithm	递推牛顿-欧拉算法
RNN	recurrent neural network	递归神经网络
RNNPB	recurrent neural network with parametric bias	参数偏差的递归神经网络
RNS	reaction null-space	反应零空间
ROC	receiver operating curve	接收者操作曲线
ROC	remote operations centre	远程运营中心
ROCCO	robot construction system for computer integrated construction	用于计算机集成建造的机器人建造系统
ROD	robot oriented design	面向机器人的设计
ROKVISS	robotics component verification on ISS	机器人国际空间站组件核查
ROM	run-of-mine	原矿
ROM	read-only memory	只读存储器
ROMAN	Robot and Human Interactive Communication	机器人与人的交互通信
ROS	robot operating system	机器人操作系统
ROV	remotely operated vehicle	遥控车
ROV	remotely operated underwater vehicle	遥操作水下航行器（遥操作水下机器人）
RP	rapid prototyping	快速成型
RP-VITA	remote presence virtual+independent telemedicine assistant	远程存在虚拟+独立远程医疗助手
RPC	remote procedure call	远程程序调用
RPI	Rensselaer Polytechnic Institute	伦斯勒理工学院
RPS	room positioning system	室内定位系统
RRSD	Robotics and Remote Systems Division	机器人和远程系统部
RRT	rapidly exploring random tree	快速探索随机树
RS	Reeds and Shepp	Reeds 和 Shepp
RSJ	Robotics Society of Japan	日本机器人学会
RSS	Robotics：Science and Systems	机器人学科学与系统
RSTA	reconnaissance，surveillance，and target acquisition	侦察、监控和目标捕获
RSU	road side unit	路边单元（设备）
RT	real-time	实时
RT	room temperature	室温
RT	reaction time	反应时间
RTCMS C104	Radio Technical Commission for Maritime Services Special Committee 104	C104 无线电技术委员会海事服务特别委员会 104
RTD	resistance temperature devices	电阻温度装置（器件）
RTI	real-time innovation	实时创新
RTK	real-time kinematics	实时运动学
rTMS	repetitive TMS	重复 TMS
RTS	real-time system	实时系统
RTT	real-time toolkit	实时工具包

RV	rotary vector	旋转矢量
RVD	rendezvous/docking	交会/对接
RW	rotary-wing	旋翼
RWI	real-world interface	真实世界界面
RWS	robotic workstation	机器人工作站
R&D	research and development	研究与开发（研发）

S

SA	simulated annealing	模拟退火
SA	selective availability	选择可用性
SAFMC	Singapore Amazing Flying Machine Competition	新加坡神奇飞行器竞赛
SAI	simulation and active interfaces	模拟和主动交互
SAM	smoothing and mapping	平滑和映射
SAN	semiautonomous navigation	半自主导航
SAR	synthetic aperture radar	合成孔径雷达
SAR	socially assistive robotics	社交辅助机器人
SARSA	state action-reward-state-action	国家行动-奖励-行动
SAS	synthetic aperture sonar	合成孔径声纳
SAS	stability augmentation system	增稳系统
SAT	Theory and Applications of Satisfiability Testing	满意度测试理论与应用
SBAS	satellite-based augmentation system	星基增强系统
SBL	short baseline	短基线
SBSS	space based space surveillance	天基空间监测
SC	sparse coding	稀疏编码
SCARA	selective compliance assembly robot arm	选择性柔顺装配机器人手臂
SCI	spinal cord injury	脊髓损伤
sci-fi	science fiction	科幻小说
SCM	smart composite microstructures	智能复合微结构
SCM	soil contact model	土壤接触模型
SD	standard deviation	标准差
SDK	standard development kit	标准开发工具包
SDK	software development kit	软件开发工具包
SDM	shape deposition manufacturing	形状沉积制造
SDR	software for distributed robotics	分布式机器人软件
SDV	spatial dynamic voting	空间动态投票
SEA	series elastic actuator	串联弹性驱动器
SEE	standard end effector	标准末端执行器
SELF	sensorized environment for life	感知生命环境
SEM	scanning electron microscope	扫描电子显微镜
SET	single electron transistor	单电子晶体管
SF	soft finger	软手指
SFM	structure from motion	运动结构
SFX	sensor fusion effect	传感器融合效应
SGAS	semiglobal asymptotic stability	半全局渐近稳定性
SGD	stochastic gradient descent	随机梯度下降
SGM	semiglobal matching	半全域匹配
SGUUB	semiglobal uniform ultimate boundedness	半全局一致终极有界性
SIFT	scale-invariant feature transform	尺度不变特征变换
SIGINT	signal intelligence	信号情报（智能）
SISO	single input single-output	单输入单输出
SKM	serial kinematic machines	串联运动学机器
SLA	stereolithography	立体光刻

SLAM	simultaneous localization and mapping	同步定位与建图
SLICE	specification language for ICE	ICE 规范语言
SLIP	spring loaded inverted pendulum	弹簧加载倒立摆
SLRV	surveyor lunar rover vehicle	"探索者"号月球车
SLS	selective laser sintering	激光选区烧结
SM	static margin	静态裕度
SMA	shape memory alloy	形状记忆合金
SMAS	solid material assembly system	固体材料组装系统
SMC	sequential Monte Carlo	序贯蒙特卡洛
SME	small and medium enterprises	中小企业
SMMS	single-master multiple-slave	单主多从
SMP	shape memory polymer	形状记忆聚合物
SMS	short message service	短信服务
SMSS	single-master single-slave	单主单从
SMT	satisfiabiliy modulo theory	可满足性模理论
SMU	safe motion unit	安全运动单元
SNAME	society of naval architects and marine engineer	海军建筑师和海洋工程师协会
SNOM	scanning near-field optical microscopy	近场扫描光学显微镜
SNR	signal-to-noise ratio	信噪比
SNS	spallation neutron source	散裂中子源
SOFC	solid oxide fuel cell	固体氧化物燃料电池
SOI	silicon-on-insulator	绝缘体上的硅
SOMA	stream-oriented messaging architecture	面向流的信息传递架构
SOMR	single operator multiple robot	单操作员多机器人
SOS	save our souls	拯救我们的灵魂
SOSR	single operator single robot	单操作员单机器人
SPA	sense-plan-act	感知-规划-行动
SPaT	signal phase and timing	信号相位和定时
SPAWAR	Space and Naval Warfare Systems Center	空间和海军作战系统中心
SPC	self-posture changeability	自我位姿可变性
SPDM	special purpose dexterous manipulator	特殊用途灵巧操作臂
SPHE	single-phalanx hand exoskeleton	单指手外骨骼
SPL	single port laparoscopy	单孔腹腔镜
SPL	standard platform	标准平台
SPM	scanning probe microscope	扫描探针显微镜
SPM	spatial pyramid matching	空间金字塔匹配
SPMS	shearer position measurement system	采煤机位姿测量系统
SPS	standard position system	标准定位系统
SPU	spherical, prismatic, universal	球铰-移动副-虎克铰
SQP	sequential quadratic programming	逐步二次规划
SR	single-robot task	单机器人任务
SRA	spatial reasoning agent	空间推理代理
SRCC	spatial remote center compliance	空间远程柔顺中心
SRI	Stanford Research Institute	斯坦福研究所
SRMS	shuttle remote manipulator system	航天飞机遥控操作臂系统
SSA	sparse surface adjustment	稀疏表面调整
SSC	smart soft composite	智能软体复合材料
SSL	small-size league	小型联赛
SSRMS	space station remote manipulator system	空间站遥控操作臂系统
ST	single-task	单任务
STEM	science, technology, engineering and mathematics	科学、技术、工程和数学

STM	scanning tunneling microscope	扫描隧道显微镜
STP	simple temporal problem	简单时间问题
STRiDER	self-excited tripodal dynamic experimental robot	自激式三脚架动力学实验机器人
STS	superior temporal sulcus	颞上沟
SUGV	small unmanned ground vehicle	小型无人地面车辆
SUN	scene understanding	场景理解
SVD	singular value decomposition	奇异值分解
SVM	support vector machine	支持向量机
SVR	support vector regression	支持向量回归
SWNT	single-walled carbon nanotube	单壁碳纳米管
SWRI	Southwest Research Institute	西南研究院

T

T-REX	teleo-reactive executive	远程反应执行器
TA	time-extended assignment	续期任务（时间扩展分配）
TAL	temporal action logic	时间动作逻辑
TAM	taxon affordance model	分类单元供给模型
TAP	test action pair	测试动作对
TBG	time-base generator	时基发生器
TC	technical committee	技术委员会
TCFFHRC	Trinity College's Firefighting Robot Contest	三一学院消防机器人大赛
TCP	transfer control protocol	传输控制协议
TCP	tool center point	工具中心点
TCP	transmission control protocol	传输控制协议
TCSP	temporal constraint satisfaction problem	时间约束满足问题
tDCS	transcranial direct current stimulation	经颅直流电刺激
TDL	task description language	任务描述语言
TDT	tension-differential type	张力差动式
TECS	total energy control system	总能量控制系统
TEM	transmission electron microscope	透射电子显微镜
tEODor	telerob explosive ordnance disposal and observation robot	远程爆炸物处理和观察机器人
TFP	total factor productivity	全要素生产率
TL	temporal logic	时间逻辑
TMM	transfer matrix method	传递矩阵法
TMS	tether management system	系绳管理系统
TMS	transcranial magnetic stimulation	经颅磁刺激
TNT	trinitrotoluene	三硝基甲苯
TOA	time of arrival	到达时间
ToF	time-of-flight	飞行时间
TORO	torquecontrolled humanoid robot	力矩控制仿人机器人
TPaD	tactile pattern display	触觉模式显示
TPBVP	two-point boundary value problem	两点边值问题
TPP	tangential proper part	切向正交部分
TRC	Transportation Research Center	交通研究中心
TRIC	task space retrieval using inverse optimal control	利用逆向最优控制进行任务空间检索
TS	technical specification	技术规范
TSEE	teleoperated small emplacement excavator	遥操作小型挖掘机
TSP	telesensor programming	远程传感器编程
TTC	time-to-collision	碰撞时间
TUM	Technical University of Munich	慕尼黑工业大学

U

U	universal joint	万向节

UAS	unmanned aircraft system	无人机系统
UAS	unmanned aerial system	无人飞行系统
UAV	unmanned aerial vehicle	无人机
UAV	fielded unmanned aerial vehicle	野战无人机
UB	University of Bologna	博洛尼亚大学
UBC	University of British Columbia	不列颠哥伦比亚大学
UBM	Universität der Bundeswehr Munich	慕尼黑联邦国防军大学
UCLA	University of California, Los Angeles	加利福尼亚大学洛杉矶分校
UCO	uniformly completely observable	一致完全可观测
UDP	user datagram protocol	用户数据报协议
UDP	user data protocol	用户数据协议
UGV	unmanned ground vehicle	无人驾驶地面车辆
UHD	ultrahigh definition	超高清晰度
UHF	ultrahigh frequency	特高频
UHV	ultrahigh-vacuum	超高真空
UKF	unscented Kalman filter	无迹卡尔曼滤波器
ULE	upper limb exoskeleton	上肢外骨骼
UML	unified modeling language	统一建模语言
UMV	unmanned marine vehicle	无人潜水器
UNESCO	United Nations Educational, Scientific and Cultural Organization	联合国教育、科学及文化组织
UPnP	universal plug and play	通用即插即用
URC	Ubiquitous Robotic Companion	无处不在的机器人伴侣
URL	uniform resource locator	统一资源定位器
USAR	urban search and rescue	城市搜索救援
USB	universal serial bus	通用串行总线
USBL	ultrashort baseline	超短基线
USC	University of Southern California	南加州大学
USV	unmanned surface vehicle	无人水面航行器（无人水面机器人）
UTC	universal coordinated time	世界协调时间
UUB	uniform ultimate boundedness	一致终极有界性
UUV	unmanned underwater vehicle	无人水下机器人（无人水下航行器）
UV	ultraviolet	紫外线
UVMS	underwater vehicle manipulator system	水下航行器（机器人）操作臂系统
UWB	ultrawide band	超宽频段
UXO	unexploded ordnance	未爆炸军事武器（未爆弹药）

V

V2V	vehicle-to-vehicle	车辆与车辆
VAS	visual analog scale	视觉模拟量表
VCR	video cassette recorder	录像机
vdW	van der Waals	范德华力
VE	virtual environment	虚拟环境
VFH	vector field histogram	向量场直方图
VHF	very high frequency	甚高频
VI	value iteration	值迭代
VIA	variable impedance actuator	可变阻抗驱动器
VIP	ventral intraparietal	顶内腹侧
VM	virtual manipulator	虚拟操作臂
VO	virtual object	虚拟对象
VO	velocity obstacle	速度障碍
VOC	visual object class	视觉对象类

VOR	vestibular-ocular reflex	前庭-眼反射
VR	variable reluctance	可变磁阻
VRML	virtual reality modeling language	虚拟现实建模语言
VS	visual servo	视觉伺服
VS-Joint	variable stiffness joint	变刚度关节
VSA	variable stiffness actuator	变刚度驱动器
VTOL	vertical take-off and landing	垂直起降

W

W3C	WWW consortium	万维网联盟
WAAS	wide-area augmentation system	广域增强系统
WABIAN	Waseda bipedal humanoid	早稻田双足类人机器人
WABOT	Waseda robot	早稻田机器人
WAM	whole-arm manipulator	全臂操作臂
WAN	wide-area network	广域网
WASP	wireless ad-hoc system for positioning	无线特设定位系统
WAVE	wireless access in vehicularen vironments	车辆环境中的无线接入
WCF	worst-case factor	最坏情况因素
WCR	worst-case range	最坏情况范围
WDVI	weighted difference vegetation index	加权差分植被指数
WG	world graph	世界图
WGS	World Geodetic System	世界测地系统
WHOI	Woods Hole Oceanographic Institution	伍兹霍尔海洋研究所
WML	wireless markup language	无线标记语言
WMR	wheeled mobile robot	轮式移动机器人（简称：轮式机器人）
WSN	wireless sensor network	无线传感器网络
WTA	winner-take-all	赢家通吃
WTC	World Trade Center	世界贸易中心
WWW	world wide web	万维网

X

XCOM	extrapolated center of mass	外推质心
XHTML	extensible hyper text markup language	可扩展超文本标记语言
XML	extensible markup language	可扩展标记语言
xUCE	urban challenge event	城市挑战赛

Y

YARP	yet another robot platform	另一个机器人平台

Z

ZMP	zero moment point	零力矩点
ZOH	zero order hold	零阶保持
ZP	zona pellucida	透明带

目　录

第 6 篇
作业型机器人

（篇主编：Alex Zelinsky）

内 容 导 读

第6篇为作业型机器人，涵盖了与日益剧增的机器人应用领域相关的技术进步，从工厂机器人，到采矿、农林、建造、康复与保健、家用机器人等各种行业应用。机器人技术的未来愿景是实现机器人的普遍应用。机器人行业的先驱 Joe Engelberger 在他 1989 年的著作《服务机器人》中写道，写这本书的灵感来自于对机器人应用的预测研究，该研究预测 1995 年机器人在工厂（工业机器人的传统领域）外的应用将占总销售额的 1% 以下。Joe Engelberger 认为这一预测是错误的，而他预测非工业类的机器人应用将成为最大的机器人应用类别。Joe Engelberger 的预测还没有实现，但他确实正确地预见到了机器人在非传统应用领域的增长。本手册的前几篇展示了机器人技术在过去五十年里取得的巨大进步。这项技术已经达到了较为成熟的水平，机器人现在正在从工厂进入现场和服务应用。

第6篇的主题涵盖了创建能够在所有环境中操作并执行有意义工作的机器人所需的基本内容。本篇描述了作业型机器人，包括硬件设计、控制（运动、操作和交互）、感知和用户界面。本篇还讨论了特定应用背后的经济/社会驱动因素。第6篇基于手册前文所有各篇内容。机器人学基础（第1篇）和机器人设计（第2篇）对于为任何针对应用工作的机器人提供基本机构和控制结构至关重要。传感与感知（第3篇）、操作与交互（第4篇）是机器人的关键能力，它们需要与不断变化的环境交互并在人类监督下执行操作任务。为了充分利用工作机器人的潜力，需要移动性和与其他机器人合作的能力，在移动与环境（第5篇）中描述的基本技术至关重要。

第54章　工业机器人　本章介绍了工业机器人典型应用的历史。如今的大多数机器人都可以追溯到早期的工业机器人设计。机器人控制的所有重要基础最初都是以工业应用为目的而开发的。本章介绍了如何设计具有不同机构类型的机器人，以适应不同的应用。

第55章　空间机器人　本章研究用于空间应用的机器人技术，它涵盖了两类技术：轨道系统和行星表面的操作。任何无人驾驶的航天器都是机器人航天器。然而，空间机器人是更有能力的设备，可以促进操作、组装、协助航天员，并作为人类探险者的代替品将探索扩展到遥远的行星。本章介绍了空间机器人系统中的关键问题：操作、机动性、传感与感知、遥操作和自主性，以及处理极端环境，还介绍了空间机器人的历史概况和最新技术进展，并对微重力环境下机器人设备控制的数学基础进行了广泛描述。

第56章　农林机器人　本章描述了机器人如何对农业和林业产生影响。农业是一个由生产力驱动的产业。不断增长的人口促使人们对更多的粮食生产需求不断增长。机器人技术是一种可以改变农业游戏规则的使能技术。本章主要以案例研究的形式介绍机器人技术是如何给农业和林业带来显著变化的。这些案例研究涵盖了机器人技术在田间作物、除草、播种、灌溉、果园作物（涉及水果和蔬菜、林业和畜牧业的应用）、育种、收获、屠宰和加工。案例研究遵循了机器人技术从感知到移动再到操作的进展。本章强调，农业领域是机器人技术应用的一个富有成效的来源，这些应用的要求足够高，需要开发新的技术、方法。

第57章　建造机器人　本章描述了已经提出的建造自动化概念，并介绍了正在使用和处于不同开发阶段的建造机器人的例子。本章对建筑行业进行了概述，讨论了自动化与机器人技术的概念、机器人技术在建筑工地上的应用、越来越多的机器人技术和自动化在非现场施工任务中的应用（如预制工作），以及未解决的技术挑战，包括互操作性、连接系统、公差、电源和通信等。

第58章　危险环境作业机器人　本章讨论了用于处理困难和危险环境的机器人技术。所采用的技术解决方案取决于危险的性质和规模。当危险的程度达到人类暴露其中便会对生命构成直接威胁或造成长期健康影响（如核辐射）时，必须使用某种形式的遥操作。本章描述了处理地雷和危险材料的机器人技术，如爆炸物的处理，以及危险生物和核材料的处理，讨论了支持排雷和危险品处理的使能技术，包括移动平台、操作臂设计、遥操作和控制，以及通过可靠的系绳提供能量和通信信号。本章最后讨论了推动该领域发展所需的相关技术进展，包括机电一体化设计、传感、机器智能，以及充分了解应用及其相关经济因素的进展。

第59章　采矿机器人　本章讨论了机器人技

术在采矿业中的应用。采矿仍然是体力劳动和危险的工作。机器人技术的应用范围很大，因为采矿需要以经济和安全的方式处理大量的材料。高运营成本、提高生产力的需求及改善健康和安全品质是机器人技术的有力推动因素。机器人技术和自动化技术提供了在生产力和安全方面的下一步变革性技术。本章回顾了现代采矿实践和技术驱动因素，描述了与地表采矿和地下采矿相关的机器人技术。本章涵盖了与挖掘、钻探、炸药处理、搬运、运输、运输车车队管理、矿山自主测绘和采矿事故中恢复的机器人救援相关的技术，考虑了与在极端环境中采矿相关的挑战，如海底资源的开采，以及星际勘探和采矿的长期可能性。

第 60 章 **救灾机器人** 本章描述了一个新兴应用领域的最新技术。最近，机器人作为灾害反应者的扩展，可提供实时视频和其他感官数据。这项技术仍处于新兴阶段，并开始被国际应急反应界采用。消防部门正在使用机器人进行炸弹处理。本章描述了灾害的基本性质、对机器人设计的影响、在福岛第一核电站泄露等灾害中实际使用的机器人类型、有前途的设计、未来概念和救灾机器人评估标准，讨论了救灾机器人技术所面临的基本挑战，包括从概念到解决方案技术的演变这一关键挑战。

第 61 章 **监控与安保机器人** 本章介绍了军事和民用领域的监控与安保机器人，描述了涵盖各种监控与安保机器人在地面、空中和海上领域的应用环境，提供了关于移动性组件、传感器有效载荷、通信系统和操作员控制界面的系统性概述，以及对使能技术的描述。本章最后回顾了当前的研究课题，并讨论了监控与安保机器人的未来发展方向。

第 62 章 **智能车** 本章描述了智能车的新兴机器人应用领域：具有自主功能和能力的汽车，阐述了智能车发展很重要的原因，简要说明了该领域的历史和该技术的潜在好处，介绍了智能车感知车辆、环境和驾驶员状态、使用数字地图和卫星导航，与智能交通基础设施进行通信的使能技术，与道路场景理解相关的挑战和解决方案，还介绍了先进的驾驶辅助系统，该系统使用机器人技术为汽车创造新的安全和便捷系统，如避免碰撞、车道保持、驻车辅助、驾驶员监控，以减轻驾驶员的疲劳，避免注意力不集中和损伤。

第 63 章 **医疗机器人与计算机集成外科手术** 本章描述了医疗机器人的发展。在过去的二十年里，从脑外科手术、整形外科手术、内窥镜外科手术和显微外科手术开始，该领域已经扩展到包括商业营销、临床部署的系统和活跃的研究社团。本章对该领域进行了历史回顾，并使用当前和过去研究的例子讨论了医疗机器人发展的主要推动力。医疗机器人在更大的计算机集成系统的背景下被描述，包括术前规划、术中执行、术后评估和随访。本章介绍了计算机集成外科手术的基本概念，包括影响医疗机器人部署和接受的关键因素，概述了医疗机器人系统，包括远程手术和机器人外科手术模拟器，并讨论了该领域未来的研究方向。

第 64 章 **康复与保健机器人** 本章描述了帮助残疾人或疾病患者提供康复治疗的机器人系统，对该领域进行了历史回顾，介绍了物理治疗和康复训练机器人，针对残疾人的机器人辅助治疗，以及康复机器人智能假肢与矫形器的发展。本章还概述了康复的诊断和监测工作，并对康复与保健机器人技术未来的挑战进行了全面讲解。

第 65 章 **家用机器人** 本章描述了每个人有一天都将会在家里使用的技术，这些技术可以给房屋吸尘、清洁厨房、装载洗碗机或擦鞋。尽管有数亿名潜在用户，但目前家用机器人仍很少。本章以清洁机器人为例探讨了将家用机器人商业化的成功因素，回顾了家庭地板清洁机器人、泳池清洁机器人、窗户清洁机器人和割草机器人，探讨了诸如竞技机器人和远程呈现机器人的智能设备，介绍了智能环境和智能家居的研究项目，家用机器人的传感、避障、定位、建图和覆盖技术。

第 66 章 **竞赛机器人** 本章探索了使用竞赛来加速机器人研究并促进教育发展。机器人竞赛已经被证明可以推动机器人领域的创新。本章涵盖两种广泛类型的机器人竞赛：以人类为灵感的竞赛和基于任务的挑战赛。以人类为灵感的机器人竞赛主要是体育竞技，开发了支持解决问题的平台。基于任务的挑战赛通过为机器人技术提出一个严峻的新挑战来吸引参与者。机器人竞赛的三个案例研究中分别介绍了机器人足球赛、无人机挑战赛和DARPA重大挑战赛。这些案例研究描述了参与者面临的组织挑战，竞赛的好处和局限性，以及运行良好的机器人竞赛需要什么。

第 54 章
工业机器人

Martin Hägele，Klas Nilsson，J. Norberto Pires，Rainer Bischoff

许多使机器人可靠、对人类友好、适用于多种应用的技术都来自工业机器人制造商。据估计，2014 年的工业机器人安装总数约为 150 万台，当年约有 171000 台新设备，机器人行业的年营业额估计为 320 亿美元。目前机器人技术最大的商业应用是工业机器人。

机器人运动规划和控制的基础最初就是根据工业应用开发的。这些应用值得特别关注，以便了解机器人科学的起源，并认识到许多尚未解决的问题，这些问题仍然阻碍着机器人在当今敏捷制造环境中的广泛应用。在这一章中，我们简要介绍了典型工业机器人应用的历史，同时讨论了当前最先进的关键技术发展。我们展示了具有不同机构类型的机器人如何适应不同的应用，以及最新技术如何进一步推动应用，这些技术通常来自制造自动化之外的技术领域。

我们将首先简要介绍工业机器人的历史，并选择最新应用实例，这些实例同时涉及一项重要的关键技术。然后，概述了工业机器人的基本原理和编程方法。我们还将特别从数据集成的角度介绍系统集成这一主题。这一章将以目前阻碍工业机器人广泛使用的一些未解决问题为基础进行展望。

54.1 工业机器人：机器人研究和应用的主要驱动力

尽管机器人被认为是当今竞争性制造业的基石，尤其是在汽车和相关部件装配领域，但制造业要有效应对消费者行为和全球竞争力的不断变化，仍有许多挑战需要解决。此外，高增长行业（电子、食品、物流和生命科学）、新兴制造工艺（胶合、涂层、激光工艺、精密装配、纤维材料加工）以及实现可持续性工艺将越来越依赖先进的机器人技术[54.1]。此外，如果机器人更容易安装，更容易与其他制造过程集成和编程（特别是具有自适应传感和自动错误修复功能），那么可行的应用范围将显著增加。进一步的挑战来自各种类型的控制［可编程逻辑控制器（PLC）、计算机数控（CNC）传感器］与机器人控制器的集成，人-机器人协作和轻型/重型机器人的无围栏作业，以及节能需求的增加。

工业机器人的设计和生产，以及机器人工作单元的规划、集成和操作在很大程度上是独立的工程任务。

为了能够实现大量生产，机器人的设计应该满足最广泛的潜在应用的要求。由于这在实践中很难实现，因此针对装配、码垛、喷漆、焊接、机械加工和一般搬运任务等应用，出现了各种类型的机器人设计指标，包括有效负载容量、机器人轴数和工作空间体积。

一般来说，一个机器人工作单元由一个或多个带控制器的机器人和所谓的机器人外围设备组成，例如，夹具或工具、安全装置、传感器，以及用于移动和呈现部件的重要移动部件。一个完整的机器人工作单元的成本通常是单个机器人成本的 4～5 倍；然而，通过使用更多的机器人功能和人工智能，人们正在努力大幅降低这些成本[54.2]。机器人工作单元通常是定制规划、集成、编程和配置的结果，需要大量的工程专业知识。用于制定和设计机器人工作单元的标准化工程方法、工具和最佳实践示例已变得可用，可以提供可预测的性能并确保投资回报[54.3]。

现今的工业机器人主要根植于资本密集型的大批量制造需求，典型的是汽车、电子和电器行业，这些行业占所有机器人安装的 80%。未来的工业机器人将不仅仅是今天设计的一个扩展，而是将遵循新的设计原则，出现在更广泛的应用领域和行业。与此同时，新技术，特别是来自信息技术（IT）或消费领域的新技术将对未来工业机器人的设计、性能、使用和成本产生越来越大的影响。

国际和国家标准现在有助于量化机器人的性能，并定义安全预防措施、几何图形和交互界面[54.4]。大多数机器人在有安全保障下运行，以保持人-机器人间的安全距离。最近，改进的安全标准允许直接的人-机器人协作，允许机器人和工厂工人共享同一个工作空间[54.5,6]。

54.2 工业机器人简史

工业机器人的发明可以追溯到 1954 年，当时发明家 George Devol 申请了一项程序化的物品搬运专利（图 54.1）。在与年轻的工程师和企业家 Joseph Engelberger 合作后，第一家机器人公司 Unimation 成立了。1961 年，第一个机器人在通用汽车公司（General Motors）的一家工厂投入使用，用于从压铸机中移出零件。大多数液压驱动的机器人

Unimates 在接下来的几年里被销售用于工件处理和车体点焊[54.7]。很快，很多工业国家的众多公司开始开发和制造工业机器人，一个创新驱动的产业由此诞生[54.8]。第一届工业机器人国际研讨会（现在的 ISR）于 1970 年在芝加哥举行，它证明了机器人技术已经成为一个充满活力的研究团体的活动领域。

图 54.1 工业机器人的发明

a）这个专利是 G. Devol 和 J. Engelberger 共同努力的起点，并成立了第一个机器人公司 Unimation，它是 universal 和 automation 的组合词。这个公司在 20 世纪 80 年代后期并入 Westinghouse 公司

b）1961 年第一个 Unimation 在通用公司工厂执行了一个相当简单的操作。其他汽车公司随后也使用它。照片中是第一个安装在福特公司的机器人，该照片源自迪尔伯恩市的博物馆

1969 年，Victor Scheinman 设计了突破性的斯坦福操作臂作为研究原型样机（见第 1 卷第 4 章）。这个 6 自由度全电动操作臂由当时最先进的计算机 DEC PDP-6 控制。一个移动关节和 5 个旋

转关节组成的非对称运动学构型，使得求解机器人运动学的方程足够简单，从而加快了计算速度。驱动器由直流（DC）电动机、谐波传动和直齿轮减速器、电位计和转速计组成，用于位置和速度反馈[54.9]。后来的机器人设计大多深受 Scheinman 概念的影响。

1973 年，ASEA 公司（现在的 ABB 公司）推出了第一台微型计算机控制的全电动工业机器人 IRB-6，它允许连续路径（CP）运动，这是许多应用的先决条件，如电弧焊或材料去除（图 54.2）。在 20 世纪 70 年代，机器人在汽车制造业中的广泛应用主要集中于（点焊）焊接和搬运（图 54.3）[54.10]。

a)   b)

图 54.2　全部电气化的 IRB-6 和一种 SCARA 类型的运动学机器

a）首先出现于 1973 年，IRB-6 是开创性的设计，因为它是第一个系列性机器人产品。它组合了所有电气驱动技术及可用于编程和移动控制的微处理器。该类型机器人被证明具有很好的鲁棒性。具有 20 年以上严格制造的长期使用记录（记录源自 ABB Automation，弗赖堡）　b）SCARA 非常适用于装配任务，因为它组合了垂直轴的刚性和水平轴的柔顺性。在 1978 年，第一个 Hirata AR-300 研制出来。本图所示是新一代的设计产品 AR-i350。SCARA 设计结合 3~4 个旋转轴和 1 个平移轴（源自 HIRATA Robotics，美因茨）

1978 年，日本山梨大学的牧野洋发明了选择性柔顺装配机器人操作臂（SCARA）[54.11]。开创性的四轴低成本设计非常适合小零件装配，运动学构型允许快速和顺应性的手臂运动（图 54.4）。基于 SCARA 机器人和兼顾产品设计（DFA）的柔性装配系统极大地促进了大批量电子产品和消费产品的繁荣[54.12]。机器人动力学和精度的进一步优化致使第一个直接驱动的 SCARA 机器人 AdeptOne 在 1984 年诞生[54.13]。

对机器人速度、精度和重量的要求催生了新的运动学和传动设计。自 20 世纪 80 年代以来，通过开发并联运动学机器（PKM），将机器的基座与末端执行器通过 3~6 个并联的支链连接起来，实现了结构的轻量化和刚性化，如图 54.5 所示。这些所谓的并联机器人（见第 1 卷第 4、18 章）特别适合

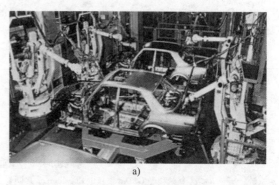

a)

图 54.3　Cincinnati Milacron T3 和 Unimation 公司 PUMA 560

a）1974 年，Cincinnati Milacron 提出了第一个微处理器控制机器人。第一台 T3（未来工具）模型，它使用液压驱动，后来被电动机驱动替代。20 世纪 70 年代后期，CM 机器人部门被并入 ABB 公司

实现短周期（如用于拣选）、精确（如用于材料移除）或处理高工作负载（图 54.5），并且已经在先进制造中找到了它们的用户群[54.14]。然而，工作空间的体积往往比尺寸相当的串联或开链机器人小得多。

降低串联机器人结构的质量和惯性一直是一个主要的研究目标，其中重量负载比优于人类手臂（1∶1）被认为是最终基准。2006 年，机器人制造商 KUKA 推出了它们的 LBR 轻型原型机器人，这是一种紧凑型的 7 自由度操作臂，具有先进的转矩控制能力，最近已在高性能工业应用中引入[54.15]。接近人类灵活性的下一个明显的阶段是最近推出的双臂机器人设计，图 54.6 描述了一些最新的发展[54.16]。结合机器人支持人-机器人安全协作的能力，可以实施新的制造理念，将性能、生产率和人体工程学质量扩展到人工工作场所[54.17]。

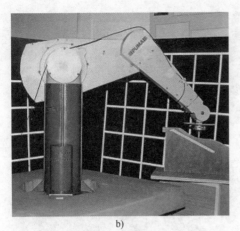

图 54.3 Cincinnati Milacron T3 和 Unimation 公司
PUMA 560（续）

b）这个 6 轴可编程万能装配机（PUMA）近似接近人的
手臂。1979 年由 Unimation 公司推出。它成为最流行的
操作臂之一，而且在那以后许多年被作为
机器人研究的参考对象

图 54.4 一个自动录像机（VCR）装配线（1989 年），它使用带有多个手爪工具转台的 SCARA。
在 VCR 进入全部自动装配线的下一站之前，一个机器人装配 5 个零件

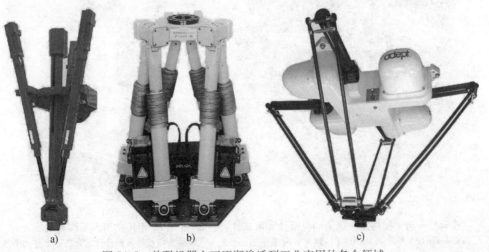

a)   b)   c)

图 54.5 并联机器人正逐渐渗透到工业应用的各个领域
a）Neos Tricept 600 b）Fanuc F-200iB c）Adept Quattro

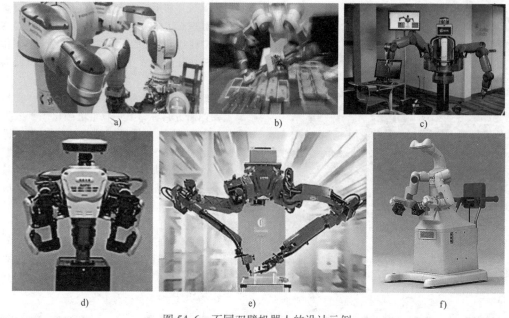

图 54.6 不同双臂机器人的设计示例

a) Motoman b) ABB c) Rethink Robotics d) Kawada Industries e) COMAU f) Seiko Epson

在工业机器人发展的同时，自动导引车（AGV）也应运而生。这些移动机器人用于在工业环境中沿预定或虚拟路径搬运工件或装载设备。在自动化柔性制造系统（FMS）的概念中，AGV 已经成为其路线柔性的重要组成部分。最初，AGV 依靠预先准备好的地板，如嵌入的电线、磁铁或其他标签来进行运动引导。与此同时，沿着虚拟轨迹自由导航的 AGV 已经进入大规模制造和物流领域。通常，对它们的导航是基于激光扫描仪，激光扫描仪能提供精确真实环境的二维甚至三维地图，用于自我定位和避障。早期，AGV 和机器人操作臂的结合被提出来，并用于自动装卸机床（图 54.7）。安全和供电一直是这些系统在工业实践中推广的障碍。目前，移动操作的第一个解决方案出现了[54.18]。

图 54.7 为了提高工厂物流的灵活性和可靠性，在 20 世纪 80 年代初引入了移动机器人

a）在 Fraunhofer IPA 开发的 MORO（1984 年）是最早的原型之一，该原型将机器人操作臂结合在一个移动平台上，该平台沿着一根埋在地板上的电线移动 b）KUKA omniRob 由全向平台和 LBR iiwa 轻型操作臂组成，构成了运动学上高度冗余的机器人系统（由 KUKA 提供）

在人类工作场所中，交替使用人和机器人或在工作空间共享/协作场景中同时使用人和机器人的能力激发了拟人双臂机器人的设计（图 54.6）。虽然这种设计最初在工业上的接受度较低，但编程舒适性、确保人-机器人安全共存/协作和系统成本方面的进步，导致人们对在敏捷制造概念中使用双臂产生了浓厚的兴趣，尤其是在装配和搬运应用中[54.19]。双臂系统提出了一种新的方法来使用功能强大和精益型的机器人，这种机器人易于由制造终端用户安装在不适于人工工作的场所。

如今，工业机器人被视为未来制造业竞争力和经济增长的核心支柱：

1）国际机器人联合会（IFR）估计，在 2000—2008 年间，机器人产业直接或间接地创造了 800 万～1000 万个高质量工作岗位。据估计，在 2012—2020 年间，机器人生态系统创造了 400 万个工作岗位[54.20]。机器人创造就业机会的程度一直存在争议。然而，无可争议的是，在制造业中更广泛地使用机器人能够显著增强公司或工业部门的竞争力[54.21]。在经济上，制造业生产率的提高对经济增长尤其有效。没有制造能力，就没有可持续的产品创新，而制造能力包括规划、设计和操作先进机器人系统的知识和实践[54.22]。

2）2014 年，机器人的平均价格约为 46800 美元，约为 1990 年同等价格的 1/3。与此同时，机器人的性能参数，如速度、负载能力和平均故障间隔时间（MTBF）也得到显著改善。这意味着自动化变得更加经济实惠，提供了更快的投资回报[54.1]。

3）传统上，机器人自动化在精益制造战略的实施中没有发挥重要作用。然而，目前人们正在努力将工业机器人引入精益、敏捷制造领域。特点是机器人解决方案可以根据需要被灵活地添加到制造系统中，由于减少了外围设备和系统集成（系统开箱即用），因此在生命周期成本（LCC）的基础上比今天的系统便宜得多[54.23]。随着机器人成为制造业的商品，它们今天可能会像手持电动工具一样直观、自然地使用。由于先进的传感、控制以及将机器人设置和操作嵌入信息技术基础设施中，这将意味着直观和安全的人-机器人协作和多功能性。

4）未来工厂将代表一个自组织信息物理系统（CPS）的网络。作为工业互联网的一部分，CPS 嵌入了计算、网络和物理过程，可以代表制造设备，如机床、夹具、托盘、输送机、工具等，或者控制和记忆其生产的工件。机器人被认为是未来智能工厂的核心，它结合了制造灵活性、盈利能力、人体工程学和最小化资源消耗等特点[54.24]。

5）组装中的机器人尚未达到其预计的安装潜力，主要是由于低廉的劳动力成本和精益组装工作系统，该系统支持在最大限度地减少浪费的前提下，达到最高的灵活性和生产率。其中部分原因是，对于具有工业鲁棒性的装配任务，灵巧操作进展缓慢。科研人员提出了转矩控制的轻型机器人[54.25]和双臂机器人系统来模拟人体工程学和执行任务[54.26]。

6）租赁、按服务付费等新的融资模式将允许最终用户按需使用机器人，或者让制造服务提供商在按生产付费的基础上运营生产线[54.27]。

图 54.8 描述了工业机器人最近向全球制造业扩散程度的一些关键数据。

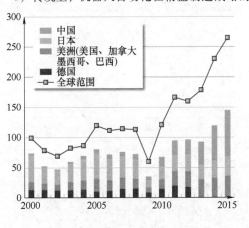

a)

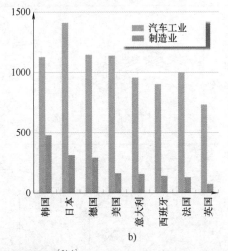

b)

图 54.8　全球工业机器人使用统计[54.1]
a）在某些国家的年度估计机器人安装量（1000 台，2015 年估算）
b）2014 年在汽车和制造业中每万名员工的多功能工业机器人（所有类型）的数量

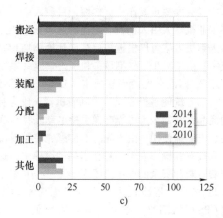

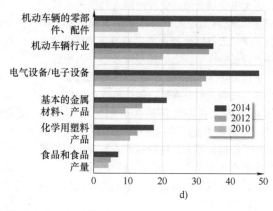

图 54.8   全球工业机器人使用统计[54.1]（续）

c）在主要应用领域中，全球每年估计的工业机器人出货量

d）主要工业分支机构的工业机器人的估计全球年度出货量

54.3   工业机器人的运动学构型

根据定义，工业机器人是一种自动控制、可重新编程的多用途操作臂，可在三个或更多轴上编程，可固定在适当位置或移动用于工业自动化应用[54.28]。机器人可以根据其独立运动轴的数量、影响大多数机器人运动特性的机械结构、用于确定关节运动的计算方法以及机器人工作空间的形式和大小来分类。机器人机械结构由连接相邻（棱柱形、旋转形、圆柱形或球形）关节的刚体连杆组成。表 54.1 列出了几种常见类型的机器人机械结构。当然，工业机器人的工作空间可以通过将操作臂放置在额外的线性轴上来显著扩展，有时可以达到 50m 以上的长度，甚至可以放置在移动平台上。此外，机器人的机械结构可以由关节模块构成，这些关节模块通过连杆连接以形成特定任务的设计。

表 54.1   工业机器人机械结构的主要类别

类别	龙门式（直角式）	SCARA	关节型	并联式
机器人主轴结构	3 个转动关节	1 个移动和 3 个转动关节	3 个转动关节	通常具有 3、4 或 6 个移动轴
工作空间				

54

（续）

类别	龙门式（直角式）	SCARA	关节型	并联式
工程实例	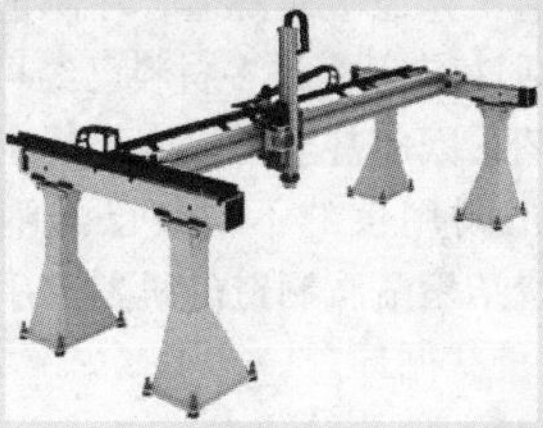			

注：龙门式是笛卡儿坐标机器人的典型名称，具有 3 个移动关节，其轴与笛卡儿坐标系重合。选择性柔顺装配机器人操作臂（SCARA）具有 3 个旋转关节，以在选定平面内提供柔顺性。关节型机器人具有 3 个或 3 个以上（通常为 6 个）旋转关节，与它们互连的连杆串联连接。并联式机器人的特点是通过连杆形成闭环结构，如 Delta 机器人（图 54.5）（图片由 Güdel、ADEPT、ABB、PI 提供）。

随着运动控制和计算机硬件处理能力的提升，与早期机器人设计者相比，计算对机构选择的约束要小得多。机器人机械结构的选择主要取决于基本的机械要求，如有效负载和工作空间大小。考虑到给定的成本水平，通常会在工作空间与刚度之间进行平衡。为了使机器人能够到达障碍物内部或周围，使用铰接式机械设计显然是有利的。

考虑到刚度和精度（在实际意义上考虑什么是合理的设计），设计会更加复杂。表 54.1 中前三种类型均被称为串联运动学机器（SKM），而最后一种是并联运动学机器（PKM）。为了获得最大的刚度，同样对于一定的最低成本水平，末端执行器若能从不同的方向得到更好的支撑，此时 PKM 具有显著的优势。另一方面，如果主要考虑高刚度（但不是低重量和高灵活性），典型的计算机数控（CNC）机器（例如，用于铣削）在原理上与龙门式结构相同。还有带有伺服控制执行器的模块化系统可以用来制造带有专门设计的机器人机构。

54.4　典型的工业机器人应用

在工业机器人的许多可能用途中，将简要描述高潜力机器人应用中的选定案例研究，同时将描述典型的相关使能技术。

54.4.1　搬运

机器人搬运包括很多过程，如抓取、运输、包装、码垛和拣选。搬运是最大的机器人应用领域（图 54.8），它存在于制造和物流的所有分支中。机器人搬运系统工程中的一个核心特征和主要挑战是在给定工件的物理属性、产量、几何形状和位置不确定性等情况下，设计手爪和相关的抓取策略。当前机器人搬运系统的高潜力应用包括监控无工人轮班操作的数控机床[54.29]；基于人机工程学原因或当超出负载搬运规定限制时进行码垛和提升物体[54.30]；为保证食品、药物和半导体行业的典型清洁要求[54.31-33]，避免工作单调和心理压力，通过工件或物体跟踪确保物流质量[54.34]。在下文中，将重点介绍两个物料搬运的应用案例，每个案例都处于不同的工业领域，并且基于特定类型的工业机器人和使能技术。

1. 食品处理和加工

食品行业被认为在机器人的应用方面具有巨大的潜力，因为可以实现生产率、产品质量和工人工效学的根本性改变[54.35]。在食品自动化中，人手不能触及这一条件对机器人自动化提出了严格的要求，如卫生设计、操作速度、编程简易性和成本。过去，由于需要高产量，这些要求很难实现，因此需要快速抓取和快速机器人运动，以及用于检测传送带上物体位置的鲁棒性感知。高灵活性下的高速度显然是食品个性化处理的关键。因此，快速 SCARA 和并联机器人在这一领域得到了广泛的应用。

图 54.9 描述了食品生产中包装线的一个例子，其中切割的香肠在每个传送带上以四个流程

的形式被随机地输送。香肠在半透明带上的位置由计算机视觉系统确定。机器人从测量的位置依次抓取香肠，直到手爪抓住三根香肠，然后将香肠放入空腔。使用四个并联机器人，每分钟最多可以抓取600根香肠。该应用的关键是其高速二维计算机视觉系统，该系统为机器人的路径规划提供无碰撞抓取的信息，同时使未抓取的香肠的损失率最低[54.37]。

最近的努力实现了通过三维打印（增材制造）定制的抓取系统设计，例如，包括通过气动驱动波纹管和低磨损金属接头的驱动。图54.10描述了一个用于食品处理的基于三维打印的高速驱动手爪的例子。增材制造工艺似乎非常适合在制造自动化中实现更高的灵活性[54.38]。许多材料已经可以用于不同的增材制造工艺，因此甚至可以满足特定的制造要求。最初对手爪耐用性的不信任已经消除。据报道，基于激光烧结聚酰胺制造的机器人手爪的寿命超过1000万次负载循环。

图54.9 食品生产中的包装线实例

注：香肠是从绳子上切下来的，然后在盖上盖子之前放入热成型的空腔中。机器人协调和抓取频率的优化需要为每个机器人选择最佳路径。错过的香肠会被反馈到传送带上，以便再次尝试。图中所示的4自由度并联机器人达到1~3Hz的频率，可移动高达8kg的有效负载（由德国Robomotion公司提供）。

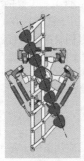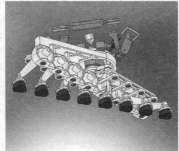

图54.10 通过增材制造得到的轻质定制化真空高速驱动手爪（0.75kg）

注：饼干在传送带上被连续传送，直接在传送带上被手爪抓取，在最终包装之前，八批饼干被放在泡罩矩阵上。手爪由气动驱动，其旋转通过并联机器人的旋转中心实现（由德国Robomotion公司提供）。

2. 拾箱问题

一般来说，机器人工作单元规划的工业实践是为了在减少工件位置的变化和补偿剩余变化或不确定性的传感器系统的成本之间找到折中方案。今天，绝大多数零件都能够以可重复的方式到达机器人工作单元，要么储存在特殊的载体或料盒中，要么通过可以使零件固定在可预测的方向上的振动装置进行运输和定向，以便机器人可以正确抓取。然而，制造自动化的成本和灵活性要求将导致定制零件的减少，以及更通用的载体、容器或传送带的增多。如果零件被随机定位在传送带或载体上，它必须被

正确识别和定位，以便机器人能够实现无碰撞抓取。

自20世纪80年代中期以来，许多研究人员一直在研究使用机器人抓取部分或随机排序的零件的问题，这被称为拾箱问题。尽管已经提出了大量方法，但直到最近，拾箱装置才大量进入日常生产。拾箱算法遵循典型的步骤顺序：初始点云数据采集、对象检测、位姿估计、无碰撞路径和抓取、规划、对象抓取和对象放置。大多数拾箱方法假设已知工件的几何表示（计算机辅助设计建模），包括应用模板匹配方法的容许抓取规格[54.40,41]。图54.11描述了一种快速模板匹配方法的变体，它

包含以下检测对象位姿的步骤:

1) 为了检测场景 (例如, 随机填充有工件的载体或盒子), 通常使用基于激光的传感器系统来获取足够密集的点云。然后, 对象位姿检测被认为是一个组合优化问题, 对其应用了构造型启发式算法。对于这种启发式树搜索, 最初从搜索空间导出有限组可能的工件位姿。

2) 为了使用决策树, 搜索集的元素被分成两个部分:第一部分描述了作为工件表面一部分的搜索空间中的兴趣点 (POI)。第二部分描述相对于兴趣点的可能工件位姿。由此获得的部分搜索量与原始搜索集相比具有明显更低的复杂性, 因为兴趣点可以提供对相对工件位姿的约束, 从而限制它们假定的运动自由度。

3) 可以使用典型的树搜索策略, 如最佳优先搜索。在这种情况下, 最佳优先搜索通过首先扩展

最有希望的节点来探索搜索树。这些节点是根据启发式评估分数选择的, 该分数表示从节点到解的估计距离。

4) 工件位姿的最终评估由六维霍夫投票程序提供, 即广义霍夫变换。用于霍夫投票的特征是相对于兴趣点定位的传感器测量值。对于相对于兴趣点的传感器测量的所有可能的集合, 可以做出关于可能的工件位姿的概率性的陈述。通过所有概率陈述的叠加, 可以形成备选解, 这些备选解要经过基于质量评级的统计测试。所获得的质量等级以及给定的显著性水平被用来决定工件位姿的接受度。

该方法通过使用标准个人计算机能够在 0.5 ~ 2s 内平均定位 3 ~ 4 个工件。此外, 机器人手爪配备有第七轴, 它可以从箱子的角落抓取零件。而且, 手爪应以一种仅有最小的碰撞体积的方式深入箱子中。

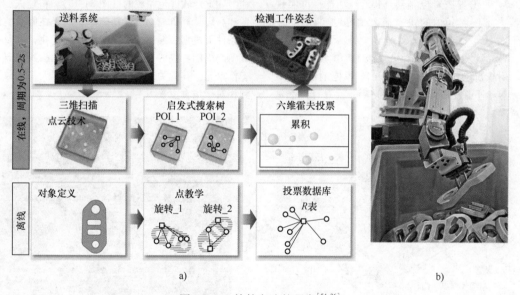

a)　　　　　　　　　　　　　　　　　b)

图 54.11　拾箱方法的程序[54.36]

a) 具有额外自由度的手爪, 用于深入箱子　b) 描绘了在旋转单元上的二维激光扫描仪, 用于平行于机器人的运动获取点云。物体检测本身消耗 0.5 ~ 2s, 比机器人的运动和抓取时间少

54.4.2　焊接

焊接是一种通过加热 (有时是加压) 来连接材料的制造工艺。通常, 工件材料会在加工位置熔化, 也常常会添加填充材料。典型的基于机器人的焊接过程是点焊, 特别是在车身装配以及熔化极气体保护电弧焊 (GMAW) 中。随着激光源的小型化和机器人运动精度的提高, 激光焊接正在兴起。

手工焊需要熟练的工人, 因为焊缝中的小缺陷

会导致严重的后果。此外, 焊工暴露在危险的工作条件下 (烟雾、不符合人体工程学的工作位置、高热和噪声), 因此在 GMAW 过程中, 机器人的使用变得有利, 即使是最小批量的焊接。通常, 自动电弧焊接过程基于易耗焊丝和通过焊枪供给的保护气体。现代焊接机器人特别适合以下特点:

1) 计算机控制允许对任务序列、机器人运动、外部驱动器、传感器以及与外部设备 (如焊接源) 的通信进行高效编程。

54

2）机器人位置或姿态、参考系和路径的自由定义和参数化。

3）路径重复精度和定位精度高。典型的重复精度为±0.05mm，定位精度优于±1mm。这些值可以通过先进的机器人标定方法得到显著改善[54.42]。

4）末端执行器的速度可达 8m/s，可快速接近和离开。

5）通常，关节式机器人有 6 个自由度，因此可以达到其工作空间中的指定姿态和位置，这意味着在焊接情况下有一个自由度可以绕旋转对称的焊接工具旋转。此外，通过将机器人安装在线性轴（第 7 个自由度）或者在移动平台上来扩展工作空间是常见的，尤其是对于大型结构的焊接。

6）典型有效负载范围为 6~150kg。点焊焊枪及其电缆组件需要更高的负载能力（通常大于 50kg）。

7）可编程逻辑控制器（PLC）功能，可实现机器人工作单元内的快速输入/输出控制和同步动作。

8）通过工厂通信网络与高级工厂控制对接。

用于自动清洁和维护 GMAW 焊枪的电流源、点火器和外围设备（防溅、线切割、换刀等）都是专业公司提供的。传感器通常用于跟踪焊缝间隙，并在焊接过程之前或实时测量焊缝，从而在工件变化和变形的情况下调整机器人的轨迹。此外，还引入了协作机器人，其中一个机器人固定和移动工件；与此同时，另一个机器人携带焊接工具，从而可以在熔融金属池水平的情况下进行焊接。

1. 用离线编程实现汽车工业中的点焊

汽车制造一直是工业机器人技术发展的关键驱动力之一，因为点焊枪的精确操作是第一批突破性使用案例之一（图 54.12）。白车身（即未上漆的车身）装配主要由机器人完成，这与最终以体力劳动为主的装配形成鲜明对比。对更短工作周期的要求导致了点焊枪和机器人的同步协调运动：在焊接过程中，当焊枪围绕电极轴旋转的同时，机器人继续移动[54.43]。

大多数点焊机器人的编程都是使用离线编程（OLP）软件包完成的（图 54.13）。机器人、设备和高级计算机辅助设计功能库有助于在假设的制造条件下规划、编程、可视化和布局优化，以及完成生产周期。机器人程序可以生成并下载到机器人工作单元。其中关键的一步是校准机器人工作单元到相对于仿真位置[54.44]。

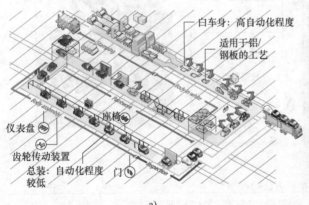

a)　　　　　　　　　　　　　　　　　b)

图 54.12　汽车制造

a）通常遵循装配线上的步骤：将金属板冲压成板材，将板材固定并对齐在托盘上，点焊、车身喷漆，以及车身的最终组装（车门、仪表板、风窗玻璃、电动座椅和轮胎）。汽车工厂可以容纳 1000 多个工业机器人，通常每天三班工作（由标致雪铁龙集团和巴黎艺术电影公司提供）　b）奥迪在德国英格尔斯塔德的工厂是高度自动化的。图为白车身输送线沿线的点焊机器人。载着车身的托盘穿过机器人工作区

2. 金属结构中的电弧焊

通常，钢结构是使用计算机辅助设计程序设计的，该程序为 GMAV 任务定义提供功能，如焊接参数、多道焊缝、焊道排序等。该信息可用于自动生成焊接机器人程序，即使是对于批量为 1 的作业。

例如，焊接机器人程序的生成原理如图 54.14 所示。用于大型大厅的高达 15m 的大型桁架是按尺寸焊接的。机器人程序由带有工艺相关信息的计算机辅助设计图样生成。例如，通过将钢部件放入夹具，材料在其自身重量下会发生弯曲，工件公差通

过主动测量进行补偿。安装在机器人上的传感器通过基于激光的视觉来定位焊缝,以使生成的程序与实际焊缝相匹配。如果预期和实际的焊道位置在 ±2.5cm 的范围内则会自动进行校准。

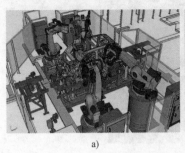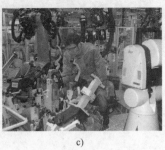

a)   b)   c)

图 54.13   点焊机床的离线编程

a) 机器人工作单元和任务执行是在真实机器人模型(几何、运动学、动力学)的基础上建模的

b) 激光跟踪器是一种便携式测量系统,依靠激光束精确测量径向体积(精度为 ±10μm/m,测量直径可达 80m,测量速率可达 3000 点/s)。如果被测物体不能配备反射目标或被跟踪器触及,则改为手持跟踪探头

c) 用于交互式测量机器人工作单元几何形状的跟踪器(由 Leica 提供,现为 Hexagon MI)

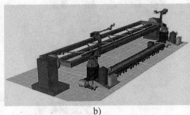

a)   b)   c)   d)

图 54.14   机器人批量焊接建筑桁架

a) 一个钢桁架的计算机辅助设计图样,其中包含焊接过程的相关信息   b) 一半的焊接工作单元,当另一半的相邻桁架加载或卸载时,两个焊接机器人同时在桁架上工作   c) 基于激光的焊缝查找和跟踪传感器
d) 焊接机器人(由加拿大 Servo Robot 公司,德国 Goldbeck 公司提供)

54.4.3　装配

制造中的装配是指通过连接将子系统或部件组合成更复杂的系统。它包括四个过程:连接、搬运、控制和辅助过程(清洁、调整、标记等)[54.45]。这四种功能的组成可能因批次大小、产品和产量而异:从装配工作单元到高产量装配线。装配过程成本占产品制造成本的 80%,这是获得最大的竞争优势所在[54.46]。因此,装配优化包括紧密交织的几个方面:装配设计(DFA)、工作单元和装配线设计,以及物流和制造组织方式[54.12]。早期,工业机器人用于装配自动化,特别是在高通量生产线上(图 54.4)。然而,机器人越来越多地被用于高度灵活的工作单元,并将作为工人手中的通用工具进入敏捷精益制造工作场所。在下文中,将通过详述具体的使能技术来描述装配过程中机器人的应用案例。

1. 肢体材料的组装

许多组装过程包括处理橡胶软管、线束等肢体材料。它们必须固定在适当的位置才能连接(图 54.15)。显然,稳定材料和保证工艺质量通常会带来具有额外驱动和传感功能的独创的手爪设计。

例如,自动化应用中的自黏密封,因为它们很容易变形,并且可以拉伸或压缩。由于手动将黏性密封应用于车身或车门是敏感的,而且在人机工程学上存在问题,所以机器人引导的工具必须确保材料表面与车身结合。密封材料在正确的拉力作用下从一个柱形物中送出,覆盖有黏合剂的胶带被移除并存储在一个小罐中。在工具的尖端,一个激光传感器跟随车身或车门轮廓,一个驱动辊轮在密封件上产生连续的法向力。激光传感器和辊轮的运动都转化为机器人的无张力运动。此外,法兰上的料盒确保密封条正确张紧,并提供了一个车门的材料储备[54.47]。

54

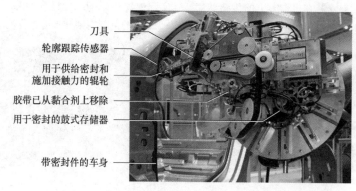

刀具

轮廓跟踪传感器

用于供给密封和
施加接触力的辊轮

胶带已从黏合剂上移除

用于密封的鼓式存储器

带密封件的车身

图54.15　一种机器人引导的工具，用于搬运和处理肢体材料，
在这种情况下主要用于车身的自黏密封

在这里，机器人充当从动装置来引导工具，该工具既作为测量单元，又作为带有主控制器的精密执行机构。进一步努力在机器人中嵌入丰富的传感器和控制模式，以考虑基于触觉和几何信息的复杂过程的控制。

2. 基于先进机器人的装配过程控制

先进装配过程的自动化依赖于连接工件之间的物理接触。如果要控制这种接触形式，机器人应提供柔顺运动控制，这是一种基于测量或预估的关节力矩或接触力来调节机器人位置和速度的控制方法[54.48]。在过去的十年中，工业机器人中柔顺力控制的应用程序包在多功能性、鲁棒性和编程易用性方面满足了需求[54.49]。这些解决方案通常基于一个连接到机器人法兰上的6自由度力/力矩传感器。

全力矩控制的德国宇航中心（DLR）轻型机器人开创了新的领域，因为其7自由度冗余运动学结构、每个关节的力矩传感和各种柔度模式允许在连接过程中以复杂的接触形式完成困难的组装任务[54.15]。DLR和KUKA成功地走上了一条艰苦的道路，从最初的LBR发明（一个在1991年提出的想法）到一个产品，首次应用于新工业制造概念的研究和预开发经过了一系列的开发步骤：KUKA LBR3（2006年）、KUKA LBR4（2008年）和KUKA LBR iiwa（2012年）[54.25]。图54.16描述了带有独特关节力矩测量的一个关节的完整机电一体化设计。

为了简化复杂连接过程的编程，研究人员开发了几个装配子过程模块，其中三个见表54.2：接触形式的搜索和两种典型连接动作的执行（轴孔装配、齿轮连接）。

图54.17描绘了基于力的离合器装配场景。机器人通过视觉传感器检测并定位托盘上的离合器工件。现在，必须将抓取的工件连接并拧紧到轴上。在这种情况下，机器人的触觉能力和柔顺行为被用

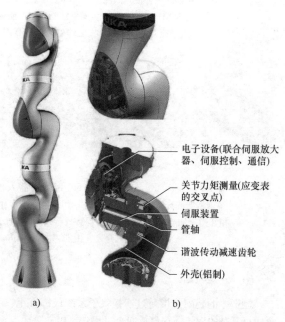

电子设备(联合伺服放大
器、伺服控制、通信)

关节力矩测量(应变表
的交叉点)

伺服装置

管轴

谐波传动减速齿轮

外壳(铝制)

a)　　　　　　　　　b)

图54.16　KUKA LBR iiwa 的设计
a）形状　b）关节机电一体化

来实现鲁棒和快速的组装。一旦机器人的视觉传感器获得粗略的轴中心位置估计值，机器人就接近该位置，并开始搜索直到检测到接触。轴孔装配之后拧紧离合器。替代设计可能基于一个带有安装在腕关节上的力/力矩传感器的6自由度工业机器人，力/力矩传感器用于测量机器人上由某些过程诱发的力，或者简单评估电动机转矩控制引起的力[54.50]。

序列图显示了简化的圆形螺旋式搜索的运行轨迹。代码54.1列出了KUKA Sunrise控制系统中的部分Java代码，它标识了兼容程序集的三个部分：主函数、直到碰撞前的螺旋式搜索和边界运行。

54

表 54.2 装配子过程或模块及其在 KUKA LBR iiwa 上的实现

装配子过程	特 性 描 述	原 理
搜索：支持多种搜索动作或搜索策略的搜索模块	搜索运动类型示例： 1. 直线 2. 锯齿形 3. 螺旋式 4. 窦形 5. 李萨如图形 命令搜索动作生成： 1. 基于位置的轨迹 2. 基于力的轨迹 3. 基于位置和力的轨迹的组合	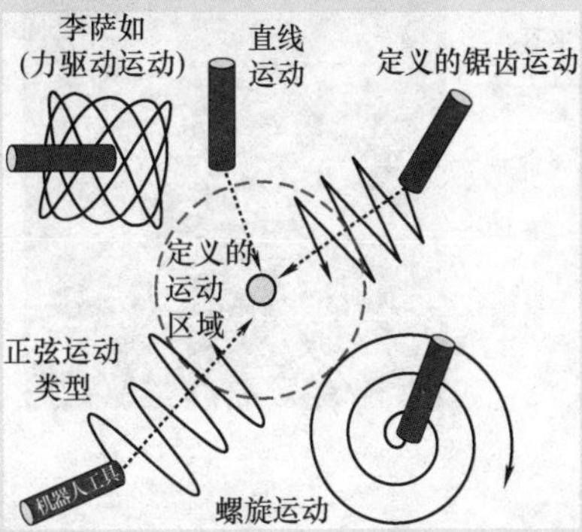
轴孔装配：典型零件连接运动的执行	将任意连接零件类型简化为三种抽象平面类型： 1. 圆形（任意轴向） 2. 三角形（定义的轴向） 3. 矩形（附加定义的工件协调系统） 三角形策略在许多工件轮廓中很常见：给定方向，一步到位；对象绕一个角旋转	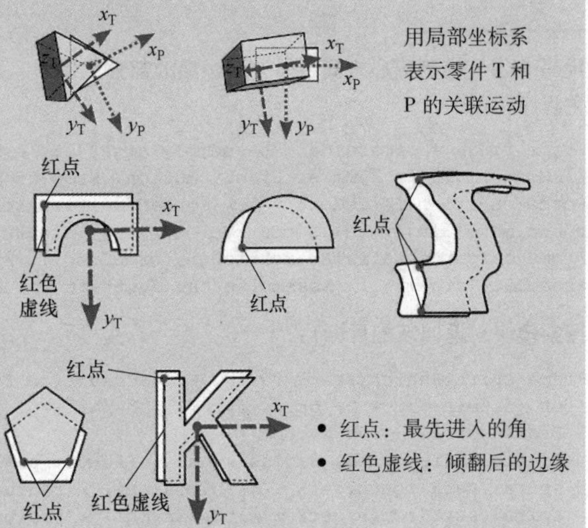
齿轮，搜索：齿轮连接运动和拧入动作	1. 齿轮啮合：围绕齿轮轴的力矩振荡和线性向前运动 2. 拧入动作：基于力矩的固定力矩拧入运动 3. 大多数螺纹加工应用中需要角度控制：设定固定转矩，然后旋转一个规定的角度增量	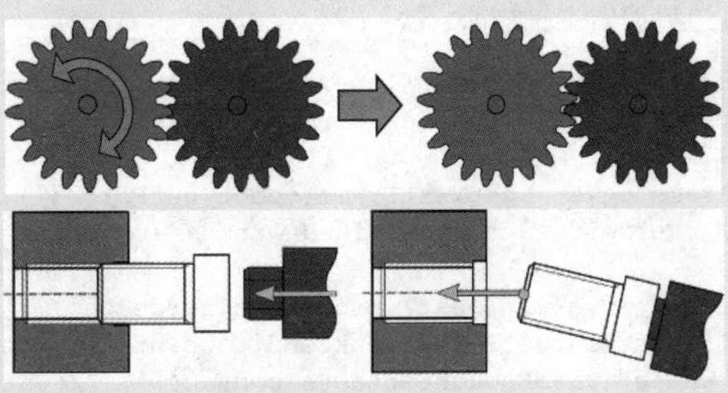

54

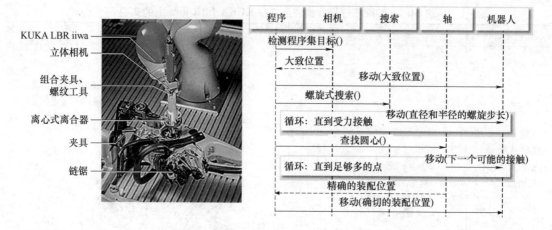

图 54.17　链锯离心式离合器的设置和实施

注：图中带有顺序图，描述了旋紧离合器之前的连续步骤。通过机器人每个连杆中的力矩传感器和适当的运动学和动力学模型，可以控制工具尖端的合力。

代码 54.1　控制离心式离合器装配顺序的部分代码

主程序：

```
Frame rough = camera.detectAssemblyTarget(); // Retrieve rough position from stereo vision
// Move robot at 30mm/s. Linear motion. Stop if force > 20 Newton
ForceCondition forceCond = new ForceCondition(robot.getDefaultMotionFrame(), 20);
robot.move(lin(rough).setCartVelocity(30).breakWhen(forceCond)); // First approximation
Frame target = spiralSearch(rough,forceCond); // Obtain the assembly target
assemble(Target); // Assembles the shaft at the given position
```

搜索模块（返回装配目标）：

```
Frame spiralSearch(Frame rough, ForceCondition forceCond){ // Spiral search until collision
 for (double phi = 0; phi < 10.0 * pi; phi +=pi / 90.0){ // 5 loops, 2° step
  Frame spiral = rough.copy();
  Double radius = max_radius * phi / (10.0 * pi);
  spiral.setX(rough.getX + Math.cos(phi) * radius);
  spiral.setY(rough.getY + Math.sin(phi) * radius);
  robot.move(lin(spiral).setCartVelocity(30).breakWhen(forceCond));
  if (motion.getFiredBreakConditionInfo())return findCircleCenter(); // It collides
 }
 return null; // Target not found}
```

通过边界搜索主轴中心：

```
Frame findCircleCenter()\textbraceleft // Calculates the center of a circular shape
 ArrayList contact = new ArrayList<Frame> (); // Stores frames where collisions take place
 do{
  Frame next = getNextFrame(robot.getForce());
  // Force feedback combined with search pattern such as a grid produces next frame

  robot.move(lin(next).breakWhen(forceCond)); // Move to next position, if possible
  if (motion.getFiredBreakConditionInfo()) contact.add(robot.getDefaultMotionFrame());
 } while (!areEnoughContacts(contact)); // Until enough contact points to identify center
 return getCircleCenter(contact); // Circle center can be determined with three points
}
```

54.4.4　涂装

人类操作员的危险工作条件促使挪威 Trallfa 公司在 1969 年开发了简单的喷漆机器人，特别是用于汽车工业中保险杠和其他塑料部件的喷涂。最初出于防爆原因采用气动驱动，如今的机器人设计完全是电动的。它们也有钩子和手爪在喷漆任务中打开发动机舱盖和车门。容纳气体和油漆软管的中空手腕可以快速灵活地运动。机器人喷枪已经发生了巨大的变化，可以使用尽可能少的油漆和溶剂而获

得均匀的喷涂质量，还可以在不同的油漆颜色之间切换。最初喷漆机器人重复工人的动作。今天，大多数机器人喷漆的编程都是离线完成的，因为最先进的编程系统提供集成的过程模拟来优化油漆沉积、厚度和覆盖范围（图 54.18）。该过程的仿真十分复杂，因为需要考虑不同的影响，如雾化器和目标之间的湍流场、旋转钟形盘和目标之间的静电场、钟形盘处油漆液滴的带电、带电油漆液滴流动产生的空间电荷效应以及作用在液滴上的库仑力[54.52]。

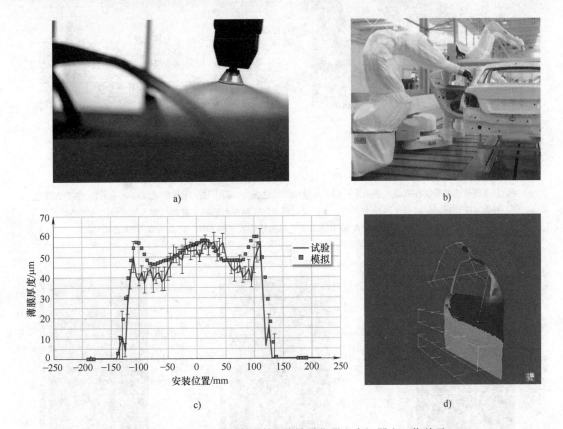

图 54.18　用于车身喷漆的高速旋转雾化器和多机器人工作单元

a）一个 Dürr EcoBell 2 喷枪，通过离心力使旋转钟形盘边缘的涂料雾化。所有目前的油漆材料，如溶剂型或水性涂料，都可以用于汽车生产　b）多机器人并行工作，以实现最佳吞吐量和车身可达性。包括机器人同步在内的大部分编程都是离线进行的，这也与喷漆表面的最佳覆盖有关　c）喷漆过程的模拟对于实现最高产量至关重要（例如，最小的过度喷涂、均匀的油漆沉积积等）　d）优化程序生成的模拟结果（由斯图加特的 Dürr、Fraunhofer IPA 提供）

54.4.5　加工

研磨、去毛刺、铣削和钻削等材料去除过程越来越多地由具有串联运动学的工业机器人来执行，因为它们兼具灵活性、多功能性和成本效益。

工业机器人所采用的加工工具通常与被动柔顺或主动力控制相结合，因为工件几何形状通常存在着几何或材料特性的公差[54.53]。然而，机器人精度（±0.5mm）与典型机床的±0.01mm 范围内的精度相比很差[54.54]。机械结构的低固有频率和阻尼系

54

数应尽可能高，以保证精度：铣床的低固有频率在50~100Hz，而典型工业机器人的为20~30Hz[54.55,56]。图54.19描述了在典型的材料去除应用中影响机器人精度的因素。图54.20显示了固有频率、阻尼和在笛卡儿坐标中的刚度。这些特性对于加工工艺设计和最终工件质量至关重要。更多的机器人加工工艺（如激光焊接和激光切割）依赖于达到与机床类似的精度。

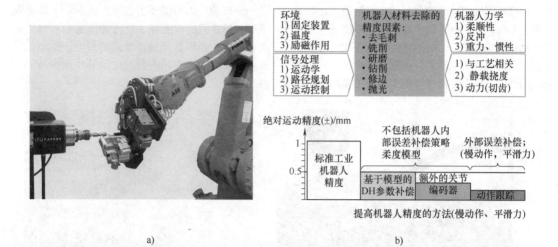

a)　　　　　　　　　　　　　　b)

图54.19　对于中小型零件，一种优选的位形是由机器人相对于固定轴抓取和引导零件

a）将力/力矩传感器安装在机器人手爪上，用于测量和限制过程力。为了加工工件的边缘（去毛刺），加工软件包提供了优化运动的机器学习技术[54.51]　b）对机器人加工精度的影响和提高机器人加工精度的方法，目前典型的机床运动精度在±0.01mm或更高的数量级（由ABB、Fraunhofer IPA提供）

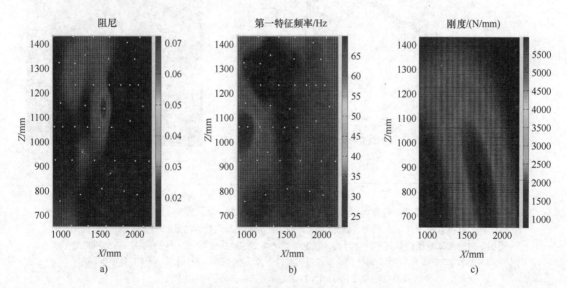

a)　　　　　　　　　　　b)　　　　　　　　　　　c)

图54.20　笛卡儿空间中的机器人动力学

a）阻尼　b）KUKA KR60的固有频率　c）KR 125在机器人工作空间的典型XZ加工平面（从机器人的第一轴测量）中的刚度（由斯图加特的Fraunhofer IPA、ISG提供）

机器人位置精度源于几何误差源［实际机器人结构和假设的Denavit-Hartenberg（D-H）参数之间的偏差］和非几何参数（机械结构的顺从和齿轮间隙）。为了减少非几何参数的影响，可以逐步采用以

54

下方法

1）结合力的预测或在线测量，机器人的柔度可以通过关节刚度模型进行补偿[54.57]。在钻削应用中有时会在机器人关节的臂侧安装额外的编码器来测量齿轮引起的关节柔度和齿轮间隙，或者可以根据确定的关节特性来预估这些影响[54.58]，进而实现补偿。

2）结合几何误差校准精度优于±0.2mm，而这已在典型机器人较大的（3×3×2）m³ 机器人工作空间中实现[54.59]。

3）为了获得更高的精度引入了更多的传感器和驱动器系统。已经证明在钢中可以使用的光学跟踪误差为±0.2mm[54.60]。额外的驱动器可以将误差可以减少到±0.1mm[54.61]。

机器人和数控机床控制可能有相似的起源，但在过去的几年里，它们走了不同的发展道路，见表 54.3。

表 54.3　计算机数控（CNC）和机器人控制器（RC）的特点对比

分类	CNC	RC	解释
目标应用	加工，材料去除	搬运，组装	数控机床用途单一；一般来说，机器人是通用机器
运动	基于路径，面向复杂轮廓	基于点或路径，面向运动时间	CNC 控制器的扩展前瞻允许详细的路径描述，并在 100 个通过点上进行适配（大多数机器人控制器中少于 10 个通过点）
编程	基于标准化编程语言（G 代码）的现场编程，国际标准化组织（ISO）的 ISO 6983，使用计算机辅助制造(CAM)工具	基于供应商特定语言的现场教学（示教面板、编辑器），使用典型的机器人模拟环境	机器人传统上是在现场手动编程，而 CNC 控制器使用计算机辅助制造技术，根据计算机辅助设计数据自动生成复杂的路径

（续）

分类	CNC	RC	解释
命令阅读	在线解释器，连续加载指令	程序的初始加载通常被解释（有时被编译）	机器人控制器中的程序大小受内存限制，CNC 在线解释程序，可以执行无限数量的命令

CNC 控制器越来越多地用于机器人的材料去除应用，这样可以利用数控领域中成熟的离线编程工具，并提高机器人对复杂三维轮廓的运动精度（图 54.21 和图 54.22）。现代机器人控制器集成了所谓的数控（NC）内核，这些内核共享机器人控制器的组件，如用户界面、运动学转换和安全功能。

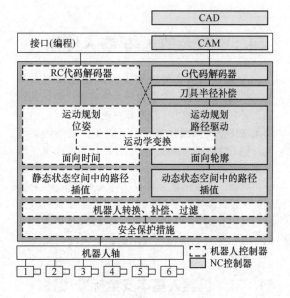

图 54.21　集成到机器人控制器中的数控内核结构（由斯图加特的 ISG 提供）

54

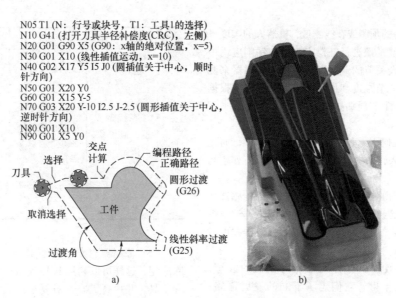

```
N05 T1 (N: 行号或块号，T1: 工具1的选择)
N10 G41 (打开刀具半径补偿度(CRC)，左侧)
N20 G01 G90 X5 (G90: x轴的绝对位置，x=5)
N30 G01 X10 (线性插值运动，x=10)
N40 G02 X17 Y5 I5 J0 (圆插值关于中心，顺时
针方向)
N50 G01 X20 Y0
G60 G01 X15 Y-5
N70 G03 X20 Y-10 I2.5 J-2.5 (圆形插值关于中心，
逆时针方向)
N80 G01 X10
N90 G01 X5 Y0
```

图 54.22　离线编程示例

a）通用数控程序（G 代码，ISO 6983）。数控程序通常是独立于机器的，并在加工后定位在工件轮廓上

b）大多数数控程序是通过将几何信息转换成可执行 G 代码的 CAM 工具自动生成的。该示例显示了碳纤维（CF）零件和成品工件精密铣削的刀具轨迹生成（由伯明翰的 Delcam，斯图加特的 ISG 提供）

54.5　安全的人-机器人协作

人-机器人协作使机器人的典型优势与人类的一些优势相结合。工业机器人的典型优势是长续航、高有效承载能力、精度和可重复性。任何机器都无法比拟的人类优势包括对新生产任务的灵活性、创造性解决问题的技能，以及对不可预见的情况做出反应的能力。

然而，工业机器人具有伤害人类的重大隐患。因此，设计和操作工业机器人自动化系统的标准已经被提出并得到了国际认可。自 1999 年以来，人们一直在努力为协作模式中的机器人专门定义措施、规则和示范。

54.5.1　机器人基本安全标准概述

机器安全标准为设计和操作任何类型的机器提供了指导方针。它们的考虑是可选的，但是明确展示了验证机械指令的基本健康和安全先决条件是否得到满足的直接方法[54.63,64]。一般来说，安全标准分为三类（图 54.23）：

1）A 类标准：定义实现机器安全基本原则的基本标准。

2）B 类标准：规范特定安全方面（如隔离的距离）或特定的保护装置［如光电保护设备，像激光扫描仪或紧急停止装置（ISO 13850）］的通用标准。适用于一系列机器。

3）C 类标准：列出特殊类型机器（如工业机器人）详细安全要求的机器标准。

对于机器人安全来说，以下标准最为重要：

1）ISO 12100[54.62]：列出机器安全一般原则的 A 类标准，特别是风险评估过程。

2）ISO 13849[54.65]和 IEC 62061[54.66,67]：管理具有安全功能的控制系统设计的 B 类安全标准。

3）ISO 13855 和 ISO 13857[54.68,69]：隔离和非隔离安全设备的安全距离，如围墙、光幕和激光扫描仪。

4）ISO 10218-1/-2[54.5,6]：专门涵盖工业机器人和机器人系统集成安全的 C 类标准。

对于任何机器人装置的安装，必须进行 ISO 12100 定义的迭代风险评估过程。其工作流程如图 54.23 所示，首先是机器的功能和几何设计，然后是机器极限的定义，包括空间界限和使用界限（如典型任务、操作员资格和环境条件）。接下来是识别连续评估风险的任务。风险估计的方法如

图 54.24 所示的风险树。因此，通过定量地考虑潜在伤害的严重程度、面对危险的程度，以及避免危险的可能性，任何单个危险都被评定为相应的危险等级。如果所有的危险在机器设计中已经得到充分解决，风险评估将做出决定。如果不是这样，则需修改机器设计以降低特定风险并重复风险评估过程。

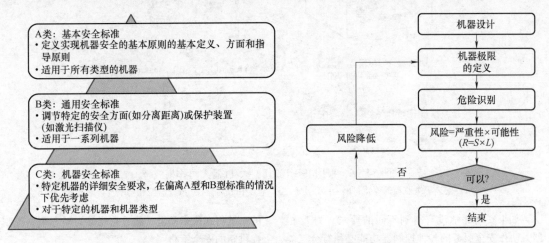

图 54.23　不同类型的标准和简化的迭代风险评估程序

注：可参考 ISO 12100[54.62]中更详细的风险降低过程示意图。

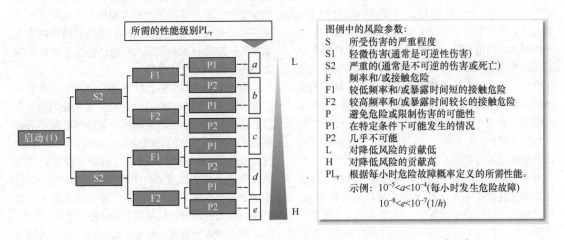

图 54.24　根据 EN ISO 13849-1 标准确定安全功能所需 PL$_r$ 的风险树[54.65]

根据 ISO 12100，需要按照以下优先顺序采取减少风险的措施：

1）通过固有的安全设计降低风险。

2）通过安全措施和保护装置降低风险。

3）通过使用信息（如工作说明、穿戴防护设备的说明）降低风险。

机器人安全的核心安全标准系列是 ISO 10218。其中，第 1 部分阐述了机器人的安全要求；第 2 部分作为补充，重点介绍机器人系统，即完成生产任务的完整的集成化机器。第 1 部分的第二次修订版和第 2 部分的第一次修订版于 2011 年发布，它取代了之前的机器人安全标准，如 EN 775。这些标准首次将人-机器人协作定义为工业环境中机器人应用的一种特殊形式，并为建立这种协作机器人系统提供了指导方针。

54.5.2　人-机器人协作的类型和要求

ISO 10218-1：2011 包含人-机器人协作的具体要求。它定义了在自动模式下人与机器人的四种类型的协作操作，如图 54.25 所示。

54

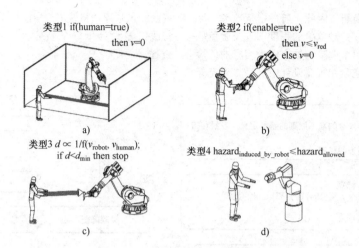

类型1 if(human=true)
then $v=0$

类型2 if(enable=true)
then $v\leqslant v_{red}$
else $v=0$

类型3 $d \propto 1/f(v_{robot}, v_{human})$;
if $d<d_{min}$ then stop

类型4 $hazard_{induced\_by\_robot}\leqslant hazard_{allowed}$

图 54.25　根据 ISO 10218，人-机器人协作模式

a) 安全等级监控的停止　b) 手动引导　c) 速度和分离监控　d) 监控和功率及力限制

如果安全评估没有得到不同的要求，为人-机器人协作安全服务的各种控制器功能必须符合三类结构（ISO 13849-1）或 SIL 2（IEC 62061）的性能级别（PL）：

1）安全等级监控的停止（图 54.25 类型 1）：当人进入协作工作空间时，则在机器人驱动器仍处于控制状态的情况下中止机器人。大多数机器人制造商现在提供的所谓的安全控制器须确保机器人停止动作。一旦操作员离开协作工作空间，机器人任务就可以继续进行。人和机器人虽共享同一个工作空间，但当人在工作空间时，机器人停止动作。

2）手动引导（图 54.25 类型 2）：这种类型的操作意味着人与机器人之间直接的接触交互，并由人完全控制机器人的运动。人通过置于末端执行器处或附近的直接输入设备（如手柄）引导机器人，同时激活三位置使能设备（三位置持续运行设备）。从而定义了操作员在协作工作空间中的位置。需要安全控制器来将机器人速度限定在一个特定的阈值内。通过图标或三维模拟结合图形支持的手动引导特别适合机器人在自动模式下对其进行直观编程[54.70]。

3）速度和分离监控（图 54.25 类型 3）：机器人和人之间的相对速度及距离被主动监控。如果人在场，机器人必须保持相对人的速度和距离的安全场合，以便能够在与人接触之前停止任何危险的运动。此外，需要安全控制器和安全监控传感器（包括安全的传感器数据处理）来为人类监控机器人的速度和位置。目前工业自动化中鲜有传感器可以提供这种具有所需安全完整性水平的能力。然而这样

的系统将在未来面世，然后它能够为动态距离控制提供新的安全策略[54.71]。

4）监控和功率及力限制（图 54.25 类型 4）：机器人的潜在机械危险被充分降低，在不需要额外的安全控制器的情况下允许人和机器人直接接触交互。这是通过机器人系统设计的适当限制碰撞力来实现的，使得在人和机器人接触的情况下接触力不会超过生物力学允许极限。

标准 ISO 10218 在 2011 年的修订版中明确要求速度、距离、功率和作用力必须受到充分限制，但没有给出这些限制的精确阈值。这些阈值需要通过机器人系统可预见的特定应用的风险评估来确定。目前 ISO/TC 184/SC2 机器人与机器人设备技术委员会开发了技术规范 ISO/TS 15066 [2015 年 12 月处于委员会草案（CD）状态]。它的起草是为了给协作机器人的风险评估提供更多的指导意见,[54.72] ISO/TS 15066 中概述的实现安全的程序对于机器安全来说是新的（不仅仅是对于机器人安全），并且有望进入将来的标准中，特别是进入 ISO 10218-2 的第二次修订中。

ISO/TS 15066 首次引入了人体物理应变的公差值。这些应变阈值包括不同身体部位可以承受的不会忍受疼痛甚至伤害的最大作用力和最大压力。风险评估流程包括根据具体应用和工作流程确定有接触风险的身体部位。基于这些信息，可以通过试验或仿真证明由于限制，机械或机器人控制参数不会超过给定的严重性阈值[54.73,74]。该技术规范旨在将高度复杂的生物力学损伤阈值转化为可控的机器人性能极限。用于动态碰撞分析的原理之一是基于基

本的机器人动力学理论，该理论能够表示机器人系统在沿着机器人结构的任何点上的反射惯性。医疗损伤评估的跌落测试结果已经用于设计机器人控制器[54.75]。

ISO 10218 标准的第 2 部分提供了在机器人工作单元设置和系统集成过程中需要考虑的多方面的指导方针。它指出不仅需要评估机器人本身，还需要考虑整个应用，特别是末端执行器、过程、环境和典型的工作任务。这对人-机器人协作操作特别重要。由于总是需要考虑应用，所以不可能设计完全安全的机器人，而只能为建立安全的协作操作提供配备有安全功能的机器人。

54.5.3 人-机器人协作的案例

下面给出了两个人-机器人协作的例子。

1. 用引导式编程直观指导焊接机器人

图 54.26 展示了用于小批量生产的机器人焊接工作单元。根据 ISO 10218（图 54.25 中的类型 2）实现手动引导的直观示教过程显著加快了机器人编程。在协同操作过程中，通过激光扫描仪监控人的存在，该激光扫描仪在手引导操作过程中激活安全区域和机器人安全控制器的安全减速。一旦人离开协作工作空间，被记录的运动就可以在切换后自动执行。

2. 电池箱的协同装配

在这种情况下，敏感的任务由人来执行，而繁重的任务由一个小的有效负载机器人自动执行（图 54.27 为单元设计）。因此，安全概念包括 ISO 10218 中对速度和分离监控（图 54.25 中的类型 1）的要求，并包括两个光幕带有一个安全可编程控制器上的信号处理以及一个带有安全控制器的机器人。在协作工作场所区域中检测到人员时，会激活安全区域之间的切换。每个安全区域静态地监控

机器人的活动工作空间的最小可能距离，由此得出最大可能的机器人速度。这种系统减少了机器人安装的空间需求，同时由于这种组装过程的协作性质而提高了装配过程的灵活性。

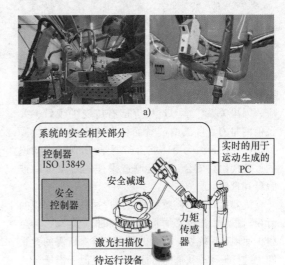

图 54.26　通过引导式编程对焊接机器人的直观指导

a）工人通过安装在法兰上的手柄引导机器人，同时按下两侧的安全开关（三位置保持运行按钮）。施加在手柄上的力和力/力矩传感器测量，并转化为机器人运动。焊缝跟踪传感器同时测量工件轮廓，以精确定位和提取焊缝。在任务执行之前，记录的机器人运动在仿真环境中被可视化和编辑　b）系统的安全相关部分包含一个三位置保持装置、一个用于自动程序执行期间安全监控的激光扫描仪和一个手动引导期间的速度监控功能，这是一种操作特性，不一定要通过特定的安全完整性等级来实现

（由 Fraunhofer IPA 提供）

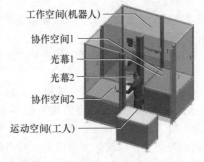

图 54.27　机器人的工作单元被两个光幕分成三个部分，当在协作空间中与工人协作时，光幕触发机器人在那个区域以较低的速度工作

54

54.6 任务描述：教学和编程

虽然机器人的性能令人满意，但它不能像熟练工人那样被指导如何完成任务。因为熟练工人知道应用程序、设备、过程和对要制造的产品的一般要求，所以我们只需要总结需要做什么。不管有没有意识到这一点，人类对运动、物理效应、因果关系、学习过程等都有广泛的了解，并且他们是为了自己的利益而保有这样的知识。人类是熟练的，因为身体能力与所学/所保持的知识的重新使用相结合，并且制造操作的对象可以被解释和理解。

机器人无法以高效的方式执行这种基于知识的行为。相反，指令必须非常明确和指定运动，甚至很少使用运动规划，因为机器人很难对所需的背景知识进行编码。我们的目标可以是类似于指导（完全）没有技能的工人的编程原则，精确地告诉他们任务的每个方面是如何执行的。这样一种明确的指示机器人的方式应该是对人类友好的，但是由生产率需求驱动的性能要求意味着定义任务的方法需要反映关于产品数据和生产过程的机器/机器人性能。现有方法包括：

1）手动引导机器人到感兴趣的位置，甚至是沿着期望的路径或轨迹（如果人的精确度足够的话）（图 54.26）。

2）无论何时，尽可能使用简单的方法来利用计算机辅助设计数据（图 54.13）。

3）使用不同的互补形式（人和机器人之间的通信路径），如指示设备和三维图形。

4）编排像循环和条件这样的任务动作，不需要泛化的编程能力。

5）描述可接受变化的方法，如与标称路径或 POI 的可接受误差。

6）外部检测应如何用于路径调整或处理未知变化的规范。

这些项目中的大多数仍然意味着机器人相当"愚蠢"，而且解决方案尚保存在人类专家手中。因此，机器人对于生产性的工业任务来说，既耗时，又难以指导，并且当没有以对机器人有用的方式明确表达知识时，所创建的解决方案将不能重新使用。在机器人系统中，体现知识是使任务定义更有效的方法，如果我们回顾迄今为止的起源和进展，这可以更好地被理解。最初，主要是在 20 世纪 70 年代和 80 年代，有一些喷漆机器人可以通过手动引导进行编程，这可能是由于以下原因：

1）油漆等应用允许使用轻型操作臂，包括末端执行器，如果需要可以相对于重力平衡。

2）精度要求（与今天相比）不高，因此可以使用可后置驱动的传动系统和驱动器，并且可以通过操作员沿路径移动末端执行器来手动定义运动。记录的运动，包括时间/速度信息，定义了编程的运动。

3）由于在编程或实时操作期间不需要逆运动学，所以从计算的角度来看，在工作空间中使用没有奇异性的操作臂运动学并不困难。

4）与近年来环境条件（对自然和工人）要求尽量少用油漆相比，对喷漆运动最优化的要求也不高。

工作空间内存在需要处理的奇异点，这通常被认为是一个不可避免的问题。然而，为了从软件的角度简化运动学及逆运动学（例如，在 20 世纪 80 年代，考虑到当时可用的微处理器和算法的能力），实际上机器人被设计成符合简单的（计算）逆运动学。例如，通过使用与操作臂轴相交的手腕轴，手腕调姿与操作臂的平移解耦。工作空间内产生的奇异点可以通过对手腕姿态的限制来规避掉，但遗憾的是，当设计（由于工程和可重复性要求）被标准工业控制器采用时，操作臂不再是可反向驱动的（接近奇异点）。然后，随着基于微处理器的工业控制器的发展和基于微动（如通过使用操纵杆的手动移动）与计算机辅助设计数据的运动定义，机器人编程的手段变得更接近计算机编程（用运动基本类型扩展）。

机器人编程语言和环境传统上被分为在线编程（现场使用实际的机器人）和 OLP（使用软件工具而不占用机器人）。随着 OLP 工具日益强大，它们连接到物理机器人的能力不断增强，以及嵌入机器人控制系统的软件功能水平不断提高，除了验证和手动调整离线生成的程序之外，在线编程现在已经不常见了。当然，最大限度地减少机器人编程的停机时间在经济上是非常重要的，如果没有获得用

54

于微调的物理工作单元的真实动态，基于传感器的高级应用程序可能很难开发。虽然如此，机器人语言和软件工具必须提供两种编程方法。

尽管来自不同制造商的机器人语言看起来很相似，但在程序运行时（机器人执行其操作）的含义和机器人被指示的方式上都存在语义差异。为了确保现有的机器人程序能够在替换的机器人和控制器上运行，同时也为了利用机器人程序员的现有知识并将其融入 OLP 软件，制造商需要继续支持它们最初的专用语言。机器人解释过程中的特征，如后向执行（至少是运动语句）和交互式编辑（结合限制条件使编程更简单）也使机器人语言不同于传统的计算机编程语言。

在过去十年和当前的发展中，研究趋势是将重点放在工具（机器人末端执行器）和制造过程所需的过程性知识上，并让操作员用这样的术语来表达机器人的任务。这种发展导致需要增加抽象程度来简化编程，由此反映了这样一个事实，即所谓的机器人程序员非常了解生产过程，但编程技能相当有限。为了理解为什么如此高的抽象程度没有被广泛使用，我们可以将它与早期的工业机器人进行比较。当时控制器中没有运动学软件，因此此机器人是通过关节空间运动进行编程的。（这里的运动学主要处理机器人电动机/关节和末端执行器运动之间的关系。）

内置逆运动学允许在笛卡儿坐标中指定刀具运动，这在许多应用中显然是一个很大的简化。也就是说，机器人用户可以更多地关注机器人要完成的工作而不是机器人本身。然而，机器人的属性（如关节极限）不能被忽略。直到 20 世纪 90 年代初，机器人在高速或高加速度时不能很好地遵循编程的轨迹，只有在低速时才能达到预期的精度。由于基于模型的控制特性，高性能现代机器人系统在高速下才可能以更高的精度执行任务（见第 1 卷第 6 章）。

通过将更多关于机器人、工具、过程和工作单元的知识编码到控制系统中，提高抽象程度以简化机器人使用的机会越来越多。这是一个渐进的发展过程，其可能性取决于应用；当知识没有被编码时，机器人程序员需要更加了解机器人的属性以及如何操作它们。不包括这些知识的原因通常在于这样做太困难，或者因为机器人程序员既没有能力也没有工具或理由这样做。参考表 54.4，下面的例子解释了这种类型的权衡以及它在中心性方面的含义。

表 54.4　与机器人相关的中心性

用户应用程序 ↑	机器人约束 ↑↓		
		产品	根据产品描述工件的最终形状和组件；机器人系统计划操作
		过程	基于特定制造操作的已知顺序，这些操作中的每一个都根据它们的工艺参数来指定
		工具	机器人手持工具的运动由程序或手动引导来指定；用户知道它完成的过程
		操作臂	用于工具安装的操作臂及其端板被编程为如何在笛卡儿空间中移动
		关节	对于每个指定的位置，关节角度是指定的，因此直线运动是困难的；机器人提供协调的伺服控制

注：从要制造的产品方面要完成的工作的高级视图，到低级机器人的运动视图，实践中限制可以执行的制造操作。

由钢板和钢管组成的机械零件将通过焊接制造而成，并且有机器人和工艺设备可用于生产这种（和其他）类型的工件：

1）以产品为中心的系统会生成位形和机器人程序，并指示操作员执行任何可能需要的手动辅助（如夹紧和固定）的执行器。该系统将确定焊接数据，如焊接类型和每条焊缝的焊道数。

54

2）以过程为中心的系统则会接受输入的焊接参数，包括焊接顺序。该系统将选择加工设备的输入信号（如机器人控制器应该设置什么样的输出电压以使用一定的电流完成焊接），并且将生成指定焊枪运动的机器人程序。

3）以工具为中心的编程方式需要操作员通过根据设备的本地设置配置设备来手动设置过程，并且适当的工具数据将被配置使得机器人控制器可以完成可编程的运动，这是通过给出末端执行器的坐标和运动数据来指定的。

4）以操作臂为中心的系统类似于以工具为中心的方法，因为笛卡儿坐标和直线运动可以（并且需要）由程序员明确指定/编程，但是需要额外的工作，因为机器人一般不支持工具坐标系。

5）当使用一个非常早期的机器人系统时，需要一个以关节为中心的系统。并且需要由许多彼此靠近的关节空间的位形来完成一条直线路径的编程。

因此，问题是，是否为机器人关节伺服系统编程以使机器人为你提供服务，是否为操作臂编程或指挥如何移动工具，是否是通过机器人的方法得到可编程的工具，是否是通过指定所需的工艺参数来订购的制造服务，还是只是一个可以生产产品的智能系统？尽管以工具为中心的可替代方案是一种底线，但目前在工业领域中仍然有理由考虑所有五个层面并进行规划。因此，在机器人编程中需要保存工具的数据。

作为与以产品为中心的观点相关的最终目标，所谓的任务级编程是可取的。自20世纪80年代以来，这一直是一个目标，而且自机器人学开始发展以来就隐含这一点。这意味着用户只要简单地告诉机器人应该做什么，机器人就会知道如何做，但这需要对环境和所谓的机器智能有广泛的了解。众所周知，需要对机器人所处的环境进行大量的建模。对环境的感知成本很高，但在工业环境中应该只是偶尔需要感知环境。建模必须包含完整的组件动力学和制造过程的限制。因为这些困难，任务级编程还无法在实际中实现。然而，如果我们限制自身的领域，如当运动规划已经被用于所谓的机床加工中时，基于产品描述生成机器人程序是可行的，因为这个过程（由于机器人的柔性而具有公差）已经可以建模。

如应用示例所示，现在根据CAD文件中的几何数据生成机器人程序是一种常见的做法。也就是说，CAD应用程序可以用于指定机器人在指定部件上执行所需操作的环境，该指定部件是CAD/CAM（计算机辅助制造，通常是CAD系统的后端，因此通常不明确提及）的CAM部件。CAM并不完全是任务级编程，因为需要人类操作员进行总体规划。CAD软件包是强大的三维工具，这在制造公司中非常常见。因此，使用这些工具进行机器人编程是可取的，因为操作员甚至可以在选择机器人之前利用产品的三维模型执行必要的制造操作的OLP程序。

从产品数据到机器操作的垂直集成一直存在竞争，至少包括以下三种方法：

1）CAD提供商越来越多地提供先进的机器人感知功能，从而将它们的服务和专业领域从较高（CAD）级别扩展到较低（机器人）级别。图54.22描述了一个机器人感知CAM系统的例子。

2）机器人供应商开发了带有CAD数据导入和各种运动规划模块的编程工具，从而将它们的产品扩展到更高的水平。图54.28展示了一个这样的软件。

3）进一步的发展是在机器人控制器中加入一个数控内核，使机器人像数控机床一样工作，见图54.21。

这些方法与其说是竞争，不如说是互补，这些互相竞争的利益相关者目前正在探索在各种类型的应用程序中可以为客户和业务带来哪些好处。

在图54.29的步骤5中，生成了运动规范并以机器人的母语来表达。另一方面，刀具轨迹可以用独立于机器人的标准化G代码来表达。下一步是将机床接口和控制集成到机器人控制器中，见图54.22。采取什么方法是目前研究与开发（R&D），以及商业决策的一个领域，但大多数机器人只用自己的语言编程，因为所需的系统功能是表54.4的结果。

为了举例说明基于本地机器人语言的任务定义，考虑到图54.28中描述的应用，它包括拾箱、搬运、机器维护、输送线跟踪和码垛。代码54.2列出了一个示例程序，其中的一些功能是用ABB公司专有的机器人语言Rapid编写的。以工具为中心的该程序在Move语句的工具参数中显示了tGripper是对包括工具框在内的工具数据的引用。同时，如MoveL语句所示，它也是以操作臂为中心的，即每个操作臂执行运动（支持多操作臂机器人的同步执行）。相应地，MoveJ语句执行关节空间运动。

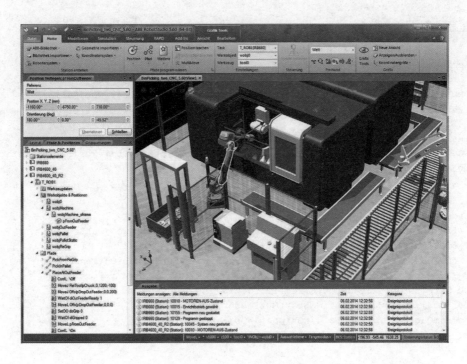

图 54.28　机器人编程环境

注：每个机器人都有一个虚拟控制器（控制台在右下角），包括为个人计算机编译的基于模型的嵌入式控制软件。左边是所有对象的实例，描述为一个树形结构，范围从完整的机器到输入/输出信号的位数。

图 54.29　根据 Delcam 的 PowerMILL 软件及其机器人模块的工作流程

注：步骤 4 还包括机器人属性的模拟，如接近奇异点。

54

代码 54.2　使用 ABB 机器人编程语言 Rapid 完成拾取和放置操作的示例程序

```
PROC PickInPallet()
 MoveJ Offs(pPickInPallet,-500,0,500),v2000,z100,tGripper\WObj:=wobjPalletStatic;
 MoveL RelTool(pPickInPallet,0,0,-100),v2000,z100,tGripper\WObj:=wobjPallet;
 MoveL RelTool(pPickInPallet,0,0,0),v100,fine,tGripper\WObj:=wobjPallet;
 Grip;
 MoveL RelTool(pPickInPallet,0,0,-100),v500,z10,tGripper\WObj:=wobjPallet;
 MoveJDO Offs(pPickInPallet,-500,0,500),v2000,z100,tGripper\WObj:=wobjPalletStatic,
 doNewObject,1;
ENDPROC

PROC PlaceAtOutFeeder()
 MoveJ Offs(pDropOutFeeder,0,0,200),v2000,z10,tGripper\WObj:=wobjOutFeeder;
 WaitDI diOutFeederReady,1;
 MoveL Offs(pDropOutFeeder,0,0,0),v200,fine,tGripper\WObj:=wobjOutFeeder;
 Release;
 MoveLDO Offs(pDropOutFeeder,0,0,200),v500,z10,
 tGripper\WObj:=wobjOutFeeder,doStartOutFeeder,1;
 MoveL pFromOutFeeder,v2000,z10,tGripper\WObj:=wobjMachine;
ENDPROC

PROC Grip()
 SetDO doGrip,1;
 WaitDI diGripped,1;
ENDPROC
PROC Release()
 SetDO doGrip,0;
 WaitDI diGripped,0;
ENDPROC
```

请注意，Grip 和 Release 语句是在单独的过程中直到获得硬件使能信号才会执行。对于 Move 语句，L 表示线性，J 表示关节空间，Offs 和 RelTool 函数基于其他确定的位姿（即帧）计算目标位姿。常数 v 是以 mm/s 为单位的速度，常数 z（或精细度）指定运动应该离目标位姿多近。DI 指数字输入，DO 指数字输出。WObj 指工作对象，即运动的基础坐标系。

当对运动行为进行编程（如搜索策略）时（从应用的角度来看，可以将其视为运动原语），使用该机器人的最终用户语言可能不是最佳选择。相反，计算机编程语言可能更合适，如代码 54.1 所示。在 ABB 的示例中，策略是作为应用程序包的一部分来实现的，就像装配一样，代码是用 C 语言在内部编写的（用户不能查看或更改，但优化了实时性），而功能是通过特殊的语句（如 FCRefSpiral[54.51]）向机器人用户公开以实现表 54.2 的原则。不同的机器人品牌有不同的解决方案[54.76]。

考虑到具有多个机器人的完整安装，或者具有图 54.9 所示的几个机器人和一些外围设备，又或者具有图 54.12 所示的完整生产线，需要编写几个机器人程序实现一起工作，因此存在协调和复杂性问题。一种有用的方法是使用面向服务的方法，将机器人视为服务器，它能根据工厂或生产单元网络上公开的一套程序提供服务，这意味着编程的实现可通过以下方式：

1）构建服务（使用多种技术），这些服务是可用的、可发现的，还是不可发现的，可由应用的程序员远程访问。

2）构建协调和使用这些服务的应用程序。

然而，为了使这种系统可编程，设备（通常来自不同的供应商）必须根据有时被忽视的机器人系统集成技术进行配置和互连。

54.7　系统集成

有趣的是，机器人文献中很少提到将不同的工件单元的设备相互连接，并将它们集成到一个工作系统中。然而，在实际的重要安装过程中，除了外围设备的成本之外，这部分通常约占总安装成本的一半。自动化场景包括集成计算机及其外围设备的所有问题，以及与各种（电气和机械不兼容）设备及其与物理环境的交互（包括它们的不准确性、公差和未建模的物理效应，如反作用力和摩擦）相关的其他问题。这存在着非常多的变化，因此通常不可能创建可重复使用的解决方案。总的来说，这导致需要系统集成来使机器人投入工作（表 54.5）。

表 54.5　系统集成的各个阶段
（通常按列出的顺序进行）

物理	根据机械尺寸、负载和应力选择设备
	机械接口（位置、转接板等）
	电源（机器人、末端执行器、馈电装置等的电压和电流）
	模拟信号的连接（屏蔽、缩放、电流、二进制电平等）
	安全设计和风险评估
通信	单比特数字输入输出的互联
	字节数据通信，包括延迟和比特率
	字节序列的传输
配置	交互设备之间的消息配置
	建立服务
	针对性能和资源利用率进行调整
应用	应用级功能/服务的定义
任务	应用程序编程，使用应用程序级服务

根据当前实践，进行系统集成本身并不是一个科学问题（尽管如何改善这种情况是一个科学问题），但是它所包含的障碍形成了应用先进的基于传感器的控制来提高灵活性，而这是小批量生产所需的。特别是在工作单元内，在使用外部检测和高性能反馈控制的未来应用类型中，系统集成将是一个更大的问题，因为它还包括对反馈的调整。

对于大批量生产（如汽车行业），系统集成的工程成本不再是个问题，因为其每个制造零件的成本很低。另一方面，小批量定制产品或有许多变体的产品不在库存内，这一趋势要求高度的灵活性和较短的转换时间。这里的灵活性指的是可变的产品参数、批量大小和工艺参数。尤其是中小型生产中，灵活性要求是一个问题，但随着灵活性要求的不断提高，大型企业也将面临这一问题。人们可能会认为，仅仅通过使用输入/输出（I/O）标准和定义良好的接口，集成应该只是将事物连接在一起即可运行系统的问题。

当然，面向对象的软件解决方案是有一个带有抓取和释放操作的手爪类方案，适用于使用纯软件进行机器人仿真，但是对于真实系统的集成来说，这种数据封装（抽象数据类型）将会带来实际的困难，原因在于以下几点：

1）值是显式的，由外部（在本例中）硬件完成，并且为了测试和调试，我们需要访问和测量它们。

2）在线的操作员界面允许直接操作值，包括读取输出值。使用面向对象函数的方法（所谓的"set：ers"和"get：ers"）只会使情况复杂化；保持与外部设备的一致性并不简单。

在小型设施中系统集成的复杂性已经显而易见。所谓的垂直集成是指低级设备与高级工厂控制系统的集成，而外围设备在工作单元级的集成称为水平集成（图 54.30）。

由于数据接口/转换程序通常必须手动编写，并且缺乏在实时性层面有效的自描述和自包含的数据解释，集成工作量进一步增加。在某些情况下，如图 54.31 所示，有强大的软件工具可用于机器人用户级别和工程级别的集成[54.77]。完全（在所有层面上）集成化的非专有系统，如最近讨论的工业4.0或工业互联网计划，仍然是一个挑战，特别是对于中小型生产企业而言[54.24]。

54

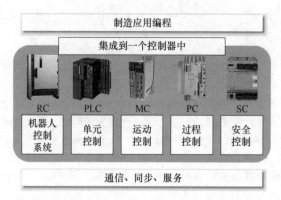

图 54.30 制造单元采用多控制器架构，配有专用控制器（机器人运动、
生产顺序、定位系统、流程和工人安全）

注：在现代机器人控制器中，如 KUKA KR C4，这些控制器被单个多功能机器人控制器的软件任务所取代，从而降低了控制器和通信的投资成本，简化了工程、编程和诊断，并提高了过程质量和缩短了周期时间。

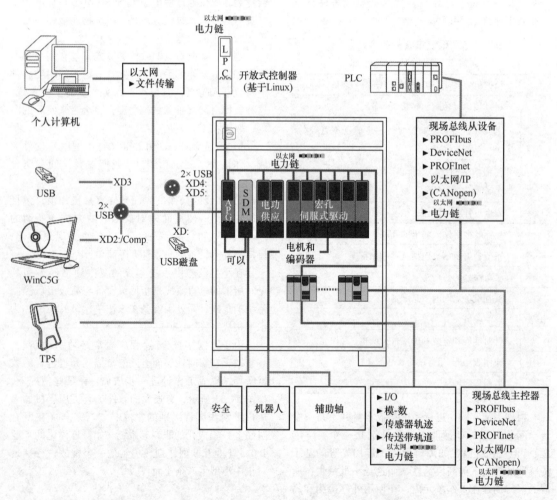

图 54.31 典型（但开放）机器人控制器中的控制模块和接口

注：一些命名的网络技术是基于以太网的，从普通局域网到不同的实时协议（由 COMAU 提供）。

54.8　展望与长期挑战

工业机器人在标准、大规模生产中的广泛使用（例如，在汽车工业中，机器人在众所周知的环境中执行重复性的任务），导致人们普遍认为工业机器人是一个已解决的问题。这一观点的基础是令人印象深刻的机器人系统的自动化生产，它基于先进的半自动编程，与手工劳动相比，其产品质量是无可匹敌的。然而，在任何富裕的社会中，大规模生产只占工业规模所需工作的一小部分，尤其是考虑到公司的数量以及出于生产力、健康和可持续性的原因，今后可以并且仍应该致力于实现各种应用和流程的自动化。

全球繁荣和财富需要资源节约型和人类辅助型机器人。现今的挑战是认识和克服目前阻碍机器人更广泛应用的障碍，特别是在中小型制造业中。

仔细研究一下科技壁垒，我们面临以下挑战：

1）人性化的任务规范，包括表达允许/正常/预期变化和错误的直观方式。对于用户友好的人-机器人交互（如语音、手势、手动引导等）有着许多即将出现的有前途的技术，但重点仍然是名义任务的规范，而不是能够处理与名义情况之间存在可预见偏差的完整任务（见第 7 篇，机器人与人）。处理这些预期的偏差可以占到总编程时间的 80%。

2）直观的人-机器人交互。机器人工作过程中经历的可预见和不可预见的变化很难处理。当指导一个人时，他/她对工作和所涉及的过程有着广泛而典型的隐含知识。教一个机器人既是一个如何认识到机器人所不知道的知识的问题，也是一个如何高效传递缺失信息的问题。此外，在包括维护和错误恢复在内的所有操作模式中，人应该感到舒适并熟悉机器人的功能和操作。过去为提高接受度和操作员效率而进行的工业机器人可用性和人机工程学的研究活动少得令人惊讶。

3）高效的移动操作。成功地实现系统既可用于移动，也可用于操作，并且已完成在不同的系统中使用不同类型的（通常是不兼容的）平台。第一步是完成移动操作，结合移动基座和操作臂的所有自由度，并智能地利用系统冗余来完成给定的任务。第二步是提供真正可靠的自主导航（通过对约束条件的适应性但可预测的理解，如频繁的环境变化和典型的车间动态，以及适当的基于传感器的反应），多指手爪的灵巧操作，以及与环境（刚度未知）的鲁棒力/力矩的相互作用。最后一步是所有这些都需要使用价格合理的硬件，并根据前面的项目使用人机界面，以良好的性能来完成。

4）低成本组件，包括低成本驱动。高性能机器人的驱动约占机器人总成本的三分之二，模块化的改进通常会导致更高的总硬件成本（因为机电优化的机会更少）。另一方面，优化系统成本（就某些应用而言）会导致更专业化的组件和更小的体积，这些组件的小批量生产成本更高。由于未来的机器人学和自动化解决方案可能会为小系列定制组件提供所需的成本效益，我们可以将这解释为一个引导问题，它涉及技术和业务两个方面。出发点很可能是可以适合多种类型的系统和应用的新的核心组件，它要求更多的机电一体化研究和与其他产品的协同作用。

5）子系统的组成。在大多数成功的工程领域中，叠加原理是成立的，这意味着问题可以被分解成子问题，然后解决方案可以相互叠加（相加/合并），这样整个解决方案就构成了整个问题的解决方案。这些原则在物理和数学中至关重要，在工程中有一些例子，如固体力学、热力学、土木工程和电子学。然而，软件没有这类原则，因此机电一体化（包括软件）或机器人（可编程机电一体化）也没有。因此，就工程工作而言，未封装子系统的组合是昂贵的。更糟糕的是，封装的软件模块和子系统也是如此。为了提高效率，系统互联应该直接连接到已知的（希望是标准化的）接口以避免中间适配器（适用于末端执行器安装的机械装置和软件）的间接和额外的负载（重量、维护等）。接口可以达成一致，但新版本的开发通常保持向后兼容性（较新的设备可以连接到旧的控制器），同时包括设备的重复使用需要具有向前兼容性的机制（基于新接口的元信息自动升级），以涵盖设备连接到未配备所有传统或供应商特定代码的机器人的情况。

6）工程和研究成果的体现。如今，新技术解决方案的使用或部署仍然从头开始，包括分析、理解、实施、测试等。这与许多其他技术领域相同，但机器人涉及的技术种类繁多，灵活性和升级的需求使其在该领域尤为重要。具体化到组件中是一种方法，但是知识可以适用于工程、部署和操作，因

54

此表示和使用原则是两个重要的问题。如果改进的方法过于领域特定化，或者如果工程经验明显更复杂，那么它们就没那么有用了。软件是必不可少的，也是平台和环境相关的，而专有技术更具声明性和象征性。因此，高效的机器人工程和专有技术的再利用还有很长的路要走。

7）开放可靠的系统。系统需要开放以允许第三方扩展，因为系统供应商无法预见各种新应用领域的所有未来需求。另一方面，系统需要封闭以确保某些功能的正确性。硬件和监控软件方面的广泛模块化使系统更加昂贵和不太灵活（与开放性的需求相反）。在短时间的市场开发中，高度限制性的框架和编程方法将不会被广泛使用。大多数软件模块没有正式的规范，对这种需求的理解也较少。因此，系统工程是一个关键问题。

8）可持续制造。制造业就是把资源转化为产品，生产力（低成本、高性能）是必需的。可持续性的一个方面在于用于生产的设备能效高。节约能源可以限制单个机器人和整个机器人编队的路径规划，甚至在一天中能源成本较低的时段改变耗能任务的操作。可持续发展的第二个方面涉及稀有资源的回收，如材料和贵金属。在大多数情况下，这可以通过粉碎产品和分拣材料来实现，但在某些情况下，需要拆卸和自动分拣特定零件。因此，在回收和再制造中需要机器人。基于以上项目的未来解决方案是对机器人应用方面的挑战。

一个总体问题是工业界和学术界如何能够共同努力，使健全的商业与科学研究相结合，从而使未来的发展克服上述挑战所形成的障碍。

视频文献

> **VIDEO 260**　SMErobotics project video
> available from http://handbookofrobotics.org/view-chapter/54/videodetails/260
> **VIDEO 261**　SMErobot video coffee break (English)
> available from http://handbookofrobotics.org/view-chapter/54/videodetails/261
> **VIDEO 262**　SMErobot final project video
> available from http://handbookofrobotics.org/view-chapter/54/videodetails/262
> **VIDEO 265**　SMErobot – New parallel kinematic with unique concepts for demanding handling and process applications
> available from http://handbookofrobotics.org/view-chapter/54/videodetails/265
> **VIDEO 266**　SMErobot D4 *The woodworking assistant*
> available from http://handbookofrobotics.org/view-chapter/54/videodetails/266
> **VIDEO 380**　SMErobotics demonstrator D1 assembly with dual-arm industrial manipulators
> available from http://handbookofrobotics.org/view-chapter/54/videodetails/380
> **VIDEO 381**　SMErobotics demonstrator D2 human–robot cooperation in wooden house production
> available from http://handbookofrobotics.org/view-chapter/54/videodetails/381
> **VIDEO 382**　SMErobotics demonstrator D3 assembly with sensitive compliant robot arms
> available from http://handbookofrobotics.org/view-chapter/54/videodetails/382
> **VIDEO 383**　SMErobotics demonstrator D4 welding robot assistant
> available from http://handbookofrobotics.org/view-chapter/54/videodetails/383

参考文献

54.1　The International Federation of Robotics (IFR): *World Robotics 2015. Statistics, Market Analysis, Forecasts, Case Studies and Profitability of Robot Investments* (International Federation of Robotics, Frankfurt 2015)

54.2　D. Bourne: My Boss the Robot, Scientific American **308**(5), 37–41 (2013)

54.3　M.P. Groover: *Automation, Production Systems, and Computer-Integrated Manufacturing*, 3rd edn. (Prentice-Hall, Upper Saddle River 2007)

54.4　International Organization for Standardization: Standards catalogue, 25.040.30: Industrial robots. Manipulators, http://www.iso.org/iso/home/store/catalogue_ics/catalogue_ics_browse.htm?ICS1=25&ICS2=40&ICS3=30 (2014)

54.5　International Organization for Standardization: ISO 10218-1:2011. Robots and robotic devices – Safety requirements for industrial robots – Part 1: Robots, http://www.iso.org/iso/home/store/catalogue_detail.html?csnumber=51330 (2011)

54.6　International Organization for Standardization: ISO 10218-2:2011. Robots and robotic devices – Safety requirements for industrial robots – Part 2: Robot systems and integration, http://www.iso.org/iso/home/store/catalogue_detail.html?csnumber=41571 (2011)

54.7　L. Westerlund: *The Extended Arm of Man. A History of the Industrial Robot* (Informationsförlaget, Stockholm 2000)

54.8　D. Hunt: *Industrial Robotics Handbook* (Industrial, New York 1983)

54.9　V.D. Scheinman: Design of a Computer Controlled Manipulator, Ph.D. Thesis (Stanford Univ., Stanford 1969)

54.10　International Federation of Robotics (IFR): History of Industrial Robots. From the first installation until today (International Federation of Robotics, Frankfurt 2012), http://www.ifr.org/uploads/media/History_of_Industrial_Robots_online_brochure_by_IFR_2012.pdf

54.11　H. Makino: Assembly robot, US4341502 A (1982)

54.12　G. Boothroyd, P. Dewhurst, W. Knight: *Product Design for Manufacture and Assembly*, 3rd edn. (CRC, Boca Raton 2011)

54.13　R. Curran, G. Mayer: The architecture of the AdeptOne® direct-drive robot, Am. Control Conf., Boston (1985)

54.14　X.-J. Liu, J. Wang: Performance evaluation of parallel mechanisms. In: *Parallel Kinematics*, Springer Tracts in Mechanical Engineering, (Springer, Berlin, Heidelberg 2014) pp. 185–238

54.15　S. Haddadin, S. Parusel, R. Belder, A. Albu-Schaeffer: It is (almost) all about human safety: A novel paradigm for robot design control and planning, Lect. Notes Comput. Sci. **8153**, 202–215 (2013)

54.16　R. Bloss: Innovations like two arms, cheaper prices, easier programming, autonomous and collaborative operation are driving automation deployment in manufacturing and elsewhere, Assem. Autom. **33**(4), 312–316 (2013)

54.17　S. Kock, T. Vitor, M. Björn, H. Jerregard, M. Källmann, I. Lundberg: Robot concept for scalable, flexible assembly automation, Proc. IEEE Int. Symp. Assem. Manuf. (ISAM), Tampere (2011)

54.18　S. Bogh, M. Hvilshoj, M. Kristiansen, O. Madsen: Identifying and evaluating suitable tasks for autonomous industrial mobile manipulators (AIMM), Int. J. Adv. Manuf. Technol. **61**(5-8), 713–726 (2012)

54.19　C.Y.K. Smith, L. Nalpantidis, X. Gratal, P. Qi, D. Dimarogonas, D. Kragic: Dual arm manipulation – a survey, Robot. and Auton. Syst. **60**(10), 1340–1353 (2012)

54.20　P. Gorle, A. Clive: *Positive Impact of Industrial Impacts on Employment* (International Federation of Robotics, Frankfurt 2013)

54.21　J. Manyika, J. Chui, J. Bughin, R. Dobbs, P. Bisson, A. Marrs: Disruptive technologies: Advances that will transform life, business, and the global economy, http://www.mckinsey.com/insights/business_technology/disruptive_technologies (2013)

54.22　E. Westkämper: *Towards the Re-Industrialization of Europe: A Concept for Manufacturing for 2030* (Springer, Berlin, Heidelberg, 2014)

54.23　M. Hedelind, M. Jackson: How to improve the use of industrial robots in lean manufacturing systems, J. Manuf. Technol. Manag. **22**(7), 891–905 (2011)

54.24　H. Kagermann, W. Wahlster, J. Helbig: *Recommendations for Implementing the Strategic Initiative INDUSTRIE 4.0*. http://www.acatech.de/fileadmin/user_upload/Baumstruktur_nach_Website/Acatech/root/de/Material_fuer_Sonderseiten/Industrie_4.0/Final_report__Industrie_4.0_accessible.pdf (Forschungsunion/acatech, Frankfurt 2013)

54.25　R. Bischoff, J. Kurth, G. Schreiber, R. Koeppe: The KUKA-DLR lightweight robot arm – a new reference platform for robotics research and manufacturing, 41st Int. Symp. Robot. 6th Ger. Conf. Robot. (ROBOTIK), Munich (2010)

54.26　M. Hedelind, S. Kock: Requirements on flexible robot systems for small parts assembly: A case study, Proc. 2011 IEEE Int. Symp. Assem. Manuf. (ISAM), Tampere (2011) pp. 1–7

54.27　S. Kinkel, E. Kirner, H. Armbruster, A. Jäger: Relevance and innovation of production-related services in manufacturing industry, Int. J. Technol. Manag. **55**(3/4), 263–273 (2011)

54.28　International Organization for Standardization: ISO 8373. Robots and robotic devices – Vocabulary, http://www.iso.org/iso/home/store/catalogue_detail.html?csnumber=53830 (2012)

54.29　R. Bloss: Review of manufacturing cells as they achieve high levels of autonomy and flexibility, Assem. Autom. **33**(2), 112–116 (2013)

54.30　A. Kahn: *The Encyclopedia of Work-related Illnesses, Injuries, and Health Issues* (Facts On File, New York 2004)

54.31　M. Wilson: Developments in robot applications for food manufacturing, Ind. Robot Int. J. **37**(6), 498–502 (2010)

54.32　R. Moreno Masey, J. Gray, T. Dodd, D. Caldwell: Guidelines for the design of low-cost robots for the food industry, Ind. Robot Int. J. **37**(6), 509–517 (2010)

54.33　K. Mathia: *Principles and Applications in Cleanroom Automation* (Cambridge Univ. Press, Cambridge 2010)

54.34　D. Rossi, E. Bertolini, M. Fenaroli, F. Marciano, M. Alberti: A multi-criteria ergonomic and performance methodology for evaluating alternatives in "manuable" material handling, Int. J. Ind. Ergon. **43**(4), 314–327 (2013)

54.35　D. Caldwell: *Robotics and Automation in the Food Industry: Current and Future Technologies* (Woodhead, Cambridge 2012)

54.36　M. Palzkill, A. Verl: Object pose detection in industrial environment, Proc. 7th Ger. Conf. Robot. (ROBOTIK), Munich (2012)

54.37　R. Mattone, M. Divona, A. Wolf: Sorting of items on a moving conveyor belt. Part 2: Performance evaluation and optimization of pick-and-place operations, Robot. Comput.-Integr. Manuf. **16**(2/3), 81–90 (2000)

54.38　A. Grzesiak, R. Becker, A. Verl: The bionic handling assistant: A success story of additive manufacturing, Assem. Autom. **4**, 329–333 (2011)

54.39　K. Ikeuchi, B. Horn, S. Nagata, T. Callahan, O. Fein: Picking up an object from a pile of objects, A.I. Memo No. 726 (Artif. Intell. Lab./MIT, Cambridge 1983)

54.40　M.-Y. Liu, O. Tuzel, A. Veeraraghavan, T. Marks, R. Chellappa: Fast object localization and pose estimation in heavy clutter for robotic bin picking, Int. J. Robotics Res. **31**(8), 951–973 (2012)

54.41　J.J. Rodrigues, J.-S. Kim, M. Furukawa, J. Xavier,

54

P. Aguiar, T. Kanade: 6D pose estimation of textureless shiny objects using random ferns for bin picking, IEEE/RSJ Int. Conf. Intell. Robots Syst., Vilamoura (2012)

54.42 Z. Pan, J. Polden, N. Larkin, S. Van Duin, J. Norrish: Recent progress on programming methods for industrial robots, Robot. Comput.-Integr. Manuf. **28**(2), 87–94 (2012)

54.43 P. Klüger: Future body-in-white concepts. Increased sustainability with reduced investment and life-cycle-cost, Automot. Manuf. Solut., Shanghai (2013)

54.44 M. Shah, R.D. Eastman, T. Hong: An overview of robot-sensor calibration methods for evaluation of perception systems, Workshop Perform. Metr. Intell. Syst., New York (2012)

54.45 Deutsches Institut für Normung: DIN8593-0:2003-09: Manufacturing processes joining – Part 0: General; classification, subdivision, terms and definitions, http://www.beuth.de/de/norm/din-8593-0/65031206 (2003)

54.46 N. Lohse, H. Hirani, S. Ratchev, M. Turitto: An ontology for the definition and validation of assembly processes for evolvable assembly systems, Proc. 6th IEEE Int. Symp. Assem. Task Plan. (2005) pp. 242–247

54.47 K. Malecki: Vehicle body mounted door seals on a roll, Adhesion Adhesives Sealants **6**(1), 23–25 (2009)

54.48 S. Kock, T. Vittor, B. Matthias: Robot concept for scalable, flexible assembly automation, Proc. IEEE Int. Symp. Assem. Manuf. (ISAM), Tampere (2011)

54.49 H. Chen, J. Wang, G. Zhang, T. Fuhlbrigge, S. Kock: High-precision assembly automation based on robot compliance, Int. J. Adv. Manuf. Technol. **45**(9/10), 999–1006 (2009)

54.50 A. Stolt, M. Linderoth, A. Robertsson, R. Johansson: Force controlled robotic assembly without a force sensor, Proc. IEEE Int. Conf. Robotics Autom. (ICRA), Saint Paul (2012)

54.51 ABB Robotics: Application manual – force control for machining, http://new.abb.com/products/robotics/application-equipment-and-accessories/flexfinishing/function-package-for-force-control (2013)

54.52 J. Domnick, Z. Yang, Q. Ye: Simulation of the film formation at a high-speed rotary bell atomizer used in automotive spray painting processes, Proc. 22nd Eur. Conf. Liq. At. Spray Syst. ILASS Eur., Como (2008)

54.53 M. Jonsson, A. Stolt, A. Robertsson, S. von Gegerfelt, K. Nilsson: On force control for assembly and deburring of castings, Prod. Eng. **7**(4), 351–360 (2013)

54.54 Z. Pan, H. Zhanh, Z. Zhu, J. Wang: Chatter analysis of robotic machining process, J. Mater. Process. Technol. **173**(3), 301–309 (2006)

54.55 M. Weck, C. Brecher: *Werkzeugmaschinen 2 – Konstruktion und Berechnung* (Springer, Berlin, Heidelberg 2006)

54.56 U. Schneider, M. Ansaloni, M. Drust, F. Leali, A. Verl: Experimental investigation of sources of error in robot machining, Int. Workshop Robot. Smart Manuf., Porto (2013)

54.57 J. Wang, H. Zhang, T. Fuhlbrigge: Improving machining accuracy with robot deformation compensation, Int. Conf. Intell. Robots Syst., St. Louis (2009)

54.58 C. Lehmann, B. Olofsson, K. Nilsson, M. Halbauer, M. Haage, A. Robertsson, O. Sornmo, U. Berger: Robot joint modeling and parameter identification using the clamping method, IFAC Conf. Manuf. Modell. Manag. Control, Saint Petersburg (2013)

54.59 B. Saund, R. DeVlieg: High accuracy articulated robots with CNC control system, SAE Int. J. Aerosp. **6**(2), 780–784 (2013)

54.60 U. Schneider, J.R. Diaz Posada, M. Drust, A. Verl: Position control of an industrial robot using an optical measurement system for machining purposes, Proc. 11th Int. Conf. Manuf. Res. (2013) pp. 307–312

54.61 U. Schneider, B. Olofsson, O. Sörnmo, M. Drust, A. Robertsson, M. Hägele, R. Johansson: Integrated approach to robotic machining with macro/micro actuation, Robotics Comput.-Integr. Manuf. **30**(6), 636–647 (2014)

54.62 International Organization for Standardization: ISO 12100:2010. Safety of machinery – General principles for design – Risk assessment and risk reduction, http://www.iso.org/iso/home/store/catalogue_detail.html?csnumber=51528 (2010)

54.63 European Parliament: Directive 2006/42/EC of the European Parliament and the Council of 17 May 2006 on machinery, and amending Directive 95/16/EC (recast), http://eur-lex.europa.eu/LexUriServ/LexUriServ.do?uri=OJ:L:2006:157:0024:0086:EN:PDF (2006)

54.64 Siemens: *Easy Implementation of the European Machinery Directive, Functional Safety of Machines and Systems* (Siemens, Fürth 2012)

54.65 International Organization for Standardization: ISO 13849-1:2006. Safety of machinery – Safety-related parts of control systems – Part 1: General principles for design, http://www.iso.org/iso/home/store/catalogue_detail.html?csnumber=3491 (2006)

54.66 International Electrotechnical Commission: IEC 62061 ed1.0. Safety of machinery – Functional safety of safety-related electrical, electronic and programmable electronic control systems: http://webstore.iec.ch/webstore/webstore.nsf/artnum/033604!opendocument (2005)

54.67 International Electrotechnical Commission: IEC 61508 ed2.0. Functional safety of electrical/electronic/programmable electronic safety-related systems, http://www.iec.ch/functionalsafety/standards (2010)

54.68 International Organization for Standardization: ISO 13855:2010. Safety of machinery – Positioning of safeguards with respect to the approach speeds of parts of the human body, http://www.iso.org/iso/home/store/catalogue_detail.html?csnumber=42845 (2010)

54.69 International Organization for Standardization: ISO 13857:2008. Safety of machinery – Safety distances to prevent hazard zones being reached by upper and lower limbs, http://www.iso.org/iso/home/store/catalogue_detail.html?csnumber=39255 (2008)

54.70 R. Hollmann, A. Rost, M. Hägele, A. Verl: A HMM-based approach to learning probability models of programming strategies for industrial robots, 2010 IEEE Int. Conf. Robotics Autom., Anchorage (2010)

54.71 B. Lacevic, P. Rocco, A. Zanchettin: Safety assessment and control of robotic manipulators using danger field, IEEE Trans. Robotics **29**(5), 1257–1270 (2013)

54.72　International Organization for Standardization: ISO/TC 184/SC 2. Robots and robotic devices, http://www.iso.org/iso/home/store/catalogue_tc/catalogue_tc_browse.htm?commid=54138&development=on (2014)

54.73　S. Oberer-Treitz, A. Puzik, A. Verl: Measuring the collision potential of industrial robots, 41st Int. Symp. Robot. 6th Germ. Conf. Robot. (2010)

54.74　R. Behrens, N. Elkmann: Study on meaningful and verified thresholds for minimizing the conse-quences of human-robot collisions, IEEE Int. Conf. Robotics Autom. (ICRA) (2014) pp. 3378–3383

54.75　S. Haddadin, S. Haddadin, A. Khoury, T. Rokahr, S. Parusel, R. Burgkart, A. Bicchi, A. Albu-Schaeffer: On making robots understand safety: Embedding injury knowledge into control, Int. J. Robotics Res. **31**(13), 1578–1602 (2012)

54.76　J. Marvel, J. Falco: *Best practices and performance metrics using force control for robot assembly* (Nat. Inst. Stand. Technol., Gaithersburg 2012)

54.77　R. Zurawski: *Integration Technologies for Industrial Automated Systems* (CRC, Boca Raton 2006)

54

第 55 章
空间机器人

Kazuya Yoshida，Brian Wilcox，Gerd Hirzinger，Roberto Lampariello

在航天界，任何无人驾驶的航天器都可以称为机器人航天器。然而，空间机器人被认为是更具能力的设备，可以作为航天员的助手，在轨道上方便操作、组装或维护功能，或者作为人类探险家的替代品，扩展在遥远星际中探索的领域和能力。

本章简要介绍了两种不同类型的空间机器人系统（轨道机器人和行星表面机器人）的历史概况和技术进展。特别是，第 55.1 节描述了轨道机器人，第 55.2 节描述了行星表面机器人，第 55.3 节使用参考方程对动力学和控制的数学建模问题进行了讨论。最后，在第 55.4 节讨论了与未来空间探索任务相关的若干主题。

目　录

55.1　轨道机器人系统的历史概况和研究进展

空间机器人和系统的关键问题如下：

（1）操作能力　虽然操作是机器人技术的基本技术，但是轨道环境中的微重力需要特别注意操作臂和被操作物体的运动动力。影响基体的反应动力学、机器人手接触待处理对象时的碰撞力学，以及由于结构柔性引起的振动力学都包含在本问题中。

（2）机动性　运动能力在遥远行星表面上的探测机器人（漫游者）中尤为重要。这些表面是自然而粗糙的，因此具有挑战性。传感与感知，牵引力学，车辆动力学，控制与导航；所有这些移动机器人技术必须在自然的原始环境中进行展示。

（3）遥操作和自主能力　在工作现场的机器人系统和地球操作室中的操作人员之间存在显著的时间延迟。在早期的轨道机器人演示中，延迟时间通常为 5s，但行星任务可能需要几十分钟甚至几小时。因此，遥操作机器人技术是空间机器人不可缺少的组成部分，引入自主性是一个合理的结果。

（4）极端环境　除了影响操作臂动力学的微重力环境或影响地表机动性的自然和粗糙地形之外，还有一些与极端空间环境相关的问题，这些问题是具有挑战性的，必须解决才能在实际工程中应用。这些问题包括极高或极低的温度、高真空或高压、腐蚀性大气、电离辐射和极细粉尘等。

轨道环境中使用的第一个机器人操作臂是航天飞机遥控操作臂系统（SRMS）。它在 1981 年的 STS-2 任务中得到了成功的应用，并一直运行到航天飞机时代结束。这一成功开启了轨道机器人的新纪元，并激发了研究界的许多任务概念。20 世纪 80 年代以后，一个最终的目标就是通过机器人自由飞行器或者自由飞行的空间机器人（例如，ARAMIS 报告[55.1]，图 55.1）对出现故障的航天器进行救援和维修。在以后的几年里，载人服务任务是为了捕获-修复-部署失灵卫星的程序（例如，STS-49 的 Intelsat 603）和维修哈勃太空望远镜（STS-61、82、103 和 109）。对于所有这些例子，都使用了具有专门机动性的载人飞船——航天飞机。然而，无人维修任务尚未开始运行。尽管有几次示范飞行，例如 ETS-VII 和轨道快车（见 55.1.2 节），但无人卫星服务任务的实用技术仍有待解决。

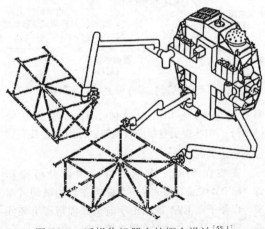

图 55.1　遥操作机器人的概念设计[55.1]

55.1.1　协助人类太空飞行的操作臂

1. 航天飞机遥控操作臂系统

在航天飞机上，SRMS 或 Canadarm 是一个操作臂，可以将有效载荷从航天飞机轨道器的有效载荷舱移动到其部署位置，然后释放它[55.2]。它还可以抓住一个自由飞行的有效载荷，操纵它到轨道器的有效载荷舱，并把它重新放回轨道器。SRMS 最初是在 1981 年发射的第二个航天飞机 STS-2 上使用的。从那时起，在航天飞机飞行任务中使用 SRMS 执行这种有效载荷部署或靠泊，以及协助人员的舱外活动（EVA）超过 100 次。对哈勃太空望远镜的维修和维护任务，以及国际空间站（ISS）的施工任务也已经通过 SRMS 与人类 EVA 的合作使用实现。

如图 55.2 所示，SRMS 手臂长 15m，有 6 个自由度（DOF），包括肩部偏航和俯仰关节、肘部俯仰关节以及手腕俯仰、偏航和横滚关节。手臂末端附有一个称为标准末端执行器（SEE）的特殊夹具系统，该系统设计用于抓住附着在有效载荷上的杆状夹具（GF）。

通过在终点附加一个立足点，手臂可以作为航天员的 EVA 的移动平台（图 55.3）。

在 STS-107 的航天飞机哥伦比亚号事故发生后，NASA 为 SRMS 配备了轨道器臂架传感器系统，即一个包含仪器的臂架，以检查航天飞机外部是否有热保护系统损坏[55.3]。

2. ISS 安装式操作臂系统

国际空间站是最大的国际技术项目，有 15 个国家为此做出了重大合作贡献。国际空间站是人类在太空的一个前哨站，以及一个拥有大量科学和工程研究设施的空间实验室。为了便利站上的各种活动，有几个机器人系统，其中一些机器人系统已经运行，而另一些机器人系统已经准备好发射。

空间站遥控操作臂系统（SSRMS）或 Canadarm 2（图 55.4），是国际空间站上使用的新一代 SRMS[55.4]。在 2001 年 STS-100（国际空间站组装航班 6A）期间推出的 SSRMS 在国际空间站的建造和维护方面发挥了重要作用，在 EVA 期间协助航天员，并使用航天飞机上的 SRMS 将有效载荷从航天飞机移交给 SSRMS。完全伸展时臂长 17.6m，具有 7 个自由度。闭锁的末端执行器、电源、数据和视频可通过它来传输到手臂和从手臂回传。SSRMS 采用类似于蠕虫的移动方式进行自我重新定位，通过在电台外表面安装电源数据抓斗固定装置（PDGF），以提供电源、数据、视频和立足点。

55

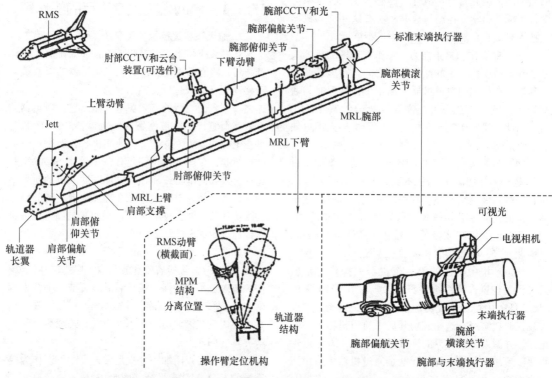

图 55.2 航天飞机遥控操作臂系统（SRMS）[55.2]

图 55.3 航天飞机遥控操作臂系统（SRMS）
用作航天员在航天飞机货舱进行
舱外活动的平台

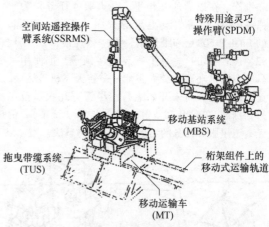

图 55.4 空间站遥控操作臂系统（SSRMS）[55.4]

间站组装航班 UF-2）增加了移动基站系统
（MBS）。MBS 提供有横向移动能力，因为它具有穿
过主桁架上的导轨[55.5]。

安装在 SSRMS 末端的特殊用途灵巧操作
臂（SPDM）或 Dextre 是一个能力很强的微型臂系
统，以便于在 EVA 期间由宇航员处理精密组装任
务。SPDM 是一个双操作臂系统，每个操作臂（3m
长）具有 7 个自由度，并安装在单自由度的身体关

作为 SSRMS 覆盖国际空间站更广泛区域的
另一种移动辅助装置，2002 年，STS-111（国际空

节上。每个手臂都有一个用于处理标准化轨道更换单元（ORU）的专用工具机构。手臂由空间站内的机器人工作站（RWS）遥控操作[55.6]。

欧洲航天局（ESA）也将为国际空间站（欧洲机器人手臂）提供一个机器人操作臂系统，并将主要用于该站的俄罗斯部分[55.7]。臂长 11.3m，有 7 个自由度。基本的配置和功能类似于 SSRMS[55.8]。

在日本，日本的实验模块遥控操作臂系统（JEMRMS），如图 55.5 所示。由日本宇宙航空研究开发机构（JAXA）开发[55.9-11]。这个操作臂是在 2008 年由 STS-124 飞行任务发射的，目前在国际空间站的日本模块上运行。JEMRMS 由两部分组成：一个 9.9m 长的 6 自由度大臂和一个 1.9m 长的 6 自由度小臂。

a)

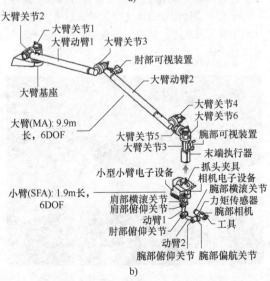

大臂关节2
大臂关节1
大臂动臂1　大臂关节3
　　　　　　　　肘部可视装置
大臂基座
　　　　　　大臂动臂2
大臂（MA）：9.9m
长；6DOF
　　　　　　大臂关节4
　　　　　　大臂关节6
　　大臂关节5　腕部可视装置
　　大臂关节3　末端执行器
小型小臂电子设备
　　　　　　相机电子设备
小臂（SFA）：1.9m长；　腕部横滚关节
6DOF　　　　　力矩传感器
肩部横滚关节　腕部相机
肩部俯仰关节
动臂1
肘部俯仰关节　工具
动臂2
腕部俯仰关节　腕部偏航关节

b)

图 55.5　JEMRMS 示例
a）国际空间站的日本实验模块（JEM）　b）JEMRMS

与 SSRMS 或 ERA 不同，主臂不具有自我搬运能力，而是配备了一个小的细臂，与 JEMRMS 可以组成一个 12 自由度的宏微操作臂系统。安装后，手臂被用来处理和重定位组件，以便在暴露的设备上进行试验和观察。

55.1.2　面向未来的空间机器人试验

1. ROTEX

由德国航空航天中心（DLR）开发的技术试验用机器人（ROTEX）是机器人技术在太空中的重要里程碑之一[55.12]，因为它展示了使用对地静止中继卫星的往返信号延迟达 6s 的空间机器人的第一个（远程）地面控制。1993 年，一台多感知机器人手臂在哥伦比亚号航天飞机（STS-55）上运行。尽管机器人在航天飞机上的一个工作单元内工作，但是一些关键技术，如多感应手爪，地面和航天员的遥操作共享自主权和通过使用预测性图形显示器的时间延迟补偿，都被成功地测试（图 55.6 和 |◉ VIDEO 330|）。

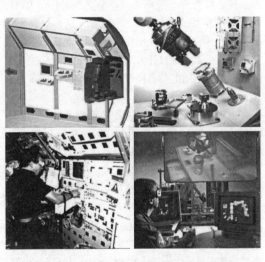

图 55.6　太空实验室 D2 任务上的 ROTEX，
第一个遥操作空间机器人

据推测，ROTEX 中最壮观的试验是由地面计算机全自动抓取一个具有平坦边缘的自由浮动立方体，由计算机评估来自机器人手爪的立体图像，估计运动，预测上述 6s 的运动并发送抓取命令（|◉ VIDEO 331|）。

2. ETS-Ⅶ

工程测试卫星七号（ETS-Ⅶ），如图 55.7 所示。它是太空机器人技术发展的又一个里程碑，特别是在卫星维修领域。ETS-Ⅶ是由日本国家宇宙开发署（NASDA，现为 JAXA）于 1997 年 11 月开发

55

并发射的无人航天器。它使用安装在其载体卫星上的一个 2m 长、6 自由度的操作臂，成功地进行了一系列试验。

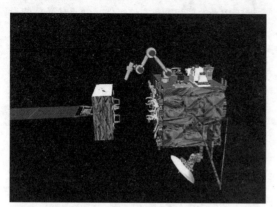

图 55.7　日本工程测试卫星 ETS-Ⅶ

ETS-Ⅶ的任务目标是测试自由飞行机器人技术，并展示其在无人轨道运行和维修任务中的实用性。任务包括两个子任务：自主交会对接（RVD）和一些机器人试验（RBT）。机器人试验包括：①具有大时延的地面遥控操作；②ORU 交换和空间结构部署等机器人维修任务演示；③操作臂反应与卫星姿态响应之间的动态协调控制；④捕获和靠泊合作目标卫星[55.13]。

由于无线电传播（光速）导致的通信时间延迟相对较小，如地球静止轨道（GEO）往返 0.25s。但是，为了在低地球轨道（LEO）运行中实现全球通信覆盖，信号通过多个节点传输，包括位于 GEO 和地面站的数据中继卫星。这使得传输距离更长，并且在每个节点处添加更多额外的延迟。结果，累积延迟时间变成几秒，实际上在 ETS-Ⅶ实施任务的情况下为 57s，与 ROTEX 试验中的延迟差不多。然而，需要指出的是，由于最佳的通信基础设施已经（而且仍然）缺失，这些延迟已经很漫长了。图 55.8 表明对于低轨道机器人卫星（轨道周期通常为 1.5h），一半的轨道（即大约 45min）将通过一个中继卫星与地面站进行通信，产生大约 600ms 的往返延迟（包括计算延迟）。对于与地面站有永久通信的地球静止轨道中的机器人来说，往返延迟只有 300ms。

ETS-Ⅶ还为日本的大学和欧洲研究机构（如 DLR 和 ESA）开放了学术试验的机会，获得了重要的飞行数据，验证了自由飞行空间机器人的概念和理论[55.14,15]。例如，DLR 进行了试验，目的在于演示执行 ORU 交换任务的机器人控制方法（参见示例 🔊 VIDEO 332）和通过控制机器人手臂进行游泳

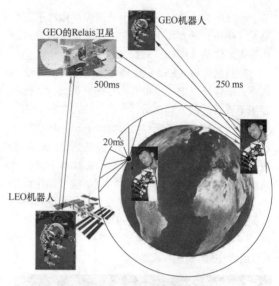

图 55.8　到 LEO 机器人的最小往返信号传播延迟约为 0.6s，到 GEO 机器人的最小往返信号传播延迟约为 0.3s

动作或摆动动作来实现专用卫星姿态控制的试验。

3. Ranger

Ranger 是在马里兰大学空间系统实验室开发的遥控空间机器人[55.16]。Ranger 由两个 7 自由度的操作臂与可互换的末端执行器组成，以执行诸如在轨道上更换轨道更换单元（ORU）等任务。还讨论了哈勃太空望远镜的电子控制器单元（ECU）的转换，它以前需要人类 EVA。在马里兰大学的浮力设施上进行了若干测试和示范服务任务（图 55.9）。Ranger 最初设计用于自由飞行试验，后来被重新设计用于航天飞机飞行试验，但最终并没有在航天飞机飞行中体现出来。

图 55.9　Ranger 遥操作机器人穿梭机试验的中性浮力试验

4. 轨道快车

轨道快车太空作战架构计划是 DARPA 计划，旨在验证机器人在轨加油和重新配置卫星的技术可行性，以及自主交会、对接和操作臂靠泊[55.17]。该系统由波音公司综合防务系统开发的自主空间运输机器人作业（ASTRO）车辆和由 Ball Aerospace 开发的原型模块化新一代可维修卫星 NextSat 组成。ASTRO 车辆配备了一个操作臂来执行卫星捕捉和 ORU 交换操作（图 55.10）。

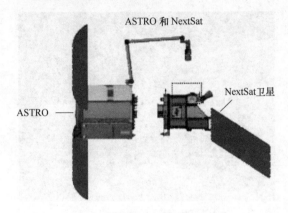

图 55.10 轨道快车飞行任务配置

在 2007 年 3 月发射后，执行了多种情景任务。这些情景包括：①在两个航天器连接时，使用 ASTRO 的操作臂在 NextSat 上进行目视检查、燃料转移和 ORU 交换；②将 NextSat 与 ASTRO 分离，由 ASTRO 进行轨道机动，并与 NextSat 进行飞行、交会和对接；③使用 ASTRO 的操作臂捕获 NextSat。

这些场景任务于 2007 年 7 月成功完成，ASTRO 自主使用车载相机和先进的视频引导系统。

5. ROKVISS 和延迟遥控操作

作为计划中的德国轨道维修演示任务 DEOS 的前身演示，德国航空航天局（DLR）开发并运行了一个长度为 0.5m，自由度为 2 的操作臂，该操作臂配有专用的试验台，称为机器人国际空间站组件核查（ROKVISS）（图 55.11）[55.18]。

通过专用的实时空间链路，利用 ISS 飞越的 7～8min 接触窗口，导致往返延迟减小至 20ms，这是太空飞行历史上第一个允许力反馈的高保真度远程呈现的遥操作系统。在六年的任务中收集了大量记录机器人电气和机械性能演变的数据（如传感器精度、摩擦力和电动机参数）。

ROKVISS 于 2004 年由俄罗斯的进步号无人驾驶运输飞船发射，并于 2005 年初安装在国际空间站俄罗斯部分的外部平台上（👁 VIDEO 333 ）。

图 55.11 ROKVISS

六年后，该系统仍然功能齐全，尽管它只经过了低成本的认证，即大部分电子元件是现有的，整个系统已经通过辐射、振动和温度测试。ROKVISS 的第二个主要目标是长期验证这些外层空间的关节（👁 VIDEO 334 ）。在任务即将结束时，ROKVISS 从项目负责人的私人住宅使用标准互联网通信对 DLR 的专业地面站进行了遥操作。当时的往返延迟达到了 400ms 左右，仍然允许力反馈的远程呈现。在 2011 年底，ROKVISS 被带回地球完成验证和验证测试（👁 VIDEO 336 ）。

尽管关节数量很少，但是遥感试验还是非常具有挑战性，其中地面操作员使用力反馈操纵杆和立体视觉图像遥控手臂。另一方面，ROKVISS 手臂配备了关节力矩传感器，可实现全阻抗控制和先进的双边控制技术。试验的次要目标是联合驱动器的空间限定，这是 DLR 扭矩控制的轻量化机器人的关键组成部分[55.19]。

操作臂没有任何肉眼可见电气或机械损伤，主要观察是在 ISS 的真空中，操作臂的关节摩擦力几乎增加了一倍，但当操作臂回到地球上时，关节摩擦力又恢复到原来的值。在 ROKVISS 框架和相应调查的基础上，可以实现一般远程呈现潜力和先决条件的重要基本说明。

早在 JPL 推动的空间遥操作机器人的早期，人们就已经估计，从本体感知的角度来看，人类可能能够在视觉系统中掌握高达 1s 的信号延迟（即查看延迟图像），以及高达 500ms 触觉系统。

有趣的是，比较新的结果可见参考文献[55.20, 21]，其中已经证明了在通信延迟高达 650ms 的情况下，力反馈遥操作的可行性。通过使用所谓的时域无源性控制方法，系统的机械能被实时观察和控制，使得系统对于任何给定的通信信道特征（包括变化的时延和分组丢失）都是被动的。这些结果已经通过独特的远程试验进行了验证，其

55

中位于德国 Oberpfaffenhofen 的两个扭矩控制轻量化操作臂通过使用地球同步卫星 ARTEMIS、位于德国 Garching 的地面站通信天线和位于比利时 Redu 的数据镜像[55.22]形成通信链路。

最近，有一个相当复杂的多自由度系统的远程呈现试验已经完成[55.23]。该系统由 DLR 的 Space JUSTIN 仿人机器人和基于两个扭矩控制的轻量化操作臂的人机界面组成，作为力反馈手部控制器（触觉装置）（图 55.12 和 ▶ VIDEO 337）。复杂的任务需要高水平的灵活性，如用螺钉旋具拧紧（旋松）或焊接，执行时间延迟高达 500ms（▶ VIDEO 338）。

因此得出的结论是，在整个地球轨道上用力反馈进行遥操作存在一定的可行性。

图 55.12 DLR 上的力反馈远程呈现演示

6. DEOS 示范项目

德国空间机器人演示任务 DEOS，基于 ROKVISS 关节扭矩控制操作臂技术，旨在演示轨道服务所需关键技术的成熟度和可用性。DEOS 由两个卫星、服务器和客户端组成（图 55.13）。其主要目标是发现、接近和捕捉一颗在 LEO 中不受控制和不合作的卫星（▶ VIDEO 339）。成功捕获后，计划在服务卫星与捕获的卫星一起进入大气层进行受控下降之前演示一些典型的维修和维护任务。鉴于未来的任务，目前正在进行项目开发，以提高技术准备水平。这些发展还包括适配研究中的主动清除碎片任务，如 Deorbit（ESA），用于 ENVISAT 卫星的离轨。

图 55.13 DEOS

注：客户端（左）和服务器（右）的轨道服务试验。

7. Robonaut 与 JUSTIN

仿人机器人已被开发用于执行与人类兼容的灵巧任务。NASA 的 Robonaut 和 DLR 的 JUSTIN 就是这样的典型例子。这些机器人在第 55.4.2 节将详细阐述。

55.2 行星表面机器人系统的历史概况与研究进展

地表探测漫游车的研究开始于 20 世纪 60 年代中期，在美国有一项计划（从未执行），为"巡行者"月球着陆器提供无人漫游车，为人类着陆器提供载人漫游车（月球车）。在同一时期，苏联启动了名为 Lunokhod 的遥操作探测器的研究和开发。20 世纪 70 年代早期，漫游车阿波罗和无人漫游车 Lunokhod 都成功地登上了月球[55.24]。在 20 世纪 90 年代，勘测目标已扩大到火星。1997 年，火星探路者任务成功地部署了一个名为 Sojourner 的小型火星车，安全地穿越着陆点附近的岩石场，自主地避开障碍物[55.25,26]。在这次成功之后，自主机器人车辆被认为是行星探索不可或缺的技术。用于火星探险的"勇气号"与"机遇号"启动于 2003 年，在火星恶劣的环境下运行三年，取得了令人瞩目的成功。每台车都走过了 5000 多米，并使用车载仪器取得了重大的科学发现[55.27,28]。

55.2.1 遥控漫游车

第一台遥控机器人空间表面漫游车是 Lunokhod（图 55.14）[55.24]。Lunokhod 1 号于 1970 年 11 月 17 日作为着陆器 Luna-17 的有效载荷登陆月球，Lunokhod 2 号于 1973 年 1 月 16 日登陆月球。这两辆车都是 8 轮移动车辆，质量约为 840kg，几乎所有部件都装在一个带盖子的加压箱体隔热罩中，盖子盖在箱体上，使其能够在月夜的深寒环境（100K）中生存，仅使用放射性同位素小颗粒释放的热量。盖子内侧是太阳能电池板，白天可根据需要为电池充电，以维持车辆运行。Lunokhod 1号在这段时间内运行了 322 个地球日，穿越了10.5km，返回了 20000 多张电视图像、200 张高分辨率全景图，以及 500 多个土壤硬度仪测试和 25个使用其 X 射线荧光光谱仪进行土壤分析的结果。Lunokhod 2 号运行了大约 4 个月，穿越了 37km，任务于 1973 年 6 月 4 日正式结束。据报道，Lunokhod 2 号在开始从火山口的斜坡上滑落时失控，并迅速发出了指令，最终导致使命结束。

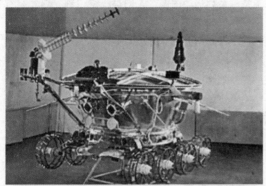

图 55.14　Lunokhod

Lunokhod 车中，八个车轮中的每一个都是直径为 0.51m，宽度为 0.2m，根据假定有 3cm 的下沉量，有效地面压力小于 5kPa。每个车轮都有一个有刷直流电动机、一个行星齿轮减速器、一个制动器和一个在电动机或齿轮出现问题的情况下允许车轮自由转动的离合机构。车辆的移动指令包括前进或后退的两种速度、制动以及在移动或停止时向右或向左转弯。

这些车都有基于陀螺仪和加速度计的倾角传感器，在车体过度倾斜时可以自动停止车辆。典型的移动指令规定了电动机运行的持续时间，然后停止。精确转向指令指定了车辆应转向的角度。根据航向陀螺仪，当达到指定的转向角时，这些指令终

止。里程计由一个无动力、轻载的第九小轮测定，仅用于测定地面距离。有一个车载电流过载系统，电动机电流、纵摇和横摇测量、经过的距离以及许多部件的温度都被遥测给地面操作员。

Lunokhod 机组由一名驾驶员、一名领航员、一名首席工程师、一名操纵笔形波束天线的操作员和一名机组指挥官组成。驾驶员观看车辆上的平面电视图像，并根据持续时间或角度给出适当的命令（转弯、前进、停止或后退）及其相关的参数值。领航员查看车辆航向陀螺仪、陀螺仪传感器和里程计的遥测显示，并负责计算车辆的轨迹和制定需遵循的路线。因此，驾驶员负责车辆的质心稳定性，领航员负责该质心的轨迹。首席工程师（需要时由许多专家协助）负责评估车载系统的健康状况。首席工程师提供关于能源供应、热力条件等的日常更新，以及可能的紧急警报，如极端的电动机电流或车体倾斜。笔形波束天线操作员监督独立的基于地面的闭环控制系统的功能，该控制系统使天线始终指向地球，独立于车辆运动。机组指挥官监督整个计划的实施和执行，给出了与地面实际接触的详细命令（如通过透度计），并且当看到与驾驶员相同的信息时，可以忽略对车辆的任何命令。

整个驱动系统在 Lunokhod 1 号任务之前进行了广泛的测试，测试中模拟的月球地形被证明比在Lunokhod 1 号任务中实际月球地形更具挑战性。尽管如此，Lunokhod 1 号的操作员表示，它们遇到危险地点（意外进入陨石坑、滚到岩石上等）的频率略高于每公里一次。这是由于驾驶经验不足，电视图像质量不高，以及月球照明条件差等原因造成的。驾驶方向的选择往往主要是为了给出最佳的图像；即便如此，操作员也报告了因光照条件变化而造成的可能危险。在操作的前三个月（月球日）中，车辆行驶 49h，行驶 5224m，使用 1695 次行驶命令（包括大约 500 个转弯）。在这段时间内，发送了 16 个信号来防止过度倾斜；穿过了大约 140个最大倾斜角度为 30° 的陨石坑。

在大约 2.6s 的光速延迟的情况下，操作员表示，控制经验证实了在起停机制中移动的可取性，每几米强制停止一次。人们发现，即使在彼此距离不太远的地区，土壤性质也有很大差异。土壤硬度仪测定表层土壤的硬度，在硬度最高的地方要约16kg（地球重量）的力量才能穿透大约 26mm，在硬度最低处只需 3kg 地球重量就可穿透大约 39mm。锥形透度计的底部直径为 50mm，锥体高度为44mm。因此，表层土壤承载力的增加幅度从最软

55

的土壤约 400kPa/m 到最坚硬的土壤约 3MPa/m。火山口的围墙和围绕陨石坑的直接喷射物通常表现出最弱的土壤。穿透深度在 5cm 以下时，风化层通常变得更坚硬。前三个月的车轮滑移平均值约为10%。在水平地形上，根据地表不规则性和地面不均匀性，滑移范围为 0~15%。在火山口斜坡上，滑移增加到 20%~30%。Lunokhod 车轮的电阻率一般在 0.05~0.25 的范围内，而特定的自由牵引力（牵引重量比）在 0.2~0.41 的范围内。机组成员发现 Lunokhod 1 号探测区域的火山口分布与公式 $N(D) = AD^{-\delta}$ 非常接近，其中，$N(D)$ 是每公顷月球表面中直径大于 Dm 的火山口数量；A 是比例因子，约为 250；δ 是分布指数，约为 1.4[55.24]。

55.2.2 自主漫游车

在 20 世纪 60 年代中期，在美国加利福尼亚州帕萨迪纳的喷气推进实验室（JPL）开始了对月球车的研究，当时有人提议将一辆小型月球车安装在月球探测着陆器上。这些着陆器由 JPL（根据与 Hughes 的系统级合同）领导，设计用于在阿波罗登月器搭载人类之前在月球上软着陆，以确保此类着陆的安全性。当时，人们推测（特别是 T. Gold）月球可能会覆盖一层厚厚的软尘土，会淹没任何着陆器。1963 年，JPL 与加利福尼亚州 Goleta 的通用汽车国防研究实验室签署了一项合同，建立一个小型漫游车概念样机，用于支持"漫游者"计划。通用汽车公司最近聘请了被认为是越野行走之父的 Bekker，撰写了关于这个主题的几本关键性的教科书，并且介绍了许多关于土壤性质的重要概念，以及今天仍在使用的越野车性能[55.29,30]（见第55.3.12 节）。

Bekker 和他的团队提出了一种基于新型 3 驾驶室配置的铰接式 6 轮模型，其带有轴向弹簧钢悬架。这辆车展现了卓越的机动性，能够爬升到 3 倍轮半径高的垂直台阶，并穿越 3 倍轮半径的裂缝。与 Bekker 一起工作的知名人士有 Farenc Pavlics，他领导了阿波罗月球车（根据波音公司的合同）移动系统的开发；还有 Fred Jindra，他建立了描述铰接式 6 轮模型移动的基本方程，后来 Don Bickler 设计 Sojourner 号和火星探测漫游车（Mars Exploration Rovers）的摇臂转向架底盘时使用了这些方程。Bekker 和他的团队在对多种类型的车辆进行试验之后，提出了 6 轮铰接式车辆，包括多轨车辆、螺旋式车辆（用于细粉状地形）等。这款 6 轮车在比例模型测试中表现出在柔软地形和岩石地形上的卓越性能。

他们制造并交付了两辆长约 2m、车轮直径约为 0.5m 的车辆。这些车辆在整个 20 世纪 60 年代和 20 世纪 70 年代初期被用于测试，进行模拟操作以确定如何在月球上实际使用这种车辆。一个关键的问题是，从月球的光速往返（约 3s）排除了直接驾驶车辆的可能性。也许最烦人的是，在车辆运动过程中，用于与地球通信的高度定向的无线电天线将失去指向能力，因此通信将短暂地丢失。这意味着驾驶月球车的操作员将面临一系列静止图像，而不是一系列运动图像。人们很快意识到，驾驶装有单目相机的车辆时，操作员的大部分感知和深度感知都来自运动。依靠静止的单目图像驾驶车辆是非常困难的。一个粗糙的立体形式被纳入，相机桅杆被提升和降低轻微，操作员可以在两个视图之间来回切换。

在几艘"探索者"号航天器成功着陆后，发现所有着陆点似乎都有相对坚硬的土壤，因此得出结论，认为不需要"探索者"号月球车。因此，这个原型机在 20 世纪 70 年代初期被用于研究，随后又在 20 世纪 80 年代重新修复并用于研究，成为第一个配备后来在 Sojourner 和 MER 任务中使用的航点导航的车辆。

大约在"维京"号被构思和开发的时候，喷气推进实验室开始了 1984 年火星探测器的努力。（1984 年是从地球到火星的一个积极有利的发射机会，以及"维京"号之后的下一个可能的重大使命机会）。JPL 开发了两个试验台车、一个软件原型和一个硬件原型。软件原型有一个 Stanford 操作臂，由 Vic Scheinman 设计（后来设计 Unimation PUMA 操作臂和许多其他著名的早期工业机器人）。这是有史以来建造的唯一一个 1.5 级的 Stanford 操作臂。Lewis 和 Bejczy 因为解决这个操作臂的运动学问题而成为机器人领域的知名人士，这并不是当时在机器人领域所做的第一个完整的运动学，如参考文献［55.31］。实现了立体旋转云台，并配备了第一台固态相机。1977 年国际人工智能联合会议上发表了许多非常重要的论文，如参考文献［55.32,33］。第一次手眼运动协调就是在这辆车上完成的，在立体图像中指定了一块岩石，车辆自动移动到手臂可以伸出并捡起岩石的位置。在 20 世纪 70 年代，该系统还完成了第一批针孔插入和其他灵巧操作的演示。

硬件原型是用 Lockheed 公司生产的弹性环形轮制造的[55.34]。车辆由电池供电并通过业余爱好者使用的那种手持式 RC 单元进行控制。

1982 年底，JPL 与美国军方签订了一项合同，研究使用机器人车辆来支持美国陆军。在这项研究中，JPL 的 Brian Wilcox 提出了一种技术，以减少车辆与运营商之间进行实时视频链路或高带宽通信信道的需求。这种技术后来被称为计算机辅助远程驾驶（CARD）[55.35]，需要从车辆向操作员传输单幅立体图像，因此操作员可以使用三维光标在该图像中指定航点。通过使用单幅立体图像，代替单目图像的连续流，需要由车辆传输的信息量数量级减少了。喷气推进实验室首先在修复后的"探索者"号月球车（SLRV，它被涂为蓝色，因此被称为"蓝色罗孚"，图 55.15a）上展示了 CARD，以及稍后修改后的悍马车上演示了 CARD。1988 年，在莫哈韦沙漠进行现场测试期间，CARD 在悍马车上演示，每个立体图像路径指定为 100m，并且每个路径只有几秒钟的指定时间。

a)

b)

图 55.15　由 JPL 开发的六轮铰接式车辆
a) SLRV　b) Robby

随着 CARD 工作的进行，JPL 内部资助的一项

工作展示了一种称为半自主导航（SAN）的概念。这个概念涉及人类在地球上指定全球路径，使用可以从轨道器图像开发的地图，然后使车辆自主地优化和执行避免危险的路径。这项工作的适度成功导致了美国航空航天局资助的一项工作，完成了一种名为 Robby 的新型车辆的开发（图 55.15b）。Robby 是一个更大的车辆，可以支持车载计算和无约束操作所需的电力［在 CARD 的 arroyo 现场测试中，SLRV 已经被绑定到 VAX 11/750 小型机上超过 1500ft（1ft = 0.3048m）的系绳］。1990 年，一辆自动驾驶汽车穿越障碍物区域，速度比在地球上使用人类路径设计的火星漫游车更快。

然而，Robby 有一个严重的公关问题——它被认为体积太大了。当然，没有任何一台计算机或者电源系统被小型化或者轻量化——它完全是由能够完成这项工作的成本最低的部件组成。然而，由于这是一个大型汽车的大小，观察员和 NASA 的管理层认为，未来的漫游车将是汽车大小甚至卡车大小的车辆。20 世纪 80 年代后期，JPL 通过火星漫游车样本返回（MRSR）进行了研究，结果表明应设计 882kg 的漫游车的质量。科学应用国际公司（SAIC）对 MRSR 研究进行独立研究，估计总成本为 13 亿美元。当这个令人震惊的价格标签传遍 NASA 总部和国会工作人员时，MRSR 被停止。Robby 项目也终止了。与此同时，NASA 资助卡内基梅隆大学开发 Ambler（图 55.16），一个大型行走机器人，能够自主选择安全的脚步位置，也作为试验用的火星漫游车[55.36,37]。Ambler 有一个类似的公共关系问题，与 Robby 的质量差不多，NASA 管理层非常怀疑，这样的大型系统能否飞到火星上。Robby 和 Ambler 都拥有全部的电力和计算系统，当时这些系统还没有足够的小型化，使得自主漫游车在实际的飞行任务中可靠性低。摩尔定律不仅导致计算技术小型化，而且每个计算指令所需的能量也急速下降。这意味着早期的系统把大部分的能量用于计算而不是动力。后来的系统，如火星探测漫游车，在移动功率和计算功率之间具有更加接近的平衡。未来的系统可能会把大部分的能量用于移动而不是计算。

此后不久，提出了火星环境调查（MESUR）任务集，作为样本返回任务的较低成本替代方案。MESUR "探路者"任务是对设想中的由 16~20 个地面站组成的网络进行首次测试，以提供火星的全球覆盖。向火星科学工作组提出了一个小型火星探测器[55.38,39]。一个非常短暂的开发工作在 1992

55

图 55.16　Ambler

图 55.17　Rocky 4

图 55.18　Sojourner

年7月的一次演示中达到了高潮，一个4kg的漫游车可以移动到在着陆器附近表面上的定向点，使用从着陆器桅杆拍摄冰冻图像的三维显示中的立体指定路标相机（图55.17）。这次演示非常成功，火星"探路者"任务中也出现了类似的漫游车。"探路者"漫游车（图55.18）后来被命名为Sojourner，并成为第一个穿越另一个行星表面的自主车辆，使用一个危险探测与避免系统在路点之间通过一个岩石分布区域安全地移动[55.25,26]。危险探测系统避开了障碍物，也被用来准确地将车辆定位在岩石前面。Sojourner成功运行了83个火星日（直到登陆器失效，这个火星车作为后续火星车和地球之间的通信中继站）。Sojourner用Alpha-Proton-x-ray光谱仪检查了大约十二个岩石和土壤样品，给出了岩石和土壤的元素组成。Sojourner的成功直接导致了2003年发射的双火星探测器"机遇号"和"挑战号"都在探测，而火星科学实验室"好奇号"使用人类操作员在立体图像中指定航点，具有自主的危险探测与避免功能，在漫游车离开指定路径时保持漫游车的安全。

　　在1992~1993年南极洲的夏季，由卡内基梅隆大学建造并由NASA资助的Dante I机器人试图爬升进入Mt. Erebus的火山口。Dante I是一个行走机器人，是第一次认真的尝试使机器人的爬坡等级过于陡峭而无法通过纯粹的摩擦接触来完成穿越作业。遗憾的是，极端寒冷（甚至在夏天）再加上人为错误导致系统所依赖的高带宽光纤通信被破坏。光纤不能在现场修理，因此任务被中止。在1994年的夏天，Dante II机器人（图55.19）毫不气馁，成功登上了火山口。若想探索阿拉斯加火山活跃喷

图 55.19　Dante II

口，如果使用人类探险家，这种方式将极不安全。Dante Ⅱ机器人系列展示了攀爬，尤其是与腿部运动相结合时，可以让机器人以人类无法做到的方式对极其危险的地点进行探索。

1984 年，NASA 开始了 Telerobotics 研究项目[55.40,41]。该计划展示了在轨组装、维护和维修的各个方面。这项活动的一些亮点是自动跟踪和抓取一个自由旋转的卫星（用配重和万向节悬挂，以便在外力作用下产生实际反应），飞行状流体连接器的连接，以及诸如开门、螺纹紧固件配合和拆卸，使用电动工具，模拟舱口盖的双臂操纵和柔性热量。通过各种不同的控制方法，实现从力反馈遥操作到完全自主的控制。这项活动在 1990 年左右结束。

55.2.3 研究系统

政府、大学和工业界制造了许多移动机器人，其目标是开发行星表面勘测新技术，或激发学生或年轻工程师进入该领域的可能性。卡内基梅隆大学开发了 Ambler、Dante、Nomad、Hyperion、Zoe 和 Icebreaker 机器人系列。喷气推进实验室（JPL）、德雷珀实验室、麻省理工学院、桑迪亚国家实验室和 Martin-Marietta 公司（后来的 Lockheed-Martin 公司）各自建立了多个行星表面机器人试验台。由俄罗斯圣彼得堡 VNII Transmach 公司制造的 Marsokhod 车架被那里的研究小组以及图卢兹（LAAS 和 CNRS）以及 NASA 埃姆斯（Ames）研究中心和 McDonnell Douglas 公司（后来的 Boeing 公司）使用[55.42,43]。

这些研究平台已被用于两条基本的研究途径。一条途径是完善行星表面的安全驾驶技术，尽管机器人探索行星时具有固有的光速延迟。这包括 20 世纪 80 年代在 JPL 开发的航点导航技术，在这种技术中，静止的立体图像被用来规划可能漫长的一系列航点或活动地点，然后用各种反射式避险或安全技术执行，如在 1997 年火星上的 Sojourner。另一条途径是开发更高层次的自主权，以提高科学数据回报或任务鲁棒性。后一类技术包括试图根据时间、峰值功率限制、总能量、预期温度、照明角度、通信可用性等优化路线和活动顺序的任务规划器。基于光谱数据聚类、岩石地物分割和其他方法对可能的科学目标进行自动分类，并取得了一些成功。在撰写本文时，这些技术中的一部分已经上传到了火星探测器"机遇号"和"勇气号"（图 55.20[55.27]）中，包括自动

检测诸如尘埃和星云等科学界感兴趣的临时事件[55.44]。"挑战号"火星车在 2009 年末冲破地表外壳，进入一个布满尘埃的小陨石坑时失踪，试图将其解救的尝试一直持续到 2010 年年中。火星科学实验室的"好奇号"于 2012 年 8 月登陆，试图探索盖尔陨石坑中心的夏普山。

图 55.20　用于火星探测的漫游车，"勇气号"和"机遇号"，前面有一个操作臂

ESA 与许多承包商合作（如 AS-TRIUM 和 DLR），已经在 6 轮火星探测车 ExoMars 上研究了几年，该探测车预计将在下一个月球探测器 lander NLL 上工作，但最终还不清楚任务可能在何时何地实现。

55.2.4 传感与感知

在 20 世纪 80 年代，大多数行星漫游车的传感研究基于激光测距或立体视觉。对于早期的低功耗、耐辐射处理器来说，立体视觉的计算密集程度太高，所以火星探测器 Sojourner 使用简单形式的激光测距来确定哪些区域是安全的。在 Sojourner（1996）和火星探测漫游车（2003）的发射之间，辐射硬化的飞行处理器已经取得了足够的进展，立体视觉被用于 MER 的危险检测[55.45]。主要是用 Rocky 7 进行的试验（图 55.21）。这样可以将更多的距离点纳入危险检测算法（数千个点，而不是 Sojourner 使用的 20 个离散范围点）。Sojourner 的危害感知是基于对 4×5 阵列距离测量的平均坡度和粗糙度的简单计算，以及最大高度差。

两台 MER 漫游车和 MSL 漫游车使用更复杂的评估方式，从当前位置沿着大量候选弧线对漫游车的安全性进行评估。许多其他用于感知地形危险的算法已经被各种组织成功使用。今天可以说，未解

图 55.21　Rocky 7

决的问题不在于几何危险领域（例如，可以根据对地形的准确了解完全评估的危害），而是在于非几何危害领域（例如，不确定性的危害地形的承载或摩擦特性决定了所提出的穿越的安全性）。通过遥感准确估计地形的承重或摩擦特性是一项非常具有挑战性的任务，短期内不会完全解决。

55.2.5　估计

大多数对行星表面探测的估计涉及机器人的内部状态，或其相对于环境的位置、姿态和运动学位形。内部状态传感器（如车辆中任何主动或被动关节上的编码器）以及运动学模型和惯性传感器（如加速度计和陀螺仪）用于估计漫游车在惯性空间中的姿态。基于立体视觉开发的距离点云的表面重建的感知算法，将地形几何估计值放入相同的表示中。惯性空间中的航向通常是最难可靠估计的，因为缺乏导航系统（如全球定位系统）或任何易于测量的航向参考（如全球磁场）。速率陀螺仪数据的积分用于在运动过程中保持局部姿态，而通过在漫游车停止时对3轴速率陀螺仪数据的积分，可以精确估计火星的旋转轴。由于月球的自转速度慢，类似的方法可能不适合月球。在精确已知的时间对日面或恒星星座的成像可以与存储的行星旋转模型相结合，以便准确估计漫游车在惯性空间中的完整姿态。通常采用卡尔曼滤波或相关技术来减少测量噪声的影响。

55.2.6　现场科学的操作臂

火星探测车是第一个拥有通用操作臂的行星探测车。（Lunokhod 有一个单一目标的土壤硬度仪，Sojourner 有一个单一的自由度装置，用于放置一个 Alpha-Proton X-Ray 光谱仪直接与地形接触）MER 的操作臂每个有 5 个自由度和超过 1m 的活动范围。轻量操作臂的精确重力下垂模型允许在任何命令部署仪器之前预测精确的位置，接触传感器允许操作臂在相对柔性操作臂中累积过多的力之前停止。作为拟议的月球前哨站的一部分，将来用于行星表面操作的操作臂，特别是任何拟议的装配、维修或维修任务将需要力感测，以保护更坚固而更具刚性的手臂免受伤害，并允许将受控力量用于地形或工件。当然，与工业机器人手臂和海底机器人（如海上石油工业）相关的知识有很多，但是与行星表面使用的可靠系统相比，这类手臂通常非常重、快而且僵硬。精密的力控制很少应用于工业环境。空间硬件必须非常轻便，所以手臂和工件都需要有良好的力感测和控制，以防止其中一个或两个损坏。由于质量和力的严格限制，为避免不必要的风险，空间操纵往往是缓慢的。从历史应用来看，这意味着每个电动机和相应的输出轴之间的传动比非常大，使得使用电动机电流作为输出转矩的估计值具有很大困难。还需要其他低体量和强大的手段来准确感测空间环境中的作用力。

55.3　数学建模

一般来说，在轨操作臂和行星表面移动机器人都被认为是具有移动基座的通用铰接式车身系统。它们与其他地面机器人（如工业机器人）的一个明显区别在于移动基座的存在。

55.3.1　空间机器人作为一个铰接体系统

本章讨论的机器人系统包括一个或多个安装在基座上的铰接支链，基座与支链之间具有动态连接。这种移动基座系统的典型风格分为以下几组[55.46]。

1. 自由浮动操作臂系统

如图 55.22a 所示，具有一个或多个操作臂的空间自由飞行器就是一个典型例子。操作该操作臂时，基座航天器的位置和姿态由于操作臂的反作用而波动。如果不施加外力或力矩，则系统的动量守恒，并且该系统的守恒定律决定反应动力学。基座与操作臂动力学之间的协调或隔离是高级运动控制的关键。

2. 宏-微操作臂系统

一个机器人系统包括一个用于精密操作的相对较小的手臂（微观手臂），安装在一个用于粗略定位的相对较大的手臂（宏观手臂）上，被称为宏-微操作臂系统。SSRMS（Canadarm2）和 SPDM（Dextre）系统，以及国际空间站日本模块的 JEMRMS 都是很好的例子。在这里，宏观手臂末端或微观手臂根部的连接界面被建模为基座（图 55.22b）。当自由飞行的空间机器人的基座由产生外力和力矩的驱动器（如气体喷射推进器）主动控制时，可以将其视为一组。在这种情况下，这些驱动器可以建模为一个虚拟宏观手臂[55.47]。

3. 基于柔性的操作臂系统

如果宏观手臂在宏-微操作臂系统中表现为被动柔性（弹性）结构，则该系统被认为是基于柔性的操作臂（图 55.22c）。这种情况在国际空间站的操作中可以观察到，当 SSRMS 在其粗略操作之后被伺服或制动锁定时。这里的问题在于基座（根据上述定义，微观手臂的根部或宏观手臂的末端）受到由微观手臂的反作用而激发的振动。

4. 具有铰接体的移动机器人

用于表面运动的移动机器人具有与上述动力学方程相同的结构。这一组包括轮式机器人，步行（铰接支链）机器人，以及它们的混合体。在轮式机器人中，悬挂机构（如果有的话）也被模拟为铰接体系统。通过接触地面或行星表面产生的力和力矩控制着系统的运动（图 55.22d）。

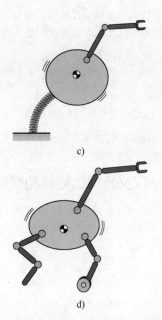

图 55.22 移动基座机器人的四种基本类型（续）
c）基于柔性的操作臂系统 d）具有铰接体的移动机器人

55.3.2 自由浮动操作臂系统方程

让我们首先考虑一个自由浮动的系统，安装在基座航天器上的一个或多个操作臂。这类空间操作臂系统数学模型的开创性工作于 20 世纪 80 年代末和 90 年代初进行，并收录在 1993 年出版的书[55.48]中。在本节中，将介绍当今广泛接受的模型。

被称为"连杆 0"的基座在惯性空间中浮动，没有任何外力或力矩。在操作臂的末端处，可能会施加外力/力矩。对于这样一个系统，运动方程表示为

$$\begin{pmatrix} H_{\mathrm{b}} & H_{\mathrm{bm}} \\ H_{\mathrm{bm}}^{\mathrm{T}} & H_{\mathrm{m}} \end{pmatrix} \begin{pmatrix} \ddot{x}_{\mathrm{b}} \\ \ddot{\phi} \end{pmatrix} + \begin{pmatrix} c_{\mathrm{b}} \\ c_{\mathrm{m}} \end{pmatrix} = \begin{pmatrix} 0 \\ \tau \end{pmatrix} + \begin{pmatrix} J_{\mathrm{b}}^{\mathrm{T}} \\ J_{\mathrm{m}}^{\mathrm{T}} \end{pmatrix} F_{\mathrm{h}} \quad (55.1)$$

x_{h}、x_{b} 和 ϕ 之间的运动学关系使用雅可比矩阵表示为

$$\dot{x}_{\mathrm{h}} = J_{\mathrm{m}} \dot{\phi} + J_{\mathrm{b}} \dot{x}_{\mathrm{b}} \quad (55.2)$$

$$\ddot{x}_{\mathrm{h}} = J_{\mathrm{m}} \ddot{\phi} + \dot{J}_{\mathrm{m}} \dot{\phi} + J_{\mathrm{b}} \ddot{x}_{\mathrm{b}} + \dot{J}_{\mathrm{b}} \dot{x}_{\mathrm{b}} \quad (55.3)$$

式中，$x_{\mathrm{b}} \in \mathbb{R}^6$ 是基座的位置/姿态；$\phi \in \mathbb{R}^n$ 是操作臂的关节角度；$x_{\mathrm{h}} \in \mathbb{R}^{6k}$ 是终点的位置/姿态，k 是操作臂的数量；$\tau \in \mathbb{R}^n$ 是操作臂的关节力矩，n 是总关节数；$F_{\mathrm{h}} \in \mathbb{R}^{6k}$ 是终点上的外力/力矩；H_{b}、H_{m} 和 H_{bm} 分别是底座、操作臂和底座与操作臂之间耦合的惯性矩阵；c_{b} 和 c_{m} 分别是非线性科氏力和离心力。

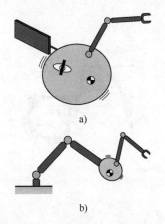

图 55.22 移动基座机器人的四种基本类型
a）自由浮动操作臂系统 b）宏-微操作臂系统

对于在轨的自由浮动操作臂，施加在系统上的重力可以忽略不计，因此非线性项变为线性项：

$$c_b = \dot{H}_b \dot{x}_b + \dot{H}_{bm} \dot{\phi}_b$$

对式（55.1）关于时间积分，我们得到系统的总动量为

$$\mathcal{L} = \int J_b^T F_b \mathrm{d}t = H_b \dot{x}_b + H_{bm} \dot{\phi} \qquad (55.4)$$

对于将反作用轮安装在基座上的情况，反作用轮作为附加操作臂包括在内。

55.3.3　广义雅可比矩阵和惯性矩阵

从式（55.2）和式（55.4）中，可以消除操作臂基座 $\dot{x}_b$ 的坐标，即被动和未驱动的坐标，如下所示：

$$\dot{x}_h = \hat{J}\dot{\phi} + \dot{x}_{h0} \qquad (55.5)$$

式中，

$$\hat{J} = J_m - J_b H_b^{-1} H_{bm} \qquad (55.6)$$

$$\dot{x}_{h0} = J_b H_b^{-1} \mathcal{L} \qquad (55.7)$$

由于 H_b 是单个刚体（操作臂基座）的惯性张量，它总是正定的，因此它的逆惯性张量存在。

矩阵 $\hat{J}$ 在参考文献 [55.49, 50] 中首次引入，称为广义雅可比矩阵。在其原始定义中，假设没有外力/力矩作用在系统上。如果 $F_h = 0$，则项 $\dot{x}_{h0}$ 变为常数，特别是，如果系统具有零初始动量 $\dot{x}_{h0} = 0$，则式（55.5）变得非常简单。然而，请注意，在式（55.6）的推导中，零动量或动量守恒不是必要条件。

利用该矩阵，可以在惯性空间中的解析运动速率控制或解析加速度控制下操作该操作臂。由于广义雅可比矩阵的存在，尽管在操作过程中会发生反应性的基本运动，但手不会受到运动的干扰。

从式（55.1）中的上下方程组中，可以消除 $\ddot{x}_b$，以获得以下表达式：

$$\hat{H}\ddot{\phi} + \hat{c} = \tau + \hat{J} F_h \qquad (55.8)$$

式中，

$$\hat{H} = H_m - H_{bm}^T H_b^{-1} H_{bm} \qquad (55.9)$$

矩阵 $\hat{H}$ 被称为空间操作臂的广义惯性矩阵[55.48]。该矩阵表示关节空间中系统的惯性特性，可以使用广义雅可比矩阵映射到笛卡儿空间。

$$\hat{G} = \hat{J}\hat{H}^{-1}\hat{J}^T \qquad (55.10)$$

矩阵 $\hat{G}$ 被称为空间操作臂的逆惯性张量，用于讨论空间操作臂与轨道上的浮动目标碰撞或捕获时的碰撞动力学[55.51]。

广义雅可比矩阵（GJM）是一个有用的概念，利用该矩阵，操作臂末端可以通过简单的控制算法

进行定位或轨迹跟踪控制，而不考虑操作过程中的姿态偏差。

使用称为 EFFORTS 的二维自由浮动试验台进行了简单的实验室演示[55.52]。为了模拟微重力环境中的运动，将机器人模型漂浮在水平板上的压缩空气薄膜上，从而实现动量守恒下的无摩擦运动。

图 55.23 描述了试验台和典型试验结果。对于图 55.23b，通过以下方式向浮动机器人发出控制命令：

$$\dot{\phi} = \hat{J}^{-1}\dot{x}_d \qquad (55.11)$$

式中，$\dot{x}_d$ 是操作臂末端的期望速度，其值通过在线测量末端位置 x_h 和目标位置 x_t 给出并更新，如下所示：

$$\dot{x}_d = \frac{x_t - x_h}{\Delta t} \qquad (55.12)$$

式中，Δt 是在线控制回路的时间间隔。通过式（55.11）将所需终点速度简单地分解为关节速度。

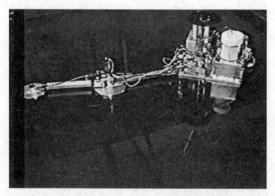

a)

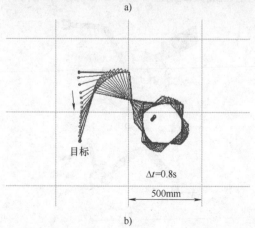

b)

图 55.23　自由浮动空间机器人实验室试验台
a) EFFORTS 试验台　b) 目标捕获结果

结果清楚地表明，尽管由于操作臂的反应，机器人基座发生了较大的旋转，但操作臂末端以最佳方式正确地到达了目标。请注意，由于在本例中目标是静止的，因此产生的运动轨迹是一条直线。然而，由于采用了在线控制，操作臂还能够以相同的控制律跟踪和到达运动目标。

日本 ETS-Ⅶ 任务也在轨道上证明了基于 GJM 的操作臂控制的有效性[55.14]。

55.3.4　线动量与角动量

对式（55.1）积分得到一个动量方程，如式（55.4）所示，它由线动量和角动量组成。线动量部分表示为

$$\breve{H}_b v_b + \breve{H}_{bm} \dot{\phi} = P \qquad (55.13)$$

式中，v_b 是基座的线速度；P 是初始线动量；带有（ ˘ ）标记的惯性矩阵是线动量的相应分量[55.48]。当进一步对线动量积分时，结果验证了整个系统的质心要么保持静止，要么以恒定速度平移的原理。

然而，角动量方程没有第二次积分，因此提供了一阶非完整约束[55.53]。方程可以表示为

$$\widetilde{H}_b \omega_b + \widetilde{H}_{bm} \dot{\phi} = L \qquad (55.14)$$

式中，ω_b 是基座的角速度；L 是初始角动量；带有（ ˜ ）标记的惯性矩阵是角动量的相应分量[55.48]；$\widetilde{H}_{bm} \dot{\phi}$ 表示操作臂运动产生的角动量。

式（55.14）在初始角动量为零的情况下可求解为 ω_b，即

$$\omega_b = -\widetilde{H}_b^{-1} \widetilde{H}_{bm} \dot{\phi} \qquad (55.15)$$

式（55.15）描述了当操作臂中存在关节运动 $\dot{\phi}$ 时，基座产生的扰动运动。

在分析这个方程时，有许多问题值得讨论。最大和最小扰动的大小和方向可以从矩阵的奇异值分解中获得，并显示在地图上。这种图称为扰动图[55.54,55]。式（55.15）也用于协调操作臂/基座控制模型中的前馈补偿[55.56,57]。

55.3.5　虚拟操作臂

虚拟操作臂（VM）的概念是一种扩展的运动学表示，它考虑了由于反作用力或力矩引起的基座运动。该模型基于这样一个事实，即在没有任何外力的情况下，整个系统的质心不会在自由浮动系统中移动[55.58]。手臂末端的移动能力因基座运动而降低。在 VM 表示中，这种移动能力的退化通过根据质量特性虚拟地收缩实际臂的长度来表示。注意，

VM 只考虑线动量守恒。如果使用雅可比矩阵获得 VM 的微分表达式，则雅可比矩阵不是传统的运动学雅可比矩阵，而是由运动学方程式（55.2）和线动量方程式（55.13）共同定义的广义雅可比矩阵的一个版本。

55.3.6　动力学奇异

动力学奇异是指操作臂末端在某些惯性方向上失去移动能力的奇异位形[55.59]。在基于地球的操作臂中未发现动力学奇异，但在自由漂浮空间操作臂系统中，由于操作臂和基座之间的耦合动力学，会出现动力学奇异。动力学奇异与式（55.6）确定的广义雅可比矩阵的奇异性一致。操作臂雅可比矩阵的奇异值分解（SVD）提供了可操作性分析。同样，广义雅可比矩阵的奇异值分解产生了自由浮动空间操作臂的可操作性分析[55.60]。图 55.24 显示了 2 自由度地基操作臂和 2 自由度浮动操作臂之间可操作性分布的比较，从中可以看出，由于动力学耦合，空间操作臂的可操作性降低。

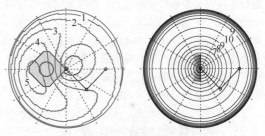

归一化的可操作性值=图中编号/40

图 55.24　工作空间中的可操作性分布[55.60]

55.3.7　反应零空间（RNS）

从实际角度来看，基本姿态的任何改变都是不可取的。因此，最小化基座姿态扰动的操作臂运动规划方法得到了广泛的研究。对角动量方程的分析表明，实现零扰动的最终目标是可能的。

以下是由式（55.14）中给出的初始角动量为零（$L = 0$）且姿态扰动为零（$\omega_b = 0$）的状态下的角动量方程

$$\widetilde{H}_{bm} \dot{\phi} = 0 \qquad (55.16)$$

此方程产生以下零空间解

$$\dot{\phi} = (I - \widetilde{H}_{bm}^+ \widetilde{H}_{bm}) \dot{\zeta} \qquad (55.17)$$

由式（55.17）给出的关节运动不会干扰基本姿态。这里，向量 $\dot{\zeta} \in \mathbb{R}^n$ 是任意的，惯性矩阵 $\widetilde{H}_{bm} \in \mathbb{R}^{3 \times n}$ 的零空间称为反应零空间（RNS）[55.61]。

$\dot{\boldsymbol{\zeta}}$ 的自由度为 n-3。例如，如果安装在自由浮动空间机器人上的操作臂具有 6 个自由度，即 $n = 6$，则 3 个自由度仍保留在反应零空间中。这些自由度可以通过引入其他运动指标来指定，如手臂的末端定位。这种在基座中不产生反应的操作臂操作称为无反应操作[55.62]。

日本 ETS-Ⅶ任务在轨道上证明了基于 RNS 的无反应操作的有效性[55.14]。

55.3.8 运动规划问题

本节介绍自由飞行机器人执行典型点对点任务或抓取任务的可行轨迹生成。该研究属于运动规划的研究领域，其目的是满足通常不能单独使用局部方法（反馈控制和模型预测控制）来满足的运动约束。由运动规划产生的轨迹被反馈给跟踪控制器，该控制器考虑所有建模误差，以完成相关任务。该方法还旨在提供支持地面人类操作员的自主技能。

这里感兴趣的一个典型任务是安装在维修卫星上的机器人操作臂的点对点操作，以使其末端执行器处于所需的惯性位置和姿态。该任务可能需要驱动维修机，或者如果可以，最好在自由浮动模式下执行，以避免与使用机载推进器相关的问题，如燃料消耗。在这种情况下，为了最大限度地减少由操作臂运动引起的维修机器人姿态变化，从非线性优化理论推导出的点到点运动的一个显著基本结果是 V 形运动[55.63]。直观地说，通过使机器人先向系统质心径向向内移动，然后转向，最后径向向外移动，以达到新的期望最终位置，可以使姿态变化降到最低。

第二项备受关注的任务是抓取一个自由翻滚的目标，如一颗有缺陷的卫星。目前，全世界有许多空间项目正在解决这一任务，如德国航空航天中心（DLR）的 DEOS 演示任务（见第 55.1.2 节）的准备工作，用于抓取低轨道小卫星，欧洲航天局对有缺陷的 ENVISAT 卫星进行脱轨研究，DARPA 的凤凰号用于在墓地轨道上抓取地球静止卫星。在文献中可以找到不同的方法来解决这个问题，包括用于反馈控制[55.64,65]，模型预测控制[55.66]，笛卡儿空间的最优控制[55.67]，非线性优化[55.68]等。

由于自由浮动机器人动力学的非完整性（见第 55.3.4 节），为了满足所有相关的运动约束，上述运动规划问题只能通过数值积分来解决。请注意，惯性空间中给定最终末端执行器位置的最终系统位形是机器人在整个运动过程中所采用的整个路径的函数。

原则上，上述运动规划任务可表述为该类型的最优控制问题。

$$\min_{t_f, \boldsymbol{\phi}(t)} \Gamma(\boldsymbol{\phi}(t), \boldsymbol{\tau}(t), t_f) \qquad (55.18)$$

满足如下约束条件：

$$g(t_f, \boldsymbol{\phi}(t)) = 0 \qquad (55.19)$$

$$h(t_f, \boldsymbol{\phi}(t)) \le 0 \qquad (55.20)$$

对于 $0 \le t \le t_f$，其中 t_f 为最终时间；$\boldsymbol{\phi}(t)$ 是关节位置向量；$\boldsymbol{\tau}(t)$ 是关节力矩向量；Γ 是一个预定义的成本函数；g 是等式约束，包括诸如状态转移方程；h 是不等式约束，如位置、速度和扭矩上的连接和约束，或碰撞避免约束。其他运动约束可能包括接触期间末端执行器力的不等式约束或其他操作约束。

这包括给定时间间隔内的无限维问题，通常无法以封闭形式解决。直接射击优化方法非常适合迭代解决这些问题[55.69]，例如，独立自由度（在自由浮动系统的情况下，机器人关节角度）在时间上被参数化为

$$\boldsymbol{\phi} = \boldsymbol{\phi}(t, \boldsymbol{p}) \qquad (55.21)$$

对于 $\boldsymbol{p} \in \mathbb{R}^n$，对于 n 个优化参数，其中 $\boldsymbol{\phi}$ 可以是多项式函数、B 样条函数或任何其他函数。这样，问题就变成了为满足所有运动约束（可行性）的参数 $\boldsymbol{p}$ 找到合适的值，以及可能最小化一个成本函数（优化），如碰撞时间[55.70]、结束时间[55.67]或机械能[55.68]。因此，该问题转化为有限维问题，并可用经典数值迭代方法［如逐步二次规划（SQP）］作为非线性规划问题（NLP）求解。

例如，对于笛卡儿点对点问题，我们在结束时有以下补充等式约束条件：

$$X^e = \int_0^{t_f} \hat{\boldsymbol{J}} \dot{\boldsymbol{\phi}}(t, \boldsymbol{p}) \, \mathrm{d}t = X_{\mathrm{des}}^e \qquad (55.22)$$

式中，$X^e \in \mathbb{R}^n$ 表示末端执行器的位姿（维度为 DOFe×1 的列矩阵）。请注意，对于系统位形（对于 DOF 机器人关节），约束本身具有 $\infty^{\mathrm{DOF+3-DOFe}}$ 个解决方案，然而，这些都意味着特定的基体姿态以及特定的机器人位形。解决达到特定系统位形的问题是一个困难的非完整控制问题，通过上述积分和适当的参数集 $\boldsymbol{p}$ 解决约束可以避免这一问题。

为了处理抓取任务，有必要对此进行扩展。后者可以理想地分为三个阶段：接近、跟踪和稳定。第一阶段包括点对点运动，但末端速度非零。第二阶段包括跟踪运动，其中机器人末端执行器的笛卡儿运动由翻滚运动和目标的几何结构决定，因为末端执行器跟随抓取点并向其靠拢，最终抓取目标。

请注意，此阶段旨在将末端执行器和目标之间的冲击影响降至最低。第三阶段涉及一旦抓住目标，机器人的关节速度衰减。此公式导致多阶段问题，对于该问题，阶段之间的边界在运动规划问题中引入补充运动约束。

从方法论的角度来看，请注意，没有简单的措施来确定目标上的抓取点是否以及何时可从当前机器人位形（图 55.25）到达，以及从局部控制律得出的轨迹是否在任何时候都是可行的（考虑到上面列出的运动约束）。还需要提供目标抓取点运动与机器人抓取点运动之间的时间同步信息。此外，需要利用机器人运动学的非线性特性，以利于成功抓取。这些考虑有利于使用参考轨迹，该轨迹通过全局搜索离线计算，基于目标的运动预测，以及同一目标和空间机器人的几何模型[55.68]。

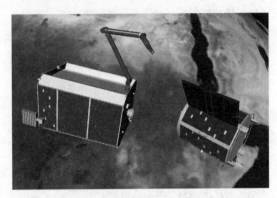

图 55.25　轨道场景：带有 7 自由度操作臂的服务卫星和带有太阳能电池板的目标卫星。显示为目标环上预定义抓取点的坐标系

众所周知，如果没有明智的初始猜测，优化方法会遇到收敛问题（由局部极小值引起）。正是出于这个原因，为了为给定抓取任务提供足够高的收敛概率，有必要采用查找表方法[55.68]。

查找表的必要性还源于优化过程的长计算时间，这是由于上述对任何给定优化迭代的运动方程进行积分的必要性。如果将接近所寻求的解决方案作为起点，则此时间通常会减少。参考文献 [55.71] 中还试图消除对运动方程进行积分的必要性，其中寻求了自由浮动机器人的微分平面表示法。在这样的公式中，微分方程的数量与独立状态变量或平面变量的数量一样多，因此，平面变量的任何参数化都是运动方程的解。这种表示法适用于机器人有三个关节且其负载重心位于最后一个关节的旋转轴上的情况。

对可能影响一个或另一个未来研究方向的实际

技术问题进行一些考虑也是有意义的。关于在机器人操作过程中尽量减少维修机器人的姿态变化，值得注意的是，这通常只是维持低地球轨道与地球静止卫星之间通信链路的问题，这需要较高的指向精度（请注意，对于从近地轨道到地面的通信链路，只使用全向天线就足够了）。因此，与其将机器人工作空间限制在其反应零空间内，以避免任何姿态变化。在这种情况下，产生的机器人运动通常会被限制在几乎没有实际用途的范围内，不如通过在维修机器人的天线上实施用于通信的万向节来实现简单的技术解决方案。

对于一个理论上涉及的问题，另一个简单的技术解决方案是通过机器人的适当闭环操纵来控制维修机器人的姿态。众所周知，卫星上的反作用轮也能达到同样的效果，同样具有相同的动量传递原理，但控制方式要简单得多。因此，重要的是要认识到，尽管迄今为止，反作用轮对于任何有用的机器人应用来说都太小了，但更大的反作用轮目前正在开发中，例如，在 DLR 的 BIROS 任务中。尽管这些反作用轮仍然无法完全补偿典型的机器人动力学耦合项（如果想要完全稳定维修机器人的姿态），但它们将能够快速实现维修机器人的重要姿态回转操纵，而无须使用机器人或推进器。此外，由于增强了系统的驱动，它们将有助于减少机器人的奇异性。

55.3.9　柔性操作臂系统方程式

接下来，让我们考虑一种基于柔性的操作臂系统，其中单个或多个操作臂由柔性梁或弹簧和阻尼器（黏弹性）系统支撑。对于此类系统，使用以下变量获得运动学方程：$x_b \in \mathbb{R}^6$ 是基座的位置/姿态；$\phi \in \mathbb{R}^n$ 是操作臂关节角度；$x_h \in \mathbb{R}^{6k}$ 是末端的位置/姿态；$F_b \in \mathbb{R}^6$ 是使柔性基座偏转的力/力矩；$\tau \in \mathbb{R}^n$ 是操作臂的关节力矩；$F_h \in \mathbb{R}^{6k}$ 是末端处的外力/力矩。

$$\begin{pmatrix} H_b & H_{bm} \\ H_{bm}^T & H_m \end{pmatrix} \begin{pmatrix} \ddot{x}_b \\ \ddot{\phi} \end{pmatrix} + \begin{pmatrix} c_b \\ c_m \end{pmatrix} = \begin{pmatrix} F_b \\ \tau \end{pmatrix} + \begin{pmatrix} J_b^T \\ J_m^T \end{pmatrix} F_h \quad (55.23)$$

$$\dot{x}_h = J_m \dot{\phi} + J_b \dot{x}_b \quad (55.24)$$

$$\ddot{x}_h = J_m \ddot{\phi} + \dot{J}_m \dot{\phi} + J_b \ddot{x}_b + \dot{J}_b \dot{x}_b \quad (55.25)$$

这里，在笛卡儿空间中的重力 g 作用下，术语 c_b 通常表示为

$$c_b = f(x_b, \phi, \dot{x}_b, \dot{\phi}) + g(x_b, \phi) \quad (55.26)$$

与自由浮动操作臂系统方程式（55.1）的不同之处在于存在基座约束力 F_b。设 D_b 和 K_b 分别为

55

表示柔性基座阻尼和弹簧弹性系数的矩阵。然后，约束力和力矩 F_b 表示为

$$F_b = -D_b \dot{x}_b - K_b \Delta x_b \quad (55.27)$$

由于基座受到约束，总动量不守恒，检查系统动量可能没有意义。然而，考虑操作臂的部分动量 $\mathcal{L}_m$ 是很必要的。

$$\mathcal{L}_m = H_{bm} \dot{\phi} \quad (55.28)$$

这被称为耦合动量[55.72]。其时间导数描述了力和力矩 F_m，这些力和力矩是由操作臂到基座的动态反应产生的。

$$F_m = H_{bm} \ddot{\phi} + \dot{H}_{bm} \dot{\phi} \quad (55.29)$$

使用 F_b 和 F_m，将式（55.23）中的上部分重新排列为

$$H_b \ddot{x}_b + D_b \dot{x}_b + K_b \Delta x_b = -g - F_m + J_b^T F_h \quad (55.30)$$

式（55.23）或式（55.30）是柔性基座操作臂的常见表达式[55.73,74]。

55.3.10 基于柔性结构的操作臂高级控制

在本节中，将讨论宏-微空间操作臂的高级控制问题。附着在 SPDM 上的 SSRMS（图55.4）和 JEMRMS（图55.5）是示例。这类空间操作臂的操作模式包括宏观（长距离）组件的粗运动和微观组件的精细操作。在正常情况下，这两种控制模式以独立方式执行。也就是说，当一个组件处于活动状态时，另一个部件应锁定伺服（或制动）。因此，在微观组件的操作期间，宏观组件的行为就像活动基座一样。

由于空间细长臂的灵活性，宏观组件会受到振动。这些振动可在粗略定位期间激发，并且在每次操作后可能会保持很长时间。在精细操作中，宏观手臂表现为被动柔性结构，但微观手臂运动的反应会激发振动。这些运动会降低系统的控制精度和操作性能。实际上，吊杆通常有足够的硬度，但灵活性主要来自关节和齿轮处的低刚度。此外，轻质和微重力特性使结构对屈服振动十分敏感，而周围的真空或缺乏空气黏度会降低结构的阻尼效果。

传统上，SRM 和 SSRM 的振动问题是通过训练有素的航天员的操作技能，以及根据操作物体的惯性限制最大操作速度来解决的。不过，如果在国际空间站上引进先进的控制器，航天员的训练时间将减少，操作速度将提高。

这里，在处理此问题时考虑以下两个子任务：
1）柔性基座振动的抑制。
2）存在振动时的末端控制。

为了抑制宏观手臂（柔性基座）的振动，有效地利用了耦合动力学。这种控制称为耦合振动抑制控制[55.75]。耦合动力学是微观手臂运动与宏观手臂的振动动力学具有最大耦合的解空间。注意，该解空间垂直于第 55.3.7 节中介绍的反应零空间。由于这两个空间是正交的，因此耦合的振动抑制控制和无反应操作可以叠加而没有任何相互干扰。

微臂抑制振动的运动指令由宏臂末端的线速度 $\dot{x}_b$ 和角速度反馈确定：

$$\ddot{\phi} = H_{bm}^+ H_b G_b \dot{x}_b \quad (55.31)$$

式中，$(\quad)^+$ 表示右伪逆，G_b 表示正定增益矩阵。

如果采用关节力矩输入的形式，则振动控制律表示如下：

$$\tau = H_m H_{bm}^+ G_b \dot{x}_b \quad (55.32)$$

在微观手臂中存在冗余的情况下，式（55.31）可以扩展到使用零空间组件进行控制，即

$$\ddot{\phi}_m = H_{bm}^+ (H_b G_b \dot{x}_b - \dot{H}_{bm} \dot{\phi}_m) + P_{RNS} \zeta \quad (55.33)$$

式中，ζ 为 n 自由度的任意向量；$P_{RNS} = (E - H_{bm}^+ H_{bm})$ 为耦合惯性矩阵 H_{bm} 零空间上的投影。当使用式（55.33）操作微观手臂时，闭环系统表示为

$$H_b \ddot{x}_b + H_b G_b \dot{x}_b + K_b \Delta x_b = F_b + J_b^T F_h \quad (55.34)$$

式（55.34）表示二阶阻尼振动系统。在没有力输入的情况下，如 $F_b = F_h = 0$，选择适当的增益矩阵 G_b，振动收敛到零。

对于向量的确定，考虑了减小微观手臂末端定位误差的反馈控制。误差向量定义为

$$\tilde{x}_h = x_h^d - x_h \quad (55.35)$$

经过一番推导，微观手臂关节力矩的控制律如下式所示[55.75,76]：

$$\tau = ((J_m^T)^+ H_m P_{RNS})^+ (K_p \tilde{x}_h - K_d J_m \dot{\phi}) - G_m \dot{\phi} \quad (55.36)$$

式中，K_p、K_d 和 G_m 是正定增益矩阵。图55.26显示了式（55.32）和式（55.36）所述控制系统的框图。

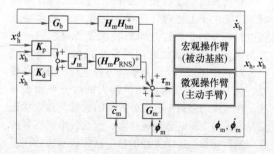

图 55.26 柔性操作臂系统的同时振动抑制和操作臂末端控制框图

作为一个简化的演示，考虑了一个平面系统，该系统在柔性梁上有一个四关节冗余操作臂。图 55.27 显示了受到外力冲击后柔性梁的振幅。标有"W/o vs"的图表描述了梁的振动，没有任何操作臂控制，但具有自然阻尼。标有"With vs"的图表描述了应用式（55.32）给出的振动抑制控制的情况，其中振动被阻尼快速抑制。

此外，图 55.28 显示了控制期间操作臂的末端运动。标有"W/o RNS"的图线是使用式（55.32）的情况，其中基座振动被成功抑制，但操作臂末端的位置因这种抑制行为而偏移。标有"With RNS"的图线描述了同时应用式（55.32）给出的振动抑制控制和式（55.36）给出的末端控制的情况。最后一种情况表明，振动得到了成功抑制，并且操作臂末端的定位误差收敛到零。这是该操作臂冗余的结果。

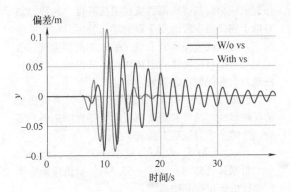

图 55.27　柔性基座的振动

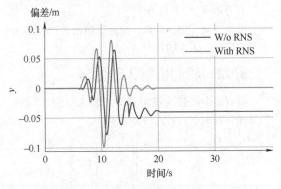

图 55.28　操作臂末端的定位误差

请注意，这里所提出的控制方法需要关于动态特性的精确信息，如操作臂的惯性参数和处理的有效载荷（如果有）。为了实现更实际的应用，所提出的方法必须扩展到参数识别方案[55.77]和自适应控制方案[55.78]，利用这些方案，即使动态参数的先验知识不精确，也能保证控制的收敛性[55.76]。

55.3.11　接触动力学和阻抗控制

安装在维修机器人（称为追踪器）上的操作臂对浮动和翻滚目标（如故障卫星）的捕获和回收操作可分解为以下三个阶段：

1. 接近阶段（与目标接触前）
2. 接触/冲击阶段（接触时）
3. 接触后阶段（接触或抓取后）。

如果接触是脉冲性的，则第二相的脉冲现象会中断第一和第三相。在设计综合捕获控制方案时，了解这种脉冲现象是必不可少的。在本节中，首先考虑冲击动力学公式，然后讨论阻抗控制（有助于最小化冲击力和延长接触持续时间）。

让我们考虑由惯性空间中自由浮动的 $n+1$ 个物体组成的刚性链。如第 55.3.3 节所述，此类系统的运动方程为式（55.8）。此处，假设冲击接触力施加在操作臂末端，并表示为 $F_h = (f_h^T, n_h^T)^T \in \mathbb{R}^6$；这种冲击力也会引起系统动量的变化（$P_h^T, L_h^T)^T \in \mathbb{R}^6$，表示为

$$\begin{pmatrix} \dot{P}_g \\ \dot{L}_g \end{pmatrix} = \begin{pmatrix} wE & 0 \\ 0 & I_g \end{pmatrix} \begin{pmatrix} \dot{v}_g \\ \dot{\omega}_g \end{pmatrix} + \begin{pmatrix} 0 \\ \omega_g \times I_g \omega_g \end{pmatrix}$$
$$= \begin{pmatrix} E & 0 \\ \tilde{r}_{gh} & E \end{pmatrix} \begin{pmatrix} f_h \\ n_h \end{pmatrix} \quad (55.37)$$

式中，E 为 3×3 阶单位矩阵，下角标为 g 的符号表示在 $n+1$ 链路系统的质心周围观察到的相应值。在上述方程式中，式（55.8）描述了系统的内部关节运动（称为局部运动），而式（55.37）描述了系统质心周围的整体运动（称为全局运动）。作为力输入 F_h 的结果，浮动链诱导其铰接关节周围的局部运动以及相对于质心的整体平移和旋转。

根据式（55.8）和式（55.37），操作臂末端的加速度 α_h 可在惯性系中表示为

$$\alpha_h = G^* F_h + d^* \quad (55.38)$$

式中，d^* 是一个速度相关项。

$$G^* = \hat{J}\hat{H}^{-1}\hat{J}^T + R_h M^{-1} R_h^T \quad (55.39)$$

$$R_h = \begin{pmatrix} E & -\tilde{r}_{gh} \\ 0 & E \end{pmatrix}, \quad M = \begin{pmatrix} wE & 0 \\ 0 & I_g \end{pmatrix} \quad (55.40)$$

方程式（55.38）~式（55.40）是由冲击力 F_h 引起的手部运动（发生碰撞的点）的表达式，其中矩阵 G^* 是式（55.10）的扩充版本，表示该系统的动态特性。

对于接触持续时间不被认为是无穷小的情况，

已经讨论了反向惯性矩阵的进一步增强[55.51]。

现在让我们假设两个自由浮动链 A 和 B 具有动态特性 G_A^* 和 G_B^*，并在各自的手（末端）处相互碰撞，碰撞产生的冲击力为 F_h。

碰撞时的运动方程如下：

对于链 A，

$$G_A^* F_h = \begin{pmatrix} \dot{v}_{hA} \\ \dot{\omega}_{hA} \end{pmatrix} - d_A^* \tag{55.41}$$

对于链 B，

$$G_B^*(-F_h) = \begin{pmatrix} \dot{v}_{hB} \\ \dot{\omega}_{hB} \end{pmatrix} - d_B^* \tag{55.42}$$

式中，下角标 A 和 B 表示链的标签。

假设 G_A^* 和 G_B^* 在无限小的接触持续时间内保持不变，且速度相关项 d_A^* 和 d_B^* 很小且可忽略不计，则式（55.41）和式（55.42）的积分写成

$$G_A^* \int_t^{t+\delta t} F_h \mathrm{d}t = \begin{pmatrix} v'_{hA} \\ \omega'_{hA} \end{pmatrix} - \begin{pmatrix} v_{hA} \\ \omega_{hA} \end{pmatrix} \tag{55.43}$$

$$G_B^* \int_t^{t+\delta t} F_h \mathrm{d}t = \begin{pmatrix} v_{hB} \\ \omega_{hB} \end{pmatrix} - \begin{pmatrix} v'_{hB} \\ \omega'_{hB} \end{pmatrix} \tag{55.44}$$

式中，{'} 表示碰撞后的速度。整合 F_h 得

$$\overline{F}_h = \lim_{\delta t \to 0} \int_t^{t+\delta t} F_h \mathrm{d}t \tag{55.45}$$

$\overline{F}_h$ 表示作用在两条链上的冲量（力-时间乘积）。假设两个系统的总动量在碰撞前后严格守恒，我们从式（55.43）和式（55.44）中得到以下表达式：

$$(G_A^* + G_B^*)\overline{F}_h = \left\{ \begin{pmatrix} v'_{hA} \\ \omega'_{hA} \end{pmatrix} - \begin{pmatrix} v'_{hB} \\ \omega'_{hB} \end{pmatrix} \right\} + \left\{ \begin{pmatrix} v_{hB} \\ \omega_{hB} \end{pmatrix} - \begin{pmatrix} v_{hA} \\ \omega_{hA} \end{pmatrix} \right\} \tag{55.46}$$

在一般碰撞分析中，通常采用与碰撞前后相对速度相关的恢复系数（弹性系数）[55.79]。如果我们接受 6 自由度线速度和角速度的恢复系数，则接触前后的相对速度之间的关系变得更为复杂，即

$$\begin{pmatrix} v'_{hA} \\ \omega'_{hA} \end{pmatrix} - \begin{pmatrix} v'_{hB} \\ \omega'_{hB} \end{pmatrix} = \varepsilon \left\{ \begin{pmatrix} v_{hB} \\ \omega_{hB} \end{pmatrix} - \begin{pmatrix} v_{hA} \\ \omega_{hA} \end{pmatrix} \right\} \tag{55.47}$$

式中，

$$\varepsilon \equiv \mathrm{diag}(e_1, \cdots, e_6), \quad 0 \le e_i \le 1 \tag{55.48}$$

式（55.48）是恢复系数矩阵。

将式（55.47）代入式（55.46），碰撞产生的冲量只能用接触前两点的相对速度表示，即

$$\overline{F}_h = (E_6 + \varepsilon) G_\Sigma^{*-1} \mathcal{V}_{hAB} \tag{55.49}$$

式中，

$$G_\Sigma^* = G_A^* + G_B^* \tag{55.50}$$

$$\mathcal{V}_{hAB} = \begin{pmatrix} v_{hB} \\ \omega_{hB} \end{pmatrix} - \begin{pmatrix} v_{hA} \\ \omega_{hA} \end{pmatrix} \tag{55.51}$$

使用引入的符号，冲量的大小表示为

$$\|\overline{F}_h\| = \sqrt{(E_6 + \varepsilon)^T \mathcal{V}_{hAB}^T G_\Sigma^{*-T} G_\Sigma^{*-1} \mathcal{V}_{hAB}(E_6 + \varepsilon)} \tag{55.52}$$

碰撞后的速度变为

$$\begin{pmatrix} v'_{hA} \\ \omega'_{hA} \end{pmatrix} = (G_A^{*-1} + G_B^{*-1})^{-1} \times$$

$$\left[(E_6 + \varepsilon) G_B^{*-1} \begin{pmatrix} v_{hB} \\ \omega_{hB} \end{pmatrix} + (G_A^{*-1} - \varepsilon G_B^{*-1}) \begin{pmatrix} v_{hA} \\ \omega_{hA} \end{pmatrix} \right] \tag{55.53}$$

式中，下角标 A 和 B 可互换。

这些表达式被认为是将两质点系统的碰撞理论扩展为铰接体系统。

阻抗控制是一个概念，通过它我们可以控制操作臂末端，以获得所需的机械阻抗特性。这种控制有助于在接触阶段改变手臂的动态特性。在特殊情况下，可以调整操作臂末端（手）的期望阻抗，以实现与碰撞目标物体的阻抗匹配，从而使手能够轻松地与目标保持稳定接触[55.80]。

假设 M_d、D_d 和 K_d 分别是在操作臂末端测量的反映惯性、黏度和刚度期望阻抗特性的矩阵。然后，所需系统的运动方程表示为

$$M_d \ddot{x}_h + D_d \Delta \dot{x}_h + K_d \Delta x_h = F_h \tag{55.54}$$

根据式（55.8）和式（55.54），自由浮动操作臂系统的阻抗控制律为[55.81]

$$\tau_h = H^* \hat{J}^{-1} \{ M_d^{-1}(D_d \Delta \dot{x}_h + K_d \Delta x_h - F_h) - \dot{\hat{j}} \dot{\phi} - \ddot{x}_{gh} \} - \hat{J}^T F_h + c^* \tag{55.55}$$

参考文献［55.81-83］讨论了阻抗控制在自由飞行空间机器人中的作用。

55.3.12　移动机器人动力学

具有多个铰接支链的移动机器人（图 55.29）的运动方程由下列公式给出。

$$\begin{pmatrix} H_b & H_{bm1} & \cdots & H_{bmk} \\ H_{bm1}^T & H_{m11} & \cdots & H_{m1k} \\ \vdots & \vdots & & \vdots \\ H_{bmk}^T & H_{m1k}^T & \cdots & H_{mkk} \end{pmatrix} \begin{pmatrix} \ddot{x}_b \\ \ddot{\phi}_1 \\ \vdots \\ \ddot{\phi}_k \end{pmatrix} + \begin{pmatrix} c_b \\ c_{m1} \\ \vdots \\ c_{mk} \end{pmatrix}$$

$$= \begin{pmatrix} F_b \\ \tau_1 \\ \vdots \\ \tau_n \end{pmatrix} + \begin{pmatrix} J_b^T F_{ex} \\ J_{m1}^T F_{ex1} \\ \vdots \\ J_{mk}^T F_{exk} \end{pmatrix} \tag{55.56}$$

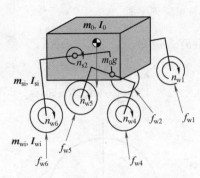

图 55.29　移动机器人的示意图模型

式中，k 是支链个数；$x_b \in \mathbb{R}^6$ 是基座的位置/姿态；$\phi = (\phi_1^T, \cdots, \phi_k^T)^T \in \mathbb{R}^n$ 是铰接关节角度；$F_b \in \mathbb{R}^6$ 是直接施加在基座上的力/力矩；$\tau = (\tau_1^T, \cdots, \tau_k^T)^T \in \mathbb{R}^n$ 是关节铰接扭矩；$F_{ex} = (F_{ex1}^T, \cdots, F_{exk}^T)^T \in \mathbb{R}^{6k}$ 是末端上的外力/力矩，$x_{ex} = (x_{ex1}^T, \cdots, x_{exk}^T)^T \in \mathbb{R}^{6k}$ 是末端的位置/姿态。

注意，对于图 55.29，$F_{exi} = [f_{wi}^T, n_{wi}^T]^T$。

将式（55.56）与式（55.1）进行比较，在数学结构上没有发现任何差异。c_b 和 c_{mi} 中分别包括机器人主体上的重力与铰接体位形相关的重力项。然而，在实际中，一个实质性差异是在每个支链的末端存在地面接触力/力矩。与第 55.3.10 节中讨论的浮动目标捕获不同。接触不被视为脉冲，而是具有不可忽略的持续时间。在这种情况下，一种公认的方法是根据末端对碰撞物体或地面的虚拟穿透，明确评估接触力/力矩 F_{ex}[55.79]。

如果每个支链末端都有一个车轮，而不是点穿透模型，则将采用车轮牵引模型来评估 F_{ex}。对于行星探测任务，预计漫游车（移动机器人）将在自然崎岖的地形上行走。许多研究已经检验了松散土壤上轮胎牵引力的模型，称为表土（不含有机成分）[55.84-98]。特别是，这些研究调查土壤力学，称为地形力学，以了解车轮产生的牵引力。

在第 55.3.13 节中，总结了车轮牵引力学的模型。

55.3.13　车轮牵引力学

地形力学是对土壤性质的研究，特别是反映轮式、腿式或履带式车辆与各种表面的相互作用。对于车轮牵引力的建模和车辆机动性的分析，Bekker[55.29,30] 和 Wong[55.99] 编写的教科书是很好的参考资料。尽管这些书写于 20 世纪六七十年代，但这些书中的基本公式即使在今天也经常被研究人员引用[55.88]。本节总结了松散土壤上刚性车轮的模型。

1. 滑移率和滑移角

当探测车在松软的土壤上行驶时，通常会出现打滑现象。特别是在转向或横坡移动过程中，可观察到横向滑移。

纵向滑移通过滑移率 s 测量，滑移率 s 定义为车轮纵向行驶速度 v_x 和车轮圆周速度 $r\omega$ 的函数（r 是车轮半径，ω 是车轮的角速度），即

$$s = \begin{cases} \dfrac{r\omega - v_x}{r\omega}, & \text{若 } |r\omega| > |v_x| : \text{驱动} \\[2mm] \dfrac{r\omega - v_x}{v_x}, & \text{若 } |r\omega| < |v_x| : \text{刹车} \end{cases} \quad (55.57)$$

滑移率 s 的取值范围为 $-1 \sim 1$。

另一方面，通过滑移角 β 测量横向滑移，滑移角 β 根据 v_x 和横向移动速度 v_y 定义为

$$\beta = \arctan\left(\frac{v_y}{v_x}\right) \quad (55.58)$$

请注意，上述定义式（55.57）和式（55.58）在车辆领域中传统上被奉为标准。然而，在具有挑战性的地形（如火星上的"勇气号"和"机遇号"）中，行星漫游车遇到过这样的情况：漫游车在试图上坡时向后滑动，或在下坡时行驶速度快于车轮的圆周速度。在这些情况下，滑移率可能超过 $-1 \sim 1$ 的范围。同样，当穿越边坡时，可能出现 $v_y > 0$ 但 v_x 接近 0 的情况，使得定义式（55.58）几乎是单一的。因此，对于松散地形中的漫游车，需要进一步讨论这些定义。

2. 车轮-土壤接触角

图 55.30 描述了刚性车轮接触松散土壤的示意图模型。在图中，从表面法线到车轮最初与土壤接触点的角度（$\angle AOB$）被定义为入口角。从表面法线到车轮离开土壤点的角度（图 55.30 中的 $\angle BOC$）为出口角。松散土壤上的车轮接触区域从入口角到出口角表示。

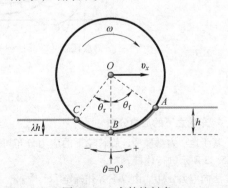

图 55.30　车轮接触角

55

入口角 θ_f 用车轮下沉量 h 进行几何描述，如下所示：

$$\theta_f = \arccos\left(1 - \frac{h}{r}\right) \quad (55.59)$$

出口角 θ_r 用车轮下沉率 λ 描述，它表示车轮前后下沉率之间的比率

$$\theta_r = \arccos\left(1 - \frac{\lambda h}{r}\right) \quad (55.60)$$

λ 的值取决于土壤特性、车轮表面形状和滑移率。当土壤压实时，其值小于 1.0，但当土壤被车轮挖出并输送到车轮后部区域时，其值可能大于 1.0。

3. 车轮下沉

车轮下沉量由静态和动态分量组成。静态下沉取决于车轮上的垂直载荷，而动态下沉是由车轮旋转引起的。

根据 Bekker 公式[55.29]，平板情况下产生的静态应力 $p(h)$（下沉量为 h，宽度为 b）计算如下：

$$p(h) = \left(\frac{k_c}{b} + k_\phi\right) h^n \quad (55.61)$$

式中，k_c 和 k_ϕ 是压力-下沉模块，n 是下沉指数。将式（55.61）应用于车轮，如图 55.31 所示，静态下沉评估如下。

首先，任意车轮角度 θ 下的车轮下沉 $h(\theta)$ 几何上由式（55.62）给出：

$$h(\theta) = r(\cos\theta - \cos\theta_s) \quad (55.62)$$

式中，θ_s 是静态接触角。然后，将式（55.62）代入式（55.61）得到

$$p(\theta) = r^n \left(\frac{k_c}{b} + k_\phi\right) (\cos\theta - \cos\theta_s)^n \quad (55.63)$$

车轮最终沉入土壤中，直到土壤的应力与车轮

上的垂直载荷 W 平衡。

$$
\begin{aligned}
W &= \int_{-\theta_s}^{\theta_s} p(\theta) br\cos\theta d\theta \\
&\quad (55.64) \\
&= r^{n+1}(k_c + k_\phi b) \int_{-\theta_s}^{\theta_s} (\cos\theta - \cos\theta_s)^n \cos\theta d\theta
\end{aligned}
$$

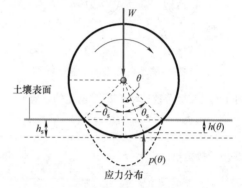

图 55.31　静态下沉

使用该方程，对给定的 W 计算静态接触角 θ_s。实际中，式（55.64）不会产生 θ_s 的封闭形式解，尽管 θ_s 可以用数值来计算。

最后，通过将 θ_s 代入式（55.65），获得静态下沉 h_s 值：

$$h_s = r(1 - \cos\theta_s) \quad (55.65)$$

如图 55.32 所示，动态下沉是一个复杂的函数，取决于车轮的滑移率、车轮表面形状和土壤特性。虽然很难获得动态下沉的解析形式，但仍然可以使用 $W = F_z$ 条件，以数值方式评估动态下沉，其中 F_z 是式（55.76）给出的法向力。力 F_z 随着车轮下沉而增加，因为接触的面积相应增加。

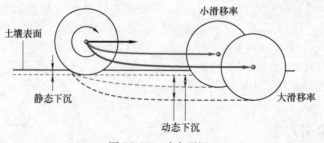

图 55.32　动态下沉

4. 车轮之下的应力分布

基于地形力学模型，旋转轮下的应力分布可如图 55.33 所示进行建模。

法向应力 $\sigma(\theta)$ 由以下等式确定[55.87,88]：

对于 $\theta_m \leq \theta < \theta_f$，

$$\sigma(\theta) = r^n \left(\frac{k_c}{b} + k_\phi\right) (\cos\theta - \cos\theta_s)^n$$

对于 $\theta_r < \theta \leq \theta_m$，

$$\sigma(\theta) = r^n \left(\frac{k_c}{b} + k_\phi\right) \left\{\cos\left[\theta_f - \frac{\theta - \theta_r}{\theta_m - \theta_r}(\theta_f - \theta_m)\right] - \cos\theta_f\right\}^n$$

$$(55.66)$$

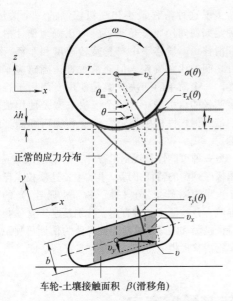

图 55.33　车轮下的应力分布模型

请注意,上述方程式是基于式 (55.61) 中给出的 Bekker 公式,当 $n=1$ 时,它们与法向应力的 Wong-Reece 模型[55.100]等效。还要注意的是,通过将该分布线性化,Iagnemma 等[55.84,88]开发了一种基于卡尔曼滤波器的方法来估计土壤参数。

θ_m 是法向应力最大化时的特定车轮角度,满足

$$\theta_m = (a_0 + a_1 s)\theta_f \qquad (55.67)$$

式中,a_0 和 a_1 是取决于车轮-土壤相互作用的参数。通常假设其值为 $a_0 \approx 0.4$ 和 $0 \leqslant a_1 \leqslant 0.3$[55.100]。

最大地形剪切力是地形内聚力 c 和内摩擦角 ϕ 的函数,可根据库仑方程计算,即

$$\tau_{max}(\theta) = c + \sigma_{max}(\theta)\tan\phi \qquad (55.68)$$

根据上述方程式,旋转轮下的剪切应力 $\tau_x(\theta)$ 和 $\tau_y(\theta)$,如下所示[55.101]:

$$\tau_x(\theta) = [c + \sigma(\theta)\tan\phi](1 - e^{-j_x(\theta)/k_x}) \qquad (55.69)$$

$$\tau_y(\theta) = [c + \sigma(\theta)\tan\phi](1 - e^{-j_y(\theta)/k_y}) \qquad (55.70)$$

式中,k_x 和 k_y 是每个方向上的剪切变形模量。此外,j_x 和 j_y 是土壤在每个方向上的变形,可以表示为车轮角度 θ 与滑移率和滑动角的函数,分别为[55.89,100]

$$j_x(\theta) = r[\theta_f - \theta - (1-s)(\sin\theta_f - \sin\theta)] \qquad (55.71)$$

$$j_y(\theta) = r(1-s)(\theta_f - \theta)\tan\beta \qquad (55.72)$$

5. 牵引杆拉力 F_x

使用法向应力 $\sigma(\theta)$ 和 x 方向上的切向应力 $\tau_x(\theta)$,牵引杆拉力 F_x(即从土壤施加到车轮的净牵引力)被计算为入口角 θ_f 到出口角 θ_r 的积分[55.100],即

$$F_x = rb \int_{\theta_r}^{\theta_f} [\tau_x(\theta)\cos\theta - \sigma(\theta)\sin\theta]\,d\theta \qquad (55.73)$$

6. 侧向力 F_y

当车辆进行转向操作或穿过边坡时,侧向力 F_y 出现在车轮的横向上。侧向力 F_y 分解为两个分量[55.89],即

$$F_y = F_u + F_s$$

式中,F_u 是车轮下方 y 方向上剪切应力 $\tau_y(\theta)$ 产生的力;F_s 是车轮侧面推土现象产生的反作用力。上述方程式可改写为

$$F_y = \int_{\theta_r}^{\theta_f} \{\underbrace{rb\tau_y(\theta)}_{F_u} + \underbrace{R_b[r - h(\theta)\cos\theta]}_{F_s}\}\,d\theta \qquad (55.74)$$

这里,Hegedus 的推土力估算[55.102]用于评估侧面力 F_s。如图 55.34 所示,当铲刀向土壤移动时,铲刀单位宽度上产生推土阻力 R_b。根据 Hegedus 理论,推土区域由一个平面模拟的破坏阶段定义。对于水平放置的车轮,接近角 α' 应为零;R_b 可作为车轮下沉 $h(\theta)$ 的函数进行计算,即

$$R_b(h) = D_1 \left[ch(\theta) + D_2 \frac{\rho_d h^2(\theta)}{2} \right] \qquad (55.75)$$

式中,

$$D_1(X_c, \phi) = \cot X_c + \tan(X_c + \phi)$$

$$D_2(X_c, \phi) = \cot X_c + \frac{\cot^2 X_c}{\cot\phi}$$

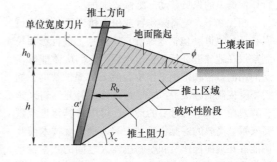

图 55.34　推土阻力估算模型

在上述方程式中,ρ_d 表示土壤密度。根据 Bekker 的理论[55.29],破坏角 X_c 可近似为

$$X_c = 45° - \frac{\phi}{2}$$

7. 法向力 F_z

以与式 (55.73)[55.100]相同的方式获得法向力 F_z,即

55

$$F_z = rb \int_{\theta_f}^{\theta_t} [\tau_x(\theta)\sin\theta + \sigma(\theta)\cos\theta]\mathrm{d}\theta \quad (55.76)$$

在静态条件下，法向力应平衡车轮的正常载荷。

通过将从上述方程中获得的力 F_x、F_y 和 F_z 代入运动方程式（55.5），可以对在松散土壤上行驶的车辆进行运动动力学模拟。

更好地理解土壤-车轮接触和牵引力学对于改善探测车的导航和控制性能非常重要，比如在最小化车轮滑移方面。减少车轮滑移将提高地面运动的动力效率，减少路径跟踪运动中的误差，并降低可能导致车辆静止的车轮滑移与下沉的风险。

实现这种滑移最小化高级控制的一个关键，是确定如何使用车载传感器实时正确地估计滑移率和滑移角。滑移率由车轮旋转速度和车辆行驶速度之间的比率确定，但通常很难正确感应车辆速度。一个简单的解决方案是使用专门用于行驶速度测量的自由轮。另一个解决方案是使用惯性传感器，但惯性传感器通常会受到噪声和漂移的影响。

另一种可能性是视觉里程计，它基于光流或光学图像序列中的特征跟踪。事实上，这项技术已应用于火星探测车（"勇气号"和"机遇号"）的远程导航，并被证实非常有用。特别是基于立体相机对特征检测和跟踪的算法，此算法为估计行驶距离和车轮滑移提供了可靠的结果和良好的精度[55.28]。

55.4 轨道与行星表面机器人系统的未来研究方向

55.4.1 机器人维护和服务任务

多年来，我们已经将卫星和其他系统送入太空，但对其生命周期结束时可能发生的情况漠不关心。最近人们意识到空间碎片数量与碰撞中致命连锁反应的危险已在急剧增加。一般来说，清除空间碎片可能成为未来航天飞行的先决条件。目前，航天员无法通过现有的运输系统接近飞行路径高度约600km以上的空间系统，因此在这个高度中不能进行任何类型的人员移动、维修或维护。

相比之下，配备操作臂或仿人机器人的卫星可以在任何轨道（包括地球静止轨道）上进行远程控制或仅在地球上进行监控。今后，它们应该能够在空间站的日常和维护工作中为航天员提供帮助，捕捉不受控制的翻滚卫星，通过维修或补充燃料来延长其寿命，如果有必要的话，还可以将其移走或重新安置。高效的遥操作机器人和远程呈现技术使我们能够在地面操作员和空间机器人之间的共享自主框架内灵活地选择合适的机器人自主水平。

上述的远程呈现技术确保了立体影像和力/力矩信息的实时反馈，使得在地面的操作者感觉就像是在远程站点实际工作一样。高品质的远程呈现需要较小的往返通信时间延迟。这里面临的挑战是双重的：提供上述技术上可行的通信基础设施，以及应用上述优化的延迟补偿远程呈现技术，其产生令人满意的触觉反馈高达650ms的延迟。对于安装在运载卫星上的大型机器人，必须掌握它们之间的动力学相互作用特性，包括抓取目标时的物理接触（见第55.3节）。在执行抓取和稳定非合作翻滚目标（卫星或空间碎片）的危险任务时，需要具备自主技能来支持人类地面操作员。

由于空间验证任务的高成本，模拟能力对在轨服务系统的开发和验证至关重要。这既适用于所需的硬件模拟设施，包括传感器和照明效果，也适用于动力学建模技术和软件工具。不只有DLR（图55.35）建立了使用工业机器人模拟追踪器和目标卫星运动以及与空间机器人的动态交互的各种硬件仿真器。

图 55.35 OOS-SIM（DLR 中的硬件在轨仿真器）

空间基础设施的机器人维护和服务任务在空间机器人领域是一个长期的梦想，因为它们的概念设计在 20 世纪 80 年代早期的 ARAMIS 报告中首次发表[55.1]。

第 55.1 节介绍的 ROTEX、ETS-Ⅶ、Ranger 和 ASTRO 是朝着这一目标的技术发展，但是机器人维护和服务任务还没有成为常规操作（一个好的轨道机器人任务的比较研究见参考文献［55.103]）。哈勃太空望远镜（HST）是一种巨型太空望远镜，具有在轨卫星的能力，但已经被航天飞机拜访过，只能由人类 EVA 进行维护（部件交换和故障修复）。在 2003 年 COLUMBIA 号发生事故之后，NASA 认真考虑了机器人维护 HST 的可能性，调查现有技术并选择任务开发的主承包商。图 55.36 给出了机器人救援任务的一种可能的配置。最终，决定由人类航天员执行这个最后的维护任务。HST 的维护所涉及的任务太复杂，无法由机器人完成，因为 HST 本身是为基于人类的维护而设计的，而不是专门为机器人设计的。

由于其兼容性和与人类航天员相似的灵活性，在下一节中描述的 Robonaut 被认为是能够进行实际维护和服务任务的有趣选择。

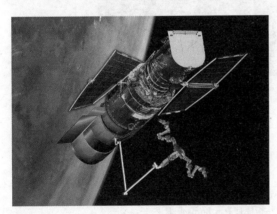

图 55.36　哈勃太空望远镜机器人维护概念图

55.4.2　Robonaut 和 JUSTIN

Robonaut 是由美国航空航天局约翰逊航天中心的机器人系统技术部门与 DARPA 合作设计的仿人机器人。Robonaut 项目试图开发和展示一个可以作为与一个 EVA 航天员等价的机器人系统。Robonaut 通过消除机器人疤痕（例如，特殊的机器人抓斗和目标）向前跳跃几代，但仍然通过其远程呈现控制系统使人类操作员处于控制环路中。Robonaut 被设计用于 EVA 任务（舱外活动或空间行走），即那些不是专门为机器人设计的任务。

一个关键的挑战是制造可以帮助人类在太空中工作和探索的机器。像 Robonaut 这样的机器人与人类并肩工作，或者去对人类来说风险太大的地方，

将提升建造和探索的能力。在过去的五十年里，太空飞行硬件一直被设计用于人类服务。国际空间站的大部分组装任务都计划进行空间行走，这是解决在轨故障的关键应急措施。为了保持与现有 EVA 工具和设备的兼容性。这个替代人类的机器人需要一个仿人的外形和一个假定的人类表现水平（至少是穿着太空服的人）。

操作臂和灵巧手是在机电一体化设计方面投入大量资金开发而成的。手臂结构在每个链路中嵌入了航空电子元件，减少了布线和噪声干扰。Robonaut 的设计基于生物启发式的方法。例如，它在数据管理中使用脊柱神经系统，将所有的反馈传送到一个中枢神经系统，在那里甚至进行低级别的伺服控制。这种受到生物启发的方法扩展到了计算对称性、传感器和功率对偶以及运动学冗余，使机械、电气和软件形式的学习和优化成为可能。

Robonaut 有各种各样的传感器，包括热敏、位置、触觉、力和力矩仪器，每个手臂有超过 150 个传感器。Robonaut 的控制系统包括一个内置的实时 CPU，具有微型数据采集和电源管理功能。通过人工跟踪的远程呈现控制台进行人员监控，提供车外指导。

Robonaut 2（图 55.37）是 Robonaut 系列的最新一代，于 2011 年 2 月在 STS-133 飞行任务中发射升空到国际空间站。它是在太空中的第一个仿人机器人，尽管其最初的工作是展示其在空间站内的能力但目标是通过升级，有一天能够在空间站外帮助太空行走者进行空间站的维护或增设。Robonaut 2 是一个灵巧、拟人化的机器人，与其前身相比，具有重大的技术改进，使其成为对航天员更有价值的工具。升级包括：增加力感知、更大的运动范围、更高的带宽和灵活性。Robonaut 2 集成的机电一体化设计使其具有更小巧、更坚固的分布式控制系统。

Robonaut 2 也被称为 R2，在国际空间站的两年中，已经完成了许多第一次。在首次出舱时，它使用美国手语来说"世界你好"。R2 展示了其独特的控制系统设计，允许它与国际空间站指挥官 Dan Burbank 握手，直接与航天员合作（图 55.38）。最近，它一直使用标准的船员工具来测量气流，并展示其执行自主库存扫描的能力。作为获得经验的一部分，一旦 R2 开始在空间站外工作，这些经验将是有用的。机上人员已经成功地演示了遥操作。通过使用各种跟踪人手、胳膊和脖子运动的传感器，航天员 Tom Marshburn 成为第一个远程控制 R2 的

55

人，并使它能够在国际空间站内捕获一个自由飞行的物体。

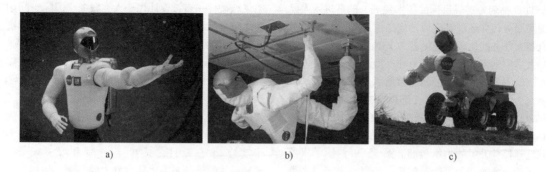

图 55.37　NASA 的 Robonaut 系列
a）Robonaut 2　b）用于国际空间站表面检查的 Zero-G Leg　c）带有行星表面移动系统的 Gentaur

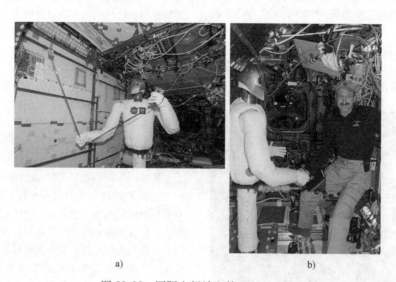

图 55.38　国际空间站上的 Robonaut 2
a）测量气流　b）与国际空间站指挥官 Dan Burbank 握手

　　Robonaut 技术的一个潜在应用是对空间站人类居住模块的定期监测和应急维护工作。图 55.37b 描绘了 Robonaut 通过使用最初为人类 EVA 设计的扶手在空间站模块的表面上爬行的应用。

　　仿人机器人的应用不限于轨道任务。图 55.37c 描绘了一种将仿人躯干结合在行星表面移动系统上的想法，这对于机器人行星探索是有用的。

　　DLR 的仿人机器人 JUSTIN 是基于高保真关节力矩控制的轻量化技术和笛卡儿空间中可调整的全身柔顺性。在移动平台上的 JUSTIN（图 55.39）具有驱动的关节和力矩控制传感器。对于 JUSTIN 的上半身，新的延迟补偿技术已经得到验证，通过使用轻量臂 JUSTIN 的副本作为力反馈的手持控制器延迟时间略高于 700ms。

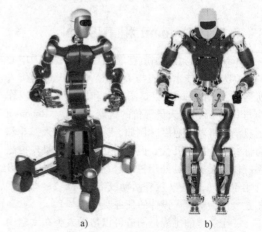

图 55.39　DLR 的 JUSTIN
a）轮式　b）腿式

欧洲航天局（ESA）也正在推进 Robonaut 类型的概念，例如，通过测试 DLR 合同中开发的灵巧四指手 DEXHAND（图 55.40）。2012 年春季，DEXHAND 成功通过了验收测试并交付给 ESA。

图 55.40　DEXHAND

55.4.3　空中平台

空间机器人系统有三个行星备选对象：金星、火星和土卫六（土星的一颗卫星）[55.104,105]。金星有一个非常密集但高温的大气环境（温度 460℃，密度 65kg/m³），因此可以很容易地漂浮相对较重的有效载荷。火星有一个非常稀薄和寒冷的大气环境（有些变化，但通常温度 -100℃，密度 0.02kg/m³）。土卫六的大气甚至比火星还要冷（100K），但密度比地球大气高 50%。因此，为三个候选任务目标设想了非常不同的飞行器。在金星上，通常会考虑浮力装置，特别是那些能够持续或周期性地升高到足以达到常规电子装置能够工作的中等温度的装置。一个备选方案是使用相变流体作为浮力系统的一部分，以便流体可以在高层大气中凝结并被困在压力容器中，造成浮力损失，并且可能使飞行器下降至表面。在短暂停留之后，并且在设备内部的热通量破坏所有敏感设备之前，打开阀门以使相变流体蒸发，增加浮力并允许飞行器上升到冷的高层大气。经过适当的热量排放到这个冷却区之后，该过程可以重复，也许是无限期的。金星的大气密度足够高，可以使用动力飞船，浮力飞行器可以使用推进和转向到达大气或地面上的特定位置[55.106]。

相比之下，火星的大气太稀薄，无法使动力飞船工作（至少对任何现有的推进技术的功率-重量比而言）。气球飞行器可以在火星的大气环境中部署，可以上升和下降，但可能无法精确到特定的位置，至少不能使用推进系统。极地气球可以绕任一极多次飞行，或者赤道气球可以绕火星一圈，直到它们撞上赤道隆起，这是一条南北向的高海拔火山线，对任何具有合理有效载荷的赤道气球来说，这是一道本质上无法逾越的屏障。由

于火星大气层中的轻型飞行器存在问题，所以科研人员对探测火星的飞行器进行了大量的研究。飞行器可以设计成在火星大气中具有合理的升力-阻力比，因此它们的性能与地球上的飞行器没有太大差别。最常被考虑的是滑翔机，它们直接从高速飞行进入火星大气层的飞行壳中展开，然后在撞击前滑行数百或数千千米。一个共同的任务概念是沿着伟大的 Valles Marineris 峡谷飞行，对该峡谷的墙壁采取高分辨率的图像和光谱分析。动力飞行器也被考虑在内，包括那些可以着陆和再生推进剂的飞行器（使用太阳能和大气二氧化碳），以便能够进行多次飞行。

在土卫六上，像金星一样，浮力装置通常被认为比地面车辆更具吸引力（尽管已经提出了直升机）。就像金星一样，土卫六上的大气也包含许多难以理解的粒子和气溶胶，因此只有靠近表面才能实现广谱的高分辨率成像。这使得气球或动力飞船的方案非常有吸引力。在金星上，极端的表面温度使得地面车辆在任何延长的持续时间内运行都是具有挑战性的。对土卫六来说，表面上存在某种碳氢化合物可能会污染地面车辆。因此土卫六和金星都被认为适合使用空中机器人，特别是以动力飞船的形式。这种空中机器人的导航可能主要是通过感知地形和相对于可以识别的任何地标来完成的。当这些空中机器人在高空大气中运行时，它们可以通过太阳或星轨来增加它们的位置跟踪信息（参考本地垂直方向）。在大气层的深处，这可能是不可能的。其中一个关键问题是，是否设想了与地球的直接通信，或通过卫星进行中继通信。如果有一颗卫星在轨道上，那么当飞行器离开地球一侧（金星和土卫六都旋转得很慢）时，它可以提供相当大的无线电导航协助和相对频繁的通信。但是卫星中继是昂贵的，所以最符合成本要求的选择要求飞行器具有大型高增益天线（通常推定在气囊内）。指向地球的无线电伺服将提供精确的导航信息（同样精确的测量本地垂直方向）。然而，当飞行器离开地球边缘的视线时，它可能会耗费上几天甚至几周的时间与地球沟通。这可能是要求在太阳系机器人行星探测中所设想的最高程度的自主性的情形。

55.4.4　移动概念和地下平台

那种在月球、行星和小行星上具有高机动性的技术，仍然没有一个最终的答案。尽管多腿爬行器（例

55

如，如图55.41所示的DLR的六腿版本）似乎是探测
陡峭山口的最佳选择，但四轮车能够在难以想象的陡
坡上爬上爬下。可能像JPL的ATHLETE（图55.42）
或在DLR的概念设计（图55.43）中实现的轮腿组合
将成为最佳解决方案。

图55.41　DLR的六脚爬行器

图55.42　JPL的ATHLETE

图55.43　模块化漫游车的概念

基于视觉数据的精确自主着陆是探测的先决条
件，与未来空间系统计划密切相关。

然而，DLR的主要兴趣在于通过局部自主的快
速运动（包括避免碰撞和实时路径规划）来规避从
3s（月球）到15~30min（火星）的长信号延迟的
问题。采用现场可编程门阵列（FPGA）处理器芯
片的立体相机能够使用所谓的半全局匹配（SGM）
对环境进行三维实时建模。因此，现在似乎可以实
现每小时行驶10km的目标。

其他模式的机动性也可能是优越的，如在某些
重力是地球重力万分之一的小行星的情况下。例
如，Hayabusa 2是由DLR开发的一种跳跃式机器
人，只用一个小的偏心电动机，在几百米的距离内
产生适度的跳跃运动，而不会达到相当低的逃逸
速度。

对行星体的地下探测具有很大的期望空间：人
们相信火星上可能存在明显的液态水含水层，也可
能是木卫二和木卫三的冰下海洋，这可能是太阳系
内寻找现存（而非灭绝的）地外生命的最有可能的
地点。此外，在月球极地黑暗环形山中，有一些水
冰或其他挥发性物质存在的证据，也许在这些冷阱
中存在地球-月球系统的层状地质记录。即使能够
进入几米的深度，也能够接触到尚未暴露于热循环
或电离辐射的原始科学样品[55.107]。

人们普遍认为，需要使用传统的钻机才能进
入地下深处，包括钻塔，多段钻柱，为地面钻井
人员服务的大型机器人系统以及大型动力系统。
而且，地面钻探通常是使用大量的流体（水、空
气或泥浆）来冲走切屑并冷却和润滑切割器。为
NASA的火星技术项目资助的承包商展示了在不使
用流体的情况下，使用分段钻柱在真实环境中到
达10m深度。虽然这远低于达到假定的液态水所
需的深度，但比以前的技术所能达到的深度要大
得多[55.108]。

已经提出了其他方法，如Moles或Inchworms，
这些方法可能相对独立，但可能到达很大的深度，
而且没有大型钻塔和分段钻柱的质量和复杂
性。一个关键的问题是，如果它被存储为化学能，
所需动力似乎无法储存在这种自给自足的钻机上。
这是因为钻穿地形需要将地形连接在一起的化学
键破坏，如果化学键的能量被用来提供这种动力，
那么给定体积的化学储能只能将其长度的某个固
定比例推进地形中。其中，该比值由一种键能打
破另一种键的效率决定。基于这些考虑，一辆完
全独立的地下车辆似乎不太可能推进超过其自身

55

长度的一百倍。除非考虑到核动力源，否则这需要某种形式的与地表的联系来提供几乎无限的能量来源。地下车辆的另一个问题是岩石在粉碎时往往会膨胀（一个称作粉碎的过程）。无孔岩石在挖掘时通常体积会膨胀百分之几，这意味着完全独立的地下车辆具有严重的体积守恒问题。原则上，岩石可以被压缩回原来的体积，但是这通常需要比初始岩石的抗压强度大得多的压力。这样做所需的能量远大于首先挖掘岩石所需的能量，并且在能源密集型的工作中将成为主要的能源利用方式。

因此，一般认为，任何地下车辆都必须保持一些通向地面的通道，以便将多余的岩屑运出。如果这个隧道是可用的，那么似乎从地面获取能量的手段也是可用的，所以不需要自给自足的核能。直径只有一到几厘米的地下车辆已经被提出，在可行的行星机器人探测任务的质量和功率限制下，有可能达到很大的深度。

55.5　结论与延展阅读

空间机器人作为一个研究领域还处于起步阶段。远程空间操作中固有的光速延迟使得在海底和核工业中非常有用的主-从遥控方式成为问题。空间机器人缺乏工业机器人特有的结构化环境中高度重复性的操作。空间机器人操作的硬件都非常精致和昂贵。上述三方面的考虑都导致了这样一个事实，即空间机器人相对较少，运行速度很慢，只进行过少量的任务。尽管如此，空间机器人的潜在回报是巨大的：探索太阳系、创建巨大的太空望远镜、解开宇宙的秘密，任何可行的太空工业似乎都需要大量使用空间机器人。太阳系的规模不是很大（只有几个光时），但人类的智能无法始终为空间机器人提供帮助，使得最遥远的空间机器人变得困惑或卡住。事实上，对于月球（只有几秒钟的时间延迟）来说，避免危险和可靠地关闭力反馈回路似乎是制造出一个非常有用的机器人系统所需的一切条件。对于火星（有几十分钟的时间延迟），除了避免危险和可靠地关闭力反馈回路，似乎需要具有鲁棒性的异常检测（适度的反应性安全程序）和可能的科学新颖性检测。高水平的自主性正在增强，但无法在太阳系内部工作，对于发送到太阳系外部的机器人来说，这种自主性变得越来越理想。

为了进一步阅读，建议参考文献 [55.109-114]。

视频文献

| 👁 VIDEO 330 | DLR ROTEX: The first remotely controlled space robot
available from http://handbookofrobotics.org/view-chapter/55/videodetails/330 |

👁 VIDEO 330　DLR ROTEX: The first remotely controlled space robot
available from http://handbookofrobotics.org/view-chapter/55/videodetails/330

👁 VIDEO 331　DLR predictive simulation compensating 6 seconds round-trip delay
available from http://handbookofrobotics.org/view-chapter/55/videodetails/331

👁 VIDEO 332　DLR GETEX manipulation experiments on ETSVII
available from http://handbookofrobotics.org/view-chapter/55/videodetails/332

👁 VIDEO 333　DLR ROKVISS animation
available from http://handbookofrobotics.org/view-chapter/55/videodetails/333

👁 VIDEO 334　DLR ROKVISS camera images pulling spring
available from http://handbookofrobotics.org/view-chapter/55/videodetails/334

👁 VIDEO 336　DLR ROKVISS disassembly
available from http://handbookofrobotics.org/view-chapter/55/videodetails/336

👁 VIDEO 337　DLR telepresence demo remove cover
available from http://handbookofrobotics.org/view-chapter/55/videodetails/337

👁 VIDEO 338　DLR telepresence demo with time delay
available from http://handbookofrobotics.org/view-chapter/55/videodetails/338

👁 VIDEO 339　DLR DEOS demonstration mission simulation
available from http://handbookofrobotics.org/view-chapter/55/videodetails/339

参考文献

55.1 D.L. Akin, M.L. Minsky, E.D. Thiel, C.R. Kurtzman: *Space Applications of Automation, Robotics and Machine Intelligence Systems (ARAMIS). Phase II* (NASA, Washington 1983)

55.2 C.G. Wagner-Bartak, J.A. Middleton, J.A. Hunter: Shuttle remote manipulator system hardware test facility, 11th Space Simulat. Conf. (1980) pp. 79–94, NASA CP-2150

55.3 S. Greaves, K. Boyle, N. Doshewnek: Orbiter boom sensor system and shuttle return to flight: Operations analyses, AIAA Guidance Navigation Contr. Conf. Exhibit. San Francisco (2005)

55.4 C. Crane, J. Duffy, T. Carnahan: A kinematic analysis of the space station remote manipulator system (SSRMS), J. Robotic Syst. **8**, 637–658 (1991)

55.5 M.F. Stieber, C.P. Trudel, D.G. Hunter: Robotic systems for the International Space Station, Proc. IEEE Int. Conf. Robotics Autom. (ICRA) (1997) pp. 3068–3073

55.6 D. Bassett, A. Abramovici: Special purpose dexterous manipulator (SPDM) requirements verification, Proc. 5th Int. Symp. Artif. Intell. Robotics Autom. Space (1999) pp. 43–48, ESA SP-440

55.7 R. Boumans, C. Heemskerk: The European robotic arm for the International Space Station, Robotics Auton. Syst. **23**(1), 17–27 (1998)

55.8 P. Laryssa, E. Lindsay, O. Layi, O. Marius, K. Nara, L. Aris, T. Ed: International Space Station robotics: A comparative study of ERA, JEMRMS and MSS, Proc. 7th ESA Workshop Adv. Space Technol. Robotics Autom. (ASTRA) (2002)

55.9 T. Matsueda, K. Kuraoka, K. Goma, T. Sumi, R. Okamura: JEMRMS system design and development status, Proc. IEEE Natl. Telesyst. Conf. (NTC) (1991) pp. 391–395

55.10 S. Doi, Y. Wakabayashi, T. Matsuda, N. Satoh: JEM remote manipulator system, J. Aeronaut. Space Sci. Jpn. **50**(576), 7–14 (2002)

55.11 H. Morimoto, N. Satoh, Y. Wakabayashi, M. Hayashi, Y. Aiko: Performance of Japanese robotic arms of the International Space Station, 15th IFAC World Congr. (2002)

55.12 G. Hirzinger, B. Brunner, J. Dietrich, J. Heindl: Sensor-based space robotics – ROTEX and its telerobotic features, IEEE Trans. Robotics Autom. **9**(5), 649–663 (1993)

55.13 M. Oda, K. Kibe, F. Yamagata: ETS-VII – Space robot in-orbit experiment satellite, Proc. IEEE Int. Conf. Robotics Autom. (ICRA) (1996) pp. 739–744

55.14 K. Yoshida: Engineering test satellite VII flight experiments for space robot dynamics and control: Theories on laboratory test beds ten years ago, now in orbit, Int. J. Robotics Res. **22**(5), 321–335 (2003)

55.15 K. Landzettel, B. Brunner, G. Hirzinger, R. Lampariello, G. Schreiber, B.-M. Steinmetz: A unified ground control and programming methodology for space robotics applications – demonstrations on ETS-VII, Proc. Int. Symp. Robotics (ISR) (2000)

55.16 J.C. Parrish, D.L. Akin, G.G. Gefke: The ranger telerobotic shuttle experiment: Implications for operational EVA/robotic cooperation, Proc. SAE Int. Conf. Environ. Syst. (2000) pp. 422–427

55.17 J. Shoemaker, M. Wright: Orbital express space operations architecture program, Proc. SPIE **5088**, 1–9 (2003)

55.18 C. Preusche, D. Reintsema, K. Landzettel, G. Hirzinger: Robotics component verification on ISS ROKVISS – Preliminary results for telepresence, Proc. IEEE/RSJ Int. Conf. Intell. Robots Syst. (IROS) (2006) pp. 4595–4601

55.19 K. Landzettel, A. Albu-Schaffer, C. Preusche, D. Reintsema, B. Rebele, G. Hirzinger: Robotic on-orbit servicing – DLR's experience and perspective, Proc. IEEE/RSJ Int. Conf. Intell. Robots Systems (IROS) (2006) pp. 4587–4594

55.20 J.-H. Ryu, J. Artigas, C. Preusche: A passive bilateral control scheme for a teleoperator with time-varying communication delay, Mechatronics **20**(7), 812–823 (2010)

55.21 J. Artigas, J.-H. Ryu, C. Preusche, G. Hirzinger: Network representation and passivity of delayed teleoperation systems, Proc. IEEE/RSJ Int. Conf. Intell. Robots Syst. (IROS) (2011) pp. 177–183

55.22 E. Stoll, U. Walter, J. Artigas, C. Preusche, P. Kremer, G. Hirzinger, J. Letschnik, H. Pongrac: Ground verification of the feasibility of telepresent on-orbit servicing, J. Field Robotics **26**(3), 287–307 (2009)

55.23 C. Ott, J. Artigas, C. Preusche, G. Hirzinger: Subspace-oriented energy distribution for the time domain passivity approach, Proc. IEEE/RSJ Int. Conf. Intell. Robots Systems (IROS'11) (2011) pp. 665–671

55.24 A.P. Vinogradov: *Lunokhod 1 Mobile Lunar Laboratory* (JPRS, Washington 1971), JPRS identification number 54525

55.25 A. Mishkin: *Sojourner: An Insider's View of the Mars Pathfinder Mission* (Berkley Books, New York 2004)

55.26 B. Wilcox, T. Nguyen: Sojourner on mars and lessons learned for future planetary rovers, 28th Int. Conf. Environ. Syst. (1998)

55.27 M. Maimone, A. Johnson, Y. Cheng, R. Willson, L. Matthies: Autonomous navigation results from the Mars exploration rover (MER) mission, Proc. 9th Int. Symp. Exp. Robotics (ISER) (2004)

55.28 M. Maimone, Y. Cheng, L. Matthies: Two years of visual odometry on the Mars exploration rovers, J. Field Robotics **24**(3), 169–186 (2007)

55.29 M.G. Bekker: *Off-The-Road Locomotion* (Univ. Michigan Press, Ann Arbor 1960)

55.30 M.G. Bekker: *Introduction to Terrain-Vehicle Systems* (Univ. Michigan Press, Ann Arbor 1969)

55.31 R.A. Lewis, A.K. Bejczy: Planning considerations

for a roving robot with arm, Int. Jt. Conf. Artif. Intell. (IJCAI) (1973) pp. 308–316

55.32 A. Thompson: The navigation system of the JPL Robot, Int. Jt. Conf. Artif. Intell. (IJCAI) (1977) pp. 749–757

55.33 Y. Yakimovsky, R.T. Cunningham: A system for extracting three-dimensional measurements from a stereo pair of TV cameras, Comp. Graph. Image Process. **7**, 195–210 (1978)

55.34 D. Dooling: *Planetary rovers might roam better with an elastic loop mobility system, NASA Science News, http://science.nasa.gov/newhome/ headlines/msad28apr98_1b.htm* 1989)

55.35 B.H. Wilcox: *Computer-Aided Remote Driving*, NASA Tech Briefs 18; 3 (NASA, Washington 1994)

55.36 E. Krotkov, J. Bares, T. Kanade, T. Mitchell, R. Simmons, W. Whittaker: Ambler: a six-legged planetary rover, 5th Int. Conf. Adv. Robotics, Robots Unstructured Environ. (ICAR), Vol. 1 (1991) pp. 717–722

55.37 J. Bares, W. Whittaker: Walking robot with a circulating gait, Proc. IEEE/RSJ Int. Conf. Intell. Robots Syst. (IROS), Vol. 2 (1990) pp. 809–816

55.38 B. Wilcox, D. Gennery: A Mars rover for the 1990s, J. Br. Interplanet. Soc. **40**, 484–488 (1987)

55.39 B. Wilcox, L. Matthies, D. Gennery: Robotic vehicles for planetary exploration, Proc. IEEE Int. Conf. Robotics Autom. (ICRA) (1992)

55.40 D. Gennery, T. Litwin, B. Wilcox, B. Bon: Sensing and perception research for space telerobotics at JPL, Proc. IEEE Int. Conf. Robotics Autom. (ICRA) (1987) pp. 311–317

55.41 J. Balaram, S. Hayati: A supervisory telerobotics testbed for unstructured environments, J. Robotics Syst. **9**(2), 261–280 (1992)

55.42 G. Giralt, L. Boissier: The French planetary rover VAP: concept and current developments, IEEE/RSJ Int. Conf. Intell. Robots Syst. (IROS) (1992) pp. 1391–1398, LAAS Report No. 92227

55.43 R. Chatila, S. Lacroix, G. Giralt: A case study in machine intelligence: Adaptive autonomous space rovers, Int. Conf. Field Serv. Robotics (FSR) (1997) pp. 101–108, LAAS Report No. 97463

55.44 A. Castano, A. Fukunaga, J. Biesiadecki, L. Neakrase, P. Whelley, R. Greeley, M. Lemmon, R. Castano, S. Chien: Autonomous detection of dust devils and clouds on Mars, Proc. IEEE Int. Conf. Image Process. (2006) pp. 2765–2768

55.45 L. Matthies: Stereo vision for planetary rovers: Stochastic modeling to near real-time implementation, Int. J. Comput. Vis. **8**(1), 71–91 (1992)

55.46 K. Yoshida, D.N. Nenchev, M. Uchiyama: Moving base robotics and reaction management control, 7th Int. Symp. Robotics Res., ed. by G. Giralt, G. Hirzinger (Springer, New York 1996) pp. 101–109

55.47 J. Russakow, S.M. Rock, O. Khatib: An operational space formulation for a free-flying multi-arm space robot, 4th Int. Symp. Exp. Robotics (1995) pp. 448–457

55.48 Y. Xu, T. Kanade (Eds.): *Space Robotics: Dynamics and Control* (Kluwer, Boston 1993)

55.49 Y. Umetani, K. Yoshida: Continuous path control of space manipulators mounted on OMV, Acta Astronaut. **15**(12), 981–986 (1987), presented at the 37th IAF Conf, Oct. 1986

55.50 Y. Umetani, K. Yoshida: Resolved motion rate control of space manipulators with generalized Jacobian matrix, IEEE Trans. Robotics Autom. **5**(3), 303–314 (1989)

55.51 K. Yoshida: Impact dynamics representation and control with extended inversed inertia tensor for space manipulators, 6th Int. Symp. Robotics Res. (1994) pp. 453–463

55.52 K. Yoshida: Experimental study on the dynamics and control of a space robot with the experimental free-floating robot satellite (EFFORTS) simulators, Adv. Robotics **9**(6), 583–602 (1995)

55.53 Y. Nakamura, R. Mukherjee: Nonholonomic path planning of space robots via a bidirectional approach, IEEE Trans. Robotics Autom. **7**(4), 500–514 (1991)

55.54 S. Dubowsky, M. Torres: Minimizing attitude control fuel in space manipulator systems, Proc. Int. Symp. Artif. Intell. Robotics Autom. (i-SAIRAS) (1990) pp. 259–262

55.55 S. Dubowsky, M. Torres: Path planning for space manipulators to minimize spacecraft attitude disturbances, Proc. IEEE Int. Conf. Robotics Autom. (ICRA), Vol. 3 (1991) pp. 2522–2528

55.56 K. Yoshida: Practical coordination control between satellite attitude and manipulator reaction dynamics based on computed momentum concept, Proc. 1994 IEEE/RSJ Int. Conf. Intell. Robots Syst. (IROS) (1994) pp. 1578–1585

55.57 M. Oda: Coordinated control of spacecraft attitude and its manipulator, Proc. 1996 IEEE Int. Conf. Robotics Autom. (ICRA) (1996) pp. 732–738

55.58 Z. Vafa, S. Dubowsky: On the dynamics of manipulators in space using the virtual manipulator approach, Proc. IEEE Int. Conf. Robotics Autom. (ICRA) (1987) pp. 579–585

55.59 E. Papadopoulos, S. Dubowsky: Dynamic singularities in the control of free-floating space manipulators, ASME J. Dyn. Syst. Meas. Control **115**(1), 44–52 (1993)

55.60 Y. Umetani, K. Yoshida: Workspace and manipulability analysis of space manipulator, Trans. Soc. Instrum. Contr. Eng. **E-1**(1), 116–123 (2001)

55.61 D.N. Nenchev, Y. Umetani, K. Yoshida: Analysis of a redundant free-flying spacecraft/manipulator system, IEEE Trans. Robotics Autom. **8**(1), 1–6 (1992)

55.62 D.N. Nenchev, K. Yoshida, P. Vichitkulsawat, M. Uchiyama: Reaction null-space control of flexible structure mounted manipulator systems, IEEE Trans. Robotics Autom. **15**(6), 1011–1023 (1999)

55.63 V.H. Schulz: Reduced SQP Methods for Large Scale Optimal Control Problems in DAE with Application to Path Planning Problems for Satellite Mounted Robots, Ph.D. Thesis (Univ. Heidelberg, Heidelberg 1995)

55.64 E. Papadopoulos, S. Moosavian: Dynamics and control of multi-arm space robots during chase and capture operations, Proc. IEEE/RSJ Int. Conf. Intell. Robots Syst. (IROS) (1994) pp. 1554–1561

55.65 K. Yoshida, D. Dimitrov, H. Nakanishi: On the capture of tumbling satellite by a space robot, Proc. IEEE/RSJ Int. Conf. Intell. Robots Syst. (IROS) (2006)

55.66 C.G. Henshaw: A unification of artificial potential function guidance and optimal trajectory planning, 15th Space Flight Mech. Meet. (2005)

55.67 F. Aghili: A prediction and motion-planning scheme for visually guided robotic capturing of free-floating tumbling objects with uncertain dynamics, IEEE Trans. Robotics **28**(3), 634–649 (2012)

55.68 R. Lampariello, G. Hirzinger: Generating feasible trajectories for autonomous on-orbit grasping of spinning debris in a useful time, Proc. IEEE/RSJ Int. Conf. Intell. Robots Syst. (IROS) (2013)

55.69 T. Binder, L. Blank, R. Bock, R. Bulirsch, W. Dahmen, M. Diehl, T. Kronseder, W. Marquardt, J.P. Schloeder, O. von Stryk: Introduction to model based optimization of chemical processes on moving horizons. In: *Online Optimization of Large Scale Systems*, ed. by M. Grotschel, S.O. Krumke, J. Rambau (Springer, Berlin, Heidelberg 2001) pp. 295–339

55.70 S. Jacobsen, C. Lee, C. Zhu, S. Dubowsky: Planning of safe kinematic trajectories for free-flying robots approaching an uncontrolled spinning satellite, ASME Int. Des. Eng. Tech. Conf. Comput. Inf. Eng. Conf. (DETC) (2002)

55.71 S.K. Agrawal, K. Pathak, J. Franch, R. Lampariello, G. Hirzinger: A differentially flat open-chain space robot with arbitrarily oriented joint axes and two momentum wheels at the base, IEEE Trans. Autom. Contr. **54**(9), 2185–2191 (2009)

55.72 D.N. Nenchev, K. Yoshida, M. Uchiyama: Reaction null-space based control of flexible structure mounted manipulator systems, IEEE 35th Conf. Decis. Control (1996) pp. 4118–4123

55.73 W.J. Book, S.H. Lee: Vibration control of a large flexible manipulator by a small robotic arm, Proc. Am. Control Conf. (1989)

55.74 M.A. Torres: Modelling, Path-Planning and Control of Space Manipulators: The Coupling Map Concept, Ph.D. Thesis (MIT, Cambridge 1993)

55.75 S. Abiko, K. Yoshida: An effective control strategy of japanese experimental module remote manipulator system (JEMRMS) using coupled and uncoupled dynamics, Proc. 7th Int. Symp. Artif. Intell. Robotics Autom. Space (2003), Paper AS18 (CD-ROM)

55.76 S. Abiko: Dynamics and Control for a Macro-Micro Manipulator System Mounted on the International Space Station, Ph.D. Thesis (Tohoku Univ., Tokyo 2005)

55.77 S. Abiko, K. Yoshida: On-line parameter identification of a payload handled by flexible based manipulator, Proc. IEEE/RSJ Int. Conf. Intell. Robots Syst. (IROS) (2004) pp. 2930–2935

55.78 S. Abiko, K. Yoshida: An adaptive control of a space manipulator for vibration suppression, Proc. IEEE/RSJ Int. Conf. Intell. Robots Syst. (IROS) (2005)

55.79 G. Gilardi, I. Shraf: Literature survey of contact dynamics modeling, Mech. Mach. Theory **37**, 1213–1239 (2002)

55.80 K. Yoshida, H. Nakanishi, H. Ueno, N. Inaba, T. Nishimaki, M. Oda: Dynamics, control, and impedance matching for robotic capture of a non-cooperative satellite, Adv. Robotics **18**(2), 175–198 (2004)

55.81 H. Nakanishi, K. Yoshida: Impedance control of free-flying space robot for orbital servicing, J. Robotics Mechatron. **18**(5), 608–617 (2006)

55.82 P.M. Pathak, A. Mukherjee, A. DasGupta: Impedance control of space robots using passive degrees of freedom in controller domain, J. Dyn. Syst. Meas. Control **127**, 564–578 (2006)

55.83 S. Abiko, R. Lampariello, G. Hirzinger: Impedance control for a free-floating robot in the grasping of a tumbling target with parameter uncertainty, IEEE/RSJ Int. Conf. Intell. Robots Syst. (IROS) (2006)

55.84 K. Iagnemma, H. Shibly, S. Dubowsky: On-line traction parameter estimation for planetary rovers, Proc. IEEE Int. Conf. Robotics Autom. (ICRA) (2002)

55.85 K. Yoshida, H. Hamano: Motion dynamics of a rover with slip-based traction model, Proc. IEEE Int. Conf. Robotics Autom. (ICRA) (2002)

55.86 A. Jain, J. Guineau, C. Lim, W. Lincoln, M. Pomerantz, G. Sohl, R. Steele: Roams: Planetary surface rover simulation environment, Proc. 7th Int. Symp. Artif. Intell. Robotics Autom. Space (i-SAIRAS) (2003)

55.87 K. Yoshida, T. Watanabe, N. Mizuno, G. Ishigami: Terramechanics-based analysis and traction control of a lunar/planetary rover, Proc. Int. Conf. Field Serv. Robotics (FSR) (2003)

55.88 K. Iagnemma, S. Dubowsky: *Mobile Robots in Rough Terrain: Estimation, Motion Planning, and Control With Application to Planetary Rovers*, Springer Tracts in Advanced Robotics, Vol. 12 (Springer, Berlin, Heidelberg 2004)

55.89 K. Yoshida, G. Ishigami: Steering characteristics of a rigid wheel for exploration on loose soil, Proc. IEEE/RSJ Int. Conf. Intell. Robots Syst. (IROS) (2004)

55.90 H. Shibly, K. Iagnemma, S. Dubowsky: An equivalent soil mechanics formulation for rigid wheels in deformable terrain, with application to planetary exploration rovers, J. Terramech. **42**(1), 1–13 (2005)

55.91 R. Bauer, W. Leung, T. Barfoot: Experimental and simulation results of wheel-soil interaction for planetary rovers, Proc. 2005 IEEE Int. Conf. Intell. Robots Syst. (IROS) (2005)

55.92 A. Ellery, N. Patel, R. Bertrand, J. Dalcomo: Exomars rover chassis analysis and design, Proc. 8th Int. Symp. Artif. Intell. Robotics Autom. Space (i-SAIRAS) (2005)

55.93 A. Gibbesch, B. Schäfer: Multibody system modelling and simulation of planetary rover mobility on soft terrain, Proc. 8th Int. Symp. Artif. Intell. Robotics Autom. Space (i-SAIRAS) (2005)

55.94 G. Ishigami, K. Yoshida: Steering characteristics of an exploration rover on loose soil based on all-wheel dynamics model, Proc. IEEE/RSJ Int. Conf. Intell. Robots Syst. (IROS) (2005)

55.95 G. Ishigami, A. Miwa, K. Nagatani, K. Yoshida: Terramechanics-based model for steering maneuver of planetary exploration rovers on loose soil, J. Field Robotics **24**(3), 233–250 (2007)

55.96 V.K. Tiwari, K.P. Pandey, P.K. Pranav: A review on traction prediction equations, J. Terramech. **47**(3), 191–199 (2010)

55.97 L. Ding, H. Gao, Z. Deng, K. Nagatani, K. Yoshida: Experimental study and analysis on driving wheels' performance for planetary exploration rovers moving in deformable soil, J. Terramech. **48**(1), 27–45 (2011)

55.98　G. Meirion-Griffith, M. Spenko: A modified pressure-sinkage model for small, rigid wheels on deformable terrains, J. Terramech. **48**(2), 149–155 (2011)

55.99　J.Y. Wong: *Theory of Ground Vehicles* (Wiley, New York 1978)

55.100　J.Y. Wong, A.R. Reece: Prediction of rigid wheel preformance based on the analysis of soil-wheel stresses. Part I, Preformance of driven rigid wheels, J. Terramech. **4**, 81–98 (1967)

55.101　Z. Janosi, B. Hanamoto: The analytical determination of drawbar pull as a function of slip for tracked vehicle in deformable soils, Proc 1st Int. Conf. Terrain-Veh. Syst. (1961)

55.102　E. Hegedus: *A Simplified Method for the Determination of Bulldozing Resistance*, Land Locomotion Laboratory, Rep. No. 61U.S. (Army Tank Automotive Command, Warren 1960)

55.103　I. Rekleitis, E. Martin, G. Rouleau, R. L'Archeveque, K. Parsa, E. Dupuis: Autonomous capture of a tumbling satellite, J. Field Robotics **24**(4), 275–296 (2007)

55.104　J. Blamont: Balloons on other planets, Adv. Space Res. **1**, 63–69 (1981)

55.105　J.A. Cutts, K.T. Nock, J.A. Jones, G. Rodriguez, J. Balaram, G.E. Powell, S.P. Synott: Aerovehicles for planetary exploration, Proc. IEEE Int. Conf. Robotics Autom. (ICRA) (1995)

55.106　M.K. Heun, J.A. Jones, J.L. Hall: Gondola design for Venus deep-atmosphere aerobot operations, AIAA 36th Aerosp. Sci. Meeting Exhibit. ASME Wind Energy Symp. (1998)

55.107　S. Miller, J. Essmiller, D. Beaty: Mars deep drill – A mission concept for the next decade, Space Conf. Exhibit. (2004) pp. 2004–6048

55.108　S. Mukherjee, P. Bartlett, B. Glass, J. Guerrero, S. Stanley: Technologies for exploring the martian subsurface, Proc. IEEE Aerosp. Conf. (2006), Paper No. 1349

55.109　C.F. Ruoff, S.B. Skaar (Eds.): *Teleoperation and Robotics in Space*, Progress in Astronautics and Aeronautics Series (AIAA, Notre Dame 1994)

55.110　J. Field Robot. Special Issue on Space Robotics, Part I–Part III, **24**(3–5), 167–434 (2007)

55.111　G.F. Bekey (Ed.): *International Assessment of Research and Development in Robotics* (WTEC, Baltimore 2006), http://www.wtec.org/robotics/

55.112　NSRC (Ed.): *Assessment of Options for Extending the Life of the Hubble Space Telescope*, National Research Council: Final Rep. (National Academies Press, Washington 2005)

55.113　A.M. Howard, E.W. Tunstel: *Intelligence for Space Robotics* (TSI, San Antonio 2006)

55.114　T.B. Sheridan: Space teleoperation through time delay: Review and prognosis, IEEE Trans. Robotics Autom. **9**(5), 592–606 (1993)

55

第 56 章

农林机器人

Marcel Bergerman，John Billingsley，John Reid，Eldert van Henten

农林（A&F）机器人代表了我们社会最新的和最先进的创新之一，并在最古老和重要的行业中成功应用。在历史进程中，机械化和自动化将作物产量提高了几个数量级，使人口呈现几何级数增长，并提高了全球人类的生活质量。然而，发展中国家人口的快速增长和收入的增加需要更多的 A&F 产出。本章以案例研究的形式介绍了 A&F 领域的机器人技术，机器人技术被成功应用于解决已存在的问题。就农作物而言，重点在于保证优质农作物所需的田内或农场内任务。一般而言，在收获时结束。在畜牧业方面，重点是养殖和培育、开发、收获、屠宰和加工。本章分为四个部分。第一部分描述界定范畴，特别是在本章中会解答 A&F 机器人涉及了哪些方面。第二部分讨论与 A&F 机器人应用相关的挑战和机遇。第三部分是本章的核心部分，介绍了 20 个案例研究，展示了（大部分）机器人在各种农业和林业领域的成功应用。案例研究并不在于全面，而是给读者一个关于机器人在过去 10 年中如何应用于 A&F 的概览。第四部分通过讨论当前技术的具体改进和商业化途径对本章进行总结。

目 录

农林机器人代表了我们社会最新和最先进的创新之一，并在最古老的行业取得成功应用。自文明曙光降临以来，农业和林业（简称：农林）（A&F）仍然是人类最重要的经济活动之一，为我们人类的生存提供食物、饲料、纤维和燃料。在本章中，农业在 Merriam-Webster 的定义中被理解为：

培养土壤、生产作物、饲养牲畜的科学、艺术或实践，以及在不同程度上制备和销售所得到的产品。

因此，"作物"一词在这里可以用来表示农业或林业过程中的任何产品，包括谷物、水果、蔬菜、坚果、树木、牛肉、羊毛等。必要时，我们将适当区分植物和动物产品。

在历史进程中，从昔日的手工耕种到今天的现代化联合收割机，机械化和自动化使作物产量增加了几个数量级。这反过来又促使人口的几何级数增长和全球生活质量相应提高。然而，发展中国家人口迅速增长和收入增加需要更多的 A&F

产出。科学家预测，到 2050 年，农业生产必须增加一倍才能满足 90 亿人口的需求[56.1-3]。显然，由于资源和环境等问题的限制，简单地将投入（土地、水、种子、劳动力等）加倍，这是无法实现的。因此，A&F 系统的效率必须以可持续的方式增加。

Reid[56.4]认为，全球农业全要素生产率（TFP）或生产中使用的全部单位生产资料的产量，必须从当前的 1.4 增加到 1.75，到 2050 年农业生产增加一倍。需要在所有影响全要素生产率的因素（种子、土壤、水、化肥、杀菌剂、杀虫剂、作物结构、文化习惯、自动化、劳动力、公共政策等方面）取得重大科学、技术和管理方面的进展。机器人技术只是其中一个因素，它可能以一种广泛的、系统化的方式来影响 A&F，并为满足我们未来的需求做出重要贡献。

在本章中，我们从农林机器人应用的角度，而不是从它所包含的基本技术的角度出发，讨论农林机器人领域。此外，我们选择了有限数量的案例研究，其中机器人技术被成功应用于解决已确定的问题，而不是对文献中所报告的所有工作进行全面的综述。我们认为前者更有意义，因为它展示了自上而下的、面向问题的解决方案（市场拉动），而不是自下而上的技术主导型方案（技术推动）。我们关注最近 5~10 年的例子，因为它们代表了利用传感器和计算机领域最新进展的工作。

我们以 20 个案例研究的形式讨论了农林机器人的应用，其中机器人技术被成功地应用于解决典型问题。就作物而言，重点在于确保优质作物所需的现场或农场任务，并且一般而言，在作物运输到包装出厂或仓库之前，在收获时结束。在畜牧业方面，重点是养殖、开采、收获和屠宰加工。

56.1 讨论范畴

在介绍应用于 A&F 的机器人技术最新进展的案例研究之前，我们必须在作物生产过程和机器人技术两个方面界定本章的范围。

一个典型的作物生产周期包括几个过程，其中包括田间准备、播种/育种、移栽、种植、生长、维护（包括附加植物支持结构、除叶、修剪树枝和开花、果实稀疏、培育动物等）、开发/收获/屠宰、分拣和包装。在所有这些方面，人员、机器和农产品的内部运输都起到了一定的作用。收获后的单季作物（如莴苣）必须更换；苹果、西红柿和玫瑰等多种作物需要一年甚至几年才能重新种植。根据作物的不同，对于这些过程中的部分或全部，存在具有不同自动化水平的机器。例如，在谷物和谷物生产中，农民可以使用商业化机器进行耕耘、播种、移栽、喷洒、灌溉和收割。另一方面，在新鲜水果和蔬菜中，机械化和自动化在生产周期的早期和后期更为普遍[56.5]，而作物的维护和收割大部分是手动任务。

关于植物作物，本章的范围仅限于保证优质作物所必需的田内或农场内任务；一般而言，是从收获结束到作物运输到包装厂或仓库之前的这段时间。当然，在后一种环境中机器人有很多机会，如自动分类和分级。我们把它们排除在本章内容之外，因为它们目前更多的是自动化工作的重点，而不是机器人本身的重点。在本手册的未来版本中，随着机器人技术向收获后的任务的推进，我们将重新审视这个问题。

在畜牧业方面，许多都涉及动物的培育、开发、收获和屠宰。屠宰已经不仅包括杀死动物，还包括将其分割成适销部分，以及随后的包装和销售。本节考虑的基本过程涉及陆地动物和鸟类，包括：

1）养殖和培育：牲畜的范围可以从家禽到饲料场的牛，包括猪和其他动物。它们的护理包括环境和行为监测，以及饲料分配。

2）开发：在许多情况下，产品是从活的动物中获得的。羊剪羊毛，奶牛挤奶，鸡产蛋，蜜蜂产蜜。

3）收获：集中和收集自由放养的牛、野猪和其他不受约束的动物。

4）屠宰加工：牛、禽、猪，以及其他动物严格按规定处理，并分割成适销部分。

在本手册的未来版本中应该包括渔业，因为在该领域可以想象机器人的许多应用场景。

56

56.2　机遇与挑战

自工业革命结束以来，（可以说）机器人和自动化对农业和林业的三个最重要的影响是：

1）精准农业，或使用传感器来精确控制何时何地应用投入物（如肥料和水）。

2）田间作物机械的自动制导，这些机器今天可以以人类操作员无法达到的准确性在田间行驶。

3）收获水果和蔬菜进行加工的机器（如番茄酱和橙汁）。

学术和商业研究人员正在研究下一代传感、移动和操作技术，这些技术有望增加 A&F 输出和生产率。

传感需要测量作物温度、湿度、pH 值、图像、范围和其他物理属性，并结合和分析数据用于特定目的。一个例子是基于相机的系统，在收获前几周拍摄一张苹果园的照片，并产生一个准确的作物产量估计，种植者可以以此来规划和管理收割作业[56.6,7]。传感对 A&F 的效用在于，它使决策达到仅靠人类感知无法达到的水平，因为后者要么本质上不准确，要么缓慢，要么两者兼而有之。

移动涉及不同级别的车辆自动化，这些自动化使得无人驾驶（或司机辅助）在田野覆盖；最常见的例子是 GPS/GNSS 导引的组合，该组合以最小的田野过道交叉点收获作物，从而优化覆盖范围并最大限度地减少燃料消耗[56.8]。最近，自动导引已经开始向果园车辆迁移，尽管在这里可能需要其他的导航传感器，因为在较厚的檐篷下卫星信号接收效果不佳（ VIDEO 26 ， VIDEO 91 ）。在 A&F 中，配备适当工具的自动化车辆可实现（半）自动播种、喷雾、割草、除草、收割和动物饲养等作业（ VIDEO 306 ， VIDEO 305 ）。移动需要 GPS/GNSS、惯性测量单元、相机、激光雷达、雷达等提供一定程度的基于传感器的感知能力。这些传感器不应与上一段中所述的相混淆，尽管确切地说，传感器可以执行双重任务的决策和导航情形。总的来说，机器人移动技术目前还不如传感技术先进。

操作是指直接在作物上进行的各种操作，包括修剪、疏伐、收获、树木培育、叶片探测、树木切割、除草等等。一般来说，这项技术需要比移动更复杂的基于传感器的感知，在现场部署方面不如传感或移动技术先进。

对机器人研究特别具有挑战性的两个领域是果园作物和受保护种植的作物。（我们大量使用"果园"一词，将葡萄园、橙树林，以及其他类似的环境包括在内。在这些环境中，庄稼以清晰的行种植。）这些作物是非常有价值的作物，单位面积比田地多产生 1~3 个数量级的收入。它们的特点是需要精耕细作和熟练的劳动力。以美国的苹果生产为例，生产一个苹果的可变成本中至少有 50%~60% 是由劳动力造成的[56.9]。除此之外，劳动力的需求是突发性的——在美国华盛顿州，秋季收获季节需要的劳动力是冬季修剪季节的 7 倍。在许多发达国家，人工果园作业的劳动力供应是一个挑战，给种植者带来了巨大的压力，他们必须找到创新的解决方案来满足劳动力需求。在 2011 年 *Tree Fruit Industry Perspective* 出版物中，US Northwest Farm Credit Services 的行业领袖表示：

> 果树行业利用季节性劳动力进行疏伐和收获操作将一直是一个令人关注的问题。在整个生长季节的不同时期，劳动力短缺已经发生，而且将来可能还会发生。果树果实易腐烂的特性要求野外作业非常严格的时效性，通常狭窄的收获窗口期不能适应关键阶段的劳动力短缺。新技术可以在未来 5~10 年大幅降低劳动力需求。具体来说，这种技术将包括在果园中使用平台和机械收割方法，并增加机器人技术的使用。

部分是为了应对高劳动力成本，部分是为了提高生产效率，果树行业正朝着高度结构化种植的方向发展。以前，一个苹果种植者每英亩（1 英亩 = 0.405 公顷）有 200~400 棵树；而现在，在水果墙配置中，每英亩有 1200 棵苹果树，水果墙配置更有利于自动化（图 56.1a）。这导致了自动驾驶车辆和拖拉机的发展，从车库到街区，遍历树行需数个小时，包括在没有任何人工协助的情况下，一排一排地往返行驶[56.10]。这些机器人车辆配备适当的工具后，可以对库存管理的树木和作物进行修剪、喷洒和数据收集；配置为平台时，可以承载修剪、疏伐、树木修剪、砍伐树木顶部的工人，从而消除了梯子的低效和伤害。未来，安装在这种车辆上的操作臂将能够探测植物的表型，并完成自动修剪、收割。

受保护的耕作体系是生产作物的有力工具（图 56.1b）。温室保护作物不受恶劣的气候条件和害虫的侵袭，并提供改良气候的机会，创造一个在作物质量和数量方面最佳的环境。保护性耕作是一种投资和运营成本高昂的集约化生产方式，因此只能生产高价值的水果和蔬菜作物（如西红柿、甜椒和黄瓜），玫瑰、菊花和大丁草等花卉，以及许多类型的盆栽。在过去的几十年里，西方社会的这种生产方式面临着生产设施规模的扩大、劳动力成本的增加、熟练劳动力的减少、繁重重复性工作导致的员工健康问题，以及国内和国际市场上日益激烈的竞争。自动化和机器人技术被认为是解决这些问题的一种方法。此外，对食品安全日益增长的担忧要求使用这种技术。最后但并非最不重要的是，越来越多的精确园艺方法被采用，即对植物进行单独处理，以提高作物产量和质量，同时尽可能有效地利用资源。鉴于目前对人类劳动力的限制，这导致了对自动化和机器人技术的更强烈的需求。

图 56.1 提高生产效率的架构示例

a) 现代苹果园，树木排列成果墙　b) 保护性耕作的番茄

注：这些新的架构为基于机器人技术的生产技术打开了大门，提高了效率，降低了劳动力成本。

在农业生产方面，就生产面积而言，保护性耕作是世界范围内较小的一项业务。估计全世界保护

性耕作的总面积约为 74 万公顷[56.11]。然而，在附加值方面，保护性耕作起着更为重要的作用。在荷兰占农业生产面积的几个百分点，园艺生产的经济回报约为农业总产值的 35%。在这种情况下，生产是资本和劳动密集型的。在全球范围内，保护性耕作的潜力正日益得到认可。然而，技术水平差异很大，主要是因为在市场、经济、资源可用性等方面的地方条件差异很大。

机器人用在保护性耕作方面的研究历史已有三十多年[56.12]，主要集中在收获和化学喷洒作业。机器人的收获主要集中在西红柿、黄瓜、茄子、甜椒和草莓上，为此已经开发了多个研究原型的实例[56.12]（ ▶ VIDEO 304 ）。一个例子是收割玫瑰的机器人[56.13]和收割大丁草的机器人[56.14]。喷洒机器人已经在参考文献［56.15］中详细介绍。在文献中除了收获或喷洒之外只发现了两种机器人系统：用于黄瓜的采摘机器人[56.16]和用于葡萄装袋、疏果和喷洒的机器人[56.17]。在保护性耕作中还没有开发用于诸如修剪、拔芽和将植物连接到支撑结构上等作业的机器人。

畜牧业生产的挑战具有更实际的性质。当牛群自由走动时，很难找到和聚集它们。用直升机进行探测尽管是很昂贵的，使用无人机却有很大的潜力。收集野猪和本地袋鼠的方法通常是射杀，分别供应德国和俄罗斯的市场。理论上，机器人技术的应用可能会有机会，但很难看到如何与安全性兼容。有人建议，可以通过携带一个发射器来定位牛群。无线电通信涉及相当远的距离，因此使用带有发射系统的 GPS/GNSS 项圈将带来电源和电池问题。

56.3 案例研究

在本节中，我们将介绍机器人技术成功应用于农业和林业领域的各种案例。本节的介绍遵循应用领域的松散分类，即大田作物、果园作物、保护性耕作、林业和畜牧业。这里的要点是对特定领域的案例进行分组，但允许对跨领域的案例进行讨论。在每个领域中，案例研究遵循（同样是松散的）从传感到移动，再到操作的过程。

56.3.1 优化耕地覆盖率

农业研究人员和实践者长期以来一直希望能够使用共用宽度的设备系统来遵循明确的交通车道，

以最大限度地减少土壤压实对植物生长的影响[56.18]。自动化和控制技术（如 GNSS、自动转向）的出现使农业机械系统能够在空间和时间上遵循精确的路径，从而消除了界定受控交通车道复杂过程的需要。

随着自动导引系统的快速应用，自动路径规划在进一步优化现场作业方面具有巨大潜力。田间作业的方式应尽量减少田间作业的时间和行程，并与具体的田间作业、机器特性和耕地的地形特征相协调。为了达到这个目标，Jin 和 Tang[56.19]提出了一个最佳覆盖路径规划（OCPP）算法，其中覆盖用几何模型表示。

56

56

为了确定一个给定田地的全覆盖模式，需要知道是否和如何将田地分解为子区域，以及如何确定每个子区域内的行进方向。搜索机制由一个定制的成本函数来导引，这个函数是通过分析不同的岬角转向类型并用分而治之的策略来实现的。对于有 n 条边的区域，该算法的复杂度是 $O[=n^3\log(n^3)]$。为了降低总转向成本，需要最小化转向的次数。此外，需要避免的运营成本相对较高。不规则形状的田地在岬角与机器成角度时，与岬角转向有关的效率较低。用 OCPP 算法（图 56.2）测试了二维地形的例子，其复杂程度从简单的凸形形状到在其内部具有多个障碍物的不规则多边形形状。结果表明，在最极端的二维案例中，OCPP 节省高达 16% 的转向次数和 15% 的岬角转向成本。OCPP 输出的解决方案没有农民采用的解决方案更差的情况。

在优化三维地形覆盖路径时，需要考虑更多的因素，包括岬角转向成本、土壤侵蚀成本和跳过面积成本。Jin 和 Tang 利用 B-splines 建立了解析的三维地形模型；并分析了不同类型的覆盖成本在三维地形上的差异，提出了量化土壤侵蚀成本和对应于特定覆盖方案的曲线路径成本的方法。与二维覆盖路径优化类似，使用地形分解和分类方法将田地划分为田地属性相似、边界相对平滑的子区域。在三维地形覆盖规划中也采用了分而治之的策略。每个区域最合适的路径方向是达到最小覆盖成本的路径方向。成功地开发了种子曲线搜索算法，并应用于多个不同地形特征的实际农田（图 56.3）。与二维规划算法相比，三维规划算法在三维地形上显示出其优越性。在试验田中，3D 版本平均节省 10.3% 的岬角转向成本，24.7% 的土壤侵蚀成本，81.2% 的跳过面积成本，成本的加权和为 22.0%，其权重分别为 1、1 和 0.5。特别是在其中一个区域，三维规划算法产生的结果仅为二维规划算法产生的土壤侵蚀的 30.5%。我们还观察到，在三维规划中，由于急转弯曲率导致的跳过区域通常要比将二维规划结果投影到三维曲面时路径间的跳过区域小得多。

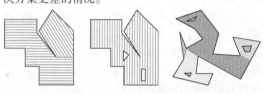

图 56.2　二维地形 OCPP 算法获得的结果
（内部多边形表示不可穿越的障碍物）

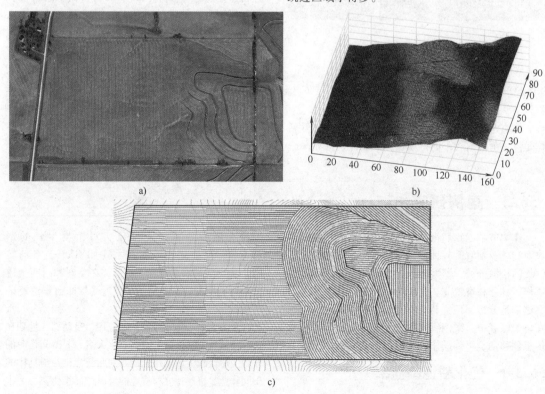

a)

b)

c)

图 56.3　对具有阶田和山谷的三维地形使用 OCPP 算法获得的结果
a）航空影像　b）地形图　c）最佳覆盖路径

56.3.2 杂草控制

杂草与生产作物竞争光照、水分和养分，如果不加控制，就会对作物产量产生不利影响[56.20]。由于这些原因，化学和机械杂草控制早已受到农业工程师的关注。与目前的方法相比，机器人技术提供了以两种方式改善这一重要生产任务的途径：机械方式完成时提高精度，化学方式完成时减少排放和环境径流。本节介绍三种机器人应用于杂草控制的案例。有关该领域的概述，请参阅参考文献［56.20］。

阔叶码头是草地上一种麻烦的杂草。如果不加以控制，它可能会达到很高的密度，并大大降低草产量。为了满足荷兰 17 位有机奶农的要求，设计了一台检测和控制草地上阔叶码头的机器人[56.21]（图 56.4）（ ▶ VIDEO 310 ）。它由一个定制的平台和四个由 36kW 柴油发动机驱动的独立驱动车轮组组成。车轮装有高尔夫球车轮胎，在草地上提供牵引力而对草皮影响最小。减速器确保高扭矩，允许厘米精度的向前运动，并将最高速度限制在 4.83km/h 的安全范围内。在这种情况下，滑动转向被认为足够精确。通过使用 RTK-GPS 跟踪预定义的路径，实现了一个大型的、没有特征的牧场的越野，该预定义的路径包括在末端以半圆圈连接的平行段。由于杂草和草都是绿色的，所以使用基于纹理的图像分析方法来检测前者[56.22,23]。使用 Riesenhuber 提出的除草器[56.24]。该方法是将条形除草器垂直插入地面，粉碎杂草的主根。

志愿马铃薯是上一年收获时遗留的作物。经过一个温和的冬天，这些马铃薯就会发芽，形成严

图 56.4　草地上探测和控制阔叶码头的机器人
1—彩色相机　2—GPS　3—柴油发动机
4—除草器　5—导轨

重的杂草。它们不仅与生产作物竞争，而且还可能携带疾病。在荷兰，立法要求每年 7 月 1 日之前移除它们。这种劳动密集型的任务自然需要自动化。在产业、政策制定者和科学家的共同努力下，启动了一项检测和控制志愿马铃薯植物的项目[56.25-27]，研制了一种甜菜田原理验证机，并进行了试验（图 56.5）。将 $100mm^2$ 精度的基于机器视觉的检测与 5 喷头和 0.2m 的工作宽度的微型喷洒器组合。系统的精度在纵向为±14mm，在横向为±7.5mm。主要的误差来源是微喷头液滴速度的变化，导致了累积误差。仍有 77% 的大小超过 $1200mm^2$ 的志愿植物被成功地控制在 0.8m/s 的速度。在种子品系内，草甘膦被施用于马铃薯杂草植株，并伴随着高达 1.0% 的甜菜植株去除率。

图 56.5　甜菜田中志愿马铃薯的精确去除
a）基于计算机视觉的甜菜中马铃薯杂草检测　b）长满马铃薯杂草的甜菜田
c）微喷洒系统　d）由拖拉机牵引的拆卸装置

智能自动除草器（图 56.6）是一个四轮转向驱动平台，用于耕地自动除草[56.28-30]。该平台将基于双 GPS 的导航与基于计算机视觉的行跟踪相结合。四轮转向机构提供了极高的可操作性，这不仅是考虑到在作物内精确操作的优势，而且还提供了非常紧凑的机头转向机会。

图 56.6 智能自动除草器在耕地上行进

56.3.3 高精度播种

这项工作的前提是，如果一台自主的农业机械能够准确地按照预定的路径进行播种，那么同一台机器可以在整个生长季节中进行田间工作，执行随后的任务（如除草、施肥、喷洒等）无须重复的作物位置感测（ **VIDEO 131** ）。主要的挑战是在移动式农业机械在直线运行中如何提高厘米级的路径跟踪精度，在农业工具操作中实现更高的准确度（1~2cm），如控制种子放置的播种时间。

虽然目前市场上有半自动播种系统，但是它们还是面临着一些问题，对环境的可持续性、生产率和经济回报产生重大影响：

1）它们是被动的，即不能采取行动，纠正播种的路径。

2）播种工具由 GPS 导航的拖拉机牵引，但精度不足（通常为 40cm）；而且，拖拉机跟踪的准确路径并不能保证工具的准确播种定位。

3）拖拉机不能感知到播种机的路径偏差，导致作物不可预测的布局。

4）即使系统感知到工具偏差，也无法纠正播种实施的路径，更不用说播种的位置了。

5）目前系统中使用的拖拉机很大，因此必须使用固定的轨道来限制地面的压实（但是仍然造成高达 20% 的耕地压实）。

6）播种准确性不足，不能在交替季节进行行间

种植（一种在行间空间利用剩余营养的技术）。

7）现今的系统没有完全自主的操作能力。

Katupitiya 等人[56.31]建立并提供了一个系统，以下列方式推进该领域的发展（图 56.7）：

1）配备先进控制系统的主动播种机，可以对路径偏差采取纠正措施，同时确保高精度的播种齿位置控制。

2）通过精确的 GPS、高精度传感器、数据融合和控制软件来定位播种齿，从而实现对播种机和齿的高精度定位。控制系统包括那些相对于主要播种机框架微调播种齿的系统。这使得种子的位置比播种机本身更加精确。

3）播种机是受力控制和自动推进的，可以大大减少拖拉机的尺寸。较小的拖拉机也意味着较小的车轮，所以拖拉机车轮宽度可以小于作物间的行宽度；因此，拖拉机可以使用行间空间作为其轮轨，而不用挤压农作物，以便进行后续的操作。这些结果完全消除了地面压实。

4）集成在拖拉机-播种机组合中的自动化水平使整个系统易于实现自主操作，无须操作员。

5）播种机是模块化的，单个或多个单元全天候运行。采用特殊目的的串联非线性自适应追踪路径跟踪算法来控制拖拉机和播种机车轮的转向。播种机根据轴外铰接点处的张力对其车轮进行力控制。

图 56.7 用于大面积播种的农业精密播种系统

56.3.4 作物产量估算

所有水果种植者的一个共同愿望是预测作物产量。准确的产量预测可以帮助种植者更好地决定疏果的强度和收获劳动力的规模，从而提高水果质量并降低运营成本。这对包装行业也有好处，因为管理者可以使用估算结果优化包装和储存容量。

通常，产量估算是根据历史数据、天气条件和工人在多个采样点手动计数进行的。手动采样是一

项耗时、劳动密集的工作，而且过程不准确，样本数量通常太少，无法捕获每个区块的产量变化幅度。种植者正在寻找一种自动化、高效的替代方法，能够准确捕获产量的空间变化。

为了解决这个问题，Nuske 等人[56.6,7] 开发了一个基于计算机视觉的系统来进行水果检测和计数。系统采用相机装置进行图像采集，夜间工作时采用受控人工照明，减少自然光照的变化。自动车辆被用做自动数据收集的支持平台（图56.8）。系统扫描每一排树木或葡萄树的两侧，检测图像序列中捕获的水果，然后生成产量估算值。

图 56.8　自主作物产量估算系统硬件，由同心相机和环形闪光灯组成，用于夜间操作期间的受控照明

系统的准确性通过比较其作物产量估算和仔细而烦琐的手动测量记录的地面实况来验证。其最终结果是一个收益图，它非常类似于真实的产量空间分布，种植者可以利用这些分布来做出关键的生产管理决策。

产量估算系统部署在许多葡萄园、苹果园和草莓农场，结果表明该系统在各种农作物和培训机构中运行良好（图56.9和图56.10）。

图 56.9　葡萄园、苹果园和草莓农场中作物产量估算系统的输出

a）葡萄园　b）草莓农场　c）苹果园

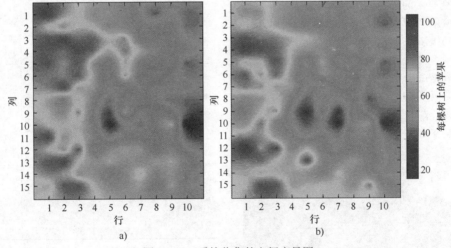

图 56.10　系统收集的空间产量图

a）人工计数　b）自动计数

56.3.5　精准灌溉

目前农业领域的灌溉实践通常要求作物过量浇水而不是浇水不足。这造成了资源的浪费、肥料的流失和作物疾病的增加。有一些作物模型可以确定足够的灌溉量，但它们很少被使用，因为不断修改灌溉参数是冗长和困难的。

VKohanbash 等人[56.32] 使用无线传感器网络（WSN）来实时监测环境条件并实时调整灌溉参数。无线传感器网络可以进行基本的设定点控制，每当土壤水分低于预先设定的阈值时启用灌溉。通过将作物用水模型整合到系统中，也可以实现更高级的控制方法。WSN 系统与中央基站进行通信，中央基

56

站可以连接到互联网，允许远程访问查看作物状况和修改灌溉设置。拥有一个中央基站还可以让种植者监测和分析作物生长环境的趋势和长期变化。

早期的结果（表 56.1）表明，节水率高达75%，肥料浸出率降低到接近于零，作物质量提高，作物生长速度提高了 50% 以上，作物病害发生率降低。除了这些节省之外，种植者可以使用 WSN 系统的数据为特定市场定制作物。例如，通过调整灌溉设定值，种植者可以选择更昂贵的（A 级）产品，或者更便宜的（B 级）产品，以此可以出售更多的产品。

表 56.1　通过使用 WSN 系统改善温室的灌溉状况[56.32]

条　　件	每天的灌溉量
安装 WSN 系统前（基线）	8
使用 WSN 系统（监测）	4~5
使用 WSN 系统（监测和控制）	2~3

56.3.6　果树生产

自动果园车辆将通过自动化维护操作（如修剪和喷洒），以及增加工人的修剪、减薄和收获，从根本上改变树木的果实生产。从机器人的角度来看，这些应用程序可以通过一个相对简单而又具有挑战性的功能来实现：沿着一排树行驶，在每一行的末端转弯，然后进入下一行。所涉及的挑战包括：可靠地感知倾斜地形、树枝、高草和缺少树木的树林；将果园本地化；跟随行内外的轨迹；避开障碍。此外，自主部件的附加成本应尽可能低，以使这种车辆在商业上可行。

图 56.11　基于 Toro Workman 系列，可在树行间行驶的自动果园车辆系列
注：为了保持低成本，车辆仅使用激光测距仪和转向编码器进行感知和导航。

图 56.11 显示了一个拥有共同感应和计算机基础设施的自主果园车辆系列，它们可以连续几个小时覆盖整个果园（ VIDEO 91 ）。为了降低成本，它们没有配备 GPS/GNSS 或惯性导航系统；相反，通过安装在车辆前方的激光测距仪以及转向和车轮编码器，可以实现感知和导航。表 56.2 总结了车辆可以运行的三种自主控制模式。

表 56.2　图 56.11 中自主果园车辆系列已启用的控制模式（从最简单到最复杂）

模式	Mule 模式	Scaffolcl 模式	Pace 模式
工作原理	当工人们收割水果时，车辆沿着一排排树行驶，将水果放在车的箱子里	农场工人站在车上，车在一排自动驾驶	车辆一次可自主驾驶整个街区，无须进一步交互
已启用的生产任务	水果收获	修剪、水果和花朵瘦身、树木维护、收获、信息素分配器放置	割草、喷洒和侦察疾病、昆虫，作物产量估算
自主功能	行间跟踪（连续或停转）、行末检测、障碍物检测	行间跟踪（连续或停转）、行末检测、障碍物检测	行间跟踪、行末检测、转弯并进入新行、障碍物检测
车速	0.2~2mile/h	0.1~0.2mile/h	2~5mile/h
接口	带按钮的控制箱	控制箱和脚踏板	手持平板电脑或智能手机
安装在果园的永久性基础设施	无	无	无

注：1mile=1.609344km。

从 2008 年到 2012 年，这些车辆在美国几个州的试验和商业果园、葡萄园和苗圃共行驶了350km，其中包括美国最大的苹果产地华盛顿州。最长的一次运行中，用 5h 行驶了 25km[56.10,33]。宾夕法尼亚州立大学和华盛顿州立大学的推广教育工作者进行的时间测试表明，在苹果树和桃树的顶部工作时，在自动果园平台上工作的工人比在梯子上或步行工作的工人速度快两倍[56.34]（图 56.12）。

图 56.12　自动果园车辆案例

a）自动果园车辆　b）步行工人收割苹果并将其存放在由车辆牵引的车厢，从而省去了驾驶员的需要和成本
c）在这个版本中，车辆配备了一个升降平台，工人可以从那里修剪、修剪、绑树，并放置信息素分配器，
速度是工人在梯子上执行相同操作的两倍　d）车载计算机无线通信的接口

56.3.7　车辆编队控制

多机器人农业车辆的编队行驶提供了超越单一车辆的能力。Lenain 等人[56.35]开发了一个控制体系架构，可以在给定的和可能的可变队形中对多个机器人进行精确和稳定的控制。该方法基于路径跟踪框架，将相对机器人的位置定义为相对于给定路径的横向距离，以及沿着该路径的纵向距离。自然环境中的运动引起的扰动（例如，抓地力不佳和地形不平坦）由包括车轮侧滑观测器的非线性模型控制器补偿。在编队控制的角度来看，横向误差不再被调整到零，而是被调整到一个可能的变化的设定点，并考虑到其他车辆的偏差。此外，控制每一辆车的速度，以确保相对于其他车辆有一个预期的曲线距离，并为其中一辆车施加一个预期的速度。与横向动力学类似，期望的距离可以定义为变化的，误差可以由一辆车相对于另一辆车的纵向误差组合而成。

这种方法在现场用两台电动越野机器人进行了测试（图 56.13a）。它们配备了 RTK-GPS，提供 ±2cm 的精度，并且能够在彼此之间使用无线通信进行沟通。每辆车重约 500kg，这个 2m 长的车辆能够达到 4m/s 的速度，爬升到 20° 的斜坡上。在这个案例中，第一辆车必须沿着由黑色线描绘的轨迹，以 2m/s 的速度在草地上的 15° 斜坡上的直线，接着在平坦地面上回转半圈。第二辆车必须按照曲线距离为 10m 的要求跟随第一辆车，所需的侧向偏差为 1 米。第一辆和第二辆车的位置见图 56.13b。在这些条件下，尽管地形条件较差（低抓地力、不平整的地形、曲线轨迹），但相对定位精度仍在 ±15cm 以内。这项工作展示了车辆编队控制的能力，符合农业所遇到的条件，可以考虑在精准农业领域引入车辆编队控制。

图 56.13　车辆编队控制案例

a）编队控制中的两辆农业车辆　b）两辆车实现的参考路线和实际路线

56.3.8　椰枣树喷洒

椰枣树喷洒通常由三名工人在离地 18m 以上的平台上手工完成。在过去，由于平台在提升位置时不稳定而发生了许多事故。Degania Sprayers Company（以色列）开发了一种带有高空气炮的喷雾器，末端有一个平移装置来控制气流和喷洒方向。然而，这个系统需要工作人员手动将喷嘴对准树。Shapiro 等人[56.36]为喷雾器开发了一个自动的树木跟踪系统（图 56.14）。

图 56.14 适用于商用喷雾器的树木跟踪系统
注：该系统将喷雾器喷嘴对准这些树，比人工操作更有效、更安全。

跟踪系统基于超声波传感器检测树木，利用安装在喷洒器车轮上的接近传感器测量行驶距离。人工驾驶负责将喷雾器与树木保持 $D_2 = 3.5\text{m}$ 的距离。已知行内树木之间的平均距离（$D_1 = 9\text{m}$），可以计算出所需的喷洒角度 $\theta = \arctan\left[(D_1 - x)/D_2\right]$，这是从上一棵树到现在的距离（图 56.15）。该值被反馈到 PID 控制器，该控制器将脉宽调制（PWM）信号输出到控制喷射角度的电控液压阀。研发者选择使用由 PWM 信号驱动的开关阀，而不是比例阀，以降低系统成本，从而使其价格对农民更有吸引力。喷雾器的旋转角度由电位器测量，作为 PID 控制器的反馈。当喷雾器到达两棵树之间的中点，即 $x = D_1/2$ 时，喷雾器被设置为旋转到该行中下一棵树并开始喷洒。跟踪算法在 Arduino 微控制器上实现。

该系统已在枣园中建立并部署，具有良好的跟踪效果。它取代了以前需要人工操作的枯燥工作，即使用操纵杆控制喷雾器来跟踪树木。初步的经济分析表明，喷雾器跟踪系统的额外成本可以在一个收获季节内收回。

56.3.9 植物探测

在大型植物试验田中，需要确定优化特定方面（生长、外观）的处理方法（浇水、营养、阳光）。为了达到这个目的，需要进行很多重复性的试验。例如，必须定期对叶子进行测量和取样，可能需要进行一些修剪。对于这些任务，机器人将是非常方便的，但由于植物复杂的结构和可变形的性质，产生了困难，植物不仅在生长中改变外观，而且它们的叶子也每天（有时每小时）移动。尽管最近在深度传感器、可变形物体建模和自主移动操作方面的进展已经使这一目标在机器人应用中触手可及[56.37,38]，但仍然存在许多问题，特别是关于植物部分（叶、花、果实、茎）的鲁棒识别和定位，以及自然环境中弱约束条件下的机器人操作。

在这种背景下，欧盟的园艺认知系统（GARNICS）项目的目标是通过植物生长的三维感知和构建感知表征来学习机器人园丁的动作。植物的感知和控制是通过结合主动视觉和适当的知觉表征解决的，这是认知交互的必要条件（ VIDEO 95 ）。

与该项目相关的自动化表型分析的一个应用是在

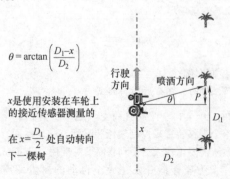

$$\theta = \arctan\left(\frac{D_1 - x}{D_2}\right)$$

x 是使用安装在车轮上的接近传感器测量的

在 $x = \dfrac{D_1}{2}$ 处自动转向下一棵树

图 56.15 喷洒角度 θ 的计算

叶片上精确放置测量工具，以便从叶片上切割样品盘，或测量叶绿素含量。机器人手臂配备了一个飞行时间（ToF）相机和一个测量工具（图 56.16）[56.39-41]。在这种方法中，图像分割和模型拟合被用来从深度信息中识别和定位单个叶片。三维数据与彩色或红外图像相结合，用于将数据分割成表面斑块，这些斑块被假定为对应于实际的植物叶片[56.42]。

图 56.17　图像策略
a）彩色图像　b）红外图像　c）飞行时间深度
d）分割　e）曲面模型　f）颜色编码的叶片
和提取的探测点

5）探测期间，叶片是静止的。

在一定条件下，这些假设可能会被打破，我们还需要进行进一步的研究，以解决主要源于植物复杂和可变形性的各种问题。

56.3.10　黄瓜收割

图 56.18 给出了一个黄瓜收割机器人原型。该机器人由在轨道上运行的移动平台（VIDEO 308）组成。这些轨道通常在荷兰的温室内用于内部运输，但也用作温室的热水加热系统。收割需要一些功能性步骤，如检测和定位果实，评估其成熟度。以黄瓜收割机器人为例，利用近红外光谱的不同反射特性对绿色环境下的绿色黄瓜进行检测[56.43-45]。根据对黄瓜重量的估计来确定黄瓜是否可以收割。由于黄瓜几乎含有 95% 的水分，所以重量的估算是通过估算果实的体积来实现的。然后利用立体视觉在三维环境中定位要收获的水果。为此，相机在一个直线轨道上移动了 50mm，拍摄并处理了同一场景的两张图像。使用三菱 RV-E2 机器人手臂引导夹持-切割机构到果实位置，并将收获的果实运回贮藏箱。采用基于 A* 算法的无碰撞运动规划在收割操作过程中操作机器人[56.44]。切割器包括一个并联手爪上的吸盘，抓住果实的梗（花梗是将果实连接到植物主茎上的茎段）。然后吸盘的作用使果实固定在手爪上。一种特殊的热切割装置被用来将果实从植物中分离出来。切割装置的高温还防止了在收割过程中病毒从一株转移到另一株的可能性。对于一个成功的收获，这台机器平均需要 65.2s。成功率为 74.4%[56.43]。

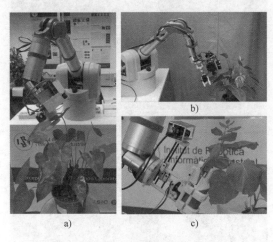

图 56.16　植物探测案例
a）用机器人安装的 spad 测量仪测量叶绿素　b）使用安装在机器人上的定制切割工具切割样品盘。彩色相机和 ToF 摄像机都安装在机器人手臂的末端执行器上
c）探测特写：烟草植株的叶绿素测量。轻巧的 ToF 相机位于顶部

在这种方法中，提出了一种次优图像策略，用于寻找叶片的无遮挡和正面图像[56.41]。最初，机器人手臂被移动到获得植物整体视野的位置。将该位置获取的深度图像和红外图像分割成复合曲面，对提取的片段进行叶片模型轮廓拟合，测量拟合的有效性和叶片的可抓取性（图 56.17）。选择一个目标叶片，机器人将相机移到更近的正面位置获得图像。对目标的有效性和可抓取性进行了重新评价。如果根据这些标准认为叶片适合采样，那么将探测工具按照两步路径放置在叶片上。如果认为目标不适合探测，则选择另一个目标叶片（从一般视图来看），并重复该过程。

该方法基于几个假设：
1）叶片的边界在红外强度图像中是可见的。
2）叶面可以用基本的二次函数来模拟。
3）特定植物类型的叶片可以用普通的二维轮廓描述。
4）叶片足够大，可以通过 ToF 相机进行分析。

56

图 56.18 黄瓜收割机器人

a）温室里的机器人 b）近红外光谱中黄瓜作物的
未处理图像 c）检测黄瓜

56.3.11 黄瓜老叶去除

在保护性耕作的机器人研究方面，收割受到了相
当的关注。不过，这并不是唯一一种费时费力的耕作
操作。在黄瓜生产中，除去植物下部的衰老非生产性
叶片是一项耗时的工作。图 56.19 显示了用于收割的
相同平台，但在这种场景下，是使用硬件和软件从植
物中去除叶片[56.16]（ ▶ VIDEO 309 ）。在这个系统中，
相机系统被用来识别和定位植物的主茎。手爪被送到
植物上并向上移动。在这个向上的运动过程中遇到的
叶片使用与收割相似的热切割装置从植物中分离出来。
这台机器的一个有趣的特点是，通过对软件和硬件的
轻微修改，可以执行两种温室操作。

56.3.12 玫瑰收割

近年来，荷兰已经开发出一种玫瑰收割机器
人，并在实际情况下进行了测试。样机如图 56.20
所示。在这种情况下，玫瑰种植在可移动的长椅

图 56.19 黄瓜去叶机器人[56.16]

a）机器人在作物中操作 b）末端执行器

上。因此，植物可以移动到机器人那里，而不是机
器人移动到温室里的植物那里。在收获周期中，摄
像系统在玫瑰花植物上移动并找到要收割的玫瑰。
然后收割操作用两个机械手实现。一个机械手抓住
正下方的玫瑰，并轻轻地将其拉到一旁，第二个机

图 56.20 玫瑰收割机器人

a）机器人在移动种植系统上种植玫瑰 b）带有立体视觉系统和剪刀式切割器的末端执行器

（由荷兰 Jentjens Machinetechniek BV 提供）

械手沿着杆向下移动到其切割杆的位置产生空间。这个机械手带有一个小型的立体视觉系统，用于在这个向下的运动过程中实时追踪切割杆。机器人到达后，部署一个剪刀式切割器用于切割茎。最后，玫瑰被第一个机械手拉出并放入储藏室，而第二个机械手离开作物并继续下一个收割周期。这个系统的细节已经在参考文献［56.13］中进行了介绍。

56.3.13　草莓收割

在日本，草莓的市场很大，与西红柿、黄瓜和橘子市场一样大。这种产品潜在的高经济回报，加上收获等过程的高劳动强度，印证了机器人草莓采摘研究的悠久传统。如图 56.21 所示，机器人由一个 4 自由度的圆柱形机械手组成。机器人携带 3 个 CCD 相机。一个方形的 LED 阵列用于场景的照明。两台相机提供立体视觉来检测和定位水果。一旦检测到一个水果，末端执行器被定位在水果的前面。第三个相机安装在末端执行器上，用于检测果柄，并计算其倾角。基于这些数据，利用倾斜机构对末端执行器的姿态进行修正，使其接近目标。通过在末端执行器中安装反射式光传感器，成功地检测了草莓的表面。成功完成这个动作后，抓住花梗，用剪刀式切割器切割花梗。然后，一个合适的机械手运动将收割的草莓送到一个托盘上。在机器人的当前位置对所有检测到的水果重复该过程。在所有采摘尝试完成之后，整个机器人平台移动 210mm，使用一个龙门式运输系统运行在草莓长椅下面。目前的样机已经达到 6.3s 的采摘速度，成功率达到 52.6%。更多详情请参阅参考文献［56.46, 47］。

图 56.21　草莓收割机器人（由日本的 IAM-Brain 提供，日本）

56.3.14　苗圃与温室内的盆栽处理

美国的苗圃与温室（N&G）农场每年生产超过 20 亿盆盆栽（图 56.22a）。在生产过程中，植物被移动数次——分布到室内或室外的生长床上，在订单完成时重新定位以恢复空间，并收集起来进行批量运输。直到最近，只有稀少的体力劳动者才适合这些工作（图 56.22b）。

a)

b)

图 56.22　盆栽处理
a）用于花园商店和景观美化的盆栽植物在大型苗圃农场的容器中种植
b）放置、维护和取回这些植物需要大量的弯腰劳动

Harvest Automation 最近推出的 HV-100（Harvey）机器人可以自动执行关键的 N&G 任务（图 56.23a）。植物的提升和运输使用一个单自由度机械手耦合一个单自由度夹持器。移动系统采用两个差动控制的驱动轮，由一个前滚轮平衡。

a)   b)

图 56.23   N&G 任务

a) HV-100（Harvey）N&G 自动化机器人   b) 两个机器人作为一个团队执行间隔任务。机器人 A 靠近
前景中的源植物。边界 B 标记生长床的边缘。机器人 C 将植物运送到目的地
1—激光测距仪   2—边界传感器   3—夹持器   4—紧急停止标志   5—电子箱   6—被动滚轮

HV-100 使用激光测距仪来识别植物种植的容器。这种传感器的水平视场大于 180°，即使在明亮的阳光下也能检测到至少 4m 外的反射不良的植物容器。机器人还使用激光测距仪来检测障碍物和机器人同伴。

使用四个边界传感器（两个向前指向，两个向后指向）来寻找和跟踪标记生长床边的反光带。作为机器人的全局参考和作为用户界面的一部分，胶带标记执行双重任务。通过放置边界标记，工人向机器人指示应该放置植物的位置。

用户界面由表盘和按钮组成，位于电子箱的背面。该界面允许用户输入所需的植物间距、床宽、间距模式（六边形或矩形），以及机器人应该实例化的通道数量。

通过基于行为的编程方案实现机器人的鲁棒性操作。图 56.23b 说明了间距，这个任务使每个盆栽有足够的空间成长，而不会干扰邻居。在前景紧密包装的植物已被运送到生长床上，并放置在地上。机器人 A 使用测距仪识别植物容器；它选择拿起最下面的容器。机器人抓住容器后，将转向边界 B。接近胶带标记时，机器人上的两个向前指向的边界传感器将检测到胶带并计算机器人和胶带之间的相对角度。这使机器人转动并与胶带对齐，保持胶带在机器人左侧。

机器人在获得边界标记后，将与机器人 C 一样沿着胶带进行伺服操作。当植物的目的地在视野之内，激光测距仪被用来识别空间植物图案中的下一个空白空间。然后机器人计算一条到放置点的有效路径，移动到那个位置，放下植物。之后，它转向植物的来源，并重复这一过程。机器人使用航迹推算法寻找到源植物附近的路径。遵循这一策略，机器人可以单独工作，也可以组成不同规模的团队一同工作。

56.3.15   精准林业

地球上约有 30% 的土地被森林覆盖。森林除了为家具、纸张、衣物和取暖提供原材料外，还为不同的动物物种提供栖息地，并为许多不同的人类居住区提供生计来源。仅在德国，2012 年，木材加工业估计就有 130 万个就业岗位，创造了超过 1800 亿欧元的收入。因此，以环保而又经济的方式探索森林是一个重大问题。目前正在使用机器人来保护森林并确保林业和相关行业的工作。

今天，森林工作已经高度机械化。在过去的十年中，移动机器人技术与新的虚拟现实和遥感技术相结合，为将新的机器人技术应用于森林中的工作机器铺平了道路。木材收割机（图 56.24）和货运机，先进的伐木和运输作业机械，目前是自动化工作的主要目标[56.45,48,49]。准确的机器定位不能仅仅基于 GPS，已经引入了用于定位和导航的移动机器

图 56.24　木材收割机

a）在用于算法开发和评估的虚拟试验台上配备模拟激光扫描仪的模拟木材收割机　b）在树林中的木材收割机，装有激光扫描仪，安装在驾驶室的门上

人能力。由于树冠层中的信号吸收和多路径效应，测量的 GPS 误差高达 50m，这使得 GPS 在实际精确定位和导航时无法使用。在 Visual GPS 方法中，GPS 位置仅作为基于激光扫描仪光学测距（🔊 VIDEO 96 ）的组合卡尔曼滤波器和蒙特卡罗定位算法的起点。该方法产生的机器位置精确度为 0.5m，因此为开发导航和（半）自主测井程序提供了良好的基础[56.50,51]。

　　实际的试验表明，基于 SLAM 技术的地图构建[56.52]在这些环境中并不是很实用，因为由此产生的地图误差不受限制，因此不适合大面积的操作并与包裹边界进行匹配。取而代之的是，来自 Visual GPS 的高度准确的位置估计建立在之前生成的单一树的地图上。多传感器融合方法有助于根据车载和卫星图像，以及车载激光扫描的基础上在多个光谱范围内构建该地图。多光谱影像数据为树种的确定提供了依据，并被归类为一个先进的模式分类问题[56.53]。下一步，单树划定，是基于车载影像和激光扫描的三维表面数据。一种改进的分水岭算法[56.54]将树冠线性化。从树冠的大小和物种信息中，可以推断出地理参考的茎位置，甚至树木的直径。这不仅可以生成全局的地理参考树图，而且还可以生成语义环境模型——虚拟森林（图 56.25）。

图 56.25　全局地图构件示意

a）机器、粒子、全局树图和局部树图中的树木（深蓝色点）的俯视图　b）颗粒聚集在森林机械驾驶室的左边缘附近，并指示与基于 GPS 的位置相比新计算的位置　c）语义环境模型变成了虚拟森林

　　森林里的每台工作机器还利用安装在机器上的激光扫描仪和指南针，绘制出当地可见树木的地图。为了定位的目的，这些局部地图将通过粒子滤波器与之前生成的全局地图进行匹配。对于运动机器，预测步长通过卡尔曼滤波器实现[56.50,51]。

　　图 56.25 显示了全局地图构建过程的两个重要结果。图 56.25a 显示了含白噪声的树图，表示代表蒙特卡罗定位过程潜在姿态的粒子。在图 56.25b 中，粒子已经收敛在机器的正确位置。图 56.25c 给出了用于树图的相同数据生成的虚拟森林。这个

56

虚拟森林被用于在高端虚拟现实表示中将所推导出的信息（如树种、树高、冠形和大小等）可视化。这种方法遵循自然或空间环境中机器人应用的一般趋势：以直观易懂的方式开发用于世界模型信息可视化的虚拟测试平台。先进的虚拟测试平台然后提供仿真功能来开发和测试虚拟世界的机器人应用程序，以节省时间和成本[56.55]。

开发的基于激光测距仪的 Visual GPS 算法正在通过光学立体图像识别功能进行增强，并将被移植到 Seekur Jr 这样的移动平台上。这是因为开始的工作是作为森林中的工作机器，最近变成了一个环境

监测项目，帮助森林监测人员更加高效地检查、保护和关注森林。

56.3.16　半自动化的集运起重机

在欧洲主要的树木采伐方法，即按长度切割采伐法中，由集运机从森林收集采伐的木材运至路边。对于此类机器的操作员，大部分工作循环是操纵车载液压起重机（图 56.26）。操作员使用两个操纵杆单独控制起重机各个连杆。冗余的运动学设计对于机器的灵活性和大的活动工作空间是必要的，但是也使起重机控制难以学习和高效地执行。

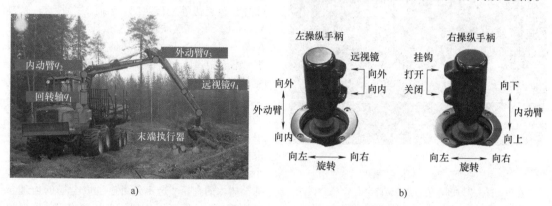

图 56.26　车载液压起重机

a）带液压起重机冗余运动设计的 Valmet 830 集运机　b）操作员使用两个操纵手柄分别控制每个连杆

考虑到当今林业机械的技术进步和能力，目前的人工控制方式在运送过程中产生了瓶颈。这些操作的半自动化将对生产力提升有利。一些重复运动的自动化也是为了支持操作者并减少身体和认知的工作负荷。

为此，在实验室环境中安装了小型液压货运起重机[56.56]。起重机配备有位置和压力传感器，以及用于自动化控制策略快速成型的电子设备和软件。Komatsu Forest 公司的一台商用 Valmet 830 集运机安装了相同的设备，用于现场测试。

利用这些平台，新的反馈控制方法和轨迹规划程序已经被开发出来，以构建和实施时间有效的动力学控制[56.57]。对于一个给定的几何路径，不同的起重机连杆沿着这条路径的速度和相对使用可以在机器的限制范围内实现具有最佳性能的运动。在液压操作臂中，单个关节的速度约束尤其严格。

在参考文献 [56.58] 中，使用这种方法规划的轨迹与专业人工操作员记录的执行时间相关的运动进行比较。结果表明，通过对人工操作动作的路径约束重新规划，可以显著提高性能（图 56.27）。

几何路径的额外重新规划，以及沿着路径的有效速度剖面，可以进一步提高起重机运动的时间效率。

通过反馈控制跟踪轨迹需要传感器来测量关节位置。由于在恶劣的室外环境中的成本或耐久性问题，可能不需要安装此类传感器。使用参考文献 [56.59] 中的方法，可以发现运动对初始条件中的不确定性具有鲁棒性，因此可以在开环中执行。也可以使用观测器和压力传感器提供的信号来估计沿轨迹的末端执行器位置。这样的设计可以在恶劣的森林条件下更方便地解决问题。

新任务或执行任务的新方法的引入对人-机器交互（HMI）提出了新的挑战。半自主操作要求自动化部件与手工工作很好地集成。为了促进人机在机械手控制中的协作，人机之间的工作分配和工作过渡是非常重要的。Hansson 和 Servin[56.60]描述了这种设置的共享和交换控制的实现方式。用户测试的结果表明，半自主操作减少了工作量，显示出提高无经验操作员生产力的巨大潜力。

传感器和低级控制的可靠框架，以及有效的运

动规划策略，可以开发更先进的交互技术。一个未来可能实现的情况就是遥操作，这给机器的所有者和操作者带来了好处。首先，它可以重新设计机器，拆卸机舱，节省重量和成本。其次，工作环境得到改善，噪音和振动水平降低。在参考文献 [56.61] 中展示了一个虚拟环境的集运起重机遥操作系统。后续工作正在研究虚拟环境如何成为向不同情况下的运营商反馈信息的有用工具。然而，这种方法需要重建环境来查找日志和潜在的障碍，这两者在参考文献 [56.62] 中都有考虑。

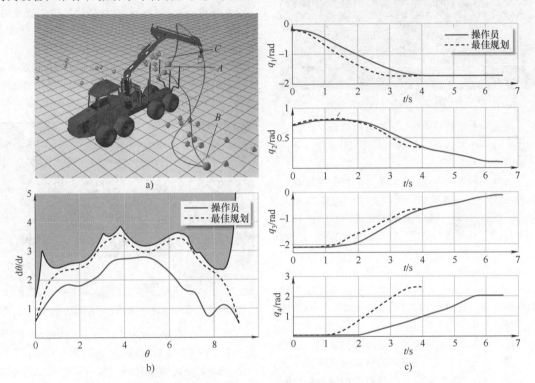

图 56.27 人工操作动作的路径约束重新规划

a) 由人工操作员执行的两个起重机动作示例：从装载铺位到原木（A-B）和后部（B-C） b) 沿路径 A-B 的 距离 θ 的速度剖面。关节之间功的不同分布允许沿同一路径具有更高的速度。灰色区域表示不违反 速度约束 c) 关节坐标随时间的变化。具有时效速度剖面的运动明显快于操作员的运动

56.3.17 牲畜饲养和培育

在某些情况下，动物育种是一个人类主动干预的过程，如在孵化场中必须管理最佳条件。在另一些情况，则任其自然发展。在分娩过程中有时可能需要干预，根据国家牲畜识别计划（NLIS），新生牛犊必须用应答器标记[56.63]。

袋鼠、野猪、野骆驼和马等其他物种可以在收成或宰杀前繁殖并在野外放养。当生物被圈养时，就要做环境监测和控制、喂养、清洁和生长监测等任务。

一家荷兰公司 Lely[56.64] 积极推销具有强大机器人元素的产品。当牛群在畜栏内时，机器人 Juno[56.65] 会沿着畜栏一侧的巷道移动，将饲料推到栏杆上，以便喂牛（图 56.28）。

图 56.28 Lely Juno

Vector[56.66] 则更进一步。这个移动机器人携带着一个料斗，它可以在存放饲料的谷仓和牛棚之间自动导航（图 56.29）。

56

图 56.29　Lely Vector

澳大利亚饲养场的其他设备可以估计牛的体重增加，如一个系统可以读取牛的 NLIS 标签，并记录前腿产生的重量。

在澳大利亚的内陆地区，类似的传感系统执行各种功能。水是稀缺的，所以浇水点可以被围起来，只能通过一个可以监控的巷道进入。一些较早的项目[56.67]涉及物种鉴定，以通过自动操作门控制进入，但类似的技术在牛生产中有宝贵的用途。

步行称重系统记录动物的体重增加时，将再次读取 NLIS 标签。视觉系统可以用来识别尾随牛犊的奶牛。现在自动闸门可以把它们引导到一个单独的围场，给小牛贴上标签。

许多操作都是自动化的，这可能是机器人技术的先驱。有几个项目涉及对牛的机器视觉监测[56.68]或猪场的机器视觉监测[56.69]。通过使用精密相机的可视化手段来估计重量增加（图 56.30）。其他分析涉及行为[56.70]。

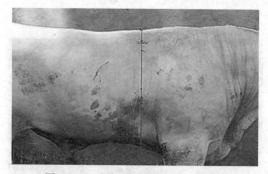

图 56.30　用视觉系统测量牛的活重

移动机器人可以应用到鸡舍，在那里养鸡是为了吃肉，而不是为了下蛋。一种移动机器人可以在家禽之间移动以监测空气质量，包括温度、相对湿度、氨和灰尘的浓度。

澳大利亚的蜜蜂也必须受到保护，不受外来船只上蜜蜂携带的害虫的伤害。为了吸引这些蜂群，澳大利亚各地的港口都布置了诱饵箱。一个带有相机传感的远程监控系统向养蜂场管理人员提供早期警报[56.71]。

56.3.18　畜牧业开发

传统的养殖方式是每天在早上和晚上各挤一次奶。配备机器人挤奶站的自动挤奶房被广泛采用，以提高奶牛生产效率和便利性（图 56.31）。这些设备允许奶牛自己决定什么时候来挤奶和进食。在自动挤奶站中，奶头被定位，挤奶系统的连接是自动的。系统会监测产量，自动检查乳房是否受伤和患病。人为干预是最小的。Lely 公司在这一领域很活跃[56.72]。

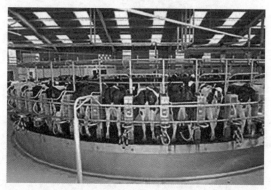

图 56.31　机器人挤奶站

羊一年必须剪一次毛。在过去，西澳大利亚大学开发了一种自动剪切系统，称为 Shear Magic[56.73]（图 56.32）。但商业化的开发并不成功，近年来这方面的活动似乎很少。

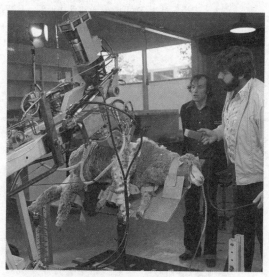

图 56.32　剪羊毛机器人（澳大利亚
国家档案馆：A6180，23/9/80/1）

鸡蛋必须从笼舍母鸡身上收集。当母鸡产蛋后，鸡蛋会从笼舍中滚到传送带上。在干预鸡蛋生产的其他机器人应用中，机器视觉被用于检测异物或损坏的鸡蛋[56.74]（图 56.33）。

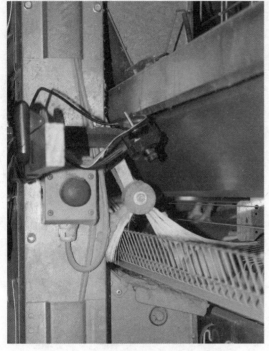

图 56.33　用于扫描鸡蛋收集带是否存在潜在堵塞的计算机视觉系统原型

56.3.19　牲畜收获、屠宰和加工

用于监测接近水坑的牛的系统也是一个受资助项目的主题。通过 NLIS 标签选择的牛被转移到一个院子里，从那里它们可以被收集起来并运至饲养场，准备屠宰[56.75]（图 56.34）。

这个基于视觉的系统可以控制水坑通道，也可以用来收集野猪等野生动物。澳大利亚的野生骆驼也可以被这种系统捕获。

20 世纪 90 年代初，Fututech 被誉为屠宰场的未来[56.76]。在澳大利亚昆士兰州的 Kilcoy pastoral 公司安装机器人系统，可以实现从敲箱到冷藏室的整个过程的自动化。工程始于 1992 年，但到 1994 年 6 月，这个项目被放弃了，耗资 4000 多万美元[56.77]。这是一个超前的项目，依靠中央计算机和数公里长的电缆，而不是分布式信息系统。

但现在情况大不相同了。机器人在屠宰场中已经变得很常见，它由复杂的传感系统支持来定位骨骼特征[56.78]（图 56.35）。猪的数量可能超过牛，

经过加工的动物包括绵羊和山羊。除骨系统用于鸡腿和火腿骨等产品[56.79,80]。

在屠宰数量上领先的是家禽，一个工厂每小时可以处理 4000 只家禽[56.81]。

图 56.34　精密牧畜集合方法

图 56.35　羊肉加工

56.3.20　空中精准农业

无人机最近开始应用于精准农业。这是一个新的发展领域，尽管非常有希望，但仍然处于比较初级的应用水平（ VIDEO 307 ）。事实上，据国际无人机系统协会（AUVSI）预测，2015 ~ 2025 年在美国销售的所有无人机中，有 80% 将服务于农业市场[56.82]。即使实际数字没有那么高，毫无疑问，机器人专家和农业工程师正在投入大量的时间和资源来了解无人机如何提高农业生产效率和降低成本。

Dong 等人[56.83]使用来自飞行器的高分辨率图像和机载传感器数据（图 56.36）创建一段随时间变化的密集的作物三维重建序列。这种四维时空重建方法对冠层进行分割，并估算出各植物冠层半径和高度的演化过程。在美国佐治亚州的 Tifton 种植玉米、西兰花和卷心菜的田间数据通过 AscTec Pelican 四旋翼飞行器进行了收集（图 56.37）。

在许多马铃薯种植地区，马铃薯不能自然衰老，因此在收获前 10 ~ 25 天通过杀死茎秆来人工诱导马铃薯成熟。Reglone 是一种广泛使用的可以杀

56

图 56.36　用于收集早期甜玉米数据的
AscTec Pelican 四旋翼飞行器

死马铃薯茎的除草剂。基于马铃薯作物生物量状态
[以加权差异植被指数（WDVI）[56.84] 表示] 与
Reglone 最小有效剂量之间关系的知识，Kempenaar
等[56.85]成功地展示了使用农作物生物量成像与无人
机下的多光谱相机（图 56.38）进行可变速率应用。
WDVI 图转换成 33m×10m 的网格图（图 56.39），调
整到喷雾器的喷杆宽度。在田间，Reglone 的每公顷
平均使用量为 0.9L，效果令人满意。实际应用中的
标准做法是每公顷使用 2L。因此，使用无人机影像
可以节省 50% 以上的成本，而且马铃薯除草效率、
马铃薯的收割能力和最终产品质量都没有下降。

　　小麦是英国种植面积最广的作物，覆盖了大约
160 万公顷，2013 年产量为 1190 万 t。与其他作
物一样，小麦也有杂草竞争者，其中之一是黑草。
这种多产杂草非常具有竞争力，对化学防治的抵抗
力越来越强，成为英国农业面临的最大挑战之一。

　　来自 URSULA Agriculture 的研究人员已经展示
了一种将多光谱传感与无人机相结合的系统，以
10cm 分辨率拍摄图像[56.86]（图 56.40）。他们开发
了分类程序，应用于图像、自动区分黑草和宿主
作物。

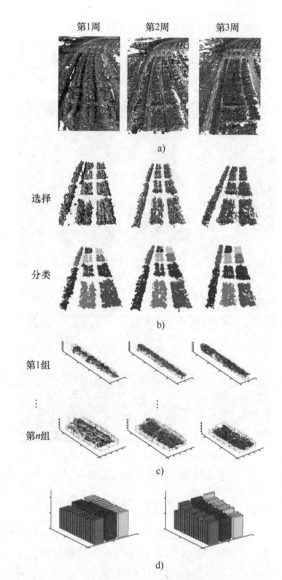

图 56.37　玉米茎秆的密集三维重建，用于
估计冠层半径和高度随时间的演变
a）作物的三维重建　b）冠层分割
c）作物分析　d）作物统计

　　对于农民和农艺师而言，输出是以可视图和空
间归属数据点的形式提供的，这些数据点可以通过
农场规划软件转移到精确制导机械上（图 56.41）。
URSULA Agriculture 图像分析不仅能够识别黑草地
的位置和现场范围，而且能够识别黑草植物的密度
和面积，所有这些都将对控制决策产生影响。这些
信息为农民提供了重要数据，有助于控制当前生长
季节的黑草侵染。至关重要的是，它还通过提供管
理方法来帮助进行长期的控制，如提高种子发芽率
以增加黑草侵染高发区域的竞争，替代栽培技术或

调整种植策略，所有这些都可以与化学除草剂一同　帮助控制黑草。

图 56.38　操作员通过发射绳在马铃薯田上空发射无人机，然后飞机沿着
预先设定好的飞行路线匀速飞行

56

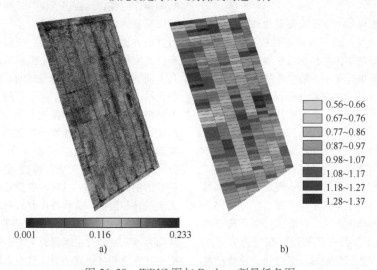

a)　　　　　　　　　　　　b)

图 56.39　WDVI 图与 Reglone 剂量任务图

a）马铃薯田 WDVI 图；底部的图例表示 WDVI，其范围从 0（完全没有作物）到 1（理论最大值）。
生长旺盛的马铃薯产量的值在 0.6~0.7　b）Reglone 剂量任务图；图例表示每公顷的剂量，单位为 L

图 56.40　在黑草覆盖的麦田上空
发射的固定翼无人机

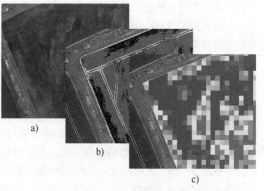

图 56.41　农场规划软件输出示意

a）黑草分析叠加：高分辨率多光谱图像
b）黑草描绘　c）密度图

56.4　结论

机器人界在将机器人系统引入农业和林业方面取得了很大进展。未来十年，传感和移动能力必将得到改善，农作物生产操作方面也将取得一些进展。

在果园作物中，计算作物产量和冠层体积，以及自动检测昆虫和疾病的算法仍然需要改进。在这方面，突破可能最终来自于制造新型成像系统的物理学家和工程师，而不是机器人专家。现有果园继续向树墙结构转变，这意味着自动果园车辆和平台很快就能进入绝大多数水果生产地，至少在发达国家是这样。

果园环境的操作是一个不断发展和具有挑战性的领域。长期以来，人们一直在寻找收割机器人，但它仍然是虚构的对象，尤其是当它涉及经济可行性时。例如，在苹果行业中，最优秀的工人每分钟能够采摘40~60个水果，将碰伤量保持在采摘量的几个百分点。我们的机器人距离达到这一水平还相对较远，但我们不需要一次性达到这一水平。许多增值操作，包括修剪、细化和收获，都可以从基于自动化操作的解决方案中受益。首先，在较低精度的任务中引入操作，这样更容易实现经济收益，然后将该技术细化并用于采摘苹果等任务。一个例子是，根据每棵葡萄藤的产量，自动进行葡萄疏苗和疏果[56.87]。这与今天的方法相反，在今天的方法中，作物负荷管理在整个葡萄园统一化，导致产量的显著差异。在经济上实现对葡萄藤水平的调控将有助于葡萄产业向可变速率管理的方向发展，这样，每一棵葡萄藤、叶片和果实都将根据其自身对水、营养、光照等的需求进行单独处理[56.88]。

尽管进行了30多年的研究，用于保护栽培植物维护操作的机器人系统还没有商业化。显然，操作的复杂性是一个问题。这是由于高度非结构化的工作环境，作物固有的自然变化，以及不利的环境条件，如强烈的变化、照明条件等。在该领域，高鲁棒性的传感与感知是成功部署的关键。这包括检测水果、茎和叶，确定它们的属性（如成熟度），最后是它们在三维工作环境中的精确定位问题。目标检测可能是一个相当大的挑战，因为在某些情况下，它归结为在绿色背景中找到一个绿色的物体。当颜色差异更明显时，检测会更容易，但在许多情况下物体遮挡造成另一个问题。这不仅妨碍了对果实的正确检测，而且增加了对其属性正确评估的难度。

在保护性耕作的混乱环境中，操作也颇具挑战性。在执行任务时，机器人应该防止损坏作物，因为这会立即降低其价值。但是，机器人应该被允许击打叶片等物体。在作业期间，人类往往与作物有相当密切的接触。为了模仿这种行为，需要了解物体是否不应该被触摸，或者是否可能被轻轻碰触和推动，从而采用一种自适应的动作。

一般来说，基于机器人的作物生产可以被看作手眼协调问题的实例，或者是有效的传感、感知和智能操作的整合。换句话说，是那些训练有素的人难以复制的地方。开发模仿人类行为的技术是一种可行的方法，但是它始终受到机器人引入时的环境条件的限制。作为其中一个组成部分的机器人系统自上而下地设计作物生产系统的系统化方法是更有前途的途径，但仍然处于起步阶段。例如，可以修改种植系统，使检测和接近水果和花卉更容易，从而使自动化系统的设计和操作更简单。同样，应用实践也可以修改，把机器人作为任务的一部分[56.89,90]。人-机器人交互可能是一个有趣且经济高效的中间步骤——只有在机器需要帮助时才允许人工指导和监督。这种协作方式有利于实际工作环境中的数据收集，为学习和改进算法提供了机会，从而为未来完全自主运营铺平了道路。

在农业和林业成功引入机器人的另一个重要方面是与采用机器人的社会经济效益有关。除了能够正确执行任务外，机器人还必须以一种成本效益高的方式完成任务。这种效率只能通过大量的实地试验来证明，这些试验既耗时又昂贵。此外，机器人系统的总拥有成本（包括获取、维护、用户培训和处置）必须比将其引入生产过程所带来的财务收益要少。最后，一个基本的方面是安全性。不仅硬件和软件的设计和验证必须基于明确的安全性要求，还必须有标准和法规来规定机器人和人类如何以及何时可以交互。有关在苹果产业中采用机器人的社会经济障碍的研究，见参考文献 [56.91]。

工业革命带来的机械化和信息技术时代带来的自动化使农业生产发生了革命性的变化，一个农民就可以生产100人所需的粮食。在未来的50年里，我们将在水果、蔬菜和其他农作物中看到类似的情况，这要归功于我们的社会不断为农业和林业发展和应用机器人技术（ ⓥ VIDEO 93 ）。

56

视频文献

VIDEO 26 Autonomous orchard tractors
available from http://handbookofrobotics.org/view-chapter/56/videodetails/26

VIDEO 91 Autonomous orchard vehicle for specialty crop production
available from http://handbookofrobotics.org/view-chapter/56/videodetails/91

VIDEO 93 Autonomous utility vehicle – R Gator
available from http://handbookofrobotics.org/view-chapter/56/videodetails/93

VIDEO 95 Automatic plant probing
available from http://handbookofrobotics.org/view-chapter/56/videodetails/95

VIDEO 96 Visual GPS – High accuracy localization for forestry machinery
available from http://handbookofrobotics.org/view-chapter/56/videodetails/96

VIDEO 131 Smart Seeder: An autonomous high accuracy seed planter for broad acre crops
available from http://handbookofrobotics.org/view-chapter/56/videodetails/131

VIDEO 304 A robot for harvesting sweet-pepper in greenhouses
available from http://handbookofrobotics.org/view-chapter/56/videodetails/304

VIDEO 305 Ladybird: An intelligent farm robot for the vegetable industry
available from http://handbookofrobotics.org/view-chapter/56/videodetails/305

VIDEO 306 An automated mobile platform for orchard scanning and for soil, yield, and flower mapping
available from http://handbookofrobotics.org/view-chapter/56/videodetails/306

VIDEO 307 A mini unmanned aerial system for remote sensing in agriculture
available from http://handbookofrobotics.org/view-chapter/56/videodetails/307

VIDEO 308 An autonomous cucumber harvester
available from http://handbookofrobotics.org/view-chapter/56/videodetails/308

VIDEO 309 An autonomous robot for de-leafing cucumber plants
available from http://handbookofrobotics.org/view-chapter/56/videodetails/309

VIDEO 310 The Intelligent Autonomous Weeder
available from http://handbookofrobotics.org/view-chapter/56/videodetails/310

参考文献

56.1 J.A. Foley, N. Ramankutty, K.A. Brauman, E.S. Cassidy, J.S. Gerber, M. Johnston, N.D. Mueller, C. O'Connell, D.K. Ray, P.C. West, C. Balzer, E.M. Bennett, S.R. Carpenter, J. Hill, C. Monfreda, S. Polasky, J. Rockström, J. Sheehan, S. Siebert, D. Tilman, D.P.M. Zaks: Solutions for a cultivated planet, Nature **478**, 337–342 (2011)

56.2 A. Alleyne: Editor's note: Agriculture and information technology, Natl. Acad. Eng. Bridge, Issue Agric. Inf, Technol. **41**(3), 3–4 (2011)

56.3 Global Harvest Initiative: The 2012 Global Agricultural Productivity Report, http://goo.gl/GBPvjK

56.4 J. Reid: The impact of mechanization on agriculture, Nat. Acad. Eng. Bridge, Issue Agric. Inf. Technol. **41**(3), 22–29 (2011)

56.5 E.J. Van Henten: Greenhouse mechanization: State of the art and future perspective, Acta Hortic. **710**, 55–69 (2006)

56.6 S.T. Nuske, S. Achar, T. Bates, S.G. Narasimhan, S. Singh: Yield estimation in vineyards by visual grape detection, IEEE/RSJ Int. Conf. Intell. Robots Syst., San Francisco (2011)

56.7 Q. Wang, S.T. Nuske, M. Bergerman, S. Singh: Automated crop yield estimation for apple orchards, Int. Symp. Exp. Robotics, Quebec City (2012)

56.8 J. Deere: Integrated AutoTrac System, http://goo.gl/CsxxfL

56.9 K. Gallardo, M. Taylor, H. Hinman: 2009 Cost estimates of establishing and producing gala apples in Washington, Washington State University Extension Fact Sheet FS005E, http://goo.gl/BHBZrb (2010)

56.10 B. Hamner, M. Bergerman, S. Singh: Results with autonomous vehicles operating in specialty crops, IEEE Int. Conf. Robotics Autom., St. Paul, MN (2012)

56.11 G. Giacomelli, N. Castilla, E.J. Van Henten, D.R. Mears, S. Sase: Innovation in greenhouse engineering, Acta Hortic. **801**, 75–88 (2008)

56.12 C.W. Bac, E.J. van Henten, J. Hemming, Y. Edan: Harvesting robots for high-value crops: State-of-the-art review and challenges ahead, J. Field Robotics **31**(6), 888–911 (2012)

56.13 J.C. Noordam, J. Hemming, C. van Heerde, F. Golbach, R. van Soest, E. Wekking: Automated rose cutting in greenhouses with 3D vision and robotics: Analysis of 3D vision techniques for stem detection, Acta Hortic. **691**, 885–892 (2005)

56.14 T. Rath, M. Kawollek: Robotic harvesting of Gerbera Jamesonii based on detection and three-dimensional modeling of cut flower pedicels, Comput. Electron. Agric. **66**, 85–92 (2009)

56.15 R. Berenstein, O.B. Shahar, A. Shapiro, Y. Edan: Grape clusters and foliage detection algorithms for autonomous selective vineyard sprayer, Intell. Serv.

Robotics **3**, 233–243 (2010)

56.16 E.J. Van Henten, B.A.J. Van Tuijl, G.J. Hoogakker, M.J. Van Der Weerd, J. Hemming, J.G. Kornet, J. Bontsema: An autonomous robot for de-leafing cucumber plants grown in a high-wire cultivation system, Biosyst. Eng. **94**, 317–323 (2006)

56.17 M. Monta, N. Kondo, Y. Shibano: Agricultural robot in grape production system, Int. Conf. Robotics Autom. (1995)

56.18 Wikipedia: Controlled Traffic Farming, http://goo.gl/FODY04

56.19 J. Jin, L. Tang: Coverage path planning on three-dimensional terrain for arable farming, J. Field Robotics **28**(3), 424–440 (2011)

56.20 D.C. Slaughter, D.K. Giles, D. Downey: Autonomous robotic weed control systems: A review, Comput. Electron. Agric. **61**, 63–78 (2008)

56.21 F.K. Van Evert, J. Samsom, G. Polder, M. Vijn, H.-J. van Dooren, A. Lamaker, G.W.A.M. van der Heijden, C. Kempenaar, T. van der Zalm, B. Lotz: A robot to detect and control broad-leaved dock (Rumex obtusifolius L.) in grassland, J. Field Robotics **28**, 264–277 (2011)

56.22 G. Polder, F.K. Van Evert, A. Lamaker, A. De Jong, G.W.A.M. Van der Heijden, L.A.P. Lotz, T. Van der Zalm, C. Kempenaar: Weed detection using textural image analysis, 6th Bienn. Conf. Eur. Fed. IT Agric. (EFITA), Glasgow (2007), available online at http://edepot.wur.nl/28203

56.23 F.K. Van Evert, G. Polder, G.W.A.M. Van der Heijden, C. Kempenaar, L.A.P. Lotz: Real-time, vision-based detection of Rumex obtusifolius L. in grassland, Weed Res. **49**, 164–174 (2009)

56.24 H. Böhm, J. Finze: Überprüfung der Effektivität der maschinellen Ampferregulierung im Grünland mittels WUZI unter differenzierten Standortbedingungen [Testing the effectiveness of mechanical control of docks in grassland with the WUZI under a variety of conditions.], http://goo.gl/BVdqgy (2004)

56.25 A.T. Nieuwenhuizen, J.W. Hofstee, E.J. van Henten: Adaptive detection of volunteer potato plants in sugar beet fields, Precis. Agric. **11**, 433–447 (2009)

56.26 A.T. Nieuwenhuizen, J.W. Hofstee, J.C. van de Zande, J. Meuleman, E.J. van Henten: Classification of sugar beet and volunteer potato reflection spectra with a neural network and statistical discriminant analysis to select discriminative wavelengths, Comput. Electron. Agric. **73**, 146–153 (2010)

56.27 A.T. Nieuwenhuizen, J.W. Hofstee, E.J. van Henten: Performance evaluation of an automated detection and control system for volunteer potatoes in sugar beet fields, Biosyst. Eng. **107**, 46–53 (2011)

56.28 T. Bakker, H. Wouters, K. Van Asselt, J. Bontsema, L. Tang, J. Müller, G. Van Straten: A vision based row detection system for sugar beet, Comput. Electron. Agric. **60**(1), 87–95 (2008)

56.29 T. Bakker, K. Van Asselt, J. Bontsema, J. Müller, G. Van Straten: A path following algorithm for mobile robots, Auton. Robots **29**(1), 85–97 (2010)

56.30 T. Bakker, K. van Asselt, J. Bontsema, J. Müller, G. van Straten: Autonomous navigation using a robot platform in a sugar beet field, Biosyst. Eng. **109**(4), 357–368 (2011)

56.31 J. Katupitiya, R. Eaton, T. Yaqub: Systems engineering approach to agricultural automation: New developments, 1st Annual IEEE Syst. Conf. (2007) pp. 298–304

56.32 D. Kohanbash, A. Valada, G.A. Kantor: Irrigation control methods for wireless sensor network, Am. Soc. Agric. Biol. Eng. Annual Meeting (2012), available online at http://goo.gl/3NJyXb

56.33 S. Singh, M. Bergerman, J. Cannons, B. Grocholsky, B. Hamner, G. Holguin, L. Hull, V. Jones, G. Kantor, H. Koselka, G. Li, J. Owen, J. Park, W. Shi, J. Teza: Comprehensive automation for specialty crops: Year 1 results and lessons learned, J. Intell. Serv. Robotics, Special Issue Agric., Robotics **3**(4), 245–262 (2010)

56.34 B. Davis: CMU-led automation program puts robots in the field, AUVSI's Unmanned Syst.: Mission Crit. **2**, 38–40 (2012)

56.35 R. Lenain, J. Preynat, B. Thuilot, P. Avanzini, P. Martinet: Adaptive formation control of a fleet of mobile robots: Application to autonomous field operations, Int. Conf. Robotics Autom. (2010) pp. 1241–1246

56.36 A. Shapiro, E. Korkidi, A. Demri, R. Riemer, Y. Edan, O. Ben-Shahar: Toward elevated agrobotics: An autonomous field robot for spraying and pollinating date palm trees, J. Field Robotics **26**(6/7), 572–590 (2009)

56.37 S. Foix, G. Alenyà, C. Torras: Lock-in time-of-flight (ToF) cameras: A survey, IEEE Sensors J. **11**(9), 1917–1926 (2011)

56.38 R. Klose, J. Penlington, A. Ruckelshausen: Usability study of 3D time-of-flight cameras for automatic plant phenotyping, Workshop Comput. Image Anal. Agric. (2009) pp. 93–105

56.39 G. Alenyà, B. Dellen, S. Foix, C. Torras: Leaf segmentation from ToF data for robotized plant probing, IEEE Robotics Autom. Mag. **20**(3), 50–59 (2013)

56.40 G. Alenyà, B. Dellen, S. Foix, C. Torras: Robotic leaf probing via segmentation of range data into surface patches, IROS Workshop Agric. Robotics, Villamura (2012)

56.41 G. Alenyà, B. Dellen, C. Torras: 3D modelling of leaves from color and ToF data for robotized plant measuring, IEEE Int. Conf. Robotics Autom., Shanghai (2011) pp. 3408–3414

56.42 B. Dellen, G. Alenyà, S. Foix, C. Torras: Segmenting color images into surface patches by exploiting sparse depth data, IEEE Workshop Appl. Comput. Vis., Kona (2011) pp. 591–598

56.43 E.J. Van Henten, B.A.J. Van Tuijl, J. Hemming, J.G. Kornet, J. Bontsema, E.A. Van Os: Field test of an autonomous cucumber picking robot, Biosyst. Eng. **86**, 305–313 (2003)

56.44 E.J. Van Henten, J. Hemming, B.A.J. Van Tuijl, J.G. Kornet, J. Bontsema: Collision-free motion planning for a cucumber picking robot, Biosyst. Eng. **86**, 135–144 (2003)

56.45 E.J. Van Henten, J. Hemming, B.A.J. Van Tuijl, J.G. Kornet, J. Meuleman, J. Bontsema, E.A. Van Os: An autonomous robot for harvesting cucumbers in greenhouses, Auton. Robots **13**, 241–258 (2002)

56.46 S. Hayashi, K. Shigematsu, S. Yamamoto, K. Kobayashi, Y. Kohno, J. Kamata, M. Kurita: Evaluation of a strawberry-harvesting robot in a field test, Biosyst. Eng. **105**, 160–171 (2010)

56.47 S. Hayashi, S. Yamamoto, S. Saito, Y. Ochiai, Y. Kohno, K. Yamamoto, J. Kamata, M. Kurita: Development of a movable strawberry-harvesting robot using a travelling platform, Proc. Int. Conf. Agric. Eng. CIGR-AgEng 2012, Valencia, Spain (2012)

56.48 F. Georgsson, T. Hellström, T. Johansson, K. Prorok, O. Ringdahl, U. Sandström: Development of an autonomous path tracking forest machine – a status report. In: *Field and Service Robotics: Results of the 5th International Conference*, ed. by P. Corke, S. Sukkarieh (Springer, Berlin, Heidelberg 2006) pp. 603–614

56.49 M. Miettinen, M. Öhman, A. Visala, P. Forsman: Simultaneous localization and mapping for forest harvesters, IEEE Int. Conf. Robotics Autom. (2007) pp. 517–522

56.50 J. Roßmann, M. Schluse, C. Schlette, A. Bücken, P. Krahwinkler, M. Emde: Realization of a highly accurate mobile robot system for multi purpose precision forestry applications, The 14th Int. Conf. Adv. Robotics (2009) pp. 133–138

56.51 J. Roßmann, P. Krahwinkler, A. Bücken: Mapping and navigation of mobile robots in natural environments. In: *Advances in Robotics Research – Theory, Implementation, Application. German Workshop on Robotics*, ed. by T. Kröger, F.M. Wahl (Springer, Berlin, Heidelberg 2009) pp. 43–52

56.52 S. Thrun, W. Burgard, D. Fox: *Probabilistic Robotics* (MIT Press, Cambridge 2005)

56.53 P. Krahwinkler, J. Roßmann, B. Sondermann: Support vector machine based decision tree for very high resolution multispectral forest mapping, IEEE Int. Geosci. Remote Sens. Symp. (2011) pp. 43–46

56.54 A. Bücken, J. Roßmann: From the volumetric algorithm for single-tree delineation towards a fully-automated process for the generation of virtual forests. In: *Progress and New Trends in 3D Geoinformation Sciences. Lecture Notes in Geoinformation and Cartography*, ed. by J. Pouliot, S. Daniel, F. Hubert, A. Zamyadi (Springer, Berlin, Heidelberg 2013) pp. 79–99

56.55 J. Roßmann, T. Jung, M. Rast: Developing virtual testbeds for mobile robotic applications in the woods and on the moon, The IEEE/RSJ 2010 Int. Conf. Intell. Robots Syst. (2010) pp. 4952–4957

56.56 A. Shiriaev, L. Freidovich, I. Manchester, U. Mettin, P. La Hera, S. Westerberg: *Status of Smart Crane Lab Project: Modeling and Control for a Forwarder Crane*, Department of Applied Physics and Electronics (Umeå University, Umeå 2008)

56.57 U. Mettin, P.X. La Hera, D.O. Morales, A.S. Shiriaev, L.B. Freidovich, S. Westerberg: Trajectory planning and time-independent motion control for a kinematically redundant hydraulic manipulator, Int. Conf. Adv. Robotics (2009)

56.58 U. Mettin, S. Westerberg, P.X. La Hera, A. Shiriaev: Analysis of human-operated motions and trajectory replanning for kinematically redundant manipulators, IEEE/RSJ Int. Conf. Intell. Robots Syst. (2009)

56.59 D. Morales, S. Westerberg, P. La Hera, U. Met-tin, L. Freidovich, A. Shiriaev: Open-loop control experiments on driver assistance for crane forestry machines, IEEE Int. Conf. Robotics Autom. (2011)

56.60 A. Hansson, M. Servin: Semi-autonomous shared control of large-scale manipulator arms, Control Eng. Pract. **18**(9), 1069–1076 (2010)

56.61 S. Westerberg, I. Manchester, U. Mettin, P. La Hera, A. Shiriaev: Virtual environment teleoperation of a hydraulic forestry crane, IEEE Int. Conf. Robotics Autom. (2008)

56.62 Y.-C. Park, A. Shiriaev, S. Westerberg, S. Lee: 3D log recognition and pose estimation for robotic forestry machine, IEEE Int. Conf. Robotics Autom. (2011)

56.63 NLIS: National Livestock Identification System, NSW Department of Primary Industries, http://goo.gl/WoHUi2

56.64 Lely home page: http://goo.gl/JCI8CI

56.65 Juno feed-pusher: http://goo.gl/V5H2Ye

56.66 Lely Vector feeder: http://goo.gl/dLiL3q

56.67 M. Dunn, J. Billingsley, N. Finch: Machine vision classification of animals, Mechatron. Mach. Vis. 2003: Future Trends: Proc. 10th Annual Conf. Mechatron. Mach. Vis. Pract. (Research Studies, Baldock 2003)

56.68 C. McCarthy, J. Billingsley, N. Finch, P. Murray, J. Gaughan: Cattle liveweight estimation using machine vision assessment of objective body measurements: First results, Proc. 28th Bienn. Aust. Soc. Anim. Production Conf., Vol. 28 (Australian Society of Animal Production, Wagga Wagga 2010)

56.69 Y. Wang, W. Yang, P. Winter, L.T. Walker: Non-contact sensing of hog weights by machine vision, Appl. Eng. Agric. **22**(4), 577 (2006)

56.70 W. Zhu, F. Zhong, X. Li: Automated monitoring system of pig behavior based on RFID and ARM-LINUX, Third Int. Symp. Intell. Inf. Technol. Secur. Inf. (2010) pp. 431–434

56.71 S. Barry, D. Cook, R. Duthie, D. Clifford, D. Anderson: Future Surveillance Needs for Honeybee Biosecurity, RIRDC Publication No. 10/107, http://goo.gl/MUrPLo

56.72 Lely Astronaut A4 milking system: http://goo.gl/wYhUVH

56.73 J.P. Trevelyan: Sensing and control for sheep-shearing robots, IEEE J. Robotics Autom. **5**(6), 716–727 (1989)

56.74 Robotics in the Poultry Industry, Poultry CRC: http://goo.gl/xH5vy6

56.75 A. J. Bubb, T. K. Driver, C. D. James: CASE STUDY – Redefining the cowboy: Precision pastoral decision making from remote monitoring and control of cattle, http://goo.gl/Vu0FIQ (2010)

56.76 R. Rankin: Further automation, Meat '93, Aust. Meat Ind. Res. Conf., Gold Coast. (1993), available online at http://goo.gl/Iv2yjh

56.77 Performance Audit, Management of Project Fututech, The Meat Research Corporation, http://goo.gl/C5jMgm

56.78 Robotic Technologies Limited: RTL – Scott and Silver Fern Farms, http://goo.gl/xZxL0Z

56.79 Automated Boning Room System, Scott Group: http://goo.gl/0zFVqi

56.80 Chicken Whole Leg Deboning Machine, Mayekawa:

56

56

http://goo.gl/xhj2Lf

56.81　Poultry slaughtering, Hyfoma: http://goo.gl/dzTfVT

56.82　Association for Unmanned Vehicle Systems International: The Economic Impact of Unmanned Aircraft Systems Integration in the United States, http://goo.gl/NS5EkT (2013)

56.83　J. Dong, L. Carlone, G.C. Rains, T. Coolong, F. Dellaert: 4D mapping of fields using autonomous ground and aerial vehicles, ASABE Int. Conf., Montreal (2014), Paper No. 141912258

56.84　F.K. van Evert, P. van der Voet, E. van Valkengoed, L. Kooistra, C. Kempenaar: Satellite-based herbicide rate recommendation for potato haulm killing, Eur. J. Agron. **43**, 49–57 (2012)

56.85　C. Kempenaar, F.K. van Evert, T. Been: Use of vegetation indices in variable rate application of potato haulm killing herbicides, Proc. ICPA Conf., Sacramento, USA 2014 (2014)

56.86　C. Pugh, M. Jarman, S. Keyworth, J. Webber, I. Cameron: URSULA Agriculture, http://goo.gl/HzGkRT

56.87　S. Singh, S. Nuske, M. Bergerman, T. Bates, J. M. Peltier: Vineyard efficiency through high-resolution, spatiotemporal crop load measurement and management, http://goo.gl/iqXgWy (2013)

56.88　S. Blackmore: New concepts in agricultural automation, HGCA Conf. (2009)

56.89　J.L. Glancey, W.E. Kee: Engineering aspects of production and harvest mechanization for fresh and processed vegetables, HortTechnology **15**, 76–79 (2005)

56.90　T. Burks, F. Villegas, M. Hannan, S. Flood, B. Sivaraman, V. Subramanian, J. Sikes: Engineering and horticultural aspects of robotic fruit harvesting: Opportunities and constraints, HortTechnology **15**, 79–87 (2005)

56.91　K. Ellis, T.A. Baugher, K. Lewis: Use of survey instruments to assess technology adoption for tree fruit production, HortTechnology **20**, 1043–1048 (2010)

第57章

建造机器人

Kamel S. Saidi，Thomas Bock，Christos Georgoulas

本章介绍了在过去几十年中发展起来的各种建造自动化概念，并介绍了目前使用和/或在研究和开发的不同阶段中的建造机器人实例。第57.1节介绍了建筑业的概述，包括行业描述、建筑类型和典型的建筑项目。行业概述还讨论了自动化与机器人技术在建筑中的概念，并将机器人技术的概念按自动化程度及其他分类分为若干类别。第57.2节讨论了机器人在建筑施工中的一些非现场应用（如预制）。第57.3节讨论了使用机器人在施工现场上执行单个任务。第57.4节介绍了多个机器人/机器在集成自动化工地合作建造整个建筑的概念。第57.5节讨论建造机器人尚未解决的技术问题，包括互用性、连接系统、公差、电力和通信。最后，第57.6节讨论建造机器人未来的方向。第57.7节给出了一些结论，并提出了延展阅读的建议。

目 录

建造是一种无处不在的人类活动，涉及实物或定制资本物品的创造或实现。它与制造的区别在于生产活动通常在野外环境中，通常在露天、自然地面进行，常常使用天然材料。通常情况下，建筑物规模大，形式独特。而且，这个环境或者现场设置通常是独一无二的，并且需要在现场建成一个相当特殊的工厂。

几个世纪以来，各种形式的机械和机械制造工艺体系被引入到建筑工程领域，并进入建筑业，提高了生产效率。与农业、矿业和林业领域一样，这些领域的长期趋势是机械化程度越来越高[57.1]。

在过去的几十年里，随着市场全球化和机器对劳动力的相对成本降低，建筑业已显著变得更加资本密集，大型机械系统和建造设备（如隧道掘进机和超大型塔式起重机）已经变得司空见惯。随着计算机控制的工程机械的逐步推广和柔性制造概念进入行业，这种机械化趋势可能会持续下去。

随着微处理器的不断发展和可用的低成本计算

机与传感技术的出现，建造机器人已在技术和经济　上可行，这种技术形式正在逐渐被业界所采用。

57.1　概述

机器人在建筑中的应用传统上归类于建造自动化。顾名思义，建造自动化领域着重于自动化建造过程，机器人的使用只是自动化的一个方面。建造过程也归类于几个通过对建筑行业的简要介绍描述的类别。

57.1.1　行业描述

建筑业通常占一个国家的国内生产总值（GDP）或总增加值（GVA）的5%，并且占据了国家劳动力的大部分。表57.1给出了美国、欧盟、日本和中国的一些相关统计数据[57.2-8]。世界范围内，建筑业在20世纪末已经大约占世界GDP的11%[57.9]。

表57.1　美国、欧盟、日本和中国的建筑业实现的产值和建筑工人数量

国家或地区	美国	欧盟	日本	中国
数据时期（年）	2012	2009	2011	2011
建筑业实现的产值占GDP/GVA的百分比（%）	5	7	10	7
建筑工人数量占全国劳动力的百分比（%）	5	11	10	5
全国劳动力数量（百万）	112	175	63	.784

许多人认为建筑业在技术上落后于其他行业（如制造业）。在制造业中，产品被设计用于大规模生产，而建筑产品（或项目）通常是一次性的和独特的[57.10]。因此，通过大规模生产实现的效率在建筑业中不容易实现。

造成建筑业技术滞后的另一个常见原因是行业的分散性和对引入新技术所带来风险的厌恶[57.10,11]。例如，在2010年的美国，那些雇员少于20人的公司雇用了约40%的建筑工人，63%的建筑工人为占全部建筑公司64%的专业承包商工作[57.10]。专业承包商通常是项目的分包商，对项目的总体结果不负责任。

另外，与制造业的对应部分不同的是，施工现场大部分是非结构化的、杂乱无章的、拥挤的，使得机器人难以在其中工作。此外，大量的人类工人也参与到建筑项目中，使安全性成为最大的顾虑。

1. 建筑类型

建筑项目通常分为住宅、商用、工业或民用项目。住宅项目一般涉及单户住宅或大型公寓楼；商用项目侧重于建筑物结构的设计，如办公室和零售部、仓库等；工业项目涉及建设工厂、发电厂和其他类似建筑；而民用项目则以公路、桥梁、隧道、水坝建设为主。

2. 典型的建造项目

一个建造项目通常要经过六个主要阶段，如图57.1所示。有些项目可能会经历不同的顺序变化，但大多数项目包括规划、设计、施工和运营阶段[57.4,10]。第一阶段在预期的项目和要求被认可时开始。第二阶段包括制定备选项目规划，以满足已确定的需求并评估各备选方案的技术和经济可行性。第三阶段制定第二阶段选择的规划的详细工程设计和规范。设施从破土动工到最终的检查是项目的第四阶段。在第五阶段，该设施已经投入使用，开始运营，并持续运营直至该设施废弃、被关闭和拆除（第六阶段）。

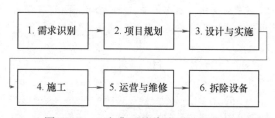

图57.1　一个典型的建造项目的阶段

建造项目的实际工作（建设、运营、维护和拆除）发生在最后三个阶段。尽管机器人仅在这些阶段使用，但建造自动化也可以在项目的其他阶段进行，如第57.1.2节所述。在建造项目的各个阶段，可能会随时涉及多个利益相关方。主要利益相关方包括：业主和经营者，是他们的需求启动了项目；建筑师和工程师，他们的任务是将业主的需求转化为美观和完善的结构设计；总承包商，他们的任务是将设计转化为物理结构。此外，其他几个利益相关方可能独立于上述利益相关方或作为其组织的一部分参与其中。例如，建设方可以聘请项目经理、施工管理人员、工地主管和其他人员，他/她通常会转包挖掘和混凝土浇筑等主要活动。分包商和次级利益相关方常常是使用新技术并可以促成或中断新技术实施的人。

虽然建筑商是建筑工程中机器人最有可能的使用者，但现场实际工作往往是由不愿意或经济上不能使用尚未完全被行业采纳的先进技术的分包商进行的。施工人员的目标通常是采用尽可能经济和低风险的方法来满足业主的要求。因此，经过时间考验的传统施工方法是首选。尽管如此，据报道，业主有权要求在建筑项目中使用某些技术，因为这会将使用该技术的风险和成本转移给业主。这种现象可能是激光扫描技术目前正在建筑行业中广泛传播的部分原因[57.12]。

3. 典型的建造过程

从纯物理和实际的角度来看，施工可以被看作由有限的几个基本过程组成[57.13-16]，可以概括为[57.11]贴附、建造、涂层、混凝土浇筑、连接、覆盖、切割、挖掘、修整、插入、检验、加入、测量、放置、规划、定位、喷洒、传播。

这些过程中的大多数也可以分为三种主要功能操作类型，如下所示：

1）物料处理（散装和成批装载）。
2）材料成形（切割、破碎、压实和加工）。
3）结构连接。

这些功能操作通常分别应用于多个行业。建筑和土木工程中的常见操作对象是钢铁和其他金属、混凝土、木材、土石、砌体、塑料、玻璃、聚合材料、环氧树脂、沥青和其他散装和成形的材料。

57.1.2 建造自动化

"建造自动化"描述了以自动化建造过程为中心的研究和开发领域，机器人的使用只是该领域的一个方面。简而言之，建造自动化将工业自动化的原理应用于建筑领域，无论是建筑施工、土木工程（道路、堤坝、桥梁等），还是建筑构件的预制[57.17]。这可以被看作对现场服务机器人研究的延伸，这些机器人通常被设计用来在特定的与建筑有关的任务或活动中取代或协助人类。

从历史的角度来看，在 20 世纪 80 年代，随着单一用途机器人（主要是远程控制或遥控）的引入，机器人和建造自动化方面的研究就开始了。日本人主导了这一努力，主要是出于对社会人口统计显示出建筑劳动力的可用人员数量明显下降[57.18]的关注。在美国，主要的相关工作涉及开发需要修改建筑设备的危险工作的远程控制或遥控机械。示例应用包括为快速道路维修和未爆炸弹药拆除开发的

机器人。在欧盟，研究的重点是住宅和工业建筑大型砌体（砌砖、组装）机器人的开发。

在接下来的十年里，随着对具体建筑机器人研究的不断深入，日本大型建筑企业在高层建筑中引入了现场工厂。这些建筑系统包括零件的即时交付，零件自动跟踪和材料处理，机器人连接和装配，以及在封闭或半封闭的环境中进行集中控制。据报道，这种系统具有更好的工作条件（与天气无关）和更短的项目完成时间[57.19]。其他的优势包括生产能力和质量的提高，虽然建设成本不一定低[57.20]。

综合住宅建造自动化的先进理念是作为欧盟未来家园项目的一部分而开发的。在这个结构概念中，每个结构由几个高质量的现场组装型预制三维模块和二维面板组成[57.21]。这种自动化住宅建造方法的类似产物在日本已经商业化[57.22]。

收集、处理、分析和交流施工信息的新方法是建造自动化研究的一个重要领域[57.23]。这项研究包括数据互操作性和通过一个首要项目设计、施工、运营、维护和拆除阶段的互换[57.24]；用于评估建造过程状态的先进传感器[57.25-27]；可视化系统，用于项目规划，验证可施工性，维护现场情景[57.28-30]；以及扩展传统计算机辅助设计（CAD）建模的信息模型，将建筑组件的物理（几何）和功能特性结合起来[57.31]。

最后，三个著名的欧盟大型项目试图将建造自动化与项目的执行方式结合起来：ManuBuild（开放建筑制造）项目主要涉及为现场模块化施工开发包括机器人在内的移动工厂[57.32]；I3CON（工业化、集成化、智能化、施工）项目涉及建筑物的室内自动化和机器人化[57.33]；Tunconstruct 项目涉及隧道检查和维修作业的自动化[57.34]。

57.1.3 建造机器人的分类

建造机器人技术是机械化（自动化）的一种高级形式，它努力使一些工业上重要的操作自动化，从而通过从控制回路中移除操作人员或通过机器控制系统提高操作灵活性来降低该操作的成本。由于建造工作的性质，大多数为建筑行业开发的机器人都是可移动的或可重新配置的。一些平台（如抛光机器人和机器控制的重型推土机）需要移动能力作为工作过程的一项特定功能。其他平台如墙壁和天花板机械手需要一定的移动能力来扩展其操作空间。

机器人术语可以根据研究条例而变化。对于本

章，建造机器人的两大分类是现场机器人和非现场机器人。两者的区别在于是否应用于建筑设施或预制设施。此外，还可以根据建造机器人是用于单一任务（现场或非现场）还是多个机器人集成到自动施工现场来进行进一步的区分。

1. 单一任务建造机器人与机器人化集成施工现场

经过日本大规模工业化、自动化、机械化预制系统房屋的初步试验成功进行之后，第一批产品（如 Sekisui M1）在市场上取得了成功，1975年，日本东京的建筑承包商 Shimizu Corporation 公司成立了一个建造机器人研究小组。现在的目标不再仅仅是在预制中把复杂的事物转变成一个结构化的环境，而是开发和部署可以在施工现场上用来建造结构和建筑物的系统。最初的重点是以所谓的单一任务建造机器人的形式建立在简单的系统上，这些机器人可以重复地执行单一、特定的施工任务。

单一任务建造机器人是帮助工人执行一项特定建造过程或任务（如挖掘、混凝土平整、混凝土修整、喷漆）的系统，或者在单一任务中完全补足工作人员所需要的物理性能。进一步地，它们支持或补充的过程和任务可以分配给特定的行业或工艺。另外，开发单一任务机器人的过程和任务通常都需要频繁、反复的活动。单一任务建造机器人的共同特点如下：

1）高度专业化，不仅适用于一个行业，甚至适用于行业领域的某一任务（例如，混凝土浇筑、平整和修整）。

2）相比传统的劳动力提高生产力。例如，根据参考文献 [57.17]，混凝土地板的常规劳动力生产率为 $100 \sim 120 m^3/h$，而使用机器人的生产率为 $300 \sim 800 m^3/h$。

3）通过对功能和操作的精确控制（如油漆的均匀分布），以及允许对操作进行实时监控（和记录）来提高质量。

4）改善工作条件，使工人不必处于危险的环境中，减少繁重的工作量。

5）大多数机器人允许各种操作模式，如自主或传感器引导、预编程或遥操作。

6）通过精确控制材料传输和收集，以及重复利用未使用的材料来减少材料消耗。

7）大多数机器人具有简单而强大的传感器技术，如陀螺仪、简单激光系统或接触/压力传感器。

8）大多数机器人只需要1人或2人操作。

随着20世纪70年代工业化和自动化建筑预制的发展，单一任务机器人的进化，机器人化集成施工现场的概念被提出。这个概念结合了预制技术（为了降低场地的复杂性，加工的是预制组件而不是零件），单一任务建造机器人系统，以及能够组装建筑物主体结构的移动或固定现场工厂（如钢架或混凝土结构）几乎是全自动的。由于这些现场工厂不仅是建筑过程的自动化部分，还集成了预制组件技术和单一任务自动化，因此可以称为一体化的机器人化集成施工现场。

向机器人化集成施工现场过渡的主要原因是施工企业意识到没有联网或嵌入更大的基础设施的单一任务建造机器人与建筑设计和建造的方式不相符合。单一任务机器人被设计为执行某些任务，同时建筑工人不被允许干涉机器人的活动。然而，事实证明，在这些地方，只有极少数的机器人可以被有效地使用。对工人的制约，必要的安全规定，以及施工现场意外的、不可预知的和动态的过程，导致每个机器人难以互不干涉地运行。尽管单一任务建造机器人的吞吐量很高，但现场花费了大量的时间用于运输、准备、编程、配置等。除了上述单一任务建造机器人在（常规）施工现场造成的损耗，新的技术可能性也促生了集成现场的概念。将这些系统整合到更大和协调的自动化系统中的重要之处在于，系统的开发允许控制和监视现场参与建筑物最终组装的各个独立自动实体之间不间断流动的信息流和物流。

也可以从演化的角度来解释向集成现场的过渡。在许多行业中，从具有独立且只有松散耦合的生产实体或站点的车间式生产向具有稳定过程和连续物料流动的流水线或生产线系统的演变，都是其他成熟和知名行业演变的一部分，如汽车、计算机行业。

最后介绍三大类建造机器人。第一类是遥操作系统，为简单起见，包括远程控制系统。这两个术语之间一般的区别在于是否必须在人类操作员的视线范围内进行操作[57.35]。第二类是可编程建造机械（PCM），其中大多数工程设备都配备了传感器和机械装置，以增强机械操作人员的操作。最后一类是智能系统，涉及以半自主或全自主模式运行的无人建造机器人。在第57.3节中，本分类将扩大到包括各种通用活动、材料处理（操作类型）、机载智能水平、商业化水平、系统集成和计算机集成水平等方面的例子。

2. 建筑中的遥操作系统

在确立的工程术语中，遥操作是指对机器和系统的远程控制。在遥操作中，对机器人的控制是通过使用诸如有线或无线控制的遥控装置来完成的。遥操作的理念和方法广泛用于太空和核工业（分别在第 55 章和第 58 章）。

对遥操作机器人来说，机器不能自主运行，而是处于人的控制之下。数据传感和解释，以及任务规划等认知活动由操作员完成。

近来，建筑和采矿业出现了许多遥操作机器人。这些机器人是为了应对那些对操作者有危险且必须远程控制机器（如遥控小型压缩机）的工业情况而发展起来的。这种情况常见于建筑业、拆迁业和采矿业，以及其他危险场所。

遥操作建造机器人技术已经很成熟，有很多这样的优秀应用案例。例如，一个复杂的基于模型的监控型分布式遥操作系统，使用大量的土方机械，用于建造一个熔岩区域中的导流水坝的沟渠[57.36]。

3. 可编程建造机械

软件可编程的建造机械是大多数人认为的机器人。这种类型机器人的操作者能够通过从预编程的功能菜单中选择或通过教导机器学习新功能来改变需要完成的任务。要完成的任务变化可以像基于自动化叉车在当前负载下轻微调整行驶速度那样简单，或者像使用具备自动输送混凝土功能的自动起重机来拾取和放置钢梁和柱那样复杂。

一般来说，软件可编程的建造机械与传统的建造机械（如挖掘机）是相同的，但是已经被修改为可以通过计算机进行控制［类似于传统的制造机器，如铣床和车床，演变成计算机数控（CNC）机器］。

软件可编程的建造机械可以利用建造现场一部分的数据来进行工作，以控制全部或部分机器的操作。一种商业化的示例是"stakeless granding"，其中使用来自三维模型的数据与全球定位系统（GPS）和/或激光测量系统相结合，实现推土机和平地机的铲刀控制自动化。

4. 建造中的智能系统

与遥操作系统或可编程建造机械相反，完全自主的建造机器人需要在特定的范围内完成任务而无须人工干预。一个半自主的建造机器人可以完成它的任务，并与一个人工主管进行一定程度的规划互动[57.35]。在每种情况下，建造机器人都要适应其感知的环境，制定执行任务的规划，并根据需要进行重新规划（可能需要一些半自主模式的人工协助）。智能建造机器人还应该能够确定何时其任务不可执行并请求帮助。

智能建造系统的实例研究包括自主挖掘[57.37,38]和自主起重机作业[57.30,39-41]。

57

57.2　建造机器人的非现场应用

技术（如 CAD，CAM）从其他行业（如汽车、飞机和造船等行业）注入建筑行业是建造战略转型的最明显证据。目前，全自动化混凝土制造已经实现了。为了适应市场需求的变化，工厂实施了定制化的产品交付。有两种主要的工业化预制混凝土生产方法：①使用固定式单模板；②使用移动式模板。

57.2.1　部件生产中的机器人技术

使用固定式单模板的生产方法包括移动工作流程，如清洁、浇注/浇铸和将最终产品移动到存储器，而模板在整个预制过程中是固定的。在使用移动式模板的生产方法中，工作台是静止的而模板是可移动的，移动到装配线的各种预制柱中。

1. 混凝土生产

实现二维和三维预制混凝土构件联合制造所需要的设备包括龙门式起重机和电动葫芦，用于运输耗材（如桁架梁、钢卷和要插入/安装的零件），以便将混凝土构件的部件从存储设备或搬运托盘中取出。托盘从卸货站开始移动，从卸货站通过托盘清理站到第一工作站。在那里，通过安装在堆垛起重机上的卸垛装置，将完成的地板部件从托盘上提起，并直接堆放在卸货车辆的工作范围内。清理和绘图［测算、清理、绘图（MCP）］机器人用于各种各样的任务：拾取、插入横向锚、清理托盘、全尺寸绘制元素和安装横向锚（图 57.2）。图 57.3 显示了混凝土部件制造和搬运机器人的示意。

2. 砌体部件生产

自 20 世纪 70 年代后期以来，由于缺乏熟练的建筑工人和建筑成本的上升，面向经济化的开发开始了。它们主要发生在砌体和模板行业，而这些行业没有已有的解决方案。在欧洲的大部分地区，经常使用并仍受喜爱的建筑材料是砌砖。大部分建筑项目都是用这种材料建造的。由于日本没有砌砖（如果不加固，不能抵抗地震），而且在其他国家也没有发展，主要的尝试都在这个区域实施。

57

a)　　　　　b)

c)　　　　　d)　　　　　e)

图 57.2　混凝土生产示例

a）混凝土站的托盘　b）龙门式起重机　c）托盘成形系统　d）脱模-卸垛装置　e）清理、测量和加油[57.42]

a)　　　　　　　　　b)

图 57.3　混凝土相关机器人示例

a）自动混凝土管制造机器人（由美国 Hawkeye 集团提供）　b）预制混凝土搬运机器人（Halo 公司提供）

　　在过去的几十年中，开发辅助铺设砖块的机器甚至自动化机器人的工作日益增多，尤其是在德国。铺设砖块是一项高劳动密集型的工作，可导致重大的健康问题和提前退休[57.43,44]。因此，现在只有很少的熟练工人可用。这反过来又反映在最终的高价格和高工资上，这将使砖砌建筑在一段时间内过于昂贵。因此，市场上不仅只有砖砌工人才能建造房屋，由生产车间的机器人来建造房屋应该只是一个时间问题。

3. 模块化建造机器人组装的早期试验

　　在建筑施工中，面向机器人设计（ROD）[57.45-47]的一个想法是改变传统建筑工程以适应机器人，使建筑系统和先进的自动化设备和/或机器人可以互相适应。因此，日本已经在 20 世纪 80 年代提出并开发了一种名为固体材料组装系统（SMAS）[57.48]的墙体安装结构体系。SMAS 是一种加固砌体施工系统。该系统的标准建筑部件为 30cm × 30cm × 18cm，重量为 20kg，由预制混凝土制成，每个部件内部包含十字形钢筋，用于加固结构墙。部件由机器人一个接一个地自动定位，而不需要传统的粘接。在对每个构件定位之后，钢筋也由机器人连接到相邻部件的钢筋上。垂直方向的钢筋连接是机械式，横向的钢筋连接是搭接式。混凝土从立起的一层楼高（约 3m）的墙顶部灌浆。为工厂使用的各种应用而新开发的机械手被安装到母机器人（6 关节型机器人）上，并进行了一系列的墙体安装试验。随着当今建筑技术现代化和工业化的快速发展，引发了一种趋势，即减少施工现场的复杂工作，越来越多地在工厂生产建筑部件。显然，预制已经成功地提高了建筑质量，缩短了施工周期。预制结构部件等建筑部件的尺寸也越来越大，以简化建造现场的组装工作。但是，这些举动并不一定是为了引入机器人。重型和大型部件难以由机器人操作，而复杂的组装技术有时对于机器人来说难度过高。同时，当人们将紧凑和轻量级部件的预制作为更有效地完成施工工作的手段时，机器人可以有效地用于组装这些部件。从这个角度来看，SMAS 被开发，并提出为一个以机器人为导向的建筑系统。由于地震，砖砌结构在日本并不被认为是主要的结构体系；然而，它被认为是一个灵活的结构体系，适用于不同的建筑设计，而且在施工成本和施工期间都有优势。SMAS 本身被设计成一个模块化系统，目的是为了单个部件可以在未来进一步发展。包括石材在内的所有系统部件都是根据 ROD 设计指南开发的补充部件（图 57.4）。这些机器人方法原本是要在现场应用，但是在技术上，它们被证明是无效的。因此，它们变得更适合于场外组装操作。

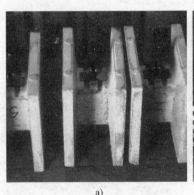

a)　　　　　　　　b)　　　　　　　　c)

图 57.4　建筑部件及组装示例

a）面向机器人设计（ROD）的建筑部件　b）SMAS　c）带有光纤传感器导向
旋转机构的机器人末端执行器/夹持器

4. 自动砌砖厂

采用 CAD/CAM 系统与实施企业资源计划（ERP）解决方案相结合，完善了前沿技术，使全自动生产工厂成为可能，其特征如下：

1）高度的信息和通信技术（ICT）集成和自动化/互联的流程。

2）以 ICT（互操作性）尽可能多地集成设备。

3）CAD/CAM 系统。

4）ERP 系统整合流程。

5）支持即时性和即次性的订制化。

5. 砌砖机器人工厂 SüBA

关键的技术发展需在全自动砌砖机的建造之前完成。自动砌砖工厂的原型是由 Hockenheim 的 SüBA 公司和 Rheine Windhoff AG 的公司在 20 世纪 90 年代初开发的。砖砌窗格的生产适合于净面积为 300 平方米的净砖面积（没有窗户和门）每班工作八个小时的时间。在建筑师办公室中使用 CAD 可以将大量的数据集直接转移到砌砖窗格的生产中，而无须通过 CAM 手动输入给砌砖机器人。考虑到生产砌砖窗格所需的大量自动装置的数据，这是当时砌砖自动化最重要的问题之一。图 57.5 和图 57.6 概述了最重要的 SüBA 工厂模块及其自动化流程。

6. 砌砖机器人工厂 Winkelmann（水平砌砖板生产）

如今的全自动化和高度机器人化的砌砖工厂可以分为两种基本类型：水平式和垂直式砌砖板生产。砌砖机器人工厂 Winkelmannn 是水平式砌砖板生产的典型例子。所有单个设备都配备了微型系统，这些系统相互连接，是系统物流网络的一部分。CAD/CAM 保

57

证了计划部门和生产部门之间有效的数据处理。在交付标准托盘砖块之后，由带机器人的自动码垛系统分配砖块，并将砖块带入加工流程（图57.7a）。之后，砖块被自动卸垛系统（图57.7b）取走，该系统为

水平式砌砖分层机器人站（图57.8a）提供服务。钢筋和房屋基础设施的插入以及抹灰固定在工厂内完成（图57.8b），然后将施工完毕的砖砌板送到建造现场。

a) b)

图 57.5 SüBA 工厂模块及其自动化流程之一
a）自动加固（水平）站 b）砂浆分配

a) b) c)

图 57.6 SüBA 工厂模块及其自动化流程之二
a）砖砌体的定位 b）砌砖对齐 c）自动加固（垂直）站

a) b)

图 57.7 Winkelmann 工厂设备示例一
a）带机器人的自动码垛系统，用于分配砖块 b）自动卸垛系统

57

图 57.8　Winkelmann 工厂设备示例二
a）水平式砌砖分层机器人站　b）钢筋和房屋基础设施的插入

7. 砖砌机器人工厂 Leonhard Weiss（垂直式砌砖板生产）

砖砌机器人工厂 Leonhard Weiss 是垂直式砌砖板生产的一个典型例子。例如，码垛和卸垛将砖块带入工厂流程的许多过程类似于水平式，但按照给定顺序放置砖块的核心过程是垂直逐层完成的。高精度的机器人与线性轴结合在一起负责精确定位。自动化垂直砌砖分层在工厂的有效利用方面具有一些优势，而且可以提高墙体的牢固性。而水平式则更容易实现房屋基础设施的钢筋、电缆和其他部件的精确定位。CAD/CAM 结合变量生产和 ICT 集成生产，允许单独制造砌砖板和必要的差异化产品。图 57.9 显示了自动化垂直式砌砖板施工过程的各个步骤。

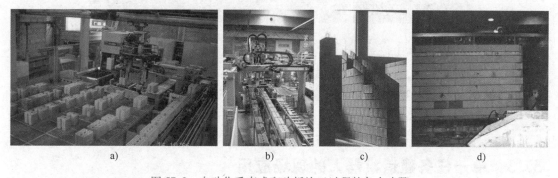

图 57.9　自动化垂直式砌砖板施工过程的各个步骤
a）排序站　b）机器人装配系统　c）、d）最终布板产品

8. 钢结构件生产

Sekisui Heim 引进了一种自动化的钢架生产模式。自动组装和焊接是其基本特征之一。天花板部件，地板部件和柱子被送入这个工作站，然后自动焊接到为一个框架，在生产线的进一步完工过程中（图 57.10），该框架被用做底盘和轴承结构。

自动焊接过程结束后，钢架底盘经过工厂的每个工作步骤，完成整个安装工作（图 57.11a）。Sekisui 和 Toyota 的工厂在组装线的两侧都设有门，以便接收个别单位定制生产所需的材料、零部件和预制浴室或厨房模块。合作供应商保证所有这些都按时按顺序到达（图 57.11b）。

57

a)　　　　　　　　　　　b)

图 57.10　三维自动组装焊接装置（Sekisui Heim）

a）装置示例一　b）装置示例二

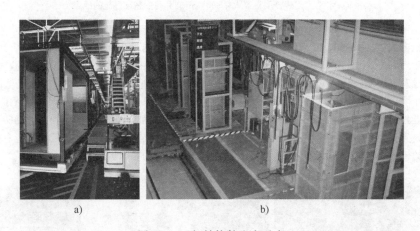

a)　　　　　　　　　　　b)

图 57.11　钢结构件生产示意

a）在 400m 长的生产线上，钢架单元（底盘）经过几个工作站　b）将供应商
（如 Toto、Inax）预制浴室模块预先准备的 10 个部件插入底盘装置

57.3　单一任务建造机器人的现场应用

使用钢作为结构支撑框架的大型建筑物建造可能涉及大量的焊接工作。如果可以调整柱和梁的设计以减少焊接的数量和种类，则焊接就成为适合自动化的高度重复性操作。

57.3.1　钢焊接

自动化焊接能够控制并保证焊接部件之间的连接质量达到（有时甚至高于）与专业焊接人员相同的水平。手动焊接这些和其他类型的连接件需要高度专业的技能，这种技能目前供不应求。而且，传统焊接会对工人的视觉造成长期的损害。在梁上同时进行自动焊接（例如，从两个或三个协调位置），甚至可以确保钢结构件不会因焊接操作本身而变形，从而提高了结构的质量。在图 57.12a 中展示了 Shimizu 公司的钢焊接机器人。该机器人可以自动焊接包括拐角部位的立柱。关节位形由激光传感器检测，并且以参考数据库的优化方式执行焊接。在图 57.12b 中，使用了 Obayashi 公司的钢焊接机器人。焊接过程是由计算机控制的，但至少在现在工人仍然参与监督作业。

a)　　　　　　　　　　b)

图 57.12　钢焊接机器人

a）Shimizu 公司　b）Obayashi 公司

57.3.2　加固制造和定位

混凝土加固操作涉及钢筋的切割、弯曲和精确（相对于彼此）布置，钢筋部件或网格在地板、模具或模板系统上最终定位。这些任务是劳动密集型的，对工作人员身体的负担也很重（例如，在加固工作中，事故隐患和对工人骨骼和肌肉的损伤是涂漆工作的十倍[57.49]）。自动化系统降低了工人健康的风险和影响，提高了钢筋混凝土结构的质量。图 57.13a 展示了一个钢筋生产机器人，图 57.13b 展示了一个遥操作钢筋放置机器人。

a)　　　　　　　　　　b)

图 57.13　自动化钢筋生产示例[57.17]

a）钢筋生产机器人　b）遥操作钢筋放置机器人

57.3.3　混凝土分配

混凝土分配系统用于在大型表面或模板系统上分配具有均一质量的混合混凝土。混凝土分配包括连续供应混凝土（用泵、软管），在需要混凝土分配的区域内以特定模式滑动的系统和混凝土喷射系统。系统可以手动操作、遥操作，有时也可以由传感器引导或全自动。根据混凝土需要分配的表面，混凝土分配系统可以采用卡车式、固定式或移动式。在图 57.14a 中，可以看到一个轨道式自动混凝土分配机器人（DB Robo）。在图 57.14b 中可以看到一个移动式混凝土分配系统，其基于轮子的平台使操作范围得以增加。图 57.15 和图 57.16 显示了自动混凝土分配系统的其他示例。

57

a)   b)

图 57.14   混凝土分配系统示例之一
a) Takenaka 公司自动混凝土分配机器人 DB Robo   b) 混凝土分配机器人 Tokyu

图 57.15   混凝土滑模路面摊铺机（由 GOMACO 公司提供）

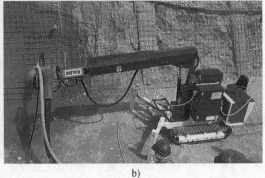

a)   b)

图 57.16   混凝土分配系统示例之二
a) 泵送新拌混凝土的可编程关节式机械[57.50]   b) 遥操作混凝土喷射机器人（由 MEYCO 公司提供）

57.3.4 现场定制建造机器人

迄今为止，已经开发了几种砌墙机器人。这方面的例子有日本的 SMAS 和斯图加特大学的 ROCCO 机器人。这些系统中的大部分仍处于原型阶段。它们通常遵循如下的基本概念：

1) 工地上的自主移动能力。

2) 以传感器系统确定机器人在其环境中的位置和姿态。

3) 自动从货盘上拿起砖块。

4) 自动应用砂浆。

5) 自动定位砖块。

ROCCO 是一个用于计算机集成建造（CIC）的机器人建造系统[57.51,52]。多家来自德国、西班牙和比利时的公司和研究机构中的建筑技术、机械和电气工程以及信息技术领域的专家参与了这个由欧盟资助的跨学科国际项目。该项目的目标是开发计算机集成机器人系统，用信息通信技术（ICT）不断求出从建筑设计到部件自身组装过程中的各个步骤。

该项目的重点在于在施工现场操作中实现一个移动机器人系统，并整合一个基于计算机的工作准备和质量控制系统。在工作准备阶段为砌块的预制和定制生成必要的数据，用于布置施工现场和自动生成机器人程序。根据建筑物的 CAD 表示，首先将墙壁自动划分为必要的块。在下一步中自动计算移动机器人的最佳工作位置，以及托盘和托盘上的块的位置。有了这些信息，所需的非标准块和标准块就可以被生产并码垛。最后，机器人程序根据计算的几何信息自动生成。施工现场的用户界面是交互式图形化的，使用户能够部分地重新编辑生成的机器人程序，以处理建造过程的不确定性，而无须学习特定的机器人编程语言。

为了测试基于施工应用（住宅与工业建筑）和传感器集成（自主车辆长长距离）的不同方法，在该项目中开发了两个系统。第一个适用于住宅建筑，达到了 4.5m 长，最高可举起 400kg 物料。这个机器人被放置在一个自主车辆上，可在施工现场移动，如图 57.17a 所示。它的主要任务是住宅建筑的墙壁安装作业。第二个是能够举起高达 1000kg 物料，达到 8.5m 长。如图 57.17b 所示，这个机器人被放置在一个可拖曳的平台上，其主要任务是在工业建筑中安装外墙，典型高度高达 8m，采用标准化布局。

图 57.17　ROCCO 项目的两个系统示例
a）住宅建造机器人　b）具有长距离操作臂的工业机器人

57.3.5 机器人装修

室内装修工作是在结构（如办公楼）内部进行的，以完成建筑物内的空间（如涂漆、吊顶和石膏板安装）的建造。由于室内装修工作的性质所限，不能使用传统的材料搬运设备（如起重机）。以下四个系统是室内装修机器人的示例：

1) Shimizu CFR 1（图 57.18a）可以手动操作和遥操作，并允许安装高达 3.5m 的天花板。机器人的柔性夹持机构能够精确地调整面板的位置。

2) Tokyu 天花板安装机器人（图 57.18b）可以定位和调整面板，也可以将钉子钉入面板中，以将它们固定到底部天花板上。

3) 慕尼黑工业大学开发的室内装修模块化移动机器人的两个变体（图 57.18c、d）。

4) Komatsu Mighty Hand LH（图 57.18e）可以高精度定位和调整内墙板、玻璃面板、门框、窗框和外墙（高达 350kg）。

1. 混凝土精整

地面精整是最关键的建造过程之一，施工人员要在一个未经加工的湿混凝土地坪上，弯腰用泥铲处理几个小时。为了减少需要的工人数量，保证质量更加一致，各公司开发并使用了可以执行混凝土浇筑任务的概念机器人：Shimizu 公司的 Flat-Kun（800m²/h），Kajima 公司的 Kote King（300m²/h），Mitsubishi 公司的 Obayashi（500m²/h），Hazama 公司的地面行走机器人 MHE（300m²/h）。这些单一任务建造机器人中的每一个都能够在地板任何需要的方向上进行操作（例如，不仅能够前后移动，而且能够 360° 旋转）。

57

图 57.18　室内装修机器人示例

a）Shimizu CFR 1 室内机器人　b）Tokyu 天花板安装机器人　c）BR2 TU Munich 模块化天花板钻削机器人系统 1 型
d）BR2 TU Munich 模块化天花板钻削机器人系统 2 型　e）Komatsu Mighty Hand LH 150

在大多数情况下，精整机械有可自动操作的旋转铲刀。自主的程度从人机界面操作系统到可自行生成运动轨迹并对机器人遵循的路径进行预编程的系统。在许多情况下，陀螺仪和旋转激光水平仪辅助导航和运动规划能力仍处于较低的水平。一直持续到 1985 年，经过深入研究和开发阶段之后，第一台混凝土精整机器人在商业中用于在办公楼、工厂、仓库和购物中心铺设混凝土地板。一旦计划允许不间断处理的工作区域超过 $500 \sim 600 m^2$，使用机器人系统就变得有效了。商业化系统的示例如图 57.19 所示。

2. 瓷砖安装

许多建筑物的外部要用抗风化瓷砖进行装修。日本的单户建筑、工厂、办公楼和高层建筑物往往都是使用瓷砖进行外墙装修。与建筑物的总表面积相比，瓷砖相对来说是小的建筑元素，因此需要使用相同的重复过程来安装大量的瓷砖，施用砂浆并将瓷砖放置在砂浆上。这和建筑外墙通常难以接近

图 57.19　混凝土精整机器人在商业中的应用示例

a）Hazama 机器人　b）Kajima Kote King 机器人
c）Takenaka Surf Robo　d）自动平整混凝土砂浆机
（由 Somero 公司提供）

的事实使得自动化系统的使用变得可行。Hazama 公司研发的瓷砖安装机器人（图 57.20）也表明，准确性可以得到提高，可以在不显著增加施工时间的情况下完成图案铺设。

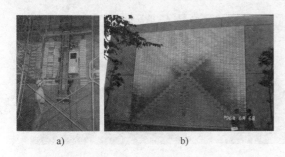

a)　　　　　　　　b)

图 57.20　Hazama 瓷砖安装机器人
a）机器人空中操作　b）完成瓷砖安装

3. 防火层喷涂

在许多国家，建筑法规要求钢结构涂有防火材料和/或阻燃涂层。只有在现场（如通过焊接）将钢结构竖立和连接后，才能涂刷防火涂层，以免干扰连接过程，并避免损坏防火涂层。因此，不可能将涂层操作转移到在高效率的结构化工厂环境中进行的上游生产步骤中。由于地震的考虑，大多数高层建筑都使用钢结构，因此，日本已开发出了能在结构竖立后喷涂防火涂层的自动化机器人系统。Shimizu 公司和其他公司开发的机器人（图 57.21）大多是自主的。

图 57.21　Shimizu 防火涂层喷涂机器人

57.3.6　机器人立面操作

立面操作涉及安装窗户、完成立面元素或建筑外墙。在现代建筑，特别是在高层建筑中，立面部件与主承重混凝土或钢结构分离，因此可以

被认为是一种附加物。立面安装操作是一项复杂的操作，涉及难以进入的区域（如没有脚手架的高空）的重型部件或元件的准确定位。这涉及受伤（因此必须采取大规模的安全措施）和损坏建筑物或元件本身的风险。而且，预制外立面元件的定位和对准需要高精度和低公差。将大型建筑物设计成整体结构（重复相同或相似的外立面元素）的普遍趋势（自 20 世纪 80 年代以来）一直是投资自动化机器人系统的主要动机。图 57.22 展示了一个遥操作的立面安装机器人的例子。

图 57.22　混凝土面板安装机器人
（由 Fujita 研究所提供）

1. 喷涂

为了简化在高层建筑建造过程中的喷涂或重喷涂工作，开发了立面喷涂机器人。立面喷涂机器人的优点在于可以保证喷涂质量的恒定。它们通常有多个喷嘴，喷涂区域是密封的，以避免条纹。外墙喷涂机器人的另一个优点是工人不会接触到有害的油漆和蒸汽。单一任务立面喷涂机器人使用以下三种不同的策略之一沿着立面移动：

1）悬索笼/缆车系统。
2）轨道导向系统。
3）真空或其他黏附技术。

使用立面喷涂机器人对于面积低于 2000m^2 的外墙立面并不被认为是具有高性价比的。因此，立面喷涂机器人主要用于仓库和摩天大楼的大面积粉刷。需要加工的外墙要求曲率低，并且在可能的情况下不得有可能妨碍机器人操作的拐角或凸起。此外，窗框的设计、窗户数量及其覆盖面积也影响了立面喷涂机器人的可行性和有效性。1984—1988 年间，

57

各家公司引进了立面喷涂机器人。日本的 Shimizu 公司和 Kajima 公司都采用吊笼或吊厢原理（分别为图 57.23a、b）。日本的 Taisei 公司为其机器人使用轨道系统，并与吊厢方法结合起来（图 57.23c）。最快的系统（Kajima 的机器人）在喷涂底漆的过程中以 290m²/h 的速度工作，底层涂料为 200m²/h，表层涂料为 290m²/h。

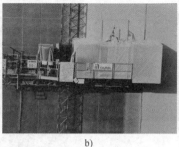

a)　　　　　　　　　b)　　　　　　　　　c)

图 57.23　立面喷涂机器人

a）Shimizu　b）Kajima　c）Taisei

2. 机器人检测和维护

在许多情况下，高层建筑的外墙立面都装有瓷砖或其他表面板。在建筑物的生命周期中，必须定期检查结构损伤并更换可能从外墙掉落的瓷砖或面板。通常情况下，工人可以通过建筑物屋顶悬挂的吊笼或者吊厢接近它们。日本的建筑公司认为这个工作过程是单调、低效和危险的。此外，用于识别损坏的瓷砖或面板的方法包括用手持式工具轻轻地撞击瓷砖或面板并聆听所发出的声音，由于风噪而难以在高空辨认这些声音。因此，为经济性考虑，开发了自动立面检测和维护机器人。在 1985—1988 年间，日本的 Kajima、Takenaka、Obayashi、Taisei、Tamagawa 和 Seki 公司开发了六种不同类型的立面检测机器人。一个检测机器人平均需要 8h 检查一个 40m 高的建筑物（3000m² 的外墙立面表面积），其中 1h 用于机器人的准备、配置、转换、拆卸和清洁工作（图 57.24a、b）。

今天，机器人系统不仅用于建筑物的建造，还用于建筑物和其他建筑产品的运营、维护和拆除。一些为建筑行业而开发的服务机器人用于检查核电站、高层建筑外墙立面，以及高层建筑外墙立面或玻璃屋顶的清洁（图 57.24c）。

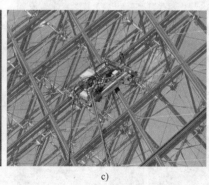

a)　　　　　　b)　　　　　　　　c)

图 57.24　机器人检测与维护示例

a）、b）Kajima 立面检测机器人　c）Comatec Robosoft 玻璃清洁机器人

57.3.7　土方工程

土方工程是一种建筑过程，通过挖掘、造坡、挖沟、刮削等类似工作来准备施工现场。土方工程领域已经有了重大的发展，而且某些任务（如造坡）现在可以完全实现自动化。图 57.25 显示了几个自动化土方设备的例子，其中一些仍然处于研发阶段，而其他的已经是商业化产品。

57

图 57.25　土方工程

a）遥操作的挖掘系统（由 Fujita 研究所提供）　b）计算机辅助道路压实系统[57.53]

c）自动分级系统（由 Caterpillar 公司提供）　d）自动拖线控制系统[57.54]

e）自动挖掘机器人[57.55]　f）自动越野自卸车[57.56]

57.3.8　道路维护

图 57.26 展示了三种不同自动化程度的机器在道路上进行坑洞填补和裂缝密封的例子。图 57.26a 所示设备是商业化产品，另外两台是美国运输部门进行的研究项目。

57

a)   b)

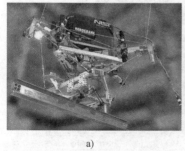

c)

图 57.26　道路维护
a）遥操作的坑洞填补机器人（由 Leeboy 提供）　b）半自动裂缝密封机器人之一[57.57]
c）半自动裂缝密封机器人之二[57.58]

57.3.9　物料搬运

材料的运输和处理是大多数施工现场的关键性工作。图 57.27 展示了在不同研究工作下开发的物料搬运机器人的实例。

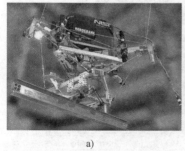

a)   b)   c)

图 57.27　物料搬运
a）6 自由度机器人起重机[57.59]　b）大型管式操作臂　c）大型操作臂系统（由 Shimizu 公司提供）

57.4　集成机器人化施工现场

经过五年的开发和近 1600 万欧元的财务支出，Shimizu 公司于 1990 年和 1991 年（图 57.28）将第一批自动化高层施工现场的原型机投入使用。从那以后，由不同的公司（Taisei、Takenaka、Kajima、Maeda 和 Kumagai）实施了 20 个自动化高层施工现场[57.60,61]。

a) b)

图 57.28　集成机器人化施工现场示例

a）在 Shimizu SMART 系统中用于运输和定位横梁、立柱、地板、建筑服务单元和立面的机器人电车

b）SMART 屋顶区域工厂视图

57

57.4.1　机器人化屋顶区域工厂方法

一个集成机器人化施工现场涉及使用半自动化和全自动化的存储、运输和组装设备和/或用于建造建筑物的几乎全自动的机器人。这是一个试图通过实时控制来改善建造过程顺序和施工现场管理的尝试。这包括从规划和设计阶段通过对现场机器人进行编程以及对施工作业进行控制和监控来实现信息的不间断流动。

机器人化屋顶区域工厂通常是在铺设地基之后建造的。生产设备安装在组装和运输机器人安装的钢结构上，然后用塑料薄膜完全覆盖屋顶。根据所使用的屋顶系统，这一过程需要 3~6 周的时间，之后机器人才能投入生产。由于日本的建筑物周围空间不足，也经常安装钢铁和混凝土生产设施，在 10min 的时间周期内供应零件以保证即时性。

检查预制件，然后将其放置在建筑物脚下的指定仓库或建筑物内，使得机器可以轻松到达。自动化建造过程实际从这里开始。多达 22 个配备有自动起重机绞盘的机器人将支柱、地板、天花板、墙壁和其他部件运送到正在施工的钢骨架的地板上。然后将这些部件几乎完全自动地定位和固定。钢柱和支架在定位后由焊接机器人连接在一起。用激光传感器监测焊缝的位置和质量。

在 Obayashi 自动施工建筑系统（ACBS）（图 57.29 和 🅥 VIDEO 272 ）中，每当完成一层，架设在四根柱子上的整个支撑结构被液压机在 1.5h 内向上推动到下一层。充分伸展的支撑结构有 25m 高，收起时则是 4.5m 高。当所有的东西都被搬走，下一层的作业就开始了。在建造过程的开始阶段将高层建筑的最顶层作为屋顶建设，并将场地四面封闭，可大大降低天气的影响和可能造成的任何损害。

a) b) c)

图 57.29　Obayashi ABCS

a）早期建造阶段　b）中期建造阶段　c）末期建造阶段

57.4.2　机器人化地面工厂方法

Kajima 公司开发的 AMURAD 系统（图 57.30）

是基于第一层（当前为顶层）建成后的思想开展构建的一种建筑方式。借助大型液压系统一次把系统推上一层楼，然后开始安装管路、电气和机械设备

以及外墙的内部装饰和覆盖。重复这个过程，直到建筑物完工，最后一个建成的楼层成为底层。为了实现 AMURAD 系统，开发了三个自动化系统用于推升整个建筑物，运输和组装以及物料搬运。

a)   b)

图 57.30   AMURAD 建造策略：
全面推进整个建筑物

a）早期建造阶段   b）后期建造阶段

57.4.3   机器人化拆除与回收

基于机器人系统的受控拆除可以与零件回收系统相结合，因为钢结构等一些组件的使用寿命较长，并且整个再循环（即报废、熔化和重铸）消耗大量的能量。在组件回收系统中，所有的结构建筑组件都被当作折价物。因此，拆除过程包含了一个反向的建筑过程，如果它是基于工业化制造的，所有拆除的零部件都可以直接重新进入制造系统。Kajima 公司的 DARUMA 系统（图 57.31）能够实现这种受控的拆除过程。拆解后的钢结构件被按序即时运送到专门的拆解工厂，旧的接头和装饰件可以在工厂拆除，并进入下一步的再利用循环。可以检查和翻新模块化和标准化的结构单元，然后根据每个客户的需求装备新的结构。组件回收系统可以

a)   b)

图 57.31   系统化和自动化逐层建筑
拆除的 DARUMA 系统

a）早期拆除阶段   b）后期拆除阶段

连接到先进的建筑 ERP 系统，公司可以匹配那些想要销售其模块化建筑以供再利用的客户，以及愿意购买回收利用的建筑模块以供进一步定制的客户。翻新后的建筑组件在工厂内进行重组和定制，并运送到其他建筑工地。受控拆除和组件回收的组合系统可省大量材料和能源。

通过采用集成工业过程，建筑业将有机会处理与可持续经济、环境和社会发展相关的所有参数。以创新型工业化为导向的建筑设计结构和建筑结构、物流、设备和流程的适当模块化和标准化可以作为一个基本的整合框架。定制的预制件可以进一步为施工现场提供个性化的元素。超灵活机器人系统可以帮助少量的训练有素的工作人员进行定位、连接和修整工作。基于按序即时的资源供应，建筑业 ERP 系统可支持组织和以精益和需求为导向的建造，而本地工厂提供个性化和简化的后勤工作。更进一步地，集成工业过程不仅局限于制造，而且还把受控拆除和零件回收系统连接到一个可持续资源循环的网络上。

除了全自动的拆除系统之外，一些遥操作拆除机器人也已在建筑行业被广泛采用。两个示例如图 57.32 所示。

a)   b)

图 57.32   遥操作拆除机器人示例

a）遥操作拆除机器人（由 Brokk AB 提供）   b）水射流拆除机器人（由 Conjet AB 提供）

57.5　目前尚未解决的技术问题

最近的一项研究发现，由于与信息交换和管理实践相关的互用性不足，美国建筑业每年未能实现约 150 亿美元的潜在节约[57.62]。

57.5.1　互用性

在建造中使用的各种信息系统之间缺乏互用性是行业效率低下的重要原因，而且它也是在建造中使用自动化系统的障碍。自动化系统需要建造项目过去、现在和/或可预测的未来状态的电子信息，以有效地发挥作用。

例如，为了使机器人起重机从现场抓取钢梁并将其递送至目标位置，机器人必须能够知道钢梁已经被送到现场，以及其当前的位置和方向。虽然现场零件清单信息可能写在纸上，但除非有人将其手动输入某个计算机系统，否则很难以电子信息形式呈现，而该计算机系统又可能与该项目中使用的其他系统不兼容。在本章介绍的许多自动化建造技术的例子中，必须设计定制的电子数据库和/或数据格式来解释机器人的操作。在一些情况下，电子信息必须从纸张手动输入到计算机中以使机器人正常工作。

除了信息交换和管理之外，建造中使用的许多测量仪器和传感器也不具有互用性。这个问题不仅限于建筑领域，而且在许多使用不同类型传感器的机器人应用中都是一个相对较大的问题。目前使传感器可以互用[57.63]和建筑装备通用化[57.64]的努力正在进行，但这些问题还有待解决。

57.5.2　结构连接系统

传统上，建筑中的结构件连接被设计成用于人工安装。无论是使用螺栓、焊接还是其他连接类型，通常需要手工操作将配合部件引导到一起并建立连接。

例如，在钢结构架设中，位于结构上的工人通常通过视觉或听觉信息引导起重机操作员，以使钢梁（或柱）到位。然后，工人们必须手动调整梁，以对齐相应的表面进行螺栓连接或焊接。一旦梁达到了正确姿态，必须由工人暂时将梁固定在结构上并保持正确姿态。然后工人从起重机上释开梁，并在稍后的阶段将梁永久地固定到结构上。

为了使自动化（或机器人）建造正常工作，必须设计更适合自动化的新型连接。这些连接不需要模仿传统的、人工安装的连接方式，而是应该为使用机器人而进行优化。例如，美国理海大学大型结构系统先进技术（ATLSS）中心早在 20 世纪 90 年代初就设计了一种比较适合自动化建造的仅受剪切力的插入式钢制连接件[57.65]（图 57.33）。在适当的控制策略和较小的公差下，这种用于建筑模块自动组装的公母连接件允许用自动起重机进行组装[57.66]。

图 57.33　一个仅受剪切力的插入式钢制连接件

一个更适合自动化的非结构连接件的例子是为未来家园项目开发的管路和电气连接件，如图 57.34 所示[57.21,67]。

a)　　　　　　　　　　　　b)

图 57.34　一种管路和电气连接件

a) 拆开的状态　b) 组装好的状态

尽管自动化焊接在有限的一些建筑形式中得到了应用，但是它通常用于替代手工焊接而不改变被焊接部件的设计。换句话说，没有因为自动化焊接发生建筑部件设计方式的重大变革。此外，除了在施工现场应用自动化焊接的一些例子之外，其他大部分有限的应用在部件制造厂中完成。

57.5.3 公差

大多数建筑类型都有建筑行业公差的规定，但实际上并不总能达到规定要求[57.68]。例如，有人说美国钢结构安装中最大的问题之一就是制造件公差常常是不合格的，而这只有在施工现场安装时才能发现[57.69]。然而，由于成品设施在交付之前必须达到设计公差，所以在建造期间将这一负担转移给了工人和主管，期望工人们在出现问题时能够处理，而不是期望所有制造的建筑部件都在公差范围内。由于大多数建造项目都安排在紧张的时间表中，通常最好是在现场解决这些问题，而不是等待制造和交付更换的部件。

但是，公差问题并不都是制造误差造成的。安装问题也是造成超公差问题的原因。例如，锚杆安装一直是钢结构安装领域关注的一个领域。锚杆（或螺栓）是混凝土地基和钢结构柱之间的连接界面，通常在混凝土干燥之前由混凝土地基工人安装。锚杆形式与所配合柱中的孔洞不匹配的情况是建造中一个确实存在的问题[57.26,70]。

由于建造中的公差相对宽松，机器人在建造中的应用面临着一场艰苦的战斗。再考虑到施工现场环境的非结构化特性，这要求机器人要么是高度智能的，以便正确地理解周围环境并做出反应，要么得到人工辅助。但是，随着降低成本和提高生产力的压力不断加大，现场结构和公差将有所改善。在日本[57.71]已经证明，在一些情况下，现场组织和建造公差的改进是可以实现的。但是，这些示范项目的经济效益还没有出现。

57.5.4 现场的电力和通信

在制造环境中，经过特定设计的工厂已经配备了必要的电力和通信设备。与其不同的是，一个建造项目通常在现场安装这些配套设备之前就开始了。因此，需要与不位于现场的监控系统进行通信的大功率机器人的成本控制将会面临很大的挑战。

虽然通信技术在过去几十年中已经取得了显著进步，但在施工现场维持一个可靠的局域网并将该网络连接到互联网仍然是困难的。使用具有即按即说功能（传统双向无线电通信方法的数字版本）的移动电话已经在很大程度上取代了传统的双向无线电（通信方法），这也使施工现场通信发生了革命性的变化。然而，为了使施工现场变得更加自动化，可靠的抗干扰高带宽网络必须能够在传感器、机械和监控系统之间进行数据传输。

57.5.5 传感

现场测量是建造过程的一个组成部分。卷尺和经纬仪已分别在数十年的建筑中用于测量距离和角度。但是，现场测量不仅限于距离和角度，还可以包括安装数量的测量、完成工作的百分比等。所有这些测量都是必要的，以便能够安排将要建造建筑的地点，测量竣工建筑与预期设计的一致性，以及监测安全性、生产率和进度。

数十年来，更多在施工现场进行测量的先进手段已经开始发挥作用。包括（但不限于）全站仪、全球定位系统、室内定位系统、超级宽带、激光扫描仪、地面探测雷达、设备和结构健康监测传感器、混凝土成熟度仪表和无线电频率识别[57.72-84]。这些技术和尚未在建筑行业采用的其他技术对于在建造中实现更多自动化和机器人技术至关重要。然而，尽管技术方面存在诸多挑战，但在施工现场实现机器人化的最大挑战之一是能否向机器人提供每样东西的位置，以及其他设备工作状态的准确和即时的信息。这个挑战最终将通过引入更复杂的传感与感知系统来解决。

57.6 未来方向

如前所述，开发新的收集、处理、分析和交流建造信息的方法是建造自动化研究的一个重要领域，并将主导近年来的研究工作。随着这种建造信息变得更容易获得，设计信息和当前现场状态可以被精确地捕获和共享，它们的组合直接允许过程的自动化。资源跟踪将变得无处不在，并且整个现场将能即时地提供所需的材料和设备。

移动能力的进展（仿人机器人、智能车、腿式运动等）将允许在工作现场进行更多的自动化物料处理。为了可以提供高有效载荷和良好定位精度的建造机器人，这些进展将需要更好的控制系统。机器人在施工现场使用的增加也将推动工作在工人和其他机器周围的建造机器人安全系统的研究。

也许最重要的是，更广泛的自动化设计系统将允许更多的建筑组件预制，以及现场组装这些组件的新方法，这反过来将为 20 世纪 80 年代首次设想的更快、更好和更便宜的建造机器人技术提供希望。

57.7 结论与延展阅读

机器人在建筑领域的应用还没有赶上汽车制造等其他行业。建筑业对机器人应用提出了独特的挑战。施工环境杂乱无章，需要与工人配合。另外，建造过程通常是劳动密集型的，必须在建造的建筑中容许大量的误差。迄今为止，机器人技术在建造中的应用仅限于商业化的遥操作和可编程机械。目前，自动或半自动机器人大多局限于各种非建筑组织的研究项目。随着全球建筑市场竞争的加剧，建筑公司正在寻求提高生产率、质量和安全的途径。自动化和机器人的使用是行业慢慢转型的一条途径。但是，在这些潜在解决方案能够成功应用之前，需要做大量工作来提高施工容差、制定标准，并实现实时的现场状态监测。

国际建造自动化和机器人学会（IAARC）每年举办一次年度会议（建造自动化和机器人技术国际研讨会），研究人员可以在会上介绍该领域的最新进展。该会议的论文集记录了大量关于该领域的最新信息，并通过 IAARC 的网站（www. iaarc. org）向公众开放。

有几份期刊发表过有关建造自动化各个方面的文章。其中最值得注意的是《建造自动化》（*Automation in Construction*）《计算机辅助设计土木和基础设施工程》（*Computer-Aided Civil and Infrastructure Engineering*）《土木工程中的计算》（*Journal of Computing in Civil Engineering*）和《建造工程和管理》（*Journal of Construction Engineering and Management*）。此外，一些刊物还出版了有关建造机器人的特刊，如《自主机器人》（*Autonomous Robots*）和《高级机器人系统》（*Journal of Advanced Robotic Systems*）。

57

视频文献

▶ **VIDEO 272** Obayashi ACBS (Automatic Constructions Building System)
available from http://handbookofrobotics.org/view-chapter/57/videodetails/272

参考文献

57.1　E. Ginzberg: The mechanization of work, Sci. Am. **247**(3), 66–75 (1982)

57.2　US Census Bureau: *Value of Construction Put in Place – Seasonally Adjusted Annual Rate* (U.S. Census Bureau, Washington DC 2012), http://www.census.gov/

57.3　Bureau of Labor Statistics: *Industries at a Glance: Construction: NAICS 23* (US Department of Labor, Washington DC 2012), http://www.bls.gov/iag/tgs/iag23.htm

57.4　US Census Bureau: *Statistics of U.S. Businesses* (U.S. Census Bureau, Washington DC 2012), http://www.census.gov/csd/susb/

57.5　European Commission: *Eurostat Regional Yearbook 2012* (Publications Office of the European Union, Luxembourg 2012), http://ec.europa.eu/eurostat/web/products-statistical-books/-/KS-HA-12-001

57.6　Statistics Bureau, Ministry of Internal Affairs and Communications: *Statistical Handbook of Japan* (Statistics Bureau, Tokyo 2012), http://www.stat.go.jp/english/data/handbook/index.htm

57.7　National Bureau of Statistics of China: *The Results of Preliminary Verified GDP for the First Three Quarters in 2012* (National Bureau of Statistics of China, Beijing 2012) http://www.stats.gov.cn/english/pressrelease/201211/t20121102_72217.html

57.8　National Bureau of Statistics of China: *China Statistical Yearbook* (China Statistics Press, Beijing 2012), http://www.stats.gov.cn/tjsj/ndsj/2012/indexeh.htm

57.9　D. Crosthwaite: The global construction market: A cross-sectional analysis, Constr. Manag. Econ. **18**(5), 619–627 (2000)

57.10　D.W. Halpin, R.W. Woodhead: *Construction Man-*

57

agement, 2nd edn. (Wiley, New York 1998)

57.11　K.S. Saidi: *Possible Applications of Handheld Computers to Quantity Surveying*, Dissertation (Univ. Texas, Austin 2002)

57.12　T. Greaves, B. Jenkins: *Capturing Existing Conditions with Terrestrial Laser Scanning: A Report on Opportunities, Challenges and Best Practices for Owners, Operators, Engineering/Construction Contractors and Surveyors of Built Assets and Civil Infrastructure* (Spar Point Research, Danvers 2004)

57.13　J.G. Everett, A.H. Slocum: Automation and robotics opportunities – Construction versus manufacturing, J. Constr. Eng. Manag. ASCE **120**(2), 443–451 (1994)

57.14　L.A. Demsetz: Task Identification for construction automation, 6th Int. Symp. Autom. Robotics Constr. (1989) pp. 95–102

57.15　R. Kangari, D.W. Halpin: Potential robotics utilization in construction, J. Constr. Eng. Manag. **115**(1), 126–143 (1989)

57.16　R.L. Tucker: High payoff areas for automation applications, 6th Int. Symp. Autom. Robotics Constr. (1988) pp. 9–16

57.17　L. Cousineau, N. Miura: *Construction Robots: The Search for New Building Technology in Japan* (ASCE, Reston 1998)

57.18　J.G. Everett, H. Saito: Construction automation: Demands and satisfiers in the United States and Japan, J. Constr. Eng. Manag. ASCE **122**(2), 147–151 (1996)

57.19　M. Taylor, S. Wamuziri, I. Smith: Automated construction in Japan, Proc. ICE Civil Eng. **156**(1), 34–41 (2003)

57.20　J. Maeda: Current research and development and approach to future automated construction in Japan, Proc. Constr. Res. Congr. (2005) p. 2403

57.21　C. Balaguer, M. Abderrahim, J.M. Navarro, S. Boudjabeur, P. Aromaa, K. Kahkonen, S. Slavenburg, D. Seward, T. Bock, R. Wing, B. Atkin: FutureHome: An integrated construction automation approach, IEEE Robotics Autom. Mag. **9**(1), 55–66 (2002)

57.22　Y. Maruyama, Y. Iwase, K. Koga, J. Yagi, H. Takada, N. Sunaga, S. Nishigaki, T. Ito, K. Tamaki: Development of virtual and real-field construction management systems in innovative, intelligent field factory, Autom. Constr. **9**(5/6), 503–514 (2000)

57.23　C. Balaguer: Soft robotics concept in construction industry, World Autom. Congr. (2004) pp. 517–522

57.24　K.A. Reed: The role of the CIMSteel integration standards in automating the erection and surveying of structural steelwork, 19th Int. Symp. Autom. Robotics Constr. SP989 (NIST, Gaithersburg 2002)

57.25　N.J. Shih: The application of a 3-D scanner in the representation of building construction site, ISARC 2002: 19th Int. Symp. Autom. Robotics Constr. (2002) pp. 337–342

57.26　B. Akinci, F. Boukamp, C. Gordon, D. Huber, C. Lyons, K. Park: A formalism for utilization of sensor systems and integrated project models for active construction quality control, Autom. Constr. **15**(2), 124–138 (2006)

57.27　G.S. Cheok, W.C. Stone: Non-intrusive scanning technology for construction assessment,

57.28　IAARC/IFAC/IEEE. Int. Symp. (1999) pp. 645–650 K. McKinney, M. Fischer: Generating, evaluating and visualizing construction schedules with CAD tools, Autom. Constr. **7**(6), 433–447 (1998)

57.29　B. Akinci, M. Fischer, J. Kunz: Automated generation of work spaces required by construction activities, J. Constr. Eng. Manag. ASCE **128**(4), 306–315 (2002)

57.30　V. Kamat, R. Lipman: Evaluation of standard product models for supporting automated erection of structural steelwork, Autom. Constr. **16**(2), 232–241 (2006)

57.31　C.M. Eastman: *Building Product Models* (CRC, Boca Raton 1999)

57.32　T. Bock, A. Malone: The Integrated Project ManuBuild of the EU, ISARC 2006 23rd Int. Symp. Autom. Robotics Constr. (2006) pp. 361–364

57.33　G. Aouad, J. Kirkham, P. Brandon, F. Brown, G. Cooper, S. Ford, R. Oxman, M. Sarshar, B. Young: Information modeling in the construction industry – The information engineering approach, Constr. Manag. Econ. **11**(5), 384–397 (1993)

57.34　G. Beer: Tunconstruct: A new european initiative, T&T Int. FEV (2006) pp. 21–23

57.35　H.M. Huang: *Autonomy Levels for Unmanned Systems (ALFUS) Framework Volume I: Terminology Version 2.0, NIST Special Publication 1011-I-2.0* (NIST, Gaithersburg 2008), http://www.nist.gov/el/isd/ks/upload/NISTSP_1011-I-2-0.pdf

57.36　Y.F. Ho, H. Masuda, H. Oda, L.W. Stark: Distributed control for tele-operations, IEEE/ASME Trans. Mechatron. **5**(2), 100–109 (2000)

57.37　S. Singh: State of the art in automation of earthmoving, ASCE J. Aerosp. Eng. **10**(4), 179–188 (2002)

57.38　H. Quang, M. Santos, N. Quang, D. Rye, H. Durrant-Whyte: Robotic excavation in construction automation, IEEE Robotics Autom. Mag. **9**(1), 20–28 (2002)

57.39　J. Albus, R. Bostelman, N. Dagalakis: The NIST RoboCrane, J. Robotic Syst. **10**(5), 709–724 (1993)

57.40　K.S. Saidi, A.M. Lytle, W.C. Stone, N.A. Scott: *Developments toward automated construction, NIST Interagency Rep. 7264* (NIST, Gaithersburg 2005)

57.41　S.C. Kang, E. Miranda: Physics based model for simulating the dynamics of tower cranes, 10th Int. Conf. Comput. Civil Build. Eng. (ICCCBE) (2004)

57.42　Weckenmann LLC: Machinery and plant systems for the production of precast concrete elements, http://www.weckenmann.com/en

57.43　M. Damlund, S. Goth, P. Hasle, K. Munk: Low back pain and early retirement among Danish semi-skilled construction workers, Scand. J. Work, Environ. Health **8**(1982), 100–104 (1982)

57.44　S. Schneider, P. Susi: Ergonomics and construction: A review of potential hazards in new construction, Am. Ind. Hyg. Assoc. J. **55**, 635–649 (1994)

57.45　T. Bock: *Robot Oriented Design* (Shokokusha Publishing, Tokyo 1988)

57.46　T. Bock: *A study on Robot-Oriented Construction and Building System, Thesis for Doctorate of Engineering, Report Number 108066* (University of Tokyo, Tokyo 1989)

57.47　T. Bock, T. Linner: *Robot-Oriented Design and Management* (Cambridge Univ. Press, Cambridge 2014)

57.48　T. Bock: The Japanese approach of SMAS–solid material assembly system and the European approach of ROCCO-robotic assembly system for computer integrated construction, EC-Japan Conf. (Reading University, Reading 1995)

57.49　G. Wickström, T. Niskanen, H. Riihimäki: Strain on the back in concrete reinforcement work, Br. J. Ind. Med. **42**(4), 233–239 (1985)

57.50　H. Benckert: Mechydronic for boom control on truck-mounted concrete pumps, Tech. Symp. Constr. Equip. Technol. 2003 (2003)

57.51　F. Gebhart, G. Mayer, F. Ott, A. Barren, B. Heid, W. Schencking, E. Andres Puente, T. Bock, A. Delchambre: Final report of the ROCCO project, ESPRIT III program of the European Union (1998)

57.52　T. Bock: Plenary paper: State of the art of automation and robotics in construction in Germany ROCCO: Robotic assembly system for computer integrated construction, 13th ISARC, Int. Conf. Autom. Robotics Constr., Tokio (1996)

57.53　F. Peyret: The Achievements of the computer integrated road construction project, 17th IAARC/CIB/IEEE/IFAC/IFR Int. Symp. Autom. Robotics Constr. (ISARC) (2000)

57.54　Commonwealth Scientific, Industrial Research Organisation: *Mining Robotics Project* (CSIRO, Clayton South 2006), https://wiki.csiro.au/display/ASL/Dragline+Automation

57.55　D.A. Bradley, D.W. Seward: The development, control and operation of an autonomous robotic excavator, J. Intell. Robotic Syst. **21**(1), 73–97 (1998)

57.56　P. Coal, C. Hughes: *Project C8001: Introduction of Autonomous Haul Trucks. Final Report* (Australian Coal Research, Brisbane 1997)

57.57　C. Haas, K. Saidi, Y. Cho, W. Fagerlund, H. Kim, Y. Kim: *Implementation of an Automated Road Maintenance Machine (ARMM), Center for Transportation Research, Project Summary Report* (NIST Interagency Rep., 7264 2005)

57.58　D.A. Bennett, X. Feng, S.A. Velinsky: AHMCT automated crack sealing program and the operator controlled crack sealing machine, Transp. Res. Board Annu. Meet. (2003)

57.59　A.M. Lytle, K.S. Saidi: NIST research in autonomous construction, Auton. Robots **22**(3), 211–221 (2007)

57.60　T. Linner: Automated and Robotic Construction: Integrated Automated Construction Sites, Dissertation (Universität München, München 2013)

57.61　T. Bock, T. Linner: *Logistics, Site Automation and Robotics: Automated/Robotic On-site Factories* (Cambridge Univ. Press, Cambridge 2014)

57.62　M.P. Gallaher, R.E. Chapman: *Cost Analysis of Inadequate Interoperability in the US Capital Facilities Industry* (National Institute of Standards and Technology, Gaithersburg 2004), US Dept. of Commerce, Technology Administration

57.63　K.B. Lee, M.E. Reichardt: Open standards for homeland security sensor networks, Instrum. Meas. Mag. IEEE **8**(5), 14–21 (2005)

57.64　E.F. Begley, M.E. Palmer, K.A. Reed: *Semantic Mapping Between IAI ifcXML and FIATECH AEX Models for Centrifugal Pumps* (National Institute of Standards and Technology, Gaithersburg 2005)

57.65　R. Fleischman, B.V. Viscomi, L.W. Lu: Development, analysis and experimentation of ATLSS connections for automated construction, Proc. 1st World Conf.

Steel Struct. (1992)

57.66　S. Garrido, M. Abderrahim, A. Gimenez, C. Balaguer: Anti-swinging input shaping control of an automatic construction crane, IEEE Trans. Autom. Sci. Eng. **5**(3), 549–557 (2007)

57.67　T. Bock: Montage und Demontage im Holzbau mittels Schnellverschlüssen, BMBF Projektnummer: 0339835/5

57.68　J.K. Latta: *Inaccuracies in Construction*, Canadian Building Digest 171 (Institute for Construction, National Research Council Canada, Ottawa 1975), http://web.mit.edu/parmstr/Public/NRCan/CanBldgDigests/cbd171_e.html

57.69　A.M. Lytle, K.S. Saidi (Eds.): *Proceedings of the 23rd ISARC* (International Association for Automation and Robotics in Construction, Tokyo 2006)

57.70　A.M. Lytle, K.S. Saidi (Eds.): *Automated Steel Construction Workshop 2002* (National Institute of Standards and Technology, Gaithersburg 2004)

57.71　Y. Miyatake: SMART system: A full-scale implementation of computer integrated construction, 10th Int. Symp. Autom. Robotics Constr. (1993)

57.72　C. Lindfors, P. Chang, W. Stone: Survey of construction metrology options for AEC industry, J. Aerosp. Eng. **12**, 58 (1999)

57.73　S. Kang, D. Tesar: A novel 6-DoF measurement tool with indoor GPS for metrology and calibration of modular reconfigurable robots, IEEE ICM Int. Conf. Mechatron., Istanbul (2004)

57.74　L.E. Bernold, L. Venkatesan, S. Suvarna: Equipment mounted multi-sensory system to locate pipes, Pipelines **130**, 112 (2004)

57.75　D.A. Willett, K.C. Mahboub, B. Rister: Accuracy of ground-penetrating radar for pavement-layer thickness analysis, J. Transp. Eng. **132**, 96–103 (2006)

57.76　C.L. Barnes, J.F. Trottier: Effectiveness of ground penetrating radar in predicting deck repair quantities, J. Infrastruct. Syst. **10**, 69 (2004)

57.77　J.A. Huisman, S.S. Hubbard, J.D. Redman, A.P. Annan: Measuring soil water content with ground penetrating radar – A review, Vadose Zone J. **2**(4), 476–491 (2003)

57.78　G.W. Housner, L.A. Bergman, T.K. Caughey, A.G. Chassiakos, R.O. Claus, S.F. Masri, R.E. Skelton, T.T. Soong, B.F. Spencer, J.T.P. Yao: Structural control: Past, present, and future, J. Eng. Mech. **123**(9), 897–971 (1997)

57.79　US Department of Transportation: *Maturity Meters: A Concrete Success*, ed. by L. Pope (Federal Highway Administration (FHWA), Washington 2002)

57.80　S.V. Ramaiah, B.F. McCullough, T. Dossey: *Estimating in situ Strength of Concrete Pavements Under Various Field Conditions* (Univ. of Texas, Austin 2001), Center Transport. Res.

57.81　J. Song, C. Haas, C. Caldas, E. Ergen, B. Akinci, C.R. Wood, J. Wadephul: *Field Trials of RFID Technology for Tracking Fabricated Pipe – Phase II* (FIATECH, Austin 2003), http://www.fiatech.org/images/stories/techprojects/project_deliverables/SC_FieldTrialsofRFIDTechnologyfor TrackingFabricatedPipe_PhaseII.pdf

57.82　J. Song, C.T. Haas, C. Caldas, E. Ergen, B. Akinci: Automating the task of tracking the delivery

57

57

and receipt of fabricated pipe spools in industrial projects, Autom. Constr. **15**(2), 166–177 (2006)

57.83　J. Aksoy, I. Chan, K. Guidry, J. Jones, C. R. Wood: *Materials and Asset Tracking Using RFID: A Preparatory Field Pilot Study* (FIATECH, Austin 2004), http:// www.fiatech.org

57.84　J. Kang, P. Woods, J. Nam, C.R. Wood: *Field Tests of RFID Technology for Construction Tool Management* (FIATECH, Austin 2005), http://www.fiatech.org

第 58 章

危险环境作业机器人

James Trevelyan, William R. Hamel, Sung-Chul Kang

机器人研究人员一直在努力实现一个期待已久的愿景：机器人可以替代人们在危险环境工作。在这一章中，我们将回顾这一研究进程。研究者们尚面临着诸多挑战，但他们已在某些领域取得显著的进展。根据危险的性质和严重程度，危险环境对完成预期任务提出特殊挑战。危险可能以辐射、有毒污染、坠落物或潜在爆炸的形式存在。专业工程公司可以在没有研究人员积极帮助的情况下开发和销售技术，标志着前期的商业可行性。在这个领域内包括了用于易爆军械处理（EOD）的遥操作机器人，以及用于水下工程作业的遥操作机器人。即便受当前远程呈现和遥操作技术的限制，机器人能发挥的性能十不存一，它们依旧能为我们面临的大多数问题提供一个更为有效的解决方案。然而，机器人在危险环境中的大多数常规应用仍然远远超出了前期可行性。消防、救援、高等级核污染处理、反应堆退役、隧道挖掘、水下工程、地下采矿、清除地理和未爆弹药的处理等应用依然存在诸多亟待解决的问题。

58

58.1 危险环境作业：机器人解决方案的必要性

根据危险的性质和严重程度，危险环境对完成预期任务提出特殊挑战。危险可能以辐射、有毒污染、坠落物或潜在爆炸的形式存在。当危险的程度达到人类接触将直接威胁生命或造成长期健康负面影响时，必须采用某种形式的远程操作（即遥操作）以将人类与危险分开。此类操作的广泛示例是涉及核辐射的环境；事实上，现代机器人技术中的许多技术根源都可以追溯到核电遥操作机械手及支持系统。多年来，使用允许人类在安全环境中有效工作的工程系统的遥操作和

操作技术正不断发展。如今，这种遥操作系统已在许多领域得到了广泛的应用，并常用于爆炸物处理、安全操作和危险生物材料的处理。

遥操作系统通常包含移动、操作、加工、感知和人机接口的子系统（图58.1）。标称操作包括这些子系统的协同工作以完成遥操作目标。任何远程处理系统最终都会经历一些意外环境事件或系统故障所引起的非标称操作。基本思想是通过电源和信号基础设施将人类操作员连接到远程环境，从而允许远程环境中的有效操作：机械化

设备和传感器系统上执行有效操作。这些远程环境可以将人类的感知和行动能力投射到危险环境中以执行远程操作。这种投射越真实，人的遥操作将越自然和有效。

58

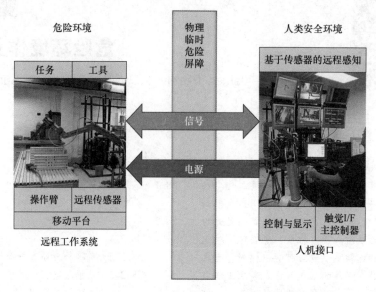

图 58.1　遥操作系统的基本子系统

由于其固有的复杂性和遥操作的本质，操作员培训是一项重大挑战，需要使用模拟和冷测试设施，为操作员提供全面和真实的培训。此类培训通常涵盖标称和预期的非标称操作的所有方面。

远程操作系统本身最终会出现设备故障。发生故障时，对系统的远程维护/操作必须是其基本设计和操作功能的组成部分。必须提供硬件/软件功能来分析、恢复和修正故障。

机器人研究人员一直在努力实现一个期待已久的愿景：机器人可以代替人们在危险环境工作。在本章中，我们回顾了该领域的研究进展。研究人员仍然面临许多挑战，但在某些领域已经取得了显著进展。

专业工程公司可以在没有研究人员积极帮助的情况下开发和销售技术，标志着前期的商业可行性。在这个领域内包括了用于易爆军械处理（EOD）和水下工程作业的遥操作机器人[58.1,2]，即使与人类的灵巧度和速度相比，现代远程呈现和遥操作技术的局限性在操纵性能上造成了巨大劣势，机器人通常也能提供更具成本效益的解决方案。当然，如果人们需要穿防护服来保护自己免受危险，那么他们的耐力和灵活性就会受到限制。

商业激励所激发的创造力可以大大降低遥操作设备的运营成本。图 58.2 展示了 NOMAD ROV 的优雅简洁，它通过一个简单的电动绞盘使自己下潜更深，可在夜间或恶劣天气下放置。而自由泳动机器人的结构要复杂得多，价格昂贵得多，在不受主动控制的情况下必须被拖出水面。

有限的自主权或在限定时间内的自主操作可以缓解操作员的疲劳，并允许无人机（UAV）进行扩展侦察任务，偶尔进行精确的武器投放。这样的任务对于有人驾驶的飞机则太危险或过于政治敏感。

即使在 21 世纪的第一个十年之后，拥有 60 多年的遥操作经验，大多数危险应用仍然远远超出商业可行性的边界。消防、救援、高等级核污染处理[58.3]、反应堆退役、隧道挖掘，以及多数地雷和未爆弹药的处理问题依旧亟待解决。2000 年和 2001 年媒体报道的大多数使用第一代地雷救援机器人的尝试只会让那些经常冒着生命危险拯救被困同事的人们分心（例如，澳大利亚的 Nubat 机器人[58.4]）。2011 年 3 月海啸摧毁了日本部分地区，引发了福岛第一核电站灾难，这是对我们有效使用机器人执行危险任务能力的现实检验。除了核材料处理行业特有的工程环境精心设计外，几个机器人令人失望的性能表现也表明了我们还有很远的路要走。

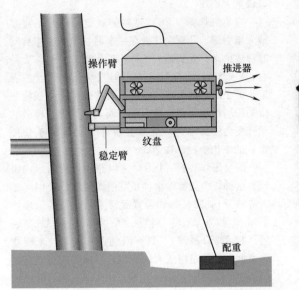

图 58.2　NOMAD ROV

注：与传统自由泳动机器人相比，该机器人展示了一种巧妙简单的技术布局。（由澳大利亚 Total Marine Technology 公司提供）

58.2　应用

　　机器人系统在危险环境中的应用范围非常广泛。针对这些不同环境的解决方案同样多种多样。一般来说，此类应用涉及与相关任务的不确定性和非结构化性质相关的独特挑战。在本次讨论中，选择了两个截然不同的应用领域，让读者更深入地了解技术演进、成就和遗留的挑战。我们将讨论的第一个应用是消除地雷，有时也称为排雷，这是当前具有人道主义重要性与极其困难和危险的户外条件的应用领域。第二个应用领域是危险核材料和生物材料处理，这是一个有着数十年历史的行业，对机器人操作和移动的研究与开发的许多方面产生了强烈影响。我们在本节结束时简要讨论了从福岛第一核电站灾难中吸取的教训，这些教训有助于强化我们的论点，即我们仍处于危险环境中常规操作机器人技术的早期发展阶段。

58.2.1　排雷

　　开发用于辅助排雷作业的实用机器人装备只取得了有限的进展。尽管遥控技术使一些现存的设备和车辆能够用于危险场合，但研制出可靠的机器人化排雷设备仍需要走很长的路。

　　地雷是一种简单的受害者触发爆炸装置，第二次世界大战期间，在欧洲和北非被广泛使用。1945—1946 年，大范围的军事清除行动几乎清理了当时使用的所有地雷（见参考文献［58.5］第一部分）。

　　在之后的数十年间，地雷再次被广泛地使用。自 20 世纪 60 年代开始，在越南和柬埔寨的战场上，地雷同杀伤性集束炸弹一起造成大量民众和军队的伤亡。然而，直到 20 世纪 80 年代，由于阿富汗、安哥拉、柬埔寨以及其他几个国家广泛地使用地雷，人们才认识到排雷是重要的人道主义问题。在国内冲突之后，地雷阻碍了重建家园所需的援助。

　　通过红十字会和国际禁止地雷运动（ICBL）的共同努力，在 1997 年的《渥太华禁雷公约》中颁布了禁止使用地雷的法令。面对数以万计的儿童因地雷而失去双腿，甚至是生命，上百个研究人员正致力于研究消除这种隐患的新技术。截至 2000 年，ICBL 的数据结果显示，超过 80 个国家正受到地雷和其他爆炸性残留物（如集束炸弹）的威胁。根据近期报道，少数几个国家和非政府组织仍在继续使用地雷。尽管如此，集束炸弹和其他弹药等战争遗留爆炸物再次成为伊拉克、阿富汗、利比亚和叙利亚日益严重的问题。

在许多国家，仍然有少数几种地雷和未爆炸军事武器（UXO）给当地人们带来困扰。

防步兵（AP）冲击波爆破型地雷主要由具有小金属撞针的塑料雷体、炸药组成，典型的含有20~100g的炸药（图58.3）。这种地雷仅在距人几厘米的范围内才能发挥其巨大的杀伤力。典型的形式是地雷被安放在地表下，只要敌人踩到地雷，就会引发地雷爆炸。爆炸后产生的碎片会高速穿破人的腿部。如果受害人能够及时到达医院并截除膝盖上部或下部的肢体，将得以保全性命；但受害人将需要安装义肢，并定期更换。

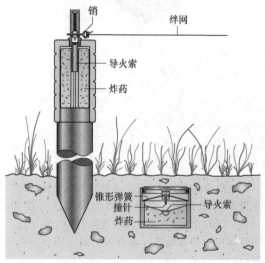

图58.3　防步兵碎片杀伤地雷（左边）与埋入地下的冲击波爆破型地雷（右边）

防步兵碎片杀伤地雷与传统爆炸原理相似，由厚重的金属外壳包裹，在地表以上爆炸时产生高速运动的碎片。传统地雷需安装在支撑物上，近来更多种类的地雷被埋藏在地下，当其被引爆时便会弹到人腰部高度的空中，从而在200m范围内杀伤敌人。防步兵碎片杀伤地雷很容易被检测出来，所以，在其附近常常布置防步兵冲击波爆破型地雷进行保护，从而避免被盗挖。

防车辆（AV）和防坦克（AT）地雷主要由具有小的金属撞针的塑料雷体、炸药组成，是大型版本的防步兵地雷，含有5~10kg的炸药物。有些种类顶部有厚重的金属盘，在爆炸时，金属盘可以穿透坦克底部50cm厚的装甲层。这些地雷甚至对具有防爆装甲、偏置车轮和乘员额外保护的防雷车辆

造成重大损坏。

像集束炸弹（CB）这样的散空弹药并不需要敌人来引爆。几百个炸弹在一个简易散弹桶中被同时释放出来，受到地面的冲击发生爆炸，通常大约有5%~25%的弹药不能立即爆炸，而是在地上或者地下处于随时被引爆的状态。有些炸弹在金属探测仪的磁场作用下将会被引爆；而其他炸弹，轻微的动作便会使其引爆。大多数爆炸（如碎片杀伤地雷）的杀伤半径都在200m以上。

简易爆炸装置（IED）常以路边炸弹的形式出现，这种炸弹正被军事性叛乱组织所广泛应用（非对称战争）。简易爆炸装置通常采用大型的未爆炸军事武器（UXO）制造，并装有遥控爆炸装置（ⓖ VIDEO 572 ）。具有讽刺意味的是，未爆炸军事武器往往是由成为这些装置目标的同一支有组织的军队无意中"捐赠"的。IED探测和清除已成为军事机器人研究的最高优先事项之一。

1. 排雷技术的演变

排雷通常既费力又危险，区分人道主义排雷和军事排雷方法（有时称为"掩雷"）很重要。军事排雷必须在任何情况下（甚至在战争中）快速排雷，因此，要求其排雷率达到100%是不可能的。人道主义排雷的时间压力小，且在不利条件下可以停止，其排雷率可以达到100%。自20世纪90年代以来，工业化国家对军事行动造成的低伤亡的期望往往要求非常高的通关标准，即使是紧急军事行动也是如此。

人道主义排雷通常在地雷安放了几年或十几年后才会展开。这种被深埋地下或被隐藏得很好的地雷，阻止人们进入雷区，所以植被很茂密（图58.4）。在潮湿环境下排水系统很快变得堵塞，无法通行。

图58.4　在克罗地亚北部的一个村庄，已经被植被所覆盖的荒废房屋，可能有地雷或诱杀装置。在清除地雷和未爆炸弹药时，必须考虑植被问题（J. Trevelyan 拍摄）

传统的手工排雷方法已经被金属探测仪所取代，金属探测仪可以检测地表附近的金属碎片，并仔细检测每个金属碎片以确定其与地雷或爆炸装置是否相关（ VIDEO 571 ）。在使用金属探测仪之前，必须清除所有的拌网和植被。在许多地区，金属探测仪不得不检查每个雷区的上百或上千个金属碎片。手工排雷也要求有严密的组织管理，并进行地面标记以确保人身安全和彻底排雷。目前，金属探测仪仍是保证最低风险排雷的重要手段，但其耗费较大，每平方米耗费 1~5 美元。

装甲排雷车最早出现于 20 世纪 40 年代（图 58.5），使用安装在快速旋转的链条（连枷）末端的链球，但这种装置对于人道主义排雷来说却无法达到令人满意的可靠度[58.6]。

20 世纪 90 年代末，在波黑和克罗地亚，商业性排雷组织在茂密的植被下作业，才认识到地表上的连枷机能够快速清除植被和绊网，为手工排雷做好准备，通常排雷工作还需要探雷狗的辅助。在排雷任务中应用不同的机械装备、探雷狗和手工排雷后，使清理花费骤降了 80%（尤其是在茂密植被中）。

地面铣削机械利用镶嵌在金属鼓上的坚硬刀具切碎掩埋的物体，比连枷机需要更大的功率，但在实施上具有更高水平的可靠性（图 58.5）。在克罗地亚，连枷机和地面铣削机械被广泛应用于恢复农耕的土地。在主轴承和其他部件需要更换（ VIDEO 574 、 VIDEO 575 、 VIDEO 576 、 VIDEO 577 ）之前，两种装置均可以承受有限数量的防坦克（AT）地雷和中等防步兵地雷的爆炸。一些机器具有遥操作功能（图 58.6）。

图 58.5　连枷机采用旋转链条末端的链球快速清除植被和绊网。该设备也被用来引爆一定比例的、掩埋的地雷（由瑞典的 Scanjack AB 提供）

图 58.6　Bozena 遥操作排雷设备
（由斯洛伐克 Way Industry 提供）

当然，排雷机器最好运行在平地和缓坡上，这些地方是最适合农耕和人类居住的。传统的手工排雷手段仍然使用于茂密的丛林和多山地带，而且在

这种条件下，大多数国家仍无法实现彻底地排雷。

随着机器和技术的进步，机械化排雷手段也在不断演变。这些机械装备可以用于地雷勘测、风险评估和降低作业危险，帮助排雷作业人员决定是否需要更昂贵的手工排雷手段。排雷方案逐渐由 20 世纪 90 年代强调排雷总量过渡到优先考虑减少风险，所采取的一系列减小风险的措施包括高安全围栏、机械化勘察与降低风险的方法、选择性的手工排雷（见参考文献 [58.5] 第四部分）。在具有较低防坦克地雷风险的地区，装备有保护设施的农机设备提供了更加经济的选择[58.7]。

2. 排雷研究优先权的演变

排雷团体对提高生产力的探索驱动了排雷技术的发展。本文中的许多研究均基于经验丰富的排雷工作者，这些人在实地中对新技术进行试验。本文引用了许多参考文献，详情请在参考文献中查找。

20世纪90年代中期，有人预想通过充分的研究，制造技术先进的探测仪取代从20世纪40年代沿用至今的涡流式金属探测仪。金属探测仪对埋入地下的金属碎片也有反应，金属探测仪能证实爆炸物的存在，是系统地检查所有误报的有效手段。但最有前景的研究方向似乎是数据融合：融合来自金属探测仪、穿地雷达、红外探测器、热中子探测器，甚至包括声学探测器的信号。在研究讨论会上，敏锐的观察者指出：信号是互相联系的，甚至在误报出现时，制造一个可靠的探测仪是一项艰巨的任务，探测仪预报结果必须非常准确。当前，使用的探测仪仅有手持式远距离场探测系统（HST-AMIDS），美国军方在阿富汗战场上使用了该系统与探地雷达和涡流式金属探测仪的组合。该探测系统使用效果的信息几乎不外漏，而且没有独立试验的相关报道。经验丰富的研究小组报道说，探地雷达要求在地表的探测仪精准地排成一条直线（消除地表回归），并借由目标中心点来精确瞄准目标。如果地雷的主要金属元件与其几何中心恰好一致，那么该金属探测仪数据可作为校正数据。不过也并非总是如此，该探测器也不能保证地雷附近没有其他的金属碎片。在极度干燥或极度湿润的环境下，探地雷达会提供令人困惑的反馈，且在非连续地下环境，如石头、树枝和动物巢穴中也容易产生错误的提示。出版方大多只报道其有利的试验结果而忽视其难点，这些观点仅仅是同野外技术评估开发者进行讨论得到的结果。

在感知方面，通过对土壤磁化的补偿来提高涡流式金属探测仪的感知性能，使金属探测仪能适应更加广泛的土壤条件。感知技术的改进帮助扫雷人员寻找极小的金属地雷，但也因为小的金属碎片而导致大量的错误提示。金属探测阵列已被安装在车辆上，以提高铺满砖石区域和路面的排雷速度[58.8]。

20世纪90年代末，传感器的研究进展更加缓慢。2000年之后，研究的优先方向已逐渐过渡到地雷探测狗和大型排雷机械。

1993年左右，阿富汗排雷行动中心（MACA）开始使用地雷探测狗，但是，直到1998年，项目才开始有效地实施。项目的运行存在一些困难。首先，第一个难题是人与狗密切联系的工作性质在阿富汗社会是不被接受的。第二个难题是合理综合运用地雷探测狗和手工排雷，使其能以最有效的结合方式为排雷提供高效率的保证。虽然让人与狗并肩合作是一项很严峻的挑战，但1998年用狗排雷的费用仅为手工扫雷的1/3。问题便随之出现：缺乏组织管理或不按程序行事均无法解释偶尔出现排雷疏漏的现象。与此同时，在波黑针对地雷探测狗实施的控制试验呈现大量的不同结果。有时，狗甚至从地面上可看见的爆炸物（如TNT）上走过。但是与此同时，一些商业排雷组织仍在吹捧用狗探测过的地方很安全。1999年末，在波黑的地雷研究中心进行了一次严谨的操控试验。在试验中，约有80%的狗没有达到预期的表现水准。在当时，试验结果被激烈地讨论，国际社会通过日内瓦国际人道主义排雷中心组织（GICHD）对扫雷探测狗开展了系统性试验。

截至2001年，开展有关用狗来定位爆炸性蒸汽来源的基本生理学机制的科学研究很少。即使爆炸物（如高燃点炸药HMX）的蒸汽压力远低于人类测量的极限，狗仍旧能够发现地雷。TNT蒸汽和其爆炸后的产物到达地面的机理至今仍是众多科学讨论的热门议题。截至2003年，阿富汗的系统性试验、美国SANDIA实验室等的科学研究、奥本大学利用狗开展爆炸痕迹检测的研究，以及其他的调查研究，均为这一问题的解决首次提供了见解。尽管如此，犬类探测地雷的精准生理机制仍不明确，特别是其对低蒸汽压力的敏感性。我们不确定是否狗可以对蒸汽、空气中的爆炸物细微颗粒、爆炸生化产物或上述的综合体有所反应。

2003年，一家美国公司NOMADICS示范了FIDO探测仪，首次可靠地测量出TNT蒸汽，其对TNT蒸汽的敏感度大大高于训练有素的探测狗。野外试验表明，雷区里到处弥漫着TNT蒸汽。爆炸物传感器的出现开启了新的技术研究方向，更加深入的研究需要研究人员付出巨大的艰辛。

到2004年，国际团体意识到，先进的传感器技术、排雷机械和地雷探测狗取得突破性的进展，给予科研人员极大的信心，而这个早期的信心是不合时宜的。GICHD计划实施了第一项针对手工排雷的周密试验，以确认效率是否能够提高。GICHD在非洲进行的一系列系统试验检验了几个新技术的有效性，如磁体和耙子。2005年刊登的最终报告显示：大幅提高效率是可能的，但与科技力量相比，却更依赖于日益完善的约定协作、组织管理和人员培训。

2001年9·11事件彻底改变了该领域的研究重点。在此后的12个月里，阿富汗的研究工作重心转变为消除未爆炸物的隐患，特别是集束炸弹（图 58.7）。

图 58.7　2002 年初，在阿富汗，远处依旧可见两个具有降落伞的未爆炸的 BLU-97 集束炸弹，其他的在房子附近，有些可能在地面以下 40cm。这些炸弹杀伤半径达到 200m，当附近有金属探测仪或使用移动电话时，有些炸弹可能被引爆；有时，大风也可能引爆炸弹。（照片由 G. Zahachewsky 和 N. Spencer 提供）。

当发现爆炸装置时，通常采用遥操作机器人来对其进行检查和消除爆炸装置的威胁。当然也有非破坏性的方法消除简易爆炸装置（IED）的威胁，最快的方法是在简易爆炸装置上放置小型爆破装置。具体的操作细节仍然保密，防止被敌方探明，并改良现有简易爆炸装置的设计方法来抵抗现有的处置方法，使现有的处置方法失效。

随着遥操作技术的提高，机器人技术对排雷任务做了更大的贡献。这些技术改善大多来自于现有的低成本商业货架商品（移动平台、电视机、电视相机等），而不是基础性研究所取得的进展。技术仍旧不断地改进：遥操作的提高、爆炸存活能力、操作接口的改良及机动性的提高均为排雷任务提高性能、降低操作成本做出巨大贡献。

3. 排雷机器人技术的进展

在简短的综述中，不可能提及每一项贡献。我们尝试以研究报告的形式阐明主要的成就，并且在机动性和操作灵巧性方面展开简短的技术讨论。

遥操作技术仍是唯一的实际应用于野外作业的最适合的机器人技术[58.10-12]。在排除地雷和尚未引爆的爆炸物方面，机器人研究还没有取得显著的进展。尽管如此，由排雷引发的难题已经刺激新的研究结果应用于其他领域。

20 世纪 90 年代，机器人研究人员开始致力于这一领域的研究。例如，Havlik 和 Trevelyan 提出了在雷区实施作业的悬索机器人[58.13]。尽管如此，后来二人均主张支持替代方案[58.10,14]。

Nicoud[58.15] 撰写了最初的调查报告，探索将机器人技术用于排雷工作的可能性。20 世纪 90 年代中期，推动机器人研究的发展有两个原因：一方面是由于真正想要帮助解决人道主义问题；另一方面则是为基础性研究提供了正当理由。然而，许多研究人员仍旧没有接受实际应用的教训，例如，必须清除植被和感知排雷者所在环境的变化[58.16]。

获得最多研究成果的地区，当地领导者恰恰重视人道主义排雷[58.17]。参考文献 [58.18] 中，研究了概率论方法；有些研究人员提出了多机器人解决方案，比如集群机器人[58.19] 和免疫系统[58.20]；参考文献 [58.21] 中，论述了自主搜索与地图创建算法；参考文献 [58.22] 提出了定位地下化学资源的三维探测技术。

地雷清除也刺激了自主机器人车辆的开发，参考文献 [58.23] 列举了许多实例，如用于碎石和建筑环境的履带式车辆[58.24]。有人提议制造步行式车辆以适应如波黑和阿富汗一样的山区国家[58.25]，甚至测验失去腿的机器人怎样使自己从雷区中解脱出来[58.26]。

研究人员正试图研制操作臂和遥操作装置，而这种研究的动力正是源于人们渴望使操作人员远离处理未爆炸军火所带来的风险[58.27]；参考文献 [58.28] 中，提出了完全的机械化装置；参考文献 [58.29] 中，研究人员将操作臂安装在自主车辆上进行试验测试，并提供了详细的测试结果（图 58.8）。

图 58.8　在柬埔寨进行试验的鹰头狮试验机器人[58.29]（由 S. Hirose 提供）

研究人员提出了机器人解决方案用于克服手持传感器的限制，如探地雷达。机器人手臂可以更灵活地操纵手持传感器，为金属探测和雷达开辟合成孔径技术的可能性[58.30]。

位于美国、澳大利亚、英国和加拿大的军事研究机构投入了巨额资金解决索马里和波黑的道路清障难题。条件艰苦地区的绝大多数道路都很难探测到地雷的埋藏位置，最具代表性的是利用地雷阻止执行护卫任务的前部车辆，以提高埋伏的有效性。

绝大多数的研究团队提倡采用一辆或更多的车辆装载多种传感器，包括探地雷达、金属探测仪阵列、主被动红外线，甚至是某些声学装置。传感器阵列有计划地实施远距离的探查，使装载车辆在到达雷区前停下，其他的传感器由轻质的远距离控制车携带。军事指挥者计算出：只有探测速度达到30km/h，才能保证每天白天供应车队在公路上安全行驶。参考文献［58.31］中，提出了许多预防措施。其他研究小组则提出为排雷、探查和爆炸装置失效提供遥操作装置，但几乎没有人想到在受到武装袭击时如何具体操作。在遭遇战斗和保证公路、铁路安全[58.32]或者武装保护任务[58.33]时，典型要求是必须重视后方区域排雷。这些成果大多数始于20世纪90年代末，但直到2005年军事指挥者才认识到，同地雷勘测相比，车辆保护是一种更实际的解决方案。当今的大多数保护车辆的技术几乎都起源于南非，澳大利亚、英国等其他国家进一步发展了该技术。

在受地雷影响的国家，如斯里兰卡和哥伦比亚，减小研究人员对野外实地问题的认知和野外实地情况的分歧，至少是地理距离的缩短，已经用于推动排雷研究工作的进展[58.34]。尽管如此，这并不容易。绝大多数深受地雷影响的国家，社会冲突和武装力量反抗已经扰乱了国内秩序，当地人很难提供足够的经济和物质条件保证研究人员继续开展工作。

4. 机器人排雷的长远前景

对致力于将机器人技术应用于排雷和其他危险场合的研究人员来说，未来的挑战是什么？

我们需要机械电子设计、传感技术的进步，更透彻地认知机器人能够解决的问题。

开展研究工作最好的出发点就是聚焦在危险环境下进行危险操作的人群。核事故、矿难和失火大楼等现场总是禁止研究人员进入。尽管如此，地雷清理操作现场在许多国家还是允许进入的。然而遗憾的是，许多研究人员认为实地考察太过危险，直接导致了研究人员无法掌握灾难现场的实际难题。排雷过程拍摄的照片为研究人员提供了具有重要价值的参考，特别是使研究人员了解到灾难现场的实地情况[58.35]。

排雷是一项危险的职业，在这一领域，机器人比人更能胜任这种危险工作，这恰恰是机器人技术研究人员的动力之一[58.36]。虽然排雷确实是一项冒险的职业，但它并不一定是危险的。意外事故记录表明：1998年阿富汗的排雷工作所造成的伤亡率是美国林业灾难伤亡率的一半，是美国建筑业每1000000工作小时内伤亡率的三分之一。在必要时，排雷机构运用先进技术来保全人身安全[58.37]。就死亡率而言，排雷远比采矿、建筑基础施工，特别是海上钻井平台的危险性要低[58.38]。

研究人员工作的另一目标则是降低雷区常住人口面对地雷和未引爆装置的伤亡率。此外，风险是不可预知的。例如，与疾病的伤亡率相比，炸弹爆炸的伤亡率非常小。当地人首先要改善的重点就是水和食物供给、教育、环境卫生和人身安全；排雷通常不被重视，而且很难获得大量地方资金的支持。

致力于解决这一问题的机器人技术研究人员，理解人道主义排雷执行机构具有相对小的规模是同样重要的，联合国人道主义救援预算大约40亿美元，每年预计在设备投入上将花费2亿美元。因此，在市场上，人道主义排雷探测器的市场份额较小，并且制造厂商无法为其提供研究和发展经费[58.39]。相应的技术为了其他目的而得到发展，如军事装备或城市工程建筑机械。

1990—2014年，排雷技术取得了十分显著的进展，但进展速度却很缓慢，并且从长远来看，机器人技术可能提供最终的解决方案。我们还有很多时间发展机器人技术，为解除这一威胁提供更经济适用的方法。

58.2.2　危险物料处理与操作

在危险环境下，机器人技术最早应用于清除核设施，该举措可追溯到20世纪40年代初期的原子物理学方面的严谨工作。本节中，我们将在原子能应用和其他可拓展的领域背景下，探讨危险物料处理系统。这些应用涵盖了从低端到高端的保真操作和多种灵活的移动方式。

20世纪40年代，原子物理学的研究开创了远程处理的新纪元，科学家们试图探索涉及电离辐射材料的性质。随着试验变得越来越复杂，机械操纵系统被创建，允许操作员在厚重的生命屏障后面安全地执行越来越复杂的任务（ VIDEO 586 、

58

|◉ VIDEO 587 |、|◉ VIDEO 588 |、|◉ VIDEO 590 |）。之后，这些机械设备演变成了电气系统，以适应更为繁重的工作。在 15 年间，阿贡国家实验室的远程控制中心取得了难以置信的工程成就。尽管这一时期，技术获得极大的进步，然而想要阐明遥操作的内在复杂性还有很长的路要走。获得相同的工作性能，精密的遥操作系统的效果比人直接接触操作和使用普通工具达到的效果要逊色得多。一般而言，这种形式的遥操作（例如，穿过物理距离和屏蔽的手动控制）比传统的直接操作方式要慢十倍到上百倍。遥操作需要昂贵的经费开支、时间消耗，而且是这些年工程进步的持续目标。

许多研究和开发努力集中在采用不同的途径提高遥操作的效率，包括发展更高性能的机械手、控制站和控制算法等，所有的目的都是为了提高系统的可靠性和可维护性（|◉ VIDEO 589 |）。20 世纪 60 年代末和 70 年代初，随着数字电子技术的日臻完善，研究人员的兴趣转移到集成自主操作与遥操作技术，提高遥操作系统的工作效率。恰好在这一时期工业机器人的概念也应运而生。将传统的遥操作与特殊子任务的选择性自主结合，能够潜在地减少劳动力的需求，并有效提高重复性工作的效率。这种自主操作与遥操作的结合为现在所谓的遥操作机器人（telerobotics）技术奠定了理论基础。20 世纪 70 年代至今，遥操作机器人技术已经成为研究和发展的重点，应用于许多不同领域，包括核试验、宇宙空间和军事应用。与制造业自动化不同的是，为确保操作的安全，危险和非结构化工作任务环境下的遥操作中，人的参与是必要的。在最一般意义上说，实现危险物料的遥操作，包含了移动平台、处理目标的机械手和工具，在非结构化和非确定环境下完成有用的工作。

多年来，大量讨论相关技术创新、事件和解决方案的报纸、书籍和报告涌现出来。读者可以发现，Vertut 和 Coiffet[58.40]、Slutski[58.41] 提供了有关操作臂广泛而全面的信息（|◉ VIDEO 590 |）。行之有效的遥操作系统的设计和制造是人类的重点目标，且 Kraiss[58.42]、Johnsen 和 Corlis[58.43] 为核心原理提供了全面的论述。最后，Sheridan[58.44] 更加深入地解释了控制系统的层次和体系架构。所有读者的最后一个重点是全面了解美国核学会远程系统的历史，该部门后来更名为机器人和远程系统部（RRSD）。几十年来，该部主办了许多关于遥操作所有方面的专题会议和研讨会，相关内容可访问 http://rrsd.ans.org/pages/topicals.html。

1. 回顾

最开始时，危险放射等级的科学研究和试验需要在防护墙、长手柄工具和镜子的帮助下完成。随着任务越来越艰巨，操作臂比人手更能适应该项工作。这些想法呈现了一个蓝图，使人类感知和处理能力更全面地反映到远程工作环境[58.45]。阿贡研究小组解决的最初挑战之一是开发机械式主从操作臂，基本的概念是创造一个机械结构，使得主控制方（即操作人员）对从机械/连杆系统提供位置和方向指令，远程的从机械/连杆系统能够按照指令做相应的动作。主从系统之间的力反馈为操作人员提供了必要的完成任务所需的感知意识。试验充分验证了力反馈和触觉反馈对于执行更复杂任务具有重要意义[58.46]。

今天，主从操作臂（MSM）用于世界各地的核试验、生物试验和其他各种类型的危险远程试验和操作。一个具有屏蔽窗口的双臂 MSM 远程工作效率相比于直接操作要低大约 5～10 倍。由于主从操作臂的主动部分、从动部分依靠金属带传动，存在机械耦合，因此安全区域和危险远程区域之间的物理分离距离被限制在 10m 内。由于这个特性和运动学特征，主从操作臂在许多应用方面受到限制，并且常常制约着远程单元的物理设计。阿贡研究小组和其他研究组织已经意识到，类似电传操纵系统的主从操作臂将有助于使主从系统的物理分离距离更远。这种需求导致了电动式主从操作臂（EMS）的发展，也经常被称为电动伺服操作臂[58.47,48]。电动式主从操作臂的研究与发展始于 20 世纪 40 年代末，并持续到 20 世纪 50 年代初。

在当时，尽管阿贡研究小组受可用的电气控制技术的限制，但仍旧向着系统集成方向迈进，开发了双臂仿人系统的原型，如图 58.9 所示。该系统具有前置目标远程电视监控和双边力反馈功能。在阿贡遥操作部门被解散后，直到 20 世纪 70 年代，才开始获得有限的研究和发展，商业核力量的增长推动了美国、德国、法国和日本等许多研究计划的执行。在此期间，美国和法国的计划主要集中在电动伺服操作臂系统的研究，使之与新兴的微处理器技术结合。中央研究实验室（CRL）与橡树岭国家实验室联合开发的 Model M2 型操作臂系统如图 58.10 所示，这是第一个力反馈伺服操作臂系统，使用分布式数字电子设备来实现主从之间的位置-位置型力反馈，采用多路复用的串行通信方式。这些年来，Model M2 型操作臂系统被用于探求军事、空间、核工业等应用的遥操作。

58

图 58.9　集成电动式主从操作臂系统
（由橡树岭国家实验室提供）

图 58.10　执行空间桁架组装的 CRL Model M2 型
操作臂系统（由橡树岭国家实验室提供）

在 Model M2 型操作臂系统之后，高级伺服操作臂的开发致力于提高操作臂自身的远程维护。这项工作是最早的模块化机器人研究方向之一，其动机是减少维护技术人员的辐射暴露并提高远程维护系统的整体可用性。高级伺服操作臂的设计从一开始就为遥操作机器人和有效的遥操作提供了基础[58.49]（图 58.11）。

在开发 M2 和 ASM 期间，Jean Vertut 和他的同事在法国原子能委员会（CEA）集中研究开发 MA-23 电

图 58.11　高级伺服操作臂系统
（由橡树岭国家实验室提供）

动伺服操作臂系统的遥操作机器人功能，包括一些最早的遥操作机器人功能的试验演示[58.40]。他们称这一概念是计算机辅助遥操作，包括操作人员辅助和机器人示教/回放功能。操作人员的辅助包括软件设计的用于遥操作的夹具和固定工具，如改进的固定装置。

在 20 世纪八九十年代，核能活动开始减少，核能领域遥操作技术被转移到其他领域，如空间技术和军事应用。核能领域遥操作经验改变了航天飞机遥操作系统和短时飞行遥操作机器人服务程序。

在 20 世纪 90 年代中期，用于处理在危险地点/设施补救问题的遥操作系统引起了人们很大的兴趣，如美国和东欧已废止的核设施。远距离清理操作的内在复杂性继续推动遥操作和遥操作机器人系统的研究和发展。在下一节，将讨论在这方面受到的挑战与取得的成就。

2. 危险场所的清理

机器人和遥操作系统已经被用于评估有害物质污染场地的现状，为规划和执行后续清理工作提供必不可少的依据。因为远距离处理技术在一些核操作应用上较为普遍，这种系统已被广泛应用于世界

各地的核废料场。在化学和生物危害环境中，机器人勘察系统也发挥了一定的作用。

（1）勘察系统 已经开发和使用的许多机器人勘察系统的基本思想是将检测目标污染物的传感器集成到合适的移动平台，并且使移动平台具有远程和/或自主驱动功能、必要的导航和控制功能，勘察系统理想的结果是一幅精确的有关污染物位置和浓度的地图。科研人员已经开发出类似的勘察系统用于内部和外部操作。

几十年来，许多行业的普遍做法是将危险废弃物掩埋在偏远的掩埋场（ VIDEO 591 、 VIDEO 592 、 VIDEO 593 ）。通常情况下，记录掩埋物质和掩埋地点的资料都是不存在或不准确的。事实上，这些废料掩埋地点在一般情况下是未知的，并且不允许人进入。因此，补救措施的第一步是定量地评估现场实物和危害的情况。图 58.12 所示的移动机器人是一个用于评估核废料掩埋地点的勘察系统案例。该机器人采用 GPS 系统定位，无线电通信链路进行控制，传感器套件包括涡流探头和探地雷达（可以显示密度轮廓）、辐射探测器和气体排放监控器。该系统是一个初级原型，可通过远程控制平台操作或以自主程序轨迹模式运行。其显著的特点是，设计中尽量减少使用铁磁材料，减少与地下磁性传感器的相互干扰。

图 58.13 所示的移动特性测量系统，与地板辐射勘察系统具有相似的概念。该系统移动机构采用 Cybermotion 商用移动平台，利用光学三角测量基准标记进行定位，而且，该系统主要在完全自主的模式下运行。该系统的应用目标是为了降低劳动力成本，消除容易出错的、枯燥的人力操作。

（2）挖掘系统 处置掩埋废物的实际补救方式包括挖掘和废弃物处理类型的操作，研究人员开发了多种类型系统，在系统中集成了移动功能和类似的操作功能。最通用和低成本的方法是给传统的挖

图 58.12 掩埋地点勘察移动机器人原型
（由洛斯阿拉莫斯国家实验室提供）

图 58.13 移动特性测量系统
（由橡树岭国家实验室提供）

掘机械装上传感器和驱动器，使挖掘机械具备远距离、机器人化操作能力。类似的系统也用于爆炸物的处理，图 58.14 所示的系统被称为遥操作小型挖掘机（TSEE），是遥操作锄耕机的原型。该系统包括一个多相机远程观察系统，观察系统为遥操作提供主要依据。通过无线电和线缆通信，使人能在距离危险操作环境几公里之外的地方进行遥操作。

图 58.14 遥操作小型挖掘机（由橡树岭国家实验室提供）

58

（3）去活化和退役系统 近几年，最复杂的危险操作形式之一是已报废核设备的去活化和退役（D&D）。去活化和退役操作可以看作远距离拆除大部分设施，其中一些操作是粗略的，如推倒建筑物、瓦砾清理。另外，还包含其他操作，诸如仔细地拆卸设备和装置，分解、打包和存储操作。这些操作基本上是可逆的远距离维护，需要灵巧地使用工具和处理目标。工具包括锯、液压剪和扳手等。在拆卸式操作中，规划与拆卸现场情境意识是非常重要的，因为物理布局和基本环境的稳定性是不断变化的过程。有效的远距离观察（可调多视角功能）和声学传感器是必不可少的。远程环境音频的反馈提供给操作人员监测工具正常运行的能力，如进行锯切的动作。D&D 的应用要求操作臂是灵活的和强壮的。经验表明，要处理残骸，有效负载能力要达到 100kg，典型的操作臂系统如图 58.15 所示。图 58.16 是从远距离视觉相机传来的一帧图像，用于处理一个旧的试验用核反应堆。操作远程的操作臂，使用传统的圆形锯去锯切一个大铝罐。远距离环境视图为操作人员提供了对任务环境的照明条件和复杂性的感知能力。

图 58.15 双臂型 D&D 操作臂系统
（由橡树岭国家实验室提供）

近年来，围绕着工业机器人，已经涌现出许多核应用的遥操作系统。这些系统增加了传感器和主控制器以便于遥操作，这种方法显著地节约成本，而且复杂任务环境下遥操作性能水平稳步提高[58.50-54]。

3. 在大规模科学试验中的应用

高能粒子加速器试验目标区域内材料活化产生的高辐射水平通常需要遥操作。由于这些是独特的科学试验，它们涉及复杂和专业的设备，导致世界上一些最具挑战性的遥操作。尽管如此，这些高度

图 58.16 操作人员视角的远程锯切任务
（由橡树岭国家实验室提供）

专业化的遥操作仍然涉及图 58.1 中总结的遥操作的基本要素。此类遥操作系统的最新示例是作为位于橡树岭国家实验室的散裂中子源（SNS）的组成部分开发的综合远程处理系统[58.55]。

SNS 是一种中子散射设备，通过将高能质子撞击到汞靶上产生独特的高通量中子束。当相关管路和容器中的接触剂量率超过 $10^5R/h$ 时，汞被激活且长时间存在。该目标系统的设计和运行必须定期更换或翻新。汞靶系统及其支持基础设施位于一个包括综合远程处理系统的屏蔽热室中。热室远程处理系统由传统机械主/从操作臂、桥式起重机和最先进的双臂遥操作机器人组成。参考文献［58.55］中提供了整个系统的详细信息。本次讨论的重点将是遥操作机器人系统。

图 58.17 和图 58.18 显示了双臂力反馈伺服操作臂系统 Telerob EMSM-2B，该系统通过桥式结构（ X、Y 轴运动）和刚性伸缩管（ Z 轴运动）在整个热室中进行三维移动。操作臂为 6 个自由度，每个操作臂具有 245N 的连续承载能力和 445N 的峰值能力。桥式小车中集成了 2200N 辅助起重机，以便于使用遥操作机器人搬运重物。桥接系统可以遥操作或自动预编程。第二个双臂伺服操作臂组件（图 58.20）是移动基座安装系统的一部分，该系统专门设计在目标热室上方的高间隔区域。控制室如图 58.19 所示，包括 21 个平板显示器，可与位于热室中的 11 个远程相机中的任何一个一起使用。遥操作机器人操作员位于房间的远端，可以站立或坐着操作。这个整体系统在概念上与前面章节讨论的高级伺服操作臂系统功能相似。该系统自 2006 年开始运行，并已成功用于几次主要的汞目标诊断/翻新活动。SNS 远程系统表明，这个具有完全

远程热室移动性的传统 MSM 的机电等效物是实用和可靠的。涉及较高辐射水平的大型核设施一定会遵循该系统所代表的远程处理原理。由于这类电动伺服操作臂具有现代机器人的所有实时数字控制功能，因此预计未来在某些类型的远程任务中会更多地使用编程和智能控制概念。

图 58.17　SNS Telerob EMSM-2B 双臂伺服操作臂

图 58.18　Telerob EMSM-2B 主控站

图 58.19　SNS 远程处理控制室

图 58.20　SNS 基座操作臂系统

58. 2. 3　从福岛第一核电站灾难中吸取的教训

58

　　日本在开发救灾机器人方面走在了前列。遗憾的是，日本还是经历了一场几十年前机器人研究人员和工程师所预期的重大灾难。这场灾难为研究人员提供了一个现实的检验，并揭示了在机器人能够在危险环境中正常工作之前，我们还需要取得更大的进步。

　　2011 年 3 月的海啸引发了福岛第一核电站灾难（图 58.21 和图 58.22）。尽管当时反应堆已关闭，但它们仍然需要大量的冷却水供应。海啸摧毁了维持冷却水泵运行所需的备用柴油发电机。由此导致的反应堆温度升高引发气体爆炸，严重损坏了反应堆、冷却系统和安全壳建筑，并造成附近陆地和海洋的大面积放射性污染。

图 58.21　海啸后淹没了整个现场的福岛第一核电站（由日本原子能机构提供）

　　正如 Kawatsuma 和他的同事所解释的，由于早期的研究和开发项目，已经开发出许多不同种类的机器人[58.56]。遗憾的是，在灾难发生时，这些机器人中的大多数要么不能工作，无法修理和准备，要

图 58.22 正在评估水下侦察机器人以寻找人类遗骸（Higeo Hirose 教授提供）

么由于需要系带电缆而不合适，要么依赖 Wi-Fi 通信，无法在受污染的核环境中稳定地运行（见第 60.4 节）。为 1991 年福根火山灾难开发的几台遥控施工机械成功地用于清理受污染的残骸和碎片（ VIDEO 578 ）。最初为侦察工作（主要是调查未爆弹药）开发的机器人由英国和美国提供（ VIDEO 579 ， VIDEO 580 ， VIDEO 581 ）。然而，这些机器人只能完成有限的操作，因为它们无法到达许多需要它们的地方。在灾难发生后的前几个月里，只有一个机器人（千叶工业大学设计的

quince 机器人）成功地部署在反应堆厂房内数周，随后因接线故障而失效。在撰写本文时，它还没有被修复（ VIDEO 582 、 VIDEO 584 ）。从那时起，更多的机器人成功部署到了现场，尽管操作能力仍然有限。

这场灾难暴露出，在使用机器人的危险设施中，研发机构、国防救灾机构、机器人系统制造商和工程师之间需要事先规划和持续培训、演习和合作。需要开发的不是单个机器人，而是机器人所组成的系统（包括屏蔽车），以允许人类操作员进行近距离监控和控制（ VIDEO 583 ）。需要不断更新机器人系统：一些本可以部署的机器人依赖于无法更换的过时电子和计算机组件。在这场灾难之后，我们可以期待在未来几年中部署机器人以应对类似事件的能力会大大增强。

2011 年 3 月海啸后的福岛第一核电站灾难及其他行动表明，正如上文讨论的其他应用一样，机器人仍然只能发挥微薄的作用。机器人经过数十年的发展，并投资于开发具有适当维护和支持设施的训练有素的操作员，才能在这种环境中始终如一地发挥作用。我们在不可预见的危险环境中实际预测机器人操作的能力仍然非常有限。

58.3 使能技术

有许多技术问题是设计和实施能够在不同类型的危险环境中有效运行的移动机器人的关键。本节将谈及一部分技术问题，增加读者对移动机器人基础理论的认识。

58.3.1 移动能力问题

危险应用环境（如消防、排爆和排雷等）包括室内、室外的崎岖地形。在上述环境中，常规的轮式机器人不容易操作。对于机器人的机械结构来说，在崎岖地形上具有良好的通过能力是至关重要的。大多数移动机构可划分为轮式[58.57-60]、履带式[58.61-66]和腿式[58.67]。通过不平坦的地面时，轮式和履带式需要额外的联动装置去适应地面，适应方式有两种：主动式和被动式。主动适应需要一个额外的驱动器，以改变联动装置的运动；而被动的联动装置运动则是由地面和重力效应产生的。

1. 稳定性条件

在设计过程中应考虑稳定性问题，防止在包括楼梯、台阶和自然地形等不平坦的地面上发生侧翻。稳定性的研究包括三个参数：质心、支撑面积、稳定裕度。稳定性要求质心要在支撑面内，如图 58.23 所示。支撑面是在水平地面投影图的各个边连接起来的多边形。传统的车辆在崎岖的地形会受到限制，主要原因是对于自身坐标系质心的位置是固定的。质心经常影响着稳定裕度（质心和支撑面积边缘最短的距离），如果质心在支撑面之外，车体将会发生侧翻。常规车辆的稳定裕度主要由地形的斜面所决定。很多车辆都被设计成具有很低的质心，因此，在斜坡上具有更大的稳定裕度。而且，具有多个组成部分的车辆设计，能够克服这种限制。对于多连杆机构，当通过一种地形时，质心的改变和连杆的相对运动将会改变支撑面积。

2. 主动适应性机构

在崎岖不平的地面上，主动适应性机构采用额外的驱动使联动装置产生运动。虽然需要额外的驱动器和联动装置，但适应性机构可以克服各种崎岖的地形。

众所周知，车辆可克服的障碍高度小于自身车轮的半径。一种克服更高障碍物的想法是增大汽车

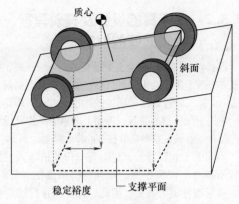

图 58.23 稳定性条件

的车轮半径，如巨大的载货汽车。但是，更多的应用还是需要小型车辆去越过障碍。

可变形的车轮或者等效机构得到了应用，如充气不足的轮胎，通过轮子的变形适应不规则的地面，如图 58.24a 所示。然而，车轮的尺寸应该足够大以通过不平坦的地面，所以这个概念仍旧受尺寸限制。等效机构相对比较紧凑，需要复杂的连接机构，如图 58.24b 所示。两个车轮被连接到一个绕主体旋转的连杆上，车轮的自转与公转如图 58.24b 所示。如果旋转由主体（主动机构）的执行机构提供，形成一个等效的车轮，其半径等效于旋转的半径。如图 58.24b 所示，尽管车轮的半径小于台阶的高度，车辆仍然能够调整旋转动作通过台阶。

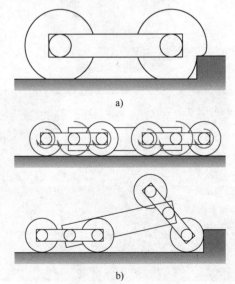

图 58.24 轮子的结构
a）可变形轮 b）可调整轮

一些履带式机构包含有主动适应性的多连杆结构[58.63-66,68]。当行驶在不平的地面时，通过改变多履带机构的位形使其通过崎岖的路面。例如，典型的多履带主动适应性机器人 Andros[58.64] 和 Packbot[58.68]，使用额外的小履带（称为鳍），机器人通过抬高鳍来减少履带和地面的摩擦力矩，如图 58.25 所示。当爬楼梯的时候，机器人将鳍放到地上，通过增大支撑面积来提高稳定性。蛇形机器人使用主动连接关节[58.65]，在移动性和操控性方面具有很大的潜力。

a) b)

图 58.25 含主动适应性机构的移动机器人
a）Packbot[58.68] b）Andros Mark V-A1[58.64]

3. 被动适应性机构

被动适应性机构不需要使用额外的驱动，而是利用重力效应使机器人适应不规则的地面。这种机构适应性较差，但是操作人员能够轻易地驱动机器人运动，因为他不需要控制适应性机构。被动机构通常包括各种适应不规则地面的联动装置。

对于图 58.24b 所示的轮式机器人，被动机构没有额外的驱动，当车轮遇到台阶时，一旦台阶的高度远远大于车轮的半径，车轮就会被卡住。失速转矩要比车轮正常传动的力矩大得多，因此车轮上会被施加高转矩。在这种情况下，除了驱动车轮外，被动机构的运动使机器人能够爬上台阶[58.58]。具有被动适应性的智能机器人 Solero（图 58.26a）在接触到障碍物垂直面的时候，能够通过降低被动四连杆机构转动的瞬时中心爬上台阶[58.60]。

同样的，具有履带和链式被动关节的多本体机器人也能够适应不规则的地面，履带的类型对地面的崎岖是不敏感的（▶ VIDEO 584）。因此，被动的链式多履带本体能够提供更好的可靠性和对地面的适应性。被动双履带式移动机器人 Robhaz-dt3（图 58.26b），是一个简单被动适应多履带本体和被动关节的实际设计实例[58.66]。如图 58.26 所示，Robhaz-dt3的两条履带可根据履带和台阶表面的接触情况主动或被动旋转。根据这个原理，在爬楼梯的时候，较低的质心（图 58.27a）和支撑面积（图 58.27b）使其与单履带机器人相比更加稳定。

a)

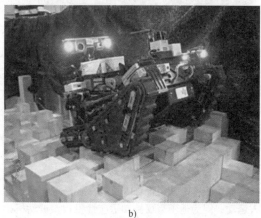

b)

图 58.26 被动自适应性移动平台

a) Solero[58.60] b) Robhaz-dt3

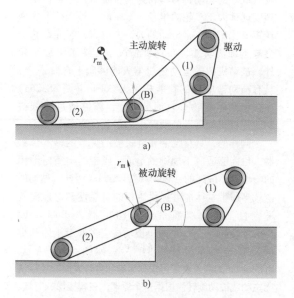

a)

b)

图 58.27 双履带式机构的被动适应性

a）主动变形 b）被动变形

58.3.2 操作臂的设计及其对有害物质处理的控制

操作对于排爆任务是至关重要的。一般来说，排爆任务有两个阶段：①接近目标；②操纵对象实现弹药失效。第二阶段通常采用遥操作控制方式。操作员的精细控制和自身的智慧，再加上适当的操作臂设计和控制，能够满足这种危险任务的作业需要。

不同于工业机器人，危险环境作业机器人的操作臂不需要非常快速的运动速度。相反，高负载、轻质和紧凑性更为重要。因此，许多操作臂的设计者将设计定位在驱动器和减速器上，通常将较大重量和较大体积的驱动器安装在基座上或靠近基座的关节上，以减少操作臂移动部分的重量，提供更好的稳定性和动态控制性能。因此，操作臂有很纤细的外形，如图 58.28 所示。这一特点通常和爆炸物处理型机器人相联系，使机器人在拥挤地区和在人的生活空间中能够正常使用。而在其他有害环境中应用的移动机器人体积可以很大，这取决于具体的应用。

a)

b)

图 58.28 含操作臂的危险环境作业机器人

a）含操作臂的 Packbot b）含操作臂的 Robhaz-dt2

58.3.3 危险任务的控制

在大多数的情况下，操作人员的视野非常有限，缺少机器人和操作臂周围的环境信息，即使非常小心地尝试操作，操作臂和障碍物之间的碰撞还是很容易发生。设计合理的操作臂及其控制算法能够规避这些风险。目前，有一些方法已用于解决这些问题。

接近传感器能够检测到机器人或者操作臂周围的物体，避免发生碰撞[58.69]。但是，使用大量的接近传感器会增加操作臂的布线，并且使操作臂设计更加复杂。力控制也是一种解决碰撞的好方法，当碰撞发生时，操作臂可以通过力/力矩传感器数据使其远离碰撞点，通常采用安装在操作臂末端的六维力传感器[58.70]。许多研究人员已经采用力传感器开发了刚度/柔度/阻抗控制方法，但是，因为传感器不能感知中间连杆的接触，这种方法只能处理有限的碰撞区——仅仅是末端执行器或者机械手爪，而碰撞有可能发生在操作臂的任何一个点上。基于这个原因，一些操作臂在所有的关节上都安装了力矩传感器[58.71]。当使用力矩传感器时，操作臂上任意点的接触都会被感知，然而，将关节空间内的重力补偿和误差变换到笛卡儿空间是相当困难的。

遥操作机器人系统的稳定性，尤其是涉及力反馈或反射时，仍然是一个关键的问题。数据通信时间的延迟使系统的稳定性控制更加困难。美国国家航空航天局（NASA）研究稳定性和带宽问题已经有很多年了，其中 Uebel 等[58.72]最近的研究工作采用能量方法解决该问题，产生了提高稳定性和性能的被动控制的新思想[58.4,73]。

1. 遥操作主控制器

在遥操作中，机器人被设计成忠实的从动者去执行危险任务，而操作人员利用控制接口在安全的位置指导从动者。用户接口通常提供一种方法用于：

1）向操作臂发送位置命令。

2）为用户提供接触力反馈或力射。

理想情况下，设计的用户接口必须是透明的，所以使得操作人员感觉他（或她）是通过从操作臂直接控制对象的。为了达到这个透明性，有几种设计方案：

（1）简单性

1）所有指示器统一作为一个背景。

2）所有输入按钮和操纵杆都集成到一个触觉

设备上。

（2）直观性

1）通过语音识别获得高级命令。

2）人性化的反馈，如图形显示和人类的声音。

3）在笛卡儿空间，保持触觉装置和从动者之间的运动命令一致。

（3）便携性

1）可穿戴的小型/轻量和人性化的设计。

2）没有额外电源和通信线缆的无绳操作。

参考文献［58.74］中，介绍了一种可穿戴的多模块用户接口的实例，如图 58.29 所示。操作人员带着头戴式显示器（HMD）、头部跟踪器和耳机与机器人进行交互。6 自由度的触觉主控器连同独立控制器附于腰间，而且操作人员紧握手柄实现笛卡儿空间的控制。所有的控制硬件、电池都打包在一个背包内，方便用户在操作过程中可以自由走动获得更好的视野。系统采用射频（RF）和无线局域网（LAN）模块实现完全的无线通信，它由三个主要的操作接口组成。

2. 语音和听觉接口

操作人员通常需要向机器人发送两种类型的指令：选择和连续运动指令。例如，在移动和操作模式间选择、机器人手臂和移动基座的复位、云台电动机的开/关和复位、移动平台速度选择、在安装的相机间选择等都被定义为选择。操作人员能够通过语音方式将指令传递到控制器是相当方便的。当操作人员说出预先定义为指令的词时，语音接口将捕获这些词，若语音识别系统能够成功识别，命令将显示在头戴式显示器上。最后，操作人员使用触觉主控器上的确定按钮决定执行或撤销命令。

听觉接口使用语音合成技术来合成人类的声音，可以通过声音发出障碍物的警告，或者显示附近激光指定的物体的距离和方向。

3. 可穿戴的触觉接口

可穿戴的触觉设备，如图 58.29 所示。基本的联动装置被设计成一个用于测量平动的串联式 RRP 机构，并且在基本的联动装置的末端附着一个球面 RRR（z-y-z）转动机构。

图 58.30 中的可穿戴的触觉设备，能够实现移动和操作系统的遥操作，具有 6 个自由度的运动输入，3 个自由度的力反馈。

为了达到设计紧凑、减少重量的目的，各个关节的设计采用了肌腱驱动机构。由于重量的限制，只有 3 个驱动器安装了力反馈，每个驱动器都采用特别设计以适应不同关节。由于在功率密度（每单

58

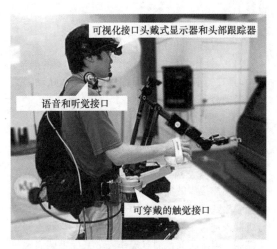

图 58.29 可穿戴的多模块用户接口

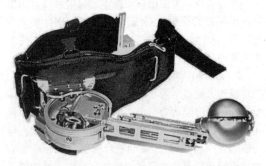

图 58.30 可穿戴的触觉设备

位体积或重量的电源容量）方面，被动驱动器的性能要优于主动驱动器，因此，开发了小型磁流变（MR）驱动器，并将其安装在每个基本的联动装置的关节上用于力反馈。同时，开发了一种具有电流反馈的紧凑型驱动器，以降低 MR 驱动响应时间。该控制器放置在系于腰部的腰袋内。

4. 可视化接口

可视化接口集成了机器人的视图、传感器数据状态和语音命令的状态。由于从属设备包括立体相机，因此用户可以在头戴式显示器（HMD）上看到三维视图。操作人员佩戴头部跟踪器，可根据头部的 2 自由度运动生成一个平动/转动的命令。在完整的系统中，头部跟踪器的数据用于控制远程相机的方向，因此，用户可以简单地观看机器人周围的环境，如图 58.31 所示。

此外，头部跟踪器对于目标物体的指示是很有用的。操作人员转动他的头部并且注视目标以获得目标的方向和距离信息，然后触发激光位移传感器，激光位移传感器的位置平行于云台相机。使用报告

的数据准备的虚拟现实覆盖图如图 58.31 所示。被认知的语音命令在左侧高亮显示，用于提示操作人员选择确认（图 58.31b）。这些信息覆盖在远端视频源的图片（图 58.31a）上，并且统一到一个单一的场景中。最终，操作人员在 HMD 上看到具有立体感的图片和状态显示。重叠视图如图 58.31c 所示。

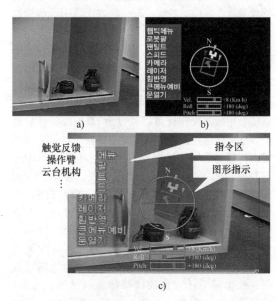

图 58.31 集成的可视化接口
a）相机视角 b）覆盖源视图 c）用户视角的重叠视图

58.3.4 数据通信

在危险环境中使用的机器人几乎都是移动机器人，能在感兴趣的区域灵活运动。在跨越物理或危险的障碍方面，机动性与固有操作的结合引出了双向数据通信的问题（表 58.1）。为了实现远程控制或遥操作，操作人员与机器人之间的通信是非常重要的。机器人和操作人员的通信是最基本的，可增加操作人员对远程环境的认知能力。由于一系列的因素，如物理屏障、信号传输延迟、信号衰减和对数据吞吐量的要求等，导致包含电信号和/或光信号的数据传输非常复杂。移动系统反馈的视觉图像或远程相机图像耗费较大的数据吞吐量，相比之下，音频的反馈和控制对于通道容量的耗费就小得多。如果移动系统包含着精确的力反馈操作，双向数据通道要求达到 1Mb/s。

对于具有高保真操作、多通道遥视和其他传感器的移动机器人而言，从远程环境到操作员站的数据通信需要每秒数百兆字节的流量，而双向控制数据通信需要每秒千兆字节的流量。通过数据压缩硬

件可以降低数据流量的要求，前提是延迟（时间延迟）没有显著增加；但如果延迟超过 100ms，则会降低人对机器人的控制能力。对通信方式的适当选择并非易事，虽然无线通信似乎很有吸引力，但当多个机器人系统需要在共享空间中协同作业时，对

通信系统的设计需要考虑到这一点。通常情况下，通信系统只支持给定操作区域内的单个机器人系统。有线电缆虽然提供了高带宽，但在非结构化环境中，以及多个机器人系统需要协同作业时，则会带来极大的困难（表 58.1）。

表 58.1 数据通信的需求范例

类 型	信 号 通 道	典 型 系 统
标准远程黑白电视（典型的红硬技术） 600×400 像素 30 帧/s 12bit 灰度	每个视图通道约 10Mb/s	3~5 通道：30~50Mb/s
远程彩色电视 红、蓝、绿＝3×黑、白	每个视图通道约 30Mb/s	3~5 通道：90~150Mb/s
彩色高清（HD）1080p 电视 1920×1080 像素 60 帧/s	每个带编码压缩的查看频道约 1.5Gb/s 未压缩时约 3Gb/s	3~5 通道：5.5~15Gb/s
控制 12bit 分辨率输入与输出 200Hz 采样频率	每个控制通道约 4.8kb/s	10 个伺服控制通道：48Kb/s
音频反馈 15kHz 信号捕捉 12bit 分辨率	每个声音通道约 180kb/s	3 个远程传声器：540Kb/s

58.3.5 能量学

在危险环境中，移动机器人的另一个关键挑战是能源问题，包括电力的供应、消耗、转化和管理等。在特定环境中往往限制使用电力供应/转化的种类，例如，在核设施范围内，很少使用燃料的燃烧和内燃机，但是，在排雷和大多数户外活动中是完全可以接受的。目前，最常见的动力系统是电化学电池和电动机传动，图 58.32 给出了功率和能量密度图[58.75]，显示了危险环境中使用的移动机器人的基本情况。从长远来看，以小型客车为例，满足道路条件的要求估计需要最小 200Wh/km 的能量，转化为 500Wh/kg，这恰恰是为什么混合电动车会变得流行起来的原因。混合电动车就是电火花点火发动机和靠电池供电的电动机相结合的电动车。具有双操作臂的大型机器人能够承载数百千克的负载，对电力的要求与小型客车相同，将远高于电池能提供的 100~200Wh/kg 范围。负载为 20kg 的 6 自由度力反馈操作臂的峰值功率消耗大约为 10kW，同其他任何类型的电池供电系统相比较，电火花点火发动机功率密度的数量级是切实可行的。如果电

池电源是必要的，那么电源设计必须给予极大的关注，包括充电状态检测和提供再次充电的能力。在未来，新兴的燃料电池技术可以为移动机器人的电力系统提供更好的解决方案。

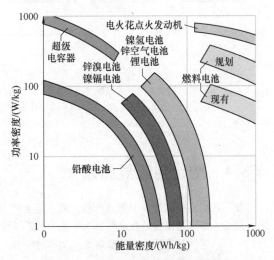

图 58.32 各种能量存储和供给系统的功率和能量密度

58.3.6　实时任务控制的系统架构

由于危险环境的内在属性，任务环境通常是不确定的和缺乏建筑物几何信息的，通常采用共享控制结构。人-机器人交互的程度涵盖了从纯遥操作（手动控制）到高级智能控制操作（自主控制）的范围。例如，大多数低成本排爆机器人采用简单的手动控制结构，然而，火星漫游机器人作为一个智能体响应来自地球上操作人员的命令。图 58.33 总结了实时任务控制的基本系统架构[58.76]。此外，Sheridan 对系统架构原理和设计进行了全面的讨论[58.44]。在手动控制和自主控制之间存在着计算机辅助和半自主（如选择性的、在线自主任务）功能的结合，或减少操作人员的工作量，或分配更多适合计算机控制的任务自主执行，以提高远距离工作

性能。从手动控制过渡到自主控制的过程中，认识到减小通信与控制的数据吞吐速率是非常重要的，因为高级指令是比较小的信息包。然而，采用手动控制方式的力反馈操作臂需要主从控制器之间的视觉反馈和高带宽的控制。有效的数据通信带宽很大程度上依赖于采用的体系类型。由于受到声学通信链路带宽的限制，无绳系的水下应用通常需要半自主的体系架构。

随着智能系统研究的进展，可以预计，在危险情况下，机器人整体性能优化最基本的方法是采用半自主和自主的系统架构。操作人员可以根据任务的需要选择控制模式和可靠的自主执行。在这个以人为中心的方式中，将对任务执行进行模式匹配，以实现最佳性能。

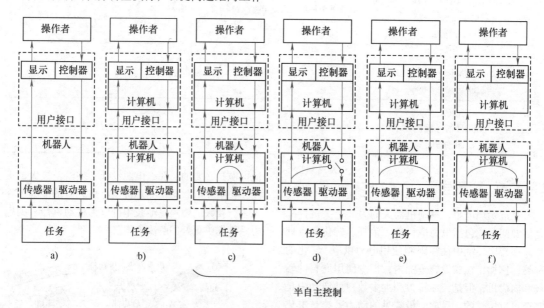

图 58.33　实时任务控制的基本系统架构

a）无计算机辅助直接手动控制（类型 1）　b）计算机辅助间接手动控制（类型 2）　c）并联式（类型 3）
d）串联式（类型 4）　e）串并混联式（类型 5）　f）自主式（类型 6）

58.4　结论与延展阅读

如果我们要吸取过去十年的经验，就一定会明白，机器人的研究仅仅是开发拓展人类能力所需工具的一环。这种对工具改进的探索如人类本身一样长远，需要极大的耐心[58.77]。

研究人员需要对四个方面进行重点研究：机电设计、感知、机器智能和问题理解。

1）机电设计师必须在精度、灵巧性、移动性、耐久性和可靠性上进行平衡。除了高度精密的应用，大多数设计远远缺少生物（如人类）的功能。机器人同一样具有许多相同的环境忍耐力，在室外温度 0~35℃时，机器需要对冷和热做出特殊的预防措施，当温度范围低于-60℃或高于 60℃时，不

适合进行操作。如果没有特别的设计，粉尘、辐射、低或零气压、油烟、生物制剂，甚至昆虫都可对非特殊设计的机器构成致命的威胁，最终导致性能下降。在人们可以使用机器人之前，清除污染的保养或维修工作是必要的。

2）虽然电子传感器能够远远超越生物具备的能力，传感器在危险环境中的应用仍然存在许多问题，问题的解决远远超出目前我们能力所及的范围，如执行排雷任务。辐射对人类是致命的，也同样可以加速电子传感器的毁坏。极冷或极热条件，甚至昆虫都会限制传感器性能。

3）可用的机器智能的进展一直比预期困难得多。唯一真正的进步是与聪明人相关的能力：逻辑思维、数学运算、玩游戏。即使是最不聪明的动物所具备的能力，我们现在仍无法理解。但是，遥操作和监督控制以折中的方式弥补这样的缺陷。机器智能化的缺陷相较于其他三个方面障碍还是少得多。

4）对于研究人员来说，理解特定应用和经济因素是同样重要的。早期的应用处于特殊的机遇下，具有明确的应用背景，使研究人员产生了极大的信心，激励人们坚持不懈地面对困难。理解上的不足，尤其是经济因素，使研究人员丧失了自信心，最终导致研究人员的失望与醒悟。排雷机器人的发展过程提供了一个有用的个案研究，它说明了开发危险环境作业机器人方面仍面临一些困难。

毫无疑问，未来的遥操作机器人将是一个混合的遥控机器人系统，允许人工和自主操作之间的无缝切换。操作人员将选择特殊的任务以自主方式运行，提高质量和/或减少子任务的执行时间。早期的系统将会继续结合高水平的人类交互，以适应目前智能系统技术的局限性。实时执行复杂的控制算法和类似虚拟现实图形引擎（非常有用）已经成为常规。鲁棒性机器学习，使机器可以通过学习的方式获取人类执行任务的技能。通过微机电系统（MEMS）和小型化工程，所有形式的传感器（尤其是图像传感器）将会更加强大，成本更低。在未来的十年中，用于危险环境的遥操作机器人将会变得更加智能，和操作人员的关系将会更加协调。操作人员将会监督多个遥操作机器人的操作。但是，遥操作机器人仍旧处于次要的位置，机器人的设计必须保证人类在遥操作过程中具有接管能力。

读者可以对本章提供的参考文献做进一步阅读。

视频文献

VIDEO 571　UNMACCA: Demining Afghanistan
available from http://handbookofrobotics.org/view-chapter/58/videodetails/571
VIDEO 572　IED hunters
available from http://handbookofrobotics.org/view-chapter/58/videodetails/572
VIDEO 574　Bozena 5 remotely operated robot vehicle
available from http://handbookofrobotics.org/view-chapter/58/videodetails/574
VIDEO 575　DALMATINO
available from http://handbookofrobotics.org/view-chapter/58/videodetails/575
VIDEO 576　PT-400 D:Mine
available from http://handbookofrobotics.org/view-chapter/58/videodetails/576
VIDEO 577　DIGGER DTR demining destroying anti-tank mines
available from http://handbookofrobotics.org/view-chapter/58/videodetails/577
VIDEO 578　Remote-control heavy equipment used in debris removal at Fukushima reactor 3
available from http://handbookofrobotics.org/view-chapter/58/videodetails/578
VIDEO 579　iRobots used to examine interior of Fukushima powerplant
available from http://handbookofrobotics.org/view-chapter/58/videodetails/579
VIDEO 580　iRobots inspecting interior of Fukushima powerplant
available from http://handbookofrobotics.org/view-chapter/58/videodetails/580
VIDEO 581　Robot being used to carry vacuum cleaner head at Fukishima powerplant
available from http://handbookofrobotics.org/view-chapter/58/videodetails/581
VIDEO 582　Views of robot control screen – inspecting Fukushima power plant
available from http://handbookofrobotics.org/view-chapter/58/videodetails/582
VIDEO 583　Promotional video of robot for cleaning up Fukushima
available from http://handbookofrobotics.org/view-chapter/58/videodetails/583
VIDEO 584　*Sukura* robot developed for reconnaissance missions inside nuclear reactor buildings
available from http://handbookofrobotics.org/view-chapter/58/videodetails/584
VIDEO 586　HD Stock Footage 1950s atomic power plants – nuclear reactors
available from http://handbookofrobotics.org/view-chapter/58/videodetails/586

VIDEO 587　Radioactive material handling 1954
available from http://handbookofrobotics.org/view-chapter/58/videodetails/587
VIDEO 588　Nuclear manipulator remote handling equipment (1960)
available from http://handbookofrobotics.org/view-chapter/58/videodetails/588
VIDEO 589　1961 nuclear reactor meltdown: The SL-1 accident – United States Army Documentary
available from http://handbookofrobotics.org/view-chapter/58/videodetails/589
VIDEO 590　Jean Vertut master-slave manipulator arms
available from http://handbookofrobotics.org/view-chapter/58/videodetails/590
VIDEO 591　NanoMag magnetic crawler for remote inspection
available from http://handbookofrobotics.org/view-chapter/58/videodetails/591
VIDEO 592　Remote handling and inspection with the VT450
available from http://handbookofrobotics.org/view-chapter/58/videodetails/592
VIDEO 593　Robots answer nuclear waste challenges at SRS
available from http://handbookofrobotics.org/view-chapter/58/videodetails/593

参考文献

58.1 S. Kang, C. Cho, J. Lee, D. Ryu, C. Park, K.-C. Shin, M. Kim: ROBHAZ-DT2: Design and integration of passive double tracked mobile manipulator system for explosive ordnance disposal, IEEE/RSJ Int. Conf. Intell. Robots Syst. (2003)

58.2 A. Kron, G. Schmidt, B. Petzold, M.I. Zah, P. Hinterseer, E. Steinbach: Disposal of explosive ordnances by use of a bimanual haptic telepresence system, IEEE Int. Conf. Robotics Autom. (2004)

58.3 W.R. Hamel, R.L. Cress: Elements of Telerobotics Necessary for Waste Clean Up Automation, IEEE Int. Conf. Robotics Autom. (2001)

58.4 J.C. Ralston, D.W. Hainsworth, D.C. Reid, D.L. Anderson, R.J. McPhee: Recent advances in remote coal mining machine sensing, guidance, teleoperation and field robotics, Robotica 19(5), 513–526 (2001)

58.5 GICHD: A Study of Manual Mine Clearance (International Centre for Humanitarian Demining, Geneva 2005)

58.6 GICHD: A Study of Mechanical Application in Demining (Generva International Centre for Humanitarian Demining, Geneva 2004)

58.7 J.P. Trevelyan, S. Tilli, B. Parks, H.C. Teng: Farming minefields: Economics of remediating land with moderate landmine and UXO concentrations, Demining Technol. Inform. Forum J. 1(3), (2002)

58.8 C.G. Bruschini, B. Gross: A survey on sensor technology for landmine detection, J. Mine Action 2(1), (1998)

58.9 A. Göth, I.G. McLean, J.P. Trevelyan: How do dogs detect landmines? A summary of research results. In: Mine Detection Dogs: Training, Operations and Odour Detection, ed. by I.G. McLean (Geneva International Centre for Humanitarian Demining, Geneva 2003)

58.10 S. Havlik: A modular concept of the robotic vehicle for demining operations, Autonom. Robots 18(3), 253–262 (2005)

58.11 J.P. Wetzel: Robotic applications in humanitarian demining, Proc. 9th Bienn. Conf. Eng. Constr. Oper. Chall. Environ. Earth Sp. (2004)

58.12 R. Bogue: Detecting mines and IEDs: What are the prospects for robots?, Ind. Robot 38(5), 456–460 (2011)

58.13 J.P. Trevelyan: A suspended device for humanitarian demining, EUREL Int. Conf. Detect. Abandoned Land Mines Humanit. Imperative Seek. Tech. Solut. (1996)

58.14 J. Trevelyan: Robots: A premature solution for the land mine problem, Proc. 8th Int. Symp. Robotics Res. (1998)

58.15 J.-D. Nicoud: Vehicles and robots for humanitarian demining, Ind. Robot 24(2), 164–168 (1997)

58.16 J.P. Trevelyan: Landmine research: Technology solutions looking for problems, Proc. SPIE Detect. Remediat. Technol. Mines Minelike Targets IX (2004)

58.17 H.M. Choset, E.U. Acar, A.A. Rizzi, J.E. Luntz: Sensor-based planning: exact cellular decompositions in terms of critical points, Proc. SPIE Mobile Robots XV Telemanip. Telepresence Technol. VII (2000)

58.18 Y. Zhang, M. Schervish, E.U. Acar, H. Choset: Probabilistic methods for robotic landmine search, Proc. RSJ/IEEE Int. Conf. Intell. Robots Syst. (2001)

58.19 S. Singh, S. Thayer: Inspired by immunity, Nature 415, 468–470 (2002)

58.20 S. Sathyanath, F. Sahin: Application of artificial immune system based intelligent multi agent model to a mine detection problem, IEEE Int. Conf. Syst. Man Cybern. (2002)

58.21 D. Goldberg, M.J. Mataric: Maximizing reward in a non-stationary mobile robot environment, Autonom. Agents Multi-Agent Syst. 6(3), 287–316 (2003)

58.22 R.A. Russell: Locating underground chemical sources by tracking chemical gradients in 3 dimensions, IEEE/RSJ Int. Conf. Intell. Robots Syst. (IROS) (2004)

58.23 D.C. Conner, P.R. Kedrowski, C.F. Reinholtz, J.S. Bay: Improved dead reckoning using caster wheel sensing on a differentially steered three-wheeled autonomous vehicle, Proc. SPIE Mobile Robots XV Telemanip. Telepresence Technol. VII (2000)

58.24 S.-D. Kim, C.-H. Lee, S.-J. Yoon, H.-K. Jeong, S.-C. Kang, M.-S. Kim, Y.-K. Kwak: Variable configuration tracked mobile robot for demining operations, ASME Des. Eng. Tech. Conf. Comput. Inf. Eng. Conf. (2004)

58.25 K. Nonami, R. Yuasa, D. Waterman, S. Amano, H. Ono: Preliminary design and feasibility study of a 6-degree of freedom robot for excavation of unexploded landmine, Autonom. Robots **18**(3), 293–301 (2005)

58.26 Y.-J. Lee, S. Hirose: Three-legged walking for fault-tolerant locomotion of demining quadruped robots, Adv. Robotics **16**(5), 415–426 (2002)

58.27 T. Wojtara, K. Nonami, H. Shao, R. Yuasa, S. Amano, D. Waterman, Y. Nobumoto: Hydraulic master-slave land mine clearance robot hand controlled by pulse modulation, Mechatronics **15**(5), 589–609 (2005)

58.28 N. Furihata, S. Hirose: Development of mine hands: Extended prodder for protected demining operation, Autonom. Robots **18**(3), 337–350 (2005)

58.29 P. Debenest, E.F. Fukushima, Y. Tojo, S. Hirose: A new approach to humanitarian demining: Part 2: Development and analysis of pantographic manipulator, Autonom. Robots **18**(3), 323–336 (2005)

58.30 H. Yabushita, M. Kanehama, Y. Hirata, K. Kosuge: 3-D ground adaptive synthetic aperture radar for landmine detection, IEEE/RSJ Int. Conf. Intell. Robots Syst. (IROS) (2005)

58.31 A.A. Faust, R.H. Chesney, Y. Das, J.E. McFee, K.L. Russel: Canadian teleoperated landmine detection systems. Part I: The improved landmine detection project, Int. J. Syst. Sci. **36**(9), 511–528 (2005)

58.32 A.A. Faust, R.H. Chesney, Y. Das, J.E. McFee, K.L. Russel: Canadian teleoperated landmine detection systems. Part II: Antipersonnel landmine detection, Int. J. Syst. Sci. **36**(9), 529–543 (2005)

58.33 K.N. Zachery, G.M. Schultz, L.M. Collins: Force protection demining system (FPDS) detection subsystem, Proc. SPIE Detect. Remediat. Technol. Mines Minelike Targets X (2005)

58.34 J. Coronado-Vergara, G. Avina-Cervantes, M. Devy, C. Parra: Towards landmine detection using artificial vision, IEEE/RSJ Int. Conf. Intell. Robots Syst. (2005)

58.35 J.P. Trevelyan: *Demining Research at the University of Western Australia*, http://www.mech.uwa.edu.au/jpt/demining (Univ. Western Australia, Perth 2000)

58.36 S. Rajasekharan, C. Kambhampati: The current opinion on the use of robots for landmine detection, IEEE Int. Conf. Robotics Autom. (2003)

58.37 J.P. Trevelyan: Reducing Accidents in Demining: Achievements in Afghanistan, J. Mine Action **1**, 10–17 (2000)

58.38 T. Lardner (Ed.): *A Study of Manual Mine Clearance: Part 4 – Risk Assessment and Risk Management* (Geneva International Centre for Humanitarian Demining, Geneva 2005)

58.39 P. Newnham, D. Daniels: The market for advanced humanitarian mine detectors, Proc. SPIE Detect. Remediat. Technol. Mines Minelike Targets VI (2001)

58.40 J. Vertut, P. Coiffet: Teleoperation and robotics, evolution and development, Robot Technol. **3A**, 302–307 (1985)

58.41 L.I. Slutski: *Remote Manipulation Systems: Quality Evaluation and Improvement* (Kluwer, Dordrecht 1998)

58.42 K.F. Kraiss: *Advanced Man-Machine Interaction: Fundamentals and Implementation* (Springer, Berlin, Heidelberg 2006)

58.43 E.G. Johnsen, W.R. Corliss: *Human Factors Applications in Teleoperator Design and Operation* (Wiley, New York 1971)

58.44 T.B. Sheridan: *Telerobotics, Automation, and Human Supervisory Control, Technology and Industrial Arts* (MIT Press, Cambridge 1992) p. 432

58.45 W.R. Hamel: Sensor-based planning and control in telerobotics. In: *Control in Robotics and Automation, Sensor-Based Integration*, ed. by B.K. Ghosh, N. Xi, T.J. Tarn (Academic, New York 1999) pp. 285–309

58.46 J.V. Draper: Effects of force reflection on servo-manipulator performance, Int. Top. Meet. Robotics Remote Handl. Hostile Environ. (1987)

58.47 R. Goertz: Manipulator system development at ANL, 12th Conf. Remote Syst. Technol. (1962)

58.48 R. Goertz: Some work on manipulator systems at ANL, past, present and a look at the future, Sem. Remot. Oper. Spec. Equip. (1964)

58.49 D.P. Kuban, H.L. Martin: An advanced remotely maintainable servomanipulator concept, Natl. Top. Meet. Robotics Remote Handl. Hostile Environ. (1984)

58.50 D. Sands: Cost effective robotics in the nuclear industry, Ind. Robot **33**(3), 170–173 (2006)

58.51 S. Sanders: Remote operations for fusion using teleoperation, Ind. Robot **33**(3), 174–177 (2006)

58.52 B.L. Luk, K.P. Liu, A.A. Collie, D.S. Cooke, S. Chen: Teleoperated climbing and mobile service robots for remote inspection and maintenance in nuclear industry, Ind. Robot **33**(3), 194–204 (2006)

58.53 P. Desbats, F. Geffard, G. Piolain, A. Coudray: Force-feedback teleoperation of an industrial robot in a nuclear spent fuel reprocessing plant, Ind. Robot **33**(3), 178–186 (2006)

58.54 B. De Jong, E. Faulring, J.E. Colgate, M. Peshkin, H. Kang, Y.S. Park, T. Ewing: Lessons learned from a novel teleoperation testbed, Ind. Robot **33**(3), 187–193 (2006)

58.55 M. Rennich, E. Bradley, T. Burgess, V. Graves: Spallation neutron source remote handling implementation, 1st Jt. Emerg. Prep. Response/Robotics Remote Syst. Top. Meet. (2006)

58.56 S. Kawatsuma, M. Fukushima, T. Okada: Emergency response by robots to Fukushima-Daiichi accident: Summary and lessons learned, Ind. Robot **39**(5), 428–435 (2012)

58.57 S. Hirose, H. Kuwahara, Y. Wakabayashi, N. Yoshioka: The Mobility Design Concepts/Characteristics and Ground Testing of an Offset-Wheel Rover Vehicle, Int. Conf. Mobile Planet. Robots Rover Roundup (1997)

58.58 T. Kagiwada: Robot design for stair navigation, Jpn. Soc. Mech. Eng. Int. J. C **39**(3), 629–635 (1996)

58.59 R. Volpe, R. Ohm, R. Petras, J. Welch, J. Blaram, R. Ivlev: A prototype manipulation system for Mars rover, IEEE/RSJ Int. Conf. Intell. Robots Syst. (1997)

58.60 R. Siegwart, P. Lamon, T. Estier, M. Lauria, R. Piguet:

58

Innovative design for wheeled locomotion in rough terrain, Robot. Autonom. Syst. **40**, 151–162 (2002)

58.61 K. Yoneda, Y. Ota, S. Hirose: Development of a hi-grip stair climbing crawler with hysteresis compliant blocks, 4th Int. Conf. Climbing Walk. Robots (CLAWAR) (2001)

58.62 S. Hirose, T. Sensu, S. Aoki: The TAQT carrier: A practical terrain-adaptive quadru-track carrier robot, IEEE/RSJ Int. Conf. Intell. Robots Syst. (1992)

58.63 H. Schempf, E. Mutschler, C. Piepgras, J. Warwick, B. Chemel, S. Boehmke, W. Crowley, R. Fuchs, J. Guyot: Pandora: Autonomous Urban Robotic Reconnaissance System, IEEE Int. Conf. Robotics Autom. (1999)

58.64 J.B. Coughlan: *Small All Terrain Mobile Robot* (Remo Tec, Clinton 1991)

58.65 T. Takayama, S. Hirose: Development of Souryu-I connected crawler vehicle for inspection of narrow and winding space, 26th Annu. Conf. IEEE Ind. Electron. Soc. (2000)

58.66 C.H. Cho, W.S. Lee, S. Kang, M.S. Kim, J.B. Song: Rough-terrain negotiable mobile platform with passively adaptive double-tracks and its application to rescue missions, Adv. Robotics **19**(4), 459–475 (2005)

58.67 K. Kato, S. Hirose: Development of the quadruped walking robot, TITAN-IX-mechanical design concept and application for the humanitarian demining robot, Adv. Robotics **15**(2), 191–204 (2001)

58.68 iRobot Inc.: http://www.irobot.com/

58.69 E. Cheung, V.J. Lumelsky: Proximity sensing in robot manipulator motion planning: System and implementation issues, IEEE Trans. Robot. Autom. **5**, 740–751 (1989)

58.70 B.R. Shetty, M.H. Ang Jr.: Active compliance control of a PUMA 560 robot, IEEE Int. Conf. Robotics Autom. (1996)

58.71 B.-S. Kim, S.-K. Yun, S. Kang, C.-S. Hwang, M.-S. Kim, J.-B. Song: Development of a joint torque sensor fully integrated with an actuator, Int. Conf. Control Autom. Syst. (2005)

58.72 M. Uebel, M.S. Ali, I. Minis: *The Effect of Bandwidth on Telerobot System Performance* (Goddard Spaceflight Center, Greenbelt 1991)

58.73 G. Niemeyer: Telemanipulation with time delays, Int. J. Robotics Res. **23**(9), 873–890 (2004)

58.74 D. Ryu, S. Kang, M. Kim, J.-B. Song: Multi-modal user interface for teleoperation of ROBHAZ-DT2 field robot system, IEEE/RSJ Int. Conf. Intell. Robots Syst. (IROS) (2004)

58.75 A.K. Skula, A.S. Arico, V. Antonucci: An appraisal of electric automobile power sources, Renew. Sustain. Energy Rev. **5**, 137–155 (2001)

58.76 K.W. Ong, G. Seet, S.K. Sim: Sharing and trading in a human-robot system. In: *Cutting Edge Robotics*, ed. by V. Kordic, A. Lazinica, M. Merdan (pro literatur, Augsburg 2005) pp. 467–496

58.77 J. Trevelyan: Redefining robotics for the new millennium, Int. J. Robotics Res. **18**(12), 1211–1223 (1999)

第 59 章

采矿机器人

Joshua A. Marshall, Adrian Bonchis, Eduardo Nebot, Steven Scheding

本章概述了采矿机器人技术的现状，包括从地面到地下的应用，以及其他方面。采矿是一种为了实用目的而开采资源的实践活动。如今，国际采矿业是一个高度机械化的行业，主要利用大型柴油设备和电力设备。这些机器必须在恶劣、动态和不确定的环境下运行，如在高纬度的北极、极端沙漠环境，以及可能温度极高和极其潮湿的深层地下隧道中。机器人技术在采矿业中的应用非常广泛，包括机器人推土、挖掘、运输、测绘和测量，以及机器人钻探和爆炸物处理。本章描述了这些应用中有所涉及的现场机器人技术的独特挑战。然而，改进采矿机器人技术的规范准则是有其迫切理由的，其中不仅包括矿工对提高生产率、提高安全性并降低成本的期望，还包括需要通过进入到日益严峻的矿体环境来满足产品的需求。

在近代历史上，曾经有一段时间，生产率的提高和采矿成本的降低完全可以通过使用较大设备产生的规模经济来实现[59.1]。但是，这个时代很可能已经结束了。今天的矿业公司和设备制造商一直在努力寻求新的方法，用于改善资源勘探和采矿业务。

在这些努力中，移动设备和流程的自动化程度越来越高。例如，用于地下和地表作业的采矿设备的主要供应商现在提供由机器人驱动、倾倒和其他材料处理功能。更重要的是，一些全球化矿业公司现在经营着自己的以技术为重点的部门，每个部门的目标都是将新的技术发展带到世界各地的矿山。

最后，还有几个新兴的采矿前沿，机器人已经在这些领域发挥着关键作用。这不仅包括高深度和高海拔的采矿，还包括海底采矿和地外采矿。

59.1　现代采矿实践

采矿是一门古老而广泛的实践活动，可追溯到旧石器时代（43000年前）[59.2]，涉及从地壳中提取物质用于实用目的。今天，我们开采矿物（如宝石、金属、盐、煤炭等）、骨料、天然气和石油。我们用这些资源去制造使用的工具、住房、食品、药品和衣物。试着想象一下，在这样的生活中，你努力使用（或建造一个机器人）绝对没有来自采矿的东西是否可行。我们从采矿中受益匪浅，但同时压力也越来越大，国际社会意识到采矿和矿物加工对环境、安全和社会的负面影响必须加以遏制，并与经济和生活方式因素相平衡。机器人技术可以在所有这些工作中发挥重要作用。

在本节中，我们简要介绍了采矿基本阶段的一些背景知识，这是大多数作业的共同点，并讨论了驱动采矿机器人领域发展的因素，以及其独特的技术和其他挑战。

59.1.1　采矿的不同阶段

几乎所有的采矿作业都有五个基本阶段[59.3]：勘探、探测、开发、开采、复垦。

勘探包括对有价值材料的初步探索。这一阶段通常由地质学家完成，矿床可能位于地表或地表以下。勘探通常通过直接目视检查或通过间接方法（如利用地球物理技术）来寻找地球的地震、磁、电、电磁和/或辐射变量中的异常情况。地球化学和地球植物学技术也被采用。虽然机器人在寻找地球上的矿物质方面还没有发挥关键作用，但行星地质学家一直在与机器人专家合作进行地球勘探，如参考文献［59.4］及其中的参考文献所述。

在探测阶段，目标是尽可能准确地确定矿床的大小（吨位）和价值（品位）。这个过程有时被称为圈定，通常包括通过钻探采集材料样品。与勘探类似，用于采矿的机器人探测钻机在地球表面探测中还不常见。然而，在极端环境中，如海底和行星探测，机器人钻探已经开展了大量的工作；请参见参考文献［59.5］以获得深入的介绍和充足的参考资料。

迄今为止，机器人技术的工具和技术在采矿的开发和开采阶段应用得最多。开发是指将矿山投入生产所必需的工作，通常包括规划、设计、建造（如拆除覆岩、凿井、挖出地下通道）和安装矿山设备（如电力、水、通风等）。

在开采阶段，资源被物理提取出来，再进行加工，并运送给买家。如何开采取决于选择的采矿方法，而采矿方法又取决于许多因素，包括矿床的空间特征、地质条件、岩土条件、经济因素、技术因素（如先进工具的可用性）和环境因素。一般来说，采矿方法可以分为两类：

1）露天采矿法。
2）地下采矿法。

当矿床位于地表附近，通常规模很大，产量很高时，就使用露天采矿方法。当矿床埋得很深时，就采用地下采矿法。这种方法的生产效率较低，而且通常在技术上更具挑战性，对矿工来说也更危险。

图59.1展示了地表和地下采矿中使用的机器人车辆的例子，在第59.2节和第59.3节中将进一步讨论这些技术。

a)

b)

图59.1　地下和露天采矿机器人车辆的例子
a）无人地表运输车（Modular Mining Systems，2011）
b）位于瑞典Kvarntorp矿的自主式地下重载自卸
（LHD）车（Joshua Marshall，2007）

采矿业必须努力满足当前的经济和环境需求，同时确保（或提高）后代满足自身需求的能力。矿山复垦是指关闭矿山、重新填土、恢复植被，并将土地和水恢复到可接受的活动后状态的过程。目标是尽量减少对环境的不利影响或对人类健康和安全的威胁。一些复垦活动涉及尾矿库的建设和监测，尾矿库中存放着采矿和资源加工活动产生的废物。

最近，机器人技术被用于对尾矿池进行水深测量。尾矿池是一种独特的环境，具有非常具体的安全要求。图 59.2 显示了一艘机器人海洋研究船对加拿大东部钾盐开采作业中的一个尾矿池进行水深测量。用机器人测量已被证明更安全、更具成本效益[59.6]。

图 59.2　机器人海洋研究船对一个矿山尾矿池
进行水深测量，并覆盖示例水深图
（照片来源：Clearpath Robotics，2013）

59.1.2　采矿中的科技驱动力

为了更好地理解机器人技术在采矿业中的应用潜力，必须了解是什么推动了采矿设备的发展。采矿是一个动态过程，必须处理室外环境的不确定性，通常作为一系列相互作用的单元操作（例如，钻探、爆破、装载、运输和加工）进行。在采矿业中发现的严酷、广泛和非结构化的环境通常妨碍了其他行业（如制造机器人）现有技术的应用[59.7]。然而，最近移动和野外机器人技术的发展为采矿机器人带来了一些机会。这些机会主要来自一系列主要的技术驱动因素：

（1）工作环境　矿山通常在恶劣和偏远地区开发。例如，有几家公司在高海拔地区经营矿山和加工设施。此外，由于矿井力争在更深处作业，极高的环境温度和湿度对健康构成更大的风险[59.8]。机器人技术可以最大限度地减少基础设施需求，并将人们从这种恶劣的环境中解放出来。

（2）劳动力短缺　矿主们报告说，难以找到支持其作业所需的熟练劳动力[59.9]。新一代工人技术精湛，但对体力劳动的态度与前几代人不同。吸引新一代进入采矿业可能需要机器人化设备。

（3）健康和安全　随着矿井深度的增加、设备规模和速度的不断增加，以及政府法规的收紧，几乎任何提高采矿固有安全性的新技术安排都将在各个层面得到积极的响应。

（4）设备维护　维护成本和机器故障可能占矿山运营成本的很大一部分[59.11]。此外，操作员经常将设备用到其性能极限。可靠性工程领域的最新研究表明，移动设备的自动化（或半自动化）可能有助于显著减少停机时间和维护成本[59.12]。

（5）运营效率　采矿中的机器人技术应用可以在诸多领域提高效率。最明显的一点是，在换班和休息期间，生产时间会减少，从而大大低于所需的 24/7 运行时间。地下矿山通常采用的方式并不明显，也更难量化。如果不能对机械的分配（和移动）进行全局调配和实时控制，那么通过降低稀释和提高回收率等方式来优化生产的能力也是非常困难的[59.1]。

（6）可持续性　现代矿业公司和设备供应商应该承担环境和社会责任。通过实时监测和设备自动化，可以减少排放（例如，通过车队的协调和优化）或通过减少运行需求（例如，通风支持）降低功耗。

图 59.3 显示了 1986—2011 年间澳大利亚采矿业的多重因素和劳动生产率。可以说，包含了上述所有因素，这些数据显示了世纪之交以来令人担忧的生产率下降，有些人认为机器人可能有助于扭转这个趋势[59.13]。

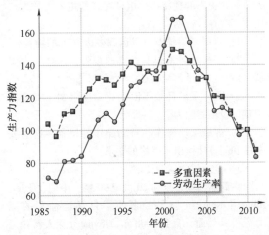

图 59.3　澳大利亚采矿业多重因素和劳动生产率的
试验估计（1986—2011 年），显示自 2001 年
以来生产率下降[59.10]

59.2 露天采矿

露天采矿的特点是高吨位作业，大量的移动设备，以及包括恶劣环境（如灰尘、雾、极端天气），偏远地区和严格要求保持低成本等挑战。

59.2.1 自动运输

运输是将材料从一个地方转移到另一个地方的过程。在露天采矿的情况下，通常采用运输车（图59.1a）来实现，运输车将物料从爆破/开挖点运到加工或储存点。运送的物料是所希望的矿物或覆盖层，而目的地通常取决于在运输车上的负载。

运输是一个机械重复的过程，自动化可以带来显著的好处，特别是在安全方面。1989年—1991年期间，露天采矿中42%的事故和60%的死亡事故涉及运输车[59.14]。与大多数采矿设备一样，自动化在生产率、可重复性和降低维护成本方面也有潜在的好处。虽然在机器人采矿设备的历史上，要精确定义这些好处还为时过早，但港口自动化（使用类似规模的机器，尽管环境更为良好）的经验教训表明，自动运输车的维护成本（特别是轮胎磨损和燃料成本）与常规操作的同类产品相比，减少约三分之一[59.15]。

自动运输车可被视为在困难、动态环境中运行的移动机器人。因此，它们需要有系统来解决传感与感知、位姿感知、定位和控制等标准问题。在露天采矿中提出的独特挑战也许在其他机器人技术应用中不存在，包括：

1）规模（运输车可以运载多达400t的物料）。

2）采矿坑通常限制天空的视野，这会大大降低全球导航卫星系统（GNSS）的可靠性。

3）露天采矿环境不断变化，这限制了安装固定基础设施的能力。

4）兼顾手动操作和自动操作的机器，这对安全性和完整性提出了严格的要求。

5）全天候的运营要求。

在商业领域，早在20世纪90年代中期，Caterpillar和Komatsu就已经证明了自动运输车的能力[59.16]。然而，直到2008年，Komatsu无人驾驶运输车的首次商业运行才在智利Codelco[59.17]运营的Gaby矿井中实现。紧随其后的是Rio Tinto在西澳大利亚州Pilbara[59.18]的West Angelas矿的部署，自那以后，它们一直在那里运营，并转移了5000多万吨废物。（ ▶ VIDEO 145 ）

Komatsu运输车运用高精度全球定位系统（GPS）作为主要定位传感器，用于障碍物检测和位姿感知的雷达传感器，专有的无线通信系统，并使用模块化采矿系统开发的专有调度系统执行任务（装载、运输、卸载等）[59.18]。

在撰写本文时，Caterpillar[59.19]和Hitachi[59.20]的类似系统也处于不同的试验和部署阶段，尽管公开提供的关于其设计和操作细节的信息很少。

采矿运输车的自动化仍然是一个活跃的研究领域，主要是由于前面提到的采矿环境的挑战性。新的定位系统[59.21]，位姿感知系统（第59.2.10节），以及规划和调度算法[59.22]都在积极开发之中，旨在提高鲁棒性、安全性和生产率。如果这些挑战中的每一个都能得到解决，那么机器人运输技术将能够应用在比目前更为广泛的操作场景中。

59.2.2 车队管理

车队管理是一个包罗万象的术语，可以定义采矿中使用的各种不同的技术。不过，车队管理通常分为三个主要任务：

1）位置（可能还有物料）监控。

2）生产监控。

3）设备任务分配。

车队管理解决方案通常部署在办公环境中，允许操作员快速调查大量矿山数据，以便在矿区实时采取适当措施。计算机化车队管理必须与采矿机器人相结合。

1. 位置监控

移动设备的位置通常通过无线通信报告给矿山或地区的数据库，在那里可以通过可视化应用程序进行查询。这提供了所有已启用此类操作的设备移动的实时图像，并允许操作员快速评估计划操作是否按预期进行。也可以以类似方式监控物料移动，但物料类型（矿石或废料）和品位通常必须由操作员手动输入。一些参数（如重量）是由系统测量的。

2. 生产监控

考虑到可能存在大量的数据（特别是来自机器人设备的数据），这些数据提供了一个矿山或一组矿山的历史演变情况，这些数据可用于向矿山管理层提供详细报告，也可作为持续生产率改进过程的一部分。生产监控数据的示例可能包括机器周期时间、平均维护周期、机器故障事件、有效载荷或参数组合（例如，机器故障事件与机器有效载荷重量）。

3. 设备任务分配

在一个典型的矿山中，设备任务分配问题的处理方式与城市出租车调度问题非常相似：中央处理器根据一些预定义的高级目标，决定哪些机器必须访问矿山现场的某些位置，并执行一些有用的操作。机器操作员通常通过位于机器驾驶室内的用户界面获得这些指示。在执行任务之前，必须确认并接受这些指示。任务分配问题的最典型用途是解决运输场景：一辆特定的运输车应在何时接近给定的铲车，以及应在何时何地卸载其后续负载？运输是最常见的问题，因为在这里，即使是效率的微小变化也会对整体利润产生重大影响。

4. 商业解决方案

在露天采矿中，有许多商业车队管理解决方案。主要解决方案是 Modular Mining 在 20 世纪 70 年代开发的 DISPATCH 系统[59.23]。它实施了一种优化算法，用于将运输车分配到铲斗和倾倒场，并包含用于其他生产和位置监控任务的模块。Modular Mining 于 1996 年加入 Komatsu 集团，并帮助部署了一套自主运输系统[59.24]。

其他商业系统包括 Caterpillar 的 MineStar 软件[59.25]，Wenco 的车队管理解决方案[59.26]，Leica Geosystems 的 Jigsaw 软件和硬件套件[59.27]，以及 Devex 的 Smart-Mine 系统[59.28]。这些系统现在都提供了非常相似的总体功能，只是在实现细节上有所不同。

5. 车队管理研究

虽然存在用于车队管理的商业系统，但仍然有大量的研究正在进行，主要是在任务分配优化领域。大多数商业系统使用启发式优化任务分配，该启发式定义了允许铲斗闲置和/或允许运输车排队等候的成本。在一个理想或最佳系统中，所有的设备都被充分利用。然而在实际中，铲斗闲置时间的成本通常较高。参考文献［59.29］给出了很多在任务分配优化中常用的启发式方法。

最近，研究人员已经认识到，启发式的、确定性的优化器可能并不总是产生真正最优的任务分配。这主要是由于它们无法考虑设备项目工作周期的可变性（也就是说，它们是随机的，而不是确定性的），以及任何不可预见的离散事件，如设备故

障、道路堵塞或操作员误操作。参考文献［59.22，30-33］都描述了克服这些障碍的最新方法。

59.2.3 机器人挖掘

大规模的挖掘是采矿中最重要的作业之一。由于对规模经济极为敏感，需要大量的资本投资，自 20 世纪 90 年代中期开始，它成为机器人技术的目标应用。露天采矿通常使用大型液压挖掘机、液压铲和电动绳铲（图 59.4）。另见第 59.3.3 节，这里重点介绍地下机器人挖掘。

图 59.4　电动绳铲倾倒到运输车中［澳大利亚联邦科学与工业研究组织（CSIRO）提供，2006 年］

机器人挖掘的研究涉及系统设计（包括系统体系）、传统机器人学主题（传感、规划、控制）和工具-地面相互作用问题。参考文献［59.34］提出了一个智能土方系统的框架，该框架讨论了可能影响土方工程性能的因素，确定了支持实施的关键新兴技术、系统架构和系统控制策略。参考文献［59.35］对传感、规划和控制应用于土方自动化的各个方面进行了全面研究。参考文献［59.36］进一步讨论了这些主题的后续发展。即便不考虑有人/无人操作的方面，典型的挖掘阶段仍涉及许多关键步骤：规划铲斗与地面、岸边或泥土接触的轨迹；检测铲斗何时满；并检测并避免初始失速。参考文献［59.37］详细分析了这些步骤中每一步的自主性要求，以了解电动绳铲的具体情况。

在其他工作中，参考文献［59.38，39］提出了一个前端装载机式自动挖掘系统，该系统采用铲斗力反馈，用模糊逻辑和神经网络进行控制。在他们的方法中，一组基本铲斗动作序列（通常由操作员使用）被编译以供控制器使用，并设计了一种使用模糊行为的反应式方法，通过力反馈数据作用，

以评估开挖状态并确定适当的控制输入，还报告了
使用可编程的通用装配用操作臂（PUMA560）的
试验结果。更多研究人员已经研究了均质材料（如
土壤和风化层）的机器人加载问题。大多数研究人
员主张使用操作臂阻抗或柔顺运动控制[59.40-43]，其
中大部分工作集中于估算介质特性[59.44]和计算加载
期间预作用的阻力[59.45]。

研究人员一致认为，机器人挖掘的最大挑战是
工具与地形（地面、桩）之间的相互作用。这种相
互作用是由介质的特性（如密度和硬度）、岩石桩
几何形状，以及颗粒尺寸和形状的分布决定的。这
个问题更加复杂的是，在进行任何特定的挖掘作业
之前，很难预先确定相互作用的确切性质[59.46]。大
量工作致力于模拟挖掘中铲斗与地形之间的相互作
用。这要求在线估算土壤参数，因为这些参数可能
随着开挖地层的变化而显著变化。如果土壤参数估
计不正确，用于确定挖掘所需力的经典土方基本方
程[59.47]将无法预测这些力。在参考文献［59.48］
中讨论了在线估算土壤参数的自动化挖掘模型。

位姿感知包括工作空间和机器感知，是机器人
挖掘的另一个关键技术。工作空间感知意味着了解
挖掘机器周围的地形。在初级阶段，使用改装到机
器上的传感器套件收集这些数据，在典型配置中，
传感器套件由多个距离传感器、一个惯性测量单元
和一个GNSS单元组成。获取的原始数据随后由更
高级别过程进行处理，以检测挖掘和倾倒区域的位
置和配置，以及操作工作区的其他移动设备（例
如，运输车、多用途车辆）的位置。激光测距仪提
供足够的分辨率来分割场景。图59.5显示了使用
安装在电铲上的远程激光扫描仪获取的三维点云形
式的工作区图像示例。颜色根据激光扫描仪返回的
强度指定给各点。

机器感知主要涉及确定铲斗相对于机器固定参
考点的位置和姿态。它还包括主要机载系统的所有
常规状态数据：动力装置、传动装置、工具驱动装
置等。铲斗的位置和姿态通常可从编码器和倾斜仪
获得。然而，更好的解决方案是使用适当放置的距
离传感器，能够在所有位置和姿态上跟踪铲
斗[59.49]。后一种方法避免了通常与关节间隙和倾斜
仪动态效应相关的误差。在机器上放置距离传感器
应该考虑到在悬臂下提供地面图像的必要性。

自动挖掘系统通过提供准确的实时测量信息，
按计划实现挖掘操作，并协调实际与计划的工作
量，从而提供额外的好处。在露天采矿作业中，通
常在进行精确测量之前对地面进行开采，因此会对

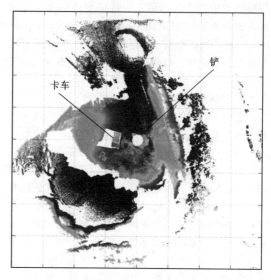

图 59.5 三维点云俯视图

注：该点云由安装在装载运输车采矿电铲上的远程激
光扫描仪的返回强度着色。（由 CSIRO 提供，2008 年）

地面产生扰动，并根据需要对地面进行分级，以便
于在矿井中运行的移动设备的移动[59.49]。

59.2.4 机器人推土

大多数露天矿都使用推土机。在动态条件下操
作推土机，其危险性可能会发生变化，而且很微妙
且难以识别，这增加了工人在这些机器上执行任务
的复杂性。其中许多任务要求操作员在地面啮合刀
具控制和机器定位方面具有很高的技能熟练度。此
外，推土机操作员还面临各种可能导致健康问题的
风险因素，包括全身振动、笨拙的姿势要求、噪声
和轮班工作。虽然机器引导系统现在无处不在，但
它们仍然需要驾驶室内的操作员，并且存在基于
GNSS的定位相关的已知问题。作为替代方案，一
些设备制造商提供远程控制和自动推土机，从而不
再需要车载操作员。

推土机的远程控制解决方案已经使用了二十
年。它们不能在恶劣的能见度条件下（灰尘、雾
气、夜间、大雨）作业，也不能在驾驶室操作推土
机时自动执行机器导航和机具控制任务。其他问题
包括失去位姿感知、不准确的高度判断和不准确的
深度感知。最近的商业远程控制产品包括力反馈。
在延迟可以忽略不计的情况下，远程控制向操作员
提供力反馈有利于操作员控制机器。

鉴于远程控制技术的局限性，对推土机自动化
的研究集中在半自主和自主系统改造上。自主系统

已经在采矿业中取得了重大的进展，并且业内对这种技术的接受度正在提高。Leica Geosystems 公司为履带式推土机和轮式推土机提供了一种自动松土解决方案。它们的系统称为 Leica J^3 dozer autorip，提供了许多自动功能，包括发动机启动/停止，转向、节气门、变速箱和松土机的自动控制，附件控制和紧急故障安全系统[59.50]。该系统还包含基于区域覆盖算法的路径规划器。

59.2.5 自主爆破钻探

爆破钻探是在露天采矿阶段通常采用的开采过程。开挖材料时，必须首先对其进行爆破，使岩体破碎成适合运输和加工的小体积状态。这是通过从地表向下钻入岩体中的一系列孔来实现的；然后用炸药装填这些孔并进行爆破。由此产生的断裂岩体可以用各种机器挖掘。优化孔矩阵（或钻探模式）与所用炸药的数量和类型，以产生所需的岩石尺寸分布，从而将加工成本降至最低；但由于基础地质的可变性质，可能存在显著变化。

爆破钻机通常是带有铰接式桅杆的大型履带式车辆，其桅杆包含主钻探部件：钻机电动机、钻杆和钻头。要钻探至比桅杆更长的深度，可在钻探过程中连接钻杆，形成长钻柱。与许多家用钻机一样，大多数爆破钻机能够进行旋转钻探和锤式（或冲击式）钻探。对于较软的材料，通常首选旋转式钻机，而锤式钻机主要用于较硬的材料。

钻井有几个方面可以实现自动化：缆车运输（将整个钻机从一个井眼位置移动到另一个井眼位置的过程）、钻探和钻探耗材的管理（如更换钻杆或钻头）。全自动钻机应该具备所有这些功能的自动化。自动化的前景是提高生产率，使孔的位置和角度更加一致，从而产生更好的爆破效果。爆破后碎片的一致性会产生显著的经济影响。

有几家知名的采矿设备制造商和公司已经开发出全自动钻机。据报道，Atlas Copco 的钻机控制系统（RCS）在提高缆车平均速度（从 0.8m/min 到 2.6m/min）和钻探效率（每钻 12 个孔约 1h）方面产生了重大影响[59.51]。Flanders[59.51] 和 Rio Tinto[59.52] 也有全自动爆破钻机在生产。

59.2.6 遥控机器人破岩

钻探和爆破的结果往往很不理想，由此产生的岩石碎片（称为抛渣或只是残渣）可能比预计的尺寸大。有些抛渣可能太大而不能用挖掘机处理，因此需要二次爆破。其他巨石可以由挖掘机和拖运机

器来处理，但仍然太大而不能装入初级碎石机的口中。在后一种情况下，使用碎石机进一步减少矿石和岩石的尺寸。

碎石机由一个大型 4 自由度串联操作臂组成，该操作臂配有液压锤（图 59.6），通常位于原矿（ROM）料仓的前面。料仓底部装有水平杆，防止过大的岩石进入下方的碎石机（这种布置称为格栅）。格栅开口的尺寸应确保只有足够小的岩石才能通过。较大的岩石不适合，因此必须破碎。从附近采石场运送矿石的运输车将货物倾倒到 ROM 料仓中。通常，操作员使用视线范围内的远程控制操作手臂。

a)

b)

图 59.6 碎石机

a) 碎石机在 ROM 料仓上方静止 b) 在灰格上破碎岩石（由 CSIRO 提供，2007 年）

Rio Tinto 正在实施一项计划，使其在西澳大利亚州的绝大多数 Pilbara 铁矿石业务实现自动化，并从距离 Pilbara 地区 1000 多公里的 Perth 远程运营中心（ROC）控制运营。这项工作包括与 CSIRO 合作，为 West Angela 矿的主碎石机开发远程机器人控制系统[59.53]。该系统通过提高远程/机器端控制系统的智能性（如笛卡儿运动和防撞能力），解决了遥操作中的已知缺陷（有限的通信带宽、实时视

觉反馈的高延迟、缺乏空间位姿感知等），通过为操作员提供混合现实界面，将实时视频与三维计算机可视化相结合。

　　每个碎石机都配备了多种传感器，以检测其在空间中的姿态，并由绕过现有远程控制系统的信号进行驱动。PTU（平移、倾斜、变焦）相机安装在 ROM 料仓两侧的杆子上，下面安装了一对高分辨率数字立体相机。在控制室的远端，操作员可以通过计算机合成图像增强的广角视频流了解碎石机的概况（图 59.7）。操作员可以在虚拟世界中绕过碎石机，从不同角度检查岩石，从而确定适当的碎石策略。操作员使用操纵手柄发出的命令展开手臂，当手臂被命令移动时，手臂的运动会在三维场景中复制。同时，两台云台相机都跟踪锤头的尖端。当操作员准备好破碎岩石时，他/她可以将注意力切换到实时视频流，该视频流可用于监控岩石破碎情况。完成后，手臂可以自动移动到静止位置。

图 59.7　混合现实用户界面结合了实时
视频和灰格上方岩石的三维立体重建
（由 CSIRO 提供，2008 年）

59.2.7　自动装载单元和运输车联动

　　露天采矿中使用的主要装载单元是电动/液压铲以及液压挖掘机。鉴于需要搬运的物料量很大，而装载和运输装置的尺寸相对较小，因此应密切监控循环时间。在不断追求效率的过程中，采矿工程师仔细分析周期以寻找潜在的优化方法。其中一个有意思的领域是运输车定位，这是操纵运输车进入一个合适的位置和方向的过程，以便装载单元将材料倾倒到运输车的托盘中（图 59.4）。

　　理想的运输车装载位置对生产力和安全性均有影响。当使用采矿电铲进行装载时，运输车必须以使铲的摆动最小化的方式定位，并且铲斗不需要过

度下放到达托盘。如果运输车没有处在最优位置，装载机需要将其自身重新定位，在铲斗满载时翻转，这会浪费时间。过度下放装载机臂和/或运输车托盘内载荷的不均匀分布可能导致操作人员受伤和财产损失。

　　在露天采矿中，电铲操作员通常通过将电铲放置在对于倾倒阶段最佳的位置来引导运输车到期望的位置（点），并等待运输车移动到位。实现自动定位的一个关键要求是提供一个可靠的定位器，它可以确定电铲和运输车之间的相对位姿。目前，大多数商业化导引解决方案都基于在电铲和运输车上使用 GNSS 和 GNSS 辅助的惯性导航系统，这将间接确定电铲和运输车之间的相对位姿。

　　但是，这些系统并不能提供强大的解决方案。对于运输车而言，靠近电铲臂和推压臂可能会由于多路径而导致 GNSS 解决方案的性能下降，而运输车靠近边坡附近的位置会导致部分天空被遮挡，卫星跟踪功能丧失，精度在几何上显著降低。电铲铲斗上的引导系统可能会因靠近高架壁而受到不利影响。成像传感器（如激光扫描仪）可以安装在铲斗上，以直接确定铲斗和运输车之间的相对位姿[59.55]。然而，这种解决方案存在潜在的缺陷，这与图像传感器对环境条件的敏感度有关，如灰尘、雨水和白天（或者在使用相机的情况下 24h 昼夜循环）的光照变化。

　　一些研究人员已经研究了减小这些缺陷的方式。在参考文献［59.54］中提出的一种可能的解决办法是把铲斗周围的空间分成三个区域：外区、交接区和工作区（图 59.8）。

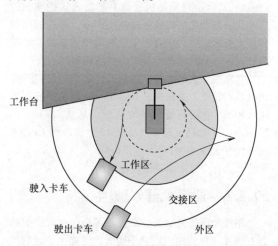

图 59.8　当电铲在两侧装载时，电铲周围的
交通管理区域为双点配置[59.54]

区域的相对大小取决于运输车和铲斗的几何形状,以及每个区域内选定的安全运行速度限制。当运输车从外区进入交接区时,定位系统会将运输车标记为激活状态,并开始向其发送命令。在该区域中,根据上述方法间接确定铲斗和运输车之间的相对位姿。在交接区,运输车离铲斗和高架壁足够远,因此多路径和天空遮挡引起的定位误差最小。一旦车辆进入工作区,定位系统开始使用铲斗上的成像传感器计算相对位姿。

由于铲斗上的传感器也能够看到工作台和工作区域内的其他障碍物,铲斗能够引导运输车绕过工作区内出现的障碍物,并将运输车停放在尽可能靠近工作台的位置。换句话说,由于铲斗主动了解其工作环境,它能够在环境发生变化时处理这些变化。定位系统产生一条进入路径,使运输车处于装载的最佳位置,该最佳位置根据电铲的特性和挖掘面的配置确定,路径也就定位时间而言被优化。如

图 59.8 所示,铲斗在两侧装载时,可以通过双重定位进一步减少定位时间。

上面的讨论集中在铲斗-运输车交互上。当使用液压挖掘机装载时也会出现类似的问题。在参考文献 [59.56] 中,讨论了使用液压挖掘机自动装载运输车的综合研究结果。

59.2.8 拉铲自动化

采矿拉铲挖掘机是用于露天煤矿开采的大型电动机器,用于去除覆盖层和露出煤炭。拉铲挖掘机包括一个支撑舱室(由发动机室和操作室组成)的旋转平台、悬臂和铲斗索具结构,如图 59.9 所示。舱室在一个被称为“浴缸”的底座上旋转,搁置在地面上。该机构有 3 个自由度:
1) 相对于“浴缸”旋转。
2) 通过穿过悬臂顶部滑轮的缆绳进行升降。
3) 通过穿过悬臂底部滑轮的缆绳拖动。

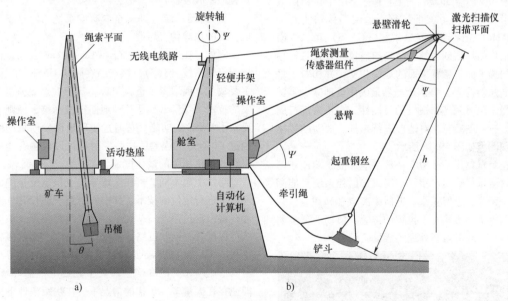

图 59.9 拉铲挖掘机示意图[59.2]
a) 前视图 b) 侧视图

只使用拖曳和提升绳索来控制挖掘机。当铲斗被装满时,将其吊离地面,并通过转动舱室和悬臂将其吊至泵位置。操作员通过在地面拖拽铲斗来填满铲斗,将其提升并摆动到弃渣堆,倾倒后返回挖掘点。每个循环可移动 100t 的覆土,通常需要 60s。

高成本迫使这些机器的所有者在操作员可变和维护成本(约占 30%的运营成本)的情况下,不断更新提高生产率(m³/次)的途径[59.2]。从这个角

度来看,采用机器人技术的拖拽操作似乎已经成熟了。然而,从研究的角度来看,把操作员从操作台上彻底移除的想法是很有诱惑力的,但这个想法在行业中并未被广泛接受。

摆动控制和数字地形测绘是拉铲自动化工作的两项机器人技术的核心。在拉铲作业期间,铲斗相对于悬臂自然倾斜。熟练的操作员可以协调悬臂摆动运动,以便在卸载和定位操作期间控制铲斗摆动

的自然趋势。新手操作员通常需要 6 个月的培训才能熟练掌握。这就需要开发一种摆动式自动化系统，以提高拉铲作业从挖掘到倾倒和从倾倒到挖掘阶段的生产率。自动摆动控制器还能最大限度地减少悬臂的应力疲劳。

参考文献 [59.57] 讨论了一种拉铲摆动控制器的实现方案。控制系统通过中间（通过）点，在操作员指定的挖掘和倾倒点之间移动铲斗。控制（挖掘、通过和转储）点编程虽然相当严格，但是有许多缺点。首先，随着废渣堆的变大，必须提高倾卸点。如果自动化系统不包含废渣增长模型，则操作员必须通过对系统进行再训练来进行调整，从而造成时间损失。其次，如果操作员没有正确识别关键区域（如高墙的顶部）的通过点，则摆动自动化系统将不知道高墙在那里，并且可能试图摆动铲斗穿过它。利用数字地形测绘功能增强自动化系统，为这些问题提供了一个通用的解决方案。

参考文献 [59.58] 描述了一个用于拉铲的数字地形测绘解决方案的实现。地图是使用实时动态（RTK）全球导航卫星系统（GNSS）和二维激光扫描仪的数据创建的。激光扫描仪安装在悬臂顶端，扫描平面与悬臂下面的地面相交，并相对于垂直方向倾斜约 7°。倾斜激光器最大限度地减少了铲斗和绳索阻碍激光器视线的可能性。在正常运行周期中，拉铲摆动时，对地形进行扫描，典型的数字地形图图像如图 59.10 所示。

拉铲自动化系统中实现数字地形测绘功能还可以实时测量拉铲生产率。商用拉铲监控系统只能测量每个铲斗的近似重量、近似脱离点和卸载点，它们不能提供弃渣相对于拉铲的位置、移动的覆土的实际体积，或者重新处理的数量显示[59.58]。

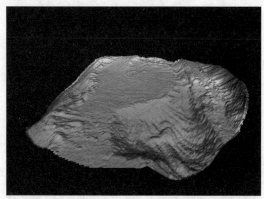

图 59.10　由安装在悬臂顶端的远程激光
扫描仪创建的数字地形图图像
（由 CSIRO 提供，2005 年）

59.2.9　机器定位和地形测绘

建立和保持车辆相对于外部参照系的定位（即位置和姿态）是自主车辆导航和控制中的一个基本问题，对于采矿应用来说也是如此。高精度定位技术是研究和开发的一个动态领域，卫星定位技术的进步与采矿系统（尤其是露天采矿作业）技术面临的当前挑战推动了这一领域的发展。目前正在实施以下举措，以提高现有技术的可用性和鲁棒性，这些技术已经（并将进一步）推动机器人技术在露天采矿中的应用：

1）公共全球导航卫星系统（如 GPS 和 GLS）。

2）增强型公共全球导航卫星系统（例如，带有广域增强系统的全球定位系统）。

3）本地增强全球导航卫星系统 [如 DGPS（差分全球定位系统）或 RTK GPS]。

4）伪卫星增强的全球导航卫星系统（即通过安装地基收发器）。

5）封闭系统（即完全专有的系统，依赖于本地安装的地球伪卫星群）。

例如，在采矿领域，Leica Geosystems 公司提供拼图定位系统（JPS），该产品在解决 GNSS[59.59] 的主要缺点方面取得了重大突破。基于 Locata 公司开发的技术[59.60]，JPS 是一种地面定位网络，原则上反映了 GNSS 的功能。它通过使用地面发射机网络绕过了 GNSS 的误差，这些发射机可以放置在与被跟踪的手机相关的最佳位置。

与伪卫星不同，可在全球导航卫星系统拒绝的环境中进行定位的技术。其中一个例子是 CSIRO 的无线特设定位系统（WASP）无线跟踪技术。该系统可以配置为网状网络，并提供高精度、高抗多径干扰能力、低成本硬件和快速部署能力的独特组合[59.61]。WASP 的准确性取决于无线电传播环境，即使存在大量多径干扰的情况下，在视距条件下通常也优于 0.25m。WASP 节点可以测量距离和通信的最大范围通常超过 400m，甚至可以超过 1km。由于 WASP 可以形成网状网络，因此整体网络规模不受限制。最大位置更新速率为 200Hz；然而，在节点数量和更新速率之间存在权衡，典型的更新速率是 1~10Hz。

机器人和自主系统在采矿中的渗透，加上用于矿山建模和协调的新型计算机辅助工具，需要以更高空间和时间分辨率提供关于矿山当前状态的更准确和及时的信息。在传统测量框架中，一个明显的解决办法是增加测绘次数（减少连续测绘之间的时间差）和测绘点密度，同时降低每次测绘的成本。为了解决这个问题，最近已经有一些基于车辆的扫描系统投入市场。运行模式的范围从停-走式系统（如 Maptek I-Site）到连续扫描移动系统，如 Riegl（VMX 250），Topcon（IP-S2）和 Trimble（MX-8）。一般来说，这些系统将高端 LIDAR 与全球导航卫星系统（GNSS）辅助惯性导航系统（INS）集成在一起，价格昂贵，这可能会限制部署在单个专用测量车辆上。

另一方面，考虑同步定位与建图（SLAM）在采矿中的应用。SLAM 是移动机器人技术的一个成熟领域，目前正在努力将技术转移到采矿领域。SLAM 中使用的数据融合技术使得使用成本较低的映射传感器成为可能，采矿公司可以将此设备部署在多种多用途车辆和/或重型采矿设备上（图 59.11）。因此，绝大多数测量工作可在矿井、运输道路或其他现场区域的设备正常运行期间进行，而不会直接使测量人员面临在高风险区域进行测量工作的危险。

图 59.11　安装在四轮驱动车辆上的移动建图系统绘制的露天矿三维地图（由 CSIRO 提供，2012 年）

59.2.10　矿山安全

资源需求的增加对提高生产率提出了新的挑战，同时安全标准不断提高。机器人技术在这方面开始发挥作用。在采矿环境中，手动操作车辆存在固有的风险。操作员长时间轮班工作，驾驶室内的视野可能受到很大的限制。而且，由于机器的尺寸，车辆之间的相互作用本质上是困难的，并且由于诸如灰尘、雾和雪等环境条件，车辆相互作用会变得更复杂（图 59.12）。

每年都有数百起矿山运输事故，由于机器停机和设备维修，导致大量人员受伤，甚至死亡，以及巨大的财务成本付出。根据美国矿山安全与健康管理局（MSHA）统计[59.62]，2002 年~2008 年，仅美

图 59.12　不利环境条件影响下采矿设备相互作用的复杂性（由 CSIRO 提供，2012 年）

国煤炭行业平均每年有 1206 起涉及移动设备的事故。

在过去几年，已经采用了一些方法，协助操作员加强对当地环境的安全风险意识。这些技术和方法包括近距离感知技术（PAT）、近距离检测技术（PDT）和防撞技术（CAT）。值得注意的是，在露天采矿中，这些现有的技术并不执行任何控制操作。它们只是向驾驶员提供信息，驾驶员仍然完全控制车辆。

1. 检测威胁

一般而言，大多数安全事故来自于其他车辆、固定基础设施或人员的车辆相互作用。这些事故中很大一部分是在低速发生的，最有可能发生在车辆启动时，或在运输车、铲车、装载机和其他辅助设备之间的相互作用的装载区域。这些事故通常影响不大，但可能造成设备严重损坏和生产重大损失。

降低低速事故可能性的基本方法是为大型车辆的操作员提供帮助，以便看到车辆侧面或后面的盲区。这些辅助设备通常基于标准的视频或红外相机。通过利用距离和方位传感器，对近距离的资源和人员进行自动检测，可以降低下一级的风险。雷达是恶劣环境条件下的首选传感器模式。宽波束雷达很常见，但容易发生误报。最近的新进展通过使用电子机械扫描窄波束雷达技术缓解了这个问题[59.63,64]。

高速事故发生频率低于低速事故，但往往造成严重的伤亡。停车或执行规避机动的可用时间缩短，因此需要远程检测威胁，以便采取早期预防措施。

通过将车辆与车辆（V2V）通信与所有附近

的车辆结合在一起，在足够的范围内提供潜在威胁的早期预警。V2V 网络也可以形成网状结构。这种方法的主要优点是不需要固定的基础设施，在无线电范围内的任何地方都可以保证车辆之间的通信。

2. 定位、背景和路线图

定位是综合安全系统的基本组成环节之一。将 GNSS 与速度和惯性观测相结合，可以评估可靠的碰撞时间 (TTC)，特别是与运输路线图信息相结合时。

确定情况的风险完全取决于具体情形。一个重要的情形是位置，或者更具体地说是车辆当前正在运行的区域的类型。预期的行为和驾驶员意向[59.65,66]取决于他们是在路上行驶，在指定区域停车，还是在破碎机中倾倒矿石。这就需要地图信息，以便系统根据位置改变提供给驾驶员的信息。图 59.13 给出了一个例子，其中地图使操作员能够意识到风险和情况的复杂性，而不受天气和地形影响。

3. 监控和设计

任何安全系统的最终目标都是通过引入新的技术、方法和算法来找到安全问题的完整解决方案。单靠一项技术不太可能实现这一点，或许除了完全

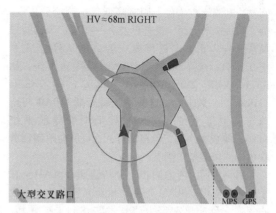

图 59.13　车辆附近环境状态的图形表示，包括附近的其他车辆、最大风险、最可能的路径和风险区域（由 Eduardo Nebot 提供，2011 年）

自主的系统实现。一个活跃的研究和开发领域旨在使用被动和主动的方法来解决安全问题。在反应性层面，技术用于帮助操作员识别和避免安全风险。在积极性的层面上，为管理人员提供了监测、分析、设计和提高采矿作业安全性的工具。这种新的综合性安全方法有可能通过整合技术、程序和智能算法来避免矿山中的所有事故，使矿山更安全、更高效。

59.3　地下采矿

地下采矿环境特别危险且通常令人不愉快的特性、操作人员的安全和疲劳、劳动力成本以及无处不在的装载-运输-倾倒循环的重复性，都促进了地下机器和工艺的自主、半自主和基于遥操作等解决方案的开发。

59.3.1　遥控机器人操作

在采矿中，远程控制通常是指操作员可以直接看到机器的控制。远程控制通常仅用于挖掘（或分拣），而不是用于装载机的驱动（或运输）。远程控制系统被广泛使用，例如，当装载机必须进入存在有坠落危险的地下牵引点时。

例如，通过遥操作设备或通过设备的部分自主操作，可以明显减少人员暴露在不安全环境中的风险。在 20 世纪 90 年代，Inco 公司认为这是正确的[59.67]。

遥控机器人系统是指那些人类仍然是控制回路的一部分的系统，尽管距离较远，而且一般不在被

控系统的直接视野之内。许多采矿公司和设备制造商现在正在应用遥控机器人，特别是井下设备，如 LHD 设备（图 59.1b）和钻机[59.67-69]，它们通过这些应用受益匪浅。这通常是通过实时传输视频和控制信号到远程控制室或从远程控制室发出；图 59.14 显示了一个商业远程控制台。

图 59.14　芬兰 Kemi 矿用于控制地下机器人车辆的远程控制台（由 Atlas Copco 提供，2009 年）

不过，由于可视性和与操作员反馈有限等相关问题，遥操作设备可能不如手动操作设备的生产效率高。最近，一些研究人员提出开发半自主遥操作系统，通过机器控制系统过滤操作员的动作，该系统以一定程度的局部或局部自主性调节操作员命令[59.70]。

59.3.2　矿车自动驾驶

矿车自动驾驶是指使地下采矿车辆的行驶任务自动化，这往往是重复的行为。大多数机器人拖车系统是为自主式地下重载自卸（LHD）车开发的，如图 59.1b 所示，尽管一些供应商也为其地下运输车提供了系统。

存在的几个挑战使得自主运输问题变得困难。例如，这些车辆的大惯性及其液压驱动的中央铰接式转向机构使其难以在高速下进行控制。另一个问题是在缺乏全球基础设施（最显著的是地面可用的全球导航卫星系统）的情况下精确和实时地进行地下定位的问题。

1. 地下导航

早期的自动运输系统通过为矿井配备信号发射电缆[59.71]、反光条[59.72]、发光绳[59.73]或反光带[59.74,75]来工作。其他系统需要在整个矿井的战略位置放置信标，这使得车辆能够通过测量信标的角度并将测量的角度与已知信标位置地图上的预期角度进行比较来估计其位置[59.76]。

这些早期系统的一个缺点是安装、本地化和维护必要的基础设施非常耗时，特别是随着矿山的深入。据我们所知，这些系统中没有一个在工业中广泛使用。最先进的地下自主车辆系统是无基础设施的。

最早的无基础设施技术之一是由 Inco 公司开发出来的。该专利[59.77]描述了由一组互连节点构成的地图，该地图旨在表示地下通道环境的拓扑结构。节点本身位于交点、死角等感兴趣的点上。因此，使用拓扑图进行导航，该导航依赖于能够对矿井中遇到的所有可能的隧道几何形状进行分类的算法。然后通过较低级的反应式算法操纵车辆，该算法试图将机器保持在隧道中心附近。测距装置被用来感测与墙壁的距离。

这种地下导航和控制的拓扑和反应式方法在参考文献［59.77］之后再次被尝试，另见参考文献［59.78-81］。最近，这些方法还与射频识别（RFID）标签相结合，以供全球定位系统参考[59.82]。这种通用方法构成了第一个真正的商业自主式 LHD 系统的基础，现在它被 Caterpillar 公司作为一个产品提供。然而，这种技术的主要缺点是它依赖于隧道和交叉拓扑的分类。正如机器人专家所知，在实际中可能会发生错误分类。

受到移动机器人研究进展的启发，一些人考虑了替代的基于地图的定位算法的应用，其想法是将传感器测量结果与地图相匹配，而不是通过对隧道拓扑进行分类[59.83,84]。在大多数情况下，矿山的平面多边形表示被用来帮助车辆导航。这是 Sandvik AB 公司在其商业化产品中所采用的方法。最近，Atlas Copco Rock Drills AB 公司通过采用类似的方法进入了地下，该方法生成占用栅格地图序列，然后通过基于无迹卡尔曼滤波器（UKF）的算法实时使用这些序列估计车辆位置[59.85,86]。

2. 车辆控制

为了使机器人拖车系统在工业上与手动操作竞争，必须有一个能够执行的或优于人工操作的机器控制系统。许多研究人员提出了仅基于车辆运动学的铰接式车辆转向控制器[59.87-90]，而很少有人考虑其动力学[59.91]。还有人则认为，车轮打滑现象很严重，应该明确说明[59.92]。参考文献［59.86］描述了一种控制体系架构和实现方式，通过明确强制低级机器/执行器动力学与路径跟踪控制问题之间的带宽分离来处理液压车辆转向和传动系统动力学，从而实现高速有轨电车，该问题在运动学层面已得到解决。

3. 商业化产品

尽管产品描述并不是本章的重点，但值得简要提及的是（在撰写本文时），有三个主要的商业化地下车辆自动化产品：用于地下的 Caterpillar MineStar 系统[59.93]，Sandvik AutoMine[59.94]，以及 Atlas Copco ST14 ARV[59.85]（ 🔊 **VIDEO 142** ）。

移动设备供应商，而不是第三方供应商，销售这三种产品。这三个系统都没有基础设施。它们都是通过使用二维 SICK 激光测距仪扫描车辆的局部环境，并将这些数据与车轮编码器信息结合起来进行操作的。这三个系统都与高速无线网络配合使用。更重要的是也都可以进行自主转储。Atlas Copco 产品的原理图如图 59.15 所示，突出显示了用于机器人运输的传感器和控制组件。

59

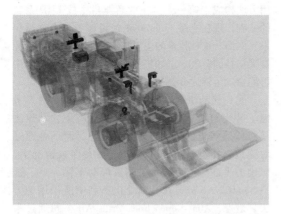

图 59.15　用于机器人电车的铲运机（或 LHD）组件，包括 SICK 扫描激光测距仪（前部和后部）、铰接角度编码器、驱动轴编码器、车载相机和计算子系统（由 Atlas Copco 提供，2009 年）

59.3.3　机器人挖掘

尽管在机器人挖掘领域进行了大量的研究工作，但目前还没有在采矿业中广泛开发或采用自主或半自主挖掘技术。虽然本节重点从地下采矿角度介绍机器人挖掘，但机器人挖掘也适用于露天采矿作业（见第 59.2.3 节）。

由于铲斗-岩石相互作用的动态性和不可预测性，机器人挖掘是十分具有挑战性的。此外，挖掘控制器不仅要管理挖掘臂（例如，悬臂和铲斗连杆）的运动，而且还要管理由移动平台运动确定的穿透率。因此，性能受到机器与环境之间交互条件的高度影响。例如，当驱动铲斗穿透岩堆时，作用在铲斗上的力可能会发生显著变化，这取决于介质的性质（如密度和硬度），岩堆几何形状、粒度和形状的分布[59.95]。

区分均质材料（如土壤、沙子或风化层）中的挖掘和采矿中破碎岩石的挖掘（通常具有显著的粒度分布）是很重要的。破碎的岩石可能包括细粒物（即非常小的颗粒）、过大的颗粒（即对于挖掘工具而言过大的颗粒）以及介于两者之间尺寸范围的颗粒。图 59.16 显示了一台 EJC 9T LHD 机器在破碎岩石中进行机器人挖掘试验。

机器人挖掘问题可以分为两个基本的任务[59.96]：

1）挖掘规划。

2）挖掘执行与控制。

挖掘规划包括确定挖掘地点和挖掘内容的问题，可能考虑到岩石堆的几何形状、颗粒分布以及装载机和铲斗的物理特性。挖掘控制是指根据所遇到介质的性质修改规划的算法，以便有效地填充装载机铲斗。这个问题的任务在破碎的岩石中尤其具有挑战性。

图 59.16　EJC 9T LHD 机器在破碎岩石中进行机器人挖掘试验（由 Joshua Marshall 提供，2000 年）

1. 挖掘规划

机器视觉已经被提出作为挖掘规划的一个使能技术。参考文献［59.97］描述了一个实验室规模的挖掘系统，该系统利用相机数据进行控制和导航。在参考文献［59.98］中，建立了一个比例模型系统来模拟 LHD 的运动，并且根据感知的岩堆信息开发了不同的挖掘策略。在参考文献［59.99］中描述的类似工作采用视觉系统来获得岩堆的图像。在他们的方法中，这些图像被用来根据估计的岩堆轮廓规划挖掘任务。在最近的工作中，参考文献［59.100］的作者对两种从三维数据中选择目标姿态的新方法进行了试验研究，目的是最终将其用于机器人挖掘砂土。

2. 挖掘执行与控制

在过去的二十年里，一些机器人研究人员已经解决了挖掘执行与控制任务。这些工作大部分都是针对露天采矿的应用（见第 59.2.3 节），尽管一些概念可以转移到地下。针对地下，参考文献［59.101］指出，在设计的控制方案中，挖掘机铲斗穿过岩堆的轨迹不应优先考虑，因为目标是有效填充铲斗，而不是遵循预定路径。在参考文献［59.46，95］中进一步探讨了这个问题，提出了一种机器人挖掘算法，该算法通过控制液压缸回缩速度（而非其位置）的变化来响应挖掘机铲斗液压缸压力变化时感应到的铲斗-岩石相互作用力。该策略基于 LHD 的全尺寸试验。加拿大女王大学的研究人员与 Atlas Copco AB 公司一起，最近通过在改

装的 Kubota 装载机（地面）和 ST14 LHD（地下）上的全尺寸试验，展示了这种基于导纳控制的机器人挖掘策略，见 |◎) VIDEO 718 中。

59.3.4 长壁自动化

长壁开采是地下开采的主要方法之一。在存在厚煤层储量、浅层优质煤和良好地质条件的情况下，该方法非常有效[59.102]。在长壁开采过程中，采煤机（一台带有大型旋转切割滚筒的机器）在煤层上往复移动，每次移动都会取下大量的煤片。

图 59.17 显示了长壁采矿设备安装的示意图。在煤层中开凿两条长的、水平的和永久性的（称为门道）的隧道，形成一个大型矩形煤块（称为长壁板）的主要边界。采煤机沿着工作面在结构上移动，该结构还包含一个铠装式（或铰接式）工作面输送机（AFC），该输送机将煤炭输送至工作面一端，然后通过其他输送系统将煤运到地表。通过多个相邻的动力顶板支架（也称为防护罩或轴承座）将屋顶支撑，每个支架连接到 AFC 上。在采煤机通过后，垫块从顶板释放，在液压动力作用下进入由取出煤炭产生的空腔，重新定位 AFC 并重新支撑顶板[59.2]。

图 59.17　长壁采矿设备安装示意图
（由 CSIRO 提供，2008 年）

在为长壁采矿提供自动化解决方案的共同努力下，于 2000 年成立了长壁自动化指导委员会（LASC），该委员会由澳大利亚煤炭协会研究计划（ACARP）行业代表、设备制造商、研究提供商和矿山安全机构组成。在 ACARP、CSIRO 和采矿技术与设备合作研究中心（CMTE）（现为 CRC Mining）的资助下，启动了一个重大项目，以提供煤炭切割和装载的自动化解决方案，维护工作面几何结构并在无须人工干预的情况下操作顶板支架。

参考文献 [59.103] 确定了三个对长壁自动化至关重要的问题：工作面对齐、水平控制和蠕变控制。直到最近，由于缺乏测量长壁工作面实际几何轮廓的自动和可靠的方法，开发工作面对齐自动控制器的工作受阻。本项目提供的解决方案采用高端惯性导航系统，实时提供准确的采煤机位置和姿态信息。该系统安装在采煤机上，称为采煤机位姿测量系统（SPMS）。该项目的主要成果之一是制定了 SPMS 的开放式规范，因此，所有主要的长壁设备制造商现在都提供自动表面校准系统。

LASC 解决的第二个重大技术挑战是实现增强型地平线控制（EHC）。当工作面对齐发生在水平面上时，水平控制发生在垂直面上，并且非常困难。为了最大限度地开采煤炭，并尽量减少废物的开采，顶板和底板切割层需要留在煤层内。EHC 整合了两个独立的地平线控制器：一个用于底板，一个用于顶板。两个控制器的设定值是由位于 EHC 核心的集成切割模型生成的。切割模型结合了来自导航传感器、煤界面探测器、煤层跟踪传感器，以及离线地质和岩土工程的实时信息。

最后，蠕变控制是指保持面板中长壁设备的横向位置。随着长壁开采系统的进展，支架的装配不应向两条闸门道路中的任何一条移动。LASC 解决方案使用激光测距仪测量蠕变，该测距仪在面板和道路方向的水平面上进行扫描。蠕变信息被提供给长壁采煤机自动化处理系统，并以导通到任一闸门端的形式对工作面轮廓进行修正[59.103]。

59.3.5 机器人炸药装填

采矿和施工中的许多任务都需要通过钻探和爆破来驱动水平和倾斜的隧道（或巷道）以实现岩石破碎。目前，在地下硬岩开采中，钻孔和爆破仍然是从块体中回收矿石的主要方法。爆破工程师设计一个爆破孔模式，指定孔的尺寸和位置，以达到所需的岩石碎裂，并减少对留下的岩体的损害。

爆破孔装药分为两步操作。在第一步中，操作员将一个起爆器组件放置在柔性软管的末端，将软管插入爆破孔，然后推动软管，直到起爆器到达孔的末端。起爆器是一种装有高强度灵敏炸药的紧凑装置，用于在雷管提供的受控时间内安全地启动爆破孔中的主柱。起爆需要电能，通常通过导爆索提供。推孔是机械化的。在第二步中，通过软管将炸药乳化液泵入孔中，随着炸药逐渐填满孔，软管缩回，留下雷管线。一旦爆破孔环被填满，雷管线就会连接起来，岩石就会被炸毁。

CSIRO 开发的机器人炸药装填系统（RE-CS）[59.104] 采用了一些技术，使得装填孔的操作更安全，其生产率与其他方法相当或更好。该系统集成了混合遥操作和机器人功能，使操作员可以从舒适性和安全性都很高的装载车驾驶室装载整个图案。RECS 原型是一个从 Palfinger 卡车起重机衍生的机械臂而开发的。该系统能够使用附在臂末端执行器的激光测距仪定位爆破孔。自动手臂姿态控制功能用于实现手臂的扫动，在此期间激光测距仪采集隧道的图像。随后处理这些图像以提取爆破孔位置，并通过人机界面呈现给操作员。

一旦扫描中的孔被识别出来，就与爆破规划中的孔匹配，并且操作员已经准备好继续装药。机械臂按顺序从匣盒中拾取起爆器组件，并将其转移到孔中。起爆器在距孔洞预定的偏移处完成放置。在遥操作模式下，操作员使用驾驶室操纵杆将起爆器和软管插入孔中。视频系统为操作员提供实时视频图像，显示末端执行器尖端与爆破孔套环之间的相对位置。

在参考文献［59.104］的工作中，对 89mm 和 102mm 的爆破孔进行了孔识别。虽然孔径被用做识别算法中的参数，但是确定孔的深度并不是一项要求（这并不是说钻探与计划的原位验证不重要）。在扫描过程中，机械臂通过通道前后移动末端执行器，末端执行器依次旋转，使得激光器能够在隧道中扫描360°完整的图案。成功的孔检测受激光束和孔轴之间的相对对准的影响。偏差越大，产生假阴性的可能就越大。图59.18显示了用于孔识别的典型三维隧道剖面图。

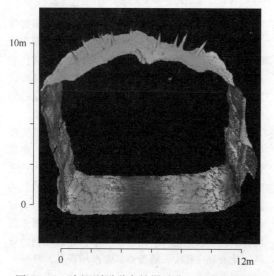

图59.18 为识别隧道中的爆破孔而生成的三维隧道剖面图（由 CSIRO 提供，2006年）

视觉伺服需要将工具定位在目标孔的位置。安装在末端执行器上的相机提供了爆破孔相对于末端执行器的位姿估计。控制方法不需要机械臂物理参数的广泛知识，并且使用最少的一组调整参数，以允许操作员在需要时进行调整。不过，当使用典型的卡车起重机作为机械臂时，寻找适当的解决方案会带来许多重大挑战。

59.3.6 地下测绘、测量和定位

测绘、测量和实时定位设备是许多行业的核心服务，采矿业也不例外。在露天采矿中，20世纪80年代基于卫星的 GPS 的出现导致了日常作业方式的根本性变化[59.105]，甚至最近开发了新的应用（见第59.2节）。基于全球导航卫星系统（GNSS），精确的现场勘测、信息系统和机器人工具可以提高安全性、提高生产力和节约维护成本，这在露天采矿中已经司空见惯[59.1,106]。

由于目前还没有可直接比较的定位技术来实现移动设备在地下采矿作业中的准确和实时的定位，所以类似的进展在地下采矿中速度缓慢。本节讨论了机器人领域的一些工具和技术，这些工具和技术已进入采矿领域，用于测量、测绘和设备定位。

1. 地下测绘和测量

目前，人工生成的采矿测量图用于设计和建造结构、通风、电力、排水、运输规划，以及开发和矿石开采进度的跟踪[59.107]。然而，传统的测量技术缓慢且费力，涉及许多手动步骤、基础设施安装（如反光标记）和重复测量，以获得给定应用的必要精度。传统的测量图通常是实际矿井结构的粗略近似值，因为尽管个别观察可能是准确的，但是测量少（即分辨率差）。此外，测量是一种规范的做法；因此，使用机器人技术的新技术需要更新当前的标准。

机器人测绘领域的一些最新进展显示了其在地下采矿应用的前景，我们在此仅举几个例子。卡内基梅隆大学（CMU）的学者[59.108,109]描述了开发用于获取地下矿井工作容积图的机器人系统；特别是地面条件可能是危险的废弃矿井。基于二维扫描激光测距仪数据的 SLAM 结果是从两个矿井获得的数据报告的：宾夕法尼亚州 Bruceton 的一个研究矿井和宾夕法尼亚州 Burgettstown 的一个废弃煤矿。

一些人已经开发了机器人探测和拓扑映射技术[59.110]，重点是探测和匹配地下矿山隧道交叉点，作为创建拓扑图的基础。

新的扫描配准技术，如 3D NDT（三维正态分

布变换）[59.111]，也被专门设计用于地下矿山测绘。瑞典 AASS 的作者将其结果与实际矿山数据中流行的迭代最近点（ICP）算法进行比较。

最近，CSIRO 的研究人员[59.112] 展示了一个三维 SLAM 解决方案，包括一个旋转二维扫描激光测距仪和工业级微机电系统（MEMS）惯性测量单元（IMU）。该系统被安装在 Northparkes 矿井的现场车辆上，该矿场以典型的矿山行驶速度连续采集数据。部署的系统在不到两个小时的时间内绘制了超过 17km 的矿井隧道，形成了一个密集而精确的地理参考三维地表模型。图 59.19 显示了三维 SLAM 生成图的一个例子。

图 59.19　Northparkes 矿井下降的三维 SLAM
生成图[59.112]

注：地板和天花板上的间隙是由于两个垂直方向的 SICK 激光测距仪之间的盲点造成的；沿着左侧墙壁可以看到电缆。（苏荣云提供，2012 年）

2. 井下定位和跟踪

基于卫星的 GPS 使用无法有效穿透重要障碍物（如岩石）的反射率信号，参见关于 GPS 基础的任何参考资料[59.113,114]。尽管高灵敏度接收器正在开发中[59.114]，但这些接收器几乎肯定不会在地下工作。对于建筑物，一些人建议使用信号中继器[59.115]，但这同样不适用于大多数地下矿井环境。这些挑战要求地下矿山采取不同的方法。

因此，近年来出现了几种地下采矿的替代方案，其中许多功能有限，或者尚未得到证实。参考文献 [59.116] 中的最新研究介绍了最常用的方法：

1）使用 RFID 标签对设备和人员进行基于事件的跟踪[59.117]。

2）使用无线电信号（如安装的 Wi-Fi 接入点）进行基于信号强度的定位[59.118,119]，由于严重的多径和阴影，非直线传播，以及需要太多设备才能获得类似 GPS 的精度，这在地下矿井中非常困难。

3）使用惯性传感器（如 IMU）和里程计进行航位推算，仅用于短期机器跟踪。

4）岩石穿透性极低的电磁信号，通常限制在近地表（<200m）[59.120]，精度上存在问题[59.121]。

然而，这些方案中没有一个能够与全球导航卫星系统在地面上提供的方案相比。另一个问题是采矿从业人员通常不了解这些方法的技术局限性[59.116,122]。因此，最近有人提出将基于地图的定位技术应用于地下采矿设备。例如，参考文献 [59.123] 描述了一种大比例尺地图绘制方法，该方法采用 RFID 标签（作为地标）和占用网格地图的组合，专门设计用于促进实时地下车辆定位。

59.4　挑战、展望与总结

本节简要总结了采矿机器人技术面临的一些主要挑战，并探讨了采矿机器人领域内的一些新兴主题，首先是地球上的主题，然后是关于行星勘探和外星采矿的简短讨论，所有这些都将严重依赖机器人工具。本节最后简要总结了采矿机器人的未来前景。

59.4.1　技术挑战

尽管最近在采矿业中采用了机器人技术，但仍存在重大挑战。有一个术语可以用来描述采矿机器人技术现状，是"自动化孤岛"。这反映了与完全自主和混合自主/手动/远程机器人设备相关的重大集成问题。例如，一个具体的挑战是缺乏各种设备制造商和技术开发人员应遵循的标准。虽然目前正在采取措施制定这些标准（见第 59.5.3 节），但设备制造商推出符合这些标准的商业产品可能需要一段时间。

采矿机器人的一些其他关键挑战包括：

1）可靠性、可用性和故障安全操作，具有优雅和安全的故障模式，适用于大型设备和（通常）电动或液压驱动设备。

2）与当前的方法和系统相比，能够保持当前或更高水平的生产率。

3）在极端的和非结构化的环境中采矿（如在

极高纬度、极深的地下、恶劣天气），以及在这些环境中开发和支持必要的基础设施的困难。

4）当前的采矿方法和设计方法需要不断发展，以便内在地融入机器人系统。

5）现场机器人部署面临挑战，每个矿山的情况都是不同的。

6）在偏远地区提供技术支持，熟练劳动力短缺，以及需要重新培训现有人员。

7）开发有效的人机界面。

8）安全管理机器人和人员的集中区域。

59.4.2　社会经济挑战

资源工业大部分历史悠久，新技术和新工艺的实施往往要克服重大的变革阻力。在许多情况下，从工作面到高级管理人员和公司高管，人们的态度反映了工业机器人早期制造业劳动力的影响；比如，对技术的怀疑和对失去工作的恐惧。不过，代际变化可能会缓解这些挑战。

人因工程的一些研究人员还指出，操作员过度依赖技术的风险是机器人系统在工业中推广的一个可能的消极后果。作为多个领域的共同趋势，有人指出，自动化和新技术有时会导致操作员从事更危险的行为[59.124]，这在采矿业中是不受欢迎的。

59.4.3　新兴前沿技术

采矿机器人技术有几个新兴的前沿领域，从标准的制定到提高采矿安全性的机器人，以及面向未来的小行星和其他地外天体的采矿机器人。

1. 新兴的机器人和自动化标准

由于采矿自动化的日益普及，迫切需要为机器人设备制定标准，以便不同制造商开发的系统之间可以自由交换数据。目前，制造商与矿山运营商之间往往存在着紧张关系，对于制造商而言，设计封闭的垂直集成系统似乎是商业上的当务之急，而矿山运营商希望他们购买的任何系统都能与所有现有设备项目相互操作。

目前存在一种被称为国际岩石挖掘数据交换标准（IREDES）[59.125]的数据交换标准。该标准使用可扩展标记语言（XML）来定义三级体系结构：

1）管理级别，定义可重用的数据对象，如坐标系统。

2）应用程序配置文件级别，涵盖一个应用程序的一般信息。

3）设备配置文件级别，具有详细设备的特定信息。

IREDES目前涵盖钻机和LHD机器，许多潜在的应用方案正在积极开发中。

还有一个ISO（国际标准化组织）标准，移动机械-自动机械安全（ISO 17757）[59.126]。该标准涵盖大型设备自动化固有的风险，以及通过设计和/或程序减轻这些风险的常见方法。

自动采矿机械的标准化尚处于初期阶段，目前的工作还远远没有完成。然而，这是一个有价值的目标，随着越来越多的采矿设备实现自动化，这个目标只会越来越重要。

2. 矿山救援机器人

采矿本身就有风险。尽管在今天这种情况并不常见，但在采矿过程中已经发生了许多死亡事件，而且在每次作业中（特别是在地下采矿中）都有必要制定矿山救援战略。那么为什么不使用机器人来协助矿山救援呢？

虽然不是主流研究方向，但一些研究机构正在开发矿山救援机器人，包括美国Sandia国家实验室，在美国国家职业安全与健康研究所（NIOSH）的资助下，该实验室的研究人员专注于煤矿[59.127]。在煤矿开采中，爆炸的风险很高，并且可能存在有毒气体，特别是在灾难发生后。他们开发的Gemini Scout履带式矿山救援机器人长约1.2m，配备红外相机（可以穿透烟雾和灰尘）和气体传感器，让救援人员在进行救援之前进行现场评估。

有关矿山救援机器人的更多信息可参见参考文献 [59.128]，包括参考CSIRO的第一个已知的矿山救援机器人样机Numbat[59.129]。

3. 机器人海底采矿

有大量的机器人学研究与海底应用和遥操作水下机器人（ROV）有关（本手册第2卷第51章专门讨论这一主题）。然而，这项工作的大部分还没有直接针对海底采矿。尽管如此，机器人技术的进步（特别是基于计算机绘图、多车辆协调，以及远程机器人钻探和挖掘）很可能在不久的将来使海底采矿成为现实。

虽然追求海洋开采可以追溯到19世纪70年代，但大规模的开采至今还没有实现，至少部分是由于技术壁垒[59.130]。今天，包括温哥华最著名的Nautilus Minerals公司（TSE：NUS）在内的几家风险采矿公司正在瞄准多金属海底块状硫化物矿床。然而，这些资源只能通过使用配有遥控机器人海底生产工具的ROV来分解和收集来自海底的岩石[59.131]。因此，机器人将在海底采矿中发挥重要作用。

4. 行星勘探与采矿

也许采矿业的下一个伟大目标是行星勘探和资源开采，无论是用于就地资源利用（例如，开发月球）还是返回地球（例如，开采小行星以获取有价值的材料）。

目前已经开发了几种支持大规模栖息地建设和资源开采的自动化机器人挖掘技术。例如，NASA 和 CSIRO 的研究人员就以远距离开挖一个海沟为例，进行了场地准备和覆土开采[59.132]。这个远程挖掘系统包括位于澳大利亚 CSIRO 测试设施的 1/7 比例的拉铲挖掘机、位于美国 NASA 工厂的控制界面，以及两者之间的通信网络。测试用例场景涉及远程启动地形图，以及一个点击挖掘用户界面，该界面允许在获取的地形图上指定挖掘和倾倒点的物料转移。地形图被用来生成从挖掘到转储的无碰撞地形移动路径。车载路径规划器产生了一个铲斗轨迹，包括挖掘面（堤岸）、填满铲斗和脱离岸边。为了限制挖掘速度，并使挖掘轨迹保持在机器的操作范围内，从而确保足够的物料流入铲斗，使用刀具力传感器作为输入。系统在没有任何操作员干预的情况下成功完成了 50 个连续循环，平均循环时间约为 63s，整个任务需要 52min 才能完成。

还有一个蓬勃发展的空间探索社区，特别是在移动机器人社区，本书有一个完整的章节专门介绍空间机器人（见第 55 章）。这里值得一提的是，采矿和行星资源开采有许多共同点，行星地质学家、采矿设备供应商和机器人专家之间在月球和火星探测相关问题上的合作日益增加（参见参考文献[59.4, 5, 133]和其中的参考文献）。此外，建立了新的商业企业，如广为宣传的行星资源公司，其目的是寻求商业性的外星资源发现和利用。

59.4.4 结论

提高生产率、安全性和降低采矿成本的愿望是在采矿业中使用机器人技术的关键源动力。正如本章所强调的那样，近几年来，在露天和地下采矿环境中都出现了一些与机器人技术相关的进展，在与机器人技术和自动化进行长期跟踪之后，许多采矿公司都将机器人技术视为一种可靠和实用的工具。此外，随着野外机器人成为机器人研究界一个越来越受欢迎的子领域，以及最近形成的专门专注于野外机器人学的网络、中心和研究机构（一些是关于采矿的），采矿机器人领域似乎准备在陆地、海底和其他地方加速发展。

视频文献

VIDEO 142 Autonomous tramming
available from http://handbookofrobotics.org/view-chapter/59/videodetails/142
VIDEO 145 Autonomous haulage system
available from http://handbookofrobotics.org/view-chapter/59/videodetails/145
VIDEO 718 Autonomous loading of fragmented rock
available from http://handbookofrobotics.org/view-chapter/59/videodetails/718

参考文献

59.1 M. Scoble, L.K. Daneshmend: Mine of the year 2020: Technology and human resources, CIM Bull. **91**(1023), 51–60 (1998)

59.2 P. Corke, J. Roberts, J. Cunningham, D. Hainsworth: Mining robotics. In: *Springer Handbook of Robotics*, ed. by B. Siciliano, O. Khatib (Springer, Berlin, Heidelberg 2008) pp. 1127–1150, Chap. 49

59.3 H.L. Hartman, J.M. Mutmansky: *Introductory Mining Engineering*, 2nd edn. (Wiley, Hoboken 2002)

59.4 G.R. Osinski, T.D. Barfoot, N. Ghafoor, M. Izawa, N. Banerjee, P. Jasiobedzki, J. Tripp, R. Richards, S. Auclair, H. Sapers, L. Thomson, R. Flemming: Lidar and the mobile Scene Modeler (mSM) as scientific tools for planetary exploration, Planet. Space Sci. **58**(4), 691–700 (2010)

59.5 Y. Bar-Cohen, K. Zacny: *Drilling in Extreme Environments: Penetration and Sampling on Earth and other Planets* (Wiley-VCH, Weinheim 2009)

59.6 Clearpath Robotics: AMEC. Puts safety first and uses advanced robotic system for mapping potash tailings, http://clearpath.wpengine.netdna-cdn.com/wp-content/uploads/2013/02/AMEC_SuccessStory_2013e.pdf (2013)

59.7 P. Lever: Automation and robotics. In: *SME Mining Engineering Handbook*, ed. by P. Darling (SME, Enlgewood 2011) pp. 805–824, Chap. 9.8

59.8 D. Zlotnikov: Mining in the extreme, CIM Mag. **7**(5), 50–56 (2012)

59.9 P. Cross: *Recent Trends in Output and Employment*, Res. Pap. 13-604-MIE No. 054 (Statistics

59

Canada, Ottawa 2007)

59.10　Australian Bureau of Statistics: 5260.0.55.002 – Experimental Estimates of Industry Multifactor Productivity, 2010-11, http://www.abs.gov.au/AUSSTATS/abs@.nsf/DetailsPage/5260.0.55.0022010-11 (2011)

59.11　N. Vagenas, N. Runciman, S.R. Clément: A methodology for maintenance analysis of mining equipment, Int. J. Min. Reclam. Environ. **11**, 33–40 (1997)

59.12　A. Gustafson, H. Schunnesson, D. Galar, U. Kumar: Production and maintenance performance analysis: Manual Production maintenance performance analytis: Manual versus semi-automatic LHDs, J. Qual. Maint. Eng. **19**(1), 74–88 (2013)

59.13　J. McGagh: The mine of the future: Rio Tinto's innovation pathway, http://www.riotinto.com/media/18435_presentations_22363.asp (2012), Presentation given at MINExpo 2012, Las Vegas

59.14　J.A. Aldinger, C.M. Keran: A Review of Accidents During Surface Mine Mobile Equipment Operations, Proc. 25th Annu. Inst. Min. Health Saf. Res. (1994) pp. 99–108

59.15　H. Durrant-Whyte, D. Pagac, B. Rogers, M. Stevens, G. Nelmes: Field and service applications-an autonomous straddle carrier for movement of shipping containers-from research to operational autonomous systems, IEEE Robotics Autom. Mag. **14**(3), 14–23 (2007)

59.16　J. Chadwick: Autonomous mine truck, Min. Mag. **175**(5), 287–288 (1996)

59.17　Pav Jordan: Chile's new Gaby copper mine steps into the future (Reuters), http://uk.reuters.com/article/2008/05/21/chile-codelco-gaby-idUKN2133325020080521 (2008)

59.18　Komatsu: Autonomous haulage system – Komatsu's pioneering technology deployed at Rio Tinto mine in Australia, http://www.komatsu.com/ce/currenttopics/v09212/index.html (2008)

59.19　Caterpillar: Autonomous haulage improves mine site safety, http://www.catminestarsystem.com/articles/autonomous-haulage-improves-mine-site-safety (2013)

59.20　Hitachi Construction Machinery: Hitachi chooses South Burnett for three-year automated mine-truck trial, http://www.stanwell.com/Files/Hitachi_automated_truck_trial.PDF (2013)

59.21　J. Barnes, C. Rizos, J. Wang, D. Small, G. Voigt, N. Gambale: Locata: A new positioning technology for high precision indoor and outdoor positioning, Proc. 2003 Int. Symp. GPS/GNSS (2003) pp. 9–18

59.22　G.S. Bastos, L.E. Souza, F.T. Ramos, C.H.C. Ribeiro: A single-dependent agent approach for stochastic time-dependent truck dispatching in open-pit mining, IEEE 14th Int. Conf. Intell. Transp. Syst. (ITSC) (2011) pp. 1057–1062

59.23　Modular Mining: DISPATCH, http://modularmining.com/product/dispatch/ (2013)

59.24　Komatsu: Modular mining systems unveils the latest in mining technology, http://www.komatsu.com/ce/support/v08412/index.html (2008)

59.25　Caterpillar: Track, manage and assign all types of equipment, across one site or many, https://mining.cat.com/fleet (2013)

59.26　Wenco: Wenco fleet management systems, http://www.wencomine.com/products/single-gallery/9342146 (2013)

59.27　Leica Geosystems: JOptimiser, http://mining.leica-geosystems.com/products/Jsoftware/Joptimizer/ (2013)

59.28　Devex: SMARTMINE, http://www.smartmine.com.br/eng/smartmine (2012)

59.29　S. Alarie, M. Gamache: Overview of solution strategies used in truck dispatching systems for open pit mines, Int. J. Surf. Min. Reclam. Environ. **16**(1), 59–76 (2002)

59.30　A. Arelovich, F. Masson, O. Agamennoni, S. Worrall, E. Nebot: Heuristic rule for truck dispatching in open-pit mines with local information-based decisions, Proc. 13th IEEE Int. Conf. Intell. Transp. Syst. (ITSC) (2010) pp. 1408–1414

59.31　S.G. Ercelebi, A. Bascetin: Optimization of shovel-truck system for surface mining, J. S. Afr. Inst. Min. Metall. Optim. **109**, 433–439 (2009)

59.32　R.F. Subtil, D.M. Silva, J.C. Alves: A Practical Approach to Truck Dispatch for Open Pit Mines, Proc. 2011 APCOM Symp. (2011) pp. 765–777

59.33　C.H. Ta, J.V. Kresta, J.F. Forbes, H.J. Marquez: A stochastic optimization approach to mine truck allocation, Int. J. Surf. Min. Reclam. Environ. **19**(3), 162–175 (2005)

59.34　S.-K. Kim, J.S. Russell: Framework for an intelligent earthwork system. Part I, System architecture, Autom. Constr. **12**(1), 1–13 (2003)

59.35　S. Singh: The state of the art in automation of earthmoving, ASCE J. Aerosp. Eng. **10**(4), 179–188 (1997)

59.36　S. Singh: State of the art in automation of earthmoving, Proc. Workshop Adv. Geomechatronics (2002)

59.37　M. Dunbabin, P. Corke: Autonomous excavation using a rope shovel, J. Field Robotics **23**, 379–394 (2006)

59.38　P.J.A. Lever, F.-Y. Wang: Intelligent excavator control system for lunar mining system, J. Aerosp. Eng. **8**(1), 16–24 (1995)

59.39　X. Shi, P.J.A. Lever, F.-Y. Wang: Experimental robotic excavation with fuzzy logic and neural networks, Proc. IEEE Int. Conf. Robotics Autom. (ICRA) (1996) pp. 957–962

59.40　W. Richardson-Little, C.J. Damaren: Position accommodation and compliance control for robotic excavation, Proc. IEEE Conf. Control Appl. (2005)

59.41　L.E. Bernold: Motion and Path Control for Robotic Excavation, J. Aerosp. Eng. **6**(1), 1–18 (1993)

59.42　Q. Ha, M. Santos, Q. Nguyen, D. Rye, H. Durrant-Whyte: Robotic excavation in construction automation, IEEE Robotics Autom. Mag. **9**(1), 20–28 (2007)

59.43　S. Tafazoli, S.E. Salcudean, K. Hashtudi-Zaad, P.D. Lawrence: Impedance control of a teleoperated excavator, IEEE Trans. Control Syst. Technol. **10**(3), 355–367 (2002)

59.44　C.P. Tan, Y.H. Zweiri, K. Althoefer, L.D. Seneviratne: Online soil parameter estimation scheme based on Newton-Raphson method for autonomous excavation, IEEE/ASME Trans. Mechatron. **10**(2),

221–229 (2000)

59.45　S. Singh: Learning to predict resistive forces during robotic excavation, Proc. 1995 IEEE Int. Conf. Robotics Autom. (1995) pp. 2102–2107

59.46　J.A. Marshall: Towards Autonomous Excavation of Fragmented Rock: Modelling, Identification and Control, Ph.D. Thesis (Queen's Univ., Kingston 2001)

59.47　A.R. Reece: The fundamental equation of earth-moving mechanics, Proc. Inst. Mech. Eng. (1964)

59.48　H. Cannon, S. Sanjiv: Models for automated earth moving, Lect. Note. Control Inform. Sci. **250**, 163–172 (2000)

59.49　E. Duff: Accurate guidance and measurement for excavators using laser scanners, Techn. Rep. C14043 (ACARP, Brishane 2006)

59.50　Leica Geosystems Mining: Jigsaw products: J³ dozer autorip, http://mining.leica-geosystems.com/products/J3autonomous/J3dozer-autorip/ (2013)

59.51　Mining Magazine: Thinking automatically, http://www.miningmagazine.com/equipment/thinking-automatically (2012)

59.52　Ry Crozier: Gears up for expansion across Pilbara mines, http://www.itnews.com.au/News/312004, rio-tinto-advances-autonomous-drill-project.aspx (2012)

59.53　E. Duff, C. Caris, A. Bonchis, K. Taylor, C. Gunn, M. Adcock: The development of a telerobotic rock breaker, Springer Tract. Adv. Robot. **62**, 411–420 (2010)

59.54　E. Duff, K. Usher, P. Ridley: Swing Loader Traffic Control, Techn. Rep. C13041 (ACARP, Brishane 2006)

59.55　B. Owens: Concept Design and Testing of a GPS-less System for Autonomous Shovel-Truck Spotting, Ph.D. Thesis (Queen's Univ., Kingston 2013)

59.56　A. Stentz, J. Bares, S. Singh, P. Rowe: A robotic excavator for autonomous truck loading, Auton. Robots **7**(2), 175–186 (1999)

59.57　M. Dunbabin, G. Winstanley, P. Corke: Refinement of Automated Dragline Swing Control Algorithms, Techn. Rep. C13040 (ACARP, Brishane 2005)

59.58　J. Roberts: Dragline operational enhancements through the use of digital terrain maps, ACARP Report C13034 (2006)

59.59　Leica Geosystems Mining: Well positioned, http://mining.leica-geosystems.com/products/Jassist/Jps/ (2013)

59.60　Locata Corporation: Technology brief, http://www.locatacorp.com/wp-content/uploads/2011/09/Locata-Technology-Brief-13-June-2012-Public.pdf (2013)

59.61　T. Sathyan, D. Humphrey, M. Hedley: WASP: A system and algorithms for accurate radio localization using low-cost hardware, IEEE Trans. Syst. Man Cybern. C **41**(2), 211–222 (2011)

59.62　United States Department of Labor: Mine safety and health administration report, http://www.cdc.gov/niosh/mining/pubs/pdfs/mriit.pdf (2010)

59.63　B. Clark, S. Worrall, G. Brooker, J. Martinez, E. Nebot: Improving situational awareness with radar information, Proc. 2012 IEEE Intell. Vehicle Symp. (2012) pp. 535–540

59.64　K. Nienhaus, R. Winkel, W. Mayer, A. Gronau, W. Menzel: An experimental study on using electronically scanning microwave radar systems on surface mining machines, Proc. IEEE Radar Conf. (2007) pp. 509–512

59.65　G. Agamennoni, J.I. Nieto, E.M. Nebot: Estimation of Multivehicle Dynamics by Considering Contextual Information, IEEE Trans. Robotics **28**(4), 855–870 (2012)

59.66　S. Worrall, G. Agamennoni, J.I. Nieto, E.M. Nebot: A context-based approach to vehicle behavior prediction, IEEE Intell. Transp. Syst. Mag. **4**(3), 32–44 (2012)

59.67　P.V. Golde: Implementation of drill teleoperation in mine automation, Ph.D. Thesis (McGill Univ., Montréal 1997)

59.68　J. Appelgren: Remote control and navigation systems, Min. Constr. Mag. **2**, 16–19 (2003)

59.69　D. Hunter, D. Wells, K. Chrystall, P. Feighan: Achieving effective telerobotic control of industrial equipment, CIM Bull. **89**(1002), 83–88 (1996)

59.70　J. Larsson, M. Broxvall, A. Saffiotti: An evaluation of local autonomy applied to teleoperated vehicles in underground mines, Proc. 2010 IEEE Int. Conf. Robotics Autom. (ICRA) (2010) pp. 1745–1752

59.71　K. Amdahl, M. Lundström: Automatic truck saves money underground, World Mining **160**, 40–44 (1972)

59.72　G.D. Brophey: Vehicle guidance system, CA 2041373A1 (1991)

59.73　R. Hurteau, M. St-Amant, Y. Laperriere, G. Chevrette: Optical guidance system for underground mine vehicles, Proc. 1992 IEEE Conf. Robotics Autom. (1992) pp. 639–644

59.74　J.F. Purchase, R.A. Poole: Guidance system for automated vehicles, and guidance strip for use therewith, US 6163745A (2000)

59.75　U. Wiklund, U. Andersson, K. Hyypä: AGV navigation by angle measurements, Proc. 6th Int. Conf. Autom. Guided Veh. Syst. (1988) pp. 199–212

59.76　S. Scheding, G. Dissanayake, E.M. Nebot, H.F. Durrant-Whyte: An experiment in autonomous navigation of an underground mining vehicle, IEEE Trans. Robotics Autom. **15**(1), 85–95 (1999)

59.77　L.A. Bloomquist, E.H. Hinton: Autonomous vehicle guidance system, US 5999865A (1999)

59.78　P. Debanné, J.-Y. Hervé, P. Cohen: Global self-localization of a robot in underground mines, Proc. 1997 IEEE Int. Conf. Syst. Man Cybern. (1997) pp. 4400–4405

59.79　J.M. Roberts, E.S. Duff, P.I. Corke: Reactive navigation and opportunistic localization for autonomous underground mining vehicles, Inform. Sci. **145**, 127–146 (2002)

59.80　J.M. Roberts, E.S. Duff, P.I. Corke, P. Sikka, G.J. Winstanley, J.B. Cunningham: Autonomous control of underground mining vehicles using reactive navigation, Proc. 2000 IEEE Conf. Robotics Autom. (2000) pp. 3790–3795

59.81　J. Steele, C. Ganesh, A. Kleve: Control and scale model simulation of sensor-guided LHD mining machines, IEEE Trans. Ind. Appl. **29**(6), 1232–1238 (1993)

59

59.82 J. Larsson, M. Broxvall, A. Saffiotti: A navigation system for automated loaders in underground mines, Proc. 5th Int. Conf. Field Serv. Robotics (2005)

59.83 R. Madhavan, M.W.M.G. Dissanayake, H.F. Durrant-Whyte: Autonomous underground navigation of an LHD using a combined ICP-EKF approach, Proc. IEEE Conf. Robotics Autom. (1998) pp. 3703–3708

59.84 H. Mäkelä: Overview of LHD navigation without artificial beacons, Robotics Auton. Syst. 36, 21–35 (2001)

59.85 J. Larsson, J. Appelgren, J.A. Marshall, T.D. Barfoot: Atlas Copco infrastructureless guidance system for high-speed autonomous underground tramming, Proc. 5th Int. Conf. Exhib. Mass Min. (2008) pp. 585–594

59.86 J.A. Marshall, T.D. Barfoot, J. Larsson: Autonomous underground tramming for center-articulated vehicles, J. Field Robotics 25(6–7), 400–421 (2008)

59.87 C. Altafini: A path-tracking criterion for an LHD articulated vehicle, Int. J. Robotics Res. 18(5), 435–441 (1999)

59.88 A. Hemami, V. Polotski: Problem formulation for path tracking automation of low speed articulated vehicles, Proc. IEEE Int. Conf. Control Appl. (1996) pp. 697–702

59.89 V. Polotski: New reference point for guiding an articulated vehicle, Proc. IEEE Int. Conf. Control Appl. (2000) pp. 455–460

59.90 P. Ridley, P. Corke: Autonomous control of an underground mining vehicle, Proc. 2001 Austr. Conf. Robotics Autom. (2001) pp. 26–31

59.91 R.M. DeSantis: Modeling and path-tracking for a load-haul-dump mining vehicle, J. Dyn. Syst. Meas. Control 119, 40–47 (1997)

59.92 S. Scheding, G. Dissanayake, E. Nebot, H. Durrant-Whyte: Slip modelling and aided inertial navigation of an LHD, Proc. IEEE Int. Conf. Robotics Autom. (1997) pp. 1904–1909

59.93 G.B. Smith, R.J. Butcher, A. Uzbekova, E. Mort, A. Clement: Case study comparison of teleremote and autonomous assist underground loader technology at the Kanowna Belle Mine, Proc. 11th AusIMM Underground Operators' Conference (2001) pp. 305–312

59.94 B. Cook, D. Burger, L. Alberts, R. Grobler: Automated loading and hauling experiences at De Beers Finsch Mine, Proc. 10th AusIMM Underground Operators' Conference (2010) pp. 231–238

59.95 J.A. Marshall, P.F. Murphy, L.K. Daneshmend: Toward Autonomous Excavation of Fragmented Rock: Full-Scale Experiments, IEEE Trans. Autom. Sci. Eng. 5(3), 562–566 (2008)

59.96 S. Singh: Synthesis of Tactical Plans for Robotic Excavation, Ph.D. Thesis (Robotics Institute Carnegie Mellon Univ., Pittsburgh 1995)

59.97 Q. Ji, R.L. Sanford: Autonomous excavation of fragmented rock using machine vision. In: Emerging Computer Techniques for the Minerals Industry, ed. by B.J. Schneider, D.A. Stanley, C.L. Karr (SME, Littleton 1993) pp. 221–228

59.98 M.K. Petty, J. Billingsley, T. Tran-Cong: Autonomous LHD Loading, Proc. Annu. IEEE Conf.

59.99 Mechatron. Mach. Vis. Pract. (1997) pp. 219–224
H. Takahashi, M. Hasegawa, E. Nakano: Analysis on the resistive forces acting on the bucket of a Load-Haul-Dump machine and a wheel loader in the scooping task, Adv. Robotics 13(2), 97–114 (1999)

59.100 M. Magnusson, H. Almqvist: Consistent pile-shape quantification for autonomous wheel loaders, Proc. 2011 IEEE/RSJ Int. Conf. Intell. Robots Syst. (2011) pp. 4078–4083

59.101 A. Hemami: Fundamental analysis of automatic excavation, J. Aerosp. Eng. 8(4), 175–179 (1995)

59.102 G.W. Mitchell: Longwall mining. In: Australian Coal Mining Practice, ed. by R.J. Kininmouth, E.Y. Baafi (AIMM, Carlton 2005) pp. 340–375

59.103 P.B. Reid, M.T. Dunn, D.C. Reid, J.C. Ralston: Real-world automation: New capabilities for underground longwall mining, Proc. Austr. Conf. Robotics Autom. (2010)

59.104 A. Bonchis, E. Duff, J. Roberts, M. Bosse: Robotic explosive charging in mining and construction applications, IEEE Trans. Autom. Sci. Eng. (2013)

59.105 D.J. Peterson, T. LaTourette: New Forces at Work in Mining: Industry Views of Critical Technologies (RAND Sci. Techn. Policy Inst., Santa Monica 2001)

59.106 J. Peck, J. Gray: The total mining system (TMS): The basis for open pit automation, CIM Bull. 88(993), 38–44 (1995)

59.107 G. Schaffer, A. Stentz: Automated Surveying of Mines Using a Laser Rangefinder, Emerg. Comp. Techn. Miner. Ind. Symp. (SME) (1993) pp. 363–370

59.108 A. Nuchter, H. Surmann, K. Lingemann, J. Hertzberg, S. Thrun: 6D SLAM with an application in autonomous mine mapping, Proc. 2004 IEEE Int. Conf. Robotics Autom. (2004) pp. 1998–2003

59.109 S. Thrun, D. Hahnel, D. Ferguson, D. Montemerlo, R. Triebel, W. Burgard, C. Baker, Z. Omohundro, S. Thayer, W. Whittaker: A system for volumetric robotic mapping of abandoned mines, Proc. 2003 IEEE Int. Conf. Robotics Autom. (2003) pp. 4270–4275

59.110 D. Silver, D. Ferguson, A. Morris, S. Thayer: Topological exploration of subterranean environments, J. Field Robotics 23(6/7), 395–415 (2006)

59.111 M. Magnusson, A. Lilienthal, T. Duckett: Scan registration for autonomous mining vehicles using 3D-NDT, J. Field Robotics 24(10), 803–827 (2007)

59.112 R. Zlot, M. Bosse: Efficient large-scale 3D mobile mapping and surface reconstruction of an underground mine, Proc. Int. Conf. Field Serv. Robotics (2012)

59.113 Garmin Ltd.: What is GPS?, http://www.garmin.com/aboutGPS/ (1996)

59.114 F. van Diggelen: Indoor GPS theory and implementation, Proc. IEEE Position Loc. Navig. Symp. (2002) pp. 240–247

59.115 H. Niwa, K. Kodaka, Y. Sakamoto, M. Otake, S. Kawaguchi, K. Kujii, Y. Kanemori, S. Sugano: GPS-based indoor positioning system with multichannel pseudolite, Proc. IEEE Int. Conf. Robotics Autom. (2008) pp. 905–910

59.116 U. Artan, J.A. Marshall, N.J. Lavigne: Robotic mapping of underground mine passageways, Trans.

IMM A: Min. Technol. **120**(1), 18–24 (2011)

59.117 E. Bartsch, M. Laine, M. Anderson: The application and implementation of optimized mine ventilation on demand (OMVOD) at the Xstrata Nickle Rim South Mine, Sudbury, Ontario, Proc. 13th U.S./N. Am. Mine Venti. Symp. (2010) pp. 1–15

59.118 J.C. Ralston, C.O. Hargrave, D.W. Hainsworth: Localisation of mobile underground mining equipment using wireless ethernet, Proc. Ind. Appl. Conf. (2005) pp. 225–230

59.119 M.M. Atia, A. Noureldin, J. Georgy, M. Korenberg: Bayesian filtering based WiFi/INS integrated navigation solution for GPS-denied environments, Navigation **58**(2), 111–125 (2011)

59.120 R. Wenger: La balise de positionnement U-GPS (Underground-GPS), ISSKA Rapport Annuel (Swiss Institute for Speleology and Karst Studies, La Chaux-de-Fonds 2004), pp. 13–14

59.121 J. Chadwick: GPS for underground operations: Great potential for controlling block caves, saving trapped miners and machine automation, http://www.mining.com (2008)

59.122 J.A. Marshall: Navigating the advances in underground navigation, CIM Mag. **5**(4), 20–21 (2010)

59.123 N.J. Lavigne, J.A. Marshall: A landmark-bounded method for large-scale underground mine mapping, J. Field Robotics **29**(6), 861–879 (2012)

59.124 D. Lynas, T. Horberry: Human factor issues with automated mining equipment, Ergonomics Open J. **4**, 74–80 (2011)

59.125 IREDES: IREDES – International rock excavation data exchange standard, http://www.iredes.org/ (2013)

59.126 International Standards Organisation: ISO/NP 17757 earth-moving machinery – Autonomous machine safety, http://www.iso.org/iso/home/store/catalogue_tc/catalogue_detail.htm?

59.127 D. Hambling: Next-Gen coal mining rescue robot, popular mechanics, http://www.popularmechanics.com/science/energy/coal-oil-gas/next-gen-coal-mining-rescue-robot (2010)

59.128 R.R. Murphy, J. Kravitz, S. Stover, R. Shoureshi: Mobile robots in mine rescue and recovery, IEEE Robotics Autom. Mag. **16**(2), 91–103 (2009)

59.129 D.W. Hainsworth: Teleoperation user interfaces for mining robotics, Auton. Robots **11**(1), 19–28 (2001)

59.130 A. MacDonald, E. Welsch: Robotics advance ocean floor mining ventures, http://search.proquest.com/docview/1018567281 (2012)

59.131 Nautilus Minerals: Fact sheet, http://www.nautilusminerals.com/i/pdf/Factsheet-Q1-2013.pdf (2013)

59.132 M. Dunbabin, P. Corke, G. Winstanley, J. Roberts: Off-world robotic excavation for large-scale habitat construction and resource extraction, to boldly go where no human-robot team has gone before, AAAI Spring Symp. (2006)

59.133 J.E. Moores, R. Francis, M. Mader, G.R. Osinski, T. Barfoot, N. Barry, G. Basic, M. Battler, M. Beauchamp, S. Blain, M. Bondy, R.-D. Capitan, A. Chanou, J. Clayton, E. Cloutis, M. Daly, C. Dickinson, H. Dong, R. Flemming, P. Furgale, J. Gammel, N. Gharfoor, M. Hussein, R. Grieve, H. Henrys, P. Jaziobedski, A. Lambert, K. Leung, C. Marion, E. McCullough, C. McManus, C.D. Neish, H.K. Ng, A. Ozaruk, A. Pickersgill, L.J. Preston, D. Redman, H. Sapers, B. Shankar, A. Singleton, K. Souders, B. Stenning, P. Stooke, P. Sylvester, L. Tornabene: A mission control architecture for robotic lunar sample return as field tested in an analogue deployment to the sudbury impact structure, Adv. Space Res. **50**(12), 1666–1686 (2012)

csnumber=60473 (2012)

59

第 60 章

救灾机器人

Robin R. Murphy，Satoshi Tadokoro，Alexander Kleiner

自 9·11 事件世界贸易中心（WTC）遇袭以来，救灾机器人在 6 个国家至少 28 次灾害中得到应用。各种类型的机器人（陆地、海洋和空中）被应用于灾害的所有阶段（预防、响应和重建）。本章将概述灾害的基本特点及其对机器人设计的影响，并描述迄今为止在灾害中实际使用的机器人。特别是福岛第一核电站，其为机器人技术提供了丰富的试验场。本章同时包含前沿的机器人设计（如蛇形、多足运动）和概念（如机器人团队或集群、传感器网络），以及机器人自主性方面的进展和开放性问题。本章最后讨论了救灾机器人基准的评估方法，并讨论了救灾机器人面临的基本问题和开放性问题，以及它们从一个有趣的想法到广泛应用的演变过程。

目 录

机器人是专业应急人员的延伸。在应对灾害的即时反应中，机器人可以提供有关事件的实时数据，甚至可以直接帮助安装补救设备、传感器、旋转阀门和移动设备。随着灾害的紧急救生和稳定阶段的结束，机器人可以帮助经济复苏。救灾机器人是一项新兴技术，尚未被国际应急界广泛采用。但截至 2012 年，它们已在塞浦路斯、海地、意大利、日本、新西兰和美国的 28 起灾害中使用，主要用于采矿灾害、建筑倒塌或基础设施破坏等事件中。机器人被用于处置危险品事故，通常被称为化学、生物、辐射、核或爆炸（CBRNE）事件，最近的一次是福岛第一核电站事故。除行业特定团队承担指挥任务外，建筑倒塌和爆炸事件通常由城市搜索和救援团队处理。由于城市搜索救援这一术语的广度，导致了一种误解，即救灾机器人技术仅限于城市或建筑环境。例如，尽管从技术上讲，野外搜救不是一项城市活动，但通常由当地的城市搜救团队进行。一般来说，救灾机器人意味着需要特殊操作的特殊情况；消防不被视为救灾机器人的一部分，因为它是一种常规的紧急情况。

救灾机器人技术可以在大规模的区域活动、本地事件和日常紧急情况处理方面发挥很好的作用，不过本章将重点讨论机器人在灾害事件中的应用。人们对机器人在野外火灾和洪水中应用的兴趣正在兴起，本章阐述了少数有记录的相关机器人用途。机器人同时在一些不能构成"灾难"级别的事件中越来越多的得到应用。例如，日本和英国的几个消防救援部门经常使用小型水下机器人进行溺水者救助，使用空中飞行器进行荒野搜救的意向也在不断增加。

救灾机器人尚未被广泛应用，但随着技术的成熟，对它们的使用正在增加。这些技术应用量较少的原因是因为这项技术是新兴的，而且这些新技术的工作原理尚需要时间来迭代。救援应用往往与军事行动足够相似，可以采用相同的平台；但有些救援任务与军事任务有很大的不同，有些任务是救援任务独有的，且民用机器人的人-机器人交互模式也与军用不同。

60.1　概述

救灾总是与时间赛跑，救灾机器人需要尽可能快地移动到所有潜在的幸存者的位置，但同时还能移动得比较轻慢，以避免造成二次倒塌、损坏，提高救援人员和受害者的风险，压缩其活动空间。救灾机器人的主要目的是拯救生命；机器人可以通过直接与受害者、结构体、自动化系统接触来帮助实现这一目标。

60.1.1　动机

灾害被定义为超过了发生地的资源所能应对的一个独立的气象、地质或人为事件。灾害不同于全球变暖等持续性状态。在灾害发生时，一个机构必须找到更多受过专门培训的专家和专用设备。例如，处理化学品泄漏需要由受过危险材料培训的人员按照常规操作处理，否则后果是很可怕的，如1984 年导致数千人死亡的博帕尔灾难。

尽管在应急管理方面没有单一的公认模式，救灾活动通常是分阶段进行的。事件发生后，政府官员负责救生响应和经济复苏活动，重点是最大限度地造福于最大人口。非政府组织可以与其他官员和公民一起参与人道主义救援工作，这些工作通常侧重于造福个人。应急专业人员还负责预防灾害，并在有足够预警的情况下做好准备。

救灾活动通常由附属在消防救援机构内的城市搜索救援（USAR）工作队执行，该工作队与执法人员、交通官员和其他人员合作。城市搜索救援通常与任何响应活动同义。"城市"这个词可能会引起误解，因为它听起来只限于建筑倒塌。城市搜索救援活动包括危险材料处置，因为这些材料肯定对建筑结构有影响。城市搜索救援除了寻找失踪的徒步旅行者之外，同时包括野外搜救，通常还包括搜索隧道、废弃的矿井，处理雪崩事件。它还包括水上搜救，用于拯救洪水受害者（也称为快速水上救援），或在交通事故后，被困在坠入河流或海湾的汽车中的受害者。水上的搜救环境不一定有城市特征，但救援技术和重复使用的设备是相似的。

历史上，救灾机器人的使用集中在灾害的响应阶段。救灾机器人社团于 1995 年开始形成，这是日本神户大地震和美国俄克拉荷马城联邦大楼爆炸造成的悲惨生命损失的结果[60.1,2]。在这两种情况下，很容易想象小型地面机器人如何能够进入废墟中寻找被困的受害者。因此，各个实验室开始启动研究工作。20 世纪 90 年代末启动了两项移动机器人竞赛：美国人工智能促进协会（AAAI）移动机器人竞赛和国际 RoboCup 救援联赛，目的是让科学界参与救援研究。第一次使用机器人来应对事故是在 2001 年世界贸易中心（WTC）的灾难中，地面机器人被用来穿透深深堆积的废墟。从那时起，机器人就被用来应对地震、飓风、矿难、桥梁倒塌、爆炸和洪水。

在响应阶段，部署救灾机器人有许多潜在的好处。2010 年世界灾害报告[60.3]表明有多少人的生命曾经受到、将来会受到城市灾害的影响。据报告，2000—2009 年，有 110 多万人丧生，与灾害有关的损失总额估计为 986.7 亿美元。在城市灾害中的受害者中，只可能有一小部分人实际存活下来[60.4,5]。城市灾害的大多数幸存者（80%）是表面幸存者，即躺在废墟表面或容易看到的人。仅有 20% 的城市灾害幸存者来自废墟的内部，内部往往是大多数受害者所在的地方，这为能够在坍塌深处救援的机器人提供了动力。死亡率在48h内增加并达到峰值，这意味着在事件发生后的最初48h内没有被救助的幸存者不太可能在医院存活几周以上。

然而，救灾机器人不再专注于响应阶段，而是扩展到重建阶段。重建活动包括：搜寻任何剩余的受害者尸体，重建社区的正常运作，延续政府正常运作和恢复经济。这些活动通常由各种地方、省、州和联邦机构以及保险公司和银行进行。每个城市在重建学校、医院、港口和工业方面可能有不同的优先事项，通常没有统一权威。

在2011年日本关东大地震和相关的福岛第一核电站事故之后，人们看到了救灾机器人在重建阶段的优势。地震引发的海啸把成千上万的人卷进海里。它还严重破坏了许多渔港，并在整个渔区内散布碎片和污染物。机器人专家小组利用水下机器人搜索受害者，并帮助重新开放港口和清理养鱼池。福岛第一核电站的退役利用一些机器人，其中可能包括一些用于应对阶段的机器人。

救灾机器人也被用在防灾和减灾问题上。和灾后重建活动一样，预防和准备活动也是由不同机构负责的。应该指出的是，消防救援和执法小组将是第一反应者，他们在当地使用的任何设备都可能在灾害中使用。因此，救灾机器人社区已经开始推行消防和拆弹机器人的日常使用，以便响应者熟悉和适应新的技术[60.6]。福岛事故的一个教训就是，切尔诺贝利和三里岛核电事故事件后，为核工业制造的机器人几十年来没有被使用过，没有人是使用它们的专家。

60.1.2 救灾机器人的任务

虽然救灾机器人的总体导向是拯救生命，但具体的机器人设计和能力导向则取决于它们的潜在任务。下面描述了为救灾机器人提出的任务类型。上述任务中有一些与军事机器人的任务相似，特别是搜索和侦察绘图，但许多任务是独特的或有不同的风格。例如，建筑检查、废墟清除和自主地支撑废墟是特定的救援任务。诸如撤离伤员等任务似乎相似，但有很大不同。考虑到一个受伤的士兵不太可能有脊柱损伤，并且很可能在一个足够大的空间，一个人可以工作，所以机器人进入该区域并将士兵拖到安全的地方是合适的。然而，建筑物倒塌时被压碎的受害者被物理地困在或固定在一个狭小空间中时，需要清除瓦砾，并且在将其拖出之前必须固定受害者的脊柱；显然，在搜救领域中救出受害者更具挑战性。

搜索是一种集中在建筑物内部、洞穴、隧道或荒野中的活动，旨在寻找受害者或潜在的危险。搜索任务的导向是速度和彻底性，前提是不增加受害者或救援人员的风险。

侦察和测绘比搜索更广泛。它为反应者提供环境意识，并创建被摧毁的环境的参考模型。目标是以适当的分辨率快速覆盖大面积的感兴趣区域。

可通过机械或外骨骼加速碎石清除进程。其导向是比人工更快地移动更重的碎石，但比传统的建筑起重机占地面积小。

建筑检查可以在废墟内部进行（例如，帮助救援人员了解废墟的性质，以防止可能进一步伤害幸存者的二次倒塌），也可以在外部进行（例如，确定一个建筑是否可以安全进入）。机器人提供了一种使建筑传感器有效载荷更近、视角更有利的方法。

机器人还可以在现场进行医疗评估和干预，使得医生和护理人员与受害者口头互动，目视检查受害者或应用诊断传感器，或通过狭窄的管路输送液体和药物来提供生命支持。其目的是在4~10h内为医务人员提供远程服务，这通常是为了了解救受害者[60.4,5]。缺乏医疗干预是俄克拉荷马城爆炸案的一个主要问题[60.7]。受害者的初步管理工作已经开展起来，其中最显著的是远程医疗（也称为医疗反馈）[60.8]，一般诊断和分类[60.9]，以及根据Survivor Buddy项目安慰被困受害者[60.10]。

当受害者仍在灾区（又称热区）时，可能需要撤离和疏散医疗敏感的人员，以帮助提供医疗援助。在发生化学、生物或放射性事件时，预计受害者人数将超过人类救援人员在其高度限制性的防护装备中可以完成转移的人数；这使得机器人载体具有吸引力。由于医生可能不被允许进入可以延伸数公里的灾害区域，支持远程医疗的机器人载体可能会有巨大的优势。转移幸存者（特别是从危险物事件中）时，其中可能有许多人被固定或迷失方向，这是另一个越来越受到关注的领域。美国陆军远程医疗和先进技术研究中心一直在机器人领域领先，如用于自主搜救伤员的Vecna BEAR[60.11]。其他方面，如Yim和Laucharoen的努力[60.12]重点是平民伤员的搜救，这需要脊柱的稳定。

作为移动信标或中继器扩展无线通信范围，通过提供更多的接收器，实现基于无线电信号传输的人员定位，并作为地标，使救援人员能够自我定位。有源或无源转发器（如无线传感器节点和RFID）可以部署在现场。它们还可用于支持人员定位，但更多的是用于留下与任务相关的数据，如附近受害者的位置和现场危险，[60.13]。

作为团队成员的代理，如安全员或后勤人员。在这项任务中，机器人与救援人员并肩工作。例如，由于噪声的原因，一个小组在一场灾害内部的深处清理瓦砾，可能很难使用无线电请求额外的援助。但在废墟之外的团队成员可以通过机器人看到和听到进展情况并预测需求。目标是使用机器人来加快和减少任务的需求，即使任务是由人完成的。

适应性地支撑不稳定的碎石，以加快解救过程。需要采取一种保守的速度，以防止可能进一步伤害被困幸存者的二次坍塌，这往往阻碍了碎石的去除。

通过将设备和用品从储存区自动运输到灾区内的团队或配送点，提供后勤支持。

60.1.3 救灾机器人的类型

救灾机器人需要帮助快速定位、诊断、稳定和解救无法轻易接触到的幸存者。他们通常通过扩展救援人员的观察和行动能力来做到这一点。在地面上，小型无人地面车辆（UGV）可以使救援人员在对于人或狗来说太小或太危险的空隙中找到被困的幸存者并与他们交互。大型无人地面车辆可以比人类更快地完成诸如清除大型瓦砾等任务。在空中，无人机通过提供鸟瞰地图来扩展响应者的感官。在水中，无人潜水器（UMV），无论是无人水下机器人（UUV）还是无人水面机器人（USV）都可以同样地延伸和增强救援人员的感官。

救灾机器人可以根据形态和大小大致分为多种类型[60.14]，尽管已经提出了混合形态、大小和任务

的其他分类方法[60.15]。机器人有三种模式：地面、空中和海洋。不同模式影响机器人的基本设计和能力。在每种模式下，救灾机器人可以被进一步描述为三种尺寸之一：可收纳、便携式和最大尺寸。机器人的大小既影响到它适合的任务，也影响到灾害发生后多久它可以被使用。为了便于人工安装，整个机器人系统（包括控制单元、电池和工具）必须装在一个或两个背包里。可收纳机器人更有可能在灾害发生后立即使用，因为它们可以随救援人员踏过废墟和梯子进入灾害的中心，而更大的设备必须等待路径被清理出来。对于便携式机器人，可以由两个人或在小型全地形车辆上携带一小段距离。便携式机器人在容纳一个人的空间（如矿井隧道）中起作用。它们拥有灾区的可达性，能改善或支持受灾区的物流。更大的机器人需要拖车或其他特殊的物流运输方式。这限制了它们的灾区可达性。

空中救灾机器人代表了目前使用的最先进的机器人技术，其中新概念不断涌现。空中飞行器可进一步细分为固定翼（平面型）、旋翼（直升机）、比空气轻（飞艇）和有牵引（风筝）的平台。固定翼无人机通常用于远距离飞行，可以绕着目标点飞行，而旋翼平台可以悬停，需要一个小区域才能起飞和着陆。轻于空气的交通工具可能被拴住，类似于风筝。水下航行器也可细分为绳系平台和无绳系平台。

大型无人驾驶直升机，如 Yamaha R-Max，继续被改装用于商业救援和重建任务，同时拥有吊装灾害产生的废墟和残垣一类的重型有效载荷。用于战术军事用途的小型固定翼平台对应对社区灾害有很大的优点。然而，无人机正引起控制空域的相关机构的注意，并可能在未来受到严格管制。例如，2010 年在海地使用的小型无人机违反了空域管制。

60.2 灾害特征及其对机器人的影响

灾害的类型以及活动的一般模式影响机器人平台和有效载荷的选择。

60.2.1 自然灾害

自然灾害（如地震、海啸、飓风和台风、火山、雪崩、山体滑坡和洪水）给救灾机器人带来了许多挑战。自然灾害通常分布在可能影响事件中心周围 200km 或更大半径的地理区域。受影响地区的巨大规模给应急工作带来许多挑战。自然灾害的主

要影响是住宅、轻型商业建筑、海堤和运河，以及交通和通信基础设施。这意味着救援人员需要搜寻成千上万的地方从而发现幸存者，但这些地方相当小，人和犬类无法搜索。除了大量的建筑检查，通信中断使得救援人员难以及时获得有关交通状况和一个地区的常规必要信息。因而，设计机器人来应对这些挑战是很重要的，因为自然灾害为大量幸存者提供了最大的希望。没有受伤的幸存者可能只是被搁浅，可以存活 72h。自然灾害通常有利于无

人机的鸟瞰，这对于建立位姿感知或 UMV 在确定关键的交通、电力和通信基础设施的隐藏条件方面是非常宝贵的。

60.2.2 人为灾害

与自然灾害相比，人为灾害（如爆炸或工业事故）发生在小范围内，但可能产生重大的大面积影响（如辐射、化学释放）。所面临的挑战往往不是如何看见损坏的整个外部范围，而是如何识别不可见的东西：废墟的内部、幸存者的位置和状况、有潜在危险的公共设施（如电力、天然气线路）的状况[60.14,16,17]，以及辐射等危险条件[60.18]。通信和电力基础设施通常在 10km 范围内，手机通常在直接受影响地区之外工作。废墟中的空隙可能形状不规则，方向垂直。废墟内部的无线通信是不可预测的，因为商业建筑内有大量的钢材，通常不存在无线通信，但不规则的空隙和锋利废墟的组合不利于使用光纤电缆。因为没有照明，能见度是很低的，一切都可能被一层层灰色的灰尘覆盖，这进一步阻碍了对幸存者、潜在的危险和准确的地理位置的认识。由于水管、下水道和洒水系统的存在，废墟内部可能是潮湿的或包含积水。幸存者更有可能急需医疗救助。能够深入废墟内部的小型地面机器人可以被频繁地用于处理建筑坍塌事故，中型机器人用于 CBRNE 事件，大型的安全机器人可以被直接用到矿难中。

60.2.3 响应阶段的一般活动模式

为了了解如何将机器人技术应用于灾害响应（而不是重建或防灾备灾），了解活动的一般模式是很有帮助的，具体可概括为[60.19,20]：

1）救援人员意识到幸存者的存在。这种认识可能是由来自家庭、邻居和同事的信息、对人口模式的理解（例如，在夜间，公寓楼将被大量占用，而在工作日，办公楼将被占用）或通过系统搜索产生的。

2）救援指挥人员试图了解灾情现场。他们调查现场的条件，如危险材料，对救援人员本身构成的风险，对被困受害者的任何未决威胁，以及资源限制（如向现场运送资源的障碍，附近可利用的设备和材料，以及任何其他阻碍及时救援的障碍）。

3）指挥人员制定救援计划。

4）派出搜索和侦察小组绘制情况图并评估环境状况。准确估计紧急医疗干预的必要性是非常可取的，以便优化现场医疗人员的分配，并准备救护车和医院（在神户大地震中，这一阶段花费的时间最长[60.19]）。

5）开始挖掘瓦砾以挖掘幸存者。请注意，在搜救中清除瓦砾不同于在建筑中清除瓦砾，因为幸存者的安全是重中之重。

6）救援人员可以接触到幸存者，并在现场使用急救药品。

7）幸存者被转移到医院。

8）现场班组定期汇报活动情况，通常在班组结束时进行汇报，指挥人员对救援计划做相应修改或重新规划。

60.3 实际在灾害中使用的机器人

从 2001 年世界贸易中心倒塌时首次使用 UGV 开始，小型陆地、空中或海洋载具已在 28 次灾害和许多地方事件中使用，见表 60.1。其中 16 次发生在美国，其次是日本（3 次）、意大利（3 次）、新西兰（2 次）、海地（1 次）、泰国（1 次）、塞浦路斯（1 次）和加拿大（1 次）。2013 年 5 月，一架无人机在加拿大引导搜救人员对一名从汽车上甩出的受伤驾驶人进行了救援，这是首次报道的用机器人现场救人。但如前所述，直接拯救生命并不是机器人的唯一目标。机器人完成任务的成绩一般都很高。表 60.1 显示了 37 个报告的部署机器人的灾害或众所周知的地方事件。这些部署按主要的一般灾害类型分类：气象事件（如飓风、地震）、地质事件（如地震、海啸）、人为事件（如恐怖主义、工业事故）或采矿（如地质事件或人为事件）。矿难和人为灾害最为频繁，其次是地质和气象事件。在 37 项事件中，有 7 项事件有机器人在场，但没有使用或无法达到目标区域，因此被认为不成功。UGV 的使用频率最高，其次是 UAV 和 UMV。虽然美国最初在采用机器人的记录中领先，但欧洲和亚洲正在开始部署机器人。本节讨论了四种灾害类型的部署，下一节重点介绍了 2011 年福岛第一核电站事故，因为它突出了在灾害的应对和重建阶段机器人的类型、任务和挑战。

表 60.1　部署在实际灾害中的机器人的类型和数量

灾害或重大事件		灾难事件的类型				使用的机器人			是否成功
		气象	地理	人为	采矿	地面	空中	水中	
2001	世界贸易中心倒塌（美国）			√		4			√
2001	Jim Walters#5 矿（美国）				√	1			×
2002	Barrick Gold Dee 矿（美国）				√	1			√
2004	Browns Fork 矿（美国）				√	1			√
2004	Niigata-Chuetsu 地震（日本）		√				1		√
2004	飓风查理（美国）	√				1			×
2004	Excel#3 矿（美国）				√	1			√
2005	DR#1 矿（美国）				√	1			√
2005	McClane Canyon 矿（美国）				√	1			√
2005	La Conchita 泥石流（美国）		√			1			√
2005	飓风卡特里娜（美国）	√				1	3		√
2005	飓风威尔玛（美国）	√					1	1	√
2006	萨戈矿（美国）				√	1			×
2006	加利福尼亚野火（美国）	√					1		√
2007	迈达斯金矿（美国）				√	2			√
2007	Crandall Canyon 矿（美国）				√	1			√
2007	I-35 桥坍塌（美国）			√				2	√
2007	Berkman Plaza II 坍塌（美国）			√		2	1		√
2008	飓风艾克（美国）	√						1	√
2009	科隆国家档案馆倒塌（德国）			√		2			√
2009	L'aquila 地震（意大利）		√				1		√
2010	海地地震（海地）		√				1	1	√
2010	王家岭煤矿（中国）				√	1			√
2010	上大分支煤矿（美国）				√	1			×
2010	深水地平线号钻井平台（美国）			√				16	×
2010	展望塔停车场倒塌（美国）			√		2			√
2010	失踪的气球手（意大利）			√				1	√
2010	派克河煤矿（新西兰）				√	2			√
2011	克赖斯特彻奇地震（新西兰）		√			1	1		√
2011	日本关东大地震（日本）		√			3	1		√
2011	东北海啸（日本）		√					9	√
2011	福岛核事故（日本）			√		7	2		√
2011	海军基地爆炸（塞浦路斯）			√			2		√
2011	泰国洪水（泰国）			√			2		√
2012	Costa Concordia 号触礁事故（意大利）	√		√				2	√
2012	埃米利亚地震（意大利）		√				2		√
2013	RCMP 失踪人员（加拿大）			√			1		√

60

60.3.1 气象事件

机器人曾在6次气象事件中使用，并在其中5次事件中取得了成功：

1）2005年飓风卡特里娜（美国），在初始响应阶段，一辆 Inuktun ASR Xtreme 无人地面车[60.21]，一架 Aerovironment Raven 固定翼无人机，一辆 Like90 直升机无人机，以及一辆 Silver Fox 固定翼无人机被用于搜索、侦察、测绘和建筑检查[60.22]。后来，iSENSYS IP3 被用于重建阶段的建筑检查[60.23]。无人地面车搜查了一栋不适合人类进入的公寓楼，无人机搜查了汽车无法进入的地区。响应阶段使用的两个无人机如图60.1所示。一架电池驱动的固定翼和一架电池驱动的旋翼（为强风中的稳定性而改装的 Like90 T-Rex 微型直升机）无人机。

a)

b)

图 60.1 在卡特里娜飓风响应期间用于搜索密西西比州部分地区的便携式无人机

a）Aerovironment Raven 固定翼无人机

b）iSENSYS IP3 旋翼无人机（由 CRASAR 提供）

2）2005年飓风威尔玛（美国），其中 AEOS 无人驾驶水面航行器（图60.2）和一架 iSENSYS T-Rex 无人机被独立使用，在重建阶段协助对建筑物、船坞和码头进行结构检查[60.24]。这些机器人提供了有用的信息，无人水面航行器在大型结构附近和下面接收到了重要的无线通信和 GPS 信号。

图 60.2 无人驾驶水面航行器检查佛罗里达州的马可岛大桥，（由 CRASAR 提供）

3）2006—2010年，加利福尼亚野火（美国），美国国家航空航天局用了57次 Ikhana Global Hawk 来侦察火灾测绘[60.25]。Ikhana 主要用于收集数据以开发新的有效载荷，但在2010年为战术响应做出了贡献。

4）2008年飓风艾克（美国），其中 AEOS 无人驾驶海洋表面航行器，视频射线遥控车（ROV）和 YSI 海洋成像自主水下机器人（AUV）被用于劳斯莱斯桥的结构检查[60.26]。USV 能够证实在桩的周围没有冲刷，而视频射线无法在大电流中控制，YSI AUV 不能准确地预先规划其路径而不与结构碰撞。

5）2011年泰国洪水（泰国），两架无人机对洪水平原进行侦察和测绘，使官员能够在防灾和备灾阶段集中疏散或支持工作[60.27]。无人机被认为是减轻洪水损失和生命损失的工具。

无人地面车在2004年出现在飓风查理（美国），但没有用于构成大部分地面行动的挨家挨户的检查任务[60.28]。

60.3.2 地质事件

机器人已被用于8次地质事件（6次地震，1次滑坡，1次海啸）。它们在7次事件中取得了成功。

1）2004年 Niigata-Chuetsu 地震，Soryu III 蛇形

机器人的一个变体被用来在倒塌的房屋搜索。蛇形机器人能够进入狭窄的通道。图 60.3 展示了现场的机器人。

图 60.3 机器人搜索被 Niigata-Chuetsu 地震摧毁的房屋（美国国家税务局提供）

2）2009 年 L'aquila 地震（意大利），其中一个定制的 AscTec 四旋翼无人机被用于结构检查。无人机能够在靠近建筑物和窗户的地方成功飞行。

3）2010 年海地地震（海地），其中一架 SeaBotix LBV ROV 用于水下侦察和绘制航道碎片图，一架 Elbit Skylark 无人机用于侦察和绘制孤儿院地图，这两个机器人都提供了有价值的信息。

4）2011 年克赖斯特彻奇地震（新西兰），其中一个无人地面车 Packbot 和一个无人机被用于结构检查克赖斯特彻奇天主教大教堂[60.29]。Packbot 是成功的，但因无人机的相机没有朝上，天花板无法检查。

5）2011 年日本关东大地震（日本），其中 KO-HGA3 和 Quince 无人地面车（图 60.4），以及 Kenaf 和 Quince 无人地面车与 Pelican 无人机联合使用[60.30]（图 60.5），以进行受损建筑物的结构检查。这些机器人能够给建筑工程师提供信息。

图 60.4 Quince 对损坏建筑物的调查

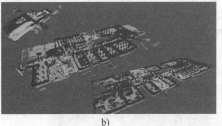

a) b)

图 60.5 受损建筑物结构检查
a）Quince 和 Pelican 对接系统 b）三维地图整合系统

6）2011 年东北海啸（日本），9 辆无人潜水器用于侦察和绘图，并在重建阶段搜寻幸存者。五个不同的小组部署了无人驾驶海洋飞行器：IRS-CRASAR 联合小组在 2011 年 4 月部署了 Sea Botix SAR-bot、Sea Botix LBV-300、Sea Mor 和 Access AC-ROV，后来在 10 月再次部署一个 YSI AUV[60.31]；IRS-CRASAR 联合小组重新开放了南三陆港。来自东京大学的 Ura 在现场部署了一台未命名的遥控潜水器，该遥控潜水器从一个未公开的地点找到了两具尸体[60.32]。东京工业大学的 Shigeo Hirose 教授还创建了一个试验遥控潜水器，并与日本地面自卫队一起部署[60.32]。IDEA 顾问公司（日本）部署了 Mitsui 遥控潜水器。涩谷潜水工业公司购买并使用了 VideoRay Pro 4，尽管使用的程度尚不清楚[60.33]。除 YSI Oceanmapper 外，所有无人潜水器都是遥控潜水器。

7）2012 年埃米利亚地震（意大利），在意大利米兰多拉市使用了两台定制无人机和两辆无人地面车，对由于安全原因未进入的两座教堂的外部和内部进行结构检查[60.34]（图 60.6）。这些机器人能够向意大利国家消防队和国家考古队提供信息。

 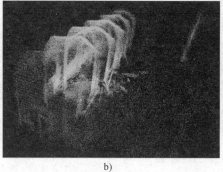 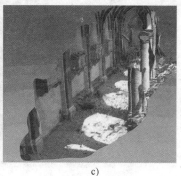

a)　　　　　　　　　　　b)　　　　　　　　　　　c)

图 60.6　埃米利亚地震

a）无人地面车平台部署在被摧毁的大教堂　b）利用激光测量　c）利用图像数据重建大教堂

一辆 Inunktun VGTV Xtreme 无人地面车被部署在 La Conchita 泥石流中，以在遭受泥石流破坏的房屋中寻找可能的幸存者[60.35]。由于严重的泥浆和厚厚的粗毛地毯，机器人的两次运行分别在两分钟内和四分钟内都失败了。

60.3.3　人为事件

机器人参加了 9 次人为事件。它们在 8 次事件中取得了成功。

1）2001 年，世界贸易中心倒塌（美国）[60.36]，其中 Inuktun Micro-Track, Inuktun Micro-VGTV, Foster-Miller mini-Talon 和 Foster-Miller Talon 被用于搜索、侦察和测绘倒塌建筑物的内部（图 60.7）。这些机器人能够在人类或犬类无法进入的狭小空间中比非机器人工具行进得更远。

图 60.7　世界贸易中心倒塌中可用的机器人

注：椭圆表示前两周使用的三种类型的机器人（由 CRASAR 提供）。

2）2007 年，I-35 桥坍塌（美国）[60.37,38]，其中两个未指定的无人潜水器被用于水下搜索、侦察和测绘。遥控潜水器似乎可以提供视野，而不会在快速移动的洋流中危及潜水员。

3）2007 年，Berkman Plaza II 坍塌[60.39,40]（美国），在救援阶段使用 Inuktun Micro-VGTV 进行搜索，在重建阶段使用活动范围相机和 Inuktun ASR Xtreme 进行结构检查，并使用 iSENSYS IP3 无人机进行侦察、测绘和结构检查。Micro-VGTV 排除了在人类无法进入的危险区域存在幸存者。ASC 和 Xtreme 提供了解决法律责任和保险费用的结构性法医信息。无人机提供的图像，使结构专家推测出了坍塌的原因。

4）2010 年，展望塔停车场倒塌[60.22]（美国），在那里，Inuktun VersaTrax 100 和 Inuktun VGTV Xtreme 被部署进行搜索。这些机器人被用来在对救援人员不安全的区域查看车辆信息。

5）2011 年，福岛核事故（日本）[60.18,41]，其中 7 架无人地面车和 2 架无人机被用于搜索、侦察、测绘和结构检查。这些机器人提供了损害评估和辐射调查，而没有使工人暴露在辐射之下。1 架无人地面车和 1 架无人机在第一年丢失，但只是在它们提供了重要信息之后。

6）2011 年，海军基地爆炸（塞浦路斯）[60.17]，使用 AscTec Falcon 和 AscTec Hummingbird 检查邻近发电厂的损坏情况，而无须工程师冒险接触未爆炸弹药。无人机用于结构检查。这些行动是成功的，最终发电厂得到快速修理。

7) 2012 年，Costa Concordia 号触礁事故（意大利）[60.42,43]，其中 Ageotec Perseo 遥控潜水器和 VideoRay 遥控潜水器，可能的其他未报告的遥控潜水器，被用于侦察和测绘、结构检查，以及从沉没的游轮中搜寻幸存者的行动。在了解水下的情况时，遥控潜水器被认为是必不可少的。

8) 2013 年，加拿大皇家骑警失踪人员（加拿大）[60.44]，加拿大皇家骑警（RCMP）利用一架装有热成像仪的 Draganflyer X4-ES 无人机，从汽车残骸中发现了一名无意识驾驶员。这被认为是机器人首次报道的现场拯救。

在 2009 年德国科隆国家档案馆倒塌事件中，机器人被要求到场，但没有被使用，部分原因是考虑操作员的安全[60.45]。

60.3.4 矿难灾害

机器人在 12 次矿难中被应用。它们在 7 次事件中取得了成功。

1) 2002 年，美国内华达州 Barrick Gold Dee 矿；2004 年，美国肯塔基州的 Excel#3 矿；2005 年，美国弗吉尼亚州的 DR#1 矿；2005 年，美国科罗拉多州 McClane Canyon 矿，在那里美国矿山安全和健康管理局（MSHA）部署了一种可以下井远程控制的 Wolverine 机器人（图 60.8），用于重新开放已关闭的矿山[60.46]。在 Barrick Gold Dee 矿，V-2 从地面向下部署到 16° 的斜坡上，能够导航并连续采集气体样本。在 Alliance Resources 的合作伙伴 Excel#3（煤）矿，机器人能够深入矿井 230m，并成功完成了提供情况评估的目标。在 DR#1（煤矿）矿井，机器人能够以 18° 的坡度穿过 210~250m 的矿井，机器人手臂用于移动和调整天花板支架，以便进入矿井。在 McClane Canyon（煤）矿进行了试验，以验证操纵能力。在这个事件，机器人的任务是关闭五扇门，拔出支撑着矿井风扇的木材。机器人通常无法完成操作任务。

2) 2007 年，美国内华达州迈达斯金矿，其中一个来自法伦海军空军基地的 Allen-Vanguard 和一个来自机器人辅助搜索和救援中心（CRASAR）的 Inuktun VGTV-Xtreme 机器人被放到矿难中，并用于受害者搜救[60.47]。由于金矿没有排放甲烷，因此不需要可采矿的机器人。Allen-Vanguard 降落到空旷处，发现了机器，但没有受害者。Xtreme 能够垂直穿过 35m 的空隙（图 60.9）。机器人扫描了尸体被发现的区域，但没有足够的照明来实际看到尸体。

图 60.8　Wolverine 机器人
（由美国矿山安全和安全管理局提供）

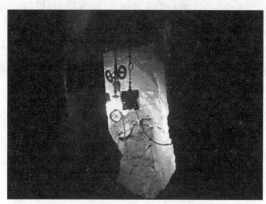

图 60.9　Inuktun VGTV-Xtreme 机器人被
放入迈达斯金矿（由 CRASAR 提供）

3) 2007 年，美国犹他州 Crandall Canyon 矿，其中一个定制的 Inuktun 矿用履带机器人是由美国矿山安全和卫生行政部门为寻找失踪矿工部署的（图 60.10）[60.47]。机器人必须穿越直径 22cm 的钻孔，行程超过 430m。四次试图通过两个不同的钻孔进入矿井，但只有一个成功。在第四次运行中，机器人能够穿过钻孔，然后在矿层上搜索大约 2m，由于碎片和钻井尾矿，该层很大程度上无法通行。机器人没有提供矿工的迹象。

4) 2010 年，派克河煤矿（新西兰），其中两个不知名的新西兰国防军拆弹队机器人和西澳自来水公司管路检查机器人被用于搜索和恢复作业。第一台新西兰国防军（NZDF）机器人由于落水而进入矿井 550m 后出现故障，但在电池电量耗尽之前，成功地重新启动并移出了第二台机器人的道路。第一个和第二个机器人被认为在第二次爆炸中被摧毁，这结束了对幸存者的任何期望。管路检查机器人后来被用于恢复作业。

图 60.10　Inuktun 矿用履带机器人被放入 Crandall Canyon 矿的钻孔中（由 CRASAR 提供）

机器人在两次事件中未取得成功。2004 年，在美国肯塔基州的 Browns Fork 煤矿发生了一场灾难，Wolverine 机器人太高了，无法进入目标区域进行搜索。在 2006 年，美国西弗吉尼亚州发生的萨戈矿难中，机器人在意外驶离矿坑并翻倒时受损，它只能穿跃大约 700m 的矿坑[60.46]。

在 3 次事件中，机器人在现场，但没有使用：2001 年 Jim Walters#5 矿（美国），因为机器人不允许使用；2010 年王家岭煤矿（中国），可能是因为不明确机器人是否能通过高水位；2010 年上大分支煤矿（美国），那里的限制范围造成了太大的失败风险。此外，2010 年 San Jose 铜矿（智利）和 2011 年 San Juan De Sabinas 煤矿（墨西哥）灾难需要机器人，但机器人不够小，因此没有被发送。

60.4　处理福岛第一核电站事故的机器人

福岛第一核电站事故值得特别关注，因为机器人已经被用于响应和重建阶段。机器人的使用已经持续了数月甚至数年，使用的机器人种类繁多。

2011 年 3 月 11 日，日本关东大地震造成 14m 高的海啸淹没了福岛第一核电站的反应堆。1~3 号反应堆熔化，氢气在 1 号、3 号和 4 号反应堆高层爆炸，大量放射性物质被释放到福岛县中心的广阔区域。在长时间的响应阶段，机器人被用来评估紧急情况，并通过重建冷却系统来减轻事件的影响，以实现冷却关闭。四个月后，随着反应堆的稳定，立即转向退役的准备。重建阶段需要在受污染地区进行作业；因此，许多机器人系统已经并将继续被用于通过替代人工操作来减少工人的辐射暴露。第一年，地面和空中机器人用于建筑物的外部操作，地面机器人用于反应堆建筑物内的内部操作。

60.4.1　外部操作

不同小组在建筑物外和地面使用了机器人，用于四种应用：碎片清除、结构检查、放射性调查和缓解工作。

1. 由无人施工机器清除碎片

建筑物外有大量受污染的碎片，产生每小时几百毫希的高辐射剂量，阻止工人进入建筑物。1991 年云仙湖火山爆发后，为开展修复工作开发了一种适应无人施工机器，自 2011 年 4 月 1 日起，使用无人施工机器进行了 9 个月的碎屑清除作业（图 60.11）。碎片被

图 60.11　福岛第一核电站使用的无人施工机器（由无人施工机械协会提供）

两个反铲和一台推土机用无线遥控进行收集，然后用两辆遥控履带式自卸卡车装载到集装箱中，然后运到受污染材料的储存场。履带式自卸卡车由一辆遥控操作车遥控操作，通过遥控无线电中继车传输来自相机和传感器的命令、控制信号和数据。用导线将 7 台相机小车接入系统，外部图像视图支持任务执行。结果，从 $56000m^2$ 的区域清除了 $20000m^3$ 的碎片，辐射水平显著降低到工人可以安全到达的水平。

2. T-Hawk 无人机的结构评估和辐射调查

由 Westinghouse 领导的一个团队从 2011 年 4 月 10 日 ~ 2011 年 7 月底使用 Honeywell T-Hawk（图 60.12）。该小组执行了大约 40 次任务，最初有两个目的。一是调查反应堆和涡轮机厂房的状况，并获取整个地区的录像，以支持对事件的初步评估，并帮助制定清除碎片的计划。第二项任务是采集放射性样本，制作一张调查图。这些目标后来扩大到现场以外的碎片实地调查、沿海防波堤结构检查、在东京电力公司期望的特定地点进行的伽马射线检查，以及在选定地点进行的空气微粒采样（飞入羽流）。

3. 伽马相机测量辐射源

日本原子能机构（JAEA）开发了一款机器人控制车 TEAM NIPPON，配有伽马相机、三维相机、热成像仪和机器人 QinetiQ Talon，该机器人由爱达荷国家实验室提供，该实验室是美国联邦实验室，与日本东北大学合作进行核反应堆研究。它从 2011 年 5 月 5 日起用于测量室外碎片的辐射，并提供了如图 60.13 所示的可视化数据[60.18,41]。

图 60.12 在福岛第一核电站使用的无人机
a）T-Hawk b）1 号核反应堆建筑的顶部视图（照片由东京电力公司提供）

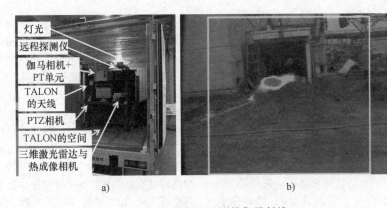

图 60.13 用 UGV 测量伽马射线
a）TEAM NIPPON b）可视化伽马射线相机的来源（由 JAEA 提供）

4. 混凝土泵车远程控制

混凝土泵车被用来从外面倒水，以便冷却旧燃料池爆炸核反应堆建筑物的顶层。为了减少控制泵车的工人的辐射暴露，2011年5月，这些泵车安装了遥控器、摄像头和无线设备进行远程控制。

60.4.2 核反应堆建筑物的内部操作

无人车继续用于反应堆厂房内部的作业。使用无人车调查内部（iRobot PackBot，IRS Quince）、监测伽马射线（JAEA J-3）、清除碎片（QinetiQ Bobcat和Talon，Brokk），并进行去污试验（iRobot Warrior）。

1. 机器人PackBot对核反应堆建筑物的检查

2011年4月17日，东京电力公司的工人和iRobot公司的6名工程师使用两个捐赠的机器人PackBot打开了3号和1号机组的双舱门，提供进入这些建筑的第一个入口（图60.14）。东京电力公司的工作人员把机器人带到舱口的前部，并从舱口的玻璃窗将天线指向机器人。根据辐射剂量率、温度、湿度和气体浓度的读数，允许人类进入核反应堆建筑物，开始冷却关闭过程。第二天，同样的任务在2号机组进行了试验，但机器人PackBot无法完成。机器人PackBot的相机窗口在高湿度下雾蒙蒙的，因为地下室的水蒸气没有从建筑物中逸出。在实际操作之前，东京电力公司的工人从2011年3月24日开始接受了远程操作的密集培训，并在未被破坏的5号机组中验证了这种情况。机器人PackBot继续用于建筑物内的监控和补光工作。

图60.14　1号机组的机器人PackBot操作（由东京电力公司提供）

2. 机器人Quince对核反应堆建筑物的检查

在2011年6月，除了iRobot公司的PackBot之外，机器人Quince开始被使用（图60.14），目前，机器人Quince正在与机器人PackBot合作执行各种任务，因为只有机器人Quince才能爬上上层的台阶。机器人Quince是由包括千叶工业大学和日本东北大学在内的国际救援系统研究所的一个团队为核爆炸灾难响应而开发的。机器人Quince的一个单元在防辐射测试、无线通信测试、可靠性强化细化和操作人员培训练习后免费借给东京电力公司[60.48]。机器人Quince自2011年6月24日以来一直被用来监视核反应堆厂房。在7月8日，它进入了2号机组，并在第二层和第三层测量了剂量率，然后对灰尘进行取样，以鉴定核素（图60.15）。在7月26日使用高密度相机对喷雾冷却系统的阀门和管路进行了目视检查，并在3号机组测量剂量率。在此基础上建立了冗余冷却系统。10月20日，机器人Quince在2号机组三楼进行全面检查，然后爬上楼梯到五楼（操作层）进行监测。首先在高层调查了高剂量率、起重机状况等。然而，它在返回时在三楼停了下来，因为它的通信线路被钩住并切断了。如果机器人Quince没有被应用，则检查上层情况的时间将被推迟，并且由于冷却停堆延迟，风险将变得更高。从2012年起，机器人Quince2和Quince3被改造并免费借给东京电力公司，并与机器人PackBot合作完成各种任务。

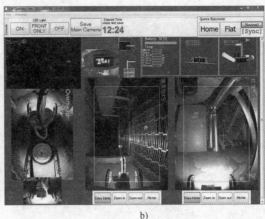

a)　　　　　　　　　　　　　　b)

图 60. 15　机器人 Quince

a）机器人平台　b）操作员站图像，拍摄于 2011 年 7 月 8 日（由东京电力公司提供）

60.5　经验教训、挑战和新方法

自 2001 年以来，救灾机器人的经验提供了对技术挑战的关键认识，如移动、通信、传感、控制和人为因素，也提供了对社会技术问题的关键见解，如运输和净化机器人的培训和程序。本节重点介绍了在 UGV、UAV 和 UMV 的机动性、通信、控制、传感器和传感、电力、人-机器人交互、多机器人团队协调等方面的一般经验教训和基本问题。

60.5.1　机动性：无人地面车

机动性仍然是所有救灾机器人模式的一个主要问题，特别是对地面车辆。地面机器人面临的挑战源于环境的复杂性，环境是垂直和水平元素的不可预测组合，具有未知的表面特征和障碍物。例如，在福岛，机器人 PackBot 的初始配置无法爬上陡峭的金属楼梯。在其他情况下，由于碎石和缺乏信心，机器人无法穿过猫道或爬楼梯。La Conchita 泥石流中的机器人 Inuktun VGTV-Xtreme 无法处理地形，而机器人 Allen-Vanguard 则太重，无法垂直进入迈达斯金矿。

该领域目前缺乏任何有用的废墟特征，以促进更好的设计。然而，即使没有对废墟环境的完全理解，在驱动、机械设计和算法方面还需要更多的工作，以使机器人能够根据当前地形调整其移动方式（也称为任务整形[60.49]）。

无人地面车（UGV）用于灾难的实际状态是多态履带式车辆，其发展方向是带操作臂的履带式机器人（如用于矿难灾害的 Wolverine，福岛的机器人）和两个蛇形机器人（Niigata-Chuetsu 地震，Berkman Plaza Ⅱ 坍塌）。轮式平台受到地形粗糙和需要克服障碍、台阶、坡道的严重限制，但轮式和履带式车辆的组合可在市场上买到。腿式机器人（见第 2 卷第 48 章）、轮式机器人（见第 2 卷第 49 章）、微型/纳米机器人（见第 1 卷第 27 章）和机器人手臂的基础研究都将有助于救灾机器人技术。

在 Niigata-Chuetsu 地震的废墟中使用的蛇形机器人，如 Soryu Ⅲ，提供了一种根本不同的移动方式，而固定的蛇形机器人可以与更传统的平台一起使用，作为高度灵活的传感器操作臂[60.50]。这两种类型的蛇形机器人的例子如图 60.16 所示。

为了克服未知地形带来的困难，人们提出了一种新型的腿式机器人和履带式机器人。此外，一些类型的履带式机器人可以爬墙，到达本来很难到达的位置。腿式机器人很有趣，因为它们利用了仿生原理。图 60.16 所示为 RHex 六足机器人[60.51]，拟用于搜索、救援和其他潜在应用。如机器人 Crawler[60.52] 用它们的胳膊或腿在瓦砾中行走。Crawler 支架的设计目的是将自己缩回到一个圆柱体中，这个圆柱体可以通过救援人员通常钻削的一个小钻孔插入到墙上，然后打开并开始移动。其他类型的爬行机器人包括附着在墙壁上的蜥蜴式或壁虎式机器人，这些类型很有应用潜力，但尚未在灾害中发现的灰尘、潮湿和不规则条件下进行测试。

60

a)

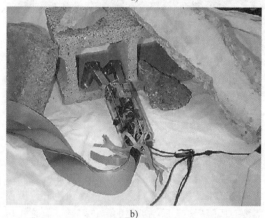

b)

图 60.16 腿式和履带式机器人示例

a) 六足机器人 RHex 穿越国家标准与技术研究所（NIST）试验台的一部分（由 R. Sheh 提供） b) 在救援试验台上测试的机器人 Crawler（由 R. Voyles 提供）

UGV 的另一个新概念是智能工具，特别是升降机，在解救过程中，可以帮助稳定倒塌的建筑[60.53,54]。解救是救援中最耗时的活动之一。救援人员在清除废墟时必须谨慎行事，以防再次倒塌或滑塌，从而进一步伤害幸存者。试验表明，机器人化的升降机或支撑机构将能够快速感知和响应在废墟中的微小运动，以自适应地保持稳定[60.54]。

60.5.2 机动性：无人机

无人机（UAV）在救援人员中越来越受欢迎，这可能是因为随机应变的空中访问是一种独特的能力。空中交通工具，特别是直升机，容易受到建筑物和障碍物（如电线、树木和悬垂碎片）附近（或内部）风力条件的影响。飓风卡特里娜中的一架无人机撞到了一条电线。

一个新的想法包括一架人手大小的飞机，可以在室内飞行，飞机有可折叠的翅膀，使救援人员更容易携带它们。四旋翼无人机看起来更加稳定和更容易驾驶；设计一种具有适当有效载荷且尺寸较大的四旋翼无人机可以使无人机更容易被非驾驶员进行评估。另一个令人兴奋的方向是组合式平台，它可以从固定翼操作（长距离飞行）转变为旋翼操作（在建筑物附近或内部飞行）[60.55]。

60.5.3 机动性：无人潜水器

水面和水下航行器必须与湍急的水流，以及漂浮或淹没的碎片对抗，这对灵活性和控制提出了苛刻要求。正如在东北海啸中所看到的那样，由于可能与漂浮物碰撞，水面机器人无法使用。远程遥操作水下机器人可以在这样的条件下工作，但有可能被绳索缠结或卡住，如东北海啸和飓风艾克中所见。

60.5.4 通信

机器人依靠实时通信进行遥操作，并使救援人员能够立即看到机器人正在看到的东西。地面机器人通过系绳或无线电进行通信。空中和水面机器人是无线的，而水下救灾机器人是通过系绳控制的。由于使用视频图像，所有模式的通信带宽需求通常都很高，并且由于控制需求，对通信延迟的容忍度较低。除了战术救援人员与其机器人之间的通信外，很难向战略企业报告或传递救灾机器人提供的关键信息。灾害通常会破坏通信基础设施，包括固定电话和移动电话，而诸如卫星电话等替代办法在救援机构中也会饱和。

与机器人的无线通信仍然存在问题。地面或建筑物附近的作业干扰无线电信号的物理传播。如高保真 USAR 救援演习所示，由救援人员建立的临时无线网络可能很快饱和，无法确定信息优先级。在世界贸易中心，部署在 WTC4 大楼内部的机器人 Solem 的数据在 7min 的运行中返回了 1min40s 的全黑帧，无线通信完全中断，机器人被放弃[60.36]。

此外，许多无线机器人使用有损压缩算法来管理带宽，这种算法干扰计算机视觉技术，并/或通过不安全的链接进行连接，增加了新闻媒体可能拦截和广播被困幸存者敏感视频的可能性。

在地下工作的救灾机器人，无论是用于 USAR 还是矿山救援，都有两种无线通信的替代方案：要么有线操作，要么部署中继器来维护无线通信。许多无线机器人现在可以用光纤线缆控制；然而，这些线缆是脆弱的，可能断裂或缠绕，如在几次矿难中所看到的那样。光纤线缆也可能与用于在垂直下降期间支撑机器人的安全绳缠绕。世界贸易中心发布的数据表明，需要一个专门的人来管理线缆，但54%的线缆管理操作是为了让机器人达到更有利的位置或在完成任务后回收机器人[60.36]。

在福岛，在建筑物外，对无线频率的分配和通信方法的适应非常困难，一些机器人的使用经常影响到其他机器人。在建筑物内部，无线通信有时是不稳定的，一些机器人无法返回。操作人员总是要注意无线电场强度和缆绳的处理。

大多数 UGV 操作都使用了有线控制机器人，WTC 灾难中唯一使用的无线机器人丢失，无线NZDF 机器人在间歇性故障中造成了严重的问题。混合通信，即机器人主要分布在线路上，在本地无线链路上进行短距离操作，然后再重新连接到线路，似乎是有吸引力的。

一种新的方法是使用其他机器人作为中继器，无论是静止的还是移动的，以促进通信和传感器网络的建立。作为移动自组网的中继器，陆地、海洋和空中的机器人可以扩展无线网络的范围和数据吞吐量[60.56]。最近，美国国防部高级研究计划局的一个项目 LANdroids 开发了一套小型机器人，作为进入建筑或隧道内部的大型机器人的移动中继器。飞行机器人特别有吸引力，因为它们可以提供更大的中继范围，同时可以鸟瞰灾区。然而，无人机并不总是必须移动：系绳的飞艇或风筝可以在几天内无须维护或支持的情况下支撑复杂的有效载荷[60.57,58]。

60.5.5 控制

机器人控制可细分为平台控制（通常由控制理论来考虑）和活动控制（通常属于人工智能的范畴）。救灾机器人对传统控制和人工智能都具有挑战性。所有模式的高度机械复杂性和环境的要求对控制理论提出了重大挑战。在所有的报告事件中，机器人的活动都是通过遥控来处理的；需要一个人来指导机器人并执行任务感知。关于手动遥控的详细记录表明，与导航方面相同，遥控方面也需要提高机器人自主性[60.59]。

导航自主性一直是救灾机器人界的主要重点，其工作一般分为以下三类：

（1）同时定位与建图（SLAM） 搜索、侦察和测绘任务需要 SLAM。虽然类似办公室环境中的 SLAM 问题几乎可以解决，但在恶劣和非建筑化环境中应用同样的技术却是非常困难甚至不可能的。当前 SLAM 解决方案的一个强大约束是它们无法支

持在高数据速率下建立准确的环境三维模型。对于 USAR 来说，这样的解决方案必须处理碎片的反射特性、火灾引起的烟雾和闪电条件的频谱。由于重量和功率的限制，解决方案还需要在所需的机载CPU 计算和有效载荷方面具有低成本。现有的解决方案依赖于自动倾斜[60.60,61]或不断旋转的二维激光扫描仪[60.62]。与通常实时生成的二维地图相反[60.63]，由于倾斜或旋转激光扫描仪的数据速率有限，三维地图按秒级以低速率更新。

（2）探索、规划和路径执行 自主探索的中心问题：给定你对环境的了解，你下一步应该从哪里获得尽可能多的新信息[60.64]？自主探索可以细分为确定下一步去哪里，如何规划到达那里的路径，以及如何安全地执行该路径。

探索的主要方法是使用基于边界的探索算法，即通过移动到开放空间和未知领域之间的边界（表示为前沿）来获得新的信息。基于二维[60.64]或三维[60.65]地图的边界探索是一种有效的技术，已经成功地与 SLAM 技术一起部署在类似 NIST 的 USAR arenas)[60.66]的探索中。

在恶劣环境下进行路径规划的目的不一定是为了产生最短的路径，而是最安全的路径。Wirth 和Pellenz 介绍了一种探索策略和路径规划器，它利用占用网格地图结合距离变换和障碍物变换（同时规划到几个前沿单元时）[60.67]，从而选择最安全的替代方案，包括目标位置和到达目标的路径。

在 USAR 中，大多数运动规划方法仍然局限于静态环境，可以有效地在二维中表示。然而，由于机器人在可能突然移动的粗糙地形上工作，所以在移动时考虑周围地形的形状及其潜在的影响是很重要的。一些研究人员已经引入了短期规划的解决方案，针对机器人的当前状况执行特定的机器人行为。Okada 等人[60.68]介绍了一种基于连续三维地形扫描的履带车辆自主控制器。Magid 等人[60.69]介绍了一种系统，该系统可使机器人在其路径的每一步保持最大的稳定性，同时允许车辆以受控方式放松平衡，以便于安全攀爬碎片。Sheh 等人[60.70]开发了一种行为克隆的方法，是一种通过模仿产生控制规则的学习方式，可以克隆出一名专业人类操作员的技能。Dornhege 等人[60.71]介绍了行为图的概念，它将某些机器人在粗糙地形上的行为（如爬过楼梯和障碍物）与实时从三维点云检测到的结构联系起来。

（3）对象识别和场景解释 救灾机器人的搜索、侦察和绘图，以及结构检查任务将受益于自主性。它们目前依靠人类人工扫描视频资料，寻找幸

存者的迹象，重建现场，识别潜在的危险，并准确地理解结构的完整性。Andriluka 等人[60.72]对无人机视觉检测幸存者的各种最新技术进行了评述。他们的结论是，通过组合多个弱模型，可以提高整体检测的可靠性。Kleiner 和 Kummerle[60.73]提出了一种基于身体运动、肤色和体温等视觉特征的幸存者检测方法。Hahn 等人[60.74]提出了一种通过在探索环境时计算热分布来改进低成本热传感器幸存者检测的方法。Birk 等人[60.75]开发了一种从红外相机拍摄的图像中识别人类的系统，该系统考虑了合理的身体形状和姿势。

60.5.6　传感与感知

传感与感知是最大的任务挑战；如果没有足够的传感，机器人可能位于感兴趣的领域，但无法导航或执行更大的任务。传感器的物理属性（大小、重量和功率需求）影响它是否可以与特定的机器人平台一起使用。目前，传感器在平台之间是不可互换的；足迹大小、安装、连接和显示空间都需要标准。

传感器的功能取决于模式和任务[60.16]。在水外工作的所有机器人模式中缺少的主要传感器是一个微型距离传感器。有了微型距离传感器，大型机器人在定位和测绘方面的成功将被转移到救灾机器人上。其他任务的传感器有效载荷取决于这些应用程序；然而，USAR 的两个传感器需求特别值得注意。一个是探测器，可以探测被废墟遮蔽的幸存者；目前的雷达在混合废墟中并不可靠。另一个需要的传感器是可以在不接触幸存者的情况下判断幸存者是否昏迷但还活着的传感器。机器人可能能够看到幸存者，但不能爬到幸存者身边进行接触，或去除足够的灰尘或衣服来测量脉搏。诸如毫米波雷达和气体探测器等远程探测器似乎很有希望，但目前尚未得到验证。

传感器需要更小、更好；传感算法也需要改进。目前，人类需要手动实时解释所有传感数据。由于多种原因，这是一项艰巨的任务。传感器在低至地面的视点处的位置时，通过计算机显示器（也称为计算机中介）进行传感，人类的表现会受到视野和疲劳的影响。模态输出本身也可能是非直观的，如穿地雷达。然而，自主检测和一般场景解释被认为是远远超出了计算机视觉的能力。在这种情况下，无论是人还是计算机都不能可靠地完成感知任务，因此主张研究用于感知的人-计算机协作技术。一种在计算机视觉范围内通过人类检查、补充景深感觉或提示目标区域来增强图像的算法。

60.5.7　功率

机器人的模式和任务给电源带来了明显的挑战，尽管目前只有一个机器人（即派克河矿山的 NZDF 机器人）因电源问题导致了故障。一般来说，电池功率优于内燃机功率，因为运输易燃液体的物流困难。虽然每个救灾机器人应用程序的要求在很大程度上是未知的，但对功率层面的部分理解正在出现。例如，在地下作业的地面车辆在 12~14h 轮班期间的运行节奏大约为 34 次，每次持续时间约为 20min，机器人在大多数轮班中保持热备用状态。

用于战术侦察和结构检查的旋翼飞行器的运行节奏为每面 58min（建筑物），而固定翼飞行器在空中飞行不到 20min。其他救援任务（如荒野搜救）将有不同的要求，但对电池（而不是内燃机的需求），以及确定电池功率曲线的需求是同样重要的。

60.5.8　操作

矿难补救（如 DR#1 和 McClane Canyon 矿山）和福岛核事故都需要操作，但每次任务中至少有一项任务的整体操作失败。此外，操作几乎总是耗时的，因为所有报告的实例都是遥操作的。带操作臂的机器人（图 60.17）通过允许机器人对环境进行采样、与幸存者交互、移动较轻的障碍和添加独特的相机视点来扩展地面车辆的能力。然而，操作臂增大了机器人的体积，影响了导航。这只手臂经常有撞到悬垂的碎石而损坏的风险。操作臂也增加了机器人的控制和结构复杂性。

a)

图 60.17　用于灾害或救援比赛的带操作臂的
履带式机器人示例
a）世界贸易中心的 Foster-Miller Talon 拍摄的
自身操作臂（由 CRASAR 提供）

图 60.17 用于灾害或救援比赛的带操作臂的
履带式机器人示例（续）
b）在救灾机器人营地的 Telerob 的 teleMAX
（由 R. Sheh 提供）

60.5.9 人-机器人交互（HRI）

根据 Murphy 的分析[60.22]，在灾害中，超过 50%的机器人故障是由于人为错误造成的，这强调了 HRI 的重要性。在本章中，HRI 关注的问题分为五个主题：人机工程学、系统设计、人机比率、位姿感知和培训。

HRI 的一个方面是人机工程学。福岛核事故突出表明，个人防护设备（如全面罩和橡胶手套）妨碍了工人从事精细的工作和执行高效的任务能力。

HRI 的另一个方面是更大的系统设计。在福岛核事故中，工人不得不把机器人带到入口点；这有时增加了工人的总辐射暴露风险，这显然不是应用机器人的目的。某些机器人无法运输导致它们被排除在世界贸易中心的灾区之外。

每个机器人的操作员数量一直是争论的主题，尽管 Murphy 和 Burke[60.76]根据他们的综合实地研究提供了一个计算操作员与机器人比率的公式，即

$$N_{humans} = N_{vehicles} + N_{payloads} + 1$$

这样做的目的是说明为什么较小的比率不会增加救援团队不可接受的风险。例如，UGV 通常不需要安全官员，而 UGV 则在大多数规定下使用。减少人员数量的一种方法是减少他们的工作量，如增加正常作业的航行自主权。但 Murphy 和 Burke 的文

章表明，如果无人系统遇到问题并将控制权返回给操作员，则操作员不太可能以足够快的速度做出响应，以避免坠毁、碰撞或切断线缆。这一问题已在《航空安全与自动驾驶初始问题》一书中做了记录，书中通常将该问题称为人出环控制（OOTL）问题。OOTL 问题不应被解释为妨碍自主性，而是鼓励更全面地考虑如何在所有条件下，而不仅仅是在正常运作中处理自主性。

与操作员数量有关的是他们保持位姿感知的程度。位姿感知由 Endsley 在参考文献［60.77］中定义：在一定时间和空间范围内对环境中元素的感知、对其含义的理解，以及对其在不久的将来的状态预测。

Drury 等人[60.78]根据对 RoboCup 救援任务的分析，确定了搜救中的位姿感知类型；而 Casper 和 Murphy[60.79]，Burke 等人[60.80]检查了技术插入中操作员的位姿感知。用户界面是促进位姿感知的关键组成部分。在救灾机器人中，用户界面通常是原始的，通过操作员的视觉通道工作，提供机器人、任务和对机器人状态、任务进度和一般操作环境的情况感知。为了突出用户界面的重要性，世界贸易中心的一个机器人由于其界面的复杂性而被拒绝[60.36]。虽然现场救灾机器人的用户界面主要显示机器人的视频输出，但来自 RoboCup 救援任务的经验表明，良好的界面有助于指挥机器人（输入），并提供以下三种类型的信息（输出）：

1）机器人的视角：从机器人当前位置拍摄的相机视图，以及增强远程呈现总体印象的任何环境感知。

2）传感器和状态信息：关于机器人内部状态及其外部传感器的关键信息。

3）地图（如果可能的话）：位于当地环境中的机器人的鸟瞰图。

福岛核事故表明了培训的重要性，因为使用模拟模型的操作员培训耗时一个多月。目前的实践状态是救援人员接受机器人制造商关于如何操作和维护机器人的培训，而忽略了实际场景的操作概念。训练是 HRI 中的一个相关问题[60.81]。与军事行动相比，救援人员学习机器人的时间有限，很少有机会练习。虽然一个炸弹小组或专门的武器和战术执法小组每月可能被召唤几次，但一个救援队每年可能只被召唤几次。在不久的将来，救援人员可能不会在灾难发生前接受过机器人培训或有过机器人使用经验，并希望仅在仓促培训的情况下使用机器人。

60

60.5.10　多机器人团队协调

在飓风威尔玛（UMV-UAV）[60.24]、东北海啸（UMV-UMV）[60.31]和日本关东大地震（UAV-UGV）[60.30]的应对和恢复活动中，已经使用或演示了相互合作或为同一目标工作的多机器人团队。这些都是异质团队，尽管同质团队已经引入 RoboCup 救援比赛[60.82]。三个部署的小组中只有一个得到了明确的协调，在日本关东大地震中，机器人 Quince 携带了一架无人机 Pelican，并对一座受损建筑物的内部进行了合作测绘[60.30]。目前对团队的研究方法侧重于应用人工智能技术进行集中式或分布式协调。

多机器人团队不仅为现场提供了不同能力的可能性，而且由于冗余而表现出更高的鲁棒性，并且通过并行执行任务，实现了更好的性能[60.83]。后一方面与第一方面同样重要，因为完成救援任务的时间至关重要。例如，寻找幸存者时的一个基本问题是有效地协调执行空间探索任务的团队。然而，IRS-CRASAR 团队在东北海啸救援中发现了关于并行任务执行的隐含假设，这些假设限制了性能[60.31]。若干独立团体在搜救行动中的协调仍然是一个悬而未决的问题。一个原因是，机器人团队施加的更高自由度需要更多训练有素的人类操作员，这反过来又使救援任务期间的部署更加复杂。当然，所需操作员的数量也取决于每个单一系统的自主感知和决策水平。因此，为了降低现场的人与机器人的比例，需要自主能力以及促进团队协调的自主方法。在 USAR 中有几种现有的团队协调技术，通常可以分为集中式和分散式的方法。

目前发现有三种新类型的团队可用于救灾机器人。一种类型是集群。研究者[60.84]已经讨论了使用成本效益高、昆虫大小的机器人深入倒塌建筑内部，然后发出幸存者出现的信号的可能性。集群方法的一个关键特征是它们可以很容易地扩展。昆虫集群场景留下了难以解决的问题，如控制、感知有效载荷、幸存者的定位和通信，但这无疑是一个值得考虑的概念。但昆虫使用的一些搜索算法可能适合于单个机器人，例如，蜜蜂展示的随机停留采样可能对搜索有用[60.85]。第二种类型的团队，类似于集群，是微尘团队，在这里，飞行器放下称为微尘的智能传感器。第三种类型的团队是混合机器人-动物团队，搜索犬携带机器人化相机（dog-cams）[60.86]或用控制器连接老鼠。几年来，世界贸易中心一直在探索在搜索犬身上安装相机，并使用

了这样的系统。这个概念不与机器人竞争，因为机器人被用来进入搜索犬不能进入的地方。犬队训练员普遍反对搜索犬用相机，因为相机和通信设备干扰了搜索犬的移动，造成了绊倒的危险，而且搜索犬不能轻易地被命令停在训练员视线以外的目标点（搜索犬使用视觉提示作为命令，而不是音频）。然而，在携带相机或其他传感器的情况下，在老鼠的大脑中放置节点以刺激和驱动老鼠进入空隙的反对意见较少[60.87]。利用机器鼠是因为老鼠机动性高且成本低。假设无线通信技术有所进步，机器鼠的技术可行性可能是合理的，但救援界一直对这个想法持冷淡态度[60.88]。与老鼠不同的是，机器人可以储存多年，并且可以穿透火袋或没有氧气的区域。一只机器鼠有搜索犬的所有限制，包括一个操作员变得过于情绪化的问题，并且很可能像其他成群结队的老鼠一样吓到被困的幸存者。传统的观点是，如果传感器、无线和电力系统能够小型化并可靠地运行，以控制废墟深处的老鼠，这些系统就将使救援人员和机器人能够在没有老鼠的情况下工作。

60.5.11　其他问题

除了机器人的功能子系统所面临的挑战外，还应考虑其他三个问题。

机器人必须可靠。正如在关于派克河煤矿爆炸和福岛核事故的讨论中所指出的，机器人的故障可能会阻碍任务的执行或导致它完全失败。机器人失败不仅意味着任务没有完成，而且可能阻止其他机器人执行任务。例如，一个机器人被卡在楼梯上会对其他机器人或穿着笨重安全设备的工人造成行进危险。必须通过事先的彻底分析和准备，尽量减少这种风险。

机器人必须适合环境。在至少两次矿难中，机器人不能使用，因为它们不是防爆的，但需要在爆炸性的环境中使用。在福岛，机器人操作员必须关注总辐射量对半导体元件的潜在损害，这不仅会影响 CPU 和图像传感器，而且会影响使用半导体元件的各种部件，如发电机、电池等。有必要使用剂量计监测总辐射剂量。

机器人必须能够去污。福岛的辐射污染是一个严重的问题，因为它导致维修和电池更换工作人员受到辐射。然而，世界贸易中心倒塌时的 UGV 暴露在未经处理的污水和体液中。在标准化程序中已经讨论了去污问题，但很少有平台被构建成在不暴露人的情况下能够易于清洁或完全清洁。

60.6 评估救灾机器人

救灾机器人仍然是一个新兴的领域，评估救灾机器人或更大的人-机器人混合系统的方法仍在形成中。Murphy 在参考文献［60.22］中对救灾机器人在 34 个事件中的表现进行分析。评估主要集中在美国国家标准与技术研究所（NIST）的工作，以通过最初的标准测试课程和最近的一套标准测试方法，将救灾机器人标准化，供美国救援人员采用。每个标准测试方法都是一个廉价的、可重复的道具，它测试单个能力。例如，图 60.18 展示了一个道具，旨在测试机器人穿越以木制台阶场为代表的粗糙地形的能力。标准测试过程和方法通过USARSim 平台计算机模拟复制，至少有两个站点（NERVE 和 SWRI）具有由 NIST 标准测试方法组成的物理测试平台。自 20 世纪 90 年代末以来，该测试课程和方法一直用于 RoboCup 救援和 AAAI 移动机器人比赛。这项工作是通过美国材料与试验学会（ASTM）进行的，因此，尽管主要由美国推动，但很可能会产生一个其他国家也能采用的国际标准。

图 60.18 利用 NIST 标准测试搜救使用的机器人
a）整体测试平台 b）代表幸存者的假人

c）

图 60.18 利用 NIST 标准测试搜救
使用的机器人（续）
c）考验机器人移动性的台阶场（由 NIST 提供）

60.6.1 救灾机器人的计算机模拟

计算机模拟提供了一种低成本的机制来探索更大规模的行为或机器人系统。一般来说，计算机模拟为测试软件执行提供了高保真度，但它们的物理保真度取决于物理引擎。模拟传感器和灾难产生的复杂环境是困难的，很少精确到足以测试感知算法。在撰写本文时，已有两个现成的计算机模型，用于探索机器人救援框架、机器人救援模拟项目[60.90] 和 USARSim[60.91] 中的救灾机器人的战略和战术应用[60.89]。这些模型易于理解和接受，并且开源、免费。因此，它们应该对大多数对地面救灾机器人感兴趣的研究人员或实践者有用。

RoboCup 救援模拟项目用于 RoboCup 救援模拟联盟，研究基于代理的灾害应对战略规划方法。模拟器假定具有强大的集中响应能力，并非所有国家或区域都有这种能力。例如，美国依赖一个高度分散的组织，造成许多集中式协调规划无法实现。虽然模拟的重点是战略决策，特别是动态资源分配，但它确实支持检查机器人资源在灾害期间如何分配，以及机器人的数据如何通过系统传播。它允许模拟监测来自人类、分布式传感器和机器人报告的灾害损害，并可以模拟远程医疗等复杂的相互作用。

USARSim 是匹兹堡大学开发的用于灾害情况下物理机器人仿真的计算机仿真平台[60.91]。该平台复制了 NIST 搜索和救援标准试验台，并允许对机器人设计和控制软件的大部分方面进行有效的原型设计和测试。它使用虚幻游戏引擎来处理物理和图形，虚拟机器人具有感知（图像、激光测距仪等）、驱动（车轮，电动机等）能力，并在人工环境中进行数据处理（图像识别、SLAM 等）。在 2006 年，RoboCup 救援比赛利用这种环境创建了一个模拟联盟。

60.6.2　物理测试平台

物理测试平台提供了一个比计算机模拟更现实的场所来评估救灾机器人，但因为使用或前往平台所在地费用过于昂贵，无法充分捕捉灾难的某些关键方面等原因，研究人员可能无法使用。物理测试平台大体可分为三类：为消防救援开发的试验台，为机器人社团开发的测试平台，以及用于搜索和救援的 NIST 标准测试平台。

消防救援训练试验台遍布世界各地，用于在高度现实的条件下训练人类消防员、后备专家和犬队。美国德克萨斯州 A&M 工程推广服务公司的灾难城综合大楼有 52 个交流中心，包含从多层商业建筑到木制住房等代表性的建筑倒塌模型。灾难城是 NIST 救灾机器人评估演习的现场。美国宇航局艾姆斯（Ames）研究中心的灾难援助响应小组设施在莫菲特现场也主办了几次活动。一般来说，消防救援试验台是由建筑和下水道碎片建造的，可以引入烟雾和一些模拟物，并构成具有挑战性的移动条件，但在保真度方面有所不同。在许多试验台上，碎片的密度不包含实际塌陷中的金属量。这可能导致对传感器和无线通信设备成功运行的乐观报道。设计用于人体训练的测试平台不能复制使用地面机器人的条件。地形一般在废墟的外部，不能测试机器人在受限或垂直的空间中的运行。根据设施的大小，试验台可能适合也可能不适合评估无人机。一个消防训练试验台的例子如图 60.19 所示。

机器人社团的物理试验台，如马萨诸塞大学洛威尔分校的新英格兰机器人验证与实验项目（NERVE）中心，以及德克萨斯州圣安东尼奥市的西南研究院（SWRI）的设施，包括机器人的一般测试流程和 NIST 标准方法。

也许对研究人员最有影响的物理模拟是 RoboCup 救援物理联盟，它使用 NIST 标准测试平

图 60.19　一台 CMU 固定基座蛇形机器人正在
加利福尼亚州的一个设施进行测试
（由 H. Choset 提供）

台进行搜救，如图 60.18 所示。这项竞赛始于 2001 年[60.92]，每年有 40 多个来自世界各地的团队参赛。RoboCup 救援物理联盟在机动性、映射、位姿感知、感知、共享自主性等方面对机器人的表现进行评分。在一年一度的机器人世界杯比赛中，一个机器人或机器人团队在模拟灾害情况的三个竞技场之一进行比赛。机器人团队的任务是通过融合生命信号（热、形状、颜色、运动、声音、CO_2）的传感器来收集幸存者信息（存在、状态和位置等），并报告灾害空间中的幸存者地图，以便救援人员能够有效地到达幸存者所在地，并进行救援。除了竞技场外，比赛和试验台还包含单独的技能测试站。例如，为了测试移动性，机器人必须穿越由木材制成的随机台阶场。该试验台设计为便携式、价格合理，世界上有几个地方都已经设置了试验台的复制品。由于成本和便携性的限制，试验台不能完全代表实际的灾害物理条件，也不能测试人工团队的运行条件。

60.6.3　设立标准

在编写本书时，救灾机器人和系统的标准正在制定之中。作为美国国土安全部（DHS）的一项计划，ASTM 中 E54 国土安全应用委员会所属的 E54.08 操作设备小组委员会于 2005 年至 2010 年开始与美国国家标准与技术研究所（NIST）共同制定城市搜索救援（USAR）机器人性能标准。它计划涵盖传感、移动、导航、规划、集成和操作员控制，以确保机器人在极端的救援条件下能够满足操作要求。这些标准将包括基本功能、任务的充分性和适当性、互操作性、效率和可持续性的性能衡量。机器人系统的组成部分包括平台、传感器、操

作员接口、软件、计算模型和分析、通信和信息。计划制定需求、指南、性能指标、测试方法、认证、重新评估和培训程序。

60.6.4 评估

评估救灾机器人是困难的，不仅因为平台和任务的多样性，而且因为每一场灾害都是本质不同的。此外，机器人是以人类为中心的系统的一部分：它们是由人类操作的，目的是为人类提供信息。对救灾机器人系统在实际灾害中的性能进行评估目前是临时性的。没有任何计算机或物理模拟预测机器人和人类在灾害中的性能得到验证；事实上，几乎没有人认为模拟比真实的响应容易得多。灾害之间的差异加剧了模拟的困难。例如，世界贸易中心倒塌事件在大量钢铁和倒塌材料的密度方面是独一无二的，而地震和飓风又与恐怖主义事件不同。

衡量性能的指标仍然是一项有价值的任务。定量指标，如幸存者或遗骸的数量，在确定某一特定区域没有幸存者时，并不能反映机器人的价值。来自心理学和工业工程的性能指标现在才开始应用。为了收集数据，这些方法需要增强的计算机和全尺寸模拟。关于灾害期间人类和整个系统表现的数据收集工作通过人类学家观察进行，现在正转向直接观察演示期间的位姿感知[60.80,93]。灾难期间可能无法直接收集数据，因为这些方法可能会干扰性能（因此，是不合理的，甚至是不道德的），并引起操作员的担忧，并对操作中的任何错误负责。

60.7 结论与延展阅读

救灾机器人正在从一个有趣的想法转变为应急响应的一个组成部分。空中和地面机器人吸引了大部分注意力，特别是在救灾方面，但水基航行器（包括水面和水下）也被证明是有用的。救灾机器人在所有主要子系统（移动、通信、控制、传感器和电源）及人-机器人交互方面都面临挑战。就尺寸而言，口袋式和便携式系统最受欢迎，因为它们减少了物流负担，但平台的尺寸加剧了对微型传感器和处理器的需求。无线通信仍然是一个主要问题。虽然最近的部署依赖于多模式履带车，但研究人员正在研究微型飞机和直升机，以及新的地面机器人，特别是仿生机器人。研究也在探索操作和用户界面的替代概念。目前正在制定标准，这将有助于加快救灾机器人的应用。一年一度的 IEEE（电气电子工程师协会）安全、安保和救灾机器人国际研讨会目前是救灾机器人研究的主要会议和交流平台。

视频文献

🔲 VIDEO 140 Assistive mapping during teleoperation
available from http://handbookofrobotics.org/view-chapter/60/videodetails/140

参考文献

60.1 A. Davids: Urban search and rescue robots: from tragedy to technology, IEEE Trans. Intell. Syst. **17**(2), 81–83 (2002)

60.2 A. Davids: Urban search and rescue robots: from tragedy to technology, IEEE Trans. Intell. Syst. **17**(2), 1541–1672 (2002)

60.3 D. McClean: *World Disasters Report 2010. Focus on Urban Risks* (IFCR, Geneva 2010)

60.4 National Fire Protection Association: *Standard on Operations and Training for Technical Rescue Incidents* (NFPA, Avon 1999)

60.5 United States Fire Administration: *Technical Rescue*

Program Development Manual (USFA, Avon 1996)

60.6 R.R. Murphy, A. Kleiner: A community-driver roadmap for the adoption of safety security and rescue robot, Proc. IEEE Int. Symp. Saf. Secur. Rescue Robotics, Linköping (2013) pp. 1–4

60.7 J.A. Barbera, C. DeAtley, A.G. Macintyre, D.H. Parks: Medical aspects of urban search and rescue, Fire Eng. **148**, 88–92 (1995)

60.8 R. Murphy, D. Riddle, E. Rasmussen: Robot-assisted medical reachback: A survey of how medical personnel expect to interact with rescue robots, Proc. IEEE Int. Work. Human Robot Interact. Commun.

(HRI) (2004) pp. 301–306

60.9 R. Murphy, M. Konyo, P. Davalas, G. Knezek, S. Ta-dokoro, K. Sawata, M. Van Zomeren: Preliminary observation of HRI in robot-assisted medical response, Proc. 4th ACM/IEEE Int. Conf. Human Robot Interact. (HRI) (2009) pp. 201–202

60.10 R. Murphy, A. Rice, N. Rashidi, Z. Henkel, V. Srinivasan: A multi-disciplinary design process for affective robots: Case study of Survivor Buddy 2.0, Proc. IEEE Int. Conf. Robotics Autom. (ICRA) (2011) pp. 701–706

60.11 A.C. Yoo, G.R. Gilbert, T.J. Broderick: Military robotics combat casualty extraction and care. In: Surgical Robotics. Applications and Visions, ed. by J. Rosen, B. Hannaford, R.M. Satava (Springer, New York 2011) pp. 13–32

60.12 M. Yim, J. Laucharoen: Towards Small Robot Aided Victim Manipulation, J. Intell. Robotic Syst. 64, 119–139 (2011)

60.13 A. Kleiner: Mapping and Exploration for Search and Rescue with Humans and Mobile Robots (University of Freiburg, Freiburg 2008)

60.14 R.R. Murphy, S. Stover: Gaps analysis for rescue robots, Proc. ANS Shar. Sol. Emerg. Hazard. Environ. (2006)

60.15 C. Schlenoff, E. Messina: A robot ontology for urban search and rescue, ACM Work. Res. Knowl. Represent. Auton. Syst., New York (2005) pp. 27–34

60.16 R. Murphy, J. Casper, J. Hyams, M. Micire, B. Minten: Mobility and sensing demands in USAR, Proc. IECON Sess. Rescue Eng., Vol. 1 (2000) pp. 138–142

60.17 M. Angermann, M. Frassl, M. Lichtenstern: Mission review of aerial robotic assessment – ammunition explosion Cyprus 2011, Proc. IEEE Int. Symp. Saf. Secur. Rescue Robotics (2012) pp. 1–6

60.18 S. Kawatsuma, M. Fukushima, T. Okada: Emergency response to Fukushima-Daiichi accident: summary and lessons learned, Ind. Robot 39(5), 428–435 (2012)

60.19 S. Tadokoro, T. Takamori, S. Tsurutani, K. Osuka: On robotic rescue facilities for disastrous earthquakes – from the great Hanshin-Awaji (Kobe) earthquake, J. Robotics Mechatron. 9(1), 46–56 (1997)

60.20 R. Murphy: Human-robot interaction in rescue robotics, IEEE Trans. Syst. Man Cybern. 34(2), 138–153 (2004)

60.21 M.J. Micire: Evolution and field performance of a rescue robot, J. Field Robotics 25(1-2), 17–30 (2008)

60.22 R.R. Murphy: Disaster Robotics (MIT Press, Cambridge 2014)

60.23 K. Pratt, R. Murphy, S. Stover, C. Griffin: Conops and autonomy recommendations for vtol small unmanned aerial systems based on Hurricane Katrina operations, J. Field Robotics 26(8), 636–650 (2009)

60.24 R. Murphy, E. Steimle, E. Griffin, C. Cullins, M. Hall, K. Pratt: Cooperative use of unmanned sea surface and micro aerial vehicle at hurricane Wilma, J. Field Robotics 25(3), 164–180 (2008)

60.25 V.G. Ambrosia, S. Wegener, T. Zajkowski, D.V. Sullivan, S. Buechel, F. Enomoto, B. Lobitz, S. Johan, J. Brass, E. Hinkley: The Ikhana unmanned airborne system (UAS) western states fire imaging missions: From concept to reality (2006–2010), Geocarto Int.

26(2), 85–101 (2011)

60.26 R.R. Murphy, E. Steimle, M. Hall, M. Lindemuth, D. Trejo, S. Hurlebas, Z. Medina-Cetina, D. Slocum: Robot-assisted bridge inspection, J. Intell. Robotic Syst. 64(1), 77–95 (2011)

60.27 P. Srivaree-Ratana: Lessons learned from the great Thailand flood 2011: How a UAV helped scientists with emergency response and disaster aversion, Proc. AUVSI Unmanned Syst. North Am. (2012)

60.28 R. Murphy, S. Stover, H. Choset: Lessons learned on the uses of unmanned vehicles from the 2004 Florida hurricane season, AUVSI Unmanned Syst. North Am. (2005)

60.29 J. Lester, A. Brown, J. Ingham: Christchurch cathedral of the blessed sacrament: Lessons learnt on the Stabilization of a significant heritage building, Proc. Annu. Conf. N. Z. Soc. for Earthq. Eng. (NZSEE) (2012) pp. 1–11

60.30 N. Michael, S. Shen, K. Mohta, Y. Mulgaonkar, V. Kumar, K. Nagatani, Y. Okada, S. Kiribayashi, K. Otake, K. Yoshida, K. Ohno, E. Takeuchi, S. Tadokoro: Collaborative mapping of an earthquake-damaged building via ground and aerial robots, J. Field Robotics 29(5), 832–841 (2012)

60.31 R.R. Murphy, K.L. Dreger, S. Newsome, J. Rodocker, B. Slaughter, R. Smith, E. Steimle, T. Kimura, K. Makabe, F. Matsuno, S. Tadokoro, K. Kon: Marine heterogeneous multi-robot systems at the great eastern japan tsunami recovery, J. Field Robotics 29(5), 819–831 (2012)

60.32 F. Ferreira: ICRA Japan Forum: Preliminary report on the disaster and robotics in Japan, IEEE Robotics Autom. Mag. 18(3), 116 (2011)

60.33 M. Shibuya: Using micro-rov's in the aftermath of japan's tsunami. Underwater Intervention (2012)

60.34 G.-J. Kruijff, V. Tretyakov, T. Linder, F. Pirri, M. Gianni, P. Papadakis, M. Pizzoli, A. Sinha, E. Pianese, S. Corrao, F. Priori, S. Febrini, S. Angeletti: Rescue robots at earthquake-hit Mirandola, Italy: A field report, Proc. IEEE Int. Symp. Saf. Secur. Rescue Robotics (2012) pp. 1–8

60.35 R. Murphy, S. Stover: Rescue robots for mudslides: A descriptive study of the 2005 La Conchita mudslide response, J. Field Robotics 25(1–2), 3–16 (2008)

60.36 R.R. Murphy: Trial by fire, IEEE Robotics Autom. Mag. 11(3), 50–61 (2004)

60.37 L. Goldwert: Minneapolis honors bridge collapse victims, http://www.cbsnews.com/news/minneapolis-honors-bridge-collapse-victims/ (2007)

60.38 FBI: Photo gallery FBI response to minneapolis bridge collapse, http://www2.fbi.gov/page2/august07/bridge1.htm (2007)

60.39 K. Pratt, R. Murphy, J. Burke, J. Craighead, C. Griffin, S. Stover: Use of tethered small unmanned aerial system at Berkman Plaza II collapse, Proc. IEEE Int. Symp. Saf. Secur. Rescue Robotics (2009) pp. 134–139

60.40 S. Tadokoro, R. Murphy, S. Stover, W. Brack, M. Konyo, T. Nishimura, O. Tanimoto: Application of active scope camera to forensic investigation of construction accident, Proc. IEEE Int. Work. Adv. Robotics Its Soc. Impacts (ARSO) (2009) pp. 47–50

60.41 K. Ohno, S. Kawatsuma, T. Okada, E. Takeuchi,

K. Higashi, S. Tadokoro: Robotic control vehicle for measuring radiation in Fukushima Daiichi nuclear power plant, Proc. IEEE Int. Symp. Saf. Secur. Rescue Robotics (2011) pp. 38–43

60.42　ROV World: Raising the Costa Concordia live – ROV-world subsea information (2012)

60.43　Hydro International: ROV survey of the Costa Concordia grounding site, http://www.hydro-international.com/news/id5324-ROV_Survey_of_the_Costa_Concordia_Grounding_Site_video.html (2012)

60.44　Draganfly: RCMP corporal Doug Green interviewed on CKOM John Gormley Live – Draganflyer X4-ES used in life-saving mission, http://www.draganfly.com/news/2013/05/13/rcmp-corporal-doug-green-interviewed-on-ckom-john-gormley-live-draganflyer-x4-es-used-in-life-saving-mission/ (2013)

60.45　T. Linder, V. Tretyakov, S. Blumenthal, P. Molitor, D. Holz, R. Murphy, S. Tadokoro, H. Surmann: Rescue robots at the collapse of the municipal archive of Cologne city: A field report, Proc. IEEE Int. Symp. Saf. Secur. Rescue Robotics (2010) pp. 1–6

60.46　R.R. Murphy, R. Shoureshi: Emerging Mining Communication and Mine Rescue Technologies (Mine Safety and Health Administration, Arlington 2008)

60.47　R.R. Murphy, J. Kravitz, S. Stover, R. Shoureshi: Mobile robots in mine rescue and recovery, IEEE Robotics Autom. Mag. 16(2), 91–103 (2009)

60.48　K. Nagatani, S. Kiribayashi, Y. Okada, K. Otake, K. Yoshida, S. Tadokoro, T. Nishimura, T. Yoshida, E. Koyanagi, M. Fukushima, S. Kawatsuma: Emergency response to the nuclear accident at the Fukushima Daiichi nuclear power plants using mobile rescue robots, J. Field Robotics 30(1), 44–63 (2013)

60.49　G.M. Kulali, M. Gevher, A.M. Erkmen, I. Erkmen: Intelligent gait synthesizer for serpentine robots, Proc. IEEE Int. Conf. Robotics Autom. (ICRA) (2002) pp. 1513–1518

60.50　A. Wolf, H.B. Brown, R. Casciola, A. Costa, M. Schwerin, E. Shamas, H. Choset: A Mobile hyper redundant mechanism for search and rescue tasks, Proc. IEEE/RSJ Int. Conf. Intell. Robots Syst., Vol. 3 (2003) pp. 2889–2895

60.51　D. Campbell, M. Buehler: Stair descent in the simple hexapod "RHex", Proc. IEEE Int. Conf. Robotics Autom. (ICRA) (2003) pp. 1380–1385

60.52　R.M. Voyles, A.C. Larson: Terminatorbot: A novel robot with dual-use mechanism for locomotion and manipulation, IEEE/ASME Trans. Mechatron. 10(1), 17–25 (2005)

60.53　J. Tanaka, K. Suzumori, M. Takata, T. Kanda, M. Mori: A mobile jack robot for rescue operation, Proc. IEEE Int. Symp. Saf. Secur. Rescue Robotics (2005) pp. 99–104

60.54　R. Murphy, T. Vestgaarden, H. Huang, S. Saigal: Smart lift/shore agents for adaptive shoring of collapse structures: A feasibility study, Proc. IEEE Int. Symp. Saf. Secur. Rescue Robotics (2006)

60.55　W.E. Green, P.Y. Oh: A fixed-wing aircraft for hovering in caves, tunnels, and buildings, Proc. Am. Control Conf. (2006) pp. 1–6

60.56　V. Kumar, D. Rus, S. Singh: Robot and sensor networks for first responders, IEEE Pervasive Comput.

3(4), 24–33 (2004)

60.57　D. Kurabayashi, H. Tsuchiya, I. Fujiwara, H. Asama, K. Kawabata: Motion algorithm for autonomous rescue agents based on information assistance system, Proc. IEEE Int. Symp. Comput. Intell. Robotics Autom. (2003) pp. 1132–1137

60.58　K.W. Sevcik, W.E. Green, P.Y. Oh: Exploring search-and-rescue in near-earth environments for aerial robots, Proc. IEEE/ASME Int. Conf. Adv. Intell. Mechatron. (2005) pp. 693–698

60.59　A. Birk, S. Carpin: Rescue robotics: a crucial milestone on the road to autonomous systems, Adv. Robotics 20(5), 596–605 (2006)

60.60　A. Kleiner, C. Dornhege, R. Kuemmerle, M. Ruhnke, B. Steder, B. Nebel, P. Doherty, M. Wzorek, P. Rudol, G. Conte, S. Durante, D. Lundstrom: RoboCupRescue – Robot league team RescueRobots Freiburg (Germany), Proc. 10th RoboCup 2006 (2006)

60.61　J. Pellenz, D. Paulus: Stable mapping using a hyper particle filter, Proc. 13th RoboCup 2006 (2010) pp. 252–263

60.62　A. Nuchter, K. Lingemann, J. Hertzberg: Mapping of rescue environments with kurt3d, Proc. IEEE Int. Symp. Saf. Secur. Rescue Robotics (2005) pp. 158–163

60.63　A. Kleiner, C. Dornhege: Mapping for the support of first responders in critical domains, J. Intell. Robotic Syst. 64(1), 7–31 (2011)

60.64　B. Yamauchi: A frontier-based approach for autonomous exploration, Proc. IEEE Int. Symp. Comput. Intell. Robotics Autom. (1997) pp. 146–151

60.65　C. Dornhege, A. Kleiner: A frontier-void-based approach for autonomous exploration in 3d, Adv. Robotics 27(6), 459–468 (2013)

60.66　A. Jacoff, E. Messina, B. Weiss, S. Tadokoro, Y. Nakagawa: Test arenas and performance metrics for urban search and rescue robots, Proc. IEEE/RSJ Int. Conf. Intell. Robots Syst. (2003) pp. 3396–3403

60.67　S. Wirth, J. Pellenz: Exploration transform: A stable exploring algorithm for robots in rescue environments, Proc. IEEE Int. Symp. Saf. Secur. Rescue Robotics (2007) pp. 1–5

60.68　Y. Okada, K. Nagatani, K. Yoshida, S. Tadokoro, T. Yoshida, E. Koyanagi: Shared autonomy system for tracked vehicles on rough terrain based on continuous three-dimensional terrain scanning, J. Field Robotics 28(6), 875–893 (2011)

60.69　E. Magid, T. Tsubouchi, E. Koyanagi, T. Yoshida, S. Tadokoro: Controlled balance losing in random step environment for path planning of a teleoperated crawler-type vehicle, J. Field Robotics 28(6), 932–949 (2011)

60.70　R. Sheh, B. Hengst, C. Sammut: Behavioural cloning for driving robots over rough terrain, Proc. IEEE/RSJ Int. Conf. Intell. Robots Syst. (2011) pp. 732–737

60.71　C. Dornhege, A. Kleiner: Behavior maps for online planning of obstacle negotiation and climbing on rough terrain, Proc. IEEE/RSJ Int. Conf. Intell. Robots Syst. (2007) pp. 3005–3011

60.72　M. Andriluka, P. Schnitzspan, J. Meyer, S. Kohlbrecher, K. Petersen, O. Von Stryk, S. Roth, B. Schiele: Vision based victim detection from unmanned aerial vehicles, Proc. IEEE/RSJ Int. Conf. Intell. Robots Syst. (2010) pp. 1740–1747

60.73　A. Kleiner, R. Kummerle: Genetic mrf model optimization for real-time victim detection in search and rescue, Proc. IEEE/RSJ Int. Conf. Intell. Robots Syst. (2007) pp. 3025–3030

60.74　R. Hahn, D. Lang, M. Haselich, D. Paulus: Heat mapping for improved victim detection, Proc. IEEE Int. Symp. Saf. Secur. Rescue Robotics (2011) pp. 116–121

60.75　A. Birk, S. Markov, I. Delchev, K. Pathak: Autonomous rescue operations on the iub rugbot, Proc. IEEE Int. Symp. Saf. Secur. Rescue Robotics (2006)

60.76　R.R. Murphy, J. Burke: The safe human-robot ratio, Human-Robot Interactions in Future Military Operations, ed. by M. Barnes, F. Deutsch (Ashgate, Farnham 2010) pp. 31–49

60.77　M. Endsley: Design and evaluation for situation awareness enhancement, Proc. 32nd Annual Meet. Hum. Factors Soc. (1988) pp. 97–101

60.78　J.L. Drury, J. Scholtz, H.A. Yanco: Awareness in human-robot interactions, Proc. IEEE Int. Conf. Syst. Man Cybern. (2003) pp. 912–918

60.79　J. Casper, R. Murphy: Workflow study on human-robot interaction in usar, Proc. IEEE Int. Conf. Robotics Autom. (2002) pp. 1997–2003

60.80　J. Burke, R. Murphy, M. Coovert, D. Riddle: Moonlight in miami: An ethnographic study of human-robot interaction in usar, Hum.-Comput. Interact. 19(1/2), 85–116 (2004)

60.81　R. Murphy, J. Burke, S. Stover: Field Studies of Safety Security Rescue Technologies Through Training and Response Activities, Proc. IEEE/RSJ Int. Conf. Intell. Robots Syst., Vol. 2 (2004) pp. 1089–1095

60.82　N. Sato, F. Matsuno, T. Yamasaki, T. Kamegawa, N. Shiroma, H. Igarashi: Cooperative Task Execution by a Multiple Robot Team and its Operators in Search and Rescue Operations, Proc. IEEE/RSJ Int. Conf. Intell. Robots Syst., Vol. 2 (2004) pp. 1083–1088

60.83　T. Arai, E. Pagello, L. Parker: Editorial: Advances in multi-robot systems, IEEE Trans. Robotics Autom. 18(5), 655–661 (2002)

60.84　D.P. Stormont, A. Bhatt, B. Boldt, S. Skousen, M.D. Berkemeier: Building better swarms through competition: Lessons learned from the AAAI/Robocup rescue robot competition, Proc. IEEE/RSJ Int. Conf. Intell. Robots Syst. (2003) pp. 2870–2875

60.85　J. Suarez, R. Murphy: A survey of animal foraging for directed, persistent search by rescue robotics, Proc. IEEE Int. Symp. Saf. Secur. Rescue Robotics (2011) pp. 314–320

60.86　A. Ferworn, A. Sadeghian, K. Barnum, H. Rahnama, H. Pham, C. Erickson, D. Ostrom, L. Dell'Agnese: Urban search and rescue with canine augmentation technology, Proc. IEEE/SMC Int. Conf. System Syst. Eng. (2006) pp. 334–338

60.87　L. Yihan, S.S. Panwar, S. Burugupalli: A mobile sensor network using autonomously controlled animals, Proc. 1st Int. Conf. Broadband Netw. (BROADNETS) (2004) pp. 742–744

60.88　R. Murphy: Rats, robots, and rescue, IEEE Intell. Syst. 17(5), 7–9 (2002)

60.89　S. Tadokoro, H. Kitano, T. Takahashi, I. Noda, H. Matsubara, A. Hinjoh, T. Koto, I. Takeuchi, H. Takahashi, F. Matsuno, M. Hatayama, J. Nobe, S. Shimada: The robocup-rescue project: A robotic approach to the disaster mitigation problem, Proc. IEEE Int. Conf. Robotics Autom. (ICRA) (2000) pp. 4089–4094

60.90　T. Takahashi, S. Tadokoro: Working with robots in disasters, IEEE Robotics Autom. Mag. 9(3), 34–39 (2002)

60.91　I.R. Nourbakhsh, K. Sycara, M. Koes, M. Yong, M. Lewis, S. Burion: Human-robot teaming for search and rescue, IEEE Pervasive Comput. 4(1), 72–79 (2005)

60.92　H. Kitano, S. Tadokoro: Robocup-rescue: A grand challenge for multi-agent and intelligent systems, AI Magazine 22(1), 39–52 (2001)

60.93　J. Scholtz, B. Antonishek, J. Young: A field study of two techniques for situation awareness for robot navigation in urban search and rescue, Proc. IEEE Int. Work. Robot-Hum. Interact. Commun. (2005) pp. 131–136

第 61 章

监控与安保机器人

Wendell H. Chun，Nikolaos Papanikolopoulos

本章介绍应用在军事和民用领域的监控与安保机器人的基础知识。移动机器人主要应用领域有地面、天空、水面和水下。监控的字面意思是从上面观看，而监控机器人用于监控并采集行为、活动和其他不断变化的信息来管理、指挥或保护自己的资产或领地。从实际意义上讲，监控这个术语是指远距离的观察行为。安保机器人通常被用来保护一个地点，一些有价值的资产或个人，以防范危险、损害、损失和犯罪。监控是一种主动的操作，而安保则是一种防御性的行为。两种类型机器人的结构在本质上类似，都由可移动部件、传感器有效载荷、通信系统和操作员控制台组成。

在介绍完机器人的主要组成之后，本章将重点介绍各种应用。更具体地说，第 61.3 节 讨论了移动机器人导航的使能技术，用于监控或安保应用的各种有效载荷传感器、目标检测和跟踪算法，以及人机界面（HMI）中操作者使用的机器人控制台。第 61.4 节介绍了与监控和安保机器人相关的最新研究，包括有效载荷传感器的自动数据处理、人类活动的自动监测、面部识别和协同自动目标识

别（ATR）等技术。最后，第 61.5 节讨论了监控与安保机器人的未来发展方向，并进行了总结，给出了延读文献。

目　录

61

61.1　概述

监控机器人和安保机器人在设计上很类似，但是它们的具体目的却非常不同。监控机器人使用有效载荷来绘制或搜索一个区域，而安保机器人用于保护和保卫资产，比如机场周边。这两类机器人在使用上的差异在于，监控是全局问题，而安保属于局部问题。在操作上，监控机器人利用其电子有效载荷收集数据（也被称为机器人的外部传感器），并将原始数据传送回控制站或和其他信息一起预处理，如地理信息系统（GIS）数据，再将该信息转发到开发元件。最终，随着更多的自动控制整合到

机器人中，机器人将能够规划自己的路径，并在最小的人为干预下自动控制传感器。监控质量取决于目标范围、目标杂波量、传感器分辨率和目标检测的概率函数。安保机器人的主要工作包括一个移动机器人巡逻一个确定的区域（或周边），检测入侵者或可疑活动，并启动一个响应。安保机器人可以进行设定好的或随机的巡逻，并自动执行监控任务，如检查入侵者或评估周边防御状态。只有在检测到入侵者或机器人遇到未编程处理的情况时，才需要来自操作员的输入。一旦与机器人连接成功，

操作员就能够看到、听到，并与入侵者交互。如果入侵者试图避开机器人，操作员可以利用机载传感器追踪他们，并操纵机器人跟踪可疑的入侵者。搜索和救援机器人技术（见第58章）也会用到监控的一些方面，因为可能涉及广泛的搜索范围，以及在发现后可能采取的安保行动。

基本的安保机器人[61.1]可以是简单的固定传感器，安装在高处，能够平移和倾斜，但不能移动。有一些概念是使用低成本的传感器（感受运动、检测振动或破坏传感器光束），以便提示更复杂的传感器（如雷达或视频）以供确认。根据安保系统的复杂性，固定传感器可以提醒移动机器人，或者等待机器人自己通过。固定和移动机器人的组合可以是一个非常强大的解决方案系统。同样，机器人配置也很相似（图61.1）：具有传感器有效载荷的机器人、操作员站，以及将机器人与其控制站相连接的通信系统[61.2-5]。在某些情况下，可能有两个不同的控制站，一个用于控制机器人，另一个用于处理军用无人机上看到的有效载荷数据。与安保机器人相比，监控机器人可以是数据密集型的，安保机器人经常在结构化的环境中运行并且只有较窄的数据载荷。这两种应用的核心是单个机器人或机器人组，以及控制站。随着军用无人机的兴起，目前监控机器人有着更广泛的用途。大多数无人机（UAV）都是通过遥控操作或航点自动飞行来控制的。现在，无人机在军事上已经很常见，并慢慢地进入了商业领域，应用于农业、森林火灾测绘和气象分析等领域。监控机器人的下一个技术发展将是自主控制和集群控制。安保机器人相比军方正在研究的其他项目和一些目前市场上的项目来说发展还不够完善。早在20世纪80年代，早期的移动机器人公司就是为了解决同样的安保问题而成立，像Cybermotion公司和Denning Mobile Robotics公司，但是，这些公司最终没能生存下来。机器人技术的下一个合理发展方向是降低成本，使系统更加可行，减少误报，使检测更加可靠，并通过加入自动化和自主技术，减少人员控制。

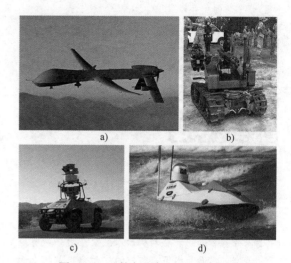

图61.1 监控与安保机器人的实例
a) 空中通用原子动力学 Predator b) 地面 QinetiQ TALON
c) 地面通用动力 MDARS-E d) 水面 Elbit Stingray
注：图61.1a、b为监控机器人，图61.1c、d为安保机器人。

监控或安保机器人系统的设计和开发需要解决一些基本问题。例如，每个具体的应用程序将决定监控是在室内还是在室外进行，同样，对于室内或室外安保，用于解决天气或照明问题的传感器都不一样。这两种情况下都有很多应用，并会影响所选择的可移动类型，以及用于监控和检测的传感器类型。如前所述，监控机器人通常需要具有可移动能力；而安保机器人可以是固定的或移动的。在后者的大多数应用中，环境是已知的（或被结构化分类出来），同时路径也被提前设定好。一些机器人安保应用可能涉及固定和移动机器人的组合，这取决于设施或建筑物的大小。要解决的第一个问题是必须在机器人的遥操作和自主控制之间进行选择。有一种情况是以遥操控系统作为开始，最终设计成一个更加自动或有自主能力的系统。然而，经验表明，这种升级很少会没有计划地自然发生，当系统功能成熟的时候，需要大量的软件升级，硬件通常也需要升级才能提升整体能力。

61.2 应用领域

监控与安保机器人设计首先要了解其预期的操作环境，同时设计数据收集或各种保护模式。典型的监控机器人需要监控有效载荷，而安保机器人则集成了安保传感器。该传感器套件是机器人移动所需的导航传感器套件的补充。可能有机会使用相同的传感器进行导航和有效载荷，但由于不同的距离和分辨率要求，这种方案很少被采用。由于存在两个不同类型的传感器，所以需要在机器人的机动性与有效载荷传感器的期望视角之间进行协调。

监控与安保机器人（图 61.2）可以在所有基本环境（例如，空中、地面、水面、水下或外太空）中找到，如从空天进行监控的空间或飞行机器人。机器人巡逻分为空中领域和地面领域[61.6,7]等。

1）空中区域：大多数远距离高空应用使用固定翼飞行器在设定高度进行大面积地表监测，从全尺寸的客机大小的平台到小型四旋翼飞行器，垂直起降的飞行器，以及微型扑翼飞行器。光电（EO），红外（IR）或合成孔径雷达（SAR）是名义上用于收集监控数据的传感器。固定翼飞行器也可用于安保，但旋翼平台（特别是四旋翼飞行器）由于其悬停能力，是追求机动性的最佳选择，见 ▣ VIDEO 554 。旋翼平台的弱点是其载重限制，还有传感器有效载荷的重量限制和飞行时间的限制。关键的飞行器设计约束条件是雷诺数、机翼的升阻比（L/D）、里程分析、航程和展弦比。飞机与地面控制站之间的通信是使用卫星或其他作为通信中继器的无人机进行直接视距或超视距通信。

2）地面区域：地面车辆既可以是定制的，也可以是改装现有的商用或军用车辆。它们有各种尺寸，从汽车大小到桌子大小到鞋盒大小。EO、IR 或测距仪用于收集监测数据。对于安保机器人而言，通常使用类似的 EO、IR、激光雷达或测距传感器（ ▣ VIDEO 677 ）。主要的地面设计约束条件是车辆转向模式、推进类型（轮式、履带式、腿式或混合式）、范围、悬架和拉杆拉动性能。用于通信的标准分组无线电是带宽受限的，因此地面机器人将受益于自动侦察、监控和目标获取（RSTA）能力。

3）水面区域：水面机器人要么是定制设计的，要么是基于现有的船只［如刚性船体充气船（RHIB）］的改装。它们的大小从小型水上摩托艇到 11m 长的 RHIB 不等。用于监控和安保的水面机器人还处于起步阶段。或许，可以使用雷达来进行监控、传递数据和机器人安保，可以设想雷达和

EO 传感器的组合。水面机器人关键设计约束条件是机器人的速度、范围，以及用来漂浮的牵引力和船宽尺寸。当视觉技术无效并且水特征难以区分时，水面导航需要 GPS 用于定位。

4）水下区域：无人水下机器人（UUV）的大小从轻型平台到超过 10m 长的大长径比机器人。尺寸较大的机器人在耐久性和传感器有效载荷重量方面具有优势，如第 51 章所述。声呐是有效载荷传感器（侧扫或其他），用于收集监控数据、支持导航数据。大多可操作的 UUV 被人为限制，但是无人为限制的机器人在研究领域也有很多（如 AUV）。关键的水下机器人设计约束是雷诺数、浮力、耐力、压力，被限制范围或不受限制。安全的水下通信是确保连接机器人和操作员的主要条件。

5）太空领域：航天器本质上被认为是机器人。在关键性事件中，它的控制是通过机载自动化和地面指挥的组合。监控航天器的尺寸范围从微型卫星（50~100kg）到传统（约 15000kg）监控规模的航天器，典型的有效载荷传感器包括高清相机和 SAR。安保卫星用于保护地面资产，并且具有从空间探测和跟踪物体的能力，对于防止威胁（无论是真实的还是意外的）至关重要。重要的航天器设计约束条件包括重量、使用功率、热循环、发射负载，以及低温运行。

如图 61.2 所示，在多个领域有各种各样的监控与安保机器人，各领域具有特定的环境问题考虑。未经讨论的区域是地下区域，如采矿应用或监控洞穴的 iRobot 110 FirstLook 及其他小型机器人。所有这些机器人显然都有一个导航部件和一个有效载荷/传感器部件。为监控和安保而进行的导航和传感之间的协调是机器人研究人员感兴趣的主题。如前所述，主要的机器人应用是空中监控，能够从高空快速监控大面积地表情况，和用于安保的地面（和水面）机器人，在预定义的路径上相对较慢的移动检测。

a) b) c) d) e)

图 61.2 广泛的运行环境

a）空中直升机 b）亚洲矫正机器人论坛的 Robo-Guard c）水下 Bluefin 9
d）水面 Rafael Protector e）基于空间的空间监测（SBSS）卫星

61.3 使能技术

监控与安保机器人需要传感、数据收集、移动（可选）、导航、通信、控制、计算机视觉，以及预先制定的响应（即使用威慑）作为安保措施。可接受的反应可以是温和的，如提醒人类警卫或固定威胁，也可能是结合武器以消除威胁。这类应用需要很多相关的技术。在本节中，我们将讨论选定的使能技术：移动导航、有效载荷传感器、适用算法，以及操作员控制台上的人机界面。

61.3.1 移动导航

只要通信带宽在资产之间可用，遥操作就是一项成熟的技术。对于快速移动的监控机器人，如大型高空作业平台[61.8]，遥操作是一种选择，但今天的技术是通过 GPS 航点飞行。航点是一组坐标，用于识别物理空间中的一个点，如 X、Y、Z，或者经度、纬度和高度。诸如 GPS 之类的导航系统（或其他无线电三角测量系统，即 Loran 或 Kaman）被用来操纵飞行器飞越或飞过航点。当飞行器在到达分隔两个航段的航点之前应该开始转向到下一个航点时，使用飞过航点（fly-by way-points），而当飞行器必须飞过该点并开始转弯时使用飞越航点（fly-over waypoints）。在实际操作中，机器人会直接从飞越航点上方飞过，由于切割角落的做法，可能会与飞过航点错过几千米。所有无人机的关键阶段都是其发射和回收过程，并将受益于新兴的传感和避障技术。在水下应用时，除非平台定期浮出水面，否则无法使用 GPS，机器人[61.9]通过使用航位推测法和频繁的地标更正来进行导航。

对于未知和非结构化的环境，安保机器人的遥操作是空中、地面和地表水区域的实际状态。当有一个设定的时间段，并且路径是先验已知的，就像在一个结构化的环境中一样，可以纳入预先规划好的路径。对于更先进的地面机器人，自主导航[61.10]正在被研究和开发（主要在户外环境中）。在复杂的室外环境中，自主导航基准（图61.3）通过 DARPA 用于越野机器人的感知（PerceptOR）和用于地面机器人的学习（LAGR）程序建立。关于自主导航能力的技术，具体参考第2卷第35章。

图 61.3 室外地形中的自主导航
（由卡内基梅隆大学国家机器人
工程中心提供）

61.3.2 有效载荷传感器

监控数据的最终用户是指挥官、决策者、分析人员、目标人员、兵器工作者（当应答与无人机分离时）和制图员。所需的信息包括及时性、天气覆盖范围、传感器分辨率、传感器精度、内部细节和不同的海拔。一些基本的载荷定义如下：

1) 实时性：信息以电子的速度到达。

2) 接近实时：信息在实时和事件发生后20min 之间到达。

3) 准确性：与标准地图数据的一致程度。

4) 精度：可以进行测量的分辨率的精细度。

5) 视野：固定（非扫描）传感器的观察角度区域。

6) 注意区域：由扫描传感器观察的角度区域。

监控传感器选项包括被动成像[61.11]、主动成像和非成像传感器。胶片和 EO 传感器是被动成像。DARPA UGV Demo Ⅱ 程序中的被动成像的示例见 VIDEO 679。除 EO 之外，红外光学传感器通常伴随着它的日光对应物，以便能够在黑暗中也能看见（通常表示为 EO/IR 传感器）。主动成像传感器包括雷达和激光，而非成像传感器则是 SIGINT、MASINT 和化学/生物传感器。表 61.1 中对被动成像传感器进行了对比。

表 61.1　被动成像传感器

传感器	优　点	缺　点
胶片	1. 最佳分辨率 2. 轻松归档	1. 处理时间会影响可用性 2. 传递副本的质量随着复制而降低
EO （可见）	1. 易于在飞行中的数据传递 2. 高分辨率 3. 易于解释（文字介绍） 4. 高保真再现	1. 无法穿透恶劣天气 2. 产生的数据量受限（目前的大数据问题）
红外 （冷却）	1. 在黑暗中提供图像 2. 穿透天气限制或障碍物 3. 检测由于范围或背景而不可见的目标 4. 提供证据，包括最近过去的活动（IR 追踪），当前活动水平（发动机运行）或状态（油箱水平）	1. 在温暖的季节，沙漠地区，一天中较热的时段，太阳的方向，效力减弱 2. 分辨率通常为 1NIIR，低于可见光的分辨率
红外 （非冷却）	除与冷却式红外传感器具有相同的操作优势外，还有： 1. 装配更简单 2. 功耗要求低 3. 可靠性高 4. 成本低	1. 对热差异较不敏感 2. 较大的像素尺寸＝分辨率较低
光谱	提供有关目标的其他操作信息，反CC&D 伪装、隐藏和欺骗（CC&D）技术	数据中继的带宽密集

　　还有许多主动成像传感器（图 61.4），如SAR，一种使用其向前运动合成相当于大型侧视天线的雷达，以产生高分辨率的地面测绘。移动目标指示器（MTI）是一种雷达模式，利用目标运动引起的多普勒频率差异将其与固定背景（即地面杂波）区分开。MTI 有着广阔的视野。叶簇穿透是雷达使用甚高频（VHF）/特高频（UHF）频率和复杂的算法优化检测目标。树木和树叶覆盖了环境地形的很大一部分。逆合成孔径雷达（ISAR）是利用目标的角运动（而不是像 SAR 那样利用平台）来检测运动对象的雷达模式，并且干涉式合成孔径雷

达（IFSAR）是使用分离的接收器接收相同的信号并将它们组合以产生三维地图与高准确度的地形。高分辨率雷达是使用短波（毫米波）和复杂的算法来产生高分辨率（即以英寸为单位）图像的雷达。激光成像雷达是一种使用光（激光）而不是射频（RF）能量作为照明光源的雷达。机器人研究人员定义"LIDAR"是光探测与测距的缩写，通常用于机器人导航。表 61.2 对各类主动成像传感器进行了比较。

a)　　　　　　　　　　　　　b)

图 61.4　典型的 EO 传感器

a) UAV EO 万向传感器套件［前视红外（FLIR）系统］
b)（UGV）EO/IR 万向传感器套件（由 L3-Wescam 提供）

表 61.2　主动成像传感器

传感器	优　点	缺　点
合成孔径雷达（SAR）	1. 大部分天气和夜间下可用 2. 大于可见光的观测距离 3. 提供持续的透视图像	1. 功率和处理密集 2. 大光圈
移动目标指示器（MTI）	1. 检测并跟踪移动的空中/地面物体 2. 建立设定时间间隔内的交通流量历史	依赖 SAR 的技术，需要进一步处理 SAR 的返回信息
叶簇穿透（FOPEN）	1. 破坏植被作为伪装的大多数用途 2. 提供有限的地面穿透能力	分辨率受到使用频率的限制
逆合成孔径雷达（ISAR）	检测移动背景上的小物体如小船、潜望镜和冰山	性能因角度而异
干涉式合成孔径雷达（IFSAR）	1. 实现 5~30m 的位置精度 2. 在短时间内绘制大量的地形	1. 要求知道并精确保持接收器的相对位置 2. 需要对数据进行大量的后期处理

（续）

传感器	优 点	缺 点
高分辨率雷达（HRR）	范围受限于所使用的频率	易受天气干扰
激光成像雷达（LIDAR）	1. 用于测深、污染监测和测高 2. 二维测距和三维成像的潜力	范围有限、受天气影响

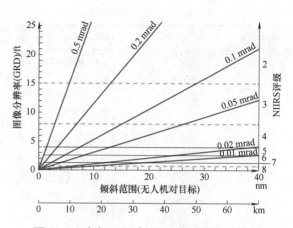

图 61.5 确定 ATR 或 RSTA 传感器的分辨率
（由 L. Newcome 提供）

注：1ft = 30.48cm。

非成像传感器的例子是 SIGINT、MASINT 和化学/生物传感器。SIGINT 代表信号情报。电子信号是被动的，电子系统（雷达，导航设备等）的发射可以被截取和破译。SIGINT 的挑战是跳频和扩频。SIGINT 的另一个方面是截取口头通信信号（通过无线电等）。通信信号的共同挑战是数字化、编码、加密和/或跳频。测量与特征情报（MASINT）可以是主动或被动的。MASINT 将额外的维度添加到目标数据，但需要对这些数据进行智能化解释。最后，化学/生物传感器也可以是被动的或主动的。有两种类型的化学/生物传感器：点式和远程式，这些类型的传感器基于空气采样执行，并且可以检测先前的化学或生物武器何时被使用。因此，机器人的有效载荷有很多选择，主要是重量、功耗和视场。EO/IR 传感器是监控最常用的传感器。其选择基于分辨率、光学效率和探测器的响应性。其分辨率是探测器阵列大小和使用的镜头视场的函数。

图 61.5 用于确定所需的分辨率。光学效率取决于镜头直径、镜头焦距和间距。最后，检测器响应性基于检测器的材料、波长和温度。这些都是物理参数。更好的有效载荷品质取决于其归一化分辨率与具有归一化检测器响应系数的归一化光学效率的乘积。

总之，EO 和 SAR 传感器正在接近物理定律的极限。今天的挑战是数据削减及其对监控的支持。根据经验，监控传感器的选择基于：

1）VHF/UHF SAR 用于叶簇穿透和大面积覆盖。

2）用于高分辨率成像的微波 SAR。

3）用于检测移动目标和大面积覆盖的微波地面移动目标指示器（GMTI）雷达。

4）电子支援措施（ESM），SIGINT 和通信情报（COMINT），用于截取、定位、记录和分析辐射电磁信号。

5）用于高分辨率目标分类/识别的胶片。

6）用于定位和目标分类/识别的 EO/IR 传感器。

一个类似的安保有效载荷也包含 EO/IR 传感器，但是其分辨率与较短的目标距离相当。作为一个经验法则，安保传感器被选择为以下类型：

1）用于远距离侦测移动目标的雷达。

2）用于近距离目标跟踪的雷达。

3）用于近距离目标跟踪的 EO/IR 传感器。

监控数据要么被存储以备后用，要么被传送到运算中心进行处理。安保数据可以在机器人上进行处理，也可以传输到操作员控制台进行实时观察或进行有限的后期处理。安保的关键在于检测、识别和追踪潜在目标或可疑活动的算法。如果载重和处理能力不成问题，机器人上可以使用多个重叠传感器来减少错误检测并确定目标识别[61.12]。这是一种分层的方法。当使用广域监控系统进行初始检测或交叉提示时，会提高性能。例如，一个 MTI 传感器可以提供广域搜索，并收集关于潜在目标的粗略信息，足以提示窄视场的 EO/IR 传感器，这些传感器可以继续跟踪、分类和识别潜在目标。有效载荷传感器收集数据，但将数据处理成可供其他人使用的监控和安保社区的信息才是关键。

61.3.3 检测与跟踪算法

这是侦察、监控和目标获取（RSTA）中的一项重要技术。这个话题也与情报、监控和侦察（ISR）以及自动目标识别（ATR）密切相关。ATR、RSTA 和 ISR 是军队中历史悠久的问题，用于识别分类环境中与利益相关的活动[61.13-16]。在监控期间，用户可以选择在指定位置获取目标，搜索一个区域或部门的固定目标或移动目标，对区域或部门进行全景侦察，启动消防或由操作人员手动控制它的传感器以获取监控图像，如图 61.6 所示。例如，如果传感器是静止的并且目标也是静止的，则采用最大平均相关高度的方法，通过在相应的位置产生一个峰值来响应特定目标物体的存在，这是非常有效的。如果使用静止目标搜索，则平台被指引使用静止目标检测和识别算法来搜索指定区域的目标。

图 61.6　无人机传感器覆盖的飞机轨迹（由伊利诺伊大学香槟分校提供）

这些算法可以检测静止目标和移动目标，但是移动目标检测并不利用与机器人相关的运动信息。在大多数使用 EO/IR 传感器的视觉监控应用中，场景中的移动物体是主要的观测对象。具体来说，需要监控移动物体的动作，并且在场景中发生事件时需要发出适当的信号。需要对移动平台进行控制，以辅助监控任务。因此，监控任务的目标和相关的实时计算存在挑战，需要建立用于检测、分类和通信的高度可靠且计算成本低的算法。

用户可以手动选择几种选项，包括传感器被假定为静止或移动的搜索模式，并假定目标是静止的或移动的。例如，无人机和卫星总是在运动，而 UGV/USV/UUV 可以是静止或移动的。静止目标模式的选择决定静止目标检测和识别算法，选择移动目标模式会导致移动目标检测和跟踪算法的执行。用户将受益于自动选择功能。监控和安保所需要的检测标准要求整合互补性的技术，这些技术可以感知运动、表征图案、找到热特征、捕捉时间行为，见 VIDEO 678。

RSTA 或 ATR 算法序列[61.17]包括侦察，通过搜索获得目标，以及目标跟踪。全景侦察命令可以指示机器人的有效载荷在广阔的视野范围内收集图像马赛克，并将其发送给操作员进行手动检查。有几种技术可以用来创建一个图像马赛克，图像之间的配准是通过最小化每个像素的图像强度的二次方和误差来获得的。虽然这种技术产生了非常准确的配准结果，但它往往速度很慢，而且通常需要操作员的交互来初始化配准功能。收集到的图像马赛克可

用于评估可通行性，检查感兴趣的区域（如道路和桥梁），并手动查找对方目标。为了获取目标，引导车辆以查看特定地图位置或特定方向，获取图像，并且在该图像上执行静止目标检测。操作员可以选择机器人静止或移动的几种搜索选项，并假定目标是静止的或移动的。由搜索区域决定搜索地图区域还是搜索方位与高度。方位角可以相对于世界（地图）或者在机器坐标中指定。静止目标函数的选择影响静止目标检测和识别算法运行，而选择运动目标模式导致运动目标检测和跟踪算法被执行。搜索模式决定一次或多次搜索一个区域。EO/IR 传感器可以使用图像处理算法的组合。探测型算法包括连通分量分析或斑点分析。

图像处理算法已经发展到使用包括直方图操作、卷积、形态学、过采样、欠采样、量化，以及使用傅里叶变换和离散余弦变换（DCT）的光谱处理等技术来检测目标。这些算法的计算密集[61.18,19]。其他流行的 ATR 算法包括二进制模板匹配、多光谱成像和小波变换技术。在众多类型的图像增强算法中，空间卷积内核过滤技术产生的效果最为显著。卷积内核根据像素的值与围绕它的值之间的关系产生新的像素值。在卷积中，两个函数被重叠并相乘。其中一个功能是视频帧图像，另一个是卷积内核。ATR 算法可以被广泛地描述为目标检测、分割函数、特征评估和分类。目标检测方法可以是基于图像的或基于模型的。

如果使用静止目标搜索，指示平台使用固定的目标检测和识别算法搜索指定区域的目标。这些算

法可以使用斑点提取和斑点追踪算法来检测目标。当检测到潜在的目标时，图像被发送到目标识别算法以进行额外的处理。目标识别可以通过使用哈希（hashing）算法来完成。将各种目标检测传递给哈希算法，以便将其标记为数据库或感知库中的几种目标类型之一。散列算法也产生对目标位姿的估计，当处理完成时，结果被发送给操作员进行验证。移动物体通常使用背景减法来检测。对于这种类型的搜索，该平台被指引使用基于时间差分的移动目标检测算法来查看目标的指定区域。大多数监控系统使用背景减法作为利用固定相机的有效运动检测手段。遗憾的是，背景减法技术在相机抖动、变化的照明条件和移动的叶片下并不总是鲁棒的。诸如仿生变换的技术被用于图像稳定，抖动和移动叶片之类的周期性问题引起像素强度值的多模态分布。如果可以计算背景环境的分类，那么可以从图像中减去背景，以便使用运动检测和分割算法。

一种流行的背景模型生成方法是结合自回归（AR）或无限脉冲响应（IIR）滤波器。每个像素使用单个 AR 或 IIR 滤波器以估计背景的主导模式。AR 滤波器估计背景的主导模式的中心和宽度，它与每个像素的每个滤波器相关联，是一个近似于该滤波器所代表的模式被像素看到的概率的值。当通过像素看到强度值落入像素的滤波器之一的模式内且相关联的概率大于预设阈值时，则像素被定义为背景。当一个特定的强度值没有被该像素的任何滤波器表示的时候，一个新的滤波器被添加到相关的低概率值中。当过滤器匹配强度值时，其概率等级增加，并且与该像素相关联的其余过滤器的概率降低。因此，在每个检测周期，对应于一个像素的滤波器适应于更好地适合其背景值。这种运动检测技术通过使用来自高级算法（分类器和/或对应算法）的反馈而被增强。分类器具有拒绝虚假检测的能力。这个信息可以用来为像素创建一个新的滤波器，或者增加或减少检测的概率阈值。来自其对应关系的信息可以用来预测未来的检测位置。这大大提高了分割的质量。可以添加另一种基于相关性的跟踪器功能，其控制有效载荷云台万向节以将检测到的目标保持在图像中心。一个更难的问题是当目标移动时，传感器也在移动。

对于安保机器人，基于相机的 EO/IR 传感器长期以来被用于安保和观察目的，见 |◉ VIDEO 681 。监控相机通常固定在已知的位置，并且覆盖由相机的视场定义的限定区域。虽然最近的一些视觉研究已经解决了自主监控，但在大多数情况下，人类要

进行感官处理。对于自主监控的例子，视觉系统可以提供目标的几何形状及其相对于雷达传感器的角度位置，而其机载雷达系统可以测量到目标的距离和对于车辆的相对速度。然后使用目标的感知几何形状和距离来计算其横截面以用于人类目标分类。使用多种传感器（相机和雷达）技术的补充组合可以使检测概率达到 99% 以上，并且具有小于 1% 的误报率（也称为误报），从而实现强大的安保系统。这是交叉提示的一个很好的例子。相机控制见 |◉ VIDEO 702 。一旦检测到目标，就在视野的中心进行跟踪，以便使用连续视觉和基于雷达的检测来提供验证。在每个检测到的目标上保留一个跟踪文件，以在一段较长的时间内关联大小、距离、速度和其他参数。这种基于时间的集成方法可以使系统在检测过程中使用极高增益的同时减少误报。安保应用程序中的分类过程通过对每个图像进行独立分类，然后对得到的一组标签进行分类，将移动对象的给定图像序列分配给最有可能的分类标签。分类器也可以拒绝分类对象。例如，移动检测评估和响应系统（MDARS）程序中的分类器已经证明，在不相交测试中，类别条件序列错误率小于 5%，误报排除率为 80%。通过考虑图像序列上的类别标签历史来检测未知对象和已知对象的新视图。产生大量拒绝或导致非典型分类器混淆的图像序列被保存以用于以后的人为解释。

在最后一步中，运动物体的时间对应在对物体的分类、跟踪和解释中起着非常重要的作用。场景中大量不同尺寸的目标排除了使用简单的位置对应，即纯粹基于移动物体的位置的对应。在这种情况下，移动物体的其他特征（如不同的外观特征）需要被考虑以实现鲁棒的对应。例如，衡量特征的好坏不仅可以在有关物体上选择，也可以在场景中的其他物体上选择。一组全局性的良好特征可以先验估计，但只有这些特征的一个子集可能与特定对象的对应关系相关。卡内基梅隆大学（CMU）开发了一种称为"差异鉴别诊断"的技术，它提供了一种系统的方法来估计特征的相关性并检查这些特征对于特定对象的时间一致性。对应任务是通过两部分进程完成的。第一部分依赖于使用线性预测的位置对应。这部分为参考对象提供了一组可能的候选匹配。第二部分使用基于外观的对应关系来找出线性预测提名者之间的最佳匹配。基于学习技术来训练简单的线性分类器以确定两个图像是否具有相同的对象。差异判别式诊断识别那些与相应问题最相关的特征。通过强制执行为特定对象确定的相

关度的时间一致性来实现高效的对应，该技术已经证明移动对象之间的对应关系具有 96% 的准确性。多个传感器之间的目标对应可以使用观测序列的最大后验概率（MAP）估计来实现，以最大化目标外观和时空概率。对应问题也用于立体视觉中。

另一种方法是使用一个群体中的多机器人配置来执行通信步骤，这在多机器人 ATR 研究中将进一步讨论（见第 61.4.4 节）。更复杂的情况涉及多个传感器同时检测多个目标，以及移动传感器有效载荷检测移动目标[61.20,21]。移动目标导致雷达信号偏离雷达图像的正常返回。这种频率的变化（多普勒频移）被用来区分静止目标和移动目标。当传感器也处于运动状态时，运动目标的检测更加困难。增加移动目标的速度和航向等数据可以更好地分析潜在目标。其他因素，如尺寸、雷达截面和环境杂波被用来对控制目标的类型和意图做出假设。MTI 交叉提示数据已经被实时覆盖到地形的三维可视化上，以允许操作员快速定位目标，从而使得 EO/IR 传感器可以快速转向到感兴趣的目标。测试结果表明，广泛的视场 MTI 雷达用于提示有限的窄视场 EO/IR 传感器，极大地提高了战场上的态势感知。下一步的发展是自动化交叉提示过程，以便追踪、分类和识别潜在的静止和移动目标[61.22]。

61.3.4　人机界面

用于监控的无人机有各种类型，从手动发射的 RAVEN、Puma 和 Wasp 无人机到中型的 Aerosonde 和 ScanEagle，还有更大的 Predator、Reaper 和 Global Hawk 平台，可以在空中停留 24h 到超过 28h[61.23]。图 61.7 描述了 Global Hawk 的结构及其许多通信链接。较大的无人机及其地面部分组件通过超视距（OTH）卫星中继和视线（LOS）链路进行交互，以维持发射、飞行和回收的指挥和控制，以及传感器数据传播的通信路径。将带宽压缩应用于传感器数据以使面积覆盖率和数据吞吐量最大化。通信系统的设计是为了尽量减少对干扰和拦截的敏感度。无人机收集情报的传播是通过直接下行到国家和战区情报中心和其他开发系统，或通过在无人机地面控制站之间建立的硬通信和开发系统。无人机地面控制站的能力有限，无法将收集到的情报直接传播到地面开发系统或战场客户。在部署时，一个完全可操作的系统由四个 Predator（具有 EO/IR 传感器）、一个地面控制站（GCS）、用于容纳人机界面（HMI）的驾驶员和传感器操作员，以及主要的卫星链路通信套件组成。

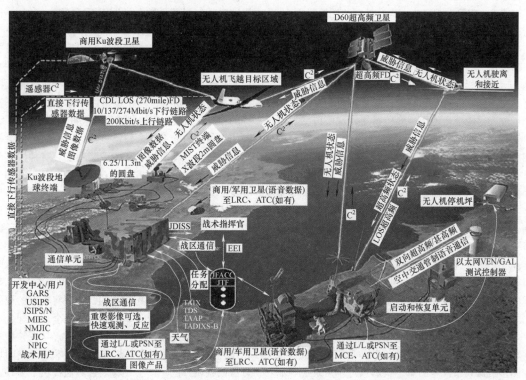

图 61.7　Global Hawk 无人机架构（由 Northrop Grumman 公司和 Raytheon 公司提供）

Predator 无人机可以自主运行，在软件程序执行简单的任务（如侦察），也可以在机组人员的控制下运行（图 61.8）。一架 Predator 的机组人员由一名飞行员和两名传感器操作员组成。飞行员驾驶飞行器使用标准的飞行手柄和相关控制装置，通过 C 波段视距数据链路发送指令。当操作超出 C 波段链路的范围时，使用 Ku 波段卫星链路来中继卫星和飞行器之间的命令和响应。在飞行器上，飞行器通过 L-3 通信卫星数据链系统接收命令。飞行员和机组人员利用从飞行器上收到的图像和雷达来控制飞行器。飞行员的主要任务是飞行，而传感器操作员控制相机获取战场全面情报。与其他载人飞行任务不同，大型无人机飞行员只能在着陆和起飞过程中控制飞行器。然而，传感器操作员的工作不止观察相机的反馈信息[61.24]，他们还与飞行员合作，进行飞行前检查，与空中管制塔协调，并向飞行员提供反馈。情报数据流传回开发部门，由地面人员或自动检测算法分析数据。不包括开发部门，目前大约需要 82 名人员能在 24h 内运行 4 架较大的无人机，其中包括技术人员和支援人员。

  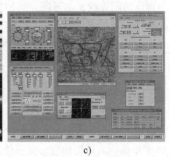

a)   b)   c)

图 61.8 Global Hawk 地面部署

a）地面控制站 b）操作员座位 c）无人机显示（由 Northrop Grumman 公司和 Raytheon 公司提供）

通常情况下，用于安保的无人地面机器人的选择有限，从商业的 Vigilus 系统[61.25,26]、Reborg-Q 安保机器人、OFRO（Quadretec 公司）和巡逻机器人，到军队的移动检测评估和响应系统（MDARS）及其综合快速反应设备系列（FIRRE）。MDARS[61.27] 由地面机器人平台组成，可以进行预编程的自主运动、运动检测、子系统事件评估，以及操作员和机器人之间的双向通信。其操作配置将由一对移动平台组成，这些平台使用一套传感器，这些传感器由位于远程监控站的操作员进行预编程或远程控制。一个给定地点的固定和移动巡逻单位的实际数量将是特定的。MDARS Increment 1 系统组件与各种接口如图 61.9 所示。所有这些机器人和传感器（统称为资源）由多资源主机架构（MRHA）控制，只需极少的人力（即安保人员和操作员）监督[61.28]。各个处理器支持点对点通信协议（可扩展至 32 个平台或机器人），通过以太局域网（LAN）连接。用户界面提供了安保区域和系统资源的大图。只有在平台遇到诸如环境危险或安保漏洞之类的特殊情况时，才需要用户干预。

操作员控制单元处于监控模式，其中操作员观察和监控机器人和传感器的状态，或者操作员直接控制多机器人系统中的单个机器人等单个资源。而且，机器人本身带有许多传感系统，每个传感系统也必须单独控制。例如，MDARS 可能有 8 台相机、2 个雷达和 4 组灯光，但只有一台相机、雷达和灯光能在任何时间受控，见 ▶ VIDEO 680 。多台相机可以同时查看，但操作员不能同时操纵两台相机。操纵杆按钮或对话框按钮可以配置为在各种有效载荷之间循环。资源和每个选定的子资源的控制被整合成一个单一的操纵杆，可以用来执行所有相关的操纵杆任务。例如，操作员可以用操纵杆平移所选择的相机，然后按下按钮使机器人进入遥操作模式，并使用相同的操纵杆来驱动机器人。模式的概念被用来为每个资源提供丰富的控制功能。这种模式降低了软件的复杂性，并简化了显示器上显示的用户界面，同时还可以让操作员完全控制每个模块。MDARS 控制站允许操作员执行预先规划的巡逻、随机巡逻或用户指导的巡逻，见 ▶ VIDEO 701 。感应选择的自动化可以提高操纵性。

控制器显示可以执行基本的图像处理，这意味着视频有一定的分辨率，并能以初始分辨率显示[61.29]。视频处理是可扩展的，它是将输入的视频信号从一个大小或分辨率转换为另一个，以配合显示面板。这就是通常所说的视频处理，与视频增强相比，这是一个小处理。视频增强技术基于空间域方法或频域方法[61.30]。图像增强算法提供了多种方法来修改图像以达到视觉上可接受的图像。所应用技术的选择是特定任务、图像内容、观察者特征和观察条件的函数。马赛克图像提供更好的跟踪场景的可视化。所有的安保传感器被融合在一起，生成一个潜在目标的综合威胁分数，入侵者警报通过 MDARS 控制站告知使用者（图 61.10）。此外，入侵者的范围和方位都显示在地图窗口上，来自相机的数字流被显示在视频窗口中。对于

ATR，操作员通过在操作界面的地图显示出现图标来接收目标的通知。选择一个图标将显示一个目标验证面板和一个目标响应面板，显示与传感器提供的目标相关的图像。凭借丰富的经验，大多数操作员都能熟练操作，并且能够对不同事件有不同的熟练程度（如处理入侵者或手动控制机器人）。

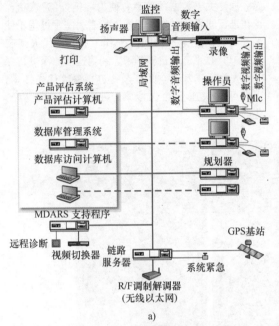

图 61.9 MDARS 的运行概念和系统组件［由太空和海军作战系统中心（SPAWAR）提供］

a）运行概念 b）系统组件

图 61.10 MDARS 任务控制中心

a）控制站 b）MDARS 操作员 c）显示（由 SPAWAR 提供）

61.4 活跃的研究领域

除了实现机器人监控和安保技术之外，还有很多其他具有挑战性的相关研究，如能够从移动平台

生成高质量的图像等。除了与相机运动和由此产生的图像视角相关的问题之外，视频图像的质量还可

能由于恶劣的环境条件、数据链路降级和带宽限制而降低。大气因素（如黎明、黄昏或夜间照明不良）、阴影、目标遮挡和恶劣天气（包括沙尘暴和多变云层）也会使图像看不清一些细节。还有其他方面包括：第61.4.1节讨论由于大量传感器数据导致的数据处理问题；第61.4.2节讨论检测人类活动进行监控的问题；第61.4.3节讨论面部识别安保认证问题；第61.4.4节讨论多个机器人在异质或均质系统的协作式ATR问题。

61.4.1 解决数据处理问题

当无人机提供了所有有用信息之后，如何对所有信息进行分类并找到可操作的数据问题也随之而来。这就是军方的大数据问题。数据爆炸问题的一个手动解决方案是标记数据、存储数据，并在需要时检索数据。但这样会造成信息不及时的问题。使用软件进行数据融合，结合来自多个来源的数据，并分析数据以使其对最终用户有用[61.31]。数据融合可以将数据（如无人机视频）与GIS相结合，从而为采集到的图像添加位置和时间数据（图61.11）。为了实现这一点，原始数据必须与元数据相结合，元数据是关于数据的信息，使得数据能够被组合。正在进行的研究（如智能搜索）是另一种可用于使无人机数据更易于访问的工具。基于现代人工智能（AI）技术，如机器学习、利用迭代加深进行深度优先搜索或基于空间复杂度进行深度优先搜索，用户可以快速个性化搜索，使相关数据更容易获得[61.32]。

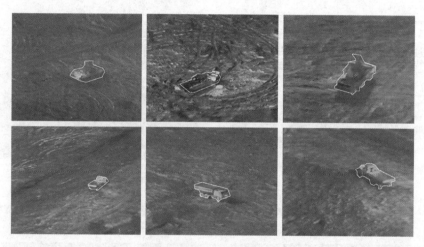

图61.11 自动目标识别（由Bilkent大学提供）

为了更好地帮助用户检索信息，有一种被称为自然语言处理的方法，通过从用户正在寻找的信息中提取知识，或者通过交互式地产生解释性请求来将用户的注意力集中在他们感兴趣的信息上，从而发现用户的偏好和需求[61.33]。使用自然语言来提高智能搜索引擎的性能是AI的一个研究方向。其他相关的用于自动化处理的AI技术包括对象识别和统计机器学习，或者AI在智能搜索中的面部识别应用。可以帮助解决数据过载问题的一个有希望的方案是更有效的多传感器融合技术。例如，一个可以汇集在一起的多传感器融合算法可以将多个平台得到的信息集中呈现给操作员，这样能带来很多便利。研究人员将根据需要开发智能技术，使日益复杂传感器收集的数据能够自动化归档、标记、检索、管理。作为一个相关的专题领域，机器对机器的接口需要将变得更加透明，以便处理数据流[61.34]。

一个未来技术是广域监控（图61.12），它主要基于一种称为"Gorgon Stare"的新型传感器系统，这种视频捕捉技术能连接到无人机的9~12台相机的球形阵列。传感器数量较多，因此Gorgon Stare需要使用一个标签系统和整合元数据来使系统正常运行。关于Gorgon Stare的最初进展报告表明，其IR性能存在缺陷，存在大量的互操作性问题，传感器缺乏稳定性以及可靠性。这些问题可以随着程序的成熟而被克服。然而，新的传感器系统仍然受到人类无法一次处理多台相机收集的大量数据的限制，也无法依靠先进的自动处理技术将信息融合成连贯的图像。

图 61.12　多个实时视频流传感器

a) Gorgon Stare（由 Sierra Nevada 公司提供）　b) ARGUS-IS（由 BAE 系统公司提供）

61.4.2　人类活动监控

使用计算机视觉跟踪和理解人类行为的问题是监控和安保操作的一个非常重要的部分。在最高层面上，这个问题试图通过视觉观察来认识人类的行为[61.35,36]和意向动机[61.37]。这是一项艰巨的任务，即使是对于人类来说也是如此，误解是经常出现的。这个问题分为人体运动识别、监控、跟踪和活动检测。在监控领域，观察行人交通区域并检测危险行动的自动化系统正变得越来越重要。目前许多这样的地区都有固定的监控摄像头。但是，所有的图像理解风险检测都是人类安保人员的工作。这种类型的观察任务不适合人类，因为它需要长时间集中精力。因此，开发自动化、智能化，基于视觉的监控系统有着明确需求，来帮助用户进行风险检测和分析。最终，这项功能将从固定摄像头转移到移动安保应用。

大多数人类活动应用程序需要自动识别由多种简单行为组成的高级活动，如图 61.13 所示。人类活动识别的目标是通过 EO/IR 传感器图像序列帧自动分析正在进行的活动[61.38]。人类活动有多种类型。根据它们的复杂性，人类活动可分为四个不同层次：手势、动作、互动和集体活动。手势是一个人的基本动作，定义为单人活动，可以同时由多个手势组成。互动是人类活动涉及两个或两个以上的人和/或物体，见 VIDEO 683 。而集体活动是由包括多个人和/或物体的概念组组成。监控一个事件包括检测游荡个人[61.39]和检测异常人群活动[61.40]，这些很难从正常人群活动中辨别。对于安保机器人来说，检测区域运动[61.41]，检测周界，并检测何时相机被篡改[61.42]都是比较有用的。同时可能包括或不包括人类在内投掷物体或发现被遗弃的物体也会引起机器人的注意。明尼苏达大学已经完

成检测遗弃物的工作，参考 VIDEO 682 。

图 61.13　监测个体和集体的人类活动
（由明尼苏达大学提供）

对不同类型的活动识别有不同的方法。单层方法直接基于图像序列表示和识别人类活动，而高层方法通过描述简单活动来表示高级活动。根据人类活动如何从视频数据中直接建模，单层方法分为两类：时空方法（按时间顺序排列的二维图像序列）和顺序方法（序列的观察）。遗憾的是，大多数的活动监控算法远不是实时的，这对监控来说是个大问题。机器人监控在当下是十分重要的，跟踪和监控人类已经成为日常活动的组成部分。

监控通常是通过多台相机[61.43]和多个有利位置完成的。监控的活动有很大的不同，投掷物体[61.44]到遗弃物品的微妙区别，如背包或留下不明包裹[61.45]。在许多情况下，估计或计算聚会的大小[61.46-48]是很重要的。活动监控也存在与 ATR 相关的问题，如噪声、跟踪问题，视频图像稳定产生的分割问题。有大量新的和有前途的改进方法，包括时空特征的方法、流形学习、刚体和非刚体运动学分析和分层的方法。

61.4.3　安保认证中的面部识别

为了让一个安保机器人执行它的安保任务，有时它会遇到一些必须被识别为朋友或敌人的人。为了做出这样的决定，面部识别至关重要[61.49]。目前的面部识别算法主要分为两类：基于图像模板或基于几何特征的面部识别算法[61.50,51]，基于图像模板通过计算面部和一个或多个模型模板之间的相关性来确认面部的身份。另一种方法是基于几何特征的方法分析局部面部特征及其几何关系。面部识别是一个由两个步骤组成的过程，首先检测面部，然后进行识别。顶尖研究者认为，在任意场景中准确地检测面部是最重要的。其次是面部识别过程。当面部可以定位于任何场景中时，识别步骤将人物分类为朋友或敌人。

算法可以区分基本面部和其他背景。如果背景是可控的（称为高度结构化和整齐化），则去除背景的算法将产生面部边界。可以通过使用颜色、运动或两种类型信息的混合来找到面部。详细的步骤包括动态场景中的动态面部的获取、归一化和识别。颜色作为线索可以用于检测和跟踪，并提供了一种计算效率高而有效的方法，在深度旋转和部分遮挡时具有鲁棒性。这种方法可以结合基于运动和外观的面部检测。主要思想是在维度相对较低的表示空间中为每个人建立一个类-条件密度。遗憾的是，颜色检测不适用于各种肤色，并且仍然易受光照条件的影响。

人类必须不断眨眼以保持眼睛湿润，因此在 n 个图像序列中检测眨眼模式是检测面部存在的可靠手段。眨眼提供了一个容易检测到的特殊的时空信号。通过眨眼检测是精确的，但需要在眨眼期间捕获图像对。一种常见的识别技术是一组特征图像的相互匹配。将立体图像、颜色和面部检测技术结合成一个综合的方法具有更好的检测结果[61.52]。使用立体相机的深度估计可以用来消除背景影响。肤色分类、识别和跟踪用户身体轮廓内的身体部位，面部识别可以区分和定位在辨认的身体部位内的面部。找到面部的其他方法包括使用神经网络，利用统计群集信息和基于模型的面部跟踪。相关工作继续使用基于边缘的方法和几何模型，如边缘提取匹配和使用 Hausdorff 距离测量。在非结构化环境中的主导面部识别算法是基于一系列弱分类器，如 Haar-like 特征，用积分图像表示，以及在级联结构中连续组合更复杂的分类器的方法，其可以通过把注意力集中在有前景的图像区域上来提高检测速度。面部识别的一个例子可以在 🔾 VIDEO 553 中看到。

在检测到面部时，面部识别具有多个可区分的标志，其中不同的峰和谷构成了面部特征（图 61.14）。这些面部检测包括：

1）眼睛之间的距离。
2）鼻子的宽度。
3）眼窝深度。
4）颧骨的形状。
5）下巴线的长度。

将面部的二维（或三维）图像与已知面部的数据库进行比较。在检测之后，分析图像以确定头部的位置、尺寸和姿态。传感器将面部的曲线测量到亚毫米级以创建模板。这个面部模板被翻译成代表面部特征的代码。接下来是一个匹配函数，将所拍摄的图像与已知面的数据库进行比较。最后是验证步骤，用于识别图像中的人员。

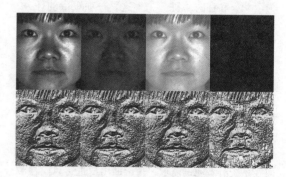

图 61.14　使用 OpenCV 的局部二进制模式
（由耶鲁大学提供）

皮肤生物识别技术可以用来验证匹配。诸如表面纹理分析、局部特征分析和矢量模板等技术用于改善匹配。现在面部识别存在一些问题，如传感器分辨率不足、眼镜眩光、脸部长发遮盖造成遮挡、照明条件差等。更广泛的问题是获取和维护最新的数据库进行匹配。记录哪些人是在数据库中，并将未知的面孔定为敌人是很简单的。但是，会有这样的情况，即对象不是敌人，但也不存在于数据库中。另一个问题就是有多个入侵者，可能影响到机器人安保系统的检测能力。作为最后的验证，操作人员可以通过视觉或询问过程来决定对方是朋友还是敌人。

61.4.4　协作式 ATR

集群机器人是一种协调多机器人系统的新方法，它由大量的机器人组成，可以是同质的，也可以是异质的机器人，如 VIDEO 700 中所描述的空中和地面平台团队。集群意味着集体行为是从机器人之间的相互作用[61.53,54]或机器人与环境的相互作用中产生的[61.55]。在协调团队的方法中，各个平台能够在目标搜索操作期间将目标位置信息传递给对方，以确认可疑目标。因此，检测到目标的机器人将目标的位置（以及周围不确定区域）传递给另一个机器人进行确认。复查机器人检查给定地图中未包含的部分，并把结果传给初查机器人，进行结果对比（图61.15）。最终目标结果被编译并发送给操作员进行验证。

图 61.15　协作式 ATR （由北约组织提供）

协作式目标搜索的目的是提高目标搜索过程的准确性和可靠性。保证搜索准确性必须处理好以下问题：

1）还不清楚在何种情况下，初查机器人可以确保复查机器人的响应完全对应于同一目标或任何目标。

2）如果任意一个或两个机器人的目标位姿与真实位姿显著偏离，可能是机器人不在同一地图区域搜索，或者在不确定区域内的不同目标被报告为同一目标。

3）协同目标搜索对机器人位姿估计的精度提出了更高的要求。但如果使用可靠的远程激光测距仪，这个问题可以得到部分缓解。

4）协同目标搜索对目标检测和识别算法的精度也提出了更高的要求。例如，一个不成熟的目标检测算法从温暖的岩石或大型动物身上产生正响应并不少见。

5）复查机器人传回正响应并不能增加该对象是一个有效目标的概率。在试验中，确实存在非目标被确认的现象。

6）很难分辨一个有效目标的确认是由于观察到同一个目标还是检测到一个假目标。为了降低这些误差，需要精确而复杂的目标识别算法。

另一个问题是当复查机器人传回负响应时。这种无法确认的情况可能只意味着复查机器人在错误的区域寻找，或者仅仅检测不到在传感器的视野中存在的目标。在这一点上，尚不清楚在何种情况下，初查机器人应忽略其自身的初始检测。这些问题为研究人员开发更复杂的 ATR 算法提供了动力，以获得更高的置信度报告并减少误报的数量。这些问题也为发展语境理解算法提供了动机。

由于协同目标搜索对机器定位估计的准确性提出了严格的要求，监控平台团队必须解决多机器人分布式估计问题[61.56]和相关的源定位问题[61.57]。每个机器人收集关于自身运动的传感器数据，并在更新周期中与团队其他成员共享这些信息。单个估计器，可能是卡尔曼滤波器的形式，处理来自团队所有成员的可用位置信息，并为每一个机器人生成位姿估计。这种集中估计的方程可以写成分散的形式，因此允许将单个卡尔曼滤波器分解成若干较小的通信滤波器。每一个滤波器处理由其主机器人收集的传感器数据。只有当两个机器人互相检测并测量它们的相对位姿时，各个滤波器之间的信息交换才是必要的。由此产生的分散估计模式，被称为集体定位，构成了一种独一无二的方式，用来融合来自各种传感器收集的测量数据，且只需要满足最低的通信和处理要求。让整个估计过程复杂化的是，机器人在移动，目标（或多个目标）也可能在移动。

研究人员提出了一个简单的更新规则，定义一个能与跟踪过程协调的分布式估计方案。结果表明，估计向量的概率分布服从一阶和二阶矩动力学导出的主方程。根据这个主方程，可以计算出它的均值估计及其方差的演化。如果单个机器人忽略离散状态并简单地进行协商一致，则估计量以一个概率与估计值的平均值收敛。此外，通过适当地加权更新规则中的离散状态，可以在稳态条件下以任意小的方差跟踪平均值。

通过基于视觉梯度的方法自适应地搜索未知源位置，解决了源定位问题。在运动时，机器人只测量接收到的图像质量，并自适应地决定每一时刻的运动方向。仿真结果表明，当初始信噪比小于 0dB 时，机器人的运动误差的标准差为运动步长的 10%，符合传感器的要求。由于该解决方案的自适应性，该方法对测量噪声和运动误差具有鲁棒性。由于机器人沿每一时刻估计的梯度方向移动，该方法可应用于区域[61.58]中的任意信号强度分布。其中一个场景可以在障碍物环境中，这样机器人在初始位置就没有视线到达传感器。另一个需要考虑的场景是，信号源是一组同时发送信号的激活传感器。因此，梯度法可以从二维到三维空间扩展，以应用于飞行器[61.59]。一个多机器人系统可以应用于监控问题和安保场景，但需要继续研究，使这种系统更加实用。

61.5　结论

　　监控机器人通常包括无人机，它可以覆盖很大的区域，并在目标区域进行持续的监测[61.60]。今天的无人机利用遥操作或通过飞越距离较长的航点监测选定的区域。在飞行过程中，有些情况下，发射和回收操作也是自主的。使用 EO/IR 传感器和 SAR 有效载荷，数据将被传输回处理单元进行后处理。战区中的平台数量庞大且无法实时处理大量数据，这一直是一个技术瓶颈。这些技术也很容易受到天气影响，并受到与所使用的许多通信链路相关的延迟和带宽限制问题的影响。集群机器人的协作式 ATR 是一种新兴的技术，但是在一致性和正确地识别目标方面存在新的问题。最后，在地面和无人水面（USV）RSTA 方面也有相关的努力和挑战性工作，诸如处理浮力问题或室内飞行的传感器运动问题（ VIDEO 703 ）。

　　安保机器人正在渐渐成熟，但尚未普及。这项技术的愿景是能够实现单个操作员指挥多个固定和移动机器人来阻止犯罪活动，尤其是破坏性的活动。总体任务是检测、评估和采取行动，以遏制潜在的威胁。典型的机器人包括地面平台、悬挂式机器人和各种型号的水面机器人。关键问题包括监控人类活动，检测面部特征，确定潜在威胁的程度。

　　即使操作员可以使用多个传感器，但由于时间敏感性，确定目标或目标集的机会有限。此外，传感器融合可以提供一个更完整的监测结果，以供人工确认或自动确认。系统的效果可以根据测量覆盖范围、识别率、误报率来量化。未来的方向包括可能对安保机器人进行武装，但是这引出了一系列新的问题，如责任和伦理问题。第 80 章（机器人伦理：社会与伦理的内涵）详细阐述了这些更大的社会问题。

　　仿人机器人（图 61.16）和用于监控和安保的社交机器人的开发是必不可少的未来技术[61.61]。仿人机器人（见第 67 章）能够让地面机器人有双足运动能力，使其头部具有传感载荷。但是，头部传感器必须用于导航和执行侦察。它的监控能力受到头部相机的视野和分辨率的限制，但基于其拟人化的颈部和躯干平衡环，已经扩展了定向能力。如前所述，这种类型的机器人可以利用现有的 RSTA 算法，进行诸如人类活动监测、面部识别和用于目标确认的协作式 ATR。但是，所有这些功能都依赖于足够的机载处理能力，以便进行实时确认和决策。谁会说未来的仿人机器人不能拿起望远镜来搜索和检测潜在的入侵者呢？

图 61.16　作为安保人员的仿人机器人 KUBO
（由 KAIST 提供）

视频文献

VIDEO 553　Security: Facial recognition
available from http://handbookofrobotics.org/view-chapter/61/videodetails/553
VIDEO 554　Surveillance by a drone
available from http://handbookofrobotics.org/view-chapter/61/videodetails/554
VIDEO 677　Ground security robot
available from http://handbookofrobotics.org/view-chapter/61/videodetails/677

▶ **VIDEO 678** People detection from a UAV
available from http://handbookofrobotics.org/view-chapter/61/videodetails/678

▶ **VIDEO 679** UGV demo II: Outdoor surveillance robot
available from http://handbookofrobotics.org/view-chapter/61/videodetails/679

▶ **VIDEO 680** MDARS I: Indoor security robot
available from http://handbookofrobotics.org/view-chapter/61/videodetails/680

▶ **VIDEO 681** Scout robot for outdoor surveillance
available from http://handbookofrobotics.org/view-chapter/61/videodetails/681

▶ **VIDEO 682** Detection of abandoned objects
available from http://handbookofrobotics.org/view-chapter/61/videodetails/682

▶ **VIDEO 683** Tracking people for security
available from http://handbookofrobotics.org/view-chapter/61/videodetails/683

▶ **VIDEO 700** Collaborative robots
available from http://handbookofrobotics.org/view-chapter/61/videodetails/700

▶ **VIDEO 701** Multi-robot operator control unit
available from http://handbookofrobotics.org/view-chapter/61/videodetails/701

▶ **VIDEO 702** Camera control from gaze
available from http://handbookofrobotics.org/view-chapter/61/videodetails/702

▶ **VIDEO 703** Indoor, urban aerial vehicle navigation
available from http://handbookofrobotics.org/view-chapter/61/videodetails/703

参考文献

61.1 B. Shoop: Product manager force protection systems: Equipment that protects and secures, Chem-Bio Def. Quart. **4**(2), 8–11 (2007)

61.2 I. Pavlidis, V. Morellas, P. Tsiamyrtzis, S. Harp: Urban surveillance systems: From the laboratory to the commercial world, Proceedings IEEE **89**(10), 1478–1497 (2001)

61.3 H.R. Everett, D.W. Gage: From laboratory to warehouse: Security robots meet the real world, Int. J. Robotics Res. **18**(7), 760–768 (1999)

61.4 A. Birk, H. Kenn: RoboGuard, a teleoperated mobile security robot, Control Eng. Pract. **10**(11), 1259–1264 (2002)

61.5 M. Saptharishi, K.S. Bhat, C.P. Diehl, J.M. Dolan, P.K. Khosla: CyberScout: Distributed agents for autonomous reconnaissance and surveillance, Mechatron. Mach. Vis. **93**, 100 (2000)

61.6 T.A. Heath-Pastore, H.R. Everett, K. Bonner: Mobile robots for outdoor security applications, Am. Nucl. Soc. 8th Int. Top. Meet. Robotics Remote Syst., Pittsburgh (1999) pp. 25–29

61.7 H.R. Everett, G. Gilbreath, T.A. Heath-Pastore, R.T. Laird: Controlling multiple security robots in a warehouse environment, AIAA-NASA Conf. Intell. Robots, Houston (1994)

61.8 E. Kuiper, S. Nadjm-Tehrani: Mobility models for UAV group reconnaissance applications, Int. Conf. Wirel. Mob. Commun. (ICWMC) Bucharest, Romania (2006)

61.9 B. Fletcher: New roles for UUVs intelligence, surveillance, and reconnaissance, 9th Pac. Congr. Mar. Sci. Technol., Honolulu (2000)

61.10 A. Zelinsky, R.A. Jarvis, J.C. Byrne, S. Yuta: Planning paths of complete coverage of an unstructured environment by a mobile robot, Proc. 8th Int. Conf. Adv. Robotics (ICAR), Tsukuba (1993)

61.11 D. Stein, J. Schoonmaker, E. Coolbaugh: *Hyperspectral Imaging for Intelligence, Surveillance,* *and Reconnaissance* (Space and Naval Warfare Systems Center, San Diego 2001), Biennial Review

61.12 D. W. Gage, W. D. Bryan, H. G. Nguyen: Internetting tactical security sensor systems, Proceedings SPIE **3393** (1998) doi:10.1117/12.317683

61.13 V. Morellas, I. Pavlidis, P. Tsiamyrtzis: DETER: Detection of events for threat evaluation and recognition, Mach. Vis. Appl. **15**, 29–45 (2003)

61.14 W. Severson, R. Rimey: Reconnaissance, surveillance, and target acquisition in the UGV/Demo II program, Proc. 4th ATR Syst. Technol. Symp., Vol. I – Unclassif. (1994) pp. 129–142

61.15 D. Hougen, R. Rimey, W. Severson: Description of the RSTA subsystem. In: *Reconnaissance, Surveillance, and Target Acquisition for the Unmanned Ground Vehicle: Providing Surveillance 'Eyes' for an Autonomous Vehicle*, ed. by O. Firschein, T.M. Strat (Morgan Kaufman, New York 1997)

61.16 P.Y. Oh, W.E. Green: CQAR: Closed quarter aerial design for reconnaissance, surveillance and target acquisition tasks in urban areas, Int. J. Comput. Intell. **1**(4), 353–360 (2004)

61.17 B. Bhanu: Evaluation of automatic target recognition algorithms, Proceedings SPIE **0435** (1983) doi:10.1117/12.936960

61.18 C. Olson, D. Huttenlocher: Automatic target recognition by matching oriented edge pixels, IEEE Trans. Image Proc. **6**(1), 103–113 (1997)

61.19 A. Vasile, R. Marino: Pose-independent automatic target detection and recognition using 3-D ladar data, Proceedings SPIE **5426** (2004) doi:10.1117/12.546761

61.20 H. Andreasson, M. Magnusson, A. Lilienthal: Has something changed here? autonomous difference detection for security patrol robots, Proc. IEEE/RSI Int. Conf. Intell. Robots Syst. (IROS), San Diego (2007) pp. 3429–3435

61

61.21 A. Muccio, T.B. Scruggs: Moving target indicator (MTI) applications for unmanned aerial vehicles (UAVs), Proc. Int. Conf. Radar (RADAR), Adelaide (2003)

61.22 E. Ribnick, N. Papanikolopoulos: Estimating 3D trajectories of periodic motions from stationary monocular views, Proc. Eur. Conf. Comput. Vis. (ECCV) (2008)

61.23 C. Nehme, J. Crandall, M. Cummings: An operator function taxonomy for unmanned aerial vehicle missions, Proc. 12th Int. Command Control Res. Technol. Symp. (2007)

61.24 T.E. Noell, F.W. DePiero: Reduced bandwidth video for remote vehicle operations, Proc. Assoc. Unmanned Veh. Syst. (AUVS) (Association for Unmanned Vehicle Systems, Washington 1993)

61.25 T. Fong, C. Thorpe, C. Baur: Collaboration, dialogue, and human–robot interaction, 10th Int. Symp. Robotics Res., Lorne, Victoria (2001)

61.26 Carroll, D., Nguyen,. C., Everett, H.R., and B. Frederick: Development and testing for physical security robots, SPIE Proceedings **5804** (2005) doi:10.1117/12.606235

61.27 B. Shoop, M. Johnston, R. Goehring, J. Moneyhun, B. Skibba: Mobile detection assessment and response systems (MDARS): A force protection, physical security operational success, Proceedings SPIE **6230** (2006) doi:10.1117/12.665939

61.28 H.R. Everett, R.T. Laird, D.M. Carroll, G. Gilbreath, T.A. Heath-Pastore, R.S. Inderieden, T. Tran, K. Grant, D.M. Jaffee: *Multiple Resource Host Architecture (MRHA) for the Mobile Detection Assessment Response System (MDARS)* (Space and Naval Warfare Systems Center, San Diego 2000), Technical Document 3026, Revision A

61.29 Y. Takahashi, I. Masuda: A visual interface for security robots, Proc. IEEE Int. Workshop Robot Human Commun., Tokyo (1992)

61.30 R. Maini, H. Aggarwal: A comprehensive view of image enhancement techniques, J. Comput. **2**(3), 8–13 (2010)

61.31 H. Warston, H. Persson: Ground surveillance and fusion of ground target sensor data in a networked based defense, Proc. 7th Int. Conf. Inf. Fusion, Stock. (2004) pp. 1195–1201

61.32 J. Loyall, J. Ye, S. Neema, N. Mahadevan: Model-based design of end-to-end quality of service in a multi-UAV surveillance and target tracking application, 2nd RTAS Workshop Model. Embed. Syst. (MoDES), Toronto (2004)

61.33 A.J. Joshi, F. Porikli, N. Papanikolopoulos: Breaking the interactive bottleneck in multi-class classification with active selection and binary feedback, IEEE Conf. Comput. Vis. Pattern Recogn. (2010)

61.34 S. Balakirsky: Semi-autonomous mobile target engagement system, Proc. Assoc. Unmanned Veh. Syst. (AUVS) (1993) pp. 927–946

61.35 P. Turaga, R. Chellappa, V. Subrahmanian, O. Udrea: Machine recognition of human activities: A survey, IEEE Trans. Circuits Syst. Video Technol. **18**(11), 1473–1488 (2008)

61.36 A. Shee, W.-Y. Chung: High accuracy human activity monitoring using neural network, IEEE 3rd Int. Conf. Converg. Hybrid Inf. Technol., Busan, South Korea (2008)

61.37 J. Aggarwal, M. Ryoo: Human activity analysis: A review, ACM Comput. Surv. **43**(3), 16 (2011)

61.38 A. Fernadez-Caballero, J. Castillo, J. Rodriguez-Sanchez: Human activity monitoring by local and global finite state machine, Expert Syst. Appl. **39**, 6982–6993 (2012)

61.39 N. Bird, O. Masoud, N. Papanikolopoulos, A. Isaacs: Detection of loitering individuals in public transportation areas, IEEE Trans. Intell. Transp. Syst. **6**(2), 167–177 (2005)

61.40 S. Saxena, F. Bremond, M. Thonnat, R. Ma: Crowd behavior recognition for video surveillance, Lect. Notes Comput. Sci. **5259**, 970–981 (2008)

61.41 Z. Zhou, X. Chen, Y.-C. Chung, Z. He, T. Han, J. Keller: Activity analysis, summarization, and visualization for indoor human activity monitoring, IEEE Trans. Circuits Syst. Video Technol. **18**(11), 1489–1498 (2008)

61.42 E. Ribnick, S. Atev, O. Masoud, N. Papanikolopoulos, R. Voyles: Real-time detection of camera tampering, IEEE Int. Conf. Adv. Video Signal Based Surveill. (AVSS), Sydney, Aust. (2006)

61.43 L. Fiore, D. Fehr, R. Bodor, A. Drenner, G. Somasundaram, N. Papanikolopoulos: Multi-camera human activity monitoring, J. Intell. Robotic Syst. **52**(1), 5–43 (2008)

61.44 E. Ribnick, S. Atev, O. Masoud, N. Papanikolopoulos, R. Voyles: Detection of thrown objects in indoor and outdoor scenes, IEEE/RSJ Int. Conf. Intell. Robots Syst. (IROS) (2007)

61.45 N. Bird, S. Atev, N. Caramelli, R. Martin, O. Masoud, N. Papanikolopoulos: Real time, online detection of abandoned objects in public areas, IEEE Int. Conf. Robotics Autom. (ICRA) (2006) pp. 3775–3780

61.46 P. Kilambi, E. Ribnick, A. Joshi, O. Masoud, N. Papanikolopoulos: Estimating pedestrian counts in groups, Computer Vis. Image Underst. (CVIU) (2008)

61.47 D. Fehr, R. Sivalingam, V. Morellas, N. Papanikolopoulos, O. Lotfallah, Y. Park: Counting people in groups, Proc. 6th IEEE Int. Conf. Adv. Video Signal Based Surveill. (AVSS) (2009) pp. 152–157

61.48 G. Somasundaram, V. Morellas, N. Papanikolopoulos, L. Austin: Counting pedestrians and bicycles in traffic scenes, Proc. 2009 IEEE Conf. Intell. Transp. Syst. Conf., St. Louis (2009)

61.49 J.N.K. Liu, M. Wang, B. Feng: Ibotguard: An internet-based intelligent robot security system using invariant face recognition against intruder, IEEE Trans. Syst. Man Cybern C **35**(1), 97–105 (2005)

61.50 W. Zhao, R. Chellappa, A. Rosenfeld: Face recognition: A literature survey, ACM Comput. Surv. **35**(4), 399–458 (2003)

61.51 R. Gross, J. Shi, J. Cohn: *Quo vadis Face Recognition?* CMU-RI-TR-01-17 Report (Carnegie Mellon University, Pittsburgh 2001)

61.52 P. Viola, M. Jones: Robust real-time face detection, Int. J. Comput. Vis. **57**(2), 137–154 (2004)

61.53 J. Sauter, R. Mathews, A. Yinger, J. Robinson, J. Moody, S. Riddle: Distributed pheromone-based swarming control of unmanned air and ground vehicles for RSTA, Proceedings SPIE (2008) doi:10.1117/12.782271

61.54   Y. Guo, L.E. Parker, R. Madhavan: Towards collaborative robots for infrastructure security applications. In: *Mobile Robots: The Evolutionary Approach, Book Series on Intelligent Systems Engineering Series*, ed. by N. Nedjah, L. dos Santos Coelho, L. de Macedo Mourelle (Springer-Verlag, Berlin 2006) pp. 185–200

61.55   J. Feddema, C. Lewis, P. Klarer: Control of multiple robotic sentry vehicles, Proc. SPIE Unmanned Ground Veh. Technol. **3693**, 212–223 (1999)

61.56   F. Shaw, E. Klavins: Distributed estimation and control for stochastically interacting robots, 47th IEEE Decis. Control Conf., Cancun (2008)

61.57   S. Roumeliotis, G. Bekey: Distributed multirobot localization, IEEE Trans. Robotics Autom. **18**(5), 781–795 (2002)

61.58   Y. Sun, J. Xiao, X. Li, F. Cabrera-Mora: Adaptive source localization by a mobile robot using signal power gradient in sensor networks, IEEE Glob. Commun. Conf., New Orleans (2008)

61.59   X. Zhou, S. Roumeliotis: Robot-to-Robot relative pose estimation from range measurements, IEEE Trans. Robotics **24**(6), 1379–1393 (2008)

61.60   D. Carroll, H.R. Everett, G. Gilbreath, K. Mullens: Extending mobile security robots to force protection missions, Proc. Progr. Robotics FIRA RoboWorld Congr. (2009)

61.61   N. Hopper: Security and complexity aspects of human interactive proofs, 1st Workshop Human Interact. Proofs (HIP), Palo Alto (2002)

61

第 62 章

智能车

Alberto Broggi，Alex Zelinsky，Ümit Özgüner，Christian Laugier

本章介绍一种新兴的机器人技术应用领域——智能车，智能车是具有自主能力的机动车。本章的组织结构如下：

第 62.1 节介绍发展智能车的重要原因，该领域的简要历史，以及该技术带来的潜在好处。

第 62.2 节描述智能车感知周围车辆、环境和驾驶员状态的相关技术，智能车如何与数字地图和卫星导航一起工作，并与智能交通基础设施进行数据交流。

第 62.3 节描述与道路场景理解相关的挑战和解决方案，这是评价智能车能力的一项关键指标。

第 62.4 节介绍高级驾驶辅助系统，它使用前面描述的机器人和传感技术，为机动车创造新的安全和便利系统，如避撞、车道保持和驻车辅助功能。

第 62.5 节介绍正在开发的驾驶员监测技术，用以减轻驾驶员的疲劳、注意力不集中等问题。

第 62.6 节介绍已经开发和部署的全自主智能车系统。

本章最后在第 62.7 节讨论了智能车的未来前景，第 62.8 节给出供读者进一步阅读和参考的额外资源。

目 录

62

62.1　智能车的研究背景及方法

在过去的 20~25 年里，机器人技术中出现了一个重要的应用领域，它以汽车为中心，称之为智能车。汽车是 20 世纪最重要的产品之一，由此带来了一个巨大的产业。汽车给个人提供了更大的行动自由，完全改变了人类的生活方式。事实上，汽车是城市社会结构方式发生巨大变化的一个关键因素。撰写本手册时，地球上有超过 8 亿辆汽车，这个数字预计在未来 10 年将翻一番。这一事实带来了一个活跃的研究领域，其最终目标是让人类在驾驶时实现操纵的自动化。智能车被定义为具有感知、推理和执行机构的车辆，能够实现驾驶任务的自动化。驾驶自动化包括安全跟车、自主避开障碍物、超越慢车、跟随前车、评估和避开危险情况，以及确定路线。建设智能车的总体目标是使驾驶更安全、更方便和更有效。

根据所追求的自动化程度，解决这个问题有三种主要的架构[62.1]（图 62.1）。

1）驾驶员为中心：围绕着人在回路中监督车辆的思想而建立的。

2）网络为中心：假定车辆可以与其他车辆或基础设施共享信息。

3）车辆为中心：旨在建立完全自动化的智能车，没有人参与其中。

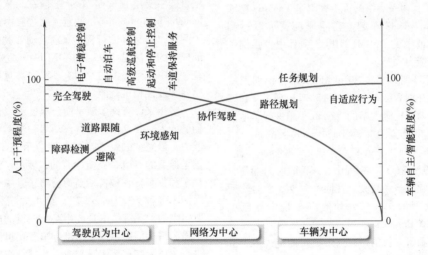

图 62.1　自动驾驶车辆的架构[62.1]

62.1.1　智能车发展简史

未来世界（Futurama）是 1939 年世界博览会上的一个展览项目，由 Norman Bel Geddes 设计，展示了未来 20 年（1959—1960 年）世界可能的模型，其中有自动公路。该展览由通用汽车公司赞助，其特点是对自动公路的愿景。支持这一愿景的技术始于 20 世纪 40 年代末到 50 年代初，由 RCA 实验室和通用汽车公司研究为先驱。

到 1960 年，通用汽车公司已经在测试轨道上测试了全功能的车辆自动驾驶，车道跟踪、变道和汽车跟踪功能都是自动化的。这些努力的目标是开发一个自动公路系统（AHS）。在 20 世纪 60

年代，一项关键的工作在俄亥俄州立大学的 Fenton 及其团队领导下进行研究和开发[62.2]。在这些年里，研究人员开发了车辆转向和速度控制器。这些测试运行在交通研究中心（TRC）的场地上完成，使用主动感知（埋在路面下的导线）和模拟反馈控制器的转向控制。在日本，对自动驾驶公路系统的研究始于 20 世纪 60 年代初，由机械工程实验室（MEL）和国家先进工业科学技术研究院（AIST）实施。20 世纪 60 年代的自动驾驶系统采用嵌入路面下的感应电缆和车辆前保险杠上的一对感应线圈的组合，用于横向控制，它是车辆和基础设施之间的协作系统。除了上面的驾驶策略，研究人员还开发了一个基于道路车辆传感器的自动驾驶车辆之间的避免追尾碰撞系统。1967年，该自动驾驶车辆在测试轨道上以100km/h的速度行驶[62.3]。

在随后的几十年里，智能车得到了进一步的发展。尽管最初的想法诞生于20世纪60年代，但当时的技术成熟度并不允许实现完全自主的全地形、全天候车辆这一初始目标。最早有记载的这种车辆的原型是在20世纪80年代中期由军事领域的几个小组进行的[62.4-6]。这些创新的想法最初是由军事部门提出的，他们渴望为其地面车辆的车队提供完全的自动化。

在物理环境中的真实道路上测试自主车辆是智能车历史上重要的里程碑之一。在德国，20世纪80年代初，Dickmanns和他的团队为一辆奔驰面包车配备了相机和其他传感器。出于安全考虑，最初在巴伐利亚的试验是在没有交通的街道上进行的。自1986年起，同一小组的机器人汽车VaMoRs能够自动驾驶。自1987年起，它的速度就可以达到96km/h。在欧洲的PROMETHEUS项目中也强调了其中的一些能力[62.7]。

如图62.2所示，在20世纪90年代中期到后期，第一批开创智能车发展的机动车出现了。1995年夏天，卡内基梅隆大学的Navlab小组进行了他们的"无操作穿越美国（No Hands Across America）"试验[62.8]。他们证明了在横跨美国的2800mile（注：1mile=1.609344km）的旅程中，98%的时间都是基于计算机视觉的自动驾驶。在同一时期，欧盟资助了第一个大型的、雄心勃勃的汽车自主导航项目（EUREKA Prometheus项目），涉及欧洲主要的汽车制造商和研究机构。在这个项目的范围内，慕尼黑联邦国防军大学（UBM）派出了一辆汽车，在从慕尼黑到哥本哈根的1758km行程中进行了演示。该车在95%的行程中都能自动行驶。该车建议并执行机动动作以超过其他车辆。与后来的机器人汽车不同的是，这辆车将自己定位在当前的道路上，并遵循它，直到有其他指示。它没有在全球坐标中定位自己，可以在没有全球定位系统（GPS）和现代汽车导航系统道路地图的情况下行驶。该车使用了专用计算机和硬件。

帕尔马大学的VisLab在Argo项目中采用了不同的方法。其设计和开发的客车采用了一种低成本的方法。试验一台已有的Pentium 200MHz个人计算机（PC）处理从安装在驾驶室的低成本相机中获得的立体图像。该车能够沿着车道行驶，定位障碍物，并在需要时改变车道和超越较慢的车辆。该

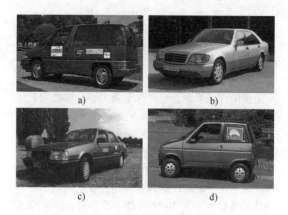

图62.2 典型智能车的图片
a) Navlab b) UBM c) Argo
d) LigierI-INRIA 电动汽车

项目的主要里程碑是Argo车辆在一次名为"Millemiglia in Automatico"的意大利之旅中成功地进行了测试，其94%的行程是车辆自动驾驶的。另一种低成本的方法是1995年在INRIA开发的双模式系统，其中一个小型的专用电动车能够只用超声波传感器和线性相机就能自主停车。

多年来，有许多演示向公众展示了自动驾驶车辆的能力，并延伸到强调自动驾驶演示中的传感器能力。最完全的一次高速公路演示是1997年在美国圣迭戈的I-15公路上举行的，展示了汽车、公共汽车和货车在各种自动高速公路场景中的能力。这次演示（称为"Demo'97"）是由国家公路系统联盟组织的。关键技术是使用路面埋设的磁铁、路面铺设的雷达反射条或使用带有车载相机的车道标记进行车道跟踪；使用激光或雷达进行车辆跟踪、车辆间的通信辅助。情景转换则是完全根据预先的规划和计时，通过基于GPS和地图的触发，或者通过基于事件的触发来完成的[62.9,10]。

1997年的演示之后，世界各地又进行了一些演示，特别是在日本、荷兰、法国和美国。在这些案例中，不仅展示了最先进的技术，还向公众介绍了对未来汽车的期望。

2000年11月，日本筑波市的国家先进工业科学技术研究院组织了名为"Demo 2000"的协作驾驶展示。五辆自动驾驶车辆在封闭的试验场内完成了几个排队的场景。这个由五辆自动驾驶车辆组成的车队进行了走走停停的操作、排队，在出口匝道上分成两队，在匝道上模仿高速公路交通合并成一队，并从最后一辆车旁边通过。此外，还完成了障碍物探测、排队离开和加入等任务。车辆间的通信保证

了自主性。此外，车辆还配备了差分全球定位系统（DGPS），以确保通过激光雷达探测障碍物和测量车辆之间的相对位置来进行定位。Demo 2000 的车辆没有与基础设施进行通信，即没有除了 DGPS 之外的路对车通信。这些自动驾驶车辆是通过车辆间的通信来交换信息而实现自动驾驶的[62.11]。

目前的研究是面向真实场景下的智能车的开发。然而，直到最近，主要是由于法律问题，完全的自主权没有被设定为最终目标。汽车工业的首要目标是为车辆配备监督系统和更一般的高级驾驶辅助系统（ADAS），而不是自动驾驶。换句话说，驾驶员仍然负责驾驶车辆，但驾驶员和车辆由电子系统监控，该系统检测到可能的危险情况并做出反应，要么及时警告驾驶员，要么控制车辆，以减轻驾驶员预料不到的后果。尽管存在上述法律问题，但现在的最终目标已经转向开发自动驾驶系统。同样，世界各地的交通部门主要关注的是社会、经济或环境目标，旨在提高燃油效率、道路网络的使用和改善机动性方面的质量，现在他们的注意力已经转移到道路上混合交通的可能性，包括由人驾驶的普通车辆和自动驾驶车辆[62.12]。

国际上已经形成了不同的方法和研究目标。美国一直在推动可以商业化的完全自动驾驶车辆，欧洲则专注于 ADAS 和公共交通应用、清洁汽车和免费服务的自动驾驶车辆（见第 62.7 节）。美国的资助计划和竞赛（如 DARPA 挑战赛、谷歌汽车）与欧洲的项目（如 Prometheus、Carsense、Prevent、Inter-safe）在范围和目标上的差异就说明了这种研究差异。

近年来，ADAS 在自动驾驶领域取得的良好成果，促使军事部门对其地面车辆自动化的原始想法给予了新的大力推动。国防部高级研究计划局（DARPA）在 2003 年发起了重大挑战赛，这是一场在非结构化环境中行驶超过 200km 的自动驾驶车辆竞赛。这个前所未有的挑战赛吸引了大量的顶级研究机构，并帮助科学界向前迈出了一大步。

2005 年，DARPA 重大挑战赛采用在一个没有交通、障碍物类型事先已知、几乎没有路标、有 2935 个 GPS 预设点的路线上进行全速行驶的粗糙地形沙漠场景[62.13]。五辆汽车（最高时速 40km）完成了 211km 的沙漠路线，斯坦福大学的 Stanley 在 6h54min 内赢得了挑战。图 62.3a、b 显示了完成比赛的前两名车辆的照片。关于 DARPA 挑战赛的技术细节，请读者参阅参考文献［62.14］。

继 DARPA 挑战赛之后，2007 年 DARPA 城市挑战赛在模拟的城市交通中进行，见证了城市车辆的回归[62.15]。自主的地面车辆竞争赢得 2007 年 DARPA 城市挑战赛的奖项，即在流动的交通中，在不到 6h 内完成大约 60mile 的城市路线区域。与生产型车辆相比，自主车辆必须建立在一个全尺寸的底盘上，并且必须有一个有据可查的安全报告。通过遵守所有的交通规则，同时与其他交通和障碍物交涉并入交通的过程中，以一套复杂的行为形式展示自主能力。城市驾驶环境对自主驾驶提出了一些物理限制，如狭窄的车道、急转弯，以及日常城市驾驶中的困难，如拥挤的十字路口、障碍物、堵塞的街道、停放的车辆、行人和移动的车辆。DARPA 城市挑战赛的冠军是由卡内基梅隆大学和通用汽车公司合作的 Tartan 车队，他们的参赛车辆 Boss 是一辆经过深度改装的 Chevrolet Tahoe。第二名是斯坦福赛车队，他们的参赛车辆是 2006 年的 Volkswagen Passat。图 62.3c、d 显示了获得前两名的车辆的照片。2011 年 5 月，荷兰应用科学研究组织 TNO 与荷兰高科技汽车系统（HTAS）创新项目一起，在荷兰举办了合作驾驶大挑战赛（GCDC）。2011 年，GCDC 的重点是协作自适应巡航控制（CACC）。九个国际团队参加了这次挑战[62.16]。

62

a)

b)

c)

d)

e)

f)

图 62.3　挑战赛车辆
a) Stanley（第一名）　b) Sandstorm（第二名）
c) Boss（第一名）　d) Junior（第二名）
e) VisLab　f) 谷歌智能车

2010年，帕尔马大学的VisLab洲际自主挑战赛[62.17-19]进一步突破了界限，让四辆无人驾驶车辆（图62.3e）从意大利帕尔马到中国上海，自主行驶了15000km。更多的例子是谷歌公司的无人驾驶车辆（图62.3f）：一个由自主车辆组成的车队，到2012年已经自主行驶了480000km以上。谷歌公司已经展示了在繁忙的城市交通中利用基于视觉的系统和谷歌街景实现完全自主驾驶。这一活动在一些城市重复进行，引起了公众的广泛兴趣，并导致人们相信自动驾驶车辆将在不久的将来可供公众使用。这也是推动美国三个州（加利福尼亚州、内华达州和佛罗里达州）批准允许无人驾驶车辆的法律的主要因素。一些汽车制造商已经宣布在2020年之前将有相关车型投放市场。

62.1.2　智能车的优势

在我们的路网上运行智能车将带来许多社会、环境和经济效益。一辆能够评估驾驶情景并在危险情况下做出反应的智能车可以消除高达90%的由人为失误造成的交通事故，从而拯救人类生命。据世界卫生组织统计，全世界每年有120万人死于交通事故，受伤人数约为这个数字的40倍。

同时，能够高速行驶且彼此非常接近的车辆将减少油耗和污染排放；此外，它们还将增加道路网容量。与地面站通信的车辆可以共享其路线，并被指示改变路线，以保持交通畅通。能够感知并遵守限速或交通规则的车辆将减少误解和反社会驾驶行为的可能性。

全自动车辆还将为更多的人（包括年轻人、老年人或体弱者）提供更高程度和更高质量的机动性，甚至减少驾驶执照的需要。最后，能够自动驾驶的车辆的可用性将提高每个人的移动能力，将私人车辆转变为出租车，能够在完全安全和舒适的情况下接送乘客并将他们带到最终目的地，使人们能够将驾驶时间用在他们喜欢的活动中。

然而，智能车的全面应用还远未完成，因为无人驾驶车辆技术在许多其他应用方面仍在开发中。道路车辆的自动化可能是最常见的日常任务，吸引了业界极大的兴趣。然而，其他领域，如农业、采矿、建筑、搜索和救援，以及一般性的危险应用，都在寻找自动驾驶车辆作为解决不断增加的人员成本问题的可能方法。如果车辆能够在田地上自主移动播种，或进入雷区，甚至执行危险任务，则处于危险中的人员数量将大幅减少。同时由于24/7不间断运行，车辆本身的效率也将提高。智能车面临的主要挑战是安全性；事故不得因自动化错误而发生，对人身伤害和死亡的容忍度为零。

本章重点介绍智能车在道路交通中的应用，这是汽车工业、汽车制造商和汽车技术供应商感兴趣的部分。

62.2　使能技术

智能汽车的基本传感和执行技术在市场上是成熟的。整合新技术的关键挑战在很大程度上取决于与传感器数据处理和推理有关的控制策略。自动系统必须考虑车辆的所有子系统，包括技术与驾驶员的交互。智能车中新技术的关键驱动因素是所需的应用。开发解决方案的前提是，系统必须以最低的技术水平满足应用的要求。

智能车的应用需要以下条件：

1）车辆的位置、运动学和动力学状态。
2）车辆周围环境的状态。
3）访问数字地图和卫星数据。
4）驾驶员和乘员的状态。
5）与路边基础设施或其他车辆的通信。

62.2.1　车辆状况

位置定位是智能车的一项关键技术。如果要沿着特定的轨迹控制车辆，就必须知道车辆的位置。要控制智能车执行诸如避免碰撞或自动改变车道的应用，需要了解车辆的运动学和动力学状态。标准的机器人定位、运动学和动力学技术被用于智能车的应用中（见第2卷第34章）。编码器被安装在转向柱和尾轴上。车辆的航向、速度和加速度可以用标准技术从编码器中计算出来（见第1卷第24章）。

智能车中使用了一些技术来执行轨迹。在目前许多全自动车辆的应用中，轨迹是固定的，在交叉路口的选择有限。为了执行轨迹，车辆只需遵循标记，如天线（携带交变电流的电线）、磁铁或无源转发器，嵌在道路上的射频识别（RFID）标签或简单的画线。在更先进的导航系统中，车辆在其存储器的地图中生成轨迹，并相对于该地图进行自我定位，以便执行这些轨迹。这种定位可以通过全球导航系统（GPS）、车辆运动状态和惯性导航的组合使用绝对定位来完成。另外，位置定位也可以通过使用本地标记（如视觉地标）的相对定位来完成（关于早期移动机器人地标导航的具体参考，见第2卷第46章）。

为了使车辆能够执行轨迹，需要控制车辆的速度和转向（图62.4）。现代车辆加入了电子控制单元来控制加速（电动机转矩，可能还有变速器和离合器）、制动（电动或电液制动控制）和转向角（电动助力），因此，实现车辆的轨迹控制非常容易[62.20]。这些关键功能的安全性仍然是一个挑战，通常通过传感器、驱动器和控制单元的冗余来解决。

62.2.2 环境状态

对车辆周围环境状态的感知是智能车应用的一个关键方面。智能车最困难的功能是理解道路场景。这包括定位关键地标：道路、其他车辆、行人、交通信号、路标和其他非结构性障碍物。一个更困难的挑战是在检测到道路场景中的事件后如何实现速度控制。常见的传感器有红外线[62.21]、超声波[62.22]、雷达[62.23]、激光测距仪[62.24]和计算机视觉，它们不断地扫描环境，如图62.5所示。雷达一般用于远距离的障碍物探测，而红外线和超声波则用于近距离的障碍物探测。激光测距仪和图像处理被用来在各种天气条件下更有力地识别道路场景。某些道路场景条件（如路标和交通信号灯）只能通过视觉传感器来识别。由于异质传感器模式的互补性，多传感器融合通常用于智能车应用，这可以极大地提高感知能力，例如，在单眼视觉和雷达/激光传感器之间。传感器融合（图62.5）是智能车的关键技术，对研究团队和汽车制造商来说是一个广泛而活跃的研究领域（见第2卷第35章）（图62.6）。

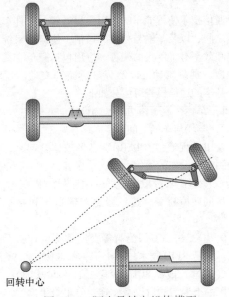

图 62.4 阿克曼转向机构模型

回转中心

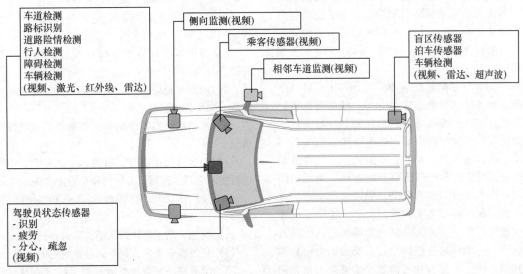

车道检测
路标识别
道路险情检测
行人检测
障碍检测
车辆检测
（视频、激光、红外线、雷达）

侧向监测(视频)

乘客传感器(视频)

相邻车道监测(视频)

盲区传感器
泊车传感器
车辆检测
（视频、雷达、超声波）

驾驶员状态传感器
- 识别
- 疲劳
- 分心，疏忽
（视频）

图 62.5 环境状态感知

图 62.6　Toyota/INRIA 试验车上的多传
感器融合[62.25,26]

a) 从汽车上看到的城市场景　b) 融合数据和检测
到的物体　c) 占用网格　d) 激光雷达
e) 来自立体相机的占用网格

利用这些传感器可以绘制车辆周围的环境图，然后利用同步定位与建图（SLAM）（见第2卷第46章）等技术，生成停车或避障所需的复杂机动动作。

62.2.3　数字地图与卫星数据

其他额外的传感通常由全球定位技术（如GPS）提供，以绘制车辆的位置，并将其与事先已知的环境描述相参照。这种测绘程序在某些地区（如越野公路）也可能非常精确，而在其他地区（如市中心）则可能特别嘈杂。为了解决与多路径测量有关的问题，并在 GPS 信号丢失时填补空白，惯性测量单元（IMU）通常与 GPS 一起使用。

将 GPS 与存储的数字地图结合起来，可以创建出各种各样的智能车应用[62.27]。地图数据可以极大地帮助解决道路场景的解释问题，地图数据可以提高车道检测的质量，帮助处理相机等传感器不工作时的问题，例如，在阳光下、黄昏或黎明时分。数字地图被广泛用于商业导航系统的路线引导[62.28]，并且经常更新。如果由于交通信息的存在，地图将发生实时更新，那么这类系统将得到改善[62.29]。要增加的其他功能包括曲线接近警告[62.30]、曲线速度控制[62.31]、交通标志信息和限速信息[62.32]，以及在弯曲和丘陵道路上预先确定适当的前照灯方向。

62.2.4　驾驶员状态

如果智能车要给予适当的警告或采取行动，它就需要了解驾驶员的状态。视觉传感器[62.33]可以通过观察驾驶员的目光方向和眼睑行为来监测驾驶员的注意力和疲劳程度。在紧急情况下，了解驾驶员的头部位置，以及所有其他乘员的位置和姿势可以帮助部署安全气囊。另外，当事故发生后，观察驾驶员和其他乘员的状态对于向事故现场派遣紧急服务也是很有用的。

62.2.5　通信

通信技术使智能车的应用变得有趣。允许车辆相互之间，以及车辆与公路的通信，使道路系统的安全和效率有了巨大的改善。应用包括避免交叉路口碰撞、紧急制动，以及分享道路和交通状况信息。基本的通信模式可区分如下：

1）车辆往返于路边的基础设施。

2）车辆与车辆之间。

专用短程通信（DSRC）已经被建立起来，从车辆到基础设施的通信，以支持旅客信息、商业应用（收费/停车费收集、车内广告）和安全应用（区间碰撞避免、接近紧急车辆警告和翻车警告）[62.34]。

DSRC 是一个专门为智能交通系统设计的无线协议。它是 RFID 技术的一个子集，工作在 5.9GHz 频段（美国）或 5.8GHz 频段（日本和欧洲）。它通常用一个专门的协议来实现，使用短中继线，并在短距离（10~1000m）的直接视线内工作。

目前正在开发具体的应用，以测试系统的各种潜在的安全和移动性用途，包括：

1）警告驾驶员不安全的状况或即将发生的碰撞。

2）如果驾驶员即将冲出道路或在弯道上速度过快，则警告他们。

3）通知系统操作者实时的拥堵、天气状况和事故。

4）为运营商提供有关道路容量的信息，以便进行实时管理、规划，并向驾驶员提供道路建议。

对于使用 DSRC 的智能车安全相关的应用包括：

1）高速公路上停止的车辆或障碍物的避让。

2）从慢速车道并入拥挤的道路的协助。

3）交叉路口安全和碰撞预警系统（有或没有交通信号灯）。

4）建立和维持车队/排队。

在一个基于车辆的交叉路口碰撞预警系统中，每辆接近交叉路口的车辆都会发出一个信息。该信息包括车辆的位置、行驶方向和交叉路口的位置。这些信息是基于 GPS 位置和可用的地图数据库。各种预测驾驶员意图的策略也在研究之中，如果有的话，这些信息也会被传播出去。任何其他接近交叉路口的车辆都可以计算出发生碰撞的可能性，并为其驾驶员发出适当的警告。

还有许多其他可能的应用，包括：

1）通知紧急车辆出现或接近。

2）建筑活动的通知。

3）本地多车辆传感器融合，以提供更好的全球地图和情景意识。

4）节能应用（排队、拥堵路段交通中的混合动力车的能源管理）。

美国从 1999 年开始（欧盟从 2008 年开始）为车辆安全和智能交通系统应用的无线 DSRC 系统确定了 5.9GHz 频段的频谱。美国的 DSRC 标准是 IEEE 802.11p（于 2010 年定稿），以及车辆环境中的无线接入（WAVE）标准（IEEE 1609），截至 2010 年 7 月仍处于草案状态。802.11p 标准源于 802.11A 无线局域网标准，因此为生产通信电子和硬件提供了一个相当容易和便宜的途径。

这些标准为 V2V 和 V2I 通信应用提供了网络和应用支持，以及足够的范围和数据传输速率。

除了无线通信标准，美国的标准化信息集和数据定义的发展也发生在 SAE J2735 标准的设立过程中。

WAVE 标准支持两种类型的设备，路边设备（RSU）和车载设备（OBU）。RSU 通常是一个部署在路边的服务提供商，它将提供诸如几何交叉点数据（GID）信息这样的地图数据。如果它与交通信号灯相连，也可以提供信号相位和时间（SPaT）信息。这两种消息类型在 SAE J2735[62.35] 标准中都有定义。OBU 负责接收来自 RSU 的数据，并生成和接收有关车辆当前状态信息的安全信息。对这些标准的效用和能力进行了许多调查[62.36]，在美国的互联车辆计划中，大规模的测试正在进行中。

对于车辆至基础设施通信[62.37]，ISO-SAE 204 技术委员会 16 工作组[62.38]目前正在制定通信协议架构。该协议架构被称为陆地移动通信接入（CALM）[62.39]，并在欧洲合作车辆基础设施系统（CVIS）综合项目[62.40]下实施。CALM 基于互联网工程任务组（IETF）[62.41]开发的 IPv6 协议，特别是网络移动性（NEMO）协议，该协议允许使用任何类型的可用媒体在车载互联网协议（IP）网络和互联网主干网络之间维护会话 [3G、通用分组无线服务（GPRS）、Wi-Fi、WiMax、M5、DSRC、卫星等]。对于车对车应用，支持自组网的系统仍处于早期阶段。

62.3　了解道路场景

感知在任何机器人应用中都起着关键作用。在智能车的情况下，感知任务被称为道路场景理解。它涉及使用不同的传感器（在第 62.2 节中描述）与自动推理相结合，以创建一个车辆周围环境的综合表示。这个任务所积累的知识库在高级驾驶辅助系统（ADAS）的情况下被用来向驾驶员发出警告，或者在完全自主驾驶的情况下用来控制车辆执行器。对周围环境状态的完整而精确的描述是减少误报和漏报的关键因素，并为平稳的自动驾驶提供基础。毫无疑问，对室外环境的感知（即使是部分结构化的）也是一个具有挑战性的问题，这不仅是由于驾驶环境本身的内在复杂性，而且是由于许多环境参数不可能控制。图 62.7 显示了日/夜、太阳/路灯照明、温度、低能见度、雨/雪和不同的气象条件的例子，一般来说，这些都是无法控制的，必须由传感设备来处理。

学界正在从两个不同的角度解决为车辆提供强大而精确的环境状态感知的问题。一种方法是为车辆提供不断增加的传感能力和处理能力，旨在提供强大的车载智能系统[62.42]；另一种方法是将道路基础设施作为能够与所有车辆进行通信并实时共享道路状况信息的活跃元素[62.43]。事实上，这两种观点也可以合并起来，提供一个混合的解决方案，以在动态环境中安全地控制车辆[62.43]。

了解道路场景的任务可以以不同的方式进行，这取决于智能基础设施的可用性和其他参与者的合作行为。了解环境状态的任务可以通过来自其他来源的信息的可用性来简化，从而限制了在每辆车上执行强大而完整的感应的需要。有用的信息可以来

图 62.7　智能车必须处理的典型道路场景范围

自基础设施本身（如道路条件和几何形状、车道数量、能见度、路标，甚至是实时信息，如交通信号灯状态或交通状况）或其他参与者（如车辆的存在与精确位置、速度和方向）。车辆也可以携带由其他车辆收集并与之共享的实时信息。

虽然目前研究的重点是智能车和智能基础设施，但第一代生产型智能车将不得不主要依靠自己的传感能力，因为来自其他来源（如基础设施和其他车辆）信息的可用性将需要一段时间才能在真实环境中部署。事实上，为了有实际用途，智能道路必须覆盖一个国家的很大一部分地区，同时合作的智能车也必须足够广泛。值得注意的是，对智能基础设施和智能车的投资来自不同的渠道：前者主要来自政府机构，后者则来自车主。

基础设施本身拥有的、可供车辆使用的信息包括：明确的车道/道路的几何形状、路标、交通信号灯的状态。

另一方面，该基础设施还可以评估和提供实时数据，如道路状况、能见度、交通状况。

智能车需要收集的另一个重要信息是其他道路参与者的存在，如其他车辆、脆弱的道路使用者（行人、摩托车、自行车）。

虽然可以假设在未来的某个时候，所有的车辆都将配备主动系统，使它们能够被其他车辆安全地避开，但保证行人和自行车也具有类似的设备是不现实的，他们的存在将需要用车载传感器来检测。同样的考虑也适用于道路上可能意外发现的障碍物，或道路施工等临时情况。如果车辆需要应对意外情况，那么它就需要有能力用自己的传感器实时评估路况。

这就是为什么车载传感器对未来的交通系统至关重要的原因；车辆对车辆和车辆对基础设施的通信可能有助于改善传感，但我们未来的车辆也必须安装一套完整的传感系统。以下是对道路环境感知主要挑战的研究。

62.3.1　道路/车道跟踪

从 20 世纪 80 年代初的首次实施开始[62.4-6]，许多原型车已经配备了车道检测和跟踪系统。事实上，在这种情况下，计算机视觉起着根本性的作用；尽管一般来说，道路也可以用激光扫描仪来检测[62.24]，但唯一能够高精度地检测车道几何形状和车道标记的通用技术是计算机视觉。大多数车道跟踪方法都集中在检测车道标记和利用环境中的结构，如左右车道标记的平行性、道路宽度的不变性或广泛使用的平路假设。这些假设主要是用来克服只有一个相机的问题（因成本驱动的选择）。一些系统使用立体视觉来检测车道标线，能够在没有这些限制的情况下工作。高速公路上的车道跟踪问题基本上已经解决了，商业系统已被部署在乘用车和商用车上。对已部署的车道跟踪技术的研究和评估可参阅参考文献[62.44]。图 62.8 显示了一个商业车道跟踪器的典型输出的例子。

图 62.8　商业车道跟踪器的典型输出

然而，这种系统不能保证车道检测系统以 100% 的可靠性工作；这些系统通常以 95%～99%

的可靠性工作。因此，车道跟踪系统只被用于车道偏离警告系统，因为对于自动驾驶来说，不能容忍失败。目前正在努力开发能够容忍各种驾驶条件的算法，并推动 100% 的可靠性边界[62.44,45]（ VIDEO 836 ）。

基于视觉的车道跟踪系统依赖于车道标记，而这些标记并不总是存在。在这些情况下，仅仅跟踪车道或道路的极限往往是不够的。相反，有必要建立一个道路形状和穿越能力的局部表示。这种局部地图可以用类似 SLAM 的技术来建立（见第 2 卷第 46 章），并可以将地图的一部分分为静态或动态[62.46]。其他方法旨在将从激光扫描仪或立体相机获得的三维点分为属于道路或不属于道路[62.47]。道路检测功能的输出是一个不断更新的车辆前方可行空间的表示（图 62.9）。

图 62.9　车辆前方可行空间的瞬时表示[62.25]

62. 3. 2　路标检测

计算机视觉的另一个相当直接的用途是路标检测和理解。路标是为了帮助人类驾驶员而特意设计的。路标使用一套定义明确的形状、颜色和符号。这些标志被放置在与道路有关的一致的高度和位置上。因此，对于计算机视觉来说，阅读道路标志是一项可实现的任务。探测是使用一系列的形状和/或颜色探测方案来完成的[62.48,49]。在检测和定位阶段之后，需要进行识别。通常这个任务由模式匹配技术来完成，如图像交叉相关、神经网络或支持向量机，因为可能的路标集是有限的和明确定义的。图 62.10 说明了基于道路标志检测的超速警告系统的概念。这个领域的研究工作的挑战在于检测的稳健性和标志分类的可靠性。大多数汽车制造商都有正在开发的系统，如西门子[62.50]。请看关于速度标志检测的视频（ VIDEO 838 ）。

图 62.10　用于超速警告的道路标志检测

62. 3. 3　信号灯检测

颜色和模式匹配也是用于检测交通信号灯的关键技术[62.51]。虽然交通信号灯的检测并不太复杂，但这种应用还隐藏着一个使车辆应用变得困难的方面：除了正确地定位和识别信号外，还必须特别注意检查信号在道路/车道上的位置和方向，因为该信号可能不是针对当前车辆的。这在市中心的十字路口尤其如此，在那里，许多交通信号灯同时可见；在这种情况下，车辆必须有能力选择必须遵守的正确交通信号。一些试验已经进行了有源交通信号测试，能够使用无线电频率发出交通信号灯的状态[62.52]。这涉及额外的基础设施；在这个阶段，视觉似乎是唯一简单可行的解决方案。

62. 3. 4　能见度评估

能见度检测中一个关键的挑战是对雾的检测。国际照明委员会（CIE）的气象能见度距离定义：在适当大小的黑色物体被感知时，其对比度小于 5% 的距离。已经实施了不同的技术来测量这个参数，从而检测雾气情况[62.53]。尽管许多方法使用视觉，但也有通常用于固定地点（如机场和交通监测站）的有效替代方法，基于使用多重散射激光雷达。使用视觉来估计能见度的主要挑战是，移动的车辆通常不能依靠特定距离的特定参考点/物体/信号。

62. 3. 5　车辆检测

对车辆的检测已经使用了大量的传感器技术，从视觉到激光雷达，从雷达到声呐。

尽管在形状和颜色上有所不同，但车辆具有相同的特点，具有较大的尺寸和反射材料。一旦有了道路/车道位置的大致指示，车辆的位置是可以预测的。事实上，车辆可以被许多不同的传感器独立地成功检测到[62.55-57]。图 62.11 显示了一个基于视觉的车辆检测系统。

108m
29km/h
39m

图 62.11　基于视觉的车辆检测系统

尽管这个问题的解决方案似乎很简单，但每个传感器都有自己的应用范围和挑战应对。视觉通常是强大的，但在低能见度和照明不良的情况下（夜间或隧道），或在交通繁忙的情况下，车辆可能相互重叠，视觉也可能会失效。红外领域的视觉（热成像）能够以较高的置信度检测到车辆，因为车辆的轮胎和消声器通常表现出较高的温度，因此很容易在图像中检测到。但停放的车辆、拖车、甚至刚刚开始移动的车辆都比运行中的车辆温度更低，因此，不容易被发现。激光雷达通常是稳健的，但在恶劣的天气条件下灵敏度下降。雷达虽然便宜，但由于附近其他反射物的存在，在横向测量中会出现偏差。最后，声呐只适用于非常短的距离。研究的挑战是如何稳健地实现多传感器融合。一种常见的方法是将视觉与雷达融合[62.58]。

车辆检测通常是通过将被认为属于同一物体的数据分组来进行的，这通常意味着使用某种基于距离和其他相关特征（如颜色、纹理等）的相似度量。另一种方法是基于模型的技术，它扫描场景数据，试图与预先存在的目录中的模型相匹配，如几何描述、部件集合。最后，基于网格的方法不是对物体本身进行建模，而是对空间的规则分解中的属性进行演变[62.54]（图 62.12）。

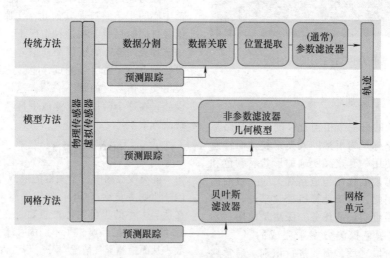

图 62.12　车辆检测和跟踪的三种方法[62.54]

跟踪的主要问题之一是数据关联：找到传感器读数和被跟踪物体之间的对应关系。跟踪方法在解决这个问题的方式上有所不同，从最近的邻居，它只是把观察结果分配给接近的物体，到多假设跟踪（MHT），它在几个时间步骤中保持不同的关联假设的表示。为了满足可操作性，修剪是必要的。一种越来越流行的替代方法是使用基于网格的方法，这种方法在迭代网格更新过程中不试图明确表示物体，同时考虑到与给定邻域中的单元的所有可能关联。这种方法导致尽可能长时间推迟目标检测和数据关联步骤[62.54]。参考图 62.13 了解基于网格的跟踪示例。▶ VIDEO 420 显示了贝叶斯占有率方法的预测能力[62.59]。

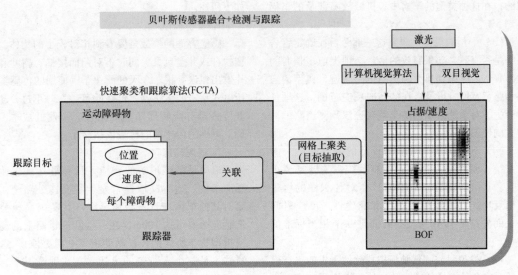

图 62.13 基于网格的检测和跟踪[62.59]

62.3.6 行人探测

对道路弱势使用者（行人和自行车）的检测是智能车最困难的任务之一。行人的外观是具有挑战性的：行人的形状可以在几十毫秒内发生很大的变化；在颜色、纹理或大小方面没有明确的不变因素，而且不能对姿势、速度或诸如头部等人类身体部分的可见度做出假设。机器学习方法已经成功地应用于这个问题[62.24,42,48,60]。重点是通过改进视觉算法实现更大的可靠性和减少错误报警[62.61]。然而，对道路弱势使用者的检测是全世界最关注的研究课题之一，因为一旦汽车上有了功能齐全的行人探测器，就可能获得大量的好处，包括保险的减少。应对措施可以被激活，以减少车辆和行人事故的后果，如发射外部安全气囊或打开发动机舱盖以减少正面碰撞的影响。目前，在评估所有可能的技术时，似乎没有任何解决方案能在所有情况下提供可靠的检测：雷达无法在拥挤的情况下可靠地检测到行人，而视觉则有上述的许多缺点。热成像技术尽管非常昂贵却被普遍认为是最有前途的技术之一，但在某些情况下，如炎热的夏天和一般的高温环境下，也会失效。基于视觉的立体视觉检测可参考 VIDEO 839 。

62.4 高级驾驶辅助

鉴于自主智能车实现 100% 可靠性的法律责任和技术挑战，机动车似乎有可能逐步增加一些自主功能，汽车最终将演变成自主机器人。前面描述的感知技术可以通过各种方式来使驾驶更安全、更有效、要求更低。单独的感知技术或感应模式的组合，正被用来向驾驶员提供危险情况的警告。这些警告被用来防止各种情况下的碰撞，如倒车时、离开道路时、追尾时、变道/并道时、与行人发生碰撞时，以及在交叉路口时。

开发一个碰撞预警系统需要在建立感知系统之外的许多步骤。对于一个典型的例子，即道路偏离警告，在美国国家公路交通安全管理局发起的一个项目中所遵循的步骤包括：

（1）统计学研究 在美国，单车离开道路的车祸相对罕见，但却异常危险；在美国每年 4 万起致命车祸中，大约 40% 是单车离开道路的车祸。研究的第一部分考察了这些车祸的发生率，并确定这将是一个很好的车祸预防类型。

（2）偶然因素 第二步是确定这些车祸的原因。大多数越野车的车祸都是由于驾驶员的因素造成的，如速度过快、注意力不集中或失去控制。这是一个重要的观察结果，因为它意味着提醒驾驶员，或警告困难的情况，可以防止这些事件。对于一部分由机械故障引起的车祸，警告系统是没有用的；在这种类型的车祸中，机械故障涉及的车祸不到 5%。

（3）干预的机会 研究这一部分旨在确定警告系统是否有效，如果有效的话，必须提前多长时间发出警告。考虑到典型的道路偏离轨迹，典型的道路和路肩宽度，以及潜在的转向反应范围，这项任务产生了对系统必须追踪车辆轨迹以预测道路偏离的准确性的要求。

（4）人为因素 由于所设计的系统是一个警告系统，而不是一个主动控制系统，关键是要了解驾驶员（可能分心或困倦）会对什么样的警告做出反应，以及反应的速度和准确性。反应时间因人而异：用 1s 作为反应时间是一个相当标准的估计。

（5）模拟研究 驾驶模拟器就像飞机的飞行模拟器，有各种模拟的道路和条件。模拟研究被用来测试驾驶员对警告的反应：导向性或非导向性的音频警告，方向盘的摇晃，以及各种组合。非导向性的音频提示效果最好。

（6）系统规范的制定 根据前面的步骤，为了使系统发挥作用，它需要在几乎所有的天气条件下全天候工作，它需要测量车辆速度、相对于道路的横向位置、横向方向和道路曲率，并提前足够长的时间预测未来的车辆轨迹以触发警告和警报。

（7）感知和系统开发 基于这些规格，有几种方法可以建立一个感知系统来感知道路和车辆相对于道路的运动轨迹。对于这样特定的测试，一个车道保持系统，即快速适应车道位置处理程序（RALPH）需要被开发和调整[62.62]。

（8）全面的操作测试 该系统被部署在测试车队中，包括长途货车和乘用车。

62.4.1 避免和缓解碰撞

在这个案例中，从使用感知来防止碰撞的想法，到完整的系统开发，整个周期长达 10 多年时间。该系统的纯机器人部分是一个关键因素，但只是开发一个有用产品所需的一个部分。一些主动控制已经被今天的车辆所承担。防抱死制动系统在市场上已经存在多年。控制节气门以阻止车轮旋转的牵引力控制系统正在被引入。电子稳定控制系统更进一步，控制节气门和个别车轮制动以帮助提高转弯性能。因此，人们逐渐愿意将一些控制权让给非常可靠的自动系统。我们可以预计这一趋势将继续下去。

每种碰撞预警类型都有自己的特殊发展挑战，

如下所述。

1. 备份碰撞

感应方面的挑战是要看到相对较小的物体，如栅栏杆或儿童玩具，同时不对路面接缝、树叶和碎片发出错误警报。今天的商业车辆使用的传感器是压电式超声波传感器，价格低廉[62.22]。不过，超声波传感器有众所周知的局限性。开发低成本、准确、可靠的传感器的挑战依然存在。

2. 追尾碰撞

追尾是最难预防的碰撞，具有最具挑战性的感应条件。追尾碰撞经常发生在高速公路上，需要对其他车辆进行长距离感应（在美国高速公路上感应距离可达 100m，在一些欧洲道路上的高速或重型货车所需的较长制动距离上则更长）。这本身并不是一个太苛刻的挑战：在这种情况下，被感应的物体相对较大，并且有很高的金属成分，所以雷达和激光雷达都是可行的感应模式。最大的测距挑战是将真正的目标（缓慢或停止的车辆）从虚假的目标（高架标志或桥梁，以及路边强反射器的旁瓣效应）中分辨出来。同样重要的是，要确定被感应的车辆是在与智能车相同的车道上，还是在另一条车道上。在如此长的距离上感应车道标记是一个非常困难的挑战；将车道感应（通常由视觉完成）与障碍物感应（由不同的传感器完成）合并，并将两者登记在一个车道的分辨率内是一项艰巨的任务。这项技术仍在通过工业和政府项目进行开发[62.63]。

3. 变道/并线碰撞

在最简单的情况下，对这种碰撞的对策涉及短程传感，以覆盖车辆后角的盲点，因为那里很难用后视镜看到。对于乘用车来说，这个区域相当小，可以用一个声呐或雷达覆盖。通常情况下，用户界面是放置在后视镜上的警告灯[62.64]；这重新迫使驾驶员执行在改变车道前检查后视镜的良好行为。重型货车或公交车的传感挑战与汽车相同，只是平面后视镜不可见的区域可能大得多。图 62.14 显示了汽车和重型货车的盲点检测实例。通常的解决方案是沿车辆侧面设置一排传感器，尽管在试验性应用中也使用了扫描激光雷达或全景视觉[62.65]。在高速行驶中，变道警告更加复杂，在这种情况下，重要的是不仅要看车辆附近，还要看后面很远的地方，以发现相对速度较快的超车车辆。第一个商业产品于 2007 年投放市场[62.66]。

4. 行人碰撞

探测行人尤其重要，因为行人比坐在汽车内的

图 62.14 盲点检测实例

人更容易受到伤害。正如前面所讨论的,他们也是相对难以检测和非常难以预测的。仅仅检测到一个行人是不够的。例如,在交通运营中,公共汽车在很多时候都靠近行人运行。为了进行有意义的碰撞预警,重要的是检测行人,检测他们当前的路径,寻找诸如人行道或路缘等改变行人轨迹概率的线索,并将所有这些因素与车辆的预测轨迹进行匹配。关键是要调整预警系统,使其产生很少的错误警报,同时不遗漏真正的报警。一个特别危险的情况是行人滑倒在公共汽车下面,但很难及时发现并警告司机。由于这些原因,汽车制造商已经致力于开发诸如夜视仪等产品,以提高驾驶员的感知能力[62.67]。汽车制造商正在向市场推出使用数据融合方法与雷达视觉相结合的产品,用于在行人碰撞情况下的紧急制动[62.68]。

5. 其他障碍物的碰撞

车辆可能会与其他车辆和行人以外的许多东西发生碰撞,如动物(鹿、狗、猫)、汽车零件(轮胎残骸、生锈的排气系统)、从货车上掉下来的货物、建筑碎片等。警告驾驶员注意道路上的这些物体是一项具有挑战性的任务。一种用于安全系统的商业化产品使用视觉和雷达传感器检测大型动物(图 62.15)[62.69]。道路上的一块建筑木材可能足以对汽车造成重大损害,但体积却小到难以看到,而且雷达也探测不到。使用高分辨率立体视觉[62.70]、极化雷达[62.71]和高分辨率扫描激光测距

仪[62.72]已经完成了一些有趣的工作。然而就一般情况来说,这仍然是一个困难的问题。

图 62.15 动物检测

6. 避免碰撞

超越紧急制动的下一步是一个自动系统。这样的系统比人类驾驶员有几个优势:它们有更快的反应时间,可以接触到传感器(如单个车轮的速度和滑动传感器),以及外部传感器(如雷达或激光雷达),可以接触到单个制动控制和其他控制等。因此,如果系统具有理想的位姿感知能力,在许多情况下,它可以比人类更好地避免碰撞。然而,这仍然是一个非常困难的实施领域。第一,人类可以获得更高层次的知识:驾驶员可能正在观察其他车辆的行为,可能与行人或其他驾驶员进行眼神交流,可能正在观察警察指挥交通等。因此,在系统看来,一个看起来是防止碰撞的最佳方式的动作,实际上可能是一个错误的行动。第二,在大多数国家,一旦车辆开始控制,就会把任何导致碰撞的责任从驾驶员转移到制造商。因此,人们非常不愿意采取主动控制。最近开发的另一种方法是用激光雷达观察环境状态,并监测车辆的动态状态以确定事故是否不可避免。如果驾驶员不能采取纠正措施,即制动或安全转弯,就会发生紧急制动[62.24,73]。然而,就目前而言,主动避免碰撞仍然是一个研究领域,存在可靠性、人为因素和责任划分等重大问题。

7. 交通状况意识

交通状况意识是一种更高层次的理解,是在交通状况下做出决策所需要的。例如,知道一辆车在街道上行驶的方向不对,比知道它的速度对估计当前情况的风险更有参考价值。因此,交通状况意识正在成为一个新的研究领域,以了解和推理行人和车辆的未来运动。获得的预测结果可以反馈给运动

规划算法，该算法可以使用这些信息来使碰撞概率最小化[62.74,75]。运动模型可用于推断驾驶员的行驶意图，以改变车道[62.76]、超越另一辆车[62.77]、在十字路口转弯[62.78]，或遵守十字路口的交通法规[62.79]。[VIDEO 566] 显示了一个嵌入式贝叶斯感知系统是如何在试验车辆上实现的。

8. 交叉路口的碰撞

交叉路口的碰撞特别难以预防，因为它们往往涉及具有挑战性的感应场景。许多这样的碰撞涉及遮挡视线，视线被大型车辆或相邻的建筑物所阻挡。它们还经常涉及来自斜角的高关闭率，使得有必要用非常宽的视野看到很远的距离。通常提出的解决方案是在基础设施中增加智能，要么是固定传感（如雷达俯视每条接近的道路），要么是某种无线电中继，从接近的智能车中获取数据并传递给其他接近的车辆。所有这些解决方案都具有挑战性：大量的交叉路口使得很难设想出任何通用的解决方案。

交通状况意识的一个补充方法是风险估计，其目的是确定每个潜在的操纵对车辆的危险程度。经典的方法是使用运动模型来预测场景中所有动态物体的未来可能轨迹，然后计算每个物体的每对可能轨迹之间发生碰撞的概率。流行的生成未来可能轨迹的方法包括快速探索的随机树[62.80]、高斯过程[62.25,81]和随机的可达状态[62.82]。这种经典的风险估计方法的一个主要限制是其计算的复杂性。最近提出了一种风险估计的方法，它检测驾驶员的意图和车辆的预期行为之间的冲突，而不是检测未来可能的轨迹之间的碰撞[62.26,83]（[VIDEO 822]）。更具体地说，危险情况是通过比较驾驶员的意图和驾驶员的预期行为来确定的。驾驶员被期望按照交通规则来做。这种对风险的表述反映了一个事实，即大多数事故是由驾驶员的错误造成的[62.84]，并且符合一个直观的概念，即危险的情况是驾驶员的行为与人们对他们的期望不同的情况。这种方法在理论上可以应用于任何交通情况，但到目前为止，只在涉及汽车的交叉路口的情况下实施和测试（图62.16）。欧盟正在进行重大的再搜索项目，用于协作性的车辆基础设施项目，如管理交叉路口[62.85]。

图 62.16　使用意图/期望方法在交流的 Renault 试验车辆上实施的交叉路口安全的碰撞警告系统[62.26]

目前，汽车制造商正在通过特别关注离散的驾驶任务和典型场景来处理交通状况。将感知与控制相结合，为特定的任务提供了部分自动化，如自适应巡航控制、车道保持、驻车辅助，以及在走走停停情况下的慢速驾驶。

62.4.2　自适应巡航控制

自适应巡航控制（ACC）是标准巡航控制的合理延伸，也包括与前车保持安全距离。如果智能车前面没有车辆，它就会像标准巡航控制一样，遵循一个设定的速度。如果前面有一辆行驶速度较慢的车辆，配备了 ACC 的汽车将使用雷达或激光雷达感知该车辆，并减速以保持安全距离（通常设定为 1.5~2s 的跟随距离）。图 62.17 显示了 ACC 概念的示例。ACC 的感应挑战比追尾碰撞对策的挑战要容易得多，因为 ACC 系统只被设计用来处理其他移动车辆。追尾碰撞对策的最大感应困难是将停在路边的车辆与其他车辆分开。

对于 ACC 来说，这一困难可以通过忽略所有静止的物体而绕过。移动物体根据一些启发式方法被分为车道内或车道外。通常，智能车自身的转向半径被用做对前方道路曲率的估计，以确定前方车辆是否在同一车道上。由于这些系统明确作为便利而非安全系统出售，它们只需要处理速度差异相对较小的正常情况，而将更困难的情况留给人类驾驶员。人类仍然保持警惕，控制方向盘，并观察交通

图 62.17　自适应巡航控制（ACC）示例

情况。现在所有主要的汽车制造商都在引进这个系统。

62.4.3　驻车和行驶

走走停停驾驶辅助（也被称为低速 ACC）是在速度规格的另一端，即当车辆在密集的交通中缓慢前进。在低速时，很容易跟踪前方的车辆，当它移动时就移动，当它转向时就转向，当它停止时就停

止。如果车流加速到一个适当的速度，则走走停停的系统就会脱离，人必须承担对节气门、制动和转向的控制。由于速度很慢，距离很短，许多不同的传感系统将发挥作用，如立体视觉、雷达和激光雷达[62.86,87]。

62.4.4　驻车辅助

驻车辅助也是一种低速辅助。在一个典型的情况下，当驾驶员驶过一个空的停车位时，通过按下一个按钮来启动该系统。该系统使用里程测量法测量车位的长度，使用短程传感器测量前后汽车的位置，并通过假设周围的汽车是停在路边的标准尺寸的汽车来推断路边的位置[62.88]。图 62.18 展示了驻车辅助和全自动驻车[62.88]（ ▶ VIDEO 567 ）。

一旦系统完全投入，它就会接管转向、规划和执行理想的平行停车转向顺序。在一些系统中，人类仍然负责节气门和制动，再次确保人类保持警惕，注意闯入的行人或其他障碍物。Toyota 公司[62.89]已经推出了这样的系统。

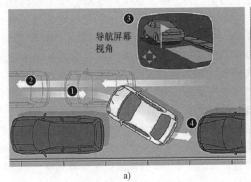

图 62.18　驻车辅助和全自动驻车
a）驻车辅助　b）全自动驻车

62.4.5　车道保持

车道保持辅助是道路偏离警告系统的自然延伸。给定一个车道跟踪系统，直接增加对方向盘的控制以保持车辆在其车道上的中心[62.4-6]。这一功能有很多用途。一些城市希望在狭窄的道路上运行公交车，如高速公路的路肩或通过老城区的狭窄街道。使用机械导轨的自动车道保持系统在一些地方得到了应用[62.90]。如果这种系统可以是电子化的，而不是依靠专门安装的机械导轨，那就更容易，而且成本更低。一个具体的子类别是精确停靠：为了让公交车接载坐轮椅的乘客，要么公交车必须展开一个特殊的斜坡（这是一个缓慢的过程），要么

它必须停在一个平坦的码头旁，并留下一个非常小的间隙，以便轮椅可以安全地通行。短距离精确停靠系统使用向下看的传感器，观察油漆线或磁性标记，或使用侧面看路边或码头的传感器，以引导公交车停在其停车点。最后，车道保持辅助系统为在高速公路上行驶提供了便利，特别是在大风的情况下。Honda 公司已经发布了一款同时配备了车道保持辅助和自适应巡航控制的车辆[62.91]。这类系统的危险性在于，驾驶员无须时刻关注，可能会失去注意力，甚至睡着。这些系统并不是为完全自动化而设计的，仍然需要驾驶员来处理异常情况。下一个阶段是整合驾驶员状态监测。如果驾驶员注意力不集中，那么所有的自动系统都会被解除。

62.4.6 车道变换

变道辅助是部分自动驾驶的下一个延伸。它将车道保持、ACC与盲点监测相结合。如果汽车可以安全地超过另一辆车，那么就会变道，速度保持不变[62.92]。否则，ACC会使车辆减速。在最简单的情况下，这种驾驶辅助系统可以建议驾驶员是否可以安全地改变车道[62.93]。在其最先进的形式下，车辆变道是完全自动完成的[62.4]。这种系统需要一个额外的侧向传感器，通常是雷达（图62.19）。

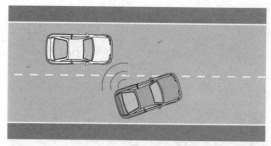

图 62.19　车道变换：侧向探测

62.5　驾驶员监控

关于驾驶员在智能车中的作用，人们的想法一直在演变。宏伟的目标是用一个完全自动化的系统来取代驾驶员。正如前面所讨论的，由于系统的可靠性和法律责任等原因，智能车的完全自动化仍然需要时间。机动车发展的下一步是部分自动化，即开发个别自主功能，如ACC、车道保持、车道变换等。机动车设计者已经意识到，驾驶员不能离开车辆，而是必须由机动车上的系统来支持。超过92%的机动车事故是由驾驶员错误操作造成的[62.94]。下一代的智能车很可能以下列方式工作：

1）车辆将使用前面讨论过的高级驾驶辅助系统技术来监测路况，以评估环境的状态，并向驾驶员发出危险情况的警告，如车道偏离警告。

2）车辆还将使用视觉和其他生理传感器监测驾驶员，以评估驾驶员的状态。如果驾驶员疲劳、昏昏欲睡、注意力不集中、分心、受药物影响，或有紧急健康状况（如心脏病发作），那么就会发生事故。车辆会向驾驶员发出危险情况的警告，如嗜睡警告。

3）由于法律责任等原因，智能车不会自主控制，而是通过视觉、听觉或触觉警告来提醒驾驶员。车辆不会进行防撞，而是通过紧急制动来减轻碰撞。

4）如果事故不可避免，车辆可以自主地进行紧急制动。为了最大限度地保护车内人员的安全，安全带束缚被拉紧，安全气囊被安全展开。

5）事故发生后，了解驾驶员和乘客的状态是非常重要的。如果有乘客受伤，车辆可以自动向紧急服务部门发出呼叫。

在上述的所有步骤中，对驾驶员的监控是至关重要的。为了使未来的高级驾驶辅助系统

（ADAS）能够安全地工作，应该把驾驶员放在回路中，例如，在车道偏离警告系统中，不可能确定车辆偏离车道是由于驾驶员的主观意图还是错误操作。如果驾驶员的状态被监测到，并且系统可以检测到驾驶员的眼睛是闭着的，或者驾驶员正在看向远方，那么就可以推断出车道偏离是非自愿的，应该向驾驶员发出车道偏离警告。要使ADAS被驾驶员接受，系统不应发出错误的警告。如果驾驶员直视道路，那么就不应该发出车道偏离警告（或者应该发出不同的微妙警告）。同样，更复杂的系统（如车道保持系统）不应启动，除非驾驶员全神贯注，双手紧握方向盘。关键的一点是，驾驶员必须完全参与和控制驾驶任务。这是智能车ADAS设计中的一个最重要的考虑。关于如何将驾驶员纳入ADAS的挑战，在参考文献[62.95]中给出了一个很好的概述。

将感知与控制相结合，可以为特定的任务提供部分自动化，如自适应巡航控制、车道保持、驻车辅助，以及在走走停停的情况下的慢速驾驶。

62.5.1　驾驶员疲劳和注意力分散

通过使用视觉传感直接监测驾驶员，为开发新一类的ADAS应用提供了可能性。通过监测信号［如心电图（ECG）、温度等］，可以监测驾驶员的状态。然而，汽车制造商的市场研究表明，人们不喜欢连接电线或小工具；对驾驶员的监测必须是非接触和非侵入性的。唯一的解决方案是使用视觉作为传感媒介。开发一个能够自动检测任何年龄、性别、种族、有/无眼镜或太阳镜、有/无面部毛发的驾驶员的计算机视觉系统，其技术挑战是巨大的。最近，正在开发的系统取得了

重大进展，该系统还可以检测一个人在看哪里（目光识别）[62.33,96]。

一旦驾驶员的状态（头部位置、眼睛注视、眼睛眨动率）可以被测量，那么就可以开发 ADAS 应用。图 62.20 显示了一个商业化驾驶员状态检测系统的输出。关于驾驶员分心、注意力不集中和疲劳状态的检测（ ⊙ VIDEO 840 ）。

图 62.20　驾驶员状态检测系统的输出

1. 驾驶员受伤

安全机构估计，高达 50% 的道路死亡事故是由驾驶员受伤导致的[62.97]。最近的研究表明，可以通过感知眼睛凝视的异常扫描模式来检测驾驶员的损伤。它有望开辟一个新的 ADAS 类别。许多国家采取了严苛的教育和立法举措，使道路死亡事故大幅减少。然而，困难的情况（疲劳、牵引力不足和注意力不集中）已变得更加突出。ADAS 技术可以对进一步减少道路死亡人数产生重大影响。

2. 疲劳驾驶

安全机构估计，有 25% ~ 30% 的道路死亡事故是由驾驶员的疲劳造成的[62.98,99]。研究表明，有四个可见的因素表明疲劳的开始：长时间的闭眼、头部不受控制的转动、眼皮下垂和眼球扫描减少。正在开发的系统只关注眼睛的闭合[62.100]；将所有四个因素融合到一个强大的算法中，使之适用于广泛的驾驶员，这仍然是一个开放性的研究问题。

3. 驾驶员注意力不集中

安全机构估计，多达 45% 的交通事故（从轻微的车辆凹陷到严重的事故）都是由驾驶员不注意或分心引起的[62.101]。研究表明，如果驾驶员始终保持对道路的关注，那么驾驶会变得更加安全[62.102]。所有主要的汽车制造商都在开发 ADAS 应用，如果

驾驶员分心驾驶，就会发出警告。正在开发的更复杂的 ADAS 使用驾驶员的目光方向来检查驾驶员是否遵循了安全驾驶的做法，例如，驾驶员在变道前是否检查了后视镜，如果驾驶员没有检查后视镜，就会发出警告。这种类型的系统已经被开发出来[62.103]。

4. 驾驶员的工作负荷

当今机动车中安装的新型电子系统和小工具的增加也是另一个分心的来源。驾驶员应该在什么时候和什么情况下更换光盘或接听电话是一个问题。目前正在研究开发工作负荷系统。这些系统考虑到了车辆的状态（速度、加速度、制动、换挡偏航率等），以确定是否允许信息管理任务，如接听电话、短信服务（SMS）等[62.102]。下一阶段的研究是包括关于道路场景和驾驶员的状态信息。如果汽车在乡村道路上行驶，而且驾驶员很专心，那么可以允许分心的任务，并对其进行管理。监测场景是否单调的系统已经与疲劳检测系统相结合，并且可以与信息管理任务相结合[62.104]。

62.5.2　驾驶员和乘客的保护

汽车行业正朝着使用安全气囊等主动安全系统来补充安全带等被动系统的方向发展。ADAS 将在主动安全系统中发挥关键作用。在紧急制动或即将发生追尾碰撞的情况下，安全带可以预紧，安全气囊可以启动。通过开发智能安全气囊，驾驶员和乘客可以得到进一步的保护[62.105]。安全气囊虽然被认为是现代汽车的重要组成部分，但如果乘员离安全气囊太近（如乘员是个孩子，或者没有系安全带）就可能会造成乘员死亡。智能安全气囊取决于车内人员的头部位置。前面讨论的驾驶员状态监测技术是智能安全气囊的一个重要组成部分。

62.5.3　紧急援助

发生严重事故后，伤员接受治疗的速度与其存活率有很大关系。虽然预计 ADAS 将导致道路事故的减少，但它不会消除事故。因此，开发紧急情况下的自动系统非常重要。使用 GPS、车辆状态信息和移动通信系统的紧急援助系统已经被开发出来，在事故发生后将车辆的世界坐标发送给应急机构[62.106]。这种信息可以通过使用驾驶员监测技术来评估车内人员的状况而得到加强。这种类型的系统被称为"Telematics"，目前正由主要的汽车供应商进行测试，包括开发售后产品[62.107]。

62

62.6　迈向完全自动化的汽车

出于安全、交通拥堵和环境等方面的考虑，开发完全自动化的智能车是有理由的。

62.6.1　安全操作

第一个问题是安全问题。如前所述，汽车事故是造成人类死亡的主要原因之一，其规模令人震惊。经济最发达的国家（OECD）已经能够通过改进车辆的技术（改进操纵、制动和被动安全）来大大减少死亡人数。交通基础设施得到了极大的改善；现代高速公路比普通公路安全10倍[62.108]。然而，就每百万乘客/千米的死亡人数而言，这些改进似乎已经达到了一个极限，特别是在工业化国家。

如前所述，机动车由于依赖人的控制而具有内在的危险性。在高速行驶中的轻微错误可能会产生灾难性的结果。正如前面所讨论的，最常见的原因是驾驶员的分心，导致反应时间延长或驾驶动作不正确。在处理紧急情况时也经常发生人为错误。很大比例的驾驶员在这种情况下会采取不适当的行为，并产生事故，而这些事故本来是可以通过一个熟练和专注的驾驶员来避免的[62.108]。解决这些问题的最好办法是将驾驶员从控制环中移除。正如前面所讨论的，临时步骤是在潜在危险的情况下协助驾驶员并警告他（例如，在危险的弯道前速度过快或在改变车道时有汽车出现在盲区），或在紧急情况下接管控制权（例如，在即将发生碰撞时紧急制动）。由于法律责任等原因，在能够证明自主系统具有高度的完整性和可靠性之前，人必须以监督者的身份保持在回路中。

62.6.2　交通拥堵

汽车的成功普及也导致了道路基础设施的饱和，特别是在城市中。每辆汽车都需要一定的空间，以便安全运行。道路的宽度通常为3.5m，以适应转向的不精确性，而车辆的宽度约为2m。车辆之间的间距也必须保持在一个安全的最小值，以防止减速时发生碰撞（这主要取决于驾驶员的反应时间）。通常建议间距应对应于至少1.5s的时间间隔。这种间距导致每条车道的最大吞吐量约为2200辆，与交通速度无关。如果我们考虑到郊区的火车在类似的基础设施上每小时可以运载约60000名乘客，则这一吞吐量并不高。此外，超过2200辆的高密度汽车交通会导致交通流中断（走走停停），并增加事故的可能性，这可能会大大降低系统的整体容量。这个问题的解决方案还在于将驾驶员从控制环路中移除，以改善横向引导（减少车道宽度）和纵向控制（可能有大约0.3s的时间间隔，与速度无关），同时保持交通安全。这种自动驾驶技术可以使道路基础设施的吞吐量增加5倍。美国先进公路系统（AHS）项目的工作证明了这一点，该项目展示了在美国圣迭戈市的一条专用高速公路上以高达130km/h的速度运行的七辆排队汽车，间隔时间大约为0.5s[62.109]。

另一个拥堵问题是与停车有关的。每辆汽车的使用时间只占其总使用时间的一小部分。大多数时候，机动车占用的空间是非常无益的。一般来说，一辆车需要大约$10m^2$的空间。通常情况下，停车发生在路边。在大城市，这种空间非常有限，不能容纳居民和游客的所有汽车。在停车场，每辆汽车需要四倍于此的空间，才能进入每个单独的停车位。如果可以开发一个基于全自动汽车的交通系统，人们将不需要拥有汽车，而是可以依靠像出租车那样的服务，车辆将按需而来，为大众交通提供补充。这就是网络汽车的概念，它正在欧洲发展[62.110]。

62.6.3　环境因素

客车和商用车的不断增加导致了当地社区的噪声和空气污染等关键环境问题。此外，温室气体排放对全球环境也有影响。最近，汽车制造商已经能够大幅减少当地污染物的排放；现在城市中的噪声被居民认为是主要问题。在全球层面上，通过使用化石燃料产生的二氧化碳也被认为是一个主要问题，这将需要采取严厉的措施。在短期内，这可能导致限制使用产生二氧化碳超过一定水平的车辆。从长远来看，这将导致汽车行业提供以各种形式的能源运行的车辆，以及具有更高效率的新形式的运输系统。在新的基础设施上以排队形式运行的自动驾驶车辆正好可以形成这样一个系统。

62.6.4　未来汽车

上述挑战现在都是许多国家正在制定的新政策的核心。这些政策涉及车辆的安全和排放功能，并大力推动先进的安全系统，正如最近欧洲的智能车倡议[62.111]。在基础设施层面，也在大力推动实施监管计划，以限制和控制道路运输的使用，并促进替代的和更有效的运输手段。在未来，这意味着私人汽车的使用将受到更多的监管，并与其他运输方式更加融合。汽车行业可能会从一个产品行业转变为一个服务性行业，任何人都可以以最经济的方式获得流动性。大众运输和个人运输都将由公司以最具成本效益的方式提供，并尊重当地法规。在这个服务行业中运营的公司可以是交通运营商、出租车公司、汽车租赁公司、汽车共享公司，甚至是新进入交通行业的公司，如移动电话公司，它们已经熟悉庞大的客户群和移动服务。汽车共享运营商，如在德国、瑞士、日本和美国运营的运营商，都可能是备选者[62.112]。图 62.21 显示了一个商业性的汽车共享运营。在这种情况下，由于运营成本的降低和安全性的提高，新型的车辆（如电动车和自动驾驶）正在被开发。Honda 公司和 Toyota 公司的示范项目已经在这些方面得到了证实。然而，这个市场仍在寻找其运营商和商业模式，以及合适的产品[62.110]。图 62.22 是 Honda 公司的自动驾驶电动汽车。

图 62.21　商业性的汽车共享运营
（Toyota 公司的共享汽车）

图 62.22　Honda 公司的自动驾驶电动汽车

自动驾驶车辆的未来有两个明显的趋势。一个是先进的辅助驾驶，自 20 世纪 90 年代末以来迅速发展，最近在高端乘用车和商用车（公共汽车和货车）中出现了许多技术。这一趋势在本章前面已经描述过。另一个趋势是基于自动导引车（小型或大型）在特定地点和专用轨道（保护或不保护）上的人员转移。据预测，在未来 10 年内，这两种趋势将融合在一起，个别车辆将具有两种模式：在常规道路上手动（具有强大的控制和辅助）驾驶，在不允许（或很少）手动车辆的专用区域内全自动驾驶，从而确保自动驾驶车辆的平稳和安全运行[62.110]。这种类型的车辆将是实施交通服务的完美选择，在需要的时间和地点，可以按需调用车辆（也许通过手机）。随着这种区域的发展，将专门为这些车辆建立新的专用基础设施，自动并高速地从一个自动区域到达另一个自动区域。这似乎是实现自动驾驶公路的最现实的途径，因为现在人们认为几乎不可能从实际的基础设施中的手动车辆顺利演变为大部分的全自动车辆。这也是美国的 AHS 项目被取消的原因之一，尽管在 1997 年有一个非常成功的演示。

62.6.5　自动驾驶车辆的发展

正如前面所讨论的，一些自动化功能正在被引入到生产车辆中。Honda 公司和 Toyota 公司已经引入了横向控制（使用图像处理的车道保持辅助）和纵向控制（使用激光和雷达传感器的自适应巡航控制）的组合[62.91]。最近，Toyota 公司推出了一个智能驻车辅助系统，提供了在驾驶员不使用方向盘的情况下辅助停车的能力。然而，这个系统不使用传感器：驾驶员必须根据后方相机的图像来定位他的车辆[62.89]。不过，大多数汽车制造商和一些部件制造商正在积极研究传感器，以消除驾驶员的这项任务。

没有任何人类干预或监督的全自动车辆现在已经出现在商业领域。自动公共汽车快速交通（ABRT）将轨道交通的服务质量与公共汽车的灵活性和低成本相结合（图 62.23）。世界银行已经在发展中国家推荐非自动化公共汽车快速交通（BRT）作为最有效的大众交通系统。通过为公共汽车运行预留专用车道，并增加一些轻型基础设施以方便上下车，可以获得与火车类似的运载能力（单方向 60000 名乘客/h），这一点已经在南美洲得到证明[62.113]。通过在快速公交系统上增加自动驾驶，该系统可以变得更加高效和安全，就像自动化地铁已经做到的那样。

图 62.23 Toyota 公司 ABRT 在 IMTS 的应用

智能多模式交通系统（IMTS）包括由埋在其专用道路中间的磁性标记引导的车辆。IMTS 的排队运行功能（三辆电子连接的车辆以统一的速度排队运行）包括精确控制队列中所有车辆的速度，使其在任何时候都保持一致[62.114]。在荷兰的埃因霍温市，具有多个转向轴的多节公共汽车也在一个使用磁性标记的专用轨道上以自动模式运行[62.115]。这些 ABRT 通常保留一名驾驶员在车内，因为如果需要的话，有可能恢复到手动模式（如遇到意外障碍物或有许多行人的情况）；不过，未来的计划是实现完全自动化。ABRT 技术也可以在小型车辆中找到，这些车辆现在被称为网络汽车，用于按需的门到门操作[62.110]。这些车辆于 1997 年 12 月在 Schipol 机场（阿姆斯特丹）首次投入使用，将乘客从长期停车场运送到机场航站楼（图 62.24）。从那时起，这些网络汽车在欧洲委员会的信息社会技术（IST）计划的资助下得到了进一步发展[62.110]。

网络汽车的长期前景可能在于开发双模式车辆，特别强调汽车共享业务[62.112]。网络汽车将有一个自动模式，用于在城市中心运行（仅限于这种类型的车辆），以及一个驾驶员操作（有协助）模式，用于普通道路。（ VIDEO 429 ）说明了网络汽车的概念。汽车工业正在研究开发这种车辆的可行性。

图 62.24 阿姆斯特丹 Schipol 机场的网络汽车

为了在城市环境中达到人工驾驶车辆的性能，自动驾驶车辆正面临着重大的技术挑战。特别是，在避开移动和静态障碍物的同时为汽车规划轨迹仍然是一个重要的研究挑战。2005 年，本章开篇描述的 DARPA 重大挑战赛汇集了大量的研究人员来证明自动驾驶技术的可行性。五辆汽车以完全自主的模式成功地完成了沙漠中 211km 的艰难路程。2007 年，DARPA 城市挑战赛的重点是在城市环境中同时运行多辆汽车；这项挑战赛和随后的谷歌汽车无疑表明，基于自动驾驶技术的汽车产品越来越接近市场[62.15]。

62

62.7　未来趋势和发展前景

我们的汽车、货车和公共汽车正不可避免地变得更加智能。未来的道路还不完全清楚，而且可能在不同的地方有所不同，但人们普遍认为，在遥远的未来，将不需要我们驾驶汽车。时间表仍未确定，但似乎自动驾驶车辆将在不到十年的时间里充斥我们的高速公路，也许使用特殊车道。政府不仅要允许这种变化，而且将有很大的机会影响它的部署，例如，通过增加专用车道的数量和自动驾驶车辆将获得的好处，而不是手动驾驶车辆的低安全性。

美国的四个州已经为自动驾驶车辆在常规道路上行驶铺平了道路（尽管是为了测试），并朝着使自动驾驶车辆在日常道路上合法行驶的立法方向发展。这种趋势不仅发生在美国，也发生在欧洲。事实上，文化和驾驶习惯的差异将使无人驾驶技术在所选定的地方提前成为现实。那些容忍特别快速和不尊重驾驶的国家将使自动驾驶车辆的引入变成挑战。此外，与自动驾驶车辆和手动驾驶车辆交织在一起的安全问题已经变得至关重要，广泛的调查也正在进行中。

然而，有几个趋势是明确的。随着配备传感器的车辆变得越来越普遍，将有越来越多的机会在道路和车辆中建立传感器友好技术。通过用塑料或复合材料制成的非反射性标志取代大型金属标志，减少路边的雷达杂波是很简单的，因为这些标志是很好的雷达反射器。同时，最好是增加小型车辆（如摩托车）的雷达截面，以使其更容易被配备雷达的汽车探测到。例如，雷达反射的车牌将使小型车辆更明显地突出。

下一步可能是部署支持从基础设施到车辆，以及从车辆到车辆主动传输信息的系统。专用短程通信（DSRC）已经在智能收费站中广泛使用。很容易想象，配备了 DSRC 的车辆会从路边的传感器接收到即将到来的雾、冰或拥堵的警报。检测到不寻常道路状况的智能车（通过雷达或激光雷达、防滑检测器或驾驶员的行为，如紧急制动）可以向所有附近的智能车传播该信息。随着装备相关系统的车辆的市场渗透率增加，这种临时通信网络的价值将大大增加。

车对车的通信不需要只通过无线电。发光二极管（LED）制动灯可以以千赫兹的频率进行脉冲，远远高于人眼可以检测到闪烁的带宽，但很容易被后续车辆接收。这将是一种直接的方式，让车辆告诉其他车辆关于紧急制动的开始，或其他不寻常的道路状况。

62.8　结论与延展阅读

开发自动驾驶汽车的技术和算法都在持续进步。目前，自动驾驶方面已经展示了令人印象深刻的新系统（如 Bertha[62.116] 和 PROUD[62.117]）。在第一个案例中，一辆 Mercedes-Benz S 500 于 2013 年 8 月在德国曼海姆和普福尔茨海姆之间的传统路线上行驶，而 PROUD 试验涉及在意大利帕尔马市内的开放交通中的城市驾驶，其中一部分行程是在没有人驾驶的情况下进行的（ VIDEO 178 ）。

普通大众将越来越习惯于智能系统，车辆上的传感器和通信。在汽车领域大规模部署机器人技术的唯一障碍是该行业是否有能力将这些技术完全安全化，这使人们关注故障安全系统及其认证问题。铁路和航空工业已经解决了这些问题，但环境非常不同。在这些行业中，每辆车的安全成本可能比汽车或公共汽车要高得多，而且操作环境也很不同，有专业人员操作和维护系统。制造商会慢慢积累可靠性和成本工程方面的经验，政府也会逐渐解决责任问题。

正是因为上述原因，将驾驶员纳入新的自动化技术循环的系统将是目前发展的重点。现在仍然有许多问题需要认真解决，包括用户接受度、责任和安全；但这种技术似乎很有可能在运输和人员流动领域导致一场前所未有的革命。关于这个主题的进一步阅读，有一些资料可以推荐：

1）智能车调查文本[62.9,10]。

2）智能交通系统期刊（IEEE Transactions on Intelligent Transportation Systems，IEEE Transactions on Vehicular Technology，Transportation Research PART B：Methodology，IEEE Transactions on Intelligent Vehicles）。

3）年度会议（智能车研讨会、智能交通系统会议、车辆技术年会、世界智能交通系统大会、智能车系统研讨会）资料。

4）政府资源[62.118-121]。

5）杂志（如 ITS 杂志）。

视频文献

VIDEO 178 PROUD2013 – Inside VisLab's driverless car
available from http://handbookofrobotics.org/view-chapter/62/videodetails/178

VIDEO 179 VIAC: The VisLab Intercontinental Autonomous Challenge
available from http://handbookofrobotics.org/view-chapter/62/videodetails/179

VIDEO 420 Motion prediction using the Bayesian occupancy filter approach (Inria)
available from http://handbookofrobotics.org/view-chapter/62/videodetails/420

VIDEO 429 Cybercars and the city of tomorrow
available from http://handbookofrobotics.org/view-chapter/62/videodetails/429

VIDEO 566 Bayesian embedded perception in Inria/Toyota instrumented platform
available from http://handbookofrobotics.org/view-chapter/62/videodetails/566

VIDEO 567 Inria/Ligier automated parallel parking demo in an open parking area
available from http://handbookofrobotics.org/view-chapter/62/videodetails/567

VIDEO 822 Collision avoidance at blind intersections using V2V and intention / expectation approach (Inria & Renault)
available from http://handbookofrobotics.org/view-chapter/62/videodetails/822

VIDEO 836 Lane tracking
available from http://handbookofrobotics.org/view-chapter/62/videodetails/836

VIDEO 838 Speed sign detection
available from http://handbookofrobotics.org/view-chapter/62/videodetails/838

VIDEO 839 Pedestrian detection
available from http://handbookofrobotics.org/view-chapter/62/videodetails/839

VIDEO 840 Driver fatigue and inattention
available from http://handbookofrobotics.org/view-chapter/62/videodetails/839

参考文献

62.1 J. Ibañez-Guzmán, C. Laugier, J.-D. Yoder, S. Thrun: Autonomous Driving: Context and state-of-the Art. In: *Handbook of Intelligent Vehicles*, ed. by A. Eskandarian (Springer, Berlin, Heidelberg 2012)

62.2 R.E. Fenton, R.J. Mayhan: Automated highway studies at the Ohio State University – An overview, IEEE Trans. Veh. Technol. **40**(1), 100–113 (1991)

62.3 Society of Automotive Engineers (SAE): J2735 Dedicated Short Range Communications (DSRC) Message Set Dictionary (2009)

62.4 E.D. Dickmanns: The development of machine vision for road vehicles in the last decade, IEEE Intell. Veh. Symp., Vol. 1 (2002) pp. 268–281

62.5 A. Broggi, M. Bertozzi, A. Fascioli, G. Conte: *Automatic Vehicle Guidance: The Experience of the ARGO Autonomous Vehicle* (World Scientific, Singapore 1999)

62.6 C.E. Thorpe (Ed.): *Vision and Navigation: The Carnegie Mellon Navlab* (Kluwer, Boston 1990)

62.7 E.D. Dickmanns, B.D. Mysliwetz: Recursive 3-D road and relative ego-state recognition, IEEE Trans. Pattern. Anal. Mach. Intell. **14**(2), 199–213 (1992)

62.8 D. Pomerleau, T. Jochem: Rapidly adapting machine vision for automated vehicle steering, IEEE Intell. Syste. **11**(2), 19–27 (1996)

62.9 A. Eskandarian (Ed.): *Handbook of Intelligent Vehicles* (Springer, Berlin, Heidelberg 2012)

62.10 Ü. Özgüner, T. Acarman, K. Redmill: *Autonomous Ground Vehicles* (Artech House, Boston 2011)

62.11 S. Kato, S. Tsugawa, K. Tokuda, T. Matsui, H. Fujii: Vehicle control algorithms for cooperative driving with automated vehicles and intervehicle communications, IEEE Trans. Intell. Transp. Syst. **3**(3), 155–161 (2002)

62.12 US Department of Transport, Research and Innovative Technology Administration: Guide to federal intelligent transportation system (ITS) research, http://ntl.bts.gov/lib/48000/48300/48313/9E878E25.pdf (2013)

62.13 DARPA Grand Challenge Web Site: http://archive.darpa.mil/grandchallenge05/

62.14 K. Iagnemma, M. Buehler (Eds.): *Journal of Field Robotics, Special issues on the DARPA Grand Challenge, Vol. 23, No. 8/9* (Wiley, Hoboken 2006)

62.15 Department of Defense, Washington: Darpa Grand Challenge, http://archive.darpa.mil/grandchallenge/ (2007)

62.16 J. Ploeg, S. Shladover, H. Nijmeijer, N. Van De Wouw: Introduction to the special issue on the 2011 grand cooperative driving challenge, IEEE Trans. Intell. Transp. Syst. **13**(3), 989–993 (2012)

62.17 A. Broggi, P. Cerri, M. Felisa, M.C. Laghi, L. Mazzei, P.P. Porta: The VisLab intercontinental autonomous challenge: An extensive test for a platoon of intelligent vehicles, Intl. J. Veh. Auton. Syst. **10**(3), 147–164 (2012)

62.18 M. Bertozzi, A. Broggi, A. Coati, R.I. Fedriga: A 13 000 km intercontinental trip with driverless vehicles: The VIAC experiment, IEEE Intell. Transp. Syst. Mag. **5**(1), 28–41 (2013)

62.19 A. Broggi, P. Medici, P. Zani, A. Coati, M. Panciroli: Autonomous vehicles control in the VisLab intercontinental autonomous challenge, Annu. Rev. Control **36**(1), 161–171 (2012)

62.20　L. Vlacic, M. Parent, F. Harashima: *EDS Intelligent Vehicle Technologies, Theory and Applications* (Butterworth–Heinemann, Oxford 2001)

62.21　M. Hirota, Y. Nakajima, M. Saito, M. Uchiyama: Low-cost infrared imaging sensors for automotive application. In: *Advanced Microsystems for Automotive Applications*, VDI-Buch, ed. by J. Valldorf, W. Gessner (Springer, Berlin, Heidelberg 2004)

62.22　M. Hikita: An introduction to ultrasonic sensors for vehicle parking, http://www.newelectronics.co.uk/electronics-technology/an-introduction-to-ultrasonic-sensors-for-vehicle-parking/24966/ (2010)

62.23　M. Klotz, H. Rohling: 24 GHz radar sensors for automotive applications, Int. Conf. Microw. Radar Wirel. Commun. (MIKON), Vol. 1 (2000) pp. 359–362

62.24　A. Ewald, V. Willhoeft: Laser scanners for obstacle detection in automotive applications, IEEE Intell. Veh. Symp. (2000) pp. 682–687

62.25　C. Laugier, I. Paromtchik, M. Perrollaz, M. Yong, J. Yoder, C. Tay, K. Mekhnacha, A. Negre: Probabilistic analysis of dynamic scenes and collision risks assessment to improve driving safety, IEEE Intell. Transp. Syst. Mag. **3**(4), 4–19 (2011)

62.26　S. Lefèvre, C. Laugier, J. Ibañez-Guzmán: Risk assessment at road intersections: Comparing intention and expectation, IEEE Intell. Veh. Symp. (2012) pp. 165–171

62.27　I. Skog, P. Handel: In-car positioning and navigation technologies – A survey, IEEE Trans. Intell. Transp. Syst. **10**(1), 4–21 (2009)

62.28　TomTom: Manufacturer of navigation systems and how they work, http://www.tomtom.com/howdoesitwork/

62.29　Ertico: ActMAP an EU Project for Dynamic Map Updating, http://www.ertico.com/actmap (2007)

62.30　S. Rogers, W. Zhang: Development and evaluation of a curve rollover warning system for trucks, IEEE Intell. Veh. Symp. (2003) pp. 294–297

62.31　D. Vaughan: Vehicle speed control based on GPS/MAP matching of posted speeds, Patent US 5485161 (1996)

62.32　H. Sabel, M.R. Herbst: The map as a component in advanced driver assistance systems, Proc. 7th World Cong. Intell. Syst. (2000)

62.33　Q. Ji, X. Yang: Real-time eye, gaze, and face pose tracking for monitoring driver vigilance, Real-Time Imaging **8**(5), 357–377 (2002)

62.34　J.B. Kenney: Dedicated short-range communications (DSRC) standards in the United States, Proceedings IEEE **99**(7), 1162–1182 (2011)

62.35　Y. Ohshima: Control system for automatic driving, Proc. IFAC Tokyo Symp. Syst. Eng. Control Syst. Des. (1965)

62.36　S. Biddlestone, K. Redmill, R. Miucic, Ü. Özgüner: An integrated 802.11p WAVE DSRC and vehicle traffic simulator with experimentally validated urban (LOS and NLOS) propagation models, IEEE Trans. Intell. Transp. Syst. **13**(4), 1792–1802 (2011)

62.37　T. Schaffnit: Automotive standardization of vehicle networks. In: *Vehicular Networking: Automotive Applications and Beyond*, ed. by M. Emmelmann, B. Bochow, C.C. Kellum (Wiley, Chichester 2010)

62.38　L. Le, A. Festag, R. Baldessari, W. Zhang: CAR-2-X Communication in Europe. In: *Vehicular Networks: From Theory to Practice*, ed. by S. Olariu, M.C. Weigle (CRC, Boca Raton 2008)

62.39　T. Ernst: The information technology era of the vehicular industry, ACM SIGCOMM Comput. Commun. Rev. **36**(2), 49–52 (2006)

62.40　CALM working group producing standards and specifications: http://calm.its-standards.eu/

62.41　CVIS: Cooperative Vehicle-Infrastructure Systems, http://www.cvisproject.org/

62.42　D.M. Gavrila, U. Franke, C. Wöhler, S. Görzig: Real-time vision for intelligent vehicles, IEEE Instr. Meas. Mag. **4**(2), 22–27 (2001)

62.43　Japanese advanced safety vehicle project: http://www.mlit.go.jp/road/ITS/pdf/ITSinitiativesJapan.pdf

62.44　J.C. McCall, M.M. Trivedi: Video-based lane estimation and tracking for driver assistance: Survey, system, and evaluation, IEEE Trans. Intell. Transp. Syst. **7**(1), 20–37 (2006)

62.45　N.E. Apostoloff, A. Zelinsky: Robust vision based lane tracking using multiple cues and particle filtering, IEEE Intell. Veh. Symp. (2003) pp. 558–563

62.46　Q. Baig, M. Perrollaz, C. Laugier: A robust motion detection technique for dynamic environment monitoring. A framework for grid-based monitoring of the dynamic environment, IEEE Robotics Autom. Mag. **21**(1), 40–48 (2014)

62.47　M.R. Blas, M. Agrawal, A. Sundaresan, K. Konolige: Fast color/texture segmentation for outdoor robots, Proc. IEEE/RSJ Int. Conf. Intell. Robots Syst. (IROS) (2008)

62.48　D.M. Gavrila, V. Philomin: Real-time object detection for *smart* vehicles, Proc. 7th IEEE Int. Conf. Comp. Vis., Vol. 1 (1999) pp. 87–93

62.49　G. Piccioli, E. De Micheli, P. Parodi, M. Campani: Robust method for road sign detection and recognition, Image Vis. Comput. **14**(3), 209–223 (1996)

62.50　C. Bahlmann, Y. Zhu, R. Visvanathan, M. Pellkofer, T. Koehler: A system for traffic sign detection, tracking, and recognition using color, shape, and motion information, IEEE Intell. Veh. Symp. (2005) pp. 255–260

62.51　U. Franke, A. Joos: Real-time stereo vision for urban traffic scene understanding, Proc. IEEE Intell. Veh. Symp. (2000) pp. 273–278

62.52　Nissan safety vehicle that interacts with infrastructure: http://www.nissan-global.com/EN/TECHNOLOGY/OVERVIEW/vii.html

62.53　N. Hautiere, R. Labayrade, D. Aubert: Estimation of the visibility distance by stereovision: A Generic Approach, IEICE Trans. Inf. Syst. **E89-D**(7), 2084–2091 (2006)

62.54　A. Petrovskaya, M. Perrollaz, L. Oliveira, L. Spinello, R. Triebel, A. Makris, J.D. Yoder, C. Laugier, U. Nunes, P. Bessiere: Awareness of road scene participants for autonomous driving. In: *Handbook of Intelligent Vehicles*, ed. by A. Eskandarian (Springer, Berlin, Heidelberg 2012)

62.55　R. Labayrade, D. Aubert, J.P. Tarel: Real time obstacle detection in stereo vision on non flat road geometry through *V-disparity* representation, Proc. IEEE Intell. Veh. Symp., Vol. 2 (2002) pp. 646–651

62

62.56　Z. Sun, G. Bebis, R. Miller: On-road vehicle detection: A review, IEEE Trans. Pattern Anal. Mach. Intell. **28**(5), 694–711 (2006)

62.57　E. Segawa, M. Shiohara, S. Sasaki, N. Hashiguchi, T. Takashima, M. Tohno: Preceding vehicle detection using stereo images and non-scanning millimeter-wave radar, IEICE Trans. Inf. Syst. **E89-D**(7), 2101–2108 (2006)

62.58　T. Kato, Y. Ninomiya, I. Masaki: An obstacle detection method by fusion of radar and motion stereo, IEEE Trans. Intell. Transp. Syst. **3**(3), 182–188 (2002)

62.59　C. Coué, C. Pradalier, C. Laugier, T. Fraichard, P. Bessiere: Bayesian occupancy filtering for multitarget tracking: An automotive application, Int. J. Robotics Res. **25**(1), 19–30 (2006)

62.60　M. Oren, C. Papageorgiou, P. Sinha, E. Osuna, T. Poggio: Pedestrian detection using wavelet templates, IEEE Comput. Soc. Conf. Comput. Vis. Pattern Recognit. (1997) pp. 193–199

62.61　L. Zhao, C.E. Thorpe: Stereo- and neural network-based pedestrian detection, IEEE Trans. Intell. Transp. Syst. **01**(3), 148–154 (2000)

62.62　D. Pomerleau: Ralph: Rapidly adapting lateral position handler, IEEE Symp. Intell. Veh. (1995) pp. 506–511

62.63　US DOT: Intelligent vehicle initiative program, http://ntl.bts.gov/lib/jpodocs/repts_pr/14153.htm (2005)

62.64　Blind Spot Detection products: http://auto.howstuffworks.com/car-driving-safety/safety-regulatory-devices/cars-making-blind-spot-less-dangerous1.htm

62.65　L. Matuszyk, A. Zelinsky, L. Nilsson, M. Rilbe: Stereo panoramic vision for monitoring vehicle blind-spots, IEEE Intell. Veh. Symp. (2004) pp. 31–36

62.66　Volvo Blind Spot Information System (BLIS): http://www.gizmag.com/go/2937/

62.67　Automotive night vision systems: http://electronics.howstuffworks.com/gadgets/automotive/in-dash-night-vision-system3.htm

62.68　Radar-vision fusion for pedestrian detection: http://www.mobileye.com/technology/applications/radar-vision-fusion/

62.69　Large animal detection and collision avoidance product: http://www.telematics.com/telematics-blog/horse-avoidance-tech-latest-volvo-push/

62.70　T.A. Williamson: *A High-Performance Stereo Vision System for Obstacle Detection*, Tech. Rep., Vol. CMU-RI-TR-98-24 (Carnegie Mellon Univ., Pittsburgh 1998)

62.71　E. Li: Millimeter-Wave Polarimetric Radar System as an Advanced Vehicle Control and Warning Sensor, Ph.D. Thesis (Univ. Michigan, Michigan 1998)

62.72　J.A. Hancock: Laser Intensity Based Obstacle Detection and Tracking, Ph.D. Thesis (Carnegie Mellon Univ., Pittsburgh 1999)

62.73　European Union, 7th Framework Program: Interactive, http://www.interactive-ip.eu

62.74　N.M. Oliver, B. Rosario, A.P. Pentland: A Bayesian computer vision system for modeling human interactions, IEEE Trans. Pattern Anal. Mach. Intell.

62.75　**22**(8), 831–843 (2000)

62.75　D. Vasquez, C. Laugier: Modeling and learning behaviors. In: *Handbook of Intelligent Vehicles*, ed. by A. Eskandarian (Springer, Berlin, Heidelberg 2012)

62.76　J.C. McCall, M.M. Trivedi: Lane change intent analysis using robust operators and sparse Bayesian learning, IEEE Trans. Intell. Transp. Syst. **8**(3), 431–440 (2007)

62.77　D. Meyer-Delius, C. Plagemann, W. Burgard: Probabilistic situation recognition for vehicular traffic scenarios, Proc. IEEE Int. Conf. Robotics Autom. (ICRA) (2009) pp. 4161–4166

62.78　H. Berndt, J. Emmert, K. Dietmayer: Continuous driver intention recognition with hidden Markov models, Proc. IEEE Intell. Transp. Syst. Conf. (2008) pp. 1189–1194

62.79　G.S. Aoude, V.R. Desaraju, L.H. Stephens, J.P. How: Behavior classification algorithms at intersections and validation using naturalistic data, IEEE Intell. Veh. Symp. (2011) pp. 601–606

62.80　G.S. Aoude, B.D. Luders, D.S. Levine, J.P. How: Threat-aware path planning in uncertain urban environments, IEEE/RSJ Int. Conf. Intell. Robots Syst. (IROS) (2010) pp. 6058–6063

62.81　C. Tay, K. Mekhnacha, C. Laugier: Probabilistic vehicle motion modeling and risk estimation. In: *Handbook of Intelligent Vehicles*, ed. by A. Eskandarian (Springer, Berlin, Heidelberg 2012)

62.82　M. Althoff, O. Stursberg, M. Buss: Model-based probabilistic collision detection in autonomous driving, IEEE Trans. Intell. Transp. Syst. **10**(2), 299–310 (2009)

62.83　S. Lefèvre, C. Laugier, J. Ibañez-Guzmán: Evaluating risk at road intersections by detecting conflicting intentions, Proc. IEEE/RSJ Int. Conf. Intell. Robots Syst. (IROS) (2012)

62.84　A. Molinero, H. Evdorides, C. Naing, A. Kirk, J. Tecl, J.M. Barrios, M.C. Simon, V. Phan, T. Hermitte: *Accident causation and pre-accidental driving situations – In-depth accident causation analysis, Deliverable D2.2* (IST, Brussel 2008)

62.85　Intelligent intersections and cooperation – Intersafe 2: http://www.cvisproject.org/

62.86　W.D. Jones: Keeping cars from crashing, IEEE Spectrum **38**(9), 40–45 (2001)

62.87　P. Venhovens, K. Naab, B. Adiprasito: Stop and go cruise control, Proc. FISTA World Automot. Congr. (2000)

62.88　I.E. Paromtchik, C. Laugier: Motion generation and control for parking an autonomous vehicle, Proc. Int. Conf. Robotics Autom. (ICRA), Vol. 4 (1996) pp. 3117–3122

62.89　Toyota: Toyota parking assistance system, http://www.toyota-global.com/innovation/safety_technology/safety_technology/parking/

62.90　V.R. Vuchic: 0-Bahn: Description and evaluation of a new concept, 64th Annual Meet. Transport. Res. Board (Transportation Research Board, Washington DC 1985)

62.91　S. Ishida, J.E. Gayko: Development, evaluation and introduction of a lane keeping assistance system, IEEE Intell. Veh. Symp. (2004) pp. 943–944

62.92　C. Hatipoglu, Ü. Özgüner, K.A. Redmill: Automated

lane change controller design, IEEE Trans. Intell. Transp. Syst. **4**(1), 13–22 (2003)

62.93 A. Bartels, M.-M. Meinecke, S. Steinmeyer: Lane change assistance. In: *Handbook of Intelligent Vehicles*, ed. by A. Eskandarian (Springer, Berlin, Heidelberg 2012) pp. 729–757

62.94 J. Treat, N. Tumbas, S. McDonald, D. Shinar, R. Hume, R. Mayer, R. Stansifer, N. Castellan: *Tri-Level study of the causes of traffic accidents: Final report – Executive summary*, Tech. Rep., Vol. DOT-HS-034-3-535-79-TAC(S) (Institute for Research in Public Safety, Bloomington 1979)

62.95 K.A. Brookhuis, D. De Waard, W.H. Janssen: Behavioural impacts of advanced driver assistance systems – an overview, Eur. J. Transp. Infrastruct. Res. **1**(3), 245–253 (2001)

62.96 Q. Ji, Z. Zhu, P. Lan: Real-time nonintrusive monitoring and prediction of driver fatigue, IEEE Trans. Veh. Technol. **53**(4), 1052–1068 (2004)

62.97 M. Carmen del Rio, J. Gomez, M. Sancho, F.J. Alvarez: Alcohol, illicit drugs and medicinal drugs in fatally injured drivers in Spain between 1991 and 2000, Forensic Sci. Int. **127**(1/2), 63–70 (2002)

62.98 N.L. Haworth, T.J. Triggs, E.M. Grey: *Driver Fatigue: Concepts, Measurement and Crash Countermeasures* (Human Factors Group, Department of Psychology, Monash University 1988)

62.99 N.L. Howarth, C.J. Heffernan, E.J. Horne: *Fatigue in truck accidents*, Tech. Rep., Vol. 3 (Monash University, Accident Research Centre 1989)

62.100 W.W. Wierwille, L.A. Ellsworth: Evaluation of driver drowsiness by trained raters, Accid. Analysis Prev. **26**(5), 571–581 (1994)

62.101 J. Stutts, D. Reinfurt, L. Staplin, E. Rodgman: *The role of driver distraction in traffic crashes. Tech. Rep* (AAA Foundation for Traffic Safety, Washington 2001)

62.102 T. Victor: Keeping Eye and Mind on the Road, Ph.D. Thesis (Uppsala Univ., Uppsala 2005)

62.103 L. Fletcher, A. Zelinsky: Driver inattention detection based on eye gaze – road event correlation, Int. J. Robotics Res. **28**(6), 774–801 (2009)

62.104 L. Fletcher, L. Petersson, A. Zelinsky: Road scene monotony detection in a fatigue management driver assistance system, Proc. IEEE Intell. Veh. Symp. (2005) pp. 484–489

62.105 Y. Owechko, N. Srinivasa, S. Medasani, R. Boscolo: Vision-based fusion system for smart airbag applications, IEEE Intell. Veh. Symp., Vol. 1 (2002) pp. 245–250

62.106 F.J. Martinez, T. Chai-Keong, J.-C. Cano, C.T. Calafate, P. Manzoni: Emergency services in future intelligent transportation systems based on

vehicular communication networks, IEEE Intell. Transp. Syst. Mag. **2**(2), 6–20 (2010)

62.107 Emergency response and assistance to accidents product: https://www.splitsecnd.com/

62.108 M. Schulze, J. Irion, T. Mäkinen, M. Flament: Accidentology as a basis for requirements and system architecture of preventive safety applications, 10th Int. Forum Adv. Microsyst. Automot. Appl. (AAA) (2006) pp. 407–426

62.109 X.Y. Lu, H.S. Tan, S.E. Shladover, J.K. Heidrick: Implementation and comparison of nonlinear longitudinal controllers for car platooning, 5th Int. Symp. Adv. Veh. Control (AVEC) (2000)

62.110 Cybercar: Cybercar – Automated Bus Rapid Transit vehicle

62.111 European Commission: Intelligent Car Initiative, http://www.ertico.com/the-intelligent-car-initiative

62.112 World Carshare Consortium: http://www.ecoplan.org/carshare/cs_index.htm

62.113 R. Cervero: Creating a Linear City with a Surface Metro: *The Story of Curitiba, Institute of Urban and Regional Development*, IURD Working Paper 643 (Univ. California, Berkeley 1995)

62.114 H.S. Jacob Taso, J.L. Botha: *Definition and Evaluation of Bus and Truck Automation Operations Concepts*, Path Rep. UCB-ITS-PRR-2002-08 (Univ. California, Oakland 2002)

62.115 Phileas advanced public transport: http://www.apts-phileas.com

62.116 J. Ziegler, P. Bender, M. Schreiber, H. Lategahn, C. Stiller: Making Bertha drive: An autonomous journey on a historic route, IEEE Intell. Transp. Syst. Mag. **6**(2), 8–20 (2014)

62.117 A. Broggi, P. Cerri, S. Debattisti, M.C. Laghi, P. Medici, M. Panciroli, A. Prioletti: PROUD – Public ROad Urban Driverless test: Architecture and results, Proc. IEEE Intell. Veh. Symp. (2014) pp. 648–654

62.118 US Department of Transportation, Research and Innovation Technology Administration, Intelligent Transportation Systems, Joint Program Office (DOT, Washington 2014): http://www.its.dot.gov/

62.119 European Union Research on Transportation (European Commission, Brussels 2014) http://ec.europa.eu/research/transport/

62.120 Japan Ministry of Land, Infrastructure and Transport: Road Bureau ITS Program, http://www.its.go.jp/ITS/(2007)

62.121 EU Transport Research and Innovation Portal: http://www.transport-research.info/web/index.cfm

62

第 63 章
医疗机器人与计算机集成外科手术

Russell H. Taylor, Arianna Menciassi, Gabor Fichtinger,
Paolo Fiorini, Paolo Dario

1980 年以来，机器人在医疗领域的发展一直非常引人注目。从最开始的脑立体定向手术、骨科、内镜外科、显微外科和其他领域发展到商业市场、临床系统，并形成了强大的、成倍增长的研究团体。本章将讨论一些主要问题，通过实例展现过去和当前最新的研究。如果你想要更透彻地理解这个不断拓展的研究领域，建议深入阅读第 63.4 节内容。

医疗机器人可以按下类别进行分类：按照机械手设计分类（如运动方式、驱动方式）；按照自动等级分类（程序式、遥操作式和受限合作式）；按照操作对象分类（如心脏、血管内、经皮手术、腹腔镜手术、显微外科）；按照预期手术环境分类（如检测设备、手术室环境、非手术室环境）。在这一章，我们将注意力放在大型计算机集成系统在术前规划、术中操作、术后评估和后期复查中的应用。

首先，介绍计算机集成外科手术（CIS）的基本概念，讨论影响医疗机器人最终部署和接受的关键因素，并介绍外科手术计算机辅助规划、执行、监控和评估（外科手术 CAD/CAM）和外科手术辅助基本系统范例。在随后的章节中，我们将概述医疗机器人系统技术，并讨论基本系统范例，简短讨论远程手术和机器人外科手术模拟器。最后对未来的研究方向提出了一些想法，并给出进一步阅读的建议。

63.1 核心概念

机器人系统的一个核心特性就是能够将复杂的信息和实际应用结合在一起，从而选择正确的操作。这种代替、补充，甚至优于人类操作的能力已经在诸如工业生产、探测、质量监控和试验流程中得到了验证。虽然机器人的首要用途是自动化生产和改进具体流程，如焊接、测试探头放置和高危作业，但是计算机和机器人系统在推动和整合整个生产或服务过程中产生了更深远的影响。

63.1.1　医疗机器人、计算机集成外科手术与闭环干预

作为利用人类和计算机技术互补优势的更广泛、信息密集型环境的一部分，医疗机器人同样具有从根本上改变外科手术和介入医学的潜力。此类机器人也许被认为只是一种信息驱动型手术工具，可以帮助外科医生在手术时提升效率和安全性，并在一定程度上降低术后复发率。但是更重要的是，医疗机器人与计算机辅助手术系统所拥有的一致性和信息基础，使得计算机系统和机器人在未来医疗领域可能扮演与工业生产中一样重要的角色。

图 63.1 展现了计算机集成外科手术的整体模型。首先需要获取患者的医学信息，包括如计算机断层扫描（CT）、磁共振成像（MRI）、正电子发射体层成像（PET）等医学影像、实验室测试结果和

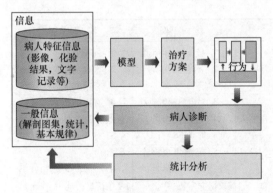

图 63.1　计算机集成外科手术的整体模型

其他信息。接着，计算机通过将患者医学信息与解剖学、统计学数据、生理学和疾病学等信息相结合，获得一份患者的计算机病症描述。最后，这些信息可以帮助生成最终的医疗介入方案。但是，在手术室中，术前患者模型和治疗方案必须匹配，具体匹配的方式是识别术前模型和患者之间对应的结构特征。或者通过额外的成像（如 X 射线、超声波、视频），或者通过使用跟踪指示设备，或者通过机器人本身。例如，如果患者的解剖学信息发生了改变，那么相关的医学模型也应该对应更新，并且在机器人的协助下生成新的手术步骤。随着医学介入的深入，需要不断加入更多的影像和传感器来记录手术过程，更新患者模型，同时验证规划的手术过程是否被成功实施。在手术结束之后，将继续利用影像、患者模型和计算机辅助评估系统对患者的复查和后续治疗进行必要的协助。同时，患者在手术过程中产生的相关信息予以保留，这些数据可以在之后加入到数据库中，用于提升之后的手术过程。

63.1.2　影响市场接受医疗机器人的因素

根本上来讲，医疗机器人是一个应用驱动型研究领域。但目前医疗机器人系统的发展需要科学领域产生重大的突破。同时，如果想要医疗机器人有广泛的应用，其必须要有非常大的优势。目前的状况之所以非常复杂，就是因为医疗机器人的优势经常难以衡量。不仅需要很长时间的评估和测试，而且它的优势还会因为实际情况的改变而产生变化。表 63.1 列出了一些研究人员认为在研发新的医疗机器人系统时应该考量的较为重要的因素。

63

表 63.1　医疗机器人和计算机集成外科手术系统的评估因素[63.1]

评估因素	关　注　者	评估方式	核心影响概述
新的治疗方式	临床研究者，患者	临床与临床前试验	超越人类感知和机能极限（如微创手术），使得带有实时图像反馈的微创手术成为可能（如荧光检查镜或 MRI 引导的肝脏和前列腺治疗）。通过更好的数据连续性和数据收集能力加速临床医学研究
手术质量	患者，外科医生	临床诊断，误诊率	显著提高手术质量（如微血管吻合手术），以此改进手术结果，同时降低翻修手术比例
时间和成本	外科医生，医院，保险公司	小时数，医院开销	对于部分医学介入可以减少在手术室的时间。从降低翻修手术和痊愈时间的角度降低花销。提供有效的医疗介入来治疗患者

（续）

评估因素	关 注 者	评估方式	核心影响概述
侵入性更小	外科医生，患者	定性诊断，痊愈所花时间	提供侵入性所需的至关重要的信息和反馈，从而可以降低感染风险、痊愈时间和花销（如经皮脊柱手术）
安全性	外科医生，患者	手术翻修率和术后并发症比例	降低术后并发症和手术错误，再一次降低花销，改进手术结果并降低住院时长（如髋关节置换手术，手稳定脑外科手术）
实时反馈	外科医生	定性评估，定性对比手术计划与观测结果和手术翻修率	通过结合术前模型和术中影像，为外科医生实时提供患者精确信息（如无须外科医生介入的 X 射线，使用常规 MRI 的肝脏治疗），确保医疗计划被实际完成
精确性和准确性	外科医生	定性对比计划和实际进程	显著提升治疗剂量模式输送和软组织操作的精确性（如实体器官治疗，微创手术，机器人骨骼加工）
增强文档记录和术后治疗	外科医生，临床研究者	数据库，解剖学图集，影像，临床观测	利用 CIS 系统能力来记录更多手术中多元的信息和信息的详情。随着时间的推移，这种能力与 CIS 系统的连续性相结合，可以显著提升外科手术，同时也可以缩短研究路线

总体上来讲，医疗机器人的优势大致可以分为三个方面。

第一，医疗机器人可以通过与人类优势互补的方式（这些方式在表 63.2 中有阐述）极大程度上提升医生的手术技巧。医疗机器人可以协助医生完成更加精确细致的工作，还可以在危险的放射性环境中实施手术和在病患体内实行精细的微创手术。这些能力不仅可以让普通医生也拥有完成高难度手术的能力，甚至可以让那些本来不可能完成的手术成为可能。

表 63.2 人和机器人之间的优势互补[63.1]

	优 势	局 限 性
人	1. 极佳的判断力 2. 极佳的手眼协调能力 3. 极佳的灵巧性（人类尺度而言） 4. 能够同时对多个信息做出反应 5. 训练成本低 6. 能够随机应变	1. 容易疲劳，注意力不集中 2. 由于震颤导致有限精度的运动控制 3. 自然尺度之外的灵巧性十分有限 4. 无法看到组织下方 5. 笨重的末端执行器（手） 6. 有限的几何精度 7. 很难保持无菌环境 8. 容易受到辐射和感染

（续）

	优 势	局 限 性
机器人	1. 极佳的几何精度 2. 不会疲劳，十分稳定 3. 对电离辐射免疫 4. 可以在多种尺度和负载下运行 5. 能够集成多个数据源和传感器的数据	1. 判断力差 2. 很难适应新的情况 3. 有限的灵活性 4. 有限的传感器和执行器协调能力 5. 有限的触觉感知（目前） 6. 有限的集成和处理复杂信息的能力

第二，同时也是相关性更强的是医疗机器人提升手术安全性的能力。医疗机器人不仅可以提升手术技巧，同时可以保证手术环境的安全。例如，利用禁行区和虚拟约束来防止医疗器械的结构被损坏（见第 63.2.3 节）。此外，医疗机器人集成到更大的 CIS 系统的基础信息设施中，可以给外科医生提供更有效的监测和在线诊断支持。这也在一定程度上提升了手术安全性。

第三个优点在于医疗机器人和 CIS 系统的固有能力：在为每一例手术在线提取信息的同时提升一致性。执行手术的一致性（如手术缝合伤口的松紧和关节重建）本身就是很重要的因素。这些信息被保存并定期进行分析，就像飞机飞行事故记录仪的信息一样，医疗信息可以用于医疗事故的评估。而且通过统计这些数据，可以从中找到对于某种病症最好的治疗方案。此外，这些数据也可以作为外科手术模拟器中非常重要的数值，或者作为手术技能考核评估中的参考数据库。

63.1.3 医疗机器人系统范例：外科手术 CAD/CAM 与外科手术助手

我们将计算机辅助规划、注册、执行、监测和评估的过程称为外科手术 CAD/CAM。正如在工业生产中一样，通过训练外科手术医生使用机器人，可以使得医疗机器人在医疗领域成为至关重要的存在。机器人所扮演的具体角色在一定程度上取决于应用场景，但在目前的应用中更倾向于利用机器人的几何精度和它们与 X 射线或其他影像设备相协同的能力。典型的例子包括放射治疗输送机器人（如 Accuray 公司的 CyberKnife[63.2]），骨关节重建中的骨塑形（将在第 63.3.2 节中具体阐述），以及图像制导的治疗针放置（见第 63.3.3 节）。

外科手术通常是高度互动的，许多决定是由在手术室中的外科医生通过直接的视觉或触觉反馈做出的，紧接着便立即执行。一般来说，医疗机器人的目的并不是要取代传统的外科医生，而是提升他

们治疗病人的能力和专业技能。因此，机器人只是一种受计算机控制的工具。它的控制通常也是与外科医生共享的。不难看出，在这种定义下，医疗机器人更多的是作为一种外科手术助手。

一般来说，外科手术助手可以分为两类：第一类是外科医生拓展型机器人。它们通常在外科医生的控制下操作手术器械，这种控制通常是通过远程或者协同控制接口实现的。此类系统的主要价值在于它们能够克服外科医生的一些直觉和操作限制。例如，通过消除手部震颤在病人体内执行高灵活性的任务，或者医生无法接触到病患时远程实施手术，甚至操作具有超人手精度的外科手术器械。尽管此类设备初期设置所花的时间仍然是很多外科医生很头疼的问题，但是在后期手术执行期间带来的操作便利仍然能够减少整体的耗时。扩展外科医生能力的一个广泛应用示例是 da Vinci 系统[63.3]（图 63.2）。其他例子（诸多例子中的一个）包括 Sensei 导管系统[63.7]（Hansen Medical System 公司）。JHU 的稳手显微外科手术机器人[63.4-6]，如图 63.3 所示，并在第 63.3 节中讨论。Rio 矫形外科机器人[63.8]（Mako Surgical System 公司）、DLR 的 Miro 系统[63.9]、Surgica Robotia 公司的 Sergenius 系统和 Titan Medical 公司的 Amadeus 系统。

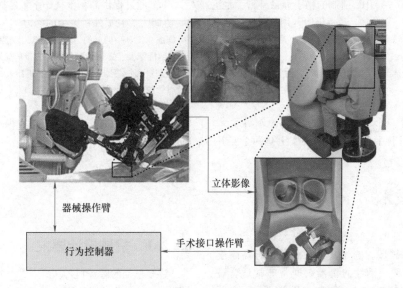

立体影像

器械操作臂

行为控制器 ←→ 手术接口操作臂

图 63.2 达芬奇远程手术机器人[63.3]通过延伸开放微创手术中的精确度和即时性，提升了外科医生的手术能力（由 Intuitive Surgical 公司提供）

第二类是外科手术辅助支援机器人。通常此类机器人与外科医生同时工作，执行诸如组织回收、肢体定位和内窥镜等常规任务。此类机器人的一个主要优点是它们可能减少手术室所需要的人员数

量，但是只有那些机器人可以独立完成的过程才能被自动化。其他的优势包括改进操作效果（如更稳定的内窥镜影像），提高安全性（如消除过度的收缩力），或者只是让外科医生更好地了解手术进程

从而获得更强的操控感。这些系统同样存在一些问题，例如，最主要的问题是如何在提供必要协助的同时不给外科医生带来不必要的负担。为了解决这个问题产生了很多目前常见的控制方式，如操纵杆、头部跟踪、语音识别系统和外科手术器械的视觉跟踪。例如，Aesop 内窥镜定位器[63.10]就使用了一个脚踏式操纵杆和语音识别系统。更多的例子将在第 63.3 节中讨论。

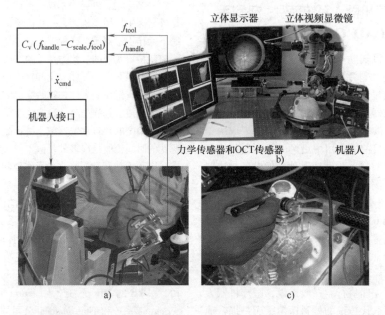

图 63.3　JHU 研制的稳手显微外科手术机器人[63.4-6]　通过提供高精度操作手术器械的能力，同时仍然利用外科医生自然的手眼协调，扩展了外科医生的能力
a）实践指导的基本范式。机器人的指令速度与外科医生施加在工具手柄上的力与（可选）感测到的工具-组织力之间的比例差成正比　b）当前实验室设置：显示机器人、立体视频显微镜、带信息覆盖的立体显示器、光学相干断层扫描（OCT）系统的显示控制台和传感器工具　c）稳手机器人的早期版本目前用于 $100\mu m$ 直径血管的微插管试验

这里提到一个非常重要的问题，外科手术 CAD/CAM 和外科手术辅助系统事实上是两个互补的概念。它们并非完全不兼容，在很多系统中都同时使用这两种设备。

63.2　技术

外科手术机器人的机械设计很大程度上取决于其预期应用领域。例如，具有高精度、高刚度和（可能）有限灵活性的机器人通常非常适合矫形骨科和立体定向针放置，此类医疗机器人[63.17-20]通常具有高传动比，因此具有低反向驱动能力、高强度和低速度。另一方面，用于复杂软组织微创手术（MIS）的机器人要求具有紧凑灵巧的机械结构，并且要具备快速响应能力。此类系统[63.3,21]经常有相对较高的速度、低强度和高反向驱动能力。

63.2.1　机械设计要求

许多早期的医疗机器人[63.17,20,22]本质上是工业机器人。这种方式有许多优点，如低成本、高可靠性、低开发周期等。因此只要经过适当的修改以保证安全性和无菌性，这样的系统在临床上可以非常成功[63.18]，并且它们对于医疗机器人的快速应用和研究有着非常重要的意义。

然而，外科手术领域的机器人倾向于使用更加专业的设计。例如，腹腔镜手术和经皮置针手术经常涉及使用病人身上通用入口点的操作。目前有三种基本的设计方式：第一种是使用被动手腕，让仪器围绕插入点旋转，类似的机械结构已经在 Aesop 和 Zeus 机器人，以及一些研究系统中得到了应用[63.21,23]。第二种方式是机械地限制手术工具的运动，使其旋转到机器人的远程运动中心（RCM）。在手术中，通过对机器人的定位，将 RCM 点与病人身上的入口点重合，从而进入病人体内。这种方法被商用的 da Vinci 机器人和很多其他研究小组使用[63.24-26]。最后一种方式是使用一个主动式外部手腕[63.9,17]。采用这种方式的机器人可以不需要固定点，具有拓展到其他手术领域的潜力。

微创手术的出现产生了一个在医疗机器人设计时的新需求，它要求机器人可以在病人体内极端受限的空间内提供高度灵活的操作，并且这种空间尺度正在变得越来越小。图 63.4 展示了目前一些较为经典的实现方式。除此之外，目前常见的方式是开发电缆驱动手腕[63.3]。但是许多的研究者已经开始向其他方向展开研究，包括弯曲的单元结构[63.11]、微型液压系统[63.29]、记忆合金驱动器[63.27,28]和电活性聚合物[63.30]。同样，对在体内施行手术的需求驱使几个小组开发出用于心外膜手术[63.31]或腔内应用[63.32,33]的半自主机器人。

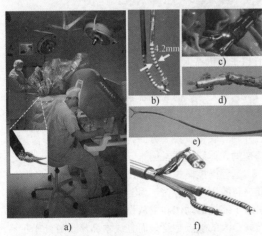

图 63.4　患者体内灵巧度增强

a) 使用典型手术器械的直观 da Vinci 系统和手腕（由 Intuitive Surgical 提供）[63.3]　b) JHU/Columbia snake 远程手术系统的末端执行器[63.11]　c) 用于胃内手术的双手操作系统[63.12]　d) 5 自由度 3mm 手腕和夹持器[63.13]，用于深部和狭窄空间的显微外科手术　e) 同心管机器人[63.14,15]　f) Columbia/Vanderbilt 高灵活度系统用于单孔腹腔镜手术[63.16]

两种日益增长的 MIS 方式是经自然腔道内镜手术（NOTES）[63.34,35]和单孔腹腔镜（SPL）[63.36]。它们共同特点是通过使用自然的通道和内部切口（如 NOTES）或者人类疤痕（如在 SPL 中使用肚脐）进入腹腔。从机械设计的角度来看，有必要为了平台的灵活性和稳定性研发可部署的手术器械或内窥镜（灵活是为能够到达患处，稳定是为了实现精度）。在实现过程中，公司和研究小组所遇到的最大问题是仪器之间的碰撞和三角测量。

远端操作问题已经在 MIS 系统中出现了，在 NOTES 和 SPL 中显得更加明显。一些研究小组开发了帮助这些需要三角测量的手术任务的方案[63.39]。这些方案都是基于磁场可以在非接触情况下产生约束力的原理[63.40-42]。

近几年来另一个重要的发展是三维打印和其他快速成形技术，这些技术可以为医疗机器人生产可用的组件，也可以用于建立实际情况下每个患者的特性模型[63.43,44]。这一趋势促进了医疗机器人设计的飞速发展，并且这一领域在未来几年内将变得越来越重要。

尽管大多数外科手术机器人要么安装在手术台上，要么安装在手术室天花板或地板上，但是人们对直接依附于患者本身的设备越来越感兴趣[63.45,46]，并且已经被临床应用[63.47]。这种方式的主要优点在于，如果患者发生了移动，患者和手术设备之间的相对位置并不会发生变化，手术进程也不会受到影响。为了实现这一目的，需要研发小型化的机器人和非侵入式的安装方式。

最后，对用于特殊影像环境的机器人系统提出了另一个挑战。首先，机器人（或者至少其末端执行器）在空间上必须能够和患者一同进入扫描设备，其次，机器人的机械结构和执行机构不要干涉图像的形成过程。在 X 射线和 CT 的例子里，满足这些条件相对来讲比较简单直接，但是在 MRI 系统中，这些条件就不那么容易实现了[63.48]。

63.2.2　控制范例

外科手术机器人协助外科医生治疗患者的方式通常有移动手术器械、传感器或其他与病人相关的设备。总的来讲，这些运动都是由外科医生通过以下三种方式来控制的：

（1）程序式、半自主运动　机器人的预期行为是被外科医生主动指定的，通常来讲是在得到图像反馈后基于该信息做出的指令。然后计算机补充中

63

间的运动细节，获得医生同意后，再进行移动。采用这种方式的例子有：针靶的选择、经皮治疗的插入点和人工骨加工的刀具路径选择等。

（2）远程操控　外科医生通过一个单独的人机接口设备直接进行操作，从而实现预期的动作。例如，da Vinci机器人[63.3]。虽然肢体操作是目前最主要的方式，但是值得注意的是，诸如语音输入等方式也可以被使用[63.21]。

（3）手部跟随控制　外科医生掌控机器人控制手柄，通过手柄控制机器人末端的手术工具或执行

器。控制手柄上有力学传感器，可以感知操纵者希望机器人移动的方向，然后计算机再操控末端执行器来达到操纵者的目的。

早期使用Robodoc[63.17]（图63.5a、b）和其他手术机器人的经验表明，这种操作方式是最方便和自然的。随后，一些小组将这种方式推广到需要精确控制的手术机器人中，特别指出的是，JHU的稳手显微外科手术机器人[63.4]（图63.3）、整形外科手术机器人Rio[63.8]（Mako Surgical System）和帝国理工学院的整形外科系统Acrobot[63.49]（图63.5c）。

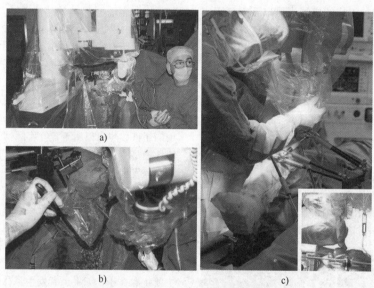

图63.5　临床部署的骨科手术机器人

a）、b）Robodoc系统[63.17,18]代表了第一个用于关节重建手术的临床应用机器人，并已用于初级和翻修髋关节置换手术，以及膝关节置换手术　c）Davies等人[63.49]的Acrobot系统使用手动顺应性制导和一种虚拟固定装置，为膝关节置换手术准备股骨和胫骨

以上这些控制模式之间的界限并不清晰，经常被混合使用。例如，Robodoc系统[63.17,18]使用手部跟随方式将执行器移动到靠近患者膝盖和股骨的位置，然后使用预编程模式制作人工骨。类似的，IBM/JHU LARS机器人[63.25]同时使用协同和远程操控模式。协同控制的Acrobot系统[63.49]使用预先编程的虚拟固定装置（见第63.1.3节），该固定装置源自植入物形状及其相对于医学图像的规划位置。

每一种操作模式都有各自的优点和局限性，这取决于任务的具体需求。预编程模式可以结合具体任务使用相对简单的描述生成复杂的路径，这种方式通常结合外科手术CAD/CAM使用。这种方式也可以用于远程操控模式或手部跟随控制模式，通过结合传感器数据提供非常有帮助的复杂路径信息。例如，在医生对针尖进行预定位后，传递缝线或者

置针到脉管中。另一方面，通过实时医学影像理解畸变的人体结构非常困难。

远程操控模式为交互式的应用提供了很多功能，如灵巧的MIS[63.3,21,26,50]和远程外科手术[63.51,52]。它引入了缩放的动作和主从设备之间的触觉反馈。该模式最大的缺点是复杂而且成本高昂，另外干扰有可能切断主从设备之间的连接。

手部跟随控制将机器人的精确、有力和无震颤与徒手操控的实时性结合起来。这些系统相比远程操控来说要更便宜，因为它的硬件设备更少，并且更容易融入现有的外科设备。它将外科医生手眼的自然坐标按照直觉引入系统中，同时这种方式也具有调节力大小的能力[63.4,5]。虽然直接的运动缩放是不可能的，但是因为它可以在显微镜下随着外科医生的动作而移动，这种缺点就显得不那么重要。

最大的缺点是外科医生和外科手术工具之间任何维度上的距离都是无关的，而且实现手部跟随控制在末端的精确控制也是不现实的。

远程操控和手部跟随控制都与共享控制模式兼容，共享控制模式允许外科医生对医疗机器人的约束和参数进行设置，这方面在第63.2.3节中有进一步讨论。

63.2.3 虚拟约束与人-机器协同系统

虽然远程操控和手部跟随控制的共同目标是让操作尽量变得透明，具体来讲就是像使用普通手持工具一样使用医疗机器人，但是直接控制的仍然是计算机本身，这也为医疗机器人提供了更多的可能性。最简单的就是制造安全屏障，使得末端执行器无法进入工作区的一部分空间。更复杂的诸如虚拟弹簧、虚拟阻尼器或更复杂的机械约束，使得外科医生可以对齐刀具，维持所需的力，或者维持一个想要的解剖学位置关系。在图63.5c中展示的Acrobot系统就是一个成功应用于临床的此类概念的例子。这种概念有很多名称，其中，"虚拟约束"是大家都比较认同的概念[63.53,54]。一组研究人员正在探索一种被称为主动协同控制的概念，在这个概念中，计算机与外科医生共同对机器人进行控制。随着计算机模型在无数次外科手术中的不断完善，这种模型对于外科手术的辅助应用越来越重要。图63.6展示了人机主动协同控制的总体模型。图63.7展现了用解剖学模型生成的虚拟约束。这些方式无论对于经典的远程操控模式或者手部跟随模式都同样有效。在第2卷第43章中有相关介绍。

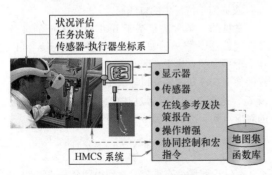

图 63.6 外科手术中的人-机器协同系统（HMCS）

远程操控和手部跟随控制也同样适用于康复和伤残辅助系统的人-机器协同系统。受约束的手部跟随控制系统对康复运动和帮助运动障碍的人有很重要的意义。类似地，远程操控和智能跟踪控制很

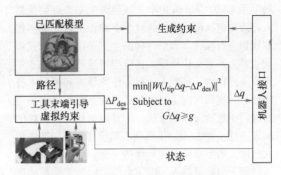

图 63.7 使用虚拟约束的人-机器协同系统
注：其中使用的虚拟约束来自于使用病患特征创建的解剖学模型[63.53]。

可能对于之后的辅助协同系统具有至关重要的作用。关于残疾人辅助系统的详细描述见第64章。

63.2.4 安全性

医疗机器人对于安全性有非常严苛的要求，所以从机器人设计流程的开始阶段就需要考虑安全性的问题[63.55,56]。即使细节可能不相同，但是每个部门对于医疗机器人设计、实施、测试、生产和售后的各个阶段都有明确的规定。总的来讲，系统应该在硬件和软件控制中留有足够的冗余度，防止意外情况发生。最基本的认识是，任何单一的故障都不应该导致机器人失控或者伤害病人。虽然在这方面不同的公司有不同的取舍，但是通行的做法是在机器人上加装冗余的位置编码器，并在机械结构上限制机器人能够达到的速度和力。如果硬件一致性检测失败，最常见的处理方式是立即停止一切动作保持目前状态，或者让机器人松弛下来。至于哪种是最好的方式，很大程度上取决于应用的环境。

可消毒性和生物相容性也需要非常谨慎的考量。此外，具体的方式因不同的应用场合而有所不同。最常见的消毒方式包括伽马射线（对于一次性器件）、高压灭菌器、浸泡、蒸汽消毒和用无菌布包裹器件表面。浸泡和蒸气消毒是最不容易损坏机器人元件的方式，但是对于消毒设备本身需要进行严苛的清理，以防止外来细菌通过消毒设备感染环境。

认真阅读机器人手册也是至关重要的。正如其他工具一样，为了安全，外科手术机器人必须被正确地使用，而使用人员必须得到良好的训练。外科医生要对手术过程非常熟悉，同时要对机器人的能力和限制有非常明确的了解。因此，对训练过程就有了新的要求，训练过程中要包含机器人能力的讲解和非技术性技能的传授（见第63.3.8节）。在外

科手术 CAD/CAM 应用中，外科医生必须理解机器人将会如何执行规划，并且学会确保机器人确实按照规划进行操作。如果外科医生正采用交互方式控制机器人，那么让机器人正确理解这些指令就非常重要。同样地，机器人运行的任务环境和模型本身与任务环境相对应也是十分必要的。任务模型的可行性对于机器人自动化执行的开发与任务正确性的验证一样重要[63.57]。虽然精心的设计和实施能够很大程度上消除操纵者误操作的可能，但是如果机器人和用于引导机器人的医学影像之间的连接被破坏时，也同样无法起到作用。如果机器人的动作因为任何原因失败了，必须要有良好的日志记录和恢复操作（最好能够手动继续执行操作）。

最后，读者一定要记住，一款设计良好的机器人能够在很大程度上提升手术安全性。机器人本身不会疲劳或者分神，它的操作可以更精确，手术刀滑落伤到组织的可能性也会更低。事实上，系统可以编写一个虚拟约束（见第 63.2.3 节），防止工具进入被禁止的区域，除非外科医生特意改写系统权限。

63.2.5 病患影像及模型

随着医疗机器人能力的不断拓展，使用计算机系统来模拟动态变化的病患解剖学特征变得越来越重要。有一个强大和多元的研究团体致力于一个非常广泛的研究课题，用病患医学影像建立病患模型，通过实时影像和其他传感器数据更新这些模型，用这些模型规划和检测手术进程。下面列出部分相关的研究课题：

1）医学图像分割和融合，构建患者特异性解剖学模型。

2）生物力学特性的测量和建模，分析预测影响手术规划、控制和康复的组织畸变或功能因素。

3）治疗计划和交互控制系统的优化方案。

4）将虚拟显示图像和计算模型与现实患者模型结合的方法。

5）个性化治疗方案和个性化治疗步骤。

6）手术中医学影像更新的数据融合。

7）人-机器人交互方式，包括实时数据模型可视化，自然语言的理解，手势识别等。

8）不确定数据、不确定模型、不确定系统的标记，以及使用这些数据改善现有的机器人治疗方案和控制方式。

对于上述研究的深入探讨已经超出了本文的研究范畴，有关更完整的讨论可以在第 63.4 节中进一步阅读。

63.2.6 设备注册

设备之间的几何学关系对于医疗机器人至关重要，特别是外科手术 CAD/CAM 系统。关于如何建立机器人、传感器、医学影像和病患相对应的坐标系有非常丰富的文献[63.58,59]。根据参考文献[63.59]，我们在这里简单总结一下核心概念，假设坐标系为

$$v_A^r = (x_A, y_A, z_A)$$
$$v_B^r = (x_B, y_B, z_B)$$

上述坐标系分别对应在不同坐标系 Ref_A 和 Ref_B 的两个可比较的坐标位置。那么设备之间注册的步骤可以简化为找到一个函数 $T_{AB}(\cdots)$，满足

$$v_B = T_{AB}(v_A)$$

一般的，假设 $T_{AB}(\cdots)$ 严格服从

$$T_{AB}(v_A^r) = R_{AB}v_A^r + p_{AB}^r$$

式中，R_{AB} 代表一种旋转，p_{AB} 表示一个平移，但是非刚体变换现在变得越来越普遍。有很多种方式可以计算出 $T_{AB}(\cdots)$，对于医疗机器人最常用的是找到一组对应的几何学特征 Γ_A 和 Γ_B，它们分别可以在两组坐标系中唯一确定，然后找到一个变换，使一些距离函数 $d_{AB} = \text{distance}[\Gamma_B, T_{AB}(\Gamma_A)]$ 最小。典型特征可以包括基准物体（针、植入球体、杆等）或解剖学特征中的点线面。

常见的一类方法是基于 Besl 和 McKay 的最近点迭代算法[63.60]，例如，三维机器人坐标 a_j 可以在一个平面的点集中，同时也可以在解剖学结构三维图像上。已知图像和机器人坐标之间变换的估计值 T_k，这个算法可以通过迭代，寻找与 $T_k a_j$ 最近的对应点 b_j，然后找到一个新的坐标变换

$$T_{k+1} = \arg \min_T \sum_j (b_j - T_k a_j)^2$$

将这一步骤一直重复，直到得到合适的结果。

63.3 医疗系统、研究领域以及实际应用

医疗机器人本身并不是目的，就像 Hap Paul 经常提到的：机器人是一种为了提升手术效率的工具（Hap Paul 是 Integrated Surgical Systems 公司的创建者，与 William Bargar 一样，他们是第一批认识到

机器人能够从根本上提升骨科手术精度的学者）。

63.3.1　无机器人计算机辅助手术：导航和影像叠加设备

在机器人的作用是将仪器放置在由医学影像确定的目标上的情况下，外科手术导航系统经常是一个很好的选择。在外科手术导航系统中[63.61]，设备相对于患者身上参照点的位置是通过特殊的机电、光学、电磁、声波数字化仪或更通用的计算机视觉设备来跟踪的。当关键坐标系（患者解剖学坐标、

医学影像学系统、外科手术工具）之间的关系在设备注册流程中被确定之后（见第 63.2.6 节），计算机工作站为外科医生提供图像反馈来帮助他们完成手术规程，这种图像反馈通常是把手术仪器位置在图像中的相对位置标记出来，如图 63.8a 所示。虽然设备注册通常是通过计算机计算完成的，但是有些时候一些类似将图像简单对齐的小技巧也会非常有效。图 63.8b 中展示了这样的一个例子[63.62]。另外两个例子如图 63.8c、d 所示。

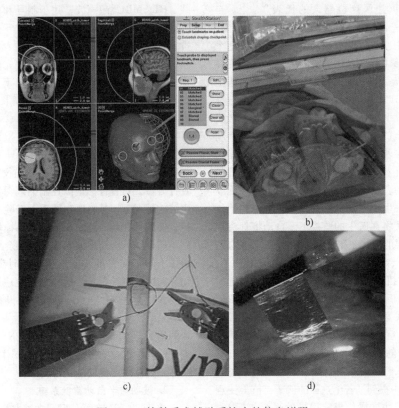

图 63.8　外科手术辅助系统中的信息增强

a）一个经典的外科手术导航系统　b）使用镜像将虚拟图像与病人进行匹配的 JHU 图像叠加系统
c）显示力学信息的力传感器显示器　d）腹腔镜超声波图像与 da Vinci 机器人系统图像的叠加

外科手术导航系统最主要的优点就是多用途、实现相对简单，以及可以将外科医生自然的灵巧性和感知反馈引入到系统中。同时外科手术导航系统可以非常方便地与"被动限制"和"操作协同"相结合[63.65,66]。与主动式机器人相比，这种系统的最大缺陷是那些需要人类动作精度、力和能力的部分会因为人类自然尺度的制约而受到限制，还有在患者体内的灵巧程度也有限（表 63.2）。

由于缺点相对于优点而言可以被接受，外科手术导航系统在诸如神经外科、耳鼻喉科和整形外科中得到了广泛的应用。又因为医学导航系统的技术和大多数医疗机器人系统是兼容的，而大多数技术上的难题在所有系统中都存在，我们可以预见今后会有大量的应用同时用到医疗机器人和导航系统中。

63.3.2　整形外科系统

整形外科本身就是外科手术 CAD/CAM 的应用，并且外科手术导航系统和医疗机器人系统都同

时发挥着作用。骨骼是刚体，而且非常容易就可以通过 CT 和 X 射线系统得到它的影像，外科医生也习惯于使用这些影像做诸如术前规划等工作。几何精确性在执行手术规划规程中是非常重要的，例如，在关节置换手术中，骨骼必须被打造得非常精确才能保证放置进病人身体中。类似的，截骨手术中，截断和安装骨骼片段时都必须非常精确。脊椎手术通常需要在不损坏其他器官、组织和血管的情况下，将螺丝钉等设备放置到椎骨上。

图 63.5a、b 中展示的 Robodoc 系统是第一代临床应用的关节重建医疗机器人的代表[63.17, 18]。自 1992 年以来，这个系统已经在髋关节置换手术和膝关节置换手术中获得了非常成功的应用。因为这个系统包含有很多 CAM/CAD 系统的特征，我们现在来讨论一下细节。在外科手术 CAD 阶段，外科医生首先根据术前 CT 影像选择目标，然后再交互地选择植入物。在外科手术 CAM 阶段，手术的进行一般决定于病人骨头上的植入点的位置。机器人首先移动到手术台上，接着病人的骨骼被严格固定在机器人平台上，然后机器人通过植入的基准针或者三维数字化仪来将骨头表面和 CT 影像匹配在一起。在配准完成后，外科医生用手将机器人放在大致的初始位置，然后机器人将在医生的监控下，自动将骨头快速切割成所需要的形状。在切割过程中，机器人会监测切割力的大小、骨头的移动，以及很多其他传感器，如果出现问题，机器人上位机和外科医生都可以随时暂停操作。如果机器人因为任何原因被暂停了，机器人有很多错误恢复程序来恢复或者重启到之前已经定义的保存点。一旦所需的骨头形状被处理完毕，医生就可以恢复之前的手动操作方式。

后来，越来越多的关节置换手术机器人系统问世，第 63.3 节中提到了若干这样的例子。值得注意的是，采用手部协同操作模式引导的系统包括 Rio 外科手术机器人[63.8]（Mako Surgical）和图 63.5c 中为膝关节置换手术设计的 Acrobot 系统[63.49]。类似的，一些科研小组最近提出了可以直接依附在患者骨头上的小型整形外科机器人[63.45]，甚至完全自由，不需要依附于任何物体的系统，如 NavioPFS 外科手术系统（Blue Belt Technologies）。NavioFPS 系统将外科手术导航系统和快速开关手术刀结合在一起[63.67, 68]。一个近期的主被动混合机器人系统的例子反映在参考文献[63.69]中。

63.3.3 经皮置针系统

置针过程已成为最常见的图像制导干预治疗方案：通常是通过皮肤，但也可以通过腔体。这些过程适用于外科手术 CAD/CAM 模式。在这个过程中，需要使用患者的图像来确定其体内的目标，从而制定针头轨迹，插入针头，检测针头位置，并对其做出相应措施：注射、获取活性组织细胞样本，并对结果进行评估。多数情况下，1~2mm 的误差是允许的，因为在不用机器检测的情况下，由于目标的不可直接观测性，软组织将会出现变形和弯曲从而导致针头的变向。因此，徒手置针可谓是难上加难。这一过程通常会利用手术图像设备（X 射线、CT、MRI、超声波）用于制导和核查。手术过程通常被分为三个阶段：将针尖置于插入口；围绕针头进行姿态调整；沿直线轨迹插入针头。这一系列过程通常是徒手完成，并在过程完成后反馈给医生相应信息。然而，机器人系统由于其被动性、半自动性，以及实用性被引进市场。图 63.9 显示了多数临床操作系统的置针设备。

1. 徒手置针系统

徒手置针系统在 CT、MRI 指导下通过皮肤标记确定置针部位[63.62]，并根据扫描仪的激光器控制置针方位，对置针标记以控制插入深度；在使用超声波的情况下，外科医生的手术经验或运用置针导控，使置针在超声波水平下插入目标位置的过程得到了质量保障。超声波跟踪导控结合了静态超声波影像下的正交角度[63.73]。机械探针制导[63.61]、手动导向路径制导[63.74]、光学制导也应用到了众多成像模式中。这其中包含了激光制导设备[63.75]、增强现实系统[63.76]。带有二维超声波[63.77]和 CT/MRI 切片的增强现实系统[63.62]（图 63.8b）也已研发出来，这其中也含有一个用于平面操作的半透明镜，精确呈现体内虚像的位置与大小。

2. 被动与半自动置针系统

被动的、编码的操作臂通常被推荐在图像制导的置针系统中使用[63.78]。在注册信息步骤完成后，被动导针的位置和方向就能被跟踪，且相应的针动轨迹也能在 CT 和 MRI 中得以呈现。半自动系统可以接受远程操控和交互图像引导的置针操作，如在 MRI 环境下使用外部扫描仪驱动操作臂经直肠前列腺置针[63.72]，同时在有源线圈的 MRI 中跟踪针驱动器。

3. 机器人置针

机器人置针的第一个临床应用是在神经手术中[63.19, 20, 22]，这是外科手术 CAD/CAM 的自然应用。入口处和目标点会显示在 CT/MRI 图像中，坐标系存在于图像坐标系统中（主要存在于患者脑部标记中），然后，机器人就可以定位针头走向，以及钻

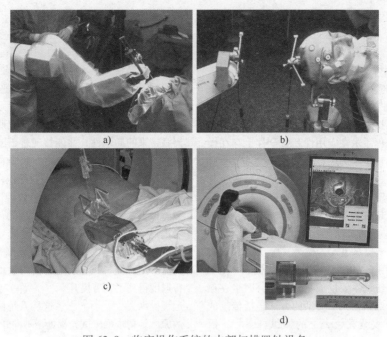

图 63.9　临床操作系统的内部扫描置针设备

a、b）用于脑部立体定向手术的 Neuromate 系统，使用了一种新型非接触传感系统，用于机器人与
图像的注册　c）用于 CT 内部置针的 Johns Hopkins 系统[63.70,71]　d）用于 MRI 内部
经直肠前列腺置针设备的手动操作系统

导引架。结构标记可以说是传统的脑部立体构图，或者说是在神经系统中，由同步跟踪的机器人与标记对患者脑部构架的注册信息的体现。置针存在的空间约束力使得框架研究具有了突破进展：远程运动中心（RCM）和支点运动[63.24,25]。在这些系统中，RCM 被定位在入口处，通常使用主动笛卡儿平台和被动可调臂，机器人设定了置针的方向和（有时候的）插入深度。为了能加快成像、步骤规划、注册信息及执行，机器人能够和图像设备同时运行，如采用基于 X 射线[63.24]和 CT 制导[63.70,71]的 RCM 系统。在参考文献［63.71］中，一个标记结构被整合在置针驱动系统中，用一个单体图像片来注册机器人。MRI 在制导、监控和控制治疗方面具有极佳的潜力，它可以调用与置针[63.79]相关的 MRI 兼容机器人系统进行密集研究，同时运行其他具有互动性的程序[63.50]。超声波制导具有很多独一无二的优点：相对便宜、结构紧凑、能提供实时图像、不涉及任何电离辐射，也不会对机器人设计造成严重的材料限制。用于经直肠超声波制导的前列腺干预治疗的机器人系统已经出现。对于其他超声波制导置针应用来说，也有关于肝脏[63.64,81]、胆囊[63.82]、乳房[62.83]的试验系统。图 63.8d 就显示了一个信息叠加的例子。它可以帮助在远程手术

系统[63.64]中置针。不论反馈图像的形式如何，针头能够灵活转向预期目标，避免遇到阻碍是普遍存在的问题。这促成了几个新的研究进展[63.84,85]，最新的进展见参考文献［63.86］。同心管机器人[63.86]（由于在医学生上的作用，它同时也被称为活动套管）是由几个在彼此之间嵌套的预弯曲弹性管组成。执行器会抓住在底部的管路，同时应用轴向旋转。这些动作会使得整体的设备伸长和弯曲，提供一个和针状大小的装置。从时间顺序上来说，目前的同心管机器人的前身是一个早期的可操纵的针状设计，在一个需要使用的针尖上使用弯曲的触角来引导走向[63.87]。这些机器人属于应用更广泛的连续柔性机器人，也称为连续体机器人（见参考文献［63.15］）。在过去的几年里，由于几个研究小组同时进行研究[63.14,88]，基于力学的活动套管模型已迅速成熟。如今，这些模型为研究远程控制的活跃子领域提供了基础，如手术设计、运动规划研究等。而对于同心管机器人来说，外科手术应用处于不同的发展阶段，从纯粹的概念到动物研究，这将使接下来几年的转换临床研究激动人心。

63.3.4　远程手术系统

　　从 20 世纪 70 年代起，远程医疗、远程手术和

63

远程呈现的概念就出现了。从那时候起，远程系统就具有了在远程和敌对环境中进行有效干预的能力，如战场、空间或者人烟稀少的地方。而这些能力是被人们所认可的[63.89]。而在2001年这一创举被多个实例证实：横跨大西洋的胆囊切除手术[63.51]、意大利[63.90]和日本[63.91]共同进行的试验，以及在加拿大更接近常规的使用[63.52]。而由于内在通信延迟性使远程手术在实用性和安全性上存在操作困难，使得远程手术无法普及。

　　然而，远程医疗系统的初始用途是外科医生与患者在同一手术室进行交流沟通。遥操作机器人已在MIS中使用了超过15年，既可以作为辅助手术的支持系统来控制内镜或控制牵引器[63.23,25,92-94]也可以外科医生扩展系统来操纵手术器械[63.3,26]。目前，还有将远程手术系统用于MRI的环境成像的案例[63.95]。

　　辅助支持系统的主要挑战是允许外科医生在他的手被占用时操纵机器人。典型的方法包括传统的脚踏开关[63.23]，安装在仪表上的操纵杆[63.25]，语音控制[63.10,25]和计算机视觉[63.25,96,97]。

　　外科医生扩展系统的一个共同目标是为了给外科医生提供一种远程手术的方法。具体来说是给外科医生一种能够从患者体内形成开放式手术的感觉。在早期工作中，Green等人[63.89]成功研发出了远程手术的原型系统，这其中包含力反馈、立体成像、人体工程学设计等。随后，许多的商业化远程手术系统已被运用于MIS。Intuitive Surgical公司的da Vinci机器人[63.3]是最为成功的：截至2013年，全球部署了2500多套。这些系统的经验证明了超高灵活的手腕往往是外科医生被接受的关键。尽管最初的目标是心脏外科手术，以及更一般的干预措施，但迄今为止最成功的临床应用是根治性前列腺切除手术。而这一重要的结果已经被报告出来了[63.99]。而对于子宫切除术，与传统的腹腔检查相比，其临床治疗效果仍在研究中[63.100]。

　　一个新兴的研究领域是在外科手术中使远程外科手术实现类似飞行数据记录器的功能。很多研究者[63.101-104]已经开始分析这些数据用于测量外科手术技能、学习外科操作，并为手术模拟器提供数据。另一个新兴的研究领域[63.105]侧重于外科医生与机器人之间的半自动化手术姿势。这主要建立在可学习模型上。其他研究[63.106-108]利用增强现实方法来加强外科医生在手术过程中可获得的信息。

63.3.5　显微手术系统

　　虽然显微手术不是一个固定术语，但他通常指

的是非常小的、精细结构上的手术，如眼睛、大脑、脊髓、小血管和神经等。显微外科手术通常是在直接或可视的情况下进行的。它会运用某种放大形式（如显微镜、手术放大镜、高倍放大内窥镜）。外科医生通常对手术器械施加的力几乎没有触觉感知，而生理性手部震颤也是一个限制手术实施的主要因素。而机器人系统性能能够帮助克服这些人类感觉器官带来的局限性，并能够通过不断提升性能来改善和开发特定的系统应用，如眼科[63.6,109-115]和耳科[63.116-118]。有一些小组也对这些应用进行了磁性操纵试验[63.113,119]。有几项技术就腹腔镜手术系统的显微外科手术与Schiff等人[63.120]做的传统显微外科手术进行了比较。有报告称，与传统手术相比，机器人的震颤明显减少，且技术质量和手术时间也有所优势。随着da Vinci系统的使用激增，这种应用的普遍度得到了显著提升[62.121]。许多小组已经使用了远程操纵[63.13,95,109,122-124]。这些系统的发展从实验室的原型到初步临床试验都处于不同开发阶段。

　　并非所有的显微手术机器人都能够远程操控。比如在图63.3中的用于视网膜、头颈、神经外科及其他显微外科手术应用的合作操控的JHU稳手机器人[63.4-6,115]就是例外。这个系统的改良版本也已经用于对单个小鼠胚胎进行显微注射[63.125]。

　　也有人在开发能够积极消除生理性震颤的纯手持仪器。例如，Riviere等人[63.126-128]研究出来的眼科仪器，这是一个通过光学传感器感知手柄运动和自适应滤波来估计仪器运动震颤成分的眼科仪器。仪器内置的微操作器以相等但相反的运动偏转尖端，补偿震颤。此外，一种用于减少特定任务中的震颤的简易机械装置也被研发出来[63.129]。

　　据报道，一种新型手持式显微手术和显微治疗仪器[63.130]被研发出来，用于神经和蛛网膜的主动式显微内窥镜，以安全进行脊髓治疗，避免了手术过程中触碰到内在精细组织的危险。而这要归功于水射流系统。水射流来自于导管的侧面，并能够适当的调整和导向，允许内窥镜的尖端在不触碰脊髓内壁的情况下进行。神经内窥镜的共享控制系统基于对内窥镜图像的处理、分割和分析，协助了该工具的安全运行[63.131]。

63.3.6　腔内机器人

　　"腔内手术"一词是由Cuschieri等人发明的。它最开始是作为内窥镜手术的一个主要组成部分。腔内手术通过一系列先进的治疗术和手术工具在人体的腔内（即管状结构内）移动，如胃肠道（GI）、泌尿系统、循环系统等。如今，尽管其他领

域也开始了一些初步进展，大多数腔内机器人都是为胃肠道应用而设计的。在胃肠道中工作有几大优势（从机器人研究的角度来看）：胃肠道并非无菌，且直径相对较大。此外，在 NOTES 方法中，它还可以被故意刺穿以达到其他的腹腔。

从传统意义上来看，用于腔内手术的导管和柔性内窥镜是通过一个或多个可视化系统在体外进行人工插入和操作的（如内窥镜录像、X 射线透视、超声波检测等）。其中，最大的挑战就是由于其有限的灵活性，它很难抵达预期目标位置。典型的柔性内窥镜有一个可弯曲的尖端，他可以通过电缆驱动来加以控制；而导管在导丝上可能只有一个固定的弯曲端。同时，它还存在一个固有问题，即"推绳"。而有些公司通过使用外部磁场来解决这一问题[63.133]。一旦内窥镜到达目标处，这些限制则会变得更棘手。装备非常简单的仪器可通过通道或在导丝上滑动的方式到达目标处，但是这样做灵巧性便被限制了，而且除了通过长而灵活的仪器轴可以感受到的力之外，也不会接收到任何力的反馈。

这些限制导致许多研究人员探索在导管/内窥镜主体中集成更多的自由度，以及设计具有更高灵活性和传感能力的智能装置。早期，Ikuta 等人研发出了五段节、13mm 直径的乙状结肠镜，并使用了 SMA 驱动器。随后，Ikuta 等人又发明了直径为 3mm 的主动式血管内装置，使用了液压驱动器，用微型立体光刻技术制成了一种新型带通阀[63.29]。

有几个例子是带有力传感器的仪器化导管尖端[63.134]，通过估计尖端和血管壁之间产生的力，可以找到循环系统的右支路。基本上，这些传感的

腔内装置属于更宽泛的微机电系统（MEMS）。这种机电设备主要用于传导系统记忆和用于显微外科手术的传感技术。Rebello 在一篇手术文章中[63.135]提供了关于感应导管和其他基于 MEMS 设备的内窥镜和显微手术应用。

腔内机器人的另一种使用方法是通过其自身力量在体内移动，而不是受外力控制。早期与之相关的工作都在参考文献 [63.136] 中有所总结。在 1995 年，Burdick 等人开发了一种用于结肠的类似尺蠖的机械装置。这个装置将一个伸展器和可充气的气球结合在一起，使之与光滑的结肠组织产生摩擦。Dario 等人[63.33]则设计了一种更先进的半自主结肠镜手术机器人（图 63.10）。这种装置包含了一个中央硅胶伸展器、两个夹紧系统，以及对结肠组织的柔性机械手爪组成。它同时还有一个硅胶材质的可操纵尖端，集成了一个互补的 CMOS 相机和一个 LED 照明系统。正是由于它的内在灵活性，这个结肠镜手术机器人在结肠组织上的作用力比传统结肠镜检查小 10 倍。这个系统目前正在进行临床测试[63.137]，且一些公司[63.138,139]还提出了结合可弯曲性和无痛性操作的类似设备。虽然这个应用不是腔内手术，但是 Riviere 等人[63.31]在 Heart-Lander 系统中（图 63.11a、b）分享了这些系统的许多特征。它使用一种类似于蠕虫的步态来穿过心脏表面并进行简单的操作。最近发表的一个指导性论文[63.140]提及了内窥镜设备灵活性与刚度之间的结合，使其在执行手术任务时可以轻松地进行灵活操作和稳定锚定。它提供了一系列设计准则和解决方案，将内窥镜设备从一种诊断工具变为了稳定的手术平台。

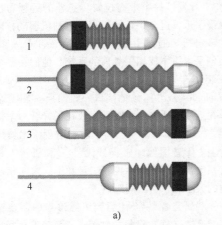
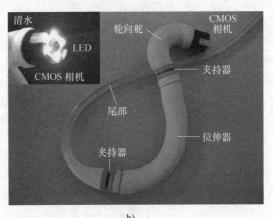

图 63.10 结肠镜手术机器人

a）机器人的步态周期 b）用于临床试验的最新工作原型

1—近端夹紧 2—伸长 3—远端夹紧 4—回缩

胃肠道内窥镜设备的自然发展由内窥镜胶囊[63.141]展现出来。它保证了胃肠道内窥镜成为一种病人高度耐受的检查方式。为了将具有照明和传输功能的简单的 CMOS 可吞咽相机变为有用的诊断设备，几个研究小组已经探索了主动胶囊运动的组合方案。其中，图 63.11c 展示一个用于胃肠道应用的腿部运动胶囊[63.28,142]。为了克服动力问题，使用永磁体推动磁性胶囊[63.143]，或是用经过改良的 MRI 磁场来推动[63.144]。早期关于在身体内部对一个物体进行电磁操纵的应用是由 Ritter 等人在《抗肿瘤记录》中提出的[63.145]。

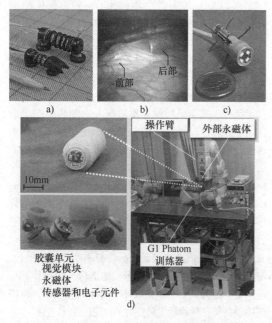

图 63.11 体内流动性

a)、b) HeartLander 设备从心脏表面爬过[63.31] c) 胃肠道诊断治疗用腿式胶囊机器人[63.28,148] d) 检查胃肠道的磁性胶囊机器人，左侧是胶囊体和元件，右侧展示如何使用[63.143]

63.3.7 带传感器的手术器械及感知反馈

手术过程几乎就是手术器械与患者器官组织之间的物理交互，外科医生更习惯于根据手术器械在与组织接触时传导的感觉来进行操作。某些场合下，当这种感觉因为人的生理极限不能被良好感知的时候，外科医生也可以依靠视觉或者其他线索来补偿。感知反馈不仅可以用来分析和识别组织器官，而且可以避免医生在使用手术器械的时候用力过大而伤害患者[63.146]。目前感知反馈在医疗机器人系统中的普及率非常低，就算有感知反馈通常也难以使用。目前的研究表明，感知反馈系统的实现存在两大难题：第一，将力学等传感器集成到手术器械的末端执行器当中；第二，将末端执行器中各种传感器的数据转化成医生可识别的感知信息。目前，机器人辅助外科手术系统中力学反馈的价值大小仍然是个开放的议题，并且因为诸多未解决的技术问题和信息延迟而导致它存在很多争议[63.147]。

虽然将触觉传感器的信息反馈给医生的最简单的方式就是在远程系统的控制器上安装相应装置，但是这个方法有一定的局限性。例如，控制器本身受到的摩擦力会抵消一部分触觉，控制器有限的带宽也导致无法将所有信息展示出来。虽然提到的这些问题可以通过特殊的设计解决掉，但是解决的同时需要付出比较高的代价。人们对感官替代方案[63.149-151]比较感兴趣，如将力学或其他传感器信息以听觉、视觉等方式展现。图 63.8c 展现了当 da Vinci 机器人即将破坏缝合线时发出警告的感官替代的例子[63.63]。

自 20 世纪 90 年代起，一些科研小组[63.151-153]已经做到了在微创手术和 MIS 中为手术器械赋予感知，具体方式是在手术器械上安装力学传感器。总的来讲，这些都是通过用传感器来代替数字显示。例如，Poulse 等人[63.152]在 IBM/JHU LARS 机器人[63.25]中使用了一个带有力学传感器的手术器械，极大地降低了尼森胃底折叠术中平均收缩力和收缩力的变化。第一个通过活体试验的带有力学反馈的医疗机器人是 JPL-NASA RAMS 系统，它测试了血管接合手术[63.154]和颈动脉切开术[63.155]。Rosen 等人[63.153]开发了一个带有位置传感器的远程力控制内窥镜手爪，这个手爪使用直流电动机驱动，电动机的输出扭矩通过手柄回传。Menciassi 等人[63.156]在微创手术钳中使用了类似的系统，他们在手术钳上安装了半导体应变计和 PHANTOM（SensAble Technologies 公司）触觉接口。约翰斯·霍普金斯大学在近期的研究中将注意力放在了光纤力学传感器[63.157-160]、OCT[63.161-163]传感器和微创手术器械的结合上。影音图像的感官替代[63.164]和机器人直接反馈系统都在帮助医生控制工具和组织之间相互作用力的大小和二者之间距离。

一些研究者[63.165]注意到了触诊当中需要精密的感知反馈（感知隐藏的血管或隐藏在正常器官下的癌变组织），于是他们开发了一些特殊的"手指"和增强现实设备用于这些情况。同样也有一些研究致力于将非触觉类传感器集成到手术器械上，例如，Fischer 等人[63.166] 发明了一种可以测量器官和血液中氧含量的仪器，这种仪器可以用于评估组织病变程度、区分不同类型组织和控制组织收缩率以防止缺血性组织损伤。

最后，我们注意到，带传感器的手术器械的应用价值已经超越了它们在外科手术中的直接用途。例如，我们可以在生物力学的研究中使用传感器化的手术器械研究和测量组织器官的机械特性，以此改良外科手术模拟器。

63.3.8 用于训练的外科手术模拟器与远程医疗系统

医学教育正在发生重大变化。传统的外科技术训练模式经常被归纳为边看、边做、边教学。这种方法在开放手术中是有效的，手术训练者直接观察外科专家的手，看他们操作手术器械的动作，并遵循手术操作。然而，在内窥镜手术中，很难观察到外科医生手的动作（在患者体外）与手术器械的动作（在患者体内并且只能在一个显示屏上观察）。此外，内窥镜手术还需要有与开放式手术不同的技能，比如空间方向感，二维图像到三维空间的转换和通过入口使用仪器的技巧。这些因素导致了对于内窥镜手术和具有不同程度复杂性和现实性的其他微创手术模拟系统的引入。目前，训练模拟器已经在麻醉、重症监护、柔性内窥镜、外科手术、介入放射学等领域发挥了价值。随着训练模拟器普及率的提高，建立一个统一的评测系统显得尤为重要[63.167]，许多教学医院已经有扩展的训练模拟中心。模拟器的基本参数（面、内容和结构）正在得到验证[63.168]，但是结果的并行效度和预测效度仍然不可用。

研究显示[63.169]，训练模拟器可以按照应用技术分为三类：机械式、混合型和虚拟现实。

机械式模拟器是一些盒子，在里面放有物体或器官并通过手术器械操作它们。这些操作可以通过一个腹腔镜和一个显示屏观察。一个有经验的外科医生观察模拟手术任务，并给予训练者反馈。这样的训练通常没有可变的训练模式，并且模拟器在任何训练任务中必须要重新布置。LapTrainer with SimuVision（Simulab 公司）就是一个在悬臂上安装数字相机模拟腹腔镜，在一个开放的盒子内进行训练的训练系统。

混合型模拟器像机械式模拟器一样使用一个装有物体或器官的盒子，此外，训练者的表现是被计算机监控的，并由计算机给出任务执行的建议与基于事先设置好的度量标准进行反馈。基于这种反馈，经验丰富的外科医生的陪同与评测变得不再是必须项，例如，ProMIS（Haptica 公司）是一个典型的混合型模拟器，用于培训缝合和打结等基本技能。手术器械通过专门的端口穿入，训练者也能在模拟操作中获得与真实手术同样的感知反馈。此外，ProMIS 还能通过跟踪器械的空间位置，测量过程使用时间、路径长度和任务执行的平滑度，从而分析训练者的表现。另一种最近研究的混合型模拟器是 Perk Tutor，它是一个使用超声波制导的开源皮下置针训练系统[63.170]，并且在超声波制导的小平面关节植入手术训练中取得了成功的应用[63.171]。RoSS[63.172] 是专门为机器人外科手术而打造的训练系统，它模拟了 da Vinci 机器人系统的操作界面。Intuitive Surgical 目前在市场上销售 da Vinci 机器人系统的 dv-Trainer[63.173] 模拟器，它由 da Vinci 机器人系统的控制终端和后端计算机系统组成，能够模拟在患者身上进行手术，被认为是非常有价值的一套系统[63.174]。

最后来看集可视化和感知反馈的虚拟现实训练系统，这套系统使外科医生可以自然高效地与计算机患者的实时解剖学模型进行交互[63.175]。事实上，类似系统的开发是多学科交叉的结果，包括实时计算机图形学、高带宽触觉感知设备、器官的实时生物力学模型、组织-器械交互、训练评估专业知识和人机信息交换等[63.176]。这个领域中的研究和很多相似领域的科技是协同发展的（在实施干预方面），比如器官模型在受到力作用之后的变化对于置针操作的精度有很重要的意义。感知反馈设备也必须达到所需的要求，无论显示的力学数据是模拟出来的还是直接在远程控制中测量所得的。最后，如前所述，带传感器的手术器械和实时影像对于生成真实生物学模型起到了至关重要的作用。使用图形处理器来处理这项工作将模拟频率提升到了 10kHz[63.177]，在这个频率下使用者可以获得良好的感知反馈。另外，新的基于物理学的图像库很大程度上使得低成本的模拟器也可以正确地模拟手术器械与组织之间的交互情况，从而使得大规模的训练成为可能[63.178]。

接口设备和腹腔镜虚拟现实模拟器的种类越来越多，很多新的系统也开始商用。Phantom 接口就是这样一个例子，它可以与虚拟现实模拟器结合在一起，给使用者提供接近真实的感知反馈（SensAble Technologies 公司）。Xitact LS500 腹腔镜模拟器（Xitact S. A.，Lausanne，Switzerland）是一个模块化的虚拟现实模拟器平台，它可以实现腹腔镜手术相关的训练和评估任务。它是一个开放系统，同时提供非常多的子系统，如腹腔镜工具、机械腹部、提供虚拟现实环境的计算机、一个感知反馈接口、一个力学反馈系统和一个工具追踪系统。还有一些其他的虚拟现实模拟系统，利用 Xitact 或者 Immersion Medical 公司的硬件为特定的外科手术任务进行开发，如 Lapmentor[63.179]、外科手术教育平台[63.180]、LapSim[63.181]、Procedicus MIST[63.182]、EndoTower[63.183]、Reachin 腹腔镜训练系统[63.184]、Simendo[63.185] 和 Vest 系统[63.186]。另外，为眼科手术而特殊定制的 EYESi 外科手术模拟器[63.187] 利用先进的计算机和虚拟现实技术提供了近乎真实的眼科手术体验，使得所有等级的外科医生都可以通过这套系统提升自己的在真实手术中的术前准备能力。维罗纳大学开发了一套可以提升操作外科手术机器人熟练度的 XRON 模拟器，它将市面上可见的操纵杆和基于物理学的模拟器结合在一起，并且提供了评测交互任务的一套标准[63.188]。

我们没有必要对这些不同种类的模拟器进行比较。基本上机械式模拟器和混合型模拟器都需要有经验的技师来进行安装，并且需要一个独立的后勤机构和一些与活体器官使用和储存相关的法律和伦理学的许可。上述两种模拟器的最大优点在于使用了真实的器官，从而带来真实的操作感受，并且不需要复杂的器官和组织-器械交互模型。而虚拟现实模拟器拥有非常大的潜力，并且可以利用强大的图像引擎，但是它同样受到实体器官与生物力学模型和解剖学模型之间校准数据的制约。虽然模拟器具有全过程记录、评测客观、磨炼新手外科医生[63.189] 心理能力等优点，但是模拟器的应用价值依旧存在争议，因为还没有进行多方面的试验来证明其功效。此外，由于在使用这些模拟器之前，训练者必须接受一系列复杂的课程（如所谓的非技术性技能、组织机构学、管理学和通信学），这些技能对手术结果有很大影响[63.190]。

63.3.9　其他应用及研究领域

之前提到的研究粗略地描绘了在医疗机器人领域比较主要的研究课题，但是并不全面。很多重要的应用领域，如耳鼻咽喉学[63.191-194] 和放射医疗，因为篇幅的原因没有提到。如果想要更全面的探究，读者可以参考第 63.4 节中的推荐阅读部分。

63.4　总结与展望

医疗机器人（以及计算机集成介入整个医疗领域）将通过以下方式给整个临床医学带来一场革命：

1）利用技术超越人类在治疗病人方面的限制，提升医学介入的安全性、一致性和整体质量。

2）提升机器人辅助病人康复治疗的效率和性价比。

3）通过使用合适的模拟器、大数据、技能评价方法，以及门诊案例的记录和回放改进医学教育。

4）在所有阶段提高综合信息利用效率，包括治疗单个病人和整体治疗流程。

20 年前，该领域只存在于科幻作品中，现在随着系统在商业和临床上的成功应用，医疗机器人发展到了一个里程碑的时期。关于该领域的研究宽度和广度都在过去的 8 年里得到飞速发展。本文并没有对这个领域做全方面讨论，如果想要覆盖全方面的问题，篇幅不会少于 100 页。很多已经推向市场的具有里程碑意义的系统都因为篇幅限制没有提到。如果你感兴趣，可以参考之后的推荐书籍进行进一步阅读。事实上，章节末列出的参考文献已经超越了篇幅限制。

在未来，随着临床应用的增加，我们可以期待对这一领域多方面的进一步研究。工作进行到现在，研究人员有必要认识到以下几个基本原则。第一，同时也可以说是最重要的，医疗机器人研究是一个多学科交叉的团队研究项目，需要研究学者、临床医生和工业领域的共同努力，每一个领域中都有自己的擅长之处，只有高效的合作研究才能最终取得成果。构建这样一个团队是长期的过程，但是现在出现的成果是值得这些投入的。第二，研究要具有明确的方向和目标，这个目标应该是实现临床或技术上所需要的功能或者解决已经出现的问题，任何成果价值的判断标准都应该是对病人治疗的效果。为了实现这些目标，应该设置好关键时间节点，并随时和临床医生沟通。最后，团队中的每一个人都应该喜爱他们正在做的工作，并且身怀责任感地投身于研究中。

视频文献

VIDEO 823 Da Vinci Surgery on a grape
available from http://handbookofrobotics.org/view-chapter/63/videodetails/823

VIDEO 824 Da Vinci Xi introduction | Engadget
available from http://handbookofrobotics.org/view-chapter/63/videodetails/824

VIDEO 825 Intuitive surgical Da Vinci single port robotic system
available from http://handbookofrobotics.org/view-chapter/63/videodetails/825

VIDEO 826 SPORT system by Titan Medical
available from http://handbookofrobotics.org/view-chapter/63/videodetails/826

VIDEO 827 Robot for single port surgery by Nebraska University
available from http://handbookofrobotics.org/view-chapter/63/videodetails/827

VIDEO 828 Magnetic and needlescopic instruments for surgical procedures
available from http://handbookofrobotics.org/view-chapter/63/videodetails/828

VIDEO 829 CardioArm
available from http://handbookofrobotics.org/view-chapter/63/videodetails/829

VIDEO 830 Snake robot for surgery in tight spaces
available from http://handbookofrobotics.org/view-chapter/63/videodetails/830

VIDEO 831 IREP robot – Insertable robotic effectors in single port surgery
available from http://handbookofrobotics.org/view-chapter/63/videodetails/831

VIDEO 832 Variable stiffness manipulator based on layer jamming
available from http://handbookofrobotics.org/view-chapter/63/videodetails/832

VIDEO 833 Reconfigurable and modular robot for NOTES applications
available from http://handbookofrobotics.org/view-chapter/63/videodetails/833

VIDEO 834 SPRINT robot for single port surgery
available from http://handbookofrobotics.org/view-chapter/63/videodetails/834

VIDEO 835 A micro-robot operating inside eye
available from http://handbookofrobotics.org/view-chapter/63/videodetails/835

参考文献

63.1 R.H. Taylor, L. Joskowicz: Computer-integrated surgery and medical robotics. In: *Standard Handbook of Biomedical Engineering and Design*, ed. by M. Kutz (McGraw-Hill, New York 2003) pp. 325–353

63.2 J.R. Adler, M.J. Murphy, S.D. Chang, S.L. Hankock: Image guided robotic radiosurgery, Neurosurgery **44**(6), 1299–1306 (1999)

63.3 G.S. Guthart, J.K. Salisbury: The intuitive telesurgery system: Overview and application, IEEE Int. Conf. Robot. Autom. (ICRA), San Francisco (2000) pp. 618–621

63.4 R. Taylor, P. Jensen, L. Whitcomb, A. Barnes, R. Kumar, D. Stoianovici, P. Gupta, Z.X. Wang, E. deJuan, L. Kavoussi: Steady-hand robotic system for microsurgical augmentation, Int. J. Robotics Res. **18**, 1201–1210 (1999)

63.5 D. Rothbaum, J. Roy, G. Hager, R. Taylor, L. Whitcomb: Task performance in stapedotomy: comparison between surgeons of different experience levels, Otolaryngol. Head Neck Surg. **128**, 71–77 (2003)

63.6 A. Uneri, M. Balicki, J. Handa, P. Gehlbach, R. Taylor, I. Iordachita: New steady-hand eye robot with microforce sensing for vitreoretinal surgery research, Proc. Int. Conf. Biomed. Robotics Biomechatronics (BIOROB), Tokyo (2010) pp. 814–819

63.7 A. Amin, J. Grossman, P.J. Wang: Early experience with a computerized robotically controlled catheter system, J. Int. Card. Electrophysiol. **12**, 199–202 (2005)

63.8 B. Hagag, R. Abovitz, H. Kang, B. Schmidtz, M. Conditt: RIO: Robotic-arm interactive orthopedic system MAKOplasty: User interactive haptic orthopedic robotics. In: *Surgical Robotics: Systems Applications and Visions*, ed. by J. Rosen, B. Hannaford, R. Satava (New York, Springer 2011) pp. 219–246

63.9 R. Konietschke, D. Zerbato, R. Richa, A. Tobergte, P. Poignet, F. Froehlich, D. Botturi, P. Fiorini, G. Hirzinger: Of new features for telerobotic surgery into the MiroSurge System, J. Appl. Bionics Biomech. Integr. **8**(2), 116 (2011)

63.10 L. Mettler, M. Ibrahim, W. Jonat: One year of experience working with the aid of a robotic assistant (the voice-controlled optic holder AESOP) in gynaecological endoscopic surgery, Hum. Reprod. **13**, 2748–2750 (1998)

63.11 N. Simaan, R. Taylor, P. Flint: High dexterity snake-like robotic slaves for minimally invasive telesurgery of the throat, Proc. Int. Symp. Med.

63

Image Comput. Comput. Interv. (2004) pp. 17–24

63.12 N. Suzuki, M. Hayashibe, A. Hattori: Development of a downsized master–slave surgical robot system for intragastic surgery, Proc. ICRA Surg. Robotics Workshop, Barcelona (2005)

63.13 K. Ikuta, K. Yamamoto, K. Sasaki: Development of remote microsurgery robot and new surgical procedure for deep and narrow space, Proc. IEEE Conf. Robot. Autom. (ICRA) (2003) pp. 1103–1108

63.14 R.J. Webster, J.M. Romano, N.J. Cowan: Mechanics of precurved-tube continuum robots, IEEE Trans. Robotics **25**(1), 67–78 (2009)

63.15 R.J. Webster, B.A. Jones: Design and kinematic modeling of constant curvature continuum robots: A review, Int. J. Robotics Res. **29**(13), 1661–1683 (2010)

63.16 J. Ding, R.E. Goldman, K. Xu, P.K. Allen, D.L. Fowler, N. Simaan: Design and coordination kinematics of an insertable robotic effectors platform for single-port access surgery, IEEE/ASME Trans. Mechatron. **99**, 1–13 (2012)

63.17 R.H. Taylor, H.A. Paul, P. Kazandzides, B.D. Mittelstadt, W. Hanson, J.F. Zuhars, B. Williamson, B.L. Musits, E. Glassman, W.L. Bargar: An image-directed robotic system for precise orthopaedic surgery, IEEE Trans. Robot. Autom. **10**, 261–275 (1994)

63.18 P. Kazandzides, B.D. Mittelstadt, B.L. Musits, W.L. Bargar, J.F. Zuhars, B. Williamson, P.W. Cain, E.J. Carbone: An integrated system for cementless hip replacement, IEEE Eng. Med. Biol. **14**, 307–313 (1995)

63.19 Q. Li, L. Zamorano, A. Pandya, R. Perez, J. Gong, F. Diaz: The application accuracy of the NeuroMate robot – A quantitative comparison with frameless and frame-based surgical localization systems, Comput. Assist. Surg. **7**(2), 90–98 (2002)

63.20 P. Cinquin, J. Troccaz, J. Demongeot, S. Lavallee, G. Champleboux, L. Brunie, F. Leitner, P. Sautot, B. Mazier, A. Perez, M. Djaid, T. Fortin, M. Chenic, A. Chapel: IGOR: image guided operating robot, Innov. Technonogie Biol. Med. **13**, 374–394 (1992)

63.21 H. Reichenspurner, R. Demaino, M. Mack, D. Boehm, H. Gulbins, C. Detter, B. Meiser, R. Ellgass, B. Reichart: Use of the voice controlled and computer-assisted surgical system Zeus for endoscopic coronary artery surgery bypass grafting, J. Thorac. Cardiovasc. Surg. **118**, 11–16 (1999)

63.22 Y.S. Kwoh, J. Hou, E.A. Jonckheere, S. Hayati: A robot with improved absolute positioning accuracy for CT guided stereotactic brain surgery, IEEE Trans. Biomed. Eng. **35**, 153–161 (1988)

63.23 J.M. Sackier, Y. Wang: Robotically assisted laparoscopic surgery. From concept to development, Surg. Endosc. **8**, 63–66 (1994)

63.24 D. Stoianovici, L. Whitcomb, J. Anderson, R. Taylor, L. Kavoussi: A modular surgical robotic system for image-guided percutaneous procedures, Proc. Med. Image Comput. Comput. Interv. (MICCAI), Cambridge (1998) pp. 404–410

63.25 R.H. Taylor, J. Funda, B. Eldridge, K. Gruben, D. LaRose, S. Gomory, M. Talamini, L.R. Kavoussi, J. Anderson: A telerobotic assistant for laparoscopic surgery, IEEE Eng. Med. Biol. Mag. **14**, 279–287 (1995)

63.26 M. Mitsuishi, T. Watanabe, H. Nakanishi, T. Hori, H. Watanabe, B. Kramer: A telemicrosurgery system with colocated view and operation points and rotational-force-feedback-free master manipulator, Proc. 2nd Int. Symp. Med. Robot. Comput. Assist. Surg., Baltimore (1995) pp. 111–118

63.27 K. Ikuta, M. Tsukamoto, S. Hirose: Shape memory alloy servo actuator system with electric resistance feedback and application for active endoscope. In: *Computer-Integrated Surgery*, ed. by R.H. Taylor, S. Lavallee, G. Burdea, R. Mosges (MIT Press, Cambridge 1996) pp. 277–282

63.28 A. Menciassi, C. Stefanini, S. Gorini, G. Pernorio, P. Dario, B. Kim, J.O. Park: Legged locomotion in the gastrointestinal tract problem analysis and preliminary technological activity, Proc. IEEE/RSJ Int. Conf. Intell. Robots Syst. (IROS) (2004) pp. 937–942

63.29 K. Ikuta, H. Ichikawa, K. Suzuki, D. Yajima: Multi-degree of freedom hydraulic pressure driven safety active catheter, Proc. IEEE Int. Conf. Robotics Autom. (ICRA), Orlando (2006) pp. 4161–4166

63.30 S. Guo, J. Sawamoto, Q. Pan: A novel type of microrobot for biomedical application, Proc. IEEE/RSJ Int. Conf. Intell. Robots Syst. (IROS) (2005) pp. 1047–1052

63.31 N. Patronik, C. Riviere, S.E. Qarra, M.A. Zenati: The heartlander: A novel epicardial crawling robot for myocardial injections, Proc. 19th Int. Congr. Comput. Assist. Radiol. Surg. (2005) pp. 735–739

63.32 P. Dario, B. Hannaford, A. Menciassi: Smart surgical tools and augmenting devices, IEEE Trans. Robotics Autom. **19**, 782–792 (2003)

63.33 L. Phee, D. Accoto, A. Menciassi, C. Stefanini, M.C. Carrozza, P. Dario: Analysis and development of locomotion devices for the gastrointestinal tract, IEEE Trans. Biomed. Eng. **49**, 613–616 (2002)

63.34 N. Kalloo, V.K. Singh, S.B. Jagannath, H. Niiyama, S.L. Hill, C.A. Vaughn, C.A. Magee, S.V. Kantsevoy: Flexible transgastricperitoneoscopy: A novel approach to diagnostic and therapeutic interventions in the peritoneal cavity, Gastrointest. Endosc. **60**, 114–117 (2004)

63.35 S.N. Shaikh, C.C. Thompson: Natural orifice translumenal surgery: Flexible platform review, World J. Gastrointest. Surg. **2**(6), 210–216 (2010)

63.36 M. Neto, A. Ramos, J. Campos: Single port laparoscopic access surgery, Tech. Gastrointest. Endosc. **11**, 84–93 (2009)

63.37 Karl Storz Endoskope - Anubis: https://www.karlstorz.com/cps/rde/xchg/SID-8BAF6233-DF3FFEB4/karlstorz-en/hs.xsl/8872.htm (2012)

63.38 S.J. Phee, K.Y. Ho, D. Lomanto, S.C. Low, V.A. Huynh, A.P. Kencana, K. Yang, Z.L. Sun, S.C. Chung: Natural orifice transgastric endoscopic wedge hepatic resection in an experimental model using an intuitively controlled master and slave transluminal endoscopic robot (MASTER), Surg. Endosc. **24**, 2293–2298 (2010)

63.39 M. Piccigallo, U. Scarfogliero, C. Quaglia, G. Petroni, P. Valdastri, A. Menciassi, P. Dario:

Design of a novel bimanual robotic system for single-port laparoscopy, IEEE/ASME Trans. Mechatron. **15**(6), 871–878 (2012)

63.40　D.J. Scott, S.J. Tang, R. Fernandez, R. Bergs, M.T. Goova, I. Zeltser, F.J. Kehdy, J.A. Cadeddu: Completely transvaginal NOTES cholecystectomy using magnetically anchored instruments, Surg. Endosc. **21**, 2308–2316 (2007)

63.41　S. Tognarelli, M. Salerno, G. Tortora, C. Quaglia, P. Dario, A. Menciassi: An endoluminal robotic platform for Minimally Invasive Surgery, Proc. IEEE Int. Conf. Biomed. Robotics Biomechatronics (BIOROB), Pisa (2012) pp. 7–12

63.42　M. Simi, R. Pickens, A. Menciassi, S.D. Herrell, P. Valdastri: Fine tilt tuning of a laparoscopic camera by local magnetic actuation: Two-Port Nephrectomy Experience on Human Cadavers, Surg. Innov. **20**(4), 385–394 (2013)

63.43　T. Leuth: MIMED: 3D printing – Rapid technologies, http://www.mimed.mw.tum.de/research/3d-printing-rapid-technologies/ (2013)

63.44　S. G. O'Reilly: Medical manufacturing technology: 3D printing and medical-device development, Medical Design, http://medicaldesign.com/Medical-Manufacturing-Technology-3D-printing-medical-device-development/index.html (2012)

63.45　C. Plaskos, P. Cinquin, S. Lavallee, A.J. Hodgson: Praxiteles: A miniature bone-mounted robot for minimal access total knee arthroplasty, Int. J. Med. Robot. Comput. Assist. Surg. **1**, 67–79 (2005)

63.46　P.J. Berkelman, L. Whitcomb, R. Taylor, P. Jensen: A miniature microsurgical instrument tip force sensor for enhanced force feedback during robot-assisted manipulation, IEEE Trans. Robot. Autom. **19**, 917–922 (2003)

63.47　D.P. Devito, L. Kaplan, R. Dietl, M. Pfeiffer, D. Horne, B. Silberstein, M. Hardenbrook, G. Kiriyanthan, Y. Barzilay, A. Bruskin, D. Sackerer, V. Alexandrovsky, C. Stüer, R. Burger, J. Maeurer, D.G. Gordon, R. Schoenmayr, A. Friedlander, N. Knoller, K. Schmieder, I. Pechlivanis, I.-S. Kim, B. Meyer, M. Shoham: Clinical acceptance and accuracy assessment of spinal implants guided with SpineAssist surgical robot – Retrospective study, Spine **35**(24), 2109–2115 (2010)

63.48　K. Chinzei, R. Gassert, E. Burdet: Workshop on MRI/fMRI compatible robot technology – A critical tool for neuroscience and image guided intervention, Proc. IEEE Int. Conf. Robotics Autom. (ICRA), Orlando (2006)

63.49　M. Jakopec, S.J. Harris, F.R.Y. Baena, P. Gomes, J. Cobb, B.L. Davies: The first clinical application of a hands-on robotic knee surgery system, Comput. Aided Surg. **6**, 329–339 (2001)

63.50　D.F. Louw, T. Fielding, P.B. McBeth, D. Gregoris, P. Newhook, G.R. Sutherland: Surgical robotics: A review and neurosurgical prototype development, Neurosurgery **54**, 525–537 (2004)

63.51　J. Marescaux, J. Leroy, M. Gagner, F. Rubino, D. Mutter, M. Vix, S.E. Butner, M.K. Smith: Transatlantic robot-assisted telesurgery, Nature **413**, 379–380 (2001)

63.52　M. Anvari, T. Broderick, H. Stein, T. Chapman, M. Ghodoussi, D.W. Birch, C. Mckinley, P. Trudeau, S. Dutta, C.H. Goldsmith: The impact of latency on surgical precision and task completion during robotic-assisted remote telepresence surgery, Comput. Aided Surg. **10**, 93–99 (2005)

63.53　M. Li, M. Ishii, R.H. Taylor: Spatial motion constraints in medical robot using virtual fixtures generated by anatomy, IEEE Trans. Robotics **23**, 4–19 (2007)

63.54　S. Park, R.D. Howe, D.F. Torchiana: Virtual fixtures for robotic cardiac surgery, Proc. 4th Int. Conf. Med. Image Comput. Comput. Interv. (2001)

63.55　B. Davies: A discussion of safety issues for medical robots. In: *Computer-Integrated Surgery*, ed. by R. Taylor, S. Lavallée, G. Burdea, R. Moesges (MIT Press, Cambridge 1996) pp. 287–296

63.56　P. Varley: Techniques of development of safety-related software in surgical robots, IEEE Trans. Inform. Technol. Biomed. **3**, 261–267 (1999)

63.57　R. Muradore, D. Bresolin, L. Geretti, P. Fiorini, T. Villa: Robotic surgery – Formal verification of plans, IEEE Robotics Autom. Mag. **18**(3), 24–32 (2011)

63.58　J.B. Maintz, M.A. Viergever: A survey of medical image registration, Med. Image Anal. **2**, 1–37 (1998)

63.59　S. Lavallee: Registration for computer-integrated surgery: methodology, state of the Art. In: *Computer-Integrated Surgery*, ed. by R.H. Taylor, S. Lavallee, G. Burdea, R. Mosges (MIT Press, Cambridge 1996) pp. 77–98

63.60　P.J. Besl, N.D. McKay: A method for registration of 3-D shapes, IEEE Trans. Pattern Anal. Mach. Intell. **14**, 239–256 (1992)

63.61　R.J. Maciunas: *Interactive Image-Guided Neurosurgery* (AANS, Park Ridge 1993)

63.62　G. Fichtinger, A. Degeut, K. Masamune, E. Balogh, G. Fischer, H. Mathieu, R.H. Taylor, S. Zinreich, L.M. Fayad: Image overlay guidance for needle insertion on CT scanner, IEEE Trans. Biomed. Eng. **52**, 1415–1424 (2005)

63.63　T. Akinbiyi, C.E. Reiley, S. Saha, D. Burschka, C.J. Hasser, D.D. Yuh, A.M. Okamura: Dynamic augmented reality for sensory substitution in robot-assisted surgical systems, Proc. 28th Annu. Int. Conf. IEEE Eng. Med. Biol. Soc. (2006) pp. 567–570

63.64　J. Leven, D. Burschka, R. Kumar, G. Zhang, S. Blumenkranz, X. Dai, M. Awad, G. Hager, M. Marohn, M. Choti, C. Hasser, R.H. Taylor: DaVinci canvas: A telerobotic surgical system with integrated, robot-assisted, laparoscopic ultrasound capability, Proc. Med. Image Comput. Comput. Interv. Palm Springs (2005)

63.65　R.H. Taylor, H.A. Paul, C.B. Cutting, B. Mittelstadt, W. Hanson, P. Kazanzides, B. Musits, Y.Y. Kim, A. Kalvin, B. Haddad, D. Khoramabadi, D. Larose: Augmentation of human precision in computer-integrated surgery, Innov. Technol. Biol. Med. **13**, 450–459 (1992)

63.66　J. Troccaz, M. Peshkin, B. Davies: The use of localizers, robots and synergistic devices in CAS, Lect. Notes Comput. Sci. **1205**, 727–736 (1997)

63.67　G. Brisson, T. Kanade, A.M. DiGioia, B. Jaramaz: Precision freehand sculpting of bone, Proc. Med.

63

Image Comput. Comput.-Assist. Interv. (MICCAI) (2004) pp. 105–112

63.68　R.A. Beasley: Medical Robots: Current systems and research directions, J. Robotics **2012**, 401613 (2012)

63.69　S. Kuang, K.S. Leung, T. Wang, L. Hu, E. Chui, W. Liu, Y. Wang: A novel passive/active hybrid robot for orthopaedic trauma surgery, Int. J. Med. Robotics Comput. Assist, Surg. **8**, 458–467 (2012)

63.70　S. Solomon, A. Patriciu, R.H. Taylor, L. Kavoussi, D. Stoianovici: CT guided robotic needle biopsy: A precise sampling method minimizing radiation exposure, Radiology **225**, 277–282 (2002)

63.71　K. Masamune, G. Fichtinger, A. Patriciu, R. Susil, R. Taylor, L. Kavoussi, J. Anderson, I. Sakuma, T. Dohi, D. Stoianovici: System for robotically assisted percutaneous procedures with computed tomography guidance, J. Comput. Assist. Surg. **6**, 370–383 (2001)

63.72　A. Krieger, R.C. Susil, C. Menard, J.A. Coleman, G. Fichtinger, E. Atalar, L.L. Whitcomb: Design of a novel MRI compatible manipulator for image guided prostate intervention, IEEE Trans. Biomed. Eng. **52**, 306–313 (2005)

63.73　T. Ungi, P. Abolmaesumi, R. Jalal, M. Welch, I. Ayukawa, S. Nagpal, A. Lasso, M. Jaeger, D. Borschneck, G. Fichtinger, P. Mousavi: Spinal needle navigation by tracked ultrasound snapshots, IEEE Trans. Biomed. Eng. **59**(10), 2766–2772 (2012)

63.74　D. DallAlba, B. Maris, P. Fiorini: A compact navigation system for free hand needle placement in percutaneous procedures, Proc. IEEE/RSI Int. Conf. Intell. Robots Syst. (IROS), Vilamoura (2012) pp. 2013–2018

63.75　G.A. Krombach, T. Schmitz-Rode, B.B. Wein, J. Meyer, J.E. Wildberger, K. Brabant, R.W. Gunther: Potential of a new laser target system for percutaneous CT-guided nerve blocks: Technical note, Neuroradiology **42**, 838–841 (2000)

63.76　M. Rosenthal, A. State, J. Lee, G. Hirota, J. Ackerman, K. Keller, E.D. Pisano, M. Jiroutek, K. Muller, H. Fuchs: Augmented reality guidance for needle biopsies: A randomized, controlled trial in phantoms, Proc. 4th Int. Conf. Med. Image Comput. Comput. Interv. (2001) pp. 240–248

63.77　G. Stetten, V. Chib: Overlaying ultrasound images on direct vision, J. Ultrasound Med. **20**, 235–240 (2001)

63.78　H.F. Reinhardt: Neuronagivation: A ten years review. In: *Computer-Integrated Surgery*, ed. by R. Taylor, S. Lavallée, G. Burdea, R. Moesges (MIT Press, Cambridge 1996) pp. 329–342

63.79　E. Hempel, H. Fischer, L. Gumb, T. Hohn, H. Krause, U. Voges, H. Breitwieser, B. Gutmann, J. Durke, M. Bock, A. Melzer: An MRI-compatible surgical robot for precise radiological interventions, Comput. Aided Surg. **8**, 180–191 (2003)

63.80　Z. Wei, G. Wan, L. Gardi, G. Mills, D. Downey, A. Fenster: Robot-assisted 3D-TRUS guided prostate brachytherapy: system integration and validation, Med. Phys. **31**, 539–548 (2004)

63.81　E. Boctor, G. Fischer, M. Choti, G. Fichtinger, R.H. Taylor: Dual-armed robotic system for intraoperative ultrasound guided hepatic ablative therapy: A prospective study, Proc. IEEE Int. Conf.

Robot. Autom. (ICRA) (2004) pp. 377–382

63.82　J. Hong, T. Dohi, M. Hashizume, K. Konishi, N. Hata: An ultrasound-driven needle-insertion robot for percutaneous cholecystostomy, Phys. Med. Biol. **49**, 441–455 (2004)

63.83　G. Megali, O. Tonet, C. Stefanini, M. Boccadoro, V. Papaspyropoulis, L. Angelini, P. Dario: A computer-assisted robotic ultrasound-guided biopsy system for video-assisted surgery, Proc. Med. Image Comput. Comput. Interv. (MICCAI), Utrecht (2001) pp. 343–350

63.84　R.J. Webster III, J.S. Kim, N.J. Cowan, G.S. Chirikjian, A.M. Okamura: Nonholonomic modeling of needle steering, Int. J. Robotics Res. **25**(5–6), 509–525 (2006)

63.85　J.A. Engh, D.S. Minhas, D. Kondziolka, C.N. Riviere: Percutaneous intracerebral navigation by duty-cycled spinning of flexible bevel-tipped needles, Neurosurgery **67**(4), 1117–1122 (2010)

63.86　N. Cowan, K. Goldberg, G. Chirikjian, G. Fichtinger, R. Alterovitz, K. Reed, V. Kallem, W. Park, S. Misra, A.M. Okamura: Robotic needle steering: Design, modeling, planning, and image guidance. In: *Surgical Robotics – Systems Applications and Visions*, ed. by J. Rosen, B. Hannaford, R.M. Satava (New York, Springer 2011)

63.87　S. Okazawa, R. Ebrahimi, J. Chuang, S. Salcudean, R. Rohling: Hand-held steerable needle device, IEEE/ASME Trans. Mechatron. **10**, 285–296 (2005)

63.88　P.E. Dupont, J. Lock, B. Itkowitz, E. Butler: Design and control of concentric-tube robots, IEEE Trans. Robotics **26**(2), 209–225 (2010)

63.89　G.H. Ballantyne: Robotic surgery, telerobotic surgery, telepresence and telementoring, Surg, Endosc. **16**, 1389 (2002)

63.90　A. Rovetta, R. Sala, R. Cosmi, X. Wen, S. Milassesi, D. Sabbadini, A. Togno, L. Angelini, A.K. Bejczy: A new telerobotic application: Remote laparoscopic surgery using satellites and optical figer networks for data exchange, Int. J. Robotics Res. **15**(3), 267–279 (1996)

63.91　J. Arata, H. Takahashi, S. Yasunaka, K. Onda, K. Tanaka, N. Sugita, K. Tanoue, K. Konishi, S. Ieiri, Y. Fujino, Y. Ueda, H. Fujimoto, M. Mitsuishi, M. Hashizume: Impact of network time-delay and force feedback on tele-surgery, Int. J. Comput. Assist. Radiol. Surg. **3**(3–4), 371–378 (2008)

63.92　J.A. McEwen, C.R. Bussani, G.F. Auchinleck, M.J. Breault: Development and initial clinical evaluation of pre-robotic and robotic retraction systems for surgery, Proc. 2nd Workshop Med. Health Care Robotics, Newcastle (1989) pp. 91–101

63.93　P. Berkelman, P. Cinquin, J. Troccaz, J. Ayoubi, C. Letoublon, F. Bouchard: A compact, compliant laparoscopic endoscope manipulator, Proc. IEEE Int. Conf. Robotics Autom. (ICRA) (2002) pp. 1870–1875

63.94　K. Olds, A. Hillel, J. Kriss, A. Nair, H. Kim, E. Cha, M. Curry, L. Akst, R. Yung, J. Richmon, R. Taylor: A robotic assistant for trans-oral surgery: The robotic endo-laryngeal fexible (Robo-ELF) scope, J. Robotic. Surg. **6**(1), 13–18 (2012)

63.95　G.R. Sutherland, S. Lama, L.S. Gan, S. Wolfsberger, K. Zareinia: Merging machines with microsurgery:

63

Clinical experience with neuroArm, J. Neurosurg. **118**, 521–529 (2013)

63.96　A. Nishikawa, T. Hosoi, K. Koara, T. Dohi: FAce MOUSe: A novel human-machine interface for controlling the position of a laparoscope, IEEE Trans Robot. Autom. **19**, 825–841 (2003)

63.97　A. Krupa, J. Gangloff, C. Doignon, M.F. deMathelin, G. Morel, J. Leroy, L. Soler, J. Marescaux: Autonomous 3-D positioning of surgical instruments in robotized laparoscopic surgery using visual servoing, IEEE Trans. Robotics Autom. **19**, 842–853 (2003)

63.98　P. Green, R. Satava, J. Hill, I. Simon: Telepresence: Advanced teleoperator technology of minimally invasive surgery (abstract), Surg. Endosc. **6**, 90 (1992)

63.99　T. Ahlering, D. Woo, L. Eichel, D. Lee, R. Edwards, D. Skarecky: Robot-assisted versus open radical prostatectomy: A comparison of one surgeon's outcomes, Urology **63**, 819–822 (2004)

63.100　J.D. Wright, C.V. Ananth, S.N. Lewin, W.M. Burke, Y.-S. Lu, A.I. Neugut, T.J. Herzog, D.L. Hershman: Robotically assisted vs laparoscopic hysterectomy among women with benign gynecologic disease, J. Am. Med. Assoc. **309**(7), 689–698 (2013)

63.101　J. Rosen, J.D. Brown, L. Chang, M. Barreca, M. Sinanan, B. Hannaford: The BlueDRAGON – a system for measuring the kinematics and the dynamics of minimally invasive surgical tools invivo, Proc. IEEE Int. Conf. Robotics Autom. (ICRA) (2002) pp. 1876–1881

63.102　H.C. Lin, I. Shafran, T.E. Murphy, A.M. Okamura, D.D. Yuh, G.D. Hager: Automatic detection and segmentation of robot-assisted surgical motions, Proc. Med. Image Comput. Comput.-Assist. Interv. (MICCAI) (2005) pp. 802–810

63.103　H. Mayer, F. Gomez, D. Wierstra, I. Nagy, A. Knoll, J. Schmidhuber: A system for robotic heart surgery that learns to tie knots using recurrent neural networks, Proc. Int. Conf. Intell. Robots Syst. (IROS) (2006) pp. 543–548

63.104　C.E. Reiley, H.C. Lin, D.D. Yuh, G.D. Hager: A review of methods for objective surgical skill evaluation, Surg. Endosc. **25**(2), 356–366 (2011)

63.105　N. Padoy, G. Hager: Human-machine collaborative surgery using learned models, Proc. IEEE Int. Conf Robotics Autom. (ICRA) (2011) pp. 5285–5292

63.106　L.-M. Su, B.P. Vagvolgyi, R. Agarwal, C.E. Reiley, R.H. Taylor, G.D. Hager: Augmented reality during robot-assisted laparoscopic partial nephrectomy: Toward real-time 3D-CT to stereoscopic video registration, Urology **73**(4), 896–900 (2009)

63.107　F. Volonté, N.C. Buchs, F. Pugin, J. Spaltenstein, B. Schiltz, M. Jung, M. Hagen, O. Ratib, P. Morel: Augmented reality to the rescue of the minimally invasive surgeon. The usefulness of the interposition of stereoscopic images in the Da Vinci robotic console, Int. J. Med. Robotics Comput. Assist. Surg. **3**(9), 34–38 (2013)

63.108　D. Cohen, E. Mayer, D. Chen, A. Anstee, J. Vale, G.-Z. Yang, A. Darzi, P.Ä.Ä. Edwards: Augmented reality image guidance in minimally invasive prostatectomy, Lect. Notes Comput. Sci. **6367**, 101–110 (2010)

63.109　Y. Ida, N. Sugita, T. Ueta, Y. Tamaki, K. Tanimoto, M. Mitsuishi: Microsurgical robotic system for vitreoretinal surgery, Int. J. Comput. Assist. Radiol. Surg. **7**(1), 27–34 (2012)

63.110　R. Taylor, J. Kang, I. Iordachita, G. Hager, P. Kazanzides, C. Riviere, E. Gower, R. Richa, M. Balicki, X. He, X. Liu, K. Olds, R. Sznitman, B. Vagvolgyi, P. Gehlbach, J. Handa: Recent work toward a microsurgical assistant for retinal surgery, Proc. Hamlyn Symp. Med. Robotics, London (2011) pp. 3–4

63.111　B. Becker, S. Yang, R. MacLachlan, C. Riviere: Towards vision-based control of a handheld micromanipulator for retinal cannulation in an eyeball phantom, Proc. IEEE RAS EMBS Int. Conf. Biomed. Robotics Biomechatronics (BIOROB) (2012) pp. 44–49

63.112　M. Balicki, T. Xia, M.Y. Jung, A. Deguet, B. Vagvolgyi, P. Kazanzides, R. Taylor: Prototyping a hybrid cooperative and tele-robotic surgical system for retinal microsurgery, Proc. MICCAI Workshop Syst. Archit. Comput. Assist. Interv. Tor. (2011), Insight, http://www.midasjournal.org/browse/publication/815

63.113　C. Bergeles, B.E. Kratochvil, B.J. Nelson: Visually servoing magnetic intraocular microdevices, IEEE Trans. Robotics **28**(4), 798–809 (2012)

63.114　Patent N. Simaan, J. T. Handa, R. H. Taylor: A system for macro-micro distal dexterity enhancement in microsurgery of the eye, Patent US 20110125165 A1 (2011)

63.115　X. He, D. Roppenecker, D. Gierlach, M. Balicki, K. Olds, J. Handa, P. Gehlbach, R.H. Taylor, I. Iordachita: Toward a clinically applicable steady-hand eye robot for vitreoretinal surgery, Proc. ASME Int. Mech. Eng. Congr., Houston (2012) p. 88384

63.116　J.K. Niparko, W.W. Chien, I. Iordachita, J.U. Kang, R.H. Taylor: Robot-assisted, sensor-guided cochlear implant electrode insertion (Abstract in Proceedings), Proc. 12th Int. Conf. Cochlear Implant. Other Implant. Auditory Technol., Baltimore (2012)

63.117　D. Schurzig, R.F. Labadie, A. Hussong, T.S. Rau, R.J. Webster: Design of a tool integrating force sensing with automated insertion in cochlear implantation, IEEE/ASME Trans. Mechatron. **17**(2), 381–389 (2012)

63.118　B. Bell, C. Stieger, N. Gerber, A. Arnold, C. Nauer, V. Hamacher, M. Kompis, L. Nolte, M. Caversaccio, S. Weber: A self-developed and constructed robot for minimally invasive cochlear implantation, Acta Oto-Laryngol. **132**(4), 355–360 (2012)

63.119　J.R. Clark, L. Leon, F.M. Warren, J.J. Abbott: Magnetic guidance of cochlear implants: Proof-of-concept and initial feasibility study, Trans. ASME-W-J. Medical Devices **6**(4), 35002 (2012)

63.120　J. Schiff, P. Li, M. Goldstein: Robotic microsurgical vasovasostomy and vasoepididymostomy: A prospective randomized study in a rat model, J. Urol. **171**, 1720–1725 (2004)

63.121　S. Parekattil, M. Cohen: Robotic microsurgery. In: *Robotic Urologic Surgery*, ed. by V.R. Patel (Springer, London 2012) pp. 461–470

63

63.122　P.S. Jensen, K.W. Grace, R. Attariwala, J.E. Colgate, M.R. Glucksberg: Toward robot assisted vascular microsurgery in the retina, Graefes Arch. Clin. Exp. Ophthalmol. **235**, 696–701 (1997)

63.123　H. Das, H. Zak, J. Johnson, J. Crouch, D. Frambaugh: Evaluation of a telerobotic system to assist surgeons in microsurgery, Comput. Aided Surg. **4**, 15–25 (1999)

63.124　K. Hongo, S. Kobayashi, Y. Kakizawa, J.I. Koyama, T. Goto, H. Okudera, K. Kan, M.G. Fujie, H. Iseki, K. Takakura: NeuRobot: Telecontrolled micromanipulator system for minimally invasive microneurosurgery-preliminary results, Neurosurgery **51**, 985–988 (2002)

63.125　A. Kapoor, R. Kumar, R. Taylor: Simple biomanipulation tasks with a steady hand cooperative manipulator, Proc. 6th Int. Conf. Med. Image Comput. Comput. Assist. Interv. (MICCAI), Montreal (2003) pp. 141–148

63.126　R. MacLachlan, B. Becker, J. Cuevas-Tabarés, G. Podnar, L. Lobes, C. Riviere: Micron: An actively stabilized handheld tool for microsurgery, IEEE Trans. Robotics **28**(1), 195–212 (2012)

63.127　B. Becker, R. MacLachlan, L. Lobes, G. Hager, C. Riviere: Vision-based control of a handheld surgical micromanipulator with virtual fixtures, IEEE Trans. Robotics **29**(3), 674–683 (2013)

63.128　C. Riviere, J. Gangloff, M. de Mathelin: Robotic compensation of biological motion to enhance surgical accuracy, Proceedings IEEE **94**(9), 1705–1716 (2006)

63.129　W. Armstrong, A. Karamzadeh, R. Crumley, T. Kelley, R. Jackson, B. Wong: A novel laryngoscope instrument stabilizer for operative microlaryngoscopy, Otolaryngol. Head Neck Surg. **132**, 471–477 (2004)

63.130　L. Ascari, C. Stefanini, A. Menciassi, S. Sahoo, P. Rabischong, P. Dario: A new active microendoscope for exploring the sub-arachnoid space in the spinal cord, Proc. IEEE Conf. Robotics Autom. (ICRA) (2003) pp. 2657–2662

63.131　U. Bertocchi, L. Ascari, C. Stefanini, C. Laschi, P. Dario: Human-robot shared control for robot-assisted endoscopy of the spinal cord, Proc. IEEE/RAS/EMBS Int. Conf. Biomed. Robot. Biomechatronics (2006) pp. 543–548

63.132　A. Cuschieri, G. Buess, J. Perissat: *Operative Manual of Endoscopic Surgery* (Springer, Berlin, Heidleberg 1992)

63.133　Stereotaxis: The epoch (TM) solution: The heart of innovation, http://www.stereotaxis.com/ (2013)

63.134　Endosense, TactiCath Quartz – The First Contact Force Ablation Catheter: http://neomed.net/portfolio/endosense_sa (2013)

63.135　K.J. Rebello: Applications of MEMS in surgery, Proceedings IEEE **92**(1), 43–55 (2004)

63.136　I. Kassim, W.S. Ng, G. Feng, S.J. Phee: Review of locomotion techniques for robotic colonoscopy, Proc. Int. Conf. Robotics Autom. (ICRA), Taipei (2003) pp. 1086–1091

63.137　Endotics: The endotics system, http://www.endotics.com/en/product (2012)

63.138　Gi-View: The AeroScope, http://www.giview.com/ (2013)

63.139　Invendo-Medical: Gentle colonoscopy with invendoscopy, http://www.invendo-medical.com/ (2013)

63.140　A. Loeve, P. Breeveld, J. Dankelman: Scopes too flexible ... and too stiff, IEEE Pulse **1**(3), 26–41 (2010)

63.141　G. Ciuti, A. Menciassi, P. Dario: Capsule endoscopy: From current achievements to open challenges, IEEE Rev. Biomed. Eng. **4**, 59–72 (2011)

63.142　C. Stefanini, A. Menciassi, P. Dario: Modeling and experiments on a legged microrobot locomoting in a tubular, compliant and slippery environment, Int. J. Robotics Res. **25**, 551–560 (2006)

63.143　G. Ciuti, P. Valdastri, A. Menciassi, P. Dario: Robotic magnetic steering and locomotion of capsule endoscope for diagnostic and surgical endoluminal procedures, Robotica **28**, 199–207 (2010)

63.144　J.F. Rey, H. Ogata, N. Hosoe, K. Ohtsuka, N. Ogata, K. Ikeda, H. Aihara, I. Pangtay, T. Hibi, S. Kudo, H. Tajiri: Feasibility of stomach exploration with a guided capsule endoscope, Endoscopy **42**, 541–545 (2010)

63.145　R.C. Ritter, M.S. Grady, M.A. Howard, G.T. Gilles: Magnetic stereotaxis: Computer assisted, image guided remote movement of implants in the brain. In: *Computer Integrated Surgery*, ed. by R.H. Taylor, S. Lavallee, G.C. Burdea, R. Mosges (MIT Press, Cambridge 1995) pp. 363–369

63.146　C.R. Wagner, N. Stylopoulos, P.G. Jackson, R.D. Howe: The benefit of force feedback in surgery: Examination of blunt dissection, Presence: Teleoperators Virtual Environ. **16**(3), 252–262 (2007)

63.147　P.F. Hokayem, M.W. Spong: Bilateral teleoperation: A historical survey, Automatica **42**, 2035–2057 (2006)

63.148　M. Quirini, A. Menciassi, S. Scapellato, C. Stefanini, P. Dario: Design and fabrication of a motor legged capsule for the active exploration of the gastrointestinal tract, IEEE/ASME Trans. Mechatron. **13**(1), 169–179 (2008)

63.149　A.M. Okamura: Methods for haptic feedback in teleoperated robot-assisted surgery, Ind. Robot **31**, 499–508 (2004)

63.150　M.J. Massimino: Improved force perception through sensory substitution, Contr. Eng. Pract. **3**, 215–222 (1995)

63.151　P. Gupta, P. Jensen, E. de Juan: Quantification of tactile sensation during retinal microsurgery, Proc. 2nd Int. Conf. Med. Image Comput. Comput.-Assist. Interv. (MICCAI), Cambridge (1999)

63.152　P.K. Poulose, M.F. Kutka, M. Mendoza-Sagaon, A.C. Barnes, C. Yang, R.H. Taylor, M.A. Talamini: Human versus robotic organ retraction during laparoscopic nissen fundoplication, Surg. Endosc. **13**, 461–465 (1999)

63.153　J. Rosen, B. Hannaford, M. MacFarlane, M. Sinanan: Force controlled and teleoperated endoscopic grasper for minimally invasive surgery – Experimental performance evaluation, IEEE Trans. Biomed. Eng. **46**, 1212–1221 (1999)

63.154　M. Siemionow, K. Ozer, W. Siemionow, G. Lister: Robotic assistance in microsurgery, J. Reconstr. Microsurg. **16**(8), 643–649 (2000)

63

63.155 P.D.L. Roux, H. Das, S. Esquenazi, P.J. Kelly: Robot-assisted microsurgery: A feasibility study in the rat, Neurosurgery **48**(3), 584–589 (2001)

63.156 A. Menciassi, A. Eisinberg, M.C. Carrozza, P. Dario: Force sensing microinstrument for measuring tissue properties and pulse in microsurgery, IEEE/ASME Trans. Mechatron. **8**, 10–17 (2003)

63.157 S. Sunshine, M. Balicki, X. He, K. Olds, J. Kang, P. Gehlbach, R. Taylor, I. Iordachita, J. Handa: A Force-sensing microsurgical instruments that detects forces below human tactile sensation, Retina **33**(1), 200–206 (2013)

63.158 I. Iordachita, Z. Sun, M. Balicki, J.U. Kang, S.J. Phee, J. Handa, P. Gehlbach, R. Taylor: A sub-millimetric, 0.25 mN resolution fully integrated fiber-optic force-sensing tool for retinal micro-surgery, Int. J. Comput. Assist. Radiol. Surg. **4**(4), 383–390 (2009)

63.159 I. Kuru, B. Gonenc, M. Balicki, J. Handa, P. Gehlbach, R.H. Taylor, I. Iordachita: Force sensing micro-forceps for robot assisted retinal surgery, Proc. Eng. Med. Biol., San Diego (2012) pp. 1401–1404

63.160 X. Liu, I.I. Iordachita, X. He, R.H. Taylor, J.U. Kang: Miniature fiber-optic force sensor for vitreoretinal microsurgery based on low-coherence Fabry-Perot interferometry, Biomed. Opt. Express **3**, 1062–1076 (2012)

63.161 M. Balicki, J.-H. Han, I. Iordachita, P. Gehlbach, J. Handa, R.H. Taylor, J. Kang: Single fiber optical coherence tomography microsurgical instruments for computer and robot-assisted retinal surgery, Proc. Med. Image Comput. Comput.-Assist. Interv. (MICCAI), London (2009) pp. 108–115

63.162 M. Balicki, R. Richa, B. Vagvolgyi, J. Handa, P. Gehlbach, J. Kang, P. Kazanzides, R. Taylor: In-teractive OCT annotation and visualization system for vitreoretinal surgery, Proc. MICCAI Workshop Augment. Environ. Comput. Interv. (AE-CAI), Nice (2012)

63.163 X. Liu, Y. Huang, J.U. Kang: Distortion-free freehand-scanning OCT implemented with real-time scanning speed variance correction, Opt. Express **20**(15), 16567–16583 (2012)

63.164 N. Cutler, M. Balicki, M. Finkelstein, J. Wang, P. Gehlbach, J. McGready, I. Iordachita, R. Tay-lor, J. Handa: Auditory force feedback substitu-tion improves surgical precision during simulated ophthalmic surgery, Investig. Ophthalmol. Vis. Sci. **4**(2), 1316–1324 (2013)

63.165 R.D. Howe, W.J. Peine, D.A. Kontarinis, J.S. Son: Remote palpation technology, IEEE Eng. Med. Biol. **14**(3), 318–323 (1995)

63.166 G. Fischer, T. Akinbiyi, S. Saha, J. Zand, M. Ta-lamini, M. Marohn, R. Taylor: Ischemia and force sensing surgical instruments for augment-ing available surgeon information, Proc. IEEE Int. Conf. Biomed. Robot. Biomechatronics (BioRob), Pisa (2006)

63.167 F.J. Carter, M.P. Schijven, R. Aggarwal, T. Grantcharov, N.K. Francis, G.B. Hanna, J.J. Jaki-mowicz: Consensus guidelines for validation of virtual reality surgical simulators, Surg. Endosc. **19**, 1523–1532 (2005)

63.168 A. Gavazzi, W.V. Haute, K. Ahmed, O. Elhage, P. Jaye, M.S. Khan, P. Dasgupta: Face, content and construct validity of a virtual reality simulator for robotic surgery (SEP Robot), Ann. R. Coll. Surg. Engl. **93**, 146–150 (2011)

63.169 F.H. Halvorsen, O.J. Elle, E. Fosse: Simulators in surgery, Minim. Invasive Ther. **14**, 214–223 (2005)

63.170 T. Ungi, D. Sargent, E. Moult, A. Lasso, C. Pinter, R. McGraw, G. Fichtinger: Perk Tutor: An open-source training platform for ultrasound-guided needle insertions, IEEE Trans. Biomed. Eng. **59**(12), 3475–3481 (2012)

63.171 E. Moult, T. Ungi, M. Welch, J. Lu, R. McGraw, G. Fichtinger: Ultrasound-guided facet joint in-jection training using Perk Tutor, Int. J. Comput. Assist. Radiol. Surg. **8**(5), 831–836 (2013)

63.172 T.K.A. Kesavadas, G. Srimathveeravalli, S. Karim-puzha, R. Chandrasekhar, G. Wilding, G.K.Z. Butt: Efficacy of robotic surgery simulator (RoSS) for the davinci surgical system, J. Urol. **181**(4), 823 (2009)

63.173 C. Perrenot, M. Perez, N. Tran, J.-P. Jehl, J. Fel-blinger, L. Bresler, J. Hubert: The virtual reality simulator dV-Trainer is a valid assessment tool for robotic surgical skills, Surg. Endosc. **26**(9), 2587–2593 (2012)

63.174 R. Korets, J. Graversen, M. Gupta, J. Landman, K. Badani: Comparison of robotic surgery skill ac-quisition between DV-Trainer and da Vinci surgi-cal system: A randomized controlled study, J. Urol. **185**(4), e593 (2011)

63.175 K. Moorthy, Y. Munz, S.K. Sarker, A. Darzi: Objec-tive assessment of technical skills in surgery, Br. Med. J. **327**, 1032–1037 (2003)

63.176 C. Basdogan, S. De, J. Kim, M. Muniyandi, H. Kim, M.A. Srinivasan: Haptics in minimally invasive surgical simulation and training, IEEE Comput. Graph. Appl. **24**(2), 56–64 (2004)

63.177 M. Altomonte, D. Zerbato, S. Galvan, P. Fiorini: Organ modeling and simulation using graphical processing, Poster Sess. Comput. Assist. Radiol. Surg., Berlin (2007)

63.178 D. Zerbato, L. Vezzaro, L. Gasperotti, P. Fiorini: Vir-tual training for US guided needle insertion, Proc. Comput. Assist Radiol. Surg., Berlin (2012) pp. 27–30

63.179 Lapmentor: http://www.simbionix.com

63.180 Surgical Education platform: http://www.meti.com

63.181 LapSim: http://www.surgical-science.com

63.182 MIST: http://www.mentice.com

63.183 EndoTower: http://www.verifi.com

63.184 Laparoscopic Trainer: http://www.reachin.se

63.185 Simendo: http://www.simendo.nl

63.186 Vest System: http://www.select-it.de

63.187 EYESI: http://www.vrmagic.com/

63.188 U. Verona: Xron – Surgical simulator by ALTAIR lab, http://metropolis.scienze.univr.it/xron/ (2013)

63.189 F. Cavallo, G. Megali, S. Sinigaglia, O. Tonet, P. Dario: A biomechanical analysis of surgeon's gesture in a laparoscopic virtual scenario. In: *Medicine Meets Virtual Reality*, Vol. 14, ed. by J.D. Westwood, R.S. Haluck, H.M. Hoffmann, G.T. Mogel, R. Phillips, R.A. Robb, K.G. Vosburgh (IOS, Amsterdam 2006) pp. 79–84

63.190 S. Yule, R. Flin, S. Paterson-Brown, N. Maran: Non-technical skills for surgeons: A review of the

63

literature, Surgery **139**, 140–149 (2006)

63.191　K.T. Kavanagh: Applications of image-directed robotics in otolaryngologic surgery, Laryngoscope **194**, 283–293 (1994)

63.192　J. Wurm, H. Steinhart, K. Bumm, M. Vogele, C. Nimsky, H. Iro: A novel robot system for fully automated paranasal sinus surgery, Proc. Comput. Assist. Radiol. Surg. (CARS) (2003) pp. 633–638

63.193　M. Li, M. Ishii, R.H. Taylor: Spatial motion constraints in medical robot using virtual fixtures generated by anatomy, IEEE Trans. Robot. **2**, 1270–1275 (2006)

63.194　G. Strauss, K. Koulechov, R. Richter, A. Dietz, C. Trantakis, T. Lueth: Navigated control in functional endoscopic sinus surgery, Int. J. Med. Robot. Comput. Assist. Surg. **1**, 31–41 (2005)

63

第 64 章

康复与保健机器人

H. F. Machiel Van der Loos，David J. Reinkensmeyer，
Eugenio Guglielmelli

康复机器人领域主要考虑如下机器人系统：1）为寻求恢复其身体、社交、通信或认知功能的人提供治疗。2）帮助慢性残疾者正常生活或进行正常活动。本章将讨论这两个主要领域，描述该领域在其短暂历史中取得的主要成就，并列出未来的挑战。具体而言，在提供了关于该领域人口统计（第64.1.2节）和历史（第64.1.3节）的背景信息后，第64.2节介绍物理治疗与运动训练机器人，第64.3节介绍针对残疾人的机器人辅助设备。第64.4节介绍与康复机器人相关的智能假肢和矫形器的最新研究进展。最后，在第64.5节概述了在康复诊断与监测方面的工作，以及其他医疗保健的最新进展。此外，读者可通过第73章了解康复机器人技术，并通过第65章了解机器人智能家居技术，这些技术通常被视为对残疾人的辅助技术。在本章的结论部分，读者将会了解康复机器人的历史及主要成果，同时也能清楚该领域今后在寻求改善保健和残疾人福祉方面时可能面临的挑战。

64

64.1 概述

在这一章中，我们将讨论机器人技术的一种应用，在我们生活的某个时刻，它可能会以一种强烈的个性化方式触动我们中的许多人。当我们自己或者我们的家人、朋友或邻居由于肢体受伤或者疾病而不能自由活动时，我们会寻求技术方案，在治疗师的帮助下重新学习如何完成日常活动（ADL）。

而如果损伤严重而无法恢复的话，就让他们直接帮助我们完成所需要的活动。虽然人类治疗师和护理人员确实能够承担所需的各种援助，但根据中国、日本和斯堪的纳维亚等许多国家的短期人口统计预测，处于工作年龄的成年人的短缺日益严重。由于老龄化引起的残疾会迅速增多，这将导致很多老年人和残疾人无法得到照顾。在没有可行的以家庭为基础的解决方案时，也增加了对住院治疗的需求。对于个体机器人、机器人治疗、智能假肢、智能床、智能家庭和远程康复服务等的研究在过去20年有所加速，并且需要继续与不断提高的医疗保健能力保持同步，通过抑制疾病、改进手术和药物介入治疗，延长人的寿命。康复机器人尽管只有50年的历史[64.1-3]，但预计会在未来的几十年中得到迅速发展。在过去10年中，由于临床护理人员对这种方法的接受程度的提高，以及传感器和驱动器的成本降低，该领域在康复机器人的商业化方面取得了重大进展。我们还见证了社交机器人研究领域的应用扩展到康复机器人领域，增加了未来几年机器人技术可以针对的残疾人群的范围。

64.1.1 康复机器人分类

康复机器人通常分为治疗机器人和辅助机器人两类，有些设备还可以同时用于这两种目的。此外，康复机器人技术还包括假肢开发、功能性神经刺激（FNS），以及在人类日常活动中诊断和监测的技术。

治疗机器人通常至少同时有两个主要用户，一个是接受治疗的残疾人，另一个是负责设置和监控机器人并与机器人交互的治疗师。随着这类疗法进入家庭，第三个用户群体也变得突出：残疾人的护理者和家人。

上肢和下肢的运动治疗得益于机器人的辅助治疗，可以让患有孤独症的孩子进行交流，也可以让患有脑瘫或其他发育障碍的孩子接受教育（见第73章）。基于以下几个原因，机器人可能会成为一个好的替代品，用以替代物理治疗师或职业治疗师的实际手动治疗。

1）一旦参数设置完毕，机器人就可以始终如一并长期地进行治疗，而且不会产生疲劳。

2）机器人传感器可以测量患者的工作表现，一定程度上，这可能无法通过临床尺度来衡量，由此所产生的任何功能康复都会高度激发患者继续这一治疗。

3）机器人可以吸引病人参与各种治疗练习，比如通过放大运动误差来激发病人的自动调整，这些都是临床医师无法做到的[64.4,5]。

将机器人解决方案应用于康复治疗的一种分类方法是根据机器人接触患者的方式[64.6]。

1. 可操作治疗机器人（基于末端执行器的治疗机器人）

对于这类机器人，机器人末端执行器和人类末端执行器（如手或脚）的轨迹在操作空间中物理耦合。在关节空间中，机器人关节和人体关节的运动轨迹会有显著差异。可操作治疗机器人的主要优点是：①可以使用现有的部件或机器人进行设计；②非专业用户可以在笛卡儿空间轻松编程。主要的局限性在于：①它们不能独立地辅助每个人体关节；②使用这些机器人的病人应该具有最低水平的残余运动协同能力，以协调自身的多关节运动，产生治疗运动所需的患肢配置。

2. 可穿戴治疗机器人（基于外骨骼的治疗机器人）

对于这类机器人，人体的大部分（通常是整个患肢）与机器人保持着连续的身体接触。在大多数情况下，选择仿生外骨骼运动结构。在这种情况下，不仅机器人和人体末端执行器在操作空间的轨迹相同，而且机器人关节的轨迹与人体关节在关节空间的轨迹近似。可穿戴治疗机器人的主要优点是能够独立地感知人体各关节的结构并辅助其工作。这类机器人的主要缺点是需要额外的设计考虑，以避免机器人和人体关节之间的错位，并尽量减少在重量、尺寸和整体耐磨性方面对患者的影响（见第64.2.4节）。

3. 非接触治疗机器人（社交辅助机器人）

机器人设备也被开发用于康复治疗，它不与患者进行身体接触，而是在治疗过程中对患者进行监控和指导[64.7]。这种方法的一个关键理念是，人类天生就对具体化的代理做出反应，这种反应对康复治疗中的动机非常重要（有关社交辅助机器人的详细讨论，见第73章）。最早的机器人治疗设备之一，由Erlandson开发，可以被归类为社交辅助机器人，因为它为患者提供到达目标的帮助，而不是身体上的运动辅助[64.8]。非接触治疗机器人的主要优点是本质安全，因为它们不会与患者进行物理交互，尽管这会大大限制其临床应用的范围。

从设计的角度来看，认识到治疗机器人是临时使用的工具是很重要的（或者说在家或诊所的治疗持续时间），旨在最大限度地提高治疗的客观临床效果，以及整个临床过程的结果和效率。

相反，辅助机器人是促进残疾人和老年人独立生活的解决方案。它们需要设计成能够在现实生活场景中终身使用，因此，设计者需要考虑（比治疗机器人更高的水平）最终用户的主观偏好和人为因素，以便最大限度地提高它们的整体长期可接受性[64.6]。尽管在健身房或家中使用治疗工具的患者可能会容忍有限的可用性、一定程度的不适或不美观，这些同样的因素对于残疾人或老年人来说是不可接受的，因为他们的余生应该都会依靠辅助机器人在各种社会环境中帮助他们进行日常的起居活动。

辅助机器人通常根据它们是侧重于操作、移动还是认知来进行分类。操作辅助机器人又可以进一步分为固定平台、便携平台和移动自主平台几种类型。固定平台机器人可以在厨房、桌面或者床边执行任务；便携平台机器人通常是安装在电子轮椅上的操作臂，可以抓取或移动物体，可以和其他设备进行交互，比如开门；移动自主机器人可以通过语音或其他方式的控制，在家里或工作场所工作。移动辅助系统分为带导航系统的电子轮椅和移动机器人。移动机器人担当智能移动步行者，运动残疾的病人可以依靠它们防止摔倒或利用它们提供稳定支撑。第三种主要类型是认知辅助机器人，可以帮助患有痴呆症、孤独症或其他影响交流和身体健康疾病的患者。

假肢、矫形器和功能性电刺激（FES）领域与康复机器人密切相关。假肢是使用者戴在身上用来代替截肢的假手、假臂、假腿和假脚。假肢越来越多地融入机器人特征[64.9,10]。机器人矫形器是一种驱动支架，可以帮助人走或移动手臂或手。FES系统试图通过电刺激神经和肌肉来恢复虚弱或瘫痪的人的肢体运动。FES控制系统类似于机器人控制系统，只是被控制的驱动器是人体肌肉。另一个相关领域是当一个人进行日常生活活动时监测和诊断保健问题的技术。

本章的编排就是根据这一分类组织的。在提供人口统计背景资料（见第 64.1.2 节）和历史（见第 64.1.3 节）后，第 64.2 节描述了康复治疗和训练机器人，第 64.3 节描述了为残疾人提供的机器人辅助设备。第 64.4 节回顾了与康复机器人相关的智能假肢和矫形器的最新进展。最后，第 64.5 节概述了康复诊断和监测，以及其他医疗保健问题的最新工作。

64.1.2 世界人口统计

不同领域的康复机器人是针对不同用户人群的，这些人群的一个共同特点就是他们都身患残疾。美国《残疾人法案》里关于残疾的定义是"严重限制了一项或多项主要生命活动的身体或智力的损伤"。根据世界卫生组织的调查结果，全世界残疾人口约占总人口的 10%~40%，这取决于性别、年龄、财富和居住地，总体患病率约为16%

（表 64.1）。患病率是指在给定时间段内具有（或曾经具有）特定特征的人口比例。在医学上，典型的特征是疾病或损伤。患病率通常表示为百分数（如 5%），或每 10000 人或 100000 人中的病例数，这取决于疾病或危险因素在人群中的常见程度。在所有其他参数中，老年人（大于 60 岁）的残疾率与工薪阶层成年人的残疾率之比约为 4∶1。此外，较低的出生率和延长寿命的保健是造成人口老龄化和随之而来的总体残疾增加的主要因素。这些因素清楚地表明，康复机器人开发人员所面临的用户，作为一个人口群体，他们的感觉和运动能力水平普遍较低，可能也有认知障碍。随着人口统计学的发展，在这一领域取得进展的紧迫性正在增加。

表 64.1 某些国家残疾人口数量、比例以及人口老龄化状况[64.18]

国家	残疾人口数量	残疾人口百分比（%）	老年人口数量	老龄人口百分比（%）
法国	5146000	8.3	12151000	19.6
美国	52591000	20.0	35000000	12.4
英国	4453000	7.3	12200000	29.5
荷兰	1432000	9.5	2118808	13.4
西班牙	3528220	8.9	6936000	17.6
日本	5136000	4.3	44982000	35.7
韩国	3195000	7.1	16300000	36.0
意大利	2609000	4.8[64.11]	12302000	20.3[64.12]
德国	7101682	8.7	16844300	21.0[64.13]
中国	84600000	6.5[64.14]	122880000	9.1[64.15]
印度	21000000	1.8[64.16]	67117826	5.6[64.17]

64.1.3 康复机器人发展简史

康复机器人的发展历史几乎和机器人技术本身的历史一样长，尽管它们的起源不同。有些书籍中的章节和文献讲述康复机器人的历史比本节要详细得多[64.1,19,20]。电气与电子工程师协会（IEEE）康复机器人国际会议的众多论文也为康复机器人的历史发展进程提供了更多的参考。以下内容特别关注早期的工作和具有显著临床或商业影响的工程。

早期的机器人技术始于 20 世纪 50 年代后

期，主要集中于研究大型操作臂来代替工厂工人执行污浊、危险和令人厌倦的任务。最早的康复机器人研究领域是假肢和矫形器，凯斯西储大学的操作臂（20 世纪 60 年代）和 Rancho Los Amigos 的 Golden Ann（20 世纪 70 年代早期），两者都是将操作臂改进成了动力矫形器。用户通过一组舌操作开关、联合关节和较费力的端点控制方式来驱动 Golden Ann。20 世纪 70 年代中期，退伍军人事务部（Department of Veterans Affairs）开始资助 Seamone 和 Schmeisser 领导下的应用物理实验室的一个工作组，将安装在一个工作站上的矫形器计算机化，以执行日常活动任务。比如给人喂食和翻书[64.21]。这是康复机器人第一次拥有了一个命令式的接口，而不仅仅是一个联合关节的运动控制器。

20 世纪 70 年代，在 Vertut 的领导下，法国 Spartacus 系统也被开发出来，供高度脊髓损伤（SCI）患者和患有脑瘫儿童使用[64.22]。该系统并没有摆脱假肢和矫形器的范畴，是由法国原子能委员会（CEA）开发的，该委员会使用大型遥控器来处理核燃料棒。其中一处是经过改造的，这样有运动障碍的人就可以用操纵杆来控制它，完成挑选和放置任务。十年后，Spartacus 项目的一名研究人员 Kwee 开启了荷兰 MANUS 项目[64.23]，致力于开发第一个专门设计为康复机器人的轮椅操作臂，而不是基于其他领域的改装设计。

与此同时，其他几个主要工程也开始了。1978 年，在美国退伍军人事务部数十年的资金支持下，斯坦福大学的 Leifer 开始了职业助理机器人项目，并最终研制出了几台临床测试版本的桌面职业助理机器人 DeVAR[64.3,24,25]、一个移动职业助理机器人 MoVAR[64.26]和最终的专业职业助理机器人 ProVAR。对用户而言，该机器人拥有易于使用的、浏览器环境内的对任务编程的高级能力[64.27]。尽管 DeVAR 在 20 世纪 90 年代初曾短暂进入市场，但多站点用户测试表明，这种基于工业手臂的辅助机器人技术对于实现的低水平功能来说仍然过于昂贵，即使使用 ProVAR 的高级界面也是如此。

20 世纪 80 年代中期，通过对现存的工业、教育和矫形器驱动操作臂的观察发现，它们并不适用于康复训练。英国通用机器智能研究所［后来变更为牛津智能机器研究所（OxIM）］的 Tim Jones 开始集中力量研究社区康复机器人，研制了第一台专门从底层设计的工作母机系统。十几年来，从 RTX 模型开始，一系列系统在世界范围内被广泛应用于众多的研究实验室和临床。使用 OxIM 手臂最多的

是法国，法国政府和欧洲研究委员会资助了一整套研究项目，开始是辅助残疾人融入社会的机器人 RAID，后来是 MASTER[64.28]。后者是以 RTX 模型和后来的 OxIM 手臂为基础开发的，并经过临床测试的工作站形式的辅助系统。当 OxIM 停止开发操作臂之后，法国公司 Afma Robotics[64.29]接管了 MASTER 系统的商业化工作。

英国是第一个生产商业化喂食机器人的国家。Handy-I 是一个价格便宜且广受欢迎的设备，它由 Topping 设计，20 世纪 90 年代由 Rehabilitation Robotics 公司进行商业化生产[64.30]。它的主要目标是使脑瘫患者能够实现独立进食，后来还包括辅助患者洗脸、使用化妆品，以及用户的其他个性化需求。

移动操作臂的应用开始于 20 世纪 80 年代。它是根据教育和工业机器人进行改进的，并在美国国家残疾和康复研究所（NIDRR）资助下得到了飞速发展。这项资助从 1993 年开始，到 1997 年结束，提供给一家位于特拉华州的 AI duPont 医院研究康复机器人的康复工程研究中心（RERC）。凭借其可以并行资助数十个研究项目的能力，它还和当地一家开发并市场化康复技术产品的 Applied Resources Crop. 公司（ARC）建立了伙伴关系，RERC 的研究者之一 Mahoney 后来转到 ARC 公司，并成功扩展了该公司的项目，开发出可装在轮椅上的操作臂 RAPTOR。

在欧洲，最重要的移动操作臂工程就是前面提到的 MANUS 工程[64.23]。该项工程的大部分工作是在荷兰康复研究和开发中心（iRV）Kwee 的领导下进行的，最终研制出了专门安装在轮椅上的操作臂，可以通过摇杆进行控制，操作臂上还装有一个用于反馈的小型显示屏。该项目已启发了许多后续研究项目的开展，其中最重要的是荷兰 Exact Dynamics BV 公司对该系统的商业化生产。目前荷兰政府已将它作为医师处方并免费提供给患有脑瘫或由脊髓损伤导致的四肢瘫痪的病人。

加拿大 Kinova Robotics 公司在 2009 年意识到了这一市场的潜在增长，开始用一种不同的设计方法将一种名为 Jaco Arm[64.32]的竞争产品商业化。使用碳纤维段节和轻型驱动器和控制部件，有效载荷规格和控制选项与 iARM 大致相同，但产品的臂重较轻。

电子轮椅自主导航系统的研究也始于 20 世纪 80 年代，最初受益于 Polaroid 公司使用超声波传感器的测距仪相机的开发。它价格便宜，体积小（直

径只有 30mm），数十个测距仪可以放在轮椅的周围来帮助实现中程导航（10~500cm）。在 20 世纪 90 年代以及 21 世纪初，随着基于视觉的伺服扫描仪和激光测距扫描仪的出现，更快、更智能、更不易出错的导航和避障算法主导了该领域的进展。例如，20 世纪 90 年代后期，韩国科学技术院（KAIST）人类福祉机器人中心的 Bien 着手开发 KARES 系列基于轮椅的导航系统[64.33]。密歇根大学的 NavChair 工程是这一系列进展的开始，并导致匹兹堡大学商业化的 Hephaestus 系统[64.34,35]。

治疗机器人起步晚于辅助机器人。早期的训练设备，如 20 世纪 80 年代中期的 BioDex[64.36]，虽然是单轴设备，但它是向可编程、力控制方向发展的第一步。多轴的思想是由 Khalili 和 Zomlefer 首先提出的[64.37]，第一个测试系统由韦恩州立大学的 Erlandson 等人在 20 世纪 80 年代中期完成[64.8]。RTX 操作臂使用一个接触敏感垫作为末端执行器，当屏幕给出视觉信号后，上肢损伤（如脑卒中后）病人击打目标，末端执行器用来描述目标所在的不同位置，利用软件可以记录响应时间，并提供一个计算后的分数。该分数可以用来和上次过程进行比较，后来的机器人使用高级的基于力的控制，这需要计算机有较强的计算能力。20 世纪 90 年代初，Hogan 和 Krebs 启动了 MIT-MANUS 项目，这是 Lum 等人在加州大学伯克利分校设计的用于脑卒中后双手治疗的简单机器人装置[64.38,39]，几年后，由 Burgar、Van der Loos 和 Lum 设计的 Palo Alto VA 镜像运动增强器（MIME）项目[64.40]及其衍生产品驾驶员座椅[64.41]，以及芝加哥康复研究所与 Reinkensmeyer 等人的 ARM Guide 项目[64.42]。每个人对上肢脑卒中治疗都有不同的理念，每个人都能以不同的方式证明临床疗效。20 年后的今天，其中几个项目取得了重大的技术进步，所有的研究人员仍然活跃在这一领域。目前的工作将在本章后续章节中介绍。

下肢治疗机器人的研究始于 1919 年 Scherb 的工作，他提出了一种称为机械疗法的方法[64.43]。他还开发了一个原型机，如图 64.1 所示，一个电缆驱动的机器，用于协助卧床病人下肢的运动。1976 年，法国医师 Bel 和 Rabischong[64.44]引入了用于下肢治疗的主/从外骨骼系统，他们开发了一种气动可穿戴机器人，用于截瘫患者的辅助治疗（图 64.2）。这些机器人的动作是由一位治疗师远程控制的，他身上戴着一个能够感知和记录其下肢结构的主设备。

图 64.1　子午线机器（将被动运动用于任何关节的通用机器[64.43]）

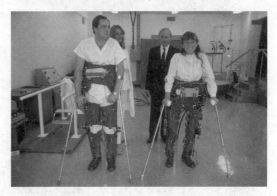

图 64.2　Rabischong 教授开发的机器人可以让康复中的患者在激发肌肉运动的同时保持平衡

大约 20 年后，Lokomat 项目启动，开发了一种独立的、可编程的下肢可穿戴机器人，并促成了 Colombo 和 Hostettler 创立 Hocoma 公司。Lokomat 系统的第一个原型机[64.45]是与苏黎世 Balgrist 大学医院密切合作开发的，最初用于脊髓损伤患者。与此同时，Hesse 和 Uhlenbroch 开发了步态训练器[64.46]，通过控制垂直和水平方向上的质心（COM），可以在不使用跑步机的情况下进行训练（图 64.3）。

在过去的 10 年中，康复机器人技术的发展以新设备的开发（如上所述），以及旨在理解康复引起的大脑变化的新研究方法为特征。最近的一项临床研究[64.50]证实，高强度、重复性和以任务为导向的训练可以加快学习和恢复时间。机器人也是一项关键的使能技术，用于劳动密集型和患者定制的培训，以及在交互场景中准确施加空间和时间约束，从而增强患者参与度[64.51]。最近通过专业机构向治疗师分发的一项国际在线调查提出了一系列重要的机器人康复设备要求[64.52]，如手臂运动的多样性、对患者的生物反馈、可调节的阻力，以及对虚拟活

64

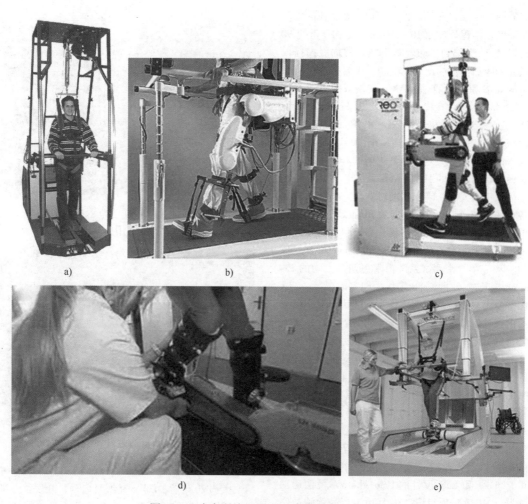

图 64.3 步态训练机器人系统在临床上的应用

a）Hesse 所在小组开发的 GT-I 步态训练器，由 Reha-Stim 公司（德国）商业化 b）Colombo 及其同事开发的 Lokomat，
由 Hocoma AG 公司（瑞士）商业化 c）HealthSouth Corp. 公司（美国）开发的 AutoAmbulator d）搭载 LokoStation
系统的 Loko Help（捷克 Darkov Spa 公司开发） e）G-EO 进化版（Panos Th. Skoutas S. A.，希腊）[64.49]

64

动的需要。机器人具有提供用户性能客观测量的优势，因此能够开发定量化的运动学和动力学指标[64.53-56]。对慢性脑卒中患者的脑重组和机器人辅助治疗的相关临床结果的分析表明，运动能力的改善与主要体感区域之间的大脑半球连接的变化相关：对于这些患者，连接恢复到接近生理水平[64.57]。

目前，基于监测患者表现、力量、耐力和情绪状态的方案正在研究中。通过预测患者的运动意图和对内部状态进行建模，可以实现自适应的患者-机器人交互控制。这种方法为使用生物协同控制器的新一代机器人治疗设备铺平了道路，其中心理生理学和生物力学信息被用作更新机器人控制的反馈[64.58-60]。在欧洲 ECHORD/MAAT 项目[64.56]（改

善机器人辅助康复治疗效果的多模态接口）（图 64.4）和多模态沉浸式运动康复与交互式认知系统（MIMICS）中开发的机器人平台中可以找到生物协同控制器的第一个示例。Riener 和Munih[64.58] 开发了其他生物协同控制器，他们开发了应用于下肢康复方案的新控制策略，以促进患者在训练期间积极参与。

认知机器人技术始于 20 世纪 80 年代初，旨在帮助患有沟通障碍和身体障碍的儿童实现对他们身体空间的控制。主要使用教育性操作臂，并开发了几个示范系统。21 世纪初，Anthrotronix 公司的Latham 将小型机器人系统商业化，使身体残疾的儿童能够用简单的界面玩游戏。不久之后，Dautenhahn

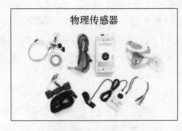

物理传感器

磁惯性传感器

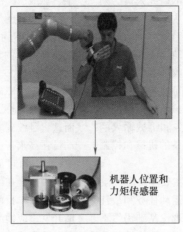

机器人位置和
力矩传感器

生物信号放大器

虚拟现实环境

图 64.4 建立 MAAT 平台

和 Werry[64.63]将小型移动机器人用于孤独症儿童的临床治疗,因为机器人的界面非常简单,似乎不像与其他人交流那样具有挑战性。21 世纪初,宠物机器人也出现了,如 Shibata 等人开发的 PARO 机器人[64.64] (图 64.5),可作为儿童和老年人的伴侣,这些儿童和老年人都被限制在诊所中,真正的伙伴关系有限。第 73 章进一步阐述了这一主题。

随着材料和控制软件的发展,更高的鲁棒性,以及传感器和驱动器尺寸的减小,机器人技术的应用数量不断增加,使得设计师能够尝试使用机电一体化技术来改善残疾人健康状况的新方法。

图 64.5 AIST 公司开发的先进
交互式机器人 PARO

64.2 康复治疗与训练机器人

人体的神经肌肉系统具有功能依赖可塑性,也就是说,通过康复训练可以改变神经元和肌肉的属性,包括它们的连接模式,并进而改变它们的功能[64.65-67]。有关预期受益于机器人辅助治疗的患者群体的详细描述,以及需要治疗的最常见损伤,如不协调、异常协同作用、痉挛和虚弱等,请参见参考文献 [64.50, 68-70]。

64.2.1 关键问题和难点

神经康复的过程就是通过利用功能依赖可塑性来帮助人们重新学习如何去除神经肌肉损伤和疾病。神经康复通常由有经验的医师来提供,包括物理疗法治疗师、职业治疗师和语言治疗师。这个过程非常耗时,通常需要每天频繁的运动练习并持续数周,同时,它还非常消耗体力,需要医师的手工援助。对于某些任务,比如指导一个平衡能力差且腿部力量弱的人行走,手工援助需要医师有较大的力量和灵活性,以提供安全有效的干预。

由于神经康复过程既耗时又耗体力,近年来,医疗机构制订了治疗项目数量的限制措施,努力控制日益增长的医疗成本,但与此同时,越来越多的科学证据表明:较多的治疗可以通过功能依赖可塑性来促进运动恢复[64.71]。神经康复自然是这方面的一个合理应用。机器人学领域和康复研究者认识到这一点是在 20 世纪 80 年代后期,因为机器人劳动密集性和机械性的特点,以及病人的恢复程度与运动重复的数量相关,机器人至少可以解决运动治疗的重复过程。与使用治疗医师相比,使用机器人费用较少,使得病人可以接受更多的治疗。

自动化运动治疗的巨大挑战是要确定如何对功

64

能依赖可塑性进行优化，即该领域的研究人员必须确定机器人应该怎么协调病人的自主运动意图，最大限度地提高他们的运动能力。面对这一挑战需要解决两个关键问题：选定合适的运动任务（病人应该练习什么样的运动，他们应该接收什么样的反馈来反映其表现），以及运动任务期间确定施加给病人适当形式的机械输入（机器人应该给病人施加什么样的力来刺激可塑性）。运动任务和机械输入的规定从根本上限制了机器人治疗设备的机械和控制设计。

要解决这一挑战需要扫除三个主要障碍。

第一个障碍是科学障碍。最佳运动任务和最佳机械输入都是未知的，神经康复的理论基础仍然不清楚。对此有持不同观点的几个学派，严格地比较不同治疗方法的大型随机对照试验仍然较少。部分原因是这些试验费用较高，而且很难控制好试验过程。因此，当工程师开始研发机器人治疗设备时，所遇到的第一个问题就是这个设备应该具体做什么，这仍然存在很大的不确定性。

这种不确定性也提供了一个机会，即机器人治疗设备本身也是科学工具。运动康复期间，到底是什么激发了可塑性，机器人治疗设备具有帮助认识这一现象的潜力，因为它们可以提供受控良好的治疗模式。它们还可以同步测量治疗的结果。更好地控制治疗过程和改进病人康复过程的定量评估是临床试验的两个期望特征，这在过去通常是没有的。最近关于机器人运动训练设备的研究占据了主要地位，例如，运动适应过程中的计算表征，以及基于优化方法的加强适应的策略[64.5,72,73]。UBC 在静止站立时人体平衡特征的早期研究，将导致临床上使用机器人技术来开发新的治疗方法，以防止脑卒中患者或其他平衡障碍患者跌倒[64.74,75]。

第二个障碍是技术问题。机器人治疗设备通常拥有较多的自由度，如有手臂和躯干用于够取，或者有骨盆和腿用于行走。这些设备也需要一个较宽泛的适应范围。例如，一个帮助瘫痪病人进行康复运动的设备，在这个病人逐渐恢复的过程中可以一直使用。再者，使这些设备足够轻巧以便可以穿在身上，这样病人就可以在较自然的环境下（如在地上行走或者在厨房柜台前操作）进行康复，或者进行正常的日常活动，这是令人期待的。尽管在过去10年中，在这一目标方面取得了很大进展，但开发具有高自由度、可穿戴、高适应性的外骨骼机器人仍然是机器人学里一个未解决的问题。当前，从在多种环境下帮助病人进行不同活动（如行走、伸

手、抓取、颈部运动）的角度来说，还没有设备能和治疗医师的灵活性相比。从基于实时评估病人响应并提供不同形式机械输入（如拉伸、协助、抵抗、扰动）的角度来说，没有设备能够和治疗医师的智能相比。

第三个障碍是要在数万次重复中保持患者的积极性和参与性，以实现功能上的有意义增强[64.50]，而这将延续到实际的日常活动中。康复可以视为运动员在高水平比赛中所需要的训练。在必要的情况下，这种强度的治疗必须在很大程度上转移到家庭环境中才能在经济上可行，因此激励就成为成功的关键因素。目前的工作重点是通过机器人技术和反馈开发适应性治疗，将治疗嵌入计算机游戏、音乐和运动中，并应用运动学习理论，例如，将人保持在理想难度水平的挑战点模型[64.76]，最大限度地提高效率，最大限度地减少长期挫折感[64.76]。因此，要迎接机器人治疗的巨大挑战，就需要在临床神经科学、机器人工程和人体运动学方面取得实质性的、相互关联的进展。

64.2.2 神经损伤后的运动治疗

现代循证医学依赖于对不同治疗方法的影响进行客观评价和定量比较分析。机器人技术有可能促进以循证为基础的神经康复：治疗机器人为评估和模拟人类行为提供精确而敏感的工具，远远超出了人类观察者的能力。这对于实现适当的初始诊断、早期采用正确的临床策略、确定可验证的目标，以及恢复过程的预后指标至关重要。

Bosecker 等人[64.77]试图通过基于机器人的指标来评估上肢治疗期间的临床评分；Zollo 等人[64.54,78]评估了利用机器人结果的机器人治疗；从而为上肢康复后手臂运动控制的生物力学和运动规划特性提供定量的测量。Krebs 等人[64.79]最近进行的一项研究表明，机器人对上肢、机器人辅助治疗后的手臂运动进行测量，可以建立运动恢复的生物标志物。类似地，Domingo 和 Lam[64.80]试图通过使用 Lokomat 系统和定制软件对下肢进行基于机器人的评估。

治疗机器人的另一个重要优点是，单个操作员可以有效地监督多个患者，无论是在本地还是远程（即在远程康复场景中[64.81]）。治疗机器人通过提供增加患者治疗时间和频率的机会，有可能增加患者康复的机会，其局限性主要取决于临床考虑，而不是其他组织或经济方面的限制。

当前，物理疗法和训练机器人的大部分研究集中在脑卒中或脊髓损伤患者运动能力的再学习方

面。强调这一点的主要原因是大量患者处于这种状况，他们的康复治疗费用很高，而且利用功能依赖可塑性，通过加强康复训练，这些患者的康复进度有时会有较大的改善。

脑卒中是指为大脑提供氧气和营养的血管阻塞或破裂。在美国，每年约有 80 万人患脑卒中，其中约 80% 的人出现急性运动障碍[64.82]。在欧洲，2000 年有 110 万人患脑卒中，预计到 2025 年将增加到 150 万人。美国有超过 300 万名脑卒中患者[64.83]，其中超过一半的人出现持续的、致残的运动障碍。这个数据与欧洲相似，据估计，欧洲有一半到三分之二的人在患脑卒中后存活下来，其中，一半的人没有完全康复，四分之一的人在日常生活中需要帮助。虽然大多数脑卒中患者都是老年人，但在每年出生的 10000 名脑瘫儿童中，有 3000 名患有脑卒中导致的运动障碍[64.83]。虽然这在所有脑卒中患者中所占的比例很小，但运动功能损伤将贯穿人的一生，因此对其生活独立性的影响极大。

在未来的 20 年里，美国和其他工业化国家经历脑卒中并幸存下来的人口数量将大幅增长。因为年龄是脑卒中的一个危险因素，而 20 世纪 50 年代的生育高峰期使工业化国家的平均年龄正在急剧增长。

在美国，每年遭受脊髓损伤的人数相对较少，约为 15000 人，存活下来的脊髓损伤患者约为 20 万人，但后果可能比脑卒中更为严重[64.82]。在欧洲，每年约有 11000 例脊髓损伤新病例，约有 33 万例脊髓损伤患者存活下来[64.84]。脊髓损伤最常见的原因是车祸和跌倒。这些事故压碎了脊柱，挫伤了脊髓，损伤或破坏了脊髓内的神经元。下肢机器人治疗在应用于不完全病变的脊髓损伤患者时已显示出有希望的结果[64.85]，尽管仍缺少大型、系统和随机对照试验。值得注意的是，脊髓损伤患者通常比脑卒中患者年轻，这可能会影响他们对技术辅助工具的熟悉和接受程度。

64.2.3　机器人上肢治疗

本节将给出几个著名的经过临床测试的早期上肢治疗机器人系统（图 64.6），以及最新的机器人系统。

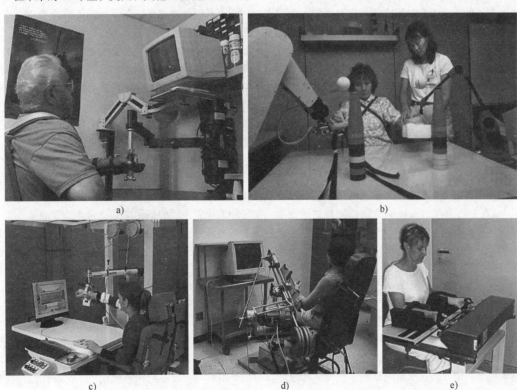

图 64.6　经过广泛临床试验的手臂治疗机器人系统
a）MIT-MANUS，由 Hogan、Krebs 和麻省理工学院（美国）的同事开发　b）MIME，由 Palo Alto 退伍军人事务部与斯坦福大学（美国）合作开发　c）欧盟开发的 GENTLE/s　d）ARM-Guide，由芝加哥康复研究所和加州大学欧文分校（美国）开发　e）由 Reha-Stim（德国）开发的 Bi-Manu-Track

1. MIT-MANUS

MIT-MANUS 是第一台经过广泛的临床测试并已取得商业成功的机器人治疗设备，Interactive Motion 公司销售此设备使用的商品名是 InMotion2[64.86]。MIT-MANUS 是一个平面双关节手臂，利用 SCARA 位形，允许两个大型机械接地电动机驱动一个轻量连杆。患者坐在设备对面，较弱的手连接到末端执行器上，手臂支撑在一个具有低摩擦力的桌子上。借助 SCARA 位形，MIT-MANUS 可能是最简单的机械设计，它允许平面运动，同时也允许在不需要力反馈控制的情况下向手臂施加力。

当病人玩简单的视频游戏时，MIT-MANUS 帮助病人在桌面上移动手臂，如移动鼠标到指定目标，而目标在计算机屏幕上的位置是变化的。辅助是通过使用具有可调阻抗的位置控制器来实现的。目前已经为该设备开发了额外模块，用于允许垂直运动[64.87]、手腕运动[64.88]和手部抓握[64.89]。同时开发了一种软件，用于提供分级阻力和移动辅助[64.90]，并基于对患者在视频游戏中表现的实时测量来改变辅助的力度和时间[64.91]。

MIT-MANUS 在数项研究中经历了广泛的临床试验，总结如下：该设备第一期临床试验是用来比较急性脑卒中患者的运动康复功能，一组患者除了接受传统疗法外，还接受额外的机器人治疗。另一个对照组的患者接受传统疗法并假装与机器人接触[64.92]。机器人组的患者接受额外的机器人治疗，每天一小时，每周五天，持续数周。根据临床表现，机器人组的患者手臂运动能力恢复得更多，没有任何负面效应出现（如肩痛的增加），这些改善可以定性地表述为"对病人来讲，疗效小但有一定意义"。在为期三年的跟踪调查中，发现这些改善是持续的。

MIT-MANUS 的第一次研究表明，急性脑卒中患者接受的治疗越多，恢复得越好。这些额外治疗可以通过机器人设备来实现。至于机器人设备的这些功能是否是必需的尚无定论。换句话说，如果病人在使用 MIT-MANUS 进行附加运动时将电动机关掉（使得它就像一个鼠标），仅仅凭借运动训练量的增加来刺激功能依赖可塑性，也有可能改善他们的运动能力。因此，这项研究证明了机器人康复治疗的有效性，但并没有解决"外部机械力是如何激发功能依赖可塑性"这一问题。

随后对 MIT-MANUS 的研究证实，机器人治疗也能使慢性脑卒中患者受益[64.93]。该设备已被用于分析不同类型的治疗方法，例如，比较慢性脑卒中患者的辅助运动和抵抗运动，但没有得出确定的结果：两种治疗方法都产生了作用[64.90]。该设备还被用来比较辅助机器人疗法和另一种康复技术方法——电刺激手指和手腕肌肉[64.94]。同样，两种疗法都有显著的益处，并且这些益处是针对所练习的运动的，但是两种疗法的益处没有显著差异。我们注意到，这些研究中缺乏显著差异可能只是由于参与这些研究的患者数量有限（即研究能力不足），而不是治疗效果的相似性。

如上所述，MIT-MANUS 设备最近在美国退伍军人事务部资助的多地点临床试验中进行了测试[64.50]。这项研究比较了慢性脑卒中患者的临床结果，他们被随机分为三组：常规治疗组、机器人辅助治疗组（带有手臂、手腕和手部模块）和康复治疗师一对一治疗组，康复治疗师的剂量与机器人辅助治疗组在每次治疗过程中的运动次数相匹配。机器人辅助治疗组患者的运动能力较常规治疗组明显提高，与剂量匹配的康复治疗师一对一治疗组基本相同。这对该领域来说是一个重要的发现，因为它以最高的科学严谨性证明了机器人治疗和治疗师提供的高强度治疗一样有效。

这项研究的成本效益分析表明，尽管机器人和基于治疗师的高强度治疗比常规治疗更昂贵，但它降低了长期随访成本，因此在研究期间患者的总护理成本是相同的[64.95]。因此，随着机器人治疗设备成本的降低，应该可以在降低治疗成本的同时为患者提供更好的治疗效果——这是另一个重要发现。

2. MIME

另一个早期接受临床测试的系统是 MIME（镜像运动增强器）系统，它使用 PUMA560 机器人手臂协助患者手臂的运动[64.96]。这个装置通过一个定制的夹板和一个连接器连接到手上，如果相互作用力过大，连接器就会断开。与 MIT-MANUS 相比，该设备允许手臂更自然地运动，因为它具有 6 自由度，但必须依靠力反馈，这样患者才能驱动机器人手臂。研究人员为 MIME 开发了四种控制模式。在被动模式下，患者放松，机器人通过所需模式移动手臂。在主动辅助模式下，患者开始向目标伸展，由桌面上的物理锥体指示，然后触发机器人向目标的平滑移动。在主动约束模式下，设备就像一种虚拟棘轮，允许向目标移动，但防止患者远离目标。最后，在镜像模式下，通过数字化连杆测量患者受损较少手臂的运动，并控制受损手臂沿镜像对称路径行走。MIME 的初步临床试验发现，接受该设备治疗的慢性脑卒中患者的运动能力改善程度与接受职业治疗师常规桌面练习的患者相当[64.96]。在达到手臂关键关节的运动范围和力量方面，机器人组甚至超过了人类提供治疗的成果。一项后续研究试图阐明哪种控制模式或哪种 MIME 练习组合导致了收益，但没有定论[64.97]。退伍军人事务部再次资助的 MIME 多地点随机对照研究比较了 54 例急性脑卒中患者高剂量（30h）MIME 附加治疗、低剂量（15h）MIME 附加治疗和 15h 常规治疗的效果[64.98]。在 6 个月的随访中，两组患者的主要疗效指标 Fugl-Meyer 评估结果没有显著差异，尽管机器人治疗患者接受的实际剂量可以预测他们的康复情况。

3. ARM-Guide

关于机器人施加的力对运动康复的影响，这一问题在对另一个设备 ARM-Guide 的研究中仍然没有得到解决。ARM-Guide 是一个长号状的设备，可以指向且锁定不同的方向，并在一条直线上协助病人拿取物品。慢性脑卒中病人在拿取期间接受该机器人的辅助可以改善他们的运动能力[64.99]。然而，和一个仅仅练习同样次数却没有机器人辅助的对照组相比，他们改善的程度相近。这表明病人的努力运动是恢复的主要因素。这项研究的样本较小，因此无法准确了解两者的差异。

4. Bi-Manu-Track

也许目前临床上所产生的最显著的效果来自于最简单的设备，类似于 Lum 等人之前提出的设计[64.39]。Bi-Manu-Track 使用两个电动机，每个手臂各有一个电动机，可以实现两手的腕关节伸屈运动[64.100]。如果手柄改变并向下倾斜，该设备也可以辅助前臂的内旋/外旋。在使用该设备进行的一个广泛的临床测试中，22 个亚急性患者（如脑卒中后 4~6 周）使用该设备进行 800 次运动，每天 20min，每周 5 天，共 6 周[64.100]。其中一半的运动通过使用设备来驱动两侧手臂，另一半的运动通过病人较强的手臂驱动较弱的手臂运动。一个对照组用相匹配的持续时间电刺激（ES）腕部屈肌，在可能的情况下测量肌电图（EMG）。肌电图触发的 ES 动作次数为 60~80 次/疗程。机器人训练组在 Fugl-Meyer 量表（上肢功能 0~66 分范围的标准临床运动能力量表）上提高了 15 分。它为 33 个测试动作（如在不弯曲肘部的情况下抬起手臂）指定 0 分（无法完成）、1 分（部分完成）或 2 分（正常完成）。相比之下，使用 MIT-MANUS 和 MIME 设备治疗后，Fugl-Meyer 评分的增加值为 0~5 分[64.101]。

5. 其他需要进行临床测试的设备

其他需要进行临床试验的早期设备如下。

GENTLE/s 系统使用商业机器人 HapticMaster，在患者玩视频游戏时辅助患者移动。HapticMaster 允许 4 个自由度的运动，并通过力反馈实现高带宽的力控制。慢性脑卒中患者在进行轻柔运动后，其运动能力得到改善[64.102,103]。Rutgers ARM 机器人装置使用低摩擦气缸来帮助伸展或弯曲手指，并且已经被证明可以提高慢性脑卒中患者的手部运动能力[64.104]。另一个简单的力反馈控制装置，包括一个单自由度腕部机械手和一个 2 自由度肘肩机械手，最近也被证明可以提高慢性脑卒中患者的运动能力，这些受试者使用这些装置进行锻炼[64.105]。一种被动外骨骼，即手臂矫形器 T-WREX，利用弹性带为手臂提供重力支撑，同时仍然允许手臂进行大范围运动[64.106]。通过结合一个简单的手部抓握传感器，这个设备允许身体虚弱的患者进行简单的虚拟现实练习，模拟购物和烹饪等功能性任务。使用这种非机器人设备锻炼的慢性脑卒中患者恢复了大部分的运动能力，与 MIT-MANUS 和 MIME 的 Fugl-Meyer 进步相当。在 28 名慢性脑卒中患者中进行的一项随机对照试验中，将该装置的治疗与传统的桌面治疗进行了比较[64.107]，结果发现，根据主要疗效指标 Fugl-Meyer 评分，在 6 个月的随访中，该装置在改善患者运动能力方面有一定效果，而且病人强烈喜欢用这个设备锻炼。Hocoma 公司已将 T-WREX 商业化为 Armeo Spring 上肢训练装置，截至 2014 年初，已在 500 多家诊所使用，发表的报告研究了其在多发性硬化[64.108]、脊髓损伤[64.109]和肱骨近端骨折[64.110]患者中的应用。NeReBot 是一种基于绳索驱动的 3 自由度机器人，可以在空间路径中缓慢移动脑卒中患者的手臂。急性脑卒中患者在接受常规康复治疗的基础上，使用 NeReBot 进行额外的运动治疗，其运动能力明显高于单纯接受常规康复治疗的患者[64.111]。RehaRob 使用工业机器人手臂在脑卒中后沿任意轨迹移动患者的手臂[64.112]。

6. 机器人上肢治疗的进一步研究与发展

该领域最近的一个趋势是开发能够为手臂提供更多自由度治疗的装置。例如，成本和复杂性较高的是 ARMin[64.113]、Pneu-WREX[64.114]和 BONES[64.115]，它们是外骨骼，能适应手臂近乎自然的运动，同时还能实现广泛的力控制。参考文献［64.116］中描述了将沉浸式虚拟现实显示器与触觉机器人手臂耦合的系统。参考文献［64.117］中描述了由气动肌肉驱动的可穿戴外骨骼。其他一些外骨骼机器人已经被提议联合训练手臂和手腕，例如，CADEN-7 是一种人体测量的 7 自由度动力外骨骼系统[64.118]；

64

SUEFEL-7 利用肌电图调整阻抗参数[64.119]；参考文献 [64.120] 中描述的轻量级外骨骼和参考文献 [64.121] 中引入的 9 自由度高冗余机器人。

机器人上肢治疗设备的另一个热门领域是可用于家庭或普通诊所的设备。例如，开发成本/复杂度较低的是使用力反馈操纵杆和方向盘的设备，其目的是在家中可以使用[64.114-125]。2008 年，一种用于家庭神经康复的上肢康复平面机器人 CBM MOTUS 被成功开发并获得专利[64.126]（图 64.7）。这种装置具有低惯量和高各向同性的特性。最近，CBM MOTUS 上安装了一个被动模块，该模块能够进一步减少患者移动机器时机器人感知的惯性，同时在机器辅助患者移动时具有高刚性。就上肢可穿戴机器人系统而言，Hocoma 公司设计并商业化的 ARMEO 动力系统，以及 ArmeoSpring 和 ArmeoBoom 机器[64.108]均产生了积极影响。

a)　　　　　　　　　　　　　　　　　b)

图 64.7　上肢康复平面机器人 CBM MOTUS
a）整体视图　b）操作示意

机器人上肢治疗装置中的第三个领域受到越来越多的关注，即开发用于手康复的装置，因为手的运动能力对于功能恢复至关重要。最近，新型的手用机器人装置的例子包括用于抓握和手腕前屈/后仰的触觉旋钮[64.128]；HandCARE，一种绳索驱动康复系统[64.129]；一种参考文献 [64.130] 中给出的用于重复瘫痪手指受控被动运动的装置；帮助打开和关闭手的外骨骼机器人 HWARD[64.131] 和 HEX-ORR[64.132]；能够产生内收-外展和屈曲-伸展的手指运动的高度冗余的 18 自由度 Gifu 触觉界面[64.133]。其他设备见参考文献 [64.134-138]，并在参考文献 [64.139] 中对机器人的手部疗法进行了综述。一个手部机器人治疗系统包含了使用视觉反馈失真来增强运动治疗期间患者积极性的想法[64.140]。此外，还有一些商用机器，如 Reha-Digit、Amadeo 和 ManovoSpring。

随着模块化手、腕和肩肘治疗机器人设备的出现，最近的一些研究试图解决近端或远端治疗是否对手臂/手功能恢复有不同影响的基本问题。有关这些初步研究的更多信息，请参阅参考文献 [64.100, 141, 142]。

机器人治疗设备一个重要的最新发展是可以与测量神经生理学信号所需的仪器一起使用和开发，例如功能磁共振成像（fMRI）兼容系统[64.143,144]，或者更一般地说，脑成像（BI）兼容机器人系统，不仅可以与功能磁共振成像结合使用，还可以与脑磁图（MEG）、经颅磁刺激（TMS）、重复性经颅磁刺激（rTMS）、经颅直流电刺激（tDCS）、近红外光谱（NIRS）和其他脑成像和刺激设备结合使用。这些设备之所以引人注目，是因为它们将允许对机器人治疗期间的神经恢复进行系统的科学研究。开发这些设备需要处理电磁兼容性和相互作用的问题。

最近，一些与功能磁共振成像兼容的手部康复装置被设计用于在进行治疗性运动时获取功能成像，如参考文献 [64.145] 中的外骨骼机器人；参考文献 [64.146] 中的气动驱动 2 自由度装置，帮助手腕前屈/后仰和手打开/关闭；由电流变液驱动的机器人，能够为患者运动提供可变阻力[64.147]；参考文献 [64.148] 中描述的帮助移动手指的平面装置。在参考文献 [64.149] 中，已经开发并测试了一种与 MIT-MANUS 形态相似的被动功能磁共振成像兼容操作臂，以获取功能成像。另一项研究提出了脑机接口（BCI）治疗方法及其在脑卒中患者队列中的应用[64.150]；一种基于脑磁图的脑机接口系统被用来在目标方向上升高或降低屏幕光标。结果表明，脑卒中患者的脑机接口训练可以实现对头皮中央区域记录的神经磁活动特征的意志控制。

最后，到目前为止，上肢机器人技术测试的主要模式是帮助患者移动，这种策略在某些情况下可能会产生意外的影响，即导致患者放松[64.151]。一般来说，鉴于损伤的性质和患者的情况，该领域在确定最合适的机器人干预形式方面还相对不发达。例如，一种与物理辅助相反的方法，即使用机器人力场来放大脑卒中患者在伸手过程中的运动误差，可能会引发适应这些模式的新形式[64.4,152]。未来10年，该领域的一个主要重点将是提高对机器人交互如何影响大脑可塑性的机械理解。

64.2.4 机器人行走治疗

研究表明，步态训练有助于神经损伤后的运动恢复。从20世纪80年代开始，研究人员就对患有脊髓损伤的猫进行了这方面的研究，通过支持它们的部分体重，并对它们腿的运动施加辅助，可以通过训练使它们在跑步机上用后腿进行行走[64.153,154]。继动物研究之后，很多实验室提出一种康复方法：病人通过头顶的安全索具来支持自身的部分体重，并在医生的帮助下在跑步机上行走[64.155-158]。根据患者的损伤程度，支撑体重的跑步机训练（BWSTT）需要1~3名治疗师，一名治疗师协助稳定和移动骨盆，另外两名治疗师坐在跑步机旁边，协助患者腿部摆动和站立。这种训练基于产生规范的、类似运动的感知输入原理，这种感知输入可促进损伤神经回路的功能重组和恢复[64.159]。在20世纪90年代，一些独立研究表明，BWSTT改善了脑卒中后出现脊髓损伤或偏瘫的人的步态[64.155-157]。

步态训练对治疗师来说是一项特别费力的劳动密集型训练，因此步态训练是自动化的一个重要目标。由于BWSTT是以一种明确的方式在固定装置上完成的，因此比地面步态训练更容易自动化，因此机器人专家的工作特别集中于BWSTT而不是地面步态训练。随机对照临床试验表明，BWSTT治疗各种步态障碍性疾病的疗效与传统物理治疗相当[64.160-166]。这些试验支持了BWSTT自动化的研究，因为如果机器人完成大部分体力劳动，治疗师的工作条件将得到改善，在有BWSTT的情况下，这实际上会偶尔导致治疗师背部受伤。通常，在机器人辅助训练中，只需要一名治疗师，帮助患者进出机器人并监控治疗。对于脊髓损伤患者，一项小型随机对照试验[64.161]报告，使用第一代机器人辅助BWSTT所需的劳动量明显少于传统的地面训练和治疗师辅助BWSTT，但在有效性上并无显著差异。

1. 步态训练机器人的临床应用现状

一些步态训练机器人系统已经在世界各地的一些诊所用于治疗，如步态训练者GT-I[64.46]、Lokomat[64.45]、ReoAmbulator、Loko Help[64.167]和G-EO系统[64.168]（图64.3）。

在这些机器人中，GT-I（由Reha-Stim公司商业化）与治疗师辅助BWSTT最为不同，因为它通过两个踏板与患者的下肢相互作用，而不是像人类治疗师那样作用于小腿。它似乎也更偏离自然行走，因为脚板原理实质上改变了脚与地面或跑步机带碰撞的感知线索。GT-I踏板由单驱动机构驱动，该机构通过双曲柄摇杆机构沿固定步态轨迹移动脚[64.46]。步幅可以在两个疗程之间通过换挡来调整。根据需要，通过顶置安全带卸载体重。躯干是在一个阶段以相位依赖的方式，通过绳索连接到安全带，并通过另一个曲柄连接到脚曲柄。GT-I目前安装在几十家诊所（主要是在欧洲）。据报道，一项随机对照研究对30名亚急性脑卒中患者进行了GT-I测试[64.169]。与对照组相比，机器人组的地面行走能力提高得更多，尽管在6个月的随访中差异不显著。其中80%的患者表示，他们更喜欢用机器人训练，而不是治疗师，因为用机器人训练要求更低，也更舒适。另外20%的患者表示，当用机器人训练时，麻痹肢体的摆动似乎不太自然，因此效果较差。机器人辅助训练中平均每位患者需要一名治疗师，而治疗师辅助训练中平均每位患者需要两名治疗师。一项随访、随机对照研究将常规训练加机器人训练与GT-I进行了比较，并与亚急性脑卒中患者单独进行的时间匹配的常规训练量进行了比较，结果发现接受一些机器人训练的组在很大程度上恢复了行走能力[64.170]。最近使用GT-I进行的临床试验见参考文献[64.171]。

Lokomat（由Hocoma公司商业化）是患者在跑步机行走时佩戴的机器人外骨骼[64.45]。四个电动关节（每条腿两个）移动臀部和膝盖。驱动器由连接到直流电动机的滚珠丝杠组成。腿被驱动在一个步态模式并沿着一个固定的位置控制轨迹。这个装置通过带衬垫的安全带固定在大腿和小腿上。平行四边形机构允许患者躯干的纵向平移，限制横向平移。患者的体重通过头顶安全带根据需要主动卸载。Lokomat目前在全球100多家诊所使用。2005年，Wirz等人[64.85]报道了机器人辅助BWSTT治疗20例慢性不完全性脊髓损伤患者的初步结果。地上

64

行走速度和耐力方面的改善在统计学上具有显著的意义：在训练前能够步行的16名患者中，相应方面的能力平均提高约50%。对助行器、矫形器或外部身体辅助的需求没有明显变化。这些改善似乎与接受治疗师辅助BWSTT治疗的类似脊髓损伤患者所取得的改善相当[64.161,172]。但对于脑卒中患者来说，Lokomat疗法是有益的，但在改善地上行走速度和耐力方面，其效果约为基于跑步机或治疗师的训练的一半[64.173,174]。

ReoAmbulator（由Motorika公司商业化，在美国命名为AutoAmbulator销售）由两个机器人手臂组成，可帮助患者在跑步机上行走，并在需要时支撑体重。与患者腿部的接口通过大腿和脚踝的带子连接。目前，至少57个HealthSouth康复中心都在使用ReoAmbulator，这些康复中心都在美国，但关于其使用的数据很少公布。

LokoHelp（由LokoHelp集团商业化）在跑步机上行走时，可帮助使用者的脚沿着生理轨迹运动，并提供体重支持。临床试验[64.167,171,175]表明，治疗效果与手工训练相似，但治疗师的工作量减少。

G-EO系统（通过Reha Technology公司商业化）也基于GT-Ⅰ系统的踏板原理。对脑卒中患者[64.176]、脊髓损伤患者[64.177]和帕金森病患者[64.178]的研究最近显示了这种特殊装置的价值。

2. 关于机器人行走治疗的进一步研究和发展

世界上有几个组织正在致力于改进步态训练机器人技术，已经做出了大量的努力来整合和研究根据需要提供帮助的能力[64.72,179-183]，也就是说，机器人让患者尽可能多地恢复参与运动的能力。这对于最大限度地提高运动可塑性可能是必要的[64.184]。一些努力也指向增加更多的主动自由度，特别是躯干操纵[64.182,185]。这些机器人工具不仅用于治疗的潜在临床应用，还用于研究哪些方面的辅助对有效的步态训练更重要，以及如何用机器人最好地控制和实施它们。

负责GT-Ⅰ的团队开发了Haptic Walker（触觉助行器）[64.179]，该装置保持脚/机器的永久接触，但允许脚踏板沿3自由度轨迹移动。此外，它还结合了力反馈和柔顺控制，以及对地面条件的触觉模拟（如爬楼梯）。

Lokomat的高级版本集成了力传感器和步态模式的自适应，以减少患者和机器人之间的交互作用[64.180]。它已经在未受伤的人和脊髓损伤患者身上进行了测试，他们能够通过自己的运动活动影响步态轨迹，使其达到更理想的运动状态[64.180,186]。

PAM（骨盆辅助机器人）是一个用于躯干操作的5自由度机器人，POGO（气动步态矫形器）是一个每条腿有2自由度的腿式机器人。PAM和POGO的驱动器是气动的，其成本低于电动机，并具有更高的功率重量比[64.185]。机器人对患者和/或治疗师的控制力和屈服强度已经在未受伤和脊髓损伤参与者身上进行了测试[64.187]。特别值得注意的是，这里开发了一种自适应同步算法，允许这些柔性机器人在参与者改变时间或步长时，在正确的时间内提供帮助。

基于提线木偶原理，String-Man通过七根柔索和每条柔索上的力传感器实现负重和柔性6自由度躯干操纵[64.182]。此外，还设计了一种利用脚部力传感器对柔索进行零力矩定位和地面反力控制的控制方案。

Veneman等人[64.189]开发了LOPES外骨骼（下肢动力外骨骼），如图64.8所示。在这个系统中，骨盆的两个水平移动被驱动，而垂直运动被保持自由，重量被补偿。此外，每条腿有三个旋转关节：两个在臀部，一个在膝盖。髋关节和膝关节屈曲/伸展的驱动系统[64.183]结合了波顿（Bowden）电缆和串联弹性驱动。波顿电缆允许电动机远程安装在一个固定的位置，从而减少了在外骨骼链接上移动的质量。连接波顿电缆和关节的弹簧元件允许通过测量弹簧伸长量的位置传感器关闭转矩反馈控制回路，这一概念来源于Pratt及其同事描述的串联弹性驱动器（SEA）[64.190]。

Veneman等人在LOPES SEAs上的试验结果表明，他们基于波顿电缆的驱动设计原型实现了足够的力矩控制带宽[64.183]，因此机器人既可以处于刚度、位置主导的机器人负责模式，也可以处于柔顺、低阻抗的患者负责模式。LOPES外骨骼测试的一些结果见参考文献[64.192-194]。

FET欧洲项目人-机器人共生交互的演化形态（EVRYON）研究了一种设计可穿戴机器人的新方法，其中机器人形态和控制在基于物理的模拟环境中共同参与，以实现共生交互，在机器人和人体之间的动态交互中产生有用的行为（行走模式）。为了缩小搜索空间，生成了一个辅助髋关节和膝关节屈曲/伸展的机器人结构拓扑图集[64.195]，表明如果机器人连杆的数量不超过4个且仅考虑旋转关节，则只有10种拓扑结构能够为髋关节和膝关节提供独立的辅助。从这种拓扑结构演化来的运动学结构（形态）不需要机器人和人体关节对齐（非各向异性），因此可能缩短校准时间并限制耐磨性

64

问题。在上述 10 种拓扑结构中，只有一种允许我们在机械结构上（本质上）最大限度地使不需要的剪切力最小化，同时保持低阻力。属于该拓扑类别的形态被优化，以最小化对人体的反作用力[64.196]，并最大限度地提高可穿戴性和可背负性[64.197]。基于这项研究，开发了下肢非各向异性机器人（LENAR）[64.191]（图 64.9），其中包括用于鲁棒交互控制的定制化串联弹性驱动器[64.198]。

a)

b)

图 64.8　LOPES（下肢动力外骨骼）装置用于脑卒中患者步态训练和运动功能评估
a）步态训练　b）运动功能评估

a)

b)

64

图 64.9　EVRYON/LENAR
a）可穿戴机器人，通过系列弹性驱动器协助髋关节　b）膝关节屈曲/伸展

KineAssist 采用了不同的步态训练方法[64.199]。KineAssist（图 64.10）是一个机动性强的移动平台，当患者和治疗师在地面上移动时，它会跟随患者和治疗师，并包含一个智能支架，该支架能依从性地支撑患者的躯干和骨盆。这种智能支架的设计允许治疗师将其刚度从完全刚性调整到完全柔性。在安全区内，完全柔性模式允许患者挑战其稳定性的极限。当病人失去平衡时，一个兼容的虚拟墙会抓住他们。虚拟墙的位置也可以调整。体重可以根据需要进行卸载。该系统的主要优点是治疗师可以与患者密切接触，同时与机器人系统合作，机器人系统处理关键的基本任务，以保持患者的稳定和安全。基于这个研究平台，HDT 机器人公司开始对 KineAssist-MX 进行商业化。驱动和传感器允许交互力场环境，以便向用户提供各种各样具有挑战性的移动体验。

图 64.10　KineAssist 可为患者提供较隐秘的帮助，允许患者自行行走，或提供不同水平的支持[64.200]

其他努力包括 Ferris 及其同事[64.202]，他们正在开发由人工气动肌肉驱动的足、踝、膝和髋关节矫形器，这些矫形器可能用于协助步态训练。Rutgers Ankle 是一个基于 Stewart 平台的 6 自由度气动系统，可以锻炼脚踝[64.203]。同样在美国，Agrawal 的研究小组建议步态障碍患者使用重力平衡腿矫形器练习步行[64.204]。他们的设计允许矫形器被动地支撑病人关节所需的重力力矩。这种方法的优点是在临床应用中比强大的机器人更安全。

他们还扩展了设计，包括对力矩要求较低的执行机构[64.205]。机器人已经被用来提供分级的体重支持，因为病人因为医疗问题不能承受全部体重完成行走[64.206]。Banala 等人开发了基于跑步机的康复机器人 ALEX[64.207]，如图 64.11 所示。在这个系统中，髋关节和膝关节在矢状面上被驱动，而髋关节外展/内收和踝关节的运动是弹簧加载的。步行治疗机器人系统的更多细节和更多示例见参考文献 [64.208]。

图 64.11　主动腿外骨骼（ALEX）辅助传统康复治疗[64.201]

3. 其他机器人运动治疗方法

如前所述，到目前为止，机器人治疗设备的大部分工作都集中在机器人上，这些机器人附着在患者身上，帮助他们练习伸展或行走练习。使用机器人进行运动治疗的其他早期建议包括使用两个平面机器人手臂仔细控制关节手术后膝盖的持续被动运动[64.37]，以及使用多轴机器人手臂为进行伸展运动的患者放置目标[64.209]。一种新兴的机器人运动治疗方法是以远程康复的形式远距离提供治疗，以提高治疗的可及性[64.81,123,210]。如第 73 章所述，非接触式社交辅助机器人可能在激励和监控治疗中发挥重要作用。

64.3　残疾人辅助

通过不断增加功能独立性，辅助康复技术可以帮助残疾人实现和健康人同样的生活质量。然而，大多数此类技术面临的主要问题在于残疾具有高度的个性化特征：适合一个人的解决方案并不一定适合其他人，即使他们的残疾特征在临床上很相似。

64. 3. 1　重大挑战与使能技术

　　残疾对身体功能造成的影响越大，那么使用辅助康复技术进行介入治疗就会越昂贵。因为如果每一个产品都需要个性化生产的话，那么患者就不能受益于规模化生产带来的低成本。举一个极端的例子：一个具有个性化踏板、机动座椅、定制操纵杆的电动轮椅，它的花费甚至和一个大规模生产的中型汽车价格相当，尽管它的电子器件、鲁棒性和功能都不及汽车。辅助康复技术的一个关键问题，就是要找到一种方法使得这种具有个性化特征的产品规模化生产成为一种可能，就像在汽车工厂一样。其中，设计重点是一个关键所在。如果我们可以将辅助康复技术重新定性为设计福祉产品，将重心从治疗病人转移到改善他们的生活质量，这样消费设备制造商便倾向于开发那些能够显然提供较多功能的设备，并进而能够为更多的残疾人消费群体提供便利。婴儿潮时期出生的人群逐渐达到退休年龄，而且他们普遍拥有可观的可支配收入，这一因素将迫使市场为他们的福利需求提供更好的解决方案。

　　另一个巨大的挑战是机器人的自主性。特别是对于沟通能力、身体和/或认知能力降低的人来说，康复机器人需要具备感觉（如视觉、听觉）和运动能力，并结合其自身的软件处理能力（也称为人工智能），使其成为一个足够安全和有能力的系统，与人类共存并造福人类。这一挑战将在一定程度上取决于计算机处理能力的持续提高，而且还特别取决于机器人研究中的算法进展。

　　例如，研发人员利用自主机器人导航研究直接获得的知识和技术，开发了若干先进的盲人和视障人士导航辅助工具；Borenstein 和 Ulrich 于 1997 年开发了 GuideCane[64.211]，它是一种基于超声波接近传感器技术的智能手杖，旨在帮助盲人或视力受损的旅行者在面临障碍物和其他危险中安全快速地导航[64.212]。

　　到目前为止，对机器人辅助设备（即物理辅助机器人或接触辅助机器人）的研究主要针对行动和操作受限的人，而不是有认知障碍的儿童和成人[64.213,214]。然而，随着由老龄化引起的认知障碍患病率的增加，后者将变得越来越重要。社交辅助机器人，也称为非接触式辅助机器人，是一种新兴的辅助系统，主要通过社交而不是身体交互来帮助人类用户（关于社交辅助机器人的更多细节见第

73 章）。由于难以设计和开发本质安全的机器人，这些机器人在开展有用的工作时，能够与人共存并表现出一定的自主性，因此研究仅限于机动性这一焦点。因此，今天的机器人依靠用户的警惕性和明确的控制来确保安全。如果用户不具备评估机器人安全状况的认知能力或有效沟通的能力，那么功能增强型机器人的价值将因其可能对用户或旁观者造成伤害而无效。再加上个体机器人接口的设计仍处于初级阶段，机器人辅助设备开发人员面临的一个挑战是在不降低功能（强度、速度等）的情况下显著提高内在安全性，这是当今工业机器人的典型特征。

　　为了应对其中的一些挑战，美国政府在 2011 年通过 NSF、NIH 和其他联邦机构发布了一项，每年提供 5000 万美元，为期 5 年的项目，称为“国家机器人计划（NRI）”[64.215]。以协作机器人为主题，直接支持个体和群体行为的实现。这笔资金的很大一部分集中在未来的医疗保健方面。

　　1. 辅助机器人为残疾人和功能受限人群服务

　　辅助机器人是为那些由于肌肉萎缩症或严重脊髓损伤而严重致残的人，以及患有脑瘫的儿童设计的；更一般地说，是为那些缺乏操作家用物品能力的人设计的。10 年前，一项专门针对康复机器人客户的市场研究保守地预测，美国市场将达到 10 万人[64.216]。随着残疾发生率呈指数级增长，机器人在康复应用领域的应用空间也随着机器人技术和康复科学的进步成倍增长，康复机器人市场显然会继续扩大。

　　2. 辅助机器人的人-机器人接口设计

　　工业机器人和辅助机器人最根本的差别是命令、控制接口和最终的受益方式不同。工业机器人通常有一个手动控制器和一个可编程语言接口，使操作者能够指导机器人往哪里走，并达到特定的运动状态，指导它们抓取、更换工具。在工厂自动化方案中，它们要遵循重复修正误差的步骤。与工业机器人相比，康复机器人主要有三点不同：

　　1）操作者不是机器人专家或工程师。因此，它的接口必须能够使机器人的所有功能都能实现，以便用户可以通过机器人完成要求的任务。

　　2）根据定义，康复机器人的用户是残疾人，这意味着在获取指令和对机器人进行控制时，存在身体、感官、交流或认知上的局限，这些都需要机器人设计者和机器人接口能够在系统层次解决这些问题。同时还需要特别注意通用的设计原则。

　　3）所有的康复机器人都要由负责装配和处方

的康复工程师和治疗师对每个用户的界面进行个性化设计，因为残疾人士对标准配置的适应性有很大的差异[64.217]。

辅助机器人的接口由软件和硬件组成，旨在使残疾人能够与辅助设备进行交互，从而充分利用每个用户剩余的交互能力。例如，许多四肢瘫痪的人可以重复移动手、胳膊、脚或头部，即使范围有限，甚至可能只能在两个轴上移动，例如向前/向后和向左/向右。通过正确放置按钮、操纵杆或非接触式位置测量装置，康复工程师和治疗师可以为每位残疾客户开发一个定制化解决方案，以控制轮椅计算机和机器人。此外，用于控制计算机的自适应硬件和软件，如头部位置光标控制、眼睛跟踪器、语音识别系统、轨迹球和特殊键盘，可用于提供对基于计算机的机器人功能的访问。

机器人系统的冗余设计对残疾人来讲非常重要，这是为了避免由于单一的接口故障或校准问题使得系统失灵。如果有两种方式完成鼠标单击动作，即使一种方式出现问题，系统仍能正常工作。

对于治疗机器人，物理接口通常类似于物理和职业治疗设备的接口，并且与运动设备接口也有共同点，具有可调节的钩环式皮带、可热成型的塑料袖口、软橡胶、泡沫基材料，以及耐磨、耐用的覆盖物。经过一两次试戴和适应后，使用治疗机器人的人往往可以长期使用同一个接口。

总而言之，接口设计的关键在于可定制性、个性化、功能冗余性、适应性和耐用性，以使接口达到适合机器人有效使用的舒适度和功能水平。

64.3.2　辅助机器人类型和实例

辅助机器人可以分成操作辅助机器人、运动辅助机器人和认知辅助机器人三大类。其中操作辅助机器人通常分为固定式、便携式和移动式辅助机器人；运动辅助机器人分为具有自主导航特征的电动轮椅和智能行走机器人；认知辅助机器人又分为交流辅助机器人（如宠物机器人）和自主看护机器人。这些分类将在下面进行介绍，我们也会介绍那些有代表性的、正在研究中的或已经商业化的产品（图64.12），其他例子见第64.1.3节。

1. 操作辅助机器人

（1）底座固定　这种类型的典型机器人是 ADL 和职业操作辅助设备，以及厨房机器人。在美国，职业辅助机器人（ProVAR）是一种研究原型，最初是基于安装在1m高的横向高架轨道上的 PUMA-260 机器人手臂，该机器人手臂允许机器人操纵侧

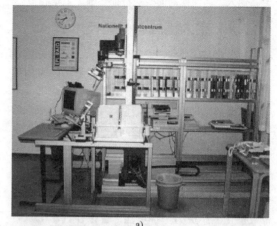

图 64.12　工作站型机器人
a）AfMaster，由法国肌营养不良协会开发
b）ProVAR，由 VA Palo Alto 康复研发中心开发
c）Handy-1，由 RehabRobotics 公司（英国）开发

架和桌面上的物体和设备，将物体（如水杯或咽喉含片）带到机器人的操作员处。该接口通过一个 JAVA/VRML 插件连接到一个普通的互联网浏览器上，通过一个传统的下拉菜单和一个控制屏幕界面向残疾办公人员提供高级控制[64.27,218]。该系统及其前身 DeVAR 已经在5家康复诊所的50多名受试者中进行了现场测试，以评估其可行性和可接受性[64.219,220]。目前该系统成本超过10万美元，但还没有最终产品推出的计划。

在欧盟，AfMASTER/RAID 工作站遵循与 ProVAR 类似的开发路径，其概念不是内置在工作站中，而是在用户办公室中包含一个 2m×3m 的机器人工作区，用于存储物品和放置设备，靠近用户自己的办公空间。该系统经过20年的开发，曾一度限量生产，但目前已不再出售[64.29]。

厨房机器人 Giving-A-Hand 由意大利比萨的 Scuola Superiore Sant'Anna 研发，是一种低自由度装置，安装在厨房柜台的前导轨上，能够在冰箱和烤

箱等电器之间移动食品容器[64.221]。通过集成控制系统，它还可以利用设备的内部控制，如设置烹饪时间和开门。

英国开发的 Handy-1 是一种家用机器人，具有 3 自由度，设计用于脑瘫患者的一次开关操作[64.30]。最初的设计是用于患者用餐，它的应用领域已经扩展到面部卫生和化妆品。这是一款售价约 6000 美元的商业产品，由于其简单性和应用重点，在商业上取得了成功。英国的电动 Neater Eater[64.20]作为一个更简单的喂食机器人在世界范围内出售，售价约为 5000 美元，只设计用于喂食。

参考文献［64.222］提供了操作机器人辅助装置的概述。根据对机器人手臂的使用场景和调查，它们通过五个标准进行分类。值得一提的是，目前开发了新的辅助机器人手臂，将交互安全作为其设计的优先标准。以 JACO[64.223]、iARM[64.224]和 RAPUDA[64.225]为例，通过限制机器人手臂在空间的移动速度和加速度、末端执行器最大可能有效载荷等方面的性能来实现安全性。还可以提及机器人通过可反向驱动的关节（如 WAM Arm[64.226]）或通过主动阻抗控制（如 KARES Ⅱ、WAM Arm、Elumotion RT2[64.227]、DLR LWR Ⅲ[64.228]）来实现安全的例子。

虽然机器人通常意味着作为一个独立的系统具有一些自动化功能，但智能床和智能家居可以被合理地称为机器人，因为它们在人类用户的共享控制和实时软件编程下同样可以感知和操作电动机。智能床（如 SleepSmart）可以测量身体的位置和温度，以及整晚的身体情况变化趋势和异常情况。可以测量床的几何形状（床段的倾斜），环境条件（光线、温度、声音）可以根据预设和偏好进行调整[64.229]。

智能家居，如佐治亚理工学院、NL-iRV 和东京大学的 AwareHome 家居环境[64.230]，可以提供综合的气候、安全、照明、娱乐和交通辅助，特别是对严重功能障碍的人。再加上医疗保健相关的功能，这些家用机器人可以让一个认知或身体残疾的人具备许多日常生活能力，并通过监测安全地生活。

（2）轮椅操作臂系统 电动轮椅使用者的一个需求是在家中或公共场所（如餐馆或杂货店）中操作物体。辅助机器人服务操作臂（ARM）是一种商用操作臂，它是由荷兰 Exact Dynamics 公司销售的，以前名为 MANUS，可以连接到现有轮椅的腿托一侧，并由轮椅自己的操纵杆或数字键盘控制[64.23,231]（图 64.13）。该机器人已经对患有肌肉萎缩症、高水平的脊髓损伤或脑瘫患者进行了大量的用户研究。在世界范围内，这是目前唯一一种商

业康复机器人服务操作臂，可以由医生开具处方，并由政府医疗保健系统报销。

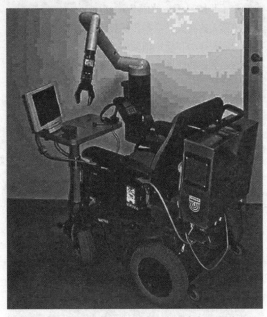

图 64.13 MANUS，由 Hoensbroek 康复研发中心开发，由 Exact Dynamics 公司（荷兰）销售

Weston[64.232]和 Bridgit[64.233]是两种轮椅操作臂系统，其设计中的交互安全问题已被解决，正如前面介绍的一些带有固定底座的操作辅助装置一样。Weston 使用小功率电动机，以便静态地从本质上限制手臂的加速度、力和有效载荷。Bridgit 是一种放置在轨道系统的轮椅上的操作臂。机器人在轨道系统上移动，从而为每个任务提供最佳定位。轨道系统还允许机器人在不使用时方便地停靠在轮椅的背面或正面。

（3）自主移动系统 最常见的机器人类型是一个带有手臂的自主移动系统，具有与人类相似的感觉和运动功能，同时为人类提供服务。本手册中关于仿人机器人的章节也探讨了这一领域（见第 67 章）。由于运动是仿人机器人的一个关键要求，在第一批步行机器人发明之前，就已经开发出了其他带轮底座的机器人，以探索更具短期实用性的应用领域。在电影中，像《星球大战》中的 R2D2 这样的机器人使这种外形在全世界广为人知。最近，像 HelpMate[64.234]这样的真正的机器人在美国的医院里被用作接送机器人勤务员，使用地图和短程超声波传感器进行导航和避障。意大利 MovAid 研究机器人平台[64.235]（图 64.14）将操作和视觉添加到这些功能中，以便在类似家庭的环境中导航，为单个用户

提供对象操作和设备操作。欧洲 Robot Era 项目[64.236]正在跟踪这些发展，并针对老龄化人口的需求制定了具体目标。德国 Care-O-bot[64.237]已经探索了轮式机器人的高级导航和传感技术，这种机器人也可以作为需要移动和稳定辅助的人的身体支持。它还可以作为一个移动信息亭，在一个贸易展览场地上移动，向与会者传递信息。在参考文献［64.238］中，给出了一个基于 PR2 仿人机器人的个体机器人的案例研究（Willow Garage 公司，Menlo Park）。所采用的方法包括开发一套不同的开源软件工具，将用户和机器人的能力结合起来，以使辅助移动操作臂能够在真实的家庭中移动，并与残疾人一起工作。

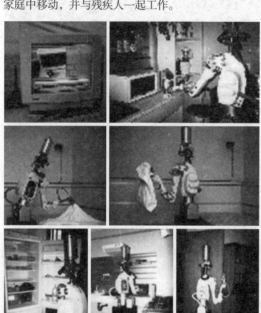

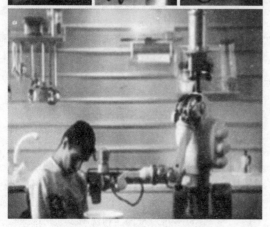

图 64.14　MovAid[64.239]

2. 运动辅助机器人

（1）轮椅导航系统　对于因行动不便而使用电动轮椅的人，以及有沟通或认知障碍的人来说，半自主导航辅助系统是一项关键功能（图 64.15）。

　　　　a)　　　　　　　　　b)

图 64.15　轮椅导航辅助系统
a) Wheelesley　b) Hepahaestus

许多研究小组已经为这项服务开发了商用轮椅的附加组件。这种轮椅通常被称为智能轮椅。正如 Simpson[64.240]提出的，智能轮椅可以按形状进行分类：早期的智能轮椅是带有附加座椅的移动机器人。2005 年之前开发的绝大多数智能轮椅都是基于经过大量改装的商用电动轮椅。其中只有一小部分配备了可连接和安装的附加装置，这些附加装置可从下面的电动轮椅上拆下。

NavChair[64.241]是最早拥有强大的墙壁跟随功能的产品之一，即使有狭窄的门道也能通过，并且对轮椅前面行走的人的速度具有适应能力，所有这些都只使用了短程超声波和其他传感器，而没有使用视觉传感器。Hephaestus[64.35]是专门作为各种轮椅品牌的商业配件而制造的新一代系统，接入了操纵杆控制器和电源系统。Wheelseley[64.242]和 KARES[64.33]机器人利用视觉系统进行场景分析和寻路，探索了类似的功能。

最近，CanWheel 项目团队开发了一个名为 NOAH[64.243,244]的智能轮椅系统。该系统有三个主要功能：避免碰撞、推断用户的目标位置/活动并提供自动提醒、使用提示提供导航帮助。提出这类解决办法的理由是提升行为能力，帮助改善认知障碍老年人的生活质量，同时减轻照顾者的负担。

2013 年，How 等[64.245]提出了一种具有防撞和导航功能的新型智能轮椅系统（IWS）。用户试验表明，IWS 具备提高电动轮椅安全性和主观可用性的潜力。

IntellWheels[64.246]项目提出了一个基于多智能体系统范例的模块化平台，用于开发基于商业产品

64

的智能轮椅。在这个项目中，在为智能轮椅的脑瘫用户开发适合的控制方法方面已经取得了令人鼓舞的成果。试验表明，用户觉得使用共享控制方式比使用手动或自动控制方式能够更好地控制轮椅移动[64.247]。

iBOT[64.248-250]是由 DEKA 公司与强生公司的独立技术部门合作开发的一款电动轮椅，适用于行动障碍人士。对 iBOT 的研究已于 2009 年停止。iBOT 采用了自平衡技术，用户可以上下楼梯，在不平坦的地上行驶，并与附近行走的人站在同一高度。

（2）行走辅助系统 用于稳定性辅助的移动机器人的特点是欠驱动。与协作机器人相似，它的轮子没有驱动力，只是起主动导向和制动的作用（图 64.16）。协作机器人的概念最初是由 Colgate 等人提出的，用于与工厂工人直接进行物理

交互的机器人，处理共享的有效载荷。它们明显不同于自主工业机器人，出于安全考虑，后者必须与人隔离[64.251,252]。协作机器人通过生成软件定义的虚拟表面与人进行交互，这些虚拟表面约束和导引共享有效载荷的运动，但几乎不提供动力[64.253]。今天，协作机器人在康复和辅助环境下进行原型设计，如用于床到椅/轮椅的转移或桌面上肢移动。例如，PamAid[64.254]看起来像一个封闭式前轮步行机，有自行车式的把手。走在它后面的人转动把手，可使车轮朝正确的方向转动。如果超声波传感器检测到前方有障碍物，制动器会防止使用者和设备与之发生碰撞。Care-O-bot 最初设计为一个接近成人大小的自主移动机器人，有一套类似 PamAid 的把手，因此可以作为智能步行机使用。然而由于协作机器人的重量较大，必须将它轻量化。

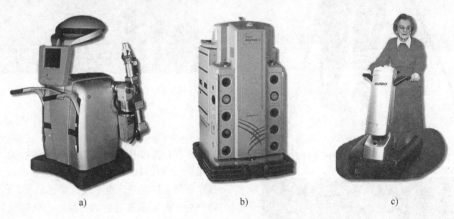

图 64.16 运动辅助机器人
a) Care-O-bot，由德国弗劳恩霍夫研究所开发 b) Helpmate，由美国 Transitions Research 公司开发
c) PamAid（又名 Guido），在英国开发

（3）外骨骼 用于辅助行走的外骨骼类似于用于跑步机康复环境的机器人。这些系统是便携式和自主的，旨在用于日常生活场景。最近已经发表了几篇关于这个主题的综述性论文[64.255-257]。

在 NIST 高级技术计划的支持下，Ekso Bionics 公司（美国伯克利）开发了 Ekso[64.258]（图 64.17）。这款机器人是为患有神经系统疾病或损伤（如脊髓损伤、多发性硬化症、吉兰-巴雷综合征）导致的下肢无力或瘫痪的人开发的。它有一个近乎拟人的结构，髋关节和膝关节在矢状面上活动。踝关节无驱动装置，但在矢状面内具有柔性，在其他自由度内锁定。该装置的测试对象包括完全或不完全瘫痪的患者[64.259]和慢性脑卒中患者[64.260]。ReWalk 由 Argo Medical Technologies 公司开发[64.261]。它在矢状面上由髋关节和膝关节的直流电动机驱动，而踝

关节则不被驱动。该系统设计有一个遥控器，可用于改变运动模式（如地面行走、爬楼梯）。躯干上的姿态传感器检测用户的上半身运动并估计运动意图。为了稳定和安全起见，佩戴者还必须使用拐杖。该系统正在莫斯康复中心（美国费城）和维戈索迪布德里奥中心（意大利博洛尼亚）等研究中心进行截瘫患者的临床试验。该设备目前在市场上有两种版本：康复机构使用的 ReWalk-Rehabilitation 和个人日常使用的 Rewalk-Personal（图 64.18）。

日本筑波大学的 Sankai 研究小组开发了一种外骨骼，用于增强性能、康复和辅助[64.263,264]。当前版本的 HAL-5 通过直流电动机驱动髋关节和膝关节的屈曲/伸展，而踝背/足底屈曲自由度是被动的。HAL-5 系统（图 64.19）集成了许多传感器：皮肤表面 EMG 电极放置在佩戴者身体前侧和后侧的臀

64

部下方和膝盖上方；用于测量关节角度的电位计；地面反作用力传感器；安装在背包上的陀螺仪和加速度计，用于躯干姿态估计。HAL-5 目前由 Cyberdyne 公司（日本筑波）进行商业化。迄今为止，似乎还没有已发表的定量结果反馈外骨骼改善步行功能的有效性。

图 64.17　用于截瘫患者的仿生外骨骼[64.258]

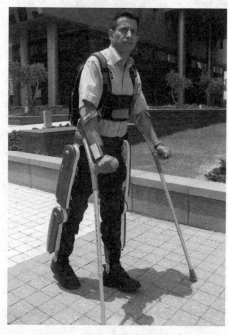

图 64.18　计算机化外骨骼 ReWalk（美国 ReWalk Robotics 公司）[64.262]

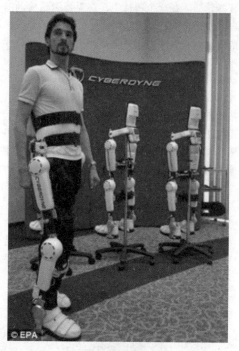

图 64.19　日本机器人公司 Cyberdene 设计的 HAL-5

Vanderbilt 动力矫形器[64.265]是一种动力下肢外骨骼，旨在通过在矢状面为髋关节和膝关节提供辅助扭矩，为脊髓损伤患者提供步态辅助。它既不包括穿在肩上的部分，也不包括穿在鞋子下面的部分。每个关节由无刷直流电动机供电。该矫形器将与标准的踝足矫形器一起佩戴，该矫形器在踝关节处提供支撑，并防止摇摆时脚下垂。为了证明其辅助行走的能力，对截瘫患者进行了试验测试。试验结果表明，该矫形器能够提供重复的步态，膝关节和髋关节的振幅与非脊髓损伤步行时所观察到的相似。

REX 由 REX Bionics 公司（新西兰奥克兰）生产，是一种拟人下体机器人，设计用于从坐到站、爬楼梯和地上行走，无须使用拐杖。该系统不使用传感器来检测用户的意图，而是使用操纵杆作为界面。该系统已在健康受试者身上进行了测试，并针对轮椅使用者从坐到站进行了测试[64.266]。

3. 认知辅助

在康复治疗过程中，机器人作为激励和教育的工具越来越受到人们的关注。这种方法通常涉及小型的、类似宠物的、类似玩具的、可接近的设备，这些设备不与患者进行身体上的交互，但主要是以促进个人健康、成长和互动的情感方式让患者参与。更多信息请参见第73章。

64.4 智能假肢与矫形器

2005 年，美国政府研究机构 DARPA 的国防科学办公室（DSO）启动了一项计划，在四年的时间内彻底改变假肢。根据机构网站，该计划提出："为临床试验提供一种假肢，这个假肢比目前任何可用的假肢都要先进得多。该装置可实现多自由度抓取和其他手部功能，且坚固耐用，对环境因素具有弹性。在四年内，DSO 将为临床试验提供一种假肢，其功能在运动控制和灵巧度、感知反馈（包括本体感知）、体重和环境适应性方面几乎与自然肢体相同。这个装置将由神经信号直接控制。这项计划的结果将使上肢截肢者能够尽可能正常地生活，尽管他们曾经受到严重伤害。"

64.4.1 巨大的挑战和障碍

这项计划的宣布在一个雄心勃勃的时间框架内为假肢研究提出了重大挑战：开发一种功能性和耐用性至少与天然肢体一样好的假肢。要迎接这一挑战，有几个障碍：第一，为个体提供一种直观的方法来控制和协调机器人肢体的多个关节是一项挑战。第二，机器人在力量范围、重量和使用便携式电源的持续时间方面还不能与人类的手臂相比。第三，人类的四肢富含触觉和运动传感器。在机器人肢体上安装人工传感器，然后以用户可用的方式从这些传感器返回信息是一项挑战。因此，解决这一重大挑战需要更好的假肢感知-运动接口，以及更轻、更强的驱动器和更好的电源。最近在改善假肢的感知-运动接口方面取得了实质性进展，这一进展是本节的重点。对于当前可用于假肢装置的机器人驱动器的进展，读者可参考关于神经机器人的第 77 章。关于传统假手和假臂的设计概述，请参阅参考文献 [64.267]。

64.4.2 靶向神经移植

标准的假肢通常由电缆驱动或由来自剩余肌肉的肌电图（EMG）信号控制。例如，要打开和关闭一只假手，一种常见的方法是将一根波顿电缆绕在安全带的肩部，然后将电缆直接连接到假手上。然后用户可以耸动肩部移动电缆，并打开和关闭手。或者，电极可以放置在残肢或使用者背部的肌肉上，然后用于控制假手上的电动机。电缆技术具有简单的优点，并且具有扩展的生理本体感知（EPP）的特性，即抓握力通过机械方式传回使用者的肩部肌肉力传感器，以便使用者能够测量握力的强度。由于它们的简单性和 EPP，电缆驱动（或身体驱动的）假肢比肌电（或外部驱动的）假肢更受欢迎。然而，身体驱动的技术一次只能控制 1 个自由度，尽管下颌开关等可以用于在自由度之间切换。肌电方法可以用来控制多个自由度，但这种控制是非直观和复杂的。此外，对于失去整只手臂的人来说，多个用于读取 EMG 的控制点是不可用的。因此，假肢控制系统通常仅限于 1 个或 2 个自由度，而功能性手臂和手的运动至少得益于 4 个自由度（3 个自由度用于定位手，1 个自由度用于打开和关闭手）。

Kuiken 等人[64.268]最近开发了一种改进多关节假肢控制的新方法。在这种靶向神经移植技术中，他们将先前支配失去肢体的神经重新路由到备用肌肉，然后在备用肌肉处使用 EMG 读出用户移动肢体的意图。他们在一名在电力事故中失去双臂的双侧肩关节离断截肢者身上演示了这项技术。他们利用左臂剩余的臂丛神经（通常支配左肘、手腕和手的神经），然后把它移到胸肌。受试者仍然可以收缩他的胸肌，但这块肌肉不再对他有用，因为它曾经附着在他现在缺失的肱骨上。外科医生解剖与肘部、手腕和手部不同肌肉相关的神经部分，并支配三束胸肌。三个月后，神经重新支配了胸肌束，当患者试图弯曲失去的手肘时，会导致胸肌束抽搐。表面 EMG 电极放置在胸肌束上。然后，当使用者想要张开他的手时，一个胸肌束收缩，这种收缩可以通过 EMG 电极检测到。EMG 信号依次用于控制假肢的手部运动。最终的结果是，用户可以将他不同的（缺失的）关节移动，机器人手臂上相应的关节也会移动。他可以同时操作两个关节，如肘部和手部。用户可以完成以前用传统的肌电控制臂无法完成的任务，比如自己吃东西、刮胡子和扔球。另一个值得注意的发现是，重新排列的神经中的感觉神经元重新支配了传感器，因此，当人的胸部被触碰时，他会感觉到这是对他缺失的肢体的触碰。这种感觉神经移植可能形成一个交互，提供来自假肢的触觉。这些发现最近在另一位接受靶向神经移植的患者身上得到了验证[64.269]。

64

64.4.3 神经接口

神经接口提供了一种有趣且具有挑战性的解决方案，以检索连接人类神经系统与假体的自然接口方式。它们是一种能够以有创或无创方式记录周围神经和大脑皮层电活动的系统。最近也有研究表明，对残存周围神经的直接电刺激可以为截肢患者提供有关力的可用信息[64.270]，从而为双向神经接口铺平道路，该接口能够恢复进出假体的传出和传入信息流。最近，已经开发出可植入周围神经的薄膜束内电极[64.271]，并于 2008 年在意大利罗马生物医学自由大学校园对 LifeHand 项目中的一名截肢者[64.272]进行了成功验证，一组欧洲和意大利的研究行动集中在假体的神经接口上（图 64.20）。2013 年，在意大利进行的第二轮试验表明了在实时解码不同的抓取任务时，通过使用横向多通道内电极刺激正中神经束和尺神经束，根据手部假体的人工传感器提供的信息，向截肢者传递符合生理的（接近自然的）感觉信息，以控制灵巧的手部假体的可能性[64.273]。研究结果还表明，受试者能够利用不同的触觉特征来识别三个不同物体的刚度和形状。这些结果与早期的研究一致，这些研究概述了修复装置上恢复触觉反馈的重要性，如 Meek 等人在 1989 年提出的研究[64.274]。

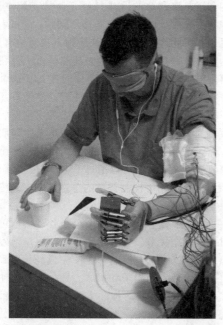

图 64.20　LifeHand 的目标是创造一个完全植入式的假肢系统，通过患者的神经系统进行丰富的感知和控制，其灵巧程度堪比自然肢体（由意大利罗马生物医学自由大学提供）

今天，上述方法正试图推广到下肢假体。麻省理工学院的 Herr 等人开创了一类新的生物混合智能假体和外骨骼[64.275]，旨在改善有生理障碍的人的生活质量。其中一些设备现在已经被 BiOM 公司商业化。例如，一种被称为 Rheo Knee 的计算机控制的假肢[64.275]配备了一个微处理器，它能不断地感知关节的位置和施加在肢体上的载荷。电动踝足假肢模拟生物腿的动作，创造出自然的步态，让截肢者以正常的速度和新陈代谢水平行走，就好像他们的腿是生物腿一样[64.275]。

在直接从大脑实时解码运动相关信号方面也取得了进展（见 2006 年 7 月 13 日《自然》杂志封面故事和相关文章[64.276]）。最近，几位人类志愿者中的第一位，一位因脊髓损伤而四肢瘫痪的患者，已经接受了脑门电极阵列植入，并能够控制计算机屏幕上光标的移动[64.277]。无创系统的工作原理是通过众所周知的临床无创诊断设备（如脑电图）从颅骨外部记录大脑活动[64.278]。个人已经被证明能够通过适量的练习（几小时到几天），学会控制作为时间函数的脑电图信号的振幅，或者脑电图信号特定频率成分的振幅。控制水平足以在计算机上操作打字程序，或控制光标向多个目标的移动。

综上所述，鉴于过去十年中观察到的重大进展，未来智能假肢与矫形器的控制系统似乎可以选择依赖与大脑的直接接口，这应该允许仅通过思维控制多个关节。在 PNS 或 CNS 的靶向神经移植和脑机接口方面的初步工作允许以自然的方式进行 3~4 个自由度的控制，并引出一些感觉反馈，这对传统假肢控制技术而言是一种进步。

64.4.4　神经刺激的进步

功能性神经刺激（FNS）技术旨在电刺激残存的神经系统以重新激活四肢。FNS 在站立、行走、伸展和抓取功能中的应用已经得到证实，但由于多种因素的综合作用，包括使用表面电极的系统的易用性、疲劳前的使用时间、植入的风险，以及相关控制问题的复杂性，这些技术在商业上取得的成功有限。

目前正在进行两条研究路线，以推动 FNS 领域的发展。第一条研究路线的重点是硬件创新。BION 就是一个很好的例子，它是一种可注射的刺激器，大小相当于一粒煮熟的米粒[64.279]，无须手术（使用大口径注射器）就可以插入，而且坚固耐用，抗感染。第二条研究路线旨在刺激神经系统中的控制回路，而不是单处肌肉。例如，目前已经证明，通过直接刺激脊髓区域，可以在猫后腿的多处肌肉中诱发类似运动的动作[64.280]。

64.4.5　嵌入式智能

最近机器人技术在假肢方面的相关进展包括在人工膝关节中嵌入微处理器和被动驱动系统，例如，站立时膝关节可以变得相对僵硬，在行走时膝关节可以自由活动[64.281]。第一个微处理器控制的膝关节是 1999 年推出的 Ottobock C-Leg 德国，C-Leg 通过一个伺服电动机来调节液压活塞的阀门，充电电池可持续工作 24h。对于每个用户来说，整个步态周期内的阻力模式都是可以调节的，2001 年

9 月 11 日，一名男子用 C-Leg 从世界贸易中心的第 70 层走了下来，肢体仅有轻微的擦伤[64.282]。其他采用微处理器控制的膝关节还有 endolite 自适应假肢，它使用气动和液压阀；Rheo Knee 由冰岛的 Ossür HF 公司生产，使用磁流变液技术来改变膝关节的阻力。另外还有 Intelligent Prosthesis。

第一款可以产生动力而不是只消耗能量的动力膝关节，目前由 Ossür HF 公司商业化并命名为 Power Knee。该系统结合了机电动力源，可以由安装在健全下肢的鞋上的传感器来控制，这是第一个可以帮助用户以跨步模式走上楼梯的膝关节。

64.5　强化诊断与监控

康复的一个关键方面是，与年龄相关的或退行性的功能衰退和医疗干预后的健康维护。家庭诊断设备、戴在身上或体内用于生命体征监测的装置、远程保健服务和基于机构的监测自动化都是正在开发的系统的例子，这些系统旨在改善高危人群及其护理者的生活质量。这种性质的机构系统，更恰当地说是临床工程领域的一部分，正在结合更多的机器人、网络和自主设备，以进行更准确的诊断，为医生提供更好的信息，并提供更快的警报。这一领域的关键技术是先进材料和纳米技术。

64.5.1　关键问题与康复技术

对于佩戴在身体上的所有设备，接口必须与皮肤兼容。这一领域近期面临的一个关键问题是如何更好地将活性和传感元件与纺织品结合起来。一些传感器衬衫原型已显示出这种应用前景，但随着这一领域的发展，康复技术将有一个更丰富的诊断和监测工具集。纳米技术是一项长期的使能技术，它有希望使目前几乎所有宏观的机电一体化装置小型化。注射装置，如纳米机器人药物分配器和血栓清除器将有助于康复。

64.5.2　用于医疗监测和护理的智能家居

底座固定的康复机器人是较特殊的一类自动化系统，它旨在提供一个安全的环境，监控家中或其他场所（如辅助活动中心或疗养院）的残疾人，并为他们提供帮助。

1. 自动化智能养老院

辅助生活、临终关怀或护理机构设施将应用于除身体残疾外有轻度至重度认知障碍的居民。由于建筑、监控和人员需求不同，这些设施可能会有区域来分隔具有不同依赖程度的居民。例如，为了更好地为居民和客人服务、优化功能和降低成本，只有高度依赖人群的区域才有 24h 的人员生命体征监测和警报能力。尽管通过诊断生命体征监测、电子监控和患者跟踪实现的自动化继续提高安全性和效率，但设施护理是高度人员密集型的工作。机器人技术和自动化开始在与病人护理、治疗和监督相关的物理任务中得到应用。下面介绍一些例子。

2. 最新技术的实例

患有认知损伤的患者在夜间的活动是一个重要问题。较简单的解决办法是对建筑进行改造，将门前的走廊涂黑，使它们看起来像个深洞。通过运动监测器触发自动语音系统，发出"回去睡觉"的声音也是比较有效的，但它并不是绝对安全的。用户探测系统是基于身份标记的 ID 徽章，它里面装有一个嵌入式射频识别（RFID）芯片，可以感知走廊环境里的用户，前提条件是用户必须佩戴 ID 徽章。带移动平台的机器人哨兵系统可帮助解决这一问题，尤其是在夜间，但到目前为止还没有开发出来。

在以上的护理机构里，将患者从床上转移到轮椅或其他装置上也是一个较棘手的问题。已经开发很多手动、电动和机器人设备，可以用来帮助护理人员安全转移可能比他们重得多的居民和患者。尽

管这些并不缺乏创新性尝试，但仍然不能满足临床上的需要[64.283,284]。

64.5.3 家庭康复监测系统

许多智能家居已被开发用于非康复和辅助目的[64.285]。这些系统的目标是保障生活在家中的残疾人的安全，并与家庭外的照料者进行交流。照料者可以是住在家里的人，也可以是即使不在家也需要随时了解残疾人状况的服务员，还可以是需要定期向其发送生命体征和其他医疗/治疗报告的临床医生。家用系统通常具有相同的主要元素：

1）传感器。用于监测周围环境及人或物体的具体参数（如人的位置、炉具的某种操作等），调节周围环境（温度、照明、声音系统等）或操作某种设备（门、冰箱等）。

2）连接所有的传感器和驱动器的装置。此装置能和主机进行单向或双向通信。网络可以是无线网络（如802.11g）、有线网络（如同轴电缆）或依赖于现有设备的网络（如电线或电话线上电流的信号叠加）。

3）主机。可以显示所有传感器的状态。用户可以通过通用计算机输入/输出（I/O）设备在一个或多个位置对驱动器进行操作，更高级的功能都是建立在此基础功能上。

4）外部网络。可以通过电话、同轴电缆、卫星或其他方式和互联网通信，这一功能可以实现远程监控、操作、发送警报，并可以和医疗中心的康复专家进行交流。

主机软件还可能具有更高级的功能，如用于重复启动灯的定时器和监测异常传感器读数（例如，当烟雾探测器启动时呼叫保安，当炉顶电源打开且火炉上没有锅时，通过家庭警报提醒居民）。多输入多输出控制和自适应、预测、情境感知操作的更高级功能[64.286]都是热门研究领域，对康复社区尤其重要。

如前所述，家庭机器人辅助治疗的设备最近已经开发出来，由机器人提供的家庭治疗有望在中短期内实现显著增长。

CBM Motus[64.126]和T-WREX[64.287,288]，是用于上肢康复的被动外骨骼，现由Hocoma AG公司以名为ArmeoSpring的产品出售，这只是上述家庭治疗系统的两个例子（见第64.2.3节）。另一个例子是Hand Mentor，它是一种利用视频游戏和机器人技术让患者在认知上参与康复的设备[64.289,290]。Hand Mentor可以在临床上使用，也可以在家中使用，并纳入患者的日常治疗过程中，以延长缩短的组织，促进手的打开和关闭，并减少痉挛。它主要是为脑卒中患者的康复而设计的，并由Kinetic Muscles公司实现了商业化。

64.5.4 可穿戴监测设备

自动康复环境的一个组成部分是人所穿戴的子系统，该子系统能够测量、分析，并将生理信号以无线方式传输到外部计算机。诸如LifeShirt等系统（由VivoMetrics公司生产）[64.291]已经并且仍然还在为前线士兵和救援行动人员开发，因为当与基地失去联系且无法用语言通信时，他们可能会处于危险的境地。例如，出于康复目的，Intel Proactive Health Initiative（英特尔主动健康倡议）[64.292]是一个系统示例，它使用人的位置和运动进行感知来检测潜在的危险或不良情况。

如果需要的话，利用机器人传感器和其他可穿戴设备，使用机器人进行治疗已经能够测量患者状态的信息[64.293]。这种能力可用于患者监护。最近的一项工作提出了一种利用冗余操作臂的逆运动学技术重建人体手臂运动学的方法[64.294]。

短期内广泛采用这些技术的最大障碍是成本、误报、不便和负载。微电子、纳米技术、软件算法和网络能力的进步将继续推动这一技术领域的研究，并促使消费者接受。

64.6 安全、伦理、权利与经济性考虑

康复机器人与人类密切交互，通常共享同一个工作空间，有时还与人类发生物理连接，如机器人运动训练设备和假肢。此外，这些设备必须足够强大以操纵环境或用户自己的肢体，但这也意味着它们通常具有一定危险性，应防止其通过碰撞或不适当地移动对用户或附近的人造成伤害。安全显然是最重要的。

确保安全的常见策略是合并多个冗余的安全功能。一种设备可以在机械结构上被设计成不能移动其自身或使用者的肢体从而避免伤害。可以

对执行器的范围、强度和速度进行限制，以便它们刚好能够完成所需的任务。可以使用分离式附件来连接到用户的肢体。盖子可以保护用户免受设备夹点的伤害。设备中可以包括冗余传感器，以便在一个传感器发生故障时，另一个传感器可以识别故障并帮助安全关闭机器。看门狗定时器可以监控计算机的运行状况。软件检查可以限制力、运动、速度和用户对控制参数的调整，还可以检查传感器的健康状况和其他危险情况。可以设计控制策略，使设备符合机械要求，降低迫使肢体进入不良配置或高冲击碰撞的风险。手动操控开关可以合并，以便用户可以关闭系统。最后，可以指导用户如何安全操作设备和避免危险情况。然而，安全性最终取决于系统设计者仔细而严格的故障模式分析和补救措施。

从一个系统的角度来看，当其他一切都无法主动保护用户时，一定是设计本身使得机器人本质上无法伤害用户。解决方案的一部分在于减轻重量，使表面特征更圆滑，并做出适当的材料选择。然而，内在安全的目标往往与高性能和足够的有效载荷不符。最近，设计个体机器人的几种方法（换言之，辅助康复机器人所属的类别）试图通过将重力补偿（手臂加有效载荷）和在空间中移动有效载荷这两个任务来实现这两个目标[64.295]。解决方案是为在每个关节上提供两个驱动器，用于支撑臂段和有效载荷以抵抗重力：一个减速电动机和储能装置（如大弹簧或压缩空气量），一个小型可反向驱动的电动机，提供快速准确移动物体所需的动力。大多数操作臂的有效载荷-重量比大约为1∶10（或更低）。一个具有双并联驱动的系统只需要在手臂中携带小的、快速的执行机构，将缓慢的能量储存系统留在基座上，而不会对操作臂本身的惯性产生影响，可以产生更符合人类自身手臂特征的1∶1的有效载荷-重量比，从而提供了一个安全而高性能的解决方案。这种布置的另一个好处是，手臂的运动将更像人

类，为用户提供了一种信心，即机器人正在正常工作并以安全的方式移动。

基于公认的风险分析方法，研究人员提出了提高安全性的策略，开发了评估安全性的方法，并将其应用于康复机器人[64.296,297]。自1992年以来，工业机器人一直受益于ISO用户安全条例（ISO 10218），但由于人类与机器人在个人、服务和康复领域的接近性这一根本问题，该标准无法适用于康复机器人。目前，个人护理机器人的新安全要求（ISO 13482）草案正在制定中。目前，现有的行业标准和医疗设备标准的规定，以及工程最佳实践和设计师对职业道德规范的遵守，已经为康复机器人设计师提供了指导。显然，随着产品出现在市场上，以及这一行业预期的快速扩张，必须制定更好的法规和标准。

除了安全之外，还会出现其他伦理问题，这些问题将随着机器人技术和认知软件的进步而变得更加智能，随着纳米技术的发展而变得更具侵入性，并通过生物工程的进步而与人类系统更好地集成，伦理学家和机器人学家正开始着手处理这些问题[64.298,299]，迄今为止，这些问题只属于未来学家和科幻作家的范畴。第80章详细论述了这些问题。

大多数康复机器人技术的经济优势还没有得到确定性的证明。例如，机器人治疗设备所带来的治疗效果，以及安装在轮椅上的机器人相对于设备成本所带来的辅助效果，还没有大到引起广泛的采用。疗效的提高和成本的降低将增加其使用量。例如，一种帮助人们在脑卒中后学会走路的机器人治疗设备，若其方式明显优于其他训练技术，将很快得到广泛应用。同样，一个安装在轮椅上的机器人，如果能以合理的成本让残疾人的自主性得到大幅度提高，也将很快得到广泛应用。机器人技术的一个例子是电动轮椅，它实现了有吸引力的成本效益比，因此在商业上是成功的。

64.7　结论与延展阅读

康复机器人是一个动态的应用领域，因为它的巨大挑战使其处于机器人学和生物学研究的前沿。该领域正在进行的主要研究可以概括为机器人治疗设备、智能假肢、矫形器、功能性辅助设备和护理的发展，这些设备的能力与人类治疗师相当或超过

人类治疗师的能力。康复机器人技术也是一个极具激励性的领域，因为所开发的技术将直接帮助那些在主要日常生活活动中受到限制的人。由于工业化国家人口的急剧老龄化才刚刚开始，这一领域将继续发展。

64

294　机器人手册（原书第2版）第3卷　机器人应用

康复机器人技术的巨大挑战主要基于该领域的显著特征：与人类的功能参与度，物理用户界面和行为的智能化、适应性和安全性。这些特征需要高度冗余、感知-运动能力、适应性和多层次的软件体系架构。因此，巨大的挑战跨越了机电设计、软件设计等领域，并且由于康复机器人技术的应用性和固有的以人为本的性质，还包括用户界面设计的所有方面，包含物理、通信、学习、情感和动机因素。这一领域的第一批产品仅仅在过去15年内就已上市；全球人口趋势将为未来产品加速开发提供动力。

对于康复机器人的进一步研究，有三个主要的公开信息来源：

1) 关于个体、服务以及康复机器人方面的书籍，如参考文献 [64. 300-302]。

2) 杂志和期刊中的文章，如参考文献 [64. 303-307]。

3) 涉及个别主题的文章，如以下参考文献中的文章，以及 ICORR、RESNA、RO-MAN、BIOROB 和 AAATE 等会议论文在参考文献中也有体现。

最前沿的研究报告也会出现在研究人员所在的学术、政府和企业研究实验室的网站上，建议在本章引用的研究者成果的基础上进行延展阅读。

视频文献

VIDEO 499　The WREX exoskeleton
available from http://handbookofrobotics.org/view-chapter/64/videodetails/499

VIDEO 496　MIT Manus robotic therapy robot and other robots from the MIT group
available from http://handbookofrobotics.org/view-chapter/64/videodetails/496

VIDEO 500　MANUS assistive robot
available from http://handbookofrobotics.org/view-chapter/64/videodetails/500

VIDEO 502　The ArmeoSpring therapy exoskeleton
available from http://handbookofrobotics.org/view-chapter/64/videodetails/502

VIDEO 503　Lokomat
available from http://handbookofrobotics.org/view-chapter/64/videodetails/503

VIDEO 504　Gait Trainer GT 1
available from http://handbookofrobotics.org/view-chapter/64/videodetails/504

VIDEO 505　Kineassist
available from http://handbookofrobotics.org/view-chapter/64/videodetails/505

VIDEO 507　Ekso
available from http://handbookofrobotics.org/view-chapter/64/videodetails/507

VIDEO 508　ReWalk
available from http://handbookofrobotics.org/view-chapter/64/videodetails/508

VIDEO 509　HAL
available from http://handbookofrobotics.org/view-chapter/64/videodetails/509

VIDEO 510　Indego
available from http://handbookofrobotics.org/view-chapter/64/videodetails/510

VIDEO 511　REX
available from http://handbookofrobotics.org/view-chapter/64/videodetails/511

VIDEO 513　Targetted reinnervation and the DEKA arm
available from http://handbookofrobotics.org/view-chapter/64/videodetails/513

VIDEO 515　PAM
available from http://handbookofrobotics.org/view-chapter/64/videodetails/515

VIDEO 494　The Arm Guide
available from http://handbookofrobotics.org/view-chapter/64/videodetails/494

VIDEO 497　ARMin plus HandSOME robotic therapy system
available from http://handbookofrobotics.org/view-chapter/64/videodetails/497

VIDEO 498　BONES and SUE exoskeletons for robotic therapy
available from http://handbookofrobotics.org/view-chapter/64/videodetails/498

VIDEO 495　The MIME rehabilitation therapy robot
available from http://handbookofrobotics.org/view-chapter/64/videodetails/495

VIDEO 568　Handsome exoskeleton
available from http://handbookofrobotics.org/view-chapter/64/videodetails/568

64

参考文献

64.1　L. Leifer: Rehabilitative robots. In: *Robotics Age, in the Beginning: Selected from Robotics Age Magazine*, ed. by C. Helmers (Hayden Book, Rochelle Park 1983) pp. 227–241

64.2　M. Kassler: Introduction to the special issue on robotics for health care, Robotica **11**, 493–494 (1993)

64.3　H.F.M. Van der Loos: VA/Stanford rehabilitation robotics research and development program: Lessons learned in the application of robotics technology to the field of rehabilitation, IEEE Trans. Rehabil. Eng. **3**, 46–55 (1995)

64.4　J.L. Patton, M.E. Phillips-Stoykov, M. Stojakovich, F.A. Mussa-Ivaldi: Evaluation of robotic training forces that either enhance or reduce error in chronic hemiparetic stroke survivors, Exp. Brain Res. **168**, 368–383 (2006)

64.5　J. Emken, D. Reinkensmeyer: Robot-enhanced motor learning: Accelerating internal model formation during locomotion by transient dynamic amplification, IEEE Trans. Neural Syst. Rehabil. Eng. **99**, 1–7 (2005)

64.6　E. Guglielmelli, M. Johnson, T. Shibata: Guest editorial special issue on rehabilitation robotics, IEEE Trans. Robotics **25**, 477–480 (2009)

64.7　M.J. Matarić, J. Eriksson, D.J. Feil-Seifer, C.J. Winstein: Socially assistive robotics for post-stroke rehabilitation, J. Neuroeng. Rehabil. **19**, 5 (2007)

64.8　M.P. Dijkers, P.C. deBear, R.F. Erlandson, K.A. Kristy, D.M. Geer, A. Nichols: Patient and staff acceptance of robotic technology in occupational therapy: A pilot study, J. Rehabil. Res. **28**, 33–44 (1991)

64.9　R. Jiménez-Fabián, O. Verlinden: Review of control algorithms for robotic ankle systems in lower-limb orthoses, prostheses, and exoskeletons, Med. Eng. Phys. **34**, 397–408 (2012)

64.10　D.G. Smith, J.D. Bigelow: Biomedicine: Revolutionizing prosthetics–guest editors' introduction, Johns Hopkins APL Tech. Dig. **30**, 182–185 (2011)

64.11　G. Baldassarre: *La disabilità in Italia. Il quadro della statistica ufficiale* (Istat, Roma 2010)

64.12　Demo-Geodemo: *Mappe, Popolazione, Statistiche Demografiche dell'ISTAT*, available online at http://demo.istat.it

64.13　Destatis (Statistisches Bundesamt), https://www.destatis.de/EN/

64.14　X. Zheng, G. Chen, X. Song, J. Liu, L. Yan, W. Du, L. Pang, L. Zhang, J. Wu, B. Zhang, J. Zhang: Twenty-year trends in the prevalence of disability in China, Bull. World Health Organ. **89**, 788–797 (2011)

64.15　National-Bureau-of-Statistics-of-China: http://www.stats.gov.cn/english/

64.16　Central-Statistics-Office-Ministry-of-Statistics-&-Programme-Implementation: *Disability in India – A statistical profile 2011* (2011)

64.17　CIA: *The World Factbook*, available online at https://www.cia.gov/library/publications/the-world-factbook/geos/in.html

64.18　H.F.M. Van der Loos, R. Mahoney, C. Ammi: Great expectations for rehabilitation mechatronics in the coming decade. In: *Advances in Rehabilitation Robotics*, ed. by Z. Bien, D. Stefanov (Springer, Berlin, Heidelberg 2004) pp. 427–433

64.19　K. Corker, J.H. Lyman, S. Sheredos: A preliminary evaluation of remote medical manipulators, Bull. Prosthet. Res. **10**, 107–134 (1979)

64.20　M. Hillman: Rehabilitation robotics from past to present – A historical perspective. In: *Advances in Rehabilitation Robotics*, ed. by Z. Bien, D. Stefanov (Springer, Berlin, Heidelberg 2004) pp. 25–44

64.21　W. Seamone, G. Schmeisser: Early clinical evaluation of a robot arm/work table system for spinal cord injured persons, J. Rehabil. Res. Dev. **22**, 38–57 (1985)

64.22　J. Guittet, H.H. Kwee, N. Quetin, J. Yelon: The SPARTACUS telethesis: Manipulator control studies, Bull. Prosthet. Res. **10**, 69–105 (1979)

64.23　H.H. Kwee: Integrated control of MANUS manipulator and wheelchair enhanced by environmental docking, Robotica **16**, 491–498 (2000)

64.24　J. Hammel, K. Hall, D.S. Lees, L.J. Leifer, H.F.M. Van der Loos, I. Perkash, R. Crigler: Clinical evaluation of a desktop robotic assistant, J. Rehabil. Res. Dev. **26**, 1–16 (1989)

64.25　J.M. Hammel, H.F.M. Van der Loos, I. Perkash: Evaluation of a vocational robot with a quadriplegic employee, Arch. Phys. Med. Rehabil. **73**, 683–693 (1992)

64.26　H.F.M. Van der Loos, S.J. Michalowski, L.J. Leifer: Design of an omnidirectional mobile robot as a manipulation aid for the severely disabled. In: *Interactive Robotic Aids – One Option for Independent Living: An International Perspective*, ed. by R. Foulds (World Rehabilitation Fund, New York 1986) pp. 61–63

64.27　J.J. Wagner, M. Wickizer, H.F.M. Van der Loos, L.J. Leifer: User testing and design iteration of the ProVAR user interface, 8th IEEE Int. Workshop Robot Hum. Interact. (RO-MAN) (1999) pp. 18–22

64.28　M. Busnel, R. Cammoun, F. Coulon-Lauture, J.-M. Detriche, G. Le Claire, B. Lesigne: The robotized workstation *MASTER* for users with tetraplegia: Description and evaluation, J. Rehabil. Res. Dev. **36**, 217–229 (1999)

64.29　R. Gelin, B. Lesigne, M. Busnel, J.P. Michel: The first moves of the AFMASTER workstation, Adv. Robotics **14**, 639–649 (2001)

64.30　M. Topping: The development of Handy 1, a rehabilitation robotic system to assist the severely disabled, Ind. Robot **25**, 316–320 (1998)

64.31　R.M. Mahoney: The raptor wheelchair robot system. In: *Integration of Assistive Technology in the Information Age*, ed. by M. Mokhtari (IOS, Amsterdam 2001) pp. 135–141

64.32　V. Maheu, J. Frappier, P.S. Archambault, F. Routhier: Evaluation of the JACO robotic arm: Clinico-economic study for powered wheelchair

64

users with upper-extremity disabilities, IEEE Int. Conf. Rehabil. Robotics (2011) p. 5975397

64.33 Z. Bien, M.J. Chung, P.H. Chang, D.S. Kwon, D.J. Kim, J.S. Han, J.-H. Kim, D.-H. Kim, H.-S. Park, S.-H. Kang, K. Lee, S.-C. Lim: Integration of a rehabilitation robotic system (KARES II) with human-friendly man-machine interaction units, Auton. Robots **16**, 165–191 (2004)

64.34 R.C. Simpson, S.P. Levine, D.A. Bell, L. Jaros, Y. Koren, J. Borenstein: NavChair: An assistive wheelchair navigation system with automatic adaptation, assistive technology and AI, Lect. Notes Artif. Intell. **1458**, 235–255 (1998)

64.35 R.C. Simpson, D. Poirot, F. Baxter: The Hephaestus smart wheelchair system, IEEE Trans. Neural Syst. Rehabil. Eng. **10**, 118–122 (2002)

64.36 R. Krukowski: Particle brake clutch muscle exercise and rehabilitation apparatus, US Patent Ser 476 5315 A (1986)

64.37 D. Khalili, M. Zomlefer: An intelligent robotic system for rehabilitation of joints and estimation of body segment parameters, IEEE Trans. Biomed. Eng. **35**, 138–146 (1988)

64.38 P.S. Lum, S.L. Lehman, D.J. Reinkensmeyer: The bimanual lifting rehabilitator: A device for rehabilitating bimanual control in stroke patients, IEEE Trans. Rehabil. Eng. **3**, 166–174 (1995)

64.39 P.S. Lum, D.J. Reinkensmeyer, S.L. Lehman: Robotic assist devices for bimanual physical therapy: Preliminary experiments, IEEE Trans. Rehabil. Eng. **1**, 185–191 (1993)

64.40 P.S. Lum, H.F.M. Van der Loos, P. Shor, C.G. Burgar: A robotic system for upper-limb exercises to promote recovery of motor function following stroke, Proc. 6th Int. Conf. Rehabil. Robotics (1999) pp. 235–239

64.41 M.J. Johnson, H.F. Van der Loos, C.G. Burgar, P. Shor, L.J. Leifer: Experimental results using force-feedback cueing in robot-assisted stroke therapy, IEEE Trans. Neural Syst. Rehabil. Eng. **13**, 335–348 (2005)

64.42 D.J. Reinkensmeyer, J.P.A. Dewald, W.Z. Rymer: Guidance-based quantification of arm impairment following brain injury: A pilot study, IEEE Trans. Rehabil. Eng. **7**, 1–11 (1999)

64.43 P. Hilaire, A.C. Jacob, T. Böni, B. Rüttimann: Richard Scherb: Orthopaedic surgeon and muscle physiologist, 28th Int. Soc. Biomech. Congr. (2001)

64.44 J.P.L. Bel, P. Rabischong: Orthopaedic appliances, US Patent Ser 399 3056 A (1976)

64.45 G. Colombo, M. Joerg, R. Schreier, V. Dietz: Treadmill training of paraplegic patients with a robotic orthosis, J. Rehabil. Res. Dev. **37**, 693–700 (2000)

64.46 S. Hesse, D. Uhlenbrock: A mechanized gait trainer for restoration of gait, J. Rehabil. Res. Dev. **37**, 701–708 (2000)

64.47 Cybernetic Zoo: Stock Photo ID 42-17253903, available online at http://cyberneticzoo.com/bionics/1976-pneumatic-exoskeleton-prosthesis-pierre-rabischong-french/

64.48 LokoHelp: http://www.darkov.com/treatment/curative-procedures/lokostation-with-lokohelp.aspx

64.49 GEO System: http://www.skoutasmedical.gr/portal/index.php?page=shop.product_details&product_id=742&flypage=ilvm_fly2_blue.tpl&pop=0&option=com_virtuemart&Itemid=120&lang=en&vmcchk=1&Itemid=120

64.50 A.C. Lo, P.D. Guarino, L.G. Richards, J.K. Haselkorn, G.F. Wittenberg, D.G. Federman, R.J. Ringer, T.H. Wagner, H.I. Krebs, B.T. Volpe, C.T. Bever, D.M. Bratava, P.W. Duncan, B.H. Corn, A.D. Maffucci, S.E. Nadeau, S.S. Conroy, J.M. Powell, G.D. Huang, P. Peduzzi: Robot-assisted therapy for long-term upper-limb impairment after stroke, N. Engl. J. Med. **362**, 1772–1783 (2010)

64.51 G. Kwakkel, B.J. Kollen, H.I. Krebs: Effects of robot-assisted therapy on upper limb recovery after stroke: A systematic review, Neurorehabil. Neural Repair **22**, 111–121 (2008)

64.52 E.C. Lu, R.H. Wang, D. Hebert, J. Boger, M.P. Galea, A. Mihailidis: The development of an upper limb stroke rehabilitation robot: Identification of clinical practices and design requirements through a survey of therapists, Disabil. Rehabil. Assist. Technol. **6**, 420–431 (2011)

64.53 B.T. Volpe, P.T. Huerta, J.L. Zipse, A. Rykman, D. Edwards, L. Dipietro, N. Hogan, H.I. Krebs: Robotic devices as therapeutic and diagnostic tools for stroke recovery, Arch. Neurol. **66**, 1086–1090 (2009)

64.54 L. Zollo, L. Rossini, M. Bravi, G. Magrone, S. Sterzi, E. Guglielmelli: Quantitative evaluation of upper-limb motor control in robot-aided rehabilitation, Med. Biol. Eng. Comput. **49**, 1131–1144 (2011)

64.55 B. Rohrer, S. Fasoli, H.I. Krebs, R. Hughes, B. Volpe, W.R. Frontera, J. Stein, N. Hogan: Movement smoothness changes during stroke recovery, J. Neurosci. **22**, 8297–8304 (2002)

64.56 E. Papaleo, L. Zollo, L. Spedaliere, E. Guglielmelli: Patient-tailored adaptive robotic system for upper-limb rehabilitation, Proc. IEEE Int. Conf. Robotics Autom. (ICRA) (2013)

64.57 G. Pellegrino, L. Tomasevic, M. Tombini, G. Assenza, M. Bravi, S. Sterzi, V. Giacobbe, L. Zollo, E. Guglielmelli, G. Cavallo, F. Vernieri, F. Tecchio: Inter-hemispheric coupling changes associate with motor improvements after robotic stroke rehabilitation, Restor. Neurol. Neurosci. **30**, 497–510 (2012)

64.58 R. Riener, M. Munih: Special section on rehabilitation via bio-cooperative control, IEEE Trans. Neural Syst. Rehabil. Eng. **18**, 337–338 (2010)

64.59 R.C. Loureiro, W.S. Harwin, K. Nagai, M. Johnson: Advances in upper limb stroke rehabilitation: A technology push, Med. Biol. Eng. Comput. **49**, 1103–1118 (2011)

64.60 F.J. Badesa, R. Morales-Vidal, N. Garcia, C. Perez, J.M. Sabater-Navarro, E. Papaleo: New concept of multimodal assistive robotic device, IEEE Robotics Autom. Mag. (IEEE/RAM) (2012)

64.61 L. Zollo, E. Papaleo, L. Spedaliere, E. Guglielmelli, F.J. Badesa, R. Morales, N. Garcia-Aracil: Multimodal interfaces to improve therapeutic outcomes in robot-assisted rehabilitation, Springer Tract. Adv. Robotics **94**, 321–343 (2014)

64.62 Intelligent System Co., Ltd., Japan: http://www.parorobots.com/

64

64.63 K. Dautenhahn, I. Werry: Towards interaction robots in autism therapy: Background, motivation, and challenges, Pragmact. Cogn. **12**, 1–35 (2004)

64.64 T. Shibata, T. Mitsui, K. Wada, K. Tanie: Psychophysiological effects by interaction with mental commit robot, J. Robotics Mechatron. **14**, 13–19 (2002)

64.65 L. Sawaki: Use-dependent plasticity of the human motor cortex in health and disease, IEEE Eng. Med. Biol. Mag. **24**, 36–39 (2005)

64.66 J.R. Wolpaw, A.M. Tennissen: Activity-dependent spinal cord plasticity in health and disease, Annu. Rev. Neurosci. **24**, 807–843 (2001)

64.67 K.M. Baldwin, F. Haddad: Skeletal muscle plasticity: Cellular and molecular responses to altered physical activity paradigms, Am. J. Phys. Med. Rehabil. **81**, S40–S51 (2002)

64.68 V.S. Huang, J.W. Krakauer: Robotic neurorehabilitation: A computational motor learning perspective, J. Neuroeng. Rehabil. **6**(1), 5 (2009)

64.69 J. Mehrholz, M. Pohl: Electromechanical-assisted gait training after stroke: A systematic review comparing end-effector and exoskeleton devices, J. Rehabil. Med. **44**(3), 193–199 (2012)

64.70 V. Klamroth-Marganska, J. Blanco, K. Campen, A. Curt, V. Dietz, T. Ettlin, M. Felder, B. Fellinghauer, M. Guidali, A. Kollmar, A. Luft, T. Nef, C. Schuster-Amft, W. Stahel, R. Riener: Three-dimensional, task-specific robot therapy of the arm after stroke: A multicentre, parallel-group randomised trial, Lancet Neurol. **13**(2), 159–166 (2014)

64.71 P. Langhorne, F. Coupar, A. Pollock: Motor recovery after stroke: A systematic review, Lancet Neurol. **8**, 741–754 (2009)

64.72 J.L. Emken, R. Benitez, D.J. Reinkensmeyer: Human-robot cooperative movement training: Learning a novel sensory motor transformation during walking with robotic assistance-as-needed, J. Neuroeng. Rehabil. **4**, 8 (2007)

64.73 M. Casadio, V. Sanguineti: Learning, retention, and slacking: A model of the dynamics of recovery in robot therapy, IEEE Trans. Neural Syst. Rehabil. Eng. **20**, 286–296 (2012)

64.74 E.R. Pospisil, B.L. Luu, J.S. Blouin, H.F. Van der Loos, E.A. Croft: Independent ankle motion control improves robotic balance simulator, IEEE Annu. Int. Conf. Eng. Med. Biol. Soc. (2012) pp. 6487–6491

64.75 B. Luu, T. Huryn, E. Croft, H. Van der Loos, J. Blouin: Investigating load stiffness in quiet stance using a robotic balance system, IEEE Trans. Neural Syst. Rehabil. Eng. **19**(4), 382–390 (2011)

64.76 M. Guadagnoli, T. Lee: Challenge point: A framework for conceptualizing the effects of various practice conditions in motor learning, J. Mot. Beh. **36**, 212–224 (2004)

64.77 C. Bosecker, L. Dipietro, B. Volpe, H.I. Krebs: Kinematic robot-based evaluation scales and clinical counterparts to measure upper limb motor performance in patients with chronic stroke, Neurorehabil. Neural Repair **24**(1), 62–69 (2009)

64.78 L. Zollo, O.E. Gallotta, E. Guglielmelli, S. Sterzi: Robotic technologies and rehabilitation: New tools for upper-limb therapy and assessment in chronic stroke, Eur. J. Phys. Rehabil. Med. **47.2**, 223–236 (2011)

64.79 H.I. Krebs, M. Krams, D. Agrafiotis, A. DiBernardo, J.C. Chavez, G.S. Littman, E. Yang, G. Byttebier, L. Dipietro, A. Rykman, K. McArthur, K. Hajjar, K.R. Lees, B.T. Volpe: Robotic measurement of arm movements after stroke establishes biomarkers of motorecovery, Stroke **45**(1), 200–204 (2014)

64.80 A. Domingo, T. Lam: Reliability and validity of using the Lokomat to assess lower limb joint position sense in people with incomplete spinal cord injury, J. Neuroeng. Rehabil. **11**(1), 167 (2014)

64.81 C. Carignan, H. Krebs: Telerehabilitation robotics: Bright lights, big future?, J. Rehabil. Res. Dev. **43**, 695–710 (2006)

64.82 B.H. Dobkin: *Neurologic Rehabilitation* (F.A. Davis, Philadelphia 1996)

64.83 T. Truelsen, B. Piechowski-Jóźwiak, R. Bonita, C. Mathers, J. Bogousslavsky, G. Boysen: Stroke incidence and prevalence in Europe: A review of available data, Eur. J. Neurol. **13**, 581–598 (2006)

64.84 ESCIF (European Spinal Cord Injury Federation): *Statement on Spinal Cord Injury Regenerative Research* (ESCIF, Nottwill 2011)

64.85 M. Wirz, D.H. Zemon, R. Rupp, A. Scheel, G. Colombo, V. Dietz, T.G. Hornby: Effectiveness of automated locomotor training in patients with chronic incomplete spinal cord injury: A multicenter trial, Arch. Phys. Med. Rehabil. **86**, 672–680 (2005)

64.86 H.I. Krebs, N. Hogan, M.L. Aisen, B.T. Volpe: Robot-aided neurorehabilitation, IEEE Trans. Rehabil. Eng. **6**, 75–87 (1998)

64.87 S.P. Buerger, H.I. Krebs, N. Hogan: Characterization and control of a screw-driven robot for neurorehabilitation, Proc. IEEE Int. Conf. Control Appl. (2001) pp. 388–394

64.88 D.J. Williams, H.I. Krebs, N. Hogan: A robot for wrist rehabilitation, IEEE 23rd Annu. Int. Conf. IEEE Eng. Med. Biol. Soc. (2001) pp. 1336–1339

64.89 L. Masia, H.I. Krebs, P. Cappa, N. Hogan: Whole-arm rehabilitation following stroke: Hand module, IEEE/RAS-EMBS 1st Int. Conf. Biomed. Robotics Biomechatron. (BioRob) (2006) pp. 1085–1089

64.90 J. Stein, H.I. Krebs, W.R. Frontera, S. Fasoli, R. Hughes, N. Hogan: Comparison of two techniques of robot-aided upper limb exercise training after stroke, Am. J. Phys. Med. Rehabil. **83**, 720–728 (2004)

64.91 H. Krebs, J. Palazzolo, L. Dipietro, M. Ferraro, J. Krol, K. Rannekleiv, B.T. Volpe, N. Hogan: Rehabilitation robotics: Performance-based progressive robot-assisted therapy, Auton. Robots **15**, 7–20 (2003)

64.92 M.L. Aisen, H.I. Krebs, N. Hogan, F. McDowell, B. Volpe: The effect of robot-assisted therapy and rehabilitative training on motor recovery following stroke, Arch. Neurol. **54**, 443–446 (1997)

64.93 S. Fasoli, H. Krebs, J. Stein, W. Frontera, N. Hogan: Effects of robotic therapy on motor impairment and recovery in chronic stroke, Arch. Phys. Med. Rehabil. **84**, 477–482 (2003)

64.94 J.J. Daly, N. Hogan, E.M. Perepezko, H.I. Krebs, J.M. Rogers, K.S. Goyal, M.E. Dohring, E. Fredrickson, J. Nethery, R.L. Ruff: Response to upper-limb

64

robotics and functional neuromuscular stimulation following stroke, J. Rehabil. Res. Dev. **42**, 723–736 (2005)

64.95　T.H. Wagner, A.C. Lo, P. Peduzzi, D.M. Bravata, G.D. Huang, H.I. Krebs, R.J. Ringer, D.G. Federman, L.G. Richards, J.K. Haselkorn, G.F. Wittenberg, B.T. Volpe, C.T. Bever, P.W. Duncan, A. Siroka, P.D. Guarino: An economic analysis of robot-assisted therapy for long-term upper-limb impairment after stroke, Stroke **41**, 2630–2632 (2011)

64.96　P.S. Lum, C.G. Burgar, P.C. Shor, M. Majmundar, H.F.M. Van der Loos: Robot-assisted movement training compared with conventional therapy techniques for the rehabilitation of upper limb motor function following stroke, Arch. Phys. Med. Rehabil. **83**, 952–959 (2002)

64.97　P.S. Lum, C.G. Burgar, H.F.M. Van der Loos, P.C. Shor, M. Majmundar, R. Yap: MIME robotic device for upper-limb neurorehabilitation in subacute stroke subjects: A follow-up study, J. Rehabil. Res. Dev. **43**, 631–642 (2006)

64.98　C.G. Burgar, P.S. Lum, A.M. Scremin, S.L. Garber, H.F. Van der Loos, D. Kenney, F. Shor: Robot-assisted upper-limb therapy in acute rehabilitation setting following stroke: Department of veterans affairs multisite clinical trial, J. Rehabil. Res. Dev. **48**, 445–458 (2011)

64.99　L.E. Kahn, M.L. Zygman, W.Z. Rymer, D.J. Reinkensmeyer: Robot-assisted reaching exercise promotes arm movement recovery in chronic hemiparetic stroke: A randomized controlled pilot study, J. Neuroeng. Neurorehabil. **3**, 12 (2006)

64.100　S. Hesse, C. Werner, M. Pohl, S. Rueckriem, J. Mehrholz, M.L. Lingnau: Computerized arm training improves the motor control of the severely affected arm after stroke: A single-blinded randomized trial in two centers, Stroke **36**, 1960–1966 (2005)

64.101　D. Reinkensmeyer, J. Emken, S. Cramer: Robotics, motor learning, and neurologic recovery, Annu. Rev. Biomed. Eng. **6**, 497–525 (2004)

64.102　F. Amirabdollahian, E. Gradwell, R. Loureiro, W. Harwin: Effects of the GENTLE/S robot mediated therapy on the outcome of upper limb rehabilitation post-stroke: Analysis of the Battle Hospital data, Proc. 8th Int. Conf. Rehabil. Robotics (2003) pp. 55–58

64.103　F. Amirabdollahian, R. Loureiro, E. Gradwell, C. Collin, W. Harwin, G. Johnson: Multivariate analysis of the Fugl-Meyer outcome measures assessing the effectiveness of GENTLE/S robot-mediated stroke therapy, J. Neuroeng. Rehabil. **19**, 4 (2007)

64.104　A.S. Merians, H. Poizner, R. Boian, G. Burdea, S. Adamovich: Sensorimotor training in a virtual reality environment: Does it improve functional recovery poststroke? The Rutgers arm, a rehabilitation system in virtual reality: A pilot study, Neurorehabil. Neural Repair. **20**, 252–267 (2006)

64.105　R. Colombo, F. Pisano, S. Micera, A. Mazzone, C. Delconte, M. Carrozza, P. Dario, G. Minuco: Robotic techniques for upper limb evaluation and rehabilitation of stroke patients, IEEE Trans. Neural Syst. Rehabil. Eng. **13**, 311–324 (2005)

64.106　R.J. Sanchez, J. Liu, S. Rao, P. Shah, R. Smith, S.C. Cramer, J.E. Bobrow, D.J. Reinkensmeyer: Automating arm movement training following severe stroke: Functional exercises with quantitative feedback in a gravity-reduced environment, IEEE Trans. Neural Syst. Rehabil. Eng. **14**, 378–389 (2006)

64.107　S.J. Housman, K.M. Scott, D.J. Reinkensmeyer: A randomized controlled trial of gravity-supported, computer-enhanced arm exercise for individuals with severe hemiparesis, Neurorehabil. Neural Repair **23**, 505–514 (2009)

64.108　D. Gijbels, I. Lamers, L. Kerkhofs, G. Alders, E. Knippenberg, P. Feys: The armeo spring as training tool to improve upper limb functionality in multiple sclerosis: A pilot study, J. Neuroeng. Rehabil. **8**, 5 (2011)

64.109　J. Zariffa, N. Kapadia, J.L. Kramer, P. Taylor, M. Alizadeh-Meghrazi, V. Zivanovic, R. Williams, A. Townson, A. Curt, M.R. Popovic, J.D. Steeves: Feasibility and efficacy of upper limb robotic rehabilitation in a subacute cervical spinal cord injury population, Spinal Cord **50**, 220–226 (2012)

64.110　L. Schwickert, J. Klenk, A. Stähler, C. Becker, U. Lindemann: Robotic-assisted rehabilitation of proximal humerus fractures in virtual environments: A pilot study, Z. Gerontol. Geriatr. **44**, 387–392 (2011)

64.111　S. Masiero, A. Celia, G. Rosati, M. Armani: Robotic-assisted rehabilitation of the the upper limb after acute stroke, Arch. Phys. Med. Rehabil. **88**, 142–149 (2007)

64.112　G. Fazekas, M. Horvath, A. Toth: A novel robot training system designed to supplement upper limb physiotherapy of patients with spastic hemiparesis, Int. J. Rehabil. Res. **29**, 251–254 (2006)

64.113　T. Nef, R. Riener: ARMin – Design of a novel arm rehabilitation robot, Proc. IEEE Int. Conf. Rehabil. Robotics (2005) pp. 57–60

64.114　E. Wolbrecht, J. Leavitt, D. Reinkensmeyer, J. Bobrow: Control of a pneumatic orthosis for upper extremity stroke rehabilitation, IEEE Eng. Med. Biol. Conf. (2006) pp. 2687–2693

64.115　J. Klein, S.J. Spencer, J. Allington, J.E. Bobrow, D.J. Reinkensmeyer: Optimization of a parallel shoulder mechanism to achieve a high force, low mass, robotic arm exoskeleton, IEEE Trans. Robotics **26**, 710–715 (2010)

64.116　J.L. Patton, G. Dawe, C. Scharver, F.A. Mussa-Ivaldi, R. Kenyon: Robotics and virtual reality: The development of a life-sized 3-D system for the rehabilitation of motor function, IEEE 26th Annu. Int. Conf. IEEE Eng. Med. Biol. Soc. (2004) pp. 4840–4843

64.117　H. Huang, J. He: Utilization of biomechanical modeling in design of robotic arm for rehabilitation of stroke patients, IEEE 26th Annu. Int. Conf. IEEE Eng. Med. Biol. Soc., Vol. 4 (2004) pp. 2718–2721

64.118　J.C. Perry, J. Rosen, S. Burns: Upper-limb powered exoskeleton design, IEEE/ASME Trans. Mechatron. **12**, 408–417 (2007)

64.119　R. Gopura, K. Kiguchi, Y. Li: SUEFUL-7: A 7DOF up-

64

per-limb exoskeleton robot with muscle-model-oriented EMG-based control, IEEE/RSJ Int. Conf. Intell. Robots Syst. (IROS) (2009) pp. 1126–1131

64.120　N. Jarrasse, M. Tagliabue, J.V.G. Robertson, A. Maiza, V. Crocher, A. Roby-Brami, G. Morel: A methodology to quantify alterations in human upper limb movement during co-manipulation with an exoskeleton, IEEE Trans. Neural Syst. Rehabil. Eng. **18**, 389–397 (2010)

64.121　B.-C. Tsai, W.-W. Wang, L.-C. Hsu, L.-C. Fu, J.-S. Lai: An articulated rehabilitation robot for upper limb physiotherapy and training, 2010 IEEE/RSJ Int. Conf. Intell. Robots Syst. (IROS) (2010) pp. 1470–1475

64.122　M.J. Johnson, H.F.M. Van der Loos, C.G. Burgar, P. Shor, L.J. Leifer: Experimental results using force-feedback cueing in robot-assisted stroke therapy, IEEE Trans. Neural Syst. Rehabil. Eng. **13**, 335–348 (2005)

64.123　D. Reinkensmeyer, C. Pang, J. Nessler, C. Painter: Web-based telerehabilitation for the upper-extremity after stroke, IEEE Trans. Neural Sci. Rehabil. Eng. **10**, 1–7 (2002)

64.124　X. Feng, J. Winters: UniTherapy: A computer-assisted motivating neurorehabilitation platform for teleassessment and remote therapy, IEEE Int. Conf. Rehabil. Robotics (2005) pp. 349–352

64.125　H. Sugarman, E. Dayan, A. Weisel-Eichler, J. Tiran: The jerusalem telerehabilitation system, a new low-cost, haptic rehabilitation approach, Cyberpsychol. Behav. **9**, 178–182 (2006)

64.126　L. Zollo, D. Accoto, F. Torchiani, D. Formica, E. Guglielmelli: Design of a planar robotic machine for neuro-rehabilitation, Proc. IEEE Int. Conf. Robotics Autom. (ICRA) (2008) pp. 2031–2036

64.127　L. Zollo, A. Salerno, M. Vespignani, D. Accoto, M. Passalacqua, E. Guglielmelli: Dynamic characterization and interaction control of the CBM-Motus robot for upper-limb rehabilitation, Int. J. Adv. Robotic Syst. **10**, 374 (2013)

64.128　O. Lamberсy, L. Dovat, H. Yun, S.K. Wee, C. Kuah, K. Chua, R. Gassert, T. Milner, L.-T. Chee, E. Rurdet: Rehabilitation of grasping and forearm pronation/supination with the Haptic Knob, IEEE Int. Conf. Rehabil. Robotics (2009) pp. 22–27

64.129　L. Dovat, O. Lambercy, R. Gassert, T. Maeder, T. Milner, T.C. Leong, E. Burdet: HandCARE: A cable-actuated rehabilitation system to train hand function after stroke, IEEE Trans. Neural Syst. Rehabil. Eng. **16**, 582–591 (2008)

64.130　S. Hesse, H. Kuhlmann, J. Wilk, C. Tomelleri, S.G.B. Kirker: A new electromechanical trainer for sensorimotor rehabilitation of paralysed fingers: A case series in chronic and acute stroke patients, J. NeuroEng. Rehabil. **5**, 21 (2008)

64.131　C. Takahashi, L. Der-Yeghiaian, V. Le, S. Cramer: A robotic device for hand motor therapy after stroke, IEEE Int. Conf. Rehabil. Robotics (2005) pp. 17–20

64.132　C.N. Schabowsky, S.B. Godfrey, R.J. Holley, P.S. Lum: Development and pilot testing of HEXORR: Hand EXOskeleton rehabilitation robot, J. Neuroeng. Rehabil. **7**, 1–16 (2010)

64.133　S. Ito, H. Kawasaki, Y. Ishigure, M. Natsume,

T. Mouri, Y. Nishimoto: A design of fine motion assist equipment for disabled hand in robotic rehabilitation system, J. Frankl. Inst. **348**, 79–89 (2011)

64.134　M. Mulas, M. Folgheraiter, G. Gini: An EMG-controlled exoskeleton for hand rehabilitation, Int. Conf. Rehabil. Robotics (2005) pp. 371–374

64.135　T. Kline, D. Kamper, B. Schmit: Control system for pneumatically controlled glove to assist in grasp activities, Int. Conf. Rehabil. Robotics (2005) pp. 78–81

64.136　B. Birch, E. Haslam, I. Heerah, N. Dechev, E. Park: Design of a continuous passive and active motion device for hand rehabilitation, IEEE 30th Annu. Int. Conf. Eng. Med. Biol. Soc. (2008) pp. 4306–4309

64.137　H. Yamaura, K. Matsushita, R. Kato, H. Yokoi: Development of hand rehabilitation system using wire-driven link mechanism for paralysis patients, IEEE Int. Conf. Robotics Biomim. (ROBIO) (2009) pp. 209–214

64.138　H. Taheri, J.B. Rowe, D. Gardner, V. Chan, D.J. Reinkensmeyer, E.T. Wolbrecht: Robot-assisted guitar hero for finger rehabilitation after stroke, IEEE Annu. Int. Conf. Eng. Med. Biol. Soc. (2012) pp. 3911–3917

64.139　S. Balasubramanian, J. Klein, E. Burdet: Robot-assisted rehabilitation of hand function, Curr. Opin. Neurol. **23**, 661–670 (2010)

64.140　B.R. Brewer, M. Fagan, R.L. Klatzky, Y. Matsuoka: Perceptual limits for a robotic rehabilitation environment using visual feedback distortion, IEEE Trans. Neural Syst. Rehabil. Eng. **13**, 1–11 (2005)

64.141　O. Lambercy, L. Dovat, H. Yun, S.K. Wee, C.W.K. Kuah, K.S.G. Chua, Z. Gassert, T.E. Milner, L.T. Chee, E. Burdet: Effects of a robot-assisted training of grasp and pronation/supination in chronic stroke: A pilot study, J. Neuroeng. Rehabil. **8**(1), 63 (2011)

64.142　S.P. Mazzoleni, M. Franceschini, S. Bigazzi, M.C. Carrozza, P. Dario, F. Posteraro: Effects of proximal and distal robot-assisted upper limb rehabilitation on chronic stroke recovery, NeuroRehabilitation **33**(1), 33–39 (2013)

64.143　T. Boonstra, H. Clairbois, A. Daffertshofer, J. Verbunt, B. van Dijk, P. Beek: MEG-compatible force sensor, J. Neurosci. Methods **144**, 193–196 (2005)

64.144　R. Gassert, R. Moser, E. Burdet, H. Bleuler: MRI/fMRI-compatible robotic system with force feedback for interaction with human motion, IEEE/ASME Trans. Mechatron. **11**, 216–224 (2006)

64.145　Z.J. Tang, S. Sugano, H. Iwata: Design of an MRI compatible robot for finger rehabilitation, Int. Conf. Mechatron. Autom. (ICMA) (2012) pp. 611–616

64.146　O. Unluhisarcikli, B. Weinberg, M. Sivak, A. Mirelman, P. Bonato, C. Mavroidis: A robotic hand rehabilitation system with interactive gaming using novel electro-rheological fluid based actuators, IEEE Int. Conf. Robotics Autom. (ICRA) (2010) pp. 1846–1851

64.147　A. Khanicheh, D. Mintzopoulos, B. Weinberg, A.A. Tzika, C. Mavroidis: MR_CHIROD v. 2: Magnetic resonance compatible smart hand rehabilitation device for brain imaging, IEEE Trans. Neural Syst.

64

Rehabil. Eng. **16**, 91–98 (2008)

64.148 J. Izawa, T. Shimizu, T. Aodai, T. Kondo, H. Gomi, S. Toyama, K. Ito: MR compatible manipulandum with ultrasonic motor for fMRI studies, Proc. IEEE Int. Conf. Robotics Autom (ICRA) (2006) pp. 3850–3854

64.149 F. Sergi, H.I. Krebs, B. Groissier, A. Rykman, E. Guglielmelli, B.T. Volpe, J.D. Schaechter: Predicting efficacy of robot-aided rehabilitation in chronic stroke patients using an MRI-compatible robotic device, IEEE Annu. Int. Conf. Eng. Med. Biol. Soc. (2011) pp. 7470–7473

64.150 E. Buch, C. Weber, L.G. Cohen, C. Brawn, M.A. Dimyan, T. Ard, J. Mellinger, A. Caria, S. Soekadar, A. Fourkas, N. Birbaumer: Think to move: A neuromagnetic brain-computer interface (BCI) system for chronic stroke, Stroke **39**(3), 910–917 (2008)

64.151 E.T. Wolbrecht, V. Chan, D.J. Reinkensmeyer, J.E. Bobrow: Optimizing compliant, model-based robotic assistance to promote neurorehabilitation, IEEE Trans. Neural Syst. Rehabil. Eng. **16**, 286–297 (2008)

64.152 J.L. Patton, M. Kovic, F.A. Mussa-Ivaldi: Custom-designed haptic training for restoring reaching ability to individuals with poststroke hemiparesis, J. Rehabil. Res. Dev. **43**, 643–656 (2006)

64.153 R.G. Lovely, R.J. Gregor, R.R. Roy, V.R. Edgerton: Effects of training on the recovery of full weight-bearing stepping in the adult spinal cat, Exp. Neurol. **92**, 421–435 (1986)

64.154 H. Barbeau, S. Rossignol: Recovery of locomotion after chronic spinalization in the adult cat, Brain Res. **412**, 84–95 (1987)

64.155 M. Visintin, H. Barbeau, N. Korner-Bitensky, N. Mayo: A new approach to retrain gait in stroke patients through body weight support and treadmill stimulation, Stroke **29**, 1122–1128 (1998)

64.156 S. Hesse, C. Bertelt, M. Jahnke, A. Schaffrin, P. Baake, M. Malezic, K.H. Mauritz: Treadmill training with partial body weight support compared with physiotherapy in nonambulatory hemiparetic patients, Stroke **26**, 976–981 (1995)

64.157 A. Wernig, A. Nanassy, S. Muller: Maintenance of locomotor abilities following Laufband (treadmill) therapy in para- and tetraplegic persons: Follow-up studies, Spinal Cord **36**, 744–749 (1998)

64.158 A.L. Behrman, S.J. Harkema: Locomotor training after human spinal cord injury: A series of case studies, Phys. Ther. **80**, 688–700 (2000)

64.159 H. Barbeau: Locomotor training in neurorehabilitation: Emerging rehabilitation concepts, Neurorehabil. Neural Repair **17**, 3–11 (2003)

64.160 B. Dobkin, D. Apple, H. Barbeau, M. Basso, A. Behrman, D. Deforge, J. Ditunno, G. Dudley, R. Elashoff, L. Fugate, S. Harkema, M. Saulino, M. Scott: Weight-supported treadmill vs. overground training for walking after acute incomplete SCI, Neurology **66**, 484–493 (2006)

64.161 T.G. Hornby: Clinical and quantitative evaluation of robotic-assisted treadmill walking to retrain ambulation after spinal cord injury, Top. Spinal Cord Inj. Rehabil. **11**, 1–17 (2005)

64.162 L. Nilsson, K. Fugl-Meyer, L. Kristensen, B. Sjölund, K. Sunnerhagen: Walking training of patients with hemiparesis at an early stage after stroke: A comparison of walking training on a treadmill with body weight support and walking training on the ground, Clin. Rehabil. **15**, 515–527 (2001)

64.163 C. Werner, A. Bardeleben, K. Mauritz, S. Kirker, S. Hesse: Treadmill training with partial body weight support and physiotherapy in stroke patients: A preliminary comparison, Eur. J. Neurol. **9**, 639–644 (2002)

64.164 S. Hesse, C. Werner, H. Seibel, S. von Frankenberg, E. Kappel, S. Kirker, M. Käding: Treadmill training with partial body-weight support after total hip arthroplasty: A randomized controlled trial, Arch. Phys. Med. Rehabil. **84**, 1767–1773 (2003)

64.165 T. Brown, J. Mount, B. Rouland, K. Kautz, R. Barnes, J. Kim: Body weight-supported treadmill training versus conventional gait training for people with chronic traumatic brain injury, J. Head. Trauma. Rehabil. **20**, 402–415 (2005)

64.166 P.W. Duncan, K.J. Sullivan, A.L. Behrman, S.P. Azen, S.S. Wu, S.E. Nadeau, B.H. Dobkin, D.K. Rose, J.K. Tilson, S. Cen, S.H. Hayden: Body-weight-supported treadmill rehabilitation after stroke, N. Engl. J. Med. **364**, 2026–2036 (2011)

64.167 S. Freivogel, J. Mehrholz, T. Husak-Sotomayor, D. Schmalohr: Gait training with the newly developed *LokoHelp*-system is feasible for non-ambulatory patients after stroke, spinal cord and brain injury. A feasibility study, Brain Inj. **22**, 625–632 (2008)

64.168 Reha-Technology: http://www.rehatechnology. com/ (2012)

64.169 C. Werner, S. Von Frankenberg, T. Treig, M. Konrad, S. Hesse: Treadmill training with partial body weight support and an electromechanical gait trainer for restoration of gait in subacute stroke patients: A randomized crossover study, Stroke **33**, 2895–2901 (2002)

64.170 M. Pohl, C. Werner, M. Holzgraefe, G. Kroczek, J. Mehrholz, I. Wingendorf, G. Hoölig, R. Koch, S. Hesse: Repetitive locomotor training and physiotherapy improve walking and basic activities of daily living after stroke: A single-blind, randomized multicentre trial (DEutsche GAngtrainer-Studie, DEGAS), Clin. Rehabil. **21**, 17–27 (2007)

64.171 S. Freivogel, D. Schmalohr, J. Mehrholz: Improved walking ability and reduced therapeutic stress with an electromechanical gait device, J. Rehabil. Med. **41**, 734–739 (2009)

64.172 K.P. Westlake, C. Patten: Journal of neuroengineering and rehabilitation, J. Neuroeng. Rehabil. **6**, 18 (2009)

64.173 T.G. Hornby, D.D. Campbell, J.H. Kahn, T. Demott, J.L. Moore, H.R. Roth: Enhanced gait-related improvements after therapist- versus robotic-assisted locomotor training in subjects with chronic stroke: A randomized controlled study, Stroke; J. Cereb. Circ. **39**, 1786–1792 (2008)

64.174 J. Hidler, D. Nichols, M. Pelliccio, K. Brady, D.D. Campbell, J.H. Kahn, T.G. Hornby: Multicenter randomized clinical trial evaluating the effectiveness of the Lokomat in subacute stroke, Neurorehabil. Neural Repair **23**, 5–13 (2009)

64

64.175 M. Mihelj: Human arm kinematics for robot based rehabilitation, Robotica **24**, 377–384 (2006)

64.176 S. Hesse, C. Tomelleri, A. Bardeleben, C. Werner, A. Waldner: Robot-assisted practice of gait and stair climbing in nonambulatory stroke patients, J. Rehabil. Res. Dev. **49**, 613–622 (2012)

64.177 S. Hesse, C. Werner, A. Bardeleben: Electromechanical gait training with functional electrical stimulation: Case studies in spinal cord injury, Spinal Cord **42**, 346–352 (2004)

64.178 A. Picelli, C. Melotti, F. Origano, A. Waldner, A. Fiaschi, V. Santilli, N. Smania: Robot-assisted gait training in patients with parkinson disease a randomized controlled trial, Neurorehabil. Neural Repair **26**, 353–361 (2012)

64.179 H. Schmidt, S. Hesse, R. Bernhardt, J. Krüger: HapticWalker – A novel haptic foot device, ACM Trans. Appl. Percept. **2**, 166–180 (2005)

64.180 S. Jezernik, G. Colombo, M. Morari: Automatic gait-pattern adaptation algorithms for rehabilitation with a 4-DOF robotic orthosis, IEEE Trans. Robotics Autom. **20**, 574–582 (2004)

64.181 D. Reinkensmeyer, D. Aoyagi, J. Emken, J. Galvez, W. Ichinose, G. Kerdanyan, S. Maneekobkunwong, K. Minakata, J.A. Nessler, R. Weber, B.R. Roy, R. de Leon, J.E. Bobrow, S.J. Harkema, V.R. Edgerton: Tools for understanding and optimizing robotic gait training, J. Rehabil. Res. Dev. **43**, 657–670 (2006)

64.182 D. Surdilovic, R. Bernhardt: STRING-MAN: A new wire robot for gait rehabilitation, Proc. IEEE Int. Conf. Robotics Autom. (ICRA) (2004) pp. 2031–2036

64.183 J.F. Veneman, R. Ekkelenkamp, R. Kruidhof, F.C.T. van der Helm, H. van der Kooij: A series elastic- and bowden-cable-based actuation system for use as torque actuator in exoskeleton-type robots, Int. J. Robotics Res. **25**, 261–282 (2006)

64.184 J.A. Galvez, D.J. Reinkensmeyer: Robotics for gait training after spinal cord injury, Top. Spinal Cord Inj. Rehabil. **11**, 18–33 (2005)

64.185 D. Aoyagi, W.E. Ichinose, S.J. Harkema, D.J. Reinkensmeyer, J.E. Bobrow: An assistive robotic device that can synchronize to the pelvic motion during human gait training, IEEE Int. Conf. Rehabil. Robotics (2005) pp. 565–568

64.186 S. Jezernik, R. Scharer, G. Colombo, M. Morari: Adaptive robotic rehabilitation of locomotion: A clinical study in spinally injured individuals, Spinal Cord **41**, 657–666 (2003)

64.187 D. Aoyagi: Ph.D. Thesis Ser. (Department of Mechanical and Aerospace Engineering, University of California at Irvine 2006)

64.188 University of Twente, The Netherlands: http://www.utwente.nl/ctw/bw/research/projects/lopes/

64.189 J.F. Veneman, R. Kruidhof, E.E. Hekman, R. Ekkelenkamp, E.H. Van Asseldonk, H. van der Kooij: Design and evaluation of the LOPES exoskeleton robot for interactive gait rehabilitation, IEEE Trans. Neural Syst. Rehabil. Eng. **15**, 379–386 (2007)

64.190 G. Pratt, M. Williamson, P. Dillworth, J. Pratt, K. Ulland, A. Wright: Stiffness isn't everything, 4th Int. Symp. Exp. Robotics (1995)

64.191 D. Accoto, F. Sergi, N. Tagliamonte, G. Carpino, A. Sudano, E. Guglielmelli: Robomorphism: A nonanthropomorphic wearable robot, IEEE Robotics Autom. Mag. **21**(4), 45–55 (2014)

64.192 E.H. Van Asseldonk, J.F. Veneman, R. Ekkelenkamp, J.H. Buurke, F.C. Van der Helm, H. van der Kooij: The effects on kinematics and muscle activity of walking in a robotic gait trainer during zero-force control, IEEE Trans. Neural Syst. Rehabil. Eng. **16**, 360–370 (2008)

64.193 E. Van Asseldonk, R. Ekkelenkamp, J. Veneman, F. Van der Helm, H. Van der Kooij: Selective control of a subtask of walking in a robotic gait trainer (LOPES), IEEE Int. Conf. Rehabil. Robotics (2007) pp. 841–848

64.194 E.H. van Asseldonk, B. Koopman, J.H. Buurke, C.D. Simons, H. van der Kooij: Selective and adaptive robotic support of foot clearance for training stroke survivors with stiff knee gait, IEEE Int. Conf Rehabil. Robotics (2009) pp. 602–607

64.195 F. Sergi, D. Accoto, N.L. Tagliamonte, G. Carpino, E. Guglielmelli: A systematic graph-based method for the kinematic synthesis of non-anthropomorphic wearable robots for the lower limbs, Front. Mech. Eng. **6**(1), 61–70 (2011)

64.196 F. Sergi, D. Accoto, N.L. Tagliamonte, G. Carpino, S. Galzerano, E. Guglielmelli: Kinematic synthesis, optimization and analysis of a non-anthropomorphic 2-DOFs wearable orthosis for gait assistance, IEEE/RSJ Int. Conf. Intell. Robots Syst. (IROS) (2012)

64.197 N.L. Tagliamonte, D. Accoto, F. Sergi, A. Sudano, D. Formica, E. Guglielmelli: Muscular activity when walking in a non-anthropomorphic wearable robot, IEEE Annu. Int. Conf. Eng. Med. Biol. Soc. (2014) pp. 3073–3076

64.198 D. Accoto, G. Carpino, F. Sergi, N.L. Tagliamonte, L. Zollo, E. Guglielmelli: Design and characterization of a novel high-power series elastic actuator for a lower limb robotic orthosis, Int. J. Adv. Robotics Syst. **10**, 359 (2013)

64.199 M. Peshkin, D.A. Brown, J.J. Santos-Munne, A. Makhlin, E. Lewis, J.E. Colgate, J. Patton, D. Schwandt: KineAssist: A robotic overground gait and balance training device, IEEE Int. Conf. Rehabil. Robotics (2005) pp. 241–246

64.200 HDT Global, USA: http://www.hdtglobal.com/services/robotics/medical/kineassist/

64.201 Univ. of Delaware, USA: http://www.udel.edu/udmessenger/vol17no1/stories/robotic_exoskeleton.html

64.202 D. Ferris: Powered lower limb orthoses for gait rehabilitation, Top. Spinal Cord Inj. Rehabil. **11**, 34–49 (2005)

64.203 J. Deutsch, J. Latonio, G. Burdea, R. Boian: Post-stroke rehabilitation with the Rutgers Ankle system – A case study, Presence **10**, 416–430 (2001)

64.204 S. Agrawal, A. Fattah: Theory and design of an orthotic device for full or partial gravity-balancing of a human leg during motion, IEEE Trans. Neural Syst. Rehabil. Eng. **12**, 157–165 (2004)

64.205 S.K. Banala, S.K. Agrawal: Gait rehabilitation with an active leg orthosis, Proc. ASME Int. Des. Eng.

64

Tech. Conf. Comput. Inf. Eng. Conf. (2005)

64.206　J. Kawamura, T. Ide, S. Hayashi, H. Ono, T. Honda: Automatic suspension device for gait training, Prosthet. Orthot. Int. **17**, 120–125 (1993)

64.207　S. Banala, S.H. Kim, S. Agrawal, J. Scholz: Robot assisted gait training with active leg exoskeleton (ALEX), IEEE Trans. Neural Syst. Rehabil. Eng. **17**, 2–8 (2009)

64.208　I. Díaz, J.J. Gil, E. Sánchez: Lower-limb robotic rehabilitation: Literature review and challenges, J. Robotics **2011**, 759–764 (2011)

64.209　R.F. Erlandson, P. deBear, K. Kristy, M. Dijkers, S. Wu: A robotic system to provide movement therapy, Proc. 5th Int. Serv. Robot Conf. (1990) pp. 7–15

64.210　M.J. Rosen: Telerehabilitation, NeuroRehabilitation **12**, 11–26 (1999)

64.211　J. Borenstein, I. Ulrich: The guidecane – A computerized travel aid for the active guidance of blind pedestrians, Proc. IEEE Int. Conf. Robotics Autom. (ICRA) (1997) pp. 1283–1288

64.212　I. Ulrich, J. Borenstein: The guidecane-applying mobile robot technologies to assist the visually impaired, IEEE Trans. Syst. Man Cybern. **31**(2), 131–136 (2001)

64.213　L. Zollo, K. Wada, H. Van der Loos: Special issue on assistive robotics, IEEE Robotics Autom. Mag. **20**, 16–19 (2013)

64.214　A. Tapus, M. Mataric, B. Scassellati: Socially assistive robotics - The grand challenges in helping humans through social interaction, IEEE Robotics Autom. Mag. **14**, 35–42 (2007)

64.215　National Robotics Initiative: The realization of co-robots acting in direct support of individuals and groups, available online at http://www.nsf.gov/pubs/2012/nsf12607/nsf12607.htm (2012)

64.216　C. Stanger, M. Cawley: Demographics of rehabilitation robotics users, Technol. Disabil. **5**, 125–138 (1996)

64.217　J. Hammel: The role of assessment and evaluation in rehabilitation robotics research and development: Moving from concept to clinic to context, IEEE Trans. Rehabil. Eng. **3**, 56–61 (1995)

64.218　J.J. Wagner, H.F.M. Van der Loos, L.J. Leifer: Dual-character based user interface design for an assistive robot, IEEE Int. Workshop Robot Hum. Commun. (RO-MAN) (1998) pp. 101–106

64.219　H.F.M. Van der Loos, J. Hammel, D.S. Lees, D. Chang, I. Perkash: Field evaluation of a robot workstation for quadriplegic office workers, Eur. Rev. Biomed. Tech. **5**, 317–319 (1990)

64.220　J.J. Wagner, H.F.M. Van der Loos, L.J. Leifer: Construction of social relationships between user and robot, Robotics Auton. Syst. **31**, 185–191 (2000)

64.221　M.J. Johnson, E. Guglielmelli, G.A. Di Lauro, C. Laschi, M.C. Carrozza, P. Dario: GIVING-A-HAND system: The development of a task-specific robot appliance. In: *Advances in Rehabilitation Robotics*, ed. by Z. Bien, D. Stefanov (Springer, Berlin, Heidelberg 2004) pp. 127–141

64.222　S. Groothuis, S. Stramigioli, R. Carloni: Lending a helping hand: Towards novel assistive robotic arms, IEEE Robotics Autom. Mag. **20**(1), 20–29 (2013)

64.223　Kinova: JACO Arm user guide, available online at http://www.robotshop.com (2010)

64.224　Assistive Innovations: iARM intelligent arm robot manipulator, available online at http://assistive-innovations.com (2010)

64.225　W. Yoon: Robotic arm for persons with upper-limb DisAbilities (RAPUDA), AIST Today **36**, 20 (2010)

64.226　T. Barrett Inc.: WAM Arm datasheet, available online at http://www.barrett.com (2012)

64.227　Elumotion: Elumotion RT2-Arm, available online at http://www.elumotion.com (2012)

64.228　G. Hirzinger, N. Sporer, A. Albu-Schaffer, M. Hahnle, R. Krenn, A. Pascucci, M. Schedl: DLR's torque-controlled light weight robot III- are we reaching the technological limits now?, Proc. IEEE Int. Conf. Robotics Autom. (ICRA) (2002) pp. 1710–1716

64.229　H.F.M. Van der Loos, N. Ullrich, H. Kobayashi: Development of sensate and robotic bed technologies for vital signs monitoring and sleep quality improvement, Auton. Robots **15**, 67–79 (2003)

64.230　T. Sato, T. Harada, T. Mori: Environment-type robot system robotic room featured by behavior media, behavior contents, and behavior adaptation, IEEE/ASME Trans. Mechatron. **9**, 529–534 (2004)

64.231　G. Romer, H.J.A. Stuyt, A. Peters: Cost-savings and economic benefits due to the assistive robotic manipulator (ARM), IEEE Int. Conf. Rehabil. Robotics (2005) pp. 201–204

64.232　M. Hillman, K. Hagan, S. Hagan, J. Jepson, R. Orpwood: The Weston wheelchair mounted assistive robot – the design story, Robotica **20**(2), 125–132 (2002)

64.233　B.V. FOCAL-Meditech: Personal Robot Bridgit, available online at http://www.focalmeditech.nl (2012)

64.234　J.F. Engelberger: Health-care robotics goes commercial: The HelpMate experience, Robotica **11**, 517–524 (1993)

64.235　P. Dario, C. Laschi, E. Guglielmelli: Design and experiments on a personal robotic assistant, Adv. Robotics **13**, 153–169 (1999)

64.236　European Union: Robot-Era: Implementation and integration of advanced robotic systems, available online at http://www.robot-era.eu/robotera (2012)

64.237　B. Graf, M. Hans, R.D. Schraft: Care-O-bot II – Development of a next generation robotic home assistant, Auton. Robots **16**, 193–205 (2004)

64.238　T.L. Chen, M. Ciocarlie, S. Cousins, P. Grice, K. Hawkins, K. Hsiao, C.C. Kemp, C.-H. King, D.A. Lazewatsky, H. Ngyen, A. Paepcke, C. Pantofaru, W.D. Smart, L. Takayama: Robots for humanity: A case study in assistive mobile manipulation, IEEE Robotics Autom. Mag. **20**(1), 30–39 (2013)

64.239　P. Dario, E. Guglielmelli, C. Laschi, G. Teti: MOVAID: A personal robot in everyday life of disabled and elderly people, Technol. Disabil. **10**, 77–93 (1999)

64.240　R.C. Simpson: Smart wheelchairs: A literature review, J. Rehabil. Res. Dev. **42**, 423–436 (2004)

64.241　S.P. Levine, D.A. Bell, L.A. Jaros, R.C. Simpson, Y. Koren, J. Borenstein: The navchair assistive wheelchair navigation system, IEEE Trans. Rehabil. Eng. E **7**, 443–451 (1999)

64

64.242 H. Yanco: Wheelesley: A robotic wheelchair system: Indoor navigation and user interface, Lect. Notes Comput. Sci. **1458**, 256–268 (1998)

64.243 P. Encarnação: Understanding and improving power mobility use among older adults: An overview of the canwheel program of research, Assist. Technol. Res. Pract. **33**, 210 (2013)

64.244 P. Viswanathan, A.K. Mackworth, J.J. Little, J. Hoey, A. Mihailidis: NOAH for wheelchair users with cognitive impairment: Navigation and obstacle avoidance help, AAAI Fall Symp. AI Eldercare New Solut. Old Prob. (2008) pp. 150–152

64.245 T.-V. How, R.H. Wang, A. Mihailidis: Evaluation of an intelligent wheelchair system for older adults with cognitive impairments, J. Neuroeng. Rehabil. **10**, 90 (2013)

64.246 R.A.M. Braga, M. Petry, L.P. Reis, A.P. Moreira: Intellwheels: Modular development platform for intelligent wheelchairs, J. Rehabil. Res. Dev. **48**(9), 1061–1076 (2011)

64.247 B.M. Faria, L.P. Reis, N. Lau: Adapted control methods for cerebral palsy users of an intelligent wheelchair, J. Intell. Robotics Syst. **77**(2), 1–14 (2014)

64.248 M. Bailey, A. Chanler, B. Maxwell, M. Micire, K. Tsui, H. Yanco: Development of vision-based navigation for a robotic wheelchair, IEEE Int. Conf. Rehabil. Robotics (2007) pp. 951–957

64.249 D. Ding, R.A. Cooper: Electric powered wheelchairs, IEEE Control Syst. **25**(2), 22–34 (2005)

64.250 K.M. Tsui, H.A. Yanco, D.J. Feil-Seifer, M.J. Matarić: Survey of domain-specific performance measures in assistive robotic technology, Proc. ACM 8th Workshop Perform. Metr. Intell. Syst. (2008) pp. 116–123

64.251 M.A. Peshkin, J.E. Colgate, W. Wannasuphoprasit, C.A. Moore, R.B. Gillerpie, P. Akella: Cobot architecture, IEEE Trans. Robotics Autom. **17**(4), 377–390 (2001)

64.252 J. Colgate, J. Edward, M.A. Peshkin, W. Wannasuphoprasit: *Cobots: Robots for Collaboration with Human Operators* (Northwestern University, Evanston 1996)

64.253 C.A. Moore, M.A. Peshkin, J.E. Colgate: Cobot implementation of virtual paths and 3D virtual surfaces, IEEE Trans. Robotics Autom. **19**(2), 347–351 (2003)

64.254 G. Lacey, S. MacNamara: User involvement in the design and evaluation of a smart mobility aid, J. Rehabil. Res. Dev. **37**(6), 709–723 (2000)

64.255 A.M. Dollar, H. Herr: Lower extremity exoskeletons and active orthoses: Challenges and state-of-the-art, IEEE Trans. Robotics **24**, 144–158 (2008)

64.256 H. Herr: Exoskeletons and orthoses: Classification, design challenges and future directions, J. Neuroeng. Rehabil. **6**, 21 (2009)

64.257 J.L. Pons: Rehabilitation exoskeletal robotics, IEEE Eng. Med. Biol. Mag. **29**, 57–63 (2010)

64.258 E. Strickland: Good-bye, wheelchair, hello, exoskeleton, http://spectrum.ieee.org/biomedical/bionics/goodbye-wheelchair-hello-exoskeleton

64.259 T.A. Swift, K.A. Strausser, A. Zoss, H. Kazerooni: Control and experimental results for post stroke gait rehabilitation with a prototype mobile medical exoskeleton, ASME Dyn. Syst. Control Conf. (2010)

64.260 K.A. Strausser, T.A. Swift, A. Zoss, H. Kazerooni: Prototype medical exoskeleton for paraplegic mobility: First experimental results, ASME Dyn. Syst. Control Conf. 2010, Cambridge (2010)

64.261 Argo-Medical: http://www.rewalk.com/ (2012)

64.262 T. Engineer: Rewalk is a new exoskeleton that lets paralysed people walk again, available online at http://wonderfulengineering.com/rewalk-is-a-new-exoskeleton-that-lets-paralysed-people-walk-again/

64.263 H. Kawamoto, Y. Sankai: Power assist system HAL3 for gait disorder person, Lect. Notes Comput. Sci. **2398**, 196–203 (2002)

64.264 K. Suzuki, Y. Kawamura, T. Hayashi, T. Sakurai, Y. Hasegawa, Y. Sankai: Intention-based walking support for paraplegia patient, IEEE Int. Conf. Syst. Man Cybern., Vol. 3 (2006) pp. 2707–2713

64.265 R. Farris, H. Quintero, M. Goldfarb: Preliminary evaluation of a powered lower limb orthosis to aid walking in paraplegic individuals, IEEE Trans. Neural Syst. Rehabil. Eng. **19**(6), 652–659 (2011)

64.266 Rex-Bionics: http://www.rexbionics.com (2012)

64.267 R.F.F. Weir: Design of artificial arms and hands for prosthetic applications. In: *Standard Handbook of Biomedical Engineering and Design*, ed. by M. Kutz (McGraw-Hill, New York 2003) pp. 32.1–32.61

64.268 T.A. Kuiken, G.A. Dumanian, R.D. Lipschutz, L.A. Miller, K.A. Stubblefield: The use of targeted muscle reinnervation for improved myoelectric prosthesis control in a bilateral shoulder disarticulation amputee, Prosthet. Orthot. Int. **28**(3), 245–253 (2004)

64.269 T.A. Kuiken, L.A. Miller, R.D. Lipschutz, B.A. Lock, K. Stubblefield, P.D. Marasco, P. Zhou, G.A. Dumanian: Targeted reinnervation for enhanced prosthetic arm function in a woman with a proximal amputation: A case study, Lancet **369**, 371–380 (2007)

64.270 G.S. Dhillon, K.W. Horch: Direct neural sensory feedback and control of a prosthetic arm, IEEE Trans. Neural Syst. Rehabil. Eng. **13**, 468–472 (2005)

64.271 K.P. Hoffmann, K.P. Koch, T. Doerge, S. Micera: New technologies in manufacturing of different implantable microelectrodes as an interface to the peripheral nervous system, IEEE/RAS-EMBS Int. Conf. Biomed. Robotics Biomech. (BioRob) (2006) pp. 414–419

64.272 P.M. Rossini, S. Micera, A. Benvenuto, J. Carpaneto, G. Cavallo, L. Citi, C. Cipriani, L. Denaro, V. Denaro, G. Di Pino, F. Ferrari, E. Guglielmelli, K.-P. Hoffmann, S. Raspopovic, J. Rigosa, L. Rossini, M. Tombini, P. Dario: Double nerve intraneural interface implant on a human amputee for robotic hand control, Clin. Neurophys. **121**, 777–783 (2010)

64.273 S. Raspopovic, M. Capogrosso, F.M. Petrini, M. Bonizzato, J. Rigosa, G. Di Pino, I. Carpanedo, M. Controzzi, T. Boretius, E. Fernandez, G. Granata, C.M. Oddo, L. Citi, A.L. Ciancio, C. Cipriani, M.C. Carrozza, W. Jensen, E. Guglielmelli, T. Stieglitz, P.M. Rossini, S. Mieera: Restoring natural sensory feedback in real-time bidirectional

64

hand prostheses, Sci. Transl. Med. **6**(222), 222ra19 (2014)

64.274 S.G. Meek, S.C. Jacobsen, P.P. Goulding: Extended physiologic taction: Design and evaluation of a proportional force feedback system. J. Rehabil. Res, Dev. **26**(3), 53–62 (1989)

64.275 H.M. Herr, J.A. Weber, S.K. Au, B.W. Deffenbaugh, L.H. Magnusson, A.G. Hofmann, B.B. Aisen: Powered ankle food prothesis, US Patent Ser 851 2415 B2 (2013)

64.276 Nature 442 (7099): http://www.nature.com/nature/journal/v442/n7099/index.html, 109–222, 2006

64.277 L.R. Hochberg, M.D. Serruya, G.M. Friehs, J.A. Mukand, M. Saleh, A.H. Caplan, A. Branner, D. Chen, R.D. Penn, J.P. Donoghve: Neuronal ensemble control of prosthetic devices by a human with tetraplegia, Nature **442**, 164–171 (2006)

64.278 C. Babiloni, V. Pizzella, C.D. Gratta, A. Ferretti, G.L. Romani: Fundamentals of electroencefalography, magnetoencefalography, and functional magnetic resonance imaging, Int. Rev. Neurobiol. **86**, 67–80 (2009)

64.279 G.E. Loeb, F.J. Richmond, L.L. Baker: The BION devices: Injectable interfaces with peripheral nerves and muscles, Neurosurg. Focus **20**, E2 (2006)

64.280 R.B. Stein, V. Mushahwar: Reanimating limbs after injury or disease, Trends Neurosci. **28**, 518–524 (2005)

64.281 P.F. Pasquina, P.R. Bryant, M.E. Huang, T.L. Roberts, V.S. Nelson, K.M. Flood: Advances in amputee care, Arch. Phys. Med. Rehabil. **87**, S34–S43 (2006)

64.282 H. Vallery, J. Veneman, E. van Asseldonk, R. Ekkelenkamp, M. Buss, H. van der Kooij: Compliant actuation of rehabilitation robots: Benefits and limitations of series elastic actuators, IEEE Robotics Autom. Mag. **15**, 60–69 (2008)

64.283 A. Basmajian, E.E. Blanco, H.H. Asada: The marionette bed: Automated rolling and repositioning of bedridden patients, Proc. IEEE Int. Conf. Robotics Autom. (ICRA) (2002) pp. 1422–1427

64.284 F. Kasagami, H. Wang, I. Sakuma, M. Araya, T. Dohi: Development of a robot to assist patient transfer, IEEE Int. Conf. Syst. Man Cybern., Vol. 5 (2004) pp. 4383–4388

64.285 G.D. Abowd, M. Ebling, G. Hung, L. Hui, H.W. Gellersen: Context-aware computing, IEEE Pervasive Comput. **1**, 22 (2002)

64.286 M.J. Covington, W. Long, S. Srinivasan, A.K. Dev, M. Ahamad, G.D. Abowd: *Securing Context-Aware Applications Using Environment Roles* (Georgia Institute of Technology, Atlanta 2001)

64.287 R. Sanchez, D.E.R.I.C. Reinkensmeyer, P. Shah, J. Liu, S. Rao, R. Smith, J. Bobrow: Monitoring functional arm movement for home-based therapy after stroke, IEEE Annu. Int. Conf. Eng. Med. Biol. Soc. Chicago, Vol. 2 (2004) pp. 4787–4790

64.288 S.J. Housman, V. Le, T. Rahman, R.J. Sanchez, D.J. Reinkensmeyer: Arm-training with T-WREX after chronic stroke: Preliminary results of a randomized controlled trial, IEEE Int. Conf. Rehabil. Robotics (2007) pp. 562–568

64.289 A.J. Butler, C. Bay, D. Wu, K.M. Richards, S. Buchanan: Expanding tele-rehabilitation of stroke through in-home robot-assisted therapy, Int. J. Phys. Med. Rehabil. **2**(184), 2 (2014)

64.290 S.M. Linder, A.B. Rosenfeldt, R.C. Bay, K. Sahu, S.L. Wolf, J.L. Alberts: Improving quality of life and depression after stroke through telerehabilitation, Am. J. Occup. Ther. **69**(2), 6902290020 (2015)

64.291 F.H. Wilhelm, W.T. Roth: Ambulatory assessment of clinical anxiety. In: *Ambulatory Assessment: Computer-Assisted Psychological and Psychophysiological Methods in Monitoring and Field Studies*, ed. by J. Fahrenberg, M. Myrteck (Hogrefe Huber, Seattle 1996) pp. 317–345

64.292 E. Dishman: Inventing wellness systems for aging in place, Computer **37**, 34 (2004)

64.293 H. Zhou, H. Hu: Human motion tracking for rehabilitation—A survey, Biomed. Sig. Process. Control **3**, 1–18 (2008)

64.294 E. Papaleo, L. Zollo, S. Sterzi, E. Guglielmelli: An inverse kinematics algorithm for upper-limb joint reconstruction during robot-aided motor therapy, IEEE/RAS-EMBS Int. Conf. Biomed. Robotics Biomechatron. (BioRob) (2012) pp. 1983–1988

64.295 M. Zinn, B. Roth, O. Khatib, J. Salisbury: A new actuation approach for human friendly robot design, Int. J. Robotics Res. **23**, 379–398 (2004)

64.296 M. Nokata, K. Ikuta, H. Ishii: Safety evaluation method for rehabilitation robotics. In: *Advances in Rehabilitation Robotics*, ed. by Z. Bien, D. Stefanov (Springer, Berlin, Heidelberg 2004) pp. 187–198

64.297 N. Tejima: Risk reduction mechanisms for safe rehabilitation robots. In: *Advances in Rehabilitation Robotics*, ed. by Z. Bien, D. Stefanov (Springer, Berlin, Heidelberg 2004) pp. 187–198

64.298 H.F.M. Van der Loos: Design and engineering ethics considerations for neurotechnologies, Camb. Quar. Heal. Ethics **16**, 305–309 (2007)

64.299 G. Veruggio: The Roboethics Roadmap, available online at http://www.roboethics.org/site/modules/mydownloads/visit.php?cid=1&lid=37 (2007)

64.300 J.F. Engelberger: *Robotics in Service* (MIT Press, Cambridge 1989)

64.301 G. Colombo, M. Jorg, V. Dietz: Driven gait orthosis to do locomotor training of paraplegic patients, IEEE Annu. Int. Conf. Eng. Med. Biol. Soc., Vol. 4 (2000) pp. 3159–3163

64.302 I.T. Lott, E. Doran, D.M. Walsh, M. Hill: Telemedicine, dementia and Down syndrome: Implications for Alzheimer disease, Alzheimer's Dement. **2**, 179–184 (2006)

64.303 D. Reinkensmeyer, P. Lum, J. Winters: Emerging technologies for improving access to movement therapy following neurologic injury. In: *Emerging and Accessible Telecommunications, Information and Healthcare Technologies: Engineering Challenges in Enabling Universal Access*, ed. by J. Winters, C. Robinson, R. Simpson, G. Vanderheiden (Rehabiltitation Eng. Soc. North Am., Arlington 2002) pp. 136–150

64

64.304　M. Lotze, C. Braun, N. Birbaumer, S. Anders, L.G. Cohen: Motor learning elicited by voluntary drive, Brain **126**, 866–872 (2003)

64.305　J.E. Speich, J. Rosen: Medical robotics. In: *Encyclopedia of Biomaterials and Biomedical Engineering*, ed. by G.E. Wnek, G.L. Bowlin (Marcel Dekker, New York 2004)

64.306　D.J. Reinkensmeyer, J.L. Emken, S.C. Cramer: Robotics, motor learning, and neurologic recovery, Annu. Rev. Biomed. Eng. **6**, 497–525 (2004)

64.307　M. Oishi, I. Mitchell, H. Van der Loos: *Design and Use of Assistive Technology* (Springer, Berlin, Heidelberg 2010)

64

第 65 章
家用机器人

Erwin Prassler，Mario E. Munich，Paolo Pirjanian，Kazuhiro Kosuge

当本书第 1 版出版时，人们就说家用机器人正在逐渐从梦想变为现实。当时，也就是 2008 年，我们回顾了家用机器人领域二十余年的研发历程，尤其在清洁机器人领域。尽管这二十年的前十年，每个人都希望清洁成为家用机器人的杀手级应用，但实际上并没有发生太大的改变。大约在本书第一版出现的十年前，事情突然间开始发生变化。几家小企业，但也有一些大企业宣布将很快推出家用清洁机器人。机器人界正在焦急地等待第一批清洁机器人，消费者也是如此。然而，大爆发尚未到来。这些清洁机器人的价格远远超出人们的可接受范围。直到 2002 年，一种小型廉价设备（甚至都不能称为清洁机器人）带来了第一个突破：Roomba。Roomba 的销量迅速超过了一百万台，并继续迅速增长。而在 Roomba 发布后的最初几年里，大企业一直保持观望，可能是为了修改自己的设计，特别是商业模式和价格标签，而其他一些小企业则迅速跟进并推出了自己的产品。我们在第 1 版中报道了这些设备及其创造者。此后，家用机器人领域的发展势头稳步上升。如今，大多数大型家电制造商的产品组合中都有家用清洁机器人。我们不仅在市场上看到越来越多的家用清洁机器人和割草机，而且也看到了新型家用机器人，如窗户清洁器、植物浇水机器人、远程呈现机器人、家用监控机器人和竞技机器人等。其中一些新型家用机器人仍处于原型或概念研究阶段，而另一些已经跨过了成为商业产品的门槛。

在本章中，我们决定不仅要列举过去五年中出现和幸存下来的设备，还要回顾一下过去五年在家用清洁机器人领域这一切是如何开始的，将这种回顾与突如其来的进步进行对比。我们不会详细描述和讨论每一个已经出现的清洁机器人，而是选择那些代表技术及市场发展的机器人。我们也会为新型移动家用机器人预留一些空间，这将作为本章下一版的成功案例或失败案例。此外，我们将研究非移动家用机器人（也称为智能电器），并预测一下它们的命运。最后，也是同样重要的一点是，我们将了解智能家居领域的最新发展，可能涉及前面几节中描述的移动家用机器人和智能电器。

目 录

65.1 移动家用机器人 ………………………………… 306
65.1.1 家庭地板清洁 ……………………… 307
65.1.2 家庭窗户清洁 ……………………… 313
65.1.3 泳池清洁 …………………………… 315
65.1.4 割草机器人 ………………………… 316
65.1.5 竞技机器人 ………………………… 319
65.1.6 远程呈现机器人 …………………… 321
65.2 使能技术 ………………………………………… 323
65.2.1 感知与避障 ………………………… 323
65.2.2 定位与建图 ………………………… 325
65.2.3 导航与覆盖 ………………………… 328
65.3 智能家居 ………………………………………… 330
65.3.1 Gator Tech Smart House ………… 331
65.3.2 Aware Home …………………………… 331
65.3.3 感知生命环境（SELF）…………… 332
视频文献 ……………………………………………… 332
参考文献 ……………………………………………… 333

65.1 移动家用机器人

第一次提及家用清洁机器人的历史可以追溯到 1985 年。该设备的昵称为 Robby，是 Hitachi 公司从

1983 年开始研发的，并正式命名为 HCR-00（图
65.1）。Robby 配备一个陀螺仪来跟踪自身位置，
配备一个旋转声呐扫描仪来检测障碍物。

65.1.1　家庭地板清洁

与今天的清洁机器人非常相似，Robby 可以构
建环境地图，并使用该地图进行路径规划。HRC-00
与其升级版本 HRC-01 ~ HRC-03 一样，仍然是原
型机。

1. 第一代家用地板清洁机器人（1985—1999）

同样在 1985 年，瑞典电器制造商 Electrolux 开
始开发概念吸尘器 Stardust。该设备配备了 8 个固
定声呐传感器和一个用于障碍物检测的旋转传感
器。为了保持其方向，Stardust 使用了一个红外传
感器，该传感器跟踪安装在天花板上的红外灯泡。
1988 年，Stardust 在全球最大的家用电器展览会
之一——德国科隆的 Domotechnica 向公众进行了
展示[65.1]。

1989—1991 年，Panasonic 公司致力于开发一
种家用清洁机器人，产生了两个原型机，其中一个
是 Brownie，如图 65.1 所示。Brownie 是一款电池供
电的吸尘器，直径为 40cm，重量为 18kg，与当今
的家用清洁机器人相比，重量过大。它配备了陀螺
仪、一圈声呐传感器和一个灰尘传感器。很可能是
由于驱动如此重的机器人的电池技术以及总成本的
限制，Brownie 只能作为一个原型机。

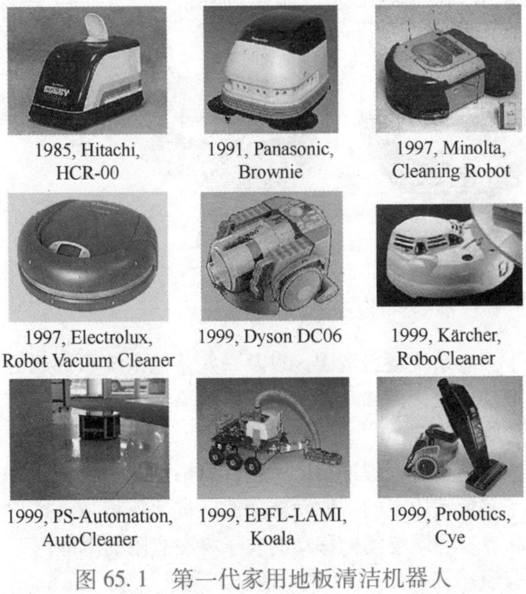

1985, Hitachi, HCR-00　　1991, Panasonic, Brownie　　1997, Minolta, Cleaning Robot

1997, Electrolux, Robot Vacuum Cleaner　　1999, Dyson DC06　　1999, Kärcher, RoboCleaner

1999, PS-Automation, AutoCleaner　　1999, EPFL-LAMI, Koala　　1999, Probotics, Cye

图 65.1　第一代家用地板清洁机器人
（1985—1999）

1997 年，Minolta 公司推出清洁机器人，欧洲
的 Electrolux 公司推出了机器人吸尘器，后来称为
Trilobite，它在 1996 年 BBC 的电视节目《明日世
界》中向公众展示。

在这六年中，这类设备已经变得更小、更
轻。Minolta 机器人的尺寸为 321mm × 320mm ×
170mm，重量约为 8kg。它由镍金属混合电池供电，
并使用声呐和触觉传感器进行障碍物检测，使用悬
崖传感器来发现楼梯，并使用陀螺仪来跟踪其位置
和方向。Electrolux 公司的机器人还有一个复杂的声
呐系统，可以让它跟随轮廓，甚至返回到一个回归
位置。它已经具有了后来的地板清洁机器人的尺寸
和形状。

期间又有五款家用清洁机器人首次亮相，我们
称之为家用清洁机器人的萌芽期。其中两款只达到
了概念验证级别：一个来自 InMach Intelligent Ma-
chines 公司的 AutoCleaner，这家德国初创公司后来
为专业清洁机器人 Robo40 开发了低成本导航系统，
该系统于 2007 年上市。另一个为 EPFL-Lami 公司
的 Koala。AutoCleaner 是第一个概念验证的家用湿
式清洁器，它使用旋转的超细纤维毛巾穿过水箱清
洁地板。Koala 使用吸水口到达角落。另外两个机
器人至少达到了工业原型的状态，但从未商业化：
Dyson 公司的 DC06 和 Probotics 公司的 Cye。DC06
是一款独一无二的家用清洁机器人。它的不同之处
不仅在于公布的标价，还有许多其他方面：Dyson
公司声称它有 3 个机载 CPU，50 多个用于避障、悬
崖检测、定位的传感器。最重要的是独特的双旋风
清洁技术。DC06 从未进入市场，Cye 也没有。Cye
是一款小型移动机器人，可以推动和拉动一
个（半）常规吸尘器。它被宣布为第一台私人机器
人，不仅可以吸尘，还可以提供咖啡或递送邮件。
我们称之为第一代的九款机器人中的最后一个是
Kärcher 公司的 RoboCleaner。它的升级版本 RC3000
是首批拥有扩展坞的清洁机器人之一，机器人不仅
可以在该扩展坞上为电池充电，还可以卸载它收集
的灰尘。

我们将在下一节中再次讨论 Kärcher 公司
的 RC3000。

图 65.1 所示的第一代家用地板清洁机器人是
第一次向公众展示的清洁机器人。然而，1985—
1999 年开发的相关设备远不止它们。通过浏览该时
期清洁机器人领域的专利，可以看出许多大型家电
和电子设备制造商在全球范围内对家用清洁机器人
进行了研发。除了上面提到的那些，还可以找到

Nintenclo、Matsushita、Sanyo、Samsung、Honda、P&G、Electrolux、Philips、Henkel等大牌。因此，虽然只有少数设备敢于上市，但家用清洁领域已被众多国际企业所关注。不难猜测是什么让它们无法采取下一步行动。这是进入一个相当保守和紧张市场的风险，清洁业务非常保守，一项半成熟技术的价格与传统真空吸尘器等成熟技术的价格相比，缺乏竞争力。

2. 第二代家用地板清洁机器人（2000—2008）

图65.2为第二代家用地板清洁机器人。第一代和第二代的区别是什么？关于整体设计的试验量减少了，大多数制造商都选择了圆盘形状。传感器的数量以及它们的复杂程度都减少了。声呐等复杂而昂贵的传感器基本消失了。大多数设计仅限于极少数、简单且廉价的传感器，如保险杠、简单的一维距离传感器［通常基于红外线（IR）和悬崖传感器］。这很可能是从第一代设计中吸取的相当惨痛的教训。机器人专家认为，移动机器人最先进的技术（环境感测、地图构建、具有高质量角度和距离分辨率的距离传感器，以及结合定位与建图）成本太高，无法内置到家用清洁机器人中。这些机器人不得不在几百美元的价格范围内与普通的真空吸尘器竞争。这场竞争对可以内置到家用清洁机器人中的机器人组件施加了非常严格的成本限制（50~100美元，甚至更低）。这些成本限制对清洁机器人应该实现的一个基本期望产生了重大影响：系统覆盖要清洁的区域。清洁被理解为在应用某种类型的清洁操作时以系统和直观的动作覆盖区域。上面提到的第一代家用清洁机器人申请的大部分专利都描述了清洁机器人应该以系统的方式覆盖它们的工作空间。

图65.2 第二代家用地板清洁机器人（2000—2008）

65

然而，如果没有绝对定位和对环境的适当了解，系统覆盖是不可能的。第二代家用清洁机器人不得不为这种系统覆盖的困境提供解决方案。传感器便宜且简单，成本不得超过几十美元。这个困境的解决方案已经在一些早期原型中提出。这个想法是放弃系统覆盖的要求，这也将涉及直观的运动模式，产生半系统覆盖和半直观的运动模式。这种半系统覆盖是通过随机运动、硬编码运动模式（如螺旋形或曲折形运动）的组合实现的，单独考虑反映

了一些系统覆盖范围，以及一些其他系统和直观的运动模式，例如，遵循工作区中墙壁或其他物体的轮廓。

随机过程理论指出，执行随机游走的粒子相对于其运动原点的平均距离随时间成比例增加。这意味着在有限空间中移动的粒子将在有限的时间内覆盖该空间。第一代家用清洁机器人，如Electrolux公司的Robot Vacuum Cleaner（后来的Trilobite）或Kärcher公司的RoboCleaner（后来的RC3000），已

经使用随机运动结合硬编码运动模式来实现一定程度的覆盖。但是，很明显，与吸尘器相比，机器人的属性不足以证明其价格比普通吸尘器高 3~5 倍的价格是合理的。一些第二代清洁机器人的价格在 1500 美元左右，甚至更高。最终，这些机器人难以销售。

这也是因为 2002 年推出了一款预示着家用清洁机器人技术突破的机器人：Roomba。它的创造者 iRobot 公司已经吸取了教训：如果你想销售家用电器，最好以家用电器已有的价格出售。为公平起见，必须提及以传统真空吸尘器制造商的名义设计机器人，使其与品牌名称所期望的质量和性能水平相匹配。它们不能冒险使它们的产品太差。因此，与当时的市场需求相比，产品很容易变得过于规范。相比之下，像 iRobot 公司这样的新制造商没有品牌名称需要捍卫[65.1]。

如果是全新的设备，不仅会引起消费者的兴奋，还会引起担忧和保留。当 Roomba 进入市场时，它的售价为 199 美元。这个价格不会让客户考虑他们是否真的需要它，质量是否足够好，或者设备是否会进入房间的每个角落。Roomba 的创造者也足够聪明，不称它为机器人。这防止了许多客户对机器人可以或应该做什么产生错误的期望。

Roomba 采用的机器人技术并不新颖，也不具有变革性。Roomba 使用悬挂式前护罩进行接触感应，使用低成本的红外距离传感器进行轮廓跟踪，使用悬崖传感器防止它从楼梯上掉下来，它可以检测光电屏障，即所谓的虚拟墙，使它不能离开房间或其工作区的某个部分。Roomba 进一步使用随机运动和硬编码的区域覆盖运动模式的组合来实现一定程度的覆盖。所有这些技术在 Roomba 上市之前就已为人所知。

尽管如此，Roomba 不仅可以被视为家用机器人领域的里程碑，而且可以被视为整个机器人领域的里程碑。因为这是机器人历史上的第一次，机器人技术不再是高科技、高价格的代名词。Roomba 展示了日常服务任务（如家用清洁）的自动化，可以通过硬件方面的适度配置和合理的价格来实现，因为人们可以接受整体性能的部分合理下降。天下没有免费的午餐，即使在机器人技术中也是如此，这种性能下降肯定要付出代价。使 Roomba 成为里程碑的是具有成本效益的设计，其中低成本硬件的局限性（在 Roomba 的例子中是传感器）被用于解决问题的智能启发式策略所抵消。这种商业上可行的产品设计与非机器人解决方案相比具有竞争力，使 Roomba 成为第一个成功的家用清洁机器人，也成为过去 50 年中销售最多的一款机器人。

在表 65.1 中，列出了一些第二代家用地板清洁机器人的技术指标。

表 65.1 第二代家用地板清洁机器人的技术指标

制造商	iRobot	Sharper Image	Electrolux	Kärcher	Yujin
模型	Roomba	eVac	Trilobite 2.0	RC 3000	iclebo
驱动	差速	差速	差速	差速	差速
传感器	悬挂式前护罩作为接触传感器，红外距离传感器，4个红外悬崖传感器，灰尘传感器	接触传感器，悬崖传感器，沿墙的红外接收器	180°声呐传感器（1个发送器和8个接收器），红外悬崖传感器，磁条检测，悬挂式前护罩作为接触传感器	悬挂式前护罩，4个红外悬崖传感器	主刷，侧刷，除菌过滤器
建图和定位	不适用	不适用	不适用	不适用	不适用

65

（续）

导航/信息范围	通过碰撞反弹随机运动，轮廓跟随，空间运动	通过碰撞反弹随机运动，星形零件的局部清洗	墙壁跟随，避障随机运动	通过碰撞反弹随机运动，用跷跷板运动模式进行现场清洁	启发式模式：随机，圆形，锯齿形，墙壁跟随
清洁技术	侧刷，两个反向旋转的刷子，吸入泵	旋转刷，真空泵	旋转刷，吸入泵	旋转刷，吸入泵	主刷，侧刷
运行时间/min	60~90	15~45	60	20~60	150
性能/(m²/h)	—	—	28	15	
停泊站/充电站	有	无	有	有	无
尺寸/cm（直径/高度）	35/8.25	32/14	35/13	28/10	35/9
重量/kg	2.7	3	5	2	4
发行年份	2002	2004	2004	2003	2005
价格	250美元	100美元	1300美元	1350欧元	530美元

以199美元的价格水平开发和商业化家用清洁机器人，与传统家用电器的价格相当，这一想法对消费者非常有吸引力。然而，即使Roomba是在低工资国家以远低于100美元的成本制造的，这也不是一种高利润的商业模式。不过，极端的成本压力会影响产品的质量。因此，坚持低于200美元的低价策略也可能决定了产品的质量。如今，市场上有近十种Roomba型号，它们的主要区别在于清洁技术和额外功能，价格在250~900美元之间。

3. 第三代家用地板清洁机器人（2009—2012）

第二代家用地板清洁机器人为它们的开发商和经销商提供了一些痛苦的、部分矛盾的认识：

1）若家用清洁机器人的售价远高于同类非机器人设备的价格，则存在很大的失败风险。因为许多客户可能不会仅仅因为清洁机器人是机器人而愿意为其支付额外费用。

2）若家用清洁机器人与廉价的同类设备价格相同，失败的风险很高，因为低价可能会影响产品的质量和功能，许多客户可能不愿意为质量差的产品支付，哪怕以很低的价格。

3）对于大多数客户（传统客户）和技术爱好者，高效清洁需要系统和有效地覆盖工作区。使用复杂传感器来实现系统化和高效覆盖的家庭清洁机器人很容易以明显高于同类非机器人设备的价格出售，因此存在很高的失败风险。

4）若家用清洁机器人不使用昂贵的传感器来实现系统覆盖，而是使用低成本的传感器进行防撞、防坠落和约束，以及使用随机运动结合一些硬编码运动模式来达到一定水平的覆盖范围，那么会冒着无法满足那些期望系统清洁和覆盖的客户的风险。

从开发人员的角度来看，这些认识听起来好像客户的期望值很高。事实是，客户只是期望物有所值。

有了上面的认识，可以将家用清洁机器人的潜在客户分为三类：

1）只关心价格而不关心质量和功能的客户。这类客户的标准很明显：尽可能降低价格，同时不要忽视客户对质量和功能的期望可能存在底线。

2）同时关心价格和质量，但愿意调整其对功能和效率的期望的客户。此类客户的标准是降价，但仅限于一定程度，不会对产品质量造成太大影响。此类客户对效率（即系统覆盖）的期望可以通过辅助设备（如自动充电站）来补偿。

3）关心价格、质量和效率的客户。显然，这些客户是要求最苛刻的。第二代家用地板清洁机器人没有一个能真正满足他们。为他们服务的标准是基于提供系统覆盖范围的低成本传感器开发的低成本导航系统。

由于满足最后一类客户（也可能是三类中人数最多的一类）几乎不可能，因此对第三代家用地面清洁机器人的研发出现了一些分歧。一些制造商专注于服务第一类客户的产品，一些专注于服务第二类客户，有些甚至努力缩小圈子。

不管它们最终成功与否，不可忽视的是近五年家用清洁机器人制造商和经销商数量的爆炸式增长。2012 年底，也就是首次向公众提及家用清洁机器人的 27 年后，仅 Amazon 公司的电子商务平台就在机器人吸尘器这个关键词下列出了 130 多个结果，其中包括 14 家制造商和供应商。企业对企业（B2B）门户网站 www.made-in-china.com 列出了超过 71 家机器人吸尘器公司和 875 种产品。其中一些机器人吸尘器看起来与在 B2C 平台上以知名品牌销售的产品惊人地相似。

在图 65.3 中，我们展示了一些主要用于服务第一类客户的产品，因此价格保持在 200 欧元以下。图 65.3 显示了由中国制造商深圳银星智能集团股份有限公司制造的六个模型 XRobot 系列清洁机器人。在 B2B 交易中，这些机器人的成本在每件 64~102 美元之间，最低订单量为 500 件。该系列的大部分型号也以欧美企业的品牌名称销售。图 65.3 显示了仍然相当便宜的另一系列的清洁机器人。细心的读者可能不会注意到图中的机器人并非完全独一无二。有些只是名称不同，价格不同。这并非完全是无意的。它只是说明，在家用清洁机器人中，价值创造链不再像其他所有业务一样仅限于开发商和制造商。

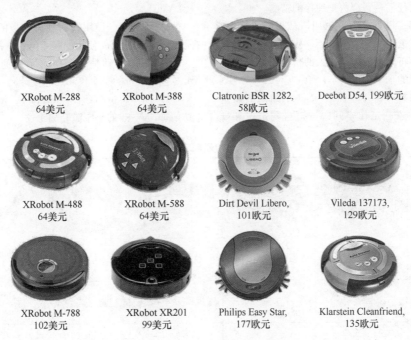

XRobot M-288 64美元 — XRobot M-388 64美元 — Clatronic BSR 1282, 58欧元 — Deebot D54, 199欧元

XRobot M-488 64美元 — XRobot M-588 64美元 — Dirt Devil Libero, 101欧元 — Vileda 137173, 129欧元

XRobot M-788 102美元 — XRobot XR201 99美元 — Philips Easy Star, 177欧元 — Klarstein Cleanfriend, 135欧元

图 65.3 第三代家用地板清洁机器人：低成本、低技术

除了一些小细节之外，图 65.3 中的所有机器人都使用了非常相似的技术，但并非完全相同。它们使用很少且非常便宜的（接触、悬崖或污垢）传感器，随机运动以及预编程的运动模式。真空技术由一个旋转刷组成，有时与一个小风扇相结合。不出所料，图 65.3 中的清洁机器人通常被称为 Roomba 的克隆版本。图 65.3 中的机器人产品既不具有代表性也不全面。

Roomba 无疑书写了家用机器人的历史。家用清洁机器人不再被视为小装置，而是真正的电器，这是 Roomba 及其开发者的功劳。Roomba 为上述所有清洁机器人打开了大门，无论它们是否是 Roomba 的克隆版本。Roomba 是迄今为止最畅销的机器人。

在图 65.4 中，我们展示了 2002 年推出的初代 Roomba 的一些迭代产品。截至 2012 年，Roomba 经历了多次改款。最新系列中，Roomba700 是第七代 Roomba。它在许多方面已经相当成熟。它在处理、清洁、避障和导航技术方面已经成熟。同时 Roomba 有十几个版本，价格在 250~900 美元不等。这些版本在设计、用户界面的复杂程度、导航和覆盖策略，以及清洁技术的细节方面有所不同。

据 iRobot 公司统计，截至 2012 年，已售出超过 600 万台。Roomba 肯定让不少客户满意。它的制造质量好，并配有自充电式家庭基座和其他辅助设备。但是，没有改变的是覆盖工作区的基本策略。第七代就像第一代一样使用随机运动和一些预编码的运动模式和启发式方法。

65

| Roomba 760 | Roomba 770 | Roomba 780 | Roomba 790 |

图 65.4 第七代 Roombas

这就提出了一个相当基本的问题。Roomba 的成功故事还会继续吗？它会保持住其市场地位吗？或者 Roomba 有没有可能达到甚至超过它的顶峰？这些问题在本书第 3 版之前不会得到解答，因为在这一方向上的任何预言都将是纯粹的猜测。

无论如何，最近有一些家用清洁机器人表明，以系统的方式覆盖工作空间并不一定需要昂贵的传感器，但这会将家用清洁机器人的价格推高到客户不会愿意支付的水平。

四种不同的关键技术使表 65.2 中列出的设备能够在未知的家庭工作空间中进行自我定位和导航，并系统地覆盖该空间：

1）视觉里程计，相机指向天花板，结合 LG 的 Homebot、Samsung 的 Navibot SR 8×××、iclebo smart 和 Philips 的 Homerun 使用的同步定位与建图（SLAM）。

2）本地化，使用投射到天花板上的红外线读取模式，并根据 Mint 使用的联系信息进行建图。

3）本体运动估计，使用廉价的惯性测量单元（包括廉价的陀螺仪和加速度计）。

4）同步定位与建图（SLAM），例如，使用类似 Neato XV-××的一维激光测距仪。

表 65.2 低成本的系统清洁

制造商	 LG	 Samsung	 Neato Robotics	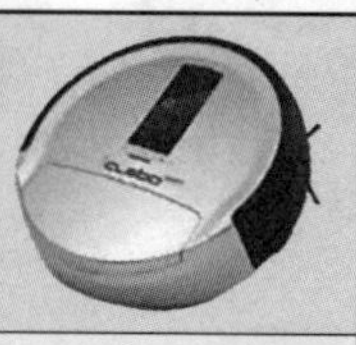 Iclebo	 Evolution Robotics iRobot
经销商	—	—	Vorwerk	Philips	Dirt Devil EVO iRobot
模型	Hom-Bot 3.0	Navibot SR 8895 Silencio	Neato XV-21	Philips FC9910/01 HomeRun/iclebo smart	Mint 4200
CPU	32bit	2CPU	—		ARM7
驱动	差速	差速	差速	差速	差速
传感器	相机，声呐，红外碰撞传感器，悬崖传感器，陀螺仪，加速度计	测距相机传感器，碰撞传感器，悬崖传感器，陀螺仪	一维激光测距仪，悬崖传感器，陀螺仪，加速度计	天花板相机，悬崖传感器，红外碰撞检测，陀螺仪	室内北极星全球定位系统，悬崖传感器，保险杠，陀螺仪
建图和定位	SLAM	30 帧率下基于天花板图片的 SLAM（视觉建图系统）	基于激光测距仪的 SLAM［机载室内定位系统（RPS）]	基于激光测距仪的 SLAM	北极星 SLAM，建图
导航/覆盖范围	系统的	系统的	系统的	系统的	系统的

65

（续）

清洁技术	滚转刷，2 侧刷	滚转刷，2 侧刷	刚毛刷，2 侧刷，细纤维拖把	滚刷，2 侧刷，细纤维拖把	干燥或者湿润的细纤维布
运行时间/min	75	90	90	70	180
性能/（m²/h）	—	80	—	40	—
停泊和充电站	有	有	有	有	无
尺寸/cm（直径或边长/高度）	36/9	35/8	34/10	35/10	31/11
重量/kg	3.2	3.2	5	4	5
发行年份	2011	2011	2012	2011	2010
价格	799 美元（Amazon.com）	349 欧元（Amazon.de）	350 美元（Amazon.com）	499 欧元（Amazon.de）	174 美元（Amazon.com）

注：此表中的信息部分来自制造商的网站和技术文档，部分来自公共网站，如 www.botroom.com、staubsaugerroboter-test.org、www.robotreviews.com、www.geek.com、gizmodo.com、www.engadget.com。

上述系统的开发人员的真正成就是，他们成功地降低了这些技术的成本，同时使其足够强大，可以全天候运行，这一点应被高度评价。这些关键技术将在第 65.1.2 节中更详细地描述。VIDEO 727 和 VIDEO 729 中介绍了对家用地板清洁机器人的回顾和评估其性能的一些标准。

65.1.2 家庭窗户清洁

窗户清洁似乎并不是比地板清洁更令人愉快的家务。尽管如此，窗户清洁机器人并没有像地板清洁器那样受到类似的关注或进展显著。事实上，目前市场上只有三种商用窗户清洁机器人，如图 65.5 所示。尽管三个商业化产品中有两个是中国品牌，但 www.made-in-china.com 中甚至没有列出一个窗户清洁机器人的条目。为什么会这样呢？考虑到家庭地板清洁已成为一项价值数十亿美元的业务，这个问题的答案有两部分：经济因素和技术因素。

经济方面的原因是，私人住宅的窗户清洁频率远低于地板。客户可能会犹豫是否需要为每月完成一次甚至更少的任务购买昂贵的设备。因此，家用窗户清洁机器人的市场可能比地板清洁机器人的市场要小得多。

技术因素是指必须克服的技术障碍。窗户清洁机器人不得不面对的技术问题包括：

1）黏附在垂直的、易碎的表面上，可能需要湿润才能进行清洁，以及产生这种附着力所需的

电源。

2）清洁性能要求高。如果地板不是 100% 清洁，人们可能会容忍，但没有人会购买在窗户上留下擦痕的窗户清洁机器人。

图 65.5 商用窗户清洁机器人
a) Windoro b) Winbot c) Hobot

虽然地板清洁机器人不担心重力和跌落（除非它们靠近楼梯或壁架），但重力是窗户清洁机器人需要考虑的基本问题，解决方案通常成本很高。必须设计特殊机构以确保运动安全。通常特殊的系绳机构可以防止机器人坠落。特殊的运动机构必须产生足够的附着力，以将机器人固定在平坦、垂直、易损坏的表面（如玻璃）上，同时垂直和侧向移动身体。这些机构必须小而轻，并产生足够的附着力，以及较低的能源和资源消耗。

图 65.6 中显示的两个家用窗户清洁机器人 RACOON 和 QUIRL 是研究原型，由德国弗劳恩霍夫制造工程与自动化研究所（IPA）开发。在这些原型中，黏附问题是通过吸盘解决的。RACOON 使用配备被动吸盘的履带式驱动器。被动意味着系统不

65

会主动在吸盘中产生真空，而是根据吸盘在驱动器上的位置，用一个小的阀门给吸盘充气或密封。配备被动吸盘的驱动器具有能耗适中的优势。然而，它们有一个严重的缺点。一段时间后，它们往往会失去附着力。其原因是作用在系统重心上的扭矩。由于该扭矩，牵引力作用在上侧吸盘，同时压力施加在下侧吸盘。如果没有任何吸附力作用在上侧吸盘，那里的附着力就会变弱，最终系统功能会下降。因此被动吸盘很少应用。

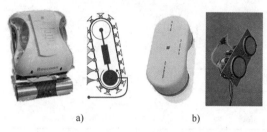

图 65.6　家用窗户清洁机器人的两个早期研究原型
a) RACOON　b) QUIRL

　　这个问题的一个明显解决方案是使用主动抽吸泵，它在上侧吸盘下方产生真空。此解决方案可防止系统掉落。然而，为吸盘提供真空会使系统变得更加复杂（更重和更大）。因此，IPA[65.2] 的研究人员发明了一种智能解决方案，该解决方案可以通过被动吸盘来解决，但可以解决附着力下降的问题。该解决方案在机器人后部使用垫片。该垫片抵消了重心周围的扭矩，这对于带有被动吸盘的系统来说是典型的。垫片产生牵引力，该牵引力作用在下侧吸盘上。这种牵引力会在垫片周围产生扭矩，从而抵消围绕重心的扭矩，并且还会对上侧吸盘产生压力。RACOON 于 2002 年在汉诺威博览会上展出并引起了一定的关注。但它从未成为一种上市产品，QUIRL 也未成功上市。

　　在 QUIRL 中，组件数量、重量和系统尺寸都得到了显著优化。清洁、保持和移动的主要功能统一在一个组件中。QUIRL 由两个真空吸盘组成，它们连接到一个公共框架上，由两个独立的电动机驱动，彼此独立旋转。QUIRL 的整体运动可以通过选择真空吸盘的速度和旋转方向来控制。如果一个真空吸盘的电动机关闭并且吸盘没有旋转，QUIRL 会围绕这个固定的吸盘旋转。如果电动机和吸盘都在同一方向旋转，这会导致 QUIRL 围绕其垂直轴整体旋转。如果两个驱动器以完全相同的速度沿相反方向旋转，则 QUIRL 进行直线运动。如果两个驱动器都以相反的方向旋转，但它们的速度不同，那么

平移运动与旋转运动叠加，QUIRL 沿曲线轨迹移动。为了清洁表面，需要将一些清洁机构或工具固定到真空吸盘上。例如，通过在吸盘中附加特定的清洁毛巾，可以增加摩擦效果，并可以实现非常好的清洁性能。

　　窗户清洁机器人领域虽然没有家用地板清洁机器人技术那样进步显著，但是仍然取得了进步。在图 65.5 中，我们展示了目前可用的三种商用窗户清洁机器人：Windoro WCRI001、Winbot 7 和 Hobot 168。

　　2010 年，韩国企业 Ilshim Global Co. Ltd. 推出了其商用窗户清洁机器人 Windoro（WCR）。Windoro 由两个模块组成，一个导航模块和一个清洁模块，它们由两个强大的钕永磁体固定在一起，它们的距离可以调节。导航模块和清洁模块分别放置在窗户的内侧和外侧，夹在中间的是玻璃板。这两个模块串联操作。导航模块具有带两个宽基橡胶轮的差速驱动系统。此外，清洁装置在两个橡胶轮上移动，橡胶轮作为四个旋转清洁垫的垫片。当导航模块移动时，窗口另一侧的清洁模块也随之移动。永磁体联动显然具有一个相当基本的优势。只要窗户不超过一定厚度（即28mm），永磁体就会将机器人安全地固定在窗户上。即使它的电池没电了，Windoro 也不会掉落。因此，Windoro 不需要任何安全机构，如安全绳。遗憾的是，要为此付出代价：如果无法打开要清洁的窗户，使用 Windoro 会非常困难且不方便。

　　Windoro 首先搜索窗户的宽度和高度，然后开始以 8cm/s 的速度以锯齿形运动从顶部到底部清洁窗户。当机器人在窗户上移动时，清洁模块将清洁液喷洒到窗户表面。使用四个纺丝超细纤维垫，清洁模块可以去除表面的污垢和喷洒的清洁液。

　　第二个商用窗户清洁机器人是 Winbot，它是中国科沃斯机器人科技有限公司的产品，该公司已经建立了自己的品牌。Winbot 于 2011 年首次推出。最新版本的 Winbot 7 在 2013 年拉斯维加斯电子展的消费电子展（CES）上展出。科沃斯还生产和分销地板清洁机器人系列 Deebot。

　　Winbot 使用两个吸力环和一个真空泵在窗口处进行黏附。外圈还用作安全机构。如果环中的气压增加，则意味着 Winbot 已到达窗口平面的边缘，它会后退、转身并朝不同方向移动。第二个吸盘在 Winbot 移动时用作安全锚。它通过安全绳连接到 Winbot，并在机器人跌落时抓住它。Winbot 能够以大约 15cm/s 的速度移动。其驱动系统由两条差速

驱动的防滑橡胶履带组成。

开启后，Winbot 和 Windoro 一样，首先搜索窗户的高度和宽度，然后计算覆盖窗户区域的锯齿形路径，最后执行该路径。Winbot 没有诸如旋转垫之类的主动清洁技术。它使用两条超细纤维毛巾，分别连接到机器人前后两块板上。在 Winbot 开始移动之前，必须先弄湿前面的超细纤维毛巾。它可以解决并去除污垢。前毛巾后面的橡胶刀片可去除剩余的水分。机器人尾部的超细纤维毛巾最后擦干窗户。

第三个窗户清洁机器人 Hobot 168 是 Hobot Technology 公司的产品。它首次在柏林的 IFA2012 上展出，并于 2013 年夏季推出。它看起来与 QUIRL 惊人地相似。图 65.5 显然使用了类似的黏附和移动机构，即两个旋转的真空吸盘，以在窗口上移动。

前面的段落读起来好像必须用手清洁窗户的时代已经结束。遗憾的是，情况并非如此。尽管这三种设备都合理地解决了黏附问题，但它们的整体性能并不高。家庭主妇和关注相关设备的杂志机构的多次测试得出了相同的发人深省的结论：噪音很大，清洁效果很差。事实上，虽然除窗框外没有障碍物的垂直矩形表面上的导航问题似乎是可以解决的，但 Hobot 168 和 Winbot 在系统覆盖方面表现不佳。在搜索窗户的宽度和高度的努力取得了部分成功之后，Winbot 在其中一项测试中或多或少地不规律地移动了几分钟，然后在沿路的某个地方放弃了。VIDEO 734、VIDEO 735、VIDEO 736 和 VIDEO 737 中介绍了几种当前可用的几款商用窗户清洁机器人。

65.1.3 泳池清洁

虽然地板清洁机器人和窗户清洁机器人仍在努力摆脱 21 世纪初工程师和研究人员心中的形象，但泳池清洁机器人已经是成熟的产品。这可能是因为清洁矩形泳池的挑战相当小，泳池清洁机器人中使用的机器人技术也是如此。也可能是因为泳池业主属于不像普通家庭主妇那样对价格敏感的一类顾客。

自走式泳池清洁设备的首个专利可以追溯到 1965 年，也就是安装第一台工业机器人三年后。南非工程师 Ferdinand Chauvier 可能被认为是自动泳池清洁之父。在他于 1974 年推出第一台自动泳池清洁机器人 Kreepy Krauly 之前，他开发了几代泳池清洁设备。Kreepy Krauly 不仅是同类产品中的第一个，而且还是有史以来的第一个家政服务机器人，比 Joe Engelberg 的早 15 年。1989 年，他在麻省理工学院出版社出版了他的著作《服务中的机器人》，并创造了服务机器人一词。从那时起，泳池清洁机器人的技术并没有太大变化。

如图 65.7 所示，大多数泳池清洁机器人都采用履带式驱动器，它们以不同的方式运行。通常，驱动履带的电动机还连接到前后刷子，在机器人移动时清洁水池表面。虽然履带式驱动系统对于早期的泳池清洁机器人来说相当普遍，但较新的泳池清洁机器人也使用轮驱动，如 Zodiac Pool Systems 公司的 Polaris 9400。轮驱动可能是有利的，因为机器人底部和地面之间的空间允许更大的水流量通过。Zodiac Pool Systems 公司还声称 Polaris 9400 具有更高的机动性。

 Aquabot turbo, Aquabot

 TigerShark, Hayward

 Dolphin Dynamic Plus, Maytronic

 Dirt Devil, Rampage Robotic pool cleaner

 Aquabot Alpha Aqutron robotic systems

 Vero pool cleaner, iRobot

 SwimBot Pro Pool Cleaning Robot, Swimob

 Polaris 9400, Zodiac Pool Systems

图 65.7 泳池清洁机器人

65

由于在移动机器人或飞行机器人中使用的大多数传感器都不能在水下工作，因此泳池清洁机器人使用的传感器模式是可管理的。遗憾的是，制造商并未透露太多有关传感器技术，以及其系统中通常使用的技术信息。所以我们需要推测一下广告中显示的性能是如何在内部实现的。

大多数泳池清洁机器人声称能够避开障碍物。当它们感应到碰撞时，后退一定距离，反转运动方向之后继续运动，可能在平行于障碍物的轨道上。它们可以识别形成工作区边界的泳池墙，它们甚至可以爬上泳池的墙壁，沿着周边漂浮，然后再次潜入水中。它们可以探测游泳池的长度和宽度，并且可以在改变方向之前行驶一定距离。

所有这些性能都需要以下几个传感器的组合：测量行驶距离的里程计；检测机器人是否开始向上移动的倾角传感器；当它不断推向墙壁并且前轮开始沿垂直方向移动时，接触式传感器可检测机器人何时与障碍物发生碰撞（无论是池壁还是池底的真实障碍物）；用于测量电动机电流的传感器，可与碰撞传感器一起使用或代替碰撞传感器检测机器人是否推动物体；可能还有一个惯性测量单元来纠正驾驶时的航向。Polaris 和可能的其他系统也使用加速度计来不断确定其在泳池中的位置。一种可用于水下障碍物检测和躲避的传感器模式是激光，其波长在较低的纳米范围内（例如，波长为405nm的蓝色激光）。但不知道泳池清洁机器人是否考虑过这一原则。

在导航和覆盖范围方面，泳池清洁机器人遵循与那些地板清洁机器人类似的策略，我们粗略地将其归类为 Roomba 克隆版本。早期的泳池清洁机器人使用随机运动模式。图 65.7 中显示的较新版本使用某些启发式的策略来执行某种形式的泳池定位和搜索。例如，Maytronic 公司的 Dolphin 首先搜索泳池的长度和宽度。在落入泳池并下潜到泳池底部后，它穿过泳池直到碰到第一面墙。在推进器的支持下，它爬上墙壁直到到达泳池边的地面。在它再次沉入水中并返回泳池底部之前，它会在原地悬停。接下来它移动到泳池的另一边，爬上墙壁，然后滑回泳池底部。在泳池底部从一面墙移动到另一面墙时，Dolphin 会测量墙到墙的距离。当它从第二面墙滑回泳池底部时，它就会向另一面墙移动一半距离。然后机身转动90°，并重复搜索第二组相对的墙壁。搜索完成后，Dolphin 获得了泳池的长度和宽度，并规划出如图 65.8 所示的平行和正交轨迹模式，最终覆盖整个水池。

图 65.8　泳池清洁机器人的导航和清洁策略示例

清除池底和池壁上的污垢和碎屑，需要使污垢松动（如果尚未松动）并将其浸入容器中，否则污垢只会在池中循环。容器通常是一个末端带有过滤器的喷射管，当水通过管路流回泳池时，它可以阻止污垢。将地板上的水和碎屑浸入过滤器并将其抽回水池需要强大的吸力。这就是泳池清洁机器人通常具有外部电源的原因。该电动机同时作为泵和推进器。这两种效果共同使泳池清洁机器人可以轻松爬上垂直的墙壁。使用机器人底部的充气装置和顶部喷射的水射流，产生足够的牵引力，履带式和轮式泳池清洁机器人都可以在垂直表面行驶。

如前所述，除水泵和过滤器外，清洁技术还包括一个反向旋转的橡胶刷系统，可将碎屑刷洗至泳池清洁机器人下方，最终进入水泵的进水口。🔘 VIDEO 739 和 🔘 VIDEO 740 比较了一系列家用泳池清洁机器人。

65.1.4　割草机器人

与泳池清洁机器人和家用地板清洁机器人一样，割草机器人如今属于日常用品。

割草机器人与家用地板清洁机器人有很多共同点。它们必须覆盖一定大小的工作空间，并尽可能减少与用户的交互。它们必须对表面进行某种操作，如清洁地板或修剪草坪。它们不得与任何障碍物发生碰撞；如果发生碰撞，至少不应造成任何损坏。它们不得被困在环境中的任何地方，不得擅自离开工作区。

割草机器人面临的挑战与家用地板清洁机器人大体相同，是工作空间的完全覆盖问题，这反过来需要工作空间的精确定位和映射。鉴于价格压力不像地板清洁机器人那样大（没有太多价格低于1000欧元的割草机器人），为什么不将更多成本用在感测上（尤其是在位置感测上），并获得解决本地化和覆盖问题的合适解决方案？

这个问题的答案是事情并没有那么简单。割草机器人在室外运行，为地板清洁机器人开发的解决方案均无效。常规 GPS 具有几米的精度，并且倾向于提供不稳定的读数，这会导致割草机器人同样不稳定的运动。实际上，Husquana 公司的 Automower 220 使用 GPS，但仅用作防盗保护设备。差分 GPS 可提供低于 1m 的精度，但对于割草机器人而言，成本太高。简而言之，绝对定位或 SLAM（以系统的方式覆盖像花园这样的大型室外区域所必需的）是不切实际的。

为了覆盖它们的工作空间，割草机器人使用与 Roomba 地板清洁机器人类似的策略。它们指的是启发式策略，虽然不能提供最佳性能，但仍展示出不错的效果。使用陀螺仪、数字罗盘或惯性测量单元等传感器，割草机器人遵循特定方向，并通过平行轨道尽可能多地覆盖工作区。它们沿直线移动，直到遇到障碍物或到达工作区的边界。在那里，它们倒退以避开障碍物，机身旋转 180°，然后按原路返回。割草机器人经常应用的另一种

启发式策略是图 65.9 中显示的随机运动。割草机器人沿直线移动，直到碰到障碍物或到达工作区的边界，然后它不仅会调整机身旋转，还会随机选择一个新方向。

由于割草机器人在开放空间中移动，因此它们存在离开工作空间并前往不应该到达的区域的危险。对于地板清洁机器人而言，所谓的虚拟墙或围栏解决了这个问题。虚拟墙是通过一些投影仪发出的红外线光束实现的，可以放置在工作空间中。机器人可以感知这些红外线光束并将它们视为障碍物，从而唤起典型的避障行为。割草机器人使用类似的技术，该技术基于感应而不是光。为了标记机器人工作区的边界，用户必须在该区域周围放置一根电线，机器人不得离开该区域（图 65.9）。该电线连接到低压交流电源。当机器人接近电线时，传感器会感应到电线中的电流，并使机器人调整机身方向。今天，大多数割草机器人使用更复杂的所谓真进/真出系统，其位置被永久跟踪，而不仅仅是在机器人接近或通过虚拟围栏时[65.3]。

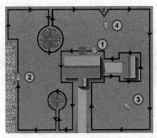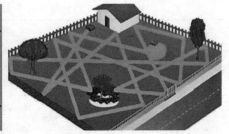

图 65.9 割草机器人的虚拟围栏和覆盖策略（随机运动）示例

早期的割草机器人采用手动充电。为了避免人类过于频繁地参与操作，机器人割草领域的先驱之一 Husqvarna 公司为其第一台割草机器人配备了太阳能电池板，并将其命名为 SolarMower。SolarMower 于 1995 年发布，是最早的割草机器人之一。如今，所有割草机器人都配备了一个基站，无须人工干预即可为电池充电。太阳能电池板也作为电源配置，但只是作为辅助电源来提高两次充电之间的性能和运行时间，而不是作为主电源。

鉴于割草机器人的定位能力确实很差，因此一旦电池电量低且需要充电，将它们引导回基站有些棘手。图 65.10 中显示的一些割草机器人使用从基站位置辐射出来的特殊电线。这样，机器人只需要沿着这样的辐射线以最快的方式返回基站。另一种策略是跟随工作区边界处的电线，这最终将引导机器人返回基站。

Bosch 公司的 Indego 是一个例外，它配备了建图和定位功能。这允许 Indego 规划一条通向基站的路径。然后机器人可以跟随电线进行对接操作[65.1]。

为了遵守安全规定并避免对人类或动物造成任何伤害，割草机构必须非常轻巧，并且必须保证在设备倾斜或抬起时割草机构停止运行。割草机器人的割草机构通常由一个带有三个剃刀状刀片的旋转圆盘组成，如果机器人意外停止，例如，当碰到障碍物或被抬起时，这些刀片会自动缩回到它们的支架中。

当然，轻巧的设计限制了可以切割的草的厚度。此外，需要切割的草坪高度不能太高，这对于割草机器人的正常运行也很重要。反过来，如果不是连续操作的话，这需要割草机器人具有一定的规律性。定期使用割草机器人的情况下，草屑足够短，可以迅速分解成营养堆肥，因此在割草后无须清除草屑。

65

图 65.10　割草机器人

图 65.10 显示了当今市场上一些较为知名的割草机器人。除了机器人割草的先驱 Husqvarna、Friendly Robotics 和 Zucchetti 公司之外，还有许多新参与者进入了市场，最引人注目的是德国汽车供应商 Bosch 和日本汽车制造商 Honda，后者凭借其仿人机器人在非工业机器人领域树立了里程碑。

当然，图 65.10 中给出的实例是不完整的。与家用地板清洁机器人一样，www. made-in-china.com 或 www. alibaba. com 等中国 B2B 门户网站列出了割草机器人类别下的约 100 种产品和 35 家供应商；过去五年，割草机器人的市场发展并不像家用地板清洁机器人那样势不可挡，但仍然引人注目。在表 65.3 中，我们显示了部分割草机器人的技术指标。

表 65.3　部分割草机器人的技术指标

制造商	Husqvama	Friendly Robotics	Zucchetti	Bosch	Honda
模型	Automower 220 AC	Robomow RL 100	Ambroggio	Indego	Miimo
CPU	—	—	—	ARM9（32bit）+ PowerPC（32bit）	—
驱动	差速	差速	4 驱动差速	差速	差速
传感器	升降传感器、碰撞/接触传感器	雨水传感器、升降传感器、碰撞/接触传感器	草地传感器、安全传感器、升降传感器、碰撞/翻转传感器	升降传感器、碰撞/接触传感器、陀螺仪、倾斜传感器	3 个 360° 碰撞传感器、2 个升降传感器
导航/信息范围	随机	随机	—	逻辑导航系统、区域平行轨道；定位，建图，路径规划	随机、平行或者混合
切割工艺	三轴旋转刀片	三轴旋转刀片	旋转圆刀片	三轴旋转刀片	三轴旋转刀片，碰到坚硬物体会弯曲
虚拟围栏和导引	使用双向引导线返回基站	边界线	边界线	边界线	边界线

（续）

工作范围/m²	1800	2000	400	1000	3000
行走速度/(m/min)	—	—	18	27	—
电机功率/W	—	3×150	—	2×20+80	2×25+56
电池类型和容量	镍氢电池 30W	—	锂离子电池 6.9Ah	32V 锂离子电池，3Ah	锂离子电池
运行时间	45min	2h 30min	45min	50min	—
停泊站/充电站	自动停泊和充电	—	无	自动停泊和充电	自动停泊和充电
防盗措施	密码锁	私人密码	—	报警器和密码锁	密码锁
尺寸/mm（长×宽×高）	71×55×30	87.5×65×31	—	—	—
重量/kg	10	25	7.9	11.1	—
发行年份				2012	
价格	约 2400 美元	1900 美元	—	约 1850 美元	约 2600 美元

65.1.5　竞技机器人

本手册第 1 版中未包含的家用机器人的一个子领域是竞技机器人，因为当时此类机器人几乎不存在，或者当时并未引起关注。什么是竞技机器人？由于该术语的官方定义尚不存在（至少笔者还没有找到），笔者冒昧地在这里提供了这样的定义。我们将竞技机器人定义为一种机器人设备，它可以作为教练或同伴以支持人类用户进行体育锻炼，或者在游戏中充当对手。该定义的一个重要方面是人类的体育锻炼，它受到支持或接受挑战。

需要强调的是，上述定义不包括任何形式的娱乐机器人，它们之间进行足球等比赛，但不涉及除观看之外的任何人类活动。

在图 65.11 中，我们展示了机器人棒球运动员的三个例子。图 65.11a 所示的无头击球手至少可以在锻炼时充当击球手。它可以通过多种方式成功击中投掷的棒球。运动结构由两条手臂、一条腿组成，正如它的开发者，Robocross 公司的工业设计师所说，它由汽车零件、钢管和气动软管组成。气动软管是空气压缩机气动驱动的一部分。无头击球手完全由人类操作员通过遥控器进行控制，该遥控器具有三个按钮：第一个用于控制机器人的臂部，第二个用于控制手臂，第三个用于举起或放下内肩，改变其挥杆的轨迹。广岛大学和东京大学开发

了类似的机构。

与无头击球手相对的是一个投球机（图 65.11b），它使用相同的遥控器进行操作。机器人的筒体是锯开的灭火器，筒体的另一端直接连接到一个直径 2.54cm 的端口提升阀上，该提升阀又与一个 0.8MPa 的气压罐相连。气压罐由螺杆压缩机提供。加料机构由一个双杆驱动器组成，其端部水平焊接有一个环。环上方安装有一个弹匣，最多可容纳 10 个球，球直接落入环中。通过俯仰，驱动器将带球的环移动到桶的边缘，然后落在一个小导轨上。球从那里向后滚入桶中。驱动环由钢带覆盖，钢带将弹仓中的其他球挡住，直到驱动环返回其初始位置。由于这两个机构都是远程控制的，控制它们的人实际上可以坐在操场旁边的椅子上，让机器人相互对抗。这样的使用显然违反了上述对竞技机器人的定义，但似乎并不是其主要目的。

另一种可以投掷棒球的机器人是宾夕法尼亚大学 GRASP 实验室开发的 PhillieBot（ VIDEO 748 ）。仅利用 GRASP 实验室的备用零件，PhillieBot 在几周内便被开发出来了。它使用 Segway 作为移动底座，使用 Barret 臂和气动手腕来为投球创造必要的动力。当按下按钮时，手臂移动到机器人的后部，然后加速到其俯仰的目标移动。当手臂到达运动的最高点时，气动手腕气缸会释放出压缩二氧化碳，将手腕向前猛击并释放球。剩下的问题是，既然投球

65

机已经存在多年，为什么还要使用价值数万美元的机器人设备来投球？按照开发人员的说法，

PhillieBot 是可移动的，其软件可以调整以改变投球速度和轨迹。这一事实足以证明试验是合理的。

图 65.11　机器人棒球运动员

a）无头击球手　b）投球机　c）机器人投手 PhillieBot

图 65.12 中显示的两个竞技机器人并不是真正让用户坐在椅子上放松。它们都是所谓的机器人跑步教练或跑步伙伴。

图 65.12　两个机器人运动伙伴

a）Joggobot　b）RUFUS

澳大利亚皇家墨尔本理工大学的研究人员重新设计了商用 Parrot AR 四旋翼飞行器，并将其变成了慢跑者的自主飞行跑步伙伴，称为 Joggobot[65.4]。Joggobot 使用集成的前置相机来检测和跟踪慢跑者所穿 T 恤上印制的特殊图案。当相机记录到图案时，Joggobot 就会起飞，并上升到与 T 恤上的图案大致相同的高度。内部传感器确定 Joggobot 的高度。Joggobot 可以设置为同伴模式，在与慢跑者大约 3m 的相对距离内以稳定的速度飞行，或者在教练模式下以稍微更具挑战性的速度飞行。Joggobot 的两个特性使该设备受到一定限制：首先，电池容量将飞行时间限制为 20min，这反过来限定了锻炼的时间；从短期来看，这当然是可以的，但对于长时间训练而言还不够。其次，Joggobot 只能直线飞行，为了让 Joggobot 随心所欲地飞行，慢跑者需要远程控制 Joggobot 的飞行路径。

由德国初创公司 runfun 开发的 RUFUS

（ VIDEO 747 ）追求的是慢跑伙伴的概念则略有不同。RUFUS 是一种电动、自动导引的地面车辆，可在跑步者训练期间支持和引导跑步者。RUFUS 充当个人跑步教练的角色。它实现了与跑步机类似的功能，跑步机通过改变速度和倾斜度使用户承受不同的压力，从而提高用户的体能、耐力和心血管系统的健康。然而，与跑步机不同，RUFUS 不是固定设备。它像马拉松比赛中的配速器一样，领先于跑步者，并设定跑步者的速度。RUFUS 的速度可以手动设置，也可以通过训练程序自动设置。

如果在手动模式下操作，则速度可以直接设置为速度设定点或间接设置为心跳设定点。如果训练指导基于心跳，RUFUS 会控制其速度，以便跑步者在心血管系统承受适度负荷的情况下，在一定的心跳间隔内进行最佳的连续训练。

这个设备有双重用途：一方面，可以防止用户通过过于雄心勃勃和密集的培训模块给自己施加过度压力，甚至可能伤害自身健康。这种保护功能对于不适合或未受过训练的跑步者是有益的。另一方面，RUFUS 通过对训练的认真指导来促进最佳训练效果。

如果 RUFUS 在程序模式而不是手动模式下操作，可以进一步提高训练效果。在这种模式下，RUFUS 执行完整的训练模块，例如，为用户定制的金字塔速度间歇训练。此类训练模块通常由物理治疗师或运动医师详细阐述。它们可以像应用程序商店中的应用程序一样下载到 RUFUS 的嵌入式 PC 中。

与 Joggobot 相比，RUFUS 更具优势。它的电池容量允许它在平坦的道路上行驶约 6h 而无须充电。

65

65.1.6 远程呈现机器人

在当今世界，不仅大型企业，甚至中小型企业都在全球范围内运作，家庭分散在各大洲，无处不在的存在似乎成为职业发展的必要条件，专业性服务越来越多地通过互联网提供，在过去几年中，远程呈现已成为一个快速增长的市场。

机器人技术通过将其转变为远程呈现设备，为普通电视机增加了一个非常重要的应用方面：呈现与远程控制运动。远程呈现只不过是使用机器人设备将远程视觉和远程操作相结合，这些机器人通常称为远程呈现机器人或机器人化身。

远程呈现机器人提供全方位的服务和应用，从普通的移动视频会议系统到远程监控、远程诊断和远程护理，再到远程教学和远程办公。远程办公一词是由 Scott Hassan 提出的，他是 Google 早期的开发人员，现在是一名企业家和投资者，也是 Willow-

Garage 公司和 Suitable Technologies 公司（Beam-RPD 公司的制造商）的创始人（远程呈现机器人的技术指标见表 65.4）。

远程呈现机器人通常由一个移动机器人平台组成，该平台具有以下特点：

1）可以通过一些用户界面远程操作。

2）携带一个相机，通常可以单独启动（通过云台装置）并允许操作员主动搜索远程环境。

3）带有显示器，使远程站点的人员可以看到远程呈现系统的操作员并与其进行通信和交互。

图 65.13 展示了一组这样的远程呈现机器人。这些设备的价格从大约 1500 美元（MantaroBot 公司的 TeleMe）到 16000 美元（Suitable Technologies 公司的 Beam RPD）。InTouch Health 和 iRobot 公司合作产生的 RP-VITA 系统仅可租赁，月租费为 4700 美元。Giraff 是 Giraff Technologies 公司领导的欧洲研究项目的成果，项目由欧盟委员会资助，尚未商业化。

TeleMe, 1500美元
MantaroBot, 美国

Double, 1999美元
Double Robotics, 美国

Vgo, 6000美元
Vgo Communications, 美国

QB Avatar, 9700美元
Anybots, 美国

Jazz Connect, 12556美元
Gostai, 法国

Beam RPD, 16000美元
Suitable Technologies, 美国

RP-VITA Robot, 4700美元每月
InTouch Health/iRobot, 美国

Giraff, 价格不详
Giraff Technologies, 瑞典

图 65.13 远程呈现机器人和机器人化身

图 65.13 中，并非所有的远程呈现系统都可以归类为家用机器人。InTouch Health 和 iRobot 公司的 RP-VITA 是一个明显脱颖而出且绝不是家用机器人的系统。RP-VITA 是一个远程医疗保健系统。RP-VITA 应使医生能够远程指挥任何临床、患者或护理团队管理过程。RP-VITA 拥有完善的自主导航系统，使工作人员可以专注于患者护理任务，而不是远程导航。此功能已获得美国食品药品监督管理

局（FDA）的许可。RP-VITA 进一步提供对重要临床数据的访问，以支持医生、护士和其他护理人员的诊断和其他医疗工作流程。例如，RP-VITA 与超声波等诊断设备相连，并配备了最新的电子听诊器。所以 RP-VITA 的系统级别更高，这也可以证明更高的价格是合理的。

除了 RP-VITA，图 65.13 所示的远程呈现机器人都可以归类为半专业或家庭服务机器人。它们提

65

供的功能和服务不一定与其价格完全成正比例关系。可以通过比较以下两个系统来看出这一点：

Double 和 Beam RPD（另请参见表65.4）。

表65.4 远程呈现机器人的技术指标

制造商	Double Robotics	Vgo Communications	Gostai	Suitable Technologies
模型	Double	VGo	Jazz Connect	Beam RPD
高度/cm	120~150	120	100.5	157.5
重量/kg	7	9	8	45
屏幕尺寸/in	9.7	6	5	17
相机/视野	—	—	640×480 像素、25 帧率的高分辨率，广角	2个广角高清相机
视频会议	Open-tok	VGo video conf.	2条用于远程讨论的音频和视频通道	—
网络	WiFi	WiFi/4G/LTE	WiFi	WiFi（两个双频无线电）/4G
远程控制	iPad 应用程序	VGo 应用程序	在网络浏览器上的直观控制接口	Beam 软件运营商、鼠标、键盘或 Xbox 控制器
导航	远程控制	远程控制	远程控制和障碍检测	远程控制
传感器	陀螺仪、加速度计	障碍和悬崖检测传感器	12个超声波传感器，4个红外接收器（用于停泊站），激光测距用于自动导航	—
驱动	差速	差速	差速	差速
电池	锂离子电池	—	—	—
运行时间/h	8	12	5	8
停泊站	—	是自动停泊	是自动停泊	是自动停泊

注：1in=2.54cm。

Double 是一个配备了视频会议系统 Opentok 的移动 iPad。移动底座采用类似赛格威（Segway）的双轮驱动系统，可以平衡支撑 iPad 的杆件。当 Double 站立不动时，两个可伸缩的支架会展开，将控制系统置于空闲模式并节省能源。Double 可以通过安装在第二台 iPad 上的应用程序远程控制和驱动

远程站点，该应用程序可以通过网络与所有已知的 Double 进行通信。iPad 支架的高度可以远程调节，以实现在视线范围内的通信。Double Robotics 公司列出了许多可以使用 Double 的潜在服务和应用程序：在不同地点设有站点的公司可以使用 Double 来改善远程团队之间的沟通和协作。家庭可以使用 Double

与居住在国外的家庭成员进行交流。博物馆和艺术馆可以使用 Double 为他们的展览提供远程参观服务。

Beam RPD 使用两个带有自定义广角镜头的高清相机，而不是普通的 iPad 摄像头。这为 Beam RPD 提供了与人类视野相当的周边视野。数字变焦功能使操作员可以进一步关注远程站点的细节。Beam RPD 使用一组六个麦克风组成的阵列和音频处理算法、背景降噪和回声消除。该设备为 Beam 带来了远超 iPad 的音质。Beam RPD 使用安装在

1.58m 高度上的 17in 屏幕，可以以自然尺寸和高度显示人脸。另一个超越 iPad 标准的功能是 WiFi 连接。为了提供可靠和无缝的 WiFi 连接，Beam RPD 使用两个双频无线电和专用漫游算法。总而言之，Beam RPD 显然不仅仅是一款可移动的 iPad。这是否值得高一个数量级的价格由客户决定。

VIDEO 741、 VIDEO 742、 VIDEO 744 和 VIDEO 745 介绍了当今市场上可用的几款远程呈现机器人。

65.2 使能技术

大众消费市场对价格非常敏感，因此机器人的价格是产品在消费者中取得成功的关键。消费电子产品市场中遵循的某些准则同样适用于家用机器人市场，以提供对机器人成本的粗略估算。假设您想开发一款零售价为 300 美元的地板清洁机器人，经验准则告诉您的物料清单（BOM）应介于零售价的 1/5~1/3 之间。换句话说，您的 BOM 应该在 60~100 美元之间。并且 BOM 必须包括所有机械组件、电气组件、电池、处理器、存储单元、电动机、组装成本、包装成本、用户手册等。

鉴于上述的极端成本限制，本节重点介绍从成本角度来看使能技术，这些技术可以包含在价格低于 1000 美元（或理想情况下低于 500 美元）的移动家用机器人中。这些技术需要具有符合产品预期寿命（和保修）的可靠性水平；否则，无论技术有多好，如果在不合理的时间段内停止工作，机器人都会退还给零售商。特别强调，该技术应易于制造应用。难以制造的组件会导致生产线延迟，降低产品产量并最终增加整体生产成本，从而导致利润率下降或零售价格上涨。

移动机器人需要感知和理解它们运行的环境。第一个关键推动因素是检测障碍物和危险并安全准确地绕过它们的能力。第 65.2.1 节描述了障碍物和危险检测的不同可用技术。第二个关键推动因素是定位和创建环境地图的能力，从而智能地规划出动作和运动，使机器人能够实现其目标。第 65.2.2 节介绍了使用一些低成本但功能强大的传感器进行定位和建图的技术。第 65.2.3 节讨论了商用产品中可实现的空间覆盖的替代方法。

65.2.1 感知与避障

家用机器人旨在处理烦琐的家务，与包括主人、儿童、婴儿、宠物，以及椅子、桌子、墙壁等固定物体在内的家庭环境互动。家用机器人必须足够安全才能在我们的日常生活中获得认可：不能容忍机器人从楼梯上掉下来或伤害到家庭成员。因此，机器人必须配备跌落/悬崖传感器和接近传感器，以确保正常运行，同时仍满足上述成本限制。

1. 悬崖传感器

目前市场上的机器人有许多解决方案。已有的解决方案是夏普的红外传感器，它由一个发射器（发光二极管）和一个接收器［光电探测器或位置敏感装置（PSD）］组成，提供与物体的距离成比例的输出。Roomba 中使用了一款基于类似原理的定制型红外悬崖传感器，该原理将通用距离测量与传感器成本进行了平衡。Evolution Robotics 公司的 Mint 机器人采用工厂校准的机械锤，可在检测到悬崖时触发。固态传感器通常比机械传感器更可靠，因为它们没有运动部件，但缺点是其响应取决于红外光谱中表面的反射率，并且响应存在死区。

2. 接触和接近传感器

机械开关，又称为碰撞传感器，通常用于检测机器人何时与障碍物接触。碰撞传感器是具有成本效益的解决方案，能够在不损坏障碍物的情况下停止机器人的动作。除非非常轻柔地运行以确保机器人从窗帘和床下穿过，否则不需要接触障碍物。通过测量与障碍物的距离，红外和声呐传感器经常被用作碰撞传感器的非接触式替代品。两种类型的传感器均由发射器和接收器组成，其输出与测量距离成正比。红外传感器通常比声呐更集中，对墙壁和其他障碍物的多次反射不太敏感，但可能会遗漏椅子腿等细小的障碍物。这种类型的传感器提供对障碍物距离的逐点测量，因此机器人需要大量这样的

65

传感器来获得环境中障碍物的密集表示。障碍和危险（悬崖）的信息收集在占用网格图中，并用于清洁机器人的系统决策。最近市场上出现了许多具有成本效益的密集测距传感器，将在下一节中讨论。这些密集测距传感器的成本在几十美元左右，而点测距传感器的成本只有几美元，所以目前市场上大部分机器人还没有集成密集测距传感器。唯一的例外是使用低成本激光测距系统的 Neato XV-21。

3. 激光测距传感器

Konolige 及其同事[65.5]使用激光点光束和由小基线隔开的全局快门式 CMOS 成像传感器开发了一种低成本的激光测距传感器。该系统通过三角测量原理，并通过将光学组件旋转一整圈来实现完整的 360°平面扫描。该传感器的测量范围为 0.2~6m，在 6m 处的误差小于 3cm，角度分辨率为 1°，每秒提供 4000 个读数（最高频率为 10Hz），尺寸小（图 65.14a 所示的原型宽度约10cm），功率低（小于 2W）。该传感器对人眼是安全的，并提供支持基于激光的 SLAM 测量，如图 65.14b 所示。

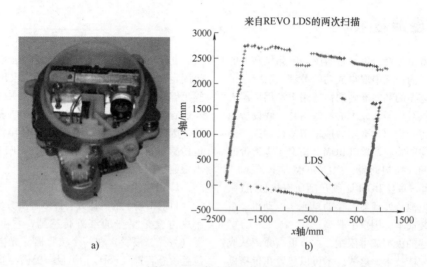

图 65.14　激光测距传感器
a）原型　b）传感器生成的占用网格图

4. 结构光测距传感器

结构光测距传感器由将已知图案投射到环境中的发射器和根据接收图案的变形计算深度的接收器组成。Xbox 游戏系统的 Kinect[65.6]界面使用 PrimeSense[65.7]的结构光传感器，从而展示了该传感器在消费类应用中的可行性。发射器由一个带有光学元件的激光器和一个 CMOS 红外相机组成，前者在近红外光中投射已知图案（斑点[65.8,9]），后者观察图案，并使用三角测量原理估计深度。发射器和相机在制造过程中均采用刚性配置进行了校准。可以使用在 x 和 y 轴方向上具有不同焦距的光学元件将斑点进一步聚焦成椭圆形，以便使观察到的椭圆形的方向与深度成正比。不同大小的斑点获得不同的深度精度。图 65.15a 显示了传感器投射的斑点图案和摄影师 Audrey Penven 在黑暗中拍摄的显示红外斑点的图像。图 65.15b 显示了 Kinect 传感器的组件以及相应场景的 RGB 和深度图像。

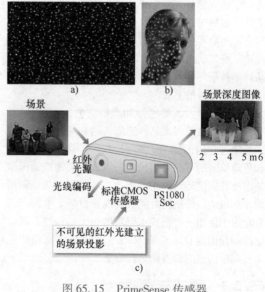

图 65.15　PrimeSense 传感器
a）、b）激光发射器投射的斑点图案
c）Kinect 传感器框图

5. 飞行时间（TOF）测距传感器

飞行时间（TOF）测距传感器由发出连续波形的光源（通常是激光）和测量每个像素中接收信号相移的特殊成像传感器组成。每个像素的深度与相移成正比。TOF 传感器在市场上已经存在很长一段时间了，但是需要将大部分传感器分配给解码电子设备，这使得以合理的分辨率生产低成本传感器变得具有挑战性。一些提供 TOF 传感器的公司包括生产 SwissRanger[65.10] 传感器的 Mesa Imaging AG，Softkinetics[65.11] 和 PMDVision。

6. 立体视觉

立体视觉是一种众所周知的计算机视觉解决方案，用于在具有足够纹理的区域中提取三维深度图以获得图像对应关系。与结构光或 TOF 传感器相反，立体视觉系统是完全被动的，但需要一个校准的立体装置，其性能取决于外部照明水平和图像中存在的纹理数量。

最佳密集映射传感器的选择取决于应用。激光测距传感器为基于激光的 SLAM、障碍物检测和避让提供合理的信息；但它仅提供平面上的距离信息，而不是结构光、TOF 或立体视觉系统提供的密集三维范围。结构光传感器使用简单的成像传感器，但需要额外的计算来估计每个像素的深度，而 TOF 传感器计算每个像素的深度，代价是传感器具有较低的填充系数。立体视觉系统不需要额外的照明，但需要额外的相机和计算模块来提取深度。其他需要考虑的参数是传感器提供的最大和最小范围，以确保它在映射和障碍物检测方面满足应用程序的要求。

65.2.2 定位与建图

知道其位置并了解其周围环境的机器人能够智能规划运动以实现其目标。定位与建图是实现智能高效行为的基本单元。Roomba 等早期成功的机器人选择牺牲定位与建图能力以达到吸引人的零售价格，因为定位与建图技术要么太贵，要么当时不存在（第 65.2.1 节中介绍的许多密集传感器出现时间晚于 Roomba）。近年来，许多低成本但功能强大的同步定位与建图（SLAM）技术已被开发并集成到地板清洁产品中。

1. 向量场 SLAM

Evolution Robotics 公司的机器人 Mint 使用主动信标进行定位。Northstar 信标将两个红外光斑投射到天花板上，这些光斑经过调制，以简化传感器对光斑的检测。这些光斑是人眼看不见的，因此不会产生视觉混乱。虽然放置信标仍然可以被视为对环境的改变，但对客户的调查表明，绝大多数客户都接受在运行机器人之前设置信标[65.12]。Northstar 传感器使用 3 个光电二极管来计算通过光电二极管的测量电流到光斑的方向。可以在高频下对光电二极管进行采样，以检测用于数据关联的调制光斑频率。该传感器价格非常便宜，适用于对成本敏感的应用场合。但该传感器受到多路径的影响，因为光线不仅直接到达传感器，而且还通过墙壁和其他家具的反射到达传感器，使传感器计算的位置不足以直接用于定位与建图。该传感器增加了一种定位方法，该方法通过 SLAM 方法学习房间内的光线分布[65.13]。图 65.16 显示了清洁环境的机器人 Mint，描述了 Northstar 定位系统的操作和多路径问题。该图还显示了机器人 Mint、Northstar 立方体和 Northstar 传感器。

a)

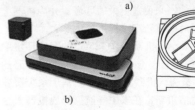

b)   c)

图 65.16　机器人 Mint
a）使用 Northstar 的机器人 Mint 的正常操作
（虚线路径表示多路径）　b）机器人 Mint
和 Northstar 立方体　c）Northstar 传感器

在向量场 SLAM 中，通过融合来自航位推算（里程计和陀螺仪）和 Northstar 的信息，学习连续信号的空间变化并同时用于机器人定位。下面介绍该方法，并针对从 Northstar 获得的测量值进行调整（图 65.17）。信号场用具有固定节点位置的规

65

则网格 $b_i = (b_{i,x}, b_{i,y})^T, i = 1, \cdots, N$ 来表示，其中当把机器人放置在 b_i 处并将其指向固定方向 $\theta_0 = 0$ 时，每个节点 $m_i \in \mathbb{R}^4$ 保持在两个点之间预期的 Northstar 位置。然后再应用 SLAM 估计向量场和机器人的位姿。

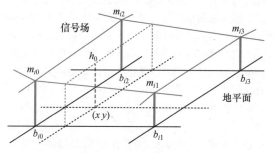

图 65.17　使用 Northstar 的向量场 SLAM

设机器人路径是位姿的时间序列 $x_0, \cdots, x_T$，$x_t \in SE(2)$，即水平面中的一组刚体变换，令 $x_0 = (0,0,0)^T$。在每个时间步长 $t = 1, \cdots, T$，机器人接收协方差为 R_t 的运动输入值 u_t 和具有协方差为 Q_t 的两个 Northstar 点位测量值 $z_t = (z_{x1}, z_{y1}, z_{x2}, z_{y2})^T$。光斑位置也各自受到表示为 $c = (c_x, c_y)^T$ 的旋转可变性影响。旋转可变性模拟因传感器没有完全水平而导致的测量点姿态误差。

SLAM 问题是用 ESEIFSLAM 解决的，ESEIFSLAM 需要的时间是恒定的，并且需要与机器人搜索的区域大小呈线性关系的存储空间。该方法已在 Mint 的处理器中实现，这是一个具有 64KB RAM 的 ARM7 处理器[65.13]。向量场 SLAM 已扩展到通过使用更多 Northstar 信标[65.15] 来覆盖更大的区域，并为机器人被暂停和恢复后的重新定位提供解决方案[65.16]。

图 65.18 显示了机器人在 $125m^2$ 的家庭环境中运行后获得的地图。该环境由三对圆盘标记的 Northstar 信标覆盖。机器人通过遵循基于系统覆盖环境部分的清洁策略，在家中导航。只要机器人至少可以看到一个信标，该策略就会使机器人移动到邻近区域，直到没有可以清洁的空间为止。最后，机器人会沿着检测到的障碍物的周边对墙壁和家具进行彻底清洁。当机器人在环境中移动时，它会使用来自定位的位置信息创建一个占用网格图。每个访问过的单元格被分为以下类别之一：障碍物、楼层变化、危险和自由空间，并用不同颜色进行区分。

2. 视觉 SLAM

由于视觉传感器的丰富信息输入以及低成本和占地面积，视觉定位和建图对各种应用都很有吸引

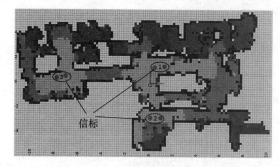

图 65.18　在 $125m^2$ 家庭环境中使用向量场 SLAM 获得的机器人地图

力。困难在于从高速视觉数据流中稳健地提取关键信息子集并对其进行有效处理以产生有用的输出。尽管大多数平台的计算能力稳步提高，但适用于低功耗应用程序或消费产品的低成本嵌入式系统提供的有限处理和存储能力加剧了此类挑战。许多最先进的视觉 SLAM 方法依赖于相对于相机运动速度足够高的每帧处理速率，以允许对图像序列进行强时间假设。本节回顾了两种专注于家用机器人的视觉 SLAM 方法。类似于 Jeong 和 Lee[65.14] 工作的天花板视觉可以在三星的 Navibot、LG 的 Roboking 和 YujinRobotics/飞利浦的 Iclebo/Homerun 中找到。此外，已经为低成本和嵌入式系统开发了视觉 SLAM 系统[65.17,18]。

3. cv-SLAM

天花板视觉 SLAM（cv-SLAM）系统[65.14] 由一个朝向天花板的相机组成。该系统使用 Harris 检测器提取角点特征并使用相关性匹配特征。随着匹配在运行期间进行，特征匹配通过训练一组特征的多视图描述符来实现视点变化的不变性。特征的主要方向还用作特征的描述符，以确保可用于重新定位的二维旋转不变特征匹配。系统的定位和建图后端基于扩展卡尔曼滤波器（EKF），该滤波器融合了视觉和定位推算信息（里程计和陀螺仪），并在二维半空间 (x, y, θ) 中跟踪机器人的姿态和特征（地图的地标）的三维位置。特征的方向也用三维表示，并用 EKF 进行跟踪，以预测由于机器人运动引起的特征块的变化（随着机器人的移动，天花板上的特征将发生旋转，而墙壁上的特征除了旋转外，还会经历剪切变形）。

图 65.19a 显示了仅旋转视图中的角点及其估计方向。图 65.19b 显示了走廊上顺序地图构建试验的图片。

65

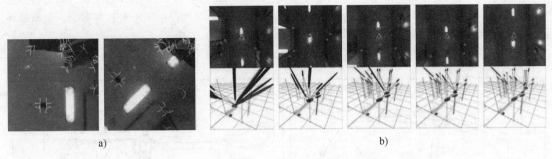

图 65.19　cv-SLAM 应用实例

a) cv-SLAM[65.14]　b) 视觉前端提取的特征（使用 EKF 获得的地图）

4. vSLAM

Evolution Robotics 公司的 vSLAM[65.17,18] 系统专为配备简单里程计和单个相机的低成本机器人平台而设计。图 65.20 显示了该系统的框图。视觉测量前端主要作为视图识别引擎运行，只需要偶尔对处理速率进行弱假设，并且在重新访问先前建图的区域时提供了强大的循环闭合。视觉测量和里程计在后端以图形表示形式融合并逐步优化。

SLAM 图形的复杂性在操作期间使用变量消除和约束修剪进行约束，使用启发式调度以保持优化和存储成本与搜索区域相称，而不是与搜索时间相称，同时最大限度地减少建图和定位精度的损失。该系统已在具有平面地面实况参考的真实数据集上进行了评估，表明该系统即使在低于 2Hz 的帧率下也能成功运行，运行在具有 64MB 内存的 ARM9 处理器上[65.18]。

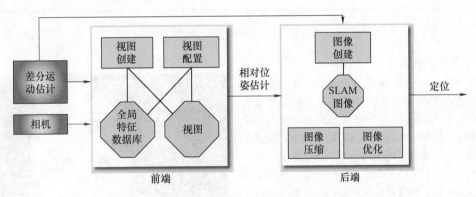

图 65.20　vSLAM 框图

视图识别引擎[65.17-22] 已被证明是 SLAM 系统中有吸引力的组件，因为它们允许鲁棒且灵活的闭环。与 cv-SLAM 系统中的单个特征或测量值之间的对应关系不同，视图识别引擎通常匹配特征或整个图像，而不需要跟踪。vSLAM[65.17] 通过首先匹配传入图像对上的 SIFT[65.23] 特征，然后使用光束法平差计算结构和运动估计来建图。SIFT 特征存储在每个视图的本地数据库中，以及存储在完整地图的全局数据库中。视图识别是通过全局数据库中的特征查找来执行的，该数据库提供一组候选视图匹配。在局部视图数据库中查找特征，然后进行具有鲁棒性的异常值剔除和局部光束法平差，完成视图识别

和视觉位姿估计过程。

用于聚集传感器信息的常用图形 SLAM 方法通常会导致计算和存储成本随时间的推移而增长，而不是随着搜索的空间而增长。对于在有限空间区域内长时间运行的机器人（这是典型的实际应用），这是一种不受欢迎的平衡。vSLAM[65.18] 改为应用概率合理的图形缩减方法，将图形的复杂性限制为搜索空间复杂性的线性因素。机器人过去未用于视图识别的位姿可以在估计中被边缘化，并且它们的附加约束被折叠回图形中。

图 65.21 展示了在两个序列中运行 vSLAM 系统的结果，一个聚焦在普通家庭中（右）（与图 65.18 所

示的向量场 SLAM 中所示的房子相同），另一个聚焦在大型仓库环境中（左）。第一组图显示了机器人的真实路径和环境的平面图。第二组图显示了用 vSLAM 估计的机器人轨迹。仓库环境的面积为

24m×12m，房屋面积为 20m×9m。估计轨迹的均方根（RMS）误差在仓库环境中为 44cm，在家庭环境中为 28cm。

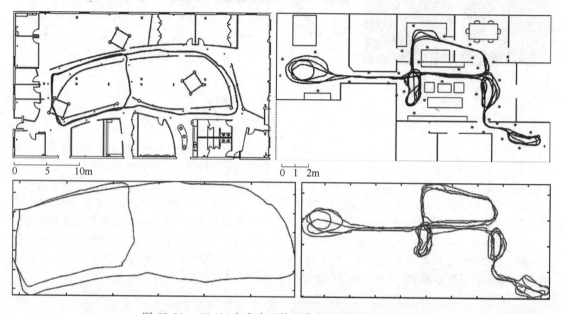

图 65.21　vSLAM 在仓库环境和家庭环境中的运行结果

5. 基于激光的 SLAM

前文介绍了许多低成本的 SLAM 问题解决方案，其中数据关联（几乎）是完美的。在向量场 SLAM 的情况下，Northstar 立方体光斑的调制确保了光斑的唯一标识。在视觉 SLAM 的情况下，视觉前端结合了许多检查以确保错误识别减至最少。基于激光的 SLAM 具有以下特点：使用激光获取的测量值不是唯一的，因为可以在家庭的各个地方获得类似的测量值（仅将激光对准墙壁即可提供与另一面墙测量值无法区分的测量值）。除了数据关联问题，激光测距传感器也提供地标的范围和方位（见第 65.2.1 节）。Northstar 和相机都只对点或特征进行方位测量。

基于激光的 SLAM 文献非常广泛[65.25]。估计后端可以是扩展卡尔曼滤波器（EKF）、粒子滤波器或 GraphSLAM 系统。有几种数据关联算法可用，其中一些是主动的[65.26,27]，而另一些在分配测量值和地标之间的对应关系时是被动的[65.28]。在家用机器人中实现的算法的选择将由计算资源和性能要求之间的平衡来确定。图 65.22 显示了使用机器人 Neato XV-11 创建的地图。

图 65.22　使用机器人 Neato XV-11 创建的地图

65.2.3　导航与覆盖

Electrolux 公司的 Trilobite 机器人吸尘器是商业化的先驱机器人之一。Trilobite 配备了复杂的定制化声呐传感器系统，允许机器人在不接触障碍物（或非常轻柔地接触它们）的情况下进行导航。覆盖策略包括两个阶段：首先，搜索房间的周长以估计要清洁的区域，然后，用墙到墙的对角线覆盖房间。周边搜索阶段假设机器人最终会穿过区域的完整边界进行清洁并返回充电站（图 65.23a）。

如前所述，成本限制迫使 Roomba 等早期机器人放弃了定位与建图等高级功能，以便以消费者能够接受的价格提供产品。尽管如此，在 Roomba 中实施的导航策略在覆盖空间方面非常有效，尤其是在单人房间中运行或存在大量混乱情况时。Roomba 在开放区域使用螺旋图案以最佳方式覆盖空间，无须定位，直到碰到障碍物（图 65.23b）。然后它选择随机方向并继续直线移动直到到达下一个障碍物，在那里它选择另一个随机方向以继续相同的行为。当机器人在没有发现任何障碍物的情况下移动一定距离时，可以触发螺旋运动。市场上的许多其他随机机器人都采用了与 Roomba 类似的策略。

另一方面，系统机器人利用定位系统规划有效的清洁路径以在最短的时间内使覆盖范围最大化，暂停清洁返回基站充电后，可以从上次清洁的位置继续清洁，并智能地从一个房间导航到另一个房间。Mint 采取的策略是首先专注于开放区域的清洁，以平行的直线通道覆盖空间以尽可能快地遍历尽可能多的开放空间，然后在周边和障碍物周围进行最后的清洁。这一周边清洁步骤使 Mint 能够发现在开放区域清洁期间未遇到的新区域的入口。其他机器人，如 Samsung 公司的 Navibot、LG 公司的 Roboking 和 Yujin/Philips 公司的 iClebo，也使用类似的策略，但没有最后的周边清洁。另一方面，Neato XV-11 首先对环境周边进行搜索和清理，以创建良好的定位地图，然后完成对开放区域的覆盖。图 65.24 显示了不同机器人的长时间曝光图像：Roomba、Neato、Mint 扫地和 Mint 拖地。这些长时间曝光的图片显示了机器人在正常清洁操作中的运动轨迹。

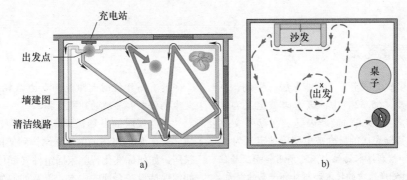

图 65.23 覆盖策略[65.24]
a）Trilobite 策略 b）Roomba 策略

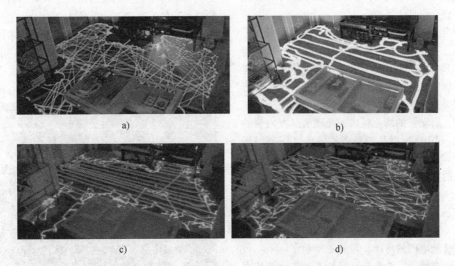

图 65.24 显示运动轨迹的长时间曝光图像[65.29]
a）Roomba 扫地运动轨迹 b）Neato 扫地运动轨迹 c）Mint 扫地运动轨迹 d）Mint 拖地运动轨迹

割草机器人使用与地板清洁机器人相似的覆盖策略。所有割草机器人的一个共有元素是使用嵌入的电线来定义草坪的周长。在由电线定义的边界内，一些机器人（如 Husqvarna 公司的 Automower 或 Friendly Robotics 公司的 Robomow）使用完全随机覆盖策略。John Deere 公司的 Tango 将随机方向的直线运动与螺旋运动（a-la-Roomba）相结合。Bosch 公司的 Indego 是唯一一种尝试系统覆盖空间的机器人，它首先搜索周边以估计草坪的大小，然后以平行的直线通道穿越内部。通过具有先验知识的概率推理，融合来自车轮里程计和惯性测量单元（IMU）的感知信息，从而实现系统覆盖。图 65.25 描述了 Tango 和 Indego 的覆盖策略。

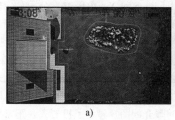 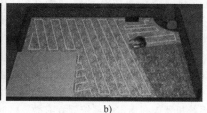

a)   b)

图 65.25 割草机器人的覆盖策略

a）John Deere 公司的 Tango[65.30]   b）Bosch 公司的 Indego[65.31]

65.3 智能家居

文献中曾多次尝试定义"智能家居"一词，例如，在参考文献 [65.32] 中，该术语被定义为家庭技术发展的各种形式的最新表达。在参考文献 [65.33] 中，智能家居的概念被更明确地定义为：

配备计算和信息技术的住宅，可预测和响应居住者的需求，通过管理家中的技术和与外部世界的联系，努力提高他们的舒适性、便利性、安全性和娱乐性。

智能家居通常包括传感器和驱动器网络等元素，以及整个机器人系统。

1999 年，Ericsson 和 Electrolux 公司共同成立了 E2 Home 公司，致力于探索智能家居的可能性[65.34]。E2 Home 利用信息技术和智能家居设备建造了几栋房屋。通过探索，从商业角度揭示了与智能家居相关的几个问题，其中包括与系统复杂性有关的困难、启动新的商业模式、处理第三方内容的知识产权（IPR），以及消费者的需求。该公司于 2004 年被清算。

目前的智能家居技术包括视频监控、运动检测器、跌倒检测器、压力垫、环境控制、健康监测（如血压、脉搏、体温、体重）和人-计算机交互（HCI）技术，例如，识别手势。智能家居也常指连接到智能电网的房屋，其定义为[65.35]：

一个由新技术、设备和控制装置组成的发展中的网络，共同对 21 世纪的电力需求做出即时响应。

在这种情况下，智能家居定义为[65.35]：

具有高效控制太阳能和电力消耗能力的住宅，是车辆供电和管理的理想选择。

智能家居的发展需要解决许多技术问题和挑战[65.32]：如何将当前的家居结构和架构转换为智能家居，如何标准化智能家居组件（如传感器网络），如何保持设备合理的成本，以及如何处理安全和隐私问题。

在本节中，我们将描述一些著名的智能家居开发项目、佐治亚理工学院的 Aware Home、佛罗里达大学的 Gator Tech Smart House，以及日本国家先进工业科学技术研究所（AIST）的感知生命环境（SELF）（图 65.26 和图 65.27）。这些项目表明，当前的智能家居技术远远超出了现有的家庭自

图 65.26 佐治亚理工学院的 Aware Home

动化。考虑到近期老年人口的显著增加，如今很多智能家居的发展都特别注重提高老年人的生活品质。下面的描述还将解决如何将机器人系统集成到智能家居概念中的问题。

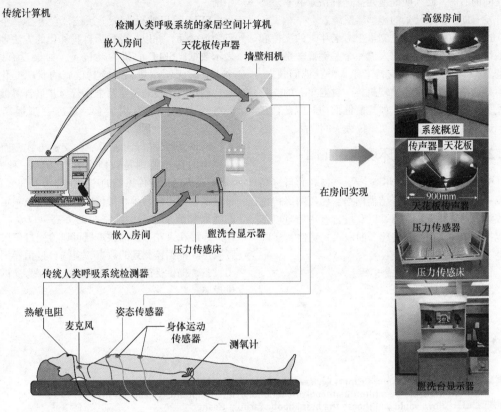

图 65.27 AIST 的感知生命环境

65.3.1 Gator Tech Smart House

Gator Tech Smart House 建于佛罗里达大学[65.36]。它解决了老年人独立生活并在老年时保持尊严和生活品质的需求。房子配备了许多智能设备，例如，智能地板（跟踪房屋居住者的运动）、智能百叶窗（自动调节环境光）、智能显示器、智能相机、可以作为其他电器遥控器的智能手机、位置跟踪仪、智能检漏仪和智能床。房子的外部有一个智能邮箱，如果邮件已经送达，它会提醒住户；还有一个智能前门，可以使用射频识别（RFID）标签感应住户，让住户实现无钥匙进入。

Gator Tech Smart House 的厨房包括一个智能微波炉，它在食品包装上使用 RFID。这允许微波炉调整烹饪设置。它还通知住户用餐的准备情况。厨房还包括一个智能冰箱，该冰箱监测食物的供应和消费，并检测过期的食物。智能冰箱可以自动创建购物清单，并有一个基于冰箱和储藏室物品的综合备餐顾问。

这种复杂系统的实施引发了许多技术问题，包括智能设备的开发、传感器网络的数据处理，以及将智能设备与环境中的其他设备互联。这些问题导致了一些关于智能家居的新研究方向，主要分为通用计算和移动计算网络研究。

65.3.2 Aware Home

Aware Home 是一个有生命的实验室，用于研究日常生活中无处不在的计算。该项目在乔治亚理工学院实施[65.37]。Aware Home 项目的主要目标是建立一个能够了解并跟踪其住户的状态和活动的环境。Aware Home 在住户与周围的传感和计算技术之间建立了伙伴关系。这开启了多个研究领域，不仅从技术角度，而且从居民的社会层面来看。意识家园的主要研究议程涵盖以人为本和以技术为中心的研究、软件工程和社会影响。

以技术和应用为中心的研究侧重于传感器网络、分布式计算、情景知晓和泛在感知、个人与家庭的交互、智能地板和寻找丢失的物体。情景知晓

65

的研究受到以下事实的启发：人类通过参考所谓的共享情景非常成功地相互交流。对于人与计算机系统之间的通信，必须明确地建立这种情景共享。需要开发有助于提取情景的传感器系统。

这项以人为本的研究侧重于对老年人的支持和其他社会问题。支持老年人的一个关键概念是居家养老。Aware Home 旨在支持老年人并让他们独立，而不是让他们搬到老年护理机构。对老年人的支持引发了认知支持的研究，如提醒他们何时服药，在他们迷路时引导他们，以及定位丢失的物品。

65.3.3　感知生命环境（SELF）

SELF 代表感知生命环境[65.1]。SELF 的目标是开发一个嵌入环境中的传感器网络，使用网络传感器收集、存储和分析信息，以及报告有用信息以帮助保持身体健康。由于传感器的嵌入式特性，SELF 的基本优点如下：

1）不限尺寸、重量或电源。

2）不打扰人。

3）不施加物理限制。

4）传感器很少损坏，因为它们是固定在环境中的。

SELF 可以被视为一个系统，它监控一个人的行为或活动，并以一种称为自我外化的方法客观地表示数据。SELF 的研发动机是，如果没有医生，个人有时无法注意到影响其健康的状况变化。因此，利用网络传感器监测个人行为并报告对健康状况有很大影响的有用信息，将进一步提高生活品质。

SELF 研究将行为视为一种交流方式，而嵌入环境中的传感器则是观察个人行为的一种方式。SELF 实现包括带传感器的床、带传声器的天花板、带显示器的盥洗台等。带传感器的床可以确定对象的睡眠和醒来时间、睡眠时的姿态，以及呼吸模式。连接在天花板上的收声器可以检测打鼾或正常呼吸声。根据监测到的数据，盥洗台显示器用作输出设备，提供受试者的健康状况，从而为受试者提供反馈。

视频文献

VIDEO 727　Robotic Vacuum Cleaners Reviewed by Click – Spring 2014
available from http://handbookofrobotics.org/view-chapter/65/videodetails/727

VIDEO 729　How would you choose the best Robotic Vacuum Cleaner?
available from http://handbookofrobotics.org/view-chapter/65/videodetails/729

VIDEO 731　Husqvarna Automower versus competitors
available from http://handbookofrobotics.org/view-chapter/65/videodetails/731

VIDEO 734　Windoro window cleaning robot review
available from http://handbookofrobotics.org/view-chapter/65/videodetails/734

VIDEO 735　WINBOT W710 versus HOBOT 168
available from http://handbookofrobotics.org/view-chapter/65/videodetails/735

VIDEO 736　Winbot window cleaning robot
available from http://handbookofrobotics.org/view-chapter/65/videodetails/736

VIDEO 737　Serbot Robot Clean Ant Profi
available from http://handbookofrobotics.org/view-chapter/65/videodetails/737

VIDEO 739　Home Pool Cleaner Review – 5 types of robotic cleaners
available from http://handbookofrobotics.org/view-chapter/65/videodetails/739

VIDEO 740　Automatic pool cleaner reviews
available from http://handbookofrobotics.org/view-chapter/65/videodetails/740

VIDEO 741　Telepresence robot in action
available from http://handbookofrobotics.org/view-chapter/65/videodetails/741

VIDEO 742　Double robotics – overview
available from http://handbookofrobotics.org/view-chapter/65/videodetails/742

VIDEO 744　Test-Driving Beam, the telepresence robot
available from http://handbookofrobotics.org/view-chapter/65/videodetails/744

VIDEO 745　Beam's new Palo Alto store lets telepresence robots sell themselves. Literally
available from http://handbookofrobotics.org/view-chapter/65/videodetails/745

VIDEO 746　This robot is your running coach – Joggobot
available from http://handbookofrobotics.org/view-chapter/65/videodetails/746

VIDEO 747　RUFUS – your personal running coach
available from http://handbookofrobotics.org/view-chapter/65/videodetails/747

VIDEO 748　PhillieBot robot gives first pitch at a Phillies game
available from http://handbookofrobotics.org/view-chapter/65/videodetails/748

65

参考文献

65.1 P. Ljunggren: Intelligent machines, Personal Communication

65.2 R.D. Schraft, M. Hägele, K. Wegener: *Service-Roboter-Visionen* (Hanser, Munich 2004)

65.3 A. Albert: Robert-Bosch GmbH, Personal Communication

65.4 Howstuffworks: http://electronics.howstuffworks.com/gadgets/home/robotic-vacuum2.htm

65.5 K. Konolige, J. Augenbraun, N. Donaldson, C. Fiebig, P. Shah: A low-cost laser distance sensor, Proc. Int. Conf. Robotics Autom. (ICRA), Pasadena (2008)

65.6 Gearfuse: http://www.gearfuse.com/robotic-vacuum-paths-mapped-and-compared-with-long-exposure-pictures/

65.7 P. Ridden: Joggobot turns a quadrocopter into a running companion, Gizmag, June 11 http://www.gizmag.com/joggobot-autonomous-quadrocopter-running-partner/22899/ (2012)

65.8 B. Freedman, A. Shpunt, J. Arieli: Distance-varying illumination and imaging techniques for depth mapping, US Patent 29 0698 (2010)

65.9 A. Shpunt, A. Zlesky: Depth-varying light fields for three dimensional sensing, US Patent 2008/10 6746 (2008)

65.10 Microsoft (Xbox): http://www.xbox.com/en-US/KINECT

65.11 Apple (Primesense): http://www.primesense.com/

65.12 J.-S. Gutmann, K. Culp, M. Munich, P. Pirjanian: The social impact of a systematic floor cleaner, ARSO Munich (2012)

65.13 J.-S. Gutmann, E. Eade, P. Fong, M. Munich: Vector field SLAM – localization by learning the spatial variation of continuous signals, Trans. Robotics **28**(3), 650–667 (2012)

65.14 W. Jeong, K. Lee: CV-SLAM: A new ceiling vision-based SLAM technique, Proc. IEEE/RSJ Int. Conf. Intell. Robots Syst. (IROS) (2005)

65.15 J.-S. Gutmann, D. Goel, M. Munich: Scaling vector field SLAM to large environments, Proc. IAS, Jeju (2012)

65.16 J.-S. Gutmann, P. Fong, M. Munich: Localization in a vector field map, Proc. IEEE/RSJ Int. Conf. Intell. Robots Syst. (IROS) (2012)

65.17 N. Karlsson, E.D. Bernardo, J. Ostrowski, L. Goncalves, P. Pirjanian, M.E. Munich: The vSLAM algorithm for robust localization and mapping, Proc. Int. Conf. Robotics Autom. (ICRA) (2005)

65.18 E. Eade, P. Fong, M. Munich: Monocular graph SLAM with complexity reduction, IROS (2010)

65.19 M. Cummins, P. Newman: Accelerated appearance-only SLAM, Proc. Int. Conf. Robotics Autom. (ICRA), Pasadena (2008)

65.20 E. Eade, T. Drummond: Monocular slam as a graph of coalesced observations, Proc. 11th IEEE Int. Conf. Comput. Vis. (ICCV'07), Rio de Janeiro (2007)

65.21 E. Eade, T. Drummond: Unified loop closing and recovery for real time monocular slam, Proc. Br. Mach. Vis. Conf. (BMVC'08) Leeds (2008) pp. 53–62

65.22 K. Konolige, J. Bowman, J.D. Chen, P. Mihelich, M. Calonder, V. Lepetit, P. Fua: View-based maps, Proc. Robotics Sci. Syst. Seattle (2009)

65.23 D.G. Lowe: Distinctive image features from scale-invariant keypoints, Proceedings IJCV (2004)

65.24 Pmdtechnologies GmbH: http://www.pmdtec.com/

65.25 S. Thrun, W. Burgard, D. Fox: *Probabilistic Robotics* (MIT Press, Cambridge 2005)

65.26 J. Neira, J. D. Tard os: Data association in stochastic mapping using the joint compatibility test, IEEE Trans. Robotics Autom. **17**(6), 890–897 (2001)

65.27 S. Thrun, D. Fox, W. Burgard: A probabilistic approach to concurrent mapping and localization for mobile robots, Mach. Learn. **31**, 29–53 (1998)

65.28 D. Hähnel, S. Thrun, B. Wegbreit, W. Burgard: Towards lazy data association in SLAM, Proc. 11th Int. Symp. Robotics Res. (ISRR), Sienna (2003) pp. 421–431

65.29 John Deere: http://www.deere.com/wps/dcom/en_INT/products/equipment/autonomous_mower/autonomous_mower.page

65.30 Robert Bosch GmbH: http://www.bosch-indego.com/

65.31 E. Prassler, K. Kosuge: Domestic robotics. In: *Springer Handbook of Robotics*, ed. by B. Siciliano, O. Khatib (Springer, Berlin, Heidelberg 2008) pp. 1253–1281

65.32 D. Gann, J. Barlow, T. Venables: *Digital Futures: Making Homes Smarter. Report published by Chartered Institute of Housing* (Chartered Institute of Housing, Coventry 1999)

65.33 R. Harper: *Inside the Smart Home* (Springer, London 2003)

65.34 Japan Electronics and Information Technology Industries Association: http://www.eclipse-jp.com/jeita/

65.35 Gator Tech Smart House: http://www.icta.ufl.edu/gt.htm

65.36 Aware Home Research Initiative: http://www.awarehome.gatech.edu/

65.37 T. Hori, Y. Nishida, T. Suehiro, S. Hirai: SELF-Network: Design and implementation of network for distributed embedded sensors, IEEE/RSJ Int. Conf. Intell. Robots Syst. IROS (2000)

65

第 66 章

竞赛机器人

Daniele Nardi，Jonathan Roberts，Manuela Veloso，Luke Fletcher

本章探讨如何利用竞赛来加速机器人研究和促进科学、技术、工程和数学（STEM）教育。我们认为，机器人领域特别适合通过竞赛实现创新。讨论中使用了两大类机器人竞赛：以人类为灵感的竞赛和基于任务的挑战赛。以人类为灵感的机器人竞赛（其中大部分是体育竞赛）通过平台开发迅速聚焦于解决问题，并通过游戏进行测试。基于任务的挑战赛试图通过展示机器人系统的高阶目标来吸引参与者。然后，竞赛可以根据需要进行调整，以保持竞争力并确保取得进步。本章介绍了机器人竞赛的三个案例，即机器人足球赛、无人机挑战赛和 DARPA 重大挑战赛。这些案例研究旨在从组织者和参与者的角度出发，探讨竞赛的优点和局限性，以及如何才能举办一场好的机器人竞赛。

本章最后总结了在促进 STEM 教育、研究和职业方面，如何实现以人类为灵感的竞赛与基于任务的挑战赛的自然融合。

通过竞赛促进科学技术的思想在 20 世纪末得到了广泛传播[66.1]。从那时起，竞赛就在多个领域展开，其形式、目标和目标受众各不相同。这一趋势的主要目的是创建一个激励科学和技术的载体，并支持技能、想法和技术解决方案不断向前发展。

66.1　引言

66

上述目标特别适合机器人领域，因为机器人的设计和实现对竞赛来说是一个巨大的挑战。机器人是实物，其设计与实现需要创造力、技术能力和科学知识的支撑。

可以说，机器人是当今竞赛影响力最大的领域。旨在机器人设计和实现的竞赛涵盖了整个教育阶段，从小学生到高级研究人员（如本章的作者）。此外，还有大量业余爱好机器人竞赛，我们不会在本章中具体讨论这一类竞赛。本章的重点是那些专门针对自主机器人研究和教育的举措。

机器人竞赛非常成功的另一个因素是，机器人技术需要大量的整合。因此，建立一个获胜的团队需要拥有不同技能和背景的团队成员之间的实质性合作。这为教育项目中的团队合作创造了一个理想的平台，也为高水平的学生和研究人员带来了工程挑战。与传统研究项目中开发的原型机相比，机器人在竞赛中表现的性能水准往往令人信服。在这方面，竞赛为科学技术解决方案提供了一个出色的试验平台。

机器人竞赛对普通观众有很大的吸引力，因此，机器人竞赛也是为公民意识与科技进步之间搭建桥梁的一种非常有效的工具。

有几个特征可用于竞赛的分类和呈现。我们选择区分一般性竞赛和机器人执行某些任务的挑战性竞赛，前者反映的是传统的人类竞赛。这项任务的成就一旦成熟，将扩大机器人在我们社会中的可能应用。

接下来，我们将给出一个概述，包括过去的机器人竞赛，以及适用于所有机器人竞赛的注意事项。然后，我们将重点放在以人类为灵感的竞赛上，并以机器人足球为例进行研究。随后，我们将回顾以任务为导向的竞赛，并对无人机挑战赛和DARPA 重大挑战赛进行案例研究。本章最后总结了迄今为止在机器人竞赛中得到的经验和教训。

66.2 概述

机器人竞赛的历史始于微型老鼠竞赛。1977年，*IEEE Spectrum* 杂志宣布他们打算举办一场令人惊叹的微型老鼠竞赛。竞赛采取计时赛的形式，一只轮式微型老鼠要在最短时间内跑完一个迷宫。第一次活动是 1979 年在纽约举行的，一共收到了 6000 多个参赛作品。然而，参赛作品的数目迅速缩小到了 15 个。这是早期自主机器人的首次竞赛，一个简单的随墙机器人赢得了竞赛。虽然这是一场有效的胜利，但之后竞赛的规则迅速改变，将目标点从迷宫的边缘移到中心，确保突出了路径搜索方面的问题[66.2]。微型老鼠竞赛后来在欧洲很受欢迎，之后在日本流行，然后在 20 世纪 80 年代中期回到美国。微型老鼠竞赛一直持续到今天，包括来自印度和韩国的竞赛。这个竞赛最初是为了开发一种能够可靠地穿越走廊而不受干扰的设备，现在已经是一场高度优化的竞赛，一个精密的机器人在 5s 内就可以走完迷宫[66.3]。

看到微型老鼠竞赛的成功和激发科技教育的力量，Dean Kamen 构思了 FIRST 机器人竞赛。在FIRST 机器人竞赛中，高中团队将竞争制造和编程一个机器人来完成挑战。1992 年，最初的挑战赛名为"Maize Craze"，挑战赛内容是将球赶入主场球门。从那时起，从堆放集装箱到投掷飞盘，这项挑战赛每年都会发生变化，同时保持竞赛的基本架构不变。这项竞赛就像微型老鼠竞赛一样，已经在国际范围内发展，并一直延续到今天[66.4]。

与此同时，在 20 世纪 90 年代初，游戏计算机的进步和局限性，以及评估移动机器人中的竞争算法的需要，汇聚成为机器人学术领域中的一种新的竞赛概念：机器人足球赛[66.5-7]。我们将在第 66.3 节继续这一讨论。

1995 年，自 20 世纪 60 年代的太空竞赛以来，人们对创新变革的步伐感到不安，这促使航空航天企业家 Peter Diamandis 提出了 Ansari X-Prize。Ansari X-Prize 是一项旨在展示一架实用的私人开发太空客机，额度高达 1000 万美金的大奖[66.8]。重新燃起竞相实现一项雄心勃勃任务的想法不仅仅令人着迷，而且还在科学界泛起了涟漪[66.1]。这一灵感传播到其他领域和资助机构，引发了诸多的倡议，如无人机挑战赛和 DARPA 重大挑战赛，我们将在第 66.4 节中讨论这些倡议。

机器人学非常适合通过竞争实现创新。正如这本手册所证实的那样，机器人学的领域很广，涵盖了机械设计、电子学、控制理论、信号处理、软件工程和机器学习等领域的研究。除了领域的广度之外，研究的性质也需要一个或多个智能体与物理环境相互作用，从而限制了使用其他技术领域通用的技术，以分享和验证他们的研究成果。

诸如标准化测试（在科学和工程领域很常见）、共享测试数据集（如图像处理和机器学习社区中使用的测试数据集）和参考实现（在计算机科学算法评估中经常使用）等标准技术在机器人学中非常有价值，然而并不能覆盖在世界上运行的机器人系统的全部范畴。事实上，机器人系统中使用的许多组件都可以使用这些相同的技术进行单独测试；但当机器人的组件集成到与物理世界交互的系统中时，上述方法的局限性就变得显而易见了。在测试方法方面：单元和集成测试都得到了很好的服务；但是，尚缺少系统的、动态的，特别是整个领域创新的验收性测试。解决的办法是重新回到机器人学的根源，并支持机器人竞赛。

机器人学科竞赛的范围非常广泛，在本章中，我们将从不同的角度来审视它们，旨在提供到目前为止已经开发的竞赛设置的概述。为此，接下来我们将讨论与机器人竞赛的设计和实现相关的一些内容。

66.2.1 目标与目标参与者

正如引言中所建议的，本章所提及的竞赛是以研究和教育为重心的竞赛。这两个方面往往是密切相关的。一方面，任何涉及不同背景和不同专业水平团队的研究都有教育成分。另一方面，如果将竞赛视为一种教育工具，它们将代表最先进的教育形式之一。因此，它们特别吸引了参与教育研究的教师和导师。尽管研究和教育相互关联，但在众多的机器人竞赛中，研究和教育之间的平衡却是截然不同的。

66.2.2 竞赛挑战

每项竞赛都依赖于一项挑战，有几种方法可以对它们进行分类。虽然现在的竞赛大多是机器人之间的竞赛，而不是机器人对人的竞赛，但从足球到奥运会，很多竞赛都是从人类的竞赛中获得灵感的。这些竞赛有一个明确或隐含的基本假设，即将机器人的表现与人的表现进行比较。另一种挑战旨在提出一个利用机器人解决的具体问题，希望通过竞赛来实现这一目标，新的能力可以更快、更成熟地反映到未来的机器人中。

66.2.3 机器人类型

对竞赛进行分类的另一个关键因素是机器人类型。任何类型的机器人都可以在竞赛中使用。机器人类型的选择受竞赛形式和目标参与者的影响。使用市面上可以买到的机器人和机器人套件，可以让不那么专注于机械的参与者快速参与其中。使用相同的机器人可以让人们在算法创新和机器人制造技术之间展开竞争。对于一些基于任务的挑战赛，不受限制的机器人类型是很好用的，在这些挑战赛中，新颖的物理设计可能是简化问题和实现目标的关键（如救援机器人）。

66.2.4 竞赛场景

竞赛场景在很大程度上取决于所面临的挑战，无论是足球机器人之间的竞争，还是在家庭环境中操作的服务机器人之间的竞争。因此，竞赛场景存在着广泛的多样性。在一些情况下，如在机器人足球赛之前，该竞赛场景是固定的并且是已知的；在

其他情况下，只提供了一般的描述，并没有提前知道实际的竞赛场景，如搜救竞赛。竞赛场景不仅对竞赛场馆的设置产生了深刻的影响，而且对参赛队伍也产生了深远的影响。团队在竞赛前的练习环境必须具有代表性，而不能令人望而却步。从乐高机器人足球赛到DARPA重大挑战赛，商店里那些简单易得的硬件材料已经成为竞赛环境的首选。

66.2.5 安全

在某些情况下，竞赛会给参赛者带来安全问题。以无人机挑战赛为例，需要采取适当的措施，以确保令人满意的安全水平。此外，主办方必须认真处理无人机的部署规定和/或采用限制进入的区域进行竞赛。

66.2.6 资格

有大量参与者的竞赛，如教育项目，可能需要与传统体育联赛类似的地区性和资格赛。当竞赛需要大量的工作和费用才能参与时，资助机构可以向在资格赛中获胜的球队提供资助，以帮助支付比赛费用。在这种情况下，可以很好地考虑各种令人满意的选择标准，包括为完成竞争而提供健全财政支持的理由。

66.2.7 评估

无论是在教育方面（学生必须提供一个可行的解决方案），还是在研究方面，评估都是竞赛的关键特征之一，在研究方面，组件的集成并不是一种简单的工程实践。此外，竞赛也为开发基准和新的测试方法提供了很好的机会：性能评估在机器人领域是一个悬而未决的问题，竞赛为开发可靠和可重复的测量和试验平台提供了重要的依据。

66.2.8 组织

竞赛通常是由相关科学兴趣团体的目标需求发起的，如会议（如AAAI、ICRA）、研究资助机构（如DARPA、ESA）或创业型私人公司。一旦建立由前两类团体创立的持续竞赛，通常会通过一个专门的非营利性基金会负责运行工作。然而，教育正日益成为一项庞大的业务，竞赛正在成为其中的一项重要活动；此外，在市场上也出现了以项目形式帮助运营竞赛的企业，制造业公司也将竞赛视为超越尖端产品开发（不限于机器人）和推广他们产品的可行工具。

66.2.9 赞助商

组织一场竞赛需要大量的工作和预算。然而，

有几个来源可以获得必要的资源。第一类赞助商是将竞赛作为其教育活动一部分的学校。另一类自然赞助商是资助机构，它们从制度上为机器人研究提供支持。资助机构的参与可以是多方面的，从整个竞赛的创建到对具体活动的支持，特别是在地方一级。另一类赞助来自公共机构，它们可能会将竞赛视为推动公民关注科技发展的一种手段。机器人制造商也对赞助推广使用其产品的竞赛感兴趣。除了推广具体的竞赛外，公司也普遍对支持竞赛作为一种广告形式感兴趣，这显然与竞赛在媒体上所能达到的知名度有关。此外，公司可能会赞助年轻学生团队，作为招聘和支持教育的一种形式。

正如前面的讨论所显示的那样，成功的机器人竞赛不仅需要提出一个宏伟的挑战或针对特定的社会需求，而且还需要精心设计和实施。

66.3 以人类为灵感的竞赛

在本节中，我们将重点介绍从人类竞赛中获得灵感的机器人之间的竞赛。推动人工智能领域大量研究的挑战赛，如国际象棋、围棋、跳棋，都是受到人类竞赛/游戏的启发，但它们并没有解决与物理世界的交互问题。另一方面，受人类竞赛启发的机器人竞赛通常与体育联系在一起。从奥林匹克运动会[66.9,10]到机器人足球赛[66.11,12]，再到其他竞赛，如帆船[66.13]或赛车[66.14]，各种各样的运动都被提及。

这类竞赛的显著特点是，不仅要模仿人类的表现，而且要在人类竞赛的背景下做到这一点，这是一项巨大的挑战。因此，机器人原则上是仿人的，也有部分平台被用于为轮式机器人制作游戏，因为在这个阶段，它是一种更简单、更容易获得的运动方式。值得注意的是，索尼（Sony）或本田（Honda）等公司大力推动了这类比赛，它们开发了仿人平台，也作为研发活动的展示。

这些以人类为灵感的竞赛的另一个特点是，其中几类竞赛涉及多个机器人。这一特性有几个重要的影响，不仅要求机器人之间的团队合作，而且要求开发团队的团队合作。

这些竞赛的场景大多是室外的；但由于技术和实际原因，它们通常在室内举行。一方面，很难找到一个可以防水、在草地或不平坦的地形上工作的平台；另一方面，出于实际考虑，建议保持参与机器人的价格合理性和可获得性。

以人类为灵感的竞赛的一个重要特点是，它们的目的也是为普通公众提供一些娱乐手段。因此，需要在技术难度和性能水平之间取得适当的平衡。值得注意的是，普通公众更热衷于接受机器人在踢足球方面的局限性，而不是在福岛核电站完成任务时的局限性。因此，即使是表现缓慢和有点令人失望的游戏，也能激发观众的参与度、兴趣，甚至是强烈的情绪。

以人类为灵感的竞赛涵盖了所有参与者，包括以研究为导向和更具教育性的目标。在任何情况下，这种类型的竞赛都会引起年轻人的兴趣，他们天生就被自己爱玩的性格所吸引；同时也会对更成熟的研究人员产生兴趣，他们的目标是面对科学挑战。以人类为灵感的竞赛所产生的具有直观吸引力的结果是，它们很容易吸引大量的参与者。事实上，一种常见的参与模式是从游戏开始，然后转移到其他类型的竞赛，这些竞赛的目标是与社会或商业相关的目标。在某些情况下，这两种类型的竞赛都出现在同一项目中。

在以人类为灵感的竞赛中，对表现的评估是非常明确的，那就是赢得比赛。不过，有一些与游戏相关的特定功能的示例需要单独评估。

鉴于人类竞赛提供的参考，以人类为灵感的机器人竞赛通常具有永久性，并有地方资格赛的结构。因此，多年来有一个组织机构管理着竞赛，主要的是非营利组织（NPO）。然而，也有商业机会和对其机器人的部署和销售感兴趣的公司参与管理。目前，这些公司大多是赛事赞助商，并经常为参赛队伍提供产品特价优惠。

如前所述，以人类为灵感的竞赛对普通公众有很强的吸引力。因此，公共组织经常在其旨在提高公众意识和促进科学技术的举措中支持它们。参考一种常见的模式，这也可能会吸引一些大公司将部分营销预算投入到支持社会和科学目标的活动中。

上述情景的最终结果是，以人类为灵感的竞赛对普通公众产生了很大的影响。我们在媒体上看到了关于以人类为灵感的竞赛的报道，不仅在通常涉及科学技术的部分，而且在一般新闻中也会看到，有时甚至与体育报道有关。

除了这种间接的影响，以人类为灵感的竞赛还有两个主要的直接影响：教育和研究。学校系统借

66

助竞赛推动革新和进步主要出于两个目的：首先，它们能够激发学生的积极性；其次，它们还能教授传统课程活动通常不会涉及的关键技能。以人类为灵感的机器人竞赛完全符合这两个目的。至于研究，已经提出的科学挑战，无论它们是否过于雄心勃勃，都吸引了大量研究人员的注意，进而推动了大量研究，并产生了一些其他的影响。因此，它们正在发挥着当今促进科学技术发展的整体努力中至关重要的作用。

机器人足球赛在这类竞赛中扮演着重要的角色。机器人足球赛的想法在20世纪90年代初被几位研究人员讨论过[66.5,6]。不久之后，在几个场馆设计了机器人足球赛，包括国际机器人足球联合会（FIRA）[66.11,15]和RoboCup[66.7,12,16]。

接下来，我们将更详细地介绍RoboCup竞赛。RoboCup是由北野博明（Hiroaki Kitano）和RoboCup最初的联合创始人[66.7]提出的一项挑战赛，即到2050年，将有一支机器人足球队能够击败人类的世界杯球队。有了这样的长期目标，RoboCup成为一项持续性的竞赛，旨在通过一套在机器人之

间进行足球竞赛的试验平台来应对研究、教育和工程方面的挑战。这项竞赛每年都在不断进步，每年都会评估机器人的表现，并生成实现目标的路线图。

66.3.1　案例研究：机器人足球赛

第一届有组织的RoboCup竞赛于1997年举行[66.16]，此后每年都会取得重大进展。有趣的是，从2007年开始，此后每年都会有一个由五名人类球员组成的团队（RoboCup理事会的志愿者）与我们下面介绍的中型联赛中表现最好的机器人团队进行一场示范游戏。此外，每次竞赛活动都包括一个研讨会，突出与RoboCup竞赛相关的研究和开发贡献，也包括一般机器人问题。截至2014年，机器人虽然具备了极高的速度和精度，但显然在很大程度上尚不能与人类玩家竞争。RoboCup要达到它的目标还有很长的路要走，但RoboCup每年都在不断取得越来越大的成功，包括规模和广泛的参与度。

RoboCup足球比赛分为五个子联赛，其中机器人具有不同的大小和不同的能力，见表66.1。

表66.1　RoboCup足球赛的五个子联赛

联赛设置	足球运动员	感知	论据	运动	沟通方式
模拟联赛（图66.1）	（11）软件代理，二维和三维形式的双足机器人	服务器引擎	每个团队的客户	身体运动与感知	显式
小型联赛（图66.2）	（5）定制化的轮式机器人	集中式头顶相机	集中式、非机载	快速球、机器人速度、踢腿、射门、传球、运球	专用频道
中型联赛（图66.2）	（5）定制化的轮式机器人	机载，全向	大范围控制	踢球、进攻防守	专用WiFi
标准平台（SPL）联赛（图66.3）	（5）购买的腿式机器人	机载，定向范围	分布式	腿式、踢球、进攻、防守	专用WiFi
仿人机器人联赛（图66.4）	（3,4,5）定制的或购买的，双足多尺寸定向测距机器人	机载，定向范围	分布式	腿式、踢球、进攻、防守	专用WiFi

许多科学挑战是通过不同的联赛设置来解决的，包括团队合作和战略决策，特别是在对抗性环境中的多机器人系统。为此，从最初的提议开始，每项竞赛的设置都是随着时间的推移而演变的[66.7]。模拟、小型和中型联赛是1997年的最初联赛设置。标准平台联赛始于1998年的演示项目和1999年开始的竞赛，在2007年之前一直是Sony AIBO四足机器人的竞赛，自2008年以来一直是

Aldebaran NAO机器人的竞赛。最后，仿人机器人联赛始于2000年，最初是团队打造的双足机器人，它们几乎不能单腿站立踢球，这可能是最引人注目的改进品。到了2012年，出现了各种大小的双足机器人，这些机器人都可以完成竞赛。

我们现在简要介绍足球联赛的各项目标和建设思路，旨在讨论制定的技术挑战和解决方案。完整技术贡献的摘要可在RoboCup专题讨论会论文

集[66.16-32]（ 🔊 VIDEO 385 ）中找到。

1. 模拟联赛

RoboCup 模拟联赛从 RoboCup 开启之初就被开发出来，SoccerServer 作为一个由 11 名球员组成的两队模拟服务器环境由 Noda[66.33] 构思和实现。模拟联盟由客户端-服务器体系架构组成，在该体系架构中，两个客户端球队中的每一个都由 SoccerServer 提供的比赛状态（球员状态和球位置）作为输入，并为模拟的机器人生成动作，这些动作被传递到服务

器以模拟新的环境状态。考虑到受控的真实模拟环境，联盟的目标是使研究人员能够从真实硬件的复杂性中抽象出来，专注于团队合作架构与协调、战略决策，以及 11 名球员组成的完整团队的学习。最初，联赛是一个二维模拟联赛，自 2009 年以来，随着 RoboCup 目标的路线图，它被扩展到包括三维竞赛，导致了目前的两个子联赛：二维和三维模拟联赛（图 66.1）。

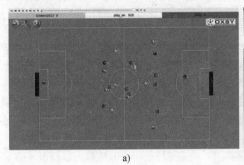

a)   b)

图 66.1　模拟联赛

a) 二维　b) 三维

在二维模拟子联赛中，SoccerServer 通过将机器人表示为基本的圆形元素来简化环境，尽管它们具有方向性以及在感知和执行方面的不同能力。客户团队专注于有效的团队组成和游戏的战略方面。在三维模拟子联赛中，玩家是模拟的双足仿人机器人。团队需要解决对这类仿人机器人的低水平控制，包括构建它们的基本行为，如双足行走、奔跑、踢腿、转身和站立。此外，团队还为现实中的仿人机器人团队设计并实现了多智能体的高层次行为。三维模拟联赛目前与标准平台联赛紧密相连，因为模拟的仿人机器人主要基于 RoboCup 标准平台联赛中使用的 Aldebaran NAO 仿人机器人的特点。其目标是将模拟的技术和方法直接转移到真实的机器人中。二维和三维服务器都是开放性的软件项目。

2. 小型联赛

RoboCup 小型联赛（SSL）自 1997 年首次举办以来一直存在。该联赛被设置为预定义维度的场地，用于预定义小维度的定制足球机器人团队。最初，团队由三个机器人组成，后来增加到五个机器人。最初的比赛场地是一张绿色的乒乓球桌，这是创始人在 1996 年完成的一个非常务实的选择，目的是让世界上任何一个研究团队都能接触到新创建的 RoboCup 竞赛的规格。几年后，这块场地变成了绿色地毯，上面铺满了白色的标记线条，它的大小逐渐扩大到 6m×9m。从一开始，这项竞赛就使用一个橙色的高尔夫球和高空视觉系统。机器人是根据联赛的规格定制的，目前要求其直径不超过 180mm，高度不高于 15cm（图 66.2）。

a)   b)

图 66.2　RoboCup 足球联赛

a) 小型机器人　b) 中型机器人

66

联赛允许参赛队在场地上方至少使用一个相机。机器人的顶部有彩色标记，以便进行视觉识别和跟踪。每个团队的场外计算使用处理后的图像来规划，然后将团队动作作为小型机器人在赛场上的运动，并通过无线通信传达相关指令。RoboCup SSL在以下方面提出了挑战和重大贡献：硬件设计、基于颜色的实时图像处理（机器人的彩色球和彩色标记标识符），以及团队战略规划。

RoboCup SSL机器人硬件已经从1997年的早期简单易碎的机器人发展到今天复杂、快速、坚固、能够踢球和运球的全向机器人平台。RoboCup SSL的硬件显然是小型机器人设计的先驱，这与其他应用中所有更大的研究机器人形成了鲜明对比。联赛在视觉处理和竞赛策略上也有了显著的进步。虽然整个运动场的全局视图在捕捉所有球员和球的位置方面具有明显优势，但事实证明，在10个快速移动的机器人和一个橙色高尔夫球的情况下，以60Hz进行实时处理是相当有挑战性的。随着联赛的发展，一些球队成功地设计了视觉处理算法。自2010年以来，这样的解决方案成为一个共享的视觉系统，成为联盟设置的一部分，任何球队都可以使用[66.34]。所有研究人员都可以使用这种SSL视觉系统，并且可以设置为用于可能需要全局感知的其他应用程序。在策略方面，球队从联赛开始就致力于传球和良好的球场定位。多年来，单个机器人的能力和团队合作都变得越来越成熟和有效，有能力运球、平踢或挑球，能够在挤满对手作为动态障碍物的空间里完美地高速导航而不发生碰撞，并以有效的防守、准确的传球和精确的目标瞄准狭窄的球门来协调球队。 ⊙ VIDEO 387 展示了CMU龙队的多机器人团队合作的实例。

目前正在进行的研究方向是学习对手的策略并对其做出回应。通过普通的视觉系统，所有的游戏都被记录下来，现在研究人员可以用复杂的位置、快速的游戏数据来挑战学习算法。此外，联赛的目标是在更大的场地上进行11名球员的竞赛，同样是在临时团队中进行，这些球员是不同的和以前未知研究团队的要素。

3. 中型联赛

RoboCup中型联赛（MSL）始于1997年的第一届RoboCup赛事。联赛的场地比SSL大得多，最初的尺寸是3m×3m的乒乓球桌大小。到现在，两支由六个轮式机器人组成的MSL球队在18m×12m的绿色地毯球场上竞赛，并配有国际足联官方冬季球（橙色）。

MSL明显不同于SSL，因为它没有集中的空中感知和场外计算。每个MSL机器人都是完全自主的，配备了机载传感器、计算器和驱动器。通过无线通信，机器人可以建立团队间的协作，并接收所有裁判员的命令。SSL和MSL联赛旨在为感知、规划和机器人机械设计方面的不同机器人研究方向提供框架。

MSL机器人已经从最初的各种试验设计发展到具有创造性的踢球和防守驱动装置的非常有效、快速的全向机器人，特别是在机器人守门员中。在某种程度上，机器人配有全向相机，允许每个机器人计算球场上所有球员的位置，以便在运动规划中避开障碍物。无线通信允许共享状态信息，并支持合作策略的实施。目前，团队合作的成就是基于机器人对角色和进攻传球的有效选择。特别是，最近的竞赛规则迫使机器人在射门前在对手的中场传球。通过这种方式，合作和传球已经成为一支成功球队的关键特征。MSL机器人守门员一直是特别值得注意的，因为球队为它们建造了特殊的硬件，以便允许踢球，并有效地防守来自进攻者的长距离精准射门。MSL是RoboCup中场地面积最大、机器人尺寸和允许速度最高的比赛，这也意味着人类可以亲身参与到机器人的测试中。自2007年以来，RoboCup理事会的一组志愿者成员总是与MSL获胜球队进行比赛。这样的演示受到了比赛观众和参与者的一致好评，并为机器人的性能提升提供了证据。

4. 标准平台联赛

标准平台联赛一开始的目标是提供一个通用的硬件平台，这样团队就可以将他们的开发重点放在算法上，并比较每种解决方案在相同硬件上的性能。因此，在标准平台联赛中，所有球队都使用相同的机器人，而这些机器人恰好都是腿式机器人。在标准平台联赛中，中等规模联赛的所有挑战都存在（即机器人完全自主操作），但在需要复杂运动控制的平台上。机器人的运动也会影响感知，并导致对环境的估计产生更大的不确定性，从而影响机器人的基本能力，如对球的跟踪和在场地上的定位。这个场地多年来不断发展：目前场地面积是6m×9m，竞赛由两队进行，每队5名球员，使用一个橙色的球。

该联赛始于1998年开发初期的Sony AIBO（图66.3）。在第一年的演示之后，联赛吸引了几名研究人员，并在平台方面经历了实质性的发展，最初的原型机之后又经历了三次主要的调整，并在该领域的规则和要求方面有所发展。AIBO机器人有非常多的驱动器（16~18 个）来支持 4 条腿的运动和身体姿态。在每一次调整中，机械设计、传感器和计算能力的鲁棒性都会稳步提高，从而允许增加场地面积的大小（从 3m×4m 到 4m×6m），并移除人工地标、侧面障碍和对照明的严格要求。

该平台极其先进的功能和 RoboCup 团队开发软件的可用性使 AIBO 成为研究实验室中非常受欢迎的平台，用于测试新的腿部运动技术、感知定位和团队合作的性能。多年来，随着机器人性能的提高，不仅规则为应对新的技术和科学挑战而不断发展，而且竞赛对普通观众也变得非常有吸引力。

当 Sony 公司宣布停止生产 AIBO 时，RoboCup 发出了平台征集令，最终选择了目前的标准平台：Aldebaran Robotics 公司的 NAO 仿人机器人（图 66.3），该平台自 2008 年以来一直在使用。场地的设置没有

实质性的改变；但双足平台不仅需要新的运动方式，而且需要重新设计所有的基本组件。多年来，随着领域和规则的相应变化，该平台也在不断发展。目前版本的 NAO 机器人是高度为 58cm 的仿人机器人，有 25 个自由度。机器人的运算处理由 Intel ATOM 1.6GHz CPU（位于头部）提供，该 CPU 运行 Linux 内核，并支持 Aldebaran 公司的专有中间件（NAOqi）和第二个 CPU（位于躯干）。该平台配备了各种通信设备，包括语音合成器、LED 灯、两个扬声器、两个相机（其中一个指向脚部来控制踢球）、触觉传感器和声呐测距仪、以太网和 WiFi。该平台的能力允许将场地面积扩大到目前的大小（6m×9m），并从其中移除所有人工特征。每场比赛由 5 名机器人球员参与，以及一名场外的机器人教练。

a)　　　　　　　　　　　　　　　　b)

图 66.3　标准平台联赛

a) AIBO　b) NAO

采用通用平台有以下好处。首先，在硬件选择上为了让团队拥有一个功能强大而又价格低廉的机器人，并通过共享相同的基础设施来加快开发速度。其次，标准的硬件平台系统使不同技术方案进行系统比较时的结果更准确。最后，一个通用平台显著支持团队开发，使其能够达到开发复杂机器人系统所需的临界质量。

5. 仿人机器人联赛

在仿人机器人联赛中，拥有类似人类的身体规划和类似人类体感的自主机器人相互踢足球。这些机器人是由参赛团队设计和制造的，其中包括一些世界上最先进的自主仿人机器人。

仿人机器人联赛成立于 2002 年的福冈 RoboCup。与其他联赛相比起步较晚，这与仿人机器人的发展有关。第一次展示早期仿人机器人是在 2000 年的 RoboCup，Honda ASIMO 第一次展示了踢球的能力，

并在 2002 年的 RoboCup 中作为示范。从那时起，联赛就开始了，最初解决的是走路和踢球等基本技能：足球赛仅限于点球。在联赛的最初几年里，大小与结构非常不同的机器人共同比赛，但很快就根据机器人的大小和对结构的限制，逐渐引入了子联赛，旨在加强动态行走这一研究方向的努力。

2005 年，二对二对抗赛是在最小尺度的机器人联赛中开始的。自 2008 年以来，这项竞赛有三名儿童尺寸的球员，联赛在参赛球队数量和硬件平台能力方面取得了重大进展。在目前的环境下，仿人机器人联赛的机器人被分成三个尺寸的类别（图 66.4）：儿童尺寸（30 ~ 60cm），青少年尺寸（90~120cm）和成人尺寸（130cm 或更高）。在儿童足球赛中，球队有三名球员，在青少年尺寸足球赛中有两名球员（守门员和前锋），在成人尺寸足球赛中，机器人前锋与机器人守门员进行运球和

66

踢球比赛。球场的大小是 4m×6m，球的大小根据不同的子联赛而不同。与仿人机器人联赛以外的仿人机器人不同，感知与环境建模的任务不会因为使用非人类的距离传感器而得到简化。

a)　　　　　　　　　　b)　　　　　　　　　　c)

图 66.4　仿人机器人联赛
a）儿童尺寸　b）青少年尺寸　c）成人尺寸

仿人机器人联赛解决的挑战包括在标准平台联赛中实现完全自主的仿人机器人所产生的挑战；然而，包括硬件在内的整体设计使其有可能产生更丰富的解决方案。更具体地说，仿人机器人联赛要解决的关键问题包括动态行走、跑步、在保持平衡的同时踢球，以及对球、其他球员和场地的视觉感知、自我定位和团队合作。

6. 结论

RoboCup 是公认的通过竞赛进行研究和教育的主要平台。主要的年度国际赛事聚集了大约 200 支队伍，1500 名参与者（不包括青少年），以及数以万计的参观者。地区性赛事也在世界各地举行，其中一些赛事的规模可与主要赛事相媲美。RoboCup 不仅仅是足球赛，因为它的目标是促进新解决方案的开发，还包括对社会有直接影响的应用开发中：RoboCup Rescue，机器人在灾难情况下竞争搜救；RoboCup@Home，机器人在日常生活中执行帮助人们的任务；Logistic 联赛和 RoboCup@Work，机器人在工业环境中运作。此外，RoboCup 通过 RoboCup Junior 与年轻一代建立了联系，RoboCup Junior 是一套专门为向儿童介绍机器人技术而设计的竞赛，并在重大赛事中组织。

RoboCup 对研究产生了深远的影响。研究人员参加 RoboCup 竞赛，以验证他们新设计的方法，并解决因建立自主机器人团队的宏伟目标而出现的广泛问题。算法和机器人将在以前从未见过的对抗性环境中进行测试，以展示有效的性能，并推动机器人科学和工程技术的发展。在最权威的人工智能和机器人领域中，有无数的出版物展示了 RoboCup 中解决的技术挑战所产生的科学贡献，并通过

RoboCup 竞赛和平台进行了验证。在 RoboCup 中开发的方法和解决方案影响了许多研究领域。特别重要的例子是仿人机器人、多智能体和多机器人领域，以及机器人的性能指标。

RoboCup 同样在教育领域做出了重大贡献。组成团队的学生是设计和实现相当复杂的集成系统组件的驱动力。学习并试验尖端解决方案是发展创造力和设计技能的一种非常有效的方式。此外，在竞赛的框架内，团队中的工程设计是一种独特的体验，远远超出了学术性课程的标准实践水平。此外，RoboCup 组织了若干暑期学校，其中有大量的实践内容，这一做法随后也被许多其他活动采纳。虽然上面的一些贡献并非 RoboCup 独有，但事实证明，RoboCup 提供的混合要素和环境是非常丰富、富有吸引力并且非常成功的。

下面是 RoboCup 在社会中产生特别重要影响的例子。Aldebaran Robotics 公司的 NAO 机器人赢得了 2007 年 RoboCup 标准平台联赛的招标，之后它通过标准平台联赛变得流行起来。今天，NAO 机器人被世界各地的机器人研究实验室部署，取得了商业上的成功。Kiva Systems 公司正在通过使用数百个移动机器人来储存、移动和分拣库存，从而使自动化发生革命性的变化。2012 年 3 月，Kiva Systems 公司被 Amazon 公司收购。Kiva Systems 公司的首席执行官将公司的成功归功于 RoboCup 和机器人足球赛。在福岛第一核电站的救援行动中，搜救机器人 Quince 可以到达核反应堆建筑的第二层至第五层。该机器人就是通过 RoboCup Rescue 竞赛进行设计和评估的，与其他参赛机器人相比，表现出了优异的机动性。

66.4 任务导向型竞赛

在本节中，我们考虑的是那些由人们目前承担的常见但重要的任务中获得灵感的竞赛。这类竞赛往往集中在卫生条件差、危险和枯燥的活动上。这种类型的机器人被称为野外机器人，机器人通常必须在非结构化或半结构化的环境中操作，这些环境通常会随着时间的推移而变化。

参加这些比赛的机器人通常是地面车辆（通常是汽车）、水下航行器或无人驾驶飞行器。目前甚至还有一项备受瞩目的竞赛，即 Google Lunar X-Prize，旨在将机器人送上月球。

与受人类启发的竞赛不同，任务导向型竞赛不受旁观者经验的驱动。在一些竞赛项目中，观众是受欢迎的，但并不是所有比赛都欢迎观众的参与。有些只对竞争对手、组织者和媒体开放。

举办任务导向型竞赛是为了推动创新，提高特种机器人领域的知名度，或者克服监管和保险等非技术障碍，否则这些障碍会使个别研究项目无法进行。与世界各地一系列不同的研究项目相比，竞赛是解决这类问题的一种更有效的方法。这种类型的竞赛也吸引了机器人专业人士或即将成为专业人士的大学生等。因此，它们是增加业界参与兴趣的有用途径，可以看到对相关技术和应用领域感兴趣的大公司会支持或赞助竞赛。

与受体育竞赛启发的机器人竞赛不同，任务导向型竞赛通常是一次性的活动。

任务导向型竞赛中，如果其完成任务的确切方式是未知的，或者远远超出竞赛场状态的，通常被称为挑战赛。完成任务的团队通常会获得巨额现金奖励，这反映了颁奖机构对此类挑战赛的重视。

不过，即使是丰厚的现金奖励，也几乎总是会被获胜团队的劳动力、设备、赞助商的捐款和管理费用的累积成本所超过。相反，大多数参与者被征服挑战、完成不可能的任务并获得奖品的渴望所驱使。

近年来，机器人竞赛形式的成功催生了许多竞赛，包括 MAGIC 竞赛[66.35]、RoboCup Rescue[66.36]、ELROB[66.37] 和 AUVSI 竞赛[66.38]。

在 AAAI 和 ICRA 等学科会议的框架内，还推动了机器人竞赛向任务导向型的机器人挑战赛发展。在这种背景下，服务机器人也一直是灵感的来源，解决诸如提供饮料或准备寿司等任务。

RoboCup@Home 将服务机器人面临的多种挑战结合到一个结构化的竞赛框架中[66.39]。

接下来，我们将考察两个具有代表性的任务导向型竞赛，无人机挑战赛和 DARPA 重大挑战赛。虽然机器人类型有很大的不同，但竞赛的驱动力和方式有诸多相似之处。

66.4.1 案例研究：无人机挑战赛

1. 飞行机器人竞赛

自 20 世纪 90 年代初以来，大学和其他研究与教育组织一直在举办竞赛，鼓励学生以令人兴奋和具有挑战性的方式提升他们的飞行机器人技能。国际飞行机器人竞赛（IARC）[66.40] 是最早、运行时间最长、最成功的飞行机器人比赛之一。它于 1991 年首次在佐治亚理工学院举行。竞赛的目的是推动飞行机器人自主技术的发展。团队的挑战赛是基于真实环境的场景，通常是对灾难响应或秘密军事行动的模拟。一旦当前场景完成，就会宣布新的挑战内容。许多场景需要数年时间才能成功演示。自 1991 年以来，IARC 已经看到了六种不同的竞赛场景。几乎所有的场景都涉及与地面元素的交互，这意味着飞行机器人必须避开障碍物并捡起物品。同时也意味着 IARC 的成功平台几乎总是旋翼飞行器，如直升机、管道风扇垂直起落飞行器或近年的多旋翼平台。IARC 向来自世界各地的大学团队开放。在过去的三次 IARC 任务中，飞行机器人必须在建筑物内导航，以及在户外自由飞行。

另一项长期赛事是国际微型飞行器（IMAV）竞赛，自 1997 年开始举办[66.41]。这项竞赛的重点是非常小的无人机，要么在室内操作，要么在机场或建筑环境周围的室外区域操作。IMAV 竞赛由许多子赛事组成，每个子赛事旨在推动技术解决特定的研究挑战，如自主性、感知和飞行动力学。正如参考文献［66.41］中所述，近年来，完成竞赛所需的自主性水平一直在提高。

新加坡神奇飞行器竞赛（SAFMC）由新加坡 DSO 国家实验室和科学中心组织，于 2009 年首次举办[66.42,43]。这是一种典型的竞赛项目，由许多不同的类别组成，从基本的无线电控制飞行比赛到鼓励大学级别的团队设计和制造自动飞行器以在复杂的室内障碍赛道中导航的类别。

66

内陆救援无人机挑战赛是一项国际性的飞行机器人挑战赛，于2007年首次举办[66.44]。它与其他竞赛的不同之处在于，飞行器必须在离起飞和降落地点相当远的地方飞行。竞赛围绕澳大利亚内陆一名迷路步行者的模拟场景展开，搜索区域的起点距离起飞位置4km，搜索区域的最远点距起飞位置6.5km。这些距离需要飞行器的自主操作和与地面站的可靠通信，所有这些都需要大学和业余团队的能力[66.45,46]。

2013年，野生动物保护无人机挑战赛正式启动[66.47]。这项竞赛的形式与内陆救援无人机挑战赛类似，但重点是在非洲寻找濒危动物的偷猎者的模拟场景。这项挑战赛的目的是降低小型飞行机器人的成本，提高其可靠性。因此，评分系统对设计成本低、持续时间长和自主性强的团队给予了重奖。

每年还有许多其他的飞行机器人竞赛，包括美国-欧洲微型无人机飞行竞赛[66.48]，AUVSI海员年度学生无人机竞赛[66.49]，国际大学生MINI无人机竞赛[66.50]，设有飞行机器人类别的中国飞行机器人竞赛[66.51]，以及年度搜救网络物理系统挑战赛，在这项竞赛中，团队建造地面车辆，组织者提供由一架无人机在室内搜索区域上空拍摄的视频资料[66.52,53]。最后一类飞行机器人竞赛是仅为在单一大学内参与而举办的类型，通常是机器人学核心课程或扩展课程作业的一部分。Schochmann[66.54]给出了这类大学内部竞赛的典型例子。

2. 飞行机器人竞赛的动机

作为举办时间最长的飞行机器人竞赛，国际飞行机器人竞赛的明确目标是推动创新，特别是在自主飞行领域。在过去的几十年里，许多飞行机器人竞赛和挑战赛都集中在这项技术的开发或现有技术的创新使用上。然而，并不是所有的飞行机器人竞赛和挑战赛都是为了这个原因而创立的，一些与学习机器人的高中生或大学生的教育有关，而另一些则是为了克服非技术方面的问题。有一些关键问题可能会阻碍民用飞行机器人的应用。第一个问题是公众的疑虑。在21世纪最初的几年间，普通公众认为飞行机器人是一种仅限军事使用的工具，既昂贵又危险。这在很大程度上是因为当时有许多相关题材的热门电影，以及媒体对当时的地区冲突中使用无人机的高度关注。在21世纪10年代，公众担心围绕无人机使用的隐私问题（因为无人机已经在媒体上广为人知），以及潜在的危险分子滥用问题[66.55]。

第二个重要问题是空域管制。飞行机器人将与载人飞行器共享天空。载人飞行器所处的空域在世界范围内受到高度监管。在飞行机器人可以常规用于民用任务之前，特定国家的空域监管机构和该国的普通公众必须确信，飞行机器人将与目前传统驾驶的飞行器一样安全。这个问题是在民用空域采用无人驾驶飞行器的最大障碍。第三个问题与监管和安全问题密切相关，围绕着无人机的适当培训、认证和保险。保险公司根据先例和过去的事故率来确定风险，从而设定保险费。在一个新的行业，比如无人驾驶飞行器行业，由于几乎没有数据可以作为风险概率的依据，保险公司很难为运营商投保。最后，随着无人机行业的发展，它将需要具备正确技能的人才。这些新的工程师、操作员、技术人员和研究人员将需要接受无人机专业知识领域的培训。

内陆救援无人机挑战赛于2007年在澳大利亚创立[66.44]，试图同时解决所有这些阻碍飞行机器人民用的主要因素。这些广泛的目标意味着，目标参与者来自社区的广泛阶层，包括普通公众、高中生、大学生、无线电控制飞行器爱好者、澳大利亚航空监管机构（如CASA）、政府、研究机构、大学、航空航天行业和媒体。

3. 竞赛形式与挑战

大多数飞行机器人竞赛和挑战赛包括多个子项目或比赛，通常针对不同年龄段的参赛者或不同的技能水平。设定具体任务的复杂程度和难度是为了让年纪较轻、经验较少的学生可以在一定程度上取得成功，从而像体育赛事一样与其他人竞争。另一方面，针对年长或更有经验的参赛者的活动通常被刻意构思为团队尝试的第一年不可能完成。这些项目通常被称为挑战赛，而更容易的项目，即一个团队有望完成的项目，则被称为竞赛。内陆救援无人机挑战赛就是一个很好的例子，它包括一个向来自世界各地的团队开放的高难度挑战赛，以及一个高中竞赛，对于高中生来说，这要简单得多，但仍然具有挑战性。这两项赛事有一个共同的主题，那就是鼓励高中生考虑在以后的几年里参加挑战赛。无人机挑战赛的场景是找到一名迷路的步行者，并向他扔一个水瓶。这样的场景对普通民众、媒体和政府都很有吸引力。

内陆救援无人机挑战赛的主要活动被称为搜救挑战赛，在2007年开始时在世界上是独一无二的，因为比赛在大片农田和公共道路上进行。走失的步行者由一个人体模型代表，被安置在距离澳大利亚昆士兰州金格罗伊地区一个公共机场大约4~6.5km

的一块农田中。搜救挑战赛的目的是让一个团队使用他们的飞行机器人找到迷路的步行者（图 66.5），然后给他扔一个水瓶。如果一个团队完成了这些任务，将他们的飞行器安全返回机场，并且水瓶完好无损地降落在距离步行者不到 100m 的地方，他们将赢得 5 万美元奖金。搜救场景被设计得尽可能现实，参赛者在竞赛开始时得到一份简报文件，描述了走失的步行者最后一次出现的地点和他穿的衣服。团队面临着时间压力，在设置、任务时间和打包时间方面都有时间限制。所有这些限制都是为了让情况尽可能接近真正的救援。团队根据任务表现和文件进行评估，这意味着即使没有团队完成任务，他们的团队仍有可能成为积分获得者，并根据积分获得第一名的头衔，获得较小的现金奖励。这是典型的挑战赛类型的赛事，几年过去了，可能会有若干年没有团队完成主要的挑战。这项赛事的另一个典型特点是，它不是设置为观众赛事，因为挑战赛的性质，如果不直接参与行动，几乎不可能跟随。

图 66.5　内陆救援无人机挑战赛
a）搜索和救援挑战的目的是找到一个水瓶，并把它扔给一个步行者 Outback Joe。
这个人体模型穿着鲜艳的衣服，帮助团队利用计算机视觉找到他　b）显示任务边界及搜索
区域的路线（机场在图片的上方）

内陆救援无人机挑战赛的高中竞赛被称为空中送货挑战赛，在机场现场和机场边界内举行。因此，这项竞赛被设置为一项对观众友好的活动。这种情况要求高中生操纵他们的无人驾驶飞行器通过同一个步行者，该步行者位于靠近空中围栏的普通公众的视线内。团队被要求向步行者投递包裹，但操作员不能选择何时投放。取而代之的是，另一名坐在帐篷里的看不到步行者的队员进行投放（图 66.6）。这个场景的目的是迫使团队使用一些技术来帮助评估何时投递包裹。许多团队都是成功的，并以积分系统来决定胜负。

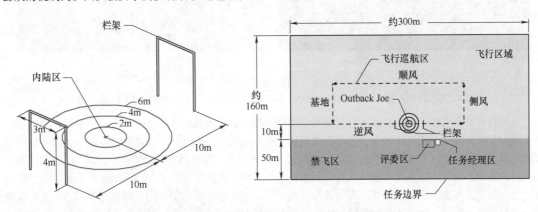

图 66.6　空中送货挑战赛航线显示障碍和飞行区域

4. 资格和赛前测试

一些飞行机器人竞赛和挑战赛具有资格性因素，这意味着团队必须在实际比赛之前展示一定水平的能力。这一要求意味着，许多这类竞赛的持续时间可以被认为比在竞赛结束日举行的相对较短的竞赛要长得多。例如，内陆救援无人机挑战赛就是在赛事之前的很长一段时间内进行的。自2007年以来，搜救挑战赛既在一年内举办，也是一项为期两年的活动。在高中和国际公开赛这两种形式的活动中，参赛团队必须向组织者提供文件，以证明他们的能力、进展和对安全问题的处理手段。安全是组织者和团队在飞行机器人竞赛和挑战赛中的首要问题。在真正的无人机挑战赛中，无人驾驶飞行器在农田、公共道路和靠近观看的普通公众的上空进行操作（图66.5）。

参赛团队首先注册参加无人机挑战赛，然后被要求提供文档，即所谓的可交付成果。第一个可交付成果必须显示基本的系统设计和风险分析。第二个可交付成果必须显示最终设计，并遵守无人机系统的强制安全特性。在为期两年的搜救挑战赛中，增加了第三个可交付成果，要求团队出示其无人驾驶飞行器至少自主飞行5h的书面证据。引入这最后一套文件是为了确保只有能够在搜索范围内实际持续飞行一段时间的团队才有资格参加比赛。就其性质而言，随着竞赛或挑战赛的进行，资格审查过

程大大缩小了赛场的规模。例如，在2011—2012年度，有68个团队注册参加搜救挑战赛，其中61个团队提交了第一份可交付成果。其中，来自10个国家的53个团队有资格继续参赛。在第二个交付阶段，23个团队有资格继续进入最后交付阶段，其中9个团队获得资格，并被邀请参加实际的飞行活动。在宣布这一消息和赛事之间，9个团队中有4个由于测试过程中的坠毁和其他问题退出了竞赛，最后只剩下5个团队在赛事期间参赛（图66.7和图66.8）。

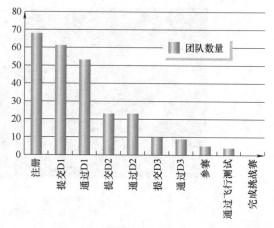

图66.7　参赛团队数量随着无人机
挑战赛的进行而减少

a)

b)

图66.8　飞行机器人竞赛实例

a）2012年搜救挑战赛第一名Canberra UAV　b）2012空中交付挑战赛的第一名MUROC Hawks

在飞行机器人竞赛中，在实际飞行之前测试团队是很常见的。在无人机挑战赛中，资格赛的最后阶段涉及团队接受测试或审查。审查过程旨在测试无人机的安全系统、支持系统和团队本身，包括任何安全飞行员。审查工作由业内专业人士进行，包括一项静态审查测试，对团队进行面谈，检查飞机和系统，并测试飞行终止。然后，通过审查的团队

被邀请在机场边界内驾驶飞行器，在那里测试团队自主飞行的能力。只有通过这最后一关的团队才会被邀请发起搜救任务，争夺大奖。在2011—2012年度搜救挑战赛中，4个团队通过了最后的监督测试，这意味着最初注册的团队中只有5%左右有资格参加最后的任务。相比之下，2013—2014年度赛事中，这一合格率提高到17%。

5. 规范与安全

许多飞行机器人竞赛都是在室内进行的。除了保证恶劣天气不会给赛事带来问题外，在室内举办竞赛的一个主要原因是，在大多数国家，这意味着官方空域监管机构不需要以任何方式参与。在室内飞行的无人机不会对在上空飞行的载人航空构成威胁。然而，一些备受瞩目的飞行机器人竞赛确实在户外举行，包括 IARC 和内陆救援无人机挑战赛。后一种情况必须在澳大利亚无人机操作的具体法规允许范围内进行。这些法规于 2002 年由澳大利亚民用航空监管机构民航安全局（CASA）发布，被称为 CASR 第 101 条款。该条款概述了三个明确类别的无人机操作规则，即 100g 以下的微型无人机、100g~150kg 的小型无人机和 150kg 及以上的大型无人机。无人机挑战赛的规则规定，参赛团队不能使用大型无人机级别的飞行器。小型无人机的正常商业运作需要运营商取得民航局颁发的操作员证书。然而，这项竞赛被 CASA 归类为体育和娱乐，因此不需要操作员证书。CASA 将无人机挑战赛组织者视为对赛事的安全进行和遵守相关法规负责的机构。无人机挑战赛组织者已经制定了赛事规则，以具体满足法规的要求，从而确保只要参赛团队遵守赛事规则就不会违反法规。此外，组织者还制定了一份详细的政策和程序手册，概述了无人机挑战赛将如何进行，以确保安全和组织者对法规的遵守。制定手册和配套规则是组委会多年来的一项主要活动，也是整个无人机挑战赛活动的一项重要成果。

无人机挑战赛与其他许多无人驾驶飞行器竞赛的不同之处在于，由于竞赛在很大程度上超出了团队地面控制员的视线范围，而且飞行器可能距离地面站 7km，因此与更常见的飞行方式（在地面站附近进行飞行）相比，所谓飞离的可能性更大。飞离是指飞行器飞出指定的竞赛区域，不能被命令返回。这样的事件可能被视为发展中的无人机行业的重大挫折。在无人机挑战赛的前两年，对飞离的缓解是强制使用飞行终止模式，根据该模式，任何越过界定的竞赛边界或与地面站失去联系的飞行器都必须自动快速俯冲到地面。所有飞行器都在检查过程中进行了测试，以确保这一行为被内置到系统中。自 2010 年以来，这些要求一直与业界处理通信丢失的更常见方法保持同步，现在允许团队部署飞行器，如果地面站和飞行器之间的通信丢失，这些飞行器将自动返回竞赛区域的预定位置。在竞赛中越过边界时自动终止飞行的规定仍然存在，这仍

然是防止飞行器飞离的最后一道防线。许多团队在他们对飞行终止系统的测试和开发过程中丢失了飞行器，这一要求仍然是无人机挑战赛中最具挑战性的问题之一。

6. 组织和赞助

飞行机器人竞赛和挑战赛的性质往往需要具有互补技能的大型组织者团队。例如，内陆救援无人机挑战赛由两个委员会组织和运营，其成员通常来自为该活动提供支持的组织。第一个委员会是指导委员会，负责无人机挑战赛活动的所有非技术方面的工作，如设备租赁、获得赞助、与当地政府联系，以及开展赛事宣传和媒体活动。该委员会还负责赛事的财务工作。第二个委员会是技术委员会。该委员会负责制定和发布无人机挑战赛的规则。该委员会还与民用航空监管机构联系，并与无人机挑战赛指导委员会就赛事组织进行合作。在赛事中，技术委员会负责无人机挑战赛的机场部分，包括挑选负责与赛事相关的所有技术问题的技术团队，对团队进行监督和安排实际竞赛飞行，以及在赛事期间协调机场活动。技术委员会全年定期举行会议，最初的会议是为了制定规则并吸收上一年赛事中学到的经验教训。技术委员会向指导委员会报告。

每次举办内陆救援无人机挑战赛，都会寻求赞助商支付奖金和租用设施的费用。联合举办无人机挑战赛的组织提供工作人员的时间作为实物捐助。无人机挑战赛的总预算约为 125000 美元，加上组织者的工作时间。因此，这是一项相当繁重的任务，需要相当多的赞助商才能实现收支平衡。多年来，无人机挑战赛得到了很好的支持，吸引了 Boeing、Lockheed Martin 等主要航空公司，以及 Insitu 等无人驾驶飞行器公司的赞助。安全监管机构 CASA 也赞助了这项赛事。

66.4.2 案例研究：DARPA 重大挑战赛

2001 年，美国国会向该国国防部提出如下任务[66.56]：

军队的目标是实现无人遥控技术的部署，到 2015 年，军队三分之一的地面作战车辆是无人驾驶的。

作为回应，一年多后，美国国防部的主要研发机构国防部高级研究计划局（DARPA）宣布将开展一项竞赛。这场将被命名为 DARPA 重大挑战赛的竞赛是驾驶机器人汽车从洛杉矶行驶 300 英

里（1mile = 1.609344km）到拉斯维加斯，速度最快的团队将获得 100 万美元的奖金[66.57]。

DARPA 重大挑战赛的目的是重振 20 世纪八九十年代的自动驾驶汽车技术，并将其扩展到未来的军用车辆。德国慕尼黑联邦国防军大学（UBM）的 Vamp/Vamors 车辆、帕尔马大学（University of Parma）和卡内基梅隆大学（CMU）的 NavLab 研究项目（图 66.9）等项目展示了道路车辆自动驾驶令人印象深刻的壮举。在数千千米的高速公路上进行的试验证明了车道保持、避障，甚至自动超车的能力[66.58-60]。

a)   b)

图 66.9 DARPA 重大挑战赛前身（20 世纪八九十年代开创性的自动驾驶汽车）
a) 1985 年：UBM 的 Vamors b) 1995 年：CMU 的 Navlab 5 用于 "No Hands Across America" 试验

问题是目前技术的全尺寸、全自动驾驶汽车的能力尚不清楚。20 世纪 80 年代末和 90 年代令人印象深刻的试验集中在高速公路驾驶上，那里的主要任务是基于计算机视觉的车道保持。有室内和室外机器人在具有挑战性的障碍场地风格的环境中导航[66.61,62]。还有一些遥控车辆已经被美国国防部使用。问题是，考虑到计算能力在过去几年里遵循摩尔定律提高和许多其他进步（如激光雷达的使用），车型机器人能做什么呢？

DARPA 的目标是[66.63]：

1）展示一种能够以军事上相关的速度和距离在崎岖地形上行驶的自动驾驶车辆。

2）加快自主地面车辆在传感器、导航、控制算法、硬件系统和系统集成领域的技术发展。

3）吸引和激励之前与美国国防部计划或项目无关的广泛参与者，为自动驾驶汽车问题带来新的技术。

潜在的参与者被这项挑战赛所吸引。许多参与者还可以看到相关技术在汽车行业和道路安全方面的潜力[66.64]。

参赛团队将开发一种特殊车辆，它可以沿着一条简单的路线穿越代表国防车辆遇到的典型地形的赛道。路线图将是由 GPS 指定的一组路径。然后，车辆将被给予地图上的目的地列表，并被指示驾驶到每个位置。覆盖在卫星图像上的典型路线图如图 66.10 所示。

对于挑战赛中的每场竞赛，规则规定机器人必须是完全自主的无人驾驶车辆。每辆车都装有无线遥控电子制动装置，以使车辆停车。在基础车辆上增加了传感、处理和控制。有些车辆是从零开始建造的，大多数团队在现有车辆的手动控制装置上安装了执行机构，有些团队在车辆上安装了残疾辅助工具。一些团队能够利用现有的有限能力的车辆，一个著名的例子是 Victor Tango 参加的 2007 年挑战赛作品 Odin[66.65]。除了 GPS，车辆还需要有避障传感器，其中激光雷达传感器占主导地位。由于车辆将是完全自动的，所有的传感器处理和控制都必须在车上完成，因此需要具备一定的计算机能力。如果为了实用需要的话，还需要其他设备，比如发电机和额外的空调。参加 DARPA 重大挑战赛的无人车总体结构如图 66.11 所示。这辆来自 2007 年 DARPA 城市挑战赛的车辆，是配备激光雷达、相机和汽车雷达的额外设备的高端设备，以及安装在后舱的刀片服务器所需的发电机和辅助空调[66.66]。

1. 2004 年 DARPA 重大挑战赛

DARPA 聘请了越野赛组织者 SCORE INTERNAL 来开发这一赛道[66.67]。在莫哈韦（Mojave）沙漠铺设了 142mile 的赛道。比赛采用计时赛的形式，以最短的时间（在 10h 内）完成比赛。共有 106 支队伍报名参赛。

2004 年 3 月，有 25 支队伍参加了竞赛。在竞赛前的几天里，进行了一轮鉴定、检验和演示（QID）。这项活动主要是为了验证这些车辆是否适合竞赛，并有能力安全运行。到了比赛日，也就是 2004 年 3 月 15 日，共有 15 辆车通过了资格审查，准备参加竞赛。

66

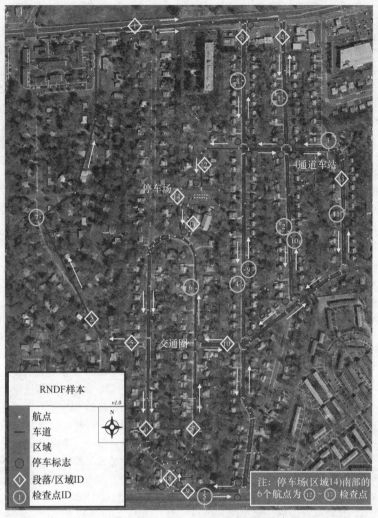

图 66.10　DARPA 为 2007 年挑战赛提供的路由网络定义文件
（RNDF）样本（覆盖在卫星图像上）

图 66.11　DARPA 重大挑战赛参赛车的总体结构图

如前所述，竞赛的一个主要目标是评估该领域的技术水平。赛道设计包括陡峭的高海拔地形、盲转和高落差以挑战车辆自动驾驶性能。虽然按照人类越野驾驶的标准，难度较低，但该赛道的设计很有趣，并为一场良好的竞赛创造了条件[66.67]。DARPA 预计会出现类似于人类驾驶的竞赛，甚至建议媒体在预计竞赛将发生的终点线设立赛道[66.68]。

然而，事实证明，对于机器人车辆来说，赛道和自动驾驶问题太难了。没有一辆车跑过了赛道的前 7mile。在一个有希望的开始之后，车辆很快就被卡住了，或者在偏离赛道后不得不被安全员叫停用。一辆车的轮胎着火了，一辆车在弯道附近翻车，另一辆车开始在启动滑道上打转[66.69]。

66

缺乏经验是 2004 年赛事失败的主要原因。挑战赛的新本质，以及移动机器人技术对全尺寸越野车的延伸，给机器人系统带来了太多的复杂性。

挑战赛没有被挑战成功，奖金也无人认领。真实环境的复杂性和挑战赛的规模很引人注目。然而，同样引人注目的是，在研究界和公众中引发的好奇心。

在第一次赛事的三个月后，DARPA 宣布了 2005 年 DARPA 重大挑战赛的开赛消息。这是该活动的重演，这一次的奖金是 200 万美元。

2. 2005 年 DARPA 重大挑战赛

由于筹备时间稍长，DARPA 召开了参与者会议，并对每个团队进行了实地考察，以衡量进展情况。在参与者会议上，团队代表和 DARPA 官员讨论了比赛规则草案，澄清了规则解释和技术规范。在 195 个参赛团队中，DARPA 官员参加了 118 次实地考察。

从实地考察中选出了 43 支队伍参加全国资格赛（NQE）。资格赛持续的时间是 2004 年的两倍，在资格赛期间，参赛团队必须完成在加州赛车场（加州方塔纳市，图 66.12）上创建的迷你版赛道。

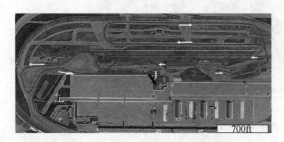

图 66.12　在加州赛车场创建的迷你赛道
注：1ft=30.48cm。

到竞赛日，23 个机器人车辆被选为竞赛的起跑者。每隔 5min，车辆就会排队等候出发。DARPA 官员暂停了缓慢行驶的车辆，以允许速度较快的车辆通过。

2004 年和 2005 年的竞赛之间的差异是巨大的。在第一次竞赛 18 个月后，五个机器人车辆行驶 132mile 穿越莫哈韦沙漠完成了赛道全程[66.63]。

来自斯坦福车队的 Stanley 以 6h53min58s 的成绩夺冠（图 66.13）[66.70]。第二名和第三名被来自卡内基梅隆大学（CMU）车队的机器人夺得[66.63]。来自 Gray 团队的 Kat-5 脱颖而出，这是由路易斯安那州保险公司高管创建的团队取得的非凡成就。最

后，同样重要的是，Ochkoch 卡车公司生产的 16t TerraMax 卡车在赛道中经过一夜的暂停后，第二天完成了比赛。

图 66.13　2005 年大赛的冠军：来自
斯坦福的机器人 Stanley

这是一项吸引公众关注的活动，新闻画面显示无人驾驶的赛车在穿越莫哈韦沙漠时扬起尘土。

在预选赛和正式比赛中，也发现了一些共同的弱点。这些车辆需要 GPS 导航，因为所有的航向信息都得到了 GPS 坐标，然而这些车辆似乎也过度依赖于强大、正确的 GPS 信号。在竞赛期间，车辆在高压输电线路下行驶时会导致 GPS 信号丢失。车辆因损耗或多路信号，偏离航向，甚至发生事故。在传感器故障导致局部避障功能不再正常后，一些车辆在盲驾驶方面也取得了显著进展。

2006 年，DARPA 宣布了下一个重大挑战赛，即 DARPA 城市挑战赛。这一次的竞赛要求完全自动驾驶的车辆在城市街道网络上行驶。

3. 2007 年 DARPA 城市挑战赛

在 DARPA 城市挑战赛中，机器人车辆必须遵守美国加州的驾驶手册。与之前的挑战赛不同，车辆不会故意设置移动的障碍物（当其他机器人在彼此距离太近时会暂停），这一次竞赛的目的是测试车辆在公路交通中自动驾驶的能力。这一次，车辆被期望保持在车道上，在交通道路中排队、停车、合并、通过，甚至遵守十字路口的优先顺序（即，让位于已经在十字路口的汽车）[66.71]。

在 2007 年的挑战赛中，DARPA 为 11 个团队提供每队高达 100 万美元的种子资金，基于一个竞争性的申请程序，以引导越来越复杂的机器人平台的开发成本。种子基金吸引了新的参赛者加入竞赛，这与 DARPA 吸引广泛参与者的目标一致[66.72]。

2007 年 11 月 3 日，城市挑战赛（xUCE）在加

利福尼亚州维克托维尔举行。这一赛事首次同时让11 辆全尺寸自动驾驶车辆在封闭的赛道上竞争（图 66.14）。

图 66.14　DARPA 赛车出发瞬间

图 66.15　Tartan Racing 车队的机器人车辆 Boss 穿过终点线

xUCE 是在退役的乔治空军基地内封闭的赛道上进行的。赛道主要是前基地住宅区的街道网络，并为竞赛增加了几条平整的土路。这场竞赛被设置为与时间赛跑，完成三项任务。每支队伍的任务都不同，但设计要求每支队伍驱车 60mile 才能完成竞赛。对错误或危险行为的处罚也被转换为时间处罚。

大多数道路在每个方向上都铺设了一条单向车道，这是郊区街道的典型做法。有几条道路在每个方向上都有两条车道，以模拟主干道或高速公路。在网络的东南角，有一条道路是专门为这次活动修建的一条隆起的土路。

这一次，所有 11 个合格的机器人车辆都被允许在 UCE 赛道中同时竞技，额外的交通车辆由专业驾驶员驾驶。研究人员就像焦虑的父母一样，守在赛场外的围栏旁，看着这些耗费了 12 个月时间的机器人车辆进入赛道。有一些紧张的时刻，甚至发生了剐蹭事故[66.66,73]。然而，CMU 的 Tartan Racing 车队的机器人车辆 Boss（图 66.15）完成了任务目标[66.74]，越过了终点线[66.73]领奖。2005 年夺冠的斯坦福赛车队的 Junior 位列第二名，Victor Tango 车队的机器人 Odin 获得第三名。最终共有六个机器人车辆完成了比赛[66.72]。

4. 反思

DARPA 赞同使用竞赛来推动科学和技术领域的范式转变。正如 DARPA 在其 2007 财政年度报告[66.72]所述：

该计划实现了预期目标，并激发了对国防部科技（S&T）团队感兴趣的计划和项目的兴趣。它成功地吸引了参与者及其赞助商的大量联合投资，有效地利用了政府对该计划的投资。这项技术挑战赛是经过仔细定义和安排的，以增强团队的凝聚力，并增加竞争群体之间相互影响的机会。招标和资格认证过程成功地吸引了大量来自国防工业、汽车工业、学术界及一些较小组织的强大团队参与。这项扩大团队的投资将继续带来回报，因为美国国防部将受益于加强的商业部门自动驾驶汽车技术团队。该计划成功地吸引了许多年轻人在影响国家安全的领域从事科技工作，预计随着这一群体进入工作队伍，将在多年后产生积极影响。

尽管 DARPA 的方法可能会引发一个新的问题，即竞赛发起的研究是否应该在竞赛结束后得到支持。但 DARPA 的观点是，它的作用是启动开创性研究，而不是完成它[66.1]。他们鼓励研究团队和商业组织联合起来，将这项技术推向军用车辆市场[66.72]。

Velodyne LIDAR 是 2007 年 DARPA 重大挑战赛中一项占主导地位的传感技术，它是由 2005 年 DARPA 重大挑战赛的 DAD 团队考虑到道路安全潜力而开发的[66.75]。这项发明是 DARPA 希望在竞赛中实现技术拉动的一个很好的例子。

比赛的另一个直接结果是 Google 公司的自动驾驶汽车项目，该项目就源于重大挑战赛团队的研究和研究人员[66.76]。许多汽车制造商，如 Ford、General Motors、Volkswagon 和 Toyota 等，要么参加了竞赛，要么与团队合作，要么聘请竞赛团队继续开发和应用道路安全的相关技术[66.64,70,72]。

5. DARPA 机器人挑战赛

在重大挑战赛取得成功的鼓舞下，DARPA 现在希望加快仿人救援机器人的发展。2012 年 4 月，DARPA 提出了 DARPA 机器人挑战赛。挑战内容是开发一种适应性强的地面机器人，能够在危险和退化的环境中完成任务，使用手动工具驾驶车辆进行救灾行动（图 66.16[66.77]）。

图 66.16 DARPA 机器人挑战赛概念图

与第一个重大挑战赛类似，一个雄心勃勃的目标已经设定，以激励和延伸最先进的技术。

尽管值得注意的是，新的机器人挑战赛是一个独立于以往重大挑战赛的研究计划，但我们已经采纳了一些从以前的挑战赛中吸取的最佳实践和经验教训。参赛者分为四个赛道，赛道 A 和 D 竞相开发完整机器人系统的硬件和软件。赛道 B 和 C 首先竞争开发在普通模拟机器人上运行的软件。然后，赛道 B 和 C 将在一场虚拟比赛中展开竞争。2014 年，成功的赛道 B 和 C 团队能够开发该软件，并将其部署到 DARPA 提供的通用机器人平台上。参赛者还可以申请种子资金，这将团队区分为拥有 DARPA 种子资金的赛道 A 和 B，以及自筹资金的赛道 C 和 D[66.77]。

跨团队使用公共平台和基于模拟器的挑战赛的想法解决了这样一个观察问题，即在 2007 年的挑战赛中，成功的团队已经实现了类似的传感器和传感器配置。因此，未来的挑战赛可能会通过允许团队在一个共同的平台上竞争来消除重大的硬件开发负担。其动机是再次拓宽参与者的领域[66.77]。新的机器人挑战赛还引入了对远程人类主管的访问。之前的挑战赛是严格意义上完全自主

的。有人批评说，由于大多数机器人系统极度缺乏可用的信息，如果主管能够纠正这个问题，出现的简单模糊可能会不必要地阻碍机器人。缺乏监督控制意味着，在之前的挑战赛中，车辆会显得过于谨慎。

例如，2004 年的挑战赛中的许多车辆都因为一些琐碎的问题而丧失了能力，比如机器人误判了它们实际上在道路边界的哪一边。完全自主应该是最终目标；但允许有限的监督接触将使 2004 年的竞赛继续进行，并为团队提供更多的试验时间。

6. 结论

DARPA 从未打算创造终极自动驾驶汽车。比赛的真正目的是促进科学技术研究和教育，这是美国国会最初对自动驾驶汽车授权的基础。

当然，这项工作也付出了相当大的代价。根据 2007 年财政报告[66.72]，DARPA 在这场竞赛中的真实成本约为 2500 万美元。350 万美元作为奖金直接支付给获胜团队。另外 1100 万美元在赛道 A 发放给参赛队，剩下的 1050 万美元用于举办参与者会议、现场参观、资格赛和决赛。

尽管有这些成本和这些竞赛必然有限的特性，即它们创造了一个人工环境，在给定的一段时间内让一大批实验人员集中在一个共同的目标上，但它们为 DARPA 和机器人领域带来了明显的好处。

无论美国国防部在 2015 年部署的自动驾驶汽车所占比例有多大，来自研究机构、汽车制造商、国防承包商、科技公司、学校、扬声器公司[66.75]，甚至保险公司高管[66.78]的参与者都分享了经验，试图创造一辆全尺寸、全自动、无人驾驶的汽车，这是一场更伟大的竞赛。Google、Mercedes Benz、Toyota 等公司及其技术供应商之间的竞争，目的是将这些车辆不仅推向军用车辆市场，也推向所有道路车辆的市场。这是 2001 年美国国会上远见卓识的思想家们难以想象的结果。

66.5 结论与延展阅读

在这一章中，我们讨论了几种不同类型的机器人竞赛，强调了它们对研究和教育的影响。在这里，我们总结了竞赛的多种影响，以及设计和运行比赛需要解决的主要问题。具有宏伟目标的机器人竞赛可以为科学技术的发展提供重大突破。

为此，基于一次性挑战赛的竞赛模式，其优势在于能够制定一个新目标。对于组织者和参与者来说，缺点是需要付出巨大的努力来构建系统和基础设施，这些系统和基础设施可能过于专业化，无法在竞赛结束后用于后续的挑战。另一方面，多年来

形成的挑战赛可以从持续发展中受益，只要它们适当地建立在年度成就的基础上，而不失对长期路线图的关注。案例研究中概述的两种方法证明了这两种方法的优点，以及对科学技术的无可置疑的影响。

机器人是由许多机械、电气、软件和算法组件组成的复杂系统，因此很难进行测试和比较。在孤立的情况下，可以设计一个测试系统来评估某些组件或子组件。例如，可以测试机械设计的自由度，或者测试数据总线的带宽和延迟。图像处理和测绘算法的发展取得了很大的进步，可以使用共享的数据集来比较结果。机器人系统作为一个整体的性能通常会退回到以视频形式呈现的定性评估上，并伴随着研究人员的鼓舞人心的话语。竞赛为机器人研究人员提供了动力和论坛，让他们在受控条件下，致力于开发和验证复杂系统的创新解决方案（在时间、兼容性和运输方面）。

机器人竞赛对机器人研究小组有积极的影响，因为小组内部和小组之间的团队合作要求意味着整个小组实现了更好的核心软件标准。在软件库方面的良好工具和团队中更有经验的软件工程师的最佳实践通常会在整个团队中被采用，从而使算法能够更快地应用到机器人硬件上。为此，竞赛通过发展团队基础设施和资源来支持解决方案和工具的共享，这一点至关重要。这种温和实施的开放可以保持竞争性，促进团队之间的互动，并通过最大限度地降低准入门槛来鼓励参与者的多样性。

机器人竞赛可以在教育中发挥巨大的作用。它们对学生和教师很有吸引力，同时提供了一个跨学科的平台来支持几种类型的技术技能的发展，包括团队合作。当竞赛的焦点是教育时，保持竞争和学习之间的良好平衡成为一个主要问题。在有年轻学生参加的国际竞赛中，需要仔细考虑文化和语言的差异，以保持公平性和包容性。

最后，但同样重要的一点是，机器人竞赛对公众舆论和公众对科学技术的理解有重大影响。像自主机器人和遥控机器人这样的简单差别经常被新闻媒体和公众误解或忽视。以人类为灵感的竞赛吸引了许多观众和媒体的注意，它们肯定有助于通过体育语言使科学进步更容易被接受。那些大型挑战赛会被媒体广泛报道，如 DARPA 重大挑战赛，因此，尽管从不同的角度传播社会对机器人技术进步的认识，但仍有贡献。

上述成果并非不费吹灰之力就能取得的。一场成功的竞赛必须明确界定参赛目标，并通过使大量参赛者能够进入参赛级别来适当地支持这一目标。技术挑战需要具有适当的说服力和吸引力；此外，竞赛环境必须确保通过创新和科学进步取得胜利。这是通过设计对机器人和竞赛场景的要求，以及通过精心设计的性能评估来实现的。

竞赛的组织工作也面临着艰巨的挑战：运输机器人和团队的后勤保障，竞赛活动的场地和基础设施，参赛者和观众的安全。往往被低估的融资和管理也需要大量的预先规划、技术和资源。

尽管如此，预计在未来几年里，利用竞赛来激励、教育和促进研究创新的情况只会增加，因为竞赛已被证明是机器人研究中一种特别有用的工具。

机器人竞赛的研究成果经常被收集成期刊特刊。鼓励读者浏览这些文章，因为它们通常是通俗易懂的，可以包括竞赛期间发生的有趣细节。关于 DARPA 重大挑战赛，读者可以参考 *Journal of Field Robotics* 第 23 卷（2006 年）第 8 期和第 9 期，或 *Springer Tracts in Advanced Robotics* 第 36 卷。对于 DARPA，读者可以参考 *Journal of Field Robotics* 第 25 卷（2008 年）第 8 期和第 9 期，或者 *Springer Tracts in Advanced Robotics* 第 56 卷。未来，可能会有类似的关于 DARPA 机器人挑战赛的特刊。

美国创新计划[66.79] 是关于资助科学技术研究中对竞争更广泛讨论的有趣评论。

视频文献

66

▶ VIDEO 385   Brief history of RoboCup robot soccer
available from http://handbookofrobotics.org/view-chapter/66/videodetails/385
▶ VIDEO 387   Multirobot teamwork in the CMDragons RoboCup SSL team
available from http://handbookofrobotics.org/view-chapter/66/videodetails/387

参考文献

66.1 D.D. Stine: U.S. innovation programs. In: *Federally Funded Innovation Inducement Prizes*, ed. by D.D. Stine (Nova Press, Hauppauge 2011) pp. 1–38

66.2 R. Allan: The amazing Micromice: See how they won. Probing the innards of the smartest and fastest entries in the Amazing Micro-Mouse Contest, IEEE Spectrum **16**(9), 62–65 (1979)

66.3 E. Ackerman: Meet the new world's fastest micro-mouse robot (IEEE Spectrum Magazine, November 2011)

66.4 FIRST Organization, available from http://www.usfirst.org/

66.5 A.K. Mackworth: On seeing robots. In: *Computer Vision: Systems, Theory and Applications*, ed. by A. Basu, X. Li (World Scientific, Singapore 1993) pp. 1–13

66.6 M.K. Sahota: Reactive deliberation: An architecture for real-time dynamic control in dynamic environments, Proc. 12th Natl. Conf. Artif. Intell. (AAAI) (1994) pp. 1304–1308

66.7 H. Kitano (Ed.): *Proc. IROS-96 Workshop on RoboCup* (1996)

66.8 Ansari X Prize foundation, available from http://space.xprize.org/ansari-x-prize

66.9 World Robot Olympiads, available from http://www.wroboto.org/

66.10 Robogames (formerly ROBOlympics), available from http://robogames.net/

66.11 Federation of International Robot Soccer Federation, available from http://www.fira.net/

66.12 RoboCup, available from http://www.robocup.org/

66.13 World Robotic Sailing Championship, available from http://www.roboticsailing.org/

66.14 International Autonomous Robot Racing Competitions, available from http://robotracing2012.com/

66.15 J.-H. Kim (Ed.): *A Booklet on MIROSOT'96 (Micro Robot World Cup Soccer Tournament)*, (MIROSOT Organizing Committee, 1996)

66.16 H. Kitano (Ed.): *Robot Soccer World Cup I* (Springer, Berlin, Heidelberg 1998)

66.17 M. Asada, H. Kitano (Eds.): *Robot Soccer World Cup II* (Springer, Berlin, Heidelberg 1999)

66.18 M. Veloso, E. Pagello, H. Kitano (Eds.): *RoboCup 1999: Robot Soccer World Cup III* (Springer, Berlin, Heidelberg 2000)

66.19 P. Stone, T. Balch, G. Kraetzschmar (Eds.): *Robot Soccer World Cup IV* (Springer, Berlin, Heidelberg 2001)

66.20 A. Birk, S. Coradeschi, S. Tadokoro (Eds.): *Robot Soccer World Cup V* (Springer, Berlin, Heidelberg 2002)

66.21 G. Kaminka, P. Lima, R. Rojas (Eds.): *Robot Soccer World Cup VI* (Springer, Berlin, Heidelberg 2003)

66.22 D. Polani, B. Browning, A. Bonarini, K. Yoshida (Eds.): *Robot Soccer World Cup VII* (Springer, Berlin, Heidelberg 2004)

66.23 D. Nardi, M. Riedmiller, C. Sammut, J. Santos-Victor (Eds.): *Robot Soccer World Cup VIII* (Springer, Berlin, Heidelberg 2005)

66.24 A. Bredenfeld, A. Jacoff, I. Noda, Y. Takahashi (Eds.): *Robot Soccer World Cup IX* (Springer, Berlin, Heidelberg 2006)

66.25 G. Lakemeyer, E. Sklar, D.G. Sorrenti, T. Takahashi (Eds.): *Robot Soccer World Cup X* (Springer, Berlin, Heidelberg 2007)

66.26 U. Visser, F. Ribeiro, T. Ohashi, F. Dellaert (Eds.): *Robot Soccer World Cup XI* (Springer, Berlin, Heidelberg 2008)

66.27 L. Iocchi, H. Matsubara, A. Weitzenfeld, C. Zhou (Eds.): *Robot Soccer World Cup XII* (Springer, Berlin, Heidelberg 2009)

66.28 J. Baltes, M. Lagoudakis, T. Naruse, S. Shiry Ghidary (Eds.): *Robot Soccer World Cup XIII* (Springer, Berlin, Heidelberg 2010)

66.29 J. Ruiz del Solar, E. Chown, P.-G. Ploeger (Eds.): *RoboCup 2010: Robot Soccer World Cup XIV* (Springer, Berlin, Heidelberg 2011)

66.30 T. Roefer, N.M. Mayer, J. Savage, U. Saranli (Eds.): *Robot Soccer World Cup XV* (Springer, Berlin, Heidelberg 2012)

66.31 X. Chen, P. Stone, L.E. Sucar, T. Van der Zant (Eds.): *RoboCup 2012: Robot Soccer World Cup XVI, Mexico City* (Springer, Berlin, Heidelberg 2013)

66.32 S. Behnke, M. Veloso, A. Visser, R. Xiong (Eds.): *Robot Soccer World Cup XVII* (Springer, Berlin, Heidelberg 2014)

66.33 H. Kitano, M. Tambe, P. Stone, M. Veloso, S. Coradeschi, E. Osawa, H. Matsubara, I. Noda, M. Asada: The RoboCup synthetic agent challenge, Proc. IJCAI-97 (1997)

66.34 S. Zickler, T. Laue, O. Birbach, M. Wongphati, M. Veloso: SSLvision: The shared vision system for the RoboCup Small Size League, Lect. Notes Artif. Intell. **5949**, 425–436 (2010)

66.35 E. Olson, J. Strom, R. Morton, A. Richardson, P. Ranganathan, R. Goeddel, M. Bulic, J. Crossman, B. Marinier: Progress toward multirobot reconnaissance and the MAGIC 2010 competition, J. Field Robotics **29**(5), 762–792 (2012)

66.36 A. Jacoff, R. Sheh, A.-M. Virts, T. Kimura, J. Pellenz, S. Schwertfeger, J. Suthakorn: Using competitions to advance the development of standard test methods for response robots, Proc. 2012 Perform. Metrics Intell. Syst. Workshop (PerMIS'12) (2012)

66.37 ELROB competition: http://www.elrob.org/

66.38 AUVSI competition: http://www.auvsifoundation.org/Competitions/CompetitionCentral

66.39 T. Wisspeintner, T. van der Zant, L. Iocchi, S. Schiffer: RoboCup@Home: Scientific competition and benchmarking for domestic service robots, Interact. Stud. **10**(3), 393–428 (2009)

66.40 R.C. Michelson: Autonomous Aerial Robots, Unmanned Syst. **29**(10), 38–42 (2011)

66.41 A. Visser: The international micro air vehicle flight competition as autonomy benchmark, Robotics Compet.: Benchmarking, Technol., Transfer Educ. Workshop – Eur. Robotics Forum (2013)

66

66.42 DSO National Laboratories, The Science Centre Singapore: Singapore amazing flying machine, Competition Challenge Booklet (2014)

66.43 M.J. Er, S. Yuan, N. Wang: Development control and navigation of Octocopter, 10th IEEE Int. Conf. Control Autom. (ICCA) (2013) pp. 1639–1643

66.44 R. Roberts, J. Walker: Flying robots to the rescue, IEEE Robotics Autom. Mag. **17**(1), 8–10 (2010)

66.45 D. Erdos, A. Erdos, S.E. Watkins: An experimental UAV system for search and rescue challenge, Aerosp. Electronic Syst. Mag. IEEE **28**(5), 32–37 (2013)

66.46 D.C. Macke, S.E. Watkins, T. Rehmeier: Creative Interdisciplinary UAV Design, IEEE Potentials Mag. **33**(1), 12–15 (2014)

66.47 D. Werner: Making way for unmanned aircraft, Aerospace Am., January, 28–37 (2014)

66.48 W. Oomkens, M. Mulder, M.M. Van Paassen, M.H.J. Amelink: UAVs as aviators: Environment skills capability for UAVs, IEEE Int. Conf. Syst. Man Cybern. (2008) pp. 2426–2431

66.49 AUVSI Seafarer Chapter: 2014 Rules for AUVSI Seafarer Chapter 12th Annual Student UAS (SUAS) Competition (2013)

66.50 B. Vidolov, J. De Miras, S. Bonnet: AURYON – A mechatronic UAV project focus on control experimentations, Int. Conf. Comput. Intell. Model., Control Autom., 2005 Int. Conf. Intell. Agents, Web Technol. Internet Commer., Vol. 1 (2005) pp. 1072–1078

66.51 Z. Fucen, S. Haiqing, W. Hong: The object recognition and adaptive threshold selection in the vision system for landing an unmanned aerial vehicle, Int. Conf. Inf. Autom. (ICIA) (2009) pp. 117–122

66.52 Cyber Alaska: Rules of The First Annual CYBERAlaska CyberPhysical Systems (2013)

66.53 O. Lawlor, M. Moss, S. Kibler, C. Carson, S. Bond, S. Bogosyan: Search and rescue robots for integrated research and education in cyber-physical systems, 7th IEEE Int. Conf. e-Learn. Ind. Electron. (ICELIE) (2013) pp. 92–97

66.54 R. Schochmann, M. Suchy, J. Pilka, I. Pestun, M. Kusenda: The impact of student's projects: A self reflection, 14th Int. Conf. Interact. Collab. Learn. (ICL) (2011) pp. 553–555

66.55 W. Grespin: Drones in our world, Part VI: Barriers to adoption, Diplomatic Courier (2014)

66.56 United States Congress: National Defense Authorization Act for Fiscal Year 2001 (United States Congress, Washington 2001), Sect. 217, p. 2549

66.57 Defense Advanced Research Projects Agency (DARPA): DARPA Grand Challenge Announcement 2004, http://archive.darpa.mil/grandchallenge04/media/announcement.pdf (2003)

66.58 E.D. Dickmanns, V. Graefe: Applications of dynamic monocular machine vision, Mach. Vis. Appl. **1**(4), 241–261 (1988)

66.59 D.J.T. Pomerleau: Rapidly adapting machine vision for automated vehicle steering, IEEE Expert Mag. **11**(2), 19–27 (1996)

66.60 R. Gregor, M. Lutzeler, M. Pellkofer, K.-H. Siedersberger, E.D. Dickmanns: EMS-Vision: A perceptual system for autonomous vehicles, IEEE Trans. Intell. Transp. Syst. **3**(1), 48–59 (2002)

66.61 S. Thrun, M. Beetz, M. Bennewitz, W. Burgard, A.B. Cremers, F. Dellaert, D. Fox, D. Hahnel, C. Rosenberg, N. Roy, J. Schulte, D. Schultz: Probabilistic algorithms and the interactive museum tour-guide robot minerva, Int. J. Robotics Res. **19**, 972–999 (2000)

66.62 M.W.M.G. Dissanayake, P. Newman, S. Clark, H.F. Durrant-Whyte, M. Csorba: A solution to the simultaneous localization and map building (SLAM) problem, IEEE Trans. Robotics Autom. **17**(3), 229–241 (2001)

66.63 Defense Advanced Research Projects Agency (DARPA): Grand Challenge 2005 Report to Congress, http://archive.darpa.mil/grandchallenge/docs/Grand_Challenge_2005_Report_to_Congress.pdf (2005)

66.64 J.R. McBride, J.C. Ivan, D.S. Rhode, J.D. Rupp, M.Y. Rupp, J.D. Higgins, D.D. Turner, R.M. Eustice: A perspective on emerging automotive safety applications, derived from lessons learned through participation in the DARPA Grand Challenges, J. Field Robotics **25**(10), 808–840 (2008)

66.65 A. Bacha, C. Bauman, R. Faruque, M. Fleming, C. Terwelp, C. Reinholtz, D. Hong, A. Wicks, T. Alberi, D. Anderson, S. Cacciola, P. Currier, A. Dalton, J. Farmer, J. Hurdus, S. Kimmel, P. King, A. Taylor, D.V. Covern, M. Webster: Odin: Team Victor-Tango's entry in the DARPA Urban Challenge, J. Field Robotics **25**(8), 467–492 (2008)

66.66 L. Fletcher, S. Teller, E. Olson, D. Moore, Y. Kuwata, J. How, J. Leonard, I. Miller, M. Campbell, D. Huttenlocher, A. Nathan, F.R. Kline: The MIT–Cornell collision and why it happened, J. Field Robotics **25**(10), 775–807 (2008)

66.67 Defense Advanced Research Projects Agency (DARPA): DARPA Grand Challenge FAQ 2004, http://archive.darpa.mil/grandchallenge04/faq.asp (2004)

66.68 Defense Advanced Research Projects Agency (DARPA): DARPA Grand Challenge FAQ 2007, http://archive.darpa.mil/grandchallenge04/media_briefing.pdf (2007)

66.69 Defense Advanced Research Projects Agency (DARPA): DARPA Grand Challenge Final Data 2004, http://archive.darpa.mil/grandchallenge04/media/final_data.pdf (2004)

66.70 S. Thrun, M. Montemerlo, H. Dahlkamp, D. Stavens, A. Aron, J. Diebel, P. Fong, J. Gale, M. Halpenny, G. Hoffmann, K. Lau, C. Oakley, M. Palatucci, V. Pratt, P. Stang, S. Strohband, C. Dupont, L.-E. Jendrossek, C. Koelen, C. Markey, C. Rummel, J. van Niekerk, E. Jensen, P. Alessandrini, G. Bradski, B. Davies, S. Ettinger, A. Kaehler, A. Nefian, P. Mahoney: Stanley: The robot that won the DARPA Grand Challenge, J. Field Robotics **23**(9), 661–692 (2006)

66.71 Defense Advanced Research Projects Agency (DARPA): DARPA Grand Challenge FAQ 2007, http://archive.darpa.mil/grandchallenge/faq.asp (2007)

66.72 Defense Advanced Research Projects Agency (DARPA): DARPA Fiscal Year 2007 Annual Report, http://archive.darpa.mil/GRANDCHALLENGE/docs/DDRE_Prize_Report_FY07.pdf (2008)

66.73 C. Urmson, J. Anhalt, D. Bagnell, C. Baker, R. Bittner, M.N. Clark, J. Dolan, D. Duggins, T. Galatali, C. Geyer, M. Gittleman, S. Harbaugh, M. Hebert,

66

T.M. Howard, S. Kolski, A. Kelly, M. Likhachev, M. McNaughton, N. Miller, K. Peterson, B. Pilnick, R. Rajkumar, P. Rybski, B. Salesky, Y.-W. Seo, S. Singh, J. Snider, A. Stentz, W. Whittaker, Z. Wolkowicki, J. Ziglar, H. Bae, T. Brown, D. Demitrish, B. Litkouhi, J. Nickolaou, V. Sadekar, W. Zhang, J. Struble, M. Taylor, M. Darms, D. Ferguson: Autonomous driving in urban environments: Boss and the urban challenge, J. Field Robotics **25**(8), 425–466 (2008)

66.74　P. Henderson: SUV with mind of its own wins robot car race, Reuters (Nov. 4 2007)

66.75　Velodyne Inc.: Velodyne Lidar Origins, avaliable online at http://velodynelidar.com/lidar/hdlabout/origins.aspx (2005)

66.76　J. Markoff: Google cars drive themselves, in traffic, available online at http://www.nytimes.com/2010/10/10/science/10google.html (October 2010)

66.77　Defense Advanced Research Projects Agency (DARPA): 2012 DARPA Robotics Broad Agency Announcement (BAA), https://www.fbo.gov/index?s=opportunity&mode=form&id=5cf3cc1f46103cc0aba5d0f9412cab25&tab=core&_cview=1 **12**(39) (2012)

66.78　L. Grossman: Building the best driverless robot car, Time (online): http://www.time.com/time/magazine/article/0,9171,1684543,00.html, (November 2007)

66.79　A.E. Berger, M.C. Koepel (Eds.): *U.S. Innovation Programs* (Nova Press, Hauppauge 2011)

66

第 7 篇
机器人与人

（篇主编：Daniela Rus）

内 容 导 读

第 7 篇为机器人与人，涵盖了一些与人-机器人交互有关的最新进展，从受生物启发的机器人设计，到人与机器人交互的编程和安全，以及机器人技术带来的伦理问题。我们对技术领域未来的愿景是从个人计算机飞跃到私人机器人的，在这个世界里，机器人无处不在，并与人类并肩工作。在过去的 50 年里，我们在机器人技术方面取得了巨大的进步，正如本手册前几部分所展示的那样，但仍有新的能力需要开发，现有的能力需要改进，以创造一个机器人与人类共同工作的世界。机器人的身体应该能很容易地融入我们的生活环境；机器人应该是安全的；机器人应该能轻松地接受人类用户的命令；机器人应该具有功能能力；机器人应该让人参与进来，以帮助减轻错误状态和任务的不确定性。应对这些挑战将使机器人更接近我们对普及型机器人的愿景。

第 7 篇中的主题对于创建在以人为中心的环境中运行的机器人至关重要。这些章节有机地涵盖了以人为中心和逼真的机器人，包括硬件设计、控制（运动、操纵和交互）、感知、用户界面，以及机器人的社会和伦理内涵。因此，第 7 篇建立在本手册之前的所有部分之上。与机器人基础（第 1 篇）和机器人设计（第 2 篇）中的相关章节，特别是机构与驱动（第 4 章）、传感与估计（第 5 章）、运动规划（第 7 章）、机器人体系架构与编程（第 12 章）、机器人人工智能推理方法（第 14 章）、肢系统（第 17 章）、机器人手（第 19 章）、模块化机器人（第 22 章）和轮式机器人（第 24 章）的联系是必不可少的，还有一个重要的依赖是传感与感知（第 3 篇）、操作与交互（第 4 篇）、移动与环境（第 5 篇），因为这些章节涵盖了在以人为中心的环境中运行的机器人所需的一些基本算法和技术。

今天的计算方法已经从桌面计算自然地发展到移动计算，再到普适计算，最终导致与物理世界交互的计算。换句话说，《机器人手册》的第 7 篇介绍了该领域在按照我们自己的形象创造智能且顺从的机器人方面取得的进展。第 7 篇中各章的主要内容概述如下。

第 67 章 仿人机器人 本章从关于人类的例子，以及理解智能的历史和哲学讨论开始，简要概述了创造仿人机器人的技术现状。这些机器人能够进行双足运动和操作。此外，仿人机器人可以利用自己的整个身体（例如，在提升物体的同时移动身体以补偿载荷）。仿人机器人特有的控制问题包括移动操作过程中的静态和动态稳定性问题。仿人机器人通过感知系统与人类交互，应该能够解释行为和情绪，并通过语言系统来解释人类语言。

第 68 章 人体运动重建 本章描述了最新的算法，这些算法依赖于运动捕捉系统的数据来合成机器的仿人运动模型，介绍了两种信息捕捉模型：光学运动捕捉和机械运动捕捉。可以利用运动学和动力学模型对捕捉的数据进行骨骼模型的计算。肌肉骨骼模型也可以计算，并用于进行肌肉的运动分析。本章还讨论了模型识别技术、人体运动的分割、人体运动的分类，以及人体运动的时间排序和语言分类，并在最后介绍了机器人的运动重建技术。

第 69 章 人-机器人物理交互 本章讨论了当人类和机器人共享同一工作空间并相互接触时会发生什么。机械故障、操作错误或软件问题可能会危及安全。设计和控制具有安全保证的机器人是人-机器人物理交互（pHRI）的重要先决条件。本章介绍了 pHRI 的安全标准，并调查了几种安全的交互方法。

第 70 章 人-机器人增强 本章介绍了可穿戴机器人系统，可增强穿戴它们的人类的能力，同时允许人类控制它们，以特定任务的方式提高它们的性能。有三种类型的设备可以提供人类增强功能：①假肢，为人类肢体的功能替代；②动力矫形器，其功能是与不健康的人体关节同时积极工作；③与健康的人类肢体并行运行的机器人外骨骼。本章描述了上肢、下肢和全身结构的假肢、动力矫形器和外骨骼，为每一类可穿戴系统介绍了最先进的设备，以及其功能和主要机器人组件，并提出了关键的设计问题及开放性研究。

第 71 章 认知型人-机器人交互 将人、机器人及其联合活动视为一个认知系统。本章讨论了在建模、算法和设计等方面的最新技术，以使人与机器人交互系统的设计成为可能；描述了允许机器人与人参与联合活动的表示和行动，以及人-机器人交互的联合活动模型；还描述了最近对人类期望和机器人行为认知反应的研究。本章借鉴了来自计算机科学、认知科学、语言学和机器人学等广泛领域的研究问题和进展。

第 72 章　社交机器人　本章讨论了机器人的创建，旨在以社交和情感的方式与人交互，用于教育、娱乐、医疗保健等领域。这些机器人的实施案例是类似生命的，并且能够进行多模态沟通。本章使用了一个关于机器人 Kismet 的案例研究，以说明能够投射情感的机器人理念，并调查了一些赋予机器人社会认知技能的基本方法，如共同关注、共情心和心理视角任务。

第 73 章　社交辅助机器人　本章涵盖了人-机器人系统的设计，这些系统使用语言和非语言表达和交流，通过社交而不是物理的互动来与用户进行交互和帮助。社交辅助机器人（SAR）专注于通过非物理互动提供动力、指导、培训和康复的挑战；这些系统已经在脑卒中康复、孤独症儿童的社会技能培训和老年护理等方面得到了验证。本章回顾了推动社交辅助机器人研究的关键社会问题，描述了实体机器人而不是虚拟代理对此至关重要的原因，重点介绍了该领域的主要研究问题，以及 SAR 研究可能影响的主要应用领域和人群，最后讨论了一些伦理和安全问题。

第 74 章　向人类学习　本章涵盖了关于我们如何通过提供好的或坏的示例来教机器人做什么的重要话题。这是一种直观的机器人控制和学习任务的方法，有可能向非专家用户开放机器人应用程序。本章首先讨论了机器人学习新技能的意义，并综述了几种学习方法，还介绍了面向生物学的学习方法，如模仿学习的概念模型和模仿学习的神经模型。本章通过演示总结了机器人编程中的几个开放性问题。

第 75 章　仿生机器人　本章首先讨论了受生物启发的机器人和仿生机器人之间的区别。受生物启发的机器人试图重现一种自然现象，但不一定是潜在的手段，而仿生机器人再现了自然现象和手段。本章从对生物激发形态的研究开始，介绍了从视觉到听觉、触觉、嗅觉和味觉的生物启发传感器的调查。受生物启发的驱动器包括爬行、腿式运动、攀爬、游泳、飞行和操纵等运动主题。本章还探讨了在控制和规划背景下的生物灵感，包括基于行为的架构、学习机器人、进化机器人和开发机器人。最后，本章探讨了如何从能源的角度使机器人实现自我维持。

第 76 章　进化机器人　本章讨论了一种创建机器人的方法，其灵感来自于进化算法捕获的适者选择性复制的达尔文原则。本章介绍了进化计算方法，并提供了一些案例研究。由于进化方法需要大量的计算，它通常在模拟中运行，最终结果被传输到机器人平台上。最近几年，在物理平台上实时运行进化算法以实现学习行走等复杂行为方面取得了一些成功。

第 77 章　神经机器人学：从视觉到动作　本章从视觉到动作，研究了动物行为大脑机制的神经行为学如何激发为机器人创造中枢神经系统。本章通过几个案例研究，从结构和功能上对机器人仿生控制器的设计进行了分析，包括蜜蜂与机器人的光流流动、青蛙与机器人的视觉导引行为，以及老鼠与机器人的导航。本章接着探讨了小脑在运动控制中的作用和镜像系统的作用。最后通过观察大脑已经进化为动作导向的感知，这是构建机器人控制器的一个有用的指导原则。

第 78 章　感知机器人　本章讨论了从人类大脑视觉的认知处理中得出的原理，这导致了机器人学和计算机视觉的研究成果。本章通过研究生物感知和机器人系统之间的关系，重点关注机器人感知功能的技术实现。将对象识别作为一个示范任务，讨论了诸如表示、结构描述模型、神经表示，以及识别和学习算法等问题，并研究了基于示例的运动表征，以建立视觉皮层的功能与一类计算机视觉算法之间的联系。

第 79 章　教育机器人　本章概述了使成功的教育机器人成为可能的关键要素。首先是对机器人竞赛的调查，这是教授机器人学最普遍的机制，机器人竞赛已经影响了来自不同地域和年龄段的数万名学生。然后是在教育中有效使用机器人所需的技术标准。教育机器人设备由硬件（预组装或作为套件或组件）和软件（作为源代码和编程环境）组成。本章介绍了取得显著成功的物理机器人平台，以及能够与年轻学生交互的软件（即将这些平台与高级计算和顶级编程环境交互的低级控制器）。最后，本章描述了如何使用传统的分析工具来评估使用机器人的非常规教育项目。

第 80 章　机器人伦理学：社会与伦理的内涵　本章讨论了机器人与人共存的社会和伦理的含义。本章从对无限使用技术的危险进行哲学反思开始，提出了需要一种新的机器人伦理学。许多其他因素，包括准备接受机器人的社会的文化差异，都定义了这种需求。本章概述了机器人技术可以采用的道德、隐私、准确性、知识产权和访问准则，介绍了机器人类型的分类方法，以及每种机器人类型的社会伦理问题。

第 67 章
仿人机器人

Paul Fitzpatrick, Kensuke Harada, Charles C. Kemp, Yoshio Matsumoto, Kazuhito Yokoi, Eiichi Yoshida

仿人机器人选择性地模仿人类形体和行为的某些方面。仿人机器人外形众多、大小各异，从完整的跟人类一样大小的腿式机器人到单独的拥有人类感觉和表情的机器人头部。本章重点介绍一些重要的仿人机器人平台和研究成果，并讨论这个领域背后的潜在目标。仿人机器人往往需要多种方法的融会贯通，这些方法在本手册的其他章节里有详细的介绍，所以本章将通过自由的交叉引用来着重强调仿人机器人的不同之处。

本章分析了科研人员致力于仿人机器人的动机，并为这个领域未来的前进方向提出了一些思考。除此之外，本章涵盖了关于腿式机器人的行走、仿人机器人的操纵、整个身体的活动，以及人-机器人交互等内容。本章最后简单探讨了可以影响仿人机器人未来发展的一些因素。

67.1 为什么研究仿人机器人

纵观历史，人类的形体和思想一直在启发着艺术家、工程师和科学家。仿人机器人领域的重点是创造直接受人类能力启发的机器人（见第 75 章）。这些机器人通常具有与人类类似的运动学原理，类似的感应方式和行为。推动仿人机器人发展的动机有很多。例如，人们已经开发了仿人机器人用于通用的机械作业、娱乐，以及神经科学和实验心理学的理论验证[67.1-3]。

值得注意的是，虽然本章重点介绍的是被其创建者明确指定为仿人机器人的机器人，但这些机器人与其他机器人之间的界限可能很模糊。许多机器人都与人类有相似的特征，或是受到了人

67

类的启发。

67.1.1　人类的例子

在日常生活中，人类执行的重要任务远远超出目前机器人的能力。此外，人类还拥有执行各种不同任务的能力。机器人学家希望创造出具有同样多功能性和技能的机器人。考虑使人执行任务的物理和计算机制是实现任务自动化的常用方法，但究竟从人类中借鉴什么是有争议的。用照搬人类完成任务的方式来设计仿人机器人的设计方法可能不是实现一些模仿人类能力的最佳方法（见第 65 章）。例如，洗碗机与它们所取代的手动洗碗方式几乎没有什么相似之处。

67.1.2　迷人的镜子

人是人类最喜欢的主题。快速浏览一下流行的杂志、视频和书籍就足以让任何外星观察者相信人类沉迷于自己。这种痴迷的本源还没有被完全理解，但它的各个方面已经影响了仿人机器人领域。

人是社会性动物，通常喜欢相互观察和互动[67.4]。此外，人们对人类的特征有高度的适应性，如人的声音、人脸和身体运动的形态[67.5-7]。婴儿在早期就会表现出对这些刺激类型的喜爱，而成年人在理解这些刺激时似乎使用了专门的心理资源。通过模仿人类特征，仿人机器人可以尽力理解这些共有的偏好和心理资源。

人类对自己的兴趣已经反映在各种不同的媒体上，如洞穴绘画、雕塑、机械玩具、照片和计算机动画。艺术家们一直试图用最新的工具来描绘人类形象。机器人学作为一种强大的新媒介，能够创造出在现实世界中运行的、展示人类的形态和行为的人工制品[67.8]。

许多流行的小说作品对仿人机器人和人造仿人生物进行了有广泛影响力的描述。例如，Karel Čapek 在 1920 年创造的科幻剧作《罗素姆万能机器人（R. U. R.）》讲述在工厂里制造的人造人的故事[67.9]。许多其他作品还包括仿人机器人的精确描述，比如在 1927 年，Fritz Lang 的电影《大都会》[67.10]中的机器人玛丽亚，以及 Isaac Asimov 在 1954 年的《钢穴》等作品中对仿人机器人的深刻描述[67.11]。科幻小说中，仿人机器人的悠久历史影响了几代研究人员和公众，并进一步证明了人们被仿人机器人的概念所吸引这一事实。

67.1.3　理解智能

仿人机器人领域的许多研究人员认为仿人机器人是一种更好地理解人类的工具[67.3,12]。仿人机器人提供了一种通过构建（合成）来测试理解的途径，从而补充了认知科学等学科的研究人员已有的分析。

研究人员试图使用仿人机器人技术来更好地发展人类智能[67.13]。发展心理学家、语言学家和其他人已经发现人体和人类认知之间存在紧密的联系[67.14]。通过以一种类似于人类的方式来体现，并置于人类环境中，仿人机器人可能能够发挥类似的机制来实现人工智能（AI）。研究人员还试图寻找一种能够使机器人以类似于人类婴儿的方式自主进化的方法[67.15]。其中一些研究人员使用的仿人机器人可以以类似于人类的方式探索世界[67.16]。

67.1.4　人类环境

人们生活在适应人类的形态和行为的环境中[67.17,18]。许多重要的日常物品都可以放在人的手中，并且足够轻，方便人携带。人类使用的工具与其灵巧性相匹配。门的大小往往是方便人们通过的，桌子的高度与人体和感官很匹配。仿人机器人可以潜在利用这些相同的适应方式，从而简化任务，避免为机器人改变环境[67.19]。例如，仿人机器人和人类可以在同一空间使用相同的工具相互合作[67.20]。仿人机器人也可以与不包括有线驱动控制的机器进行交互[67.21]，如图 67.1 所示。

图 67.1　仿人机器人 HRP-1S（HRP：仿人机器人项目）驾驶挖掘机（由 Kawasaki Heavy Industries、Tokyo Construction 和 AIST 提供）。该机器人可以由人类操作员进行遥控操作，以远程控制挖掘机。同一机器人也许能够与许多不同的未定制化的机器进行交互

67

具有腿式结构和类似人类行为的机器人能够进入人类可以进入的环境，如崎岖的户外环境和图 67.2 所示的具有为人类使用而设计的楼梯和扶手[67.22]的工厂。除了具有可移动性的优势外，腿也有可能在其他方面提供帮助。例如，腿可以使仿人机器人改变其姿势，以便倚靠某物，用其身体的重量拉动物体，或在障碍物下爬行[67.23,24]。

图 67.2 HRP-1 在一个工业工厂的模型中运行
（由 Mitsubishi Heavy Industries 提供）

2011 年 3 月发生在日本福岛第一核电站的灾难是机器人一个引人注目的应用实例场景。这场灾难导致当地环境对人类产生了严重威胁。因此，通过远程遥控在这些环境中执行各种不同任务的机器人很有价值。未来的仿人机器人可能能够通过狭窄的通道、梯子和其他为人类设计的环境特征（图 67.3）。同样地，它们可能能够远程操作包括控制面板、阀门和为人类设计的工具。这种类型的场景激发了 DARPA 机器人挑战赛，机器人将通过执行相关任务进行竞争。值得注意的是，DARPA 计划让一些团队使用 Boston Dynamics 公司研制的 Atlas 仿人机器人（图 67.4）进行竞争。

图 67.3 在 DARPA 机器人挑战赛中
虚构的灾难应对场景

图 67.4 Atlas 仿人机器人作为 DARPA
机器人挑战赛的平台（由 Boston
Dynamics 公司提供）

67.1.5 人际互动

人们已经习惯于和别人一起工作了。许多类型的交流都依赖于人类的行为。一些类型的自然手势和表情涉及手和脸部的微妙动作（见第 72 章）。人们可以不经训练就能识别眼神和面部表情。仿人机器人可以利用人与人之间已经存在的沟通渠道，潜在地简化和增强人-机器人交互。

同样地，人们已经有能力执行许多高价值的任务。相比与人类结构完全不同的机器人，这些任务的相关信息将更容易地转移到仿人机器人中，尤其是在与人类相关的文化活动中（图 67.5）。

图 67.5 仿人机器人 HRP-2 与人类跳舞[67.25]。
在左方的是一种传统的日本舞蹈大师，她的
舞蹈被一个动作捕捉系统记录下来，并
进行了转换以供机器人使用

67.1.6 娱乐、文化及其替代品

仿人机器人本质上就适合于许多应用。例如，

仿人机器人可以在娱乐活动中发挥作用，比如剧院、主题公园和成人陪伴（图 67.6）。外形和功能的真实性使仿人机器人远胜蜡像和电子动画。

图 67.6　Actroid（由 Kokoro 公司提供），一个为娱乐、远程呈现和媒体人物而设计的机器人

仿人机器人可以用作远程呈现、服装模特、人体工程学测试，或者扮演其他依赖于机器人与人类相似性的替代角色。例如，Boston Dynamics 公司开发了仿人机器人 Petman 来测试用于保护军事人员免受化学物质伤害的衣服（图 67.7）。机器人假体也与仿人机器人有着密切的关系，因为它们需要在功能和形式上直接取代人体的部分部位（见第 64 章）。

图 67.7　Petman 仿人机器人（由 Boston Dynamics 公司开发，用于测试美国军方的化学防护服装）[67.26]

67.2　研究历程

研究具有人类运动方式的机械系统有着悠久的历史。例如，AI-Jazari 在 13 世纪设计了一台类人自动机[67.27]。Leonardo da Vinci 在 15 世纪末设计了一款仿人自动机[67.28]。在日本，有一种创造机械娃娃的传统，至少可以追溯到 18 世纪[67.29]。在 20 世纪，电子动画在主题公园成为一个有吸引力的事物。例如，1967 年，迪斯尼乐园开放了加勒比海盗之旅[67.30]，它用电子海盗来表演与音频同步的拟人动作。虽然这是可编程的，但这些仿人电子系统以固定的开环方式移动，并没有感知环境的能力。

在 20 世纪下半叶，数字计算的进步使研究人员能够将重要的计算合并到机器人的感知、智能、控制和驱动中。许多机器人学家开发了受人类能力启发的传感系统、运动系统和操作系统。然而，第一个整合所有这些功能并吸引广泛关注的仿人机器人是早稻田机器人（WABOT-1），由 Ichiro Kato 等人于 1973 年在日本早稻田大学开发，如图 67.8 所示。

WABOT 机器人集成了自那以后一直在不断完善的功能：视觉对象识别、语音生成、语音识别、双手操作和双足行走。例如，在 1985 年的筑波科学博览会上，WABOT-2 的钢琴演奏能力被大力宣传，激起了公众的极大兴趣。

1986 年，Honda 公司开始了一个机密项目，即

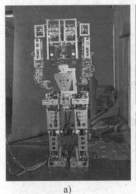

a)　　　　　　　　　b)

图 67.8　早稻田机器人（由早稻田大学仿人机器人研究所提供）

a) WABOT-1（1973 年）　b) WABOT-2（1984 年）

创建一个仿人双足机器人。Honda 公司对仿人机器人产生了兴趣，也许看到这些设备的复杂性与汽车相当，今后有可能成为大批量的消费品。1996 年，作为这个机密项目的成果，Honda 公司发布了 Honda 仿人机器人 P2。P2 是第一个能够稳定双足行走的、与人等大的仿人机器人。连续型设计减少了它的重量，提高了它的性能（图 67.9）。与学术实验室和小型制造商制造的仿人机器人相比，Honda 仿人机

67

器人使用特殊铸造的轻型高刚性机械连接和高扭矩谐波驱动器，使得它在坚固性上有了一个巨大的飞跃。

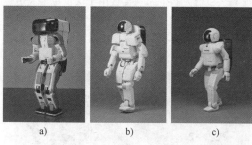

a)　　　　　　b)　　　　　　c)

图 67.9　Honda 仿人机器人（由 Honda 公司提供）
a) P2[67.31]（180cm，210kg）　b) P3（160cm，130kg）
c) 创新移动的先进步骤（glossnoidx ASIMO）
（120cm，43kg）

与此同时，一个为期 10 年的 Cog 项目于 1993 年在美国麻省理工学院的人工智能实验室启动，其目的是创造一个通过建立其身体经验来学习思考，以逐步完成更抽象的任务[67.13]的仿人机器人。这个项目研发了一个上半身仿人机器人，该机器人的设计很大程度上受到了生物和认知科学的启发（图 67.10）。自 Cog 项目成立以来，世界各地的研

究人员发起了许多仿人机器人新项目，包括进化机器人、自主心智发展（AMD）机器人与表观遗传机器人[67.34]。

图 67.10　仿人机器人 Cog 使用与神经振荡器结合的柔性转矩控制臂来执行人类工具的各种日常任务，如转动曲柄、锤击、锯切和敲击小鼓[67.32]
（由 Sam Ogden 公司提供）

在 21 世纪初，大量的公司和学术研究人员已经参与到了仿人机器人的研发中，并创造出了具有独特特征的新型仿人机器人。

67.3　要模仿什么

仿人机器人有各种形状和大小，从形式和行为上模仿人类的各个方面（图 67.11）。正如所讨论的，推动仿人机器人发展的动机各不相同。这些不同的动机导致了各种各样的仿人机器人出现，它们有选择地强调了部分人类特征，同时忽略了其他特征。

67.3.1　身体部位

部分身体部位的存在与否是仿人机器人最明显的分化方向之一。一些仿人机器人只专注于头部和面部，也有一些机器人将双臂安装在一个固定或带有轮子的躯干上（图 67.12），一些仿人机器人甚至带有高度明确的脸部与手臂、腿部和躯干。

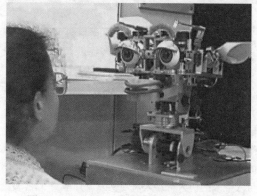

图 67.11　Kismet 是一个进行社交互动的仿人头部的例子

图 67.12　NASA 机器人由轮式移动的躯干和仿人的上半身组成

67

67.3.2 力学

仿人机器人在机构与结构方面模仿着人体的各个方面，如人体的运动学、动力学、几何学、材料特性和驱动作用等。因此，仿人机器人技术与人类生物力学领域密切相关。

仿人机器人通常由接近人体肌肉骨骼系统运动学的刚性连杆组成。即使是符合人体运动学的刚性连杆模型也可以有非常多的自由度。仿人机器人通常只会模仿与其预期用途相关的自由度。例如，仿人机器人很少试图模仿人类肩膀的移动能力或人类脊柱的柔韧性[67.35,36]。

人手可以进一步说明这些问题。现代的仿人机器人通常有两只手臂，每只手臂都有 7 个自由度，但不同的机器人的手部可以有很大的差异（见第 1 卷第 19 章）。人手非常复杂，在一个非常紧凑的空间有 20 个以上的自由度（拇指大约有 5 个自由度，其余每个手指大约有 4 个自由度），它具有柔顺的外观、密集的触觉感知和低末端质量。研究人员用不同的精确度去模拟人手，包括符合解剖学的试验手平台（ACT）、20 自由度的 Shadow Hand、12 自由度的 DLR-Hand-Ⅱ、11 自由度的 Robonaut hand 和 2 自由度的 Cog hand[67.37-41]。其中，ACT 手在各个方面都有高保真度，它仿真了人手的骨骼结构、惯性特性、运动学和驱动方式。

仿人机器人与人相比，另一个变化很大的特性是其驱动系统。人类的动作驱动拥有一个复杂的、高度冗余的变刚度肌肉系统。相比之下，许多仿人机器人在每个关节上都使用一个刚性的、基于位置控制的驱动器。在早期也有一些例外，例如，Cog 仿人机器人的手臂是使用串联弹性驱动器[67.32,42]实现各种形式的柔顺驱动的，不过，现在这也并不罕见。

67.3.3 传感器

仿人机器人使用了多种传感器，包括相机[○]、三维相机、激光测距仪、传声器阵列、领夹式传声器和压力传感器。一些研究人员通过使用和人类功能相似的传感器来模拟人类的感知，并将这些传感器安装在仿人机器人与人位置一致的部位。如第 67.6 节所述，在相机的使用中可以明显看出这一特点，2~4 个相机经常被安装在仿人机器人头部等同于人眼的部位。

对模仿人类感知方式的偏爱是因为受自然人-机器人交互感知、人体感官支持行为能力和最基本的美学影响。例如，在人-机器人交互这方面，非专家人员有时可以更容易地解释相机这类仿人传感器的功能和含义。同样地，如果机器人能感知到红外线或紫外线辐射，那么它可以看到一个与人类不同的世界。在行为上，将传感器放置在机器人头部，机器人可以从类似于人的有利位置感知世界，这对机器人寻找放置在桌子上的物体很有帮助。

一些著名的仿人机器人增加了额外的与人类感知方式毫无关联的传感器。例如，Kismet 使用了一个安装在其前额上的相机来辅助其安置在眼部的两个相机，这种做法有效地简化了面部跟踪等常见任务。同样地，ASIMO 的部分版本也使用了一个安装在其下躯干的面向下方地面的相机，它可以简化运动过程中的障碍物探测和导航。

67.3.4 其他特点

其他常见的变化形式包括机器人的大小，机器人接近于人类的程度，以及机器人所执行的任务。本章的其余部分提供了运动能力、全身运动和形态交互这三个来自仿人机器人研究活跃领域的例子。

67.4 运动能力

双足行走是仿人机器人技术的一个关键研究课题（另见第 2 卷第 48 章腿式机器人，通过运动来回顾这一主题）。腿部运动是机器人研究的一个挑战性领域，其中，双足仿人运动尤其具有挑战性。一些小型仿人机器人能够通过大脚部和低质心来实现静态稳定的步态行走，但具有类似人类重量分布和身体尺寸的大型仿人机器人在双足行走时通常需要动态平衡。

67.4.1 双足运动

目前，仿人机器人双足运动的主要方法是利用零力矩点（ZMP）准则来确保机器人不会跌倒[67.43]，如第 2 卷第 48 章详细讨论的，假设摩擦大到不会产生滑倒，通过控制机器人的身体来使 ZMP 位于机器人脚的支撑多边形内，这能确保机器人不会跌倒。ZMP 可以用于规划行走模式，使机器人在行走时保持动态稳定。在传统上，通过求解一个关于给定 ZMP 期望轨迹的重心（COG）运动的连续微分方程，可以离线生成双足运动。

最近，对基于 ZMP 的双足机器人步态生成已有了许多扩展，如下所示。

1. 实时行走模式的生成

通过实时求解常微分方程，对双足机器人的实时步态进行控制[67.44,45]。由于实时行走模式生成器使我们能够实时更改脚的落地位置，因此它可用于各种情况；在参考文献 [67.46] 中，脚的落地位置根据手的反作用力而改变，在操作小节中对这有更具体地描述。如图 67.13 所示[67.47]，双足机器人根据施加给机器人的外部干扰量实时生成行走模式。在这种情况下，双足机器人的躯干被人推动后，它会实时生成能够恢复平衡的步态。在参考文献 [67.48] 中，仿人机器人 ASIMO 在设置有移动障碍物的环境中行走。它通过对物体运动的估计，实时生成机器人的行走模式。图 67.14[67.49] 显示了双足机器人在崎岖地形上的运动。在这个试验中，它通过一个激光传感器来测量环境的形状，并根据形状信息，实时计算出崎岖地形上的落地位置。

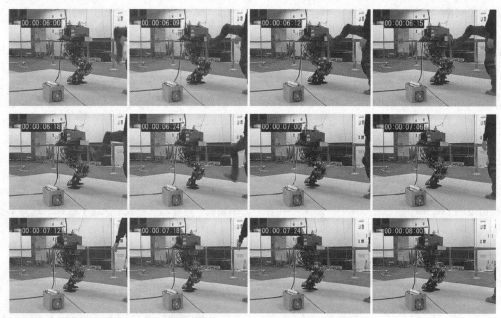

图 67.13　受推后姿态恢复的试验

图 67.14　崎岖地形下双足机器人的步态试验

2. 跑步

基于 ZMP 的行走模式生成器额外考虑腾空阶段，即可生成两足机器人的跑步运动[67.50-52]。图 67.15[67.52] 展示了一个双足仿人机器人跑步运动的例子。仿人机器人的跑步运动速度已达到 7km/h。

3. 基于 ZMP 方法的扩展

ZMP 是为机器人和地面之间的相互作用而定义的二维信息，但机器人对地面施加的却是六维的力/力矩。因此，仅仅通过调节 ZMP 的位置无法控制相互作用力/力矩的所有维度。更具体地说，机器人可能会在地面滑倒或与地面失去接触。不过已有考虑了全六维力/力矩的双足机器人运动的研究[67.53,542]。

67

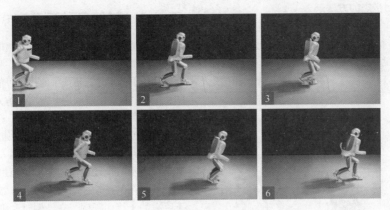

图 67.15　跑步运动的例子

4. 拟人行走运动

仅仅使用 ZMP 生成的双足运动很有可能与人类有一定差异，不过已有团队正在进行双足机器人生成类似人类双足步态的挑战[67.55]。图 67.16 展示了一种双足机器人的运动，它支持单脚趾支撑，膝关节伸展和类似人类的腿部摆动轨迹。Walking Studio Rei 模型对它与人类行走的姿态进行了比较。

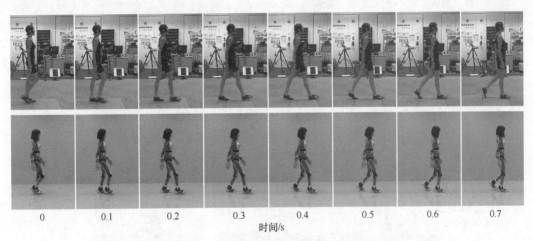

| 0 | 0.1 | 0.2 | 0.3 | 0.4 | 0.5 | 0.6 | 0.7 |

时间/s

图 67.16　拟人行走运动对比

5. 力/力矩控制器

机器人双足行走时，需要应对执行规划过程中遇到的意外干扰有很好的适应性。有时受到的干扰可以通过反馈控制和适当的感知来稳定行走[67.56]。许多仿人机器人，如 Honda 公司的 ASIMO，使用了加速度计、陀螺仪和六轴力/力矩传感器在运动过程中向机器人提供反馈。

力/力矩传感器一直被用来调整机器人的力控制，但对于全尺寸仿人机器人而言，具有足够鲁棒性可以处理脚部冲击的力/力矩传感器却相对较新。机器人的脚部接触地面时，其脚部受到的冲击会干扰其行走，而这种冲击可能相当大，尤其是当机器人快速行走时。因此，现在的一些机器人脚部安装了弹簧和阻尼来缓解这一问题，如图 67.17 所示。

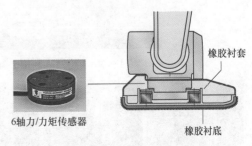

橡胶衬套

橡胶衬底

6轴力/力矩传感器

图 67.17　使用柔性材料和力/力矩传感的
仿人腿部运动的脚部结构示例

67

6. 基于被动步态的方法

除基于 ZMP 方法外，研究人员已经开始利用双足被动动力步行机器人的原理开发出利用自然动力且以类似人的方式高效行走的双足步行机器人[67.57]（图 67.18）。

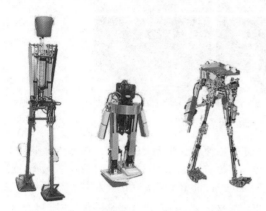

图 67.18 由代尔夫特理工大学、麻省理工学院和康奈尔大学（从左到右）设计的机器人能够利用自然动力进行行走[67.57]（由 Steven H. Collins 提供）

67.4.2 其他各种运动方式

大多数仿人机器人都有两条腿和两只手。其中，手臂可以增强仿人机器人的机动性。例如，当机器人在抓住扶手行走时，与扶手的接触可能会增加机器人的稳定性。目前已有利用手臂增强仿人机器人机动性的尝试[67.58]。如图 67.19 所示[67.58]，在不平坦的地形上行走的仿人机器人有时会用手部来提升自身稳定性。

一个与人类等比例大小的机器人有可能会在现实条件下不时地跌倒。即使运动经过精心规划，且安装着复杂的反馈控制器，仿人机器人可能也会由于巨大的干扰而跌倒。在跌倒时，机器人可能会严重损坏，而且还可能会破坏周边的物体或伤害附近的人。为了优雅地恢复姿态或最小化损伤，如何控制机器人的跌倒成为一个重要的研究领域。Sony 公司的 QRIO 可以控制其跌倒时的运动，以减少跌倒时的冲击[67.50]。不过它的尺寸相对较小，从而简化了这一问题。Fujiwara 等[67.59]为仿人机器人开发了在向后跌倒时所需的跌倒运动控制器。图 67.20 展示了一个受控跌倒运动的示例。这一普遍存在的问题仍然是一个非常活跃的研究领域。类似地，重新站立也是目前很普遍的问题[67.60]（图 67.21）。

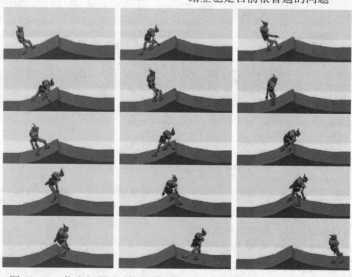

图 67.19 仿人机器人利用手部接触地面实现不平坦地面上的行走

图 67.20 受控跌倒运动示例

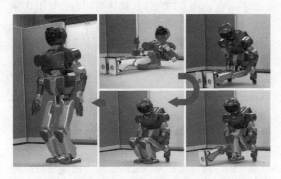

图 67.21　仿人机器人 HRP-2P 从跌倒的
姿态中站起来

67.4.3　障碍物之间的定位与导航

为了使仿人机器人在未建模环境中行走，定位和障碍物检测不可或缺。轮式机器人在导航中也有类似的问题，但双足仿人机器人有更特殊的要求。例如，双足仿人机器人能够利用其多关节的腿部来控制与外界的接触。

人工地标可以简化定位。如图 67.22 所示，Honda 公司的 ASIMO 使用了安装在下身且面向地面的相机来寻找用于定位修正的人工标记[67.61]。准确的定位对于长途导航和爬楼梯都很重要，因为误差通常出现在行走时，而累积的位置和方向的误差会导致严重的问题。

图 67.22　ASIMO 和地面上的人工地标

规避障碍物也是运动的一项重要功能。由立体视觉生成的视差图像已被用于此目的。例如，由 Okada 等[67.62]开发的三维成像探测器可以搜寻机器人的可通行区域。图 67.23 的检测结果显示了可以生成步态的地面区域。

图 67.23　用于检测可通行地面
区域的三维成像

由于其复杂的传感和控制，仿人机器人需要大量的计算。不过，定制的计算硬件也许可以帮助缓解此问题。例如，Sony 公司的仿人机器人 QRIO 配备了一个现场可编程门阵列（FPGA），辅助立体成像相机实时生成视差地图。该实时视觉系统已用于检测地面区域、楼梯台阶和障碍物检测[67.63,64]。

67.4.4　在与对象接触时生成运动

许多生成全身运动的方法都假设机器只与地面接触。因此，当仿人机器人的手与环境接触时，它就无法再利用传统的 ZMP 来保持平衡[67.65]。这给整体运动带来了重大挑战，由于与机器人接触的环境特性很可能无法提前了解，这一问题便更为复杂。

Harada 等人[67.66]引入了广义零力矩点（GZMP）作为处理这些问题的一种方法，如与环境接触产生的手部反作用力这一问题。研究人员已经开发出直接利用作用在机器人手上的六维力/力矩的方法，这些力/力矩可以通过放置在手腕上的传统力/力矩传感器来感知[67.67]。研究人员还开发了专门的方法使机器人在操纵物体时保持平衡[67.46,65,68-70]。

1. 携带一个物体

以类似于上述方法的方式，可以修正机器人在没有考虑手部反作用力时的运动[67.65,68,71,72]。图 67.24 显示了机器人在携带重达 8kg 的物体时的试验结果[71]。根据对手部反作用力的测量，修正了腰部的位置来补偿负载，从而保持机器人的稳定性。

67

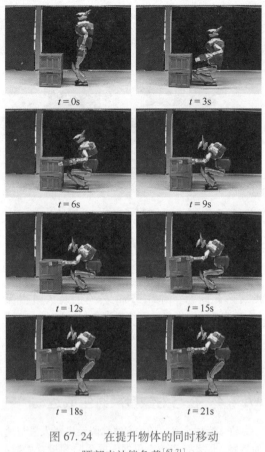

图 67.24　在提升物体的同时移动
腰部来补偿负载[67.71]

2. 推动一个物体

另一个使用力传感器来调整动作的例子是推动

一个放置在地面上的大体积物体的问题。对于这样的任务，如果步态模式在机器人实际移动之前便确定，那么当物体的重量或物体与地面之间的摩擦系数与预测值不同时，机器人很可能无法保持平衡。为了解决这个问题，可以根据手臂末端力传感器的输出结果自适应地改变步态模式，以处理物体重量和摩擦系数的变化[67.46]。

图 67.25 展示了该方法的试验结果[67.46]，试验所用的桌子重约 10kg。即使在试验过程中，外部干扰桌子的运动，机器人也可以根据力测量结果自适应地改变其步态模式来保持平衡。

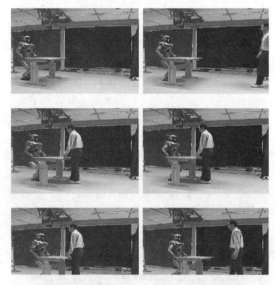

图 67.25　机器人自适应地推动物体[67.46]

67.5　全身运动

上节分别讨论了仿人机器人的运动和操作。这一节将概述对手臂和腿的协调控制来执行各种任务时的全身运动，如携带巨大的物体，攀爬梯子，或通过带有扶手的狭窄空间。仿人运动的特点是冗余和欠驱动（见第 1 卷第 10、17 章）。与固定的工业机器人不同，它有一个只能通过腿的运动或手腿并用的多重接触运动来控制的可移动基座（通常设置在骨盆处）。因此，如何确定所需完成的任务并生成相应运动是很重要的问题。由于仿人机器人具有冗余结构，一般方法是首先产生粗略的全身运动，然后将其转化为全身协调的关节轨迹，最后控制器会通过传感器的反馈来保持这一过程的稳定

性，如图 67.26 所示。本节的前半部分讨论了这种通用方法的前两个组成部分。

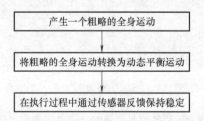

图 67.26　平衡机器人的运动生成阶段概述

本节的后半部分将着力于在第 67.5.2 节中所讨论的全身运动的各种复杂且难以解决的相关问

67

题。在第 67.5.3 节提出了各种并发任务的解决方案，包括以不等式和动态约束表示的任务。该框架可以应用于接触物体的任务，它能在保持物体可见的同时，进行足迹规划。最后，将在第 67.5.4 节介绍包括多个接触点的运动生成。其多样化的应用有望扩大仿人机器人在杂乱环境中的活动领域。在这种环境下，仿人机器人应通过在非共面接触点上支撑其身体来保持平衡。

67.5.1 粗略的全身运动

目前有以下几种方法可以生成粗略的仿人运动：
1) 使用运动捕捉系统。
2) 使用 GUI（图形用户界面）。
3) 使用自动运动规划。
4) 使用抽象的任务需求。

1. 使用运动捕捉系统

仿人机器人与人类的结构相似，因此一种自然而常见的运动生成方法便是使用测量后的人体运动。把捕捉到的人体运动转化为数字角色的运动重定位是计算机动画中一个很有前景的研究领域。通常情况下，人类主体会在身上佩戴便于检测的标记并进行相应动作。这些标记的运动会被放置在房间里的相机记录下来，然后由计算机软件计算出这些标记随着时间变化的三维位置。据报道，许多研究通过机器学习[67.73]和优化[67.74,75]将捕捉的运动转换成了仿人机器人的运动。图 67.27 便是其中一例：捕捉到的日本传统舞蹈舞者的动作[67.76]。通过计算多个标记形成对应虚拟连接所需的相应关节角度，这种运动学上的相似性让使用捕捉的运动作为仿人机器人全身运动的参考成为可能。然而，由于动力学差异，如质量分布和力矩生成的方式不同，捕捉的运动一般是不稳定也不可行的。因此，需要对捕捉的动作进行适应性修改（第 67.5.2 节会对其进行介绍）。

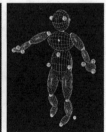

图 67.27 捕捉到的一系列舞蹈动作[67.76]

2. 使用 GUI

用于人物动画的计算机图形学（CG）工具也可以用于设计仿人机器人的运动。如果设计师被迫独立控制多个自由度中的每一个，或者负责平衡，那么这个过程将是乏味和低效的。但如今，基于 GUI 的关键姿势法让非机器人专家也能设计机器人的运动。通过末端执行器的逆运动学计算，这种方法让设计者直接定义所需运动的关键姿势。交互界面会进行插值和动态平衡补偿，使输入的运动适用于仿人机器人（稍后在第 67.5.2 节中介绍）。图 67.28 展示了为此目的开发的 GUI[67.77,78]。

3. 使用自动运动规划

前两种方法主要通过运动捕捉系统或 GUI 来控制关节角度。如果机器人运动的目的是在不发生碰撞的前提下，从一种位姿转换为另一种位姿，并且具体的移动方式并不重要，那么自动运动规划就是一种非常有效的方法（可参考第 2 卷第 36、47 章）。

快速搜索随机树（RRT）等快速路径规划技术可以自动简化模型，并计算出具有静态平衡的无碰撞姿势[67.79,80]或步行轨迹[67.81]。图 67.29 展示了一个携带物体的仿人机器人，其下半身建模被简化为了边界框。给定仿人机器人和环境的几何模型，初始和目标位形，规划系统就可以自动搜索全身无碰撞的路径。这条粗略的路径可以转换为动态稳定的全身运动。如果想要进一步了解仿人机器人的运动规划，读者可以自行阅读研究这一领域的书籍[67.82]。

4. 使用抽象的任务需求

仿人机器人所执行的任务在关节空间的表达常常并不那么明确，但在其操作（或任务）空间却正好相反。例如，如果仿人机器人想要抓住桌子或地面上的物体，这个任务通常以笛卡儿空间中手的位置和姿态来表示[67.83-87]。另一个例子是遥操作：相比配置全身关节的参数来达到某一位置，操作员直

67

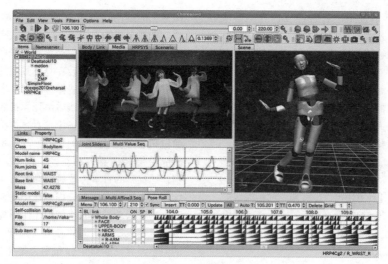

图 67.28　一个基于 Choreonoid 框架的动作编排工具。在这个工具中，双足机器人的全身运动可以通过与计算机图形学（CG）动画类似的关键帧编辑方式来创建[67.78]

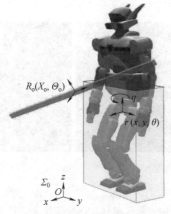

图 67.29　用矩形框建模的仿人机器人模型。基于几何学和运动学的路径规划器将为这个 9 自由度系统生成无碰撞路径，包括机器人腰部的平面（3 自由度）和物体（6 自由度）

接控制操作点的位置会更简单，比如直接定位末端执行器或仿人机器人的头部[67.88]。这些任务有着比仿人机器人的冗余结构更少的自由度，并以一种抽象的方式表示。图 67.30 展示了基于抽象表示的运动的双手操作运动[67.89]。

另一方面，还应考虑到其他约束条件，如整体平衡或关节限位，从而生成可达成目标的全身运动。

因此，需要有一种能通过抽象任务需求得出仿人机器人的定位和全身目标姿势的机制。前面介绍的能自动平衡的 GUI 在自由空间足够大时很有用，但在杂乱的环境中却不尽人意，因为它需要整合搜索技术，以计算任务时的有效全身姿势[67.90,91]。稍后，将在第 67.5.3 节中对多任务和多约束的运动生成进行相应讨论。

图 67.30　基于任务空间吸引动力学运动表示的仿人机器人 ASIMO 双手操作[67.89]

67.5.2　生成动态稳定的运动

第 67.5.1 节中提出的方法可用于为仿人机器人生成粗略动作，如舞蹈表演、操作或行走。然而，对于其中一些方法，其生成的运动并不会考虑机器人的动态稳定性，这就有可能导致机器人跌倒。本节将介绍一些方法来将粗略运动转换为动态稳定的运动、动态平衡的算法和任务平衡功能分解。在之前的方法中，包括上半身在内的所有关节都是基于参考运动进行全身平衡的，比如需要上半身运动补偿的踢腿运动，而之后的方法主要依靠下半身进行平衡或行走，从而使上半身专注于预期任务。

1. 动态平衡

一个被称为自动平衡器的框架是仿人机器人的动态全身平衡的开创性研究之一。通过求解一个二次规划（QP）的优化问题，将每个样本的所有关节角度及时转换为一个平衡的运动[67.92]。这种方法对静态平衡为主的运动很有效，比如在仿人机器人站立时。自动平衡器首先通过将重心（COG）固定在穿过人体支撑多边形中一点的垂直轴上来计算全身运动。之后，重心周围的惯性矩需要保持在可接受范围之内，以满足平衡条件。通过评估平衡约束配置，将该技术与基于快速采样的运动规划器相结合，来获得所需的动态运动[67.79]。

解析动量控制（RMC）[67.93]是一个基于整个机器人的动量和角动量的全身控制框架。机器人被当作一个动量和角动量可控的刚体。在每个时间点，这个框架使用最小二乘法计算关节速度，以达成机器人所需的动量和角动量。一些关节的动量也可以作为自由变量，不对其进行指定。在实际情况中，常常会对角动量进行这样处理。此外，解析动量控制还要求指定脚部的期望速度。这种方法已被应用于遥操作或稳定的伸手或踢腿动作[67.93]。动态滤波

器之类的其他方法使参考运动在动态下对仿人机器人也行得通[67.94]，早稻田双足仿人机器人（WABI-AN）的上半身运动补偿[67.95]也因为使用了这种方法而受到推崇。

2. 任务平衡功能分解

在这种方法中，机器人全身运动的动态稳定性通过基于模式生成或腿部平衡补偿来保持，并使ZMP始终处于足部支撑区域内，同时上半身会进行指定的任务，如操作任务或进行提前设计好的运动。

一种基于迭代的两阶段运动规划方法能够使仿人机器人同时进行操作和运动[67.81]。在第一阶段，运动规划器通过下半身边界框的行走路径生成对应的上半身运动（图 67.29）。第二阶段，将需要的上半身运动叠加在基于线性倒立摆模型的 ZMP 预见控制，并由动态步行模式生成器生成的动态稳定步行运动上[67.96]（可参考第 2 卷第 48 章和本卷第 67.4节）。行走过程中的上半身运动会导致基于参考生成的 ZMP 的误差，这可能会使仿人机器人变得不稳定。将预见控制再次用于此 ZMP 误差，可以计算出腰间位置的所需补偿的水平偏移量。如果计算出的全身运动有碰撞，规划过程回到第一阶段进行重做，这个过程会一直重复，直到获得一个有效的运动。图 67.31 ◎ VIDEO 594 和 ◎ VIDEO 598 展示了在设置了障碍物的环境中对杆状物体进行操作的无碰撞运动。

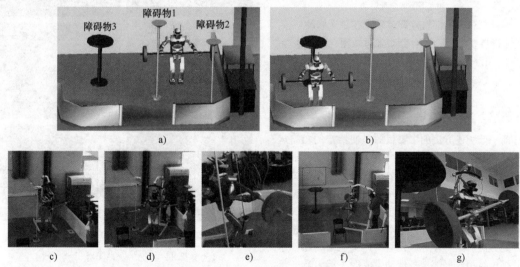

图 67.31　仿人机器人 HRP-2 完成的三维无碰撞运动[67.81]，从启动初始位形到最终位形（或目标位形）机器人水平旋转杆件，使其穿过距离小于杆长的间隙。通过利用所携带物体的凹陷部分来避免碰撞，它以另一种避障运动方式达到了目标位形
a）初始位形　b）目标位形　c）穿过间隙过程之一　d）穿过间隙过程之二
e）穿过间隙过程之三　f）穿过间隙过程之四　g）另一种避障运动方式

67

动态平衡的下半身运动补偿也用于基于 GUI 的运动设计[67.77]。GUI 接受一系列期望运动的关键姿势作为输入，并在它们之间插值来计算仿人机器人的全身运动。由于生成的运动一般不是动态稳定的，因此通过应用腰部轨迹调整来调整关键运动和插入运动，从而保持动态平衡。调整仅修改关键姿势和插值姿势的水平腰部位置，使调整后的运动与原来的一样接近（图 67.32）。每次用户完成编辑操作时，都会自动立即完成调整，以便用户看到产生的运动。

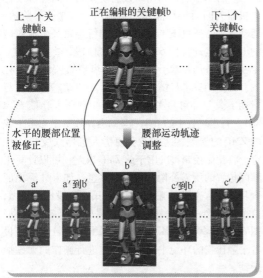

图 67.32　腰部轨迹调整，它在每次修改
关键点姿势后，都会自动立即处理。因此，
关键姿势的腰部水平位置略有改变，
运动的动态平衡也得以保持[67.77]

67.5.3　基于各种任务生成全身运动

前一节所述方法的主要目的是使给定的粗略运动达到动态稳定。在部分情况下，任务只能以抽象的方式给出，例如，要求末端执行器以指定的姿态到达工作区指定的位置，或是以一个姿态对准相机轴。本节将更进一步讲解通过同时考虑平衡、脚部位置或关节限制等约束，自动生成运动以实现指定任务的方法。具有任务优先级的广义逆运动学技术及其扩展被用作局部全身运动生成的关键工具（可参考第 1 卷第 10 章）。

从逆运动学角度看，仿人机器人的主要特点有：动态平衡的必要性、改变固定的根部关节和浮动基座。这些问题应该根据机器人的目标任务进行适当的处理。本节的最后一部分还会涉及一些扩展

以处理更复杂的任务，如不等式约束、脚步的规划和动力学等。

1. 动态平衡与行走

本小节给出了一些基于任务优先级的广义逆运动学的全身运动生成的例子。如第 1 卷第 10 章所描述，这个框架首先处理最高优先级的任务，然后尝试在高优先级任务的零空间中处理次高优先级的任务。

任务在本地被指定为工作空间中的速度，如手部在到达目标时的速度。因此，平衡约束可以表示为质心（COM）的速度。基于 ZMP 的模式发生器的优点是，它依据 ZMP 参考轨迹输出保持动态稳定行走的质心速度，使用质心雅可比矩阵可以很容易地将其集成到逆运动学框架中[67.97]。图 67.33 展示了一个全身抓取运动，机器人需要抓取由视觉系统定位的球[67.85]。在本例中，将高优先级分配给质心和脚部运动，以避免跌倒。可以看到，双腿不仅用于行走，而且还会弯曲，以协调上半身姿势，达到较低的位置。机器人左臂后移以保持运动平衡。操作日常生活中的工具或物体的推/举[67.98-100]的全身运动[67.84]，避免自我碰撞的运动，也基于类似的框架来实现。

图 67.33　通过基于任务优先级的逆运动学生成
的全身抓取运动[67.85]。其上下半身相互
协调，迈步的同时保持身体平衡，
以达成期望的抓取任务

图 67.34、🔘 **VIDEO 595** 和 🔘 **VIDEO 599** 中给出了另一个示例，其中仿人机器人利用支点旋转重物，以移动笨重的物体，而不是直接提起重

物[67.86]。在这种情况下，首先规划物体到其目标位置的粗略路径，以便详细计算执行操作的手部轨迹，然后沿着物体的路径确定脚部位置，使用动态行走模式生成器从中导出质心轨迹。这些任务通过逆运动学产生协调的手臂和腿部运动，以进行此复杂操作。除了动态平衡外，根部关节的变化也被用来计算行走过程中支撑腿改变时的全身运动。同样的框架也被应用于在行走过程中抓取移动物体。在这个过程中，需要结合末端执行器视觉追踪与机器人动态行走运动[67.103]。

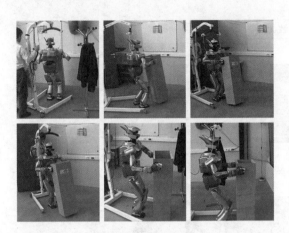

图 67.34　全身旋转操作的试验。从右侧有障碍物的初始位置开始，仿人机器人将物体向后移动，远离墙壁。将运动方向切换为向前后，机器人通过避开障碍物（吊架）继续移动物体到目标位置

仿人机器人的浮动基座有时会导致难以从工作空间中指定的抽象任务中确定全身位形。在上述方法中，要实现的目标位形是由局部广义逆运动学的重复计算推导出来的结果。然而，在某些情况下，目标全身位形首先需要利用运动规划技术在位形空间中进行搜索，如基于采样的规划方式。一些基于逆运动学推导目标位形的方法对这一目的是有用的[67.90,91,104]，或是对描述了机器人到达周围的离散工作空间的能力[67.105,106]的预先计算的可达性地图。

2. 针对复杂任务的扩展

基于任务的全身运动生成可以进行扩展以处理更复杂的任务，如步行或表示为不等式约束或动态约束的任务。

仿人机器人的一个特殊扩展是在全身广义逆运动学框架中加入步进。Kanoun 等人[67.102]通过引入依附在脚上的虚拟平面链，介绍了一种增广机器人结构，如图 67.35、 🔊 VIDEO 596 和 🔊 VIDEO 600

所示。这种建模将足迹规划作为一个逆运动学问题来解决，使最终全身位形的确定成为可能。在规划了足迹后，可以利用前面提出的方法计算出包括行走在内的动态稳定的全身运动。

图 67.35　步进规划被建模为一个全身的逆运动学问题[67.102]

在第 1 卷第 10.3 节中，冗余机器人任务优先级广义逆运动学通常将任务建模为等式形式，以便操作点能够达到所需速度。然而，有时任务也以不等式表示：保持手部远离某些区域，以避免碰撞或机器人视线受阻，考虑关节限位，或使质心保持在脚部支撑区域内。不等式任务通常通过势场转化为更严格的等式约束。为了消除这一约束，提出了一种基于 QP 优化[67.87]的任务优先级逆运动学扩展方法。该方法通过对所需完成的等式任务的误差最小化来搜索 QP 序列的最优集，从而满足在期望的优先级下的不等式任务。这种方法可以让仿人机器人在不遮挡视线的同时，用手臂接触物体。

基于 QP 优化的方法可以推广到生成包括动力学等式和不等式任务在内的全身运动[67.109]。除了目前所介绍的之外，逆动力学也被集成到基于任务优先级生成全身运动的框架之中。通过使用这种方法，无须通过模式发生器即可将动态 ZMP 约束转换为质心速度，可以直接解决动态平衡问题。这种方法需要的是基于力矩控制的仿人机器人，而不是目前阶段常用的基于位置控制的仿人机器人。不过，由于机器人硬件[67.110]的最新进展，以及对更复杂任务（包括下一节介绍的多触点）的兴趣日益增加，科研人员正在积极研究基于各种任务生成的动态全身运动。

67.5.4　多触点运动的生成

到目前为止介绍的全身运动基本上都假设只在仿人机器人的脚部和地面之间存在接触。然而，在我们的日常生活中，与脚以外的接触经常发生，例如通过狭窄的空间或支撑身体到达工作台的远

端。由于仿人机器人与为人类设计的场景具有高度亲和力，它的应用领域可以尽可能地利用接触来拓展，而不是在运动规划中通过避免接触来进行扩展。本节介绍近年来深入研究的多触点全身运动的规划和控制问题。规划器的任务是导出可达成目标的具有多个触点的全局位形序列，而控制器生成动态稳定的运动以从一个触点状态过渡到另一个触点状态。

1. 多触点的运动规划

无步态的多触点运动可以通过包括仿人机器人在内的腿式机器人来实现[67.107,108,112]。通过将位姿定义为机器人与环境之间的有限接触集，规划器会生成一系列能够达到的目标姿势。如图67.36所示，在规划过程中，通过采样另一个具有可行且稳定的机器人位形，搜寻从一个姿势到另一个姿势的可能转换[67.107]。图67.37展示了使用此规划方法规划的合成运动[67.108]。之后，一个更广义的框架被提出，以处理多机器人和多目标系统[67.113]。这种一般化允许对单个机器人或多个协作机器人的运动和操作问题进行通用描述和处理。

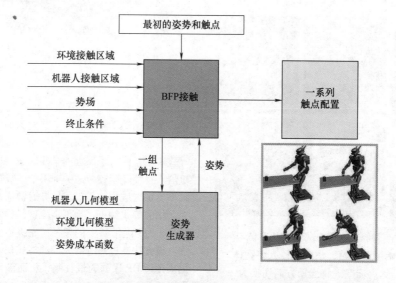

图67.36　基于BFP的接触运动规划器框架和姿势生成器[67.107]

图67.37　一系列在不规则地形上的具有多触点全身运动的图像[67.108]

规划器输出的是一系列可以通过准静态运动来执行的静态稳定的接触位姿。为了产生快速且动态稳定的运动，研究人员提出了一种全局优化方法[67.111]。该方法通过B样条函数对关节轨迹进行参数化，将无限轨迹问题转化为半无限轨迹问题，为优化技术的应用创造了条件。考虑关节力矩限制和动态多触点稳定性等约束条件，通过非线性优化生成全身运动，以最小化平方力矩和执行时间。通过这种方法所生成的运动比生成准静态运动要快得多。合成运动的一个示例如图67.38和 ⏯ VIDEO 597 所示。考虑其物理约束，轨迹优化方法也可用于生成

举重运动使仿人机器人提起重物[67.114]。

如图67.38所示，虽然多触点运动的可行性已得到试验验证，但其优化过程耗时且无法处理运行过程中的错误或干扰。因此，必须要建立一个控制器，以确保多触点全身运动的执行。

2. 多触点运动的稳定性测量

在讨论控制器之前，非共面接触的第一个动态稳定性度量方法及其用法值得一提。虽然ZMP已成为众所周知的动态稳定性判据，但它只能用于平面上的接触点。移动机器人的稳定裕度[67.118]只适用于具有稳定步态的腿式机器人。

图 67.38　通过全局轨迹优化生成的动态多触点运动[67.111]

因此，目前已经提出了广义零力矩点（GZMP）[67.119]，即考虑了地面和脚部接触以外的相互作用力的 ZMP。通过考虑支承点凸包边缘的无穷小位移和力矩，可以得到多点接触的稳定区域。Hirukawa 等人提出了另一种标准，接触力旋量（CWS），它是应用于机器人齿轮的重力和惯性扭转的总和。如果仿人机器人位于其脚部与环境之间的接触扭转的多面凸锥内，则该仿人机器人是稳定的[67.115,120]。基于这一标准，仿人机器人已经可以支撑扶手在崎岖的地形上步行（图 67.39）。

图 67.39　用扶手支撑手臂，在崎岖的
地形上步行[67.115]

3. 使用多触点控制全身

先前提出的仿人机器人的多触点运动在执行过程中需要基于传感器反馈的控制来减少意外干扰或建模误差的影响。

Khatib 等人[67.116,117]扩展了他们的操作空间方法的框架，使仿人机器人能够同时接触存在多个触点的高优先级目标。目前提出了一种基于力矩的内力控制方法，并将其集成到具有全局优先级的多任务框架中，从而实现对质心移动、操作任务和内力特性的统一控制（图 67.40）。图 67.41 显示了实时模拟器上一个多触点运动的示例。Hyon 等人[67.122]提出了另一种基于无源性控制器的方法。依靠基于力矩控制的机器人，该方法无须测量接触力即可适应施加在任意触点的未知外力。

此外，目前还提出了另一种基于线性 QP 优化的针对多触点全身运动的实时控制器[67.121,123]，不使用简化模型且运动受到可自由移动的仿人机器人全身的动力学约束。这一方法被期望能实现诸如倒摆等运动形式，因为我们需要考虑比双足行走更一般化的运动。优化过程还包括诸如防滑条件、驱动力矩约束、摩擦锥内的接触力，以及避免不必要的自碰撞和与环境的碰撞等约束。以目标接触姿态和必要的传感信息作为输入，控制器可以计算反馈控制命令，在低于 100Hz 的控制回路上实时执行多触点的全身运动。图 67.42 显示了基于该控制方法的仿人机器人进入汽车这一复杂运动的模拟结果。

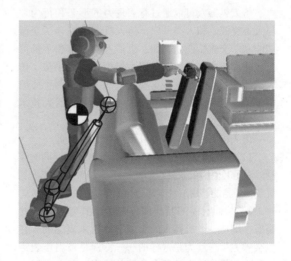

图 67.40　使用者可交互控制的机器人右手进行多触点运动的实时模拟。图像上绘制有虚拟链接模型，以捕获作用在支撑体之间的内力行为[67.116]

图 67.41　通过多触点的基于任务
优先级的全身控制器来攀登梯子的
数字化虚拟人体[67.117]

67

图 67.42 包括多触点规划并控制 HRP-2 进入汽车的图像[67.121]。从最初的
姿势转到利用手臂支撑方向盘和座位，并最终成功地进入汽车

67.6 形态交互

人类通过身体姿势和运动来评估彼此的状态，很自然地，研究人员也想把这一种交互形式扩展到和我们形态相似的机器人中。

67.6.1 具有表现力的形态与行为

仿人机器人可以通过有表现力的形态和行为来与人类交流。和人类一样，仿人机器人整合了交流功能和非交流功能。例如，机器人的手臂和手部可以触碰和抓取，但也可以用手指指向和做手势。仿人机器人的头部是这些重叠元素的一个特别重要的例子，并且对仿人机器人技术和一般的机器人技术产生了重要的影响[67.124]。

仿人机器人的头部有以下两个主要功能：

1) 根据感知的需要来定位姿态传感器，同时让身体满足其他约束条件，如保持平衡和维持步态。相机和传声器能够用这种方法进行非常有效的定向。

2) 协同身体的其他部位来摆出具有表现力的姿态。即使一个机器人的头部不是用来表达的，它也会被人类理解为是这样的——特别是被当作表达机器人视觉注意力的所在位置的线索。仿人机器人也有可能故意设计一个拟人的脸，这可以成为与人类沟通的重要渠道（见第 72 章）。

眼睛可以说是仿人机器人中最具表现力的组成部分之一。对人类而言，眼睛既具有很强表现力，也对感知有重要的作用。仿人机器人可以选择只控制眼睛来实现用于表现表情的运动，并利用放置在其他位置的传感器进行感知，以同时完成这两项任务。不过，大多数仿人机器人使用的是头载式伺服相机，这样既能拥有表现力，也能进行感知。这些机制表现出了不同程度的生物真实性，例如，Kismet 头部具有人类眼球运动的许多表现成分，同时具有并不拟人化的相机布置，从而简化了一些感知形式（图 67.43）。

许多仿人机器人使用受生物启发的中央窝视觉

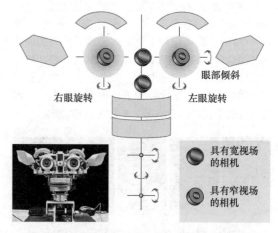

图 67.43 在 Kismet 上，中央窝视觉是使用眼睛中的相机实现的，而周边视觉是使用头部的不显眼的相机实现的[67.124]。这一设计很好地解决了关注焦点的问题，同时简化了区分自我运动与物体运动的过程（因为头部移动比眼睛移动更低频、更缓慢）。这是一个表达性和功能性问题部分分离的例子，这也表明仿人机器人的逼真度可以具有许多不同的级别

系统，它能提供细节较差的宽视场和高细节的窄视场的结合（图 67.44）。通过适当的控制程序将窄视场与宽视场中检测到的任务区域进行合成，这些机器人便达成了分辨率和视场之间的平衡。此外，这种眼睛的结构还以一种直观的方式传达了机器人的关注焦点。许多系统使用四台相机，即在机器人的每一个眼睛都有一个广角相机和窄角相机，但一些研究人员也使用了依靠人眼的生物学特性研发的基于空间变化的特种相机[67.125]。

一些仿人机器人的眼球运动是根据对人眼运动精确建模得到的结果。图 67.45 是这类模型的一个案例。这些仿生的视觉方法通常有四种类型的视觉行为：

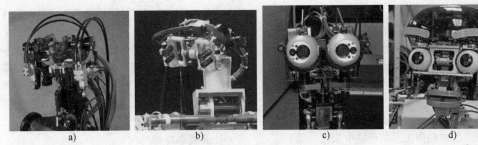

图 67.44 仿人机器人的头部有很多种形式,一种流行的设计是每只眼睛安装两个相机,
作为人类中央窝视觉和周边视觉的粗略近似

a) 用 DB 进行眼球运动控制的研究[67.126] b) Cog 的头部[67.127] c) 双相机布局,可以布置在一个腔内[67.128]
参见 Ude 等人更多例子和分析[67.128] ATR 和 SARCOS 开发的机器人头部 d) Infanoid 机器人[67.129]

（1）扫视 这是聚焦于新目标或追赶快速移动目标的高速运动。从控制的角度来看,这些运动一旦启动,它们就不会对变化请求做出反应。

（2）平滑追踪 这是连续追踪移动目标的运动。它常常在较低速度下进行追踪。这一动作会不断地对目标位置的视觉反馈做出反应。一个快速移动的目标也可能触发轻微的扫视。

（3）VOR 和 OKR 前庭-眼反射（VOR）和视动反应（OKR）分别使用惯性信息和视觉信息,在头部和身体运动的状态下稳定注视的方向。

（4）倾转眼球 该运动是驱动两只眼睛的相对角度,从而使同一目标在双眼中都处于中心位置。这只适用于具有这种运动自由度的双眼系统。对于传统的立体算法,倾转眼球反而是一个缺点,因为当相机保持平行时的算法是最简单的。其他算法也许能处理倾转,但目前仍普遍不使用可倾转的眼睛系统。

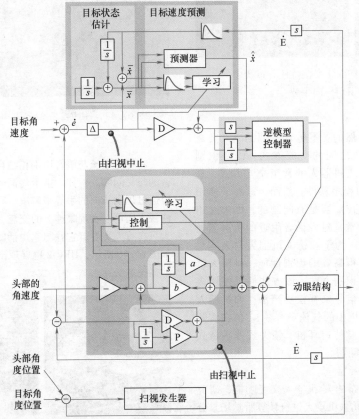

图 67.45 仿生控制模型[67.130],整合了扫视、平滑追踪、VOR 和 OKR。平滑追踪和
VOR/OKR 命令会被汇总,并周期性纠正扫视造成的位置误差

67

67. 6. 2　理解人类的表达

对人类表达的解读对于理解人类的许多自然交流形式至关重要，而这些交流对于仿人机器人来说是很有价值的。

1. 姿势与表情

识别和解释人的位置和姿势是很重要的，因为仿人机器人常常被期望在人类环境中工作。以下功能的算法已被纳入各种仿人机器人中：人员寻找、人员识别、手势识别、人脸表情识别。

如图 67.46 所示，ASIMO 已使用这些功能来执行典型的接待任务。机器人可以找到并识别出该人员，然后识别一些用于执行接待任务的手势，如再见、来这里和停下来的手势。总之仿人机器人这类功能还不健全，但该领域却是一个很活跃的研究领域。

图 67.46　ASIMO 在接待任务过程中
识别指向手势

2. 语音识别

语言是一种自然的、不包含手部的、人类之间或机器人和人类之间的交流方式。语音识别是一种用于指挥仿人机器人的常用交互方式，现在已有许多可用的程序软件。然而，这对于使用嵌入在机器人中的传声器是有问题的，因为通用的语音识别软件通常是对说话者附近的传声器捕获的话语进行优化。为了在仿人机器人与人类之间的自然交流中获得高效的识别性能，科研人员正在研究新的语音识别方法，该方法通过使用多个传声器和多模态信号来补偿噪声源，如机器人的电动机噪声和环境中的气流声[67.131]。但在实际过程中，研究人员常使用耳机、领夹式或手持式传声器来规避这些问题。

3. 听觉场景分析

为了获得更复杂的人-机器人交互功能，研究人员一直在开发对仿人机器人进行计算听觉场景分析的方法。此项研究的目的是理解由嵌入机器人的传声器获得随机的混合声音，这些声音信号包括非语言声音和语言声音。除了语音识别之外，这还涉及声源的分离和定位。

至于声音识别，如咳嗽、大笑、拍手、成年人的声音和儿童的声音等声音类别，都用基于高斯混合模型的最大似然估计证实了对其进行识别具有可行性。这个功能已经被用于 HRP-2 和人类之间的交互[67.132]。

4. 多模态感知

通过波束形成可以实现声源分离。为了有效地进行波束形成，声源定位是至关重要的。机器人的视觉系统可以用于寻找视野内的发声者。Hara 等[67.133]使用了嵌入在 HRP-2 头部的相机和八通道传声器阵列，并在存在多个声源的情况下使用声源分离成功地进行了语音识别。图 67.47 展示了以电视声音作为背景音进行语音识别的场景。

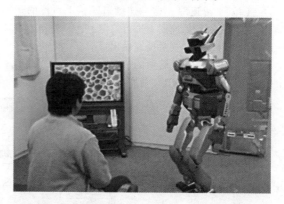

图 67.47　HRP-2 在背景噪声（电视声音）
中识别语音

将视觉系统与语音识别相结合，也可以解决语音的歧义问题。例如，指示代词的歧义等，有时可以通过识别指向的手势来解决。同样，面部方向和注视方向可以实现眼神上的交流，从而让仿人机器人只有在有人类看着它并与它说话时才会回应[67.132]。如图 67.48 所示，HRP-2 也展现出了具有这些功能的多模态交互。

图 67.48　HRP-2 通过眼神交流识别
面部和注视方向

67.6.3　物理交互与发育机器人学

仿人机器人通常使用在计算机视觉和对话系统等领域建立的感知和交互方法。还有一个新兴的研究领域，称为发育机器人学或表观遗传机器人学。在发育机器人学中，类似人类的感知和交互能力是通过与包括人类在内的真实环境的物理交互来获得的[67.134-136]。在发育机器人学中，研究人员的目标是研究发育机制、体系架构和约束条件，以实现终身和无限制地学习嵌入式机器中的技能和知识。这一领域的许多研究都利用了仿人机器人，如图 67.36 所示的 iCub。和人类儿童一样，学习应该是累积性的，并渐进地提高复杂程度，而且是通过结合社交与自我世界的探索来得到结论。典型的方法是从发展心理学、认知科学、神经科学、发育与进化生物学和语言学等领域阐述的人类发展理论出发，然后将其进行相应的形式化并利用机器人进行实现。

在机器人中对这些模型的试验使研究人员能够看清现实，因此，发育机器人学也提供了关于人类发展理论的反馈和新的假设。

67.7　结论与延展阅读

由于仿人机器人技术的综合性，本章避免了细节和形式主义，并大量交叉引用手册中的其他章节，使读者能够更深入地了解仿人机器人所依赖的许多机器人领域的知识。此外，本章还参考了仿人机器人领域和相关业界的工作。

仿人机器人技术的研究还需要付出巨大的努力。在文化的巨大影响下，在仿人机器人中模拟人类的能力是机器人技术的一大挑战。推动仿人机器人的发展动机很深刻。从最早的洞穴绘画开始，人类就试图表达出人性。机器人技术就是实现这一追求的最新媒介之一。除了这种深刻的社会动机之外，仿人机器人为人-机器人交互和融入以人为中心的环境创造了独特的条件。

在过去的十年里，为进行研究而开发的仿人机器人的数量和研究团体的数量急剧增加。仿人机器人已经作为娱乐和研究的机器人在市场上站稳了脚跟（例如，Robo-One 竞赛和来自 Aldebaran 公司的 NAO）。由于仿人机器人的特殊性，随着其能力的提高和成本的下降，它们的数量似乎可能会进一步增加。具有人类特征的机器人和仿人机器人相关的技术似乎也注定会激增。与人类外形一致的机器人会变得像科幻小说中描绘得那样常见吗？让我们拭目以待。

视频文献

▶ VIDEO 594　3-D collision-free motion combining locomotion and manipulation by humanoid robot HRP-2
available from http://handbookofrobotics.org/view-chapter/67/videodetails/594

▶ VIDEO 595　Whole-body pivoting manipulation
available from http://handbookofrobotics.org/view-chapter/67/videodetails/595

▶ VIDEO 596　Footstep planning modeled as a whole-body inverse kinematic problem
available from http://handbookofrobotics.org/view-chapter/67/videodetails/596

▶ VIDEO 597　Dynamic multicontact motion
available from http://handbookofrobotics.org/view-chapter/67/videodetails/597

▶ VIDEO 598　3-D collision-free motion combining locomotion and manipulation by humanoid robot HRP-2 (experiment)
available from http://handbookofrobotics.org/view-chapter/67/videodetails/598

▶ VIDEO 599　Regrasp planning for pivoting manipulation by a humanoid robot
available from http://handbookofrobotics.org/view-chapter/67/videodetails/599

▶ VIDEO 600　Footstep planning modeled as a whole-body inverse kinematic problem (experiment)
available from http://handbookofrobotics.org/view-chapter/67/videodetails/600

67

参考文献

67.1　H. Inoue, S. Tachi, Y. Nakamura, K. Hirai, N. Ohyu, S. Hirai, K. Tanie, K. Yokoi, H. Hirukawa: Overview of humanoid robotics project of METI, Proc. 32nd Int. Symp. Robotics (ISR) (2001)

67.2　Y. Kuroki, M. Fujita, T. Ishida, K. Nagasaka, J. Yamaguchi: A small biped entertainment robot exploring attractive applications, Proc. IEEE Int. Conf. Robotics Autom. (ICRA) (2003) pp. 471–476

67.3　C.G. Atkeson, J.G. Hale, F.E. Pollick, M. Riley, S. Kotosaka, S. Schaal, T. Shibata, G. Tevatia, A. Ude, S. Vijayakumar, M. Kawato: Using humanoid robots to study human behavior, IEEE Intell. Syst. **15**(4), 46–56 (2000)

67.4　K.F. MacDorman, H. Ishiguro: The uncanny advantage of using androids in social and cognitive science research, Interact. Stud. **7**(3), 297–337 (2006)

67.5　V. Bruce, A. Young: *In the Eye of the Beholder: The Science of Face Perception* (Oxford Univ. Press, Oxford 1998)

67.6　R. Blake, M. Shiffrar: Perception of human motion, Annu. Rev. Psychol. **58**, 47–73 (2007)

67.7　J.F. Werker, R.C. Tees: Influences on infant speech processing: Toward a new synthesis, Annu. Rev. Psychol. **50**, 509–535 (1999)

67.8　D. Hanson, A. Olney, I.A. Pereira, M. Zielke: Upending the uncanny valley, Nat. Conf. Artif. Intell. (AAAI), Pittsburgh (2005)

67.9　K. Čapek: *R.U.R. (Rossum's Universal Robots), A Play in Introductory Scene and Three Acts* (eBooks, Adelaide 2006), translated into English by D. Wyllie

67.10　Metropolis, directed by Fritz Lang (DVD) (Kino Video, 1927)

67.11　I. Asimov: *The Caves of Steel* (Bantam, New York 1954)

67.12　B. Adams, C. Breazeal, R.A. Brooks, B. Scassellati: Humanoid robots: A new kind of tool, IEEE Intell. Syst. **15**(4), 25–31 (2000)

67.13　R.A. Brooks, L.A. Stein: Building brains for bodies, Auton. Robotics **1**(1), 7–25 (1994)

67.14　R.W. Gibbs Jr.: *Embodiment and Cognitive Science* (Cambridge Univ. Press, Cambridge 2006)

67.15　M. Lungarella, G. Metta: Beyond gazing, pointing, and reaching: A survey of developmental robotics, Proc. Third Int. Workshop Epigenet. Robotics (2003) pp. 81–89

67.16　G. Metta, G. Sandini, D. Vernon, D. Caldwell, N. Tsagarakis, R. Beira, J. Santos-Victor, A. Ijspeert, L. Righetti, G. Cappiello, G. Stellin, F. Becchi: The RobotCub project – An open framework for research in embodied cognition, Proc. IEEE/RAS Int. Conf. Humanoid Robotics (2005)

67.17　E. Grandjean, K. Kroemer: *Fitting the Task to the Human*, 5th edn. (Routledge, London 1997)

67.18　W. Karwowski: *International Encyclopedia of Ergonomics and Human Factors*, 2nd edn. (CRC, Boca Raton 2006)

67.19　R. Brooks, L. Aryananda, A. Edsinger, P. Fitzpatrick, C. Kemp, U.-M. O'Reilly, E. Torres-Jara, P. Varshavskaya, J. Weber: Sensing and manipulating built-for-human environments, Int. J. Humanoid Robotics **1**(1), 1–28 (2004)

67.20　W. Bluethmann, R. Ambrose, M. Diftler, S. Askew, E. Huber, M. Goza, F. Rehnmark, C. Lovchik, D. Magruder: Robonaut: A robot designed to work with humans in space, Auton. Robotics **14**(2/3), 179–197 (2003)

67.21　K. Yokoi, K. Nakashima, M. Kobayashi, H. Mihune, H. Hasunuma, Y. Yanagihara, T. Ueno, T. Gokyuu, K. Endou: A tele-operated humanoid operator, Int. J. Robotics Res. **22**(5/6), 593–602 (2006)

67.22　K. Yokoi, K. Kawauchi, N. Sawasaki, T. Nakajima, S. Nakamura, K. Sawada, T. Takeuchi, K. Nakashima, Y. Yanagihara, K. Yokohama, T. Isozumi, Y. Fukase, K. Kaneko, H. Inoue: Humanoid robot applications in HRP, Int. J. Humanoid Robotics **1**(3), 409–428 (2004)

67.23　B. Thibodeau, P. Deegan, R. Grupen: Static analysis of contact forces with a mobile manipulator, Proc. IEEE Int. Conf. Robotics Autom. (ICRA) (2006) pp. 4007–4012

67.24　J. Gutman, M. Fukuchi, M. Fujita: Modular architecture for humanoid robot navigation, Proc. 5th IEEE/RAS Int. Conf. Humanoid Robotics (2005) pp. 26–31

67.25　S. Nakaoka, A. Nakazawa, K. Yokoi, H. Hirukawa, K. Ikeuchi: Generating whole body motions for a biped humanoid robot from captured human dances, IEEE Int. Conf. Robotics Autom. (ICRA) (2003) pp. 3905–3910

67.26　Boston Dynamics: http://www.bostondynamics.com (2013)

67.27　M.E. Rosheim: *Robot Evolution: The Development of Anthrobotics* (Wiley, New York 1994)

67.28　M.E. Rosheim: *Leonardo's Lost Robots* (Springer, Berlin, Heidelberg 2006)

67.29　T.N. Hornyak: *Loving the Machine: The Art and Science of Japan's Robots* (MIT Press, Cambridge 2006)

67.30　J. Surrell: *Pirates of the Caribbean: From the Magic Kingdom to the Movies* (Disney, New York 2005)

67.31　K. Hirai, M. Hirose, Y. Haikawa, T. Takenaka: The development of Honda humanod robot, IEEE Int. Conf. Robotics Autom. (ICRA) (1998) pp. 1321–1326

67.32　M. Williamson: Robot Arm Control Exploiting Natural Dynamics, Ph.D. Thesis (MIT, Cambridge 1999)

67.33　J. Weng, J. McClelland, A. Pentland, O. Sporns, I. Stockman, M. Sur, E. Thelen: Autonomous mental development by robots and animals, Science **291**(5504), 599–600 (2001)

67.34　J. Zlatev, C. Balkenius: Why "epigenetic robotics"?, Proc. 1st Int. Workshop Epigenet. Robotics Model. Cogn. Dev. Robotics Syst., ed. by C. Balkenius, J. Zlatev, H. Kozima, K. Dautenhahn, C. Breazeal (Lund Univ. Press, Lund 2001) pp. 1–4

67

67.35　Y. Sodeyama, I. Mizuuchi, T. Yoshikai, Y. Nakanishi, M. Inaba: A shoulder structure of muscledriven humanoid with shoulder blades, Proc. IEEE/RSJ Int. Conf. Intell. Robotics Syst. (IROS) (2005) pp. 4028–4033

67.36　I. Mizuuchi, M. Inaba, H. Inoue: A flexible spine human-form robot-development and control of the posture of the spine, Proc. IEEE/RSJ Int. Conf. Intell. Robotics Syst. (IROS), Vol. 4 (2001) pp. 2099–2104

67.37　M. Vande Weghe, M. Rogers, M. Weissert, Y. Matsuoka: The ACT hand: Design of the skeletal structure, Proc. IEEE Int. Conf. Robotics Autom. (ICRA) (2004)

67.38　L.Y. Chang, Y. Matsuoka: A kinematic thumb model for the ACT hand, Proc. IEEE Int. Conf. Robotics Autom. (ICRA) (2006) pp. 1000–1005

67.39　C. Lovchik, M.A. Diftler: The robonaut hand: A dexterous robot hand for space, Proc. IEEE Int. Conf. Robotics Autom. (ICRA) (1999) pp. 907–912

67.40　M.J. Marjanović: Teaching an Old Robot New Tricks: Learning Novel Tasks via Interaction with People and Things, Ph.D. Thesis (MIT, Cambridge 2003)

67.41　C. Ott, O. Eiberger, W. Friedl, B. Bäuml, U. Hillenbrand, C. Borst, A. Albu-Schäffer, B. Brunner, H. Hirschmüller, S. Kielhöfer, R. Konietschke, M. Suppa, T. Wimböck, F. Zacharias, G. Hirzinger: A humanoid two-arm system for dexterous manipulation, Proc. IEEE-RAS Int. Conf. Humanoid Robot. (2006) pp. 276–283

67.42　G. Pratt, M. Williamson: Series elastic actuators, Proc. IEEE/RSJ Int. Conf. Intell. Robot. Syst. (IROS), Pittsburg, Vol. 1 (1995) pp. 399–406

67.43　M. Vukobratović, J. Stepanenko: On the stability of anthropomorphic systems, Math. Biosci. **15**, 1–37 (1972)

67.44　M. Morisawa, K. Harada, S. Kajita, S. Nakaoka, K. Fujiwara, F. Kanehiro, K. Kaneko, H. Hirukawa: Experimentation of humanoid walking allowing immediate modification of foot place based on analytical solution, Proc. IEEE Int. Conf. Robotics Autom. (ICRA) (2007) pp. 3989–3994

67.45　K. Nishiwaki, S. Kagami: High frequency walking pattern generation based on preview control of ZMP, Proc. IEEE Int. Conf. Robotics Autom. (ICRA) (2006) pp. 2667–2672

67.46　K. Harada, S. Kajita, F. Kanehiro, K. Fujiwara, K. Kaneko, K. Yokoi, H. Hirukawa: Real-time planning of humanoid robot's gait for force controlled manipulation, Proc. IEEE Int. Conf. Robotics Autom. (ICRA) (2004) pp. 616–622

67.47　J. Urata, K. Nshiwaki, Y. Nakanishi, K. Okada, S. Kagami, M. Inaba: Online walking pattern generation for push recovery and minimum delay to commanded change of direction and speed, Proc. IEEE/RSJ Int. Conf. Intell. Robots Syst. (IROS) (2012) pp. 3411–3416

67.48　J. Chestnutt, M. Phillipe, J.J. Kuffner, T. Kanade: Locomotion among dynamic obstacles for the honda ASIMO, Proc. IEEE/RSJ Int. Conf. Intell. Robots Syst. (IROS) (2007) pp. 2572–2573

67.49　K. Nishiwaki, J. Chestnutt, S. Kagami: Autonomous navigation of a humanoid robot over unknown rough terrain using a laser range sensor, Int. J. Robotics Res. **31**(11), 1251–1262 (2012)

67.50　K. Nagasaka, K. Kuroki, S. Suzuki, Y. Itoh, J. Yamaguchi: Integrated motion control for walking, jumping and running on a small bipedal entertainment robot, IEEE Int. Conf. Robotics Autom. (ICRA) (2004) pp. 3189–3194

67.51　B.-K. Cho, S.-S. Park, J.-H. Oh: Stabilization of a hopping humanoid robot for a push, Proc. Int. Conf. Humanoid Robots (Humanoids) (2010) pp. 60–65

67.52　R. Tajima, D. Honda, K. Suga: Fast running experiments involving a humanoid robot, Proc. IEEE Int. Conf. Robotics Autom. (ICRA) (2009) pp. 1571–1576

67.53　H. Hirukawa, S. Hattori, K. Harada, S. Kajita, K. Kaneko, F. Kanehiro, K. Fujiwara, M. Morisawa: A universal stability criterion of the foot contact of legged robots, Proc. IEEE Int. Conf. Robotics Autom. (ICRA) (2006) pp. 1976–1983

67.54　S.-H. Hyon, G. Cheng: Disturbance rejection for biped humanoids, Proc. IEEE Int. Conf. Robotics Autom. (ICRA) (2007) pp. 2668–2675

67.55　K. Miura, M. Morisawa, F. Kanehiro, S. Kajita, K. Kaneko, K. Yokoi: Human-like walking with toe supporting for humanoids, Proc. IEEE/RSJ Int. Conf. Intell. Robots Syst. (IROS) (2011) pp. 4428–4435

67.56　S. Kajita, M. Morisawa, K. Miura, S. Nakaoka, K. Harada, K. Kaneko, F. Kanehiro, K. Yokoi: Biped Walking stabilization based on linear inverted pendulum tracking, Proc. IEEE/RSJ Int. Conf. Intell. Robots Syst. (IROS) (2010) pp. 4489–4496

67.57　S.H. Collins, A.L. Ruina, R. Tedrake, M. Wisse: Efficient bipedal robots based on passive-dynamic walkers, Science **307**, 1082–1085 (2005)

67.58　K. Bouyarmane, A. Kheddar: Multi-contact stances planning for multiple agents, Proc. IEEE Int. Conf. Robotics Autom. (ICRA) (2011) pp. 5353–5546

67.59　K. Fujiwara, F. Kanehiro, S. Kajita, K. Kaneko, K. Yokoi, H. Hirukawa: UKEMI: Falling motion control to minimize damage to biped humanoid robot, IEEE Int. Conf. Robotics Autom. (ICRA) (2002) pp. 2521–2526

67.60　H. Hirukawa, S. Kajita, F. Kanehiro, K. Kaneko, T. Isozumi: The human-size humanoid robot that can walk, lie down and get up, Int. J. Robotics Res. **24**(9), 755–769 (2005)

67.61　Y. Sakagami, R. Watanabe, C. Aoyama, S. Matsunaga, N. Higaki, K. Fujimura: The intelligent ASIMO: System overview and integration, Proc. IEEE/RSJ Int. Conf. Intell. Robotics Syst. (IROS) (2002) pp. 2478–2483

67.62　K. Okada, S. Kagami, M. Inaba, H. Inoue: Plane segment finder: Algorithm implementation and applications, Proc. IEEE Int. Conf. Robotics Autom. (ICRA) (2001) pp. 2120–2125

67.63　K. Sabe, M. Fukuchi, J.-S. Gutmann, T. Ohashi, K. Kawamoto, T. Yoshigahara: Obstacle avoidance and path planning for humanoid robots using stereo vision, Proc. IEEE Int. Conf. Robotics Autom. (ICRA) (2004)

67.64　J. Gutman, M. Fukuchi, M. Fujita: Real-time path planning for humanoid robot navigation, Proc. Int. Jt. Conf. Artif. Intell. (2005) pp. 1232–1238

67

67.65 K. Harada, S. Kajita, K. Kaneko, H. Hirukawa: Pushing manipulation by humanoid considering two-kinds of ZMPs, Proc. IEEE Int. Conf. Robotics Autom. (ICRA) (2003) pp. 1627–1632

67.66 K. Harada, S. Kajita, K. Kaneko, H. Hirukawa: Dynamics and balance of a humanoid robot during manipulation tasks, IEEE Trans. Robotics **22-3**, 568–575 (2006)

67.67 H. Hirukawa, S. Hattori, K. Harada, S. Kajita, K. Kaneko, F. Kanehiro, K. Fujiwara, M. Morisawa: A universal stability criterion of the foot contact of legged robots – Adios ZMP, Proc. IEEE Int. Conf. Robotics Autom. (ICRA) (2006) pp. 1976–1983

67.68 Y. Hwang, A. Konno, M. Uchiyama: Whole body cooperative tasks and static stability evaluations for a humanoid robot, Proc. IEEE/RSJ Int. Conf. Intell. Robotics Syst. (IROS) (2003) pp. 1901–1906

67.69 T. Takenaka: Posture control for a legged mobile robot, Jap. Pat. 1023 0485 (1998)

67.70 K. Inoue, H. Yoshida, T. Arai, Y. Mae: Mobile manipulation of humanoids – Real-time control based on manipulability and stability, Proc. IEEE Int. Conf. Robotics Autom. (ICRA) (2000) pp. 2217–2222

67.71 K. Harada, S. Kajita, H. Saito, M. Morisawa, F. Kanehiro, K. Fujiwara, K. Kaneko, H. Hirukawa: A humanoid robot carrying a heavy object, Proc. IEEE Int. Conf. Robotics Autom. (ICRA) (2005) pp. 1724–1729

67.72 T. Takubo, K. Inoue, K. Sakata, Y. Mae, T. Arai: Mobile manipulation of humanoid robots – control method for CoM position with external force, Proc. IEEE/RSJ Int. Conf. Intell. Robotics Syst. (IROS) (2004) pp. 1180–1185

67.73 D. Kulic, D. Lee, C. Ott, Y. Nakamura: Incremental learning of full body motion primitives for humanoid robots, Proc. IEEE/RAS Int. Conf. Humanoid Robotics (2008) pp. 326–332

67.74 K. Yamane, S.O. Anderson, J.K. Hodgins: Controlling humanoid robots with human motion data: Experimental validation, Proc. IEEE/RAS Int. Conf. Humanoid Robotics (2010) pp. 504–510

67.75 J.-H. Oh, J.-W. Heo: Upper body motion interpolation for humanoid robots, Proc. IEEE/ASME Int. Conf. Adv. Intell. Mechatro. (AIM) (2011) pp. 1064–1069

67.76 S. Nakaoka, A. Nakazawa, F. Kanehiro, K. Kaneko, M. Morisawa, K. Ikeuchi: Task model of lower body motion for a biped humanoid robot to imitate human dances, Proc. IEEE/RSJ Int. Conf. Intell. Robotics Syst. (IROS) (2005) pp. 2769–2774

67.77 S. Nakaoka, S. Kajita, K. Yokoi: Intuitive and flexible user interface for creating whole body motions of biped humanoid robots, Proc. IEEE/RSJ Int. Conf. Intell. Robotics Syst. (IROS) (2010) pp. 1675–1682

67.78 S. Nakaoka: Choreonoid: Extensible virtual robot environment built on an integrated GUI framework, Proc. IEEE/SICE Int. Symp. System Integration (SII) (2012) pp. 79–85

67.79 J. Kuffner, S. Kagami, K. Nishiwaki, M. Inaba, H. Inoue: Dynamically-stable motion planning for humanoid robots, Auton. Robots **12**(1), 105–118 (2002)

67.80 S. Dalibard, A. Nakhaei, F. Lamiraux, J.-P. Laumond: Whole-body task planning for a humanoid robot: a way to integrate collision avoidance, Proc. IEEE/RAS Int. Conf. Humanoid Robotics (2009) pp. 355–360

67.81 E. Yoshida, C. Esteves, I. Belousov, J.-P. Laumond, T. Sakaguchi, K. Yokoi: Planning 3D collision-free dynamic robotic motion through iterative reshaping, IEEE Trans. Robotics **24**(5), 1186–1198 (2008)

67.82 K. Harada, Yoshida Ei, K. Yokoi (Eds.): *Motion Planning for Humanoid Robots* (Springer, Berlin, Heidelberg 2010)

67.83 H. Janßen, M. Gienger, C. Goerick: Task-oriented whole body motion for humanoid robots, Proc. IEEE/RAS Int. Conf. Humanoid Robotics (2005) pp. 238–244

67.84 K. Okada, M. Kojima, Y. Sagawa, T. Ichino, K. Sato, M. Inaba: Vision based behavior verification system of humanoid robot for daily environment tasks, Proc. IEEE/RAS Int. Conf. Humanoid Robotics (2006) pp. 7–12

67.85 E. Yoshida, O. Kanoun, C. Esteves, J.-P. Laumond, K. Yokoi: Task-driven support polygon reshaping for humanoids, Proc. IEEE/RAS Int. Conf. Humanoid Robotics (2006) pp. 827–832

67.86 E. Yoshida, M. Poirier, J.-P. Laumond, O. Kanoun, F. Lamiraux, R. Alami, K. Yokoi: Pivoting based manipulation by a humanoid robot, Auton. Robots **28**(1), 77–88 (2010)

67.87 O. Kanoun, F. Lamiraux, P.-B. Wieber: Kinematic control of redundant manipulators: Generalizing the task priority framework, IEEE Trans.Robotics **27**(4), 785–792 (2011)

67.88 E. Neo, K. Yokoi, S. Kajita, K. Tanie: A framework for remote execution of whole body motions for humanoid robots, Proc. IEEE/RAS Int. Conf. Humanoid Robotics (2004) pp. 608–626

67.89 M. Toussaint, M. Gienger, C. Goerick: Optimization of sequential attractor-based movement for compact behaviour generation, Proc. IEEE/RAS Int. Conf. Humanoid Robotics (2007) pp. 122–129

67.90 N. Vahrenkamp, D. Berenson, T. Asfour, J. Kuffner, R. Dillmann: Humanoid motion planning for dual-arm manipulation and re-grasping tasks, Proc. IEEE/RSJ Int. Conf. Intell. Robotics Syst. (IROS) (2009) pp. 2464–2470

67.91 F. Kanehiro, E. Yoshida, K. Yokoi: Efficient reaching motion planning and execution for exploration by humanoid robots, Proc. IEEE/RSJ Int. Conf. Intell. Robots Syst. (IROS) (2012) pp. 1911–1916

67.92 S. Kagami, F. Kanehiro: AutoBalancer: An online dynamic balance compensation scheme for humanoid robots, Workshop Algorithmic Found. Robotics (2000) pp. 79–89

67.93 S. Kajita, F. Kanehiro, K. Kaneko, K. Fujiwara, K. Harada, K. Yokoi, H. Hirukawa: Resolved momentum control: Humanoid motion planning based on the linear and angular momentum, Proc. IEEE/RSJ Int. Conf. Intell. Robotics Syst. (IROS) (2003) pp. 1644–1650

67.94 K. Yamane, Y. Nakamura: Dynamics filter – concept and implementation of online motion generator for human figures, IEEE Trans. Robotics Autom. **19**(3), 421–432 (2003)

67.95 Jin'ichi Yamaguchi, E. Soga, S. Inoue, A. Takan-

67

ishi: Development of a bipedal humanoid robot – Control method of whole body cooperative dynamic biped walking, Proc. IEEE Int. Conf. Robotics Autom. (ICRA) (1999) pp. 368–374

67.96　S. Kajita, F. Kanehiro, K. Kaneko, K. Fujiwara, K. Harada, K. Yokoi, H. Hirukawa: Biped walking pattern generation by using preview control of zero-moment point, Proc. IEEE Int. Conf. Robotics Autom. (ICRA) (2003) pp. 1620–1626

67.97　T. Sugihara, Y. Nakamura: Whole-body cooperative balancing of humanoid robot using COG jacobian, Proc. IEEE/RSJ Int. Conf. Intell. Robotics Syst. (IROS) (2002) pp. 2575–2580

67.98　H. Harada, S. Kajita, F. Kanehiro, K. Fujiwara, K. Kaneko, K. Yokoi, H. Hirukawa: Real-time planning of humanoid robot's gait for force controlled manipulation, Proc. IEEE Int. Conf. Robotics Autom. (ICRA) (2004) pp. 616–622

67.99　H. Harada, S. Kajita, H. Saito, M. Morisawa, F. Kanehiro, K. Fujiwara, K. Kaneko, H. Hirukawa: A Humanoid robot carrying a heavy object, Proc. IEEE Int. Conf. Robotics Autom. (ICRA) (2005) pp. 1712–1717

67.100　M. Stilman, K. Ishiwaki, S. Kagami: Learning object models for whole body manipulation, Proc. IEEE/RAS Int. Conf. Humanoid Robotics (2007) pp. 174–179

67.101　H. Sugiura, M. Gienger, H. Janssen, C. Goerick: Real-time collision avoidance with whole body motion control for humanoid robots, Proc. IEEE/RSJ Int. Conf. Intell. Robotics Syst. (IROS) (2007) pp. 2053–2058

67.102　O. Kanoun, J.-P. Laumond, E. Yoshida: Planning foot placements for a humanoid robot: A Problem of Inverse Kinematics, Int. J. Robotics Res. 30(4), 476–485 (2011)

67.103　O. Stasse, B. Verrelst, A. Davison, N. Mansard, F. Saidi, B. Vanderborght, C. Esteves, K. Yokoi: Integrating walking and vision to increase humanoid autonomy, Int. J. Humanoid Robotics 5(2), 287–310 (2008)

67.104　K. Okada, T. Ogura, A. Haneda, J. Fujimoto, F. Gravot, M. Inaba: Humanoid motion generation system on HRP2-JSK for daily life environment, Proc. IEEE Int. Conf. Mechatron. Autom. (2005) pp. 1772–1777

67.105　F. Zacharias, C. Borst, G. Hirzinger: Capturing robot workspace structure: Representing robot capabilities, Proc. IEEE/RSJ Int. Conf. Intell. Robotics Syst. (IROS) (2007) pp. 3229–3236

67.106　N. Vahrenkamp, E. Kuhn, T. Asfour, R. Dillmann: Planning multi-robot grasping motions, Proc. IEEE/RAS Int. Conf. Humanoid Robotics (2010) pp. 593–600

67.107　A. Escande, A. Kheddar: Contact planning for acyclic motion with tasks constraints, Proc. IEEE Int. Conf. Robotics Autom. (ICRA) (2009) pp. 435–440

67.108　K. Hauser, T. Bretl, J.-C. Latombe, K. Harada, B. Wilcox: Motion planning for legged robots on varied terrain, Int. J. Robotics Res. 27(11–12), 1325–1349 (2008)

67.109　L. Saab, N. Mansard, F. Keith, J.-Y. Fourquet, P. Soueres: Generation of dynamic motion for anthropomorphic systems under prioritized equality

and inequality constraints, Proc. IEEE Int. Conf. Robotics Autom. (ICRA) (2011) pp. 1091–1096

67.110　C. Ott, C. Baumgärtner, J. Mayr, M. Fuchs, R. Burger, D. Lee, O. Eiberger, Alin Albu-Schäffer, M. Grebenstein, G. Hirzinger: Development of a biped robot with torque controlled joints, Proc. IEEE/RAS Int. Conf. Humanoid Robotics (2010) pp. 167–173

67.111　S. Lengagne, J. Vaillant, E. Yoshida, A. Kheddar: Generation of whole-body optimal dynamic multi-contact motions, Int. J. Robotics Res. 32(9/10), 1104–1119 (2013)

67.112　A. Escande, A. Kheddar, S. Miossec: Planning support contact-points for humanoid robots and experiments on HRP-2, Proc. IEEE/RSJ Int. Conf. Intell. Robotics Syst. (IROS) (2006) pp. 2974–2979

67.113　K. Bouyarmane, A. Kheddar: Humanoid robot locomotion and manipulation step planning, Adv. Robotics 26(10), 1099–1126 (2012)

67.114　H. Arisumi, S. Miossec, J.-R. Chardonnet, K. Yokoi: Dynamic lifting by whole body motion of humanoid robots, Proc. IEEE/RSJ Int. Conf. Intell. Robotics Syst. (IROS) (2008) pp. 668–675

67.115　K. Koyanagi, H. Hirukawa, S. Hattori, M. Morisawa, S. Nakaoka, K. Harada, S. Kajita: A pattern generator of humanoid robots walking on a rough terrain using a handrail, Proc. IEEE/RSJ Int. Conf. Intell. Robotics Syst. (IROS) (2008) pp. 2617–2622

67.116　L. Sentis, J. Park, O. Khatib: Compliant control of multicontact and center-of-mass behaviors in humanoid robots, IEEE Trans. Robotics 26(3), 483–501 (2010)

67.117　J. Park, O. Khatib: Contact consistent control framework for humanoid robots, Proc. IEEE Int. Conf. Robotics Autom. (ICRA) (2006) pp. 1963–1969

67.118　S. Hirose, H. Tsukagoshi, K. Yoneda: Normalized energy stability margin and its contour of walking vehicles on rough terrain, Proc. IEEE Int. Conf. Robotics Autom. (ICRA) (2001) pp. 181–186

67.119　K. Harada, S. Kajita, K. Kaneko, H. Hirukawa: Dynamics and balance of a humanoid robot during manipulation task, IEEE Trans. Robotics 22(3), 568–575 (2006)

67.120　H. Hirukawa, S. Hattori, K. Harada, S. Kajita, K. Kaneko, F. Kanehiro, K. Fujiwara, M. Morisawa: A universal stability criterion of the foot contact of legged robots – Adios ZMP, Proc. IEEE Int. Conf. Robotics Autom. (ICRA) (2006) pp. 1976–1983

67.121　K. Bouyarmane, J. Vaillant, F. Keith, A. Kheddar: Exploring humanoid robots locomotion capabilities in virtual disaster response scenarios, Proc. IEEE/RAS Int. Conf. Humanoid Robotics (2012) pp. 337–342

67.122　S.-H. Hyon, J.G. Hale, G. Cheng: Full-body compliant human-humanoid interaction: Balancing in the presence of unknown external forces, IEEE Trans. Robotics 23(5), 884–898 (2007)

67.123　K. Bouyarmane, A. Kheddar: Using a multi-objective controller to synthesize simulated humanoid robot motion with changing contact configurations, Proc. IEEE/RSJ Int. Conf. Intell. Robotics Syst. (IROS) (2011) pp. 4414–4419

67.124　C. Breazeal, A. Edsinger, P. Fitzpatrick, B. Scassel-

67

lati, P. Varchavskaia: Social constraints on ani-mate vision, IEEE Intell. Syst. **15**, 32–37 (2000)

67.125 F. Berton, G. Sandini, G. Metta: Anthropomor-phic visual sensors. In: *The Encyclopedia of Sensors*, Vol. X, ed. by M.V. Pishko, C.A. Grimes, E.C. Dickey (American Scientific, Stevenson Ranch 2006) pp. 1–16

67.126 T. Shibata, S. Vijayakumar, J. Conradt, S. Schaal: Biomimetic oculomotor control, Adapt. Behav. **9**, 189–208 (2001)

67.127 B. Scassellati: *A Binocular, Foveated Active Vision System, Vol. AIM-1628* (MIT, Cambridge 1998)

67.128 A. Ude, C. Gaskett, G. Cheng: Foveated vision systems with two cameras per eye, Proc. IEEE Int. Conf. Robotics Autom. (ICRA), Orlando (2006)

67.129 H. Kozima: Infanoid: A babybot that explores the social environment. In: *Socially Intelligent Agents: Creating Relationships with Computers and Robots*, ed. by K. Dautenhahn, A.H. Bond, L. Canamero, B. Edmonds (Kluwer, Amsterdam 2002) pp. 157–164

67.130 T. Shibata, S. Schaal: Biomimetic gaze stabilization based on feedback-error-learning with nonparametric regression networks, Neural Netw. **14**(2), 201–216 (2001)

67.131 P. Heracleous, S. Nakamura, K. Shikano: Simul-taneous recognition of distant-talking speech to multiple talkers based on the 3-D N-best search method, J. VLSI Signal Process. Syst. Arch. **36**(2–3), 105–116 (2004)

67.132 J. Ido, Y. Matsumoto, T. Ogasawara, R. Nisimura: Humanoid with interaction ability using vision and speech information, Proc. IEEE/RSJ Int. Conf. Intell. Robotics Syst. (IROS) (2006)

67.133 I. Hara, F. Asano, H. Asoh, J. Ogata, N. Ichimura, Y. Kawai, F. Kanehiro, H. Hirukawa, K. Yamamoto: Robust speech interface based on audio and video information fusion for humanoid HRP-2, Proc. IEEE/RSJ Int. Conf. Intell. Robotics Syst. (IROS) (2004) pp. 2402–2410

67.134 M. Lungarella, G. Metta, R. Pfeifer, G. Sandini: Developmental robotics: A survey, Connect. Sci. **15**(4), 151–190 (2003)

67.135 B. Scassellati, C. Crick, K. Gold, E. Kim, F. Shic, G. Sun: Social development, Comput. Intell. Mag. (IEEE) **1**(3), 41–47 (2006)

67.136 M. Asada, K. Hosoda, Y. Kuniyoshi, H. Ishiguro, T. Inui, Y. Yoshikawa, M. Ogino, C. Yoshida: Cognitive developmental robotics: A survey, IEEE Trans. Auton. Mental Dev. **1**(1), 12–34 (2009)

67

第 68 章
人体运动重建

Katsu Yamane，Wataru Takano

本章介绍了一系列利用当前运动捕捉技术来重建和理解测得的人体运动的技术。首先回顾了从人体运动数据中获取运动和力信息的建模和计算技术（见第68.2节）。从中证明，在基于解剖学和生理学知识模型的帮助下，关节刚体运动学和动力学算法可以应用于人体运动数据的处理。随后描述了分析人体运动的方法，以便机器人能够对不同的行为进行分割和分类，并把它们作为理解人体运动和进行交流的基础（见第68.3节）。这些方法是基于语言学中广泛使用的统计技术。这两个领域的共同目标都是将连续和嘈杂的信号转换为离散的符号，因此应用类似的技术是很合理且自然的。最后，介绍了一些仿人控制和仿人机器人综合运动的应用实例和模型。

68.1　概述

人体的运动对机器人来说是很有价值的资源，因为它们隐含了人体的控制和规划策略。当控制目标难以表述为成本函数，如传达表情或以特定的方式移动时，它们就非常值得利用。许多研究人员已经使用人体的运动来示教机器人完成新的任务[68.1]，并生成具有人类风格的机器人运动[68.2]。

为了将人体运动用于机器人应用，我们必须首先从一个运动捕捉系统的初始测量信息中重建运动。为此，我们可以应用机器人学中的许多技术和算法，如运动学、动力学、参数辨识和统计模型。在诸如机器人学习等应用中，以关节角度序列表示的重构运动数据通常无法利用。在这种情况下，必须将运动解释为更高层次的表现，如一系列的动作。

本章首先回顾了在机器人应用中重建和解释人体动作的一些算法，第68.2节描述了用于人体运动重建的运动学和动力学计算。这些算法最初是为机器人操作臂开发的，由于其复杂性，需要对人体进行大量调整。在第68.3节中，给出了将人体运动理解为离散行为的统计方法，并将它们用于人类与机器人之间的交流。这里介绍的技术与自然语言处理有着密切的关系，自然语言处理解决了将连续信号（声音）转换为离散符号（文字）的类似问题。最后，我们回顾了一些实例，这些实例利用人体运动信息在虚拟人和仿人机器人上生成类似人类的动作。

68

68.2　模型与计算

运动捕捉是指测量笛卡儿空间中的运动。测量对象通常是人，但也可以使用动物或机器人。许多运动捕捉技术产品可在市场上买到，但成本和功能各不相同。我们将简要介绍最流行的两类运动捕捉系统：光学系统和机械系统。

68.2.1　运动捕捉技术

1. 光学运动捕捉

尽管高端系统的高分辨率、高速相机和精巧的软件会导致价格昂贵，光学运动捕捉系统由于其对运动的干扰最小而依旧广受欢迎。此外，光学运动捕捉系统通常需要进行离线数据清除来处理偶发的阻塞和错误标签。这些系统已广泛用于包括生物力学、娱乐和机器人在内的诸多领域。

图 68.1 显示了光学运动捕捉的原理。多个信标（白色圆圈）作为检测标志附着在受试者的身体（灰色部分）上，它们可被捕捉区域周围的相机检测到。通过计算相机的光学中心与标记点在图像平面上的连线的交点，可以得到三维标记点的位置。

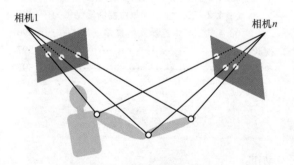

图 68.1　光学运动捕捉原理

要实现人体全身运动的捕捉，通常需要 40 多个信标。信标通常是球形的，并且是逆反射，这意味着它们会将入射光直接反射回光源。尽管信标在与其他受试者或环境的物理接触中可能造成不便，但由于信标轻而小，受试者在运动过程中几乎不会受到干扰。

捕捉区域由三个或更多的近红外光源的相机包围。由于信标是逆反射的，因此可以通过简单的图像处理轻松地在相机图像中将它们识别为明亮的圆盘，而几乎不受光照条件的影响。在每次动作捕捉之前，通过系统特定的标定过程识别相机内部和外部参数。

人体运动重建分三步进行：首先，从相机图像中检测标记。然后，可以使用多个相机的标记位置来计算信标的笛卡儿空间位置。最后，通过逆运动学计算（ ▶ VIDEO 762 ）得到关节角度数据。这一步将在第 68.2.2 节中描述。

系统软件的复杂性可以归因于三维重建过程的困难性。在该过程中，由于所有信标看起来都是相同的，因此难以识别多个图像中不同信标之间的对应关系。此外，某些信标的信息可能会由于遮挡和快速运动而丢失。在实践中，需要仔细地选择信标和相机位置才能获得一致的测量结果。

2. 机械运动捕捉

另一个运动捕捉技术是机械运动捕捉，将机械设备连接到对象的身体上，直接测量关节角度。早期的系统使用由刚性构件和关节角度传感器组成的机械连杆，这种结构非常笨重，极大地限制了受试者的活动范围。不过，最近的系统使用了带有嵌入式弯曲传感器的柔性套件，不会造成太多的限制。这套装置还配备了额外的惯性传感器来测量全局位置。

该技术的优势在于它可以直接测量关节角度，因此比光学系统更可靠。它还对捕捉区域没有限制，可以在室外环境中进行试验。另一方面，用于测量身体整体运动的惯性传感器可能会受到漂移的影响，从而导致整体位置测量结果不准确。漂移通常在至少有一个关节固定在环境中的前提下被修正，但是在涉及飞行的动作中情况并非如此。

3. 运动捕捉的未来

开发无标记、实时和低成本的运动捕捉系统是学术界和工业界的研究热点。实际上，具有部分上述功能的几种商业产品正在逐步推广。

例如，Organic Motion 公司的 OpenStage 系统[68.3]实现了实时的无标记运动捕捉。Kinect[68.4]已经用于开发游戏界面，但同时它也有可能被用作低成本的实时运动捕捉系统。一些研究人员正在研究更具挑战性的运动捕捉技术，如使用单目视觉的无标记运动捕捉[68.5]。

68.2.2　骨骼模型与计算

一旦获得运动捕捉数据，并且有目标主体的运动学和动力学模型，就可以通过计算关节角度和扭

68

矩来分析数据。尽管已经开发了许多算法来进行机器人的运动分析与仿真，但是将这些算法应用于人体并非易事。

人体比大多数机械系统要复杂得多。它由许多元素组成，如骨骼、肌肉、器官和皮肤，其中大多数元素是可变形的并且难以建模。由于约束条件复杂，许多关节也同样很难建模和仿真。例如，肩关节的旋转中心随着关节的运动而运动，膝关节和肘关节受到骨骼之间滚动接触和韧带的约束。

因此，由于计算复杂，在实践中对所有细节进行建模是不现实的。人体通常是由机器人界熟悉的关节式刚体模型来近似的。然后，我们可以将本节所述的运动学和动力学算法应用于机械系统。图 68.2 显示了详细的人体骨骼模型[68.6]的示例，该模型由除手指之外的 155 个自由度组成。

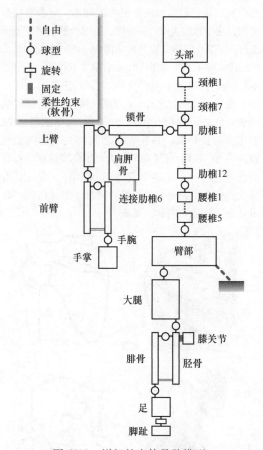

图 68.2 详细的人体骨骼模型

即使我们使用简化的骨骼模型，仍然存在如何获取准确模型参数的问题。如前文所述，许多人体关节不像机械关节那样具有固定的转轴，这意味着运动参数（如连杆长度）可能不像机械系统中那样

恒定。惯性参数的估计也很困难，因为我们不能直接测量单个连杆的参数，而且人体是灵活的，一些软组织会在连杆之间移动。我们将在第 68.2.4 节中讨论参数辨识问题。

1. 运动学

逆运动学和正运动学计算用于分析测量运动的运动学参数，例如连杆的位置、速度和加速度。

逆运动学计算对于通过光学运动捕捉得到的数据至关重要，因为我们必须将信标位置转换为骨骼的关节角度。机器人学中典型的逆运动学问题（见第 1 卷第 2 章）是在给定末端执行器位置和/或方向的情况下计算关节角度。运动捕捉数据处理的逆运动学需要略微不同的问题设置，因为许多信标附着在整个身体上，通常会导致系统受到过多的约束。此外，由于人体运动学参数可能在运动过程中发生变化，因此测得的信标位置将无法完美地拟合关节式刚体模型。

有一种简单的计算关节角度的方法，通常被用作商业光学运动捕捉系统的默认方法。该方法是首先通过对一些按一定策略放置的信标位置插值来计算关节中心，然后从关节中心计算关节角度。该方法的优点是可以通过简单的脚本轻松进行自定义，因此适用于商业系统。

另一种方法是应用数值优化技术。例如，成本函数可以是从测量到的标记位置和由运动学模型计算的位置之间的距离的平方和。另一种方法是将模型驱动到测得的标记位置[68.7]。无论哪种情况，得到的关节角度都会将测量误差和模型误差引起的误差均匀分布到所有信标中。

图 68.3 显示了使用骨骼模型的逆运动学计算示例。

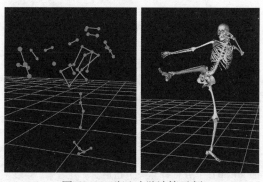

图 68.3 逆运动学计算示例

正运动学是从相应的关节变量获得连杆的笛卡儿空间位置、速度和加速度。这些计算量常用于接下来的动力学计算。

68

2. 动力学

与运动学的计算类似，我们考虑逆动力学和正动力学。

逆动力学计算执行测量运动所需的关节扭矩及可能的接触力。我们可以应用任何关节式刚体系统的逆动力学计算算法，如牛顿-欧拉公式[68.8]。手册第1卷第3章详细介绍了一般运动链的动力学算法。

人体逆动力学与操作臂逆动力学的主要区别在于，人体是一个浮动基座的系统，其中根部关节可以在六维空间中自由移动，但不受驱动。通用操作臂逆动力学算法给出了根部关节的六维力/力矩的计算方法，但实际上该方法并不可用，等效力必须由接触力代替，而接触力必须明确考虑接触力，因为它们会影响关节扭矩。

一个 n 自由度关节式刚体系统的运动方程写为

$$\boldsymbol{\tau}_G = \boldsymbol{M}(\boldsymbol{\theta})\ddot{\boldsymbol{\theta}} + \boldsymbol{c}(\boldsymbol{\theta}, \dot{\boldsymbol{\theta}}) + \boldsymbol{g}(\boldsymbol{\theta}) \qquad (68.1)$$

式中，$\boldsymbol{\tau}_G \in \mathbb{R}^n$ 是广义力；$\boldsymbol{\theta} \in \mathbb{R}^{n \times n}$ 是广义坐标；$\boldsymbol{M} \in \mathbb{R}^{n \times n}$ 是关节空间惯性矩阵；$\boldsymbol{c} \in \mathbb{R}^n$ 代表离心力和科氏力；$\boldsymbol{g} \in \mathbb{R}^n$ 是重力。受 m 个接触约束的人体模型，$\boldsymbol{\tau}_G$ 是根据有效关节扭矩 $\boldsymbol{\tau} \in \mathbb{R}^{n-6}$ 和接触力 $\boldsymbol{f}_c \in \mathbb{R}^m$ 来计算的，即

$$\boldsymbol{\tau}_G = \boldsymbol{S}^T \boldsymbol{\tau} + \boldsymbol{J}_c^T \boldsymbol{f}_c \qquad (68.2)$$

式中，$\boldsymbol{J} \in \mathbb{R}^{m \times m}$ 是对应接触约束的雅可比矩阵，$\boldsymbol{S}^T \in \mathbb{R}^{m \times (n-6)}$ 是将主动关节扭矩转换为广义力的矩阵。在不失一般性的前提下，我们假设根部关节对应于广义坐标的前六个元素，则 $\boldsymbol{S}^T$ 为

$$\boldsymbol{S}^T = \begin{pmatrix} \boldsymbol{O}_{6 \times (n-6)} \\ \boldsymbol{I}_{(n-6) \times (n-6)} \end{pmatrix} \qquad (68.3)$$

式中，$\boldsymbol{O}_*$ 和 $\boldsymbol{I}_*$ 是由下标给出大小的零矩阵和单位矩阵。

约束的数量 m 根据接触条件而变化。例如，如果两只脚都与地面保持平坦接触，则 $m = 12$，因为每只脚的位置和方向都受到限制。

式（68.2）和式（68.3）表明，只有 $\boldsymbol{f}_c$ 决定 $\boldsymbol{\tau}_G$ 的前六个元素。该特性对应于众所周知的事实，即仅通过施加诸如接触力之类的外力就可以改变全身动量。我们可以利用这一事实独立于关节扭矩来计算 $\boldsymbol{f}_c$[68.6]。然后，可以使用式（68.2）的底部 $(n-6)$ 个方程计算关节扭矩。

正动力学用于动力学仿真中。该情况下的仿真通常涉及一组控制器，试图让人体模型跟踪测量到的运动。这种计算通常用于模拟外部干扰和身体残疾带来的影响。然而，由于根部关节不受驱动，且

接触力受单边约束，因此开发用于人体仿真的控制器非常困难。尽管这个议题在仿人机器人、图形学和生物力学中被广泛讨论，但在如何为人体模型建立通用控制器方面还没有达成共识。

68.2.3 肌肉骨骼模型与计算

对于需要解剖学信息（如肌肉长度和张力）的应用，基于骨骼模型的运动分析是不够的。例如，在生物力学中，研究人员通常对计算完成一项运动所需的肌肉张力感兴趣。同样在机器人技术中，许多类似肌肉的驱动器被开发并用于设计更像人类的机器人系统。

肌肉骨骼模型用于涉及肌肉的运动分析。除了上一节中讨论的骨骼模型外，肌肉骨骼模型还包括一个肌肉的肌腱网络模型，该模型描述了肌肉附着位置以及它们如何在骨骼周围移动。与骨骼模型类似，由于真实人体的复杂性，肌肉肌腱网络模型需进行许多简化。通常将肌肉建模为一条产生均匀拉力的线段。除了某些主要的肌肉-骨骼交互作用外，通常不对肌肉与骨骼和皮肤的交互作用进行建模。

除了上述简化之外，应当尽可能准确地描述肌肉和骨骼之间的相互作用力。一对简单的肌肉-肌腱连接两根骨头，并在它们之间的关节处产生扭矩（图68.4a）。较复杂的肌肉可能会穿过固定在骨骼表面上的一个或多个点（图68.4b），或者具有分支连接三个或更多的骨骼。宽肌（如三角肌）是由几条平行的肌肉建模而成。

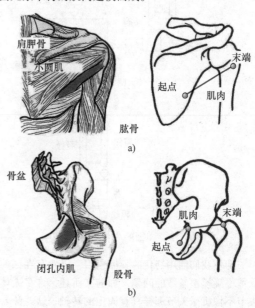

图 68.4　肌肉模型示例

a）连接两块骨头的简单线段　b）带路径点的肌肉

在肌肉骨骼模型上进行运动学计算可以得出肌肉的长度，然后可以将其长度和速度用于各种分析。例如，我们可以使用 Hill-Stroeve 肌肉模型[68.9,10]计算最大肌肉张力。

现在，主动关节扭矩 τ 由肌肉张力 f_m 生成。应用达朗贝尔原理，我们可以导出 τ 和 f_m 之间的关系为

$$\tau = J_\mathrm{m}^\mathrm{T} f_\mathrm{m} \tag{68.4}$$

式中，J_m 是相对于广义坐标的肌肉长度的雅可比矩阵。

图 68.5 显示了由 955 块肌肉组成的详细的肌肉骨骼模型[68.6]。

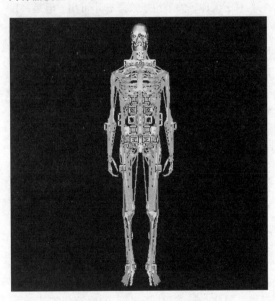

图 68.5　详细的肌肉骨骼模型

肌肉骨骼模型的逆动力学计算总结如下。

1）计算运动捕捉数据的关节角度、速度和加速度。

2）计算骨骼模型的关节扭矩。

3）使用式（68.4）将关节扭矩映射到肌肉张力（▶ VIDEO 763 ）。

由于大多数肌肉骨骼模型所包含的肌肉自由度多于骨骼，因此最后一步没有唯一的解决方案。肌肉张力也必须被限制为拉伸状态。解决此问题的常用方法是应用数值优化技术[68.6,11]。但是，由于存在共收缩现象，实际的肌肉张力可能不是最佳的。在这种情况下，拮抗性的肌肉会同时被激活。可以通过肌电图（EMG）测量肌肉活动并考虑优化中的数据来合成这种效果[68.12]。

计算肌肉张力的另一种方法是利用生理肌肉模型。最常用的模型最初由 Hill[68.9] 提出，后来由 Stroeve[68.10] 制定。

肌肉张力 f 的特征参数包括三个部分：肌肉活动度 a，肌肉长度 l 和肌肉长度变化率 $\dot{l}$，如下所示：

$$f = a F_\mathrm{l}(l) F_\mathrm{v}(\dot{l}) F_{\max} \tag{68.5}$$

式中，$F_{\max}$ 是特定于肌肉的最大自发力；$F_\mathrm{l}(\ )$ 和 $F_\mathrm{v}(\ )$ 是分别代表长度-张力和速度-张力关系的函数（图 68.6）。肌肉活动度 a 根据微分方程式（68.6）而改变。

$$\dot{a} = \frac{u-a}{T} \tag{68.6}$$

式中，T 是时间常数；u 是来自运动神经元的标准化输入，可以通过 EMG 进行测量。

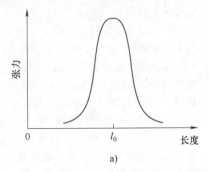
a)

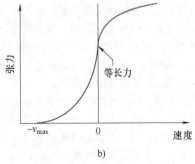
b)

图 68.6　最大肌肉张力和肌肉纤维长度之间的关系
a）长度-张力关系　b）速度-张力关系

68.2.4　模型辨识

获得准确的人体模型参数很困难，但这对于准确的运动和力估计非常重要。对于机器人而言，我们可以基于 CAD 模型，甚至是测量单个连杆质量的模型。但是对于人类而言，这两种方法都是不可

能的。另一方面，个性化模型对于使分析结果对个体适用非常重要。

1. 运动学参数辨识

在人体运动分析中，通常会给出构建人体模型的一组关节。运动学参数包括关节之间的距离和关节轴的方向。

我们可以应用一些机器人的运动学参数识别技术[68.13]，利用运动捕捉提供识别所需的数据。另一种方法是使用人体尺寸数据库[68.14]，并使用受试者的一些测量值来估计其余部分。

2. 惯性参数辨识

传统的操作臂惯性参数识别方法（见第1卷第6章）使用的是关节扭矩数据，因此不能应用于人体。

不过，Ayusawa等人[68.15]证明了接触力数据可以提供足够的信息来估计浮动基座模型的相同参数集。如第1卷第6章所示，执行由广义坐标 θ_i，速度 $\dot{\theta}_i$ 和加速度 $\ddot{\theta}_i$ 描述的给定运动所需的广义力 τ_{Gi}，作为可识别惯性参数 p 的线性方程式，即

$$I_i(\theta_i, \dot{\theta}_i, \ddot{\theta}_i)p = \tau_{Gi} \tag{68.7}$$

我们可以从运动捕捉数据中获得许多这样的样本。在具有关节扭矩传感器的操作臂中，I_i 和 τ_{Gi} 的所有元素均可用，并且求解式（68.7）很简单。

如式（68.2）所示，人体模型的广义力是由主动关节扭矩和接触力产生的。从式（68.3）可以将式（68.7）分为前6行和其余 $(n-6)$ 行，分别为

$$I_{fi}(\theta_i, \dot{\theta}_i, \ddot{\theta}_i)p = J_{efi}^{\mathrm{T}}f_{ci} \tag{68.8}$$

$$I_{ai}(\theta_i, \dot{\theta}_i, \ddot{\theta}_i)p = \tau_i + J_{cai}^{\mathrm{T}}f_{ci} \tag{68.9}$$

对于人体，关节扭矩数据 τ_i 不可用。但是，我们可以从嵌入在地板中的力传感器获取接触力数据。在这种情况下，我们拥有式（68.8）中的所有信息。Ayusawa等人[68.15]证明，与使用式（68.7）一样，该方程足以识别相同的参数集。

68.3　重建理解

人体运动数据可用于仿人机器人的运动和任务学习，如模仿学习或演示学习[68.1]。

68.3.1　人体运动的分割

人体运动数据被转换为位形序列，如整个机器人身体的关节角度或链接位置，并且该序列被编码为一组模型参数作为运动原语。此编码应遵循运动分割；应该通过找到无缝运动数据中运动开始和终止的帧来获得运动片段。手动选择的运动片段是直观可靠的，并且容易为其分配相关的运动标签。但人工分割由于缺乏可扩展性而受到限制，因为训练需要大量的人体动作。需要对人体运动进行分割，使仿人机器人能够观察到人体动作，并通过对未知动作的分割和编码来增量地记忆运动原语。

在监督分割方法中，从训练数据集中学习每个运动帧与其边界得分之间的关系，并识别运动观测中的边界。对于训练数据集，人类受试者必须检测运动边界。监督分割在大型运动数据集的可扩展性方面具有与人工分割相同的缺点。

有基于各种方法的无监督分割研究：停止时刻、运动聚类和运动预测等。基于停止时刻的运动分割非常简单。该分割假定运动模式通过停止时刻过渡到另一个运动。最简单的策略只需要在任一关节停止时的姿势作为边界候选。扩展方法通过一个周期函数作为运动边界的参考来近似边界候选的时间序列。这些方法可能适用于有节奏的动作（如舞蹈），但尚不清楚它们是否有助于分割日常人体动作[68.16,17]。

以隐马尔可夫模型（HMM）为代表的随机图形模型也被用于对运动数据流进行建模[68.18]。可以计算出图形模型中可能产生当前运动观测值的最佳节点。因此，归类于同一节点的观测值被认为是同一运动。换句话说，两个节点之间的过渡对应于运动的边界[68.19]。

在自然语言处理中，单词分割是非常关键的，特别是在语音识别中，必须从一系列音素中选择单词。可预测性策略假设很难预测单词开头的字符。基于此策略的递归网络已应用于单词分割[68.20]。该网络学习字符的序列，并因此从其前一个字符预测字符。该预测器检测到预测字符与实际字符之间的误差变大的边界，然后选择单词。与这种方法类似，在运动学习期间，运动被转换为短运动序列，每个短运动由等效于单词的二进制向量表示，并且该序列被训练为相关矩阵。通过将该矩阵与先前运动的向量相乘，可以很容易地使用该矩阵来预测短运动[68.21]。可以将具有较大预测不确定性的运动检测为运动边界。

68.3.2　人体运动的分类

人体运动数据在动力系统[68.22,23]或随机模型[68.24,25]中被编码为一组参数。用非线性微分方程表示状态转换的动力学系统是对人体运动进行编码，进而综合适应各种环境的机器人运动的一种常用方法。将人体运动的动力学定义为向量场，每个运动模式均由该场中的闭合曲线表示，该闭合曲线的构造旨在将机器人的运动吸引到参考运动中[68.26]。即使在外部环境对机器人造成干扰的情况下，该吸引子场也会使机器人的运动稳定。一种流行的基于动力系统的方法是动态运动原语（DMP）框架[68.27]。该框架通过使用一个包括强迫项的弹簧-阻尼模型来学习一个单一的轨迹，这使得它很容易控制机器人的运动达到目标位形。该框架已扩展为学习多种人体动作，从而使机器人可以执行各种动作并展示出高度可扩展的特性[68.28]。这些动力系统主要研究机器人运动的自适应合成与控制。尽管它们可以预测运动并将观察结果分类为特定的运动类别，但是它们并不直接用于运动分类。另一种流行的基于动力系统的方法是递归神经网络（RNN）。RNN 根据输入电流生成人体姿态，并对其进行优化，使生成的姿态与测量的姿态之间的误差最小化。由此产生的 RNN 对于运动预测器可能很有用。RNN 已被扩展到一个带有少量参数偏差层的修正结构，可以将人体运动中的动力学编码到其中[68.29]。这种结构的优点不仅在于从感知中产生运动，而且还将感知识别为由这些偏差定义的类别。由于模型结构的复杂性，很难从大量训练数据中调整参数。

以 HMM 为代表的随机框架被广泛用于人体运动的分类。紧凑符号 $\lambda = \{\boldsymbol{\Pi}, \boldsymbol{A}, \boldsymbol{B}\}$ 代表 HMM。$\boldsymbol{\Pi}$ 是一组初始节点概率 $\boldsymbol{\Pi} = \{\pi_i\}$，$\boldsymbol{A}$ 是一个转移矩阵 $\boldsymbol{A} = \{a_{ij}\}$，其项 a_{ij} 是从第 i 个节点过渡到第 j 个节点的概率，而 $\boldsymbol{B}$ 是一个输出分布集合 $\boldsymbol{B} = \{b_i(\boldsymbol{\theta})\}$。HMM 的概述如图 68.7 所示。人体运动由关节角度或链接位置序列 $\boldsymbol{x} = \{\boldsymbol{\theta}_1, \boldsymbol{\theta}_2, \cdots, \boldsymbol{\theta}_T\}$ 表示。HMM 的参数是通过 Baum-Welch 算法进行优化的，该算法是期望最大化算法之一，从而使由其相关 HMM λ 生成的人体运动 $\boldsymbol{x}$ 的似然函数 $P(\boldsymbol{x} \mid \lambda)$ 最大化[68.30]。HMM 代表人体运动的时空特征，并且在下文中被称为运动原语。

人体运动 $\boldsymbol{x}$ 可以分为由运动原语所代表的运动类别。这种分类找到最适合描述人体运动的 HMM λ_R，如下所示：

$$\lambda_R = \arg\max_\lambda P(\boldsymbol{x} \mid \lambda) \qquad (68.10)$$

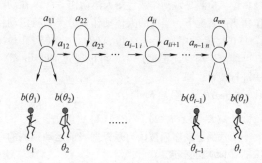

图 68.7　HMM 的概述

注：HMM 是图形模型，节点提取空间特征，边缘提取时间特征。

概率 $P(\boldsymbol{x} \mid \lambda)$ 可以由以下的算法快速递归求解得到：

$$\alpha_t(j) = \sum_i \alpha_{t-1}(i) a_{ij} b_j(\boldsymbol{\theta}_t) \qquad (68.11)$$

$$P(\boldsymbol{x} \mid \lambda) = \sum_i \alpha_T(i) \qquad (68.12)$$

式中，$\alpha_t(j)$ 是 t 时刻在第 j 个节点状态生成序列 $\{\boldsymbol{\theta}_1, \boldsymbol{\theta}_2, \cdots, \boldsymbol{\theta}_t\}$ 的概率。

68.3.3　人体运动的时间序列

为了准确地理解人体动作，机器人不仅需要运动片段的表示，而且需要运动片段的时间序列。运动图是表示人体姿势之间转换的一种流行方法[68.31]，可以在彼此相似的两个姿势之间进行转换。该框架基于空间相似性建立了人类姿势之间的边界。

运动分割和运动分类可以扩展到人体运动的时间序列的表示。人体运动是通过一系列运动片段 $\{\cdots, \boldsymbol{x}(k-1), \boldsymbol{x}(k), \boldsymbol{x}(k+1), \cdots\}$ 来表达的。通过分段技术，将一系列运动段转换为运动原语的时间序列 $\{\cdots, \lambda(k-1), \lambda(k), \lambda(k+1), \cdots\}$。可以通过从一系列运动原语中导出运动 N 元模型来提取运动原语的过渡结构。运动 N 元模型假设运动原语仅取决于其 $N-1$ 个运动原语。最简单的结构是运动二元模型。从运动 λ_i 过渡到运动 λ_j 的概率可以估算为

$$P(\lambda_i \mid \lambda_j) = \frac{\sum_k C[\lambda(k-1) = \lambda_j, \lambda(k) = \lambda_i]}{\sum_k C[\lambda(k) = \lambda_j]} \qquad (68.13)$$

式中，$C(\lambda)$ 是在人体运动的观测中出现运动 λ 的频率，并且该转移概率使由运动二元模型产生的观测概率最大化。

这种过渡结构可用于多种应用程序，如编辑动

画角色、检测异常动作或预测人体动作[68.32]。在动作预测的情况下，当前的人体动作被分类为特定动作 $\lambda(0)$。运动序列 $\boldsymbol{\lambda}=\{\lambda(1),\lambda(2),\cdots,\lambda(K)\}$ 最有可能由运动二元模型产生，可以通过 Dijkstra 算法进行搜索，即

$$\lambda_P=\underset{\lambda}{\mathrm{argmax}}P[\lambda(K)\lambda(K-1)]\times$$

$$P[\lambda(K-1)\lambda(K-2)]\cdots P[\lambda(1)\lambda(0)] \tag{68.14}$$

所选的运动序列被认为是根据当前运动预测的运动（ ▶ VIDEO 764 ）。

68.3.4 人体运动的语言解释

将人体运动与自然语言相结合，不仅可以用语言表达的形式来理解人体运动，还可以通过语言指令的查询来生成机器人的运动。具有参数偏差的 RNN 框架已应用于运动和语言的融合。一个 RNN 代表运动的动力学，而另一个 RNN 代表语言的动力学，更具体地说是单词序列。这两个 RNN 共享的参数偏差将 RNN 结合在一起[68.33]。给定句子，在语言的 RNN 中估算句子的参数偏差，运动的 RNN 使用从语言 RNN 派生的参数偏差生成运动。机器人可以生成与句子相对应的运动。这种从语言到运动的转换是相反的，它允许从运动到其描述性句子的转换[68.34]。

人体运动与语言的另一种整合是随机方法。人类的动作被表示为一系列运动原语 $\{\lambda(1),\lambda(2),\cdots,\lambda(k)\}$。动词序列 $\omega(1),\omega(2),\cdots,\omega(l)$ 也手动分配给相同的人类动作，其中 $\omega(i)$ 是分配给第 i 个位置的人工分割运动的动词。由于人体运动由一系列符号表示（图 68.8），因此提取人体运动和动词之间的参照的问题可以被视为翻译问题。IBM 翻译模型已被广泛用于自然语言处理中[68.35]，并可用于将人体运动与其相关动词进行整合[68.36]。该翻译模型由动词 ω 产生的运动 λ 的平移概率 $t(\lambda\mid\omega)$ 和动词序列中 i 个位置可以对应的对齐概率 $a(i\mid j,l,k)$ 组成在一系列运动中与第 j 个位置对应。优化这些参数，通过期望最大化（EM）算法使动词序列生成运动序列的以下概率达到最大。

$$\Phi=P[\lambda(1),\lambda(2),\cdots,\lambda(k)\mid\omega(1),\omega(2),\cdots,\omega(l)] \tag{68.15}$$

另外，动词二元模型从附加到人体运动的动词序列中提取两个动词之间的过渡作为动词过渡概率 $p=(\omega_i\mid\omega_j)$。最可能描述人体运动的动词序列 $\boldsymbol{\omega}=\{\omega(1),\omega(2),\cdots,\omega(l)\}$ 为

$$\omega_R=\underset{\omega}{\mathrm{argmax}}P(\omega\mid\lambda)=\underset{\omega}{\mathrm{argmax}}P(\lambda\mid\omega)P(\omega) \tag{68.16}$$

可以使用平移概率和对齐概率来计算 $P(\lambda\mid\omega)$，并且可以使用动词过渡概率来计算 $P(\omega)$。人体运动被解释为合成的动词序列 ω_R。该框架已扩展到不仅处理动词，而且还处理名词、副词，以便可以将人体运动转换为描述性句子[68.37]（ ▶ VIDEO 766 ）。

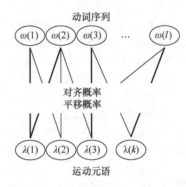

图 68.8　动词序列和运动原语之间的映射

68.3.5 传播理论

HMM 已扩展为分层 HMM（HHMM）或耦合 HMM（CHMM），以表示复杂的时空特征。在 HHMM 中，统计模型嵌入到 HMM 的每个节点中，而常用的 HMM 在节点中具有高斯分布函数[68.38]。CHMM 是多个 HMM 相互作用的一种表示人与机器人、运动与被操纵物体之间相互依赖关系的方法。这些方法可以应用于需要复杂表示的交互[68.39]。但是这些框架中的大量参数限制了它们的应用，并且很难将这些框架用于人-机器人交互。

一种将人体运动表示为 HMM 的有效方法是为运动元语和交互元语设计层次结构。代表人体整体运动的 HMM 可用于识别运动观察。HMM 可以重复使用，以为仿人机器人生成类似人类的动作。根据节点转移概率对节点进行采样，并根据所选节点上的输出概率对配置进行采样。机器人运动的采样生成可以在同一框架内完成。仿人机器人的基础不仅是识别人类的动作，而且是生成类似人类的动作，该框架已应用于人类与仿人机器人的交互中，如图 68.9 所示。

行为交互是通过在两者之间交换运动原语来定义的[68.37]。利用 HMM 识别两个相互作用的人体运动，将对他们的观察转化为一系列的运动原语。较高级别的 HMM 代表这些交互。这些 HMM 更抽象地表示了运动，对识别和生成交互模式很有用。然后我们为简单换向引入一个假设，更具体地讲，通过识别两者之间的关系并随后保持其关系来建立交流。

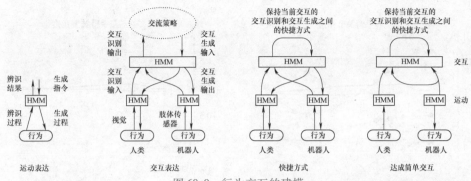

图 68.9　行为交互的建模

使用较低级别 HMM 的人和机器人的两个识别输出成为较高级别 HMM 的输入，并且可以将交互识别为较高级别 HMM。还可以在所选的较高级别 HMM 中估计当前节点。该节点的生成输出是人类与机器人的一对运动原语，它们成为较低级别 HMM 的输入。人类的一个运动原语成为人类行为的预测，而机器人的另一个运动原语成为运动生成的命令。较高级别 HMM 识别和生成分别表示交互的估计状态和交互的控制策略。自然漂移交互作用的重要性在于，基于估计的交互状态可以用来表示控制策略的过程，作为识别和生成之间的捷径[68.40]。如图 68.10 所示，人与机器人在虚拟世界中进行交互的试验证明了该方法的有效性，并进一步应用于具有柔性物理接触的人-机器人交互[68.41]。

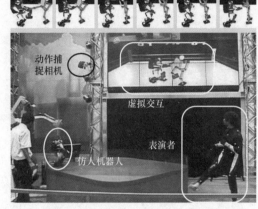

图 68.10　通过符号分层通信模型实现人-机器人交互

68.4　机器人的重建

本节回顾了一些基于人体运动和/或生理模型来合成机器人或虚拟人的仿人运动的例子。

68.4.1　虚拟人的重建

与第 68.2.2 节中所使用的逆运动学不同，Demerican 等人[68.42]开发了一种通过使用物理模拟的骨骼模型直接跟踪标记轨迹来重建人体运动的方法。图 68.11 显示了跟踪的标记集以及模拟中使用的骨骼模型。图 68.12 显示了测量和模拟的标记轨迹的示例，该示例展示了重构后人体运动的平滑性。

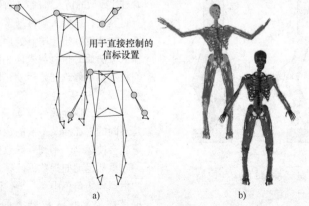

a)　　　　　　　b)

图 68.11　标记集和骨骼模型[68.42]

a）运动捕捉数据　b）仿真和活动接口（SAI）中的骨架模型[68.43]

68

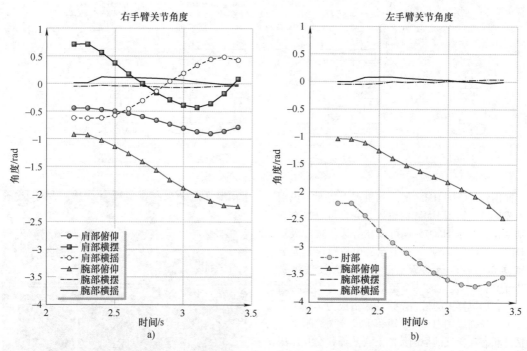

图 68.12　从直接标记跟踪计算出的关节角度[68.42]
a）右手臂关节角度　b）左手臂关节角度

68.4.2　基于生理模型的控制器优化

记录的人体运动是人体运动控制的结果。Wang 等[68.44]并没有使用运动结果，而是基于生理学人体模型优化了控制器，该模型包括 8 块主要的腿部肌肉，包括单关节（驱动单关节）和双关节（驱动两个关节）（图 68.13）。该方法基于仿真优化控制器参数，并考虑了生理肌肉特性[68.9]。结果表明，在关节轨迹和扭矩方面，与人体测量结果能很好地匹配。

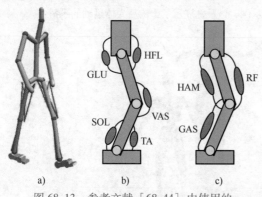

图 68.13　参考文献［68.44］中使用的肌肉骨骼模型
a）骨骼和肌肉　b）5 个单关节肌肉　c）3 个双关节肌肉

68.4.3　实体机器人的重建

由于人体与机器人身体之间的各种差异，即使仿人机器人具有类似人体的拓扑结构，使用仿人机器人跟踪人体运动也不像看起来那样简单。

首先，运动特性总是存在一些差异，如尺寸和比例。例如，在操作中，如果上臂和下臂的长度不同，则仅仅复制关节角度将不会产生相同的手部位置。

运动学差异不仅来自于不同的尺寸，还来自于人体的柔韧性，这是机械系统难以复制的。例如，人体脊柱比典型的仿人机器人的躯干有更多的自由度。

其次，机器人硬件通常在关节运动范围以及速度、加速度和扭矩限制方面要严格得多。因此，机器人无法始终执行与人体相同的运动范围。所以我们将不得不修改初始运动，以使它们保持在硬件限制范围之内。

最后，惯性属性（如质量、惯性和质心位置）是不同的。在涉及平衡的运动中，不同的惯性属性可能会使运动不平衡并导致摔倒。

虽然运动捕捉数据已频繁地应用于模拟环境中的虚拟人物角色中[68.45-47]，但使用人体运动捕捉数据直接控制仿人机器人的工作却很少。Nakaoka 等[68.2]将捕捉到的舞蹈动作分为多个任务，并对每个任务进行优化，使其对机器人动力学具有可行性。Miura 等人[68.48]根据运动数据中脚步确定的压力轨迹中心，计算出可行的质心轨迹，然后利用逆运动学计算关节运动。Ott 等人[68.49]，Yamane 和 Hodgins[68.50,51]则将在线平衡控制与跟踪控制结合起来，解决了不同的动力学问题。图 68.14 为用浮动基座仿人机器人跟踪人体运动捕捉序列的硬件试验的示例[68.51]（ VIDEO 765 ）。

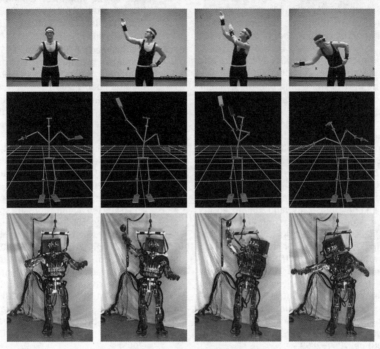

图 68.14　硬件试验的示例

视频文献

 VIDEO 762 　Example of optical motion capture data converted to joint angle data
available from http://handbookofrobotics.org/view-chapter/65/videodetails/762

 VIDEO 763 　Example of muscle tensions computed from motion capture data
available from http://handbookofrobotics.org/view-chapter/65/videodetails/763

 VIDEO 764 　The Crystal Ball: Predicting future motions
available from http://handbookofrobotics.org/view-chapter/65/videodetails/764

 VIDEO 765 　Human motion mapped to a humanoid robot
available from http://handbookofrobotics.org/view-chapter/65/videodetails/765

 VIDEO 766 　Converting human motion to sentences
available from http://handbookofrobotics.org/view-chapter/65/videodetails/766

参考文献

68.1　M.J. Mataric: Getting humaniods to move and imitate, IEEE Intell. Syst. **15**(4), 18–24 (2000)

68.2　S. Nakaoka, A. Nakazawa, F. Kanehiro, K. Kaneko, M. Morisawa, H. Hirukawa, K. Ikeuchi: Learning from observation paradigm: Leg task models for enabling a biped humanoid robot to imitate human dances, Int. J. Robotics Res. **26**(8), 829–844 (2010)

68.3　Organic Motion, Inc.: OpenStage, http://organicmotion.com/mocap-for-animation

68.4　Microsoft: Kinect for Xbox One, http://www.xbox.com/en-US/xbox-one/accessories/kinect-for-xbox-one

68.5　M. Vondrak, L. Sigal, J. Hodgins, O. Jenkins: Video-based 3D motion capture through biped control,

68

ACM Trans. Graph. **31**(4), 24 (2012)

68.6 Y. Nakamura, K. Yamane, Y. Fujita, I. Suzuki: somatosensory computation for man-machine interface from motion capture data and musculoskeletal human model, IEEE Trans. Robotics **21**(1), 58–66 (2005)

68.7 K. Yamane, Y. Nakamura: Natural motion animation through constraining and deconstraining at will, IEEE Trans. Vis. Comput. Graph. **9**(3), 352–360 (2003)

68.8 J.J. Craig: *Introduction to Robotics: Mechanics and Control* (Addison-Wesley, Reading 1986)

68.9 A.V. Hill: The heat of shortening and the dynamic constants of muscle, Proc. R. Soc. Lond. B **126**, 136–195 (1938)

68.10 S. Stroeve: Impedance chracteristics of a neuromusculoskeletal model of the human arm I: Posture control, J. Biol. Cyberneics **81**, 475–494 (1999)

68.11 J. Rasmussen, M. Damsgaard, M. Voigt: Muscle recruitment by the min/max criterion–a comparative study, J. Biomech. **34**(3), 409–415 (2001)

68.12 K. Yamane, Y. Fujita, Y. Nakamura: Estimation of physically and physiologically valid somatosensory information, Proc. IEEE/RSJ Int. Conf. Robotics Autom. (ICRA) (2005) pp. 2635–2641

68.13 B.W. Mooring, Z.S. Roth, M.R. Driels: *Fundamentals of Manipulator Calibration* (Wiley, New York 1991)

68.14 Digital Human Research Center, AIST: Human Body Properties Database, https://www.dh.aist.go.jp/database/properties/index–e.html

68.15 K. Ayusawa, G. Venture, Y. Nakamura: Identification of humanoid robots dynamics using minimal set of sensors, Proc. IEEE/RSJ Int. Conf. Intell. Robots Syst. (IROS) (2008) pp. 2854–2859

68.16 T. Kim, S.I. Park, S.Y. Shin: Nonmetric individual differences multidimensional scaling: An alternating least squres method with optimal scaling features, ACM Trans. Graph. **22**(3), 392–401 (2003)

68.17 T. Shiratori, A. Nakazawa, K. Ikeuchi: Detecting dance motion structure through music analysisg, Proc. 6th IEEE Int. Conf. Autom. Face Gesture Recognit. (2004) pp. 857–862

68.18 J. Kohlmorgen, S. Lemm: A dynamic HMM for online segmentation of sequential data, Proc. Conf. Neural Inf. Process. Syst. (2002) pp. 793–800

68.19 D. Kulic, W. Takano, Y. Nakamura: Online segmentation and clustering from continuous observation of whole body motions, IEEE Trans. Robotics **25**(5), 1158–1166 (2009)

68.20 J.L. Elman: Finding structure in time, Cogn. Sci. **14**, 179–211 (1990)

68.21 W. Takano, Y. Nakamura: Humanoid robot's autonomous acquisition of proto-symbols through motion segmentation, Proc. IEEE-RAS Int. Conf. Humanoid Robots (2006) pp. 425–431

68.22 A.J. Ijspeert, J. Nakanishi, S. Shaal: Learning control policies for movement imitation and movement recognition, Neural Inf. Process. Syst. **15**, 1547–1554 (2003)

68.23 M. Haruno, D. Wolpert, M. Kawato: MOSAIC model for sensorimotor learning and control, Neural Comput. **13**, 2201–2220 (2001)

68.24 T. Inamura, I. Toshima, H. Tanie, Y. Nakamura: Embodied symbol emergence based on mimesis

68.25 A. Billard, S. Calinon, F. Guenter: Discriminative and adaptive imitation in uni-manual and bi-manual tasks, Robotics Auton. Syst. **54**, 370–384 (2006)

68.26 M. Okada, K. Tatani, Y. Nakamura: Polynomial design of the nonlinear dynamics for the brain-like information processing of whole body motion, Proc. IEEE Int. Conf. Robotics Autom. (ICRA) (2002) pp. 1410–1415

68.27 A.J. Ijispeert, J. Nakanishi, T. Shibata, S. Schaal: Nonlinear dynamical systems for imitation with humanoid robots, Proc. IEEE-RAS Int. Conf. Humanoid Robots (2001)

68.28 T. Matsubara, S.H. Hyon, J. Morimoto: Learning parametric dynamic movement primitives from multiple demonstrations, Neural Netw. **24**(5), 493–500 (2011)

68.29 J. Tani, M. Ito: Self-organization of behavioral primitives as multiple attractor dynamics: A robot experiment, IEEE Trans. Syst. Man Cybern. A **33**(4), 481–488 (2003)

68.30 L. Rabiner: A Tutorial on hidden Markov models and selected applications in speech recognition, Proceedings IEEE (1989) pp. 257–286

68.31 L. Kovar, M. Gleicher, F. Pighin: Motion graphs, ACM Trans. Graph. **21**(3), 473–482 (2002)

68.32 W. Takano, H. Imagawa, D. Kulic, Y. Nakamura: What do you expect from a robot that tells your future? The crystal ball, Proc. IEEE/RSJ Int. Conf. Intell. Robots Syst. (IROS), Taipei (2008) pp. 1780–1785

68.33 Y. Sugita, J. Tani: Learning semantic combinatoriality from the interaction between linguistic and behavioral processes, Adapt. Behav. **3**(1), 33–52 (2005)

68.34 T. Ogata, M. Murase, J. Tani, K. Komatani, H.G. Okuno: Two-way translation of compound sentences and arm motions by recurrent neural networks, Proc. IEEE/RSJ Int. Conf. Intell. Robots Syst. (IROS) (2007) pp. 1858–1863

68.35 P.F. Brown, S.A.D. Pietra, V.J.D. Pietra, R.L. Mercer: The mathematics of statistical machine translation: Parameter estimation, Comput. Linguist. **19**(2), 263–311 (1993)

68.36 W. Takano, Y. Nakamura: Construction of a space of motion labels from their mapping to full-body motion symbols, Adv. Robotics **29**(2), 115–126 (2015)

68.37 W. Takano, Y. Nakamura: Statistical mutual conversion between whole body motion primitives and linguistic sentences for human motions, Int. J. Robot. Res. **34**(10), 1314–1328 (2015)

68.38 S. Fine, Y. Singer, N. Tishby: The hierarchical hidden markov model: Analysis and application, Mach. Learn. **32**, 41–62 (1998)

68.39 M. Brand, N. Oliver, A. Pentland: Coupled hidden Markov models for complex action recognition, Proc. IEEE Conf. Comput. Vis. Pattern Recognit. (1999) pp. 994–999

68.40 W. Takano, K. Yamane, T. Sugihara, K. Yamamoto, Y. Nakamura: Primitive communication based on motion recognition and generation with hierarchical mimesis model, Proc. IEEE Int. Conf. Robotics Autom. (ICRA) (2006) pp. 3602–3609

68.41 D. Lee, C. Ott, Y. Nakamura: Mimetic communication model with compliant physical contact in human-

68

humanoid interaction, Int. J. Robotics Res. **29**(13), 1684–1704 (2004)

68.42　E. Demerican, L. Sentis, V. De Sapio, O. Khatib: Human motion reconstruction by direct control of marker trajectories. In: *Advances in Robot Kinematics: Analysis and Design*, ed. by J. Lenarcic, P. Wenger (Springer, Berlin, Heidelberg 2008) pp. 263–272

68.43　O. Khatib, O. Brock, K. Chang, F. Conti, D. Ruspini, L. Sentis: Robotics and interactive simulation, Commun. ACM **45**(3), 46–51 (2002)

68.44　J.M. Wang, S.R. Hamner, S.L. Delp, V. Koltun: Optimizing locomotion controllers using biologically-based actuators and objectives, ACM Trans. Robotics **31**(4), 25 (2012)

68.45　V.B. Zordan, J.K. Hodgins: Motion capture-driven simulations that hit and react, Proc. ACM SIGGRAPH Symp. Comput. Animat. (2002) pp. 89–96

68.46　K.W. Sok, M.M. Kim, J.H. Lee: Simulating biped behaviors from human motion data, ACM Trans. Graph. **26**(3), 107 (2007)

68.47　M. Da Silva, Y. Abe, J. Popović: Interactive simulation of stylized human locomotion, ACM Trans. Graph. **27**(3), 82 (2008)

68.48　K. Miura, M. Morisawa, F. Kanehiro, S. Kajia, K. Kaneko, K. Yokoi: Human-like walking with toe supporting for humanoids, Proc. IEEE/RSJ Int. Conf. Intell. Robots Syst. (IROS) (2011) pp. 4428–4435

68.49　C. Ott, D.H. Lee, Y. Nakamura: Motion capture based human motion recognition and imitation by direct marker control, Proc. IEEE-RAS Int. Conf. Humanoid Robots (2008) pp. 399–405

68.50　K. Yamane, J.K. Hodgins: Simultaneous tracking and balancing of humanoid robots for imitating human motion capture data, Proc. IEEE/RSJ Int. Conf. Intell. Robot Syst. (IROS) (2009) pp. 2510–2517

68.51　K. Yamane, S.O. Anderson, J.K. Hodgins: Controlling humanoid robots with human motion data: Experimental validation, Proc. IEEE-RAS Int. Conf. Humanoid Robots (2010) pp. 504–510

68

第 69 章

人-机器人物理交互

Sami Haddadin，Elizabeth Croft

在过去二十年中，人-机器人物理交互（pHRI）的基础是从机电一体化、控制与规划的成功发展演变而来的，引领更安全的轻型机器人设计和交互控制方案，超越现有大负载和高精度位置控制工业机器人的能力。基于其感知物理交互，机器人结构呈现柔顺性行为，规划尊重人类偏好的运动，以及生成与人类协作和协同运动的交互规划能力，这些新型机器人开辟了新的和不可预见的应用领域，并推动了机器人领域与人类安全交互的发展。

本章概述了 pHRI 的最新技术。首先，概述了人类安全方面的进展，讨论了机器人技术中的人身伤害分析主题和 pHRI 安全标准。然后，介绍了人性化机器人设计的基础，包括开发轻量级的柔性力/力矩控制机器人，以及交互所需的感知能力。随后，介绍了与人共存环境下的运动规划技术，包括生物力学安全、基于风险度量的人体感知规划等。最后，总结了最新的交互规划问题，包括协同动作规划问题、交互规划问题的定义，以及对机器人反射和 pHRI 反应控制体系架构的介绍。

69

69.1 分类

目前机器人技术在研究和实际应用中正经历着根本性的转变。在过去的几十年里，机器人被可能造成危险的位置控制的刚性机器人所主导，这些机器人执行各种自动化任务，比如定位和路径跟踪。最近，出现了新一代的机电一体化机器人，包括在软体机器人背景下的一般机器人设计的新概念。这一趋势使我们更接近在真实的家庭和专业环境中实现安全、无缝的人-机器人物理交互（pHRI）的长期目标（图69.1）。

最近人-机器人物理交互的最新进展表明了机器人系统在主动和安全的工作空间与人类共享和协

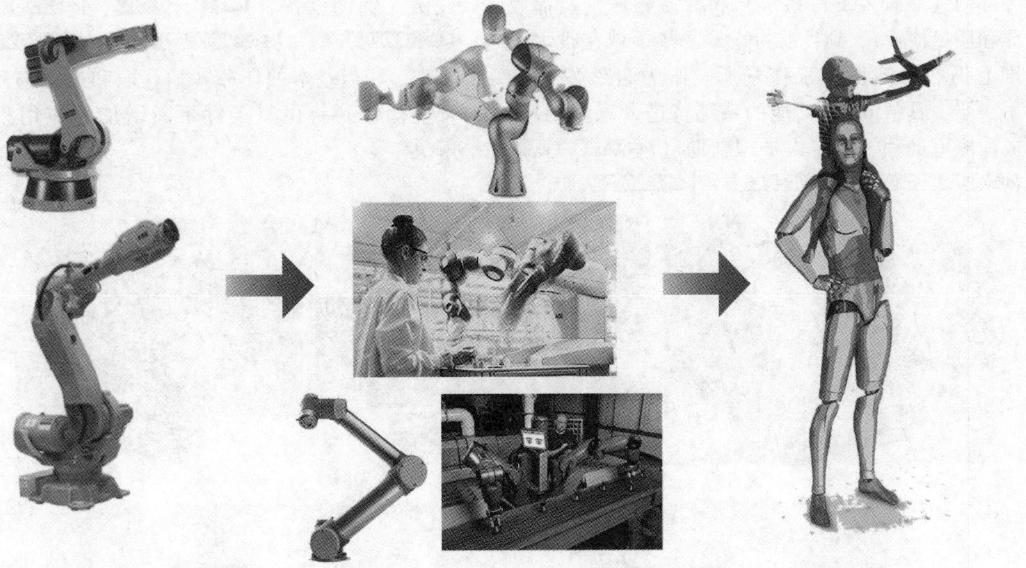

图 69.1 由新的目标领域和机器人技术驱动，机器人学向人与机器人密切
共存的愿景转变（由 KUKA、DLR、ABB、Rethink Robotics 提供）

作方面的潜力和可行性。根本性突破在于以人为中心的机器人机构与控制设计（软体机器人学），这也引发了弹性机器人［串联弹性驱动器（SEA）和广义可变阻抗驱动器（VIA）］的新研究热潮。通过在设计阶段考虑人与机器人的物理接触，可以大大减轻由于意外接触可能造成的伤害。此外，考虑到人类的意图和偏好，将能够实现友好的动作和交互行为。目前一些已经完成开发的最先进的系统正在进入工业市场。这些技术主要面向工业和服务领域。图 69.2 描述了为与人类密切交互而开发的这些新型设备未来可能的应用场景。它们的范围从工厂的工人和机器人的操作者，残障人士的辅助设备，到支持一般家庭活动的服务机器人。所有这些应用都有着共同的需求，即人与机器人在共同的工作空间中进行紧密、安全和可靠的物理交互。因此，此类机器人需要精心设计，以实现人性化。也就是说，它们必须能够在人类居住的部分未知环境中安全地感知、推理、学习和行动。反之，这一系列要求必须在各种理论和技术开发中设计新的解决方案。与机器人技术的经典模块化观点和人类在其中所扮演的角色不同，机器人开发必须进行根本性的范式转变。在包含基于人体损伤生物力学分析及人体运动生物力学安全等问题的同时，必须开发和验证人性化硬件设计和交互控制策略，以及学习、感知和认知关键组件。这些需要使机器人能够在弱动态结构环境下实时跟踪、理解和预测人体运动。

除了开发包括自我完善在内的交互自主能力外，人类的安全和物理交互也必须嵌入到认知决策层面。这将使机器人能够以安全和自主的方式做出反应或与人类进行物理交互。生物力学知识、神经力学的洞察力和生物激励的变刚度柔性驱动器可以用来设计接近人类特性和性能的不同复杂性的操作/交互系统。为了提高扭矩/质量比和能源效率，需要进一步深入了解 VIA 的创新设计，并采用新的控制方法来利用其刚度和阻尼特性。

实时规划和适应此类复杂系统的运动和任务需要新的概念，包括控制、规划和学习的紧密耦合，这将导致能够自我改进的反应性行为。此外，需要开发自我解释的交互和通信框架，以增强系统的可用性和对人类的可解释性。例如，它们应该不仅会使用语言，而且还会使用非语言沟通线索，如手势和情绪反馈，来传达某种情况是安全的还是危险的。最后，所有系统组件和算法的可靠性是一个主要问题，对其进行系统化处理对于该技术的后续商业化以及机器人在日常环境中的商业家用具有特别重要的意义。因此，下一代机器人系统在中小型企业（SME）和全球市场公司的柔性自动化方面的突破主要取决于未来几年 pHRI 的发展。人工过程中的机器人辅助，有利于人与机器人工人的合作，在以前由于技术、成本或效率原因无法实现自动化的过程中，有着巨大的开发潜力，可以提高生产效率。此外，该技术非常有希望的应用领域是专业服

69

务部门（如医院支持系统）和物流领域（食品物流和质量检验），到目前为止，这些领域在很大程度上仍然是纯手工工作场所。作为自然发展的下一步，具备 pHRI 功能的系统将进入家庭领域，成为家庭助理、老年人护理辅助（ VIDEO 607 、 VIDEO 614 、 VIDEO 618 、 VIDEO 623 ）和

残疾人辅助设备（ VIDEO 618 、 VIDEO 619 、 VIDEO 620 、 VIDEO 621 、 VIDEO 622 ）。首先，相当基本的任务（如获取和运送物品或对环境操作）将由复杂性不断增加的应用程序来解决。

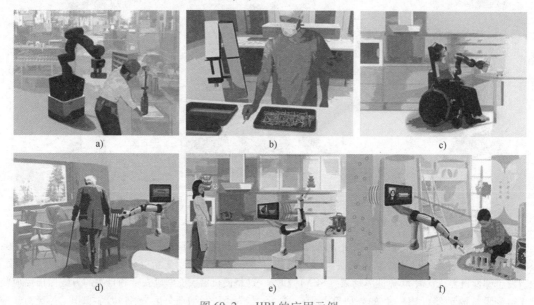

图 69.2 pHRI 的应用示例

a)、b) 车间物流和操作 c)、d) 专业服务机器人和残疾人辅助设备 e)、f) 家用服务机器人

接下来讨论交互的分类。

pHRI 属于人与机器人共享空间的近距离交互范畴，而不是远程或遥控交互（见第 2 卷第 43 章）[69.1]。除了接近性之外，还可以从机器人与人在 pHRI 场景中所承担的任务和角色来理解物理交互的性质。在所有这些场景中，一个关键特性是机器人可以自主执行部分任务。该特性将 pHRI 与 Cobotic 设备[69.2]和其他需要操作者输入的被动机器人辅助升降设备分开。

pHRI 中的大多数工作通常可以分为三类：支持性、协作性和合作性。以这种方式排序，我们注意到这些交互的特点是与机器人的物理接触频率和必要性，以及与用户的接近程度不断增加（图 69.3）。进一步的分类包括基于触摸的个体响应机器人，如 Paro[69.3]和 Haptic Creature[69.4]，以及可穿戴机器人（见第 70 章）。

在支持性交互中，机器人不是任务核心性能的组成部分，而是为人类提供工具、材料和信息，以优化人类的任务性能或目标，如博物馆导游机器人、帮助老年人的购物助理机器人[69.5]，和家庭护理机器人（见第 65 章和第 73 章）。在这种情

况下，pHRI 通常关注安全，即防止和减轻意外接触或碰撞的危害，并执行适当的预防行为。在需要时，物理交互本质上是不频繁和短暂的，通常仅限于交接或其他不频繁的事务性交流。为了保证安全，以及这些有限的物理交互，结构良好的人-机器人通信（见第 71 章）至关重要。例如，最近的工作[69.6-11]证明了双向手势提示在执行转弯、信息共享、近距离活动和接触前交接操作中的重要性。

在协作性交互（ VIDEO 609 ）中，人和机器人都在执行任务。通过任务分配，人和机器人各自完成最适合其能力的部分任务，但更频繁地通过轮流和零件传递进行交互[69.12,13]（ VIDEO 716 ），或触觉启用模式切换，其中触点用于切换机器人的交互行为[69.14]（ VIDEO 717 ， VIDEO 632 ）。在这些场景中，人类完成需要人类灵巧或决策的任务元素，而机器人完成不适合人类直接参与的任务元素，如重复或高强度应用、化学沉积或精确放置。在支持性和协作性交互中，物理空间通常是共享的，规划的物理交互虽然更频繁，但本质上仍然是事务性的。

69

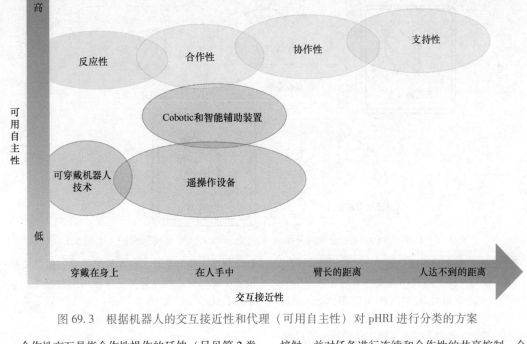

图 69.3　根据机器人的交互接近性和代理（可用自主性）对 pHRI 进行分类的方案

合作性交互是指合作性操作的延伸（另见第 2 卷第 39 章和本卷第 70 章），包括与人的力交互。这种类型的交互与 Cobots 的不同之处在于机器人作为独立代理而不是被动辅助设备。也就是说，人与机器人在直接的物理接触中工作，或者通过一个共同的物体间接接触，并对任务进行连续和合作性的共享控制。合作性交互包括一些任务，如合作拾取和搬运[69.15-17]（ VIDEO 613 、 VIDEO 820 ）、动觉教学[69.18]（ VIDEO 627 ）、协调材料搬运（如搬运长而灵活的物体）和康复治疗（见本卷第 64 章）。

69.2　人身安全

在 pHRI 中提供安全性是一个多方面的挑战，需要在各种抽象级别进行分析。pHRI 的目标是人与机器人在一个共同的工作空间中共存，并通过物理手段扩展其通信模式。这种空间接近性会导致各种潜在威胁，这些威胁取决于系统的当前状态，该系统由人、机器人及其周围环境组成。了解各自的威胁，特别是与人与机器人的物理接触可能造成的人身伤害有关的威胁，并将相应的结论纳入安全标准/法规，是当今机器人技术的主要挑战之一（请注意，本章不涉及功能安全或机器人可靠性）。

69.2.1　机器人学中的人体损伤

1. 碰撞场景

为了量化 pHRI 环境中可能发生的人身伤害，需要了解机械接触在根本上是如何导致伤害的。图 69.4 描述了相关的机器人与人的碰撞场景。这些可能涉及无约束碰撞、被机器人夹伤、约束碰撞、部分约束碰撞，以及由此产生的二次伤害[69.19]。除了这些场景定义外，最重要的问题是如何量化人与机器人碰撞可能造成的人身伤害程度。几十年来，人们在损伤生物力学和法医学领域对人体损伤进行了研究，相关研究可为机器人学中人体损伤的早期研究服务。事实上，生物力学和法医学的各种损伤测量被应用于机器人的人体损伤分析[69.19-25]。关于最重要的现有损伤分类指标和生物力学损伤测量的概述，请参见参考文献［69.26］（ VIDEO 608 ）。现在简要回顾生物力学、法医学和机器人学文献中最重要的结论。

69

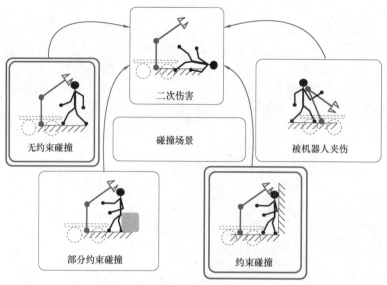

图 69.4 机器人与人碰撞场景的分类（无约束和约束影响被视为两种主要情况）

2. 生物力学文献综述

为了推导与碰撞器直接碰撞的不同身体部位的损伤特征（这是机器人学最相关的案例），在过去五十年中，已经进行了无数的试验并出版了许多出版物。尽管在机器人学和生物力学试验中使用的碰撞器在大小和形状上存在显著差异，但是从测试设置中可以对主要几何基元进行识别和分类。主要基元及其参数如图 69.5 所示。与每个基元关联的坐标系的 z 轴定义了碰撞 u 的方向。

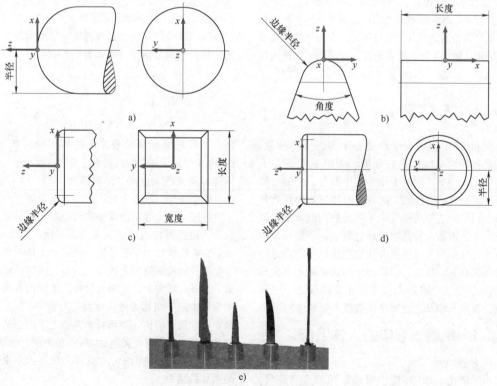

图 69.5 具有相应参数的典型碰撞器基元
a）球体 b）边缘 c）立方体 d）扁圆形 e）锋利工具

对尸体、志愿者、碰撞试验假人,以及头部、颈部和胸部等生物组织进行了大量相关碰撞试验(表 69.1~表 69.4)。对于所有选定的试验活动,列出了碰撞场景、碰撞身体部位、图 69.5 所示的碰撞参数、受试者和碰撞速度。为了描述碰撞场景,我们使用以下缩写:D(动态)、QS(准静态)、U(无约束)、C(约束)、PC(部分约束)。因此,以 DU 表示的碰撞试验是动态无约束的,而准静态约束碰撞则标记为 QSC。列出了各自的碰撞器类型和参数,以供比较。

接下来,阐述了人与机器人碰撞的一些基本特征,以便更全面地理解基本动力学。

表 69.1 生物力学和机器人学文献中选定的碰撞试验概览(身体部位:头部)

碰撞器类型	碰撞位置	碰撞器参数	碰撞案例	类型	重量/kg	速度/(m/s)	参考文献
扁圆形	上颌骨,颧骨,额叶,颞顶,下颌骨	半径 14.3mm	DC	尸体	1.08~3.82	2.99~5.97	[69.27,28]
	颞顶	半径 12.7mm	DC	尸体	10.6	2.7	[69.29]
	鼻子	半径 14.3mm	DC	尸体	3.2	1.56~3.16	[69.30]
	额骨	半径 35mm	DU	尸体	14.3	3.37~6.99	[69.31]
边缘	鼻子	半径 12.5mm	DU	尸体	32,64	2.77~6.83	[69.32]
	上颌骨,颧骨,额叶	半径 10mm	DC	尸体	14.5	2.4~4.2	[69.33]
	额叶	半径 12.7mm	DPC	尸体	∞(人体坠落至碰撞器)	2.23~3.14	[69.34]
立方体	颞顶	长 50mm 宽 100mm	DC	尸体	12	4.3	[69.29]
	额叶	未指定尺寸	DPC	尸体	5.31~5.97	3.56~9.6	[69.35]
	额叶	未指定尺寸	DPC	尸体	∞(人体坠落至碰撞器)	2.23~3.87	[69.34]
球体	额叶	半径 120mm	DU,QSC,DPC	混合Ⅲ型假人	4,67,1980	0.2~4.2	[69.36,37]
	额叶	半径 203.2mm,76.2mm	DPC	尸体	∞(人体坠落至碰撞器)	2.87~3.5	[69.34]

表 69.2　生物力学和机器人学文献中选定的碰撞试验概览（身体部位：躯干）

碰撞器类型	碰撞位置	碰撞器参数	碰撞案例	类型	重量/kg	速度/(m/s)	参考文献
扁圆形	胸部	半径 76.2mm 边缘半径 12.77mm	DU，DC	尸体	1.6~23.6	4.34~14.5	[69.38，39]
		半径 76mm 橡胶垫	DU	志愿者	10	2.4~4.6	[69.40]
		半径 76.2mm 边缘半径 12.77mm	DU	尸体	19.27	4.0~10.6	[69.41]
	腹部	半径 12.7mm	DU	尸体	32，64	4.9~13.0	[69.42]
球体	胸部	半径 120mm	DU，QSC	混合Ⅲ型假人	4，67，1980	0.2~4.2	[69.36，37]
	腹部	半径 5，12.5mm	DC	猪组织	2~10	0.5~4.0	[69.25]
边缘	腹部	45°角， 长 200mm 边缘半径 0.2mm	DC	猪组织	2~10	0.5~4.0	[69.25]

表 69.3　生物力学和机器人学文献中选定的碰撞试验概览（身体部位：上肢）

碰撞器类型	碰撞位置	碰撞器参数	碰撞案例	类型	重量/kg	速度/(m/s)	参考文献
边缘	前臂	半径 12.5mm，0°角	DC	尸体	9.48	3.63	[69.43]
		未指定大小	DC	尸体	9.75	2.44，4.23	[69.44]
	肩、上臂、前臂	边缘半径 5mm，30°角	DC	志愿者	4.16，8.65	0.45~1.25	[69.45]
扁圆形	前臂，手	未指定大小	QSC	尸体	速度控制	25mm/min	[69.46]

表 69.4　生物力学和机器人学文献中选定的碰撞试验概览（身体部位：下肢）

碰撞器类型	碰撞器参数	碰撞案例	类型	重量/kg	速度/(m/s)	参考文献
锋利工具	图 69.5	DC	猪组织，志愿者	4	0.16~0.8	[69.24]

3. 机器人与人的碰撞

假设一个由 n 个关节组成的串联刚性机器人，最多只有一个连杆参与碰撞。

$$\dot{\boldsymbol{x}}_c = \begin{pmatrix} \boldsymbol{v}_c \\ \boldsymbol{\omega}_c \end{pmatrix} = \begin{pmatrix} \boldsymbol{J}_{c,\text{lin}}(\boldsymbol{q}) \\ \boldsymbol{J}_{c,\text{ang}}(\boldsymbol{q}) \end{pmatrix} \dot{\boldsymbol{q}} = \boldsymbol{J}_c(\boldsymbol{q})\dot{\boldsymbol{q}} \in \mathbb{R}^6 \quad (69.1)$$

式（69.1）是接触点处线速度和相关机器人连杆角速度的叠加向量，相关（几何）接触雅可比矩阵 $\boldsymbol{J}_c(\boldsymbol{q})$ 是关节角度 $\boldsymbol{q}$ 的函数。因此，笛卡儿碰撞力旋量表示为

$$\boldsymbol{F}_{\text{ext}} = \begin{pmatrix} \boldsymbol{f}_{\text{ext}} \\ \boldsymbol{m}_{\text{ext}} \end{pmatrix} \in \mathbb{R}^6 \quad (69.2)$$

（1）机器人碰撞建模　当发生此类碰撞时，机器人动力学将变为

$$\boldsymbol{M}(\boldsymbol{q})\ddot{\boldsymbol{q}} + \boldsymbol{C}(\boldsymbol{q},\dot{\boldsymbol{q}})\dot{\boldsymbol{q}} + \boldsymbol{g}(\boldsymbol{q}) + \boldsymbol{\tau}_F = \boldsymbol{\tau} + \boldsymbol{\tau}_{\text{ext}} \quad (69.3)$$

式中，$\boldsymbol{M}(\boldsymbol{q}) \in \mathbb{R}^{n \times n}$ 是对称正定的关节空间惯性矩阵；$\boldsymbol{C}(\boldsymbol{q},\dot{\boldsymbol{q}})\dot{\boldsymbol{q}} \in \mathbb{R}^n$ 是向心向量与科里奥利向量；$\boldsymbol{g}(\boldsymbol{q}) \in \mathbb{R}^n$ 是重力向量；$\boldsymbol{\tau} \in \mathbb{R}^n$ 是电动机扭矩；$\boldsymbol{\tau}_F \in \mathbb{R}^n$ 是耗散摩擦力矩；$\boldsymbol{\tau}_{\text{ext}} \in \mathbb{R}^n$ 是通常未知的外

部关节扭矩，通常由式（69.4）决定，即

$$\boldsymbol{\tau}_{ext} = \boldsymbol{J}_c^T(\boldsymbol{q})\boldsymbol{F}_{ext} \tag{69.4}$$

机器人在瞬时碰撞方向上的有效质量 m_u 必须与 $J_c(\boldsymbol{q})$ 一致，由此可以通过笛卡儿动能矩阵 $\boldsymbol{\Lambda}(\boldsymbol{q})$ 从 $M(\boldsymbol{q})$ 中判断出来。笛卡儿动能矩阵 $\boldsymbol{\Lambda}(\boldsymbol{q})$ 定义为

$$\boldsymbol{\Lambda}(\boldsymbol{q}) = \left[\boldsymbol{J}_c(\boldsymbol{q})\boldsymbol{M}(\boldsymbol{q})^{-1}\boldsymbol{J}_c(\boldsymbol{q})^T \right]^{-1} \tag{69.5}$$

这里，$\boldsymbol{\Lambda}(\boldsymbol{q})$ 的逆是基于动能矩阵的分解，即

$$\boldsymbol{\Lambda}(\boldsymbol{q})^{-1} = \begin{bmatrix} \boldsymbol{\Lambda}_v(\boldsymbol{q})^{-1} & \overline{\boldsymbol{\Lambda}_{v\omega}}(\boldsymbol{q}) \\ \overline{\boldsymbol{\Lambda}_{v\omega}}(\boldsymbol{q})^T & \boldsymbol{\Lambda}_\omega(\boldsymbol{q})^{-1} \end{bmatrix} \tag{69.6}$$

式中，$\overline{\boldsymbol{\Lambda}_{v\omega}}(\boldsymbol{q}) = \boldsymbol{J}_{c,lin}(\boldsymbol{q})\boldsymbol{M}(\boldsymbol{q})^{-1}\boldsymbol{J}_{c,ang}(\boldsymbol{q})^T$。最终 m_u 可写成

$$m_u = \left[\boldsymbol{u}^T \boldsymbol{\Lambda}_v(\boldsymbol{q})^{-1} \boldsymbol{u} \right]^{-1} \tag{69.7}$$

需要注意的是，雅可比矩阵必须是质心雅可比矩阵。否则，必须使用笛卡儿惯性张量的逆值，而不仅仅是其平移分量块。更多详情见参考文献 [69.47]。我们假设 u 方向的局部碰撞曲率由 c_u 表示。

（2）典型的机器人-人体碰撞力剖面图 机器人和人之间的物理碰撞通常具有由两个连续阶段组成的独特力分布特征（注意，对于无约束的软组织碰撞，这两个阶段可简化为第一阶段碰撞）（图 69.6）：

1）第一阶段的特点是撞击时间很短，由机器人和人体反射动力学控制。

2）第二阶段以准静态接触事件为特征。在没有夹紧的情况下，这是一种推力，而如果人被夹住，这是一种压紧力。

第一阶段可以从纯碰撞物理学的角度来处理，几乎是开环式的，也就是说，它是由机器人的反射惯量、速度和碰撞曲率 c_u 以及被撞击的各个身体部位的特征决定的。最大接触力表示为 F_I。

另一方面，第二阶段必须进一步细分为夹紧或无夹紧情形。在没有夹紧的情况下，最大力为 F_{IIA}，而对于夹紧的情况，最大力为 F_{IIB}。特别是，第二阶段高度依赖机器人控制和设计，在夹紧情况下尤为重要：

1）第二阶段 A：无夹紧。通常，对于机器人速度大于 0.3m/s 的自由碰撞，F_{IIA} 明显小于 F_I。否则，F_I 小于 F_{IIA}，受机器人驱动器扭矩（主动准静态推动）和人体反应控制，人体反应主要由其反射阻抗控制。

2）第二阶段 B：夹紧。在夹紧的情况下，最终最大力 F_{IIB} 通过 $\boldsymbol{F}_{ext} = \boldsymbol{J}_c^{T\#}\boldsymbol{\tau}_{max}$ 受机器人的最大电动机转矩 $\boldsymbol{\tau}_{max}$ 限制，其中，$\boldsymbol{J}_c^{T\#}$ 是接触雅可比矩阵的伪

逆矩阵。如果机器人的力量足以产生穿透或破坏人体组织的主动接触力，那么接触力当然会受到人体最大组织阻力的限制。请注意，奇异点需要仔细处理，但这超出了本章的范围。

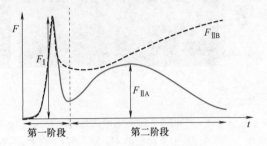

图 69.6　典型机器人-人体碰撞力剖面图

接下来，描述了机器人质量和速度对无约束碰撞的影响。这一分析对于理解第一阶段尤其重要。

（3）机器人质量和速度的影响　假设一个简单的质量-弹簧-质量模型用于人与机器人之间的碰撞。M_H 是人体反射惯性。K_H 是接触刚度，在刚性机器人的情况下，主要是人体接触区域的有效刚度。$\dot{x}_{re}^0$ 是机器人和人之间的相对碰撞速度。求解相应的微分方程可得到最大接触力为

$$F_{ext}^{max} = \sqrt{\frac{m_u M_H}{m_u + M_H}} \sqrt{K_H} \dot{x}_{re}^0 \tag{69.8}$$

假设头部与躯干的解耦简化，在短时间的碰撞中保持不变。对于碰撞后阶段，必须考虑颈部刚度和躯干惯性，这使分析变得相当复杂。额骨接触力对机器人质量和速度的依赖性如图 69.7a 所示。可以观察到，碰撞力（这是一个众所周知的骨折指标）通常随速度而增加。但是，随着质量的增加，会发生饱和效应。在达到一定的机器人质量（图 69.7 中的 $m_u \approx 20kg$ 后，附加重量对碰撞力的影响可以忽略不计。这种惯性饱和效应也可在其他碰撞位置观察到，如与胸部碰撞（图 69.7b）。

如果机器人的质量明显大于人体头部质量，即 $m_u \gg M_H$，式（69.8）简化为

$$F_{ext}^{max}(m_u \gg M_H) = \sqrt{K_H M_H} \dot{x}_{re}^0 \tag{69.9}$$

这表明，对于反射惯量明显大于人体头部的机器人，只有接触刚度、碰撞速度和人体头部质量相关，而与机器人质量无关。

人体组织在碰撞过程中的行为是复杂的。因此，代用品无法揭示整体多样性。因此，开展人体自愿试验对于充分了解机器人学中的人体损伤和疼痛动力学问题是必要的。

69

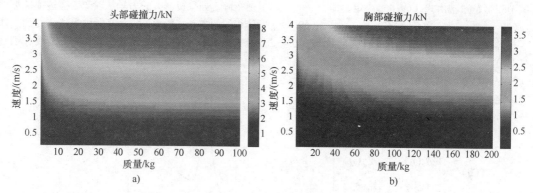

图 69.7 碰撞力的质量-速度的关系（碰撞头部时使用质量-弹簧-质量模型[69.33]，
其中头部质量 M_H 为 4.5kg，额骨的近似接触刚度 K_H 为 1000N/mm；对于胸部，
使用参考文献 [69.48] 中提出的模型）
a）人体头部 b）胸部

4. 人-机器人碰撞测试

以下的试验测试是在这一领域中的首次系统性分析。这些试验是在 2011 年对一名健康的年轻人进行的。使用 KUKA/DLR 轻型机器人（LWR）进行碰撞试验，并采用以下方法进行损伤和疼痛分析：根据 AO 的损伤严重程度分析、生物力学分析、疼痛、影像学等方法。设置和试验步骤如图 69.8 所示。

机器人系统允许进行受控的机器人与人碰撞，以分析输入参数及其对输出参数的影响，如疼痛和伤害。测量的冲击特性和数量包括碰撞力、碰撞面积、组织位移、组织刚度、应力、碰撞速度、动能和能量密度。在每次试验中，反射惯量在 m_u = 3.75kg 时保持恒定。表 69.5 中使用的碰撞器是一个半径为 12.5mm 的球体。

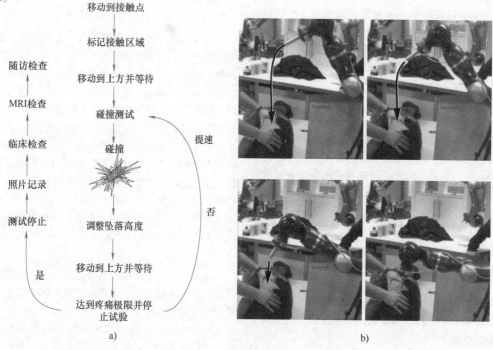

图 69.8 设置和试验步骤
a）描述基本实验步骤的流程图 b）与目标的碰撞轨迹

表 69.5　右上臂外侧表面碰撞数据

碰撞	最大碰撞力/N	碰撞面积/mm²	位移/m	组织刚度/(N/m)	压强/(N/mm²)	接触速度/(m/s)	动能/J	能量密度/(J/mm²)	AO	VAS
1	9.5	966	0.03	316.7	0.001	0.2	0.08	0.0001	IC1MT1NV1	0
2	19	966	0.037	513.5	0.002	0.44	0.36	0.0007	IC1MT1NV1	0
3	38.1	966	0.044	865.6	0.039	0.65	0.8	0.0016	IC1MT1NV1	0
4	59.6	966	0.055	1083.6	0.062	0.88	1.45	0.003	IC1MT1NV1	0
5	81.4	966	0.058	1403.4	0.084	1.11	2.31	0.005	IC1MT1NV1	1
6	103.5	966	0.06	1725	0.107	1.34	3.37	0.007	IC1MT1NV1	1.5
7	128.1	966	0.064	2001.6	0.133	1.55	4.5	0.009	IC1MT1NV1	2
8	154.1	966	0.069	2233.3	0.16	1.76	5.81	0.012	IC1MT1NV1	3
9	186.4	966	0.069	2701.4	0.193	2.03	7.73	0.016	IC1MT1NV1	3
10	224.5	966	0.069	3253.6	0.253	2.24	9.41	0.019	IC1MT1NV1	4
11	272.2	966	0.077	3535.1	0.282	2.55	12.2	0.025	IC1MT1NV1	6

在每个试验系列之后，直接使用 AO 分类[69.49]定义损伤。每个撞击系列都在人体相同的位置以不断增加的碰撞速度进行，直到参与者停止试验。在大约 4~5h 过后，用磁共振成像（MRI）对碰撞区域进行成像。其余组织未显示任何病理迹象。与参考文献［69.25］中使用猪的腹部组织（大球体，4.2kg，2.5m/s）进行的等效跌落试验相比，自愿试验在损伤严重程度方面提供了类似的结果。最大速度为 2.55m/s，位于导致挫伤的边界处。在碰撞后没有任何痕迹的地方，在第一天形成轻度挫伤。对于视觉模拟等级（VAS）为 6/10 的疼痛耐受性，测量了 $F=272.2N$ 的碰撞力。能量密度似乎与疼痛有最显著的相关性。

5. 假设条件

图 69.9 描述了取决于机器人与人当前状态的潜在损伤威胁概述、这些机制的分类、特定过程的控制因素和可能的损伤。物理接触可分为两个基本子类：准静态和动态载荷。如果一个人受到约束或不受约束，导致第二次细分，也会观察到损伤严重程度和机制的根本差异。对于准静态情况，如前所述，可区分近奇异夹紧和非奇异夹紧。最后一个区别是将钝性接触造成的损伤与工具或锋利表面元件造成的损伤分开。

每类伤害都以可能损伤（PI）、最坏情况因素（WCF）及其最坏情况范围（WCR）为特征。WCF 是造成最坏情况的主要因素，如最大关节扭矩、到奇异点的距离或机器人速度。WCR 表示根据最坏情况因素可能造成的最大损伤。除了对每一类

的损伤机制进行分类外，还提出了损伤措施（IM）的建议。它们是特定的损伤测量，适用于人-机器人物理交互过程中可能发生的损伤的分类和测量。请注意，损伤措施列表不一定完整，但这些措施确实适用于更精细的机器人损伤分析。这并不意味着标准［如众所周知的头部损伤标准（HIC）］不能提供一般的见解；它们只是不一定是在一个更具差异性的较低损伤等级上理解损伤的最佳选择。

例如，图 69.9 中的示例 1 表示近似奇异位形中的钝性夹紧（图 69.9）。即使对于低惯量机器人，这种情况也可能变得危险，因此，几乎任何机器人在受限工作空间内的固定基座上都可能面临严重威胁。可能的损伤是骨折和继发性损伤，例如，如果躯干被夹住，但头部是自由的，则损伤是由于穿透骨结构或受伤的颈部造成的。这意味着机器人会进一步推动头部，而躯干则保持在原来的位置。另一个可能的威胁是沿着边缘对一个被局部夹住的人施加剪切刀。例如，适当的指数为接触力和压缩准则（CC）[69.50]。图 69.9 中的示例 3 表示非奇异位形中的夹紧钝性碰撞。损伤可能性由最大驱动扭矩 τ_{max} 确定，对于大惯量和大扭矩机器人，其范围从无损伤到严重损伤甚至死亡。机器人刚度不会导致最坏的情况，因为没有碰撞检测的机器人只会增加电动机扭矩以跟随所需轨迹。因此，机器人刚度仅通过增加检测时间对检测机构做出贡献。此外，接触力和 CC 非常适合预测发生的损伤。图 69.9 中的示例 8 表示无约束碰撞，这是机器人学文献中研究的第一个损伤机制。该过程由碰撞速度和机器人

69

质量控制（达到饱和值）。如参考文献［69.22］所示，即使是任意质量的机器人，通过汽车行业的碰撞相关标准［如头部损伤标准（HIC）］也不能严重伤害人的头部。但诸如面部骨骼的骨折可能会发生，但并非所有骨折都会被归类为严重损伤。通过挤压和割伤造成的撕裂值得评估，特别是在服务机器人方面。接触力和 CC 非常适合该等级的严重性标准。为了评估撕裂伤，必须考虑能量密度。

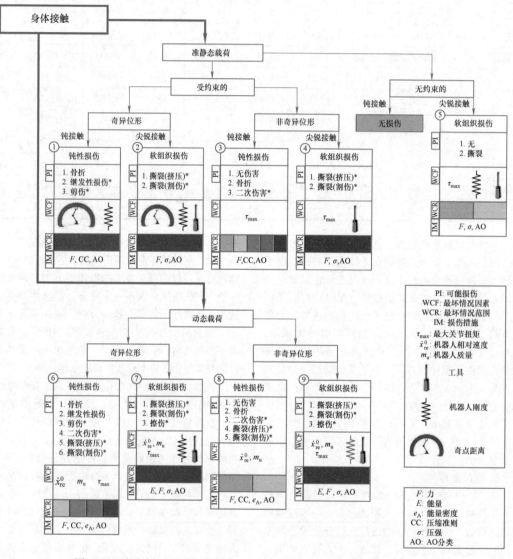

图 69.9　安全树显示了可能损伤（PI）、主要的最坏情况因素（WCF）和可能的最坏情况范围（WCR）

注：＊表示仍在进行的研究主题。此外，给出了针对头部、胸部和软组织损伤的相关损伤标准。

上述概述旨在作为所述接触情况的最坏情况分析。下一步是询问针对每个特定威胁可以采取哪些行动[69.19]。但在这一点上应注意的是，与其根据可测量的损伤标准对损伤进行量化，不如由医学专家进行损伤评估，例如，通过 AO 分类始终可以应用，并可能导致更详尽和准确的判断。

69.2.2　人-机器人交互安全标准

机器人技术标准化在为真实环境中的协同工作单元建立基本规则方面取得了重大进展。工业机器人的安全问题在各种通用标准中都有涉及[69.51-53]。最重要的工业机器人标准是国际标准化组织（ISO）

制订的 ISO 10218。它是在认识到工业机器人和工业机器人系统可能造成的特殊危险的情况下建立的。ISO 10218 规定了相关机械、危险情况和事件的涵盖范围。为了认识到工业机器人不同用途下危险的可变性质，ISO 10218 分为两部分。它提供了机械危险的详细分析，如碰撞、挤压、剪切、缠绕、拉伸或攻螺纹、切割或切断，以及人员与带电部件的接触[69.54]。特别是，协作机器人的引入是对过去十年来机器人技术在 pHRI 中取得研究进展的主要认可。最近对 ISO 10218（工业机器人安全要求）的更新导致了新技术规范（TS）ISO/TS 15066 的制订。它被视为一个补充信息，对 ISO 10218 的内容进行具体化。通常，ISO/TS 15066 为机器人和人共享同一工作空间的协作机器人操作提供指导。它考虑了协作模式和要求，如最小间隔距离、安全额定监控停止、速度和间隔监控，以及功率和力限制。在协同作业中，与安全相关的控制系统的完整性至关重要，尤其是已知控制速度和力等工艺参数时。需要进行全面的风险评估，不仅要评估机器人系统本身，还要评估机器人所处的环境，即工作场所。消除危险和降低风险的关键过程是设计协作机器人系统和相关单元布局。提供了访问和清除有关协作工作区的各种考虑因素。在设计机器人系统时，必须考虑协作机器人系统的最大空间和限制。此外，包括障碍物周围间隙的需要和操作员的可接

近性影响。机器人系统部件与操作员之间的预期接触对可能的本质安全设计起着重要作用。为了确定协作运动产生的风险，必须确定协作工作活动期间和可预见的误用过程中可能发生的碰撞事件。这必须包括受影响的身体区域和机器人涉及的碰撞区域。碰撞期间可能不会超过的极限值取决于受影响的身体区域。机器人涉及区域的几何形状和受影响身体区域的生物力学特性也会影响碰撞期间产生的力。因此，ISO/TS 15066 描述了损伤严重程度标准，包括各个身体部位的最大允许极限值。确定这些极限值是为了防止发生皮肤/组织穿透，并伴有出血伤口、骨折或其他骨骼损伤[69.55]。

除了 pHRI 领域的工业标准化工作外，ISO 13482[69.56]是第一个规范近距离 pHRI 的非工业机器人安全标准。该国际标准为个人护理机器人的固有安全设计、保护措施和信息的使用规定了要求和准则。它主要关注三种类型的个人护理机器人（移动服务机器人、物理助理机器人和载人机器人）。这些机器人通常执行的任务是改善预期用户的生活质量，而不考虑年龄或能力。本标准描述了与使用这些机器人相关的危险，并提供了将与这些危险相关的风险消除或降低到可接受水平的要求。该标准介绍了重大危险，并描述了对于每种个人护理机器人类型应该如何处理这些危险。个人护理应用中使用的机器人设备也包含在本标准中，并被视为个人护理机器人。

69.3 人性化的机器人设计

设计用于交互的机器人已经成为 pHRI 的一个具有挑战性的子领域，导致了具有一个共性的新型设备：主动和/或被动柔性，以及作为中心设计范式的轻量化设计。许多专注于研究的机器人专门为 pHRI 设计。本节概述了最重要的设计指南、代表性和建模基础。除了设计用作一般用途的协作机器人外，还可以通过平衡、减少惯性、电缆驱动的机架系统来辅助制造大型有效载荷机器人，这些机器人可以在人类工人旁边操作[69.57]。

69.3.1 轻量化设计

在使机器人在本质上适合与人或部分已知环境进行紧密物理交互的过程中，设计范式发生了从重型、僵硬和刚性设计向轻型和高度集成的机电一体化设计的转变。低惯量和高柔性已成为理想的特征，在本体感知水平（位置、速度和扭矩）上使用

冗余传感原理也是如此。

1. 一般特征

通常，在过去几年中，轻型机器人的两种主要设计方法已被证明是成功的[69.58]，即机电一体化方法和基于肌腱的方法。它们的共同点如下：

1）轻质结构。用于机器人连杆的轻质、高强度金属或复合材料。此外，整个系统（控制器、电源）的设计也经过优化，以减轻重量，实现机动性。

2）低功耗。这主要是通过较小的移动惯量和相应设计的电动机实现的。

通常，机电一体化机器人将电子设备集成到关节结构中，以实现高度模块化的单元。这样的设计使不同的运动学装配变得越来越复杂，同时保持各自的关节原理。在驱动方面，通常采用高功率/扭矩电动机与高传动比齿轮的组合。从本体感知传感

方面来看，除了基本电动机侧位置和电流传感之外，这些系统通常还配备了额外的传感器，如关节转矩、力和电流传感器（见第69.3.3节）。

基于肌腱的机器人有三个主要特点：首先，它们通常配备远程直接驱动器。由于驱动器位于机器人基座中，因此这减少了固定基座操作臂移动部件的总重量。为了使驱动器远离基座，通常采用电缆-滑轮系统。最后，小减速比用于保持系统的后驱动能力。反过来，必须选择更大的电动机，这会增加额外的总重量。

另一类有趣的柔性驱动器是值得注意的，它以完全不同的方式实现这种柔性。它们使用流变液体，以便在磁场或电场的影响下改变其特性。连杆和电动机之间离合器的操作方式可以控制输出扭矩。参考文献［69.62］中还从人身安全角度对这些驱动器进行了讨论。

2. 轻型机器人系统

图69.10描述了属于轻型机器人领域最典型的机器人。Barrett手臂是基于肌腱设计的经典示例，

其中驱动器放置在操作臂基座中，由于减速比较小，关节可反向驱动。Mitsubishi公司的PA10手臂是一种商用轻型冗余操作臂，重量为38kg，有效载荷为10kg。全扭矩控制的KUKA LBR iiwa主要基于DLR轻型机器人技术［69.61］，其第三代DLR LWR-Ⅲ的重量为13.5kg，能够处理高达15kg的载荷，因此实现了近似的单位有效载荷-重量比。机器人在每个关节中配备关节扭矩传感器，可实现冗余的位置测量（在电动机和连杆侧）［69.63］。

除了上述单臂机器人外，各种轻量化设计也成功地集成到研究用和商用仿人系统中（图69.11）。NASA配备SEA的Robonaut 2［69.64］，最初设计用于在太空进行遥操作和探测［69.65］。基于DLR轻型机器人技术的全扭矩控制仿人机器人TORO［69.66］，起源于上半身双臂系统Justin［69.67］（ VIDEO 626 ）。Rethink Robotics公司的Baxter是一种商用上半身双臂系统，用于拾取和放置任务，配备SEA用于扭矩测量。Boston Dynamics公司的液压驱动仿人机器人Atlas是进入DARPA机器人挑战赛的系统之一。

a) b) c) d)

图69.10 典型的轻型机器人
a）Barrett手臂［69.59］ b）Mitsubishi公司的PA10手臂 c）DLR轻型机器人Ⅲ［69.60］
d）KUKA公司的LBR iiwa［69.61］（由KUKA公司、DLR公司、Barret Technology公司提供）

a) b) c) d)

图69.11 应用轻量化设计的仿人机器人
a）NASA Robonaut 2 b）DLR Rollin的Justin c）Rethink Robotics公司的Baxter
d）Boston Dynamics公司的Atlas（由NASA、DLR、Rejection Robotics公司和Boston Dynamics公司提供）

3. 轻型机器人建模

对于具有 n 个弹性关节的机器人，Spong[69.68] 提出的简化模型已成为轻型机器人建模的标准方法。当还包括由于接触力（链接动力学）的关节扭矩的存在时，我们将考虑以下具有黏弹性关节的机器人的动力学模型：

$$M(q)\ddot{q}+C(q,\dot{q})\dot{q}+g(q)=\tau_J+\tau_{ext} \quad (69.10)$$

$$B\ddot{\theta}+\tau_J=\tau \quad (69.11)$$

广义坐标是双倍的，因为电动机位置 $\theta \in \mathbb{R}^n$ 和连杆位置 q 之间存在动态位移 $\delta=\theta-q$，可通过传动比反映出来。矩阵 $B=\text{diag}(B_i) \in \mathbb{R}^{n\times n}$ 是对角正定矩阵，表示电动机的惯量。我们定义了通过关节和联轴器传递的弹性关节扭矩方程式（69.10）和式（69.11）。

$$\tau_J=K_J(\theta-q)+D_J(\dot{\theta}-\dot{q}) \quad (69.12)$$

式中，$K_J=\text{diag}(K_{J,i}) \in \mathbb{R}^{n\times n}$ 是关节刚度的对角正定矩阵；$D_J=\text{diag}(D_{J,i}) \in \mathbb{R}^{n\times n}$ 是关节阻尼的对角半正定矩阵。数量 τ_J 在式（69.12）中也是关节扭矩传感器的输出。在许多实际情况下，传动/减速元件的机械设计可以忽略关节阻尼，即 $D_J \approx 0$。关节弹性一直是轻型机器人系统的研究对象，然而，更多的是作为控制时必须处理的一个不希望出现的结果[69.69]。这需要先进的控制技术，以获得准确、高性能的运动。有关具有关节弹性效应的机器人特性的完整描述，请参阅第 1 卷第 11 章。

69.3.2 本质上柔性的设计

近年来，一类本质上柔性的驱动器和机器人变得越来越流行。受生物肌肉柔性特性的启发，柔性关节设计的目的是在各种任务中模仿人类或动物的运动。本质上柔性驱动的主要思想是在速度和减振方面更接近人类的能力。这在今天的刚性工业机器人中是不可能实现的，因为它们假设的扭矩范围或重量与人类大致相同。通过在关节中储存和释放能量，研究人员的目标是改善任务，如跑步或投掷[69.70-73]，在这些任务中，人类的表现仍明显优于机器人。在第 1 卷第 21 章和参考文献 [69.74] 中，对本质上柔性的驱动进行了更深入的回顾。在本章中，我们仅回顾了将该技术内置于 pHRI 环境中的相关知识。

1. 一般特征

粗略地说，本质上柔性的驱动器可分为两类：

1）具有固定机械阻抗的驱动器，其中通过主动控制改变有效关节阻抗。最著名的例子是串联弹性驱动器（SEA）[69.75]，其首字母缩略词成为此类驱动器的通用术语。

2）可通过改变机械关节特性（如刚度和阻尼）来调整阻抗的驱动器。存在多种类型，如允许刚度变化的可变刚度驱动器（VSA）或允许更普遍的阻抗变化（包括阻尼调整）的可变阻抗驱动器（VIA）。

例如，在参考文献 [69.20] 中引入 VSA 和 VIA 的最初动机是由于电动机和连杆侧惯性的动态解耦，使机器人在意外碰撞时变得更安全。这种效应通过减轻碰撞机器人的惯量来减少碰撞危险。例如，参考文献 [69.20] 表明，可以通过在关节处引入弹性来降低 HIC。参考文献 [69.76, 77] 对这一思想进行了概括和系统分析，并在这里进行了总结。

为了简化人与机器人的碰撞分析过程，使用操作空间坐标系中的基本模型进行分析（图 69.12）。为此，考虑沿任意瞬时碰撞方向 u 的操作空间坐标和反射惯量/刚度[69.47]。M_H，m_u，$B_X \in \mathbb{R}^+$ 反映的人体、连杆和电动机质量，K_H，$K_{J,x} \in \mathbb{R}^+$ 是反映（人体）接触刚度和关节/结构弹性。预计的人体、电动机和连杆碰撞位置分别用 x_H，x_θ，$x_q \in \mathbb{R}^+$ 表示。$x_\theta=p_u[T(\theta)]$ 和 $x_q=p_u[T(q)]$ 通过在 u 方向投影的各自正运动学模型定义。

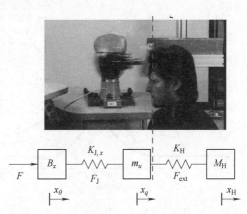

图 69.12 操作空间中的人与机器人碰撞模型，由机器人的反应柔性动力学和人体头部的局部接触刚度/质量特性定义

如参考文献 [69.20] 所述，假设机器人的接触刚度 $K_H=5\text{kN/m}$，则具有相当低的反应连杆惯量 $m_u=0.1\text{kg}$ 的机器人能够显著降低碰撞力。与参考文献 [69.21] 中的研究类似，研究表明，关节刚度的降低可显著降低碰撞特性，因此是对抗大接触力的有利策略。在参考文献 [69.78] 中，对于 2 自由度平面柔性机器人，其第二个连杆已经轻微接

69

触刚性壁，如果电动机扭矩缓慢增加，柔性机构可以有效限制最大静态力和扭矩。毫无疑问，关节弹性使电动机与连杆分离。但正如参考文献[69.22]所述，对于一个轻型系统而言，关节刚度的降低并不能降低在非常刚性、快速和钝性碰撞试验假人碰撞期间的碰撞特性，如LWR-Ⅲ（从建模角度来看，它基本上是一种柔性机器人）。通过集成的关节扭矩传感器和额外记录的外部接触力测量电动机和连杆惯性的解耦，证明了这一点。

图69.13描述了DLR LWR-Ⅲ与前方区域静止无约束Hybrid Ⅲ假人头部之间以1m/s的相对速度发生碰撞时的试验数据[69.22]。用高速力传感器$f_{ext, fs}$测量接触力f_{ext}，并使用三轴加速度计$f_{ext, as}$进行一致性检查；由图69.13可看出，模拟信号和实验信号表现出很好的一致性。显然，投射的弹性关节力f_J对碰撞的反应延迟，从而证明了这种本质上高刚度的机器人已经具备了所需的解耦特性。对于碰撞模拟，选择了$6.72 \times 10^4 N/m$的反射刚度，这代表了真实的关节刚度和结构弹性值。反射电动机惯量$B_x = 13kg$，反射连杆侧惯量$m_u = 2kg$。假人头部质量$M_H = 4.5kg$，接触刚度为$K_H = 3.2 \times 10^5 N/m$。

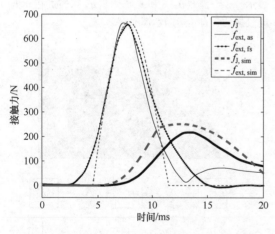

图69.13　DLR LWR-Ⅲ与Hybrid Ⅲ假人的碰撞试验和模拟。同时使用高速加速度和力传感器测量试验接触力，以进行一致性检查

这一结果表明，内置齿轮和关节扭矩传感器的柔性已经足以将电动机与连杆分离，因此完全没有必要为此目的进一步降低给定机器人的关节刚度。要充分理解这一结果，必须考虑两个主要方面：一方面，所用碰撞试验假人的接触刚度明显大于DLR LWR-Ⅲ的反射弹性；但这对于人类额叶区域也是真实的[69.27]。此外，DLR LWR-Ⅲ的反

射电动机和连杆惯量与人体头部质量的数量级相同。这对于全尺寸的轻型机器人手臂来说是相当合理的。

本质柔性的另外两个好处如下：第一，机器人本身能够模仿柔顺行为，而不需要高性能的力/扭矩反馈。请注意，对于仅具有对角刚度矩阵的机器人，不可能显示任意笛卡儿刚度行为[69.80]。第二，关节弹性与连杆惯量共同作用，作为机械低通滤波器，从而保护传动系统免受冲击；也就是说，它使系统本质上更具鲁棒性[69.72,81]。

弹性在操作臂传动系统中的另一个有趣用途是，它可以作为势能的储存机制，用于将机器人的连杆速度提高到超过最大电动机速度[69.71,72,81-83]。由于机器人的碰撞速度在很大程度上决定了其固有的碰撞危险性，因此这种能力强烈影响了固有弹性系统的安全性。我们根据参考文献[69.76]了解有关该事项的更多详情，其中推导了机器人弹性速度增加对HIC方面潜在危险的影响。

2. 本质上柔性的机器人系统

图69.14显示了一些著名的拟人/仿人装置，这些装置采用被动柔性驱动器。IIT的COMAN系统（ ⊙ VIDEO 624 ）是一个全尺寸的柔性机器人，NASA的Valkyrie也是这种类型的机器人。这两个系统测量扭矩的能力都源于绕关节轴弯曲变形的能力，然后将此柔性与关节扭矩联系起来。DLR手臂系统[69.73]在每个关节上都配备了VSA，同时具有近似人的大小、力量和灵巧度。

3. 被动柔性机器人的建模

从公式化建模的角度来看，轻型机器人和机械阻抗固定的机器人非常相似。主要区别在于各自的扭矩传感器测量原理不同。轻型机器人的关节刚度相当高，只允许电动机和连杆位置之间的微小偏转。然而，柔性驱动器的刚度设计是有意图的，通常至少要低一个数量级，因此可以实现更高的柔性。考虑到第69.3.1节中柔性关节模型式（69.10）和式（69.11），在某些温和条件下也适用于本身具有弹性的机器人。主要区别是对于轻型机器人，$K_{J,i}$比类似SEA的系统大。对于许多VSA系统，传输扭矩可表示为

$$\tau_J = f(\boldsymbol{\delta}, \boldsymbol{\sigma}) \qquad (69.13)$$

式中，$\boldsymbol{\sigma}$表示刚度调整控制输入（通常为第二台电动机的位置）。扭矩-位移曲线$f(\boldsymbol{\delta}, \boldsymbol{\sigma})$可能表现出不同的特征，如$\partial f(\boldsymbol{\delta}, \boldsymbol{\sigma})/\partial \boldsymbol{\delta} > 0$和$\partial^2 f(\boldsymbol{\delta}, \boldsymbol{\sigma})/\partial \boldsymbol{\delta}^2 > 0$。更多详细信息，请参见参考文献[69.74]。

69

a)   b)   c)

图 69.14　被动柔性仿人机器人（由 IIT、DARPA、DLR 提供）

a）来自 IIT[69.79]的兼容仿人平台（COMAN）　b）来自 NASA 的 Valkyrie　c）来自 DLR 的手臂系统（HASY）

69.3.3　交互感知

pHRI 的最新进展得益于接触式和非接触式传感器，以及传感技术的研究成果。在本章中，我们将简要回顾对 pHRI 产生重大影响的传感技术，并重点介绍基本概念。手册第 2 卷第 28 章和第 32 章提供了更加完整的描述，可以查阅更多详细信息。

69.3.4　本体力/扭矩传感

许多机器人手臂可以选择在手腕处安装六轴力/扭矩传感器，不仅可以进行基于力控制的操作，还可以进行符号触觉交互[69.85,86]，可能还可以基于关节扭矩传感。最近，扭矩传感器已集成到商用机器人的关节中，如 KUKA LWR[69.87]。这允许沿整个机器人结构进行接触传感，测量接触幅度、方向[69.88]。

目前，存在两种主要的关节扭矩测量传感原理：直接测量扭矩，这通常是通过应变片来完成的，或通过连杆和电动机位置之间的偏转量 δ 间接测量扭矩。为此，假设 δ 与扭矩直接相关，通常通过恒定乘数，即关节刚度 $K_{J,i}$；对于后者，则需要同时在连杆位置和电动机侧位置安装传感器。在参考文献[69.89-91]中可以找到旨在开发和最小化扭矩传感装置的早期工作。扭矩传感原理也与第 69.3 节中的设计分类密切相关。

69.3.5　触觉感知

多年来研究人员开发了几种触觉皮肤，参见参考文献[69.92-95]。在后期研究中，人类皮肤充当了设计载体。其中，所需的高灵敏度和所需的机械鲁棒性之间的目标冲突的解决方案是重点。此外，除了提供所需的感知能力外，还考虑了机器人系统运行所需的机械变形和阻尼特性。在整个操作臂表面上使用整臂触觉传感，明确允许多个触点的传感；例如，在参考文献[69.96]中，作者在杂乱的环境中操作机器人，以便使用模型预测控制器成功到达被障碍物遮挡的目标位置。其他最近的局部传感器示例包括放置在机器人关键点的触摸板[69.97]，以及分布在机器人上的力敏电阻[69.98]。后者用于一种新型触觉机器人，设计用于主要通过物理交互感知的线索来阅读和显示情感。这些方法的优点是使用了可靠且高精度的传感器，但只能在离散位置测量接触。为了实现更广泛的触觉感知，一些研究人员已经开发了各种类型的机器人皮肤；这是一个分布式传感器网络，覆盖广泛区域，并测量接触事件的各种质量，包括位置、大小、方向和温度。硬机器人皮肤或外壳已被用于检测碰撞[69.99]，而软机器人皮肤可符合不同的机器人形状，用于更复杂、通常是社交性质或情感性质的人-机器人交互，如参考文献[69.100]。虽然机器人皮肤可以显著增加机器人的感知能力，但也可能增加复杂性和成本，从而影响机器人的鲁棒性。最近，一种毛茸茸的生物皮肤（图 69.15）被创造出来[69.84]，使用低分辨率压阻织物和导电毛皮传感器的组合创造出的一种低成本机器人覆盖物，对个人进行培训时交互手势（抚摸、拍打、戳打）的识别率为 90%，对群体进行培训时的识别率为 68% ~ 80%（▶ VIDEO 615）。关于用于人-机器人交互的触觉感知技术的详细介绍，请参见参考文献 [69.101]，其他示例见手册第 2 卷第 28 章。

a)　　　　　　　　　　　　　　　　　　　b)

图 69.15　触觉皮肤示例（由早稻田大学 Shigeki Sugano，UBC 的 Karon MacLean 提供）
a) 利用压阻织物和导电传感器的毛茸茸的机器人皮肤提供了一种低成本的设计概念，
具有较高的触觉手势识别率[69.84]　b) TWENDY-ONE 手，集成分布式压力传感器

69.3.6　视觉感知

视觉（非接触）感知对于 pHRI 非常重要。跟踪和规划人类伙伴的位置，并预测伙伴手的运动，是成功交接操作的重要前提[69.12]。虽然众所周知的基于标记的系统（如 Vicon 和 Optotrak 系统）提供了非常高分辨率的跟踪系统，但它们在日常应用中是不切实际的。低成本三维红绿蓝距离（RGB-D）相机（图 69.16）的开发允许在较大且部分封闭的空间中对全身模型进行三维跟踪，并不断改进身体姿势跟踪和手势跟踪的鲁棒性[69.102,103]。

a)　　　　　　　　　　　　　　　　　　b)

图 69.16　低成本三维 RGB-D 相机
a）微软公司的 Kinect　b）华硕公司的 Xtion（由华硕公司提供）

69.4　物理交互控制

对于柔软和安全的 pHRI，问题在于如何从控制的角度温和地处理机器人中的物理接触。随着阻抗控制[69.104]成为 pHRI 领域中最流行的交互控制范式，这一特殊方案将成为本节的重点之一。将其推广到多优先级阻抗控制律，可以通过主动控制实现复杂机器人对多个目标的遵从性。阻抗控制的一个主要优点是，像接触-非接触这样的不连续性不会产生稳定性问题，例如，使用混合力控制[69.105]。在引入多优先级阻抗控制的概念后，讨论了其对阻抗和前馈学习与自适应的扩展，早期工作见参考文

献［69.106，107］。除了名义上的交互控制之外，与人类共享工作空间并与环境进行物理交互的机器人应该能够快速检测碰撞并安全地做出反应。在没有外部感知的情况下，机器人和环境/人之间的相对运动是不可预测的，并且在机器人手臂的任何位置都可能发生意外碰撞。本节还介绍了碰撞检测和反射反应的最新方案。最后，本节的最后一部分讨论共享操作问题，这是 pHRI 的标准应用示例之一。

69.4.1 交互控制

阻抗和相关导纳控制（ VIDEO 610 ）最初是为鲁棒和兼容的对象操作而开发的，它形成了一种范式，从能量的角度来处理机器人系统，从而可以以统一的方式控制运动和力。与力/运动混合控制器相比，它们提供了独立于运动学工作空间约束的框架。参考文献［69.104］推广的这些控制类型由于其固有的鲁棒性，在未知环境中的不确定性和干扰方面也特别有优势[69.108]。阻抗和导纳这两个术语来源于电气系统理论，它们描述了作为输入/输出对的电压和电流之间的关系。为了推广阻抗和导纳，这些输入/输出对可以独立地定义为力和流变量。对于机器人技术，机械类比，即机械阻抗和导纳是特别有意义的。

例如，有关阻抗和双导纳控制的概念基础的更多详细信息，请参见参考文献［69.109，110］。此外，手册第 1 卷第 9 章对一般的力控制策略（特别是阻抗控制）提供了更全面的基础知识。

阻抗控制最常用的版本是在闭环方程上施加质量-弹簧-阻尼器系统的二阶动力学（所谓的目标阻抗[69.104]）。通常，控制目标用操作空间坐标 x 表示为

$$M_x \ddot{\tilde{x}} + D_x \dot{\tilde{x}} + K_x \tilde{x} = F_{ext} \quad (69.14)$$

式中，$\tilde{x} := x - x_d$ 是位置误差，x_d 为平衡位置；M_x 表示所需的惯性；D_x 和 K_x 是操作空间中相应的闭环阻尼和刚度矩阵。F_{ext} 表示作用于机器人末端执行器的外部力旋量。假设根据刚体动力学，获得上述行为的控制律为

$$\tau_{C*} = g(q) + J(q)^T[\Lambda(q)\ddot{x}_d + \mu(\dot{x},x)] -$$
$$J(q)^T[\Lambda(q)M_x^{-1}(K_x\tilde{x}+D_x\dot{\tilde{x}})] + \quad (69.15)$$
$$J(q)^T[\Lambda(q)M_x^{-1}-I]F_{ext}$$

为了充分实施该方案，惯性部件需要一个腕力/扭矩传感器。在参考文献［69.111］中，设计了一种改进的阻抗控制器，该控制器使用操作空间旋转部件的等效轴/角表示。在推导过程中，考虑了能量贡献和物理解释，并选择以单位四元数表示

末端执行器姿态变化，以避免奇异性。

对于冗余机器人，通常还需要控制零空间行为，以便嵌入其他控制目标 $\tau_{N,i}$；为此，将其分为任务的堆叠层次结构（参考第 1 卷第 17 章和第 2 卷第 36 章）。对于单个零空间控制器的情况，必须通过零空间投影矩阵 $N(q)$ 将该转矩投影到任务的零空间，从而形成整体控制律，即

$$\tau_C = \tau_{C*} + N(q)^T \tau_N \quad (69.16)$$

可以用不同的方法选择零空间投影矩阵。最简单的情况是 $N(q) = I - J(q)^{\#}J(q)$。式中，$J(q)^{\#}$ 表示摩尔-彭罗斯（Moore-Penrose）伪逆。或者，可以选择动力学一致的广义伪逆，即

$$J(q)^{\#} = M(q)^{-1}J(q)^T\Lambda(q) \quad (69.17)$$

特别是在 pHRI 领域，大量不同的子任务 $\tau_{N,i}$ 是有意义的，且同时被执行。例如，这些可能涉及：

1) 安全性（碰撞预测和避免、自碰撞避免等）。
2) 物理约束（关节限制、几何任务约束）。
3) 任务执行（跟踪控制等）。
4) 姿态基元（尤其是仿人机器人）。

为了实现一致的行为，任务层次结构的构建使得某些任务优先于其他任务[69.112]。在参考文献［69.113］中，通过零空间投影技术实现了层次结构，该技术还通过平滑过渡防止了单边约束的不连续性。

此外，还开发了柔性关节动力学[69.114-116]和 SEA 情况[69.117]的基本方案的扩展。此外，笛卡儿阻抗控制已在参考文献［69.118］中应用于抓取和多臂机器人系统。对于多优先级阻抗控制的更深入的介绍，也请参考第 67 章。

69.4.2 学习与适应

人与机器人之间的密切物理交互是一个具有高度不确定性的复杂演化过程，很难明确建模。因此，提出了几种学习与自适应方法，以增强机器人的能力，并解释固有的不确定性和不可预测性。从这个意义上讲，将阻抗控制扩展到能够学习和/或适应控制器的阻抗和前馈扭矩的自适应控制器是一个具有挑战性的、最新的研究课题。显然，在这种情况下，学习所需的轨迹（如运动模式）也成为一个重要问题。一般来说，协作任务（见第 69.4.4节）也需要学习阻抗特性和/或某些轨迹，以便机器人获得使其行为适应人的能力，甚至指导确保其成功的协作。学习物理交互的一个重要方面是如何选择正确的任务坐标和（元）参数。这对于以易于处理的形式重新构造其他高维问题空间至关重要。

由于阻抗控制已经被证明是一种在杂乱和复杂

的操作任务中有价值的技术，最近的研究集中在阻抗特性的自适应上，以进一步提高机器人在交互过程中的能力。迭代学习控制技术属于最早被研究用来解决复杂操作问题的方法[69.119,120]。但它们不仅需要操作臂完全相同的重复运动，而且还需要考虑由于力不一致而导致的环境中的不可预见的变化，尤其是在pHRI中。其他早期方法包括诸如在阻抗控制中使用神经网络来抵消干扰和环境不确定性[69.121]。参考文献［69.122］中提出了一种同时适应力、轨迹和阻抗的方法，作为仿生控制器。它是基于神经科学的研究而构建的，这些研究表明，为了学习日常生活中不稳定的任务，人类会适应前馈和反馈力以及它们的阻抗。根据参考文献［69.123］，运动学习的原则是：

1）执行所需动作的电动机命令由前馈命令（定义为通过重复活动学习的电动机命令的组成部分）和反馈命令组成。

2）学习是在肌肉空间进行的。

3）在先前的试验中，前馈随着肌肉拉伸而增加。

4）前馈也随着拮抗肌的伸展而增加。

5）当误差很小时，前馈减少。

从数学角度，这些原理可以表示如下[69.106]。一般来说，中枢神经系统倾向于最小化运动误差和代谢成本，这样就不会在学习的阻抗和前馈扭矩上花费额外的精力。这可以通过最小化关节层面的成本函数来表示：

$$V(t) = \frac{1}{2}\int_{t-T}^{t} \tilde{\boldsymbol{\Phi}}^{\mathrm{T}}(\sigma)\boldsymbol{Q}^{-1}\tilde{\boldsymbol{\Phi}}(\sigma)\mathrm{d}\sigma + \frac{1}{2}\boldsymbol{\varepsilon}(t)^{\mathrm{T}}\boldsymbol{M}(\boldsymbol{q})\boldsymbol{\varepsilon}(t) \quad (69.18)$$

式中，$\boldsymbol{Q}$ 是与学习速率相对应的正定加权矩阵，$\tilde{\boldsymbol{\Phi}}$ 定义为瞬时值的差值，即

$$\boldsymbol{\Phi} = [\mathrm{vec}(\boldsymbol{K}_q(t))^{\mathrm{T}}, \mathrm{vec}(\boldsymbol{D}_q(t))^{\mathrm{T}}, \boldsymbol{\tau}_{\mathrm{ff}}(t)^{\mathrm{T}}]^{\mathrm{T}} \quad (69.19)$$

所需的最佳值 $\boldsymbol{\Phi}^*$，定义为 $\tilde{\boldsymbol{\Phi}} = \boldsymbol{\Phi} - \boldsymbol{\Phi}^*$。$\boldsymbol{\varepsilon}$、$\boldsymbol{K}_q$、$\boldsymbol{D}_q$ 和 $\boldsymbol{\tau}_{\mathrm{ff}}$ 表示跟踪控制误差[69.124]和要学习的值，即闭环关节空间刚度、阻尼和前馈电动机扭矩。对于关节刚度适应定律，这导致：

$$\delta\boldsymbol{K}_q(t) = \boldsymbol{K}_q(t) - \boldsymbol{K}_q(t-T)$$
$$= \boldsymbol{Q}_{K_q}[\boldsymbol{\varepsilon}(t)\boldsymbol{e}(t)^{\mathrm{T}} - \gamma(t)\boldsymbol{K}_q(t)] \quad (69.20)$$

式中，$\gamma(t) > 0$ 是一个常值遗忘因子；$\boldsymbol{Q}$ 中包含的 $\boldsymbol{Q}_K$ 是一个对称正定矩阵，对应于刚度的学习速率。T 是表示任务周期性的时间常数。以模拟方式，可以推导前馈扭矩和阻尼的自适应性，从而得出以下控制律：

$$\boldsymbol{\tau}_{\mathrm{C}}(t) = \boldsymbol{\tau}_{\mathrm{ff}}(t) - \boldsymbol{K}_q(t)\boldsymbol{e}(t) - \boldsymbol{D}_q(t)\dot{\boldsymbol{e}}(t) - \boldsymbol{L}(t)\boldsymbol{\varepsilon}(t) + \boldsymbol{\tau}_r(t) \quad (69.21)$$

$$\boldsymbol{\varepsilon} = \dot{\boldsymbol{e}}(t) + \kappa\boldsymbol{e}(t) \quad (69.22)$$

式中，$\boldsymbol{\tau}_r(t)$ 补偿机器人/手臂动力学和有界噪声。$\boldsymbol{L}(t)\boldsymbol{\varepsilon}(t)$ 确保一定的稳定裕度。整体控制律流程图如图69.17所示。该方法的稳定性证明见参考文献［69.106］。该方法的一个尚未解决的公开问题是如何自动选择元参数，如遗忘因子 γ。参考文献［69.125］中开发了一种类似的方法，其中在两个机器人协作任务中测试了阻抗自适应方法。在学习任务模型后，机器人协作将一根梁抬起。参考文献［69.126］研究了一种基于人类教师动觉施加机器人扰动的不同方法，以适应机器人的刚度。最后，所谓的远程阻抗范例[69.127]旨在通过人类手臂参考位置和阻抗来远程控制机器人。

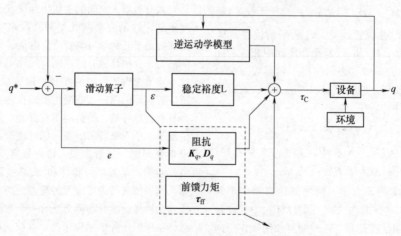

图 69.17 仿生自适应阻抗控制器的控制律流程图[69.106]

多年来，学习任务轨迹一直是一个研究得相当深入的领域。例如，在参考文献［69.128］中，作者研究了使用隐马尔可夫模型（HMM）和高斯混合回归学习协作提升物体的任务。任务演示是通过控制机器人手的触觉界面完成的。参考文献［69.129］中使用 HMM，以便在联合任务执行期间学习语义任务结构。通过语音识别，从人类伙伴处获取已识别任务段的语义标识。参考文献［69.130］研究了 pHRI 中从接触状态过渡到非接触状态的任务。其中，标识数据用于获得运动原语。然后用接触时间信息更新这些信息，包括一个低级学习层。此外，还有一个高级层，用于选择运动原语和末端执行器参考位置。同样，这两层都通过

HMM 编码，以提供适当的抽象，这是处理高维空间的关键。

在参考文献［69.17］中，学习降维被用于实现辅助任务，如帮助机器人站立或行走。这种基于主成分分析（PCA）的简化使学习在低维关节流形而不是初始高维空间中进行。它降低了多自由度系统（如仿人机器人）学习领域的复杂性。参考文献［69.131］中提出了一种基于人类偏好的学习轨迹的最新方法，其中应用了机器学习技术，从运行时的人类行为评分中得出最佳行为。图 69.18 显示了如果危险工具以不希望的方向和/或轨迹移动，机器人如何通过从人类获得低回报来学习如何更安全地操作刀具。

图 69.18　机器人 Baxter 学会安全操作刀具[69.131]（由 Saxena 机器人学习实验室提供）

69.4.3　碰撞处理

pHRI 的核心问题之一是处理机器人与人之间的碰撞，其主要动机是限制由于身体接触可能造成的人身伤害。各种监测信号可用于收集与环境无关的事件信息。

碰撞检测阶段，其二进制输出表示是否发生机器人碰撞，其特征是接触力旋量的传输，通常用于非常短的碰撞持续时间。应尽可能快地检测机器人结构上任何位置可能发生的碰撞。一个主要的实际问题是在监测信号上选择一个阈值以避免误报，同时实现高灵敏度。一种启发式方法是监测机器人电气驱动器中的测量电流，寻找可能由碰撞引起的快速瞬变[69.132,133]。另一个建议的方案将实际指令扭矩（或电动机电流）与基于模型的名义控制律（即在没有碰撞的情况下预期的瞬时扭矩）进行比较，任何差异都归因于碰撞[69.134]。考虑到自适应柔顺控制律的使用，这一想法得到了改进[69.135,136]。然而，在这些方案中，由于控制力矩的动态特性变化很大，因此很难调整碰撞检测阈值。

了解碰撞涉及的机器人部件（例如，串联操作臂的哪个连杆）是可用于机器人反应的重要信息。碰撞隔离的目的是定位接触点 x_c，或者至少定位多

体机器人发生碰撞的部位 i_c。获得碰撞检测和隔离的一种方法是使用敏感皮肤[69.92-95]。然而，在不需要额外触觉传感器的情况下，检测并可能隔离碰撞显然更加实用和可靠。另一方面，参考文献［69.132-136］中使用的上述监测信号通常无法实现可靠的碰撞隔离（即使机器人动力学完全已知）。事实上，它们要么依赖于仅基于名义期望轨迹的计算，要么通过质量矩阵求逆来计算关节加速度，从而将碰撞的动态效应转移到单个连杆上，要么使用加速度估计进行扭矩预测和比较，这固有地引入了噪声（由于位置数据的双重数值微分）和固有延迟。这些方法的共同缺点是，由于机器人动力学耦合，碰撞对连杆的影响转移到其他连杆变量或关节命令，从而影响隔离性能。

在碰撞识别阶段推导的关于碰撞的其他相关量是方向信息和广义碰撞力的幅值，可以是接触处的作用笛卡儿力旋量 $F_{ext}(t)$ 或整个物理交互期间产生的关节扭矩 $\tau_{ext}(t)$。该信息（在某些情况下，完全）描述了碰撞的特征。参考文献［69.137］中首次提出了同时实现碰撞检测、隔离和识别的方法。基本思想是将碰撞视为机器人驱动系统的故障行为，而探测器设计利用了机器人广义动量 $p = M(q)\dot{q}$ 的解耦特性[69.138,139]。

在碰撞反应阶段，机器人应对碰撞做出有目的

的反应，即考虑可用的上下文信息。由于问题的快速动力学和高度不确定性，机器人的反应应该嵌入到最低控制级别中。例如，对碰撞最简单的反应就是停止机器人动作。但这可能会导致不方便的情况，即机器人不自然地约束或阻挡人[69.19]。为了确定更好的反应策略，应使用来自碰撞隔离、识别和分类阶段的信息。参考文献 [69.88，140] 中给出了一些成功的碰撞反应策略的示例。

1. 碰撞检测与识别

参考文献 [69.26] 中提供了关于估算 τ_{ext} 的最新概述。在本章中，我们重点介绍一种主流方法，即基于参考文献 [69.137] 中介绍的广义动量观测的监测方法。该方案被视为标准算法，其动机是避免对机器人惯性矩阵求逆，解耦估计结果，并且不需要估计关节加速度。在刚性情况下，相应的基于干扰观测器的估计器定义为

$$r(t) = K_0 \left\{ \hat{p}(t) - \int_0^t \left[\tau - \hat{\beta}(q,\dot{q}) + r \right] ds - \hat{p}(0) \right\} \quad (69.23)$$

式中，$\hat{p} = \hat{M}(q)\dot{q}$，$\hat{\beta}(q,\dot{q}) = \hat{g}(q) + \hat{C}(q,\dot{q})\dot{q} - \dot{\hat{M}}(q)\dot{q}$ 和 $K_0 = \mathrm{diag}(k_{0,i}) > 0$ 是观测器的对角增益矩阵。理想情况下，$\hat{M} = M$，$\hat{\beta} = \beta$，外部扭矩 τ_{ext} 和 r 之间的动力学关系满足

$$\dot{r} = K_0(\tau_{ext} - r) \quad (69.24)$$

换句话说，r 是对外部碰撞扭矩 τ_{ext} 的稳定、线性、解耦的一阶估计。

与外部关节扭矩 τ_{ext} 的相同分量相关联的组件 r 的瞬态响应中，$k_{0,i}$ 值越大，时间常数 $T_{0,i} = 1/k_{0,i}$ 越小。在极限条件下，我们得到：

$$K_0 \to \infty \quad \Rightarrow \quad r \approx \tau_{ext} \quad (69.25)$$

2. 碰撞反射反应

检测到碰撞后，需要适当的碰撞反射反应。接下来讨论四个基本的、与环境无关的关节级碰撞反射。在检测到接触后，它们会导致显著不同的反射行为。在第三和第四种方案中，可使用适当识别方案 [如式（69.23）] 提供的关于接触扭矩的方向信息来安全地将机器人驶离碰撞位置。

1) 机器人停止动作。最明显的应对碰撞的策略是停止机器人运动。例如，可以通过设置 $q_d = q(t_c)$（其中 t_c 是碰撞检测的瞬间）或通过简单地接合机器人的制动器来实现该行为。更详细的制动策略可在参考文献 [69.141] 中找到。

2) 重力补偿扭矩控制。还可以通过切换控制器对碰撞做出反应。通常，在碰撞发生之前，机器人通过基于位置参考的控制器（例如，位置或

阻抗控制）沿所需轨迹移动。检测后，控制模式切换到柔顺控制器，该控制器忽略先前的任务轨迹。一个特别有用的变体是切换到带有重力补偿 $\tau = \hat{g}(q)$（ VIDEO 611 ）的扭矩控制模式。请注意，此策略未明确考虑任何关于 τ_{ext} 的信息。

3) 扭矩反射。该策略扩展了基于扭矩控制的策略，明确地结合了电动机扭矩 τ 与 τ_{ext} 的估计或测量，即

$$\tau = \hat{g}(q) + (I - K_r)\tau_{ext} \quad (69.26)$$

式中，$K_r = \mathrm{diag}\{k_{r,i}\} > 1$。可以证明，在足够精确的估计或测量下，该定律相当于机器人动力学的 K_r^{-1} 标度。闭环动力学方程变成

$$\underbrace{K_r^{-1} M(q)}_{M'(q)} \ddot{q} + K_r^{-1} C(q,\dot{q})\dot{q} + \tau_{ext} = 0 \quad (69.27)$$

式中，$M(q) > M'(q)$ 保持组件状态。

4) 导纳反射。通过导纳型策略（使用 τ_{ext} 的测量或估计）修改参考轨迹。例如，具体通过式（69.28）实现。

$$q_d(t) = -\int_{t_c}^T K_a \tau_{ext} dt \quad (69.28)$$

式中，$K_a = \mathrm{diag}\{k_{a,i}\} > 1$。在这种不需要控制开关的方案下，机器人快速远离外部扭矩源，并降低接触力，直到它们衰减到零。

69.4.4 共享操作控制

协作搬运（尤其是长、大、重或灵活的物体），是 pHRI 研究中的常见场景（图 69.19）。如前所述，Cobots 代表了一种并行情况，即被动机器人设备控制共享负载的运输路径，但让操作员完全控制该路径上的负载运动（见第 2 卷第 39 章和本卷第 70 章； VIDEO 821 ）。大多数共享操作方案采用某种形式的阻抗控制[69.143]。在早期工作中，参考文献 [69.144，145] 的作者提出了一种具有与速度相关的阻尼系数的阻抗控制器。参考文献 [69.146] 的作者采用了类似的方法（具有固定的虚拟阻抗）来控制移动机器人助手移动基座的水平移动，以响应人类用户在合作负载另一端施加的力（ VIDEO 606 ）。参考文献 [69.145] 的作者还描述了采用一对串联二阶虚拟导纳控制器的浮动式控制器。由于协同承载负载的升高/降低，在导纳控制的高刚度腕部施加的扭矩产生腕部偏转，该偏转（通过固定增益）转化为虚拟垂直力。该力通过第二个导纳控制器提升或降低机器人末端执行器。参考文献 [69.142] 提出了一种导纳控制器，该控制器针对人类偏好进行了调整，而人类偏好通

常略微欠阻尼。在参考文献 [69.147] 中，使用导纳策略将用户的力输入转化为受限轨迹内的机器人转向命令。

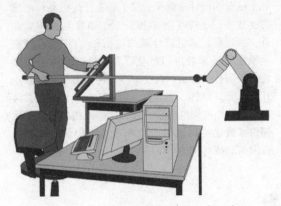

图 69.19　长物体协同抬起试验[69.142]

理想情况下，在协作操作中，机器人和人类伙伴将根据共享任务的状态自然轮流担任领导和跟随者角色。参考文献 [69.16] 中介绍了一种用于触觉连接的人-机器人对的切换模型，该模型允许机器人不断改变其行为，从完全跟随到完全引导。在参考文献 [69.148] 中，作者提出了协作负载操作问题

的数学处理方法，以允许一个或多个机器人与人类用户一起沿着所需轨迹搬运负载。他们还在机器人中加入了可变的引导行为，使他们能够仅仅控制负载（跟随）或完全控制负载的轴向运动（引导）。

最近，Evrard 的同伦法被应用于负载提升，使机器人助手能够根据其对人类用户意图预测的信心在引导和跟随之间改变其行为[69.15]（ ⊚ VIDEO 617 ）。这些通过共享负载的运动学进行监控。最近，在参考文献 [69.149] 中设计了一种导纳控制律，它保证了机器人在受约束运动期间的稳定性，并提供了相当直观的人-机器人交互。导纳定律使用人与机器人之间接触力的时间导数来估计人的意图，并在线估计交互刚度，从而实现非常精确的机器人系统共享控制。在参考文献 [69.150] 中，作者开发并测试了一个用于协作搬运任务的交互式控制器，利用一种策略来模拟机器人与用户之间的工作共享。图 69.20 描述了基于导纳的协作任务控制的通用示意图。在运动规划方面，最小跳跃轨迹[69.151] 用于生成与人类伙伴的运动非常匹配的机器人轨迹，并要求人类在交互中使用较少的能量，如参考文献 [69.152]。参考文献 [69.153] 的结果表明，更简单的五次轨迹也适用于此目的。

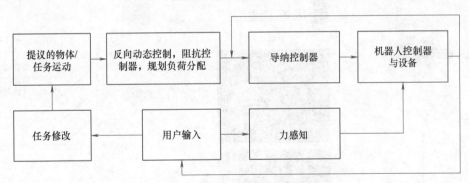

图 69.20　协作任务控制的通用示意图

69.5　人类环境的运动规划

损伤、疼痛或一般风险的定义和量化对于表达安全行为的真正含义至关重要。相关知识也可用于生成更安全的机器人运动，以便在这一层面明确考虑损伤和风险预防。目前开发的用于降低危险的运动规划算法有两个主要分支，如下所述。

69.5.1　生物力学安全运动规划

如本章开篇所述，必须从损伤生物力学的角度确保人身碰撞安全。例如，安全性可定义为确保在最坏情况下仅发生轻微挫伤。现在出现的一个自然问题是，如何正式遵守这样一个指标，即

如何根据潜在的损伤生物力学或疼痛数据控制机器人，使不可预见的接触保持亚临界状态。为此，参考文献［69.25］的作者提出了称为安全运动单元（SMU）的方案，将基本数据与本质安全的机器人速度联系起来。其基本思想是在（可能纯粹是数据驱动的）功能关系中表示任何数据或一般知识，将冲击特性与人身伤害或疼痛联系起来。有了这一方案，就有可能根据机器人的惯性特性、表面曲率和可能碰撞的人体部位计算出机器人的瞬时安全速度，即

$$（质量，速度，几何形状，身体部位）\rightarrow$$
$$可观测的损伤/疼痛 \qquad (69.29)$$

对于损伤/疼痛指标，存在多种国际分类可供选择。例如，在参考文献［69.25］中，使用了 AO 分类。此后，可以生成一组详细的试验数据，或者如果可能的话，进行模拟以推断出感兴趣的关系。每个试验的设计应确保，除了补充任何感兴趣的感官读数外，还应了解碰撞质量、速度和曲率。此外，所观察、测量或计算的损伤和/或疼痛程度必须根据所选量表进行量化。为了将试验数量限制在一个可行的数量，假设碰撞几何体由不同的基本几何基元（球体、立方体、边角）组成。因此，可以构造一组有限的安全曲线，这些曲线表示由身体部位参数化的质量-速度空间中给定损伤指标的拟合阈值曲线（图 69.21）。

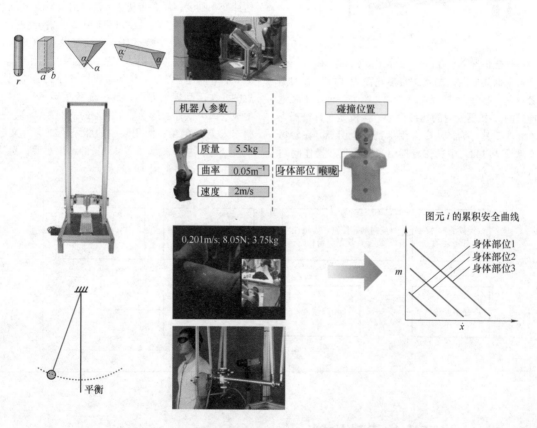

图 69.21　从碰撞试验/模拟到生物力学安全机器人速度的累积安全曲线（图片版权所有：Fraunhofer IFF）

这个想法现在可以应用到机器人上，实现安全的速度生成（图 69.22）。其概念是将任何期望的速度指令 $\dot{\boldsymbol{q}}_d$ 缩放 α 倍至生物力学安全值 $\dot{\boldsymbol{q}}_d^*$。标量 α 是通过评估机器人瞬时惯性特性和局部表面特性，以及它们的潜在损伤来确定的。为此，通过式（69.7）评估相关兴趣点（POI）沿各自 $\boldsymbol{u}$ 方向上的有效质量 m_{POI}。每个 POI 都与一个曲面几何基元相关联，然后该基元用于将各个 POI 与一些潜在的生物力学损伤、疼痛或风险-安全曲线联系起来。

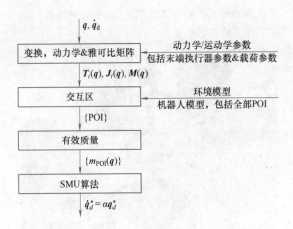

图 69.22 基于 SMU 算法创建生物力学安全
速度的途径[69.25]

69.5.2 基于风险度量的运动规划

如第 69.4.3 节所述，在 pHRI 期间，有许多技术可用于检测碰撞或潜在碰撞。碰撞监测方法可用于确保在碰撞发生期间限制机器人系统的力和扭矩，或者更简单地说是能量。为了确保非结构化环境中的安全和人性化交互，需要采取额外的安全措施进行系统控制和规划。

由于物理交互本身就是一种碰撞，人类安全规划和控制方法的一个关键问题是确定何时人类安全受到实际威胁。在参考文献 [69.155] 中，使用潜在碰撞力作为评估措施，开发了一种危险评估方法。在这项工作中，基于机器人的设计特性，提出了危险指数的概念。该危险指数可定义为影响机器人与人之间潜在碰撞力因素的乘积，如距离、相对速度、机器人惯性和机器人刚度。作者将该指标作为改进机械设计、控制和运动规划的目标函数。参考文献 [69.156] 中计算了基于机器人和人类之间潜在碰撞的估计碰撞力的危险指数，并将其作为实时轨迹生成系统的输入，该系统平衡了目标搜索和潜在危险。在参考文献 [69.154] 中，同一作者将他们的系统与基于视觉的生理监测系统相结合，该系统允许机器人响应用户的实时位置和注意力。在交互过程中，监测用户以评估其对机器人动作的认可程度，同时轨迹规划器监测安全因素，如机器人速度和用户意图。最后，安全控制模块对安全措施评估模块的短期评估水平因素提供实时响应（图 69.23）。

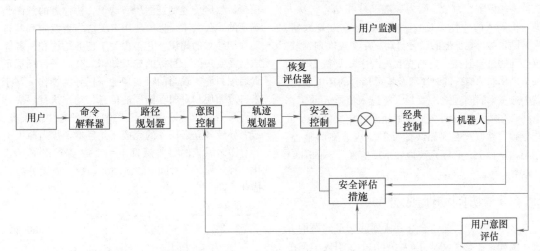

图 69.23 具有用户意图和安全监测输入的运动规划系统示意图[69.154]

对于移动服务机器人，参考文献 [69.157] 的作者提出了一种基于用户行为估计的碰撞避免控制器，使用社会力（social force）模型确定用户是否有意避免碰撞，以便机器人能够做出相应的响应。在参考文献 [69.158] 中，作者介绍了一种方法，使用所谓的动静态危险场作为衡量机器人当前位姿和速度对其环境中物体构成危险的指标。文献 [69.122] 提出了一种算法，该算法可最大限度地提高工业机器人的生产率，同时保证人与机器人之间的安全距离。除了人与机器人的相对距离外，它还考虑了动态和控制特性。在参考文献 [69.159] 中，作者提出了一种基于直观物理解释的方法，即类似阻抗的二阶运动生成。它设计用于在复杂环境中提供安全运动，同时考虑到与物体的接近性和外力。参考文献 [69.160] 中介绍了一种在允许末端执行器任务继续进行的同时，实现冗余机器人碰撞避免的方法。使用三维 RGB-D 相机的数据，该方法纯粹基于机器人身体与工作空间中动态障碍

69

物（如用户）之间的距离计算，该距离通过风险函数进行处理，以调整关节速度；再采用人工势场法对末端执行器的运动任务进行修正。

69.5.3 基于人体感知的运动规划

将经典的运动规划技术应用和扩展到人-机器人交互问题中，这最初是在参考文献［69.161］中完成的。作者开发了一种基于人体感知的移动机器人运动规划器，该规划器结合了人体的可接近性、他们的视野，以及他们在人-机器人相对位置方面的偏好（图69.24）。该算法中融入了人体动力学。

参考文献［69.162］详细阐述了初始工作对pHRI场景运动规划器的扩展。其中，考虑了某些约束，（如距离、可见性和舒适度），以生成更安全的运动，并在切换场景中进行了演示。在参考文献［69.163］中，该算法已扩展到杂乱环境，其中基

于成本的随机搜索方法提供了与pHRI和工作空间约束相关的初始路径。

图69.24 LAAS的人体感知运动规划器[69.161]
（由Rachid Alami提供）

69.6 交互规划

为了通过将人类的灵活性、知识和感官技能与机器人的效率、力量、耐力和准确性相结合，从人类与机器人的协作中获益，需要设计交互规划器，为共同目标规划他们的联合行动。在交互规划领域，核心问题是如何在一定的交互过程中规划机器人的关节动作和反应，同时还涉及不可预料的环境变化，其中最基本的问题之一就是人类进入机器人的工作空间。必须详细说明交互规划问题的定义，以及可能导致突然偏离名义路线的反射反应方案的整合。在架构层面上，必须系统地表示反应性（reactivity）的结合。

69.6.1 协同动作规划

多个文献中讨论了全交互规划问题子问题的方法。例如，在参考文献［69.164］中，引入了用于人体感知任务规划系统SHARY。它通过实施沟通方案来与人类伙伴协商任务解决方案，从而生成任务的社会计划。

在参考文献［69.165］中，动态神经场（DNF）被用于构建人-机器人协作任务中交互的决策系统。其主要思想是让机器人模仿人的行为，以使机器人与人之间的协作更加直观。系统的结构示意图如图69.25所示。视觉系统观察景物，识别与任务相关的物体和人的手势。对象位置存储在对象存储层中。动作观察层决定协作者执行哪种类型的

已知动作。然后，此操作的预期结果由动作模拟层模拟，然后传递到意图层。这里，协作者的意图是确定的。公共子目标层使用有关协作者意图和其行动预期结果的知识。它包含关于任务结构和任务完成所需实现的子目标的先验知识。公共子目标层负责启用只能实现当前可实现的子任务的操作。基于来自意图层和对象存储层的信息，动作执行层决定执行某个动作，该动作支持预期子任务中的人类，或者导致独立子任务的完成，并且不干扰当前人类的意图。系统的每一层都由一个或多个DNF形式化。神经元x在时间t的活动$u_i(x,t)$由微分方程描述，即

$$\tau_i \frac{\delta u_i(x,t)}{\delta t} = -u_i(x,t) + S_i(x,t) +$$
$$\int w_i(x-x') f_i(u_i(x',t)) dx' - h_i \qquad (69.30)$$

式中，$\tau_i > 0$和$h_i > 0$分别表示场动力学的时间尺度和静止水平。S_i是本地人口的总输入。选择输出函数f_i被选为S型函数，相互作用强度$w_i(x-x')$为高斯曲线，仅取决于x和x'之间的距离（图69.26）。

在参考文献［69.130］中，介绍了pHRI的模拟通信模型，其中，相应的运动原语由人通过标记控制演示。这些随后被编码到隐马尔可夫模型中，并让机器人执行它们，甚至识别人类执行的运动原语。基于运动原语，交互原语被学习为动作和反应链。图69.27a描述了交互原语学习的流程。首先，

机器人执行一个运动原语，然后观察人类的反应，以学习正确的交互模式序列。在此步骤之后，将更新运动原语并重复此过程。相互作用的基本方案如图 69.27b 所示。学习的运动原语被编码为连续隐马尔可夫模型（CHMM），并形成系统的中间层。然后使用它们识别人类执行的运动原语，并根据顶部编码为离散隐马尔可夫模型（DHMM）的交互原语生成机器人的运动。然后，可以修改机器人的运

动（更准确地说，在作者的工作中，是机器人的行为）以适应真实环境中的人体运动。机器人运动的适应策略如图 69.27c 所示。为此，阻抗控制器与连接到机器人手的虚拟弹簧结合使用，以将设备吸引到正确的位置。图 69.28 描述了交互方案的应用，其中机器人分别用一只手或两只手与人类辅助者击掌。

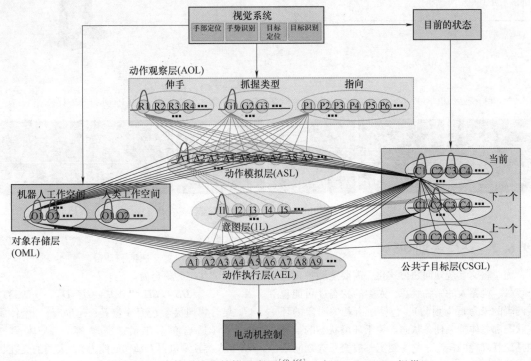

图 69.25　决策系统的结构示意图[69.165]（由 Estella Bicho 提供）

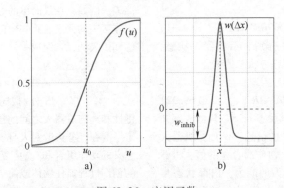

图 69.26　应用函数
a）将活动映射到阈值为 u_0 的 S 型非线性阈值输出函数　b）用于模拟式（69.30）中任意两个神经元
x 和 x' 之间相互作用强度的突触权重函数[69.165]（由 Estella Bicho 提供）

69

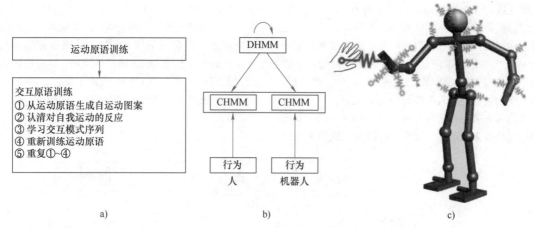

图 69.27　机器人交互学习

a）交互原语学习　b）交互方案　c）通过虚拟弹簧自适应机器人运动[69.130]（由 Dongheui Lee 提供）

图 69.28　使用模拟通信模型的 pHRI[69.130]（ ▣ VIDEO 625 ；由 Lee Donghei 提供）

69.6.2　交互规划问题

为了将交互规划问题公式化，需要能够描述整个场景、机器人的系统状态、人类的状态（可能包括两者的未来行为预测）、包括所有相关对象的环境状态和总体抽象任务状态。关于环境状态的信息包括交互环境的概念，它为制定一般交互规划问题奠定了基础。

1. 定义

环境状态集 WS 定义为

$$WS = RS \times HS^n \times OBS^m \times TS \qquad (69.31)$$

式中，RS，HS，OBS，TS 分别表示机器人状态、n 个人、m 个障碍物和总体任务状态的集合。

机器人状态集为

$$RS = S \times RA^n \times IR \qquad (69.32)$$

式中，包含有关机器人内部状态 $s \in S$、机器人感知 $ra \in RA$ 和交互状态 $ir \in IR$ 的信息。例如，机器人的交互状态可以采用自主、协作或合作的值。机器人意识表明其预测人类行为的能力。内部状态集 $S = S_{ac} \times S_b \times S_p$ 包含有关机器人 S_{ac} 执行的动作集的信息。此外，行为集 S_b 包括控制器选择和相应的参数化、反射反应，以及轨迹规划器的类型或参数化。这种反射反应可被视为与人类反射的类比，旨在使机器人进入安全状态，甚至达到反射级联

R（见第 69.6.3 节）。最后，物理状态 $sp \in S_p$ 包含机器人的瞬时位置、速度和动量。

人体状态的集合为

$$HS = PSH \times PA \times HA \times IH \times D \qquad (69.33)$$

结合物理状态 PSH（位置、速度等）、个体属性 PA（适合度、年龄、经验等）、人体感知 HA（人类预测机器人动作的能力）、人类的交互状态 IH（例如，等待机器人、与机器人一起工作或不与机器人一起工作），以及人与机器人之间的距离 D。例如，在最简单的非平凡情况下，D 可以由工作区中的元素、感知中的元素、感知外的元素和感知丢失的元素组成。

任务状态集为

$$TS = A \times TC \times IS \qquad (69.34)$$

式中，A，TC，IS 分别表示可能的动作集、任务关键性和人与机器人之间的预期交互。任务关键性规定了潜在任务失败对人身安全的影响。任务包括有意义的动作组合和/或更复杂的技能，如根据特定的创作过程抓住物体或简单地移动到某一姿势。

2. 交互规划问题

交互规划问题表示根据环境状态中包含的信息、过程 HIS 的历史，以及知识库 KB 中存储的可用（动态）知识，在每个时间步中选择合适且可能最优的机器人动作和相关行为的问题（例如，安全

知识、对象属性、环境基础规则等）。形式上，这可以通过选择操作映射表示：

$$sa: WS \times HIS \times KB \rightarrow S_{ac} \times S_b \quad (69.35)$$

例如，最优性可以表示为以下强化学习意义，其中所选行为将导致最大奖励。这可以通过以下方式获得：

1）任务评估员评估特定动作/行为是否适合完成预期任务。

2）安全评估员通过考虑不同的生物力学损伤标准、人与机器人之间的预期相互作用、人与机器人相关的几何量（如最小距离），以及任务关键性来评估情况的整体安全性。

3）最后，人类可能会给予额外奖励，以捕捉对人类友好的行为。

4）总体奖励是基本奖励的适当组合。

69.6.3　机器人反射

人类的反射是对感知到的输入（即所谓的刺激）的非自愿反应性身体运动，也就是说，人们甚至不必考虑该做什么。人类的反射旨在保护身体。基于内置的启发式方法，它们自动保护人体免受伤害。然而，在混合系统理论方面的精确分离机制尚不清楚。因此，在电气和机械层面上，离散反射状态和相应的系统反应之间的界限有些模糊。另一方面，在机器人学中，可以分离这些层面并通过反射反应扩展基本名义机器人动作的概念[69.9,86,140]。这些概念系统地结合了人们从已经描述的碰撞检测和反射反应方案中获得的可能性（见第 69.4.3 节）。在参考文献［69.166］中还可以找到类似于人类的撤退反射发展方向的其他工作。

与传统的规划和执行路径不同，必须考虑由于不符合名义任务行为的环境或内部条件而激活能够覆盖名义任务计划的反射。与人类相反，这些反射不一定是固定的（或在学习周期中缓慢地随时间变化）。相反，它们可以针对每一个名义动作进行调整，以便考虑局部环境依赖性（特别是瞬时感官输入）。在执行瞬时反应后，主要问题是决定下一步要做什么。必须执行上一个计划的本地重新输入或整个重新规划。图 69.29 描述了任务和交互规划背景下的总体概念。

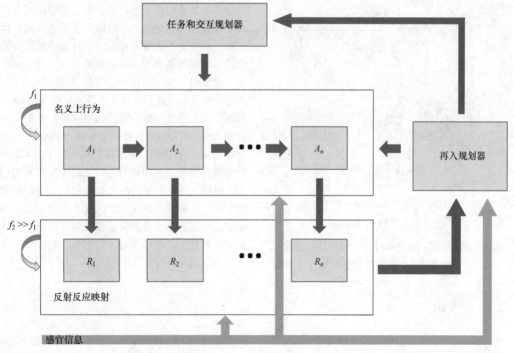

图 69.29　机器人反射的概念示意图（f_1 和 f_2 表示更新率，或者表示名义规划和执行的系统带宽及反射反应水平。通常，前者的作用频率远低于后者）[69.86,140]

在形式上，机器人反射与合适的激活信号相关联。通常，这表示对某个刺激或故障的指示。刺激是一般的感知输入，而故障可以通过处理的刺激（观察外部扭矩、接近信息等）或一般系统故障（如通信崩溃或运行时违规）来检测。甚至可以激活相当复杂的反射模式，这些反射模式可以表示为定向反射图，即系统最内部控制回路中的决策组件。一个仍然相对开放的研究问题是，触发反射后，如何解决在通过规划适当的重新进入和继续任务的潜在故障。

69.6.4 反应式控制架构

显然，pHRI 领域的各种方法和复杂需求，尤其是交互控制、反射规划、以人为中心的运动规划和交互规划，使得新的架构概念成为必要。相应控制体系架构的核心需求与经典需求（见第 1 卷第 12 章）大不相同，这是因为不仅在控制层面，而且在规划层面，都需要非常灵敏的行为。图 69.30 描述了这种反应式控制架构[69.167]（⊙ **VIDEO 616**）。需要解决的主要问题之一是如何动态、安全和一致性地进行任务调整，同时牢记总体规划和各自的环境。控制架构由在不同时间尺度上运行的三个抽象层组成。

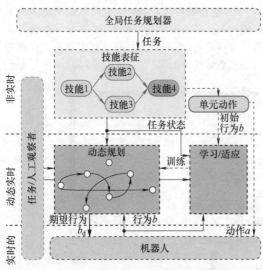

图 69.30 在部分已知的环境和交互中起作用的反应性和人性化控制架构

在最高抽象层次上，全局任务规划模块构建全局任务规划，其中包含从任何合适的任务规划语言派生

的机器人技能的时间-逻辑连接。通常，此模块离线运行，尤其是在构建包含交互模式的整个名义任务规划时，或者以几秒钟或几分钟的非常慢的更新速率运行，具体取决于相应任务的复杂性和新颖性。技能是拓扑不变的能力结构，可以根据技能参数向量修改实例化。最基本的技能是机器人单元动作，它代表了机器人实时控制核心和机电一体化的正式接口。更复杂的技能可以是诸如抓住一个物体或交出一个物体。每个技能本身都知道当前任务状态，以及当前正在执行的单元动作。然后将此信息发送到动态规划层。

第二个抽象层是动态规划层，能够动态执行和/或修改规划，这意味着它至少应在 $1 \sim 10\mathrm{Hz}$ 的范围内运行。它负责在当前任务状态、人类状态和行为及环境状态的前提下选择最佳动作。在学习和适应单元中，全局任务知识被翻译成相应的动态规划领域语言，即全局知识和规划被编码到动态规划层，以便动态适应可以利用全局背景和各自的任务。然后，相应的反应式规划单元能够（重新）规划机器人所需的名义动作，以便在可能的情况下执行安全但任务一致的动作。特别是，即时感知可能会导致初始全局规划的改变。这个抽象层面上的一个主要任务是安全地、一致地更改预先规划的执行过程。然而，找到重返任务的途径至少同样具有挑战性，需要仔细处理（再入规划）。

最低的架构层是底层（实时）控制层。通常，这被细分为多个层次，也涉及机器人反射（图 69.29）。然而，为了清楚起见，我们认为它是一个单一的一致的表示，可以通过期望的系统执行的动作/行为复合体 (a_d, b_d) 访问。由于在意外发生（如不可预见的碰撞）情况下，预期行为可能由于反射行为而改变，因此上述体系架构的基本控制是在不同抽象层面上观察人类行为的能力。从这个意义上说，一个能够收集所有关于人类智能体的相关信息和知识的人类观察者是必不可少的。特别是，它提供了可供进一步使用的与人类有关的信息。

69.7 结论

在过去的十年里，pHRI 已经成为机器人学的一项核心内容。这归功于在机电一体化、交互控制、运动规划和三维传感领域取得的重大进展，朝着能够与周围环境进行物理交互的高度集成和传感的轻量化系统迈进。因此，学习、规划和执行安全的交互已成为一个广泛采用的研究方向。显然，能够进行人-机器人物理交互的新一代商业机器人的

兴起也促使人们对该领域产生了极大兴趣。机器人技术研究和工业界期望这些系统能够开拓新市场，并将机器人技术进一步推向国内应用，这些应用可能还涉及更复杂的可移动操作臂。

然而，尽管最近在研究和辅助机器人商业化方面取得了成功，但在这类系统成为商品之前，还需要解决许多问题：通过将损伤生物力学和安全交互

控制与轻量化和柔性机器人设计紧密结合来继续开发安全机器人，将进一步突破界限，建立 pHRI 的基础。另一方面，学习交互控制器和规划直观安全的交互仍然是新兴的领域，但它们是解决长期物理交互问题的关键。此外，当前辅助机器人在真实问题中的应用将带来更多新的研究问题。这些机器人的使用清楚地表明，交互和软件操作的编程模型和范例与经典工业机器人编程截然不同。特别是，它们不仅仅是简单的拾取和放置模型，而是基于力的编程模型，这是一个有趣的研究问题，目前世界各地的研究人员正在开展相关研究。

视频文献

VIDEO 606 Mobile robot helper – Mr. Helper
available from http://handbookofrobotics.org/view-chapter/69/videodetails/606

VIDEO 607 Generation of human care behaviors by human-interactive robot RI-MAN
available from http://handbookofrobotics.org/view-chapter/69/videodetails/607

VIDEO 608 Injury evaluation of human-robot impacts
available from http://handbookofrobotics.org/view-chapter/69/videodetails/608

VIDEO 609 Safe physical human-robot collaboration
available from http://handbookofrobotics.org/view-chapter/69/videodetails/609

VIDEO 610 Admittance control of a human centered 3 DOF robotic arm using differential elastic actuators
available from http://handbookofrobotics.org/view-chapter/69/videodetails/610

VIDEO 611 A control strategy for human-friendly robots
available from http://handbookofrobotics.org/view-chapter/69/videodetails/611

VIDEO 613 Human-robot interactions
available from http://handbookofrobotics.org/view-chapter/69/videodetails/613

VIDEO 614 ISAC: A demonstration
available from http://handbookofrobotics.org/view-chapter/69/videodetails/614

VIDEO 615 Smart fur
available from http://handbookofrobotics.org/view-chapter/69/videodetails/615

VIDEO 616 Human-robot interaction planning
available from http://handbookofrobotics.org/view-chapter/69/videodetails/616

VIDEO 617 The power of prediction: Robots that read intentions
available from http://handbookofrobotics.org/view-chapter/69/videodetails/617

VIDEO 618 Reach and grasp by people with tetraplegia using a neurally controlled robotic arm
available from http://handbookofrobotics.org/view-chapter/69/videodetails/618

VIDEO 619 An assistive decision and control architecture for force-sensitive hand–arm systems driven via human–machine interfaces (MM1)
available from http://handbookofrobotics.org/view-chapter/69/videodetails/619

VIDEO 620 An assistive decision and control architecture for force-sensitive hand–arm systems driven via human–machine interfaces (MM2)
available from http://handbookofrobotics.org/view-chapter/69/videodetails/620

VIDEO 621 An assistive decision-and-control architecture for force-sensitive hand–arm systems driven by human–machine interfaces (MM3)
available from http://handbookofrobotics.org/view-chapter/69/videodetails/621

VIDEO 622 An assistive decision-and-control architecture for force-sensitive hand–arm systems driven by human–machine interfaces (MM4)
available from http://handbookofrobotics.org/view-chapter/69/videodetails/622

VIDEO 623 Twendy One demo
available from http://handbookofrobotics.org/view-chapter/69/videodetails/623

VIDEO 624 Full body compliant humanoid COMAN
available from http://handbookofrobotics.org/view-chapter/69/videodetails/624

VIDEO 625 Physical human–robot interaction in imitation learning
available from http://handbookofrobotics.org/view-chapter/69/videodetails/625

VIDEO 626 Justin: A humanoid upper body system for two-handed manipulation experiments
available from http://handbookofrobotics.org/view-chapter/69/videodetails/626

VIDEO 627 Torque control for teaching peg in hole via physical human–robot interaction
available from http://handbookofrobotics.org/view-chapter/69/videodetails/627

VIDEO 632 Flexible robot gripper for KUKA Light Weight Robot (LWR): Collaboration between human and robot
available from http://handbookofrobotics.org/view-chapter/69/videodetails/632

VIDEO 716 Human–robot handover
available from http://handbookofrobotics.org/view-chapter/69/videodetails/716

69

VIDEO 717　Collaborative human-focused robotics for manufacturing
available from http://handbookofrobotics.org/view-chapter/69/videodetails/717
VIDEO 820　Dancing with Juliet
available from http://handbookofrobotics.org/view-chapter/69/videodetails/820
VIDEO 821　A cobot in automobile assembly
available from http://handbookofrobotics.org/view-chapter/69/videodetails/821

参考文献

69.1　M.A. Goodrich, A.C. Schultz: Human-robot interaction: A survey, Found. Trends Hum.-Comput. Interact. **1**(3), 203–275 (2007)

69.2　M.A. Peshkin, J.E. Colgate, W. Wannasuphoprasit, C.A. Moore, R.B. Gillespie, P. Akella: Cobot architecture, IEEE Trans. Robotics Autom. **17**(4), 377–390 (2001)

69.3　T. Shibata, T. Mitsui, K. Wada, A. Touda: Mental commit robot and its application to therapy of children, IEEE/ASME Int. Conf. Adv. Intell. Mechatron. (2001) pp. 1053–1058

69.4　S. Yohanan, K.E. MacLean: The role of affective touch in human-robot interaction: Human intent and expectations in touching the haptic creature, Int. J. Soc. Robotics **4**(2), 163–180 (2011)

69.5　Y. Iwamura, M. Shiomi, T. Kanda, H. Ishiguro, N. Hagita: Do elderly people prefer a conversational humanoid as a shopping assistant partner in supermarkets?, ACM Int. Conf. Hum.-Robot Interact. (2011) p. 449

69.6　T. Ende, S. Haddadin, S. Parusel, W. Tilo, M. Hassenzahl, A. Albu-Schäffer: A human-centered approach to robot gesture based communication within collaborative working processes, Proc. IEEE/RSJ Int. Conf. Intell. Robots Syst. (IROS) (2011) pp. 3367–3374

69.7　A.L. Thomaz, C. Chao: Turn-taking based on information flow for fluent human-robot interaction, AI Mag. **32**(4), 53–63 (2011)

69.8　B. Gleeson, K. MacLean, A. Haddadi, E. Croft, J. Alcazar: Gestures for industry Intuitive human-robot communication from human observation, ACM/IEEE Int. Conf. Hum.-Robot Interact. (2013) pp. 349–356

69.9　S. Haddadin, S. Parusel, R. Belder, A. Albu-Schäffer: It is (almost) all about human safety: A novel paradigm for robot design, control, and planning, Lect. Notes Comput. Sci. **8153**, 202–215 (2013)

69.10　J. Mainprice, D. Berenson: Human-robot collaborative manipulation planning using early prediction of human motion, Proc. IEEE/RSJ Int. Conf. Intell. Robots Syst. (IROS) (2013) pp. 299–306

69.11　M. Cakmak, S.S. Srinivasa, M.K. Lee, S. Kiesler, J. Forlizzi: Using spatial and temporal contrast for fluent robot-human hand-overs, ACM/IEEE Int. Conf. Hum.-Robot Interact. (2011) pp. 489–496

69.12　E.A. Sisbot, R. Alami: A human-aware manipulation planner, IEEE Trans. Robotics **28**(5), 1045–1057 (2012)

69.13　W.P. Chan, C.A.C. Parker, H.F.M. Van der Loos, E.A. Croft: A human-inspired object handover

69.14　M.S. Erden, T. Tomiyama: Human-intent detection and physically interactive control of a robot without force sensors, IEEE Trans. Robotics **26**(2), 370–382 (2010)

69.15　A. Thobbi, Y. Gu, W. Sheng: Using human motion estimation for human-robot cooperative manipulation, Proc. IEEE/RSJ Int. Conf. Intell. Robots Syst. (IROS) (2011) pp. 2873–2878

69.16　P. Evrard, E. Gribovskaya, S. Calinon, A. Billard, A. Kheddar: Teaching physical collaborative tasks: Object-lifting case study with a humanoid, IEEE-RAS Int. Conf. Humanoid Robots (2009) pp. 399–404

69.17　S. Ikemoto, H. Ben Amor, T. Minato, H. Ishiguro, B. Jung: Mutual learning and adaptation in physical human-robot interaction, Proc. IEEE Int. Conf. Robotics Autom. (ICRA) (2012) pp. 24–335

69.18　D. Lee, C. Ott: Incremental kinesthetic teaching of motion primitives using the motion refinement tube, Auton. Robots **31**(2–3), 115–131 (2011)

69.19　S. Haddadin, A. Albu-Schäffer, G. Hirzinger: Requirements for safe robots: Measurements, analysis & new insights, Int. J. Robotics Res. **28**(11–12), 1507–1527 (2009)

69.20　A. Bicchi, G. Tonietti: Fast and soft arm tactics: Dealing with the safety-performance trade-off in robot arms design and control, IEEE Robotics Autom. Mag. **11**, 22–33 (2004)

69.21　M. Zinn, O. Khatib, B. Roth: A new actuation approach for human friendly robot design, Int. J. Robotics Res. **23**, 379–398 (2004)

69.22　S. Haddadin, A. Albu-Schäffer, G. Hirzinger: Safety evaluation of physical human-robot interaction via crash-testing, Proc. Robotics Sci. Syst. Conf. (2007) pp. 217–224

69.23　S. Oberer, R.-D. Schraft: Robot-dummy crash tests for robot safety assessment, Proc. IEEE Int. Conf. Robotics Autom. (ICRA) (2007) pp. 2934–2939

69.24　S. Haddadin, A. Albu-Schäffer, F. Haddadin, J. Roßmann, G. Hirzinger: Study on soft-tissue injury in robotics, IEEE Robotics Autom. Mag. **18**(4), 20–34 (2011)

69.25　S. Haddadin, S. Haddadin, A. Khoury, T. Rokahr, S. Parusel, R. Burgkart, A. Bicchi, A. Albu-Schäffer: On making robots understand safety: Embedding injury knowledge into control, Int. J. Robotics Res. **31**, 1578–1602 (2012)

69.26　S. Haddadin: Towards safe robots – Approaching Asimov's 1st law, Springer Tracts Adv. Robotics **90**, 1–343 (2014)

69.27　D.C. Schneider, A.M. Nahum: Impact studies of facial bones and skull, Proc. 16th Stapp Car Crash Conf. (1972) pp. 186–204

69.28　A.M. Nahum, J.D. Gatts, C.W. Gadd, J. Danforth: Impact tolerance of the skull and face, Proc. Stapp Car Crash Conf. (1968)

69.29　D. Allsop, T.R. Perl, C. Warner: Force/deflection and fracture characteristics of the temporo-parietal region of the human head, SAE Transactions (1991) pp. 2009–2018

69.30　J. Cormier, S. Manoogian, J. Bisplinghoff, S. Rowson, A. Santago, C. McNally, S. Duma, J.I.V. Bolte: The tolerance of the nasal bone to blunt impact, Ann. Adv. Automot. Med (2010) p. 3

69.31　H. Delye, P. Verschueren, B. Depreitere, I. Verpoest, D. Berckmans, J. Vander Sloten, G. Van Der Perre, J. Goffin: Biomechanics of frontal skull fracture, J. Neurotrauma **24**(10), 1576–1586 (2007)

69.32　G.W. Nyquist, J.M. Cavanaugh, S.J. Goldberg, A.I. King: Facial impact tolerance and response, Proc. 30th Stapp Car Crash Conf. (1986) pp. 733–754

69.33　D.L. Allsop, C.Y. Warner, M.G. Wille, D.C. Schneider, A.M. Nahum: Facial Impact response – A comparison of the hybrid III dummy and human cadaver, Proc. Stapp Car Crash Conf. (1988) pp. 781–797

69.34　V.R. Hodgson, L.M. Thomas: Comparison of head acceleration injury indices in cadaver skull fracture, Proc. Stapp Car Crash Conf. (1971) pp. 299–307

69.35　A.M. Nahum, R.W. Smith: An experimental model for closed head impact injury, Proc. Stapp Car Crash Conf. (1976)

69.36　S. Haddadin, A. Albu-Schäffer, M. Frommberger, J. Rossmann, G. Hirzinger: The *DLR Crash Report*: Towards a standard crash-testing protocol for robot safety – Part I: Results, Proc. IEEE Int. Conf. Robotics Autom. (ICRA) (2009) pp. 272–279

69.37　S. Haddadin, A. Albu-Schäffer, M. Frommberger, J. Rossmann, G. Hirzinger: The "DLR Crash Report": Towards a standard crash-testing protocol for robot safety – Part II: Discussions, Proc. IEEE Int. Conf. Robotics Autom. (ICRA) (2009) pp. 280–287

69.38　C.K. Kroell, D.C. Schneider, A.M. Nahum: Impact tolerance and response of the human thorax I, Proc. Stapp Car Crash Conf. (1971)

69.39　C.K. Kroell, D.C. Scheider, A.M. Nahum: Impact tolerance and response of the human thorax II, Proc. Stapp Car Crash Conf. (1974) pp. 383–457

69.40　L.M. Patrick: Impact force deflection of the human thorax, Proc. 25th Stapp Car Crash Conf. (1981) pp. 471–496

69.41　A.M. Nahum, C.W. Gadd, D.C. Schneider, C. Kroell: Deflection of the human thorax under sternal impact, Int. Automot. Saf. Conf. (1970)

69.42　J.M. Cavanaugh, G.W. Nyquist, S.J. Goldberg, A.I. King: Lower abdominal impact tolerance and response, Proc. Stapp Car Crash Conf. (1986)

69.43　S.M. Duma, P. Schreiber, J. McMaster, J. Crandall, C. Bass, W. Pilkey: Dynamic injury tolerances for long bones of the female upper extremity, Int. Res. Council Biomech. Inj. (IRCOBI) (1998) pp. 189–201

69.44　S.M. Duma, J.R. Crandall, S.R. Hurwitz, W.D. Pilkey: Small female upper extremity interaction

69.45　with the deploying side air bag, Proc. Stapp Car Crash Conf. (1998) pp. 47–63

69.45　R. Behrens, N. Elkmann: Study on meaningful and verified thresholds for minimizing the consequences of human-robot collisions, IEEE Int. Conf. Robotics Autom. (ICRA) (2014) pp. 3378–3383

69.46　J.A. Spadaro, F.W. Werner, R.A. Brenner, M.D. Fortino, L.A. Fay, W.T. Edwards: Cortical and trabecular bone contribute strength to the osteopenic distal radius, J. Orthop. Res. **12**, 211–218 (1994)

69.47　O. Khatib: Inertial properties in robotic manipulation: An object-level framework, Int. J. Robotics Res. **14**(1), 19–36 (1995)

69.48　T.E. Lobdell, C.K. Kroell, D.C. Scheider, W.E. Hering: Impact response of the human thorax, Symp. Hum. Impact Response (1972) pp. 201–245

69.49　T.P. Ruedi, W.M. Murphy: *AO Principles of Fracture Management*, Vol. 1 (Thieme, Stuttgart 2007)

69.50　I.V. Lau, D.C. Viano: Role of impact velocity and chest compression in thoracic injury, Avia. Space Environ. Med. **56**, 16–21 (1983)

69.51　ISO: *ISO12100:2010: Safety of Machinery – General Principles for Design – Risk Assessment and Risk Reductions* (Int. Organization for Standardization, Geneva 2010)

69.52　ISO: *ISO13849-1:2006: Safety of Machinery – Safety-Related Parts of Control Systems – Part 1: General Principles for Design* (Int. Organization for Standardization, Geneva 2006)

69.53　ISO: *ISO13855:2010: Safety of Machinery – Positioning of Safeguards With Respect to the Approach Speeds of Parts of the Human Body* (Int. Organization for Standardization, Geneva 2010)

69.54　ISO: *ISO10218-1:2011: Robots and Robotic Devices – Safety Requirements for Industrial Robots – Part 1: Robots* (Int. Organization for Standardization, Geneva 2011)

69.55　ISO/DTS 15066: *Robots and Robotic Devices – Safety Requirements for Industrial Robots – Collaborative operation* (Int. Organization for Standardization, Geneva) under development

69.56　ISO: *ISO13482:2014: Robots and Robotic Devices – Safety Requirements for Personal Care Robots* (Int. Organization for Standardization, Geneva 2014)

69.57　C. Gosselin, T. Laliberte, B. Mayer-St-Onge, S. Foucault, A. Lecours, V. Duchaine, N. Paradis, D. Gao, R. Menassa: A friendly beast of burden: A human-assistive robot for handling large payloads, IEEE Robotics Autom. Mag. **20**(4), 139–147 (2013)

69.58　G. Hirzinger, A. Albu-Schäffer: Lightweight robots, Scholarpedia **3**, 3889 (2008)

69.59　W.T. Townsend, J.K. Salisbury: Mechanical design for whole-arm manipulation, Proc. NATO Adv. Workshop Robots Biol. Syst, ed. by P. Dario, G. Sandini, P. Aebischer (1993) pp. 153–164

69.60　A. Albu-Schäffer, S. Haddadin, C. Ott, A. Stemmer, T. Wimböck, G. Hirzinger: The DLR lightweight robot – Lightweight design and soft robotics control concepts for robots in human environments, Ind. Robot J. **34**(5), 376–385 (2007)

69.61　KUKA Roboter GmbH: http://www.kuka-lbr-iiwa.com (2015)

69

69.62 A.S. Shafer, M.R. Kermani: Design and valida-
tion of a magneto-rheological clutch for practical
control applications in human-friendly manipu-
lation, Proc. IEEE Int. Conf. Robotics Autom. (ICRA)
(2011) pp. 4266–4271

69.63 G. Hirzinger, J. Butterfaß, M. Fischer, M. Greben-
stein, M. Hähnle, H. Liu, I. Schaefer, N. Sporer:
A mechatronics approach to the design of light-
weight arms and multi-fingered hands, Proc. IEEE
Int. Conf. Robotics Autom. (ICRA) (2000)

69.64 M.A. Diftler, J.S. Mehling, M.E. Abdallah,
N.A. Radford, L.B. Bridgwater, A.M. Sanders,
R.S. Askew, D.M. Linn, J.D. Yamokoski, F.A. Per-
menter, B.K. Hargrave, R. Piatt, R.T. Savely,
R.O. Ambrose: Robonaut 2 – The first humanoid
robot in space, Proc. IEEE Int. Conf. Robotics
Autom. (ICRA) (2011) pp. 2178–2183

69.65 M. Bluethmann, R. Ambrose, R. Askew, M. Goza,
C. Lovechik, D. Magruder, M.A. Differ, F. Rehn-
mark: Robonaut: A robotic astronaut's assistant,
Int. Conf. Adv. Robotics (2001)

69.66 C. Ott, B. Henze, D. Lee: Kinesthetic teaching of
humanoid motion based on whole-body compli-
ance control with interaction-aware balancing,
Proc. IEEE/RSJ Int. Conf. Intell. Robots Syst. (IROS)
(2013) pp. 4615–4621

69.67 C. Ott, O. Eiberger, W. Friedl, B. Bauml, U. Hil-
lenbrand, C. Borst, A. Albu-Schäffer, B. Brunner,
H. Hirschmuller, S. Kielhofer, S. Kielhofer, R. Koni-
etschke, M. Suppa, T. Wimbock, F. Zacharias,
G. Hirzinger: A humanoid two-arm system for
dexterous manipulation, IEEE-RAS Int. Conf. Hu-
manoid Robots (2006) pp. 276–283

69.68 M.W. Spong: Modeling and control of elastic joint
robots, ASME J. Dyn. Syst. Meas. Control 109(4),
310–319 (1987)

69.69 G. Hirzinger, N. Sporer, M. Schedl, J. Butterfaß,
M. Grebenstein: Torque-controlled lightweight
arms and articulated hands: Do we reach tech-
nological limits now?, Int. J. Robotics Res. 23(4/5),
331–340 (2004)

69.70 B. Vanderborght, B. Verrelst, R.V. Ham,
M.V. Damme, D. Lefeber, B.M.Y. Duran, P. Beyl:
Exploiting natural dynamics to reduce energy
consumption by controlling the compliance of
soft actuators, Int. J. Robotics Res. 25(4), 343–358
(2006)

69.71 S. Haddadin, M. Weis, A. Albu-Schäffer, S. Wolf:
Optimal control for maximizing link velocity of
robotic variable stiffness joints, IFAC World Congr.
(2011) pp. 3175–3182

69.72 S. Haddadin, T. Laue, U. Frese, S. Wolf, A. Albu-
Schäffer, G. Hirzinger: Kick it like a safe robot:
Requirements for 2050, Robotics Auton. Syst. 57,
761–775 (2009)

69.73 A. Albu-Schäffer, O. Eiberger, M. Grebenstein,
S. Haddadin, C. Ott, T. Wimböck, S. Wolf,
G. Hirzinger: Soft robotics: From torque feedback
controlled lightweight robots to intrinsically com-
pliant systems, IEEE Robotics Autom. Mag. 15(3),
20–30 (2008)

69.74 B. Vanderborght, A. Albu-Schäffer, A. Bic-
chi, E. Burdet, D.G. Caldwell, R. Carloni,
M.G. Catalano, O. Eiberger, W. Friedl, G. Ganesh,
M. Garabini, M. Grebenstein, G. Grioli, S. Had-

dadin, H. Hoppner, A. Jafari, M. Laffranchi,
D. Lefeber, F. Petit, S. Stramigioli, N.G. Tsagarakis,
M.V. Damme, R.V. Ham, L.C. Visser, S. Wolf:
Variable impedance actuators: A review, Robotics
Auton. Syst. 61(12), 1601–1614 (2013)

69.75 G.A. Pratt, M. Williamson: Series elastics actua-
tors, Proc. IEEE/RSJ Int. Conf. Intell. Robots Syst.
(IROS) (1995) pp. 399–406

69.76 S. Haddadin, A. Albu-Schäffer, O. Eiberger,
G. Hirzinger: New insights concerning intrinsic
joint elasticity for safety, Proc. IEEE/RSJ Int. Conf.
Intell. Robots Syst. (IROS) (2010) pp. 2181–2187

69.77 S. Haddadin, K. Krieger, N. Mansfeld, A. Albu-
Schaffer: On impact decoupling properties of
elastic robots and time optimal velocity max-
imization on joint level, Proc. IEEE/RSJ Int.
Conf. Intell. Robots Syst. (IROS) (2012) pp. 5089–
5096

69.78 J.-J. Park, H.-S. Kim, J.-B. Song: Safe robot arm
with safe joint mechanism using nonlinear spring
system for collision safety, Proc. IEEE Int. Conf.
Robotics Autom. (ICRA) (2009) pp. 3371–3376

69.79 N.G. Tsagarakis, S. Morfey, G. Medrano Cerda,
L. Zhibin, D.G. Caldwell: Compliant humanoid co-
man: Optimal joint stiffness tuning for modal
frequency control, Proc. IEEE Int. Conf. Robotics
Autom. (ICRA) (2013) pp. 673–678

69.80 A. Albu-Schäffer, M. Fischer, G. Schreiber,
F. Schoeppe, G. Hirzinger: Soft robotics: What
cartesian stiffness can we obtain with passively
compliant, uncoupled joints?, Proc. IEEE/RSJ
Int. Conf. Intell. Robots Syst. (IROS) (2004)
pp. 3295–3301

69.81 M. Garabini, A. Passaglia, F. Belo, P. Salaris, A. Bic-
chi: Optimality principles in variable stiffness
control: The VSA hammer, Proc. IEEE/RSJ Int. Conf.
Intell. Robots Syst. (IROS) (2011) pp. 3770–3775

69.82 D. Braun, M. Howard, S. Vijayakumar: Exploiting
variable stiffness in explosive movement tasks,
Robotics Sci. Syst. (2011)

69.83 U. Mettin, A. Shiriaev: Ball-pitching challenge
with an underactuated two-link robot arm, IFAC
World Congr. (2011) pp. 1–6

69.84 A. Flagg, K. Maclean: Affective touch gesture
recognition for a furry zoomorphic machine, Int.
Conf. Tangible Embed. Embodied Interact. (2013)
pp. 1–4

69.85 R.M. Voyles, P.K. Khosla: Tactile gestures for hu-
man/robot interaction, Proc. IEEE/RSJ Int. Conf.
Intell. Robots Syst. (IROS) (1995) pp. 7–13

69.86 S. Haddadin, M. Suppa, S. Fuchs, T. Boden-
müller, A. Albu-Schäffer, G. Hirzinger: Towards
the robotic co-worker, Int. Symp. Robotics Res.
Lucerne (2009)

69.87 R. Bischoff, J. Kurth, G. Schreiber, R. Koeppe,
A. Albu-Schäffer, A. Beyer, O. Eiberger, S. Had-
dadin, A. Stemmer, G. Grunwald, G. Hirzinger: The
KUKA-DLR lightweight robot arm: A new reference
platform for robotics research and manufacturing,
Int. Symp. Robotics (2010) pp. 1–10

69.88 S. Haddadin, A. Albu-Schäffer, A. De Luca,
G. Hirzinger: Collision detection & reaction:
A contribution to safe physical human-robot in-
teraction, Proc. IEEE/RSJ Int. Conf. Intell. Robots
Syst. (IROS) (2008) pp. 3356–3363

69.89　L.E. Pfeffer, O. Khatib, J. Hake: Joint torque sensory feedback in the control of a PUMA manipulator, IEEE Trans. Robotics Autom. **5**(4), 418–425 (1989)

69.90　G. Plank, G. Hirzinger: Controlling a robot's motion speed by a force-torque-sensor for deburring problems, IFAC Inf. Control Probl. Manuf. Technol. (1982) pp. 97–102

69.91　G. Hirzinger, U. Brunet: Fast and self-improving compliance using digital force-torque control, 4th Int. Conf. Assembly Autom. (1983) pp. 268–281

69.92　V.J. Lumelsky, E. Cheung: Real-time collision avoidance in teleoperated whole-sensitive robot arm manipulators, IEEE Trans. Syst. Man Cybern. **23**(1), 194–203 (1993)

69.93　G. De Maria, C. Natale, S. Pirozzi: Force/tactile sensor for robotic applications, Sens. Actuators A **175**, 60–72 (2012)

69.94　R.S. Dahiya, P. Mittendorfer, M. Valle, G. Cheng, V.J. Lumelsky: Directions toward effective utilization of tactile skin: A review, IEEE Sens. J. **13**(11), 4121–4138 (2013)

69.95　M. Strohmayr: Artificial Skin in Robotics, Ph.D. Thesis (Karlsruhe Institute of Technology, Karlsruhe 2012)

69.96　A. Jain, M.D. Killpack, A. Edsinger, C.C. Kemp: Manipulation in clutter with whole-arm tactile sensing, Int. J. Robotics Res. **32**(4), 458–482 (2013)

69.97　A.J. Schmid, M. Hoffmann, H. Worn: A tactile language for intuitive human-robot communication, IEEE-RAS Int. Conf. Humanoid Robots (2007) pp. 569–576

69.98　S. Yohanan, J.P. Hall, K.E. MacLean, E.A. Croft, H.F.M. Van Der Loos, M.A. Baumann, J. Chang, D. Nielsen, S. Zoghbi, G. Jih Shiang Chang: Affect-driven emotional expression with the haptic creature, Proc. User Interface Softw. Technol. (UIST) (2009) p. 2

69.99　M. Frigola, A. Casals, J. Amat: Human-robot interaction based on a sensitive bumper skin, Proc. IEEE/RSJ Int. Conf. Intell. Robots Syst. (IROS) (2006) pp. 283–287

69.100　T. Mukai, M. Onishi, T. Odashima, S. Hirano: Development of the tactile sensor system of a human-interactive robot, IEEE Trans. Robotics **24**(2), 505–512 (2008)

69.101　B.D. Argall, A.G. Billard: A survey of tactile human-robot interactions, Robotics Auton. Syst. **58**(10), 1159–1176 (2010)

69.102　M. Van den Bergh, D. Carton, R. De Nijs, N. Mitsou, C. Landsiedel, K. Kuehnlenz, D. Wollherr, L. Van Gool, M. Buss: Real-time 3D hand gesture interaction with a robot for understanding directions from humans, IEEE Int. Symp. Robot Hum. Interact. Commun. (2011) pp. 357–362

69.103　M. Sigalas, M. Pateraki, I. Oikonomidis, P. Trahanias: Robust model-based 3D torso pose estimation in RGB-D sequences, IEEE Int. Conf. Computer Vis. Work. (2013) pp. 315–322

69.104　N. Hogan: Impedance Control: An Approach to Manipulation: Part I – Theory, Part II – Implementation, Part III – Applications, J. Dyn. Syst. Meas. Control **107**, 1–24 (1985)

69.105　J. Craig, M. Raibert: A systematic method for hybrid position/force control of a manipulator, IEEE Computer Softw. Appl. Conf. (1979) pp. 446–451

69.106　C. Yang, G. Gowrishankar, S. Haddadin, S. Parusel, A. Albu-Schäffer, E. Burdet: Human like adaptation of force and impedance in stable and unstable interactions, IEEE Trans. Robotics **27**(5), 918–930 (2010)

69.107　A. Stemmer, A. Albu-Schäffer, G. Hirzinger: An analytical method for the planning of robust assembly tasks of complex shaped planar parts, Proc. IEEE Int. Conf. Robotics Autom. (ICRA) (2007) pp. 317–323

69.108　N. Hogan: On the stability of manipulators performing contact tasks, IEEE Int. Conf. Robotics Autom. **4**(6), 677–686 (1988)

69.109　C. Ott, R. Mukherjee, Y. Nakamura: Unified impedance and admittance control, Proc. IEEE Int. Conf. Robotics Autom. (ICRA) (2010) pp. 554–561

69.110　T.R. Kurfess: *Robotics and Automation Handbook* (CRC, Boca Raton 2010)

69.111　F. Caccavale, C. Natale, B. Siciliano, L. Villani: Six-DOF impedance control based on angle/axis representations, IEEE Trans. Robotics Autom. **15**(2), 289–300 (1999)

69.112　L. Sentis, O. Khatib: Synthesis of whole-body behaviors through hierarchical control of behavioral primitives, Int. J. Humanoid Robotic **s**, 505–518 (2005)

69.113　A. Dietrich, T. Wimböck, A. Albu-Schäffer: Dynamic whole-body mobile manipulation with a torque controlled humanoid robot via impedance control laws, Proc. IEEE/RSJ Int. Conf. Intell. Robots Syst. (IROS) (2011) pp. 3199–3206

69.114　A. Albu-Schäffer, C. Ott, U. Frese, G. Hirzinger: Cartesian impedance control of redundant robots: Recent results with the DLR-light-weight-arms, Proc. IEEE Int. Conf. Robotics Autom. (ICRA) (2003) pp. 3704–3709

69.115　A. Albu-Schäffer, C. Ott, G. Hirzinger: A unified passivity-based control framework for position, torque and impedance control of flexible joint robots, Int. J. Robotics Res. **26**, 23–39 (2007)

69.116　L. Zollo, B. Siciliano, A. De Luca, E. Guglielmelli, P. Dario: Compliance control for an anthropomorphic robot with elastic joints: Theory and experiments, J. Dyn. Syst. Meas. Control **127**(3), 321–328 (2005)

69.117　R. Platt Jr., M. Abdallah, C. Wampler: Multiple-priority impedance control, Proc. IEEE Int. Conf. Robotics Autom. (ICRA) (2011) pp. 6033–6038

69.118　S. Stramigioli: *Modeling and IPC Control of Interactive Mechanical Systems: A Coordinate-Free Approach* (Springer, New York 2001)

69.119　C.-C. Cheah, D. Wang: Learning impedance control for robotic manipulators, IEEE Trans. Robotics Autom. **14**(3), 452–465 (1998)

69.120　Y. Li, S. Sam Ge, C. Yang: Learning impedance control for physical robot–environment interaction, Int. J. Control **85**(2), 182–193 (2012)

69.121　S. Jung, T.C. Hsia: Neural network impedance force control of robot manipulator, IEEE Trans. Ind. Electron. **45**(3), 451–461 (1998)

69.122　A.M. Zanchettin, P. Rocco: Path-consistent safety in mixed human-robot collaborative manufac-

69

turing environments, Proc. IEEE/RSJ Int. Conf. Intell. Robots Syst. (IROS) (2013) pp. 1131–1136

69.123 D.W. Franklin, E. Burdet, K.P. Tee, R. Osu, C.-M. Chew, T.E. Milner, M. Kawato: CNS learns stable, accurate, and efficient movements using a simple algorithm, J. Neurosci. **28**(44), 11165–11173 (2008)

69.124 J.-J.E. Slotine, W. Li: *Applied Nonlinear Control* (Prentice Hall, Englewood Cliffs 1991)

69.125 E. Gribovskaya, A. Kheddar, A. Billard: Motion learning and adaptive impedance for robot control during physical interaction with humans, Proc. IEEE Int. Conf. Robotics Autom. (ICRA) (2011) pp. 4326–4332

69.126 K. Kronander, A. Billard: Learning compliant manipulation through kinesthetic and tactile human-robot interaction, IEEE Trans. Haptics **7**(3), 367–380 (2014)

69.127 A. Ajoudani, N.G. Tsagarakis, A. Bicchi: Tele-impedance: Towards transferring human impedance regulation skills to robots, Proc. IEEE Int. Conf. Robotics Autom. (ICRA) (2012) pp. 382–388

69.128 S. Calinon, P. Evrard, E. Gribovskaya, A. Billard, A. Kheddar: Learning collaborative manipulation tasks by demonstration using a haptic interface, Int. Conf. Adv. Robotics (2009) pp. 1–6

69.129 J.R. Medina, M. Lawitzky, A. Mörtl, D. Lee, S. Hirche: An experience-driven robotic assistant acquiring human knowledge to improve haptic cooperation, Proc. IEEE/RSJ Int. Conf. Intell. Robots Syst. (IROS) (2011) pp. 2416–2422

69.130 D. Lee, C. Ott, Y. Nakamura: Mimetic communication model with compliant physical contact in human-humanoid interaction, Int. J. Robotics Res. **29**(13), 1684–1704 (2010)

69.131 A. Jain, B. Wojcik, T. Joachims, A. Saxena: Learning trajectory preferences for manipulators via iterative improvement, Adv. Neural Inf. Process. Syst. (2013) pp. 575–583

69.132 K. Suita, Y. Yamada, N. Tsuchida, K. Imai, H. Ikeda, N. Sugimoto: A failure-to-safety *kyozon* system with simple contact detection and stop capabilities for safe human – Autonomous robot coexistence, Proc. IEEE Int. Conf. Robotics Autom. (ICRA) (1995) pp. 3089–3096

69.133 Y. Yamada, Y. Hirasawa, S. Huang, Y. Umetani, K. Suita: Human-robot contact in the safeguarding space, IEEE/ASME Trans. Mechatron. **2**(4), 230–236 (1997)

69.134 S. Takakura, T. Murakami, K. Ohnishi: An approach to collision detection and recovery motion in industrial robot, Annual Conf. IEEE Ind. Electron. Soc. (1989) pp. 421–426

69.135 S. Morinaga, K. Kosuge: Collision detection system for manipulator based on adaptive impedance control law, Proc. IEEE Int. Conf. Robotics Autom. (ICRA) (2003) pp. 1080–1085

69.136 K. Kosuge, T. Matsumoto, S. Morinaga: Collision detection system for manipulator based on adaptive control scheme, Trans. Soc. Instrum. Control Eng. **39**, 552–558 (2003)

69.137 A. De Luca, A. Albu-Schäffer, S. Haddadin, G. Hirzinger: Collision detection and safe reaction with the DLR-III lightweight manipulator arm,

Proc. IEEE/RSJ Int. Conf. Intell. Robots Syst. (IROS) (2006) pp. 1623–1630

69.138 A. De Luca, R. Mattone: Actuator fault detection and isolation using generalized momenta, Proc. IEEE Int. Conf. Robotics Autom. (ICRA) (2003) pp. 634–639

69.139 H.-B. Kuntze, C.W. Frey, K. Giesen, G. Milighetti: Fault tolerant supervisory control of human interactive robots, IFAC Workshop Adv. Control Diagn. (2003) pp. 55–60

69.140 S. Parusel, S. Haddadin, A. Albu-Schäffer: Modular state-based behavior control for safe human-robot interaction: A lightweight control architecture for a lightweight robot, Proc. IEEE Int. Conf. Robotics Autom. (ICRA) (2011) pp. 4298–4305

69.141 N. Mansfeld, S. Haddadin: Reaching desired states time-optimally from equilibrium and vice versa for visco-elastic joint robots with limited elastic deflection, Proc. IEEE/RSJ Int. Conf. Intell. Robots Syst. (IROS) (2014) pp. 3904–3911

69.142 C.A.C. Parker, E.A. Croft: Design & personalization of a cooperative carrying robot controller, Proc. IEEE Int. Conf. Robotics Autom. (ICRA) (2012) pp. 3916–3921

69.143 N. Hogan, S.P. Buerger: Impedance and interaction control. In: *Robotics and Automation Handbook*, ed. by T.R. Kurfess (CRC, Boca Raton 2005) pp. 19-1–19-24

69.144 R. Ikeura, H. Inooka: Variable impedance control of a robot for cooperation with a human, Proc. IEEE Int. Conf. Robotics Autom. (ICRA) (1995) pp. 3097–3102

69.145 R. Ikeura, T. Moriguchi, K. Mizutani: Optimal Variable Impedance Control for a Robot and Its Application To Lifting an Object with a Human, IEEE Int. Workshop Robot Hum. Interact. Commun. (2002) pp. 500–505

69.146 K. Kosuge, N. Kazamura: Mobile robot helper, Proc. IEEE Int. Conf. Robotics Autom. (ICRA) (2000) pp. 583–588

69.147 N. Nejatbakhsh, K. Kosuge: Adaptive guidance for the elderly based on user intent and physical impairment, IEEE Int. Symp. Robot Hum. Interact. Commun. (2006) pp. 510–514

69.148 M. Lawitzky, A. Mörtl, S. Hirche: Load sharing in human-robot cooperative manipulation, IEEE Int. Symp. Robot Human Interact. Commun. (2010) pp. 185–191

69.149 V. Duchaine, B. Mayer St.-Onge, C. Gosselin: Stable and intuitive control of an intelligent assist device, IEEE Trans. on Haptics **5**(2), 148–159 (2012)

69.150 A. Mörtl, M. Lawitzky, A. Kucukyilmaz, M. Sezgin, C. Basdogan, S. Hirche: The role of roles: Physical cooperation between humans and robots, Int. J. Robotics Res. **31**(13), 1656–1674 (2012)

69.151 T. Flash, N. Hogan: The coordination of arm movements: Mathematical model, J. Neurosci. **5**(7), 1688–1703 (1985)

69.152 Y. Maeda, T. Hara, T. Arai: Human-robot cooperative manipulation with motion estimation, Proc. IEEE/RSJ Int. Conf. Intell. Robots Syst. (IROS) (2001) pp. 2240–2245

69.153 S. Miossec, A. Kheddar: Human motion in cooperative tasks: Moving object case study, Robotics

Biomim. (2009) pp. 1509–1514

69.154 D. Kulić, E. Croft: Pre-collision strategies for human robot interaction, Auton. Robots 22(2), 149–164 (2007)

69.155 K. Ikuta, H. Ishii, M. Nokata: Safety evaluation method of design and control for human-care robots, Int. J. Robotics Res. 22(5), 281–298 (2003)

69.156 D. Kulić, E.A. Croft: Real-time safety for human-robot interaction, Robotics Auton. Syst. 54(1), 1–12 (2006)

69.157 Y. Tamura, T. Fukuzawa, H. Asama: Smooth collision avoidance in human-robot coexisting environment, Proc. IEEE/RSJ Int. Conf. Intell. Robots Syst. (IROS) (2010) pp. 3887–3892

69.158 B. Lacevic, P. Rocco, A.M. Zanchettin: Safety assessment and control of robotic manipulators using danger field, IEEE Trans. Robotics 29(5), 1257–1270 (2013)

69.159 S. Haddadin, H. Urbanek, S. Parusel, D. Burschka, J. Roßmann, A. Albu-Schäffer, G. Hirzinger: Real-time reactive motion generation based on variable attractor dynamics and shaped velocities, Proc. IEEE/RSJ Int. Conf. Intell. Robots Syst. (IROS) (2010) pp. 3109–3116

69.160 F. Flacco, T. Kroger, A. De Luca, O. Khatib: A depth space approach to human-robot collision avoidance, Proc. IEEE Int. Conf. Robotics Autom. (ICRA) (2012) pp. 338–345

69.161 E.A. Sisbot, L.F. Marin-urias, R. Alami, T. Siméon: A human aware mobile robot motion planner, IEEE Trans. Robotics 23(5), 874–883 (2007)

69.162 J. Mainprice, E.A. Sisbot, T. Siméon, R. Alami: Planning safe and legible hand-over motions for human-robot interaction, IARP Workshop Tech. Chall. Dependable Robots Hum. Environ. (2010) p. 7

69.163 J. Mainprice, E.A. Sisbot, L. Jaillet, J. Cortes, R. Alami, T. Simeon: Planning human-aware motions using a sampling-based costmap planner, Proc. IEEE Int. Conf. Robotics Autom. (ICRA) (2011) pp. 5012–5017

69.164 A. Clodic, H. Cao, S. Alili, V. Montreuil, R. Alami, R. Chatila: SHARY: A supervision system adapted to human-robot interaction, Springer Tracts Adv. Robotics 54, 229–238 (2009)

69.165 E. Bicho, W. Erlhagen, L. Louro, E. Costa e Silva: Neuro-cognitive mechanisms of decision making in joint action: A human-robot interaction study, Hum. Mov. Sci. 30(5), 846–868 (2011)

69.166 T.S. Dahl, A. Paraschos: A force-distance model of humanoid arm withdrawal reflexes, Lect. Notes Comput. Sci. 7429, 13–24 (2012)

69.167 S. Parusel, H. Widmoser, S. Golz, T. Ende, N. Blodow, M. Saveriano, K. Krieger, A. Maldonado, I. Kresse, R. Weitschat, D. Lee, M. Beetz, S. Haddadin: Human-Robot interaction Planning, AAAI Video Competition, http://www.aaaivideos.org/2014/15_hri_planning/ (2014)

第 70 章

人-机器人增强

Massimo Bergamasco，Hugh Herr

开发能够分担人类繁重任务的机器人系统一直是机器人研究的主要目标之一。目前，为了实现这一目标，可穿戴机器人引起了人们的浓厚兴趣，这是一类由操作人员穿戴并直接控制的机器人系统。由机器人组件和控制策略组成的可穿戴机器人可以代表一种即时资源，也可以使人类立刻恢复对肢体的掌控和/或行走功能。

本章介绍了可为人类提供不同级别功能和/或针对特殊任务操作增强的可穿戴机器人系统，描述了用于上肢、下肢和全身结构的假肢、动力矫形器和外骨骼。针对每一类可穿戴系统，介绍了最先进的设备及其功能和主要组件，给出了关键的设计问题和开放性研究主题。

70.1 概念与定义

自发展之初，技术的主要目的之一就是将人类从繁重任务中解放出来[70.1]。人-机器人增强指使用机器人系统来增强人在不同操作环境中的功能[70.2]。通过机器人系统来增强人类的能力，通常仅指运动控制和呈比例生成机械能力的增强。尽管复杂的操作涉及感知能力，但在本章中，人-机器人增强的概念并不仅仅指感知功能。人-机器人增强对完成任务起着至关重要的作用，如地震后穿戴着此类系统的操作员可以在废墟中移动和清理残骸，相对于借助起重机或挖掘机等机器而言，这是一种更加灵活且准确的方式。

其他情况则表现为重复次数（而不是需要操作

的载荷水平）高、减少疲劳等关键因素，从而在这类任务中长期维持人类的安全。

根据定义，可穿戴机器人会跟随人类操作员的动作，从本质上充分利用人类的灵活性，从而确保在处理特定任务时具有比常规机器更高的灵活性。可穿戴机器人的第一个基本特征，同时也是一个严格的设计要求，是拥有在操作过程中始终与操作人员身体接触的物理结构。因此，可穿戴机器人的设计必须同时考虑生物力学和人体运动控制等方面的知识。

触觉交互的发展为可穿戴机器人的研究做出了巨大贡献，这是一种能够在人体上产生力（力反馈），同时保持用户动作的高度自然性的机器人系统。在过去的二十年中，触觉技术的发展一直集中于设计能够在手或人体其他部位产生力的机器人系统上。因此，机器人学术界对可穿戴机器人越来越关注。事实上，近年来外骨骼机器人的发展大多是由人们对神经康复的需求所推动的[70.3]，用于协助患者在特定运动中的肢体运动。

增强人类的功能可以通过不同类型的机器人系统来实现，从遥操作的机器人系统到放大人类行为的自立机器人系统。由人类操作员直接操作的机器人系统有 Cobot 系统[70.4] 和智能自主系统（IAS）[70.5]，但在本章中，我们只考虑用户可以穿戴的机器人系统。

目前，对可穿戴机器人系统的定义很少。Herr 首先对串联和并联系统进行了分类[70.6]。

串联系统被认为是那些增加了肢体长度和可达性的机器人系统，而并联系统有助于实际增加人类肢体产生的扭矩和力。串联系统通过利用在其结构中集成的弹性组件来执行动作，因此不需要一个特定的基于计算机的控制系统。其他类别的可穿戴机器人系统可以被称为混合式可穿戴系统，即操作者穿戴并联机器人，通过 FES（功能性电刺激）实现肢体运动。这样，对机器人结构的控制受到限制，并且不允许用户进行完全的力控制[70.7]。本章中不考虑混合式系统。

用于人体增强的可穿戴机器人系统可分为三个不同类别：①假肢，用于人体肢体的功能替代品；②动力矫形器，其功能是与不健康的人体关节并行工作；③与人体肢体并行工作的外骨骼机器人[70.8]。

上述三种类型的机器人系统设计表现出不同的方法，无论它们是分别涉及上肢、下肢，还是全身。接下来，通过考虑在设备、机器人组件、控制系统架构和设计应用领域的现有成就，对可穿戴机器人系统进行了分析。

70.2 上肢可穿戴系统

上肢外骨骼（ULE）是一种与人类手臂平行放置、共同工作的可穿戴系统。属于上肢外骨骼覆盖范围内的运动包括由胸锁关节提供的肩部抬高/放低和收缩运动；人类盂肱关节提供的肩部屈曲/伸展、外展/内收和内侧/外侧旋转；肱尺关节提供的肘部屈曲/伸展运动；桡尺关节提供的前臂旋内/旋外运动；桡腕关节、腕中关节和腕内关节提供的腕部屈曲/伸展和桡侧/尺侧偏斜运动；人类的掌指骨和指间关节提供的手指外展/内收和屈曲/伸展运动。

上肢外骨骼的推荐用法是作为康复设备、运动辅助设备、人力放大器和触觉接口。根据具体应用，可用的上肢外骨骼在放置位置、自由度（DOF）数量及其主动和被动自由度之间的细分、运动学架构与实现方式、驱动和传输方式、传感类型，以及外骨骼和穿戴者之间的连接点数量和位置方面有所不同。

70.2.1 放置位置

对于放置位置，根据外骨骼覆盖部位的不同开发

了不同的系统，如肩肘腕指复合体[70.10,11]（图70.1）、肩肘指复合体[70.9]、肩肘腕复合体[70.12-16]（图70.2）、肩肘前臂复合体[70.17-20]（图70.3）、肩肘复合体[70.21-27]（图70.4）、肘腕复合体[70.28,29]、腕指复合体[70.30]和手部（只有手指）[70.31-33]。

图70.1 肩肘腕指复合体上肢外骨骼
（PERCRO-Ⅱ 和 L-Exos[70.9]）

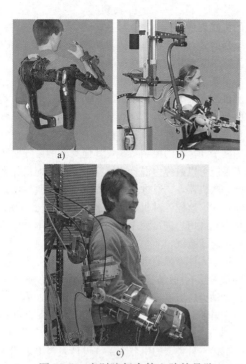

图 70.2　肩肘腕复合体上肢外骨骼
a) RUPERT[70.14]　b) ARMIN[70.15]　c) SUEFUL-7[70.16]

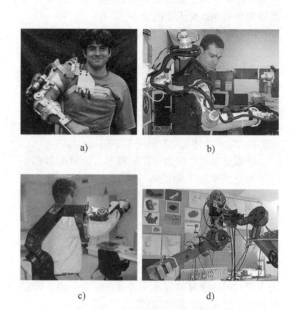

图 70.3　肩肘前臂复合体上肢外骨骼
a) PERCRO-I[70.34]　b) MGA[70.19]
c) PERCRO-Ⅲ[70.9]　d) RehabExos[70.20]

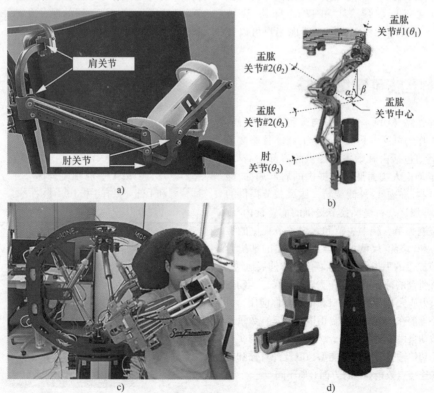

图 70.4　肩肘复合体上肢外骨骼
a) WREX[70.22]　b) MEDARM[70.23]　c) BONES[70.24]　d) ABLE[70.25]

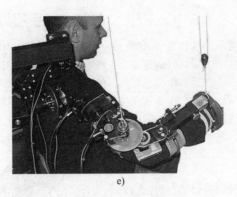

图 70.4　肩肘复合体上肢外骨骼（续）

e）DAMPACE[70.26]

70.2.2　自由度

对于自由度，根据具体的放置位置，开发的系统有很大不同。尤其是肩肘腕指复合体开发了高达 9 个自由度的外骨骼[70.16]，而腕指复合体开发了高达 18 个自由度的外骨骼[70.30]。

对于至少覆盖肩肘前臂复合体的上肢外骨骼，其已开发的系统[70.9-13,15-20] 通常具有以下特征：用于肩部屈曲/伸展、外展/内收和内旋/外旋的 3 个主动自由度；一个用于肘部屈曲/伸展的主动自由度；一个用于前臂旋内/旋外的主动或被动自由度。

一些系统还设有一个手腕：两个主动自由度用于屈曲/伸展和桡骨/尺骨偏差[70.10,12,13,16]；一个主动[70.11,15,19,23] 或一个被动自由度用于肩部抬高/降低（有些系统也存在肩部抬高/降低的自由度耦合到肩外展/内收的自由度上[70.15,16,35]）；一个主动[70.23] 或被动[70.11,26] 自由度用于肩部的缩回/伸展。尽管人体工程学评估数据的可用性仍然有限，但对于手臂仰角大于 60° 的大范围运动，包括肩部抬高/降低运动的上肢外骨骼仍是有用的[70.15]。

70.2.3　运动学架构与实现方式

尽管有一些上肢外骨骼[70.10,12,26]，但大多数已开发的系统都具有与穿戴者上肢相似的运动学架构（这意味着上肢外骨骼关节的旋转轴与穿戴者的关节同轴）。这种选择通常会减少穿戴者与上肢外骨骼干扰的机会，并使穿戴者能够通过多个不同的点连接到上肢外骨骼。关于具体的实现，根据不同上肢外骨骼的关节提出了不同的方法。特别是，采用以下方式实现三次肩部旋转：①通过三对不相交的标准旋转轴[70.10,26,26,36] 或与穿戴者盂肱关节中心相交的轴[70.12]，这些使系统设计与穿戴者的肢体运动学不同；②通过三对相交于穿戴者盂肱关节中心的标准旋转轴[70.19,23]，这通常导致上肢外骨骼运动范围有限或阻力过大；③与②一样，但最后一个旋转关节是圆形导轨[70.9,11,13,16,20,37]，这使得设计更加紧凑，但受有限的无奇异工作空间的影响；④与②一样，但第二个旋转关节为圆弧导轨[70.38]，它的设计非常紧凑，同时提供了一个相当宽的无奇异工作空间。关于肩部的附加自由度，通过旋转副[70.19,23] 或移动副[70.11,15,26] 实现了仰角/俯仰和回缩/伸展运动。肘部屈曲/伸展几乎通过一个标准的旋转副单独实现。至于腕部，往往通过使用两个旋转关节来实现屈伸/伸展和桡骨/尺骨的偏斜，这两个旋转关节的轴线相交[70.10,12,13] 或稍稍偏离轴线[70.16]。事实上，人手腕的桡骨/尺骨偏斜轴相较于屈曲/伸展轴远侧经过大约 5mm。

70.2.4　驱动和传输方式

上肢外骨骼的驱动方式也存在很大差异。除了使用弹簧（或弹性带）[70.22] 和液压盘式制动器[70.26] 的被动系统，上肢外骨骼还使用液压马达[70.10]、气缸[70.24]、气动肌腱[70.12,14] 和电动机。液压马达可以提供非常大的比功率、高刚度和直接驱动操作，但它们的能量效率低，需要大体积的高压流体组件（电源、阀门和油管）。气缸和气动肌腱提供了很大的比功率和直接驱动操作，但它们具有能量效率低、刚度低、响应速度慢和非线性等缺点，并且需要体积大而嘈杂的流体组件（电源、阀门和气管）。此外，气动肌腱只能在一个方向上产生力，因此它们需要和原动肌-拮抗肌一起使用[70.12]。电动机效率非常高，易于控制，并具有良好的比功率，但它们在高速下才能工作得更好。在现有上肢外骨骼中，电动机很少用于直接驱动操作，而是与

70

标准变速器（直齿轮[70.16]或行星齿轮[70.9]）或谐波传动[70.19,20,27]组合使用。

在现有的上肢外骨骼中，液压马达和气动肌腱直接位于单个外骨骼关节上[70.10,12,14]，而气缸则采用平行布置来驱动多个关节[70.24]。相反，电动机被放置在关节处[70.19,20]或远程位置[70.9,13,23]（通常在上肢外骨骼基架上）。第二种选择主要是为了减少移动外骨骼部件的重量和惯性，从而能够使用更小的电动机，并将对穿戴者自然运动的干扰降至最低。

远程放置驱动器的上肢外骨骼需要适当的传输系统将动力从驱动器传输到关节。除了使用传动连杆和同步带等特殊情况[70.15,23,35]，上肢外骨骼常见的动力传动方式包括线缆驱动系统，封闭式[70.9,13]或开放式[70.23]系统。封闭式传输需要较长的线缆，而开放式传输需要超过驱动自由度数的电动机。开放式和封闭式线缆驱动系统都很轻便、高效、可反向驱动，因此两者都是非常好的远程传输机械功率的方法。此外，线缆驱动器易于实现减速阶段，它应该尽可能接近关节放置，以使整体传输刚度最大化[70.9]。此外，跨越多个关节的线缆驱动传输可以将载荷分布在多根线缆上，这可以最小化驱动器的扭矩[70.23]。

70.2.5 传感类型

除了少数仅作为重力补偿装置的无源系统[70.39]，所有上肢外骨骼都配备有位置传感器（电位器或编码器），这些传感器放置在电动机和/或关节处，以便能够测量或控制整体系统的数据。此外，上肢外骨骼力和扭矩传感系统有很大的不同。由于固有的低摩擦和高反向驱动能力，带线缆驱动的外骨骼设计在无须力/扭矩传感器的情况下即可工作[70.9,13,23]。所有其他外骨骼都配备了力和扭矩传感器，可以集中在与穿戴者的连接点处[70.11,15,16,19]，或者分布在每个外骨骼关节处[70.20]。分布在每个外骨骼关节的扭矩传感器能够在多个连杆的多个点进行多触点力控制，此外，能够设计非常鲁棒的力反馈控制器，该控制器对外骨骼连杆的可变惯性、传输柔度、摩擦损失、驱动器扭矩波动和齿轮齿楔动作相当不敏感[70.20]。多自由度力/扭矩传感器使得外骨骼的使用不那么灵活，控制器的鲁棒性也不那么强，但能够更准确地估计和控制端点力。一般来说，相比仅依赖线缆驱动传输的外骨骼，配备力/扭矩传感的外骨骼能够为用户提供更好的触觉反馈。

70.2.6 手部外骨骼

手部外骨骼（HE）的功能是对人的手指施加可编程的力。根据对单个指骨（通常是对应于指尖的远侧指骨）或对多个指骨施加力的方式，手部外骨骼可以分为两种功能类别（图 70.5）。

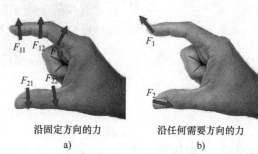

沿固定方向的力　　　　沿任何需要方向的力
　　　a)　　　　　　　　　　　　b)

图 70.5　手部外骨骼的功能类别
a）多指骨手部外骨骼　b）单指骨手部外骨骼

多指骨手部外骨骼（MPHE）是能够对同一手指的至少两个指骨施加不同力的装置：通常可以施加在垂直于指骨轴且属于手指的内侧平面的固定方向上施加力。

单指骨手部外骨骼（SPHE）能够对手指的一个指骨施加力，通常只对远侧指骨施加力；一些设备只能沿固定的方向产生力，但更常见的是它们可以向任何所需的方向施加力。

手部外骨骼的分类也考虑了另外两个类别。

1）拟人化装置：手部外骨骼的运动学形态与人的手指相似。

2）非拟人化装置：运动学在形态上与人的手指不同。

过去 30 年的科学文献聚集了许多不同的手部外骨骼设计，主要涉及三个应用领域：①远程操作和虚拟环境，其中手部外骨骼作为主控制器，向操作者的手提供力反馈或产生幻觉力；②神经康复，用于在脑卒中或其他神经损伤后恢复手部功能；③太空应用，被用作主动装置，用于扩展宇航员在舱外作业时的握力。

已知的第一例手部外骨骼是由 Zarudiansky 1981 年在遥操作领域引入的[70.40]。该发明者已经注册了一个遥操作系统的专利，该系统配备了一个主设备，能够对人手的不同指骨提供力反馈。1988 年，在帕萨迪纳的喷气推进实验室（JPL），Jau[70.41]构建了一个完整的遥操作主/从系统，包括一个用于四个手指的手部外骨骼设备。同年，Burdea 等人[70.42]开发了一种气动手力反馈装置，称为 Rutgers Master，能够根据装置的运动学和手指的位置向远侧指骨施加一个力。Bergamasco[70.37]开发了一种四指手部外骨骼。Keyo 大学的 Koyama 等人[70.43]发明了一种非拟人化装置，它是一个拥有拇指、食指和中指的三指手部外骨骼，由被动离合器驱动。这种装置被固定在用户的手腕上，并能够向手指矢面各个方向施加力。Frisoli 等人[70.9]开发了另一种非拟人化的手部外骨骼，称为 Pure Form Hand-Exos，用于虚拟环境（VE）应用，其特点是研究了一种非常复杂的线缆传输方式，以优化电动机转矩的使用。Nakagawara 等人[70.44]构建了一个集成了接触触觉概念的装置：该装置的每个手指拥有一个自由度，它能够在没有任何接触的情况下（甚至在指尖）通过与指甲对应的非接触传感器跟踪手指。当在远程/虚拟环境中检测到接触时，一块板会靠着用户的指尖移动。Fontana 等人[70.32]开发了另一个用于虚拟环境的拟人化手部外骨骼，目的是最大限度地提高力的精度和分辨率（图 70.6）。

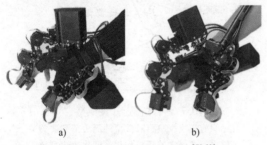

a)　　　　　　　b)

图 70.6　拟人化手部外骨骼[70.32]
a) 无跟踪系统　b) 有跟踪系统

其他手部外骨骼已开发应用于医疗领域。在该领域，手部外骨骼用于康复工具或作为动力辅助装置（矫形器）。在康复过程中，手部外骨骼通常用于施加力（或轨迹），同时测量手指的速度和位置（或力）。Gomez 等人[70.45]将 Rutgers Master 纳入虚拟环境康复系统。Wege 等人[70.46]开发了一种模块化的 4 自由度手部外骨骼结构，由 Bowden 线缆驱动。Mula 等人[70.47]实现一种利用肌电图（EMG）信号来预测用户手指运动的手部外骨骼。Ito 等人[70.48]构建了一个用于康复的复杂的手部外骨骼，其食指、中指、无名指各有 4 个自由度，大拇指有 5 个自由度，能够对每个指骨施加控制扭矩。

手部外骨骼可以实现支持永久残疾人进行日常生活（ADL）常见活动的功能。这种被称为手部矫形器或辅助手部外骨骼的装置，采用功率扩展控制，允许用户仅施加完成任务所需力的一小部分。第一个手指矫形器是由 Brown 等人[70.49]开发的。这个已实现的装置是由连接在指骨上的三个环组成，指骨由牵引线缆驱动。其他手部矫形器的例子见参考文献［70.4，39］。另一个证明手部外骨骼有效性的领域是协助宇航员执行舱外活动（EVA）。宇航员在舱外活动期间，由于存在压力差，宇航服需要很大的力才能弯曲，特别是操作任务中，这是一个主要的限制。因此，定制化设计的手部外骨骼用作主动工具，以克服手套的刚度。Shields 等人[70.50]开发了第一个用于空间应用的手部外骨骼。此装置是一个拥有三个可活动手指的拟人化手部外骨骼；拇指被排除在外，小指和无名指连接在一起；手部外骨骼的每个手指都有两个自由度，并利用一种特殊的机构来实现手指的屈曲关节；通过旋转关节的远端中心获得拟人运动学。2001 年，Yamada 等人[70.51]为同样的空间应用开发了另一个简化的手部外骨骼，称为 Skil Mate，其中只有每个手指的第一个屈曲自由度是可驱动的。由 Wang 等人[70.52]开发的手部外骨骼仍然用于模拟和评估不同的太空手套。该设备的运动学实现接近 Shields 开发的手部外骨骼，但有三个以某种方式耦合的自由度，使得每个手指只需要一个驱动器。同样，在这种情况下，屈曲关节通过远端旋转中心实现，使手部外骨骼关节与人类手部的自然关节，如掌指（MCP）关节、指间（IP）关节、远侧（D）关节密切对应。

一般来说，可以观察到，VE 和遥操作的手部外骨骼具有几个机械特性，这些特性是康复应用、ADL 或 EVA 应用中没有的。VE 和遥操作应用实际上需要模拟精细的触觉交互，并且在机械特性方面通常需要更高的性能。在 VE 和遥操作中，手部外骨骼的设计需要减少摩擦、惯性和重量；另一方面，在其他应用中，可以承受更大的摩擦，允许使用 Bowden 线缆使电动机远离，或者可以接受简化的运动学结构，允许以较低的精度施加力。

70.3　下肢可穿戴系统

下肢自主可穿戴机器人是一种通用分类，包括驱动腿部假肢、矫形器和外骨骼。

70.3.1 下肢自主可穿戴机器人

这些机器人是穿戴在人腿上的主动机械装置，并与穿戴者的动作协同工作，既可以作为腿部疾病患者的永久辅助装置，也可以作为具有正常腿部生理功能的人的增强装置。一般来说，主动腿部矫形器通常用于增加腿部患者的行走能力，而腿部外骨骼是一种用于为健康穿戴者增强运动性能的装置，腿部外骨骼也被用来描述某些平行跨越整个人腿的某些辅助装置[70.6]。自主可穿戴的腿部机器人被用于辅助治疗由截肢、脑卒中、脑瘫和多发性硬化症造成的腿部残疾。在人体增强领域，腿部外骨骼的构建是为了承载增重，以提高行走或跑步的能力，或者减少肌肉骨骼应力[70.6]。

由于这种机器需要由人穿戴，其设计在形态学和神经学上与生物腿部功能相似是至关重要的。在讨论下肢可穿戴机器人时，我们使用"仿生机器人"一词来指代一种用来模拟或扩展正常生理功能的机电结构。机器人科学的一个长期目标是将人体运动的神经力学机理应用于开发高性能的可穿戴腿部机器人[70.53]。这项工作的关键是开发类似肌肉的驱动器技术、类似人体肌肉骨骼腿部设计的设备架构，以及利用生物腿运动原理的控制方法。在70.3.2节中，我们提出了一个人体行走计算模型，该模型将肌肉和关节生物力学与全身代谢结合起来，以自选的速度进行水平地面行走。该模型强调了可穿戴腿部机器人的关键设计准则，包括仿肌腱的柔顺性和反射控制对运动性能的重要性——详细讨论见第70.3.6节，然后以此为例分析仿生胫骨假肢的设计。

70.3.2 可穿戴机器人腿部设计的神经力学基础

通过理解人体运动功能中控制单个肌肉肌腱行为的潜在机理，机器人学家可以更好地设计出与生物腿动态无缝集成的下肢可穿戴机器人。为此，在本节中，我们提出了一个人体行走计算模型[70.54]，它将肌肉和关节生物力学与全身代谢结合起来，以自选速度在水平地面行走。该模型如图70.7所示，包括踝关节、膝关节和髋关节，由代表人体躯干的刚体和两段式、三段式腿连接。在该模型中，背屈踝关节、屈伸膝关节的肌腱单元被假设为神经激活时的线性弹簧；每个肌腱被建模为一个肌腱弹簧，与一个等距力源或一个可控的离合器串联。为了给步态转换提供机械动力，模拟了一个Hill型比目鱼

肌，利用肌肉状态和力的反射反馈信号，在整个中末端站姿过程中主动使踝关节屈曲。最后，为了在站立期间稳定躯干，并在整个摆动阶段牵引和收缩每条腿，两个单关节Hill肌肉驱动模型的髋关节。行走模型及其与模拟地面的交互作用促进了有限个机器人的步态转换，每块肌肉都可根据状态进行接合或驱动[70.54]。根据参考文献［70.54］中描述的正向动力学优化程序，行走模型可以预测关节生物力学和全身代谢，如图70.8所示。它支持了腿部肌肉-肌腱的等距运行，为人体提供相对较高的代谢步行经济性。

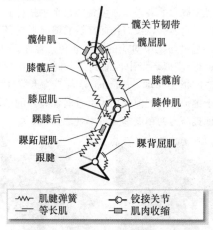

图70.7 人体行走计算模型[70.54]

注：只有三块收缩肌对模型的踝关节和髋关节能够进行非保守的积极作用，即代表比目鱼肌的踝跖屈肌和两块单关节髋屈肌/伸肌。腿部所有剩余的肌肉-肌腱单元都被建模为等长肌，并与柔顺的线性肌腱弹簧串联。髋关节还包括一个单向、线性扭转弹簧，代表倾向于弯曲该关节的主要韧带。

70.3.3 可穿戴机器人腿部的设计准则

人体运动功能的神经力学模型，如Endo模型和Herr模型[70.54]，为可穿戴机器人腿部的设计提供了重要支撑。描述人体肢体形态和神经控制的生物物理模型可以激发安静、轻质、经济和稳定的机器人设计；机器人的移动能力与其对应的生物类似，感觉上也与生物相似。在接下来的章节中，我们将讨论机器人假肢、矫形器或腿部外骨骼的关键设计特征，以使其表现得像健康、正常的生物腿。首先讨论每种设计准则，然后将其应用于胫骨截肢者的腿部假肢。

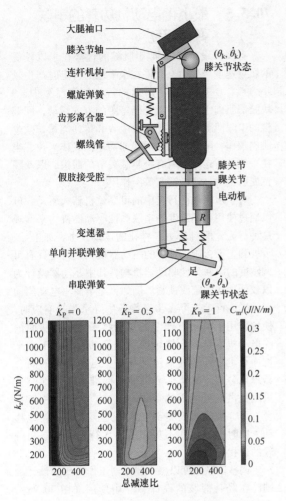

大腿袖口
膝关节轴
连杆机构
螺旋弹簧
齿形离合器
螺线管
假肢接受腔
电动机
变速器
单向并联弹簧
串联弹簧
足

$(\theta_k, \dot\theta_k)$ 膝关节状态

膝关节
踝关节

R

$(\theta_a, \dot\theta_a)$ 踝关节状态

$\hat{K}_P = 0$ $\hat{K}_P = 0.5$ $\hat{K}_P = 1$ $C_m/(J/N/m)$

$k_s/(N/m)$

总减速比

图 70.8   图 70.7 所示行走计算模型的
生物力学和能量预测

注：R 是最大互相关系数，通过三个关节角相加并由 3
进行归一化，与运输代谢成本（COT）或传输单位体
重、单位距离所需的代谢能量相比。$R=1$ 表明在一个
步态循环中与生物踝关节、膝关节和髋关节角度数据
完全一致，而 $R=0$ 表明不一致。每个封闭圆都是一个
正向动力学模型解决方案，可以行走至少 20s 而不会摔
倒。虚线和阴影区域表示文献中人类代谢 COT 数据
的一个标准偏差[70.55]。开放菱形是该模型的最优解，
具有最大的 R 值，其能量分布在人类平均行走代谢
的一个标准偏差范围内。

70.3.4 用于功率放大的串联和并联弹性驱动

可穿戴机器人腿部最重要的设计特征是仿生
驱动器结构，该结构设计用于在末端站立时实现

生物水平的踝关节动力足底屈曲。在中后期站姿
足底屈曲期间，生物小腿肌肉产生了完成每个步
态循环所需要的近 80% 的机械性动作，在水平地
面行走的每个站立期间，通常表现比踝关节更积
极[70.36,56-61]。后腿踝关节驱动的足底屈曲对于推
动从一个单一支撑阶段到下一个单一支撑阶段的
过渡至关重要，从而尽量减少前腿的影响[70.56,58]。
为此，在图 70.7 所示的[70.54]行走计算模型中，对
Hill 型比目鱼肌或踝关节跖屈肌进行建模，以从中
到后期对模型的踝关节进行主动的跖屈肌屈曲。
肌肉与一个肌腱弹簧串联，代表跟腱。另外，双
关节腓肠肌或踝膝后（图 70.7）横跨踝关节和膝
关节，建模为一个等距力源或离合器，并与肌腱
弹簧串联。

这样的结构对于推动踝足屈曲至关重要，同时
仍能实现高效、轻质的机器人驱动。因为图 70.7
中的踝膝后肌表明，在整个行走步态循环中，膝关
节和踝关节之间传递的机械能很少[70.54]，使用膝关
节和踝关节的单关节驱动器来模拟这块肌肉是合理
的。在这样的框架下，踝膝后对这些关节的影响被
表示为有效的单关节扭矩产生元件。这种架构如图
70.9a 所示，展示了一个仿生胫骨假肢的结构。这
里将踝关节建模为一个串联弹性驱动器（SEA），
与单向平行弹簧并联。SEA 代表图 70.7 中的踝跖
屈肌，单向弹簧代表踝关节上踝膝后肌的扭矩
贡献。

图 70.9b 所示为柔性踝关节传输优化的结果，
显示了踝关节总减速比、串联刚度和并联刚度对
踝关节假肢 COT 的影响。假肢 COT 等于假肢在一
个步态循环中消耗的电能除以一半体重和一个步
态循环中行驶距离的乘积。分母中的一半体重假
定每个胫骨假肢都有它自身的动力供应。若没有
并联弹簧刚度（$\hat{K}_P = 0$），则在总减速比大于 400、
串联弹簧刚度大于 400kN/m 时，假肢的能耗最小。
随着并联弹簧刚度的增加（$\hat{K}_P > 0$），假肢 COT 可
以达到较低的最小值，同时也需要较小的总减速
比和串联弹簧刚度。使用较小的减速比可以使系
统具有更大的带宽、更快的间歇响应和更低的噪
声输出。此外，如图 70.9a 所示，较低的串联刚
度提高了假肢的 COT、脚跟撞击时的耐冲击性
差[70.62]，以及踝关节输出时的电动机功率放
大[70.63]。有关柔性踝关节变速器设计的更多详细
信息参见参考文献［70.62, 63］。在仿生踝足可
穿戴机器人的设计中，电动机串联和并联弹性都
是至关重要的。

70

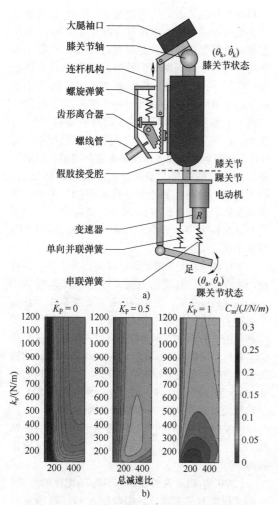

图 70.9　仿生胫骨假肢架构和柔性踝关节
传输优化的结果

a）仿生胫骨假肢架构，包括踝关节电动机、踝关节
总减速比 R、踝关节串联弹簧刚度 k_s 和踝关节单向
并联弹簧刚度 $\hat{K}_P$。并联弹簧是单向的，仅在小于
90°的踝关节角度下接合，但在大于90°的角度下
完全脱离。此外，跨越膝关节是串联弹性离合器机构
的组成元件　b）柔性踝关节传输优化的结果，显示
了踝关节总减速比、串联刚度 k_s 和归一化单向并联
刚度 $\hat{K}_P$ 对踝关节假肢传输成本 C_m 的影响。并联
刚度由 630N·m/rad 的人体控制背屈刚度归一化，
在每条曲线图的上部被标注为 $\hat{K}_P$。
总减速比等于 SEA 力臂 r 乘以减速比 R。
注：图 70.9a 中所示的柔性踝关节组件被限制为跟踪人
体受试者的生理踝关节扭矩，受试者体重为78kg，行
走速度为 1.25m/s，步距为 1.4m。有关柔性传输优化
的更多详细信息可参见参考文献［70.62］。

70.3.5　最小化电动机功耗的串联弹性驱动

有人假设，腿部肌肉-肌腱的优势在于以较低
的肌束速度产生力，允许在水平地面行走时产生较
小力[70.54]。在图 70.7 所示的行走计算模型中，9
块腿部肌肉中的 6 块以完全等距的方式活动，经调
整的串联肌腱柔顺性能充分吸收和传递能量，减少
肌肉工作，降低行走时的代谢需求。具体来说，当
在平地上行走时，所有跨越膝关节的肌肉，以及踝
背屈肌都对神经激活起等距作用。

对于水平地面行走中的可穿戴机器人驱动，可
以通过使用可调刚度的串联弹性驱动器机构来实现
这种行为，但对于更多样化的运动任务，如上坡、
下坡和上下台阶，理想的驱动器机构结构是具有可
调刚度的串联弹性驱动器机构，其中驱动器设计为
以较低功耗锁定或锁紧。例如，对于使用电动驱动
器的平地行走，可在步态循环中寻求弹簧响应时，
使用作用于电动机轴上的离合器锁定轴，从而消除
电动机本身离合器轴所需的高功耗。对于水平地
面行走之外的其他运动任务，电动机轴的离合
器可以分离，电动机可以使用标准串联弹性驱动
策略提供任务所需的扭矩和阻抗[70.64]。这种架构
允许可穿戴机器人腿部在水平地面上低功耗地移
动，同时也允许在不规则的地面行走、坐立和一
般的干扰抑制。

调整串联刚度以减少驱动器工作需要的设计准
则已在胫骨假肢的设计[70.65]中使用（图 70.9a）。
由于腓肠肌在参考文献［70.54］中被建模为与肌
腱弹簧串联的等距力源，在参考文献［70.65］的
研究中，在膝关节支撑处安装了一个串联弹性离合
器，以便在平地行走时提供腓肠肌的膝关节屈曲动
作。该机构由螺旋弹簧自由端（弹簧刚度为
66500N/m）的齿形离合器组成，该离合器充当多
中心膝关节支撑的屈膝关节。该支架集成到与踝足
假肢相连的假肢接受腔中，如图 70.9a 所示。当离
合器通过电磁阀动作接合时，弹簧的自由端相对于
接受腔锁定，弹簧被拉伸为伸直的膝关节，弹簧产
生的力在膝关节处产生了一个屈曲扭矩。相反，当
离合器脱离时，膝关节没有施加扭矩。弹簧作用于
膝关节，力矩臂随着膝关节角度在 0.02~0.03m 之
间变化。力矩臂功能设计为，当在水平地面行走
时，膝关节的表观刚度与生物膝关节的刚度相
匹配[70.66]。

70

70.3.6 基于神经肌肉的反射控制

我们提出了一种传感和控制方案，用于在行走和跑步步态期间，在电动假腿、矫形器或外骨骼的髋关节、膝关节和踝关节产生仿生位置、扭矩和阻抗。在这个范例中，感知数据使用内部和/或外部传感器收集的。在这里，内部感测是从位于可穿戴机器人设备上的传感器收集的信息，而外部感测是从位于可穿戴设备外部的传感器收集的所有信息。例如，在腿部假肢的情况下，用于测量来自残肢肌的肌电图信号的表面电极将是外部传感器，并且位于装置本身上的惯性测量单元将被归类为内部传感器。内部传感器测量设备位置、运动、力、扭矩、压力和温度，而外部传感器可能包括位于可穿戴设备外部的机械和温度传感器，以及用于确定用户电动机意图的神经传感器。

在基于神经肌肉的控制框架中，这些传感数据被传递到人体运动的神经肌肉模型中，如图 70.7 所示的用于计算设备提供给用户的关节动力学。基于神经肌肉模型的仿生可穿戴机器人腿部控制方案如图 70.10 所示，依赖从内部和外部机械传感器收集的数据，以及用于推断用户运动意图、自愿和/或非自愿的外部神经传感器。用于计算所需关节动力学的神经肌肉模型可能包括以各种方式建模的肌肉，如双线性肌肉模型或 Hill 型肌肉模型[70.67]。机器人关节的测量状态利用每个模拟关节的肌肉力矩臂的形态学信息来确定神经肌肉模型的每个虚拟肌肉-肌腱单元的内部状态（长度、速度）。这个几何变化发生在图 70.10 所示的肌肉几何块内。

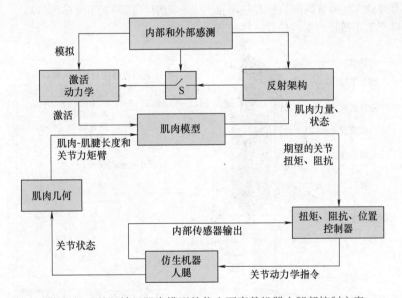

图 70.10　基于神经肌肉模型的仿生可穿戴机器人腿部控制方案

每个虚拟肌肉的阻抗和力还受肌肉激活的控制，肌肉激活可以由局部反射回路、外部源或其组合来确定。在反射情况下，实现一个反馈循环，使用虚拟肌肉力和状态产生肌肉刺激，然后过滤产生肌肉激活（图 70.10 中的激活动力学模块）。这种基于反馈的控制方案旨在模拟一个完整的人体肌肉的力反馈和拉伸反射。这个自反反馈回路可以是虚拟肌肉力、长度和速度的线性或非线性函数。例如，自反反馈回路可以是非线性的，包括一个预设参数的阈值，以及力和状态增益和指数，或

$$u(t) = x + y_F [F(t-\Delta t_F)]^{z_t} + y_l [l(t-\Delta t_l)]^{z_l} + y_v [v(t-\Delta t_v)]^{z_v} \tag{70.1}$$

式中，x 是预设参数；y_i 是力和状态增益；z_i 是力和状态指数；t_i 是相应的延迟。

在肌肉激活完全由外部源决定的情况下，神经传感器可用来提供运动意图的一些估计，然后被输入激活动力学模块，其中肌肉激活被估计为肌肉模型的输入。通常，这种运动意图的测量将包括来自与神经和/或肌肉连接的植入物的一个或多个周围神经传感器，但在最一般的情况下，这种运动意图指令还可以从大脑植入物中测量。

70

在组合情况下，图 70.10 描述了一种程序，其中控制器根据检测到的步态速度和地形变化，在单一步态循环和/或从一个步态循环到另一个步态循环以更新的方式调节自反射参数。来自肌肉和/或周围神经的外源性传出神经信号可以用来调节自反射参数，如力、状态的增益和指数。例如，胫骨截肢者的小腿肌肉肌电图被用来调节行走步态循环的正扭矩反馈增益，提供截肢者对行走终端姿势时动力足底屈曲的直接意志控制[70.68]。显然，未来可以通过神经植入物进行刺激，以反映内部/外部的机械感知数据作为传入反馈信号，以允许可穿戴机器人的用户更好地调节传出的神经运动命令，以实现所需的可穿戴机器人的动态响应。

一旦确定了跨越关节的每个虚拟肌肉的力（使用实现的肌肉模型），每个肌肉力乘以其生物上真实的肌肉力臂，将关节周围的所有肌肉扭矩贡献相加，以产生净扭矩和阻抗估计；然后将

模型估计值发送到控制器（图 70.10），作为每个机器人关节期望的净扭矩和阻抗。控制器在每个关节处跟踪这些期望值，以产生类似人体的关节力和阻抗。在使用者的运动意图是控制装置关节位置的情况下，控制器将集成所需的关节扭矩以实现关节位置估计，然后调节装置关节位置以达到所需的位置。

例如，我们提出了一种基于神经肌肉的胫骨假肢控制（图 70.11）。在这个例子中，采用图 70.10 所示的基于模型的控制框架对假肢装置进行控制。在参考文献［70.65］的研究中，测量了该装置的踝关节和膝关节状态，并用于为车载微控制器模拟的神经肌肉模型提供实时输入。从神经肌肉模型中产生的扭矩指令被用于产生踝关节扭矩，而膝关节控制器调节膝关节支撑产生的扭矩。如图 70.11 所示，假肢装置的行为就像一个人的小腿，反射控制的肌肉作用于踝关节（图 70.12）。

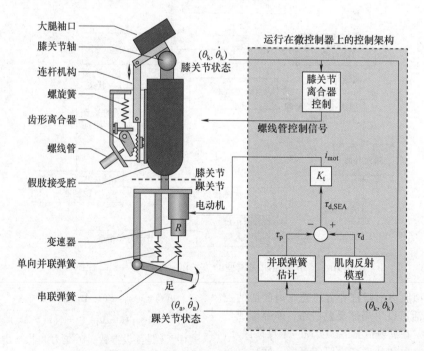

图 70.11　基于神经肌肉的胫骨假肢控制

注：踝足假肢中的旋转元件在模型（左）中显示为线性等效项以提高清晰度。在控制示意图（右）中，从神经肌肉模型中期望的踝关节扭矩 τ_d 指令中减去并联弹簧对假肢踝关节扭矩的贡献 τ_p，以获得期望的 SEA 扭矩。通过将期望的 SEA 扭矩除以电动机转矩常数 K_t，获得电动机电流指令 i_{mot}。根据从膝关节电位器获得的膝关节状态，膝关节离合器通过螺线管接合。有关机电一体化和控制设计的进一步详细信息，请参见参考文献［70.65］。

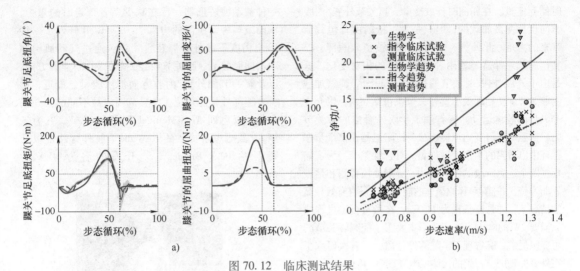

图 70.12 临床测试结果

a）临床试验期间（测量），假肢踝关节和膝关节的角度和扭矩与身高和体重匹配且肢体完整的受试者（生物）的比较。生物学值是每个图中的粗实线（有阴影误差），而虚线是在假肢上测量的值。在踝关节足底扭矩图中，指令扭矩显示为细实线，同样带有阴影误差。膝关节的屈曲扭矩图将离合器弹簧机构提供的扭矩与自然腓肠肌提供的扭矩进行了比较。垂直线表示每个图中的足趾离地 b）踝关节在步态速度上的能量输出。显示为生物学数据、临床试验期间踝足假肢的净功，以及临床试验期间测量的净功。有关实验方法和结果的进一步详细信息，请见参考文献［70.65］

70.3.7 腿部外骨骼

研究促进了腿部外骨骼的发展，其主要目的是让健康的个体更容易地完成困难的任务，或者让他们能够完成单纯依靠人力或技能无法完成的任务[70.69]。早期的腿部外骨骼由与腿部平行运行的长弓形/板弹簧组成，旨在增强跑步和跳跃能力[70.70]。在脚接触期间，每个腿部弹簧都接合，以有效地将身体的重量转移到地面，并减少站立腿所承受的力。在空中阶段，并联腿部弹簧被设计为分离状态，以便生物腿自由屈曲，并使脚能够离开地面。1963 年，Zaroodny 发表了一份技术报告，详细描述了他在一种动力矫形辅助设备方面的工作，旨在增强健全穿戴者（如士兵）的负载能力[70.71]。其他早期的外骨骼，包括腿部，是由通用电气研究 Hardiman 项目[70.72] 尝试的，负责人为洛斯阿拉莫斯国家实验室的 Moore 和 Rosheim[70.73]。然而，最近的性能增强外骨骼工作主要来自美国国防高级研究计划局（DARPA）的人体性能增强外骨骼（EHPA）计划[70.74]，该项目的目标是不同工作的外骨骼。

在这个框架中，伯克利外骨骼（BLEEX）是自主能量系统的第一个例子[70.75]。BLEEX 的特点是髋关节有 3 个自由度，膝关节有一个自由度，踝关节有 3 个自由度。其中，有 4 种动作是可驱的：髋关节屈伸、髋关节外缩、膝关节屈伸和踝关节反转。在非驱动关节中，踝关节反转和髋关节旋转关节为弹簧载荷，踝关节旋转关节为自由旋转[70.76]。BLEEX 外骨骼[70.77] 采用线性液压驱动器，因为基于其高比功率（驱动器功率与驱动器重量之比）的最小驱动选项[70.78,79]。然而，进一步的研究表明，与液压驱动器相比，电动驱动器在水平行走时功耗显著降低[70.80,81]，但电动驱动关节的重量约是液压驱动关节的两倍（4.1kg 和 2.1kg），因此电液混合的便携式电源被大力开发[70.82]。在性能方面，穿着 BLEEX 的用户可以在以 0.9m/s 的速度行走时承受高达 75kg 的载荷，并可以在无载荷时以 1.3m/s 的速度行走。第二代 BLEEX 目前正在测试中。一家名为伯克利仿生学（加利福尼亚大学伯克利分校）的实验室衍生公司已经成立，目的是推广外骨骼技术。

麻省理工学院（MIT）媒体实验室的生物机电研究小组提出了一种准被动外骨骼的概念，旨在利用人类行走的被动动力学，以创造更轻、更高效的外骨骼装置。麻省理工学院的外骨骼采用了准被动设计，不使用任何驱动器来增加关节的功率。相反，该设计完全依赖于在行走步态（负功率）阶段控制释放储存在弹簧中的能量[70.83]。3 自由度髋关节在屈曲/伸展方向采用弹簧加载的关节，在伸展

70

时储存能量，在屈曲时释放能量。髋关节外展/内收方向也是弹簧加载的，但只是为了抵消由背包载荷带来的力矩。此外，一个凸轮机构被植入髋部，以补偿腿部外骨骼与使用者之间长度的相对变化，这是由于外展/内收时关节偏移所致。此外，弹簧加载的髋关节旋转和踝关节旋转关节也包括在内，以允许非矢状面肢体运动。麻省理工学院外骨骼的膝关节由一个磁流变可变阻尼器组成，该阻尼器在整个步态循环中以适当的水平耗散能量。对于踝关节，为了捕捉这两个运动阶段的不同行为，分别使用背侧和足底屈曲弹簧，并储存/释放最佳的能量。在没有有效载荷的情况下，外骨骼重量为 11.7kg，在负重行走过程中只需要 2W 的电力。这种功率主要用于控制膝关节的可变阻尼器。麻省理工学院的外骨骼[70.84]首次研究了在外骨骼辅助下行走的代谢成本（图 70.13）。

麻省理工学院对准静态外骨骼的进一步实验表明，与髋关节和踝关节没有弹簧、膝关节没有可变阻尼器的外骨骼相比，行走的代谢成本显著降低，证明了准静态元件的实用性。

腿部外骨骼的其他例子包括 Sankai[70.85]在筑波大学开发的混合辅助腿，其目标是增强性能和康复。在日本神奈川理工学院，研究人员开发了一种外骨骼，用于在患者转移期间协助护士的工作[70.86]。Yobotics Inc.（俄亥俄州辛辛那提）[70.87]开发了一种简单的外骨骼，用于增加膝关节的力量，以帮助在负重任务中爬楼梯和蹲下[70.78]。Delaware 大学机械工程和物理治疗系的研究人员开发了

一种被动腿矫形器，旨在减少患者行走时的重力，从而减轻移动所需的力[70.88]。Caldwell 开发了一种 10 自由度下肢外骨骼装置[70.81]：通过气动肌肉驱动器向髋关节、膝关节和膝关节的屈曲/伸展方向，以及髋关节的外展/内收方向提供驱动。最近，很少有腿部外骨骼系统在世界范围内被不同的公司商业化：以色列 Argo Medical Technologies[70.89]为老年人/截瘫患者提供的 ReWalk 下肢外骨骼，以及新西兰 REX Bionics[70.90]开发的名为 REX 的系统。

图 70.13　测试中的麻省理工学院外骨骼

70.4　全身可穿戴系统

尽管该领域引起了相当大的兴趣，取得了令人印象深刻的进展，但迄今为止，只有少数研究人员试图开发全身 EHPA（FB-EHPA），特别是全驱动的重型应用系统，并且可用的文献相当有限[70.8,83,85,91-99]。本节回顾了有关 FB-EHPA 机电设计的一般性问题，并提出了一系列具体设计方案。

70.4.1　一般性问题

FB-EHPA 的运动方案是影响此类机器人基本功能和性能的一个重要方面。与其他可穿戴机器人一样，机器人的运动学设计也受机器人连杆与人体肢体密切关系的强烈影响。FB-EHPA 的运动学设计必须符合以下要求：

1）人类常见动作的执行：行走、蹲下、提升、

转身等。

2）执行特定任务的要求：提升重物、搬运特定形状的物体、跑步等。

3）结构高度和空间限制。

4）与操作者身体可能的碰撞和自干扰。

现有 FB-EHPA 的常见解决方案是基于拟人运动学，因为这种解决方案保证：

1）减少结构高度的最佳工作空间匹配。

2）避免运动干涉/身体碰撞的最简单策略。

3）执行人类常见的动作。

4）与人工执行的任务兼容，并批量分发。

一个完全复制人体所有自由度的拟人化设计是可取的，但这种系统的复杂性远远超出了技术上的可承受能力。从这个意义上说，为了在不影响机器

基本功能要求的情况下降低复杂性，需要进行大幅度的简化。在许多可用的 FB-EHPA 中都假设了这种类型的简化。

70.4.2　具体设计

回顾历史，FB-EHPA 的第一个技术概念是 Lent 在 1956 年提出的，他提出了一种带有动力关节的充气航天服，可以帮助穿戴者在内部压力下僵硬的四肢屈曲[70.92]。在 1966 年，Mizen 提出了第一个民用和军用的人形放大器[70.93]。

1965—1971 年间，通用电气公司尝试了第一次实际调查，并开发了 Hardiman[70.94]。1996 年，Snyder 和 Kazerooni 提出了一种新的欠驱动物料搬运系统，包括 6 个被动关节（腿部 2 个、手臂 4 个）和 12 个电动关节（腿部 6 个、手臂 6 个）[70.95]，并在力反馈控制下对手臂和腿部系统进行了实现和测试。

2002—2009 年间，日本开发了三种不同的欠驱动 FB-EHPA，用于中型应用，如护理[70.83,97]、残疾人或老年人援助[70.85]和农业[70.100]，性能最好、最著名的系统是混合辅助肢体（HAL）[70.85]。2009 年，松下 Activelink 公司在日本推出了动力装载机，一种用于物料搬运的重型 FB-EHPA[70.98]。2010 年，Raytheon-Sarcos 公司推出了 XOS Ⅱ[70.99,101]，这是最先进的中型液压驱动 FB-EHPA，用于军事后勤应用。最新的一种 FB-EHPA 被称为身体扩展器（BE）[70.102]，已经在意大利圣安娜高等研究学院的 PERCRO 实验室实现。BE 是为了处理重型物料搬运而开发的电动机器。2012 年，法国 RB3D 公司推出了一款名为 HERCULE 的电动 FB-EHPA，其腿与 HAL 的腿相似，但具有不同的手臂运动学，每只手臂在完全水平伸展时可以举起 20kg 的重物。HERCULE 主要是为法国国防部开发的，目前尚没有详细的规格。

在本节中，我们概述了一些最相关、最先进的现有系统的基本特性。

1. Hardiman

Hardiman I 是 FB-EHPA 的第一个原型，并在 1965—1971 年间由通用电气研究公司（Schenectady，纽约）开发。该项目旨在开发一种大功率机器，用于在非结构化环境中搬运重型物料。该项目得到了 ONR 工程心理学项目、海军航空系统司令部和陆军机动设备研究和发展中心（Fort Belvoir）的联合资助。

Fick 和 Makinson[70.94] 报告了该项目的结果。

Hardiman I 有一个 30 自由度的运动学结构，包括：

1）每个末端执行器（2 个）有 2 个自由度：双指骨手指的两个屈曲运动。

2）每只手臂（2 只）有 7 个自由度：手腕屈曲、前臂旋转、肘部、上臂旋转、肩部屈曲、背部屈曲和手臂外展/内收。

3）每条腿（2 条）有 4 个自由度：髋关节外展/内收、髋关节屈曲、膝关节屈曲和踝关节屈曲。

4）每只脚（2 只）有 2 个自由度：踝关节内翻和踝关节旋转。

驱动系统采用液压驱动器，需要一个 206bar（1bar = 10^5Pa）且功率为 18.6kW 的外部液压回路。该系统的总质量为 680kg，外骨骼的额定起重能力为 6800N。手的控制完全是液压式的（没有电子元件），而手臂、腿和脚是通过电液系统控制的。没有成功测试 Hardiman I 的全部功能。特别是，开发人员报告了在下肢控制器的实现中存在的几个问题，主要也是由于缺乏可靠的电子元件和当时技术的计算能力所致。

2. HAL（混合辅助肢体）

HAL 是一系列全身外骨骼系统，开发始于 1996 年，HAL-5 是第一个商业版本。HAL 已由筑波大学 Sankai[70.85] 和他的研究小组开发，并由 Cyberdyne 公司（日本，筑波）进行商业化[70.103]。

它有两种版本，第一个版本只用于下肢，第二个版本包括上肢。外骨骼的开发旨在扩展、增强和支持人类在医疗福利、繁重工作和娱乐领域的体能。运动学结构包括 6 个被动关节（2 个在腿部，4 个在手臂）和 12 个电动关节（6 个在腿部，6 个在手臂）。HAL 通过一个特殊设计的控制器进行控制，通过使用设置在穿戴者皮肤上的肌电传感器发出的生物电信号来识别穿戴者的肌肉活动。HAL 整体质量为 23kg，包括可以自主活动 2h 和 40min 的电池。虽然未规定起重能力，但参考文献［70.97］报道，实验室试验的每只手臂完全水平伸展的有效载荷为 15kg，但需要锁定被动关节和额外的手腕支撑。HAL 目前正在临床上进行实验测试，研究小组正在用新的控制算法改进该系统。

3. 动力装载机

动力装载机是由日本松下公司的子公司 Activelink 有限公司开发的全身外骨骼。系统开发始于 2003 年，文献中报道的第一个工作原型已于 2010 年实现。动力装载机被开发用于在大地震等自然灾害中的救援行动。机械设计仅基于对手臂的拟人化设计；腿具有拟人化结构；膝关节向后旋转[70.98]，以便在使用者的腿部周围留出更多的自由空间，通过电动机和驱动器实现驱动。

4. PERCRO 身体扩展器（BE）

最新的全身外骨骼之一已经在意大利圣安娜高等研究学院的 PERCRO 实验室实现。开发的 FB-EHPA 被命名为 PERCRO 身体扩展器（BE）[70.104]（图70.14）。BE 包括两条相同的腿，每条腿有 6 个自由度，其运动学与穿戴者的运动学同构，以及两条相同的手臂，每条有 5 个自由度。所有 22 个自由度都由高效的模块化单元驱动；该解决方案可以降低功耗，并将与生产和维护相关的成本和工作量降至最低。BE 重 160kg，可提供最大 16.5kW 的连续可用功率，每只臂能够在水平伸展时举起 50kg 的重物，可以 0.5m/s 的行走速度运输 100kg 的载荷。该系统的潜在应用是在地震救灾行动中，搜救队需要穿过废墟上的狭小空间，清除碎石，试图寻找、解救和运送幸存者。该系统已于 2010 年进行了集成和全面测试，目前正在提高不平坦地形上的能源效率和稳定性。

5. 商业系统（科学文献中未涉及）

在过去的几年里，已经推出了两款先进的商业系统，第一个是 XOSⅡ，由美国 Raytheon-Sarcos 公司开发的全身外骨骼的第二个版本[70.99,101,105]。该系统的第一个版本于 2008 年完成，第二个版本于 2010 年推出。XOSⅡ是针对军事后勤应用而开发的。它基于拟人运动学，由具有 24 个自由度的液压系统驱动。它的质量为 95kg，起重能力为 230N。该公司目前正在致力于提高能源效率，以实现该系统的自主（无约束）版本。第二个是 HERCULES，由 RB3D（法国）于 2012 年提出。它是一个电驱动的系统，与 HAL-5 的外骨骼有很多相似之处。HERCULES 的细节尚未披露[70.106]。

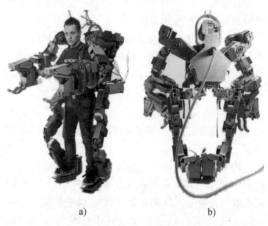

a)   b)

图 70.14 身体扩展器（BE）[70.103]
a) 用户穿戴系统 b) 后视图

70.5 人-机器人增强系统的控制

从控制的角度来看，功率（力）增强系统的功能应同时提供力放大和对自然运动的支持。因此，用于增强人体性能的外骨骼控制可分为两个主要子系统，即下半身和上半身。第一个子系统与人体的步态配合，同时承受大部分身体载荷，保持整体平衡，并以透明和自然的反射力跟随人体运动；第二个子系统通过在重载抓取操作期间增加手臂力量来增强人体操纵能力。这两个系统都必须遵守以下要求。

1）稳定性：控制系统的稳定性裕度（线性化）应足够大，以应对环境和操作员的不确定性，并避免未补偿的振荡与人体姿态控制发生共振。

2）透明度：系统应高度可逆（通过机械设计或传感器增强），以便能够正确感知与环境的整体交互作用，并正确生成控制动作。

3）常规力放大：人力放大的增益比在所有的交互条件下，应保持尽可能的规律，包括大带宽的交互、不同的姿势和不同的环境交互。

4）快速响应：位置/速度/力控制器的带宽和饱和值应尽可能接近它们在自然运动和交互中使用的各自范围。

70.5.1 历史回顾

Yagn[70.70]首先提交了一系列促进人类行走和跑步的专利。当时，该机构仅限于一系列弹簧和离合器，这些弹簧和离合器在行走过程中改变了脚的柔顺性，并利用弹簧的势能实现更有效的行走。

1937 年，Filippi 提出了通过液压伺服阀实现的主动矫形器[70.107]。该系统是一种膝关节矫形器，其矢状面运动由液压活塞提供动力。当时，在液压系统的电气控制方面没有太大的进展，关节控制被认为是机械调节的。位于髋关节的曲柄可以移动凸轮，其自身在膝关节上缠绕一个扭转弹簧，弹簧的另一端被用来调节活塞的通量。

Clark 等人[70.39]在 20 世纪 60 年代初首次尝试开发一种增强人力的动力服。当时，他们提议设计一个使用液压放大器的人形放大器。在图 70.15 中，用设备交互模型和他们提出的基本控制回路来表示。他们把研究限制在一个运动关节上。

$$\frac{x_o}{\delta_e}(s)=AB\frac{Mc_{\mathrm{T}}s^3+Mc_{\mathrm{T}}s^2+k_lc_{\mathrm{T}}s+k_lk_{\mathrm{T}}}{Mc_{\mathrm{T}}\left[1+\frac{k_l}{k_e}(Bl)^2\right]s^3+M\left[k_{\mathrm{T}}+k_l(Bl)^2+\frac{k_{\mathrm{T}}k_l}{k_e}(Bl)^2\right]s^2 \atop +c_{\mathrm{T}}k_ls+k_lk_{\mathrm{T}}}$$

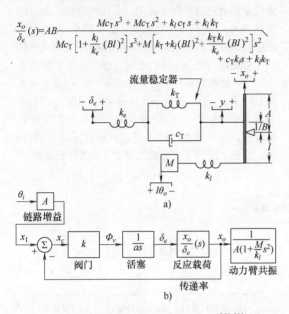

图 70.15 力放大运动关节的控制[70.39]
a) 肘关节控制的机械等效电路，方程表示相关的力平衡方程 b) 一个框图，表示组件如何排列在一起，以及如何使用反馈来控制关节驱动

在 Clark 等人的工作中，每个关节都由一个独立的位置控制器进行调节，该控制器由靠近人体的机械活塞驱动。该控制基于一种导纳方案，将用户命令转换为关节速度。这个方案没有展示接触力的反映。

全身主动外骨骼的设计和控制始于 1965 年，由通用电气公司主持设计，并与海军陆战队联合制造了一个全身 EHPA（Hardiman I）。力增强目标固定为放大系数（机器人与人）25：1，其标称总力约为 10000N。

该装置具有 28 个独立自由度，两个抓握工具各增加一个自由度。

Hardiman 的控制概念设计非常雄心勃勃。在第一次尝试中，设计者开发了一套与用户皮肤接触的机械伺服阀（图 70.16），通过改变液压回路的流量来响应局部压力[70.96]。

该方法仅适用于简化的机械手运动学，而臂杆串联运动学之间的动态干扰需要使用电液回路和由计算机开发的动力学模型。

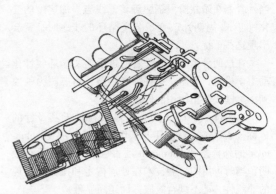

图 70.16 主手控制器
注：根据用户的抓取力移动一组调锡器，以设计放大系数 25：1 驱动从手液压回路[70.96]。

由于小腿设计和控制的重大限制，项目停止了开发。在开发过程中，作者只尝试了单侧电液伺服系统来跟踪用户腿部的运动。主要的问题与控制腿部保持身体平衡有关。开发人员发现，腿部功能在站立和摆动阶段会发生变化，但使用开关检测当前腿的状态被证明是无效的，无法有效地解决平衡与稳定性问题。其他问题则与供电线路（原型机需要 45kw 的功率），以及主臂和从臂之间的运动学差异有关，这使得一些运动不自然、有风险，有时对用户来说不稳定。

几年后，Vukobratovicet 等人[70.108]开始研发一种外骨骼，以帮助受伤的人（主要是截瘫患者）恢复基本的行走能力。这项工作共享了以下有关行走控制和稳定回路的特征，这些特征至今仍然有效。

1）一种使模型简化的方法。

2）规定协同作用的方法。

3）利用零力矩点（ZMP）推导动力学方程。

4）左右对称性和名义步态循环的使用。

5）基于模型的模拟运动补偿器的设计，通过一组伺服电动机产生运动协同作用。

在简化的相空间中，利用名义步态轨迹（步长循环=1、步长系数=1）计算运动协同效应，从而提前推导必须施加在每个关节上的重量、惯性和摩擦补偿扭矩。

1974 年 Vukobratovic 等人的外骨骼控制架构如图 70.17 所示。对不同步态条件（1~5s）的自适应，通过一对协调序列器（时基发生器，TBG）在预先计算的轨迹上进行调制，将绝对时间转换为确定补偿组件所需的环路相位。

整体反馈还包括两个额外的反馈组件，它们使用鞋中的力传感器来计算 ZMP 周围的扭矩扰动。

70

当外骨骼在站立阶段绕腿旋转，或当当加速度的变化（步长/周期）改变了名义循环的步态时，就会出现这些干扰。

在这两种情况下，作者通过沿名义循环线性化动力学模型，导出了一些静态增益，将感测力映射到标称髋关节扭矩中的修正扭矩。

Vukobratovic 等人的外骨骼只在接近其设计的标称步态轨迹极限循环上工作得很好。从 Vukobratovic 的外骨骼和 Hardiman 项目中获得的经验都表明，当时可用的控制技术在处理行走和操作中出现的非线性、动态耦合效应方面还尚显稚嫩。

伯克利大学的研究人员重新进行了一项研究工作，他们在 20 世纪 80 年代中期推广了一个通常被称为"人类扩展器"（human extender）的项目，以开发增强手臂力量的手臂外骨骼。早期的扩展器项

目基于反馈中的鲁棒速度控制器与检测用户输入的力传感器的反馈组合。

图 70.18 所示为放大回路的工作原理。与之前的尝试相比，数字控制器的使用有助于实现更复杂的反馈控制器，以应对多输入多输出系统模型。整体稳定性通过两种方法证明：①线性分析，通过多变量 Nyquist 准则线性化模型；②应用小增益定理，在非线性模型与非结构化环境相互作用的情况下提供了稳定性的充分条件。然而，通过小增益定理导出的[70.2]稳定性条件具有高度限制性，并要求放大增益小于 1。随后作者引入了不同的标准（而不是完全非结构化的交互），如典型的操作符和环境阻抗范围，以及稳定裕度。在这种条件下[70.110]和利用 μ 合成，证明了高力放大增益下的鲁棒稳定性。

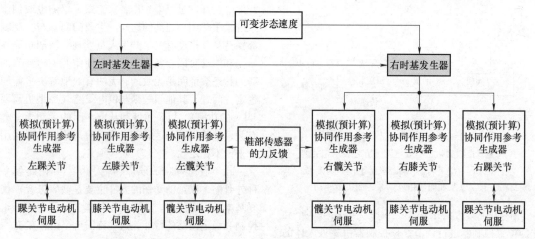

图 70.17　1974 年 Vukobratovic 等人的外骨骼控制架构[70.108]

注：主动装置由 6 个气动驱动器驱动，其参考和反馈通过 3 个不同的组件确定：伺服反馈、规定的协同作用，以及矢状面和横向稳定的力反馈。

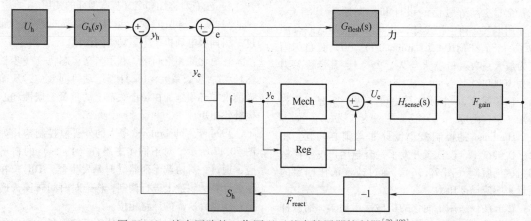

图 70.18　放大回路的工作原理（基本扩展器控制器[70.109]）

注：该方案代表了 Kazerooni 在 1989 年提出的扩展器控制器。该控制器是基于一个内部的速度控制器，给定的力放大器增益 F_{gain} 确定相对于向操作员显示的力进行动态补偿的力。

参考文献［70.111］报道了利用该技术和 3 自由度手臂实现放大目标的一个例子，即机动带宽为 2Hz，垂直力放大比为 7∶1，水平力放大比为 5∶1。

70.5.2 通过本体感知传感器增强功率

这种类型的功率增强系统只使用完全在外骨骼结构内部的传感器。这些传感器与操作者没有直接接触（如电动机或关节扭矩/位置传感器）。

这种方法的一个好处是，通过使用更传统的扭矩传感器，降低了设计的复杂性，即使在用户与外骨骼结构有多次接触的情况下，读数的稳定性也得到了提高。

一个副作用是没有直接测量用户有效感受到的力。交互控制器根据与用户交互力的估计来决定外骨骼运动策略。该方法适用于伯克利下肢外骨骼[70.5]和大多数智能辅助设备（IAD）[70.112-114]的控制。

鉴于外骨骼的拉格朗日公式，这种方法的基本原理是让控制提供运动所需的力/扭矩的预定义百分比，即

$$\begin{cases} M(q)\ddot{q}+C(q,\dot{q})\dot{q}+G(q)+G_L(q)=Q+\sum_c J_c F_c \\ Q=J_t^T(\theta)F_m \\ \dot{q}=J_t(\theta)\dot{\theta} \end{cases}$$
$$(70.2)$$

式中，q 是关节坐标向量；M、C、G 分别是外骨骼的质量矩阵、科氏矩阵和重力矩阵；G_L 是操纵载荷；Q 是简化为关节 J_c 的电动机力矩矢量，F_c 是用户接触力和对应计算的雅可比矩阵；J_t 和 F_m 是传动雅可比矩阵和电动机力/转矩矢量；θ 是电机坐标向量。

为了正确地工作，这种方法还假设有一个几乎准确的机械设计模型（$\hat{M}$、$\hat{C}$、$\hat{G}$、$\hat{J}_c$、$\hat{J}_t$）和待操作的载荷（$\hat{G}_L$）。在这些条件下，备选的控制律是

$$F_m=(J_t^T)^{-1}\big[\hat{G}(q)+(1-\beta^{-1})\hat{G}_L+ (1-\alpha^{-1})(\hat{M}(q)\ddot{q}+\hat{C}(q,\dot{q}))\dot{q}\big]$$
$$(70.3)$$

将式（70.3）代入式（70.2），得

$$\begin{cases} \alpha^{-1}\big[\hat{M}(q)\ddot{q}+\hat{C}(q,\dot{q})\dot{q}\big]+(\beta^{-1})\hat{G}_L(q)=\sum_c J_c F+\varepsilon(q) \\ \varepsilon(q)=[M(q)-\hat{M}(q)]\ddot{q}+[C(q,\dot{q})-\hat{C}(q,\dot{q})]\dot{q}+ \\ \quad [G(q)-\hat{G}(q)]+[G_L(q)-\hat{G}_L(q)] \end{cases}$$
$$(70.4)$$

其中模型误差被期望收敛于零。

式（70.4）显示如何通过静态（β）和/或动态（α）放大因子来降低用户感知的接触力。事实上，如果简化操作是正确的（$\varepsilon \to 0$），用户只会在自己的身体上感受到一定比例的承载（β^{-1}）加上一部分外骨骼动态载荷（α^{-1}）。对于行走外骨骼，根据站立脚切换上述控制模型，或者在双脚站立（重量分布在双脚上）的情况下，采用简化的零矩点（ZMP）规则[70.115]，有

$$\begin{cases} m_{TR}x_{TR}=m_{TL}x_{TL} \\ m_{TR}+m_{TL}=m_L \\ \dfrac{x_{TR}+x_{TL}}{2}=x_g \end{cases}$$
$$(70.5)$$

式中，x_{TL}、x_{TR} 分别是左右脚的站立位置；x_g 是行走平面上质心的投影；m_L 是总载荷质量；m_{TL} 和 m_{TR} 分别是分布在左右控制模型上的质量分量。

式（70.5）用于将闭环运动学分成两个（准）对称方程，类似于式（70.2），仅涉及左腿和右腿动力学。因此，载荷分布在两条腿之间，从而产生两个解耦的控制模型，每条腿都有一个。

讨论 70.1

在加州大学伯克利分校对这种控制器进行了实验。在参考文献［70.75］中，该系统被证明可以有效地完全补偿重量（$\beta^{-1}=0$），具有良好的动态比例功率放大因子（$\alpha=10$），并且所得系统可用于以平均速度 1.3m/s 行走，运输有效载荷为 70kg（包括外骨骼重量）。

然而，所提出的设计存在许多缺陷，限制了这种控制体系架构在更灵活的交互环境中使用。

1）在关节水平上对交互扭矩的测量使其无法区分是谁的交互导致了读数，无论是用户提供的自愿运动还是环境提供的非自愿交互，在这两种情况下，无论原始刺激还是由用户提出的事实，控件都能放大这些效果。

2）文中讨论的工作中假设传感器和机械模型只处理一个刚性的机械设计模型，当要承受/操纵的载荷很大时，其结构可能会变得笨重且有风险。柔性设计可能会以更复杂的控制设计为代价来操纵更大的载荷[70.38]。

3）控制的鲁棒性对模型的准确性和补偿增益的设计提出了要求。当没有设计增益（$\alpha=\beta=1$）时，反馈为零，用户可以感知到动态的所有被动影响。增加这些增益会以一种依赖于模型近似质量的方式降低稳定性裕度。

70

70.5.3　肌电图力控制和功率增强

尽管基于肌电图（EMG）的操作臂系统早在20世纪80年代就已经开发出来了，但基于肌电图信号的功率增强系统直到21世纪初才出现。2001年，Rosen等人[70.116]提出了一种基于肌信号分析的动力外骨骼系统（如图70.19所示）。

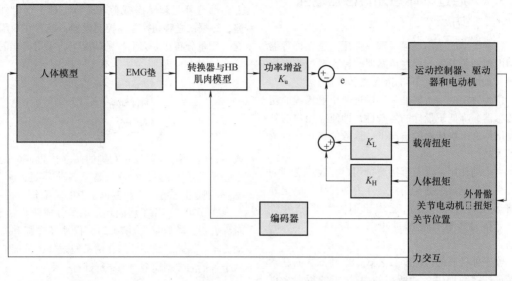

图70.19　基于肌信号分析的动力外骨骼系统（基本的EMG控制器[70.116]）

注：对肌电信号进行高通滤波器、信号整流（绝对值）、低通滤波和归一化与标称设置等距收缩等处理，获得控制信号。收缩的迹象被检测为一个纯激励-拮抗收缩的组合。

为了将肌电信号和施加力的大小联系起来，Rosen首先检测了激活水平，然后他应用了Hill[70.117]研究期间所描述的基本肌肉收缩/伸长模型，并通过Winter[70.60]进行拮抗肌肉分析。根据Hill的模型，该力将肌肉激活、肌肉延伸和肌肉速度的综合影响与一个众所周知的状态方程联系起来：

$$F=\frac{aF_0(v_0+v)}{(vF_0+av_0)} \qquad (70.6)$$

式中，F是肌肉施加的力；v是肌肉的收缩速度；F_0是肌肉产生的最大等距力；v_0是肌肉的最大速度；a是收缩热系数。

这种模型已被应用于所有涉及的肌肉$M_f=M_f(U_{emg},\theta_m,\dot{\theta}_m)$，以确定由肌肉纤维$f$在肘关节角$\theta_m$上引起的力矩$M_f$。除了肌肉生物信号，控制闭环还使用了来自传感器的另外两个数据，即对外部载荷的测量和由操作员在外骨骼上施加的总动量。

其基本思想是，肌肉信号作为一个外部循环运行，为内部力矩控制器提供参考。控制器K_L、K_H、K_u中的三个增益分别定义了内部回路力增益K_H与K_L，以及整体的EMG信号跟踪带宽。

在与Rosen肘部扩展器类似的研究中，Kawaiet等人[70.118]提出了一种单自由度驱动的可穿戴装置，它可以在拾取任务中降低脊柱内部张力，以防止腰痛。该装置可感知平均背部角度（通过电位器测量）和大腿肌的EMG张力。根据典型的负荷取重和释放程序，通过状态机确定装置的电动机控制。通过标称负载测试确定相之间切换的阈值。

在参考文献［70.119］和参考文献［70.82］中，使用EMG数据控制HAL-3、行走助手和外骨骼。该控制算法是一种有限状态机与扭矩控制的组合。放置在鞋底的两个力传感器用于确定地板反作用力，并在不同阶段之间切换；然后，每个阶段都用于确定用户膝关节的移动模式（主动模式、被动模式或自由模式）。因此，使用表70.1所列的控制类型。

表70.1　HAL双相模型

关节	第一阶段		第二阶段	
	方向	模式	方向	模式
髋关节	屈曲	主动	伸展	主动
	屈曲		屈曲	
膝关节	↓	自由	↓	被动
	伸展			

注：第一阶段与摆动腿相关，第二阶段与站立腿相关。在每个阶段，该表指示了要在相对外骨骼关节上实施的控制类型。

在不同的运动阶段，关节控制采用计算扭矩方法，加上与屈伸肌信号成比例的两个分量，即

$$\tau_{joints} = K_{fl}EMG_{fl} - K_{ex}EMG_{ex} +$$
$$(I-M)\ddot{\boldsymbol{\theta}} + (D-B)\dot{\boldsymbol{\theta}} + \qquad (70.7)$$
$$C(\boldsymbol{\theta},\dot{\boldsymbol{\theta}}) + K(\boldsymbol{\theta}_0 - \boldsymbol{\theta})$$

式中，I 和 D 分别是通过递归最小二乘自回归估计器（ARX）识别估计的惯性系数和黏性系数；C 包括所有科氏效应和重力效应；M、B 和 K 是目标惯量，即向操作员显示的阻抗；术语 $\tau = K_{fl}EMG_{fl} - K_{ex}EMG_{ex}$ 表示估计的肌肉扭矩，其转换因子是通过实验测试确定的。

测量辅助水平在屈曲活动期间接近 60%，在伸展活动期间接近 85%。在其最新版本中，HAL-5 增加了加速度计和陀螺仪，安装在背包上，以获得更好的位姿估计[70.120]。HAL-5 通过允许用户持有和携带 40kg 的额外重量，将下半身控制装置的操作原理扩展到用户手臂。HAL-5 扩展了更多阶段（摆动、着陆和支撑）的控制，并提供不同的控制增益以优化每个阶段[70.121]。

上述 EMG 控制器只有当开发人员能够找到两种拮抗肌肉时才能正常工作，这些肌肉的屈伸与施加在用户关节（如肘关节的肱二头肌和肱三头肌）上的整体力直接相关。如果不是这样，在参考文献[70.122]中，Kiguchi 等人展示了模糊控制器如何从几个扭矩中估计关节扭矩，以及如何通过结合来自 8 种不同肌肉来源的 EMG 信号来解码肩部的扭矩。这种模糊网络已经被耦合于一个 3 自由度移动外骨骼的控制中[70.123]，以帮助高度受损人群恢复运动。

70.5.4 通过体外传感器增强功率

与本体感知和 EMG 传感方法相比，高功率增强系统需要一种不同的方法。在这种装置中，结构的灵活性和关节处所需的高扭矩防止了装置和用户之间交换力/扭矩的间接测量。此外，Hardiman 方法将一个主外骨骼和一个装备的从外骨骼集成为一个独特的遥操作系统被证明是无效的[70.94]。

到目前为止，已经有两种系统在可操作且功能齐全的场景下达到了这一目标：Raytheon-Sarcos 公司的 XOS 外骨骼[70.105]，以及由 PERCRO 开发的 BE，它们都基于类似的工作原理，即用户主体以预定义的点数直接附着在外骨骼上，如 BE 的双脚、手柄和肩带，以及 XOS 在骨盆处的额外交互。

在这些点上测量外骨骼和用户之间交换的相互作用力，并用于同时控制平衡、力放大和运动控制。

另一方面，这两个系统在许多技术细节上有所不同：XOS 设计轻巧，附着在用户的身体上，采用基于旋转的液压驱动器；BE 模拟人体的重量分布，外骨骼不接触用户，可以自动适应不同的人体百分比。最后，所有驱动结构都基于独特的高扭矩电动化。

关于 XOS 系统操作记录的数据很少，许多可用的信息都包含在其相关专利中，而 BE 的运动学和控制在几个文献中有描述[70.104,124]。

70.5.5 控制方案

BE 控制被组织为一个分散的控制，其中每个关节由一个单独的电子设备监督。图 70.20 所示为已定义的 PERCRO-BE 装置。所有的电子元件被组织成 4 个集群，分别映射到人体肢体。关节控制器之间的互联可以通过 4 条独立的 Ether CAT 总线来实现。

图 70.20　已定义的 PERCRO-BE 装置

注：BE 是一种全身外骨骼结构，设计用来在最坏情况下举起和操纵每只手臂 50kg 的载荷。该装置有与用户主体有 5 个连接点：两只靴子、嵌入在夹持器中的两个手柄和躯干束腰。除了内部传感器（位置、力和陀螺仪），嵌入在附件连接中的力传感器还有助于确定正确的运动命令。

70

所有连接放置在躯干背包的中央电子设备中，它管理行走、稳定性和操作的高级控制。

在每个关节中都实现了一种独特类型的机动化，以及一种独特类型的低级控制器。图 70.21 所示为基本的 BE 控制架构，显示了内部控制回路与较高控制级别之间的相互作用。内部控制器以非常高的速率（2.5kHz）运行，并提供估计关节速度。在肢体末端，这些控制器还获取嵌入式力传感器记录的信息。架构的模块化和信息的结构允许系统的高可扩缩性，以及局部和更高级别控制器的定期调度。

图 70.21 中突出显示的两个组件，即力控制和前馈控制，在中央级别以 1kHz 的基本控制速率进行管理。第一个使用传感器力信息生成转发到每个肢体集群的速度命令，第二个将力信息与位姿和速度信息相结合，以定义可以直接添加以补偿重量、载荷或其他重力/惯性效应对外骨骼关节的前馈命令。

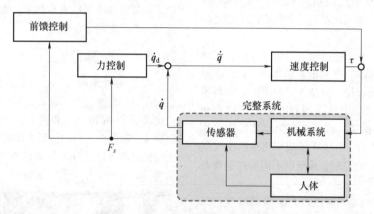

图 70.21 基本的 BE 控制架构

注：内部速度控制器放置在外骨骼关节中，并局部执行速度伺服回路（比例微分），通过直接前馈扭矩增强。内环增益参数和外部前馈扭矩都可以从更高级别的中央控制单元发出指令。这种结构对所有外骨骼关节重复的情况相同。

中央控制器结构灵活，可以不同操作方式对关节控制器进行操作；其中包括导纳控制器、阻抗控制器和反馈线性化控制器，以下仅介绍常用的控制器。

1. 导纳控制器

对于移动外骨骼的上臂和下半身部分采取了不同的控制策略，实现了导纳控制器的四种基本方案：

1）手臂导纳。
2）摆动腿。
3）立腿。
4）双立腿。

基本方案是手臂导纳控制器。在这种方法中，通过适当的坐标变换，将接触面感知到的局部力投影到躯干参考坐标系中。它的值通过增益因子放大，并通过去除噪声影响的一阶低通滤波器进行平滑；然后利用肢体雅可比矩阵的逆将参考信号反向传递到关节。

$$\dot{\boldsymbol{q}}_{\mathrm{Ld}} = \boldsymbol{J}_L^{\mathrm{Tr}} \frac{p_{\mathrm{f}} \boldsymbol{K}_{\mathrm{Lv}}}{s + p_{\mathrm{f}}} \boldsymbol{R}_{\mathrm{h}}^{\mathrm{Tr}} \boldsymbol{F}^{\mathrm{h}} \qquad (70.8)$$

式中，$\boldsymbol{F}^{\mathrm{h}}$ 是传感器读取的手柄力/扭矩矢量；$\boldsymbol{R}_{\mathrm{h}}^{\mathrm{Tr}}$ 是映射到适当的躯干参考系统的旋转矩阵；$\boldsymbol{K}_{\mathrm{Lv}}$ 是一个力/速度增益；p_{f} 是平滑频率；$\boldsymbol{J}_L$ 是适当的肢体雅可比矩阵，用于描述肢体相对于躯干的运动。

除了上述速度指令，控制系统还实时计算外骨骼关节产生的重力效应，并通过关节速度控制器的前馈输入（τ_{ff}）对其进行补偿。

$$\tau_{\mathrm{ff}} = \widetilde{\boldsymbol{G}}(\boldsymbol{q}) \boldsymbol{R}_{\mathrm{w}}^{\mathrm{Tr}} \begin{bmatrix} 0 \\ 0 \\ 9.81 \end{bmatrix} \qquad (70.9)$$

式中，$\widetilde{\boldsymbol{G}}$ 是将重力产生的力分量映射到关节的重力贡献矩阵（三维）；$\boldsymbol{R}_{\mathrm{w}}^{\mathrm{Tr}}$ 是描述手臂相对于绝对坐标系的旋转矩阵，该坐标系的重力矢量方向与 z 轴一致。

对编程反馈策略产生的运动行为可以通过两步分析来检查。通过标准鲁棒性控制技术可以使内部位置控制器渐近稳定，而涉及人类操作员的外部导纳循环，通过向操作员显示一种纯黏性力，利用了一种本质上的被动行为。因此，直到外环带宽足够小于内部速度伺服，这两个环路不干涉[70.125]。

手臂导纳［式（70.8）］方案也适用于行走过程中摆动的浮动腿。在这种情况下，控制器使用由支架测量的力，使用偏移值以确保用户脚和外骨架支架之间的稳定接触。

在站立阶段，内部力传感器提供的信息是无效的。因此，躯干束腰和背包之间的力传感器（背包力）被用作腿部运动的轨迹发生器。参考轨迹是由一个独特的双步程序生成的，该程序不改变外骨骼站在一条或两条腿上。

在第一步中，背包力已经确定。这种力以与手柄导纳控制相同的方式被过滤和放大。此操作将生成一个适用于背包的广义速度矢量（v_b、ω_b）；在第二步中，中央控制器利用躯干和展位鞋底之间的直接运动学，将相同的广义速度矢量映射到腿部运动。描述相对于背包力传感器的展位位置矢量 $r_1(q)$ 为

$$\begin{cases} v_f = v_b + \omega_b \wedge r_1(q) \\ \omega_f = \omega_b \end{cases} \quad (70.10)$$

该方法将背包力映射到适当的腿部运动，而不考虑 ZMP 的位置。

2. 反馈线性化控制器

导纳控制的主要限制是缺乏透明度。穿戴功率增强外骨骼的用户只能感受到与其速度成正比的力，前馈分量仅用于扩大控制带宽和减少因位姿不同而产生的非线性。

然而，当用户触摸任何物体时，没有任何接触力会干扰外骨骼运动，从而产生无限的力增益。虽然从一方面来看，这对关节稳定性非常有利，但结果却损害了用户执行精细、缩放力操作任务的能力。

为了恢复此功能，BE 在同一内部控制架构上实现了两种替代的控制策略：

1）二阶导纳控制器。

2）导纳自适应控制器。

二阶导纳控制器收集用户输入，以确定对低级关节控制器的扭矩指令。这类控制器仅在外骨骼上半身进行了两个相关问题的测试：

1）这些手臂需要更大的操纵能力和更好的透明度。

2）腿部运动的有限透明度减少了手臂动力学和躯干运动之间的干扰，从而提高了整体稳定性。

功率增强的工作原理如下（相关的数值方程见图 70.22）。

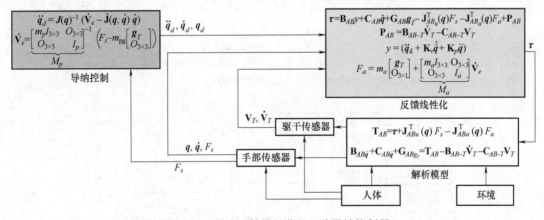

图 70.22 具有反馈线性化的二阶导纳控制器

注：在该控制方案中，由驾驶员提供的控制输入生成该肢体的参考加速度信息。反馈线性化提供了补偿外骨骼的惯性/离心/重力效应，并将用户输入映射在接触点上的适当加速度信息。此外，在传感器处编程的适当的力放大因子可在环境交互和用户命令之间建立平衡。

首先，在每个用户手柄处收集一个力输入。我们假设这个力是由具有给定惯量（m_p、I_p）和一个单独的重力属性（m_{pg}）的虚质量相互作用驱动的。因此，由此产生的手柄（末端执行器）速度 V_e 将被确定为施加于该虚拟质量上的用户力的直接积分，而关节速度作为解析雅可比矩阵的直接微分（导纳控制）。

这里的反馈线性化控制包含 4 个分量：

1）$B_{AB}y + C_{AB}\dot{q} + G_{AB}g_T$ 分量，考虑了跟踪误差 y，以及旋转后的重力矢量 g_T。

2）有效用户力 F_s，被认为等于传感器读数，并已应用于外骨骼结构。

3）载荷（m_a、I_a）对外骨骼产生的重量和惯性效应以规定速度 V_e 移动。

4）移动躯干 P_{AB} 提供额外的惯性和科氏效应。

其次，对于一阶导纳控制器，通过对线性化模型的分析，可以保证刚性模型的稳定性。结合所需的方程式，可以推导出系统的鲁棒性只受虚拟质量特性（m_p、I_p）中惯性的影响。这个特性与功率增强因子（m_a/m_p）无关。

这就是为什么在虚拟质量（m_p、I_p）和重力补偿量 m_{pg} 之间解耦是明智的：不会影响最终整体控制的稳定性。

最后，功率增强因子被定义为 m_a 与 m_p 比值的分段线性近似，当 m_p 值较低时，该比值会饱和，以保持整体稳定性（图 70.23 左图）。

为了正常工作，二阶导纳模型需要对载荷进行估计（图 70.23 右图）。假设该信息符合以下条件，即操作过程中抓握稳定，载荷变化不频繁。

在这些条件下，可以使用电动机电流作为扭矩传感器来估计载荷。其工作原理详如图 70.24 所示。在载荷稳定且不频繁变化的假设下，估计器可以在较低的频率下工作。

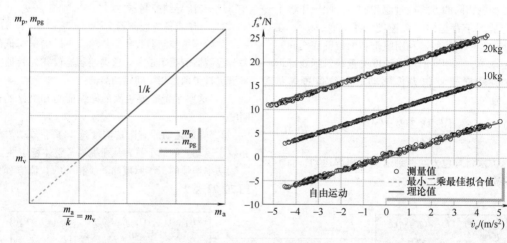

图 70.23　功率增强配置文件

注：功率增强系数（k）定义为承载负载与感知负载之比。在 BE 方法中，该比率表示为分段线性近似（左图）。在单自由度上测试的控制质量与自适应策略集成，如右图所示。

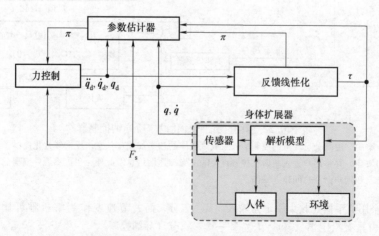

图 70.24　带反馈线性化的导纳自适应控制器的工作原理

注：为了实现承载负载的在线识别，将标准参数估计程序应用于机器人结构。为了简化计算和提高估计的准确性，该程序假设被抓取的物体具有规则的质量特性，并且只能用两个参数来描述，如图 70.22 所示。

为了检验估计的质量和对载荷变化的实时适应性，进行了一些测试。在图 70.23 中反映了三种不同载荷的具体情况。本章的视频材料上显示了批量装卸操作。

70.6　结论与未来发展

本文概述了针对人与机器人增强的可穿戴机器人系统的一些发展历史和研究进展。尽管 EHPA 系统引起了机器人领域越来越多的关注，但从研究和商业角度来看，目前与其开发相关的机器人技术主要来自现有的和成熟的组件。现有的研究原型和商业产品证明，缺乏专门开发用于可穿戴机器人系统的合适的机器人组件，主要是因为设计方法反映了自工业机器人设计之初就采用的相同方法。

机器人系统的设计必须由人类操作员在非结构化环境中进行连续操作，这必然会妨碍设计标准，如安全性、疲劳性、透明度等，而工业机器人有时只会按最低限度考虑这些标准。

从上述对不同类型 EHPA 系统的分析中可以看出，适当的驱动组件的可用性是满足总重量、动力学行为和控制方面的基本功能要求的基础，但在机器人这个非常有趣且具有挑战性的研究领域，未来的研究主要需要一种新的激进的设计哲学，以人类行为的生物力学为中心。特别是，一种将能源消耗问题作为主要标准的新方法，不仅适用于可穿戴机器人系统本身，而且适用于复杂的系统，人类操作员可穿戴机器人似乎是未来发展的基本前提。

如前几节所示，到目前为止，在不同的实际应用场景中利用 EHPA 系统的真正优势仍有待证明。事实上，到目前为止，研究进展主要致力于可穿戴机器人的物理设计和实现，而没有解决真实环境中验证和性能评估的后续阶段。这方面应该作为 EHPA 研究未来发展的一个重要组成部分。

可穿戴机器人领域正在迅速扩大，在设计方法和特殊机器人技术方面的相关挑战刚刚开始。这一领域未来发展的动机应始终坚定地以保持人类操作员的需求作为研究重点。

视频文献

VIDEO 146　Arm light exoskeleton (ALEx)
available from http://handbookofrobotics.org/view-chapter/70/videodetails/146

VIDEO 148　Arm-Exos
available from http://handbookofrobotics.org/view-chapter/70/videodetails/148

VIDEO 149　Body extender transversal joint
available from http://handbookofrobotics.org/view-chapter/70/videodetails/149

VIDEO 150　Hand-exoskeletons
available from http://handbookofrobotics.org/view-chapter/70/videodetails/150

VIDEO 151　Collaborative control of the Body Extender
available from http://handbookofrobotics.org/view-chapter/70/videodetails/151

VIDEO 152　Body Extender – A fully powered whole-body exoskeleton
available from http://handbookofrobotics.org/view-chapter/70/videodetails/152

VIDEO 180　L-Exos for upper-limb motor rehabilitation
available from http://handbookofrobotics.org/view-chapter/70/videodetails/180

参考文献

70.1　M. McCullough: *Abstracting Craft: The Practiced Digital Hand* (MIT, Cambridge 1998)

70.2　H. Kazerooni: Human-robot interaction via the transfer of power and information signals, IEEE Trans. Syst. Man Cybern. **20**(2), 450–463 (1990)

70.3　A. Frisoli, F. Salsedo, M. Bergamasco, B. Rossi, M.C. Carboncini: A force-feedback exoskeleton for upper-limb rehabilitation in virtual reality, Appl. Bionics Biomech. **6**(2), 115–126 (2009)

70.4　J.E. Colgate, J. Edward, M.A. Peshkin, W. Wannasuphoprasit: Cobots: Robots for collaboration with human operators, ASME Int. Cong. Mech. Eng. (1996) pp. 433–440

70.5 H. Kazerooni: Exoskeletons for human performance augmentation. In: *Handbook of Robotics*, ed. by B. Siciliano, O. Khatib (New York, Springer 2008) pp. 773–793

70.6 A.M. Dollar, H. Herr: Lower extremity exoskeletons and active orthoses: Challenges and state-of-the-art, IEEE Trans. Robotics 24(1), 144–158 (2008)

70.7 R. Kobetic, C.S. To, J.R. Schnellenberger, M.L. Audu, T.C. Bulea, R. Gaudio, G. Pinault, S. Tashman, R.J. Triolo: Development of hybrid orthosis for standing, walking, stair climbing after spinal cord injury, J. Rehabil. Res. Dev. 46(3), 447–462 (2009)

70.8 H. Herr: Exoskeletons and orthoses: Classification, design challenges and future directions, J. NeuroEng. Rehabil. 6, 21 (2009)

70.9 A. Frisoli, F. Rocchi, S. Marcheschi, A. Dettori, F. Salsedo, M. Bergamasco: A new force-feedback arm exoskeleton for haptic interaction in virtual environments, Proc. 1st IEEE Jt. Eurohaptics Conf./Symp. Haptic Interfaces Virt. Environ. Teleoperator Syst. (2005) pp. 195–201

70.10 S.C. Jacobsen, F.M. Smith, E.K. Iversen, D.K. Backman: High performance, high dexterity, force reflective teleoperator, Proc. 38th Conf. Remote Syst. Technol., Washington (1990) pp. 180–185

70.11 Y. Ren, H.S. Park, L.Q. Zhang: Developing a whole-arm exoskeleton robot with hand opening and closing mechanism for upper limb stroke rehabilitation, IEEE Int. Conf. Rehabil. Robotics (ICORR) (2009) pp. 761–765

70.12 N.G. Tsagarakis, D.G. Caldwell: Development and control of a soft-actuated exoskeleton for use in physiotherapy and training, Auton. Robots 15(1), 21–33 (2003)

70.13 J.C. Perry, J. Rosen, S. Burns: Upper-limb powered exoskeleton design, IEEE/ASME Trans. Mechatron. 12(4), 408–417 (2007)

70.14 T.G. Sugar, J. He, E.J. Koeneman, J.B. Koeneman, R. Herman, H. Huang, R.S. Schultz, D.E. Herring, J. Wanberg, S. Balasubramanian, P. Swenson, J.A. Ward: Design and control of rupert: A device for robotic upper extremity repetitive therapy, IEEE Trans. Neural Syst. Rehabil. Eng. 15(3), 336–346 (2007)

70.15 T. Nef, M. Mihelj, G. Kiefer, C. Perndl, R. Muller, R. Riener: Armin-exoskeleton for arm therapy in stroke patients, IEEE 10th Int. Conf. Rehabil. Robotics (ICORR) (2007) pp. 68–74

70.16 R. Gopura, D.S.V. Bandara, K. Kiguchi, G.K.I. Mann: Developments in hardware systems of active upper-limb exoskeleton robots: A review, J. Appl. Physiol. B 75, 203–220 (2016)

70.17 G.M. Prisco, C.A. Avizzano, M. Calcara, S. Ciancio, S. Pinna, M. Bergamasco: A virtual environment with haptic feedback for the treatment of motor dexterity disabilities, Proc. IEEE Int. Conf. Robotics Autom. (ICRA), Vol. 4 (1998) pp. 3721–3726

70.18 L.I. Lugo-Villeda, A. Frisoli, O. Sandoval-Gonzalez, M.A. Padilla, V. Parra-Vega, C.A. Avizzano, E. Ruffaldi, M. Bergamasco: Haptic guidance of light-exoskeleton for arm-rehabilitation tasks, 18th IEEE Int. Symp. Robot Human Interact. Commun. (RO-MAN) (2009) pp. 903–908

70.19 C. Carignan, J. Tang, S. Roderick: Development of an exoskeleton haptic interface for virtual task training, IEEE/RSJ Int. Conf. Intell. Robots Syst. (IROS) (2009) pp. 3697–3702

70.20 R. Vertechy, A. Frisoli, A. Dettori, M. Solazzi, M. Bergamasco: Development of a new exoskeleton for upper limb rehabilitation, IEEE Int. Conf. Rehabil. Robotics (ICORR) (2009) pp. 188–193

70.21 K. Kiguchi, T. Tanaka, K. Watanabe, T. Fukuda: Exoskeleton for human upper-limb motion support, Proc. IEEE Int. Conf. Robotics Autom. (ICRA), Vol. 2 (2003) pp. 2206–2211

70.22 T. Rahman, W. Sample, S. Jayakumar, M.M. King, J.Y. Wee, R. Seliktar, M. Alexander, M. Scavina, A. Clark: Passive exoskeletons for assisting limb movement, J. Rehabil. Res. Dev. 43(5), 583 (2006)

70.23 S.J. Ball, I.E. Brown, S.H. Scott: MEDARM: A rehabilitation robot with 5DOF at the shoulder complex, IEEE/ASME Int. Conf. Adv. Intell. Mechatron. (2007) pp. 1–6

70.24 J. Klein, S.J. Spencer, J. Allington, K. Minakata, E.T. Wolbrecht, R. Smith, J.E. Bobrow, D.J. Reinkensmeyer: Biomimetic orthosis for the neurorehabilitation of the elbow and shoulder (bones), 2nd IEEE/RAS/EMBS Int. Conf. Biomed. Robotics Biomechatron. (BioRob) (2008) pp. 535–541

70.25 P. Garrec, J.P. Friconneau, Y. Measson, Y. Perrot: ABLE, an innovative transparent exoskeleton for the upper-limb, IEEE/RSJ Int. Conf. Intell. Robots Syst. (IROS) (2008) pp. 1483–1488

70.26 A.M.M. Aalsma, F.C.T. van der Helm, H. van der Kooij: Dampace: Design of an exoskeleton for force-coordination training in upper-extremity rehabilitation, J. Med. Dev. 3, 031003–31001 (2009)

70.27 M.H. Rahman, T.K. Ouimet, M. Saad, J.P. Kenne, P.S. Archambault: Development and control of a wearable robot for rehabilitation of elbow and shoulder joint movements, 36th Annu. Conf. IEEE Ind. Electron. Soc. (IECON) (2010) pp. 1506–1511

70.28 M.H. Rahman, M. Saad, J.P. Kenne, P.S. Archambault: Exoskeleton robot for rehabilitation of elbow and forearm movements, 18th Mediterr. Conf. Cont. Autom. (MED) (2010) pp. 1567–1572

70.29 A. Gupta, M.K. O'Malley: Design of a haptic arm exoskeleton for training and rehabilitation, IEEE/ASME Trans. Mechatron. 11(3), 280–289 (2006)

70.30 H. Kawasaki, S. Ito, Y. Ishigure, Y. Nishimoto, T. Aoki, T. Mouri, H. Sakaeda, M. Abe: Development of a hand motion assist robot for rehabilitation therapy by patient self-motion control, IEEE 10th Int. Conf. Rehabil. Robotics (ICORR) (2007) pp. 234–240

70.31 P. Heo, G.M. Gu, S. Lee, K. Rhee, J. Kim: Current hand exoskeleton technologies for rehabilitation and assistive engineering, Int. J. Precis. Eng. Manuf. 13(5), 807–824 (2012)

70.32 M. Fontana, S. Fabio, S. Marcheschi, M. Bergamasco: Haptic hand exoskeleton for precision grasp simulation, ASME J. Mech. Robotics 5(4), 041014 (2013)

70.33 C.A. Avizzano, F. Bargagli, A. Frisoli, M. Berga-masco: The hand force feedback: analysis and control of a haptic device for the human-hand, IEEE Inter. Conf. Syst. Man Cybern., Vol. 2 (2000) pp. 989–994

70.34 M. Bergamasco, B. Allotta, L. Bosio, L. Ferretti, G. Parrini, G.M. Prisco, F. Salsedo, G. Sartini: An arm exoskeleton system for teleoperation and virtual environments applications, Proc. IEEE Int. Conf. Robotics Autom. (ICRA) (1994) pp. 1449–1454

70.35 T. Nef, R. Riener: Shoulder actuation mechanisms for arm rehabilitation exoskeletons, 2nd IEEE/RAS/EMBS Int. Conf. Biomed. Robotics Biomechatron. (BioRob) (2008) pp. 862–868

70.36 P. DeVita, J. Helseth, T. Hortobagyi: Muscles do more positive than negative work in human locomotion, J. Exp. Biol. **210**(19), 3361–3373 (2007)

70.37 M. Bergamasco: Design of hand force feedback systems for glove-like advanced interfaces, Proc. IEEE Int. Work. Robot Human Commun. (1992) pp. 286–293

70.38 A. De Luca: Feedforward/feedback laws for the control of flexible robots, Proc. IEEE Int. Conf. Robotics Autom. (ICRA), Vol. 1 (2000) pp. 233–240

70.39 D.C. Clark, N.J. Deleys, C.W. Matheis: *Exploratory Investigation of the Man Amplifier Concept*, Tech. Documentary Rep. AMRL-TDR-62-89 (Cornell Aeronautical Laboratory, Buffalo 1962)

70.40 A. Zarudiansky: Remote handling devices, US Patent 430 2138 A (1981)

70.41 B.M. Jau: Anthropomorhic exoskeleton dual arm/hand telerobot controller, IEEE Int. Workshop Intell. Robots (1988) pp. 715–718

70.42 G. Burdea, J. Zhuang, E. Roskos, D. Silver, N. Langrana: A portable dextrous master with force feedback, Presence Teleoperators Virt. Environ. **1**(1), 18–28 (1992)

70.43 T. Koyama, I. Yamano, K. Takemura, T. Maeno: Multi-fingered exoskeleton haptic device using passive force feedback for dexterous teleoperation, Proc. IEEE/RSJ Int. Conf. Intell. Robots Syst. (IROS), Vol. 3 (2002) pp. 2905–2910

70.44 S. Nakagawara, H. Kajimoto, N. Kawakami, S. Tachi, I. Kawabuchi: An encounter-type multi-fingered master hand using circuitous joints, Proc. IEEE Int. Conf. Robotics Autom. (ICRA) (2005) pp. 2667–2672

70.45 D. Gomez, G. Burdea, N. Langrana: Integration of the Rutgers Master II in a virtual reality simulation, Virt. Real. Annu. Int. Symp. (1995) pp. 198–202

70.46 A. Wege, K. Kondak, G. Hommel: Mechanical design and motion control of a hand exoskeleton for rehabilitation, IEEE Int. Conf. Mechatron. Autom., Vol. 1 (2005) pp. 155–159

70.47 M. Mulas, M. Folgheraiter, G. Gini: An emg-controlled exoskeleton for hand rehabilitation, IEEE 9th Int. Conf. Rehabil. Robotics (ICORR) (2005) pp. 371–374

70.48 S. Ito, H. Kawasaki, Y. Ishigure, M. Natsume, T. Mouri, Y. Nishimoto: A design of fine motion assist equipment for disabled hand in robotic rehabilitation system, J. Frankl. Inst. **348**(1), 79–89 (2011)

70.49 P. Brown, D. Jones, S.K. Singh, J.M. Rosen: The exoskeleton glove for control of paralyzed hands, Proc. IEEE Int. Conf. Robotics Autom. (ICRA) (1993) pp. 642–647

70.50 B.L. Shields, J.A. Main, S.W. Peterson, A.M. Strauss: An anthropomorphic hand exoskeleton to prevent astronaut hand fatigue during extravehicular activities, IEEE Trans. Syst. Man Cybern. A **27**(5), 668–673 (1997)

70.51 Y. Yamada, T. Morizono, S. Sato, T. Shimohira, Y. Umetani, T. Yoshida, S. Aoki: Proposal of a Skilmate finger for EVA gloves, Proc. IEEE Int. Conf. Robotics Autom. (ICRA), Vol. 2 (2001) pp. 1406–1412

70.52 J.Y. Wang, Z.W. Xie, J.D. Zhao, H.G. Fang, M.H. Jin, H. Liu: An exoskeleton system for measuring mechanical characteristics of extravehicular activity glove joint, IEEE Int. Conf. Robotics Biomim. (ROBIO) (2006) pp. 1260–1265

70.53 H. Herr, G.P. Whiteley, D. Childress: Cyborg technology – Biomimetic orthotic and prosthetic technology. In: *Biologically Inspired Intelligent Robots*, ed. by Y. Bar-Cohen, C. Breazeal (SPIE, Bellingham 2003)

70.54 K. Endo, H. Herr: A model of muscle-tendon function in human walking at self-selected speed, IEEE Trans. Neural Syst. Rehabil. Eng. **22**(2), 352–362 (2014)

70.55 H.M. Herr, A.M. Grabowski: Bionic ankle-foot prosthesis normalizes walking gait for persons with leg amputation, Proc. R. Soc. B **279**(1728), 457–464 (2012)

70.56 J.M. Donelan, R. Kram, A.D. Kuo: Mechanical work for step-to-step transitions is a major determinant of the metabolic cost of human walking, J. Exp. Biol. **205**(23), 3717–3727 (2002)

70.57 A. Grabowski, C.T. Farley, R. Kram: Independent metabolic costs of supporting body weight and accelerating body mass during walking, J. Appl. Physiol. **98**(2), 579–583 (2005)

70.58 A.D. Kuo, J.M. Donelan, A. Ruina: Energetic consequences of walking like an inverted pendulum: Step-to-step transitions, Exerc. Sport Sci. Rev. **33**(2), 88–97 (2005)

70.59 R. Margaria: Positive and negative work performances and their efficiencies in human locomotion, Eur. J. Appl. Physiol. Occupat. Physiol. **25**(4), 339–351 (1968)

70.60 D.A. Winter: Energy generation and absorption at the ankle and knee during fast, natural, and slow cadences, Clin. Orthop. Rel. Res. **175**(175), 147 (1983)

70.61 A.H. Hansen, D.S. Childress, S.C. Miff, S.A. Gard, K.P. Mesplay: The human ankle during walking: implications for design of biomimetic ankle prostheses, J. Biomech. **37**(10), 1467–1474 (2004)

70.62 S. Au, H. Herr: Powered ankle-foot prosthesis, IEEE Robotics Autom. Mag. **15**(3), 52–59 (2008)

70.63 D. Paluska, H. Herr: The effect of series elasticity on actuator power and work output: Implications for robotic and prosthetic joint design, Robotics Auton. Syst. **54**(8), 667–673 (2006)

70.64 G. Pratt, M. Williamson, P. Dillworth, J. Pratt, A. Wright: Stiffness isn't everything, Lect. Notes

70

Control Inf. Sci. **223**, 253–262 (1997)

70.65　J. Markowitz, P. Krishnaswamy, M.F. Eilenberg, K. Endo, C. Barnhart, H. Herr: Speed adaptation in a powered transtibial prosthesis controlled with a neuromuscular model, Philos. Trans. R. Soc. B Biol. Sci. **366**(1570), 1621–1631 (2011)

70.66　K. Endo, E. Swart, H. Herr: An artificial gastrocnemius for a transtibial prosthesis, Annu. Int. Conf. IEEE Eng. Med. Biol. Soc. (EMBC) (2009) pp. 5034–5037

70.67　H. Geyer, H. Herr: A muscle-reflex model that encodes principles of legged mechanics produces human walking dynamics and muscle activities, IEEE Trans. Neural Syst. Rehabil. Eng. **18**(3), 263–273 (2010)

70.68　J. Wang: EMG Control of Prosthetic Ankle Plantar Flexion, Ph.D. Thesis (MIT, Cambridge 2011)

70.69　R.A. Heinlein: *Starship Troopers* (Ace Books, New York 1987)

70.70　N. Yagn: Apparatus for facilitating walking, US Patent 42 0179 A (1890)

70.71　S.J. Zaroodny: *Bumpusher-A Powered Aid to Locomotion*, Tech. Note (Ballistic Research Laboratory, Aberdeen 1963)

70.72　R.S. Mosher: *Handyman to Hardiman*, Tech. Rep. (Society of Automotive Engineers, Warrendale 1967)

70.73　M.E. Rosheim: Man-amplifying exoskeleton, SPIE Proc. Mob. Robots IV **1195**, 402–411 (1989)

70.74　E. Garcia, J.M. Sater, J. Main: Exoskeletons for human performance augmentation (EHPA): A program summary, J. Robotics Soc. Jpn. **20**(8), 44–48 (2002)

70.75　H. Kazerooni: The berkeley lower extremity exoskeleton, Springer Tracts. Adv. Robotics **25**, 9–15 (2006)

70.76　A.B. Zoss, H. Kazerooni, A. Chu: Biomechanical design of the berkeley lower extremity exoskeleton (BLEEX), IEEE/ASME Trans. Mechatron. **11**(2), 128–138 (2006)

70.77　K. Amundson, J. Raade, N. Harding, H. Kazerooni: Hybrid hydraulic-electric power unit for field and service robots, IEEE/RSJ Int. Conf. Intell. Robots Syst. (IROS) (2005) pp. 3453–3458

70.78　C.J. Walsh, K. Pasch, H. Herr: An autonomous, underactuated exoskeleton for load-carrying augmentation, IEEE/RSJ Int. Conf. Intell. Robots Syst. (IROS) (2006) pp. 1410–1415

70.79　C.J. Walsh: Biomimetic Design of an Under-Actuated Leg Exoskeleton for Load-Carrying Augmentation, M.A. Thesis (MIT, Cambridge 2006)

70.80　C.J. Walsh, K. Endo, H. Herr: A quasi-passive leg exoskeleton for load-carrying augmentation, Int. J. Hum. Robotics **4**(03), 487–506 (2007)

70.81　N. Costa, D.G. Caldwell: Control of a biomimetic *soft-actuated* 10DoF lower body exoskeleton, 1st IEEE/RAS-EMBS Int. Conf. Biomed. Robotics Biomechatron. (BioRob) (2006) pp. 495–501

70.82　H. Kawamoto, S. Lee, S. Kanbe, Y. Sankai: Power assist method for HAL-3 using EMG-based feedback controller, IEEE Int. Conf. Syst. Man Cybern., Vol. 2 (2003) pp. 1648–1653

70.83　K. Yamamoto, K. Hyodo, M. Ishii, T. Matsuo: Development of power assisting suit for assisting nurse labor, JSME Int. J. Ser. C **45**(3), 703–711 (2002)

70.84　J.E. Pratt, B.T. Krupp, C.J. Morse, S.H. Collins: The roboknee: An exoskeleton for enhancing strength and endurance during walking, Proc. IEEE Int. Conf. Robotics Autom. (ICRA), Vol. 3 (2004) pp. 2430–2435

70.85　Y. Sankai: Hal: Hybrid assistive limb based on cybernics. In: *Robotics Research*, ed. by M. Kaneko, Y. Nakamura (Springer, Berlin, Heidelberg 2011) pp. 25–34

70.86　US Army Research Laboratory, US Army Research Office: *ARO in Review* (USRL/USRO, Adelphi 2006)

70.87　J.E. Pratt, B.T. Krupp, C.J. Morse, S.H. Collins: The RoboKnee: An exoskeleton for enhancing strength and endurance during walking, Proc. ICRA IEEE Int. Conf. Robotics Autom., Vol. 3 (2001) pp. 2430–2435

70.88　C.J. Walsh, D. Paluska, K. Pasch, W. Grand, A. Valiente, H. Herr: Development of a lightweight, underactuated exoskeleton for load-carrying augmentation, Proc. IEEE Int. Conf. Robotics Autom. (ICRA) (2006) pp. 3485–3491

70.89　A. Goffer: Gait-locomotor apparatus, US Patent 7 153 242 (2006)

70.90　R. Little, R.A. Irving: Self contained powered exoskeleton walker for a disabled user, US Patent 2011006 6088 A1 (2011)

70.91　R. Bogue: Exoskeletons and robotic prosthetics: A review of recent developments, Ind. Robot Int. J. **36**(5), 421–427 (2009)

70.92　C.P. Lent: Mobile space suit, US Patent 303 4131 A (1962)

70.93　N.J. Mizen: Powered exoskeletal apparatus for amplifying human strength in response to normal body movements, US Patent 344 9769 A (1969)

70.94　B.R. Fick, J.B. Makinson: *Hardiman I Prototype for Machine Augmentation of Human Strength and Endurance: Final Report*, Tech. Rep. S-71-1056 (General Electric Comp., Schenectady 1971)

70.95　T.J. Snyder, H. Kazerooni: A novel material handling system, Proc. IEEE Int. Conf. Robotics Autom. (ICRA), Vol. 2 (1996) pp. 1147–1152

70.96　B.R. Fick: Cutaneous stimuli sensor and transmission network, US Patent 353 5711 (1970)

70.97　S.R. Taal, Y. Sankai: Exoskeletal spine and shoulders for full body exoskeletons in health care, Adv. Appl. Sci. Res. **2**(6), 270–286 (2011)

70.98　T. Ishida, T. Kiyama, K. Osuka, G. Shirogauchi, R. Oya, H. Fujimoto: Movement analysis of power-assistive machinery with high strength-amplification, Proc. SICE Annu. Conf. (2010) pp. 2022–2025

70.99　S. Jacobsen, M. Olivier: Contact displacement actuator system, Patent WO 20 0809 4191 A3 (2008)

70.100　S. Toyama, G. Yamamoto: Development of wearable-agri-robot mechanism for agricultural work, IEEE/RSJ Int. Conf. Intell. Robots Syst. (IROS) (2009) pp. 5801–5806

70.101　S. Jacobsen, M. Olivier, B. Maclean: Method of sizing actuators for a biomimetic mechanical joint, Patent WO 20 1002 5419 A3 (2010)

70.102　S. Marcheschi, F. Salsedo, M. Fontana, M. Bergamasco: Body extender: whole body exoskeleton for human power augmentation, Proc. IEEE Int. Conf. Robotics Autom. (ICRA) (2011) pp. 611–616

70.103　M. Fontana, R. Vertechy, S. Marcheschi, F. Salsedo, M. Bergamasco: The body extender: A full-body exoskeleton for the transport and handling of heavy loads, IEEE Robotics Autom. Mag. **21**(4), 34–44 (2014)

70.104 G.P. Rosati Papini, C.A. Avizzano: Transparent force control for body extender, IEEE Int. Symp. Robot Human Interact. Commun. (RO-MAN) (2012) pp. 138–143

70.105 G. Mone: Building the real iron man, Pop. Sci. **4**, 1–6 (2008)

70.106 D. Bertrand: Lexosquelette hercule, le futur à nos portes, http://www.defense.gouv.fr/actualites/economie-et-technologie/l-exosquelette-hercule-le-futur-a-nos-portes (2011)

70.107 P. Filippi: Device for the automatic control of the articulation of the knee, US Patent 230 5291 (1937)

70.108 M. Vukobratovic, D. Hristic, Z. Stojiljkovic: Development of active anthropomorphic exoskeletons, Med. Biol. Eng. Comput. **12**(1), 66–80 (1974)

70.109 K. Kazerooni: On the robot compliant motion control, J. Dyn. Syst. Meas. Control. **111**(3), 416–425 (1989)

70.110 Y. Uchimura, H. Kazerooni: A μ-synthesis based control for compliant manoeuvres, IEEE Int. Conf. Syst. Man Cybern., Vol. 4 (1999) pp. 1014–1019

70.111 H. Kazerooni: The human power amplifier technology at the University of California, Robotics Auton. Syst. **19**(2), 179–187 (1996)

70.112 H. Kazerooni: Human power amplifier for lifting load including apparatus for preventing slack in lifting cable, US Patent 638 6513 A (2002)

70.113 J.E. Colgate, M. Peshkin, S.H. Klostermeyer: Intelligent assist devices in industrial applications: A review, IEEE/RSJ Int. Conf. Intell. Robots Syst. (IROS), Vol. 3 (2003) pp. 2516–2521

70.114 D. McGee, P. Swanson: Method of controlling an intelligent assist device, US Patent 620 4620 A (2001)

70.115 H. Kazerooni: Exoskeletons for human power augmentation, IEEE/RSJ Int. Conf. Intell. Robots Syst. (IROS) (2005) pp. 3459–3464

70.116 J. Rosen, M. Brand, M.B. Fuchs, M. Arcan: A myosignal-based powered exoskeleton system, IEEE Trans. Syst. Man Cybern. A **31**(3), 210–222 (2001)

70.117 A.V. Hill: The heat of shortening and the dynamic constants of muscle, Proc. R. Soc. B **126**(843), 136–195 (1938)

70.118 S. Kawai, K. Naruse, H. Yokoi, Y. Kakazu: An analysis of human motion for control of a wearable power assist system, J. Robotics Mechatron. **16**(3), 237–244 (2004)

70.119 S. Lee, Y. Sankai: Power assist control for walking aid with HAL-3 based on emg and impedance adjustment around knee joint, IEEE/RSJ Int. Conf. Intell. Robots Syst. (IROS), Vol. 2 (2002) pp. 1499–1504

70.120 E. Guizzo, H. Goldstein: The rise of the body bots [robotic exoskeletons], IEEE Spectrum **42**(10), 50–56 (2005)

70.121 K. Suzuki, G. Mito, H. Kawamoto, Y. Hasegawa, Y. Sankai: Intention-based walking support for paraplegia patients with robot suit HAL, Adv. Robotics **21**(12), 1441–1469 (2007)

70.122 K. Kiguchi, T. Tanaka, T. Fukuda: Neuro-fuzzy control of a robotic exoskeleton with EMG signals, IEEE Trans. Fuzzy Syst. **12**(4), 481–490 (2004)

70.123 K. Kiguchi, M.H. Rahman, M. Sasaki: Neuro-fuzzy based motion control of a robotic exoskeleton: considering end-effector force vectors, Proc. IEEE Int. Conf. Robotics Autom. (ICRA) (2006) pp. 3146–3151

70.124 M. Bergamasco, A. Frisoli, C. Avizzano: Exoskeletons as man-machine interface systems for teleoperation and interaction in virtual environments, Adv. Telerobotics **31**, 61–76 (2007)

70.125 K. Zhou, J.C. Doyle, K. Glover (Eds.): *Robust and Optimal Control* (Prentice Hall, Upper Saddle River 1996)

70

第71章
认知型人-机器人交互

Bilge Mutlu, Nicholas Roy, Selma Šabanović

机器人学中的一个关键挑战是如何设计出具有认知能力的机器人系统,使它们足以用于人机交互。这些系统需要适当地对外界环境、当前任务、与其交互人类的能力、期望和行为做出反应,其中也包括它们自身的行为将会对外界、任务、人类伙伴产生什么影响。认知型人-机器人交互是一个将人、机器人及其联合活动视为一个共融认知系统的研究领域,并试图为这个系统建立模型、算法和设计准则。这方面的核心研究包括开发能让机器人参与人机协作的机器表征和行为;更深入地了解人对机器人行为的期望和认知反应;建立人-机器人交互的关节活动模型。本章利用计算机科学、认知科学、语言学和机器人学等广泛领域的研究问题和进展来介绍这些研究活动。

目 录

当人们彼此交互时,会充分利用关于自身、交互对象、即时交互环境,以及更广泛的物理、社会、文化环境的心理模型,以帮助他们预测对方的行为和选择自己的行为。为了与人高效交互,机器人需要类似的模型来帮助它们决定自己的行为,并预测用户的行为。认知型人-机器人交互(HRI)研究领域的目标是开发机器人的认知模型以提升人机交互质量,以及了解人类如何应对机器人的心理模型。

认知型 HRI 的一个中心原则是人、机器人及其交互在真实环境中形成了一个复杂的认知系统。开发一套能展现这个认知系统的体系是这个领域的一个关键研究活动,它的理论依据首先来自认知科学中为人类认知系统建立框架体系的研究[71.1-3],包括物理符号系统[71.4]、情境行动[71.5,6],以及那些结合了符号和情境视角的框架,如活动理论[71.7]和分布式认知[71.8]。虽然什么框架体系最能代表认知型 HRI 系统仍在讨论中,但它的研究同时涉及符号表征与情境表征的开发。更具体地说,这方面的研究活动包括(图71.1):

1)人类交互模型。理解人类对待机器人的心理模型,人类如何理解机器人并如何认识它们的行为与表现,以及这些理解与认知如何随着实际场景与用户群体的不同而改变。

2)机器人交互模型。开发能使机器人掌握与真实环境交互的不同方面信息的模型,并让它们的认知能力随着物理和社会环境的交互而得到提升。

3)HRI 模型。建立能指引人与机器人交流合作、规划行为、模型学习的模型和机制。

本章概述了这些研究领域的现有成果,引用了机器人学、认知科学和语言学等广泛领域的研究问题和进展。

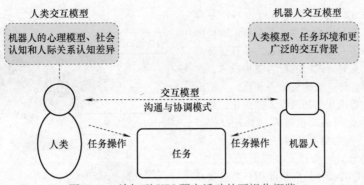

图 71.1 认知型 HRI 研究活动的可视化概览

71.1 人类交互模型

根据预测，机器人将会越来越多地出现在包括家庭[71.9,10]、办公室[71.11]和教室[71.12,13]等在内的日常环境（在工厂与实验室之外）中。在这些环境中，机器人需要与大量不同的人类用户，如孩子和老人共处并合作，他们大多没有学习过机器人技术。因此，认知型 HRI 的研究越来越重视识别人们用来理解新兴机器人技术的心理模型，并调查人们对机器人的出现和行为的反应。这项研究的目的不仅是通过设计机器人来适应人类的心理模型，从而提高机器人的易用性，还在于获得关于人类认知和行为的新见解。为了实现后一个目标，研究者们也用机器人来体现人类认知的具体理论，再通过 HRI 研究进行评估。

71.1.1 机器人的心理模型

有关人-计算机交互的研究表明，人类对于数字科技的态度与行为通常遵循着人-人交互中建立起的社会规则[71.14]。可以合理推测，人们也会用类似的方式来解释与机器人的交互行为。认知型 HRI 研究人员将会继续研究这一准则适用于 HRI 的程度和条件，因为他们用对人类认知的理解来开发适应用户期望和行为的机器人平台。在评估这样的机器人平台时，研究人员探索了人们对机器人认知的心理模型。他们还寻找在哪些领域中机器人的行为和外观无法满足用户对机器人的期望，这将影响 HRI 的体验。了解人们用来解释机器人行为的心理模型，不仅有助于机器人专家更深入地理解 HRI，还有助于他们为机器人设计合适的行为。

1. 隶属机器人的模型

Turkle 等人[71.15,16]广泛研究了包括儿童和老年人在内的人群如何理解他们与社交机器人，如 Kismet、Cog、PARO、Furby 和 My Real Baby 等的新奇交互。这些研究表明，人们应用与生命力、社交性、情感和意识相关的各种心理模型来解释他们与机器人的经历和关系。一些研究参与者以一种科学探索的方式接触机器人，以一种情感分离和机械的方式解释机器人的行为；另一些人则采取了联系论-万物有灵论的方法，在情感上投入，把机器人当作生命体，如婴儿或宠物。参与者描述机器人的方式并不总是符合与他们交互的方式——一个人说机器人只是一个机械的东西，仍然可能用养育孩子的方式对待机器人，如安慰正在哭的 My Real Baby[71.16]。这与之前在人-计算机交互中的发现相对应，即人们会无意识地将社会特征应用于计算机[71.17]。对海豹状机器人 PARO 的实地研究表明，机器人也可以作为唤起对象，让人们回忆起以前的关系和事件（如与孙辈、配偶或宠物），然后用户使用这些对象来理解他们与机器人的交互[71.18,19]。

除了确定人们用来解释他们与机器人经历的心理模型，研究人员还研究了有意将特定社会模式融入机器人设计的影响。拟人论，即将人类特征置于非人类（如动物或人工制品）的行为，是 HRI 研究人员特别感兴趣的一种解释模式。一些学者，如 Nass 和 Moon[71.17]批评拟人化的解释是错误的和具有误导性的。其他人，包括 Duffy[71.20]和 Kiesler 等人[71.21]认为，有意使用拟人化有利于社交机器人的设计，因为可以利用人们对事件和其他代理进行社交性解释的倾向，使机器人的行为更容易被用户理解。这种解释提出了一个问题，即机器人或交互的哪些特征有助于激发人们将机器人拟人化，并促使研究人员研究各种社会文化要素、行为和任务背景。Kiesler 等人[71.21]的研究表明，与屏幕上的代理相比，人们更容易拟人化实体机器人，并且在与共同在场的机器人交互时，人们的行为更加投入，并更加注意社交礼仪。与一般的机器人相比，人们也更倾向于将与他们直接互动的机器人拟人化，并且更倾向于将遵守社会习俗的机器人（如礼仪机器人）拟人化[71.22]。人类交互伙伴的个人特点，如性格，也会影响到他们的机器人心理模型。例如，研究发现，情绪稳定性低和外向型的用户更喜欢具有机械外观的机器人，而不是仿人机器人[71.23]。

正如所料，机器人的仿人外观对人们拟人化的倾向产生积极的影响[71.25]，但相应的，过高的拟人化可能会让人对机器人产生恐怖谷（uncanny valley）效应[71.26]。"恐怖谷"指的是描述机器人与人的相似度和人类对其情感反应之间关系的假设非线性曲线图中的一个下降点，这表明一个机器人如果与人类高度相似，再附加一些非人类特征，会让用户感到不舒服。这一假设效应本质上描述了当一个人对机器人的心理模型不是由其交互能力产生时会发生什么。对这一假设的各种认知方面已经进行了研究，表明该结构是多维的[71.27,28]，而不是像 Mori 所描绘的二维[71.26]。此外，研究表明，不同维度之间的不匹配，不仅仅是质量上的不匹配，还会导致人们对机器人的不适。MacDorman 等人[71.24]的研究表明，机器人的外观和运动之间的不一致可能会减少拟人化的属性（图71.2）。Saygin 等人[71.29]也发现了类似的结果，他们使用该磁共振成像（fMRI）表明，人类行为感知系统对机器人的外观和运动水平与人类相似程度的不匹配做出了独特的反应，而不是仅仅对外观或运动中的一个产生反应。人们发现，屏幕上机器人的声音和外观的不匹配也增强了人们对该角色怪异的感觉，——有着人类声音的机器人和有机器人声音的人类都令人毛骨悚然[71.30]。

2. 机器人设计中的心理模型

研究人员可能会故意使用特定的拟人化模式来促进用户行为，帮助机器人执行任务。一个常见的例子是婴儿模式，包括柔软的圆外观、大眼睛和初始的语言话语——它们用在了 Kismet[71.31]（图71.4）、Muu[71.32]（图71.3）和 Infanoid[71.33]的研究中。在鼓励人们将机器人拟人化方面，这种模式很有用，因为它可以激励人们以一种养育孩子的方式对待机器人，以便以一种类似于婴儿-父母交互的方式构建机器人的学习。机器人的性别感知也影响人们对某些主题知识的心理模型，如在一项研究中，人们认

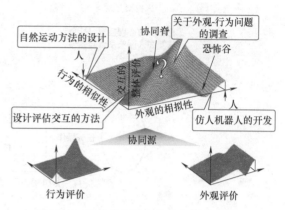

图71.2 恐怖谷的扩展概念包括将外观和行为作为重要变量[71.24]

为女性机器人应该比男性机器人更了解约会[71.34]。当一个人开始与机器人交互时，一些特定心理模型就开始作用（如性别、年龄、人类形象），但当获得有关机器人个人特征的额外信息，如机器人的原产国或它所说的语言时，人们可以调整机器人能力的心理模型[71.35]。Goetz 等人[71.36]的研究表明，将机器人的个性与它应该执行的任务相匹配，可以对其效能产生重大影响：当给机器人的工作是激励人们锻炼时，人们对更严肃而不是娱乐性的机器人反应更强。Lee 等人[71.37]也关注了 HRI 的任务模型，展示了人们如何使用现有的实用主义或关系服务模型来对他们与服务机器人的交互设定期望。这些模型也影响了机器人弥补服务失误的方式——实用主义服务思维模式的人更喜欢得到补偿，而关系思维模式的人则对道歉反应良好。

图71.3 Muu 的大眼睛和柔软圆润的身体是根据婴儿模式设计的。使用两个可以相互交互的机器人而不是一个，这表明了对代理关系的理解（由 Šabanović 提供）

图 71.4　Kismet 的大圆眼和婴儿般的发声是
婴儿模式的另一个例子（由 Šabanović 提供）

随着交互机器人在世界各地的开发和使用，研究人员也开始探索文化模型[71.38]是如何影响人们对机器人的感知和与机器人交互的。社会和行为规范在文化上是可变的，所以我们可以设想用户对社交机器人的理解和采用也会不同。HRI 中的跨文化研究在很大程度上支持了这一设想。Evers 等人[71.39]的研究结果显示，来自中国和美国的用户对机器人的反应不同；Wang 等人[71.40]的进一步研究表明，关于交流规范的特定文化模式，尤其是与互动伙伴交流信息和意图的外显和内隐模式，会影响人们对机器人的可信度及其团队成员身份的看法。研究人员还表明，机器人专家在他们的工作中无意中使用了文化模型，包括特定的情感展示模型[71.41]，以及反映机器人技术的历史、神学和大众看法的文化模型[71.42]。对 HRI 中文化模型的研究，不仅表明了在机器人设计中条件反射性地包括这些模型的重要性，而且也允许研究人员以机器人为刺激，对文化情境下的认知进行系统的研究。

对应用于交互式机器人的心理模型的研究表明，人们使用现有的心理模型来理解这些新的人工制品，可能需要新的本体论类别来适应这些新兴的实体心理模型[71.16,43]。Kahn 等人[71.44]对儿童与 AIBO 机器人交互的道德解读的研究表明，他们的机器人心理模型包括与无生命和有生命体相关的合理化和行为。Turkle[71.45]认为，交互式机器人利用通常为动物和人类保留的关系感受和反应，从而质疑关系的真实性。此外，Turkle[71.45]提出，一个更复杂的自主但无生命的新概念变得很有必要。两位研究人员都认为，交互式机器人可能包括一个新的

本体论范畴，我们还需要意识到与这些人工制品的相互作用会如何影响我们对生命体的思维模式。

71.1.2　社会认知

能够与人自然交互的机器人的发展需要对社会活动和这些活动背后的认知模型进行详细的研究。Scassellati[71.46]认为，机器人可以帮助我们研究人类社会认知的局限性，因为它们不是活物，但它们可以做出适合社会的（或不合适社会的）行为，唤起人们的回忆。包含凝视、接近和面部表情等社交要素的机器人，按下达尔文式的按钮[71.16]，并有效地迫使我们与它们进行社会交互。研究哪些要素具有这些影响是一个更多地了解人类社会认知和改进机器人设计的机会。

研究认知型 HRI 社会方面的研究人员正在确定机器人唤起人类社会反应所需的最小要素，包括那些与机器人身体、凝视、接近和互动节奏相关的要素。目前的研究还集中在使用 HRI 时，对不同认知模型的应用和评价上。机器人可以成为研究社会认知的前所未有的实验工具，可用于在实验和实地研究中提供刺激，因为它们的动作和行为可以被精细控制、微整和改变，并精确和无限期地重复，而这往往是一个挑战，甚至对训练有素的人也是如此[71.47,48]。此外，机器人在需要时也可以表现得不自然（如对他人的暗示没有反应）或违反社会规范（如粗鲁），这是研究人员潜在压力的来源[71.49]。

1. HRI 中最小的"像人类"的要素

研究社会认知的一种方法是试图从人类互动伙伴中分离出引起社会反应和感知的最小要素集。机器人 Muu 的设计者遵循了一个最小的设计策略[71.32]，使用卡通和儿童绘画来开发一个机器人，它可以与人交流，而不依赖外在的类人形象。Kozima 等人[71.50]设计的 Keepon 考虑了生物的共同特征，如横向对称和两只眼睛，这被认为对社交很重要（图 71.5）；该机器人还通过 4 个自由度的身体姿势和动作执行基本的社会行为，如关节注意、眼神接触和情感表达（图 71.6）。这些最小的要素已经被证明足以让孩子们在实验室中进行短期交互，并在更自然的环境（如教室）中进行长期互动[71.50]。

对极简主义机器人的研究也强调了社会环境对人们理解机器人的影响。在一所小学对 Keepon 进行的实地研究表明，孩子们将这个简单的机器人划分进入各种交互环境（例如，在玩具房内把 Keepon

71

图 71.5　Keepon 是一个简单的机器人，
用于研究 HRI 中的共同关注、情感表达和
节奏等（由 Šabanović提供）

图 71.6　Keepon 使用 4 个自由度来表达
情感和注意力[71.50]

当作一个婴儿或宠物，或者在教室里把它当作课堂上的另一个学生），不仅是因为它的解释灵活性，而且因为它丰富的社会环境。这激发了孩子们长时间、甚至数年的与机器人互动，而在实验室 10~15min 后，他们与 Keepon 的互动就会变得无聊。上述 Muu 的设计灵感是受到认知生态模型的启发[71.52,53]，这表明机器人作为一种交流设备在本质上是不完整的——它需要一个人类的交互伙伴来赋予其行为意义。因此，Muu 依赖于环境和其他交互主体的存在（包括人、Muu 和其他对象进行三元交互）使人们理解它的行为，并将社会代理归因于机器人（图 71.3）。"社会垃圾桶"项目[71.54]同样探讨了如何利用最小的社交要素，包括偶然的运动和接近的人群，向儿童展示机器人的意图，并在垃圾收集方面获得它们的帮助。Yamaji 等人[71.54]的研究还表明，与单独移动的机器人相比，作为一个群体一起移动的机器人更能吸引儿童的注意力。

由 Ishiguro[71.47] 和 MacDorman 与 Ishiguro[71.48] 提出的另一种通过 HRI 研究社会认知的方法则侧重于

外貌和行为上的类人现实主义。他们声称，安卓机器人与人有时着有不可思议的相似之处——是研究社会认知的前所未有的试验平台（图 71.7）。在这个安卓科学中，机器人作为人的替身，具有双重功能，一是作为评估人类感知、认知和相互作用假设的实验工具，二是作为各种认知模型的试验场（图 71.8）。Ishiguro[71.55]用安卓机器人平台展示了微动作为一种提示的重要性，它可以激发人们在短时间（1~2s）的互动中将人类的形象归因于机器人。另一个持续研究的主题是使用安卓机器人平台在本地环境中模拟远程参与者的个人存在的可能性[71.56,57]。Shimada 等人[71.58]的研究表明，当安卓机器人模仿人时，会觉得它们更可爱，就像两个人互动时的变色龙效应。MacDorman 和 Ishiguro[71.48]提议，这些机器人可以用于与当前认知科学相关的一些主题研究，包括身心问题、先天与后天问题、人类推理中的理性和情感，以及社会交互和内部认知机制之间的关系。

图 71.7　Kokoro 公司制造的安卓机器人
（由 Šabanović提供）

2. 社交要素的表现

具体化是机器人与其他交互式数字技术的主要区别，通过比较人们对与他们身体共现的机器人和屏幕上的机器人或社会代理人的理解和行为进行研究。Wainer 等人[71.59]比较人与实体机器人、模拟机器人和远程机器人的交互，发现人们在与实体机器人交互时参与度高，行为更合适，更适用拟人化的

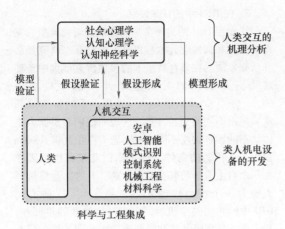

图 71.8　安卓机器人可用于分析和综合
研究人类认知[71.51]

图 71.9　在 Mumm 和 Mutlu[71.66] 的研究中,
当机器人注视着他们时, 参与者与不喜欢的
机器人保持更大的距离; 当机器人的目光
避开参与者时, 他们的近距离行为不受
喜欢的机器人注视的影响 (由 Mutlu 提供)

视角; 与实体机器人交互的人也表现出比与模拟机器人交互的人发出更多命令的倾向[71.60]。Bainbrige 等人[71.61] 进一步证实了在 HRI 中体现的社会效应, 该研究表明, 人们更有可能服从一个即时出现的机器人的请求, 而不是一个远程机器人通过电视屏幕与他们通信的请求。这些趋同的结果强烈地表明, 机器人的实体化存在对人们对机器人的社会反应具有显著的认知影响。机器人的实体化性质也促使了研究和使用各种其他社会要素, 包括 HRI 中的人际距离行为、凝视和交互节奏。Mutlu 对实体化的社会要素进行了更详细的回顾[71.62]。

人际距离行为 (proxemic behaviors)[71.63] 是由机器人的实体化性质引发的研究, 它不仅对人们对机器人的感知和行为具有显著影响, 而且还被用作衡量人们对机器人作为社会代理人的感知。Takayama 和 Pantofaru[71.64] 的研究发现, 之前与宠物和机器人接触的经历会减小人们在机器人周围感到舒适的距离。个人特征, 如性别和个性, 也会影响人们对机器人接近时感到舒适距离的偏好[71.64,65]。人际距离行为与其他社会要素具有复杂的关系。例如, Mumm 和 Mutlu[71.66] 的研究表明, 人们会通过远离机器人来避开他们不喜欢的机器人的强烈凝视 (图 71.9)。虽然大多数关于人际距离行为的研究都是在实验室完成的, 但最近对开放环境中人与机器人之间更自然的相互作用的研究也开始进行[71.67]。

凝视 (gaze) 是人际交互中的一个重要因素, 也是 HRI 中研究最多的非语言性社交要素之一 (🔊 VIDEO 128)。人们使用许多看似无意的、无意识的、自动的非语言信号来了解包括机器人在

内的其他参与者的心理状态和意图。凝视已经被证明在表达意图、调节互动, 甚至影响参与者的交互体验和记忆方面是有用的。已有研究表明, 凝视可以用来吸引用户[71.69,70], 并为他们分配特定的角色和进行交互管理[71.71]。机器人的凝视行为会影响人类交互伙伴的凝视和言语, 影响人对机器人言语的理解[71.72], 影响对机器人讲述的故事的记忆和机器人讲故事者的感知[71.73]。研究人员对 HRI 中的凝视时间的研究发现, 凝视行为的时间为人类意图提供信号, 当教给机器人对象的名称时, 适当时间的凝视行为可以对人与机器人之间的协作任务产生积极影响[71.68] (图 71.10)。Yu 等人[71.74] 开发了一种数据驱动的方法来分析 HRI 环境下人的凝视行为, 该方法可用于开发详细的细微行为凝视模型, 可指导机器人的行为, 并用于理解协作活动过程中的人类意图和行为。Admoni 等人[71.75] 最近的一项

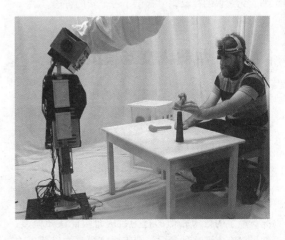

图 71.10　Yu 等人[71.68] 的 HRI 研究为开发
互动时间方面的模型提供了数据 (由 Yu 提供)

71

研究表明，拟人化机器人会自动吸引我们，就像与人类之间吸引一样的假设相反，对来自机器人的注视，不一定会以与人类凝视相同的方式对待。因此，我们不一定会以一种自动和无意识的方式将机器人视为社会性的。

交互节奏（interaction rhythms）——交互中伙伴之间的非语言和基本上无意识的时间协调——它作为一种所有人类交互行为的基础注解，能促进信息交流，有利于对交互伙伴行为的预测，甚至能带来人际交互间的积极评价[71.76-78]。因此，交互节奏也是HRI中的一个关键因素，无论是在开发感知和响应人们节奏的机器人方面，还是在理解人们对机器人行为时间的反应方面。Michalowski等人[71.79]使用跳舞机器人来探索社会交互的节奏特性，表明孩子们更有可能与机器人而不是背景音乐同步，并且孩子自己的节奏行为还会受机器人节奏的影响。在进一步研究中，Michalowski等人[71.80]建议，节奏交互可以作为儿童与机器人之间的一种游戏形式，随着机器人节奏的引导，孩子们会更密切地关注音乐节奏。Avrunin等人[71.81]发现，机器人有节奏舞蹈行为的简单变化，如动作的变化、机器人与音乐同步性的缺陷，以及行为变化与音乐动力学的协调，增加了人们对机器人逼真性的感知。Hoffman和Breazeal[71.82]利用交互的时间模式——它的节奏——开发了能够预测人类合作伙伴在协作任务中动作的机器人系统，如机器人台灯AUR和玛林巴琴演奏机器人Shimon[71.83]（ ▶ **VIDEO 236** ）。随着HRI的改进，使用机器人研究交互的节奏特性，为认知科学研究这些微妙、精细、无意识的社会信号提供了一个新的方法。

3. 在HRI中的认知发展

认知型HRI的另一个焦点是通过研究典型的发育中儿童和孤独症儿童与机器人的交互来研究社会和认知发展。在教育背景下的多项研究都集中于理解儿童是如何将社会能动性归因于机器人的[71.12,13]。Kozima等人[71.50]发现，不同年龄的儿童展现出不同的交互方式，这表明他们对机器人本体状态的理解程度不同——不满1岁儿童将Keepon视为一个移动的物体，1~2岁的儿童将机器人视为一个自主系统与其交互，2岁以上的儿童将机器人视为一个社会代理人。Deák等人[71.84]研究了HRI中的共同关注机制，以探讨偶然性的重要性，找出婴儿使用哪些感知特征来实现共同关注。研究人员还使用机器人来研究社会缺陷障碍，特别是孤独症。利用机器人研究社会缺陷障碍的研究结果表明，孤独症儿童对机器人有社交反应，但与人一起时他们不会表现出来[71.85-87]，这激励研究人员在HRI的背景下与儿童一起进行研究。这项研究试图探究机器人的哪些行为使孤独症儿童能够参与社会交互，这或许会解释他们与人交互时遇到困难的一些原因。HRI的研究人员还将机器人应用于孤独症儿童的各种治疗场景，努力为父母和治疗师提供一种工具，以改善沟通、更好地理解孩子[71.88,89]。Kozima等人[71.90]关于机器人Keepon与孤独症儿童交互的研究表明，这种设计极简的机器人可以用来激励孤独症儿童与治疗师或父母分享他们的精神状态。这项工作为了解更多关于社会缺陷和发育障碍（如孤独症等），并将机器人技术作为诊断和治疗的工具提供了一个很有希望的可能性。

71.2 机器人交互模型

Simon[71.91]建议，人类行为的研究可以通过综合、分析和设计计算机模拟来进行，并作为理解和预测自然、社会和认知系统行为的一种技术。基于Simon研究人类认知综合方法的思想，机器人学研究人员一直将机器人作为开发和测试各种认知、行为和发展模型的工具[71.47,92,93]。该方法假设，当在机器人上实现特定模型时，会产生与人类在相同情况下产生的行为相似的行为，从而验证认知模型；如果没有出现这种情况，则表明该模型在机器人中实现的方式可能存在问题[71.46]。认知型HRI研究涉及基于认知科学的发现开发机器人平台，并使用

这些平台来扩展对人类认知过程的知识。

71.2.1 发展性模型

机器人特别适合探索具体化和社会认知的理论，这些理论强调主体与其环境，以及该环境中其他主体的交互作用对认知功能的中心作用。在综合机器人系统的过程中，研究人员专注于认知对非认知过程的依赖性，包括认知发生的社会和物理环境。像Cog和Kismet[71.31]这样的机器人已被用来模拟和验证认知、感知和行为的不同理论，Cog被用来实施和测试与到达行为、节奏运动技能、视觉搜

索和注意力，以及社交技能获得相关的认知模型（如共同关注和心理理论）。在这个过程中，它们能够验证、扩展和展示认知、行为和发展理论的局限性。在后来的项目中，研究人员开发了受人类认知和行为启发的模型，如社会参考[71.94]、感知和动作循环[71.95]、在团队合作中的预期行为[71.96]及其他内容。

机器人学研究人员将智能发展嵌入社会和文化环境的理念应用于机器人人工制品的构建。例如，Breazeal[71.31]将有关婴儿社会发展、心理学、行为学和进化的理论应用于设计机器人 Kismet，它使用像婴儿一样的社交信号，让人类参与者参与交互，从而支撑机器人的学习，如同婴儿与父母的交互一样；研究人员还开发了各种具有认知特征的机器人系统，如模仿[71.97,98]、共同关注[71.99-101]、有节奏的同步性[71.50,102]；Infanoid 项目[71.33]还使用了一种综合的方法，通过研究机器人如何学习来理解发展。情境模型和具体化模型已被应用于机器人学习，特别是通过模仿的方式。例如，Bakker 和 Kuniyoshi[71.103]提出，模仿是一种互动和学习范式，与机器人编程或机器人学习形成对比。此外，他们认为，机器人编程过于困难和乏味，无法详细说明复杂的行为，也无法说明如何适应新的情况。

71.2.2 机器人的空间认知

致力于建模空间语言和交互的系统，包括 Jackend-off[71.104]、Landou[71.105] 和 Talmy[71.106] 的理论已经有多年的历史。以前的几项工作是对这些理论中提出的思想进行计算实例化，特别是空间语义模型的实现和测试。Regier[71.107]建立了一个系统，可以分配标签，如通过电影显示对象相对于地标移动的图形，Kelleher 和 Costello[71.108]、Regier 和 Carlson[71.109]建立了如上所述的静态空间模型。

许多作者提出了形式主义，使系统能够在给出的背景下对自然语言使用的语义进行推理。例如，Bugmann 等人[71.110]确定了一组 15 个与自然语言口语方向语料库中的从句相关的初始程序，Levit 和 Roy[71.111]设计了可以将指令分解为组件的导航信息单元，MacMahon 等人[71.112]将一组方向中的一个子句表示为由一个简单动作（移动、转弯、验证和声明目标）加上一组前置和后置条件组成复合动作。许多以前的表示都是具有表达性的，但很难从文本中自动提取。一些作者通过使用人类注释[71.111,112]或用受控语言指定机器人的行为[71.113]来避免这个问题。Matuszek 等人[71.114]创建了一个使用机器翻译方法遵循方向的系统。类似地，Vogel 和 Jurafsky[71.115]使用强化学习来自动学习理解路线指令的模型。

71.2.3 符号接地

将语言从人类用户处映射到外部环境的各个方面——机器人应该处于的位置、任务的目标或动作——被称为符号接地（symbol grounding）问题[71.116]的一个例子。在机器人学中，人们解决符号接地问题有三种不同的方法，它比空间认知更普遍。第一种方法是从 Winograd[71.117]开始，许多人创建了符号系统，通过手动将每个术语连接到预先指定的动作空间和一组环境特征中[71.110,112,113,118-121]，在某些语言和外部环境之间映射。这类系统利用了语言交互的结构，但通常不涉及学习，很少有感知反馈，并且有一个固定的动作空间。第二种方法是学习机器人感知-运动空间（如关节角度和图像）中单词的含义[71.122-124]，将人类交互用语视为感官输入，这些系统必须直接从感知系统提取的复杂特征中学习，从而产生一组有限的能被可靠理解的命令。第三种方法是通过学习将交互转换为环境的各个方面。这些方法可能只使用语言特征[71.125,126]、空间特征[71.107]或语言、空间和语义特征[71.114,115,127-129]。这些方法学习了空间介词（如上方）、操纵动词（如推和猛推[71.130]）、运动动词（如跟随和相遇[71.131]）和地标（如门[71.129]）的含义。

概率关系模型，如广义接地图（G3）的最新进展，通过利用空间话语结构，将自然语言命令分解成子句，并将每个单词与物理解释联系起来，解决了这些问题[71.131,132]。接地图充分利用了自然语言命令的层次结构和组合结构，并能够利用未知名词短语与已知感知特征之间的对象共现统计、空间关系，以及跟随、相遇、避开、走等动作动词来接地地标。经过训练后，G3 模型可以在环境的语义地图中构建空间话语；地图可以预先给定，也可以在机器人搜索环境时即时创建。G3 模型被动态实例化为一个分层概率图形模型，该模型将自然语言命令中的每个元素连接到环境中的对象、位置、路径或事件。它的结构是根据命令的组成和层次结构创建的，从语言学习到机器人连续规划的映射。G3 模型在自然语言命令与接地相结合的语料库上进行训练，并学习语料库中单词和短语的含义，包括复杂的动词，如放和取。

71.3　人-机器人交互模型

与人交互的机器人技术——无论是提供闭环遥操作还是作为同伴自主协作——都需要解释、决策和响应环境，特别是真实环境、布置给它们的任务，以及包括人在内的其他代理的动作、目标和意图。为了实现这些目标，机器人需要能够准确表示其环境的物理和认知特征的模型。这些模型可能狭义地概述了在遥操作背景下的控制-动作关系，或者全面地概括了对等协作环境下的人-机器人联合活动。认知型 HRI 认为，机器人系统是分布式认知系统的一部分，因此主要寻求开发受认知启发的模型[71.2]。这些模型可能会利用人类认知方面的知识来提高机器人系统的可用性，模拟人类决策或行为机制，或者代表完整的人-机器人认知系统，为 HRI 的不同范式提供认知表示（图 71.11）。

图 71.11　HRI 的不同范式[71.2]

71.3.1　基于对话的模型

从遥操作[71.133-134]到点对点交互[71.135]等不同交互范式的人-机器人交互研究中强调了建立有效 HRI 的共同点[71.136]的必要性。在遥操作背景下，Burke 等人[71.133]发现，人类团队成员和机器人之间缺乏适当的共享机制，导致团队成员之间在理解上存在差异，以及在感知和解释机器人提供的数据时出现故障；Stubbs 等人[71.134]发现，操作员与机器人在不同程度的自主性上缺乏共同点。在点对点交互的背景下，Kiesler[71.135]认为，测试中的参与者寻求最小化他们达成相互理解的集体努力，并且在机器人和用户之间建立这种理解所需的努力可能会决定 HRI 能否成功。这些例子推动了大量的基于对话的模型开发，以建立人-机器人联合活动的共性基础研究。

将基于对话的模型应用于传统上涉及监督控制任务领域的一个例子是 Fong 等人[71.136]的协同控制系统。在这个系统中，人与机器人作为合作伙伴，执行导航、协作搜索和多机器人遥操作等任务，并在这些任务中实现共享的目标。机器人与人之间的交互涉及对话，以共享任务关键点的信息和控制。例如，当机器人遇到障碍物时，它传送一个障碍的图像并询问用户："我可以开车通过图中障碍吗？"当询问这些问题时，机器人利用用户的特定属性，如响应的准确性、专业知识、可用性、效率和偏好，以确定是否应该将特定的问题直接提交给用户。

许多提出的模型和系统进一步采用了基于对话的交互范式，使机器人与人类伙伴共同处理领域任务，并将对话本身作为联合活动[71.137-138]。在这种点对点的设置中，任何一方选择要解决的目标和用于解决它们的策略，并且任何一方都执行任务的任何部分。由 Foster 等人[71.137]提出的模型包括语义解释模块和中央决策模块，该模块利用了资源，如机器人与其用户之间的对话历史、环境模型、区域规划器，以及当前正在执行的规划表示，以产生行动和沟通行为。

Li 等人[71.138]提出的模型利用了联合意图理论[71.139]，认为联合活动包含一个实现对话基础的共同持久目标，并明确使用基础元素代表会话方面的贡献，包括陈述阶段和接受阶段。例如，当一个代理提出一个问题，而另一个代理回答时，问题变成陈述，而答案变成接受，形成一个有基础的交换。该模型认为，涉及陈述而不接受陈述的交流是没有根据的。话语的贡献分为两层，即意图层和对话层。在意图层，系统在分析先前论述和机器人控制系统的基础上规划通信意图，对于每个代理来说，这些意图可以是自我的或他人激励的；对话层包括通过语言和非语言行为来表达沟通意图。这两层在模型中形成了一个交互单元（IU）。该模型通过评估 IU 是否满足代理的共同意图，以确定它是否表示或接受，以及它是否是有根据的。图 71.12 所示为模型评估交互伙伴提供的交换，以确定其是表示还是接受，并确定适当的操作。

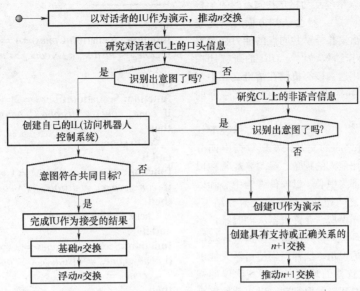

图 71.12 模型评估交互伙伴提供的交换, 以确定其是表示还是接受,
并确定适当的操作[71.138]

1. 定位人-机器人对话的模型

上述模型和系统将 HRI 中的基于任务的交流和交流视为对话, 并扩展口语对话模型, 以适应 HRI 特有的需求, 如任务管理、混合主动对话管理和物理位置的引用。认知型 HRI 的研究也探索了对话系统的开发, 将这些机制明确地集成到对话建模中, 以及为这些需求开发特定的模型和机制。

专门为定位人-机器人对话开发对话系统的一个例子是基于模式的混合倡议 (PaMini) HRI 框架[71.140], 它扩展了语音对话系统, 包括两个关键组件, 即任务状态协议组件和交互模式组件。任务状态协议组件明确地定义了机器人感知或控制子系统可以执行的任务, 任务被定义为执行状态和执行的先决条件, 任务状态协议指定了任务状态和它们之间的转换, 以支持协调; 交互模式组件提供了循环对话结构的高级表示, 如声明。Peltason 和 Wrede[71.141] 提供了在人-机器人位置学习场景中最常用的口语对话系统和 PaMini 框架的比较。

另一个例子是 Huang 和 Mutlu[71.3] 开发的机器人行为工具包, 它支持通过将基于任务的参考通信和对话的非语言要素融入机器人的语音中, 以定位人与机器人的对话。该工具包使用基于人类交互模型的位置通信要素规范库和活动模型 (下面将更详细描述), 指定了人与机器人的联合活动, 包括代理、任务上下文、共享任务目标和预期任务结果, 将预期支持这些结果的位置通信要素整合到机器人

的语音中。图 71.13 所示为工具包在协作操作任务中生成的行为。对其系统的评估表明, 与基线交互相比, 机器人按照系统的提示显示这些位置通信要素的交互, 可以更有效地支持期望的任务结果 (⟨◎⟩ VIDEO 128)。

认知型 HRI 的研究也探索了情境交互中特定沟通和协调机制模型的开发, 如观点采择、空间参考、参考分辨力和共同关注 (⟨◎⟩ VIDEO 129)。

```
<behaviors>
  <channel type=`gaze`>
    <action endTime=`214.5` startTime=`0` target=`unspecified`/>
    <action endTime=`1160` startTime=`214.5` target=`the green
      object with one peg`/>
    <action endTime=`2735.4` startTime=`1160` target=`unspecified`/>
    <action endTime=`3597` startTime=`2735.4` target=`the red box`/>
    <action endTime=`4308` startTime=`3597` target=`unspecified`/>
    <action endTime=`4963` startTime=`4308` target=`listener`/>
  </channel>
  <channel type=`speech`>
    Could you help me put the green object with one peg into the red
    box, please?
  </channel>
</behaviors>
```

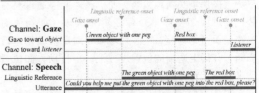

图 71.13 工具包在协作操作任务中
生成的行为[71.3]

（1）观点采择 情境互动建立共同点的一个核心过程是观点采择[71.142]。社会认知方面的研究表明，从他人的角度出发并分享共同点的能力显著提高了人类团队的协作绩效[71.143]。HRI 的研究还探索了机器人如何利用这一核心机制在情境交互中与用户建立共同点，并提出了几种支持观点采择的模型。

Trafton 等人[71.144]在一个自然主义协作装配任务中研究了宇航员之间的交互，发现数据中四分之一的话语涉及采用他人的视角，参与者经常在以自我为中心、以外部为中心、以收件者为中心和以对象为中心的角度之间切换。根据这个研究结果，他们开发了一个认知模型，允许机器人同时维护多个视角——或替代环境——并探索关于这些环境的命题，如互动伙伴的视角。这种探索使机器人能够通过模拟这个可供选择的环境来推断其伙伴的视角，并从这个角度对环境采取行动。以下动作序列说明了机器人可能根据"转到圆锥体"的命令来进行的模拟（改编自 Trafton 等人[71.2]）。带下划线的文本描述了系统实现的组件。

1）模拟真实环境（即感受它）。感知模块注意到了人、圆锥 1、圆锥 2 的存在及其位置，而障碍语言模块听到了"Coyote，转到圆锥"的命令，并且推测那里有一个物体——圆锥 C，即需要 Coyote 前往的物体。认知假设模块推断 C 可以是圆锥 1 或圆锥 2，这种矛盾触发了反事实模拟策略。

2）模拟 C 是圆锥 1 的环境。因为这个环境中，人类指向圆锥 1，观点采择策略被触发。

模拟 C 是圆锥 1，人位于机器人位置的环境：从空间推理的角度来看，圆锥 1 在这个环境中并不存在，因为人们看不见它，所以 C 不是圆锥 1。

3）模拟 C 是圆锥 2 的环境。因为这个环境中，人指向圆锥 2，观点采择策略被触发。

模拟 C 是圆锥 2，人位于机器人位置的环境：因为圆锥 2 在这个环境是可见的，没有矛盾，可见 C 是圆锥 2。

遵循反事实模拟策略，使机器人能够通过具有替代物理（如物体是否存在）和认知（如物体对人体是否可见）特征的替代场景，对定位动作进行推断，并确定适当的位置进行下一步行动，如执行请求或寻求对方的澄清。

图 71.14 所示为 Trafton 等人[71.144]探索的具有不同物理和认知特性的四种备选方案。在每个场景中，机器人都会评估这些属性，以确定其下一个动作，如下所示。

【算法 71.1】

function: Scenario($nCones = 1 \Rightarrow cone_a$)
if $cone_a = visible_{robot} \wedge cone_a = visible_{human}$ then
  Go to $cone_a$
end if
function: Scenario($nCones = 2 \Rightarrow cone_a, cone_b$)
if $cone_a, cone_b = visible_{robot} \wedge cone_a = visible_{human}$
then
  Go to $cone_a$
end if
function: (Scenario($nCones = 1 \Rightarrow cone_a$)
if $cone_a, cone_b \neq visible_{robot} \wedge cone_a = visible_{human}$
then
  Check hidden location
end if
function: Scenario($nCones = 2 \Rightarrow cone_a, cone_b$)
if $cone_a, cone_b = visible_{robot} \wedge cone_a,$
  $cone_b = visible_{human}$
then
  Request clarification
end if

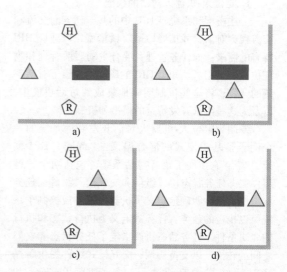

图 71.14 具有不同物理和认知特性的
四种备选方案[17.144]
R—机器人 H—人类

注：机器人及人类对应物位于一个房间内，房间内有多个物体，并且从机器人或人类的角度来看可能存在遮挡。

Berlin 等人[71.145]开发了一个类似的模型，通过在其信念系统中为自己和交互伙伴保持独立的且可能不同的信念集，使机器人能够从交互伙伴的角度理解其环境。为了构建其交互伙伴的信念模型，机器人使用了同样的机制来建模自己的信念，但改变了它从环境上感知的数据，以匹配其交互伙伴的参考系。这两组信念是分开维护的，这样机器人就可以比较它的信念与交互伙伴的信念之间的差异，并

规划动作，以在任务学习环境中建立共同点或识别学习差异。图 71.15 说明了机器人在按下按钮的任务中保持的平行信念。

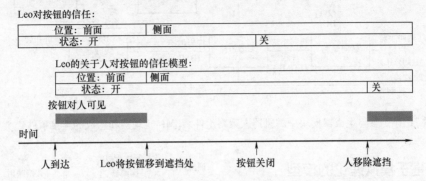

图 71.15　在 Berlin 等人[71.145]提出的系统中，机器人为自己和人类任务保持平行的信念，并根据感官输入更新自己的信念，根据用户的意识更新用户的信念

（2）空间参考　Moratz 等人[71.146]提出了一种空间参考的认知模型，它表示了不同类型的空间参考系统，并允许机器人解释来自交互伙伴的指令。该模型将所有对象的位置映射为平面视图上的投影，并将机器人的视点作为原点，将物体的位置作为相对关系来确定参考轴。这个轴使机器人能够解释相对于关系者的左、右、前和后的方向，使机器人能够解释对环境中物体的自然语言引用。

（3）参考分辨力　Ros 等人[71.147]扩展了这些方法，并开发了一个模型，使机器人能够辨明其交互伙伴所做的参考。该模型采用了几种机制，包括视觉观点采择、空间观点采择、符号位置描述符和特征描述符，以确定是否需要对其交互合作伙伴的引用进行阐明。视觉观点采择获取机制使机器人能够确定环境中的物体是否在其交互伙伴的关注焦点（FOA）内、视野内（FOV）或视野外（OOF）；空间观点采择获取机制保持了以自我为中心和以收件者为中心的视角，以确定对象引用中的歧义。该系统还包括符号位置描述，如在里面、在上面和在旁边，以确定对象与环境之间的空间关系。最后，机器人使用颜色和形状等特征描述符来识别其交互伙伴引用中的歧义。一旦机器人在合作伙伴的引用中确实需要阐明，它就使用一种基于本体的阐明算法向合作伙伴询问关于参考对象的问题。

（4）共同关注　情境交互的另一个关键机制是共同关注，即使用非语言信号，如凝视和指向

的能力，为对话中正在考虑的环境中的参考建立共同点[71.149]。Scassellati[71.99]提出了一种基于任务的共同关注技能，包括相互凝视、凝视跟随、命令式指向和陈述式指向，并在机器人中将这些技能作为与人类同伴建立共同关注的阶段。相互凝视的技能为机器人提供了识别和保持与其交互伙伴的眼神交流的能力；在凝视跟随阶段，机器人跟随同伴的眼睛，将注意力转移到同伴关注的对象上；命令式指向指为了请求对象而指向一个无法触及的对象；陈述式指向包括伸出手臂和食指，在不需要请求对象的情况下，将注意力引向一个无法触及的对象。

2. 连接事件

Rich 等人[71.150]认为，共同关注等机制是情境对话中的连接事件，并建立和维持交互伙伴之间的互动。从关于人类交互的数据中他们确定了一组关键的连接事件，包括相互凝视、定向凝视、邻接对和反向通道，并开发了一个系统，以在人类同行中识别这些事件，并为机器人生成这些事件（关于识别器的细节参见 Rich 等人的文献[71.150]，关于生成器的细节参见 Holroyd 等人的文献[71.148]）。识别器模块包括每种类型连接事件的专用识别器和机器人人类伙伴的参与水平估计器，而生成器模块包括四个策略组件和一个行为标记语言（BML）实现器，用于生成机器人行为，以建立和维护参与行为。参与生成器模块中的机器人策略组件、BML 实现器和生成的连接事件如图 71.16 所示。

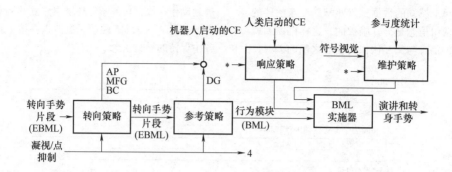

图 71.16　参与生成器模块中的机器人策略组件、BML 实现器和生成的连接事件[71.148]

71.3.2　基于模拟理论的模型

认知型 HRI 的研究也受到了开发人-机器人联合活动模型的神经认知机制的启发，特别是建立在模拟理论的基础上。该理论表明，人类（和灵长类动物）通过采用他人的观点来代表其他人的精神状态，特别是通过跟踪或匹配他们的状态与他们自己的共振状态[71.151]。这种模拟理论的方法导致了机器人行为和人-机器人联合活动的几种模型，包括机器人模拟或模仿其交互伙伴的行为，以便从中学习或推断其伙伴的目标。

作为这种方法的一个例子，Bicho 等人[71.152] 提出了一个人-机器人合作任务中的动作准备和决策模型，该模型的灵感来自于动作观察会导致与观察动作执行相关的运动表征的自驱动。这种运动共振机制允许人们使用自己的运动指令在内部模拟动作后果，并预测他人的动作后果。在所提出的模型中，感知-动作链接使人与机器人联合活动任务中的代理之间能够有效地协调行为和决策。该模型集成了观察到的行为和记忆中的互补动作之间的映射，同时考虑了交互伙伴的行为、上下文要素和共享任务知识的推断目标。

在模拟理论的基础上，Gray 等人[71.153] 提出了一个类似的系统，其中机器人分析用户的动作，并将用户的动作与自己的动作相匹配，以推断用户的目标，并执行任务级模拟（图 71.17）。该模拟允许机器人确定代表任务的模式的先决条件，并跟踪其人类合作伙伴在任务过程中的进展，以便预测其合作伙伴的需求，并提供相应的相关帮助；该模拟还为机器人提供了对其伙伴的信念进行推断的能力，并以一种类似于 Trafton 等人[71.144] 和 Berlin 等人[71.145] 提出的观点采择机制的方式模拟其合作伙伴（ VIDEO 130 ）。

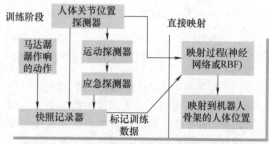

图 71.17　将感知到的人类动作映射到机器人的本体，以便进行比较和任务级推理[71.153]

在这些例子中，明确采取的模拟理论方法的各个方面也可以从为 HRI 开发的其他控制架构中看到。Nicolescu 和 Mataric[71.154] 提出了一种控制架构，统一感知和动作来实现基于动作的交互。在这种架构中，行为是由感知组件和活动组件构建的。感知组件允许机器人将其观察结果和动作联系起来，从而学习从与人交互中获得的经验来执行任务；活动组件支持基于任务的行为，这些行为也作为隐式通信，而不是显式行为，如语音和手势。架构中的行为表示捕获了两种行为类型，即抽象行为和原始行为。抽象行为是行为激活条件（先决条件）、抽象环境状态形式的目标和效果（后条件）的明确规范，而原始行为是机器人为实现这些效果而执行的行为。通过将感知和动作联系起来，机器人可以了解自己的哪些动作可能会达到相同的观察效果。

71.3.3　基于意图和活动的模型

上面描述的模型和系统主要是使用对话和模拟理论方法在基于任务的交互中建立和维护共同点并协调行动，有限地考虑这些交互的更广泛的背景，即涉及多个具有共同目标代理的复杂活动，以及对这些目标的承诺。许多模型和系统试图通过建立在人类联合活动的模型和理论的基础上，如联合意图理论[71.139]和活动理论[71.7]，以解决这一限制。

在联合意图理论的基础上，Breazel 等人[71.155]提出了一种人-机器人协作模型，其中包括将子计划动态地划分为联合活动，以实现人-机器人团队的共同目标。在该模型中，任务和目标表示具有一个以目标为中心的视图，它使用一个操作元组数据结构，以捕获先决条件、可执行文件、直到条件和目标。任务以动作和递归定义的子任务的层次结构来表示，目标也被层次地表示为整体意图，而不是一连串的低级目标。所实现的联合意图模型动态地向人与机器人团队的成员分配任务。这些意图是基于机器人的行动和能力、人类伙伴的行动、机器人对团队共同目标的理解，以及机器人对当前任务状态的评估得出的。在交互的每个阶段，机器人都会协商谁应该完成任务。在这些点上的动作看起来像是轮流或同时的行动（机器人与人在不同任务阶段的部分工作）。

Alami 等人[71.156,157]同样基于联合意图理论提出了一个人-机器人决策框架。在该框架中，团队成员致力于一个共同的持久目标，并遵循合作方案，为实现该目标做出贡献。该框架包括一个称为"机器人和人类合作者要追求的议程"的目标规划器，一个称为"交互代理"（IAA）的机器人中人类的代理表示、监督和控制人或机器人对每个活动、非活动或暂停目标的任务承诺的代理，以及一个"机器人监控内核"，用于监控机器人的活动。对于每个新的活动目标，机器人监控内核将创建一个任务委派，选择或制定一个计划，并分配每个团队成员的角色。

Fong 等人[71.1]提出了一个类似的系统，称为HRI 操作系统（HRI/OS），以支持人-机器人合作。该系统包括任务管理器、资源管理器、交互管理器、空间推理代理、环境管理器、人与机器人代理，以及开放代理架构（OAA）辅助器。任务管理器将系统的总体目标分解为高级任务，并分配给人或机器人执行，依赖代理来完成任务的低级步骤，它与资源管理器通信，以找到能够执行该工作的代理；资源管理器处理所有代理请求，在需要执行任务时对要咨询的代理列表进行排序；交互管理器协调代理之间基于对话的通信；环境管理器会跟踪系统运行时发生的一切，包括任务状态和执行、代理活动、代理对话等；空间推理代理（SRA）用于解决人-机器人对话中的空间歧义，通过观点采择机制，解决自我、收件者、对象和以外部为中心的引用之间的歧义，为此 SRA 将空间对话转换为几何参考，并对交互进行心理模拟，以探索如何通过多个引用来解

决歧义；操作系统包括一个人类的软件表示——一个人类代理，代表用户能力，并以机器人代理的方式接受任务分配。这些代理代表任务能力，包括专业知识领域，并提供运行状况监测反馈。

Huang 和 Mutlu[71.3]开发的一个人-机器人联合活动的模型（建立在人类活动的另一种模型——活动理论[71.7]上），该模型建立在活动理论的五个关键结构上，包括意识、面向对象、层次结构、内外化和中介。意识结构涉及注意力、意图、记忆、推理和言语，并包括注意和意图的特定表征。面向对象的结构描述了联合活动的成员要共享的物质对象、行动规划或共同的想法。按照层次结构，该模型将联合活动分为三层，即活动、动作和操作，活动由一系列具有相同目标的操作组成，每个操作都有一个定义的目标和一系列在一组条件下执行的常规例程。内化和外化描述了认知过程，内化包括将外部行为或感知转变为心理过程，而外化是在外部行为中表现心理过程的过程。中介结构定义了几种外部和内部工具，如可能用于活动的物理对象，以及个人可能获得的文化知识或社会经验，作为人-机器人联合活动的中介。这些构造及其相应的系统元素允许构建和规划人-机器人联合活动。对于每项活动，一个动机支配着一个动作；每个动作，通过实现其相应的目标，都有助于实现活动的动机；每个操作可能有几个受一组条件约束的操作，并且只有在满足所有条件时才能执行，操作具有预定义的结果，它指定了操作的方向。图 71.18 所示为基于活动理论的协作操作任务模型的XML（可扩展标记语言）表示。

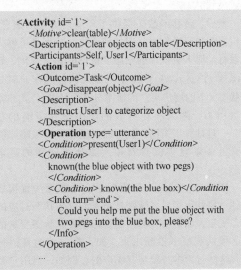

```
<Activity id='1'>
   <Motive>clear(table)</Motive>
   <Description>Clear objects on table</Description>
   <Participants>Self, User1</Participants>
   <Action id='1'>
      <Outcome>Task</Outcome>
      <Goal>disappear(object)</Goal>
      <Description>
      Instruct User1 to categorize object
      </Description>
   <Operation type='utterance'>
   <Condition>present(User1)</Condition>
   <Condition>
      known(the blue object with two pegs)
      </Condition>
      <Condition> known(the blue box)</Condition>
      <Info turn='end'>
         Could you help me put the blue object with
         two pegs into the blue box, please?
      </Info>
   </Operation>
   ...
```

图 71.18 基于活动理论的协作操作任务
模型的 XML 表示[71.3]

71

71.3.4　动作规划模型

上述模型主要实现了人与机器人之间的沟通和协调，以规划和执行联合任务。为了成功地完成这些任务，机器人还需要在动态的物理环境和认知环境中规划其动作模型。认知型HRI的研究旨在开发动作规划模型，帮助机器人估计它们必须采取的动作，以实现任务目标和学习任务空间的参数。以下回顾了建立这类模型的两种常见方法，即决策理论模型和模型学习。

1. 决策理论模型

在HRI中，控制和决策最简单的方法之一是将交互定义为决策理论规划问题，如马尔可夫决策过程（MDP）。在形式上，一个MDP由n个元组 $\{S$、A、T、R、$\gamma\}$ 组成。集合S是一组状态，它在HRI设置中通常对应于状态变量的组合，如机器人状态和交互的期望结果。例如，如果交互模型允许人类伙伴指示机器人移动到环境中的不同位置，则一个状态变量可以对应于机器人的不同当前位置，而另一个状态变量可以对应于人类伙伴预期的目标状态。全状态空间S是由不同状态变量的可能值组合而成。

动作集合A表示机器人可能采取的动作。这些动作可能包括问一个问题，做一些身体运动，甚至什么都不做。根据当前状态，每个动作都有一个代价R，它会奖励机器人执行有用的动作，惩罚机器人采取的动作，要么没有立即向指定目标取得进展（通常是一个小惩罚），要么完全没有帮助（一个大惩罚）。

最后，转移函数T提供了环境动力学的概念，即机器人执行动作时状态如何变化，特别是机器人采取行动时人类伙伴的状态变量可能如何变化。转移函数$T(s'\mid s,a)$给出了机器人执行动作a时处于状态s下的用户可能的概率分布。MDP公式非常有吸引力，因为存在有效的解决交互策略的技术。一旦计算了策略，就可以仅通过查询策略来管理交互，以响应机器人和人类合作伙伴的当前状态。

MDP方法的一个局限性是，可能无法直接观察到一些状态变量，特别是与人类意图状态对应的状态变量，如机器人的预期目标位置。状态变量的值必须从观察中推断出来，如人类伙伴的言语行为，这些行为本身就是有噪声的。例如，当用户要求机器人去使用复印机（copy machine）时，系统可能会听成咖啡机（coffee machine）单词。虽然语

音识别错误可以通过要求用户在与系统说话时只使用声学上不同的关键字来在一定程度上减轻，但一个不模拟识别错误的可能性并相应地采取行动的系统将是脆弱的；一个具有鲁棒性的系统必须能够在不确定的情况下推断用户的意图。

这些观察结果几乎不足以成为唯一的观察结果——确定当前状态，但更常用的是计算信念或对话状态的概率分布。如果代理采取了一些动作a，并从初始信念b中听到观察结果o，它可以很容易地使用贝叶斯公式更新其信念。

$$b^{a,o}(s)=\frac{\Omega(o\mid s',a)\sum_{s\in S}T(s'\mid s,a)b(s)}{\sum_{\sigma\in S}\Omega(o\mid \sigma,a)\sum_{s\in S}T(\sigma\mid s,a)b(s)} \tag{71.1}$$

这种概率分布将随着对话管理器询问澄清问题和接收回答而演变。图71.19所示为对话POMDP的玩具示例。最初，我们将用户建模为处于启动状态；然后，在某个时间点，用户与机器人对话，表示他或她希望机器人执行一项任务。我们用模型中心的垂直节点堆栈集来表示这个步骤，每个节点代表一个不同的任务。对话管理器现在必须与用户交互，以确定需要什么。一旦任务成功完成，用户就会转移到最右侧的末端节点，在这个节点中，他或她也不会从机器人那里得到任何东西。我们注意到，它可以很容易地进行扩展，以处理更复杂的场景。例如，通过将一天的时间作为状态的一部分，我们可以模拟用户通常希望在上午和下午前往特定地点的这一事实。

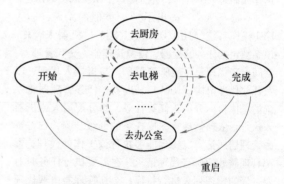

图71.19　对话POMDP的玩具示例
注：图中的节点是对话的不同状态（即用户请求）。实线表示可能的转变；假设在初始请求被满足之前，用户不太可能更改其请求。一旦到达结束状态，系统就会自动重置。

直观地说，我们可以看到如何使用这个信念来选择一个适当的动作。例如，如果对话管理器认为

用户可能希望使用咖啡机或复印机（而不是打印机），那么在命令轮椅到达某个位置之前，它可能会要求用户进行说明。更正式地说，把从信念到行动的映射称为策略，用值函数 $V(b)$ 的概念来表示这个映射，信念的价值定义为对话管理器在信念 b 中开始用户交互时所获得的预期长期奖励。最优值函数是分段线性的凸函数，所以我们用向量 V 来表示 V_i，$V(b) = \max V_i \cdot b$。最优值函数满足贝尔曼方程[71.158]：

$$\begin{cases} V(b) = \max_{a \in A} Q(b,a) \\ Q(b,a) = R(b,a) + \gamma \sum_{o \in O} Q(o \mid b,a) V(b_a^o) \end{cases} \quad (71.2)$$

式中，$Q(b,a)$ 是开始执行信念 b 时的期望奖励，执行动作 a，然后使动作的预期奖励最优化；信念 b_a^o 是使用式（71.1）对 b 进行贝叶斯变换更新后的 b；$Q(o \mid b,a)$ 是在信念 b 中执行了动作 a 后出现 o 的可能性。

也有在不确定环境中使用非贝叶斯变换的方法。许多交互系统为对话管理器提供了一组规则，以遵循语音识别系统给定的特定输出。基于规则的系统的缺点是，它们常常难以管理许多不确定性，如来自嘈杂的语音识别或语言歧义。马尔可夫决策过程（POMDP）规划器在对话管理中特别有用，包括一个设计用来与养老院的老人交互的 Nursebot 机器人[71.159]，一个基于视觉的系统可以帮助阿尔茨海默病患者完成洗手等基本任务[71.160]，以及作为一个自动电话接线员[71.161]和旅游信息亭[71.162]等。

除了将认知型 HRI 作为一个决策理论问题，还有许多改进算法扩大了这种方法的适用范围。例如，传统的 MDP 和 POMDP 算法通常假设每个观察和动作大约花费相同的时间，这可能会导致对更长动作的隐含偏差。显式表示时间会导致计算复杂，但 Broz 等人[71.163]证明了仅随时间指数变化的相似状态可以被聚合，从而产生了可以非常有效求解的降阶模型。同样，Doshi 和 Roy[71.164]表明，人类意图状态的对称性可用来极大地减少规划问题的规模，也可产生有效的解决方案。最近，同样是在非贝叶斯领域，Wilcox 等人[71.165]表明，基于任务的 HRI 的时间动态可以表述为一个调度问题。

2. 模型学习

从求解式（71.2）中衍生出来的对话管理器的行为，在很大程度上取决于转移概率、观察概率和奖励的准确选择，如观察参数会影响系统将特定关键字与特定请求关联的方式。类似地，奖励功能能会影响对话管理器在有限和嘈杂的信息下理解用户请求的积极程度。不正确的对话模型规范可能会导致过度乐观或保守的行为，这取决于模型捕获用户对交互的期望的准确性。

其他领域的一种常见方法是使用固定策略（通常称为系统标识）收集数据。在 HRI 中，使用所谓的绿野仙踪研究最容易做到这一点。在该研究中，人体实验人员执行不可见的策略，以生成数据或评估策略。Prommer 等人[71.166]的研究表明，绿野仙踪研究不仅可以有效学习 MDF 对话模型的参数，还可以学习有效的策略。

同时，学习指定丰富对话模型所需的所有参数可能需要大量的数据。虽然模型参数可能很难精确地指定，无论是手工还是从数据中，但通常可以向对话管理器提供模型参数的初始估计，从而生成一个合理的策略，并在模型改进时执行该策略。例如，尽管可能无法为将轮椅用户带到错误的位置添加精确的数值，但至少可以指定这种行为是不受欢迎的。类似地，可以指定精确的数值最初是不确定的，随着模型参数相关数据的积累，参数估计应该收敛到正确的基础模型，并相应减少不确定性。

图 71.20a 所示为标准模型，图中的箭头显示了从 t 到 $t+1$ 的时间内模型的哪些部分相互影响。虽然图 71.20a 中隐藏线以下的变量不能被对话管理器直接观察到，但定义模型的参数（即给出下一个状态的函数中的参数）是固定的和先验的。例如，时间 t 的奖励是上次状态和对话管理器选择的操作函数。

如果由于模型的不确定性，模型参数是未知的，如代理给定之前的状态和选择的行动收到了多少奖励，那么信念的概念也可以扩展到包括代理对可能模型的不确定性。在这种新的表示中，我们称之为模型不确定性 POMDP，用户的请求和模型参数都被隐藏了。图 71.20b 所示为这种扩展模型，其中时间 t 的奖励仍然是上次状态和对话管理器选择的操作的函数，但参数不是已知的和先验的，因此是隐藏的模型变量，必须随用户状态一起估计。系统设计者可以将他们对系统的知识编码到对话管理器对其认为可能的对话模型的初始信念中——贝叶斯先验模型——并让代理根据经验改进这种信念。

Poupart 等人[71.167]将未知的 MDP 参数视为更大的 POMDP 中的隐藏状态，并推导出一种策略的解析解，该策略将在学习 MDP 和最大化奖励之间进

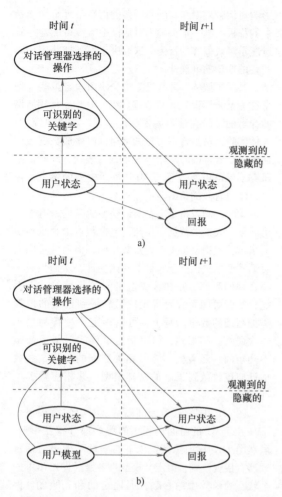

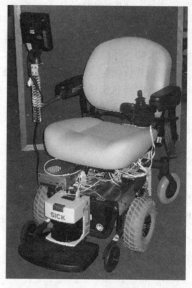

图 71.21 智能轮椅助手（对话管理器允许人与
机器人轮椅进行更自然的交流交互[71.168,169]）

图 71.20 POMDP 模型
a）标准 b）扩展

注：在这两种情况下，箭头显示模型的哪些部分在时
间 t 到 $t+1$ 之间相互影响。没有绘制从时间 $t+1$ 开始的
依赖关系，如用户状态和用户模型在时间 $t+1$ 时对识
别关键字的影响。

行最佳权衡。遗憾的是，这些技术不能很好地扩展
到模型不确定性的 POMDP，它在 POMDP 参
数（像 MDP）和信念状态（不像 MDP）中都是连
续的。Doshi 和 Roy[71.168,169] 提供了一个近似的贝叶
斯风险行动选择标准，允许对话管理器在这个复杂
的对话模型空间中发挥作用。将此方法应用于
图 71.21 所示的智能轮椅助手。他们的目标是设
计一个适应性强的 HRI 系统或对话管理器，允许轮
椅使用者和护理人员对轮椅发出自然的指令，并向
轮椅计算机询问可能与使用者日常生活有关的一般
信息。

与贝叶斯方法相比，Cakmak 和 Thomaz[71.170] 采
用主动学习法，确定了机器人在学习新任务时可以
提出的三种询问（ VIDEO 237 ）。虽然这一结果
不能与嵌入在持续对话中的方法进行比较，但它们
的结果确实为模型设计者提供了指导。

71.3.5 机器人控制的认知模型

认知型 HRI 的最后一个研究方向是，寻求在
人-机器人团队中实现更高的任务效率，从而解决
操作人员与机器人之间的共同问题，如 Burke 等
人[71.133] 和 Stubbs 等人[71.134] 发现的问题，具体方法
是通过开发利用人类认知机制（如工作记忆和心理
模型）的模型和控制面[71.171,172]。这项研究包括一
些形式，如忽略时间，即在机器人的性能下降到
某一阈值之前，操作员可以忽略机器人的时间
量[71.171]），以及扇出，衡量操作员在一个人-机器
人团队中可以有效管理多少机器人的方法[71.172]。
这些研究为设计有效的控制机制提供了指导方针，
如 Goodrich 和 Olsen[71.171] 提出的以下原则：

1）隐式切换接口和自主性模式。机器人使用
的模式随环境而变，如用户开始使用操纵杆，交互
模式会自动切换，而不是用户主动地选择模式。

2）让机器人使用自然的人类信号。机器人使
用提示来提供反馈和呈现信息，人类使用这些信息
向机器人提供命令或呈现信息。

3）操纵环境，而不是操纵机器人。控制界面

整合了有关任务和环境的知识，以最小化机器人的低级控制，并维持机器人功能的心理模型。

4）操纵机器人与环境之间的关系。控制界面提供了真实环境中功能最小化低级控制的控制表示。

5）让人们操纵所呈现的信息。界面以一种代表真实环境的方式呈现信息，并允许用户直接向表示中提供输入，而不是将信息读数转换为不同的模态或表示。

6）设置外部内存。不同类型的信息集成到单一表示中，以减少用户的工作内存负载。

7）帮助人们管理注意力。机器人提供适当的指示器，以吸引操作员的注意力。

8）学习。控制机制使系统活动适应于用户的心理模型。

71.4 结论与延展阅读

本章概述了认知型人-机器人交互的研究概况，即在 HRI 背景下建模人类、机器人或联合人-机器人认知过程的研究领域。本研究旨在更好地了解人与机器人的交互，并建立具有必要认知机制的机器人系统，以便与人类同行进行交流和协作。这一研究领域包含三个关键的主题：第一个主题试图在 HRI 中更好地理解人类认知，即人们将机器人作为本体论实体的心理模型、机器人行为的社会认知，以及使用机器人作为研究人类认知发展的实验平台。第二个主题包括寻求在机器人中建立模拟人类认知模型的研究，通过模仿和与物理环境的交互获得认知能力，以及将交互的各个方面（如来自人类伙伴的命令或引用）映射到环境中的对象。最后一个主题试图建立模型，支持人-机器人联合活动，包括基于对话、模拟理论、联合意图、活动和动作规划的模型，使机器人能够推理环境的物理和认知特性，以及人类伙伴的动作并规划动作，以实现沟通或协作目标。这三个研究主题的共同主线是将人与机器人作为认知系统的一部分，在认知系统中，自然的或设计的认知过程塑造人与机器人的交流与合作方式。

作为一个跨学科的研究领域，认知型人-机器人交互来自一系列的研究领域，包括机器人学、认知科学、社会心理学、通信研究和科学技术研究。关于该主题的进一步阅读也可以在不同的地方获得：

- *The Proceedings of the ACM/IEEE International Conference on Human-Robot Interaction (HRI)*
- *The Proceedings of the Annual Meeting of the Cognitive Science Society (CogSci)*
- *International Conference on Epigenetic Robotics (EpiRob)*
- *The Proceedings of the AAAI Conference on Artificial Intelligence*
- *The Proceedings of the IEEE International Symposium on Robots and Human Interactive Communication (RO-MAN)*
- *The Proceedings of the Robotics: Science and Systems (RSS) Conference*
- *Sun*, [71.173]
- *Journal of Human–Robot Interaction*
- *Interaction Studies: Social Behaviour and Communication in Biological and Artificial Systems*. John Benjamins
- *International Journal of Social Robotics*. Sage.

视频文献

VIDEO 128 Gaze and gesture cues for robots
available from http://handbookofrobotics.org/view-chapter/71/videodetails/128

VIDEO 129 Robotic secrets revealed, Episode 1
available from http://handbookofrobotics.org/view-chapter/71/videodetails/129

VIDEO 130 Robotic secrets revealed, Episode 2: The trouble begins
available from http://handbookofrobotics.org/view-chapter/71/videodetails/130

VIDEO 236 Human-robot jazz improvization
available from http://handbookofrobotics.org/view-chapter/71/videodetails/236

VIDEO 237 Designing robot learners that ask good questions
available from http://handbookofrobotics.org/view-chapter/71/videodetails/237

VIDEO 238 Active keyframe-based learning from demonstration
available from http://handbookofrobotics.org/view-chapter/71/videodetails/238

参考文献

71.1　T. Fong, C. Kunz, L.M. Hiatt, M. Bugajska: The human-robot interaction operating system, Proc. 1st ACM SIGCHI/SIGART Conf. HRI, Salt Lake City (2006) pp. 41–48

71.2　J.G. Trafton, A.C. Schultz, N.L. Cassimatis, L.M. Hiatt, D. Perzanowski, D.P. Brock, M.D. Bugajska, W. Adams: Communicating and collaborating with robotic agents. In: *Cognition and Multi-Agent Interaction*, ed. by R. Sun (Cambridge Univ. Press, New York 2006) pp. 252–278

71.3　C.-M. Huang, B. Mutlu: Robot behavior toolkit: Generating effective social behaviors for robots, Proc. 7th ACM/IEEE Intl. Conf. HRI, Boston (2012) pp. 25–32

71.4　A.H. Vera, H.A. Simon: Situated action: A symbolic interpretation, Cogn. Sci. **17**(1), 7–48 (1993)

71.5　T. Winograd, F. Flores: *Understanding Computers and Cognition: A New Foundation for Design* (Ablex Publ., New York 1986)

71.6　L.A. Suchman: *Plans and Situated Actions: The Problem of Human-Machine Communication* (Cambridge Univ. Press, Cambridge 1987)

71.7　A.N. Leont'ev: The problem of activity in psychology, J. Russ. East Eur. Psychol. **13**(2), 4–33 (1974)

71.8　E. Hutchins: The social organization of distributed cognition. In: *Perspectives on Socially Shared Cognition*, ed. by L.B. Resnick, J.M. Levine, S.D. Teasley (American Psychological Association, Wachington, DC 1991)

71.9　B. Gates: A robot in every home, Sci. Am. **296**, 58–65 (2007)

71.10　C. Pantofaru, L. Takayama, T. Foote, B. Soto: Exploring the role of robots in home organization, Proc. 7th Annu. ACM/IEEE Intl. Conf. HRI, Boston (2012) pp. 327–334

71.11　K.M. Tsui, M. Desai, H.A. Yanco, C. Uhlik: Exploring use cases for telepresence robots, ACM/IEEE 6th Int. Conf. HRI, Lausanne (2011) pp. 11–18

71.12　F. Tanaka, A. Cicourel, J.R. Movellan: Socialization between toddlers and robots at an early childhood education center, Proc. Natl. Acad. Sci. USA **104**(46), 17954–17958 (2007)

71.13　T. Kanda, R. Sato, N. Saiwaki, H. Ishiguro: A two-month field trial in an elementary school for long-term human-robot interaction, IEEE Trans. Robotics **23**(5), 962–971 (2007)

71.14　B. Reeves, C. Nass: *The Media Equation: How People Treat Computers, Television and New Media Like Real People and Places* (Cambridge University Press, Cambridge 1996)

71.15　S. Turkle, O. Daste, C. Breazeal, B. Scassellati: Encounters with Kismet and Cog: Children respond to relational artifacts, Proc. IEEE-RAS/RSJ Int. Conf. Humanoid Robots, Los Angeles (2004) pp. 1–20

71.16　S. Turkle: *Alone Together: Why We Expect More from Technology and Less from Each Other* (Basic Books, New York, 2011)

71.17　C. Nass, Y. Moon: Machines and mindlessness: Social responses to computers, J. Soc. Issues **56**(1), 81–103 (2000)

71.18　S. Turkle: *Evocative Objects: Things We Think With* (MIT Press, Cambridge 2011)

71.19　K. Wada, T. Shibata, Y. Kawaguchi: Long-term robot therapy in a health service facility for the aged – A case study for 5 years, Proc. 11th IEEE Int. Conf. Rehabil. Robotics, Kyoto (2009) pp. 930–933

71.20　B.R. Duffy: Anthropomorphism and the social robot, Robotics Auton. Syst. **42**(3-4), 177–190 (2003)

71.21　S. Kiesler, A. Powers, S.R. Fussell, C. Torrey: Anthropomorphic interactions with a software agent and a robot, Soc. Cogn. **26**(2), 168–180 (2008)

71.22　S.R. Fussell, S. Kiesler, L.D. Setlock, V. Yew: How people anthropomorphize robots, Proc. 3rd ACM/IEEE Int. Conf. HRI, Amsterdam (2008) pp. 145–152

71.23　D.S. Syrdal, K. Dautenhahn, S.N. Woods, M.L. Walters, K.L. Koay: Looking good? Appearance preferences and robot personality inferences at zero acquaintance, AAAI Spring Symp.: Multidiscip. Collab. Socially Assist. Robotics, Stanford (2007) pp. 86–92

71.24　K.F. MacDorman, T. Minato, M. Shimada, S. Itakura, S. Cowley, H. Ishiguro: Assessing human likeness by eye contact in an android testbed, Proc. XXVII Annu. Meet. Conf. Cogn. Sci. Soc., Stresa (2005) pp. 1373–1378

71.25　F. Hegel, S. Krach, T. Kircher, B. Wrede, G. Sagerer: Understanding social robots: A user study on anthropomorphism, Proc. 17th IEEE Int. Symp. Robot Hum. Interact. Commun., Munich (2008) pp. 574–579

71.26　M. Mori: The uncanny valley, Energy **7**(4), 33–35 (1970)

71.27　C. Bartneck, T. Kanda, H. Ishiguro, N. Hagita: My robotic Doppelganger – A critical look at the Uncanny Valley Theory, IEEE 18th Intl. Symp. Robot Hum. Interact. Commun., Toyama (2009) pp. 269–276

71.28　M.L. Walters, D.S. Syrdal, K. Dautenhahn, R. te Boekhorst, K.L. Koay: Avoiding the uncanny valley: Robot appearance, personality and consistency of behavior in an attention-seeking home scenario for a robot companion, Auton. Robots **24**(2), 159–178 (2008)

71.29　A.P. Saygin, T. Chaminade, H. Ishiguro, J. Driver, C. Frith: The thing that should not be: Predictive coding and the uncanny valley in perceiving human and humanoid robot actions, Soc. Cogn. Affect. Neurosci. **7**(4), 413–422 (2012)

71.30　W. Mitchell, K.A. Szerszen Sr., A.S. Lu, P.W. Schermerhorn, M. Scheutz, K.F. MacDorman: A mismatch in the human realism of face and voice produces an uncanny valley, i-Perception **2**, 10–12 (2011)

71.31　C. Breazeal: *Designing Sociable Robots* (MIT Press, Cambridge 2002)

71

71.32   N. Matsumoto, H. Fujii, M. Okada: Minimal design for human-agent communication, Artif. Life Robotics **10**(1), 49–54 (2006)

71.33   H. Kozima, H. Yano: A Robot that Learns to Communicate with Human Caregivers, Proc. 1st Int. Workshop Epigenetic Robotics, Lund (2001) pp. 47–52

71.34   A. Powers, A.D.I. Kramer, S. Lim, J. Kuo, S-I. Lee, S. Kiesler: Eliciting information from people with a gendered humanoid robot, IEEE 14th Int. Workshop Robot Hum. Interact. Commun., Nashville (2005) pp. 158–163

71.35   K.M. Lee, N. Park, H. Song: Can a robot be perceived as a developing creature?: Effects of a robot's long-term cognitive developments on its social presence and people's social responses toward it, Human Commun. Res. **31**(4), 538–563 (2005)

71.36   J. Goetz, S. Kiesler, A. Powers: Matching robot appearance and behavior to tasks to improve human–robot cooperation, Proc. 12th IEEE Int. Workshop Robot Hum. Interact. Commun., Silicon Valley (2003) pp. 55–60

71.37   M.K. Lee, S. Kiesler, J. Forlizzi, S. Srinivasa, P. Rybski: Gracefully mitigating breakdowns in robotic services, Proc. 6th ACM/IEEE Int. Conf. HRI, Lausanne (2010) pp. 203–210

71.38   B. Shore: *Culture in Mind: Cognition, Culture, and the Problem of Meaning* (Oxford Univ. Press, Oxford 1996)

71.39   V. Evers, H. Maldonado, T. Brodecki, P. Hinds: Relational vs. group self-construal: Untangling the role of national culture in HRI, Proc. 3rd ACM/IEEE Int. Conf. HRI, Amsterdam (2008)

71.40   L. Wang, P.-L.P. Rau, V. Evers, B.K. Robinson, P. Hinds: When in Rome: The role of culture and context in adherence to robot recommendations, Proc. 5th ACM/IEEE Int. Conf. HRI, Osaka (2010) pp. 359–366

71.41   S. Sabanovic: Robots in society, society in robots – Mutual shaping of society and technology as a framework for social robot design, Int. J. Soc. Robotics **2**(4), 439–450 (2010)

71.42   G. Shaw-Garlock: Looking forward to sociable robots, Int. J. Soc. Robotics **1**(3), 249–260 (2009)

71.43   P.H. Kahn, A.L. Reichert, H.E. Gary, T. Kanda, H. Ishiguro, S. Shen, J.H. Ruckert, B. Gill: The new ontological category hypothesis in human–robot interaction, Proc. 6th ACM/IEEE Int. Conf. HRI, Lausanne (2011) pp. 159–160

71.44   P.H. Kahn, N.G. Freier, B. Friedman, R.L. Severson, E.N. Feldman: Social and moral relationships with robotic others?, IEEE 13th Int. Workshop Robot Hum. Interact. Commun., Kurashiki (2004) pp. 545–550

71.45   S. Turkle: *A Nascent Robotics Culture: New Complicities for Companionship* (AAAI, Boston 2006)

71.46   B. Scassellati: How developmental psychology and robotics complement each other, NSF/DARPA Workshop Dev. Learn. (MIT Press, CSAIL, Cambridge 2006)

71.47   H. Ishiguro: Android science – toward a new cross-interdisciplinary framework, ICCS/CogSci Workshop Toward Soc. Mech. Android Sci., Stresa (2005) pp. 1–6

71.48   K.F. MacDorman, H. Ishiguro: The uncanny advantage of using androids in cognitive and social science research, Interact. Stud. **7**(3), 297–337 (2006)

71.49   M. Stanley, J. Sabini: On maintaining social norms: A field experiment in the subway. In: *Advances in Environmental Psychology: The Urban Environment*, ed. by A. Baum, J.E. Singer, S. Valins (Erlbaum Associates, Hillsdale 1978) pp. 31–40

71.50   H. Kozima, M.P. Michalowski, C. Nakagawa: Keepon: A playful robot for research, therapy, and entertainment, Int. J. Soc. Robotics **1**(1), 3–18 (2009)

71.51   K.F. MacDorman: Introduction to the special issue on android science, Connect. Sci. **18**(4), 313–317 (2006)

71.52   J.J. Gibson: *The Ecological Approach to Visual Perception* (Houghton Mifflin, Boston 1979)

71.53   E.S. Reed: *Encountering the World: Toward an Ecological Psychology* (Oxford Univ. Press, Oxford 1996)

71.54   Y. Yamaji, T. Miyake, Y. Yoshiike, P.R.S. De Silva, M. Okada: STB: Human-dependent sociable trash box, Proc. 5th ACM/IEEE Int. Conf. HRI, Osaka (2010) pp. 197–198

71.55   H. Ishiguro: Android science: Conscious and subconscious recognition, Connect. Sci. **18**(4), 319–332 (2006)

71.56   S. Nishio, H. Ishiguro, N. Hagita: Geminoid: Teleoperated android of an existing person. In: *Humanoid Robots, New Developments*, ed. by A.C. De Pina Filho (InTech, Vienna 2007) pp. 343–352

71.57   S. Nishio, H. Ishiguro, N. Hagita: Can a teleoperated robot represent personal presence? – A case study with children, Psychologia **50**(4), 330–342 (2007)

71.58   M. Shimada, K. Yamauchi, T. Minato, H. Ishiguro, S. Itakura: Studying the influence of the chameleon effect on humans using an android, IEEE/RSJ Int. Conf. Intell. Robots Syst. (IROS), Nice (2008)

71.59   J. Wainer, D.J. Feil-Seifer, D.A. Shell, M.J. Mataric: Embodiment and human-robot interaction: A taskbased perspective, Proc. 2nd ACM/IEEE Int. Conf. HRI, Washington (2007) pp. 872–877

71.60   P. Schermerhorn, M. Scheutz: Disentangling the effects of robot affect, embodiment, and autonomy on human team members in a mixed-initiative task, Proc. 4th Int. Conf. Adv. Comput.-Hum. Interact., Gosier (2011) pp. 235–241

71.61   W.A. Bainbridge, J.W. Hart, E.S. Kim, B. Scassellati: The benefits of interactions with physically present robots over video-displayed agents, Int. J. Soc. Robotics **1**(2), 41–52 (2010)

71.62   B. Mutlu: Designing embodied cues for dialog with robots, AI Magazine **32**(4), 17–30 (2011)

71.63   E.T. Hall: *The Hidden Dimension* (Anchor Books, New York 1966)

71.64   L. Takayama, C. Pantofaru: Influences on proxemic behaviors in human–robot interaction, IEEE/RSJ Int. Conf. Intell. Robots Syst. (IROS), St. Louis (2009) pp. 5495–5502

71.65   D.S. Syrdal, K.L. Koay, M.L. Walters, K. Dautenhahn: A personalized robot companion? The

71

role of individual differences on spatial preferences in HRI scenarios, Proc. 16th IEEE Int. Symp. Robot Hum. Interact. Commun., Jeju Island (2007) pp. 1143–1148

71.66 J. Mumm, B. Mutlu: Human-robot proxemics: Physical and psychological distancing in human-robot interaction, Proc. 6th ACM/IEEE Int. Conf. HRI, Lausanne (2011) pp. 331–338

71.67 M.L. Walters, M.A. Oskoei, D.S. Syrdal, K. Dautenhahn: A long-term human–robot proxemic study, Proc. 20th IEEE Int. Symp. Robot Hum. Interact. Commun., Atlanta (2011) pp. 137–142

71.68 C. Yu, M. Scheutz, P. Schermerhorn: Investigating multimodal real-time patterns of joint attention in an HRI word learning task, Proc. 5th ACM/IEEE Int. Conf. HRI, Osaka (2010) pp. 309–316

71.69 T. Yonezawa, H. Yamazoe, A. Utsumi, S. Abe: Gaze-communicative behavior of stuffed-toy robot with joint attention and eye contact based on ambient gaze-tracking, Proc. 9th Int. Conf. Multimodal Interfaces, Nagoya (2007) pp. 140–145

71.70 Y. Yoshikawa, K. Shinozawa, H. Ishiguro, N. Hagita, T. Miyamoto: Responsive robot gaze to interaction partner, Robotics Sci. Syst., Philadelphia (2006)

71.71 B. Mutlu, T. Shiwa, T. Kanda, H. Ishiguro, N. Hagita: Footing in human-robot conversations: How robots might shape participant roles using gaze cues, Proc. 4th ACM/IEEE Int. Conf. HRI, San Diego, California (2009) pp. 61–68

71.72 M. Staudte, M.W. Crocker: Visual attention in spoken human-robot interaction, Proc. 4th ACM/IEEE Int. Conf. HRI, San Diego (2009) pp. 77–84

71.73 B. Mutlu, J. Forlizzi, J.K. Hodgins: A storytelling robot: Modeling and evaluation of human–like gaze behavior, IEEE-RAS Conf. Humanoid Robots, Genoa (2006) pp. 518–523

71.74 C. Yu, P. Schermerhorn, M. Scheutz: Adaptive eye gaze patterns in interactions with human and artificial agents, ACM Trans. Interact. Intell. Syst. 1(2), 1–25 (2012)

71.75 H. Admoni, C. Bank, J. Tan, M. Toneva, B. Scassellati: Robot gaze does not reflexively cue human attention, Proc. 33rd Annu. Conf. Cogn. Sci. Soc., Boston (2011) pp. 1983–1988

71.76 W.S. Condon: Cultural microrhythms. In: *Interaction Rhythms: Periodicity in Communicative Behavior*, ed. by M. Davis (Human Sciences Press, New York 1982) pp. 53–76

71.77 E. Goffman: Some context for content analysis: A view of the origins of structural studies of face-to-face interaction. In: *Conducting Interaction: Patterns of Behavior in Focused Encounters*, ed. by A. Kendon (Cambridge Univ. Press, Cambridge 1990) pp. 15–49

71.78 C. Trevarthen: Can a robot hear music? Can a robot dance? Can a robot tell what it knows or intends to do? Can it feel pride or shame in company? – Questions of the nature of human vitality, Proc. 2nd Int. Workshop Epigenet. Robotics, Edinburgh (2002)

71.79 M. Michalowski, S. Sabanovic, H. Kozima: A dancing robot for rhythmic social interaction, Proc. 2nd ACM/IEEE Int. Conf. HRI, Washington DC (2007) pp. 89–96

71.80 M.P. Michalowski, R. Simmons, H. Kozima: Rhythmic attention in child-robot dance play, Proc. 18th IEEE Int. Symp. Robot Hum. Interact. Commun., Toyama (2009) pp. 816–821

71.81 E. Avrunin, J. Hart, A. Douglas, B. Scassellati: Effects related to synchrony and repertoire in perceptions of robot dance, Proc. 6th ACM/IEEE Int. Conf. HRI, Lausanne (2011) pp. 93–100

71.82 G. Hoffman, C. Breazeal: Anticipatory perceptual simulation for human-robot joint practice: Theory and application study, Proc. 23rd AAAI Conf. Artif. Intell., Chicago (2008) pp. 1357–1362

71.83 G. Hoffman, G. Weinberg: Interactive improvisation with a robotic marimba player, Auton. Robots 31(2-3), 133–153 (2011)

71.84 G. Deàk, I. Fasel, J. Movellan: The emergence of shared attention: Using robots to test developmental theories, Proc. 1st Int. Workshop Epigenet. Robotics, Lund (2001) pp. 95–104

71.85 K. Dautenhahn: Roles and functions of robots in human society: Implications from research in autism therapy, Robotica 21(4), 443–452 (2003)

71.86 H. Kozima, C. Nakagawa, Y. Yasuda: Wowing together: What facilitates social interactions in children with autistic spectrum disorders, Proc. 6th Int. Workshop Epigenet. Robotics Model. Cogn. Dev. Robotics Syst., Paris (2006) p. 177

71.87 B. Scassellati: How social robots will help us to diagnose, treat, and understand autism, Proc. 12th Int. Symp. Robotics Res., San Francisco, ed. by S. Thrun, R.A. Brooks, H. Durrant-Whyte (Springer, Berlin, Heidelberg 2005) pp. 552–563

71.88 D.J. Feil-Seifer, M.J. Mataric: B3IA: An architecture for autonomous robot-assisted behavior intervention for children with autism spectrum disorders, Proc. 17th IEEE Int. Workshop Robot Hum. Interact. Commun., Munich (2008) pp. 328–333

71.89 H. Kozima, C. Nakagawa, Y. Yasuda: Interactive robots for communication-care: A case-study in autism therapy, Proc. 14th IEEE Int. Workshop Robot Hum. Interact. Commun., Nashville (2005) pp. 341–346

71.90 H. Kozima, Y. Yasuda, C. Nakagawa: Social interaction facilitated by a minimally-designed robot: Findings from longitudinal therapeutic practices for autistic children, Proc. 16th IEEE Int. Symp. Robot Hum. interact. Commun., Jeju Island (2007) pp. 599–604

71.91 H.A. Simon: *The Sciences of the Artificial* (MIT Press, Cambridge 1969)

71.92 B. Adams, C.L. Breazeal, R.A. Brooks, B. Scassellati: Humanoid robots: A new kind of tool, IEEE Intell. Syst. Appl. 15(4), 25–31 (2000)

71.93 L.W. Barsalou, C. Breazeal, L.B. Smith: Cognition as coordinated non-cognition, Cogn. Process. 8(2), 79–91 (2007)

71.94 A.L. Thomaz, M. Berlin, C. Breazeal: An embodied computational model of social referencing, Proc. 14th IEEE Int. Workshop Robot Hum. Interact. Commun., Nashville (2005) pp. 591–598

71.95 G. Hoffman, C. Breazeal: Robotic partners? Bodies and minds: An embodied approach to fluid human-robot collaboration, Proc. 5th Int. Workshop Cogn. Robotics, Boston (2006) pp. 95–102

71.96 G. Hoffman: Effects of anticipatory action on

human-robot teamwork efficiency, fluency, and perception of team, Proc. 2nd ACM/IEEE Int. Conf. HRI, Washington D.C. (2007) pp. 1-8

71.97   Y. Demiris, A. Meltzoff: The robot in the crib: A developmental analysis of imitation skills in infants and robots, Infant Child Dev. **17**(1), 43-53 (2008)

71.98   C. Nehaniv, K. Dautenhahn (Eds.): *Imitation and Social Learning in Robots, Humans and Animals: Behavioural, Social and Communicative Dimensions* (Cambridge Univ. Press, Cambridge 2009)

71.99   B. Scassellati: Imitation and mechanisms of joint attention: A developmental structure for building social skills on a humanoid robot, Lect. Notes Comput. Sci. **1562**, 176-195 (1999)

71.100   Y. Nagai, K. Hosoda, A. Morita, M. Asada: A constructive model for the development of joint attention, Connect. Sci. **15**(4), 211-229 (2003)

71.101   F. Kaplan, V. Hafner: The challenges of joint attention, Proc. 4th Int. Workshop Epigenet. Robotics, Lund (2004) pp. 67-74

71.102   C. Crick, M. Munz, B. Scassellati: Synchronization in social tasks: Robotic drumming, Proc. 15th IEEE Int. Workshop Robot Hum. Interact. Commun., Hatfield (2006) pp. 97-102

71.103   P. Bakker, Y. Kuniyoshi: Robot see, robot do: An overview of robot imitation, AISB-96 Workshop Learn. Robots Animals, Brighton (1996) pp. 3-11

71.104   R.S. Jackendoff: On beyond zebra: The relation of linguistic and visual information, Cognition **26**, 89-114 (1987)

71.105   B. Landau, R.S. Jackendoff: *What* and *where* in spatial language and spatial cognition, Behav. Brain Sci. **16**, 217-265 (1993)

71.106   L. Talmy: The fundamental system of spatial schemas in language. In: *From Perception to Meaning: Image Schemas in Cognitive Linguistics*, ed. by B. Hamp (Mouton de Gruyter, Berlin 2005)

71.107   T.P. Regier: The Acquisition of Lexical Semantics for Spatial Terms: A Connectionist Model of Perceptual Categorization, Ph.D. Thesis (University of California at Berkeley, Berkeley 1992)

71.108   J.D. Kelleher, F.J. Costello: Applying computational models of spatial prepositions to visually situated dialog, Comput. Linguist. **35**(2), 271-306 (2008)

71.109   T.P. Regier, L.A. Carlson: Grounding spatial language in perception: An empirical and computational investigation, J. Exp. Psychol. **130**(2), 273-298 (2001)

71.110   G. Bugmann, E. Klein, S. Lauria, T. Kyriacou: Corpus-based robotics: A route instruction example, Proc. 8th Conf. Intell. Auton. Syst. (IAS-8), Amsterdam (2004) pp. 96-103

71.111   M. Levit, D. Roy: Interpretation of spatial language in a map navigation task, IEEE Trans. Syst. Man Cybern. B **37**(3), 667-679 (2007)

71.112   M. MacMahon, B. Stankiewicz, B. Kuipers: Walk the talk: Connecting language, knowledge, and action in route instructions, Proc. Natl. Conf. Artif. Intell., Boston (2006) pp. 1475-1482

71.113   H. Kress-Gazit, G.E. Fainekos: Translating structured English to robot controllers, Adv. Robotics **22**, 1343-1359 (2008)

71.114   C. Matuszek, D. Fox, K. Koscher: Following directions using statistical machine translation, Proc.

5th ACM/IEEE Int. Conf. HRI, Nara (2010) pp. 251-258

71.115   A. Vogel, D. Jurafsky: Learning to follow navigational directions, Proc. 48th Annu. Meet. Assoc. Comput. Linguist., Uppsala (2010) pp. 806-814

71.116   S. Harnad: The symbol grounding problem, Physica D **43**, 335-346 (1990)

71.117   T. Winograd: Procedures as a Representation for Data in a Computer Program for Understanding Natural Language, MIT Tech. Rep. TMAC-TR-84 (MIT, Cambridge 1971)

71.118   K.Y. Hsiao, N. Mavridis, D. Roy: Coupling perception and simulation: Steps towards conversational robotics, Proc. IEEE/RSJ Int. Conf. Intell. Robots Syst. (IROS), Las Vegas (2003) pp. 928-933

71.119   D. Roy, K.Y. Hsiao, N. Mavridis: Conversational Robots: Building blocks for grounding word meanings, Proc. HLT-NAACL 2003 Workshop Learn. Word Mean. Non-Linguist. Data, Stroudsburg (2003) pp. 70-77

71.120   D. Roy: Semiotic schemas: A framework for grounding language in action and perception, Artif. Intell. **167**(1-2), 170-205 (2005)

71.121   J. Dzifcak, M. Scheutz, C. Baral, P. Schermerhorn: What to do and how to do it: Translating natural language directives into temporal and dynamic logic representation for goal management and action execution, IEEE Int. Conf. Robotics Autom. (ICRA), Kobe (2009) pp. 4163-4168

71.122   Y. Sugita, J. Tani: Learning semantic combinatoriality from the interaction between linguistic and behavioral processes, Adapt. Behav. – Animals Animat. Softw. Agents Robots Adapt. Syst. **13**(1), 33-52 (2005)

71.123   J. Modayil, B. Kuipers: Autonomous development of a grounded object ontology by a learning robot, Proc. 22nd AAAI Conf. Artif. Intell., Vancouver (2007) pp. 1095-1101

71.124   D. Marocco, A. Cangelosi, K. Fischer, T. Belpaeme: Grounding action words in the sensorimotor interaction with the world: Experiments with a simulated iCub humanoid robot, Front. Neurorobotics **4**, 1-15 (2010)

71.125   R. Ge, R.J. Mooney: A statistical semantic parser that integrates syntax and semantics, Proc. 9th Conf. Comput. Nat. Lang. Learn., Ann Arbor (2005) pp. 9-16

71.126   N. Shimizu, A. Haas: Learning to follow navigational route instructions, Proc. 21st Int. Jt. Conf. Artif. Intell., Pasadena (2009) pp. 1488-1493

71.127   S.R.K. Branavan, H. Chen, L.S. Zettlemoyer, R. Barzilay: Reinforcement learning for mapping instructions to actions, Proc. 47th Jt. Conf. Annu. Meet. Assoc. Comput. Linguist. 4th Int. Jt. Conf. Nat. Lang. Process. (AFNLP), Singapore (2009) pp. 82-90

71.128   S.R.K. Branavan, D. Silver, R. Barzilay: Learning to win by reading manuals in a Monte-Carlo framework, Proc. 49th Annu. Meet. Assoc. Comput. Linguist. Hum. Lang. Technol., Portland (2011)

71.129   T. Kollar, S. Tellex, D. Roy, N. Roy: Toward understanding natural language directions, Proc. 5th ACM/IEEE Int. Conf. HRI, Osaka (2010) pp. 259-266

71.130   D. Bailey: When Push Comes to Shove: A Computational Model of the Role of Motor Control in the

71

Acquisition of Action Verbs, Ph.D. Thesis (Univ. of California, Berkeley 1997)

71.131 T. Kollar, S. Tellex, D. Roy, N. Roy: Grounding verbs of motion in natural language commands to robots, Proc. Int. Symp. Exp. Robotics, New Delhi (2010) pp. 31–47

71.132 S. Tellex, T. Kollar, S. Dickerson, M.R. Walter, A.G. Banerjee, S. Teller, N. Roy: Understanding natural language commands for robotic navigation and mobile manipulation, Proc. Natl. Conf. Artif. Intell., San Francisco (2011)

71.133 J.L. Burke, R.R. Murphy, M.D. Coovert, D.L. Riddle: Moonlight in Miami: Field study of human–robot interaction in the context of an urban search and rescue disaster response training exercise, Hum.–Comput. Interact. 19(1/2), 85–116 (2004)

71.134 K. Stubbs, P.J. Hinds, D. Wettergreen: Autonomy and common ground in human-robot interaction: A field study, IEEE Intell. Syst. 22(2), 42–50 (2007)

71.135 S. Kiesler: Fostering common ground in human-robot interaction, Proc. 14th IEEE Int. Workshop Robot Hum. Interact. Commun., Nashville (2005) pp. 729–734

71.136 T. Fong, C. Thorpe, C. Baur: Collaboration, dialogue, human-robot interaction, Robotics Res. 6, 255–266 (2003)

71.137 M.E. Foster, T. By, M. Rickert, A. Knoll: Human-robot dialogue for joint construction tasks, Proc. 8th Int. Conf. Mulltimodal Interfaces, Banff (2006) pp. 68–71

71.138 S. Li, B. Wrede, G. Sagerer: A computational model of multi-modal grounding for human robot interaction, Proc. 7th SIGdial Workshop Discourse Dialogue, Sydney (2009) pp. 153–160

71.139 P.R. Cohen, H.J. Levesque: Teamwork, Nous 25(4), 487–512 (1991)

71.140 J. Peltason, B. Wrede: Pamini: A framework for assembling mixed-initiative human-robot interaction from generic interaction patterns, Proc. 11th SIGdial Annu. Meet. Special Interest Group Discourse Dialogue, Tokyo (2010) pp. 229–232

71.141 J. Peltason, B. Wrede: The curious robot as a case-study for comparing dialog systems, AI Magazine 32(4), 85–99 (2011)

71.142 M.F. Schober: Spatial perspective-taking in conversation, Cognition 47(1), 1–24 (1993)

71.143 J.E. Hanna, M.K. Tanenhaus, J.C. Trueswell: The effects of common ground and perspective on domains of referential interpretation, J. Mem. Lang. 49(1), 43–61 (2003)

71.144 J.G. Trafton, N.L. Cassimatis, M.D. Bugajska, D.P. Brock, F.E. Mintz, A.C. Schultz: Enabling effective human–robot interaction using perspective-taking in robots, IEEE Trans. Syst. Man Cybern. A 35(4), 460–470 (2005)

71.145 M. Berlin, J. Gray, A.L. Thomaz, C. Breazeal: Perspective taking: An organizing principle for learning in human–robot interaction, Proc. 21st Natl. Conf. Artif. Intell., Boston (2006) p. 1444

71.146 R. Moratz, K. Fischer, T. Tenbrink: Cognitive modeling of spatial reference for human-robot interaction, Int. J. Artif. Intell. Tools 10(04), 589–611 (2001)

71.147 R. Ros, S. Lemaignan, E.A. Sisbot, R. Alami, J. Steinwender, K. Hamann, F. Warneken: Which one? Grounding the referent based on efficient human–robot interaction, Proc. 19th IEEE Int. Symp. Robot Hum. Interact. Commun., Viareggio (2010) pp. 570–575

71.148 A. Holroyd, C. Rich, C.L. Sidner, B. Ponsler: Generating connection events for human-robot collaboration, Proc. 20th IEEE Int. Symp. Robot Hum. Interact. Commun., Atlanta (2011) pp. 241–246

71.149 G. Butterworth, L. Grover: Joint visual attention, manual pointing, and preverbal communication in human infancy. In: Attention and Performance, Vol. 13: Motor Representation and Control, ed. by M. Jeannerod (Lawrence Erlbaum Assoc., Mahwah 1990) pp. 605–624

71.150 C. Rich, P. Ponsler, A. Holroyd, C.L. Sidner: Recognizing engagement in human-robot interaction, Proc. 5th ACM/IEEE Int. Conf. HRI, Osaka (2010) pp. 375–382

71.151 V. Gallese, A. Goldman: Mirror neurons and the simulation theory of mind-reading, Trends Cogn. Sci. 2(12), 493–501 (1998)

71.152 E. Bicho, W. Erlhagen, L. Louro, E. Costa e Silva: Neuro-cognitive mechanisms of decision making in joint action: A human–robot interaction study, Hum. Mov. Sci. 30(5), 846–868 (2011)

71.153 J. Gray, C. Breazeal, M. Berlin, A. Brooks, J. Lieberman: Action parsing and goal inference using self as simulator, Proc. 14th IEEE Int. Workshop Robot Hum. Interact. Commun., Nashville (2005) pp. 202–209

71.154 M.N. Nicolescu, M.J. Mataric: Linking perception and action in a control architecture for human-robot domains, Proc. 36th Annu. Hawaii Int. Conf. Syst. Sci., Big Island (2003) pp. 10–20

71.155 C. Breazeal, G. Hoffman, A. Lockerd: Teaching and working with robots as a collaboration, Proc. 3rd Int. Jt. Conf. Auton. Agents Multiagent Syst., New York, Vol. 3 (2004) pp. 1030–1037

71.156 R. Alami, A. Clodic, V. Montreuil, E.A. Sisbot, R. Chatila: Task planning for human–robot interaction, Proc. 2005 Jt. Conf. Smart Obj. Ambient Intell. Innov. Context-Aware Serv. Usages Technol., Grenoble (2005) pp. 81–85

71.157 R. Alami, A. Clodic, V. Montreuil, E.A. Sisbot, R. Chatila: Toward human-aware robot task planning, AAAI Spring Symp.: To Boldly Go where No Human-Robot Team Has Gone Before, Palo Alto (2006) pp. 39–46

71.158 R. Bellman: Dynamic Programming (Princeton Univ. Press, Princeton 1957)

71.159 N. Roy, J. Pineau, S. Thrun: Spoken dialog management for robots, Proc. Assoc. Comput. Linguist., Hong Kong (2000) pp. 93–100

71.160 J. Hoey, P. Poupart, C. Boutilier, A. Mihailidis: POMDP models for assistive technology, Proc. AAAI Fall Symp. Caring Mach., AI in Eldercare (2005)

71.161 J. Williams, S. Young: Scaling up POMDPs for dialogue management: The summary POMDP method, Proc. IEEE Autom. Speech Recognit. Underst. Workshop, Cancun (2005)

71.162 D. Litman, S. Singh, M. Kearns, M. Walker: NJFun: A reinforcement learning spoken dialogue system, Proc. ANLP/NAACL 2000 Workshop Conversat. Syst.,

71

Seattle (2000) pp. 17–20

71.163　F. Broz, I. Nourbakhsh, R. Simmons: Planning for human-robot interaction using time-state aggregated POMDPs, Proc. 23rd Conf. Artif. Intell., Chicago (2008) pp. 1339–1344

71.164　F. Doshi, N. Roy: The permutable POMDP: Fast solutions to POMDPs for preference elicitation, Proc. 7th Int. Conf. Auton. Agents Multiagent Syst., Estoril (2008) pp. 493–500

71.165　R. Wilcox, S. Nikolaidis, J. Shah: Optimization of temporal dynamics for adaptive human-robot interaction in assembly manufacturing, Proc. Robotics Sci. Syst., Sydney (2012) p. 441

71.166　T. Prommer, H. Holzapfel, A. Waibel: Rapid simulation-driven reinforcement learning of multimodal dialog strategies in human–robot interaction, 9th Int. Conf. Spoken Lang. Process., Pittsburgh (2006)

71.167　J.M. Porta, N. Vlassis, M. Spaan, P. Poupart: Point-based value iteration for continuous POMDP, J. Mach. Learn. Res. **7**, 2329–2367 (2006)

71.168　F. Doshi, N. Roy: Efficient model learning for di-alog management, Proc. 2nd ACM/IEEE Int. Conf. HRI, Arlington (2007) pp. 65–72

71.169　F. Doshi, N. Roy: Spoken language interaction with model uncertainty: An adaptive human-robot interaction system, Connect. Sci. **20**(4), 299–319 (2008)

71.170　M. Cakmak, A.L. Thomaz: Designing robot learners that ask good questions, Proc. 7th Annu. ACM/IEEE Int. Conf. HRI, Boston (2012) pp. 17–24

71.171　M.A. Goodrich, D.R. Olsen: Seven principles of efficient human robot interaction, IEEE Int. Conf. Syst. Man Cybern., Washington D.C. (2003) pp. 3942–3948

71.172　J.W. Crandall, M.A. Goodrich, D.R. Olsen, C.W. Nielsen: Validating human-robot interaction schemes in multitasking environments, IEEE Trans. Syst. Man Cybern. A **35**(4), 438–449 (2005)

71.173　R. Sun (Ed.): *Cognition and Multiagent Interaction: From Cognitive Modeling to Social Simulation* (Cambridge Univ. Press, Cambridge 2005)

71

第 72 章

社交机器人

Cynthia Breazeal，Kerstin Dautenhahn，Takayuki Kanda

本章探讨了社交机器人的一些主要研究趋势及其在人-机器人交互（HRI）中的应用。社交的（或可社交的）机器人被设计成一种以自然、人际关系的方式与人交互——通常是为了在各种应用，如教育、健康、生活品质、娱乐、交流和需要团队合作的任务中取得积极的效果。创造一个有能力的社交机器人是一个长期目标，是一项极具挑战性的任务。它们需要能够使用语言和非语言符号自然地与人进行交流，不仅需要在认知层面上，还要在情感层面上吸引我们，以便为人类提供有效的社会和任务相关的支持；它们需要广泛的社会认知和其他思维理论来理解人类的行为，并被人类直观地理解，包括对跨越多个维度（即认知、情感、身体、社会等）的人类智力和行为的深刻理解。为了设计出能够在人类的日常生活中成功发挥有益作用的机器人，需要一种多学科的方法支撑，其中社交机器人技术与设计方法由机器人学、人工智能、心理学、神经科学、人因环境、设计和人类学等方面共同决定。

目 录

72.1　概述

人与社交机器人（或可社交机器人）的交互方式与大多数自主移动机器人的交互方式大不相同。现代自主机器人通常被视为人类专家在远程环境中执行危险任务的工具（如清扫雷区、检查油井、绘制矿井地图等）。与此相反，社交（或可社交）机器人旨在以人际关系的方式吸引人，通常作为伙伴，以便在教育、治疗或健康等领域取得积极的效果，或者在任务相关的制造、协调团队合作、搜索和救援、家务等领域实现预期目标。

社会智能和社会技能机器人的发展推动了研究开发自主或半自主机器人，它们是自然且直观的，可供公众与之交互、交流、合作，并教授新的技能。Dautenhahn 的作品是最早思考具有人际社会智能的机器人，其中特定个体之间的关系很重要[72.1,2]。这些早期的作品提出了这样一个问题：

人与机器人之间存在哪些共同的沟通和理解的社会机制，可以产生高效、愉快、自然和有意义的互动？

令人欣慰的是，所有这些领域都取得了初步且持续的进步[72.3-11]。此外，这个领域还为机器人研究人员提出了新的问题，如怎样建立一种成功的长期关系，在这种关系中，机器人仍然具有吸引力，并在几周、几个月甚至几年内为人们提供持续的利益。社交机器人为人类带来的好处远远超出了严格的任务执行效用，包括教育功能（第 79 章）、健康和治疗（第 64 章）、家庭（第 65 章）、社交和情感目标（如娱乐、陪伴、交流等）等。

本章开始时，我们简要概述世界各地开发的社交机器人（见第 72.2 节），跟随选定的主题，突出一些具有代表性的研究主题，即社会情感智力和以情感为基础的交互（见第 72.3 节），以及社会认知技能（见第 72.4 节），人类对社交机器人的社会反应（见第 72.5 节），语言和非语言交流（见第 72.6 节），长期交互（见第 72.7 节），基于触摸的交互（见第 72.8 节），以及与机器人伙伴的团队合作（见第 72.9 节）。我们依靠自身研究项目的实例来说明这些趋势，同时参考了其他实验室已完成的卓越工作。

72.2　社交机器人实体

72.2.1　拟人设计

社交机器人被设计成以人为中心，与人交互，并在人类环境中与人并肩作战。许多社交机器人在外形上是类人的或类似动物的，尽管事实并非如此，但一个统一的特征是，社交机器人以人际交往的方式与人交往，即通过语言、非语言或情感的方式与人交流和协调它们的行为。人们有将社交机器人拟人化的强烈倾向[72.12]，并根据其自身的心理状态（如思想、意图、信仰、欲望等）对其行为进行推理。因此，拟人化的设计原则，从机器人的实体外观，到它们如何动作，以及它们如何与人交互，经常被用来促进交互和接受。

72.2.2　设计空间

社交机器人的设计空间相当大。值得注意的是，一个更人性化的设计并不一定与一个更好的设计正相关。人们需要平衡机器人的设计与任务、用户和环境[72.17]。从下面的例子中可以看出，社交机器人利用许多不同的方式来交流和表达社会情感行为，其中包括全身运动、空间关系（即人际距离）、手势、面部表情、凝视行为、头部定位、语言或情感发声、基于触摸的交流和各种各样的显示技术。

为了让社交机器人关闭通信回路并协调它们的行为，它们还必须能够对来自人类的语言和非语言线索做出感知、解释和适当的响应。 VIDEO 219 展示了受狗启发的机器人行为，以帮助人们理解机器人的意图。鉴于人类行为的丰富性和人类环境的复杂性，许多社交机器人是当今最复杂、最清晰、行为最丰富和最智能的机器人类型之一。

如图 72.1 所示，已经开发了许多社交型仿人机器人（第 65 章），它们可以全身参与社交互动，如跳舞[72.22]、手牵手走路[72.23,24]、演奏二重奏[72.13]，或者将技能传授给非技能人员[72.25]，或者与从事搜索和检索任务的人进行团队合作[72.16]。它们的手臂和手被设计成类似人的手势，如指向、耸耸肩、握手或拥抱[72.26-28]，其中一些被设计成机械人脸，通过面部表情与人类交流[72.18,20,29]。

虽然许多仿人机器人都有机械的外观，但安卓机器人被设计成非常像人类的外观，有皮肤、牙齿、头发和衣服（图 72.2）。安卓机器人的一个设计挑战是避开神秘谷，这样的机器人外观和运动更像一个具有生命的形体，而不是一个活的人。属于神秘谷的机器人设计会引起人们强烈的负面反应[72.37]。与尽量让自己看起来与人类不同，还有更多类似娃娃的机器人被有意设计成具有简化的面部表情和可预测的动作，以适合某种治疗环境[72.21]。

还有许多形态类似生物的社交机器人从动物那里获得了审美和行为灵感（图 72.3）。鉴于人们喜欢宠物，基于触摸的交流已经在这些受动物启发的机器人中进行了探索。索尼的娱乐机器人狗 AI-BO[72.30,38]就是一个著名的商业例子。这类机器人具有更具化的外观，如治疗伴侣海豹机器人 Paro[72.31]。研究人员选择设计出一种外观更奇特的机器人，将拟人化与类似动物的特性融合在一起，如 Leonardo[72.32,33,39]。

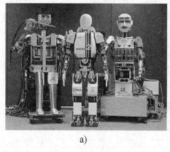

图 72.1　社交型仿人机器人

a）早稻田大学开发的仿人机器人（从左到右），一个长笛手机器人 WF-4R Ⅱ[72.13]、WABIAN-2[72.14]和 WE-4R Ⅱ[72.15]　b）ATR（京都高级电信研究所）开发的 Robovie 能够用手臂做手势并拥抱对方

c）麻省理工学院开发的 Nexi 和 Maddox 是一种移动、灵巧的社交机器人，用于研究人与机器人的协同工作[72.16]

图 72.2　安卓机器人

a）东京科学大学最早开发的人脸机器人之一[72.18]　b）ATR 开发的双胞胎[72.19]

c）凯瑟斯劳滕大学开发的 Rome[72.20]　d）赫特福德大学开发的 KASPAR 是一种
类似儿童的机器人，用于治疗干预，帮助孤独症儿童[72.21]

许多社交机器人并不总是表现出类人或动物形态，但仍能捕捉到关键的社会属性（图 72.4）。例如，最著名的开创性社交机器人之一 Kismet[72.3]是在麻省理工学院的人工智能实验室开发的，Kismet 有一张非常富有表现力的机械脸，有着拟人化的表情和蓝色的大眼睛。另一个例子是由 NiCT 公司（日本）开发的舞蹈机器人 Keepon，这个黄色的小机器人有一张简单的脸，使用了一种称为挤压和拉伸的经典动画技术来表现肢体[72.34]。

许多移动式社交机器人都安装了增强社交互动的人脸（图 72.4），包括老年护理机器人 Pearl[72.35]和机器人接待员 Valerie[72.36]，在 LCD（液晶显示器）屏幕上有一张图形化的脸，它们都是由卡内基梅隆大学开发的，其他的例子还有 NEC 开发的 Pa-

PeRo 等商用机器人[70.40]。尽管如此，一些社交机器人并没有像面部或眼睛等明显的社交特征，而是纯粹依赖于基于语言的交流。移动式社交机器人的

空间关系问题也已被探索，如机器人应该如何接近一个人[72.41]，跟随人[72.42]，或者保持适当的人际交往距离[72.43]。

a) b) c) d)

图 72.3 受具有拟人特性的动物启发的社交机器人

a) 由索尼公司开发的机器人狗 AIBO[72.30] b) AIST 公司开发的治疗性海豹机器人 Paro[72.31]
c) MERL 公司开发的会话机器人企鹅[72.32] d) 麻省理工学院媒体实验室开发的 Leonardo[72.33]

a) b) c) d)

图 72.4 既非类人也非人形但捕捉关键社会属性的社交机器人

a) Kismet[72.3] b) Keepon[72.34] c) Pearl[72.35] d) Valerie[72.36]

72.3 社交机器人与社交情感

人类从本质上说是情感化的存在实体。因此，人类的交流和社会交往往往包括情感或情绪因素。为了支持人类情感行为，研究人员正在探索人与机器人之间的情感交互和交流。

为了参与基于情感的交互，机器人必须能够识别和解释来自人类的情感信号，必须拥有自己的内部情绪模型（通常受心理学理论的启发），而且必须能够将这种情感状态传达给他人。一般来说，情感表现可以表达对个人内部状态的解释（对一种信念的认同或分歧、对特定结果的评价、斗争倾向等）。因此，这有助于预测未来的行为。情感表现可以唤起他人的情绪反应（例如，如果有同情心和动机让他人提供社会支持，则痛苦的表现就会激发情感）。鉴于社交可以发挥如此广泛的功能，科学家认为，情感的进化是因为它们为社会物种提供了适应性优势，而社会物种的个人关系十分重要[72.44]。

越来越多的社会情感机器人被设计用来实现这

种功能，以促进人-机器人交互，其中一些机器人被设计为具有情感反应或情感启发的决策系统，以娱乐机器人 AIBO[72.30]、QRIO[72.45,46]与 WE-II[72.47]进行会话或与人建立联系[72.48,49]。一些人研究了在协调行为和影响他人方面的社会交际情感，如 FEEL-IX[72.50]，Kismet[72.3,51]，其他人则探索了情感启发处理的功能作用，以使机器人更智能、更好地学习，并更好地适应在复杂环境中执行任务[72.52]。最近，研究人员研究了情感在与人一起工作并执行搜索和救援/检索等任务的机器人中的作用[72.16,53,54]，还有一些人对情感进行建模，使机器人能够更好地处理人类情感状态，并激励人们在教育[72.55]、辅导[72.56]或治疗系统[72.31]等各种应用领域进行更有效的交互。

72.3.1 情感理论

机器人的情感计算模型决定了机器人的情感反

应，这可以依赖于无数相互关联的身体、认知和情感因素，这些因素不断相互调节和相互影响。这些因素源于机器人与外部环境的相互作用，以及自身的内部状态（即当前的情绪状态、认知状态、目标、动机、物理状态等）。情感模型定义了这些因素和导致机器人可观察行为机制之间的关系，大多数情感计算模型都受到了人类情感理论的启发。这些理论模型提供了深刻的约束条件，帮助研究人员推导出连贯的计算模型。

在情感计算模型的发展中，许多理论观点具有特别的影响力。评估理论强调了认知和情感之间的因果关系[72.57]。在评估理论中，情感是从判断模式（称为评估变量）中产生的，这些判断模式描述了事件的个人意义（如事件和个人的信念或欲望和意图）。一个活跃的发展领域是理解评估变量与特定情绪标签或特定行为（即面部表情）和认知反应（即应对策略）之间的关系[72.58]。这种模型适用于更多符号化的 AI（人工智能）实现，并使用 if-then 规则[72.59,60]。在契约中，维度理论假设情感和其他情感现象不是离散的实体，而是存在于连续维度空间的连续体[72.61]。Smith 和 Scott[72.62] 提出了一个三维 PAD 模型，其中 P 对应于愉悦（效价），A 对应于唤醒（强度），D 对应于优势（应对潜力）[72.62]。参考文献［72.63］将这些评估参数映射为强度变化的表达式，可以计算为对应于主轴的基础姿势的加权混合[72.63]。核心情感（个体在任何给定时间的情感状态）被表示为三维空间中的一个点，通过引发事件来推动。维度模型通常用于生成动画角色的行为，因为维度空间可以很好地进行动画混合。

72.3.2　实例：情感理论在行为中的综合

Kismet 是第一个明确设计用于探索社会情感与人面对面交互的自主机器人[72.3,51]。Kismet 的研究集中在探索人的社交和交流的起源，即护理者和婴儿之间的交流，尽管是基于情感模型的计算模型[72.64]。Kismet 被设计成依赖人来帮助它实现目标和动机。

在内部，Kismet 的情感模型与其认知系统密切交互，对其与周围环境和人的交互进行情感评估。这些评估描述了机器人与环境的相互作用（如物体是否离机器人太近，是否可能因此造成伤害；那个人是用一种务实的语气对我说话吗等）。这些评估被标记为躯体标记[72.65]，描述了

这些评估如何映射到机器人的内部测量，如唤醒（A）、评估（V）和姿态（S），以及一种接近或避免的动作倾向。情感评估直接影响了机器人的行为选择和目标仲裁过程。躯体标记影响了机器人的核心情感状态——三维［A、V、S］空间中一个不断调整的点。核心情感映射到机器人的表达主要通过声音、面部表情和身体姿势传达的情感[72.66]。Kismet 的面部表情和姿势不是简单地触发一组离散的情感表情，而是按照基于成分的方法连续计算的，作为面部和身体沿［A、V、S］轴的基础姿势的加权混合。这种表现行为的细微变化对机器人能够与人相互调节情感状态很重要[72.67,68]。最后，核心情感和情感评估有助于诱发自适应的行为反应（如定向、搜索、避免等），这是机器人情感反应的一部分（受情感回路的启发[72.69]）。通过行为稳态过程[72.70]，这些情感反应会影响人与机器人的交互方式，从而恢复机器人的内部驱动力、目标和情感状态[72.67,68]。 **◑ VIDEO 557** 展示了 Kismet 利用情感线索识别、表达和与人交互的能力。这是概念化机器人发展的最佳路径[72.71]。

72.3.3　情感转移

对于人类来说，通过相似身体的动作来实现相似思维的动态耦合，对于获得关于他人内部状态的类人直觉至关重要。Dautenhahn[72.2]是最早探索社交机器人-机器人交互中理解他人移情机制的学者之一。

人类的情感转移很可能从婴儿期开始就学会了。对成年人的各种实验表明了一种双重情感-身体联系，即将脸摆成特定的面部表情，实际上会引出与这种情感相关的感觉[72.72,73]。因此，模仿他人的面部表情可能会使婴儿感受到对方的感觉，从而使婴儿能够将学习观察到的他人情感表达与婴儿自身内部情感状态联系起来。其他锁定时间的多模态线索可能有助于学习这种映射，如在护理者和婴儿之间的社交接触中伴随着情感面部表情的情感表达。使用类似的方法，Breazeal 等人（如声音韵律）[72.74]假设机器人可以通过他人的面部表情、肢体语言和同步的多模态线索来学习发出信号的情感表达的情感意义[72.68,75]（图 72.5）。这些被时间锁定的多模态状态的发生是因为身体和身体情感映射的相似性，它们使机器人能够学会将其内部情感状态与相应观察到的表达联系起来。在后来的工作中，他们实现了一个社交参考模型，通过这个模型，机器人 Leonardo 将移情联想模型与共同关注的

模型结合在一起（见 72.4.1 节）。

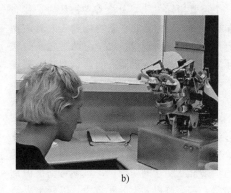

a)   b)

图 72.5 Kismet 和一个年轻女人的镜面效果，面部表情和情感语气密切相关
a）镜面兴趣/唤起 b）镜面负面影响

72.4 社会认知技能

社交智能机器人必须理解有生命的实体（即人、动物和其他社交机器人）并与之交互，其行为是由大脑和身体来控制的。换句话说，社交机器人应能识别、理解和预测人类行为，如信念、意图、欲望、情感等，心理学将这种能力称为心理理论（也被称为读心术、心理感知、社会常识、民族心理学、社会理解等）。

本节回顾了在机器人上实现人类社会认知技能和能力模型的研究。社交机器人需要不同的技能，以实现它们在人类日常生活中的全部潜力——以人类为中心，用与人类兼容的方式与人交流、合作和学习。

例如，社交机器人需要了解人类的目标和意图，以便它们能够在人类的目标和需求发生改变时适当地调整自己的行为，以帮助人类。它们需要能够灵活地将其注意力吸引到人类目前感兴趣的事情上，这样它们的行为才能得到协调，信息才能集中在同样的事情上。它们需要意识到，从不同的角度感知一个给定的情况，会影响人类对它的了解和相信，这将使它们能够使人类注意到那些在需要时不容易获得的重要信息。社交机器人需要深入了解人类的情感、感受和态度，以便能够根据人类喜欢的事情或认为最紧迫、最相关或有重大意义的事情，优先考虑为人类做最重要的事情。

此外，社交机器人的行为还需要符合人类的期望，即人类也会应用他们的心理理论来理解机器人的心理状态。

72.4.1 共同关注

Scassellati[72.76] 是最早提出如何赋予机器人其他思维理论的学者之一。受孤独症研究（被认为是心理理论的缺陷）提出的理论观点的启发，Scassellati 实施了 Leslie[72.77] 和 Baron-Cohen[72.78] 提出的混合模型。在这些模型中，共同关注被认为是心理理论的一个关键（和缺失的）先驱。这个混合模型是在仿人机器人 Cog 上实现的，该机器人能够展示出各种各样的社会认知技能，如共同关注，区分环境中的实体是有生命的还是无生命的，以及只模仿被认为是有生命的实体[72.79]。

几位研究人员在发展心理学和孤独症研究的指导下探索了共同参考模型[72.76,79-81]。正常的人类婴儿在 9~12 个月大时首先展示出与他人共同关注的能力，如跟随成年人的目光或手势指向被提及的物体[72.78,82]。在这些工作中，共同关注是一个学习的过程。例如，机器人从人类的注意力线索（通常使用头部姿势作为一个常用的指标，表明人类目前正在看什么）到看见同一事物所必需的运动指令，学习视觉运作映射。这个过程通常是通过让人类观察机器人开始注视的地方来启动的。在 Fasel 等人的研究[72.80]中，机器人学习了一个共同关注的模型，因为它发现人类的凝视是一个可靠的指示器，表明那里的东西值得看。

Thomaz 等人[72.83] 探索了机器人在社会参考交互中的注意力监控行为。在发展心理学文献中，婴儿主动监测别人是否在观察同一事物的能力是共同关注的一个重要指标[72.84]。社会参考被认为是共同关注的早期表现，因为婴儿在新物体和成人对该物体的情感反应之间来回观察，以学习两者之间的联系。为了实现共同关注，机器人的注意力状态被建模为两个相关但不同的焦点，即当前的注意力焦点（目前正在关注的内容）和参考焦点（当前共享焦点的主题，即交流什么，活动等）。此外，该机器人还维护了自己的注意力状态模型和人类的注意力状态模型。机器人使用共享对象上观察时间的启发式方法来推断交互的对象。一旦参考物被识别出来，机器人就会监视人类的注意力，以便将人类对该物体的情感反应与预期的目标联系起来。

▶ VIDEO 556 演示了 Leonardo 通过社交参考与他人进行交互和学习的能力。

72.4.2 心理观点采择

本节将进一步探讨这种移情、自我模拟的方法，以解决赋予机器人心理观点采择能力方面更普遍性的挑战。这些方法受到了神经科学和具体认知所倡导的模拟理论的启发和启示。

1. 模拟理论

模拟理论认为，大脑的某些部分具有双重用途，即不仅可以用来产生我们自己的行为和心理状态，还可以用来模仿他人的内向感受状态[72.85]。换句话说，我们参与了一个观点采择和心理模拟的过程。

例如，Gallese 和 Goldman[72.86] 提出，在猴子身上发现的一类神经元（称为镜像神经元）可能是模仿能力和模拟理论类型预测他人行为及其心理状态的神经机制。此外，Meltzoff 和 Decety[72.87] 认为，在镜像神经元的功能与成人读心能力发展之间，模拟是关键环节。从具体认知领域来看，Barsalou 等人[72.88] 从各种社会具体化现象中提出了额外的证据，即人们在观察一种行为时，会激活自己对该行为的某些表征，以及与该行为相关的其他认知状态。

2. 用于识别动作的镜像系统

受这些理论和发现的启发，Jognson 和 Demiris[72.89] 利用视觉感知模拟重现被观察主体的视觉自我中心感觉空间和相应的自我中心行为空间，以提高动作识别的准确性。这种方法基于他们的 HAMMER 架构（用于执行和识别的层次关注多模型），该架构采用镜像神经元启发的方法来进行动作识别和模仿，直接让观察者的运动系统参与动作识别过程中。具体来说，在观察他人动作的过程中，所有观察者的逆模型（类似于电动机程序）都通过使用正向模型的模拟并行执行，然后与观察到的动作进行比较，最匹配的动作被认为是公认的动作。需要从感知角度出发来提供有意义的数据进行比较。观察者所使用的模拟动作必须从另一个人的角度产生。他们在一个实验中演示了这种方法，其中一个机器人将感知属性，并识别第二个机器人的动作[72.89]。

3. 用来推断信念和目标的心理观点采择

Gray 等人[72.90] 在 Leonardo 认知架构内的几个系统中实现了模拟理论机制的计算模型，使机器人能够推断人类合作者的信念和目标状态。

机器人从人类的视觉角度重新利用它的信念构建系统，以预测人类在视觉上看到的事情可能会相信的信念，这使得机器人能够识别和推理一个人的信念，即使这些信念与机器人自己在相同情况下的信念不同。

在心理学中，著名的错误信念任务证明了理解他人不同信念的能力。在这个任务中，受试者被告知一个有图片辅助的故事，即两个孩子（Sally 和 Anne）在一个房间里一起玩耍，Sally 把一个玩具放在两个容器中的一个中，然后 Sally 离开了房间；当她不在的时候，Anne 把玩具搬到了另一个容器里；然后，Sally 回来了。这时，受试人会被问：Sally 会去哪里寻找玩具？

机器人 Leonardo 已经证明了它有能力通过这些错误的信念任务，在这些任务中，它观察到由两个人扮演 Sally 和 Anne 的角色[72.91]。在机器人的目标导向行为系统（模式与先决条件有关，并且与相关期望结果的行动有关）中，运动信息与感知和其他环境线索（如层次结构任务知识）一起用于推断人类的目标，以及他或她可能如何实现这些目标（即计划识别）。

72.4.3 合作与团队中的观点采择

通过使用模拟理论的方法，跨不同认知系统进行的心理推断可以以有趣和有用的方式进行交互，以支持合作行为，其中机器人为人类队友提供适当的帮助。

1. 使用视觉观点采择解决模糊的参考问题

Trafton 等人[72.92] 开发并实现了基于心理模拟的视觉和空间观点采择能力，以支持人机交互和协作。他们的认知架构 Polyscheme 旨在模拟人类如何整合多种表征方法、推理和规划方法来跟踪环境，包括用于表示反事实环境的设施。因此，它支持模拟他人的视觉视角，从这个替代的角度对交互和环境进行推理。

他们在许多实验中展示了这些技能，如机器人学习如何与人玩捉迷藏，学习什么样的地方是好的藏身之处[72.93]。他们也证明了这个系统的实用性，该机器人使用相同的参考框架和空间推理能力来解决一系列观点采择问题，宇航员如何促进协作解决问题，如与另一个有不同有利位置的人一起修理航天器[72.94]。例如，机器人可以处理以自我为中心的请求（即将我右侧的圆锥体递给我）、以收件人为中心的请求（即将你右侧的圆锥体递给我）或以对象为中心的请求（即将盒子前面的圆锥体递给我）。

在 Trafton 等人[72.92]的研究中，人类使用支持语音和手势的多模式接口与机器人进行交互。机器人的观点采择技能用于解决一个人要求机器人执行有关对象的动作时出现的模糊参考（即当有多个扳手可供选择时，要求机器人把扳手递给我）。特别是，工作空间中的视觉遮挡可能会从人的视角隐藏另一个候选的扳手，但从机器人的角度不会发生这种情况（图 72.6）。机器人可以通过从人的视角出发，综合运用显著性、省力的原则，推断出目标是

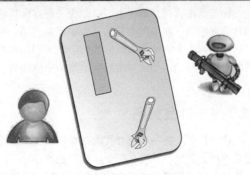

图 72.6　当被要求把扳手递给我时，机器人使用视觉透视法来区分预期的所指。人类只能看到一把扳手，但机器人可以看到两把，所以机器人会正确地将扳手放在双方都能看到的地方

谁。如果仍然存在歧义，机器人可以询问由哪一个来解决这个问题。

2. 提供信息性或工具性的支持

Gray 等人已经证明，机器人 Leonardo 能够成功地从协作任务中的实时行为中推断出人类伙伴的信念、愿望和意图。共享的工作空间可以有任何一种视觉遮挡[72.90]，也可以动态地变化，而不是所有的参与者都知道这些变化[72.91]。机器人可以整合这些心理状态，以推断决定如何最好地帮助这个人，如提供工具支持（利用环境帮助人类完成他们的目标）或提供信息支持（提供该人成功实现他或她的目标所需的相关信息）。

考虑以下场景：一个机器人被介绍给两个人，Sally 和 Anne。三个人都看着 Anne 把薯片藏在机器人左侧的盒子里，饼干藏在右侧的盒子里。Sally 离开了房间，此时 Anne 对 Sally 开了个玩笑，交换了盒子里的东西，然后用一个密码锁把两个盒子都锁上了。Anne 离开了，Sally 很快就回来了，渴望着她看到的放在其中一个盒子里的饼干。Sally 记得看到了薯片放在左侧的盒子里，并试图用密码锁打开盒子。这个机器人有匹配的薯片和饼干，可以分发出去。机器人应该怎么帮助 Sally？

在这个计划识别场景中，读心能力发挥着重要作用，机器人必须实时观察 Sally，以推断 Sally 对薯片位置的误解（Anne 在 Sally 离开房间的时候她交换了位置），根据她的行为推断她的愿望（Sally 从不明确说她想要薯片），并认识到 Sally 获得薯片的计划实际上是无效的（她试图打开错误的盒子）。机器人对情况有真正的了解，然后必须思考如何最好地帮助 Sally 得到她想要的目标。

Gray 等人[72.91]（ ⊙ VIDEO 563 ）结合了这三种心理推论，以证明协作机器人的意图识别和不同信念。具体来说，在获取的信息支持下，Leonardo 将其对共享工作空间状态的信念与基于每个人的视觉视角信念联系起来。如果存在视觉遮挡，或者发生了使人类无法了解有关工作空间的重要信息事件，则机器人知道要引导人类的注意力，以将这些信息引入共同的领域。例如，Leonardo 指着实际上装着薯片的盒子，在工具支持的情况下，Leonardo 通过直接给人一袋匹配的薯片来帮助那个人。Gray 和 Breazeal[72.95]探讨了机器人的推理和采取明确的行动欺骗人类竞争对手。

72.5　人类对社交机器人的社会反应

72.5.1　社会判断

拟人化设计对社交机器人来说非常重要，因为一种技术或产品的外观、界面和功能影响了人们对它的感知、交互，以及随着时间的推移与它交互的方式[72.12]。机器人和其他具有类似人类线索设计的技术会引起人们的社会反应[72.96-99]。例如，研究发现，相比那些纯粹的功能性设计，人们会对表现出类似人类线索（如情感表达）的人工制品做出更积极的反应[72.100,101]。在技术人工制品中添加类似人类的线索可以促进人们与它的社会联系，帮助人们学习如何使用它，并增强人们的喜爱、参与和合作的愿望[72.102-104]。另一些研究发现，与机械式机器人相比，人们倾向于拥有更丰富的拟人化机器人心理模型[72.103,105]。其他人则探索了一些拟人化的设计特征，如个性、背景故事、幽默的使用，甚至是自我的概念（如把自己称为I）、欺骗、礼貌和道德尊重观念[72.106-108]，但机器人设计的外观和界面必须与其功能及用户的预期相匹配，否则可能给用户带来负面影响[72.109]。

72.5.2　实体与虚拟体现

当考虑社交体现的作用和优势时，人们可能会问，实体与虚拟对应物之间是否存在差异。事实上，实体的社交体现比纯粹的图形表示具有许多优势：首先，虽然许多社交只涉及交换视觉和听觉线索，但机器人也会通过身体接触来支持交流和协作；其次，机器人支持对人工制品的联合操作和与人共享物理空间。这两者对各种协作活动，如装配和制造[72.110,111]、搜索和救援行动[72.16,53]、国内援助[72.103]等都很重要。进一步的接触不仅是一种有趣且重要的沟通方式，具有显著的健康和治疗效益，而且它还可以影响人们对机器人的社会判断，如人们对机器人的关心程度或说服别人[72.103,104]。关于接触的方式将在"社交接触"部分进一步讨论[72.31,39]。

此外，越来越多直接将虚拟与实体代理进行比较的研究报告显示，人们对实体机器人表现出更多的信任、遵从和享受[72.112-115]。除了用户对实体代理而不是虚拟代理的偏好，许多研究还表明，在从游戏[72.112]到教育环境[72.115]、辅助任务[72.114]、与

健康有关的活动[72.116]和Wizard-of-Oz用户研究[72.113]等各种任务中，人类的表现和结果都得到了改进提高。

最后，由于虚拟代理是一种表征形式，对有认知或社会缺陷的个体来说，解释和映射可能太具挑战性。因此，对于那些对视频显示器或电视很少或根本不感兴趣的孤独症儿童来说，机器人可能被证明是有优势的治疗干预手段[72.117]。社交机器人倾向于支持面对面的群体交互[72.118]，而屏幕倾向于以减少面对面互动的风险来吸引眼球[72.119]，这是与幼儿学习相关的机器人设计的重要考虑因素，特别是在以社交方式支持家长参与对儿童的学习非常有益的情况下。

72.5.3　理解人的社会刺激

以实体形式体现的社交机器人对人类社会反应的影响为机器人开启了新的应用，使其成为帮助科学家了解人类社会行为和判断的有趣工具。人们通过非语言线索的动态交流做出各种社会判断，如微妙的头部姿势、手臂姿势、面部表情、音调变化等。事实上，有大量证据表明，人类经常使用特定的线索，通常在没有意识的情况下，以一定程度的准确性推断他人的动机[72.120,121]。如果人们在没有意识的情况下使用这些线索，而这些线索必须被仔细控制，那么就很难将人作为实验伙伴。因此，在一种范例中，社交机器人可以作为一种高度可控的社会刺激物，在人类参与的研究中代替助手。这在试图理解人类的非语言线索如何影响人们的社会判断时特别有用，如从一次短暂的邂逅中感知另一个人的信任度[72.122]。

72.5.4　社会关系

社交机器人的一项重要技能是与用户建立并保持某种社会关系，并存在于个体之间的互动中，它在相互关注、积极和相互响应的基础上创造了强大的人际影响力和响应能力[72.123-126]。在联合活动中，建立良好社会关系的能力往往会带来更好的结果。例如，当学生与老师关系良好时，他们会学得更好；当患者与医生关系良好时，患者就更配合，并健康状况也会更好[72.124]；当团队成员之间关系融洽时，团队能做出更好的决定，工作更加有

效[72.128]。人与人之间的融洽关系受个体间非语言行为交流的影响[72.129,130]。尽管人们如何与他人建立融洽关系的细节仍然是一个科学探究的话题,但参与者之间的非语言线索越是同步和开放,融洽关系的结果就越积极。例如,身体姿势、头部运动、面部表情和声音韵律的适当镜像或同步都有助于建立积极的融洽关系。开放的线索表明你愿意接受互动,如进行适当的眼神交流,向另一个人倾斜,以及不遮挡身体或面部的手臂姿势。

因此,当考虑社交机器人如何有效地与人合作时,它们与人建立和保持良好社交关系的能力(至少是被感知的社交关系)是很重要的。因此,最终重要的不仅是机器人执行这些非语言线索的能力,而且是机器人与人实时协调这些线索的能力。例如,研究人员已经探索了代理人的非语言线索与人的协调,以改善融洽关系[72.56]、参与性[72.32]、可信度[72.122]和指示线索[72.131]。

72.5.5 社会支持

融洽关系的改善也促进了社交机器人为人们提供有效社会支持的能力。社会支持在帮助人们实现个人目标和改善教育、心理健康、身体健康、老龄化、应对等广泛领域的成效方面发挥了积极作用。它被概念化为一种感知和现实,即一个人被照顾,可以从别人那里得到帮助,并且是支持性社会网络的一部分[72.123]。这些支持的来源可以是情感上的、工具的、信息的和陪伴的。例如,情感上的支持向个人传达了他或她是被重视的信息,包括提供同情心、关心、养育、鼓励和接受等[72.124,125];工具支持涉及提供援助的具体的、实用的方式,如财政援助、物资或服务;信息支持包括提供有用的建议、指导或信息,以帮助他人解决问题;陪伴支持给人一种社会归属感,让另一个人参与共同的社会活动。这些形式的社会支持可以来自人、专业人士、宠物,甚至是社交机器人。

为用户提供社会支持的能力是社交机器人通过社交手段帮助人们的有效方式之一。机器人可以通过与用户直接交互,或者通过帮助调解人们提供的社会支持来提供这种帮助(如连接人与人)。如今,人们正在开发各种各样的社交机器人,如导师[72.132]、学习伙伴[72.118,133]、教练[72.116]、老年人的家庭助手[72.134]、治疗辅助工具[72.21,31]等,以与人互动。通过对话、非语言线索、表情展示和身体动作,这些机器人通过提供信息、监控表现、提供反馈、激励和持续激励、给予鼓励、提供陪伴、执行身体任务等来帮助人们。

因此,社交机器人在许多领域都具有广泛的适用性,因为它是一种可以扩展和增强人类提供的社会支持的技术。这与社会挑战尤其相关,如老年护理、保健和慢性疾病的管理以及教育,其中社会支持被认为对结果至关重要,但普遍缺乏训练有素的专业人员来满足需求。此外,尽管与人类专业人士频繁会面成本高昂,但社交机器人有潜力被用来填补成本效益方面的空白。重要的是,社交机器人的设计并不是为了取代或排除人类专业人士,而是为了提供一种有效的工具,以一种可扩展和经济的方式支持人类网络。

72.6 社交机器人与交流技巧

交流意味着通过自然语言进行信息交换。因此,可以认为,非常好的 ASR(自动口语识别)是实现与机器人交流所需的主要功能,但人们期望社交机器人与人进行随意的交流,就像人类之间交流一样自然。在这种非正式的交流中,信息经常在非语言化和语言化之间切换。因此,机器人需要有良好的装备来识别人类的非语言线索,并通过其非语言行为来表达非语言线索。所需的计算还要考虑目标人对周围环境良好的感知和认知能力。本节介绍了社交机器人与交流技巧的研究历史,并为未来的挑战提供指导。

72.6.1 语言/非语言交流

从历史上看,即使是 20 世纪 70 年代开发的第一代仿人机器人也具有使用自然语言交流的原始能力。例如,WABOT 和 WABOT-2 在自然语言中具有会话能力,它基于语音输入/输出映射的简单组合模型[72.135,136]。

此外,早期的先驱者已经注意到非语言信息在人类会话中的重要性。非语言行为扮演三个角色:

1)调节器。如凝视、姿势和发声的表达,用于调节/控制会话的转变。

2)状态显示。显示内部状态,包括影响、认知或会话状态。

3）手势。为话语补充信息的手势，包括指示性手势（指向）和标志性手势。

在此范围内，非语言信息被视为补充信息。在基于话轮的交流中，主要信息是由自然语言传递的。下面提供一些例子。

1. 调节线索

甚至是一些最早的社交机器人也会通过显示非语言信息来调节与人的互动。Hadaly 2 是第一个使用相互凝视作为非语言线索来调节会话的机器人[72.137,138]。相互凝视通过人脸识别来确定人脸何时面对机器人；当相互凝视发生时，Hadaly 2 就眨眨眼睛，表示准备开始会话。人们对机器人的目光也被认为是提示他/她是否在与机器人进行会话的线索[72.139]。

其他的例子还有 Kismet[72.3,140,141] 和 Leonardo[72.33,142]，它有能力使用被称为信封显示的非语言线索，以调节说话轮次的交流。研究发现，在复杂的人-机器人团队任务中，回溯线索可以减少压力和认知负荷（图 72.7）。关于 Kismet 如何使用信封显示来调节与人们的轮番说话，请参见 |👁 **VIDEO 559**。在多方互动中，也体现了发言轮的监管作用。当人们准备停止说话时，往往会进行眼神交流，扬起眉毛；当开始说话时，往往会中断目光和眨眼。通过对这些线索的识别，可以实现语音回合的平滑和同步化。凝视也可以传达说话人的意图，谁可能下一个讲话。Mutlu 等人[72.143,144]已经成功地将其复制到人-机器人的交互中。Kirchner 和 Alempijevic 发现，凝视在交流谁应该收到机器人提供的物品方面也很有效[72.145]。相反，凝视也被用作一种线索，用来解释一个人是否希望轮流[72.146]。

辅助语言信息也可进行处理。当机器人解释某件事时，人们经常会用简短的话语（如嗯、嗯哼、呵呵等）来表示确认。这些回答要么是承认，要么是回复，这两种话语与仅由话语的转录所代表的语言信息是很难区分的。Fujie 等人[72.47]展示了一种从话语的韵律中区分是承认还是回复的方法。

2. 状态显示线索

面部表情和凝视被用来表示机器人的会话或认知状态。这种状态显示线索会使机器人的内部状态对用户更加透明，从而使用户能够更好地了解机器人的状态。例如，ROBITA 用其面部表情的紧绷性来表示愿意进行交谈；一张紧绷的脸被用来表达准备会话，而一张松散的脸则表示他缺乏参与的准

图 72.7 在复杂的人-机器人团队任务中，回溯线索可以减少压力和认知负荷 [当机器人对人类请求进行反向引导时，团队也倾向于在搜索和检索任务中找到更多的项目[72.16]（|👁 **VIDEO 555**）]

备[72.147]。情感状态和注意力目标也可以通过非语言方式显示（见 72.3 和 72.4 节）。

倾听状态和理解水平也以非语言形式显示出来。人类听众使用反向通道的回应，如点头来传达他/她正在成功地进行会话的事实。机器人模仿人类的行为，通过点头[72.148]、面部表情[72.5]、身体运动[72.149]来表示自己的倾听状态 |👁 **VIDEO 810**。这种状态显示线索被用于仿人的遥操作机器人，以指示操作员参与会话的状态[72.150,151]。

另一个反向通道信号是听者的困惑表达（语言或非语言）。这标志着说话者停止并尝试修复中断的交流。像 Leonardo 和 ROBITA 这样的机器人，在语音识别失败时会使用面部表情表示困惑，以便直观地向人类传达他或她应该重复他们最后的话语。

有些机器人可以处理人的反向通道反馈[72.32]，由此开发了一个复杂的头部点头识别系统，其中机器人 Mel 可以成功地区分小的反馈点头和其他类型的点头，如那些观点一致的点头。Mel 利用这些信息来确定自己的点头行为，以作为对人类的适当反应。在一系列的人类学科研究中，Sidner 等人[72.32]发现了这些非语言的线索，以增强机器人对人的社交参与。

3. 手势线索

指示性手势通常在机器人中被用来指向一个物体，如使用食指[72.152,153]、凝视[72.143]，以及这两者的结合[72.74,154-157]。其他类型的手势，如标志性的手势[72.146]和区域指向[72.158]（|👁 **VIDEO 811**）也被成功地用于机器人中。手势的效果已被成功地证明。例如，在给出方向的场景中，即使是口头给出

的方向也可以在没有手势的情况下被理解，补充的指向手势可以提高听者对给定方向的理解[72.159]。

许多机器人能够通过一个人的手势或头部姿势来识别一个人的指示性手势。例如，Leonardo 能够通过考虑包括指向手势、头部姿势和语音在内的许多因素来推断交互中指示的对象。Sugiyama 等人[72.160] 将语言空间指示和指向手势联系起来，以更好地识别指向的目标（ VIDEO 807 ）。Brooks 和 Breazeal[72.153] 开发了一个指示识别系统，使机器人能够从相关的语音和指示性手势中推断出正确的操作对象参考物。有趣的是，人们发现，人类指向手势的准确性非常差。因此，指示识别系统依赖于协调的语音和手势信息，空间知识由机器人使用实时视觉构建的三维空间数据库和动态空间推理系统提供。这个系统在美国国家航空航天局（NASA）约翰逊航天中心（JSC）开发的灵巧型仿人机器人 Robonat 上得到了成功的演示（图 72.8b）。人类指向并标记车轮上的四个螺栓，由机器人按顺序固定这些螺栓。

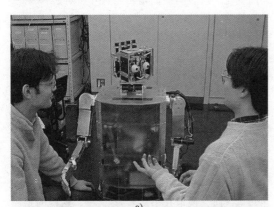

图 72.8　会话机器人

a）ROBITA 执行小组会话　b）Robonat 解释人类的指向手势，以确定将哪个螺母固定在车轮上

c）Leonardo 使用凝视和共同注意将人类的指向手势固定在所需的参照物上

72.6.2　人-机器人交流机制

基于话轮的交流机制得到了很好的研究。在语言学中，人们认为会话是由反复轮流说话而形成的[72.161]。有一位演讲者正在发言，听众在倾听他的讲话[72.162]；当演讲结束后，一位听众开始发言，也会有旁观者倾听，但不打算发言。这种基于话轮的模型是对话建模中使用的典型模型[72.163]。也就是说，对话管理系统识别谁拥有发言权，识别说话者话语中的单词，并在系统拥有发言权时产生话语，这通常用一系列规则来实现，它已被成功地扩展到人-机器人交流中。例如，Nakano 等人[72.164] 开发了基于规则的架构，其中规划器用于处理机器人基于任务的操作，以及对话管理；Scheutz 等人[72.165] 开发了名为 DIARC 的软件架构，它使用一个基于规则的规划器，用于接收来自所有感知模块的输入，除了自然语言对话管理，还用于处理效果和目标导向的操作。在这种方法中，机器人通过伴随非语言线索的话语进行交流[72.166]。有些系统被用于处理多方对话，其中机器人的注视线索（图 72.8a）被用来调节谁是接收者，谁是进行下一个话轮的主动倾听者[72.143,167-171]。

研究人员也很清楚交流时间敏感性的重要性，如在对话管理系统中，最近也考虑了发言者话轮中间的中断[72.164,172]。Chao 和 Thomaz[72.173] 提出了更详细的模型，在该模型中，语言和非语言线索的时间同步（如凝视和手势）是使用基于 Petri 网表示的。实证研究揭示了什么是良好的同步和时机，如 Yamamoto 和 Watanabe[72.174] 研究了机器人说话和动作的同步性，发现人们更喜欢说话比动作稍微延迟一些的机器人。这也反映出人类的日常习惯，因为有报道称，人类的手势会比话语稍早一些[72.175]。Shiwa 等人[72.176] 揭示，人们更喜欢机器人反应的小延迟，而像 etto 等会话填充语可以用于拖延机器人的反应时间（ VIDEO 806 ）。

然而，上述研究都是在基于话轮对话进行信息交流的假设下进行的，最近的研究揭示了更多的人与机器人交流的动态案例，其中机器人信息交流的方式有时偏离了基于话轮对话范式。例如，在一个机器人和一个人开始互动的那一刻，他们都会表达他们想要见面和交谈的意图。几项研究调查了机器人表达其欢迎交互开始的方式[72.177]。当目标用户坐着时，Dautenhahn 等人[72.178] 发现，他们更喜欢从侧面接近机器人（ VIDEO 258 ）。图 72.9 所示

72

为机器人接近行人的场景。Satake 等人[72.179]发现，如果机器人未能传达其说话的意图，这种交互就会失败。由于机器人是在嘈杂的购物中心运行的，当它只使用语言表达时，机器人就会被忽略。相反，

他们发现机器人需要用非语言的方式传达它的意图。它需要从正面靠近，并需要在调整身体朝向目标人的方向时做出反应；这种非语言行为使机器人在开始与行人对话时更加成功。

图 72.9　机器人接近行人的场景

行人也会用非语言的方式表达他们的意图，如当他/她不想希望和机器人说话时，他们会避免接近机器人。因此，机器人可以利用距离信息来估计人们发起互动的意愿。Michalowski 等人[72.177]对机器人周围的空间区域进行划分，当人接近机器人并进入社交距离时，就会让机器人与人交谈。一些关于空间关系学的实证研究表明，当人们与机器人交谈时，往往更喜欢保持社交距离[72.180-182]。

共同关注（如第 72.4.1 节所述）可以保持沉默。图 72.10 和 VIDEO 257 展示了一个场景，其中一个人用非语言方式与机器人分享他的注意力目标。这个人对计算机很好奇，就站在计算机前面；然后，机器人移动到方便解释物体的位置。当这个人移动到另一个展品时，机器人跟随他并向他解释他面前的那个物体。在这里，是人的站位传达了注意力目标[72.183,184]。

况。这是因为在这种非正式的交流中，信息可以通过非语言的方式交换。与通常只能有一个说话者占用的语音通道不同，非语言信号可以同时交换。例如，当行人和机器人相遇时，他们的位置在行走时不断变化，这表明他们是否愿意开始对话。因此，社交机器人的目标是在人们的日常环境中工作，这样随意的和非语言的信息交流是人与机器人交流重要的一部分。目前，全面揭示这种持续的社会信号交换所需要的机制尚不成熟。

另一方面，一些研究开始强调需要一种连接交流与背景知识的机制。结果表明，共同基础模型可使日常交流更加有效[72.185]。例如，给出方向的场景是环境知识的一种应用情况，如当一个机器人指示方向时（图 72.11 和 VIDEO 259），如果机器人知道一个可见的地标，它就不会说请在第三个拐角转弯，而会说请在书店转弯[72.186]，这样的指路方式会更容易让人理解。由此可见，一个好的环境

图 72.10　人与机器人通过空间形成隐式地分享注意力目标

这些示例显示了交流不一定是基于话轮的情

图 72.11　一个指路机器人[72.189]

模型（如参考文献［72.187］），可以大大提高机器人关于路线的沟通能力。此外，如果一个机器人拥有一个用户的位置记忆模型，它可以提供基于目的地的方向，如一家咖啡馆靠近你刚去过的书店[72.188]，这比复杂的转机目的地更容易理解，"像去咖啡馆一样，请在第一个拐角右转，在第三个拐角左转，然后……"

72.6.3 挑战

综上所述，我们已经对基于话轮的会话进行了一定程度的研究，但社交机器人经常进行随意的交流，其中机器人需要处理社交信号和背景知识。在这里，我们指出几个关键挑战。

1. 展示交流技巧

以前的研究开始揭示不同形式的交流方式，其中需要各种感知和认知能力。早期的研究已经揭示了社会信号处理的重要性，如识别和表达凝视和面部表情。关于开始会话的研究表明，双方通过各自的位置实时交换信息。有关给出方向的研究表明，需要进一步将语言和环境知识联系起来，如认知地图、人们如何感知环境和记住地标。

我们需要在多大程度上覆盖保留基于话轮的会话？我们相信我们会发现很多元素，其中许多可能与感知和认知有关。这样的案例将有助于我们更好地理解什么是真正的交流技巧。因此，这是一个重要的挑战。

2. 关于交流技巧的架构

除了找出交流技巧的储备，另一个重要的挑战是处理整合，即交流技巧的架构。从基于话轮的结构转移到动态结构才是真正的挑战。

72.7 与机器人伙伴的长期交互

许多社交机器人已经被引入作为机器人伙伴。对于机器人伙伴，提供陪伴可能是唯一的目标。例如，在研究中使用的玩具机器人，如 Pleo[72.190]，但它们通常结合了两个方面：①是有用的，即能够为用户执行某些任务；②以一种社会可接受的方式执行这些任务[72.191]。后一个概念已被使用，如在一些欧洲项目中[72.192-195]。伙伴的概念通常需要重复的、长期的相互作用，这不仅对机器人的设计、交互设计、任务/设置/场景的选择提出了挑战，而且对如何确保与机器人令人满意和成功的交互带来了特别的挑战。

72.7.1 机器人伙伴

近年来，越来越多的研究人员开始研究这类机器人伙伴的应用领域。例如，辅助机器人和康复机器人的应用，利用机器人在家中帮助老年人，以延长他们在家中独立生活的时间，这一方向目前正被世界各地的研究小组广泛研究。一些公司也将它们的机器人作为辅助伙伴来营销，如 2005年推出的机器人 Wakamaru（三菱重工有限公司），2012 年推出的人类支持机器人（丰田）。此外，还有许多研究原型，如 Cody（佐治亚理工学院）、赫伯（CMU）、Care-O-bot 3（Fraunhofer）、Hector（陪伴项目）。

许多远程机器人已经被开发出来，但本章将重点讨论自主或部分遥操作的机器人伙伴。注意，Cody 的目标是患者卫生护理领域，这与触觉人-机器人交互章节中讨论的问题有关。无论人与机器人伙伴的交互是否包括触觉交互或者是一种不干涉的方式（第 73 章），开发这样的系统都需要仔细研究这类机器人在应用领域中的角色和功能，以及用户对这样一个系统的感知和态度。

图 72.12 和 🔵 VIDEO 218 展示了 Care-O-bot3 机器人（Fraunhofer）在老年人家庭帮助陪伴项目的应用。该机器人在赫特福德郡大学的机器人之家做过展示，这是一个用于机器人家庭辅助实验的家庭环境，参与者经常在这里举行人-机器人交互会议。

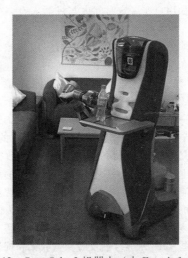

图 72.12 Care-O-bot3 机器人（由 Fraunhofer 提供）

这种生活实验室的设置正越来越多地被用于设计、实验和评估创新系统（如欧洲生活实验室网络[72.196]），这样的环境可以促进复杂机器人系统的开发，使其能够应用于现实环境。

72.7.2 参与性和长期关系

机器人伙伴的概念需要重复的、长期的交互，这也可能促进机器人与人之间关系的发展。与机器人的关系可以有多种形式，关系的形成会受到许多因素的影响，如机器人的具体角色（管家/朋友/导师/助理/工具等[72.197]），以及机器人的具体表现、行为和表达能力[72.198,199]（通常将其呈现为关系载体，旨在建立和维护与用户的社会情感关系）。

社交机器人的许多应用只涉及短期的交互，如作为博物馆向导的机器人[72.200]和作为接待员的机器人等（ VIDEO 808 ）。在这里，新奇效应经常可以被利用，即许多人普遍对新机器人感兴趣，但经过反复交互后，这种效应会逐渐消失，人们可能会对机器人失去兴趣。因此，一个主要的研究挑战是如何让人们参与交互，并激励他们与机器人交互。与机器人建立一种有用的而愉快的关系并非易事。那多久的时间算长呢？Tanaka 等人[72.22]提出总交互时间的"10h 屏障"，Sung 等人[72.201]提出将以超过 3 个月的长期交互目标作为主要挑战。Hüttenrauch 和 Severinson-Eklundh[72.202]对服务机器人 CERO 进行了一项用户研究，旨在办公环境中帮助一个用户超过三个月。Kanda 等人[72.189]在 25 天内研究了一个部分遥操作的机器人 VIDEO 809 。这些交互的性质取决于研究是否在学校、家庭、公共场所等地方进行，它也取决于交互的频率和持续时间（如用户在一定时间内与机器人有多少次交互）。

此外，在社交机器人的不同应用领域，交互的数量和质量可能会有非常不同的实现，越来越多的研究正在将机器人引入实地环境[72.203]。 VIDEO 564 展示了学龄前儿童如何在 2 个月的时间里与一个讲故事的学习机器人伙伴互动，机器人故事的个性化帮助孩子们提高了学习词汇的能力。实地研究通常被认为比在实验室收集的数据更可取，在生态学上更有效，但实际的、技术的和方法上的限制可能会制约实地研究的时长和性质。此外，把机器人带到野外并不一定会使其与人的交互更加自然，而且更混乱的条件会带来难以解决的方法学问题，并经常会干扰受控数据收集和统计数据分析[72.204]。Heylen 等人[72.204]进行了一项长达十天

的实地研究，他们把一个简单的对话（兔子）机器人放在一些人的家中，通过实地研究阐明了一些实际问题，这些问题会影响可获得结果的有效性和用户体验，后者最终将决定人们会认为长期机器人伴侣是有趣还是讨厌[72.204]。Salter 等人[72.205]提供了一种分类方法，用于描述实地环境中儿童与机器人交互的研究。无论是在实验室还是在实地研究中，对不同的实验条件、任务和设置等进行系统分析，将有助于不同的长期研究的规划、设计和比较。

注意，机器人的设计和能力通常不能满足用户的期望，也不能适应用户的日常活动[72.190]。机器人技术的进步和 HRI 的知识将使更多的实地研究，包括在学校[72.206]、托儿所[72.22]，私人住宅[72.190]、养老院[72.31]等成为可能。

在上述许多长期研究中，已经使用了商用机器人，这样做的原因不仅在于其可用性，还在于鲁棒性、可靠性及安全性。在实地研究中使用的研究原型应始终确保获得机构审查委员会（IRB）的批准，以满足道德准则，即使是一般安全使用的原型机，也可能仍然有电缆伸出等。因此，在这些研究过程中，通常必须有研究人员在场；研究原型本身也容易崩溃，这同样需要研究人员的持续关注；研究原型的设计通常也不太适合实地研究，如在杂乱的地面上使用车轮等。关于这些实际但非常重要的观点，我们可以找到有趣的见解，例如，Hüttenrauch 等人[72.207]的改良版 Peoplebot（移动机器人）被带到 8 个不同的家庭，每个家庭大约 1h，以研究 HRI 情况下的空间管理。值得注意的是，即使机器人和一个人留在家里，或者机器人和全家一起在家里，人们仍然会敏锐地意识到这种交互的实验本质[72.204]。

在长期交互中，需要仔细考虑用户和机器人之间关系的建立和维护，也可以从与虚拟代理相关的长期研究中获得许多结论（如作为运动顾问）[72.208,209]。

72.7.3 支持老年用户的机器人家庭伙伴

在家庭中进行的几项 HRI 研究集中在为一般人群使用的机器人伙伴上。Koay 等人[72.210]报告了一项在家庭环境中进行的为期 5 周的长期研究，该研究使用部分远程控制的机器人，涉及几个不同的场景（如协作任务、共享物理空间、记录和显示个人信息、打断某人为其服务，以及通过肢体和语言的

结合向他人寻求帮助）。研究结果突出了人们对机器人家庭使用相关场景的关注和期望。注意，本研究中使用的机器人是部分远程控制的，这允许调查复杂场景。

由于人口结构的变化，世界各地都有很多人对开发机器人技术来照顾老年人感兴趣，这种技术可以让老年人在自己家里待得更久，或者在被搁置或其他专门设计的环境中提供帮助。机器人能够以不同的方式帮助家里的老年人，如提供身体援助（站立、行走、抓取和搬运物品等）、社会帮助（如让用户与他人交互）和认知帮助（如提醒功能）。

在 HRI 中，之前的工作是调查机器人提醒用户未来或之前活动的能力。Autominder 使用 Nursebot 代表了使提醒更加智能和动态的初步尝试[72.211]。智能和动态也是 Robocare 项目提出的系统应具备的关键技术[72.212]。最近，KSERA 项目[72.213]重点关注机器人利用用户不易获得信息的能力，以及为了保护用户的健康而进行说服的能力。其他通过多模式互动和智能住宅集成为老年痴呆症患者提供帮助和提醒的例子包括欧盟 FP7 伴侣项目和 MOBISERV 项目[72.214]。Florence 项目[72.215]介绍了一种商用机器人，可作为一种自主生活装置，用于环境辅助生活；它为用户提供了多种服务，包括一个日程提醒应用程序，允许老年人与护理者共享信息等。欧洲项目 SRS[72.216]和 ACCOMPANY[72.217]都使用 Care-O-bot 3（Fraunhofer）（图 72.12）作为其目标机器人平台。SRS 涉及在遥控场景中使用机器人，而 AC-COMPANY 项目为一个移情和辅助的家庭伙伴开发完全自主的行为。

一些项目将机器人伙伴与智能/环境结合起来，作为各种环境辅助生活（AAL）解决方案的一部分，通过为日常生活活动（ADL）提供支持，帮助老年人或残疾人独立生活。目前这些课题正在世界各地，如卡内基梅隆大学生活质量技术中心（QOLT）[72.218]或环境生活意识情感解决方案中心（CASALA）[72.219]进行研究。

72.7.4 实例：与机器人减肥教练的长期交互

最近的一些研究调查了机器人伙伴作为健康教练或顾问的使用。Kidd 和 Breazeal 开发了 Au-tom[72.116,220]（ VIDEO 558 ），这是一种专门设计用于充当减肥教练角色并与人进行长期交互的机器人。Autom 有明确的功能和角色，但也需要以一种

社会可接受和舒适的方式与用户交互，以便用户直观地理解机器人，愿意与机器人互动，并倾听它的声音。这个机器人也是长期 HRI 学术研究引出创新和商业化的一个例子它的主要目的是帮助用户减肥，试图说服用户改变其行为[72.221]。

支持此功能的一个关键要素是在用户和机器人之间创建某种关系。因此，Autom 是一个机器人的例子，它将自己呈现为一种关系媒介，鼓励人们与它们发展社会情感关系[72198,199]。Autom 采用了一种受心理学启发的关系模型，机器人的角色是看护者；它以患者-护理专业之间的对话为模型，在对话中提供社会支持（第 72.5.5 节），以建立工作联盟并提供帮助、具有说服力、有积极且支持的态度。对于一个医疗保健教练机器人来说，行为的改变是一个核心目标，这样的关系非常重要。需要减肥的人通常并不缺乏必要的智力或知识来了解减肥将改善他们的健康和总体幸福感。动机因素通常是一个关键点，所以减肥机器人在提供社会支持方面的角色不同于只需要提供信息的报刊亭机器人。

一项由 45 名参与者参与的长达 6 周的 Autom 原型机器人的长期研究，是第一项旨在改变体重管理目标人群行为的研究（图 72.13）。研究结果非常令人鼓舞：参与者与机器人建立了密切的关系，与使用其他方法（运行相同对话框的计算机或手动输入的纸质日志）相比，他们在使用机器人时跟踪自己的卡路里消耗量和锻炼时间要长得多。由于这些因素是长期减肥成功的指标，该项研究为社交机器人对长期 HRI 的有效性提供了依据[72.116]。

a)   b)

图 72.13 体重管理和运动教练 Autom
a）麻省理工学院开发的 Autom 机器人原型
b）Autom 机器人的商业版本

72.7.5 挑战

许多研究机器人伙伴的项目（如支持老年用户、提供治疗帮助或在办公环境中提供帮助）仍处于初级阶段。为了阐明这些系统的可用性、有用性

和可接受性，仍然需要广泛、长期、多地域甚至跨文化评估研究的未来结果。如果在不同的项目中使用相同的研究平台，可以直接比较和分享研究进展，这是特别有用的。

支持参与长期研究的挑战开始显现。新的传感器和接口，如大脑-计算机接口，可以在与机器人交互时提供更丰富的关于人们情感和注意力投入状态的信息。机器人提供了更丰富的社交线索，以探索人类互动方式的整个范围，如使用凝视、手势、空间关系学、对话、偶然事件等[72.177,222-226]。实时测量用户参与度，并让机器人做出响应，这是一个关键性的挑战。在一项有 37 名参与者和一个可以感知用户参与的机器人的用户研究中，Sidner 等人[72.32]提出与没有这种手势的机器人相比，参与手势的感知更积极。Rich 等人[72.139]提出了一个机器人的初始计算模型，通过对手势和语音等不同事件的识别来模拟参与。

我们需要并在未来很长一段时间里仍将需要在广泛的测试中验证参与在 HRI 中的一般含义，特别是对于长期的 HRI 互动应有一个明确的框架。其他几个适应用户参与和交互的机器人概念研究显示了令人鼓舞的结果，François 等人[72.227]评估了一个基于触觉信息（孩子们如何触摸机器人）并在治疗环境中适应用户交互的机器人，而 Szafir 和 Mutlu[72.228]演示了机器人如何适应用户的参与，利用大脑-计算机接口技术来评估参与。该研究在自适应机器人方面的未来应用是针对教育环境，其中教师机器人可以自动适应学生的参与，或者治疗/康复应用，其中机器人可以根据治疗目标自动适应患者的需求和偏好。

未来的研究需要阐明如何最好地设计出与人能够进行长期成功交互和体现的社交机器人。由于在机器人上添加社交交互技能是昂贵的，那么识别一组机器人特征（外观、行为、认知）是必要的，足

以与机器人创造有意义的、可接受的、高效的长期互动。在这里，提供与经验方法相关联的框架十分重要，Rose 等人[72.229]讨论了机器人可信度的概念和方法框架。注意，虽然目前被用于长期 HRI 实验的机器人主要是人形或动物形机器人，但即使是机械外观的机器人，如机器人 Roomba，也可能会邀请人们与其用户建立社会情感关系[72.201,230]。

使用机器人与人进行长期重复交互也涉及许多伦理问题，这一点已经被强调在具体会话代理和虚拟角色方面[72.208]。虽然在一些应用中，如果将机器人描述为护理接受者，它可能具有有用的功能[72.133]，但在大多数应用中，机器人伙伴应该为其用户提供护理[72.191]。正如 Turkle 等人[72.198,199]所指出的那样，将自己呈现为关系载体的机器人可能会影响人们对社会关系和友谊本质的理解和期望。当用户是弱势群体，如有特殊需求的成年人、老年人或儿童时，道德问题尤为重要。许多研究人员对这些问题发表了评论[72.231,232]。

实际问题对于接受机器人进行长期交互也可能至关重要，正如它在 Pleo 的长期研究中强调的那样。Pleo 是一种商用机器人，但需要维护，不太适合人们的日常生活[72.190]。Fernaeus 等人[72.190]还提出了交互设计这一重要问题，需要支持长期的交互，这个问题也在他们长期研究参与者的用户反馈中提出。可能需要设计人-机器人交互的新方法，以促进机器人伙伴的长期使用[72.190]，在现实环境中，必须注意如何将机器人技术介绍给人们，以及人与机器人必须如何相互适应[72.230]。

最近，虚拟角色和机器人角色的融合成为一个日益增长的研究领域，即从虚拟角色到机器人角色的无缝过渡[72.233]，或者在不同的机器人和其他数字模型之间的迁移，给未来的长期伙伴[72.234]带来了有趣的挑战。事实上，它可能会改变我们通常认为的机器人伙伴的性质[72.148,233,235-242]。

72.8 与社交机器人的触觉交互

在机器人学和人工智能研究中，触觉交互长期以来主要被用于实现碰撞检测、抓取和物体操作，特别是与视觉和其他传感器模式相结合，并导致在机器人的手爪或手上添加触觉传感器[72.243]。

72.8.1 触摸式社交互动

近年来，人与机器人触觉交互的重要性在一些

研究项目中得到了重视，这些研究项目的灵感来自于人类之间交互和儿童成长的证据。最近人们对触觉的兴趣已经超越了触觉与物理环境互动的必要性，而关注于触觉交互在与社会环境交互中的重要作用。例如，Siegel 等人[72.244]发现，社交接触，如握手，会影响机器人的说服力[72.244]。在其他工作中，不同环境下同样的触摸方式会使人们对机器人

的反应产生不同的影响[72.245]。

事实上，人生来就是一种触觉生物。肢体接触是人类最基本的交流方式之一。在人类的发展进程中，触觉在发展认知、社会和情感技能，以及建立和维持依恋和社会关系方面起着至关重要的作用。在儿童早期发育中缺乏触觉接触会对儿童的发育产生毁灭性的影响[72.246]。Hertenstein[72.247] 对人类和其他动物触觉交流功能进行了全面的调查。

72.8.2 用于 HRI 的触觉传感器和机制

最近，越来越多的社交机器人配备了触觉皮肤，从而允许机器人对触摸它的人做出反应。最近的趋势，如在欧洲项目机器人皮肤[72.248]中，倾向于覆盖机器人的整个身体或大部分身体，如 Schmitz 等人[72.249]使用模块化电容式传感器来覆盖仿人机器人 iCub。Dahiya 等人[72.250]的相关工作调查了各种不同的触觉传感器技术方法和机器人触觉传感器的机制，他们展示了如何从人类的生物触觉传感器中获得灵感，并获得机器人触觉感知的设计提示。Stiehl 等人[72.251]设计了一个触觉系统，灵感来自于人体皮肤和躯体加工的触觉系统，后来发展为识别人类如何触摸机器人的社交和情感交流意图[72.252,253]。在 Roboskin 项目中开发的新柔顺性皮肤技术有两个主要功能：一是允许机器人安全和高效地操作；二是利用触觉传感器与人进行交流、交互和合作。

触觉人-机器人交互领域确实是一个日益增长的研究领域，最近的一项调查讨论了触觉 HRI 类型的交互可能发生在机器人与人之间，以及允许在各种机器人系统中检测这些交互作用的传感器类型，如 Robovie 系列机器人、RI-MAN、抱抱机器人[72.253]或 Paro[72.254]。注意，装备有触觉传感器的机器人可能只是增加其功能，但在某些情况下（如在 Paro[72.251]具有治疗/护理功能或在惹人喜爱的改善社会关系[72.255]），触觉会对机器人的关键功能至关重要。许多主要为人-机器人交互而设计制造的玩具机器人，如 AIBO 或最新开发的机器人 Pleo 都配备有用于感受抚摸的触觉传感器。事实上，使用触觉 HRI 来支持人与人的远距离交流是一个很有前途的研究领域[72.255-258]，触觉反馈也可以通过演示来提高机器人的教学水平[72.259]。

为了实现机器人的触觉能力，有一些关于传感器的处理和感知问题难以解决。其中一个问题是，当传感器被激活时，需要识别机器人整个身体中嵌入的多个传感器与被触碰的身体部位之间的几何关系。为了更好地感知各种触摸，可以在柔软的皮肤内或皮肤下嵌入传感器。例如，Robovie Ⅱ-F 有 274 个传感器元件（压电薄膜）嵌入软硅橡胶（图 72.14）。触觉动作同时激活多个传感器，因此当身体的一个地方发生触觉动作时，附近的传感器都被激活。对于这个问题，Noda 等人[72.260]采用了一种自底向上的方法，使用观测到的信号模式，以一种自组织的方式来识别信号模式和触摸位置之间的映射。

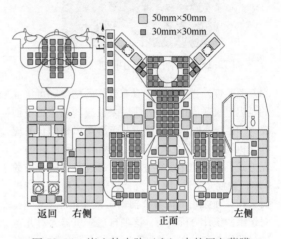

图 72.14　嵌入软皮肤（左）中的压电薄膜
传感器布局

第二个问题是信号模式与人的触摸行为交流意图之间的语义关系。例如，Tajika 等人[72.261]应用信号模式聚类方法来检索触觉动作的层次结构。例如，挠胸（图 72.15）被发现与抚胸相似，归为轻触胸部动作。Knight 等人[72.262]开发了一种基于识别典型触摸类型识别的算法，如挠痒痒、宠物和戳。Yahanan 和 MacLean[72.263]对人类交流情感状态的意图进行了分类，并将触摸动作映射到每个类别，如将安抚意图映射为抚摸和拍打等动作。Stiehl 和 Breazeal[72.264]训练了一个神经网络，通过识别社会情感触摸的类型（如根据一个人挠痒、触摸、轻拍、拍打、摩擦、挤压等方式，愉快或不愉快的触摸或戏弄方式），根据情感和交流意图对触摸进行分类。

François 等人[72.227]描述了一种在 HRI 中的模式识别算法，即级联信息瓶颈方法，并将其应用于人-机器人触觉交互模式下的实时自主识别。该方法采用信息论方法，能够从时间序列中逐步提取相关信息。通过对 Sony AIBO 机器人的真实交互数据的评估表明，该算法能够对交互类型（交互频率和

图 72.15 一个孩子正在挠机器人的胸部

交互温柔度）进行分类，具有良好的精度和可接受的延迟。级联信息瓶颈方法后来被成功地应用于创建一个能够实时识别和适应儿童游戏风格的自适应社交机器人[72.265]，该机器人会奖励平衡良好的交互方式，并鼓励儿童参与互动。通过对一所学校的7名孤独症儿童进行的研究，评估了这种自适应机器人在孤独症儿童机器人辅助游戏中的潜在影响。对结果的统计分析表明，这种自适应机器人对儿童的游戏风格和他们与机器人互动的参与度都有积极的影响。

72.8.3 实例：教孤独症儿童触觉交互

使用机器人来治疗和教育孤独症儿童，最初是由 Kerstin Dautenhahn[72.266,267] 提出的，它最近在研究界引起了很多关注。许多这样的方法侧重于机器人辅助玩耍，因为玩耍在孩子的发展中起着至关重要的作用。在玩耍中，孩子们可以了解自己和环境，并发展认知、社交和感知技能。孤独症，或者更轻一些的孤独症谱系障碍（ASD），是一种终身的发展障碍，主要障碍是交流、社会交往和想象力（DSM IV, 1995）[72.268,269]。机器人允许一个简化的、可预测的和可靠的环境，在那里交互的复杂性可以被控制并逐渐增加[72.270]。孩子们可以和机器人玩双人游戏，也可以和其他孩子或大人玩三人游戏。在后一种情况下，场景强调机器人作为社交媒体的作用[72.271]。

机器人作为中介的游戏和学习活动如果成功，有潜力使认知障碍儿童学习和获得基本的社交技能，从而得到支持，以开发/增强他们的个人潜力，

特别是在交流和交互领域[72.270,272]。在这个领域已经研究了许多不同的社交机器人，包括变形机器人、仿人机器人或机械外观机器人，如 Labo-1[72.273]、NAO[72.274]、Probo[72.275]、Robota[72.276,277]、Keepon[72.278]、Aibo[72.279]、Tito[72.280] 和 KASPAR[72.21] 等。虽然我们从案例研究评估中发现了令人鼓舞的结果，但还需要进一步的长期研究和临床研究[72.281]。

Diehl 等人[72.281] 在他们对孤独症患者临床使用机器人的评论中表明，鉴于孤独症患者在理解物理世界方面表现出优势，而在理解社会世界方面表现出相对劣势，因此使用社交机器人是非常有用的。孤独症儿童往往很难与他们的社会环境进行适当的交互。在孩子与同龄人、老师和家庭人员的交互中，触摸通常具有重要的沟通和情感作用。

然而，孤独症儿童可能对触摸不敏感或过于敏感，因此他们可能渴望或避免触摸。作为上述欧洲 Roboskin 的一部分，已经进行了大量案例研究评估，研究配备了触觉传感器的仿人机器人如何教孤独症儿童进行适当的触觉交互和相关的情绪反应。该研究使用了儿童大小的、表情极简的机器人 KASPAR[72.21,282]），这是一种专为互动而设计的低成本机器人——它的许多功能都适合患有孤独症的儿童，如机器人的形状类似人，但表情极简。该机器人头部和面部有8个自由度，每只手臂有6个自由度，躯干有1个自由度，为有各种特殊需要的儿童设计了一套完整的机器人辅助游戏场景，并为孤独症儿童设计了触觉游戏场景[72.283-285]。

KASPAR 可以和孩子们一起玩各种游戏，也可以完全自主操作[72.285,286]（ VIDEO 220 ），或者作为游戏场景的一部分，部分由儿童或成人远程控制。关于儿童与机器人触觉交互的案例研究显示了令人鼓舞的结果（Robins 等人[72.283,287]）。在研究触觉交互时，KASPAR 配备了有补丁的触觉传感器，它会自主产生一些反应，如胸部的嘀嗒声导致笑，或者打脸导致机器人转身离开孩子，用手捂住脸说"哎哟，疼"。如果儿童接触到未被皮肤斑块覆盖的区域，或者对不同类型的触摸的识别不够可靠[72.288]，则实验者可以手动触发机器人的反应。

图 72.16 显示了一名孤独症儿童首先击打机器人的腿，然后探索机器人的反应。因为腿部无法检测到强有力的触摸，所以实验者会触发机器人的反应。注意，这种自主行为与远程控制相结合的混合

方法使机器人在感知上比目前最先进的机器人传感技术所允许的更先进。用于治疗孤独症儿童的机器人需要是可预测的，这样机器人感知能力上的错误可以由在场的成年人（实验者、老师或看护者）弥补。一个非常了解孩子的人也能够在特定的时间触发某些有用的机器人行为，这些行为不能直接从孩子或环境中观察到，只能从治疗目的、对孩子的了解、孩子的需求、偏好中推断出来。

图 72.16　孩子与机器人的触觉交互

a）孩子击打机器人的腿部，然后探索机器人的反应　b）孩子看到机器人看起来很伤心，所以他挠着肚子（左）让它开心（右）　c）表情极简的仿人机器人 KASPAR

值得注意的是，对于一个机器人来说，检测并响应孤独症儿童的触觉交互，不仅有利于教授儿童适当的触觉交互，也可以为适应儿童个体的交互方式提供基础[72.265]。

触觉交互通常不是交互的唯一焦点，它可以嵌入多模式游戏场景中，其治疗目标是通过游戏提高儿童的社交技能。François 等人[72.279]提出了一项长期研究，其中 6 名被诊断为孤独症的儿童与一个自主变形机器人（SonyAibo）进行交互。这项研究的灵感来自于非指导性的游戏疗法，以鼓励儿童的主动性。根据三个维度（游戏、推理、影响）详细分析每个孩子的行为，观察儿童沿着这三个维度的独特发展轨迹，从而形成了每个人独特的轮廓。这项工作强调了机器人辅助治疗领域的方法论问题，同时指出并规范了实验者在会话中的不同潜在角色，他们可能是被动参与者，也可能是主动参与者[72.289]。在此引入了一种调节过程，使实验者可以在特定条件下调节相互作用，以便：

1）防止或阻止重复性行为。

2）帮助孩子参与游戏。

3）如果孩子已经体验过了，那么给游戏一个更好的节奏。

4）引导一个更高水平的游戏。

5）提出一些与推理或情感相关的问题。

72.8.4　机遇与挑战

虽然许多研究认为，触觉 HRI 将使人类与机器人进行更愉快、更有意义和更有效的交互，但许多问题仍不清楚，需要进一步研究。例如，一项基于视频的研究（参与者观看了交互视频，而不是与机器人本身交互）显示了机器人自主水平的影响，并表明与被动机器人相比，触摸行为更适合主动机器人[72.290]。还需要进一步的研究，以找出触觉交互是在何时以及是如何增强人的交互体验，并利于人-机器人交互整体性能的。我们也可以预期，个体差异将在与机器人的触觉交互类型中发挥作用，这也取决于所涉及的任务，以及整体环境和设置。人们对机器人角色及其与用户关系的认识也可能会影响这些问题。

近年来，世界各地的许多项目都试图使用机器人来治疗孤独症儿童。这需要研究不同的机器人控制和自主模式，从完全自主系统[72.285]到 Wizard-of-Oz 控制机器人[72.291]，再到使用一种混合式方法，其中远程控制是交互的组成部分，并触发自主行为[72.287,289]。实际上，如果一个技术要成为实验室和实验环境以外广泛使用的治疗工具，该技术需要高度鲁棒性、可靠性、易于非研究人员操作，并且具有成本效益。

许多技术、方法和设计上的挑战仍然需要解决，但与社交机器人的触觉交互开辟了许多新的研究途径，产生了很多令人振奋的应用。

72.9　社交机器人与团队合作

在协作任务中，语言和非语言交流在协调联合行动中起着非常重要的作用。鉴于每个团队成员通常只拥有与解决问题相关的部分知识、不同的能力，以及对任务状态可能存在的分歧，通过沟通行为共享信息是至关重要的。例如，所有团队成员需要建立和维护一套关于任务当前状态、每个成员各自的角色和能力，以及每个团队成员的责任的共同信念[72.33,153]，这被称为共同基础[72.162]。

72.9.1　人-机器人团队协作

对话在建立共同基础方面发挥着重要作用。每个熟悉的人都有一个共同的目标，那就是与对方建立并保持一种相互信任的状态。为了成功交流，讲话者要写一篇足以被倾听者理解的文章，而倾听者也要理解讲话者的目标。这种沟通行为可以在不利的情况（包括沟通中断和实现团队目标的其他困难）下实现强大的团队行为。

人类也使用非语言技能，如视觉观点采择和共同注意力来建立与他人的共同基础。他们确定自己的目光，并通过指示性线索（如指向手势）引导队友的目光，以建立共同基础。鉴于视觉观点采择、共同注意力和使用指示线索来引导注意力是人们用来协调周围环境中物体与事件联合行动的核心心理过程，机器人队友在与人类合作时，必须能够以符合人类期望的方式显示和解释这些行为和线索。

Breazeal 等人[72.142]研究了使用非语言的社交线索和行为对人-机器人团队任务绩效的影响。在一项人体实验中，参与者用语言和手势指导 Leonardo 完成一项身体任务。机器人可以通过行为（如凝视和面部表情）进行隐式交流，也可以通过非语言的社交线索（如明确的手势）进行显式交流。机器人明确的基础行为包括视觉上注意到人的行为，以感谢他们的付出，短暂点头表示对任务或子任务的成功和完成表示认可；视觉上注意到人的注意力，指引人的目光或指向的地方。当机器人对工件进行操作时，回头看向人类同伴，确保其贡献得到承认，并指向任务空间中的工件，以引导人类对它们的注意。通过问卷的自我报告和视频行为分析都支持这样一个假设，即在机器人的可理解性、任务执行效率和对沟通错误的鲁棒性方面，隐式非语言沟通对人-机器人协作任务会产生积极影响[72.142]。

随着时间的推移，与合作伙伴一起工作的共同基础也在增长。在一个简单的例子中，如果两个人在一系列协同制造任务中重复工作，其中一个人将能够很容易地预测另一个人下一步将做什么，从而主动地帮助对方。例如，如果一个人总是需要在任务的某个时刻接过扳手，那么另一个人可能会在被要求递出扳手之前采取预期动作。Hoffman 和 Breazeal 开发了一个自适应系统，可以学习这种任务架构，从而使机器人能够进行预期动作[72.292]，这进一步揭示了感知模拟的重要性[72.293]。

这种共同基础和认知相似性的重要性在伙伴关系中也得到了证明。例如，Morales 等人[72.186]发现，当机器人预测到人类伙伴的步行位置时，它能有效地与人类伙伴并排行走。这种预期计算的实现是通过一种类似于人类的方式计算首选步行路线的能力。有些机器人可以明确地学习公共知识，如学习地名的机器人[72.294]。

72.9.2　机器人作为社交媒介

研究人员已经开始探索机器人作为社交媒介的应用。一种方法是利用机器人的类人存在作为社交刺激。众所周知，有一些人的存在可以促进他人的生活，如当人们被别人观察时，人们进行简单的数学计算会更快。这是已知的社会促进效应[72.295]。Riether 等人[72.296] 报告说，由于机器人的存在，人们在简单的数学计算方面的性能得到了改善[72.296]。Takano 等人[72.297] 将一个安卓机器人作为旁观者，让患者在医院与医生见面，发现机器人可以缓解患者的焦虑，让患者相信医生会更加关注他们[72.297]。

另一种方法是使用机器人作为人类社会环境中的主动协调员。当有很多人时，协调员可以使他们的活动更有效率，这样的角色也可以被机器人成功地复制。考虑这样一种情况，一个交互式机器人被放置在一群孩子中间，当他们想要与机器人玩耍时，他们开始互相推开。Shomi 等人[72.298] 开发了一种识别机器人周围一群人何时混乱的技术，并让机器人执行注意力控制行为，让孩子们以协调的方式与机器人一起玩耍[72.299]（图 72.17）。在其他工作中，机器人也有被用于促进老年人的小组对话。Matsuyama 等人[72.300] 开发了一款参与智力游戏的机器人，作为

老年人护理设施的一项娱乐活动，并提供启发性的答案，以方便其他老年人继续游戏[72.300]。在这些工作中，机器人积极地模拟社会情境，并根据其对情境的理解来干预人们的活动。

图 72.17　机器人与一群人交互并协调
他们的注意力

72.9.3　研究方向

人类的活动通常是社会性的，涉及许多拥有不同技能、愿望和目标的人。虽然这项研究还处于早期阶段，但我们已经开始模拟这种社交环境，同时揭示了机器人在这种社交环境中的潜在角色。随着相关技术，如操作能力、导航能力和语言能力的进一步发展，应该会有许多潜在的用途，但最有可能的是，潜在的理论研究仍然需要做很多的工作。

72.10　结论

在本章中，我们介绍了社交机器人及人-机器人交互的一些主要研究趋势。在很大程度上依赖于我们自己研究中的例子来说明这些趋势，并使用了来自世界各地其他研究小组的优秀案例。

从这个概述中，我们已经展示了社交机器人作为应用 HRI 的最重要的目标之一是，在其设计中创造出与人类兼容和以人为中心的机器人。他们与人类能力的差异应该补充和增强我们的优势，并支持人们如何互相帮助；它们与人类能力的相似之处，如通过计算实现人类认知、情感或多模态通信模型，使人们更直观地理解和交互。此外，

这些机器人也被用作一种科学工具，以帮助我们更好地理解自己。随着这种理解的加深，社交机器人正被设计成为人类提供越来越复杂的社交、情感、认知和基于任务的支持，为机器人在教育、健康、治疗、沟通、家务，以及需要协调和团队协作的物理任务等方面开辟了新的应用领域。随着该领域的发展，社交机器人正被应用于日益复杂的人类环境中执行日益复杂的任务，服役时间也越来越长。我们期待在未来的几十年里，更多的研究者，特别是年轻的研究者，将积极地为从今天的机器人过渡到未来有能力的机器人合作伙伴做出贡献。

72. 11   延展阅读

为了进一步阅读，我们推荐以下学术年会记录、期刊、书籍和文章：

1. 年度会议记录

- Proceedings of the ACM/IEEE International Conference on Human-Robot Interaction（HRI）
- Proceedings of the IEEE International Symposium on Robot and Human Interactive Communication（ROMAN）
- AAAI Symposium Series
- AISB Symposium Series

2. 期刊

- Journal of Human-Robot Interaction（http://humanrobotinteraction. org/journal/）
- Interaction Studies-Social Behaviour and Communication in Biological and Artificial Systems published by John Benjamins Publishing Company
- International Journal of Social Robotics by Springer
- IEEE Transactions on Autonomous Mental Development（TAMD）
- IEEE Transactions on Human-Machine Systems
- IEEE Transactions on Affective Computing
- Paladyn, Journal of Behavioral Robotics, de Gruyter
- PLoS ONE

3. 书籍

- C. Breazeal：*Designing Sociable Robots*（MIT Press, Cambridge 2002）
- R. W. Picard：*Affective Computing*（MIT Press, Cambridge 1997）
- J. -M. Fellous, M. Arbib（Eds.）：*Who Needs Emotions：The Brain Meets the Robot*（Oxford, Oxford Univ. Press 2005）
- K. Dautenhahn, J. Saunders（Eds.）：*New Frontiers in Human-Robot Interaction*, Advances in Interaction Studies,（John Benjamins Publishing, Amsterdam 2011）
- T. Kanda, H. Ishiguro（Eds.）：*Human-Robot Interaction in Social Robotics*（CRC Press, Boca Raton 2012）

4. 文章

- T. Fong, I. Nourbakshsh, K. Dautenhahn：A survey of social robots, Robotics and Autonomous Systems 42, 143-166（2003）
- M. A. Goodrich, A. C. Schultz：Human-robot interaction：A survey, Foundations and Trends in Human-Computer Interaction 1（3）, 203-275（2007）

视频文献

VIDEO 218 Home assistance companion robot in the Robot House
available from http://handbookofrobotics.org/view-chapter/72/videodetails/218

VIDEO 219 Visual communicative non-verbal behaviours of the Sunflower Robot
available from http://handbookofrobotics.org/view-chapter/72/videodetails/219

VIDEO 220 Playing triadic games with KASPAR
available from http://handbookofrobotics.org/view-chapter/72/videodetails/220

VIDEO 221 Explaining a typical session with Sunflower as a home companion in the Robot House
available from http://handbookofrobotics.org/view-chapter/72/videodetails/221

VIDEO 257 A robot that forms a good spatial formation
available from http://handbookofrobotics.org/view-chapter/72/videodetails/257

VIDEO 258 A robot that approaches pedestrians
available from http://handbookofrobotics.org/view-chapter/72/videodetails/258

VIDEO 259 A robot that provides a direction based on the model of the environment
available from http://handbookofrobotics.org/view-chapter/72/videodetails/259

VIDEO 555 Human-robot teaming in a search and retrieve task
available from http://handbookofrobotics.org/view-chapter/72/videodetails/555

VIDEO 556 Social referencing behavior
available from http://handbookofrobotics.org/view-chapter/72/videodetails/556

VIDEO 557 Overview of Kismet's expressive behavior
available from http://handbookofrobotics.org/view-chapter/72/videodetails/557
VIDEO 558 Overview of Autom: A robotic health coach for weight management
available from http://handbookofrobotics.org/view-chapter/72/videodetails/558
VIDEO 559 Non-verbal envelope displays to support turn-taking behavior
available from http://handbookofrobotics.org/view-chapter/72/videodetails/559
VIDEO 560 Learning how to be a learning companion for children
available from http://handbookofrobotics.org/view-chapter/72/videodetails/560
VIDEO 562 Social learning applied to task execution
available from http://handbookofrobotics.org/view-chapter/72/videodetails/562
VIDEO 563 Mental state inference to support human-robot collaboration
available from http://handbookofrobotics.org/view-chapter/72/videodetails/563
VIDEO 564 A learning companion robot to foster pre-K vocabulary learning
available from http://handbookofrobotics.org/view-chapter/72/videodetails/564
VIDEO 806 Influence of response time
available from http://handbookofrobotics.org/view-chapter/72/videodetails/806
VIDEO 807 A scene of deictic interaction
available from http://handbookofrobotics.org/view-chapter/72/videodetails/807
VIDEO 808 An example of a social robot in a museum
available from http://handbookofrobotics.org/view-chapter/72/videodetails/808
VIDEO 809 An example of repeated long-term interaction
available from http://handbookofrobotics.org/view-chapter/72/videodetails/809
VIDEO 810 A robot that exhibits its listening attitude with its motion
available from http://handbookofrobotics.org/view-chapter/72/videodetails/810
VIDEO 811 Region pointing gesture
available from http://handbookofrobotics.org/view-chapter/72/videodetails/811

参考文献

72.1 K. Dautenhahn: Getting to know each other – Artificial social intelligence for autonomous robots, Robotics Auton. Syst. **16**, 333–356 (1995)

72.2 K. Dautenhahn: I could be you: The phenomenological dimension of social understanding, Cybern. Syst. **28**, 417–453 (1997)

72.3 C. Breazeal: *Designing Sociable Robots* (MIT Press, Cambridge 2002)

72.4 H. Miwa, A. Takanishi, H. Takanobu: Experimental study on robot personality for humanoid head robot, Proc. IEEE/RSJ Int. Conf. Intell. Robots Syst. (IROS) (2001) pp. 1183–1188

72.5 T. Tojo, Y. Matsusaka, T. Ishii, T. Kobayashi: A conversational robot utilizing facial and body expressions, IEEE Int. Conf. Syst. Man Cybern., Vol. 2 (2000) pp. 858–863

72.6 J. Cassell, J. Sullivan, S. Prevost, E. Churchill (Eds.): *Embodied Conversational Agents* (MIT Press, Cambridge 2000)

72.7 G. Hoffman, C. Breazeal: Robots that work in collaboration with people, AAAI Symp. Intersect. Cogn. Sci. Robotics, Washington DC (2004)

72.8 K. Dautenhahn, A.H. Bond, L. Canamero, B. Edmonds (Eds.): *Socially Intelligent Agents: Creating Relationships with Computers and Robots* (Kluwer, Boston 2002)

72.9 R.W. Picard: *Affective Computing* (MIT Press, Cambridge 1997)

72.10 T. Fong, I. Nourbakshsh, K. Dautenhahn: A survey of socially interactive robots, Robotics Auton. Syst. **42**, 143–166 (2003)

72.11 S. Schaal: Is imitation learning the route to humanoid robots?, Trends Cogn. Sci. **3**(6), 233–242

(1999)

72.12 J. Fink: Anthropomorphism and human likeness in the design of robots and human-robot interaction, Lect. Notes Comput. Sci. **7621**, 199–208 (2012)

72.13 J. Solis, K. Chida, K. Suefuji, A. Takanishi: The development of the anthropomorphic flutist robot at Waseda University, Int. J. Humanoid Robotics **3**(2), 1–25 (2006)

72.14 Y. Ogura, H. Aikawa, K. Shimomura, H. Kondo, A. Morishima, H. Lim, A. Takanishi: Development of a new humanoid robot WABIAN-2, Proc. IEEE Int. Conf. Robotics Autom. (ICRA) (2006) pp. 76–81

72.15 H. Miwa, K. Itoh, H. Takanobu, A. Takanishi: Mechanical design and motion control of emotion expression Humanoid robot WE-4R, 15th CISM-Symp. Robot Des. Dyn. Control (2004) pp. 255–262

72.16 M.F. Jung, J.J. Lee, N. DePalma, S.O. Adalgeirsson, P.J. Hinds, C. Breazeal: Engaging robots: Easing complex human-robot teamwork using backchanneling, Proc. ACM Conf. Comput. Suppor. Coop. Work (CSCW), San Antonio (2013) pp. 1555–1566

72.17 J. Goetz, S. Kiesler, A. Powers: Matching robot appearance and behavior to tasks to improve human-robot cooperation, Proc. 12th IEEE Int. Workshop Robot Hum. Interact. Commun. (ROMAN) (2003) pp. 55–60

72.18 F. Iida, M. Tabata, F. Hara: Generating personality character in a face robot through interaction with human, Proc. 7th IEEE Int. Workshop Robot Hum. Commun. (ROMA) (1998) pp. 481–486

72.19 M. Shimada, T. Minato, S. Itakura, H. Ishiguro: Evaluation of android using unconscious recognition, Proc. 6th IEEE-RAS Int. Conf. Humanoid Robots (2006) pp. 157–162

72.20 K. Berns, J.J. Hirth: Control of facial expressions of the humanoid robot head ROMAN, Proc. IEEE/RSJ Int. Conf. Intell. Robots Syst. (IROS), Bejing (2006) pp. 3119–3124

72.21 K. Dautenhahn, C.L. Nehaniv, M.L. Walters, B. Robins, H. Kose-Bagci, N.A. Mirza, M. Blow: KASPAR – A minimally expressive humanoid robot for human-robot interaction research, Appl. Bionics Biomech. 6(3), 369–397 (2009)

72.22 F. Tanaka, J.R. Movellan, B. Fortenberry, K. Aisaka: Daily HRI evaluation at a classroom environment: Reports from dance interaction experiments, Proc. 1st ACM Conf. Hum.-Robot Interact. (HRI), Salt Lake City (2006) pp. 3–9

72.23 H. Lim, S. Hyon, S.A. Setiawan, A. Takanishi: Quasi-human biped walking, Int. J. Inform. Educ. Res. Robotics Artif. Intell. 24(2), 257–268 (2006)

72.24 H. Lim, A. Ishii, A. Takanishi: Emotion-based biped walking, Int. J. Inform. Educ. Res. Robotics Artif. Intell. 22(5), 577–586 (2004)

72.25 J. Solis, S. Isoda, K. Chida, A. Takanishi, K. Wakamatsu: Anthropomorphic flutist robot for teaching flute playing to beginner students, Proc. IEEE Int. Conf. Robotics Autom. (ICRA) (2004) pp. 146–151

72.26 H. Miwa, K. Itoh, M. Matsumoto, M. Zecca, H. Takanobu, S. Roccella, M.C. Carrozza, P. Dario, A. Takanishi: Effective emotional expressions with emotion expression humanoid robot WE-4RII, Proc. 2004 IEEE/RSJ Int. Conf. Intell. Robots Syst. (IROS) (2004) pp. 2203–2208

72.27 S. Roccella, M.C. Carrozza, G. Cappiello, P. Dario, J. Cabibihan, M. Zecca, H. Miwa, K. Itoh, M. Matsumoto, A. Takanishi: Design, fabrication and preliminary results of a novel anthropomorphic hand for humanoid robotics: RCH-1, Proc. IEEE/RSJ Int. Conf. Intell. Robots Syst. (IROS), Sendai (2004) pp. 266–271

72.28 H. Miwa, K. Itoh, H. Takanobu, A. Takanishi: Design and control of 9-DOFs emotion expression humanoid arm, Proc. IEEE Int. Conf. Robotics Autom. (ICRA), New Orleans (2004) pp. 128–133

72.29 K. Hayashi, Y. Onishi, K. Itoh, H. Miwa, A. Takanishi: Development and evaluation of face robot to express various face shape, Proc. IEEE Int. Conf. Robotics Autom. (ICRA) (2006) pp. 481–486

72.30 M. Fujita: On activating human communications with pet-type robot AIBO, Proceedings IEEE 92(11), 1804–1813 (2004)

72.31 K. Wada, T. Shibata, K. Sakamoto, K. Tanie: Long-term interaction between seal robots and elderly people – Robot assisted activity at a health service facility for the aged, Proc. 3rd Int. Symp. Auton. Minirobots Res. Edutainment (2005) pp. 325–330

72.32 C.L. Sidner, C. Lee, C.D. Kidd, N. Lesh, C. Rich: Explorations in engagement for humans and robots, Artif. Intell. 166(1/2), 140–164 (2005)

72.33 C. Breazeal, A. Brooks, J. Gray, G. Hoffman, C. Kidd, H. Lee, J. Lieberman, A. Lockerd, D. Chilongo: Tutelage and collaboration for humanoid robots, Int. J. Humanoid Robotics 1(2), 315–348 (2004)

72.34 H. Kozima: An anthropologist in the children's world: A field study of children's everyday interaction with an interactive robot, Proc. Int. Conf. Dev. Learn. (ICDL), Bloomington (2006)

72.35 M.E. Pollack, S. Engberg, J.T. Matthews, S. Thrun, L. Brown, D. Colbry, C. Orosz, B. Peintner, S. Ramakrishnan, J. Dunbar-Jacob, C. McCarthy, M. Montemerlo, J. Pineau, N. Roy: Pearl: A mobile robotic assistant for the elderly, Proc. AAAI Workshop Autom. Eldercare (2002)

72.36 R. Gockley, R. Simmons, J. Forlizzi: Modeling affect in socially interactive robots, Proc. 15th IEEE Int. Symp. Robot Hum. Interact. Commun. (RO-MAN) (2006) pp. 558–563

72.37 M. Mori: Bukimi no tani the uncanny valley, Energy 7(4), 33–35 (1970)

72.38 K. Wada, T. Shibata: Living with seal robots in a care house – Evaluations of social and physiological influences, IEEE/RSJ Int. Conf. Intell. Robots Syst. (2007) pp. 4940–4945

72.39 W. Stiehl, J. Lieberman, C. Breazeal, L. Basel, L. Lalla, M. Wolf: Design of a therapeutic robotic companion for relational, affective touch, Proc. 14th IEEE Workshop Robot Hum. Interact. Commun. (ROMAN) (2005) pp. 408–415

72.40 NEC Corporation Japan: http://jpn.nec.com/robot/en/

72.41 M.L. Walters, K. Dautenhahn, S.N. Woods, K.L. Koay: Robotic etiquette: Results from user studies involving a fetch and carry task, Proc. 2nd ACM/IEEE Int. Conf. Hum.-Robot Interact. (HRI), Washington (2007)

72.42 R. Gockley, J. Forlizzi, R. Simmons: Natural person-following behavior for social robots, Proc. 2nd ACM/IEEE Int. Conf. Hum.-Robot Interact. (HRI) (2007) pp. 17–24

72.43 A.G. Brooks, R.C. Arkin: Behavioral overlays for non-verbal communication expression on a humanoid robot, Auton. Robots 22(1), 55–74 (2007)

72.44 C. Darwin, P. Ekman: The Expression of the Emotions in Man and Animals, 3rd edn. (Oxford Univ. Press, Oxford 1998)

72.45 C. Breazeal: Emotion and sociable humanoid robots, Int. J. Hum. Comput. Interact. 58, 119–155 (2003)

72.46 F. Tanaka, K. Noda, T. Sawada, M. Fujita: Associated emotion and its expression in an entertainment robot QRIO, Proc. 3rd Int. Conf. Entertain. Comput., Eindhoven (2004) pp. 499–504

72.47 S. Fujie, Y. Ejiri, K. Nakajima, Y. Matsusaka, T. Kobayashi: A conversation robot using head gesture recognition as paralinguistic information, Proc. IEEE Int. Symp. Robot Hum. Interact. Commun. (ROMAN) (2004) pp. 158–164

72.48 L. Hall, S. Woods, R. Aylett, L. Newall, A. Paiva: Achieving empathic engagement through affective interaction with synthetic characters, Lect. Notes Comput. Sci. 3784, 731–738 (2005)

72.49 R.C. Arkin: Moving up the food chain: Motivation and emotion in behavior-based robots. In: Who Needs Emotions: The Brain Meets the Robot, ed. by J. Fellous, M. Arbib (Oxford Univ. Press, Oxford 2005)

72.50 Feelix growing, a European project coordi-

nated by University of Hertfordshire: https://en.
wikipedia.org/wiki/Feelix_Growing

72.51 C. Breazeal: Function meets style: Insights from emotion theory applied to HRI, IEEE Trans. Syst. Man Cybern. C **34**(2), 187–194 (2003)

72.52 A. Sloman: Beyond shallow models of emotion, Cogn. Process. Int. Q. Cogn. Sci. **2**(1), 177–198 (2001)

72.53 S. Chernova, N. DePalma, C. Breazeal: Crowdsourcing real world human–robot dialog and teamwork through online multiplayer games, AAAI Magazine **32**(4), 100–111 (2011)

72.54 M. Scheutz, P. Schermerhorn, J. Kramer: The utility of affect expression in natural language interactions in joint human-robot tasks, Proc. 1st ACM Conf. Hum.-Robot Interact. (HRI) (ACM, New York, USA 2006) pp. 226–233

72.55 J.C. Lester, S.G. Towns, C.B. Callaway, J.L. Voerman, P.J. Fitzgerald: Deictic and emotive communication in animated pedagogical agents. In: *Embodied Conversational Agents*, ed. by J. Casell, S. Prevost, J. Sullivan, E. Churchill (MIT Press, Cambridge 2000)

72.56 M.E. Hoque: My automated conversation helper (MACH): Helping people improve social skills, Proc. 14th ACM Int. Conf. Multimodal Interact. (ICMI), Santa Monica (2012)

72.57 R. Lazarus: *Emotion and Adaptation* (Oxford Univ. Press, New York 1991)

72.58 A. Ortony, G. Clore, A. Collins: *The Cognitive Structure of Emotions* (Cambridge Univ. Press, New York 1988)

72.59 A. Marsella, J. Gratch: EMA: A process model of appraisal dynamics, J. Cogn. Syst. Res. **10**, 70–90 (2009)

72.60 C. Elliott: The Affective Reasoner: A Process Model of Emotions in a Multi-Agent System, Ph.D. Thesis (Northwestern Univ., Northwestern 1992)

72.61 J.A. Russell: Core affect and the psychological construation of emotion, Psychol. Rev. **110**, 145–172 (2003)

72.62 A. Mehrabian, J.A. Russell: *An Approach to Environmental Psychology* (MIT Press, Cambridge 1974)

72.63 C. Smith, H. Scott: A componential approach to the meaning of facial expressions. In: *The Psychology of Facial Expression*, ed. by J. Russell, J. Fernandez-Dols (Cambridge Univ. Press, Cambride 1997) pp. 229–254

72.64 C. Breazeal, B. Scassellati: Infant-like social interactions between a robot and a human caregiver, Adapt. Behav. **8**(1), 47–72 (2000)

72.65 A. Damasio: *Decartes' Error: Emotion, Reason and the Human Brain* (Putnam, New York 1994)

72.66 C. Breazeal: Emotive qualities in lip synchronized robot speech, Adv. Robotics **17**(2), 97–113 (2003)

72.67 C. Breazeal: Early experiments using motivations to regulate human-robot interaction, AAAI Fall Symp. Emot. Intell., Orlando (1998) pp. 31–36

72.68 C. Breazeal, L. Aryananda: Recognizing affective intent in robot directed speech, Auton. Robots **12**(1), 85–104 (2002)

72.69 J. Panskepp: *Affective Neuroscience: The Foundations of Human and Animal Emotions* (Oxford Univ. Press, New York 1998)

72.70 R. Plutchik: Emotions: A general psychoevolutionary theory. In: *Approaches to Emotion*, ed. by K. Sherer, P. Elkman (Lawrence Erlbaum Associates, Hillsdale 1984) pp. 197–219

72.71 L. Vygotsky: *Mind in Society: The Development of Higher Psychological Processes* (Harvard Univ. Press, Cambridge 1978)

72.72 F. Strack, L. Martin, S. Stepper: Inhibiting and facilitating conditions of the human smile: A nonobtrusive test of the facial feedback hypothesis, J. Person. Soc. Psychol. **54**, 768–777 (1988)

72.73 P.M. Niedenthal, L.W. Barsalou, P. Winkielman, S. Krauth-Gruber, F. Ric: Embodiment in attitudes, social perception, and emotion, Personal. Soc. Psychol. Rev. **9**(3), 184–211 (2005)

72.74 C. Breazeal, D. Buchsbaum, J. Gray, D. Gatenby, B. Blumberg: Learning from and about others: Towards using imitation to bootstrap the social understanding of others by robots, Artif. Life **11**(1–2), 31–62 (2005)

72.75 A. Fernald: Intonation and communicative intent in mother's speech to infants: Is the melody the message?, Child Dev. **60**, 1497–1510 (1989)

72.76 B. Scassellati: Theory of mind for a humanoid robot, Auton. Robots **12**(1), 13–24 (2002)

72.77 A. Leslie: How to acquire a representational theory of mind. In: *Metarepresentation: A Multidisciplinary Perspective*, ed. by D. Sperber (Oxford Univ. Press, Oxford 1994) pp. 197–223

72.78 S. Baron-Cohen: Precursors to a theory of mind: Understanding attention in others. In: *Natural Theories of Mind*, ed. by A. Whiten (Blackwell, Oxford 1991) pp. 233–250

72.79 B. Scassellati: Mechanisms of shared attention for a humanoid robot, AAAI Fall Symp. Embodied Cogn. Action (1996)

72.80 G.O. Fasel, J. Deak, J. Triesch, J. Movellan: Combining embodied models and empirical research for understanding the development of shared attention, Proc. 2nd IEEE Int. Conf. Dev. Learn. (ICDL) (2002) pp. 21–27

72.81 Y. Nagai, M. Asada, K. Hosoda: Learning for joint attention helped by functional development, Adv. Robotics **20**(10), 1165–1181 (2006)

72.82 G. Butterworth: The ontogeny and phylogeny of joint visual attention. In: *Natural Theories of Mind*, ed. by A. Whiten (Blackwell, Oxford 1991) pp. 223–232

72.83 A.L. Thomaz, M. Berlin, C. Breazeal: An embodied computational model of social referencing, Proc. 14th IEEE Workshop Robot Hum. Interact. Commun. (ROMAN), Nashville (2005)

72.84 S. Feinman: Social referencing in infancy, Merrill-Palmer Q. **28**, 445–470 (1982)

72.85 M. Davies, T. Stone: *Mental Simulation* (Blackwell, Oxford 1995)

72.86 V. Gallese, A. Goldman: Mirror neurons and the simulation theory of mind-reading, Trends Cogn. Sci. **2**(12), 493–501 (1998)

72.87 A. Meltzoff, J. Decety: What imitation tells us about social cognition: A rapprochement between developmental psychology and cognitive neuroscience, Philos. Trans. R. Soc. Lond. B Biol, Sci. **358**, 491–500 (2003)

72.88 L.W. Barsalou, P.M. Niedenthal, A. Barbey, J. Ruppert: Social embodiment. In: *The Psychology of Learning and Motivation*, Vol. 43, ed. by B. Ross

(Academic, Amsterdam 2003) pp. 43–92

72.89　M. Johnson, Y. Demiris: Perceptual perspective taking and action recognition, Int. J. Adv. Robotics Syst. **2**(4), 301–308 (2005)

72.90　J. Gray, C. Breazeal, M. Berlin, A. Brooks, J. Lieberman: Action parsing and goal inference using self as simulator, Proc. 14th IEEE Workshop Robot Hum. Interact. Commun. (ROMAN), Nashville (2005)

72.91　J. Gray, M. Berlin, C. Breazeal: Intention recognition with divergent beliefs for collaborative robots, Proc. AISB Symp. Mindful Environ., Newcastle Upon Tyne (2007)

72.92　G. Trafton, A. Schultz, M. Bugajska, F. Mintz: Perspective-taking with Robots: Experiments and models, Proc. 14th IEEE Workshop Robot Hum. Interact. Commun. (ROMAN), Nashville (2005)

72.93　G. Trafton, A.C. Shultz, D. Perzanowsli, W. Adams, M. Bugajska, N. Cassimatis, D. Brock: Children and robots learning to play hide and seek, Proc. 1st Ann. Conf. Hum.-Robot Interact. (HRI), Salt Lake City (2006)

72.94　J.G. Trafton, N. Cassimatis, M. Bugajska, D. Brock, F. Mintz, A. Schultz: Enabling effective human-robot interaction using perspective-taking in robots, IEEE Trans. Syst. Man Cybern. A Syst. Hum. **35**(4), 460–470 (2005)

72.95　J. Gray, C. Breazeal: Manipulating mental states through physical action, Int. Conf. Soc. Robotics, Chendu (2012)

72.96　C. Nass, S. Brave: *Wired for Speech: How Voice Activates and Advances the Human-Computer Relationship* (MIT Press, Cambridge, MA 2005)

72.97　C. Nass, Y. Moon: Machines and mindlessness: Social responses to computers, J. Soc. Issues **56**, 81–103 (2000)

72.98　C. Nass, J.S. Steuer, E. Tauber, H. Reeder: Anthropomorphism, agency, and ethopoeia: Computers as social actors, ACM Conf. Companion Hum. Factors Comput. Syst., Amsterdam (1993) pp. 111–112

72.99　N. Epley, A. Waytz, J.T. Cacioppo: On seeing human: A three-factor theory of anthropomorphism, Psychol. Rev. **114**, 864–886 (2007)

72.100　J. Goetz, S. Kiesler: Cooperation with a robotic assistant, ACM Ext. Abstr. Hum. Factors Comput. Syst. (2002) pp. 578–579

72.101　L. Axelrod, K. Hone: E-motional advantage: Performance and satisfaction gains with affective computing, ACM Ext. Abstr. Hum. Factors Comput. Sci. (2005) pp. 1192–1195

72.102　S.O. Adalgeirsson, C. Breazeal: MeBot: A robotic platform for socially embodied presence, Proc. 5th ACM/IEEE Int. Conf. Hum.-Robot Interact. (HRI) (2010) pp. 15–22

72.103　S. Lee, I.Y. Lau, S. Kiesler, C.-Y. Chiu: Human mental models of humanoid robots, Proc. IEEE Int. Conf. Robotics Autom. (ICRA) (2005) pp. 2767–2772

72.104　L.D. Riek, T.-C. Rabinowitch, B. Chakrabarti, P. Robinson: How anthropomorphism affects empathy toward robots, Proc. 4th ACM/IEEE Int. Conf. Hum.-Robot Interact. (HRI) (2009) pp. 245–246

72.105　S. Krach, F. Hegel, B. Wrede, G. Sagerer, F. Binkofski, T. Kircher: Can machines think? Interaction and perspective taking with robots investigated via fMRI, PLoS ONE **3**(7), e2597 (2008)

72.106　E. Short, J. Hart, M. Vu, B. Scassellati: No fair!! An interaction with a cheating robot, Proc. 5th ACM/IEEE Int. Conf. Hum.-Robot Interact. (HRI) (2010) pp. 219–226

72.107　S.R. Fussell, S. Kiesler, L.D. Setlock, V. Yew: How people anthropomorphize robots, Proc. 3rd ACM/IEEE Int. Conf. Human Robot Interact. (HRI) (2008) pp. 145–152

72.108　P.H. Kahn Jr., N.G. Freier, B. Friedman, R.L. Severson, E. Feldman: Social and moral relationships with robotic others?, Proc. 13th Int. Workshop Robot Hum. Interact. Commun. (ROMAN) (2004) pp. 545–550

72.109　C. Bartneck, J. Forlizzi: A design-centred framework for social human-robot interaction, 13th IEEE Int. Workshop Robot Hum. Interact. Commun. (ROMAN) (2004) pp. 591–594

72.110　J. Shah, C. Breazeal: Improved human-robot team performance using chaski, A human-inspired plan execution system, Proc. ACM/IEEE Int. Conf. Hum. Robot Interact. (HRI) (2011)

72.111　Rethink Robotics: http://www.rethinkrobots.com

72.112　C. Kidd, C. Breazeal: Effect of a robot on user perceptions, Proc. 2004 IEEE/RSJ Int. Conf. Intell. Robots Syst. (IROS), Sendai, Vol. 4 (2004) pp. 3559–3564

72.113　W. Bainbridge, J. Hart, E. Kim, B. Scassellati: The effect of presence on human-robot interaction, IEEE Int. Symp. Robot Hum. Interact. Commun., Munich (2008)

72.114　J. Wainer, D. Feil-Seifer, D. Shell, M. Matarić: The role of physical embodiment in human-robot interaction, Proc. Int. Workshop Robot Hum. Interact. Commun. (ROMAN) (2006) pp. 6–8

72.115　J. Wainer, D. Feil-Seifer, D. Shell, M. Matarić: Embodiment and human-robot interaction: A task-based perspective, Proc. 16th IEEE Int. Workshop Robot Hum. Interact. Commun. (ROMAN), Jeju Island (2007)

72.116　C. Kidd, C. Breazeal: Robots at home: Understanding long-term human-robot interaction, Proc. IEEE/RSJ Int. Conf. Intell. Robots Syst. (IROS), Nice (2008)

72.117　F.R. Volkmar, C. Lord, A. Bailey, R.T. Schultz, A. Klin: Autism and pervasive developmental disorders, J. Child Psychol. Psych. **45**(1), 1–36 (2004)

72.118　N. Freed: This is the Fluffy Robot That Only Speaks French: Language Use Between Preschoolers, Their Families, and a Social Robot While Sharing Virtual Toys. Masters Sci. Thesis (MIT, Cambridge 2012)

72.119　S. Turkle: *Along Together* (Basic Books, New York 2012)

72.120　N. Ambady, M. Weisbuch: Nonverbal behavior. In: *Handbook of Social Psychology*, 5th edn., ed. by D.T. Gilbert, S.T. Fiske, G. Lindzey (Wiley, Hoboken 2010)

72.121　J.A. Hall, E.J. Coats, L. Smith-Lebeau: Nonverbal behavior and the vertical dimension of social relations: A meta-analysis, Psychol. Bull. **131**, 898–924 (2005)

72.122　D. DeSteno, C. Breazeal, R. Frank, D. Pizarro, J. Baumann, L. Dickens, J.J. Lee: Detecting the trustworthiness of novel partners in economic exchange, Psychol. Sci. **23**(12), 1549–1556 (2012)

72.123 C.P.H. Langford, J. Bowsher, J.P. Maloney, P.P. Lillis: Social support: A conceptual analysis, J. Adv. Nurs. **25**, 95–100 (1997)

72.124 T.A. Wills: Supportive functions of interpersonal relationships. In: *Social Support and Health*, ed. by S. Cohen, L. Syme (Academic, Orlando 1985) pp. 61–82

72.125 T.A. Wills: Social support and interpersonal relationships. In: *Prosocial Behavior*, ed. by M.S. Clark (Sage, Newbury Park 1991) pp. 265–289

72.126 F.J. Bernieri, J.M. Davis, R. Rosenthal, C.R. Knee: Inter-actional synchrony and rapport: Measuring synchrony in displays devoid of sound and facial affect, Personal. Soc. Psychol. Bull. **20**, 303–311 (1994)

72.127 F.J. Bernieri: Coordinated movement and rapport in teacher-student interactions, J. Nonverbal Behav. **12**, 120–138 (1988)

72.128 N. Sonalkar, M. Jung, A. Mabogunje: Emotion in engineering design teams. In: *Emotional Engineering: Service Development*, ed. by S. Fukuda (Springer, London 2010)

72.129 J.E. Grahe, F.J. Bernieri: The importance of nonverbal cues in judging rapport, J. Nonverbal Behav. **23**, 253–269 (1999)

72.130 L.K. Miles, L.K. Nind, C.N. Macrae: The rhythm of rapport: Interpersonal synchrony and social perception, J. Exp. Soc. Psychol. **45**(3), 585–589 (2009)

72.131 Y. Nagai: Learning to comprehend deictic gestures in robots and human infants, IEEE Int. Workshop Robot Hum. Interact. Commun. (ROMAN) (2005) pp. 217–222

72.132 Z. Kasap, N. Magnenat-Thalmann: Building long-term relationships with virtual and robotic characters: The role of remembering, Vis. Comput. **28**, 87–97 (2012)

72.133 F. Tanaka, S. Matsuzoe: Children teach a care-receiving robot to promote their learning: Field experiments in a classroom for vocabulary learning, J. Hum.-Robot Interact. **1**(1), 78–95 (2012)

72.134 C. Pastor, G. Gaminde, A. Renteria: COMPANIONABLE: Integrated cognitive assistive and domotic companion robotic systems for ability and security, Int. Symp. Robotics, Barcelona (2009)

72.135 H. Fujisawa, K. Shirai: An algorithm for spoken sentence recognition and its application to the speech input-output system, Proc. IEEE Trans. Syst. Man Cybern. **4**(5), 475–479 (1974)

72.136 T. Kobayashi, Y. Komori, N. Hashimoto, K. Iwata, Y. Fukazawa, J. Yazawa, K. Shirai: Speech conversation system of the musician robot, Proc. Int. Conf. Adv. Robotics (ICAR) (1985) pp. 483–488

72.137 H. Kikuchi, M. Yokoyama, K. Hoashi, Y. Hidaki, T. Kobayashi, K. Shirai: Controlling gaze of humanoid in communication with human, Proc. IEEE/RSJ Int. Conf. Intell. Robots Syst. (IROS) (1998) pp. 255–260

72.138 S. Hashimoto: Humanoid robots in Waseda University: Hadaly2 and WABIAN, Auton. Robots **12**(1), 25–38 (2002)

72.139 C. Rich, B. Ponsler, A. Holroyd, C.L. Sidner: Recognizing engagement in human-robot interaction, ACM/IEEE Int. Conf. Hum.-Robot Interact. (HRI) (2010) pp. 375–382

72.140 C. Breazeal, A. Edsinger, P. Fitzpatrick, B. Scassellati: Active vision systems for sociable robots, IEEE Trans. Syst. Man Cybern. **31**(5), 443–453 (2001)

72.141 C. Breazeal, C.D. Kidd, A.L. Thomaz, G. Hoffman, M. Berlin: Effects of nonverbal communication on efficiency and robustness in human-robot teamwork, IEEE/RSJ Int. Conf. Intell. Robots Syst. (IROS) (2005) pp. 383–388

72.142 C. Breazeal, C. Kidd, A.L. Thomaz, G. Hoffman, M. Berlin: Effects of nonverbal communication on efficiency and robustness in human-robot teamwork, Proc. IEEE Int. Conf. Intell. Robots Syst. (IROS) (2005)

72.143 B. Mutlu, T. Shiwa, T. Kanda, H. Ishiguro, N. Hagita: Footing in human-robot conversations: How robots might shape participant roles using gaze cues, ACM/IEEE Int. Conf. Hum.-Robot Interact. (HRI) (2009) pp. 61–68

72.144 B. Mutlu, F. Yamaoka, T. Kanda, H. Ishiguro, N. Hagita: Nonverbal leakage in robots: Communication of intentions through seemingly unintentional behavior, ACM/IEEE Int. Conf. Hum.-Robot Interact. (HRI) (2009) pp. 69–76

72.145 N. Kirchner, A. Alempijevic: A robot centric perspective on HRI, J. Hum.-Robot Interact. **1**(2), 135–157 (2012)

72.146 A. Yamazaki, K. Yamazaki, T. Ohyama, Y. Kobayashi, Y. Kuno: A techno-sociological solution for designing a Museum guide robot: Regarding choosing an appropriate visitor, Proc. 17th Annu. ACM/IEEE Int. Conf. Hum.-Robot Interact. (HRI) (2012) pp. 309–316

72.147 S. Fujie, K. Fukushima, T. Kobayashi: Back-channel feedback generation using linguistic and nonlinguistic information and its application to spoken dialogue system, Proc. Interspeech (2005) pp. 889–892

72.148 M. Imai, T. Ono, H. Ishiguro: Physical relation and expression: Joint attention for human-robot interaction, Proc. ACM/IEEE Int. Conf. Hum.-Robot Interact. (HRI) (2001) pp. 512–517

72.149 T. Kanda, M. Kamasima, M. Imai, T. Ono, D. Sakamoto, H. Ishiguro, Y. Anzai: A humanoid robot that pretends to listen to route guidance from a human, Auton. Robots **22**, 87–100 (2007)

72.150 H. Ogawa, T. Watanabe: Interrobot: A speech driven embodied interaction robot, IEEE Int. Workshop Robot Hum. Interact. Commun. (ROMAN) (2000) pp. 322–327

72.151 D. Sakamoto, T. Kanda, T. Ono, H. Ishiguro, N. Hagita: Android as a telecommunication medium with a human-like presence, ACM/IEEE Int. Conf. Hum.-Robot Interact. (HRI) (2007) pp. 193–200

72.152 H. Kuzuoka, S. Oyama, K. Yamazaki, K. Suzuk, M. Mitsuishi: GestureMan: A mobile robot that embodies a remote instructor's actions, Proc. ACM Conf. Comput.-Suppor. Coop. Work (CSCW) (2000)

72.153 A. Brooks, C. Breazeal: Working with robots and objects: Revisiting deictic reference for achieving spatial common ground, Proc. ACM/IEEE Int. Conf. Hum.-Robot Interact. (HRI) (2006)

72.154 B. Scassellati: *Investigating Models of Social De-*

72

velopment Using a Humanoid Robot. Biorobotics (MIT Press, Cambridge 2000)

72.155 H. Kozima, E. Vatikiotis-Bateson: Communicative criteria for processing time/space-varying information, IEEE Int. Workshop Robot Hum. Commun. (ROMAN) (2001)

72.156 O. Sugiyama, T. Kanda, M. Imai, H. Ishiguro, N. Hagita: Humanlike conversation with gestures and verbal cues based on a three-layer attention-drawing model, Connect. Sci. **18**(4), 379–402 (2006)

72.157 V. Ng-Thow-Hing, P. Luo, S. Okita: Synchronized gesture and speech production for humanoid robots, IEEE/RSJ Int. Conf. Intell. Robots Syst. (IROS) (2010) pp. 4617–4624

72.158 Y. Hato, S. Satake, T. Kanda, M. Imai, N. Hagita: Pointing to space: Modeling of deictic interaction referring to regions, Proc. ACM/IEEE Int. Conf. Hum.-Robot Interact. (HRI) (2010) pp. 301–308

72.159 Y. Okuno, T. Kanda, M. Imai, H. Ishiguro, N. Hagita: Providing route directions: Design of robot's utterance, gesture, and timing, Proc. ACM/IEEE Int. Conf. Hum.-Robot Interact. (HRI) (2009) pp. 53–60

72.160 O. Sugiyama, T. Kanda, M. Imai, H. Ishiguro, N. Hagita: Three-layer model for generation and recognition of attention-drawing behavior, IEEE/RSJ Int. Conf. Intell. Robots Syst. (IROS) (2006) pp. 5843–5850

72.161 H. Sacks, E.A. Schegloff, G. Jefferson: A simplest systematics for the organization of turn-taking for conversation, Language **50**, 696–735 (1974)

72.162 H.H. Clark: *Using Language* (Cambridge Univ. Press, Cambridge 1996)

72.163 M.F. McTear: Spoken dialogue technology: Enabling the conversational user interface, ACM Comput. Surv. **34**, 90–169 (2002)

72.164 M. Nakano, Y. Hasegawa, K. Nakadai, T. Nakamura, J. Takeuchi, T. Torii, H. Tsujino, N. Kanda, H.G. Okuno: A two-layer model for behavior and dialogue planning in conversational service robots, IEEE/RSJ Int. Conf. Intell. Robots Syst. (IROS) (2005) pp. 3329–3335

72.165 M. Scheutz, P. Schermerhorn, J. Kramer, D. Anderson: First steps toward natural human-like Hri, Auton. Robots **22**, 411–423 (2006)

72.166 C. Shi, T. Kanda, M. Shimada, F. Yamaoka, H. Ishiguro, N. Hagita: Easy development of communicative behaviors in social robots, IEEE/RSJ Int. Conf. Intell. Robots Syst. (IROS) (2010) pp. 5302–5309

72.167 K. Sakita, K. Ogawara, S. Murakami, K. Kawamura, K. Ikeuchi: Flexible cooperation between human and robot by interpreting human intention from gaze information, IEEE/RSJ Int. Conf. Intell. Robots Syst. (IROS) (2004) pp. 846–851

72.168 Y. Matsusaka, T. Tojo, T. Kobayashi: Conversation robot participating in group conversation, IEICI Trans. Inform. Syst. **86**(1), 26–36 (2003)

72.169 R. Nisimura, T. Uchida, A. Lee, H. Saruwatari, K. Shikano, Y. Matsumoto: ASKA: Receptionist robot with speech dialogue system, IEEE/RSJ Int. Conf. Intell. Robots Syst. (IROS) (2002) pp. 1314–1319

72.170 Y. Matsusaka, S. Fujie, T. Kobayashi: Modeling of conversational strategy for the robot participating in the group conversation, Eur. Conf. Speech Commun. Technol. (EUROSPEECH) (2001)

72.171 M. Hoque, D. Das, T. Onuki, Y. Kobayashi, Y. Kuno: An integrated approach of attention control of target human by nonverbal behaviors of robots in different viewing situations, IEEE/RSJ Int. Conf. Intell. Robots Syst. (IROS) (2012) pp. 1399–1406

72.172 A. Raux, M. Eskenazi: A finite-state turn-taking model for spoken dialog systems, Proc. Hum. Lang. Technol. Annu. Conf. North Am. Chapt. Assoc. Comput. Linguist. (2009) pp. 629–637

72.173 C. Chao, A.L. Thomaz: Timing in multimodal turn-taking interactions: Control and analysis using timed petri nets, J. Hum.-Robot Interact. **1**, 4–25 (2012)

72.174 M. Yamamoto, T. Watanabe: Time lag effects of utterance to communicative actions on Cg character-human greeting interaction, IEEE Int. Symp. Robot Hum. Interact. Commun. (ROMAN) (2006) pp. 629–634

72.175 D. McNeill: *Psycholinguistics: A New Approach* (HarperRow, New York 1987)

72.176 T. Shiwa, T. Kanda, M. Imai, H. Ishiguro, N. Hagita: How quickly should a communication robot respond? Delaying strategies and habituation effects, Int. J. Soc. Robotics **1**, 141–155 (2009)

72.177 M.P. Michalowski, S. Sabanovic, R. Simmons: A spatial model of engagement for a social robot, IEEE Int. Workshop Adv. Motion Control (2006) pp. 762–767

72.178 K. Dautenhahn, M.L. Walters, S. Woods, K.L. Koay, C.L. Nehaniv, E.A. Sisbot, R. Alami, T. Siméon: How may i serve you? A robot companion approaching a seated person in a helping context, ACM/IEEE Int. Conf. Hum.-Robots Interact. (HRI) (2006) pp. 172–179

72.179 S. Satake, T. Kanda, D.F. Glas, M. Imai, H. Ishiguro, N. Hagita: How to approach humans? Strategies for social robots to initiate interaction, ACM/IEEE Int. Conf. Hum.-Robot Interact. (HRI) (2009) pp. 109–116

72.180 M.L. Walters, K. Dautenhahn, R.T. Boekhorst, K.L. Koay, C. Kaouri, S. Woods, C. Nehaniv, D. Lee, I. Werry: The influence of subjects' personality traits on personal spatial zones in a human-robot interaction experiment, IEEE Int. Workshop Robot Hum. Interact. Commun. (ROMAN) (2005) pp. 347–352

72.181 H. Hüttenrauch, K.S. Eklundh, A. Green, E.A. Topp: Investigating spatial relationships in human-robot interactions, IEEE/RSJ Int. Conf. Intell. Robots Syst. (IROS) (2006) pp. 5052–5059

72.182 D. Feil-Seifer: Distance-based computational models for facilitating robot interaction with children, J. Hum.-Robot Interact. **1**, 55–77 (2012)

72.183 F. Yamaoka, T. Kanda, H. Ishiguro, N. Hagita: Developing a model of robot behavior to identify and appropriately respond to implicit attention-shifting, ACM/IEEE Int. Conf. Hum.-Robot Interact. (HRI) (2009) pp. 133–140

72.184 C. Shi, M. Shimada, T. Kanda, H. Ishiguro, N. Hagita: Spatial formation model for initiating conversation, Robotics Sci. Syst. Conf. (RSS) (2011)

72.185 C. Torrey, A. Powers, M. Marge, S.R. Fussell, S. Kiesler: Effects of adaptive robot dialogue on information exchange and social relations, ACM/IEEE Int. Conf. Hum.-Robot Interact. (HRI) (2006) pp. 126–133

72.186 Y. Morales, S. Satake, T. Kanda, N. Hagita: Modeling environments from a route perspective, ACM/IEEE Int. Conf. Hum.-Robot Interact. (HRI) (2011) pp. 441–448

72.187 T. Kollar, S. Tellex, D. Roy, N. Roy: Toward understanding natural language directions, ACM/IEEE Int. Conf. Hum.-Robot Interact. (HRI) (2010) pp. 259–266

72.188 T. Matsumoto, S. Satake, T. Kanda, M. Imai, N. Hagita: Do you remember that shop? – Computational model of spatial memory for shopping companion robots, ACM/IEEE Int. Conf. Hum.-Robot Interact. (HRI) (2012) pp. 447–454

72.189 T. Kanda, M. Shiomi, Z. Miyashita, H. Ishiguro, N. Hagita: A communication robot in a shopping mall, IEEE Trans. Robotics **26**(5), 897–913 (2010)

72.190 Y. Fernaeus, M. Håkansson, M. Jacobsson, S. Ljungblad: How do you play with a robotic toy animal?: A long-term study of Pleo, Proc. 9th Int. Conf. Interact. Des. Child. (IDC) (ACM, New York, USA 2010) pp. 39–48

72.191 K. Dautenhahn: Socially intelligent robots: Dimensions of human–robot interaction, Philos. Trans. R. Soc. B Biol, Sci. **362**(1480), 679–704 (2007)

72.192 COGNIRON, FP6 project, coordinated by LAAS: http://www.cogniron.org/final/Home.php

72.193 LIREC, FP7 project, coordinator Queen Mary University of London: http://lirec.eu/project

72.194 Companions, FP6 project, coordinated by University of Teesside: http://www.companions-project.org/

72.195 CompaniAble, FP7 project, coordinated by University of Reading: http://www.companionable.net/

72.196 http://www.openlivinglabs.eu/aboutus, see also the MIT Living labs, http://livinglabs.mit.edu/ or the Placelab http://architecture.mit.edu/house_n/placelab.html

72.197 K. Dautenhahn, S. Woods, C. Kaouri, M. Walters, K.L. Koay, I. Werry: What is a robot companion – Friend, assistant or butler?, IEEE/RSJ Int. Conf. Intell. Robots Syst. (IROS), Edmonton (2005) pp. 1488–1493

72.198 S. Turkle: Authenticity in the age of digital companions, Interact. Stud. **8**(3), 501–517 (2007)

72.199 S. Turkle, W. Taggart, C.D. Kidd, O. Daste: Relational artifacts with children and elders: The complexities of cybercompanionship, Connect. Sci. **18**(4), 347–361 (2006)

72.200 M. Shiomi, T. Kanda, H. Ishiguro, N. Hagita: Interactive humanoid robots for a science museum, IEEE Intell. Syst. **22**, 25–32 (2007)

72.201 J.-Y. Sung, L. Guo, R.E. Grinter, H.I. Christensen: My Roomba Is Rambo: Intimate home appliances, Lect. Notes Comput. Sci. **4717**, 145–162 (2007)

72.202 H. Hüttenrauch, K.S. Eklundh: Fetch-and-carry with Cero: Observations from a long-term user study with a service robot, IEEE Int. Workshop Robot Hum. Interact. Commun. (ROMAN) (2002) pp. 158–163

72.203 S. Šabanović, M.P. Michalowski, R. Simmons: Robots in the wild: Observing human-robot social interaction outside the lab, Proceedings AMC 2006 (2006) pp. 576–581

72.204 D. Heylen, B. van Dijk, A. Nijholt: Robotic rabbit companions: Amusing or a nuisance?, J. Multimodal User Interfaces **5**, 53–59 (2012)

72.205 T. Salter, F. Michaud, H. Larouche: How wild is wild? A taxonomy to categorize the wildness of child-robot interaction, Int. J. Soc. Robotics **2**(4), 405–415 (2010)

72.206 T. Kanda, R. Sato, N. Saiwaki, H. Ishiguro: A two-month field trial in an elementary school for long-term human-robot interaction, IEEE Trans. Robotics **23**(5), 962–971 (2007)

72.207 H. Hüttenrauch, E.A. Topp, E.K. Severinson: The art of gate-crashing – Bringing HRI into users' homes, Interact. Stud. **10**(3), 274–297 (2009)

72.208 T. Bickmore, R. Picard: Establishing and maintaining long-term human-computer relationships, ACM Trans. Comput. Hum. Interact. **59**(1), 21–30 (2005)

72.209 T. Bickmore, L. Caruso, K. Clough-Gorr, T. Heeren: It's just like you talk to a friend – Relational agents for older adults, Interact. Comput. **17**(6), 711–735 (2005)

72.210 K.L. Koay, D.S. Syrdal, M.L. Walters, K. Dautenhahn: Five weeks in the robot house - exploratory human-robot interaction trials in a domestic setting, IEEE 2nd Int. Conf. Adv. Comput.-Hum. Interact. (ACHI) (2008) pp. 219–226

72.211 M.E. Pollack, L. Brown, D. Colbry, C.E. McCarthy, C. Orosz, B. Peintner, I. Tsamardinos: Autominder: An intelligent cognitive orthotic system for people with memory impairment, Robotics Auton. Syst. **44**(3), 273–282 (2003)

72.212 A. Cesta, F. Pecora: The robocare project: Intelligent systems for elder care, AAAI Fall Symp. Caring Mach. AI Elder Care, USA (2005)

72.213 R. Cuijpers, M. Bruna, J. Ham, E. Torta: Attitude towards robots depends on interaction but not on anticipatory behaviour, Lect. Notes Comput. Sci. **7072**, 163–172 (2011)

72.214 C. Huijnen, A. Badii, H. van den Heuvel, P. Caleb-Solly, D. Thiemert: Maybe it becomes a buddy, but do not call it a robot – Seamless cooperation between companion robotics and smart homes, Lect. Notes Comput. Sci. **7040**, 324–329 (2011)

72.215 Florence, FP7 European project, coordinated by Philips Electronics Nederland B.V.: http://www.florence-project.eu/

72.216 SRS, FP7 European project, coordinated by Cardiff University: http://srs-project.eu/

72.217 ACCOMPANY, FP7 European project, coordinated by University of Hertfordshire: http://accompanyproject.eu/

72.218 Quality of Life Technology Center: http://www.cmu.edu/qolt/index.html

72.219 CASALA, Dundalk Institute of Technology: http://www.casala.ie/

72.220 Intuitive Automata: http://www.intuitiveautomata.com/

72.221 B.J. Fogg: Persuasive computers: Perspectives and research directions, Proc. ACM/SIGCHI Conf. Hum. Factors Comput. Syst., ed. by C.-M. Karat, A. Lund,

72

J. Coutaz, J. Karat (1998) pp. 225–232

72.222   B. Mutlu, T. Kanda, J. Forlizzi, J. Hodgins, H. Ishiguro: Conversational gaze mechanisms for human-like robots, ACM Trans, Interact. Intell. Syst. **1(2)**, 33 (2012)

72.223   M. Salem, S. Kopp, I. Wachsmuth, K. Rohlfing, F. Joublin: Generation and evaluation of communicative robot gesture, Int. J. Soc. Robotics **4**(2), 201–217 (2012)

72.224   J. Mumm, B. Mutlu: Human-robot proxemics: Physical and psychological distancing in human-robot interaction, ACM/IEEE 6th Int. Conf. Hum.-robot Interact. (HRI) (2011) pp. 331–338

72.225   F. Yamaoka, T. Kanda, H. Ishiguro, N. Hagita: How contingent should a lifelike robot be? The Relationship between contingency and complexity, Connect. Sci. **19**(2), 143–162 (2007)

72.226   M. Shimada, T. Kanda: What is the appropriate speech rate for a communication robot?, Interact. Stud. **13**(3), 408–435 (2012)

72.227   D. François, D. Polani, K. Dautenhahn: Towards socially adaptive robots: A novel method for real time recognition of human-robot interaction styles, Proc. Humanoids 2008, Daejeon (2008) pp. 353–359

72.228   D. Szafir, B. Mutlu: Pay attention! Designing adaptive agents that monitor and improve user engagement, Proc. 30th ACM/SIGCHI Conf. Hum. Factors Comput. (2012)

72.229   R. Rose, M. Scheutz, P. Schermerhorn: Towards a conceptual and methodological framework for determining robot believability, Interact. Stud. **11**(2), 314–335 (2010)

72.230   J. Forlizzi, C. DiSalvo: Service robots in the domestic environment: A study of the roomba vacuum in the home, Proc. 1st ACM SIGCHI/SIGART Conf. Hum.-Robot Interact. (2006) pp. 258–265

72.231   N.E. Sharkey, A.J.C. Sharkey: The crying shame of robot nannies: An ethical appraisal, J. Interact. Stud. **11**, 161–190 (2010)

72.232   A. Sharkey, N. Sharkey: Granny and the robots: Ethical issues in robot care for the elderly, Ethics Inform. Technol. **14**(1), 27–40 (2012)

72.233   D. Robert, C. Breazeal: Blended reality characters, Proc. Seventh Annu. ACM/IEEE Int. Conf. Hum.-Robot Interact. (HRI) (2012) pp. 359–366

72.234   M. Imai, T. Ono, T. Etani: Agent migration: Communications between a human and robot, IEEE Int. Conf. Syst. Man Cybern., Vol. 4 (1999) pp. 1044–1048

72.235   D.S. Syrdal, K.L. Koay, M.L. Walters, K. Dautenhahn: The boy-robot should bark! – Children's impressions of agent migration into diverse embodiments, Proc. New Front. Hum.-Robot Interact. Symp. AISB Convention (2009) pp. 116–121

72.236   K.L. Koay, D.S. Syrdal, M.L. Walters, K. Dautenhahn: A user study on visualization of agent migration between two companion robots, 13th Int. Conf. Hum.-Comput. Interact. (HCII) (2009)

72.237   E.M. Segura, H. Cramer, P.F. Gomes, S. Nylander, A. Paiva: Revive!: Reactions to migration between different embodiments when playing with robotic pets, Proc. 11th Int. Conf. Interact. Des. Child. (IDC) (2012) pp. 88–97

72.238   M. Kriegel, R. Aylett, P. Cuba, V.M.A. Paiva: Robots meet IVAs: A mind-body interface for migrating artificial intelligent agents, Proc. Intell. Virtual Agents, Reykjavik (2011)

72.239   K.L. Koay, D.S. Syrdal, K. Dautenhahn, K. Arent, L. Malek, B. Kreczmer: Companion migration – Initial participants' feedback from a video-based prototyping study. In: *Mixed Reality and Human-Robot Interact*, ed. by X. Wang (Springer, Berlin, Heidelberg 2011) pp. 133–151

72.240   W.C. Ho, M. Lim, P.A. Vargas, S. Enz, K. Dautenhahn, R. Aylett: An initial memory model for virtual and robot companions supporting migration and long-term interaction, 18th IEEE Int. Symp. Robot Hum. Interact. Commun. (ROMAN) (2009)

72.241   G.M.P. O'Hare, B.R. Duffy, J.F. Bradley, A.N. Martin: Agent chameleons: Moving minds from robots to digital information spaces, Proc. Auton. Minirobots Res. Edutainment (2003) pp. 18–21

72.242   Y. Sumi, K. Mase: AgentSalon: Facilitating face-to-face knowledge exchange through conversations among personal agents, Proc. 5th Int. Conf. Auton. Agents (AGENTS) (2001) pp. 393–400

72.243   P.K. Allen, A. Miller, P.Y. Oh, B.B. Leibowitz: Integration of vision, force and tactile sensing for grasping, Int. J. Intell. Mach. **4**(1), 129–149 (1999)

72.244   M. Siegel, M.C. Breazeal, M. Norton: Persuasive robotics: The influence of robot gender on human behavior, IEEE/RSJ Int. Conf. Intell. Robots Syst. (IROS) (2009) pp. 2563–2568

72.245   T. Chen, C.-H. King, A. Thomaz, C. Kemp: Touched by a robot: An investigation of subjective responses to robot-initiated touch, ACM/IEEE Int. Conf. Hum.-Robot Interact. (HRI) (2011)

72.246   P.K. Davis: *The Power of Touch – The Basis for Survival, Health, Intimacy, and Emotional Well-Being* (Hay House, Carlsbad 1999)

72.247   M.J. Hertenstein, J.M. Verkamp, A.M. Kerestes, R.M. Holmes: The communicative functions of touch in humans, non-human primates, and rats: A review and synthesis of the empirical research, Genet. Soc. Gen. Psychol. Monogr. **132**(1), 5–94 (2006)

72.248   Roboskinproject

72.249   A. Schmitz, P. Maiolino, M. Maggiali, L. Natale, G. Cannata, G. Metta: Methods and technologies for the implementation of large-scale robot tactile sensors, IEEE Trans. Robotics **27**(3), 389–400 (2011)

72.250   R.S. Dahiya, M. Getta, M. Valle, G. Sandini: Tactile sensing – From humans to humanoids, IEEE Trans. Robotics **26**(1), 1–20 (2010)

72.251   W. Stiehl, L. Lalla, C. Breazeal: A somatic alphabet approach to sensitive skin for robots, Proc. IEEE Int. Conf. Robotics Autom. (ICRA), New Orleans (2004) pp. 2865–2870

72.252   W. Stiehl, C. Breazeal: Design of a therapeutic robotic companion for relational, affective touch, Proc. 14th IEEE Workshop Robot Hum. Interact. Commun. (ROMAN), Nashville (2005) pp. 408–415

72.253   W.D. Stiehl, C. Breazeal: A sensitive skin for robotic companions featuring temperature, force and electric field sensors, Proc. IEEE/RSJ Int. Conf. Intell. Robots Syst. (IROS) (2006) pp. 1952–1959

72.254 B.D. Argall, A. Billard: A survey of tactile human-robot interactions, Robotics Auton. Syst. **58**(10), 1159–1176 (2010)

72.255 J.K. Lee, R.L. Toscano, W.D. Stiehl, C. Breazeal: The design of a semi-autonomous robot avatar for family communication and education, Proc. 17th IEEE Int. Symp. Robot Hum. Interact. Commun. (ROMAN) (2008) pp. 166–173

72.256 F. Mueller, F. Vetere, M. Gibbs, J. Kjeldskov, S. Pedell, S. Howard: Hug over a distance, Proc. Conf. Hum. Factors Comput. Syst. (2005) pp. 1673–1676

72.257 J.K.S. The, A.D. Cheok, R.L. Peiris, Y. Choi, V. Thuong, S. Lai: Huggy Pajama: A mobile parent and child hugging communication system, Proc. 7th Int. Conf. Interact. Des. Child. (IDC) (2008) pp. 250–257

72.258 F. Papadopoulos, K. Dautenhahn, W.C. Ho: Exploring the use of robots as social mediators in a remote human-human collaborative communication experiment, Paladyn **3**(1), 1–10 (2012)

72.259 B.D. Argall, E. Sauser, A. Billard: Tactile guidance for policy adaptation, Found. Trends Robotics **1**(2), 79–133 (2011)

72.260 T. Noda, T. Miyashita, H. Ishiguro, N. Hagita: Super-flexible skin sensors embedded on the whole body, self-organizing based on haptic interactions, Robotics Sci. Syst. Conf. (2008)

72.261 T. Tajika, T. Miyashita, H. Ishiguro, N. Hagita: Automatic categorization of haptic interactions-what are the typical haptic interactions between a human and a robot?, Proc. 6th IEEE-RAS Int. Conf. Humanoid Robots (Humanoids), Genova (2006)

72.262 H. Knight, R. Toscano, W.D. Stiehl, A. Chang, Y. Wang, C. Breazeal: Real-time social touch gesture recognition for sensate robots, IEEE/RSJ Int. Conf. Intell. Robots Syst. (IROS) (2009) pp. 3715–3720

72.263 S. Yohanan, K.E. MacLean: The role of affective touch in human-robot interaction: Human intent and expectations in touching the haptic creature, Int. J. Soc. Robotics **4**, 163–180 (2011)

72.264 W.D. Stiehl, C. Breazeal: Affective touch for robotic companions, Proc. Affect. Comput. Intell. Interact., Bejing (2005)

72.265 D. François, K. Dautenhahn, D. Polani: Using real-time recognition of human-robot interaction styles for creating adaptive robot behaviour in robot-assisted play, Proc. 2nd IEEE Symp. Artif. Life, Nashville (2009) pp. 45–52

72.266 Aurora project, University of Hertfordshire: http://www.aurora-project.com/

72.267 K. Dautenhahn: Robots as social actors: AURORA and the case of autism, Proc. 3rd Int. Cogn. Technol. Conf., San Francisco (1999)

72.268 American Psychiatric Association: *Diagnostic and Statistical Manual of Mental Disorders DSM-IV* (APA, Washington 1995)

72.269 R. Jordan: *Autistic Spectrum Disorders – An Introductory Handbook for Practitioners* (David Fulton, London 1999)

72.270 K. Dautenhahn, I. Werry: Towards interactive robots in autism therapy: Background, motiva-tion and challenges, Pragmat. Cogn. **12**(1), 1–35 (2004)

72.271 I. Werry, K. Dautenhahn, B. Ogden, W. Harwin: Can social interaction skills be taught by a social agent? The role of a robotic mediator in autism therapy, Proc. 4th Int. Conf. Cogn. Technol. Instrum. Mind (CT), ed. by M. Beynon, C.L. Nehaniv, K. Dautenhahn (Springer, London 2001) pp. 57–74

72.272 B. Scassellati, H. Admoni, M. Mataric: Robots for use in autism research, Annu. Rev. Biomed. Eng. **14**, 275–294 (2012)

72.273 I. Werry, K. Dautenhahn, W. Harwin: Evaluating the response of children with autism to a robot, Proc. RESNA Annu. Conf. Rehabil. Eng. Assist. Technol. Soc. N. Am., Nevada (2001)

72.274 A. Tapus, A. Peca, A. Aly, C. Pop, L. Jisa, S. Pintea, A.S. Rusi, D.O. David: Children with autism social engagement in interaction with Nao, an imitative robot – A series of single case experiments, Interact. Stud. **13**(3), 315–347 (2012)

72.275 B. Vanderborght, R. Simut, J. Saldien, C. Pop, A.S. Rusu, S. Pintea, D. Lefeber, D.O. David: Using the social robot probo as a social story telling agent for children with ASD, Interact. Stud. **13**(3), 348–372 (2012)

72.276 A. Billard, B. Robins, K. Dautenhahn, J. Nadel: Building robota, a mini-humanoid robot for the rehabilitation of children with autism, RESNA Assist. Technol. J. **19**(1), 37–49 (2006)

72.277 B. Robins, K. Dautenhahn, R. te Boekhorst, A. Billard: Robotic assistants in therapy and education of children with autism: Can a small humanoid robot help encourage social interaction skills?, Univ. Access Inform. Soc. **4**(2), 105–120 (2005)

72.278 H. Kozima, M.P. Michalowski, C. Nakagawa: Keepon: A playful robot for research, therapy, and entertainment, Int. J. Soc. Robotics **1**(1), 3–18 (2009)

72.279 D. François, S. Powell, K. Dautenhahn: A long-term study of children with autism playing with a robotic pet: Taking inspirations from non-directive play therapy to encourage children's proactivity and initiative-taking, Interact. Stud. **10**(3), 324–373 (2009)

72.280 A. Duquette, F. Michaud, H. Mercier: Exploring the use of a mobile robot as an imitation agent with children with low-functioning autism, Auton. Robots **24**, 147–157 (2008)

72.281 J.J. Diehl, L.M. Schmitt, M. Villano, C.R. Crowell: The clinical use of robots for individuals with autism spectrum disorders: A critical review, Res. Autism Spectr. Disord. **6**, 249–262 (2012)

72.282 KASPAR, University of Hertfordshire: http://www.kaspar.herts.ac.uk/

72.283 B. Robins, K. Dautenhahn: Developing play scenarios for tactile interaction with a humanoid robot: A case study exploration with children with autism, Lect. Notes Comput. Sci. **6414**, 243–252 (2010)

72.284 B. Robins, E. Ferrari, K. Dautenhahn, G. Kronrief, B. Prazak, G.J. Gerderblom, F. Caprino, E. Laudanna, P. Marti: Human-centred design methods: Developing scenarios for robot as-sisted play informed by user panels and field

72

trials, Int. J. Hum.-Comput. Stud. **68**, 873–898 (2010)

72.285 J. Wainer, K. Dautenhahn, B. Robins, F. Amirabdollahian: Collaborating with Kaspar: Using an autonomous humanoid robot to foster cooperative dyadic play among children with autism, Proc. IEEE-RAS Int. Conf. Humanoid Robots (2010) pp. 631–638

72.286 B. Robbins, K. Dautenhahn, E. Ferrari, G. Kronreif, B. Prazak-Aram, P. Marti, I. Iacono, G.J. Gelderblom, T. Bernd, F. Caprino, E. Laudanna: Scenarios of robot-assisted play for children with cognitive and physical disabilities, Interact. Stud. **13**(2), 189–234 (2012)

72.287 B. Robins, K. Dautenhahn, P. Dickerson: Embodiment and cognitive learning – Can a humanoid robot help children with autism to learn about tactile social behaviour?, Lect. Notes Comput. Sci. **7621**, 6675 (2012)

72.288 Z. Ji, F. Amirabdollahian, D. Polani, K. Dautenhahn: Histogram based classification of tactile patterns on periodically distributed skin sensors for a humanoid robot, Proc. 20th IEEE Int. Symp. Robot Hum. Interact. Commun. (ROMAN) (2011) pp. 433–440

72.289 B. Robins, F. Amirabdollahian, Z. Ji, K. Dautenhahn: Tactile interaction with a humanoid robot for children with autism: A case study analysis involving user requirements and results of an initial implementation, Proc. 19th IEEE Int. Symp. Robot Hum. Interact. Commun. (ROMAN) (2010) pp. 704–711

72.290 H. Cramer, N. Kemper, A. Amin, B. Wielinga, V. Evers: Give me a hug: The effects of touch and autonomy on people's responses to embodied social agents, Comput. Animat. Virtual Worlds **20**, 437–445 (2009)

72.291 E.S. Kim, L.D. Berkovits, E.P. Bernier, D. Leyzberg, F. Shic, R. Paul, B. Scassellati: Social robots as embedded reinforcers of social behavior in children with autism, J. Autism Dev. Disord. **43**(5), 1038–1049 (2012)

72.292 G. Hoffman, C. Breazeal: Cost-based anticipatory action selection for human–robot fluency, IEEE Trans. Robotics **23**, 952–961 (2007)

72.293 G. Hoffman, C. Breazeal: Effects of anticipatory perceptual simulation on practiced human-robot tasks, Auton. Robots **28**, 403–423 (2010)

72.294 T. Spexard, S. Li, B. Wrede, J. Fritsch, G. Sagerer, O. Booij, Z. Zivkovic, B. Terwijn, B. Kröse: Biron, Where are you? Enabling a robot to learn new places in a real home environment by integrating spoken dialog and visual localization, IEEE/RSJ Int. Conf. Intell. Robots Syst. (IROS) (2006) pp. 934–940

72.295 S. Woods, K. Dautenhahn, C. Kaouri: Is someone watching me? – Consideration of social facilitation effects in human-robot interaction experiments, IEEE Int. Symp. Comput. Intell. Robotics Autom. (CIRA) (2005) pp. 53–60

72.296 N. Riether, F. Hegel, B. Wrede, G. Horstmann: Social facilitation with social robots?, 7th ACM/IEEE Int. Conf. Hum.-Robot Interact. (HRI) (2012) pp. 41–47

72.297 E. Takano, T. Chikaraishi, Y. Matsumoto, Y. Nakamura, H. Ishiguro, K. Sugamoto: Psychological effects on interpersonal communication by bystander android using motions based on humanlike needs, IEEE/RSJ Int. Conf. Intell. Robots Syst. (IROS) (2009) pp. 3721–3726

72.298 M. Shiomi, T. Kanda, S. Koizumi, H. Ishiguro, N. Hagita: Group attention control for communication robots with Wizard of Oz approach, ACM/IEEE Int. Conf. Hum.-Robot Interact. (HRI) (2007) pp. 121–128

72.299 M. Shiomi, K. Nohara, T. Kanda, H. Ishiguro, N. Hagita: Estimating group states for interactive humanoid robots, IEEE-RAS Int. Conf. Humanoid Robots (Humanoids) (2009) pp. 318–323

72.300 Y. Matsuyama, H. Taniyama, S. Fujie, T. Kobayashi: Framework of communication activation robot participating in multiparty conversation, AAAI Fall Symp. Ser. (2010) pp. 68–73

72

第73章

社交辅助机器人

Maja J. Matarić, Brian Scassellati

本章回顾了推动社交辅助机器人（SAR）研究的关键社会问题，并阐释了实体机器人比虚拟代理更为重要的原因。本章指出了这一领域的主要研究课题，描述了 SAR 研究的主要应用领域和人群，最后讨论了 SAR 研究中需要解决的一些伦理和安全问题。

73

73.1　概述

随着机器人逐步走进人类的生活，不同的人-机器人交互形式不断产生新的研究课题和子领域。人-机器人交互（HRI）可以大致分为两类，即身体上的和社交/情感上的。身体上的 HRI（第 69 章）涉及操作和触觉等研究领域，并且用于医疗和康复机器人（第 63、64 章）。相比之下，社交/情感交互涉及语言和非语言的表达和交流，因此研究领域包括康复辅助机器人、社交机器人和社交辅助机器人（SAR）。

长期以来，机器人被用于通过身体交互为个人用户提供帮助，如提供身体康复训练（第 64 章）或取回物品或清洁地板等服务（第 55 章）。SAR 是机器人学中的一个相对较新的领域，它致力于开发能够通过社交而不是身体交互来帮助用户的机器人。就像一个好的教练或老师可以在不与学生进行身体接触的情况下提供动力、指导和鼓励一样，SAR 试图提供适当的情感、认知和社交线索，以鼓励个人的发展、学习或治疗。SAR 侧重于通过非物质交互提供动力、辅导、培训和康复，这种系统已经在脑卒中康复、孤独症儿童和老年人的社会技能培训等方面得到验证。相比之下，康复机器人大多侧重于与患者的身体交互，这种系统已经在实际脑卒中康复中得到验证。社交机器人（第 72 章）重点是赋予机器人以社交意识和参与行为的能力，这种系统已经在博物馆、电影、教室和非正式场合得到验证。服务机器人可以被视为包含上述大部分工作的首要领域。

SAR 是一种采用便捷交互策略的系统，包括使用语音、面部表情和交流手势，根据特定的辅助环境提供帮助。那些具备激发性、社交、教学和治疗能力的 SAR 系统有潜力使大部分人获得个性化护理、培训和康复，包括脑卒中人群、老年人，以及有社会和发育障碍的儿童，从而提高他们的生活质量。一个有效的社交辅助机器人必须理解其环境并与之交互，展示其社交行为，将其注意力集中在用户身上并与他们充分交流，与用户保持交互，从而实现对特定目标的辅助。机器人必须对潜在弱势群体用户以安全、符合伦理道德、有效的方式完成上述任务。社交辅助机器人已被证明有望成为儿童、老年人、脑卒中患者和其他需要个性化护理的特殊需求人群的治疗工具。

73.2 社交辅助机器人的需求

社交辅助机器人的需求驱动不仅包括需要额外帮助的快速增长的人口（包括老年人、认知障碍者和康复期间需要非物质支持的人），也包括对社交机器人可以对个人目标产生实质性积极影响的认识，如保持健康的饮食、支持积极的生活方式、维护治疗计划和支持个性化教育[73.1]。

在需要日常辅助的人群中，增长最快的群体之一是老年人。联合国估计，60 岁及以上的人口将在未来三十年翻一番，到 2045 年，老年人的数量将首次超过儿童[73.2]。养老院和其他护理设施的空间和人员短缺已经成为当今一大问题。随着老年人口的持续增长，为了让他们尽可能长时间地在自己家中独立生活，大量的注意力和研究将集中促进就地养老的辅助系统上。虽然这些使用者中的许多人需要一定程度的身体帮助（如站立或搬运重物），但预计越来越多的人需要社会和认知上的支持，以减轻社会孤立感，保持积极健康的生活方式，并协助日常治疗。

在特殊教育、治疗和康复训练的环境中，认知障碍、发育障碍和社交障碍患者构成了另一个可以从 SAR 中受益的关键增长人群，由于它们的普遍性、确诊病例的快速增长、固有的社会性，以及对长期强化治疗的迫切需求，孤独症谱系障碍（ASD）一直是该领域研究的焦点。目前的研究表明，美国每 60 名儿童中就有 1 名会被诊断为 ASD，从 1994 ~ 2003 年，确诊率增加了 6 倍[73.3]。增加的原因尚未明确。然而，早期干预对积极的长期效果至关重要，许多人一生都需要高水平的支持和护理[73.4-8]。将机器人作为孤独症治疗工具的研究集中在如何提供重复但必要的社会和行为治疗上[73.9]。

培养主动性被认为是身体康复训练中最重要的挑战[73.10]。SAR 有潜力为病人提供全新的监测、鼓励和辅导方法。其中，脑卒中后的康复是最大的潜在应用领域之一，因为脑卒中是日益老龄化的人口中导致严重残疾的主要原因。仅在美国，每年就有超过 70 万人患上新的脑卒中，其中大多数人永久性丧失行动能力[73.11]。脑卒中患者经常难以进行日常功能性活动，在脑卒中后的关键时期，通过康复治疗可以减少功能的丧失。这种康复疗法包括精心设计的重复性练习，可以是被动的，也可以是主动的。在被动练习中，治疗师（或机器人）主动帮助患者按照规定反复移动脑卒中患肢；在主动练习中，病人在没有实体辅助的情况下自主练习。

最后，越来越多的人开始使用 SAR 来形成积极健康的生活方式。肥胖的流行和人们缺乏有效的非劳动密集型干预更是推动了这些应用的研究。儿童和青少年肥胖与许多不利的近端和远端健康状况有关，包括高胆固醇和甘油三酯、高血压[73.12]、胰岛素抵抗[73.13]、二型糖尿病[73.14]、非酒精性脂肪肝[73.15]，以及乳腺癌、结直肠癌和其他癌症[73.16]。此外，儿童肥胖会在整个生命周期中产生不良后果。一篇文章指出，有 25 项纵向研究表明，超重和肥胖的年轻人成为超重成年人的风险更高[73.17]。肥胖者的人均医疗支出比正常体重者高出约 42%[73.18]，高于吸烟和饮酒的健康成本[73.19]。因此，了解、预防和治疗儿童肥胖是大众健康的重中之重[73.20]。众所周知，除了健康生活方式的指导和激励，关于肥胖对健康影响的教育是降低肥胖率的有效手段[73.21]。SAR 有潜力在这方面发挥重要作用，并作为一种价格合理且可获得的手段，为锻炼和健康饮食习惯提供个性化辅导、鼓励和训练[73.22]。

73

73.3 实体机器人相对于虚拟代理的优势

与虚拟代理相比，机器人代理通常更昂贵，更难复制和普及，更难维护和支持，并且需要更长的开发时间，更脆弱，更容易损坏和发生系统故障。在实体辅助任务中，因为操纵实体对象需要实体存在，虚拟代理是不可能代替实体机器人的。对于社交辅助任务，与虚拟代理解决方案相比，实体机器人的额外成本必须合理。

73.3.1 实体与社会影响

在社交辅助任务中使用实体机器人的一个主要原因是，与虚拟代理相比，机器人通常可以对用户施加更多的社会性影响。社交辅助任务通常需要用户参与具有挑战性的任务（如治疗或家庭作业），并且用户可能需要鼓励或指导。多项研究表明，实体化配置的机器人更有能力创造社交场合，以鼓励用户完成这些具有挑战性的任务。与同一个以视频方式呈现的机器人相比，一个实际存在的机器人对请求所表现出的可塑性要高得多，即使这些要求是意想不到的或非常规的[73.23]。Kidd 和 Breazeal[73.24] 开发了一种桌面机器人，作为日常减肥顾问。它通过触摸屏界面吸引用户，跟踪用户进度和用户与机器人的关联状态，并于家中对参与者进行为期六周的实地研究。这项研究将机器人交互与替代减肥方法进行了比较，包括使用独立计算机和纸质日志。研究发现，参与者在与机器人交互时进行锻炼和热量摄入的时间约是其他方法的两倍。

在协作任务场景中，与实体机器人的交互也比虚拟代理更具吸引力和可信度。例如，在与一个会说话的代理人一起合作完成一个堆积木任务后，参与者发现，如果一个代理人是实体的机器人，比它

是一个虚拟的动画角色更吸引人、更愉快、更有教育性、更可信[73.24]。其他研究表明，在玩了一个合作性游戏后，人们最享受，也最乐于将注意力和帮助性归因于一个实体机器人，而不是同一个机器人的虚拟化身（图形模拟）[73.26]。Bartneck[73.27] 进行了一项研究，比较了情感表达机器人 eMuu 的实体版本及其屏幕角色版本在让用户参与简单谈判任务方面的有效性，并发现参与者与实体 eMuu 交互时比与虚拟 eMuu 交互时付出更多的努力，获得更高的任务分数。Jung 和 Lee[73.28] 还展示了实体化在人与机器人 Sony Aibo 和拟人化舞蹈机器人 April 交互时的积极影响。另一项研究比较了一个实体共存的机器人、一个显示在视频屏幕上的远程机器人、一个相同机器人的模拟物，所有这些都在相同的交互环境中进行；研究参与者认为，与远程和模拟机器人相比，实体机器人更有帮助、更警觉、更有吸引力[73.29]。这些发现表明，与虚拟化身相比，实体化身提供了更大的社会属性或代理人的乐趣。

73.3.2 实体与学习

实体机器人也显示出比虚拟代理更能显著地增强学习和影响后来的行为选择。Leyzberg 等人[73.25] 表明，即使在解决认知难题时教授相同的课程，由实体机器人教授 20min 的效果也比同一机器人的屏幕视频教授课程提高了近两倍（图 73.1）。Kiesler 等人[73.30] 使用任务绩效测量发现，与在机器人视频或屏幕代理条件下收到相同信息的参与者相比，从实际在场的机器人那里收到健康建议的参与者更有可能选择健康的零食。Kidd 和 Breazeal[73.22] 证明，在六周的时间里，用户更有可能与机器人减肥教练一起继续训练。

a) b) c)

图 73.1 事实证明，在解谜任务中，机器人导师 c）的实际存在比由同一机器人的视频
b）或从一个无形的声音 a）提供相同的辅导课时更能增加学习收益[73.25]

73.3.3 实体与特殊人群

虽然大多数关于实体化身对社交辅助任务影响的研究是针对典型的成年人进行的，但实体效应也已经在SAR项目通常针对的许多特殊人群中得到证明。Tapus和Matarić[73.31]发现，患有认知障碍和/或阿尔茨海默病的个体报告称，与类似的屏幕代理相比，他们更喜欢机器人治疗。许多研究表明，患有孤独症的儿童和青少年很容易与机器人互动，即使这些儿童不太可能与屏幕上的动画角色互动[73.9,32]。

这种实体对学龄前儿童的影响引起了教育工作者和发展心理学家的兴趣。虽然学龄前儿童通过看电视和屏幕上的代理来学习，但许多研究都集中在与实体代理的实时交互中，学习和行为塑造为何能够更有效、更容易推广：

1）学龄前儿童是多模式学习者，如果有重叠的经验模态，他们会更好地学习和记住信息[73.33-35]。

2）婴儿和学龄前儿童将认知功能转移到环境的三维空间结构上，如记住注意力的方向而不是内容，然后回头看一个位置来重新感知内容[73.36-38]。

3）儿童通过手动操作实体和分组物体来学习[73.39,40]。

4）学龄前儿童从全身动作中学习；当他们的总体运动活动受到限制时，他们没有良好的运动技能，无法在有限的空间（如计算机屏幕）和注意力不集中的情况下学习[73.41]。

这些事实表明，学习和发展最好是在真实环境中与实体化的老师一起实现。机器人可以提供一种机制来增强和支持教师-孩子和家长-孩子的互动。

针对老年人群的具体研究包括Heerink等人的工作[73.42]，他们调查了老年人对辅助社会代理的接受程度。在他们的评估中使用的机器人是一个桌面机器人（iCat），在与老年用户交互（幕后模拟法研究）期间，它要么由操作员控制，要么通过触摸屏界面与用户交互。交互主要包括简短的信息或日常交互（如药物/日程提醒、天气预报、陪伴）。Fasola和Matarić[73.43]还研究了实体在SAR运动教练系统中的作用，进行了受试者之间的研究，将参与者分为两组，即实体机器人教练和虚拟机器人教练。参与者在两周内进行了四次锻炼，每次持续20min。受试者之间的数据分析结果显示，在所有主观指标上，参与者对实体机器人的评价都明显高于虚拟机器人，包括交互的愉悦性和有效性，以及机器人教练的帮助性、智能性、社会存在性和陪伴性。条件之间的直接比较也明显有利于实体机器人。

73.3.4 社交辅助机器人系统的评估

社交辅助机器人（SAR）的一个独特之处是其评估过程。所有机器人都需要在真实世界中实现一个物理系统及其评估，最好是在实验室环境之外，尽可能接近预期的最终用途。然而，在现实中，大多数研究机器人都是在实验室环境中进行评估的，因为由于成本或访问权限或两者兼有，其他方案难以实施。

HRI将人放在循环中，因此需要与人类用户一起评估。由于人类行为复杂，所以不容易模拟。因此，涉及HRI的SAR也需要与人类用户一起评估。为了给SAR系统提供真正相关和真实的评估，这种系统必须用预期人群进行测试，因为用健康成人进行测试不适用于针对脑卒中患者的系统，用成人进行测试不适用于针对儿童的系统。

此外，根据人体受试者评估的原则和最佳实践，并符合与此类程序相关的所有道德规则，为了真正评估SAR，需要对预期的最终用户群体成员进行测试，越严格越好（第73.11节）。因此，SAR的开发和评估可能非常耗时，需要多学科的专业知识，超出机器人学的范围，进入社会科学范畴，并在相关情况下进入健康科学或教育等其他学科领域。

73.4 动机、自主性和陪伴

具备激励、社交和治疗能力的SAR系统有可能提高用户生活技能和生活质量。动机是坚持训练、康复或治疗以及促进行为改变的基本工具，因此提高动机的方法在SAR环境中可能派上用场。动机有两种形式：内在动机，来自一个人的内部；外在动机，来自一个人的外部。内在动机是那些以愉悦为特征的活动[73.44]；外在动机虽然对短期任务的依从性有效，但对长期任务依从性和行为改变的效果不如内在动机[73.45]。然而，内在动机可以而且经常受到外部因素的影响，这为未来的SAR研究提供了一个有希望的途径。例如，在任务场景中，教师（或社交辅助机器人）可以通过口头反馈影响用户的内在动机。表扬被认为是一种积极反馈的形式，有可能增加用户执行任务的内在动机，而批评是一种消极反馈的形式，往往会对用户的内在动机产生负面影响[73.46,47]。积极反馈的效果与用户自己对任务的感知能力密切相关；一旦用户相信他有能力完成任务，额外的表扬就不再影响其内在动机。

指导者向用户提供的口头反馈在基于任务的动机中起着重要的作用，但任务本身及其呈现方式可能起着更重要的作用。Csikszentmihalyi 的研究表明[73.44]：

当一个人从事一项最具挑战性的活动时，就其能力而言，参与任务的快感或流动的可能性最大。

因此，在任务场景中监督用户表现的指导者也应该了解用户当前的情感状态，或者试图从任务表现中推断出该状态。必须不断调整任务，以满足用户的适当需求，从而增加或保持执行任务的内在动力。

另一个可能影响用户享受的任务特征是结合了直接用户输入。研究表明，支持用户自主和自我决定的任务会增加参与者的内在动机、自尊、创造力和其他相关变量[73.48]对于实现任务坚持和长期行为改变都至关重要。与不涉及选择的类似任务条件相比，任务中表现出的自主性，如选择活动[73.49]、选择难度[73.50]和选择奖励[73.51]已被证明会增加或减少对内在动机的损害。自我决定在任务场景中的积极影响也得到研究行为变化的支持[73.52,53]。

73.5 辅助交互的影响和动力学

虽然社交机器人学已经探讨了社交的动态交互建模问题（第 69 章），但辅助交互在这些社交活动中依然是独一无二的，因为它们必须同时支持活动本身的需求（通过保持兴趣、新颖性和社交行为的惯例），并引导交互朝向系统的长期行为或教育目标发展。这两个目标往往会发生冲突；有时候，一个好的老师（或者教练，或者社交辅助机器人）必须牺牲一些交互的乐趣，或者改变社会规则，以促进教育目标。Huang 和 Mutlu[73.54]最近发现了一些证据，表明机器人可以通过改变其非语言行为来进行权衡，重点是提高任务绩效（在讲故事任务中的回忆），或者通过改变机器人使用的凝视行为类型来提高社会参与度。因为社交辅助机器人必须积极参与为特定目标塑造的这种交互，因此表示的性质和这种影响如何应用于塑造辅助交互动力学，是 SAR 的核心研究问题。研究人员提出了如下问题：

1) 为了塑造用户的行为，哪些抽象概念允许机器人对与用户的社交互动的独特动力学进行建模？

2) 我们能定义一组描述这种交互中的社会角色、概念或属性的计算原语吗？

3) 这种计算原语能否提供一个表示的基础，允许机器人实时捕捉交互的细微差别，通过交互来塑造和让他们的行为成形，同时允许进行跨用户、时间尺度和环境的概括和比较？

这一领域的许多研究都基于人与人之间社会交互的基本心理属性，包括代理、意向性、因果关系、社会角色和目标归因。这些基本要素区分了主体和客体，描绘了环境中的哪些要素可以以目标导向的目的运动，并提供了描述因果的初始结构。如果我们要制造社交辅助机器人，这些系统必须以人类同样的方式看待世界，以与我们同样的方式看待有生命和无生命的类别，并以与我们同样的方式归因和责备。

当前的计算模型明确地表示了这些特征，用户以可操作的方式公开地详述他们的目标和意图[73.55]。相比之下，人们能够在线探测和分析彼此的动机和意图，这种方式通常是隐性的、自动的、毫不费力的，甚至是不可抗拒的。为了取得成功，社交辅助机器人必须理解、建模并参与社交互动的动力学，以便计算系统能够检测、分析和操纵动态环境中的代理、意图和其他社会原语，其方式类似于人们对社会感知和行为的方式。这些模型必须在很宽的时间范围内运行，并跨越输入模式（视觉、听觉、触觉等）；必须能够实时解释和响应社交提议，并且只有很小的延迟。多项研究已经检查了交互动力学的特定基础方面[73.56-58]，以及在这些动力学如何产生说服力[73.59]，但反映社会交互动力学的完整模型仍然是 SAR 的关键研究领域之一。

73.6　特定需求和能力的个性化及适应性

SAR 的第二个核心研究领域涉及机器人的个性化，以适应用户不断变化的需求和能力。虽然现有的社交机器人研究通常集中于单一的匹配过程，通过改变机器人的行为来优化单个时刻的交互属性，但在辅助任务中，适应性和个性化应该理想地将目标视为不断变化的目标。由于辅助交互通常比其他社交机器人交互持续更长的时间（可能持续数月或数年），SAR 系统应假设用户的偏好、需求和能力在交互过程中会发生变化。这一领域的研究集中在以下问题上：我们如何设计一个机器人来适应每个用户的个人社交、身体和认知差异？机器人如何利用观察到的与其他用户（可能还有其他机器人）的交互模式来引导自己的交互尝试？交互中的新鲜感和持续的个性化如何为用户创造并支持信任、学习和适应，以获得更好的结果？

社交辅助机器人可以极大地受益于适应每个用户独特的社交、认知和身体能力。从计算上来说，构建这样一个系统的挑战源于参与者之间的个体差异，适应必须发生在多个抽象层次和时间尺度上。

在给定的时刻，让一个用户感到沮丧的机器人可能会很好地吸引另一个用户，或者甚至在不同的条件下或不同的时间吸引同一用户。随着时间的推移，用户的反应也会发生变化，因为他们变得焦虑、沮丧或无聊。回答也必须因会话或每天的不同而异，以便交互保持吸引力和趣味性。

迄今为止，很少有研究涉及通过个性化的社交交互来学习[73.60]，尤其是对儿童、老人或有社交和认知缺陷的人。尽管各种 HRI 学习方法层出不穷[73.61]，但还没有一种方法包括用户的简介、偏好和/或个性。机器人适应个人用户需求和能力的能力必须受到社会和文化背景的限制，同时扮演支持伙伴或同伴的角色。目前大多数的机器学习方法集中于学习任务或行为的特定策略或参数。虽然有许多可用的学习方法，其中一些与 SAR 尤其相关，如用户状态和活动建模[73.62,63]，通过模仿和演示学习[73.64-68]，以及大众化的交互学习模型[73.69]，但迄今为止，还没有任何工作侧重于适应个体差异。

73.7　建立长期参与和行为改变

任何社交辅助机器人的最终目标都是根据机器人设置的行为、治疗或教育目标改变用户的长期行为。在 SAR 系统覆盖的许多应用领域，这种变化可能需要数月或数年的交互。SAR 的一个关键研究问题是开发能够长期维护社交，监视用户在这些长期交互中的行为变化，以及支持行为选择性变化的促进活动的系统。

与这一领域相关的研究问题包括：机器人如何在较长的时间内吸引用户并使用户感兴趣？随着时间的推移，需要哪些社会行为和属性来建立和维持与用户的信任、融洽和舒适感，以成功建立持续提供价值的关系？机器人如何持续适应并自主引导其用户通过连续的里程碑，以便在纵向时间范围内实现期望的学习效果或行为改变？机器人应该采用什么策略来激励和维持课程或活动，以及这种策略应该如何随着时间的推移而演变？机器人如何识别与用户行为改变相关的目标何时达到，或者中间目标何时达到？

为了更好地扮演支持伙伴的社会角色，社交辅助机器人应该调整自己的行为，并积极规划交互轨迹，以引导用户实现学习或行为目标。适应和规划的能力应该在多个时间尺度和抽象层次上得到证明，以便能够在几天、几周、几个月甚至几年内实现长期参与。这种能力对于特殊人群尤其重要，因为特殊人群通常对用于典型成人的技术和方法可能有不同反应。迄今为止，几乎没有一项工作集中在挑战创建持续数周、数月或数年的社交互动所涉及的计算上。与 SAR 系统所需的几周和几个月相比，终身学习领域的早期工作仍然在短时间尺度上进行（如两三个案例/任务），这个特别的目标提供了如机器人学习等复杂计算方法的无数有趣而富有挑战性的应用。能够长期适应的社交辅助机器人必须不断尝试新的交互和教学策略，同时利用每个用户、用户之间先前学习的偏好，所有这些都在线上环境中进行。将参与、社交支持和指导扩展到长期交互需要的不仅仅是扩大现有的方法和措施。SAR 研究的一个主

要科学目标是开发新的方案，为用户提供长期适应性

的支持和指导，以维持富有成效的辅助关系。

73.8　社交辅助机器人对孤独症谱系障碍的治疗

一些最早和最广泛的社交辅助机器人（SAR）研究侧重于孤独症谱系障碍（ASD）的诊断和治疗。受快速增长的人口和显著的早期症状带来的迫切需求所驱动，一系列不同的机器人学研究小组已经研究了患有孤独症谱系障碍的个体对机器人的反应[73.9,32]。

73.8.1　与孤独症相关的挑战概述

孤独症是一种普遍性的发展障碍，其特征是严重的社交功能缺陷，如难以识别肢体语言、进行眼神交流和理解他人的情绪[73.4]。它通常与一系列认知和注意力缺陷[73.70,71]，以及参与有保护性的和自我刺激行为的倾向有关。特定行为的表达是高度异质性的，并与特定领域功能水平的显著个体差异相关。也就是说，虽然有些孩子拥有非凡的认知技能，但其他孩子在这些领域却面临重大挑战。

近年来，由于发病率空前增加，孤独症引起了研究者的高度兴趣。据估计，在美国，每 60 名儿童中就有一名患有孤独症，这一比例大约是 20 年前最佳估计值的 8 倍[73.72]。ASD 是一种行为特定的疾病[73.5]；没有血液测试，没有基因筛查，也没有功能成像测试可以诊断 ASD。诊断依赖于临床医生对儿童社交技能的直观感受，包括眼睛对视、面部表情、身体姿势和手势。基于这些观察判断，然后根据既不精确又主观的标准化方案[73.6,7,73,74]进行量化。临床医生对个体诊断的广泛分歧给个体选择合适的治疗和基于人群的研究结果报告带来了困难[73.8,75]。

ASD 是一种终生疾病，目前还没有已知的治疗方法，但使用各种行为技术的早期、持续和强化干预已被证明在许多孤独症患者中产生了实质性的效果[73.5]。这些治疗方法通常侧重于传统的行为治疗，熟练的治疗师通过一系列旨在改善日常生活和/或功能性社交技能的重复练习来指导孤独症患者。这些技术需要大量的劳动力，试图利用技术创新来减轻这些负担已经成为一个热门的研究课题。例如，已经研究了宠物辅助疗法[73.76,77]，计算机辅助疗法[73.78-80]和基于虚拟现实的方法[73.81,82]。虽然这些研究取得了一定的成功，但对涵盖与人类伙伴交互有益的必要条件参数的研究却很有限。在非人

类伙伴中，通过社会交互提供指导、支持和帮助的机器人被视为支持孤独症患者治疗和日常生活的潜在机制[73.1,83]。

机器人比其他非人类的交互伙伴有着独特的实际优势：首先，它们可能提供相同的刺激传递，在诊断和评估中建立独特的高水平控制[73.83]；其次，它们不需要动物助手可能需要的几个月或几年的训练，因为机器人可以被灵活的定制；第三，它们提供了触觉界面和嵌入代理的即时性的潜力，这是计算机程序和虚拟现实所不能提供的。在人类或动物治疗辅助工具不可用或极其昂贵，以及在软件或虚拟现实治疗工具不能提供足够的实体情况下，机器人可以为治疗提供特别有用的补充。

73.8.2　用户见解研究

这一领域的研究已经显示出对患有孤独症个体的令人兴奋但往往是初步的益处，包括增加任务参与度、提高注意力水平，以及新颖的社会行为，如当机器人参与其中时的共同关注和自发模仿交互[73.83-89]。这一领域的早期研究大多是探索性的，在小样本量（通常少于 5 人）上进行，缺乏成功的定量测量，未能包括对照组，并且只有最低限度的诊断和准入标准。鉴于 ASD 的异质性，这些探索性研究经常被临床研究界所忽视，但这些研究有助于为今天正在进行的更广泛、更详细的研究奠定基础[73.9]。

最近的研究集中在机器人如何增强孤独症儿童的人际交往行为，包括统计有效样本量、精心设计的控制条件和广泛的诊断，以准确描述被研究的人群。例如，Kim 等人[73.90]最近演示了一种让儿童参与语音韵律训练任务的机器人。患有孤独症的儿童在与机器人交互时，比与熟悉的临床医生交互更有可能使用适当的语调变化。此外，在这项研究中，一些儿童在与社交机器人互动后，立即表现出社交凝视行为（包括社交性参照）的频率增加。Feil-Seifer 和 Matarić[73.91]最近证明，患有 ASD 的儿童对具有社交反应的机器人的社交反应比不具有社交反应的机器人的社交反应更强。这项研究包括一个可比较的玩具作为对照，其结果包括关于孤独症儿童与机器人语言或非语言交互的新见解（图 73.2 和图 73.3）。

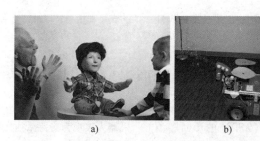

图 73.2　高度拟人化的机器人

a）赫特福德大学的 Kaspar 和高度机械化的机器人　b）南加州大学的 Bubblebot
使孤独症儿童在与机器人交互时的社交反应增强

图 73.3　Kim 等人[73.89,90]证明了在与机器人短暂（5min）交互后，儿童与成人的交互增加

注：这些图像来自于在与 Pleo 机器人交互之前 a）、之中 b）、之后 c）拍摄的视频，该机器人专注于韵律的产生。

73.8.3　研究方向

虽然这些 HRI 研究为新的治疗方法提供了希望，但迄今为止，它们既没有解释为什么机器人会在儿童中引起这些反应，也没有证明可以在儿童中产生长期的行为变化，从而推广到人与人的交互。许多可能的假设可以解释在孤独症患者和机器人交互期间和之后观察到的社交行为的增加，也许机器人提供了一种更可预测的交互，或者一套更具选择性和简化的社交线索，或者它们的行为反应更公开，更容易参与交互。有轶事证据表明，其中一些可能不是令人满意的解释[73.83,90]，但为什么这些影响在与 ASD 患者的相互作用中如此显著，还有待论述。

构建自主系统对这些人来说尤其具有挑战性。ASD 人群中能力和缺陷的多样性导致交互率、交互模式（如言语或非言语）、培训中包含的社会技能，甚至社会技能的成功应用标准方面有着巨大的差异[73.32]。虽然一些研究[73.92]已经开始纳入完全自主的系统，但大多数仍在利用幕后模拟法来处理用户之间的差异。

也许临床上最重要的研究方向是确定 HRI 在人与人之间相互作用中提供了长期、可测量的变化。迄今为止，几乎所有的研究（除了参考文献[73.87]）都集中在少数短时的相互作用上（通常跨越的时间少于 1h）。即使是专业的临床医生，行为改变也需要数百小时的训练，因此我们的研究必须扩展到更持久的数周或数月的相互作用。此外，迄今为止的大多数研究都集中在针对机器人的社会行为发展上。这些机器人指导的行为只有极小的临床价值，除非它们能被证明推广到人与人的交互（一个例外是 Kim 等人的研究[73.89,90]，该研究表明患有孤独症的儿童在与机器人导师交互后，与成人的面对面交互有了显著改善）。为了给患有孤独症的人提供有价值的治疗，交互式机器人必须明确能对患者与他人合作的能力有可量化的帮助。

73.9　社交辅助机器人康复支持

社交辅助机器人（SAR）特别适用于康复过程，包括恢复因疾病或创伤而丧失的功能。相比之下，康复机器人专注于 HRI 的实践性，而 SAR 侧重于提供动机和指导，以促进康复过程。由于动机长期以来一直被认为是康复的一个主要因素，因此在这种健康背景下，SAR 具有发挥关键作用的潜力。康复支持 SAR 系统已经在脑卒中患者[73.93,94]和阿尔茨海默病患者[73.95]中进行了测试，并正在考虑用于创伤性脑损伤康复。

73.9.1 康复面临的挑战概述

脑卒中是导致严重、长期残疾的主要原因，也是第三大死亡原因[73.96]。仅在美国，每年就有 80 多万人患脑卒中，近 40 万人幸存于某种形式的神经系统残疾[73.97]。到 2025 年，残疾脑卒中幸存者的数量预计将翻一番[73.98]。超过 80% 的首次脑卒中涉及上肢功能的丧失，这严重影响了脑卒中幸存者的自立和健康[73.99-101]。脑卒中后的残疾非常严重，超过 65% 的患者无法有效地融入日常生活。与下肢康复计划相比，手臂和手部的功能恢复通常与传统的脑卒中康复方法相抵触[73.99,102]。

脑卒中通常会使人无法用患肢进行运动，即使患肢没有完全瘫痪。这种被称为习得性废用的功能丧失可以通过康复治疗得到改善[73.103,104]。使用运动训练的临床研究发现，脑卒中后一年以上的患者上肢功能表现有所改善，并且在最初脑卒中损伤后几年记录了与受影响上肢密集使用相关的皮质重组和邻近脑区的募集现象[73.105-107]。重复、高强度、特定任务的练习在康复中是有效的[73.108-111]。事实上，练习是运动学习的基础——它是获得技能的唯一最重要的变量，但这种做法需要训练有素的辅导和激励。

73.9.2 用于康复的接触式与社交辅助机器人（非接触式）

SAR 搭建了康复机器人（康复机器人历史上一直是基于接触的[73.112,113]）与非接触功能（如机器人伙伴[73.114,115]）之间的桥梁。非接触式方法为 SAR 定义了一个关键领域，包括一个自主的物理实体化机器人，可提供无接触的监控、辅导和鼓励，同时还向包括用户在内的主要利益相关者提供客户进度的详细评估。与康复机器人（它主要关注力的应用和感知，因此目前仅限于门诊环境）不同，与非接触式机器人的合作主要针对在家庭和社区环境中实现特定目标的交互模式和激励策略。

任何康复计划中最重要的因素之一是仔细指导、突出重点和重复练习，可以是被动的，也可以是主动的。在被动练习（也称为动手康复）中，患者在人类（或机器人）治疗师的帮助下适当锻炼患肢。相比之下，在主动练习中，患者在没有身体抵抗力的情况下进行锻炼。康复机器人的大部分现有工作集中在用于被动练习的外骨骼机器人系统上，主要通过机器人操纵患肢来恢复上肢功能。Burgar 等人[73.116]开发了一个机器人辅助手臂治疗工作站，患者可以在其中锻炼上肢并评估他们的表现；Krebs 等人[73.117]开发了一种类似的设备，也依赖于外骨骼机器人技术；其他相关系统都被研究过[73.118,119]。由于人与机器人的接触涉及复杂的安全问题，这种外骨骼机器人技术仍然是正在积极进行的研究领域，面临许多突出的挑战。目前，接触式康复机器人不是便携的，而其治疗的后勤进一步受成本、足够数量实践的可用性、编程和执行试验所必需的专业知识以及责任的限制。当机器人使失去感觉运动的肢体移动时，患者受伤的风险令人担忧[73.120,121]。最后，与治疗停止后接触式机器人系统的长期性能下降相反，剧烈的功能练习更有可能维持长期行为（上肢功能使用）。

SAR 系统充当教练，提供鼓励和指导，并确保正确遵守治疗方案。鉴于受脑卒中影响的人群规模和时间密集型的个性化需求，对人类治疗师来说，这种辅导是不可能的，从而为填补这一空白的技术手段创造了一个利益市场。通过在任何环境下（在诊所或家中）提供延长监测时间和鼓励康复训练的机会，SAR 系统融入了人文关怀[73.123-126]。

73.9.3 用户见解研究

本节回顾了对脑卒中患者进行 SAR 研究的一些见解。一项研究[73.93,127]关注不同的机器人行为如何影响患者坚持康复计划的意愿，评估了机器人不同的声音、动作和耐心水平，并将这些与患者的依从性相关联。该机器人配备了导航功能，因此它可以找到并跟踪患者，将自己移动到合适的位置来监控患者，并在不需要的时候离开。该机器人从患者佩戴的基于惯性测量单元（IMU）的传感器中获取关于患者使用脑卒中患肢的实时信息。可穿戴传感器是机器视觉的一个重要替代物，由于隐私问题，这可能不是所有用户都能接受的。机器人使用可佩戴传感器提供的信息来鼓励患者继续使用肢体，或者根据情况以更多或不同的方式使用肢体，这种机器人很受患者的欢迎。有些人在实验结束后继续进行这项活动，提供了进一步的证据，证明坚持性的提高远远超过了任何新奇的效果。不出所料，患者之间存在显著的人格差异；有些人非常坚持，但似乎没有被机器

73

人吸引，而另一些人非常投入，甚至很开心，但更喜欢与机器人交互，而不是进行训练。这导致了一个有趣的研究问题，即如何定义自适应机器人辅助康复协议，以服务于不同的用户群体，以及每个用户的时间延长和不断变化的需求。

对个性建模以便定制 HRI 与脑卒中康复尤其相关，因为脑卒中前的个性对脑卒中后的恢复有很大影响[73.96]；脑卒中前被归类为性格外向的人比性格内向的人更容易调动他们的力量来恢复健康[73.128]。此外，人-计算机交互（HCI）的工作已经证明了相似-吸引原则，该原则假设个人更容易被表现出与他们相同个性的其他人吸引[73.129-131]。Tapus 和 Matarić[73.132]进行了一项 SAR 研究，以测试相关影响。在一系列配备摄像头和麦克风的简单移动机器人实验中，参与者被要求执行四项任务（设计为功能性活动），类似于标准脑卒中康复期间用到的任务。受试者在实验前完成一份人格评估问卷；特别是基于外向-内向维度的最终人格被用来确定机器人的人格。行为控制架构是基于行为相互影响的模型[73.133]。机器人通过几种方式表达了它的个性：①亲近性（空间的社交性用途；性格外向的人使用较小的人际距离）[73.134]；②移动的速度和量（外向性格移动的越来越快）；③语言内容，性格外向的人说话更自信（你只做了 x 个动作，我相信你能做得更多！），使用基于挑战的风格，而不是基于培养的风格（我知道这很难，但请记住这是为了你自己的利益）。实验比较了人格匹配和人格不匹配（随机）的情况，结果表明，机器人的个性是交互质量的基础。研究发现了两个有统计学意义的结果：①当与人格匹配的机器人交互时，参与者在任务中表现始终更好；②参与者表示更喜欢个性化匹配的机器人。Tapus 等人[73.94]使 SAR 系统能够基于过去与用户的交互来调整其个性，从而扩展了这项工作。这种适应被表述为策略梯度强化学习（PGRL），允许优化交互参数，即交互距离/亲近性、速度和语言内容（机器人说什么和怎么说）。基于前面描述的用户与机器人个性匹配研究，学习算法的初始化参数值被认为是外向和内向个体都可以接受的值。围绕解决方案的逐步适应比解决方案空间的随机探索更重要；如果机器人最初的个性与目标相去甚远，或者如果它发生了巨大的变化，用户就会对交互感到不满。研究结果为机器人行为适应的有效性提供了证据：用户倾向于在人格匹配和治疗方式匹配的条件下进行更多或更长的试验（培养方式与内向相关，挑战方式与外向相关）。

另一项针对脑卒中患者的研究比较了匹配的仿人机器人和 SAR 教练的模拟代理（图 73.4）。研究参与者坐在桌子旁，机器人要求他们在 6min 内将杂志从较低的架子上移到较高的架子上，并尽可能多地将杂志从架子上取下。机器人使用上述运动传感器的修正版本来监控参与者的运动[73.135,136]。参与者可以随时使用遥控器上的按钮来停止交互。IMU 数据和架子状态（使用标尺）用于将运动分类为进展状态（如休息、拿起杂志、提升臂、搁置书、降低臂）。除了语言表达，机器人在说话时还会使用节拍手势，包括移动头部、手臂和手，节拍的幅度和频率由所说短语的特征决定。使用标准的脑卒中运动测试评估基线运动数据，并在重复治疗后测量任务改善情况。实验设计包括所有参与者用机器人和计算机进行实验。三分之二的参与者更喜欢实体机器人，三分之一的人没有偏好。

a)　　　　　　　　　　b)

图 73.4　针对中风患者开发的社交辅助机器人
a）来自南加州大学的、安装在轮椅上的社交辅助
仿人机器人 Bandit 指导的坐态运动训练
b）上肢康复机器人

73.9.4　研究方向

用于康复的 SAR 提出了多方面的研究挑战。

个性化交互以适应用户在多个时间尺度上不断变化的状态仍然是一个主要挑战，因为康复的目标是长期改善，但必须应对每个治疗时段内的情绪、疲劳和表现变化，以及可能稳定甚至逆转的短期趋势。因此，个性化交互需要新的方法来整合机器人学习、用户建模和激励策略，以及许多其他 SAR 研究挑战，创建能够适应其行为的机器人系统，以提供一个引人入胜和激励性的定制协议是一个具有挑战性的目标，尤其是在与弱势用户群体合作时。在 SAR 背景下，行为适应必须解决代表个体差异的短期变化和允许交互在几个月甚至几年内连续进行的长期变化。参考文献［73.61,65］中已经提出了多种用于 HRI 的学习方法，但这仍然是机器人学中的一个主要挑战，特别是在 SAR 中。

对用户建模并预测用户行为是 HRI、HCI 及信号处理和相关领域研究共同面临的挑战，但 SAR 还提出了模拟机器人角色身份的问题。具体来说，SAR 的研究表明，机器人不仅有个性，而且有背景故事，这有助于用户参与。

对关系代理的研究[73.137]已经应用于医疗环境中的短期交互，如医院结账程序。该领域的一些成果，包括礼貌理论、移情等，正在被探索用于康复的长期交互 SAR。

最后，一个迫切需要的新研究方向是探索将相关领域的接触式和非接触式康复机器人结合起来，以增强这两个机器人子领域的影响。

73.10 社交辅助机器人和老年关怀

73.10.1 老年关怀面临的挑战概述

日益增长的老龄化人口正在增加全球对医疗保健服务的需求。到 2050 年，85 岁以上的人口数量将增加两倍[73.138]，而护士和护理人员的短缺早已成为一个问题[73.139-141]。定期体育锻炼已被证明对保持和改善整体健康有效[73.142-145]。身体健康与执行控制过程的更高功能相关[73.146]，并且与额叶皮质区域萎缩[73.147]和反应时间[73.148]相关。社交，尤其是高感知的人际社交支持，除了降低抑郁的可能性[73.150-153]，还会对整体身心健康产生积极影响[73.149]。因此，体育锻炼疗法、社交互动和陪伴对于不断增长的老年人口来说至关重要。

获得性运动、认知和知觉出现残疾的概率随着年龄的增长而显著增加[73.154]。超过 5000 万美国人患有影响他们一项或多项主要日常活动的残疾[73.155,156]，只有 30% 的人能正常工作[73.157]。相关功能丧失的经济成本很高，如受脑卒中影响的美国人的累计总数超过 400 万，与脑卒中相关残疾的年度负担估计为 536 亿美元，其中 206 亿美元是由于生产力和收入损失而产生的间接成本[73.96,158]。根据预测，1997—2025 年间，65 岁以上的人口预计将增加一倍[73.156]，30% 的人口将超过 65 岁[73.159,160]，我们将很快面临新的重大技术难题和社会挑战，以实现、延长和维持生活质量。

从出生到晚年，因脑卒中或其他疾病患上残疾的老年人形成了一个特别脆弱且相当大的人群[73.161]。随着美国人口迅速老龄化，中年和老年残疾人的数量将显著增加[73.162]。多年来成功管理自己生活的人可能会发现，他们比其他人更早地受到衰老的影响，或者在 30 岁或 40 岁时出现继发性健康状况[73.163,164]。随着残疾人年龄的增长，健康和医疗状况的逐步下降会对保持功能独立性和生活质量所需的恰当资源构成挑战[73.165,166]。

伴随慢性疾病，以及晚年残疾的运动障碍和认知功能障碍是老年人残疾的主要前兆。认知障碍与老龄人口残疾增加相关[73.167]：年龄在 65~69 岁的女性和男性中，有 19% 和 13% 的人患有行动障碍[73.168]；在 90~95 岁的女性和男性中，这两个比例分别增加到 83% 和 63%[73.168]。这些功能障碍极大地加剧了与认知或运动缺陷密切相关的残疾老年人所经历的整体生活方式和职业状态的混乱。因此，迫切需要开发有效且价格合理的辅助技术，以改善运动和认知功能，特别是在老年残疾人中。这为 SAR 创造了一个重要的利益市场。

73.10.2 用户见解研究

与老年人设计和评估相关的社交辅助机器人文献有限，但仍在增长。

研究人员调查了使用机器人来帮助解决老年人的社交和情感需求，包括减少抑郁和增加与同龄人的社交互动（图 73.5）。Wada 等人[73.114]研究了海豹机器人 Paro 的心理效应，这种机器人曾在日间服务中心与老年人互动。这项研究发现，总是由一名人类训练员陪同的 Paro 能够在 6 周的时间里持续改善那些花时间抚摸的老年参与者的情绪。Kidd 等人[73.115]在另一项研究中使用了 Paro，发现它是社交中有效的催化剂。他们观察到，当机器人出现并通电时，与机器人一起参与小组活动的老年人更有可能与他人进行社交互动，而不是当机器人断电或不在时。

旨在帮助个人完成与健康相关的任务（如体育锻炼）的社交代理也在 HCI 领域中得到发展。Bickmore 和 Picard[73.137]开发了一种基于计算机的虚拟代理，通过让用户参与对话，提供关于步行锻炼的教育信息，询问用户的日常活动水平，在给出反馈的同时跟踪用户实时进展，并让用户参与关系对话，充当用户的日常锻炼顾问。

Fasola 和 Matarić[73.169]进行了一项研究，调查赞赏和关系话语（礼貌、幽默、移情等）在为老年人设计的SAR训练系统中的作用。这项研究比较了社交型机器人和非社交型机器人。社交型机器人使用表扬和关系话语，而非社交型机器人在没有这种表扬或话语的情况下指导锻炼交互。结果显示，参与者对社交型机器人的评价比非社交型机器人积极得多，表现在交互的愉悦性和有效性，以及作为同伴和锻炼教练。Fasola 和 Matarić[73.169] 还进行了一项用户研究，调查了选择和用户自主权在同一 SAR

训练系统中的作用。研究结果显示，用户对一种条件的偏好并不明显，因为据报告显示，在交互中，用户对选择和不选择条件的享受程度同样高。这表明，包括用户和机器人决策在内的混合方法，针对每个用户进行个性化和自动调整，可能最终是为所有用户实现流畅和愉快的任务交互的最佳解决方案。这再次强调对 HRI 和用户建模与适应的个性化方法的需求。

a)　　　　　　　　　　　b)　　　　　　　　　　　c)

图 73.5　用于解决老年人社交和情感需求的几种典型机器人

a) 东京大学的机器人 Paro　b) 麻省理工学院减肥研究中使用的机器人 Autom

c) 奥克兰大学用于大规模老年人护理研究的机器人 Healthbot

73.11　针对阿尔茨海默病和认知康复的社交辅助机器人

痴呆症是一种渐进式致残性神经疾病，可能是多种疾病的症状，包括阿尔茨海默病，该病约占所有痴呆症病例的一半。最新估计是，2006年全球有 2660 万人患有阿尔茨海默病，到 2050 年将上升到 1 亿人——占总人口的 1/85[73.170]。超过 40% 的病例将处于老年痴呆症晚期，需要相当于养老院护理级别的高度关注。患有老年痴呆症的人会经历语言和认知技能的下降，以及随之而来的力量和灵活性的退化。痴呆症患者的康复治疗通常侧重于认知和运动训练，以尽可能长时间地保持患者的自主性。

对痴呆症患者的治疗必须在他们的日常生活中普及和持续进行。包括艺术、音乐和与动物玩耍在内的心理和身体锻炼已经被用来保护已经开始出现痴呆症症状的老年人的认知功能，但这些疗法只能由训练有素的人员提供，特别是动物治疗对动物和患者都有安全风险。在这种治疗背景下，SAR 的目标是提供一种安全、易于使用且不需要特殊训练的治疗方法。

73.11.1　用户见解研究

在 Tamura 等人[73.171] 的一项研究中，动物辅助治疗被娱乐机器人的职业治疗法代替，以避免对患者造成任何危险或伤害，并保持清洁。这项研究比较了机器人动物 AIBO 和玩具的有效性。AIBO 对口头命令做出反应，并向住在养老院的严重精神错乱的老人进行示范。对 AIBO 最常见的交互是看着机器人、与机器人交流和关心机器人。患者觉得 AIBO 是一个机器人，但一旦实验者向这个机器人讲话，患者就认为它不是狗就是婴儿。该演示为严重的痴呆症患者带来了积极的效果，包括增加了患者和机器人之间的交流。

Tapus 等人[73.172] 在阿尔茨海默病患者认知训练的背景下，对 SAR 进行了一项长期（6 个月）研究，以测试老年痴呆症患者是否可以在 SAR 系统的帮助下保持对音乐的注意力。一个由四名年龄超过 70 岁、患有轻度至重度认知障碍和/或阿尔茨海默病的参与者组成的小组参加了这项研究，并接受了研究前和研究后认知评估。每个人每周两次与机器人一对一交互，在交互中，机器人展示了一个音乐识别游戏，有三个不同级别的挑战，即困难（没有提示）、中等（给出提示）和容易（给出歌曲名称）。挑战等级根据每个参与者的表现进行调整。经过 6 个月机器人交互（不包括 2 个月的学习）的结果表明，患有痴呆症和/或阿尔茨海默病的老年人可以在很长一段时间内保持对音乐的注意力，甚至在社交辅助机器人指导下能提高对音乐的识别能力；SAR 系统能够调整它向用户展示的游戏的挑战级别，以促进任务改进和注意力训练效果。重要的是，参与者表示了对机器人的喜爱，并在日常谈话中提到它（如我的朋友要来看我，我不想错过它）。

奥克兰大学的多年龄段健康机器人项目正在研究远程呈现和仿人机器人在辅助生活社区中的作用[73.173]。这项大型研究包括三种不同类型的机器人，从大型远程呈现到小型仿人机器人，它们被部署在一个约 650 名居民的退休村，作为同伴和护理助理。这项研究从长期部署中获得了一些见解，包括老年用户和工作人员的偏好。SAR 最有希望的途径是，将一个机器人送到居民的房间，提醒他们吃药或带他们去约会。

73.11.2　研究方向

与 SAR 的所有领域一样，用户是否愿意与社交辅助机器人交互以接受建议、交互并最终改变行为取决于机器人获得用户信任和维持用户兴趣的能力。需要开发对包括有特殊需求的用户在内的一系列用户来说简单直观的用户界面和输入设备。社交互动本质上是双向的，因此涉及多模态感知和交流，包括言语和非言语手段。为此，自动行为检测和分类，以及活动识别，包括用户意图、特定任务察觉和故障识别，是正在开发的关键使能组件。

73.12　伦理和安全考虑

SAR 在致力于发展人-机器人关系和影响人类行为的同时，自然会带来了几种不同的伦理考虑。

在 HRI 的任何领域，显然首先要考虑用户的安全。由于 SAR 系统不涉及人与机器人的紧密接触，所以它能把安全隐患降到最低，但在其他机器人研究领域，把人身安全作为最担忧的安全问题的同时（第 30 章），也要考虑 SAR 情感和其他非人身安全问题。

在 SAR 研究极力达成用户参与和用户附属物的目标时，一些批评家认为，这种关系只应留给人类[73.174]。SAR 的具体评估已经陷入伦理困境[73.174,175]。Turkle[73.174]证明了一些与机器人交互的参与者能够正确识别机器人的情感意志和操作性能，也能正确区分人、宠物或其他人工制品相对应的性能。然而，也有证据表明，一些用户与他们交互的机器人形成了依恋和情感纽带关系，这些依恋导致了对机器人情感性能的误识。例如，一位用户觉得当他不在的时候，机器人会想念他，这是机器人无法做到的。Sharkey 和 Sharkey[73.175]声称，儿童的这种依恋可能导致情感畸形发展和情感障碍。这些争论基于一个观点，即用机器人代替人文关怀，这与 SAR 研究的初衷相悖。多数 SAR 研究明确指出，他们的目标是增加而非取代人文关怀，如第 73.7 节所述，一些 SAR 是为孤独症谱系障碍服务的。

还有一些更务实的伦理考虑，即用户在世时，技术的必然进步会使其所用系统严重淘汰，但削弱这种依恋或做一个长久操作系统是不可能的。由于长久操作系统作为多数机器人的研究目标，所以这不是一个紧迫的伦理问题，而是一个公认的重要问题。

Feil-Seifer 和 Matarić 以适用于人类主体的伦理学核心原则为基础，概述了 SAR 的伦理问题，即善行、无伤害、自主和公平。前两项涵盖了以下 SAR 的问题，即人-机器人关系、权限和依恋、机器人的感知和人格，以及人文关怀的替代或人类之间交互的变化；第三项，即自主性，会产生隐私、选择和故意欺骗用户的问题；最后，公平会带来费用和利益权衡，以及在失败或伤害的情况下责任认定等复杂问题。

随着机器人一步步走近人类，伦理问题也变得更加紧迫。为了让 SAR 朝着拥有最道德、最灵通的方式和系统方向发展，如此早就对伦理问题进行积极的讨论和考虑，无疑是个好兆头。

73

参考文献

73.1　A. Tapus, M.J. Matarić, B. Scassellati: The grand challenges in socially assistive robotics, IEEE Robotics Autom. Mag. Spec. Issue Grand Chall. Robotics (2007)

73.2　United Nations Department of Economic and Social Affairs, Population Division (2011): *World Population Aging 1950–2050*, http://www.un.org/esa/population/publications/worldageing19502050/ (2013)

73.3　Department of Health and Human Services, Centers for Disease Control and Prevention (2009)

73.4　American Psychiatric Association: *Diagnostic and Statistical Manual of Mental Disorders: DSM-IV-TR* (American Psychiatric Association, Arlington 2000)

73.5　F.R. Volkmar, C. Lord, A. Bailey, R.T. Schultz, A. Klin: Autism and pervasive developmental disorders, J. Child Psychol. Psychiatry **45**(1), 135–170 (2004)

73.6　S.S. Sparrow, D. Balla, D. Cicchetti: *Vineland Adaptive Behavior Scales, Expanded Edition* (Pearson, New York 1984)

73.7　E. Mullen: *Mullen Scales of Early Learning: AGS Edition* (Pearson, New York 1995)

73.8　A. Klin, J. Lang, D.V. Cicchetti, F.R. Volkmar: Brief report: Interrater reliability of clinical diagnosis and DSM-IV criteria for autistic disorder: results of the DSM-IV autism field trial, J. Autism Dev. Disord. **30**(2), 163–167 (2000)

73.9　B. Scassellati, H. Admoni, M. Matarić: Robots for use in autism research, Annu. Rev. Biomed. Eng. **14**, 275–294 (2012)

73.10　J. Kiratli: Telehealth technologies for monitoring adherence and performance of home exercise programs for persons with spinal cord injury: Tele-exercise, Exerc. Recreat. Technol. People With Disabil.: State Sci. (2006)

73.11　National Institute of Neurological Disorders and Stroke (NINDS): Post-Stroke Rehabilitation Fact Sheet, http://www.ninds.nih.gov/disorders/stroke/poststrokerehab.htm (2013)

73.12　D.S. Freedman, W.H. Dietz, S.R. Srinivasan, G.S. Berenson: The relation of overweight to cardiovascular risk factors among children and adolescents: The Bogalusa Heart Study, Pediatrics **103**(6), 1175–1182 (1999)

73.13　G.Q. Shaibi, M.I. Goran: Examining metabolic syndrome definitions in overweight Hispanic youth: A focus on insulin resistance, J. Pediatr. **152**(2), 171–176 (2008)

73.14　O. Pinhas-Hamiel, P. Zeitler: Insulin resistance, obesity, and related disorders among black adolescents, J. Pediatr. **129**(3), 319–320 (1996)

73.15　M.L. Cruz, G.Q. Shaibi, M.J. Weigensberg, D. Spruijt-Metz, G.D. Ball, M.I. Goran: Pediatric obesity and insulin resistance: Chronic disease risk and implications for treatment and prevention beyond body weight modification, Annu. Rev. Nutr. **25**, 435–468 (2005)

73.16　E.E. Calle, R. Kaaks: Overweight, obesity and cancer: Epidemiological evidence and proposed mechanisms, Nat. Rev. Cancer **4**(8), 579–591 (2004)

73.17　A.S. Singh, C. Mulder, J.W. Twisk, W. van Mechelen, M.J. Chinapaw: Tracking of childhood overweight into adulthood: A systematic review of the literature, Obes. Rev. **9**(5), 474–488 (2008)

73.18　E.A. Finkelstein, J.G. Trogdon, J.W. Cohen, W. Dietz: Annual medical spending attributable to obesity: Payer- and service-specific estimates, Health Aff. **28**(5), 822–831 (2009)

73.19　R. Sturm: The effects of obesity, smoking, and drinking on medical problems and costs, Health Aff. **21**(2), 245–253 (2002)

73.20　J.P. Koplan, C.T. Liverman, V.I. Kraak: Preventing childhood obesity: Health in the balance: Executive summary, J. Am. Diet. Assoc. **105**(1), 131–138 (2005)

73.21　D. Spruijt-Metz: Etiology, treatment and prevention of obesity in childhood and adolescence: A decade in review, J. Res. Adolesc. **21**(1), 129–152 (2011)

73.22　C.D. Kidd, C. Breazeal: A Robotic Weight Loss Coach, Twenty-Second Conf. Artif. Intell. (2007)

73.23　W. Bainbridge, J. Hart, E. Kim, B. Scassellati: The effect of presence on human-robot interaction, IEEE Int. Symp. Robot Hum. Interact. Commun. (2008)

73.24　C.D. Kidd, C. Breazeal: Effect of a Robot on Engagement and User Perceptions, Proc. Intell. Robot. Syst. (IROS) (2004)

73.25　D. Leyzberg, S. Spaulding, M. Toneva, B. Scassellati: The physical presence of a robot tutor increases cognitive learning gains, Proc. 34th Annu. Conf. Cogn. Sci. Soc. (2012)

73.26　J. Wainer, D. Feil-Seifer, D. Shell, M. Matarić: Embodiment and human-robot interaction: A taskbased perspective, IEEE Int. Workshop Robot Hum. Interact. Commun. (2007)

73.27　C. Bartneck: Interacting with an embodied emotional character, Proc. 2003 Int. Conf. Des. Pleas. Prod. Interfaces (2003) pp. 55–60

73.28　Y. Jung, K.M. Lee: Effects of physical embodiment on social presence of social robots, Proc. Presence (2004) pp. 80–87

73.29　J. Wainer, D.J. Feil-Seifer, D.A. Shell, M. Matarić: The role of physical embodiment in human-robot interaction, Proc. IEEE Int. Workshop Robot Hum. Interact. Commun. (RO-MAN'06) (2006)

73.30　S. Kiesler, A. Powers, S.R. Fussell, C. Torrey: Anthropomorphic interactions with a robot and robot-like agent, Soc. Cognit. **26**(2), 169–181 (2008)

73.31　A. Tapus, C. Tapus, M.J. Matarić: The use of socially assistive robots in the design of intelligent cognitive therapies for people with dementia, Proc. Int. Conf. Rehabilitation Robotics (ICORR-09) (2009) pp. 924–929

73.32　J.J. Diehl, L.M. Schmitt, M. Villano, C.R. Crowell: The clinical use of robots for individuals with autism spectrum disorders: A critical review, Res. Autism Spectr. Disord. **6**(1), 249–262 (2012)

73.33 E. Thelen, L.B. Smith: *A Dynamic Systems Approach to the Development of Cognition and Action* (MIT Press, Cambridge 1994)

73.34 L.W. Barsalou: Situated simulation in the human conceptual system, Lang. Cognit. Process. **18**(5/6), 513–562 (2003)

73.35 C. Sann, A. Streri: Perception of object shape and texture in human newborns: Evidence from cross-modal transfer tasks, Dev. Sci. **10**(3), 399–410 (2007)

73.36 D.C. Richardson, R. Dale, N.Z. Kirkham: The art of conversation is coordination: Common ground and the coupling of eye movements during dialogue, Psychol. Sci. **18**(5), 407–413 (2007)

73.37 D.C. Richardson, N.Z. Kirkham: Multimodal events and moving locations: Eye movements of adults and 6-month-olds reveal dynamic spatial indexing, J. Exp. Psychol. Gen. **133**(1), 46–62 (2004)

73.38 L.B. Smith: Cognition as a dynamic system: Principles from embodiment, Dev. Rev. **25**(3/4), 278–298 (2005)

73.39 G. Forman: *Where's the Action in Knowing?* (American Psychological Association, Worcester 1983)

73.40 G. Forman, F. Hill: Constructive play in developmentally delayed preschool children, Top. Learn. Learn. Disabil. **1**(1), 31–41 (1981)

73.41 C.K. Whalen, B. Henker, B.E. Collins, D. Finck, S. Dotemoto: A social ecology of hyperactive boys: Medication effects in structured classroom environments, J. Appl. Behav. Anal. **12**(1), 65–81 (1979)

73.42 M. Heerink, B. Kröse, V. Evers, B. Wielinga: Assessing acceptance of assistive social agent technology by older adults: The Almere Model, Int. J. Soc.Robotics **2**(4), 361–375 (2010)

73.43 J. Fasola, M.J. Matarić: A socially assistive robot exercise coach for the elderly, J. Human-Robot Interact. **2**(2), 3–32 (2013)

73.44 M. Csikszentmihalyi: Intrinsic rewards and emergent motivation. In: *The Hidden Costs of Reward*, ed. by M.R. Lepper, D. Greene (Erlbaum, Hillsdale 1978) pp. 205–216

73.45 R.A. Dienstbier, G.K. Leak: Effects of monetary reward on maintenance of weight loss: An extension of the overjustification effect, Am. Psychol. Assoc. Conv. (1976)

73.46 R.J. Vallerand, G. Reid: On the causal effects of perceived competence on intrinsic motivation: A test of cognitive evaluation theory, J. Sport Psychol. **6**, 94–102 (1984)

73.47 R.J. Vallerand: Effect of differential amounts of positive verbal feedback on the intrinsic motivation of male hockey players, J. Sport Psychol. **5**, 100–107 (1983)

73.48 E.L. Deci, A.J. Schwartz, L. Sheinman, R.M. Ryan: An instrument to assess adults' orientations toward control versus autonomy with children: Reflections on intrinsic motivation and perceived competence, J. Educ. Psychol. **73**, 642–650 (1981)

73.49 M. Zuckerman, J. Porac, D. Lathin, R. Smith, E.L. Deci: On the importance of self-determination for intrinsically motivated behavior, Personality Soc. Psychol. Bull. **4**, 443–446 (1978)

73.50 C.D. Fisher: The effects of personal control, competence, and extrinsic reward systems on intrinsic motivation, Organ. Behav. Hum. Perform. **21**(3), 273–288 (1978)

73.51 R.B. Margolis, C.R. Mynatt: *The Effects of Self and Externally Administered Reward on High Base Rate Behavior, Unpublished manuscript* (Bowling Green State University, Bowling Green 1979)

73.52 F.H. Kanfer, L.G. Grimm: Freedom of choice and behavioral change, J. Consult. Clin. Psychol. **46**, 873–878 (1978)

73.53 G.R. Liem: Performance and satisfaction as affected by personal control over salient decisions, J. Personal. Soc. Psychol. **31**, 232–240 (1975)

73.54 C.-M. Huang, B. Mutlu: The repertoire of robot behavior: Enabling robots to achieve interaction goals through social behavior, J. Hum.-Robot Interact. **2**(2), 80–102 (2013)

73.55 T.L. Griffiths, C. Kemp, J.B. Tenenbaum: Bayesian models of cognition. In: *Cambridge Handbook of Computational Cognitive Modeling*, ed. by R. Sun (Cambridge Univ. Press, Cambridge 2008) pp. 59–100

73.56 C. Crick, B. Scassellati: Inferring narrative and intention from playground games, 7th IEEE Int. Conf. Dev. Learn. (ICDL) (2008)

73.57 C. Breazeal, J. Gray, M. Berlin: Mindreading as a foundational skill for socially intelligent roots, Int. Symp. Robotics Res. (ISRR-07) (2007)

73.58 E.K. Mower, D. Feil-Seifer, M. Matarić, S. Narayanan: Investigating implicit cues for user state estimation in HRI using physiological measurements, 16th IEEE Int. Symp. Robot Human Interact. Commun. (RO-MAN) (2007)

73.59 V. Chidambaram, Y.-H. Chiang, B. Mutlu: Designing persuasive robots, 17th Annu. ACM/IEEE Int. Conf. Hum.-Robot Interact. (HRI '12) (2012) pp. 293–300

73.60 T. Fong, I. Nourbakhsh, K. Dautenhahn: A survey of socially interactive robots, Robotics Auton. Syst. **42**(3/4), 143–166 (2003)

73.61 M. Berlin, J. Gray, A. Thomaz, C. Breazeal: Perspective taking: An organizing principle for learning in human-robot interaction, 21st Natl Conf. Artif. Intell. (AAAI) (2006)

73.62 Y.-L. Lin, G. Wei: Speech emotion recognition based on HMM and SVM, 4th Int. Conf. Mach. Learn. Cybern. (2005)

73.63 A. Metallinou, S. Lee, S. Narayanan: Audio-visual emotion recognition using Gaussian mixture models for face and voice, 2008 IEEE Int. Symp. Multimed. (ISM) (2008) pp. 250–257

73.64 M. Matarić: Sensory-motor primitives as a basis for learning by imitation: Linking perception toaction and biology to robotics. In: *Imitation in Animals and Artifacts*, ed. by K. Dautenhahn, C. Nehaniv (MIT Press, Cambridge 2002)

73.65 C. Breazeal, B. Scassellati: Robots that imitate humans, Trends Cognit. Sci. **6**(11), 481–487 (2002)

73.66 M. Nicolescu, M. Matarić: Task learning through imitation and human-robot interaction. In: *Models and Mechanisms of Imitation and Social Learning in Robots, Humans and Animals:*

73

Behavioural, Social and Communicative Dimensions, ed. by K. Dautenhahn, C. Nehaniv (Cambridge Univ. Press, Cambridge 2005) pp. 407–424

73.67 O.C. Jenkins, M.J. Matarić, S. Weber: Primitive-Based Movement Classification for Humanoid Imitation, 1st IEEE-RAS Int. Conf. Humanoid Robotics (Humanoids-2000) (2000)

73.68 P. Bakker, Y. Kuniyoshi: Robot see, robot do: An overview of robot imitation, AISB96 Workshop Learn. Robots Animals (1996)

73.69 S. Chernova, C. Breazeal: Learning Temporal Plans from Observation of Human Collaborative Behavior, AAAI Spring Symp., It's all Timing: Represent. Reason. about Time Interact. Behav. (2010)

73.70 K. Chawarska, F.R. Volkmar: Autism in infancy and early childhood. In: Handbook of Autism and Pervasive Developmental Disorders, Vol. 1, (Wiley, New York 2005) pp. 223–246

73.71 K.D. Tsatsanis: Neuropsychological characteristics in autism and related conditions. In: Handbook of Autism and Pervasive Developmental Disorders, Vol. 1, (Wiley, New York 2005) pp. 365–381

73.72 CDC: Facts about Autism Spectrum Disorders. Facts About ASDs, http://www.cdc.gov/ncbddd/autism/data.html (2015)

73.73 C. Lord, S. Risi, L. Lambrecht, E.H. Cook Jr., B.L. Leventhal, P.C. DiLavore, M. Rutter: The autism diagnostic observation schedule—Generic: A standard measure of social and communication deficits associated with the spectrum of autism, J. Aut. Devel. Disorder. 30(3), 205–223 (2000)

73.74 J. Edwards, M. Lanyado: Autism: Clinical and theoretical issues. In: The Handbook of Child & Adolescent Psychotherapy, Psychoanalytic Approaches, ed. by M. Lanyado, A. Horne (Routledge, London 1999) pp. 429–443

73.75 F.R. Volkmar, A. Klin: Issues in the classification of autism and related conditions. In: Handbook of Autism and Pervasive Developmental Disorders, Vol. 1, (Wiley, New York 2005) pp. 5–41

73.76 F. Martin, J. Farnum: Animal-assisted therapy for children with pervasive developmental disorders, West J. Nurs. Res. 24(6), 657–670 (2002)

73.77 L.A. Redefer, J.F. Goodman: Brief report: Pet-facilitated therapy with autistic children, J. Autism Dev. Disord. 19(3), 461–467 (1989)

73.78 A. Bosseler, D.W. Massaro: Development and evaluation of a computer-animated tutor for vocabulary and language learning in children with autism, J. Autism Dev. Disord. 33(6), 653–672 (2003)

73.79 O.E. Hetzroni, J. Tannous: Effects of a computer-based intervention program on the communicative functions of children with autism, J. Autism Dev. Disord. 34(2), 95–113 (2004)

73.80 M. Silver, P. Oakes: Evaluation of a new computer intervention to teach people with autism or Asperger syndrome to recognize and predict emotions in others, Autism 5(3), 299–316 (2001)

73.81 S. Parsons, P. Mitchell: The potential of virtual reality in social skills training for people with autistic spectrum disorders, J. Intell. Disabil. Res. 46(5), 430–443 (2002)

73.82 D. Strickland: Virtual reality for the treatment of autism, Stud. Health Technol. Inform. 44, 81–86

(1997)

73.83 B. Scassellati: How social robots will help us to diagnose, treat, and understand autism, 12th Int. Symp. Robotics Res. (ISRR) (2005)

73.84 I.P. Werry, K. Dautenhahn: Applying mobile robot technology to the rehabilitation of autistic children, 7th Int. Symp. Intell. Robotics Syst. (SIRS'99) (1999)

73.85 F. Michaud, A. Clavet: Robotoy contest – designing mobile robotics toys for autistic children, Am. Soc. Eng. Educ. (ASEE'01) (2001)

73.86 B. Robins, K. Dautenhahn, R. Te Boekhorst, A. Billard: Robotic assistants in therapy and education of children with autism: Can a small humanoid robot help encourage social interaction skills?, Proc. Univers. Access Inf. Soc. (UAIS) (2005)

73.87 H. Kozima, C. Nakagawa, Y. Yasuda: Interactive robots for communication-care: A case-study in autism therapy, IEEE Int. Workshop Robot Hum. Interact. Commun. (RO-MAN) (2005) pp. 341–346

73.88 E. Kim, E. Newland, R. Paul, B. Scassellati: Robotic tools for prosodic training for children with ASD: A case study, Int. Meet. Autism Res. (IMFAR) (2008)

73.89 E.S. Kim, L.D. Berkovits, E.P. Bernier, D. Leyzberg, F. Shic, R. Paul, B. Scassellati: Social robots as embedded reinforcers of social behavior in children with autism, J. Autism Dev. Disord. 43(5), 1038–1049 (2013)

73.90 E. Kim, R. Paul, F. Shic, B. Scassellati: Bridging the research gap: Making HRI useful to individuals with autism, J. Hum.-Robot Interact. 1(1), 26–54 (2012)

73.91 D. Feil-Seifer, M.J. Matarić: Toward socially assistive robotics for augmenting interventions for children with autism spectrum disorders, Exp. Robotics – 11th Int. Symp. (2009)

73.92 D. Feil-Seifer, M.J. Matarić: Towards the integration of socially assistive robots into the lives of children with ASD, Working, Human-Robot Interact. Workshop Soc. Impact: How Socially Accepted Robots Can be Integr. our Soc. (2009)

73.93 M. Matarić, J. Eriksson, D. Feil-Seifer, C. Winstein: Socially assistive robotics for post-stroke rehabilitation, Int. J. Neuroeng. Rehabil. 4, 5 (2007)

73.94 A. Tapus, C. Tapus, M.J. Matarić: User-robot personality matching and assistive robot behavior adaptation for post-stroke rehabilitation therapy, Intell. Serv. Robotics Spec. Issue Multidiscip. Collab. Soc. Assist, Robotics 1(2), 169–183 (2008)

73.95 A. Tapus, C. Tapus, M.J. Matarić: Music therapist robot: A solution for helping people with cognitive impairments, Int. Jt. Conf. Artif. Intell. (IJCAI) (2009)

73.96 American Heart Association: Heart Disease and Stroke Statistics – 2003 Update (American Heart Association and American Stroke Association, Dallas 2003)

73.97 M. Kelly-Hayes, J.T. Robertson: The American Heart Association stroke outcome classification, Stroke 29(6), 1274–1280 (1998)

73.98 J.P. Broderick: William M. Feinberg Lecture: Stroke therapy in the year 2025: Burden, breakthroughs, and barriers to progress, Stroke 35(1), 205–211 (2004)

73.99 T.S. Olsen: Arm and leg paresis as outcome predictors in stroke rehabilitation, Stroke **21**(2), 247–251 (1990)

73.100 N.E. Mayo, S. Wood-Dauphinee, R. Côté, L. Durcan, J. Carlton: Activity, participation, and quality of life 6 months poststroke, Arch. Physic. Med. Rehabil. **83**(8), 1035–1042 (2002)

73.101 B.H. Dobkin: Clinical practice. Rehabilitation after stroke, N. Eng. J. Med. **352**(16), 1677–1684 (2005)

73.102 J. Desrosiers, F. Malouin, D. Bourbonnais, C.L. Richards, A. Rochette, G. Bravo: Arm and leg impairments and disabilities after stroke rehabilitation: relation to handicap, Clin. Rehabil. **17**(6), 666–673 (2003)

73.103 R.J. Nudo, E.J. Plautz, S.B. Frost: Role of adaptive plasticity in recoery of function after damage to motor cortex, Muscle Nerve **24**(8), 1000–1019 (2001)

73.104 E.G. Taub, G. Uswatte, D.M. Morris: Improved motor recovery after stroke and massive cortical reorganization following constraint-induced movement therapy, Phys. Med. Rebail. Clin. N. Am **14**(1), 77–91 (2003)

73.105 J. Van der Lee, R.C. Wagenaar, G. Lankhorst, T.W. Vogelaar, W.L. Deville, L.M. Bouter: Forced use of the upper extremity in chronic stroke patients; results from a single-blind randomized clinical trial, Stroke **30**, 2369–2375 (1999)

73.106 D. Reinkensmeyer, M. Averbuch, A. McKenna-Cole, D.B. Schmit, W.Z. Rymer: Understanding and treating arm movement impairment after chronic brain injury: Progress with the arm guide, J. Rehabil Res. Dev. **37**(6), 653–662 (2000)

73.107 J. Schaechter, E. Kraft, T.S. Hilliard, R.M. Dijkhuizen, T. Benner, S.P. Finklestein, B.R. Rosen, S.C. Cramer: Motor recovery and cortical reorganization after constraint-induced movement therapy in stroke patients: A preliminary study, Neurorehabil. Neural Repair **16**(4), 326–338 (2002)

73.108 C. Butefisch, H. Hummelsheim, P. Denzler, K.H. Mauritz: Repetitive training of isolated movements improves the outcome of motor rehabilitation of the centrally paretic hand, J. Neurol. Sci. **130**(1), 59–68 (1995)

73.109 G. Kwakkel, R.C. Wagenaar, J.W. Twisk, G.J. Lankhorst, J.C. Koetsier: Intensity of leg and arm training after primary middle-cerebral artery stroke: A randomized trial, Lancet **354**, 191–196 (1999)

73.110 S. Wolf, S. Blanton, H. Baer, J. Breshears, A.J. Butler: Repetitive task practice: A critical review of constraint induced therapy in stroke, Neurologist **8**(6), 325–338 (2002)

73.111 S.L. Wolf, C.J. Winstein, J.P. Miller, E. Taub, G. Uswatte, D. Morris, C. Giuliani, K.E. Light, D. Nichols-Larsen: Effect of constraint-induced movement therapy on upper extremity function 3 to 9 months after stroke, J. Am. Med. Assoc. (JAMA) **296**(17), 2095–2104 (2006)

73.112 T. Nef, R. Riener: ARMin: Design of a novel arm rehabilitation robot, Proc. Int. Conf. Rehabil. Robotics (2005)

73.113 N. Schweighofer, Y. Choi, C. Winstein, J. Gordon: Task-oriented rehabilitation robotics, Am. J. Phys. Med. Rehabil. **91**(11), 270–279 (2012)

73.114 K. Wada, T. Shibata, T. Saito, K. Tanie: Analysis of factors that bring mental effects to elderly people in robot assisted activity, Proc. Int. Conf. Intell. Robots Syst. (2002) pp. 1152–1157

73.115 C.D. Kidd, W. Taggart, S. Turkle: A sociable robot to encourage social interaction among the elderly, Int. Conf. Robotics Autom. (2006) pp. 3972–3976

73.116 C.G. Burgar, P.S. Lum, P.C. Shor, M. Van der Loos: Development of robots for rehabilitation therapy: The Palo Alto vs/Stanford experience, J. Rehabil. Res. Dev. **37**(6), 663–673 (2000)

73.117 H.I. Krebs, B.T. Volpe, M. Ferraro, S. Fasoli, J. Palazzolo, B. Rohrer, L. Edelstein, N. Hogan: Robot-aided neurorehabilitation: From evidence-based to science-based rehabilitation, Top Stroke Rehabil. **8**(4), 54–70 (2002)

73.118 B.R. Brewer, R. Klatzky, Y. Matsuoka: Feedback distortion to overcome learned nonuse: A system overview IEEE Eng. Med, Biol. **3**, 1613–1616 (2003)

73.119 D.J. Reinkensmeyer, C.T. Pang, J.A. Nesseler, C.C. Painter: Web-based tele-rehabilitation of the upper extremity after stroke, IEEE Tran. Neural Syst. Rehabil. Eng. **10**(2), 102–108 (2002)

73.120 S. Hesse, H. Schmidt, C. Werner, A. Bardeleben: Upper and lower extremity robotic devices for rehabilitation and for studying motor control, Curr. Opin. Neurol. **16**(6), 705–710 (2003)

73.121 S. Hesse, G. Schulte-Tigges, M. Konrad, A. Bardeleben, C. Werner: Robot-assisted arm trainer for the passive and active practice of bilateral forearm and wrist movements in hemiparetic subjects, Arch. Phys. Med. Rehabil. **84**(6), 915–920 (2003)

73.122 S. Hesse, C. Werner: Poststroke motor dysfunction and spasticity: Novel pharmacological and physical treatment strategies, CNS Drugs **17**(15), 1093–1107 (2003)

73.123 C. Winstein, R.A. Schmidt: Reduced frequency of knowledge of results enhances motor skill learning, J. Exp. Psychol. Learn. Mem. Cognit. **16**(4), 677–691 (1990)

73.124 C. Winstein: Knowledge of results and motor learning—implications for physical therapy, Phys. Ther. **71**(2), 140–149 (1991)

73.125 C. Winstein, P.S. Pohl, R. Lewthwaite: Effects of physical guidance and knowledge of results on motor learning: Support for the guidance hypothesis, Res. Q. Exerc. Sport. **65**(4), 316–323 (1994)

73.126 C. Winstein, A. Merians, K. Sullivan: Motor learning after unilateral brain damage, Neuropsychologia **37**(8), 975–987 (1999)

73.127 J. Eriksson, M.J. Matarić, C. Winstein: Hands-off assistive robotics for post stroke arm rehabilitation, Proc. IEEE Int. Conf. Rehabil. Robotics (ICORR'05) (2005) pp. 21–24

73.128 M. Ghahramanlou, J. Arnoff, M.A. Wozniak, S.J. Kittner, T.R. Price: Personality influences psychological adjustment and recovery from stroke, Proc. Am. Stroke Assoc. 26th Int. Stroke Conf. (2001)

73.129 H. Nakajima, Y. Morishima, R. Yamada, S. Brave, H. Maldonado, C. Nass, S. Kawaji: Social intelligence in a human-machine collaboration system: Social responses to agents with mind model and personality, J. Jpn. Soc. Artif. Intell. **19**(3),

184–196 (2004)

73.130 H. Nakajima, S. Braveand, C. Nass, R. Yamada, Y. Morishima, S. Kawaji: The functionality of human-machine collaboration systems mind model and social behavior, Proc. IEEE Conf. Syst. Man Cybern. (2003) pp. 2381–2387

73.131 C. Nass, M.K. Lee: Does computer-synthesized speech manifest personality? Experimental tests of recognition, similarity-attraction, and consistency attraction, J. Exp. Psychol. Appl. 7(3), 171–181 (2001)

73.132 A. Tapus, M. Matarić: Towards socially assistive robotics, Int. J. Robotics Soc. Jpn. (JRSJ) 24(5), 14–16 (2006)

73.133 A. Bandura: Principles of Behavior Modification (Holt, Rinehart and Winston, New York 1969)

73.134 E.T. Hall: Hidden Dimension (Doubleday, Gorden City 1966)

73.135 E. Wade, A. Parnandi, M. Matarić: Automated administration of the wolf motor function test for post-stroke assessment, 4th Int. ICST Conf. Pervasive Comput. Technol. Heal. (Pervasive Health 2010) (2010) pp. 1–7

73.136 A. Parnandi, E. Wade, M. Matarić: Motor function assessment using wearable inertial sensors, 32nd Annu. Int. Conf. IEEE Eng. Med. Biol. Soc. (EMBC'10) (2010)

73.137 T.W. Bickmore, R.W. Picard: Establishing and maintaining long-term human-computer relationships, ACM Tran. Comput.-Hum. Interact. 12(2), 293–327 (2005)

73.138 H.F. Davis, J.B. Croft, A.M. Malarcher, C. Ayala, T.L. Antoine, A. Hyduk: Public health and aging: Hospitalizations for stroke among adults aged > 65 years, CDC Morbid. Mortal. Wkl Rep. (MMWR) 52(25), 581–604 (2003)

73.139 American Association of Colleges of Nursing: Nursing Shortage Fact Sheet (American Association of Colleges of Nursing, Washington 2010)

73.140 American Health Care Association: Summary of 2007 AHCA Survey Nursing Staff Vacancy and Turnover in Nursing Facilities Report (American Health Care Association, Washington 2008)

73.141 P. Buerhaus: Current and future state of the US nursing workforce J. Am. Med, Assoc. 300(20), 2422–2424 (2008)

73.142 E. Baum, D. Jarjoura, A. Polen, D. Faur, G. Rutecki: Effectiveness of a group exercise program in a long-term care facility: A randomized pilot trial J. Am. Med. Dir, Assoc. 4(2), 74–80 (2003)

73.143 D. Dawe, R. Moore-Orr: Low-intensity, range-of-motion exercise: Invaluable nursing care for elderly patients, J. Adv. Nurs. 21, 675–681 (1995)

73.144 M.D. McMurdo, L.M. Rennie: A controlled trial of exercise by residents of old people's homes, Age Ageing 22, 11–15 (1993)

73.145 V. Thomas, P. Hageman: Can neuromuscular strength and function in people with dementia be rehabilitated using resistance-exercise training? Results from a preliminary intervention study, J. Gerontol. A Biol. Sci. Med, Sci. 58, 746–751 (2003)

73.146 S. Colcombe, A. Kramer: Fitness effects the cognitive function of older adults, Psychol. Sci. 14(2), 125–130 (2003)

73.147 S. Colcombe, A. Kramer, K. Erickson, P. Scalf, E. McAuley, N. Cohen, S. Elavsky: Cardiovascular fitness, cortical plasticity, and aging, Proc. Natl Acad. Sci, USA 101(9), 3316–3321 (2004)

73.148 W. Spirduso, P. Clifford: Replication of age and physical activity effects on reaction and movement time, J. Gerontol. 33(1), 26–30 (1978)

73.149 Z.B. Moak, A. Agrawal: The association between perceived interpersonal social support and physical and mental health: Results from the national epidemiological survey on alcohol and related conditions, J. Public Health 32, 191–201 (2010)

73.150 L. George, D. Blazer, D. Hughes, N. Fowler: Social support and the outcome of major depression, Br. J. Psychiatry 154, 478–485 (1989)

73.151 E. Paykel: Life events, social support and depression, Acta Psychiatr. Scand. 89, 50–58 (1994)

73.152 S. Stansfeld, G. Rael, J. Head, M. Shipley, M. Marmot: Social support and psychiatric sickness absence: A prospective study of British civil servants, Psychol. Med. 27(1), 35–48 (1997)

73.153 E. Stice, J. Ragan, P. Randall: Prospective relations between social support and depression: Differential direction of effects for parent and peer support?, J. Abnorm. Psychol. 113, 155–159 (2004)

73.154 E. Steinmetz: American with Disabilities: 2002 Current Population Reports (Census Bureau, Washington 2006)

73.155 M.J. Field, A.M. Jette: The Future of Disability in America (National Acadamies Press, Washington 2007)

73.156 S.L. McGinnis, J. Moore: The impact of the aging population on the health workforce in the United States—summary of key findings, Cah. Sociol. Demogr. Med. 46(2), 193–220 (2006)

73.157 R.A. Cooper, B.E. Dicianno, B. Brewer, E. LoPresti, D. Ding, R. Simpson, G. Grindle, H. Wang: A perspective on intelligent devices and environments in medical rehabilitation, Med. Eng. Phys. 30(10), 1387–1398 (2008)

73.158 American Heart Association: Heart and Stroke Statistics, 2006 Update (American Heart Association, Dallas 2006)

73.159 M.F. Diagram: White Paper of the Elderly (Japan National Council of Social Welfare, Tokyo 2001)

73.160 Eurostatistics: Population Projections 2008-2060: From 2015, deaths projected to outnumber births in the EU27, http://europa.eu/rapid/press-release_STAT-08-119_en.htm (2008)

73.161 J. Rimmer: Exercise and physical activity in persons aging wityh a physical disability, Phys. Med. Rehabil. Clin. N. Am. 16, 41–56 (2005)

73.162 Experience Corps: Fact Sheet on Aging in America (AARP, Washington 2007)

73.163 B.J. Kemp: What the rehabilitation professional and the consumer need to know, Phys. Med. Rehabil. Clin. N. Am. 16(1), 1–18 (2005)

73.164 B.J. Kemp, L. Mosqueda: Aging with a Disability: What the Clinician Needs to Know (Johns Hopkins Univ. Press, Baltimore 2004)

73.165 A.W. Heinemann: State-of-the-science on post-acute rehabilitation: Setting a research agenda and developing an evidence base for practice and public policy. An introduction, J. Spinal. Cord.

Med. **30**(5), 452–457 (2007)

73.166　A.W. Heinemann: State of the science of postacute rehabilitation: Setting a research agenda and developing an evidence base for practice and public policy. An introduction, Rehabil. Nurs. **33**(2), 82–87 (2008)

73.167　U. Tas, A.P. Verhagen, S.M.A. Bierma-Zeinstra, E. Odding, B.W. Koes: Prognostic factors of disability in older people: A systematic review, Br. J. Gen. Pract. Syst. Rev. **57**(537), 319–323 (2007)

73.168　S.G. Leveille, B.W. Penninx, D. Melzer, G. Izmirlian, J.M. Guralnik: Sex differences in the prevalence of mobility disability in old age: the dynamics of incidence, recovery, and mortality, J. Gerontol. B Psychol. Sci. Soc, Sci. **55**(1), 41–50 (2000)

73.169　J. Fasola, M.J. Matarić: Using socially assistive human-robot interaction to motivate physical exercise for older adults, Proc. IEEE **100**(8), 2512–2526 (2012)

73.170　American Alzheimer Association: About Alzheimer's Disease Statistics (American Alzheimer Association, Chicago 2007)

73.171　T. Tamura, S. Yonemitsu, A. Itoh, D. Oikawa, A. Kawakami, Y. Higashi, T. Fujimooto, K. Nakajima: Is an entertainment robot useful in the care of elderly people with severe dementia?, J. Gerontol. A Biol. Sci. Med, Sci. **59**(1), 83–85 (2004)

73.172　A. Tapus, C. Tapus, M.J. Matarić: The use of socially assistive robots in the design of intelligent cognitive therapies for people with dementia, Int. Conf. Rehabil. Robotics (2009)

73.173　C. Jayawardena, I. Kuo, C. Datta, R.Q. Stafford, E. Broadbent, B.A. MacDonald: Design, implementation and field tests of a socially assistive robot for the elderly: HealthBot version 2, 4th IEEE RAS/EMBS Int. Conf. Biomed. Robotics Biomechatron. (BioRob) (2012) pp. 1837–1842

73.174　W. Taggart, S. Turkle, C.D. Kidd: An interactive robot in a nursing home: Preliminary remarks. In: *Towards Social Mechanisms of Android Science*, (COGSCI Workshop), Stresa, 2005)

73.175　N. Sharkey, A. Sharkey: Living with robots: Ethical tradeoffs in eldercare, Nat. Language Process. **8**, 245–256 (2010)

73.176　D. Feil-Seifer, M.J. Matarić: Ethical principles for socially assistive robotics, IEEE Robotics Autom Mag. **18**(1), 24–31 (2011)

73

第74章
向人类学习

Aude G. Billard, Sylvain Calinon, Rüdiger Dillmann

迄今为止，为了赋予机器人在人的指导下向人类学习的能力，人们开发了许多算法，本章对于这些算法进行了概述。该领域最著名的方法是机器人演示编程，机器人演示学习，以及学徒学习和模仿学习。我们从对该领域的简要历史简介开始，然后总结了用来解决"模仿什么、如何模仿、何时模仿和模仿谁"这四个主要问题的各种方法。我们强调了在传递模仿指令时选择适当界面和渠道的重要性，并着眼于提供力控制和力反馈的界面；然后我们回顾了单独建模技能的算法＆方法，以及将人工指导学习与强化学习相结合的算法；最后将介绍如何使用语言指导教学，并列出一系列有待解决的问题。

74.1　机器人学习

"机器人向人类学习"指的是机器人通过与人交互进行学习的情况。这与机器人自主学习时的巨大工作量形成对比，在机器人学习中，机器人通过不断试错，在没有外部指导的情况下进行学习。在本章中，我们介绍了将强化学习（RL）与使用人工指导的技术相结合的成果，如在 RL 中引导搜索，但排除了所有纯粹使用强化学习的成果，尽管有人可能会说提供奖励是人类指导的一种形式。我们认为，提供奖励函数类似于提供目标函数，因此请读者参阅机器学习的配套章节。我们还排除了机器人在人类面前进行隐式学习，而人类并不主动指导机器人的工作，因为这些工作在社交机器人的配套章节中已有涉及。因此，我们通过提供执行任务的过程演示，将研究重点放在人类积极教授机器人的工作上。

已经使用了各种术语来指代这项工作，其中包括演示编程（PbD）、演示学习（LfD）、模仿学习和学徒学习，所有这些都是指使机器人通过观察和学习能够自主完成新任务的一般范式。

74.1.1　原则

LfD 和 PbD 中的工作并不要求用户对所需行为进行分析分解和手动编程，而是认为可以从对人类自身表现的观察中得出合适的机器人控制器。目的是让机器人功能更容易扩展并适应新情况，即使是对于没有编程能力的用户：

机器人从演示中学习的主要原则是终端用户无须编程即可教机器人新任务。

考虑一个能够执行操作任务的家用机器人。最终用户可能希望机器人执行的一项任务是准备一顿饭，如为早餐准备橙汁（图74.1和 VIDEO 29 ）。这样做可能涉及多个子任务，如榨橘子汁，将剩余的橘子扔进垃圾桶，以及将液体倒入杯子中。此外，每次准备这顿饭时，机器人都需要使其运动适应以下事实，即对象（杯子、榨汁机）的位置和类型可能会发生变化。

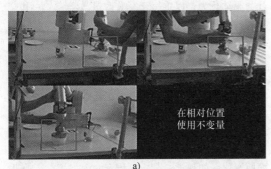

a)

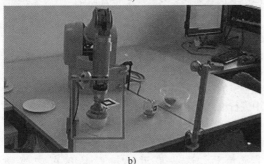

b)

图74.1　机器人为早餐准备橙汁

a）老师通过改变每个项目的位置来让机器人正确学习，对榨橙子的任务进行了几次演示。也就是说，机器人应该能够通过比较演示推断出只有相对位置重要，而不是从绝对坐标系记录的确切位置

b）即使物体位于演示 VIDEO 29 中看不到的位置，机器人也可以重现任务

在传统的编程场景中，人类程序员必须编写一个机器人控制器，能够对机器人可能面临的任何情况做出响应。整个任务可能需要分解为数十或数百个更小的步骤，并且在机器人离开工厂之前，应测试每个步骤的鲁棒性。如果现场发生故障，则需要派遣高技能技术人员来更新系统以适应新情况。相反，LfD允许最终用户通过向机器人演示如何执行任务来对机器人进行编程——不需要编码；然后当出现故障时，最终用户只需要提供更多的演示，而不是寻求专业帮助。因此，LfD试图通过总结几个观察结果来赋予机器人学习执行任务的能力（图74.1和 VIDEO 29 ）。

LfD不是一种记录和播放技术。LfD意味着学习，之后，泛化。

接下来，我们简要介绍该领域多年来的发展历程。在第74.2节，介绍LfD的核心问题。在第74.3节，我们讨论了演示界面在教学成功中发挥的关键作用，强调演示界面的选择如何决定可以传达给机器人的信息类型。在第74.4节，我们给出了解决LfD的主要方法，最后对开放性问题进行了展望。

74.1.2　历史简介

机器人从演示中学习始于20世纪80年代。无论是过去还是现在，而且在很大程度上都必须为机器人执行的每项任务进行明确而烦琐的手工编程，而PbD旨在最大限度地减少甚至消除这一困难的操作步骤。

从纯粹的预编程机器人转向非常灵活的基于用户的界面来训练机器人执行任务的基本原理有三个方面。首先，PbD有一种强大的机制，可以降低学习搜索空间的复杂性。当观察到好的或坏的例子时，可以通过从观察到的好解决方案（局部最优）开始搜索，或者相反，通过从搜索空间中消除所谓的坏解决方案来减少对可能解决方案的搜索。因此，模仿学习是增强和加速动物和人工制品学习的有力工具。

其次，模仿学习提供了一种训练机器的隐式方法，这样可以最大限度地减少或消除人类用户对任务的显式和烦琐编程。因此，模仿学习是与机器交互的一种自然方式，外行人也可以使用。

第三，模仿学习的核心是感知与行动的耦合研究和建模，有助于我们理解感知和行动的自组织在发展过程中可能产生的机制。感知与行动的交互作用可以解释运动控制能力如何基于感知变量的丰富结构，反之亦然，感知过程如何发展为创造成功行动的手段。

因此，PbD的承诺是多方面的。一方面，与试图学习白板技能的反复试验方法相比，人们希望它能让学习速度更快；另一方面，人们期望这些对用户友好的方法能增强机器人在人类日常环境中的应用。

在20世纪80年代初，LfD当时被称为演示编程（PbD），开始在机器人制造领域引起关注。PbD似乎是一种将机器人烦琐的手动编程自动化的有希

74

望的途径，降低了工厂机器人开发和维护的成本。

作为 PbD 的第一种方法，符号推理在机器人学中被普遍采用[74.1-5]，其过程称为示教、引导或回放方法。在这些工作中，PbD 是通过手动（遥控）控制来执行的。末端执行器的位置和施加在被操纵对象上的力与障碍物和目标的位置、姿态一起存储在整个演示过程中，然后将这些感知运动信息分割成离散的子目标（沿轨迹的关键点）和适当的预定义动作，以实现这些子目标。动作通常被选择为工业机器人此时采用的简单的点对点运动。子目标的示例包括如机器人夹持器的姿态和相对于目标的位置[74.3]。因此，演示的任务被分割成一系列状态-动作-状态转换。

考虑人体运动的可变性和捕捉运动的传感器固有的噪声，似乎有必要开发一种方法来整合所有演示的运动。为此，将状态-动作-状态序列转换为符号 if-then 规则，根据符号关系描述状态和动作，如接触、靠近、移动到、抓取对象、移动上方等，这些符号的适当数字定义（即何时将对象视为接近或远离）作为系统的先验知识给出。因此，一个完整的演示被编码在基于图形的表示中，其中每个状态构成一个图形节点，每个动作构成两个节点之间的有向链接，而符号推理可以通过合并和删除节点来统一同一任务的不同图形表示[74.2]。

Munch 等人[74.6]建议使用机器学习（ML）技术来识别基本算子（EO），从而定义一组离散的基本运动技能，并考虑到工业机器人的应用场景。在这项早期工作中，作者已经确定了机器人学中 PbD 的几个关键问题，包括如何概括任务，如何在全新情况下再现技能，如何评估再现尝试，以及如何更好地定义用户在学习过程中的角色等。Munch 等人[74.6]承认，对一系列离散动作进行泛化只是问题的一部分，因为机器人控制器还需要学习连续轨迹来控制驱动器；他们提议，通过将学习过程中缺失的部分传递给在教学过程中发挥积极作用的用户，以克服学习过程中缺失的部分。

这些早期工作强调了提供一组可供机器人使用的示例的重要性：①通过将演示限制为机器人可以理解的模式；②通过提供足够数量的示例来实现所需的通用性。他们指出了提供自适应控制器的重要性，以在新情况下重现任务，即如何调整已经获取的程序。通过让用户提供学习空间中尚未涉及的其他技能示例，用户还可以利用对复制尝试的评估，这样教师/专家就可以控制机器人的泛化能力。

随着移动机器人和仿人机器人的不断发展，该领域继续采用跨学科的方法，考虑灵长类动物视觉运动模仿的特定神经机制[74.7-9]和儿童模仿能力发展阶段的证据[74.10,11]，后者促进了在机器人中引入社会驱动行为，以维持交互并改进教学[74.12,13]和交互式教学过程，其中机器人扮演更积极的角色，当有需要的时候并可能要求用户提供额外的信息来源。最终，机器人通过演示编程的概念被更具生物性的模仿学习所取代。从本质上讲，PbD 中目前的大部分工作都采用了与之前的工作非常相似的概念方法。

最近的进展主要影响了教学基础的接口。引导/遥操作机器人的传统方式已逐渐被更好的界面所取代，如视觉[74.16,17]、语音命令[74.18]、数据手套[74.19]、激光测距仪[74.20]或动感教学（即通过手动引导机器人的手臂进行运动）[74.21-23]。

该领域逐渐从简单地复制演示的动作转变为跨演示集的泛化。随着机器学习的发展，PbD 开始整合更多的这些工具来处理感知问题（即如何在演示中进行推广）和生产问题（即如何将运动推广到新情况）。最初，人工神经网络（ANN）[74.24,25]、径向基函数（RBF）网络[74.26]和模糊逻辑[74.27]等工具非常流行，这些最近已被隐马尔可夫模型（HMM）[74.28-33]和各种非线性回归技术[74.21,34,35]所取代，我们将在第74.4节中详细讨论。

因此，提出了新的学习挑战。人们期望机器人在学习系统和控制系统中都表现出高度的灵活性和多功能性，以便能够与人类用户自然交互并展示相似的技能（如在同一房间内移动，操作与人类相同的工具）。人们越来越期待机器人能像人一样行动，以加强交互，这样它们的行为就会更可预测，因此也更容易被接受。

74.2 从人类演示中学习的关键问题

如前所述，演示学习（LfD）的核心是开发在技能表示和生成技能的方式上通用的算法。

该领域已经确定了许多需要解决的关键问题，以确保采用这种通用方法在各种代理和情况之间转移技能[74.36,37]。这些问题已被表述为一组通用问题，即模仿什么、如何模仿、何时模仿和模仿谁。

这些问题是针对机器人学 LfD[74.18,26,38-41] 中大量不同工作而制定的,这些工作在少数连贯的操作原则下不容易统一。上述四个问题及其解决方案旨在具有通用性,不会对可能传递的技能类型做出任何假设。

74.2.1　模仿什么与如何模仿

迄今为止,模仿谁和何时模仿在很大程度上尚未被探索,因此,目前只有前两个问题(即模仿什么和如何模仿)得到了真正的解决。图 74.2 和 ◉ VIDEO 97 说明了如何通过对演示进行统计观察,以原则性的方式解决这两个问题。

多次演示　　　在不同情况下
下的观察　　　重现广义运动
a)　　　　　　　b)

图 74.2　模仿什么和如何模仿
a)机器人通过在略有不同的情况下(手的不同起始位置)对任务进行不同演示,以学习如何下棋(即向前移动皇后)。机器人记录其关节的轨迹并学习提取不变特征(模仿什么),即任务约束被简化为位于由三个棋子定义的平面中的运动的子部分　b)机器人通过找到一个合适的控制器以在新的环境中重现技能(对于棋子的不同初始位置),该控制器同时满足任务约束和与其身体限制相关的约束(如何模仿)[74.21]

模仿什么与确定应该模仿演示的哪些方面有关。对于给定的任务,某些可观察或可感知的属性可能无关紧要,并且可以安全地忽略。例如,如果演示者总是从北方接近某个位置,那么机器人是否有必要这样做?这个问题的答案强烈影响衍生机器人控制器是否成功模仿——如果方向不重要,则从南方接近的机器人经过适当训练,但如果方向重要,则需要进一步教育。这个问题与信号和噪声有关,通过确定评估结果行为的指标可以回答这个问题。可以采取不同的方法来解决这个问题。最简单的方法是从统计学角度出发,将所有演示示例中一致测量的数据部分(维度、输入空间区域)视为相关[74.21]。如果数据的维度太高,这种方法可能需要

太多的演示才能收集足够的统计数据。另一种方法是让教师通过指出任务中最重要的部分来帮助机器人确定相关的内容。

总之,模仿什么消除了对细节的考虑,虽然可以感知/执行,但对任务无关紧要。它参与确定可以测量机器人复制的度量标准。在连续型控制任务中,模仿什么涉及自动定义学习特征空间,以及约束和成本函数的问题;在离散型控制任务中,如通过强化学习和符号推理处理的任务,模仿什么与如何定义状态和动作空间,以及如何在自主决策系统中自动学习前置/后置条件的问题有关。

74.2.2　如何模仿与解决对应问题

如何模仿包括确定机器人将如何实际执行学习的行为,以最大限度地利用在解决模仿什么问题时发现的度量标准。通常,由于物理体现的差异,机器人的行为方式无法与人类完全相同。例如,如果演示者用脚移动一个物体,轮式机器人撞它是可以接受的,还是应该改用夹持器?如果度量标准没有特定于附件的术语,则可能无关紧要。

这个问题与对应问题[74.36]密切相关。机器人与人虽然居住在同一个空间,并与相同的物体交互,甚至可能表面上相似,但仍然以根本不同的方式感知环境并与环境交互。为了评估人类行为与机器人行为之间的相似性,我们必须首先处理这样一个事实,即人与机器人可能占据不同的状态空间,可能具有不同的维度。我们确定了演示者和模仿者状态的两种不同对应方式,并给出了简要。

1)感知等效:由于人类和机器人感知能力的差异,同样的场景可能看起来很不一样。例如,虽然人类可以根据颜色和强度识别人类和手势,但机器人可以使用深度测量来观察相同的场景(图 74.3a)。另一个比较点是触觉感知。大多数触觉传感器允许机器人感知接触,但与人类皮肤相比,不提供有关温度的信息。此外,机器人触觉传感器的低分辨率不允许机器人区分现有的各种纹理,而人类皮肤可以。由于人类与机器人可能无法获得相同的数据,因此成功教授机器人可能需要对机器人的传感器及其局限性有很好的了解。LfD 通过构建自动纠正或明确这些差异的界面来探索这些感知等效的局限性。

2)物理等效:由于人类和机器人的具体化不同,人类和机器人可能会执行不同的动作来实现相同的物理效果。例如,即使在执行相同的任务(足

球）时，人类与机器人也可能以不同的方式与环境交互（图74.3b）。人类通过奔跑和踢腿，而机器人则采用滚动和碰撞。解决这种运动能力的差异类似于解决如何模仿以达到相同效果的问题。LfD 开发了解决这个问题的方法。通常，机器人可能会为其末端执行器计算一条路径（在笛卡儿空间中），该路径接近于人手所遵循的路径，同时依靠逆运动学来找到合适的关节位移。在上面的足球示例中，这将要求机器人确定其质心的路径，该路径对应于

人类右脚投影在地面上时所遵循的路径。显然，这种等效性与任务密切相关。可以在参考文献［74.45，46］中找到针对手部运动和身体运动的最新解决方案。

我们可以将感知等效视为处理代理感知环境的方式。感知等效需要确保执行任务所需的信息对人类与机器人都是可用的，物理等效处理代理影响环境和与环境交互的方式，因此任务可由两个代理执行。

图74.3　人与机器人的感知等效与物理等效示例

a）、b）反映的是感知等效（改编自参考文献［74.42］）　c）物理等效。仿人机器人的主要关节排布与人类演示者相同，但在肢体长度和关节角度的限制方面有所不同。工业机器人有不同数量和排列的关节，这使得映射问题更具挑战性（使用 V-REP 模拟器创建的插图[74.43]）　d）、e）反映的是通过考虑人和人之间的运动学和动力学差异，进行线性全身运动传递[74.44]

注：另请参见 [VIDEO 98] 和 [VIDEO 99]，以获取从人到仿人机器人的全身运动映射示例。

74.3　演示界面

用于提供演示的界面在信息收集和传输方式中起着关键作用。我们区分了三大趋势：

1）可以直接记录人的动作。如果人们只对运动学感兴趣，则可以使用各种现有的运动跟踪系统，无论这些系统是基于视觉、外骨骼，还是其他类型的可穿戴运动传感器。图 74.4a 和 [VIDEO 98] 的左侧显示了使用视觉行走时的全身运动跟踪示例。首先使用人体模型从背景中提取人体运动，该模型随后被映射到化身，然后映

射到日本京都大学 ATR 的仿人机器人 DB 上。

这些跟踪人体运动的外部手段可以精确测量肢体和关节角位移，已被用于全身运动的 LfD 的各种工作[74.33,47-49]。这些方法的优点是它们允许人类自由移动，但它们需要对应问题的解决方案，例如，当两者的身体运动学和动力学不同时，或者换句话说，如果位形空间的维度和大小不同，如何将运动从人转移到机器人。这通常是在将视觉跟踪的关节运动映射到与机器人的模型非常匹配的人体模型时

完成的。当步行机器人（如六足动物）与人体有很大不同时，这种映射将特别难以执行。在两个不同的物体之间映射动作的问题早先已经被提出，并且指的是对应问题。

2）还有一些技术，如动觉教学，其中机器人是由人类物理地引导完成任务的。这种方法通过让用户使用机器人自身的能力演示机器人环境中的技能，从而简化了对应问题，它还提供了一个自然的教学界面，以纠正机器人复制的技能。皮肤技术的最新进展为教授机器人如何利用物体上的触觉接触提供了可能性（图 74.4b 和 VIDEO 104 ）。通过利用 iCub 机器人手指的柔顺性，教师可以教授机器人如何根据在机器人指尖测量的触觉感知变化来调整手指姿势[74.50]。

动觉教学的一个主要缺点是，人类必须经常使用比在机器人上移动的自由度数更多的自由度来移动机器人，这在图 74.4 中可以看见。要移动机器人一只手的手指，教师必须使用双手，这限制了通过动觉教学可以教授的任务类型。通常需要同时移动双手的任务无法通过这种方式进行教授。你可以循序渐进，先教右手做这个任务，然后当机器人用右手回放这个动作时，再教左手做这个动作，但这可能很麻烦。如上所述，使用外部跟踪器更适合教授几个肢体之间的协调运动。

3）还有沉浸式遥操作场景，人类操作员仅限于使用机器人自己的传感器和执行器来执行任务。遥操作可以使用简单的操纵杆或其他遥控设备完成，包括触觉设备（图 74.4c 和 VIDEO 101 ）。后者的优势是可以让教师教授需要精确控制力的任务，而操纵杆只能提供运动学信息（位置、速度）。

与外部运动跟踪系统相比，遥操作具有优势，它完全解决了对应问题，因为系统直接记录了机器人位形空间的感知和动作。与动觉训练相比，它也具有优势，因为它允许从远处训练机器人，因此特别适合教授导航和运动模式，教师不再需要与机器人共享同一个空间。遥操作通常用于传输运动学。例如，在参考文献［74.51］中，当飞行专家遥控操作时，通过记录直升机的运动来学习直升机的特技轨迹；在参考文献［74.52］中，人类通过操纵杆引导机器狗踢足球；在最近的工作中，遥操作已成功用于教授仿人机器人平衡技术[74.53]。学习对扰动做出反应是通过连接到演示者躯干上的触觉界面完成的，该界面测量了当人被推来推去时的相互作用力。演示者的运动学通过遥操作直接传输到机器人，并与触觉信息相结合，以训练以感知力为条件的运动模型。

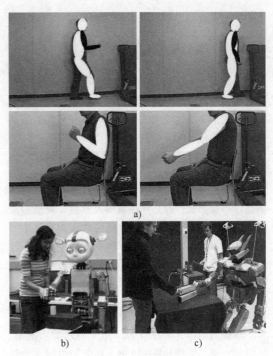

图 74.4 演示界面
a）通过手势的视觉跟踪进行演示（见参考文献［74.54］、 VIDEO 98 和 VIDEO 99 ） b）动觉教学演示（见参考文献［74.55］和 VIDEO 104 ）
c）遥操作演示（见参考文献［74.56］和 VIDEO 101 ）

遥操作技术的缺点是教师经常需要培训才能学会使用遥控设备。使用简单的操纵杆进行遥操作只能引导自由度的一个子集。为了控制所有自由度，必须使用非常复杂的外骨骼类型的设备，这可能很麻烦。此外，遥操作使教师无法观察完成任务所需的所有感官信息。例如，遥操作即使使用触觉设备，也不能很好地呈现机器人末端执行器上感知到的接触。为了缓解这种情况，可以为教师提供可视化界面来模拟交互作用力。

最后，可以使用明确的信息，如通过语音传达的信息，为演示[74.18,57,58] 和 VIDEO 103 提供额外的建议和评论。语音是人类之间一种非常自然的交流方式，因此被视为允许最终用户与机器人交流的一种简单方式，但它需要事先定义机器人可以理解的词汇，以及机器人动作和感知的基础词汇。尽管这将教学限制为离散的状态-动作对，但它对于符号推理特别有用。

每个教学界面都有其优点和缺点。因此，研究如何结合使用这些界面来利用每种模式提供的补充信息是很有趣的[74.50]。

74.4　向人类学习的算法

当前通过 LfD 编码技能的方法可以大致分为两种趋势：一种是技能的低级表示，即采用感官和运动信息之间非线性映射的形式；另一种是技能的高级表示，即将技能分解为一系列动作感知单元。

虽然 LfD 的大部分工作仅使用演示进行学习，但越来越多的工作开发了 LfD 可以与其他学习技术相结合的方法。其中一组研究了如何将模仿学习与强化学习相结合，这是一种机器人通过反复试验来最大化给定奖励的方法；其他研究从人类相互学习的方式中汲取灵感，引入交互和双向教学场景，让机器人在教学阶段成为积极的合作伙伴。下面我们简要回顾了一下每个领域的主要原则。

74.4.1　学习单独动作

单独的动作（如在第 74.1 节中显示的示例中，榨橙子、将其捣碎和将液体倒入杯中）可以单独教授，而不是同时教授，如前面的示例所示，然后人类教师将提供每个子动作的一个或多个示例。如果学习是通过观察运动/动作的单个实例来进行的，我们称之为一次性学习[74.60]。学习运动模式的例子可以在参考文献［74.61］中找到。为了确保这与简单的记录和播放不同，控制器以初始运动模式的

形式提供了先验知识，然后学习包括实例化调节这些运动模式的参数。

教学也可以在录制几次演示后以批处理模式进行，或者通过反复试验逐步添加更多信息[74.12,50,62]。在批处理模式下学习时，会考虑所有示例，并通过比较各个演示进行推理。推理通常基于统计分析，其中演示信号通过概率密度函数建模，利用源自机器学习的各种非线性回归技术。目前流行的方法包括高斯过程、高斯混合模型和支持向量机。

正确选择变量来编码特定动作至关重要，因为它已经暗示了定义重要模仿对象问题的部分解决方案。LfD 中的工作是对关节空间、任务空间或扭矩空间中的人体运动进行编码[74.63-65]，编码可能特定于循环运动[74.22]、离散运动[74.21] 或两者的组合[74.61]。

编码通常包括使用降维技术，将记录的信号投影到降维的潜在运动空间中。这些技术可以执行局部线性变换[74.66-68] 或利用全局非线性方法[74.59,69,70]（图 74.5）。此外，还研究了基于任务的评级函数[74.71] 和基于模拟的优化[74.72]，以识别相关的学习特征。

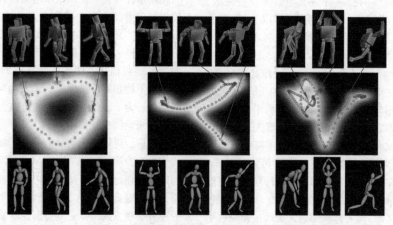

图 74.5　降维子空间中运动的概率编码[74.59]（▶ VIDEO 102 ）

迄今为止，大多数 LfD 致力于通过记录末端执行器的位置和/或机器人关节的位置来学习运动学，但是最近，一些研究已经通过人类演示研究了基于力信号传输[74.56,73-76]。请参阅 ▶ VIDEO 478 和

▶ VIDEO 479 ，了解柔顺运动的动觉教学示例。对于人类与机器人来说，传输有关力的信息都很困难。只有当我们自己执行任务时才能感觉到力。因此，当前的努力是寻求开发可以体现机器人的方

法，这允许人与机器人在执行任务时同时感知施加的力。因此，一个令人兴奋的新研究方向利用了触觉设备和触觉传感设计的最新进展，以及扭矩和可变阻抗驱动系统的开发，以通过人体演示来教授力控制任务。

74.4.2 学习复合动作

学习由单个动作的组合和并置组成的复杂任务是 LfD 的最终目标。有两种主要方法可以学习此类复杂任务：

1）可以首先学习所有单个动作的模型，分别使用这些动作中的每一个演示。在第二阶段，可以通过观察执行整个任务的人来学习这些动作的正确顺序和组合，但这种方法假设可以列出所有必要的单个动作，即所谓的初始动作。迄今为止，还没有这样一种初始动作的数据库，人们可能会想，人类动作的可变性是否真的可以简化为一个有限的可能动作列表。一种常见的方法是首先学习所有单个动作的模型，分别使用每个动作的演示[74.77,78]，然后在第二阶段通过观察执行整个任务的人[74.79,80]或通过强化学习[74.81]来学习正确的排序/组合，但这种方法假设有一组已知的所有必要的初始动作。对于特定任务，这可能是正确的，但迄今为止，尚不存在通用初始动作的数据库，并且尚不清楚人体运动的可变性是否真的可以归结到一个有限列表中。

2）另一种方法是观察执行完整任务的人并自动分割任务以提取初始动作，这些动作可能变得依赖于任务，见参考文献[74.82,83]。这样做的好处是，只需轻击一下，即可学习初始动作及其组合方式。出现的一个问题是，原始任务的数量通常是未知的，并且必须考虑多个可能的分割[74.52]。

其他的例子包括学习如何对已知的行为进行排序，从而通过模仿更有知识的机器人或人类来完成复杂的导航任务[74.9,84,85]，以及学习如何对仿人机器人的初始动作进行排序以实现全身运动[74.25,33,86]。

这些研究中有很大一部分使用了任务学习和编码的符号表示[74.6,30,85,87-91]。这种编码技能的符号可能有多种形式：一种常见的方法是根据符号描述的预定义动作序列对任务进行分段和编码，而这些动作序列可以使用经典的机器学习技术（如 HMM[74.30]）进行编码和重新生成。

通常，这些操作是以分层方式进行编码的。在参考文献[74.85]中，使用轮式机器人和基于图形的方法来概括对象移动能力。在这个模型中，图中的每个节点代表一个完整的行为，泛化发生在图的拓扑表示级别。后者是通过增量来更新的。

参考文献[74.88,89]采用类似的分层和增量方法来编码各种家务（如摆好桌子和将盘子放入洗碗机）（图 74.6 和 |👁 VIDEO 103|）。在那里，学习包括识别一系列预定义的基本动作，这些动作进一步组合成一个分层的任务网络。通过分析多个演示，可以了解基本动作的顺序，从而生成优先图。优先图定义了一组学习基本动作的排序，可用于并行执行基本动作，提取管理每个对象处理方式的符号规则。在参考文献[74.92]中，该方法被扩展到学习每个基本动作的子符号目标和约束描述。在执行阶段，机器人应用运动规划来生成运动，以在遵守约束的同时达到目标。由此产生的任务描述模仿了人类在执行任务时遵循的策略。基于子符号目标和约束描述，机器人可以根据目标位置的变化、障碍的发生和不同的启动配置来调整策略。

上面回顾的方法假设了一个确定性的环境，其中行为的展开只取决于对环境当前状态的感知，但在真实环境中运行的机器人将使用不完善的传感器观察环境，并且其行为的影响可能是随机的。为了解释机器人感知和动作的随机性，Schmidt-Rohr 等人[74.93]使用具有部分可观察马尔可夫决策过程（POMDP）的任务模型。在运行时，会做出最佳（在最大似然意义上）决策。

参考文献[74.90]还利用分层方法根据预定义的行为对技能进行编码。该技能包括穿过迷宫，在这个迷宫中，轮式机器人必须避开多种障碍物并达到一组特定的子目标。这种方法的特殊性在于使用了技能的符号表示，用于探索教师在指导机器人增量学习中的作用。

最后，参考文献[74.91]根据运动符号表示的不同粒度等级，采用符号方法将人体运动编码为一组预定义的姿态、位置或位形，然后利用这些先验知识通过几个模拟设置来探索对应问题，包括手臂连杆在关节空间中的运动和对象在二维平面上的位移。

这些符号方法的主要优点是可以通过交互过程有效地学习高级技能（由符号线索序列组成），但由于其编码的符号性质，这些方法依赖于大量的先验知识来预定义重要的线索并有效地分割这些线索。

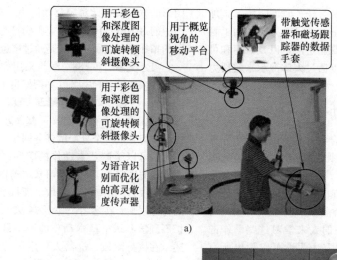

用于彩色和深度图像处理的可旋转倾斜摄像头

用于概览视角的移动平台

带触觉传感器和磁场跟踪器的数据手套

用于彩色和深度图像处理的可旋转倾斜摄像头

为语音识别而优化的高灵敏度传声器

a)

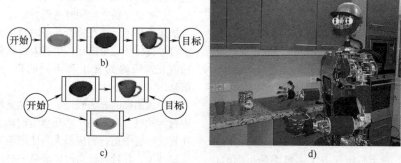

开始 → 目标

b)

c)

开始 → 目标

d)

图 74.6　基于背景知识或 EM 演绎 LfD 系统

a) 配备专用传感器的培训中心　b) 系统学习的用于设置表格的任务优先图　c) 前三次演示的初始任务优先图
d) 观察其他示例后的最终任务优先图（见参考文献［74.88］和 VIDEO 103 ）

74

74.4.3　增量学习法

前面描述的统计方法是一种有趣的方法，可以自主提取任务的重要特征，从而避免在系统中放入过多的先验知识，但它需要大量的演示才能得出统计上有效的推论。假设一个非专业用户会对同一任务执行许多演示是不合理的。因此，为了让 LfD 适合外行用户，学习应该需要尽可能少的演示。理想

情况下，人们希望通过一些初始知识进行引导，以便机器人可以立即开始执行任务，而人类训练将仅用于帮助机器人逐步提高其性能。

随着更多示例的出现，逐渐完善任务知识的增量学习方法为适用于这种连续的和长寿命的机器人学习的 LfD 系统铺平了道路。图 74.7 和 VIDEO 104 显示了这种简单技能的增量学习法。

这些增量学习法使用各种形式的指示，以及语

任务演示

学习者回放

触觉矫正

图 74.7　增量学习法

注：首先通过使用数据手套展示操作技能。在第一次重复试验后，通过动觉教学，利用仿人机器人 iCub 的触觉能力（见参考文献［74.50］和 VIDEO 104 ）完善技能。

言和非语言交互,将机器人的注意力引导到演示的重要部分或机器人在再现任务过程中产生的特定错误。这种增量和引导式学习通常被称为对机器人知识建立支架或塑造,并且是教机器人完成越来越复杂任务的关键[74.90,94]。

对机器人 LfD 使用增量学习技术的研究有助于开发从尽可能少的演示中学习家庭领域内复杂任务的方法。此外,它为机器学习的开发和应用做出了贡献,允许对任务模型进行持续和增量的改进。此类系统有时被称为基于背景知识或 EM 演绎 LfD 系统,如参考文献 [74.95, 96] 中所述。它们通常只需要很少甚至一个用户演示即可生成可执行的任务描述。这一系列研究的主要目标是构建机器人在任务中获得的知识单元表示,并将推理方法应用于该知识数据库(图 74.6)。在这种情况下,推理包括识别、学习和表示重复性任务。

Pardowitz 等人[74.97]讨论了如何在增量学习系统中平衡不同类型的知识。该系统依赖于构建任务优先图,任务优先图编码了系统对任务顺序结构所做的假设。学习任务优先图使系统能够最灵活地安排

其操作,同时仍能满足任务的目标(详细信息见参考文献 [74.98])。任务优先图是有方向的、非循环图,其中包含可以增量学习的时间优先级。任务优先图的增量学习将导致对任务知识的更通用和更灵活的表示。

74.4.4 将向人类学习与其他学习技术相结合

回想一下,开发 LfD 方法的一个主要论点是,它们可以通过提供良好解决方案的示例来加速学习,但只有当复制的背景与演示的背景足够相似时,这种假设才符合实际。我们之前看到,在轨迹级别使用基于动力学系统的表示允许机器人在一定程度上偏离学习的轨迹以到达目标,即使对象和机器人的手都已经离开了在演示过程中显示的位置,但在某些情况下,这种方法会失败,如当在机器人的路径中放置一个大障碍物时(图 74.8)。此外,机器人与人类在运动学和动力学方面可能存在显著差异,尽管有多种方法可以绕过所谓的对应问题,但在特殊情况下仍可能需要重新学习新模型。

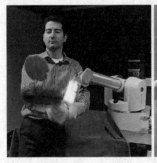

图 74.8 在策略参数空间中使用强化学习改进最初从演示中学到的技能
(见参考文献 [74.99] 和 ◉ VIDEO 105)

为了让机器人重新学习以在任何新情况下执行任务,将 LfD 方法与其他运动学习技术结合起来似乎很重要。强化学习(RL)似乎特别适合这类问题。事实上,模仿学习是有局限性的,因为它要求机器人只从已演示的内容中学习。相比之下,强化学习允许机器人通过自由探索状态-动作空间来发现新的控制策略。结合模仿学习和强化学习的方法旨在利用两种算法的优势来克服各自的缺点。

演示用于指导探索强化学习(RL)。因此,这减少了 RL 算法找到适当控制策略所需的时间,同时允许机器人偏离演示的行为。图 74.8 显示了两个将强化学习与 LfD 结合使用的技术示例,以提高机器人的性能,使其超越演示者的性能。

使用 RL 进行 LfD 的早期工作始于 20 世纪 90 年代,当时学习向上摆动和控制倒立摆[74.100],并学习工业任务,如使用机器人手臂进行钻孔[74.26]。最近的工作见参考文献 [74.101-103],解决了在各种操作任务中对仿人机器人上半身的鲁棒控制、学习射箭技能[74.104],以及学习如何击球[74.105]。

演示可以用不同的方式来引导 RL,它们可以用作初始推出,从中计算策略的初始估计[74.106-108],或者生成初始原语集[74.81,103,107]。在后一种情况下,RL 用于学习如何跨这些原语进行选择。演示也可用于限制 RL[74.101,109]覆盖的搜索空间,或者估计奖励函数[74.110,111]。最后,RL 和模仿学习可以在运行时结合使用,让演示者在一次试验中接管部分控

制权[74.112]。

另一种使机器人能够通过自我实验和观察他人学习相结合来学习控制策略的方法是进化相互模仿的代理群体。许多作者已经研究了这种使用遗传算法的进化方法，如用于学习操作技能[74.113]、导航策略[74.114]，或者共享通用词汇来命名感知和动作[74.115]。

虽然大多数将模仿学习与强化学习相结合的工作都假设奖励是已知的，但逆强化学习（IRL）提供了一个框架，以自动确定奖励和最佳控制策略[74.116]。当使用人类演示来指导学习时，IRL共同解决了模仿什么和如何模仿问题。其他自动估计奖励或成本函数的方法也被提出，如参见最大边际规划技术[74.117]和约束条件的自动提取[74.118]。

所有IRL工作的基础是一致奖励函数的假设。当多个专家提供演示时，这假设所有专家优化相同的目标。这是限制性的，并没有利用人类解决同一任务的方式的可变性。最近的IRL工作考虑了多个专家，并确定了多个不同的奖励函数[74.119,120]，允许机器人学习多种（尽管不是最理想的）方法来执行相同的任务。希望这种策略的多样性将使控制器更有鲁棒性，当环境不再允许机器人以最优方式执行任务时，提供替代方法来完成任务。

LfD的绝大多数工作都依赖于人类对所需任务的成功演示。因此，它假设所有的演示都是好的演示，并丢弃那些不足以代表好的演示的演示。最近的工作还研究了演示可能是执行任务失败的可能性[74.121,122]，然后从观察不正确的演示（ VIDEO 476 和（ VIDEO 477 ）开始学习。请注意，演示永远不会完全错误。从失败的演示中学习，然后尝试发现演示的哪些部分是正确的，哪些部分是错误的，以便仅改进不正确的部分。在这种情况下，LfD解决了模仿什么和不模仿什么的问题，它为结合模仿学习和强化学习的方法提供了一种有趣的替代方案，因为不需要明确确定奖励。

74.4.5　向人类学习，一种人-机器人交互的形式

LfD采用的另一个使技能转移更有效的观点是专注于转移过程的交互方面。由于这个转移问题很复杂，并且涉及社会机制的组合，因此探索了人-机器人交互（HRI）的一些见解，以有效利用人类用户的教学能力，参考文献[74.123-125]对其进行了研究。接下来，我们简要介绍其中的一些研究成果。

开发用于检测教师在培训过程中隐式或显式给出的社交线索的算法，并将其整合为LfD其他通用机制的一部分，已成为LfD大量工作的重点。这种社交线索可以被视为在统计学习系统中引入先验知识的一种方式，并通过这种方式加速学习。实际上，一些线索不仅可以通过多次演示任务，还可以通过突出显示技能的重要组成部分来转移技能。这可以通过各种方式并使用不同的方式来实现。

大量工作探索了使用指向和凝视（图74.9左图和 VIDEO 106 ）作为传达用户意图的一种方式[74.79,126-132]。使用标准语音识别引擎的语音指示也得到了广泛的探索[74.79,133]。在参考文献[74.88]中，用户通过口头评论来强调被认为是最重要的教学步骤。在参考文献[74.134,135]中，仅考察语音模式的韵律，而不是语音的确切内容，以此来推断有关用户交流意图的一些信息。

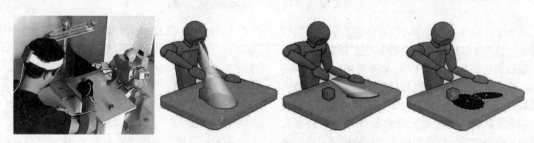

图74.9　使用社交线索加速模仿学习过程

注：在这里，凝视和指向信息用于概率性地选择与操作技能相关的对象（ VIDEO 106 ）。

在参考文献[74.136]中，这些社交线索是通过模仿游戏学习的，用户借此模仿机器人。这允许机器人为这些社交指针构建一个特定于用户的模型，因此对检测这些指针更加鲁棒。

交互式LfD的最新研究试图在双向教学过程中为教师提供更积极的作用[74.15,137,138]。机器人成为更活跃的合作伙伴，可以指出演示的哪一部分不清楚；教师可以反过来通过在机器人表现不佳的地方

提供补充信息，以完善机器人的知识。该补充信息可能包括完整任务[74.139]的附加演示，或者可能仅限于任务[74.140,141]的子部分。信息可以通过特定任务的特征来传达，如路径点列表[74.142]，然后机器人可以自由地使用这些关键点插入轨迹。

这种增量学习法的设计需要机器学习技术能够以稳健的方式整合新数据。它还为其他人-机器人交互系统的设计打开了大门，包括语音的使用，这会导致人与机器人之间进行有意义的对话。图 74.10 的右侧给出了这种双向教学的示例。机器人在教学期间或之后寻求帮助，验证其对任务的理解是否正确[74.14]。这种教学交互是经过精心设计的，旨在使用户成为学习过程中的积极参与者（而不仅仅是专家行为的模型）。

图 74.10 活动教学场景

注：机器人在教学期间或之后寻求帮助，验证其对任务的理解是否正确。（见参考文献 [74.14] 和 ⏵ VIDEO 107 ）

通过从人类辅导范式中汲取灵感，参考文献 [74.15] 表明，社会引导的方法可以通过考虑人类的善意，改善人-机器人交互和机器学习过程。这项工作突出了教师在将技能组织成可管理的步骤和保持学习者理解的准确心理模型方面的作用。参考文献 [74.138] 使用类似的教学范式，并将概念扩展到学习连续运动轨迹和对物体的动作，并提出了一个实验，其中仿人机器人通过首先观察人类演示者（通过运动传感器）来学习新的操作技能，然后在教师的支持下逐渐提高其技能。在这个应用程序中，用户通过驱动部分电动机，为机器人提供支架以再现技能。通过用户的监督在每次复制尝试后逐步拆除支架，机器人最终可以自己复制技能。参考文献 [74.143] 强调了教师积极参与的重要性，这不仅可以展示专家行为模型，还可以通过语音反馈完善获得的动作。

参考文献 [74.90] 提供了通过屏幕界面遥操作轮式机器人以模拟成型过程的实验，即通过教师的支持让机器人在探索环境时体验感官信息。他们的模型使用基于记忆的方法，其中用户为任务的不同组成部分提供标签，以教授分层的高级行为。

最后，LfD 的 HRI 方法的核心思想是，模仿是目标导向的，即行动旨在实现特定目的，并传达参与者的意图[74.144]。虽然 LfD 的长期趋势是从轨迹跟踪[74.84,145,146]和关节运动复制[74.147-150]的角度来解决这个问题，但受上述基本原理启发，最近的工作从假设开始，即模仿不是只是观察和复制动作，而是理解给定动作的目标（参见上述自动确定奖励或模仿什么的方法调查）。

确定人类学习如何提取一组观察到的行为的目标，并为这些目标提供偏好等级的方式，是我们理解模仿的潜在决策过程的基础。虽然我们已经调查了该领域的最新工作，但重要的是要回顾解决这些问题的其他方法，这些方法以前采用概率方法来解释目标的推导和顺序应用，并将其应用于学习需要对目标子集排序的操作性任务[74.97,145,151,152]。

了解任务的目标仍然只是事情的一半，因为可能有多种方法可以实现任务的目标。此外，对于演示者来说可行（或最佳）的方法不一定适合模仿者[74.36]。因此，应结合使用不同的模型、模式和通信渠道，以找到从模仿者的角度来看最佳的解决方案，并实现演示者对机器人的期望。

我们的讨论到此结束。正如读者所见，模仿什么和如何模仿的问题是紧密相连的，在很大程度上还只是部分解决。

74.5 机器人演示学习的结论和开放性问题

演示学习（LfD）或演示编程（PbD）的研究进展迅速，不断突破限制并提出新问题。因此，任何限制和开放性问题的清单都必然是不完整和过时的，但一些长期存在的局限性和开放性问题需要进一步关注。

通常，LfD 中的工作首先假设机器人的控制策略采用固定的给定形式，并学习适当的参数。迄今为止，有几种不同形式的常用策略被普遍使用，并且没有明确的正确（或主导）技术。此外，一个系统可能具有多个可能的控制器表示形式，并选择最合适的表示形式。

强化学习和模仿学习相结合，可以有效地掌握需要调整机器人动力学的技能。同样地，更多的交互式学习技术已经被证明是成功的，通过在人类引导和机器人启发的学习之间切换，实现了学习策略的协同改进。然而，目前还没有协议可以确定何时在各种可用的学习模式之间切换是最好的。事实上，答案可能与任务有关。

在迄今为止的工作中，教学通常由一名教师或对教学任务有明确概念的教师完成。需要做更多的工作以解决与不同风格教师之间相互冲突演示相关

的问题。同样，教师通常是人，但也可以是任意的专家代理，该代理可以是知识更丰富的机器人或计算机模拟。最后，另一个相对较少探索的问题涉及如何在包括多个机器人在内的多个代理之间转移技能的问题（即教学是从教师机器人到各种学习机器人）。这个方向的早期工作是在 20 世纪 90 年代完成的[74, 115, 153, 154]，但到目前为止，这项工作已被简化为在成群简单的移动机器人之间转移导航或通信技能。

LfD 中的实验主要集中在单个任务（或一组密切相关的任务）上，每个实验都从一个白板开始。随着复杂任务学习的进展，必须设计出大规模存储和重构先验知识的方法。学习阶段，可能与儿童发展阶段相似，需要有一种让机器人能够选择信息，减少冗余信息，选择特征，并有效地存储新数据的形式。

视频文献

74

VIDEO 29　Demonstrations and reproduction of the task of juicing an orange
available from http://handbookofrobotics.org/view-chapter/74/videodetails/29

VIDEO 97　Demonstrations and reproduction of moving a chessman
available from http://handbookofrobotics.org/view-chapter/74/videodetails/97

VIDEO 98　Full-body motion transfer under kinematic/dynamic disparity
available from http://handbookofrobotics.org/view-chapter/74/videodetails/98

VIDEO 99　Demonstration by visual tracking of gestures
available from http://handbookofrobotics.org/view-chapter/74/videodetails/99

VIDEO 100　Demonstration by kinesthetic teaching
available from http://handbookofrobotics.org/view-chapter/74/videodetails/100

VIDEO 101　Demonstration by teleoperation of humanoid HRP-2
available from http://handbookofrobotics.org/view-chapter/74/videodetails/101

VIDEO 102　Probabilistic encoding of motion in a subspace of reduced dimensionality
available from http://handbookofrobotics.org/view-chapter/74/videodetails/102

VIDEO 103　Reproduction of dishwasher unloading task based on task precedence graph
available from http://handbookofrobotics.org/view-chapter/74/videodetails/103

VIDEO 104　Incremental learning of finger manipulation with tactile capability
available from http://handbookofrobotics.org/view-chapter/74/videodetails/104

VIDEO 105　Policy refinement after demonstration
available from http://handbookofrobotics.org/view-chapter/74/videodetails/105

VIDEO 106　Exploitation of social cues to speed up learning
available from http://handbookofrobotics.org/view-chapter/74/videodetails/106

VIDEO 107　Active teaching
available from http://handbookofrobotics.org/view-chapter/74/videodetails/107

VIDEO 476　Learning from failure I
available from http://handbookofrobotics.org/view-chapter/74/videodetails/476

VIDEO 477　Learning from failure II
available from http://handbookofrobotics.org/view-chapter/74/videodetails/477

VIDEO 478　Learning compliant motion from human demonstration
available from http://handbookofrobotics.org/view-chapter/74/videodetails/478

VIDEO 479　Learning compliant motion from human demonstration II
available from http://handbookofrobotics.org/view-chapter/74/videodetails/479

参考文献

74.1　T. Lozano-Perez: Robot programming, Proceedings IEEE **71**(7), 821–841 (1983)

74.2　B. Dufay, J.-C. Latombe: An approach to automatic robot programming based on inductive learning, Int. J. Robotics Res. **3**(4), 3–20 (1984)

74.3　A. Levas, M. Selfridge: A user-friendly high-level robot teaching system, IEEE Int. Conf. Robotics, Altanta (1984) pp. 413–416

74.4　A.B. Segre, G. DeJong: Explanation-based manipulator learning: Acquisition of planning ability through observation, IEEE Conf. Robotics Autom. St. Louis (1985) pp. 555–560

74.5　A.M. Segre: *Machine Learning of Robot Assembly Plans* (Kluwer, Boston 1988)

74.6　S. Muench, J. Kreuziger, M. Kaiser, R. Dillmann: Robot programming by demonstration (RPD) - Using machine learning and user interaction methods for the development of easy and comfortable robot programming systems, Proc. Int. Symp. Indus. Robots (ISIR) (1994) pp. 685–693

74.7　A. Billard: Imitation: A review. In: *The Handbook of Brain Theory and Neural Network*, 2nd edn., ed. by M.A. Arbib (MIT Press, Cambridge 2002) pp. 566–569

74.8　E. Oztop, M. Kawato, M.A. Arbib: Mirror neurons and imitation: A computationally guided review, Neural Netw. **19**(3), 254–271 (2006)

74.9　J. Demiris, G. Hayes: Imitation as a dual-route process featuring predictive and learning components: A biologically-plausible computational model. In: *Imitation in Animals and Artifacs*, ed. by C. Nehaniv, K. Dautenhahn (MIT Press, Cambridge 2002)

74.10　J. Nadel, A. Revel, P. Andry, P. Gaussier: Toward communication: First imitations in infants, low-functioning children with autism and robots, Interact. Stud. **5**(1), 45–74 (2004)

74.11　F. Kaplan, P.-Y. Oudeyer: The progress-drive hypothesis: An interpretation of early imitation. In: *Models and Mechanisms of Imitation and Social Learning: Behavioural, Social and Communication Dimensions*, ed. by K. Dautenhahn, C. Nehaniv (Cambridge Univ. Press, Cambridge 2007) pp. 361–377

74.12　B.D. Argall, M. Veloso, B. Browning: Teacher feedback to scaffold and refine demonstrated motion primitives on a mobile robot, Robotics Auton. Syst. **59**(3/4), 243–255 (2011)

74.13　B. Robins, K. Dautenhahn, C.L. Nehaniv, N.A. Mirza, D. Francois, L. Olsson: Sustaining interaction dynamics and engagement in dyadic child-robot interaction kinesics: Lessons learnt from an exploratory study, IEEE Int. Workshop Robot Human Int. Commun. (ROMAN) (2005) pp. 716–722

74.14　M. Cakmak, A.L. Thomaz: Designing robot learners that ask good questions, IEEE-ACML Int. Conf. Human-Robot Int. (HRI) (2012)

74.15　C. Breazeal, A. Brooks, J. Gray, G. Hoffman, C. Kidd, H. Lee, J. Lieberman, A. Lockerd, D. Chilongo: Tutelage and collaboration for humanoid robots, Human. Robots **1**(2), 315–348 (2004)

74.16　Y. Kuniyoshi, M. Inaba, H. Inoue: Teaching by showing: Generating robot programs by visual observation of human performance, Proc. Int. Symp. Ind. Robots, Tokyo (1989) pp. 119–126

74.17　Y. Kuniyoshi, M. Inaba, H. Inoue: Learning by watching: Extracting reusable task knowledge from visual observation of human performance, IEEE Trans. Robotics Autom. **10**(6), 799–822 (1994)

74.18　M. Ehrenmann, O. Rogalla, R. Zöllner, R. Dillmann: Teaching service robots complex tasks: Programming by demonstation for workshop and household environments, Proc. IEEE Int. Conf. Field Serv. Robotics (FRS) (2001)

74.19　C.P. Tung, A.C. Kak: Automatic learning of assembly task using a dataglove system, IEEE/RSJ Int. Conf. Intell. Robots Syst., Pittsburgh (1995) pp. 1–8

74.20　K. Ikeuchi, T. Suchiro: Towards an assembly plan from observation, Part I: Assembly task recognition using face-contact relations (polyhedral objects), Proc. IEEE Int. Conf. Robot. Autom. (ICRA), Vol. 3 (1992) pp. 2171–2177

74.21　S. Calinon, F. Guenter, A. Billard: On learning, representing and generalizing a task in a humanoid robot, IEEE Trans. Syst. Man Cybern. B **37**(2), 286–298 (2007)

74.22　M. Ito, K. Noda, Y. Hoshino, J. Tani: Dynamic and interactive generation of object handling behaviors by a small humanoid robot using a dynamic neural network model, Neural Netw. **19**(3), 323–337 (2006)

74.23　T. Inamura, N. Kojo, M. Inaba: Situation recognition and behavior induction based on geometric symbol representation of multimodal sensorimotor patterns, IEEE/RSJ Int. Conf. Intell. Robots Syst. (IROS) (2006) pp. 5147–5152

74.24　S. Liu, H. Asada: Teaching and learning of deburring robots using neural networks, Proc. IEEE Int. Conf. Robotics Autom. (ICRA) (1993) pp. 339–345

74.25　A. Billard: Learning motor skills by imitation: A biologically inspired robotic model, J. Cybern. Syst. **32**(1/2), 155–193 (2001)

74.26　M. Kaiser, R. Dillmann: Building elementary robot skills from human demonstration, Proc. IEEE Int. Conf. Robotics Autom. (ICRA), Vol. 3 (1996) pp. 2700–2705

74.27　R. Dillmann, M. Kaiser, A. Ude: Acquisition of elementary robot skills from human demonstration, Int. Symp. Intell. Robotics Syst. (SIRS) (1995) pp. 1–38

74.28　W. Yang: Hidden Markov model approach to skill learning and its application in telerobotics, Proc. IEEE Int. Conf. Robotics Autom. (ICRA) (1993) pp. 396–402

74.29　P.K. Pook, D.H. Ballard: Recognizing teleoperated manipulations, Proc. IEEE Int. Conf. Robotics Au-

74

tom., Atlanta (1993) pp. 578–585

74.30 G.E. Hovland, P. Sikka, B.J. McCarragher: Skill acquisition from human demonstration using a hidden Markov model, Proc. IEEE Int. Conf. Robotics Autom., Minneapolis (1996) pp. 2706–2711

74.31 S.K. Tso, K.P. Liu: Hidden Markov model for intelligent extraction of robot trajectory command from demonstrated trajectories, Proc. IEEE Int. Conf. Ind. Technol. (ICIT) (1996) pp. 294–298

74.32 C. Lee, Y. Xu: Online, interactive learning of gestures for human/robot interfaces, Proc. IEEE Int. Conf. Robotics Autom. (ICRA), Vol. 4 (1996) pp. 2982–2987

74.33 D. Kulic, W. Takano, Y. Nakamura: Incremental learning, clustering and hierarchy formation of whole body motion patterns using adaptive hidden Markov chains, Int. J. Robotics Res. **27**(7), 761–784 (2008)

74.34 D. Nguyen-Tuong, M. Seeger, J. Peters: Local Gaussian process regression for real time online model learning and control, Adv. Neural Inf. Process. Syst. **21**, 1193–1200 (2009)

74.35 S.M. Khansari Zadeh, A. Billard: Learning stable non-linear dynamical systems with Gaussian mixture models, IEEE Trans. Robotics **27**(5), 943–957 (2011)

74.36 C. Nehaniv, K. Dautenhahn: Of hummingbirds and helicopters: An algebraic framework for interdisciplinary studies of imitation and its applications. In: *Interdisciplinary Approaches to Robot Learning*, Vol. 24, ed. by J. Demiris, A. Birk (World Scientific, Singapore 2000) pp. 136–161

74.37 C.L. Nehaniv: Nine billion correspondence problems and some methods for solving them, Proc. Int. Symp. Imit. Anim. Artifacts (2003) pp. 93–95

74.38 P. Bakker, Y. Kuniyoshi: Robot see, robot do: An overview of robot imitation, AISB Workshop Learn. Robot. Anim., Brighton (1996)

74.39 M. Skubic, R.A. Volz: Acquiring robust, force-based assembly skills from human demonstration, IEEE Trans. Robotics Autom. **16**(6), 772–781 (2000)

74.40 M. Yeasin, S. Chaudhuri: Toward automatic robot programming: Learning human skill from visual data, IEEE Trans. Syst. Man Cybern. B **30**(1), 180–185 (2000)

74.41 J. Zhang, B. Rössler: Self-valuing learning and generalization with application in visually guided grasping of complex objects, Robotics Auton. Syst. **47**(2/3), 117–127 (2004)

74.42 M. Frank, M. Plaue, H. Rapp, U. Koethe, B. Jaehne, F.A. Hamprecht: Theoretical and experimental error analysis of continuous-wave time-of-flight range cameras, Opt. Eng. **48**(1), 013602 (2009)

74.43 M. Freese, S. Singh, F. Ozaki, N. Matsuhira: Virtual robot experimentation platform v-rep: A versatile 3d robot simulator, Proc. Int. Conf. Simul. Model. Progr. Auton. Robots (SIMPAR) (2010) pp. 51–62

74.44 S. Hak, N. Mansard, O. Ramos, L. Saab, O. Stasse: Capture, recognition and imitation of anthropomorphic motion, IEEE-RAS Int. Conf. Robotics Autom. (2012) pp. 3539–3540

74.45 G. Gioioso, G. Salvietti, M. Malvezzi, D. Prat-

74.46 tichizzo: An object-based approach to map human hand synergies onto robotic hands with dissimilar kinematics. In: *Robotics – Science and Systems VIII*, ed. by N. Roy, P. Newman, S. Srinivasa (MIT Press, Cambridge 2012) pp. 97–105

74.46 A. Shon, K. Grochow, A. Hertzmann, R. Rao: Learning shared latent structure for image synthesis and robotic imitation, Adv. Neural Inf. Process. Syst. (NIPS) **18**, 1233–1240 (2006)

74.47 A. Ude, C.G. Atkeson, M. Riley: Programming full-body movements for humanoid robots by observation, Robotics Auton. Syst. **47**, 93–108 (2004)

74.48 S. Kim, C. Kim, B. You, S. Oh: Stable whole-body motion generation for humanoid robots to imitate human motions, Proc. IEEE/RSJ Int. Conf. Intell. Robotics Syst. (IROS) (2009)

74.49 S. Nakaoka, A. Nakazawa, F. Kanehiro, K. Kaneko, M. Morisawa, H. Hirukawa, K. Ikeuchi: Learning from observation paradigm: Leg task models for enabling a biped humanoid robot to imitate human dances, Int. J. Robotics Res. **26**(8), 829–844 (2007)

74.50 E.L. Sauser, B.D. Argall, G. Metta, A.G. Billard: Iterative learning of grasp adaptation through human corrections, Robotics Auton. Syst. **60**(1), 55–71 (2012)

74.51 A. Coates, P. Abbeel, A.Y. Ng: Learning for control from multiple demonstrations, Proc. 25th Int. Conf. Mach. Learn. (2008)

74.52 D. Grollman, O.C. Jenkins: Incremental learning of subtasks from unsegmented demonstration, Int. Conf. Intell. Robots Syst. (2010)

74.53 L. Peternel, J. Babic: Humanoid robot posture-control learning in real-time based on human sensorimotor learning ability, IEEE Int. Conf. Robotics Autom. (ICRA) Karlsruhe (2013)

74.54 A. Ude: Robust estimation of human body kinematics from video, Proc. IEEE/RSJ Int. Conf. Intell. Robots Syst. (IROS) (1999) pp. 1489–1494

74.55 B. Akgun, M. Cakmak, K. Jiang, A.L. Thomaz: Keyframe-based learning from demonstration, Int. J. Soc. Robotics **4**, 343–355 (2012)

74.56 P. Evrard, E. Gribovskaya, S. Calinon, A. Billard, A. Kheddar: Teaching physical collaborative tasks: Object-lifting case study with a humanoid, Proc. IEEE-RAS Int. Conf. Humanoid Robots (Humanoids), Paris (2009) pp. 399–404

74.57 C. Chao, M. Cakmak, A.L. Thomaz: Designing interactions for robot active learners, IEEE Trans. Auton. Mental Dev. **2**(2), 108–118 (2010)

74.58 S. Calinon, A. Billard: PDA interface for humanoid robots, Proc. IEEE Int. Conf. Humanoid Robots (Humanoids) (2003)

74.59 A. Shon, K. Grochow, R. Rao: Robotic imitation from human motion capture using Gaussian processes, Proc. IEEE/RAS Int. Conf. Humanoid Robots (Humanoids) (2005)

74.60 Y. Wu, Y. Demiris: Towards one shot learning by imitation for humanoid robots, IEEE-RAS Int. Conf. Robotics Autom. (ICRA) (2010)

74.61 J. Nakanishi, J. Morimoto, G. Endo, G. Cheng, S. Schaal, M. Kawato: Learning from demonstration and adaptation of biped locomotion, Robotics Auton. Syst. **47**(2/3), 79–91

74.62 D. Lee, C. Ott: Incremental kinesthetic teaching of motion primitives using the motion refinement tube, Auton. Robot. **31**(2), 115–131 (2011)

74.63 A. Ude: Trajectory generation from noisy positions of object features for teaching robot paths, Robotics Auton. Syst. **11**(2), 113–127 (1993)

74.64 J. Yang, Y. Xu, C.S. Chen: Human action learning via hidden Markov model, IEEE Trans. Syst. Man Cybern. A **27**(1), 34–44 (1997)

74.65 K. Yamane, Y. Nakamura: Dynamics filter – concept and implementation of online motion generator for human figures, IEEE Trans. Robotics Autom. **19**(3), 421–432 (2003)

74.66 S. Vijayakumar, S. Schaal: Locally weighted projection regression: An O(n) algorithm for incremental real time learning in high dimensional spaces, Proc. Int. Conf. Mach. Learn. (ICML) (2000) pp. 288–293

74.67 S. Vijayakumar, A. D'souza, S. Schaal: Incremental online learning in high dimensions, Neural Comput. **17**(12), 2602–2634 (2005)

74.68 N. Kambhatla: Local Models and Gaussian Mixture Models for Statistical Data Processing, PhD Thesis (Oregon Graduate Institute of Science and Technology, Portland 1996)

74.69 K. Grochow, S.L. Martin, A. Hertzmann, Z. Popovic: Style-based inverse kinematics, Proc. ACM Int. Conf. Comput. Gr. Interact. Tech. (SIGGRAPH) (2004) pp. 522–531

74.70 K.F. MacDorman, R. Chalodhorn, M. Asada: Periodic nonlinear principal component neural networks for humanoid motion segmentation, generalization, and generation, Proc. Int. Conf. Pattern Recogn. (ICPR) (2004) pp. 537–540

74.71 M. Mühlig, M. Gienger, J.J. Steil, C. Goerick: Automatic selection of task spaces for imitation learning, IEEE/RSJ Int. Conf. Intell. Robot. Syst. (IROS) (2009) pp. 4996–5002

74.72 R. Jäkel, P. Meißner, S. Schmidt-Rohr, R. Dillmann: Distributed generalization of learned planning models in robot programming by demonstration, IEEE/RSJ Int. Conf. Intell. Robot. Syst. (2011)

74.73 A. Gams, M. Do, A. Ude, T. Asfour, R. Dillmann: Online periodic movement and force-profile learning for adaptation to new surfaces, Proc. IEEE-RAS Int. Conf. Human. Robot. (2010) pp. 560–565

74.74 P. Kormushev, S. Calinon, D. Caldwell: Imitation learning of positional and force skills demonstrated via kinesthetic teaching and haptic input, Adv. Robotics **25**(5), 581–603 (2011)

74.75 L. Rozo, S. Calinon, D.G. Caldwell, P. Jimenez, C. Torras: Learning collaborative impedance-based robot behaviors, Proc. AAAI Conf. Artif. Intell., Bellevue (2013) pp. 1422–1428

74.76 L. Peternel, T. Petric, E. Oztop, J. Babic: Teaching robots to cooperate with humans in dynamic manipulation tasks based on multi-modal human-in-the-loop approach, Auton. Robots **36**(1/2), 123–136 (2014)

74.77 C. Daniel, G. Neumann, J. Peters: Learning concurrent motor skills in versatile solution spaces, Proc. IEEE Int. Conf. Robotics Intell. Syst. (IROS'2012) (2012) pp. 3591–3597

74.78 O. Mangin, P.-Y. Oudeyer: Unsupervised learning of simultaneous motor primitives through imitation, IEEE Int. Conf. Dev. Learn. (2011)

74.79 R. Dillmann: Teaching and learning of robot tasks via observation of human performance, Robotics Auton. Syst. **47**(2/3), 109–116 (2004)

74.80 A. Skoglund, B. Iliev, B. Kadmiry, R. Palm: Programming by demonstration of pick-and-place tasks for industrial manipulators using task primitives, Int. Symp. Comput. Intell. Robotics Autom. (2007)

74.81 K. Muelling, J. Kober, O. Kroemer, J. Peters: Learning to select and generalize striking movements in robot table tennis, Int. J. Robotics Res. **32**(3), 280–298 (2013)

74.82 D. Kulic, C. Ott, C. Lee, J. Ishikawa, Y. Nakamura: Incremental learning of full body motion primitives and their sequencing through human motion observation, Int. J. Robotics Res. **31**(3), 330–345 (2012)

74.83 S. Niekum, G. Osentoski, A.G. Konidaris, A. Barto: Learning and generalization of complex tasks from unstructured demonstrations, IEEE Int. Conf. Intell. Robotics Syst. (2012) pp. 5239–5246

74.84 P. Gaussier, S. Moga, J.P. Banquet, M. Quoy: From perception-action loop to imitation processes: A bottom-up approach of learning by imitation, Appl. Artif. Intell. **7**(1), 701–729 (1998)

74.85 M.N. Nicolescu, M.J. Mataric: Natural methods for robot task learning: Instructive demonstrations, generalization and practice, Proc. Int. Jt. Conf. Auton. Agents Multiagent Syst. (AAMAS) (2003) pp. 241–248

74.86 J. Tani, M. Ito: Self-organization of behavioral primitives as multiple attractor dynamics: A robot experiment, IEEE Trans. Syst. Man Cybern. A **33**(4), 481–488 (2003)

74.87 H. Friedrich, S. Muench, R. Dillmann, S. Bocionek, M. Sassin: Robot programming by demonstration (RPD): Supporting the induction by human interaction, Mach. Learn. **23**(2), 163–189 (1996)

74.88 M. Pardowitz, R. Zoellner, S. Knoop, R. Dillmann: Incremental learning of tasks from user demonstrations, past experiences and vocal comments, IEEE Trans. Syst. Man Cybern. B **37**(2), 322–332 (2007)

74.89 S. Ekvall, D. Kragic: Learning task models from multiple human demonstrations, Proc. IEEE Int. Symp. Robot Human Int. Commun. (RO-MAN) (2006) pp. 358–363

74.90 J. Saunders, C.L. Nehaniv, K. Dautenhahn: Teaching robots by moulding behavior and scaffolding the environment, Proc. ACM SIGCHI/SIGART Conf. Human-Robot Interaction (HRI) (2006) pp. 118–125

74.91 A. Alissandrakis, C.L. Nehaniv, K. Dautenhahn: Correspondence mapping induced state and action metrics for robotic imitation, IEEE Trans. Syst. Man Cybern. B **37**(2), 299–307 (2007)

74.92 J. Rainer, R. Sven, S. Schmidt-Rohr, W. Rühl, K. Alexander, X. Zhixing, R. Dillmann: Learning of planning models for dexterous manipulation based on human demonstrations, Int. J. Soc. Robotics **4**(4), 437–448 (2012)

74.93 S.R. Schmidt-Rohr, M. Lösch, R. Jäkel, R. Dillmann: Programming by demonstration of proba-

74

bilistic decision making on a multi-modal service robot, Proc. 2010 IEEE/RSJ Int. Conf. Intell. Robots Syst. (IROS) (2010)

74.94 C. Breazeal, M. Berlin, A. Brooks, J. Gray, A.L. Thomaz: Using perspective taking to learn from ambiguous demonstrations, Robotics Auton. Syst. **54**, 385–393 (2006)

74.95 Y. Sato, K. Bernardin, H. Kimura, K. Ikeuchi: Task analysis based on observing hands and objects by vision, IEEE/RSJ Int. Conf. Intell. Robots Syst. Lausanne (2002) pp. 1208–1213

74.96 R. Zoellner, M. Pardowitz, S. Knoop, R. Dillmann: Towards cognitive robots: Building hierarchical task representations of manipulations from human demonstration, Int. Conf. Robotics Autom. (ICRA) Barcelona (2005)

74.97 M. Pardowitz, R. Zöllner, R. Dillmann: Incremental learning of task sequences with information-theoretic metrics, Proc. Eur. Robotics Symp. (EUROS06) (2005)

74.98 M. Pardowitz, R. Zöllner, R. Dillmann: Learning sequential constraints of tasks from user demonstrations, Proc. IEEE-RAS Int. Conf. Humanoid Robots (HUMANOIDS05) (2005) pp. 424–429

74.99 S. Calinon, P. Kormushev, D.G. Caldwell: Compliant skills acquisition and multi-optima policy search with EM-based reinforcement learning, Robotics Auton. Syst. **61**(4), 369–379 (2013)

74.100 C.G. Atkeson, A.W. Moore, S. Schaal: Locally weighted learning for control, Artif. Intell. Rev. **11**(1–5), 75–113 (1997)

74.101 J. Peters, S. Vijayakumar, S. Schaal: Reinforcement learning for humanoid robotics, Proc. IEEE Int. Conf. Humanoid Robots (Humanoids) (2003)

74.102 T. Yoshikai, N. Otake, I. Mizuuchi, M. Inaba, H. Inoue: Development of an imitation behavior in humanoid kenta with reinforcement learning algorithm based on the attention during imitation, Proc. IEEE/RSJ Int. Conf. Intell. Robots Syst. (IROS) (2004) pp. 1192–1197

74.103 D.C. Bentivegna, C.G. Atkeson, G. Cheng: Learning tasks from observation and practice, Robotics Auton. Syst. **47**(2/3), 163–169 (2004)

74.104 P. Kormushev, S. Calinon, R. Saegusa, G. Metta: Learning the skill of archery by a humanoid robot iCub, Proc. IEEE Int. Conf. Human. Robots Nashville (2010)

74.105 P. Pastor, M. Kalakrishnan, S. Chitta, E. Theodorou, S. Schaal: Skill learning and task outcome prediction for manipulation, IEEE Int. Conf. Robotics Autom. (2011)

74.106 J. Kober, J. Peters: Policy search for motor primitives in robotics, Mach. Learn. **84**(1/2), 171–203 (2011)

74.107 P. Kormushev, S. Calinon, D.G. Caldwell: Robot motor skill coordination with EM-based reinforcement learning, Proc. IEEE/RSJ Int. Conf. Intell. Robots Syst. (IROS) Taipei (2010) pp. 3232–3237

74.108 N. Jetchev, M. Toussaint: Fast motion planning from experience: Trajectory prediction for speeding up movement generation, Auton. Robots **34**(1/2), 111–127 (2013)

74.109 F. Guenter, M. Hersch, S. Calinon, A. Billard: Reinforcement learning for imitating constrained reaching movements, RSJ Adv. Robotics **21**(13),

1521–1544 (2007)

74.110 B.D. Ziebart, A. Mass, A. Bagnell, A.K. Dey: Maximum entropy inverse reinforcement learning, Proc. AAAI Conf. Artif. Intell. (2008)

74.111 P. Abbeel, A. Coates, A. Ng: Autonomous helicopter aerobatics through apprenticeship learning, Int. J. Robotics Res. **29**(13), 1608–1639 (2010)

74.112 S. Ross, G. Gordon, J.A. Bagnell: A reduction of imitation learning and structured prediction to no-regret online learning, Proc. 14th Int. Conf. Artif. Intell. Stat. (AISTATS11) (2011)

74.113 Y.K. Hwang, K.J. Choi, D.S. Hong: Self-learning control of cooperative motion for a humanoid robot, Proc. IEEE Int. Conf. Robotics Autom. (ICRA) (2006) pp. 475–480

74.114 B. Jansen, T. Belpaeme: A computational model of intention reading in imitation, Robotics Auton. Syst. **54**(5), 394–402 (2006)

74.115 A. Billard, K. Dautenhahn: Grounding communication in autonomous robots: An experimental study, Robotics Auton. Syst. **24**(1/2), 71–81 (1998)

74.116 P. Abbeel, A. Ng: Apprenticeship learning via inverse reinforcement learning, Int. Conf. Mach. Learn. (2004)

74.117 N. Ratliff, A.J. Bagnell, M. Zinkevich: Maximum margin planning, Int. Conf. Mach. Learn. (2006)

74.118 A. Billard, S. Calinon, F. Guenter: Discriminative and adaptive imitation in uni-manual and bi-manual tasks, Robotics Auton. Syst. **54**, 370–384 (2006)

74.119 J. Choi, K. Kim: Nonparametric Bayesian inverse reinforcement learning for multiple reward functions, Adv. Neural Inf. Process. Syst. **25**, 305–313 (2012)

74.120 A.K. Tanwani, A. Billard: Transfer in inverse reinforcement learning for multiple strategies, IEEE/RSJ Int. Conf. Intell. Robots Syst. (2013)

74.121 D.H. Grollman, A. Billard: Donut as i do: Learning from failed demonstrations, IEEE Int. Conf. Robotics Autom. (2011)

74.122 A. Rai, G. de Chambrier, A. Billard: Learning from failed demonstrations in unreliable systems, IEEE-RAS Int. Conf. Humanoid Robots (2013)

74.123 M. Goodrich, A. Schultz: Human-robot interaction: A survey, Found. Trend. Human-Comput. Int. **1**(3), 203–275 (2007)

74.124 T. Fong, I. Nourbakhsh, K. Dautenhahn: A survey of socially interactive robots, Robotics Auton. Syst. **42**(3/4), 143–166 (2003)

74.125 C. Breazeal, B. Scassellati: Robots that imitate humans, Trends Cogn. Sci. **6**(11), 481–487 (2002)

74.126 B. Scassellati: Imitation and mechanisms of joint attention: A developmental structure for building social skills on a humanoid robot, Lect. Notes Comput. Sci. **1562**, 176–195 (1999)

74.127 H. Kozima, H. Yano: A robot that learns to communicate with human caregivers, Int. Workshop Epigenet. Robotics (2001)

74.128 H. Ishiguro, T. Ono, M. Imai, T. Kanda: Development of an interactive humanoid robot Robovie – An interdisciplinary approach, Springer Tracts Adv. Robotics **6**, 179–192 (2003)

74.129 K. Nickel, R. Stiefelhagen: Pointing gesture recognition based on 3d-tracking of face, hands and head orientation, Int. Conf. Multimodal Interfaces

(ICMI) (2003) pp. 140–146

74.130 M. Ito, J. Tani: Joint attention between a humanoid robot and users in imitation game, Int. Conf. Dev. Learn. (ICDL) (2004)

74.131 V.V. Hafner, F. Kaplan: Learning to interpret pointing gestures: Experiments with four-legged autonomous robots, Lect. Notes Comput. Sci. **3575**, 225–234 (2005)

74.132 C. Breazeal, D. Buchsbaum, J. Gray, D. Gatenby, B. Blumberg: Learning from and about others: Towards using imitation to bootstrap the social understanding of others by robots, Artif. Life **11**(1/2), 31–62 (2005)

74.133 P.F. Dominey, M. Alvarez, B. Gao, M. Jeambrun, A. Cheylus, A. Weitzenfeld, A. Martinez, A. Medrano: Robot command, interrogation and teaching via social interaction, Proc. IEEE-RAS Int. Conf. Humanoid Robots (Humanoids) (2005) pp. 475–480

74.134 A.L. Thomaz, M. Berlin, C. Breazeal: Robot science meets social science: An embodied computational model of social referencing, Workshop Toward Soc. Mech. Android Sci. (CogSci) (2005) pp. 7–17

74.135 C. Breazeal, L. Aryananda: Recognition of affective communicative intent in robot-directed speech, Auton. Robots **12**(1), 83–104 (2002)

74.136 S. Calinon, A. Billard: Teaching a humanoid robot to recognize and reproduce social cues, Proc. IEEE Int. Symp. Robot Human Int. Commun. (RO-MAN) (2006) pp. 346–351

74.137 Y. Yoshikawa, K. Shinozawa, H. Ishiguro, N. Hagita, T. Miyamoto: Responsive robot gaze to interaction partner, Proc. Robotics Sci. Syst. (RSS) Philadelphia (2006)

74.138 S. Calinon, A. Billard: What is the teacher's role in robot programming by demonstration? – Toward benchmarks for improved learning, Int. Stud. Spec. Issue Psychol, Benchmarks Human-Robot Int. **8**(3), 441–464 (2007)

74.139 S. Chernova, M. Veloso: Interactive policy learning through confidence-based autonomy, J. Artif. Intell. Res. **34**, 1–25 (2009)

74.140 B.D. Argall, E.L. Sauser: Tactile guidance for policy adaptation, Found. Trend. Robotics **1**(2), 79–133 (2010)

74.141 S. Calinon, A. Billard: Active teaching in robot programming by demonstration, Proc. IEEE Int. Symp. Robot Human Int. Commun. (RO-MAN), Jeju (2007) pp. 702–707

74.142 D. Silver, A. Bagnell, A. Stentz: Active learning from demonstration for robust autonomous navigation, IEEE Conf. Robot. Autom. ICRA'12 (2012)

74.143 M. Riley, A. Ude, C. Atkeson, G. Cheng: Coaching: An approach to efficiently and intuitively create humanoid robot behaviors, Proc. IEEE-RAS Int. Conf. Humanoid Robots (Humanoids) (2006) pp. 567–574

74.144 H. Bekkering, A. Wohlschlaeger, M. Gattis: Imitation of gestures in children is goal-directed, Q. J. Exp. Psychol. **53A**(1), 153–164 (2000)

74.145 M. Nicolescu, M.J. Mataric: Task learning through imitation and human-robot interaction. In: *Models and Mechanisms of Imitation and Social Learning in Robots, Humans and Animals*, (MIT Press, Cambridge 2006) pp. 407–424

74.146 J. Demiris, G. Hayes: Imitative learning mechanisms in robots and humans, 5th Eur. Workshop Learn. Robots, ed. by V. Klingspor (1996) pp. 9–16

74.147 J. Aleotti, S. Caselli: Robust trajectory learning and approximation for robot programming by demonstration, Robotics Auton. Syst. **54**(5), 409–413 (2006)

74.148 M. Ogino, H. Toichi, Y. Yoshikawa, M. Asada: Interaction rule learning with a human partner based on an imitation faculty with a simple visuo-motor mapping, Robotics Auton. Syst. **54**, 414–418 (2006)

74.149 A. Billard, M. Mataric: Learning human arm movements by imitation: Evaluation of a biologically-inspired connectionist architecture, Robotics Auton. Syst. **941**, 1–16 (2001)

74.150 A.J. Ijspeert, J. Nakanishi, S. Schaal: Movement imitation with nonlinear dynamical systems in humanoid robots, IEEE Int. Conf. Robotics Autom. (ICRA2002) (2002) pp. 1398–1403

74.151 R.H. Cuijpers, H.T. van Schie, M. Koppen, W. Erlhagen, H. Bekkering: Goals and means in action observation: A computational approach, Neural Netw. **19**(3), 311–322 (2006)

74.152 M.W. Hoffman, D.B. Grimes, A.P. Shon, R.P.N. Rao: A probabilistic model of gaze imitation and shared attention, Neural Netw. **19**(3), 299–310 (2006)

74.153 A. Billard: Drama, a connectionist architecture for on-line learning and control of autonomous robots: Experiments on learning of a synthetic proto-language with a doll robot, Ind. Robot **26**(1), 59–66 (1999)

74.154 P. Gaussier, S. Moga, J.P. Banquet, J. Nadel: Learning and communication via imitation: An autonomous robot perspective systems, IEEE Trans. Man Cybern. A **31**(5), 431–442 (2001)

74

第 75 章

仿生机器人

Fumiya Iida, Auke Jan Ijspeert

纵观机器人研究的历史，大自然一直为机器人工程师提供了无数的想法和灵感。例如，像昆虫一样的小型机器人通常在运动过程中利用反射行为来避开障碍物，而大型双足机器人则是为了控制复杂的类人腿上下楼梯而设计的。在概述仿生机器人的同时，本章还特别关注旨在利用机器人系统和技术来加深我们对生物系统的研究。与机器人学研究中大多数是为了试图开发机器人应用不同，这些仿生机器人的开发通常是为了测试生物学中未解决的假设。通过生物学家和机器人学家的密切合作，仿生机器人研究不仅有助于阐明自然界中具有挑战性的问题，而且有助于开发机器人应用的新技术。在本章中，我们首先简要介绍了这一研究领域的历史背景，然后概述了正在使用的研究方法。一些有代表性的案例研究将详细介绍机器人技术帮助识别生物假设的成功案例。最后，我们讨论了该领域的前景与挑战。

受生物启发的机器人（或简称仿生机器人）是一个非常广泛的研究领域，因为几乎所有的机器人系统都在某种程度上受到生物系统的启发。因此，仿生机器人与其他机器人之间并没有明确的区别，也没有公认的定义[75.1]。例如，行走、跳跃和奔跑的腿式机器人通常被认为是仿生机器人，因为许多生物系统依靠腿的运动来生存；另一方面，许多机器人研究人员在轮式平台上实现运动控制和导航的生物模型，也可以被视为仿生机器人[75.2]。

目　录

75.1　历史背景

仿生机器人研究的广泛性反映在不同科学界使用的各种同义词上。例如，仿生学（biomimetics）和仿生学（bionics）通常用于表示研究人员观察生物系统并为机器人应用提取设计原则的研究类型；术语生物机器人学（bio-robotics）和生物工程（bio-engineering）也可互换地用于仿生学（biomimetics）和仿生学（bionics），但它们通常指专门用于生物医学应用的工程解决方案。另一种方法通常被归类为人工生命、生物控制论或生物物理学，通过使用合成方法研究生物系统。在这里，生物系统通常被视为机械和化学实体，其特征是机械模型，通常与仿生机器人非常相似。在这些研究领域进行的研究的定义和类型往往是重叠的，许多研究项目提供的结果跨越不同的领域。

虽然本手册的其他章节也涵盖了其中一些研究领域，但仿生机器人最突出、更重要的用途之一在于机器人学研究对生物学的贡献。与其他机器人学研究不同的是，大量仿生机器人的开发是为了检验有关生物系统的假设，并确定生物系统的潜在机理，而这些机理很难用其他方式加以阐明。在本章中，我们特别关注仿生机器人的这一方面。

工程师们将生物系统复制成人工系统的愿望由来已久，包括几个世纪前著名的日本 Karakuri 娃娃和瑞士自动机器人（图 75.1）。同样，利用机器人系统来理解生物系统的科学研究也有相当长的历史，甚至可以追溯到现代机器人出现之前。早期最具影响力的例子之一是控制论领域的著作，其中许多系统理论，如反馈和前馈的概念被用于理解生物系统中的现象[75.3,4]。

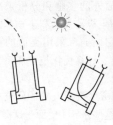

a)　　　　b)　　　　c)　　　　d)　　　　e)

图 75.1　历史上仿生机器人示例

a）日本 Karakuri 娃娃　b）瑞士自动机器人　c）Grey Water 乌龟机器人[75.5]
d）Braitenberg 汽车[75.6]　e）清洁机器人 Roomba 作为基于行为的机器人应用的示例

20 世纪中叶，神经科学的兴起对仿生机器人的研究产生了重大影响。20 世纪 50 年代，神经生理学家 Grey Walter 制造了第一个仿生机器人"乌龟"。这项工作主要是由生物学问题驱动的，如一个简单的神经元连接如何导致丰富的感知-运动行为，一个由模拟电子器件、传感器和电动机组成的类似乌龟的机器人演示了反射行为和自主机器人的基本运动学习[75.5]。另一位生理学家 Valentino Braitenberg 也通过构建方法探索了理解的力量，这促成了著名的"Braitenberg Vehicles"思想实验，即一系列虚构的移动机器人，它们仍然经常被用来教授神经连接和感知-运动行为之间的关系[75.6]。

数字计算机的发明也是仿生机器人的又一里程碑。John von Neumann 和 Alan Turing 等数字计算机的先驱通过他们在自我复制和自我组织方面的开创性工作，对生物学研究产生了重大影响[75.7,8]，在 20 世纪 50 年代，人工智能领域的后续研究是基于对人类智能的理解，特别是从计算的观点出发[75.9]。

虽然数字计算机的力量曾一度主导仿生机器人，但随着基于行为的机器人学的出现，对类昆虫反射行为的研究在 20 世纪 80 年代再次流行起来。对这种方法的深入研究揭示了运动控制过程的大量平行性，并证明了传统的感知-思考-行为风格控制方法无法完全解释的行为[75.10,11]。这一系列研究的主要贡献之一在于，控制体系架构的多样性和灵活性对于现实系统中的自适应行为至关重要，而行为的复杂性不一定源于控制器的复杂性，而是源于物理系统与环境的相互作用[75.12]。

从那时起，关于物理系统与环境之间相互作用的研究在体现认知科学和人工智能的跨学科团体中非常流行，机器人学家、生物学家、计算机科学家和物理学家们致力于深入研究生物系统中潜在的适应性机理。在这里，生物体作为一个物理实体，不仅被认为是智能适应性行为的必要容器，而且在诱导适应性智能行为中的模式和结构的自组织方面起着核心作用[75.13-15]。在这种情况下，机器人学的方法和技术被用来研究那些不容易在动物身上测试的关于化身角色的假设。

75.2　研究方法

为了对机器人学和生物学做出贡献，仿生机器人研究通常遵循一系列独特的研究过程，这些过程在机器人学的其他领域不一定是常见的。本节首先解释机器人学和生物学研究的异同，然后介绍一套仿生机器人领域经常使用的重要的概念、方法和研究工具。

75.2.1　机器人学与生物学的异同

机器人学和生物学研究的目的都是获得对复杂系统的自主和自适应行为的基本理解，因此这些领域的科学方法通常是非常相似的。例如，生物学家通常首先在动物身上发现一个有趣的问题，这可以与机器人学家建立他们感兴趣的机器人原型作为研究的第一步相媲美；其次，要仔细观察动物，以便能够高效、有效地分析其潜在机理，机器人学家在他们的机器人身上也遵循这一步骤；最后，生物学家和机器人学家都开发了假设模型，以解释他们感兴趣的机理，并通过额外的实验和分析来测试它们。在某种意义上，仿生机器人学和生物学的建模过程也很相似，因为它们通常采用类似的科学方法，如动力学建模工具、计算优化技术和系统工程的其他分析方法。

然而，在生物学和仿生机器人学的研究中存在着一些根本性的差异，这些差异主要源于这样一个事实，即生物系统是由自然界中相当不同的设计原则构成的。虽然很难涵盖所有的差异，但生物系统的以下几个方面与当今的机器人系统存在一些显著的差异。

1. 非结构化和不确定环境下的多功能系统

与大多数设计用于在明确定义的环境中执行一种任务的机器人系统相比，所有的生物系统本质上都是多功能系统，它们被设计用于在未定义和不确定的环境中执行多个任务。例如，动物需要处理一些任务，如调节新陈代谢以自给自足、保护自己免受捕食者侵害、交配和繁殖。对于机器人学家来说，重要的是要知道：①对于这些任务中的某一项来说，动物可能不是最适合的，但它们被设计成可以完成所有这些任务；②它们以一种从任何意义上来说都不是最优的方式来执行这些任务，但足以生存和繁殖。因此，盲目地将动物的部分设计和机理复制到机器人系统中通常不是一个好主意，因为如果系统必须在一个明确定义的环境中完成一项任务，可能会有另一种最佳解决方案。然而，如果机器人研究人员对需要在非结构化和不确定环境中处理许多任务的系统感兴趣，他们就可以从生物系统中学习更多的原理和机理。

2. 大规模并行、模块化和冗余的结构

生物系统是由体内高度冗余的结构组成的[75.13]。例如，大多数多细胞生物有大量平行的肌纤维构成的一个肌肉群，骨骼关节通过多个肌肉群控制，数以百万计的神经细胞进行并行信号处理，无数的受体用来感知环境的变化。如果与我们今天的机器人系统相比，生物系统有大量这样的感知、驱动和计算单元，在仿生机器人研究中必须仔细考虑这些单元。此外，在生物系统中，自主性和适应性所需的过程通常是高度分散的。例如，对动物手

臂和腿的控制，涉及肌肉骨骼结构的机械相互作用、脊髓中的反射性感知-运动路径，以及在神经系统的高级中枢中更复杂的运动控制和规划，这些都是并行运行的。生物系统的冗余结构也提供了动物与当今机器人之间的重要差异：大部分的子系统在生物体本身具有很大的自主性和自适应性，皮肤和骨骼中的单个细胞，以及受体和肌肉都有自己的调节机理，如新陈代谢和生长发芽。

3. 整个生物体的自组织与动态变化

动物与今天的机器人之间的另一个重要区别是，动物背后没有人类设计师，一个有机体的所有组件都必须自己设计、组装和修复。因此，每一种动物都必须从小开始，并随着时间的推移逐渐长大；它们身体的每个部分都在不断变化；感知-运动控制必须不断更新，以应对身体的变化。对于机器人研究人员来说，考虑生物系统中这些动态过程有不同的时间尺度是特别重要的[75.16]（图75.2）。有些不同的时间尺度可以用进化过程中身体的不断变化来表示，通过个体发育的时间尺度来表示身体大小和肌肉力量的变化，以及此时此刻时间尺度下感知-运动环的更新。

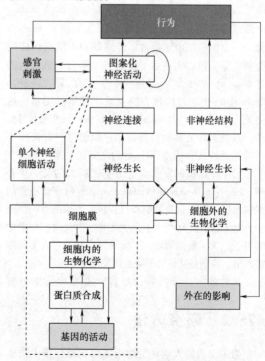

图75.2　影响生物系统行为的元素及其相互作用
注：该模型包括神经和非神经元素，如激素（构成细胞外生物化学的一部分）、骨骼、肌肉、传感器及其个体发生过程[75.16]。

75.2.2 生物系统的建模

建模在生物学中起着至关重要的作用。生物模型是知识的体现，它不仅用于研究人员之间的科学发现交流，而且通过标注已知和未知来结构化研究领域。为了使研究活动有效且有效率，有许多不同的方法来模拟生物系统，如描述性/说明性解释、数学、物理学或化学表征。从这个角度来看，仿生机器人学的研究人员一直在探索机器人平台是否可以作为开发生物系统模型的科学工具，从而找到另一种解释生物假设的方法（图 75.3）。机器人很有用，是因为与模拟的机器人相比，它们是物理实体。首先，通过构建可以在物理系统中实现的模型，该过程就确保了所讨论的模型是否具有物理意义。相比之下，计算模拟模型总是涉及许多近似和简化，这可能会影响模型的真实性（例如，正确建立游动鱼类的流体动力学模型是非常困难的，而制造仿鱼类机器人很简单）。其次，制造机器人直接促进了非传统技术组件的发展。

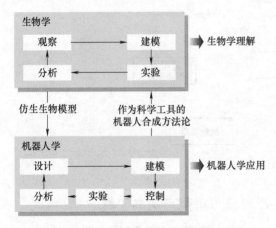

图 75.3 仿生机器人学概览

注：生物学和机器人学都遵循相似的研究方法，通过模型和工具相互作用，同时它们为不同的目标做出贡献，即理解生物系统或开发机器人应用。

尽管如此，将机器人作为生物学的科学工具仍然具有挑战性，因为如前一节所述，动物和机器人之间存在相当大的差异。把生物系统表面副本复制到机器人上并不是一个好主意，因为机器人通常是基于一套完全不同的机理来工作的，而且开发出来的机器人很可能无法解释生物学系统的基本机理。

相反，重要的是要仔细检查我们感兴趣的生物学假设，并通过构建机器人平台进行测试。举个极端的例子，如果有人对动物的导航机理感兴趣，那么最好从轮式机器人平台入手，而不是腿式机器人或飞行机器人平台，因为后者会在检验给定假设的研究中引入不必要的复杂性。

然而，在仿生机器人的研究中找到好的生物学假设并不是一个简单的问题。生物系统通常是非常复杂的，并且假设不能从一个问题到另一个问题清楚地分开。例如，动物的行为是短期和长期神经活动、肌肉骨骼动力学、遗传和社会相互作用的结果，其机理在不同的个体或物种中也可能存在显著差异。

为了应对这种复杂性，Full 和 Koditchek 提出了一种富有洞察力的方法[75.17]。如图 75.4 所示，他们提出了一个两级建模过程，这将大大有助于仿生机器人的研究：在第一级，模型应尽可能简化，以便可以在许多物种或大规模范围内进行推广，而不受复杂动物结构细节的过多干扰。这些模型称为模板。一个很好的例子是所谓的弹簧-质量模型，它描述了许多不同类型的腿部动物的跑步行为，尽管它是一个非常简单的模型，仅由一个质点和一个线性弹簧组成。这种方法使研究人员能够研究自然界的基本原理，尽管模型简单，但即使不考虑物种间详细的解剖差异，也能解释多种动物的行为特征。在建模过程的第二级，模板应该通过更多的细节来增强，这些细节被称为锚点。对锚点的研究通常用于解决更具体的问题，如通过增加肌肉或肢体的冗余或实施更复杂的神经肌肉回路。通过模板-锚点研究方法，可以有效地构建研究领域，特别是对于仿生机器人学研究，简化模型可以帮助机器人工程师在概念层面上复制生物系统的行为。

与简单性无关，考虑模型的目的也很重要，这也会影响如何构建仿生机器人项目。毕竟，尽管没有一个正确的模型，但对于所研究的目标和假设而言，有好的或坏的模型。例如，Webb 指出，我们可以用七个主要标准来评估仿生机器人模型（图 75.5[75.18]）。

1）与生物学的相关性：由于并非所有的机器人学研究都有助于生物学研究，因此澄清目标机器人系统和模型的相关性是很重要的。

2）级别：模型的基本单位是什么，模型试图代表生物系统的哪个层次？

3）通用性：可以开发一个模型来阐明特定系统的机理，或者开发一个可应用于许多其他系统的更普遍的机理。因此，通用性标准考虑模型打算表示多少个系统？

4）抽象：这一标准涉及模型中所包含的机理数量和复杂性。

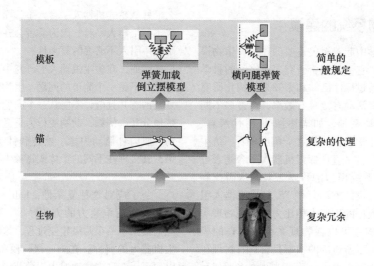

图 75.4 以腿式运动模型为例的建模层次结构

注：动物可以被抽象成更精细、更有代表性的模型（锚点）和/或更简单、更一般的模型[75.17]。

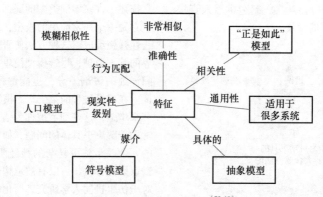

图 75.5 模型描述维度[75.18]

5）结构准确性：有许多表示系统的方法，但问题是该模型在多大程度上解释了目标系统的内部机理。在极端情况下，一个模型可以在输入/输出关系的级别上表现相同，但这并不一定意味着内部机理是相同的。

6）行为匹配：模型在多大程度上表现得像目标动物？

7）模型的媒介：模型是由什么构建的？模型可以是机械的、电气的、液压的等，也可以是图像的、模拟的、符号的。正确识别这些问题和机器人的用途是很重要的。事实上，仿生机器人存在一个风险，即一个项目对生物学没有用处（即它不能恰当地解决一个科学问题），也对机器人学没有用（即它不会比一个更传统的机器人表现得更好）。

75.2.3 研究方法与工具

正如人们可能已经注意到的那样，机器人技术在仿生机器人的背景下被用于许多不同的目的。机器人经常被用来探索新的研究领域和问题；为了检验生物学假设，人们建立了许多平台并进行了检验；其他一些平台是根据生物学研究中确定的原则专门为应用发现而开发的；最近，机器人技术与生物系统相结合或整合，以理解或增强动物的能力。

尽管机器人技术对生物学研究做出了许多成功的贡献，但对于给定的特定假设或问题，确定哪些是好的方法和工具往往并不容易。特别是，一个最关键的问题可能是，是否有必要建立一个实体机器人平台，或者它足以在模拟中研究伪机器人。建造实体机器人通常非常昂贵，需要大量额外的知识和技能，因此过去有许多只在模拟中进行仿生机器人研究的案例研究[75.19,20]。这种类型的研究通常利用物理模型或物理逼真的模拟环境，让我们探索相当复杂的人工生物。这种方法有助于探索一个在现实平台中无法优化的大参数空间。此外，在仿生机器人学研究中，使用虚拟生物对于研究技术上无法测试的概念和假设也极为重要，如具有质点、无摩擦关节、自我复制和机器人硬件进化的机器人，这些在我们今天的技术中是不可能实现的。

然而，在某些情况下，建造实体机器人是必须的。例如，在物理过程中，经常涉及一些难以从理论上建模的目标概念或假设，如摩擦、碰撞、热力学和流体/空气动力学。此外，对于包含大量物理元素（如关节和驱动器）的复杂机器人系统，人们越来越感兴趣，其模拟模型往往容易受到累积误差

的影响。机器人作为科学工具的另一个方面是探索自然界无法检验的假设。这种方法通常被称为综合法（一种通过构建来理解的方法[75.13]），这意味着，通过构建和使用人工系统，可以测试传统生物学方法无法测试的生物学原理。最具代表性的例子是我们在第 75.1.1 节中介绍的 Braitenberg 车辆，每种载体都由一组自然界中不存在的动物通过过于简单的神经连接而成，但这些动物可以解释生物系统中的重要原理。类似的方法也扩展到了生命研究[75.21,22]，通过模拟或机器人中创造生物现象，以及更广泛、更普遍地理解生命系统。这种方法在与进化生物学相关的研究中特别有效，在这些研究中，假设的验证通常非常具有挑战性[75.20,23]（另见《进化机器人》第一章）。

75.3 案例研究

本节介绍了过去几十年里在仿生机器人领域特别活跃的三个研究领域。在这里，我们强调机器人学研究有助于进一步理解生物系统的案例研究，并举例说明了我们在前面章节中介绍的概念和方法是如何应用于这些研究的。

75.3.1 仿生腿式运动

长时间以来，腿式运动一直是仿生机器人领域最热门的研究课题之一，因为它体现了生物系统和人工系统之间的显著差异。尽管对于生物系统来说，在复杂的环境中行走，腿式运动看似简单、有用、高效，但要理解其内在机理却出奇地困难，因此在机器人系统中实现起来极具挑战性。腿式运动的研究有一个相对较长的历史，可以追溯到 17 世纪的生物力学基础[75.24]，当现代机器人在 20 世纪 70 年代建立时，它变得特别流行[75.25,26]。许多机器人研究人员被腿式运动问题所吸引的一个主要原因是，它涵盖了我们在第 75.2.1 节中讨论过的生物系统和人工系统之间的许多差异。更具体地说，腿部系统必须在非结构化环境中执行许多不同的任务，如建立稳定的立足点、规避障碍、处理负载和速度的变化，以及改变步态模式等；腿部系统必须处理大量的并行过程，这需要协调许多关节和肌肉，以及局部反射、高层决策和规划；适应性对于腿部系统来说是至关重要的，因为它们需要在不同的环境中保持机动性，包括在生长过程中身体结构发生重大变化的情况下。虽然过去有无数的案例研

究，但本小节集中在生物腿式运动的四个关键挑战，即稳定性、步态、能量和驱动，因为它们已被公认为长期以来生物腿式运动的挑战性难题。更全面的机器人学研究可以在腿式运动部分找到。

1. 腿式运动的稳定性与步态

腿式运动研究中的主要挑战之一是揭示抗干扰的运动稳定机理[75.27]。生物系统通常利用各种机理，包括机械自我稳定[75.28,29]、脊髓反射[75.30,31]、中枢模式生成[75.32]或源自神经系统高级中枢的感知-运动控制[75.33]。由于动物稳定机理的复杂性，仿生机器人在系统地研究稳定性问题方面发挥了重要作用。

其中，两足行走是研究最深入的主题领域之一，它很好地说明了综合法如何能够构建一个复杂生物学问题的研究领域。这个研究领域的支柱是所谓的倒立摆步行模型，它最初用来研究生物力学，后来被用于仿生机器人的研究。该模型考虑了步行动力学最简单的物理表示，即在无质量连杆上附加一个质点，模拟在该连杆上质点跳跃时的步行动力学[75.24]。例如，这个模型可以通过所谓的无框车轮来实现，这是该模型最简单的机器人表示[75.34,43]（图 75.6a），然后是一个稍微复杂的构型，即罗盘步态模型[75.44]（图 75.6b），VIDEO 111 展示了一个罗盘步态双足机器人在崎岖地形上运动的实验。与行走过程中只考虑站立腿动力学的无框车轮模型不同，罗盘步态模型有三个质量块和一个被动髋关节，这使我们可以

研究除站立腿外的摆动腿动力学[75.45]。这一研究路线的一个重要意义在于，由于复杂动力学公式的简化，研究人员能够系统地调查复杂行为的不同方面，同时保持研究问题的总体结构。例如，通过整合膝关节和踝关节[75.37,43]（图75.6c）、形状变化的足段、质量分布的影响[75.46]、横向运动的影响，以及各种先进的运动控制架构，这些简单模型逐渐得到系统性的增强，以演示更复杂环境中的驱动运动[75.35,36,47,48]。

虽然步行动力学是一个非常有趣的挑战，但步行的基本运动稳定性不足以理解自然界中腿式运动，但在不同的步态，如跑步模式下也必须保持稳定性，因为大多数生物系统表现出丰富的步态多样性。基于这个原因，通过研究一个简单的模型，即所谓弹簧加载倒立摆模型（SLIP模型[75.28,49,50]），步行动力学也得到了深入的研究。该模型由质点和无质量线性弹簧组成，在此基础上提出了非线性弹簧步行模型、分段腿模型[75.51]、摆动腿动力学模型、上半身模型、横向平衡模型[75.52]、轮状结构模型等（图75.6h[75.42]）。SLIP模型也用于研究步行动力学以及步行与跑步之间的步态转换[75.40,53]（图75.6f）。🎥 VIDEO 110 显示了一个双足机器人（步行和跑步）的示例。值得注意的是，许多这些模型和机器人是为难以在生物系统中测试的假设而开发的。生物腿几乎不是线性弹簧，但它们由无数的主动和非线性组件组成。通过研究这些模型和机器人，我们能够了解一些基本原理，如腿部的类似弹簧的行为在多大程度上有助于步行和跑步运动的稳定性。此外，这种生物身体结构的抽象对于机器人学研究非常实用，因为可以根据基本原理设计和建造机器人，而不需要复制由有机部件组成的复杂解剖结构。

图75.6 仿生腿式机器人

a）无框车轮步行模型的物理实现[75.34] b）罗盘步态步行模型的物理实现[75.35,36]

c）基于无源性的双足步行机器人[75.37] d）被动动态滑行装置[75.38] e）节能跳跃机器人[75.39]

f）基于双关节弹簧的双足步行和跑步机器人[75.40] g）基于变刚度驱动器的双足机器人[75.41]

h）基于弹簧-质量动力学模型的六足机器人[75.42]

2. 能量效率与仿生驱动

在仿生腿式运动的研究中，另一个相当大的挑战是能量效率的原则。众所周知，生物系统的运动效率至少比当今大多数腿式机器人高一个数量级，但还不能完全理解为什么生物运动如此高效。腿式运动中能量问题的复杂性源于许多可能的能量耗散源，如关节和肌肉中的摩擦和阻尼损失、脚部着地时的机械冲击损失、代谢成本，以及身体部位加速和减速所需的能量。由于这种复杂性，仿生机器人研究通过构建和分析纯机械运动系统[75.38,43]、欠驱动运动控制[75.35,37]、使用被动弹簧和自激振动[75.39,54]、外骨骼设备[75.55]等方式对这一问题做出了重大贡献。所有这些案例研究都有助于全面理解生物运动中的能量效率[75.56]，其中一些假设已经在生物系统中进行了分析和测试。

除了全身动力学外，由于肌腱系统在动物的高效运动中起着重要作用，因此在驱动层面上也研究了高能效运动。受肌肉生物模型的启发，这一研究趋势从所谓的串联弹性驱动器开始，它是一种包含机械弹簧的驱动器单元，串联安装在电动机上[75.62]。机械弹簧在电动机中的应用说明了其独特的特性，如将动能存储为弹性能、减振以保护机械传动、基于力的反馈控制等，这些都有利于生物和人工腿系统。最近，许多研究人员试图增强具有可变刚度和阻尼能力的驱动机理[75.41,63]，这也有望为肌肉特性在有效腿式运动中的作用提供有价值的结论。

75.3.2 反射和中枢模式发生器

动物运动的敏捷性和适应性不仅源于前一节所述的机械动力学，而且还有高度复杂的控制系统来调节动物的运动。通常，动物控制系统分为四个组成部分，即肌肉骨骼系统、反射系统、中枢模式发生器（CPG）和高级控制中心的调节。仿生机器人学已经对这些部分进行了单独或组合研究，并产生了一些令人惊讶的增强机器人运动的演示（图 75.7）。

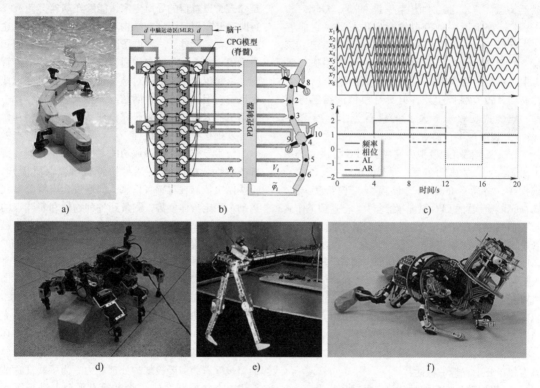

图 75.7　CPG 模型的机器人实现

a）由电动模块组成的蝾螈机器人　b）控制架构。每个模块都有一个伺服电动机，
通过模拟 CPG 模型进行控制　c）CPG 模型（上图）相对于控制信号的典型行为反应（下图）。
由于源自 CPG 模型的耦合动力学[75.57]，一个控制输入足以控制多个身体节段的平滑振荡
d）、e）使用 CPG 模型来适应环境变化的六足和双足机器人[75.58-60]　f）模仿人类婴儿发育
过程的肌肉骨骼仿人机器人[75.61]

历史上，这一研究领域曾被两种不同的方法研究过，即基于 CPG 的方法和基于反射的方法。前一种方法通常考虑神经回路的自发振荡，即 CPG，这些回路的输出触发运动循环。由于这些行为存在于脊椎动物的脊髓和无脊椎动物的神经节中[75.64]，这种方法在仿生机器人中非常流行。相比之下，基于反射的方法不包含内在振荡器，并以反射介导事件链的形式产生周期性行为。虽然概念不同，但大多数基于 CPG 的方法考虑的是神经过程中的反射，因此这两种方法经常重叠，基于反射的方法可以被视为基于 CPG 方法的子集。

在基于反射的方法中，一项开创性的工作是基于识别竹节虫走时的神经回路[75.65,66]。在这项研究中，我们发现，每条腿的一系列反射使用与腿部

姿势和地面接触相关的信息来生成运动。两腿之间的协调（即特定步态）是通过单个腿回路之间的直接神经耦合和机械耦合（如一条腿的运动影响其他腿的负载）来实现的，这就产生了一种分散控制机理，与在基于行为的机器人中所采用的机理在本质上类似。这种机理已经在模拟和真实的六足机器人上得到了验证[75.65,67]。

在人类行走中也研究了基于反射的方法，并开发了一系列神经力学模型，以证明肌肉特性和低水平反射的结合如何导致模拟两足动物的稳定性运动[75.68,69]。特别值得一提的是，Geyer 和 Herr[75.69]展示了一种模拟的两足步行器，它能够在矢状面行走，并在轻微的斜坡上保持稳定。该模型捕捉神经肌肉反馈的原理，并预测在腿部肌肉中观察到的肌肉激活模式。类似的基于反射的控制器（没有肌肉模型，但具有模拟的突触可塑性）已经成功移植到真正的机器人上，如 Runbot[75.60]和动态步行器[75.37]。

Taga 及其同事在模拟中完成了 CPG 方法的第一个例子[75.70,71]。他们开发了一系列两足动物运动的二维模型，将简单的肌肉骨骼模型与模拟为耦合 Matsuoka 振荡器的 CPG 系统相结合[75.72]。这项工作显示了 CPG 和肌肉骨骼模型之间的双向耦合如何导致两者之间的信息传输（即频率锁定状态），以及稳定的运动。从那以后，许多基于 CPG 的控制器已经在机器人上实现，用于控制不同类型的运动，如六足和八足机器人[75.73-75]（见 ⏩ VIDEO 112 Robot Roach）、泳动机器人[75.76-78]（见 ⏩ VIDEO 113 蝾螈机器人）、四足机器人[75.57,79,80]和双足机器人[75.81-85]。

如参考文献 [75.64] 所述，基于 CPG 的方法具有以下几个有趣的特性：

1) 对扰动具有鲁棒性的稳定极限环行为。
2) 适用于分布式实施。
3) 可以通过一些控制参数来调节步态。
4) 整合感觉反馈信号，以获得 CPG 和机械体之间（信息）的相互传输。
5) 适合学习和优化算法的基底。这些特性特别难以用动物来研究，因此仿生机器人学对揭示生物系统运动控制的本质做出了重大贡献。

75.3.3 仿生导航

生物系统在复杂的环境中使用各种各样的认知过程来导航：动物使用本体感受器和外部感受器来感知环境，所获得的感知信息被传递给中枢神经系统，并分布在许多层次上的大规模并行过程中；动物的对环境的感知与低水平的感知-运动过程相协调。除了这些机理，长期规划和学习过程也在不断运行，以实现更高级的任务，如目标导向的导航。为了解决这样一个复杂的动物导航问题，仿生机器人学还提供了一套有效的工具来应用综合法，其中一些将在本小节中进行简要论述。

1. 传感器形态与感知-运动协调

大量仿生机器人研究人员一直在研究相对简单的动物，如昆虫，因为它们的中枢神经系统比其他动物更容易处理。尽管昆虫的大脑很简单，但昆虫是令人难以置信的导航专家，能够在高速奔跑或飞行时避开障碍，识别非结构环境中的地标，并长途跋涉觅食。此外，一些群居昆虫甚至可以学会回到自己的巢穴，并与同事沟通，以进行高效的群落管理。尽管生物学家已经对这些迷人的动物研究了几个世纪，但仍然有一些问题还没有完全澄清，其中包括机器人平台被用来研究物理系统与环境相互作用并发挥核心作用的机理[75.86]。

仿生导航研究中最成功的案例之一是苍蝇和蜜蜂等飞行昆虫的感知-运动协调机理。众所周知，这些昆虫依靠视觉感官信息，即通过光流检测自我运动，稳定身体姿势，测量到各种物体和着陆点的距离，并跟踪旅行距离，虽然视觉信息处理通常被认为需要昂贵的计算，但许多计算资源非常有限的昆虫利用这种模式来实现行为功能。其基本机理是在动物的硬件设置中发现的，其中传感器形态（即受体如何分布）和低级感知信息处理被用于感知-运动过程的协调[75.87]。更具体地说，这些昆虫的光受体通常分布在几乎所有的方向，从而产生关于环境和自我运动的令人惊讶的信息量，并且低级神经回路被配置为需要极低的处理能力。为了验证这些假设，在之前开发的一些机器人平台上进行了测试，显示了这些机理的可行性，如光流检测附近物体[75.88]、视觉里程测量[75.89]、飞行高度[75.90]和飞行稳定性[75.91]。

技术进步对于进一步了解动物复杂的感知-运动过程至关重要。在研究开始时，许多研究人员基于固定在普通摄像机上特殊形状的镜子开发了全向视觉，而最近正在开发更先进的技术来灵活地调整光受体[75.92]。神经形态工程学也为探索生物神经系统的物理基础提供了一种额外的使能技术[75.93,94]。与传统的视觉传感器不同，神经形态硅视网膜能够以非常快的速度处理感知信息，并且由于事件驱动和异步处理架构，其计算要求较低，同时保持非常高的灵敏度（即受体在非常黑暗的环境和非常明亮的环境中都是敏感的[75.95]）。随着技术的进步，人们将能够从昆虫的角度再现更精确的环境景观，从而对仿生导航进行更全面的研究。

2. 目标导向导航

与反射性行为相比，目标导向行为要复杂得多，即使在生物学中也知之甚少。在自然界中，目标导向行为，如从一个遥远的位置导航到一个巢穴，需要学习路线和位置、短期和长期记忆、情景记忆，同时需要灵活地适应非结构化且经常动态变化的环境。其潜在机理与中枢神经系统中的许多不同部位有关，并且因物种的不同而不同，因此正在进行的研究基本上是基于生物学的重要发现，而不是发展一个统一的、通用的框架。

受生物启发的目标导向导航的一个代表性案例研究也与昆虫行为相关（图 75.8）：已知一些社会性昆虫，如沙漠蚂蚁 Cataglyphis，表现出所谓的视

觉归巢行为，即动物通过使用附近的视觉线索返回巢穴[75.96]。这些昆虫在寻找食物来源时通常随机行走，而它们会利用视觉线索直接返回巢穴。虽然这些行为的神经基础尚未确定，生物学家认为，一个抽象的模型，即所谓的平均地标向量法，可以相当准确地解释昆虫的行为。这里假设昆虫知道环境中的全局方向，每隔一段时间，它们就会感知作为矢量信息存储的觅食行为的方向。随着时间的推移，这些动物会把这些矢量加起来，以便在随机寻找食物来源的同时，跟踪到巢穴的方向。生物学家已经探索这些行为几十年了，积累的知识和假设模型已经在实体机器人平台上得以实现和测试。与大多数模拟实验不同，机器人的实现有助于在真实沙漠环境中检验假设[75.96]，或者在模拟电路中物理实现（见 📹 **VIDEO 242** 中的模拟机器人导航多媒体资料[75.97]）。

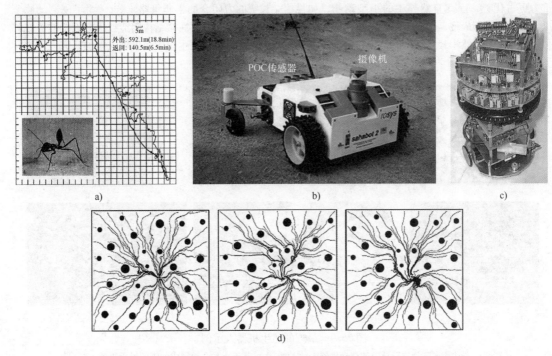

图 75.8　昆虫机器人的视觉归巢行为
a) 沙漠蚂蚁导航实验结果　b) 为研究沙漠蚂蚁导航机理而研制的移动机器人 Sahabot Ⅱ，
该机器人配备了一个全向摄像头和一个数字罗盘，可用于仿生地标导航[75.96]
c) 视觉归巢算法的完全模拟实现　d) 视觉归巢算法的模拟结果[75.97]

一个更具有挑战性的问题是识别更复杂的动物，特别是哺乳动物的目标导向行为机理。关于这个问题有大量的文献，包括认知科学和脑科学，但机器人平台在这个研究领域最突出的贡献之一是探索物理系统与环境交互过程中的神经力学。这项研

究最初是由生理学上的一项发现，如所谓的"定位细胞"推动的，即当动物处于环境的特定位置时，海马体中的一组神经元就会表现出独特的行为[75.98]。神经科学中的这一确凿证据已被广泛用于分析大脑在空间认知和导航环境中的功能，包括那

些研究计算神经科学和仿生机器人的研究。从本质上讲，解释定位细胞的行为仍然是一个挑战，因为它们既涉及感知-运动活动，也涉及神经活动的时间变化（即感知-运动活动学习），因此综合非常有用。迄今为止，已有研究表明，海马体的计算模型已在一些移动机器人平台上实现，以复制导航任务中的定位细胞行为[75.99,100]，以及一些更复杂的目标导向行为和学习[75.101]。

75.4 仿生机器人研究的前景与挑战

到目前为止，我们只介绍了一些具有代表性的、正在进行的仿生机器人研究案例，但在该领域还有许多其他活跃的研究主题。虽然本手册的其他章节也涵盖了许多这些研究，但本节主要介绍机器人技术被用作生物学科学工具的相关主题。

75.4.1 仿生攀爬

当腿式系统被缩小到更小的尺度时，黏附力比重力更占优势，因此自然界中的小型动物，如昆虫、两栖动物和蜥蜴，倾向于攀爬运动，而不是在平地上行走。虽然攀爬运动中的控制在物理上不同于重力导向的腿式运动，但机器人平台也很有用，

因为运动过程中的动力学同样复杂。这一领域最具代表性的研究案例之一是受壁虎启发而在攀爬机器人中使用干黏合剂。许多研究课题集中在能够为一系列小型机器人产生黏附力的微发丝状结构的制造技术上[75.103,110]（图75.9b）。类似地，还提出了一些其他方法，以探索动物的不同攀爬策略，包括使用依赖于材料的黏附[75.111]、使用带有微脊柱结构的脚进行粗糙表面运动[75.112,113]，以及基于相对较长腿的力闭合的攀爬策略[75.114]。为了复制动物复杂的攀爬机理，在微结构制造技术方面仍然存在许多挑战，这需要生物学和机器人学的研究人员继续密切合作。

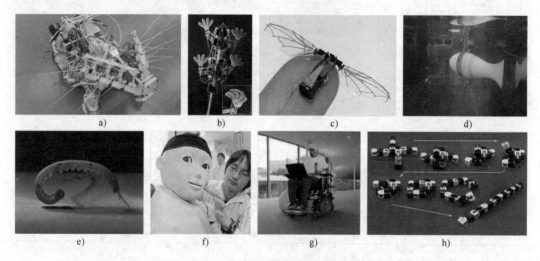

图75.9 最近的仿生机器人示例

a）使用主动晶须阵列进行导航的移动机器人[75.102] b）基于干黏合剂制成的脚的攀爬机器人[75.103]

c）采用微制造技术开发的扑翼飞行微型机器人[75.104] d）利用柔软连续体结构的鱼形泳动机器人[75.105]

e）具有软体结构滚动运动的蠕虫状机器人[75.106] f）具有柔软皮肤的仿人机器人，用于与人类伙伴互动[75.107]

g）由使用者的大脑信号控制的轮椅[75.108] h）能够自主改变自身身体结构的自重构机器人[75.109]

75.4.2 扑翼飞行与泳动机理

另一个复杂但流行的在动物界使用的动力学是流体/空气动力学，这是在典型的飞行和泳动系统中观察到的。流体/空气动力学也是难以建模和模

拟的动力学，因此机器人平台被广泛用于探索其潜在机理[75.115,116]。与在陆地上步行和跑步一样，机械动力学在飞行和游泳运动中也起着重要作用。为了了解流体中运动的特性，开发了许多欠驱动机器人[75.105,117]（图75.9d）。随着近年来微制造技术的

发展，机器人学家和生物学家也开始合作研究小型飞行机器人[75.104]（图75.9c）。

75.4.3　人工手、触觉与晶须

触觉感知被认为是生物系统中最重要的传感器形式之一，尽管对生物本质的全面了解还很遥远，因为动物利用复杂的感知-运动交互来实现触觉感知[75.118,119]。触觉感知可以定义为通过触摸感知机械环境，尽管在自然界中有许多不同的变化，包括通过手指和皮肤的触觉感知[75.119]、主动触感[75.102]（图75.9a），或者更具体的有针对性的感知，如滑移检测[75.120]。对触觉技术的探索也是这一研究领域的关键，因为生物触觉感知涉及大量的机械感受器，每个机械感受器的灵敏度范围都很大。目前，许多研究人员正在积极研究通过触觉装置和用于触觉感知的柔软可伸缩电子器件的技术解决方案[75.121,122]。

75.4.4　自重构和进化机器人

动物在自然界中的适应性很大程度上依赖于它们改变自身体型和结构的能力。例如，动物能够从小尺寸开始成长，然后逐渐长大、变得更复杂；当身体部位出现故障时，它们能够自我修复或再生；如果必要的话，肌肉和皮肤还能自我增强[75,123]。综合法也被用于研究生物系统的这些迷人能力，如使用模块化机器人[75.109,124,125]（图79.5h）、蛇形运动控制的冗余身体结构[75.126,127]，以及结构的自修复和自组装[75.128,129]。由于技术的

限制，许多研究者利用基于模拟的方法来探索个体发育和进化的过程，以揭示自然界中优化策略的本质特征[75.19,20,130]。

75.4.5　仿生软体机器人

与通常由刚性材料连接成离散件的传统机器人不同，动物的身体结构主要由柔软的、连续的和弹性的部分组成，包括肌肉、肌腱、皮肤、被光滑薄膜包围的器官[75.1]。最近，人们越来越关注在机器人系统中使用柔性变形材料，以增强柔顺运动[75.106,131]（ VIDEO 109 显示了柔性机器人运动的示例）、操纵[75.132,133]、形状自适应[75.134]和柔性人-机器人交互[75.63]的能力。尽管在机器人学和生物学研究中有需求，但在这一领域仍存在许多技术挑战，如柔性驱动和传感[75.135]、柔性变形结构模拟[75.136]和柔性连续体控制[75.137]。

75.4.6　神经假体学与社交互动

随着更多与生物系统兼容的技术组件的开发，将人工设备植入生物体的可能性也越来越大。虽然本研究领域的大多数案例研究都针对生物医学应用，如视觉/听觉假体、疼痛缓解和运动假体，但也有关于假体设备使用的深入调查，以进一步了解运动控制[75.108,138]和感知[75.139]的本质。在社交互动的研究中，机器人平台的使用也越来越受到关注，机器人被用来研究与人类[75.107]和其他动物[75.140]的交流。

75.5　结论

本章介绍了一类仿生机器人研究，旨在加深我们对生物系统的理解。通过典型的案例研究，我们解释了仿生机器人学的研究不仅有助于开发创新机器人，而且有助于通过构建理解的方法来探索生物学中未发现的挑战。然而，机器人学和生物学之间的成功合作需要考虑一系列重要的概念。

1) 必须考虑机器人和动物的相似性和差异性。
2) 建立生物系统模型有不同的目标和方法。
3) 使用机器人作为科学工具既有优点也有不足。
4) 生物学中的几个假设认为，仿生机器人学

对人类特别有益。

最后，我们还简要介绍了仿生机器人学的发展趋势和挑战。正如前面提到的，仿生机器人学的领域非常广泛，本章介绍的内容并不完整。例如，虽然本章只关注对生物学研究有贡献的研究，但有大量关于仿生机器人应用的文献在本章中大多被忽略，感兴趣的读者可参考本手册的其他章节，以及该领域的其他综述性文章。此外，文献中关于动物的不同种类或其他方面的报道有更多的案例研究，这些都在参考文献［75.15，18，64］中有所体现。

视频文献

VIDEO 109 Dynamic rolling locomotion of GoQBot
available from http://handbookofrobotics.org/view-chapter/75/videodetails/109

VIDEO 110 JenaWalker – Biped robot with biologically-inspired bi-articular springs
available from http://handbookofrobotics.org/view-chapter/75/videodetails/110

VIDEO 111 MIT Compass Gait Robot – Locomotion over rough terrain
available from http://handbookofrobotics.org/view-chapter/75/videodetails/111

VIDEO 112 RobotRoach with adaptive gait pattern variations
available from http://handbookofrobotics.org/view-chapter/75/videodetails/112

VIDEO 113 Salamandra Robotica II – Swimming to walking transition
available from http://handbookofrobotics.org/view-chapter/75/videodetails/113

VIDEO 242 Analog Robot
available from http://handbookofrobotics.org/view-chapter/75/videodetails/242

参考文献

75.1 R. Pfeifert, M. Lungarella, F. Iida: The challenges ahead for bio-inspired 'soft' robotics, Communications ACM **55**(11), 76–87 (2012)

75.2 G. Becky: *Autonomous Robots* (MIT Press, Cambridge 2001)

75.3 W.R. Ashby: *An Introduction to Cybernetics* (Chapman Hall, London 1956)

75.4 N. Wiener: *Cybernetics, or Communication and Control in the Animal and the Machine* (MIT Press, Cambridge 1948)

75.5 O.E. Holland: Grey Walter: The pioneer of real artificial life, Proc. 5th Int. Workshop Artif. Life, ed. by C. Langton (MIT Press, Cambridge 1997) pp. 34–44

75.6 V. Braitenberg: *Vehicles: Experiments in Synthetic Psychology* (MIT Press, Cambridge 1984)

75.7 J. von Neumann: *The Theory of Self-Reproducing Automata* (Univ. of Illinois Press, Illinois 1966)

75.8 A.M. Turing: The chemical basis of morphogenesis, Philos. Trans. R. Soc. **237**(641), 37–72 (1952)

75.9 N. Nilsson: The physical symbol system hypothesis: Status and prospects, Lect. Notes Artif. Intell. **4850**, 9–17 (2007)

75.10 R. Arkin: *Behavior-Based Robotics* (MIT Press, Cambridge 1998)

75.11 R.A. Brooks: A robust layered control system for a mobile robot, IEEE Robot. Autom. **2**(1), 14–23 (1986)

75.12 R.A. Brooks: Intelligence without representation, Artif. Intell. **47**, 139–159 (1991)

75.13 R. Pfeifer, C. Scheier: *Understanding Intelligence* (MIT Press, Cambridge 2001)

75.14 M. Lungarella, G. Metta, R. Pfeifer, G. Sandini: Developmental robotics: A survey, Connect. Sci. **15**, 151–190 (2003)

75.15 R. Pfeifer, M. Lungarella, F. Iida: Self-organization, embodiment, and biologically inspired robotics, Science **318**, 1088–1093 (2007)

75.16 T.D. Johnston, L. Edwards: Genes, interactions, and the development of behavior, Psychol. Rev. **109**(1), 26–34 (2002)

75.17 R.J. Full, D.K. Koditschek: Templates and anchors: Neuromechanical hypotheses of legged locomotion on land, J. Exp. Biol. **202**, 3325–3332 (1999)

75.18 B. Webb: Can robots make good models of biological behaviour?, Behav. Brain Sci. **24**, 1033–1050 (2001)

75.19 K. Sims: Evolving 3D morphology and behavior by competition. In: *Proc. Artificial Life IV*, ed. by R. Brooks, P. Maes (MIT Press, Cambridge 1994) pp. 28–39

75.20 J. Bongard: Morphological change in machines accelerates the evolution of robust behavior, Proc. Natl. Acad. Sci. USA **108**(4), 1234–1239 (2011)

75.21 C.G. Langton: *Artificial Life: An Overview* (MIT Press, Cambridge 1995)

75.22 A. Adamatzky, M. Komosinski: *Artificial Life Models in Hardware* (Springer, Berlin, Heidelberg 2009)

75.23 H. Lipson, J. Pollack: Automatic design and manufacture of robotic lifeforms, Nature **406**, 974–978 (2000)

75.24 G. Borelli: *De Motu Animalium* (Apud Petrum vander Aa, Cornelium Boutesteyn, Johannem de Vivie, Danielem à Gaesbeeck, Lugduni in Batavis 1685)

75.25 H. Miura, I. Shimoyama: Dynamic walk of a biped, Int. J. Robotics Res. **3**(2), 60–74 (1984)

75.26 M. Vukobratovic, B. Borovac: Zero-moment point – Thirty years of its life, Int. J. Humanoid Robotics **1**(1), 157–174 (2004)

75.27 M. Raibert: *Legged Robots that Balance* (MIT Press, Cambridge 1987)

75.28 R. Blickhan, A. Seyfarth, H. Geyer, S. Grimmer, H. Wagner, M. Guenther: Intelligence by mechanics, Philos. Trans. R. Soc. A **365**(1850), 199–220 (2007)

75.29 I.E. Brown, G.E. Loeb: A reductionist approach to creating and using neuromusculoskeletal models. In: *Biomechanical and Neurological Control of Posture and Movements*, ed. by P.E. Winters (Springer, New York 2000) pp. 148–163

75.30 T.A. McMahon: *Muscles, Reflexes, and Locomotion* (Princeton Univ. Press, Princeton 1984)

75.31　S. Yakovenko, V. Gritsenko, A. Prochazka: Contribution of stretch reflexes to locomotor control: a modeling study, Biol. Cybern. **90**(2), 146–155 (2004)

75.32　G. Orlovsky, G.N. Orlovskii, S. Grillner: *Neuronal Control of Locomotion From Mollusc to Man* (Oxford Univ. Press, Oxford 1999)

75.33　M. Bear, M. Paradiso, B.W. Connors: *Neuroscience: Exploring the Brain* (Lippincott Williams and Wilkins, Baltimore 2006)

75.34　F. Asano, M. Suguro: Limit cycle walking, running, and skipping of telescopic-legged rimless wheel, Robotica **30**(6), 989–1003 (2012)

75.35　F. Iida, R. Tedrake: Minimalistic control of biped walking in rough terrain, Auton. Robots **28**(3), 355–368 (2010)

75.36　I.R. Manchester, U. Mettin, F. Iida, R. Tedrake: Stable dynamic walking over uneven terrain, Int. J. Robotics Res. **30**(3), 265–279 (2011)

75.37　S.H. Collins, A. Ruina, R. Tedrake, M. Wisse: Efficient bipedal robots based on passive-dynamic walkers, Science **307**, 1082–1085 (2005)

75.38　D. Owaki, M. Koyama, S. Yamaguchi, S. Kubo, A. Ishiguro: A 2-D passive dynamic running biped with elastic elements, IEEE Trans. Robotics **27**(1), 156–162 (2011)

75.39　M. Ahmadi, M. Buehler: Controlled passive dynamic running experiments with ARL monopod II, IEEE Trans. Robotics **22**(5), 974–986 (2006)

75.40　F. Iida, J. Rummel, A. Seyfarth: Bipedal walking and running with spring-like biarticular muscles, J. Biomech. **41**, 656–667 (2008)

75.41　J.W. Hurst, A.A. Rizzi: Series compliance for an efficient running gait: Lessons learned from the electric cable differential leg, IEEE Robotics Autom, Mag. **15**(3), 42–51 (2008)

75.42　R. Altendorfer, N. Moore, H. Komsuoglu, H.B. Brown Jr., D. McMordie, U. Saranli, R. Full, D.E. Koditschek: RHex: A biologically inspired hexapod runner, Auton. Robots **11**, 207–213 (2001)

75.43　T. McGeer: Passive dynamic walking, Int. J. Robotics Res. **9**(2), 62–82 (1990)

75.44　A. Goswami, B. Thuilot, B. Espiau: A study of the passive gait of a compass-like biped robot: Symmetry and chaos, Int. J. Robotics Res. **17**(12), 1282–1301 (1998)

75.45　D.G.E. Hobbelen, M. Wisse: Swing-leg retraction for limit cycle walkers improves disturbance rejection, IEEE Trans. Robotics **24**(2), 377–389 (2008)

75.46　J. Hass, J.M. Herrmann, T. Geisel: Optimal mass distrib- ution for passivity-based bipedal robots, Int. J. Robotics Res. **25**(11), 1087–1098 (2006)

75.47　K. Byl, R. Tedrake: Metastable walking machines, Int. J. Robotics Res. **28**(8), 1040–1064 (2008)

75.48　R.D. Gregg, M.W. Spong: Reduction-based control of three-dimensional bipedal walking robots, Int. J. Robotics Res. **29**(6), 680–702 (2010)

75.49　R.M. Alexander: Three uses for springs in legged locomotion, Int. J. Robotics Res. **9**(2), 53–61 (1990)

75.50　X. Zhou, S. Bi: A survey of bio-inspired compliant legged robot designs, Bioinspir. Biomim. **7**(4), 1–20 (2012)

75.51　J. Rummel, A. Seyfarth: Stable running with segmented legs, Int. J. Robotics Res. **27**(8), 919–934 (2008)

75.52　T.M. Kubow, R.J. Full: The role of the mechanicalvsystem in control: A hypothesis of self-stabilization in hexapedal runners, Philos. Trans. R. Soc. B **354**, 849–862 (1999)

75.53　H. Geyer, A. Seyfarth, R. Blickhan: Compliant leg behaviour explains basic dynamics of walking and running, Proc. R. Soc. B **273**, 1471–2954 (2006)

75.54　M. Reis, F. Iida: An energy efficient hopping robot based on free vibration of a curved beam, IEEE/ASME Trans. Mechatron. **19**(1), 300–311 (2013)

75.55　A.M. Grabowski, H.M. Herr: Leg exoskeleton reduces the metabolic cost of human hopping, J. Appl. Physiol. **107**, 670–678 (2009)

75.56　A.D. Kuo: Choosing your steps carefully: Trade-offs between economy and versatility in dynamic walking bipedal robots, IEEE Robotics Autom. Mag. **14**, 18–29 (2007)

75.57　A.J. Ijspeert, A. Crespi, D. Ryczko, J.M. Cabelguen: From swimming to walking with a salamander robot driven by a spinal cord model, Science **315**(5817), 1416–1420 (2007)

75.58　S. Steingrube, M. Timme, F. Wörgötter, P. Manoonpong: Self-organized adaptation of simple neural circuits enables complex robot behavior, Nat. Phys. **6**, 224–230 (2010)

75.59　T. Geng, B. Porr, F. Wörgötter: Fast biped walking with a sensor-driven neuronal controller and real-time online learning, Int. J. Robotics Res. **25**(3), 243–259 (2006)

75.60　P. Manoonpong, T. Geng, T. Kulvicius, B. Porr, F. Wörgötter: Adaptive, fast walking in a biped robot under neuronal control and learning, PLoS Comput. Biol. **3**(7), 1305–1320 (2007)

75.61　K. Narioka, K. Hosoda: Motor development of an pneumatic musculoskeletal infant robot, Proc. IEEE Int. Conf. Robotics Autom. (ICRA) (2011) pp. 963–968

75.62　G.A. Pratt, M.M. Williamson: Series elastic actuators, Proc. IEEE/RSJ Int. Conf. Intell. Robots Syst. (1995) pp. 399–406

75.63　A. Albu-Schaffer, O. Eiberger, M. Grebenstein, S. Haddadin, C. Ott, T. Wimbock, S. Wolf, G. Hirzinger: Soft robotics, IEEE Robotics Autom, Mag. **15**(3), 20–30 (2008)

75.64　A.J. Ijspeert: Central pattern generators for locomotion control in animals and robots: A review, Neural Netw. **21**(4), 642–653 (2008)

75.65　H. Cruse, T. Kindermann, M. Schumm, J. Dean, J. Schmitz: Walknet: A biologically inspired network to control six- legged walking, Neural Netw. **11**, 1435–1447 (1998)

75.66　V. Dürr, A.F. Krause, J. Schmitz, H. Cruse: Neuroethological concepts and their transfer to walking machines, Int. J. Robotics Res. **22**(3/4), 151–167 (2003)

75.67　K.S. Espenschied, R.D. Quinn, H.J. Chiel, R.D. Beer: Biologically-based distributed control and local reflexes improve rough terrain locomotion in a hexapod robot, Robotics Auton. Syst. **18**, 59–64 (1996)

75.68　H. Geyer, A. Seyfarth, R. Blickhan: Positive force feedback in bouncing gaits, Proc. R. Soc. B **270**, 2173–2183 (2003)

75.69　H. Geyer, H.M. Herr: A muscle-reflex model that

75

encodes principles of legged mechanics produces human walking dynamics and muscle activities, IEEE Trans. Neural. Syst. Rehabil. Eng. **18**(3), 263–273 (2010)

75.70 G. Taga, Y. Yamaguchi, H. Shimizu: Self-organized control of bipedal locomotion by neural oscillators in unpredictable environment, Biol. Cybern. **65**, 147–159 (1991)

75.71 G. Taga: A model of the neuro-musculo-skeletal system for anticipatory adjustment of human locomotion during obstacle avoidance, Biol. Cybern. **78**(1), 9–17 (1998)

75.72 K. Matsuoka: Mechanisms of frequency and pattern control in the neural rhythm generators, Biol. Cybern. **56**, 345–353 (1987)

75.73 P. Arena, L. Fortuna, M. Frasca, G. Sicurella: An adaptive, self-organizing dynamical system for hierarchical control of bio-inspired locomotion, IEEE Trans. Syst. Man Cybern. B **34**(4), 1823–1837 (2004)

75.74 S. Inagaki, H. Yuasa, T. Suzuki, T. Arai: Wave CPG model for autonomous decentralized multi-legged robot: Gait generation and walking speed control, Robotics Auton. Syst. **54**(2), 118–126 (2006)

75.75 B. Klaassen, R. Linnemann, D. Spenneberg, F. Kirchner: Biomimetic walking robot scorpion: Control and modeling, Auton. Robots **41**, 69–76 (2002)

75.76 A. Crespi, A. Ijspeert: Online optimization of swimming and crawling in an amphibious snake robot, IEEE Trans. Robotics **24**(1), 75–87 (2008)

75.77 C. Stefanini, G. Orlandi, A. Menciassi, Y. Ravier, G.L. Spina, S. Grillner: A mechanism for biomimetic actuation in lamprey-like robots, Proc. 1st IEEE/RAS-EMBS Int. Conf. Biomed. Robotics Biomechatron. (2006) pp. 579–584

75.78 C. Wilbur, W. Vorus, Y. Cao, S.N. Currie: A lamprey-based undulatory vehicle. In: *Neurotechnology for Biomimetic Robots*, ed. by J. Ayers, J.L. Davis, A. Rudolph (MIT Press, Cambridge 2002)

75.79 H. Kimura, S. Akiyama, K. Sakurama: Realization of dynamic walking and running of the quadruped using neural oscillators, Auton. Robots **7**(3), 247–258 (1999)

75.80 H. Kimura, Y. Fukuoka, A.H. Cohen: Adaptive dynamic walking of a quadruped robot on natural ground based on biological concepts, Int. J. Robotics Res. **26**(5), 475–490 (2007)

75.81 J. Nakanishi, J. Morimoto, G. Endo, G. Cheng, S. Schaal, M. Kawato: Learning from demonstration and adaptation of biped locomotion, Robotics Auton. Syst. **47**, 79–91 (2004)

75.82 S. Aoi, K. Tsuchiya: Locomotion control of a biped robot using nonlinear oscillators, Auton. Robots **19**, 219–232 (2005)

75.83 G. Endo, J. Nakanishi, J. Morimoto, G. Cheng: Experimental studies of a neural oscillator for biped locomotion with QRIO, Proc. IEEE Int. Conf. Robotics Autom. (ICRA) (2005) pp. 598–604

75.84 L. Righetti, A.J. Ijspeert: Programmable central pattern generators: An application to biped locomotion control, Proc. IEEE Int. Conf. Robotics Autom. (ICRA) (2006) pp. 1585–1590

75.85 R. Héliot, B. Espiau: Multisensor input for CPG-based sensorymotor coordination, IEEE Trans. Robotics **24**(1), 191–195 (2008)

75.86 D. Floreano, J.C. Zufferey, M.V. Srinivasan, C. Ellington (Eds.): *Flying Insects and Robots* (Springer, Berlin, Heidelberg 2009)

75.87 N. Franceschini, J.M. Pichon, C. Blanes: From insect vision to robot vision, Philos. Trans. R. Soc. B **337**, 283–294 (1992)

75.88 J.C. Zufferey, D. Floreano: Fly-inspired visual steering of an ultralight indoor aircraft, IEEE Trans. Robotics **22**(1), 137–146 (2006)

75.89 F. Iida: Biologically inspired visual odometer for navigation of a flying robot, Robotics Auton. Syst. **44**(3/4), 201–208 (2003)

75.90 M.V. Srinivasan, S.W. Zhang, J.S. Chahl, E. Barth, S. Venkatesh: How honeybees make grazing landings on flat surfaces, Biol. Cybern. **83**, 171–183 (2000)

75.91 S. Viollet, N. Franceschini: Aerial minirobot that stabilizes and tracks with a bio-inspired visual scanning sensor. In: *Biorobotics. Methods and Applications*, ed. by B. Webb, T. Consi (MIT Press, Cambridge 2001) pp. 67–83

75.92 M. Dobrzynski, R.P. Camara, D. Floreano: Vision Tape —A flexible compound vision sensor for motion detection and proximity estimation, IEEE Sens. J. **12**(5), 1131–1139 (2012)

75.93 C. Eliasmith, C.H. Anderson: *Neural engineering: Computation, Representation, and Dynamics in Neurobiological Systems* (MIT Press, Cambridge 2004)

75.94 S.C. Liu, T. Delbruck: Neuromorphic sensory systems, Curr. Opin. Neurobiol. **20**, 1–8 (2010)

75.95 R. Berner, T. Delbruck: Event-based pixel sensitive to changes of color and brightness, IEEE Trans. Circuits Syst. I **58**(7), 1581–1590 (2011)

75.96 D. Lambrinos, R. Möller, T. Labhart, R. Pfeifer, R. Wehner: A mobile robot employing insect strategies for navigation, Robotics Auton. Syst. **30**(1/2), 39–64 (2000)

75.97 R. Möller: Insect visual homing strategies in a robot with analog processing, Biol. Cybern. **83**(3), 231–243 (2000)

75.98 E. Moser, E. Kropff, M. Moser: Place cells, grid cells, and the brain's spatial representation system, Annu. Rev. Neurosci. **31**, 69–89 (2008)

75.99 J.L. Krichmar, D.A. Nitz, J.A. Gally, G.M. Edelman: Characterizing functional hippocampal pathways in a brain-based device as it solves a spatial memory task, Proc. Natl. Acad. Sci. USA **102**, 2111–2116 (2005)

75.100 M.J. Milford, J. Wiles, G.F. Wyeth: Solving navigational uncertainty using grid cells on robots, PLoS Comput. Biol. **6**(11), e1000995 (2010)

75.101 G. Edelman: Learning in and from brain-based devices, Science **318**, 1103–1105 (2007)

75.102 T.J. Prescott, M.J. Pearson, B. Mitchinson, T. Pipe: Whisking with robots: From rat vibrissae to biomimetic technology for active touch, IEEE Robotics Autom. Mag. **16**, 42–50 (2009)

75.103 S. Kim, A. Asbeck, M. Cutkosky, W. Provancher: SpinybotII: Climbing hard walls with compliant microspines, Proc. 12th Int. Conf. Adv. Robotics (ICAR) (2005) pp. 601–606

75

75.104 R.J. Wood: The first biologically inspired at-scale robotic insect, IEEE Trans. Robotics **24**(2), 341–347 (2008)

75.105 T. Salumäe, M. Kruusmaa: A flexible fin with bio-inspired stiffness profile and geometry, J. Bionic Eng. **8**(4), 418–428 (2011)

75.106 H.T. Lin, G.G. Leisk, B. Trimmer: GoQBot: A caterpillar-inspired soft-bodied rolling robot, Bioinspir. Biomim. **6**, 026007 (2011)

75.107 M. Asada, K. Hosoda, Y. Kuniyoshi, H. Ishiguro, T. Inui, Y. Yoshikawa, M. Ogino, C. Yoshida: Cognitive developmental robotics: A survey, IEEE Trans. Auton. Mental Dev. **1**(1), 12–34 (2009)

75.108 T. Carlson, J.D.R. Mill: Brain-controlled wheelchairs: A robotic architecture, IEEE Robotics Autom, Mag. **20**(1), 65–73 (2013)

75.109 S. Murata, H. Kurokawa: Self-reconfigurable robots, IEEE Robotics Autom, Mag. **14**(1), 71–78 (2007)

75.110 M.R. Cutkosky, S. Kim: Design and fabrication of multi-material structures for bioinspired robots, Philos. Trans. R. Soc. **367**, 1799–1813 (2009)

75.111 O. Unver, M. Sitti: Tankbot: A palm-size, tank like climbing robot on rough and smooth surfaces, Int. J. Robotics Res. **29**(14), 1761–1777 (2010)

75.112 A.T. Asbeck, S. Kim, M.R. Cutkosky, W.R. Provancher, M. Lanzetta: Scaling hard vertical surfaces with compliant microspine arrays, Int. J. Robotics Res. **25**(12), 1165–1179 (2006)

75.113 M.J. Spenko, G.C. Haynes, J.A. Saunders, M.R. Cutkosky, A.A. Rizzi, R.J. Full, D.E. Koditschek: Biologically inspired climbing with a hexapedal robot, J. Field Robotics **25**(4/5), 223–242 (2008)

75.114 T. Lam, Y. Xu: Climbing strategy for a flexible tree climbing robot Treebot, IEEE Trans. Robotics **27**(6), 1107–1117 (2011)

75.115 M.S. Triantafyllou, G.S. Triantafyllou: An efficient swimming machine, Sci. Am. **272**(3), 40–48 (1995)

75.116 M.H. Dickinson, C.T. Farley, R.J. Full, M.A. Koehl, R. Kram, S. Lehman: How animals move: An integrative view, Science **288**(5463), 100–106 (2000)

75.117 G.V. Lauder, E.J. Anderson, J. Tangorra, P.G. Madden: Fish biorobotics: Kinematics and hydrodynamics of self-propulsion, J. Exp. Biol. **210**(16), 2767–2780 (2007)

75.118 R. Fearing, J. Hollerbach: Basic solid mechanics for tactile sensing, Int. J. Robotics Res. **1**, 266–275 (1984)

75.119 V. Hayward, O.R. Astley, M. Cruz-Hernandez, D. Grant, G. Robles-De-La-Torre: Haptic interfaces and devices, Sens. Rev. **24**(1), 16–29 (2004)

75.120 D. Gunji, Y. Mizoguchi, S. Teshigawara, A. Ming, A. Namiki, M. Ishikawaand, M. Shimojo: Grasping force control of multi-fingered robot hand based on slip detection using tactile sensor, Proc. IEEE Int. Conf. Robotics Autom. (ICRA) (2008) pp. 2605–2610

75.121 T. Someya, Y. Kato, T. Sekitani, S. Iba, Y. Noguchi, Y. Murase, H. Kawaguchi, T. Sakurai: Conformable, flexible, large-area networks of pressure and thermal sensors with organic transistor active matrixes, Proc. Natl. Acad. Sci. USA **102**, 12321–12325 (2005)

75.122 G. Cannata, M. Maggiali, G. Metta, G. San-

75.123 dini: An embedded artificial skin for humanoid robots, Int. Conf. Multi-Sensor Fusion Integr. (2008) pp. 434–438

75.123 S.F. Gilbert: *Developmental Biology* (Palgrave Macmillan, London 2010)

75.124 F. Hara, R. Pfeifer (Eds.): *Morpho-Functional Machines: The New Species: Designing Embodied Intelligence* (Springer, Berlin, Heidelberg 2003)

75.125 M. Yim, W.M. Shen, B. Salemi, D. Rus, M. Moll, H. Lipson, E. Klavins, G.S. Chirikjian: Modular self-reconfigurable robot systems: Challenges and opportunities for the future, IEEE Robotics Autom, Mag. **14**(1), 43–52 (2007)

75.126 S. Hirose: *Biologically inspired robots: Snake-like locomotors and manipulators* (Oxford Univ. Press, Oxford 1993)

75.127 T. Kano, T. Sato, R. Kobayashi, A. Ishiguro: Local reflexive mechanisms essential for snakes' scaffold-based locomotion, Bioinspir. Biomim. **7**, 046008 (2012)

75.128 P.J. White, K. Kopanski, H. Lipson: Stochastic self-reconfigurable cellular robotics, Proc. IEEE Int. Conf. Robotics Autom. (ICRA) (2004) pp. 2888–2893

75.129 E. Klavins, R. Ghrist, D. Lipsky: A grammatical approach to self-organizing robotic systems, IEEE Trans. Autom. Control **51**(6), 949–962 (2006)

75.130 S. Nolfi, D. Floreano: *Evolutionary Robotics. The Biology, Intelligence, and Technology of Self-Organizing Machines* (MIT Press, Cambridge 2000)

75.131 S. Seok, C.D. Onal, K.J. Cho, R.J. Wood, D. Rus, S. Kim: Meshworm: A peristaltic soft robot with antagonistic nickel titanium coil actuators, IEEE/ASME Trans. Mechatron. **18**, 1485–1497 (2013)

75.132 D. Trivedi, C.D. Rahn, W.M. Kier, I.D. Walker: Soft robotics: Biological inspiration, state of the art, and future research, Appl. Bionics Biomech. **5**(3), 99–117 (2008)

75.133 F. Ilievski, A.D. Mazzeo, R.F. Shepherd, X. Chen, G.M. Whitesides: Soft robotics for chemists, Angew. Chem. Int. Ed. **50**, 1890–1895 (2011)

75.134 L. Brodbeck, F. Iida: Enhanced robotic body extension with modular units, Proc. 2012 IEEE/RSJ Int. Conf. Intell. Robots Syst. (IROS) (2012) pp. 1428–1433

75.135 A.T. Conn, J.M. Rossiter: Towards holonomic electro-elastomer actuators with six degrees of freedom, Smart Mater. Struct. **21**, 035012–035020 (2012)

75.136 J. Rieffel, D. Knox, S. Smith, B.A. Trimmer: Growing and evolving soft robots, Artif. Life **20**(1), 143–162 (2014)

75.137 C. Laschi, B. Mazzolai, V. Mattoli, M. Cianchetti, P. Dario: Design of a biomimetic robotic octopus arm, Bioinspir. Biomim. **4**, 1–8 (2009)

75.138 A.B. Schwartz, X.T. Cui, D.J. Weber, D.W. Moran: Brain-controlled interfaces: Movement restoration with neural prosthetics, Neuron **52**(1), 205–220 (2006)

75.139 J.E. O'Doherty, M.A. Lebedev, K.Z. Zhuang, S. Shokur, H. Bleuler, M.A.L. Nicolelis: Active tactile exploration enabled by a brain-machine-

75

brain interface, Nature **479**, 228–231 (2011)

75.140　J. Halloy, G. Sempo, G. Caprari, C. Rivault, M. Asadpour, F. Tache, I. Said, V. Durier, S. Canonge, J.M. Ame, C. Detrain, N. Cor- rell, A. Martinoli, F. Mondada, R. Siegwart, J.L. Deneubourg: Social integration of robots into groups of cockroaches to control self-organized choices, Science **318**(5853), 1155–1158 (2007)

75

第 76 章
进化机器人

Stefano Nolfi, Josh Bongard, Phil Husbands, Dario Floreano

进化机器人是一种自动生成人工大脑和自主机器人形态的方法。它不仅可用于探讨机器人的设计空间，而且对于测试生物机理和过程的科学假设都非常有用。在本章中，我们将通过对机器人不同外形、尺寸和操作特征的研究，简要介绍进化机器人的研究方法和结果，同时研究模拟机器人与实体机器人，尤其关注两者之间的转化。

目　录

进化机器人学主要研究关于自主机器人自动衍生的理论[76.1]，它的灵感来自达尔文适者生存的理论，并通过进化算法来实现[76.2]。在进化机器人学中，机器人被认为是一种自主的人工有机体，在无人工干扰的情况下，通过与外界环境的密切交互来自我进化其控制系统与身体组织。受生物自组织原理的启发，进化机器人包含进化系统、神经系统、发展系统、形态系统。进化过程可以推进控制系统产生的思想至少追溯到 20 世纪 50 年代[76.3]，但直到 20 世纪 80 年代，神经科学家 Valentino Braitenberg 创造性的神经驱动型智能车实验[76.4]才使这一思想得到了更加明显的体现。20 世纪 90 年代初，第一代模拟人工有机体便开始了在计算机屏幕上的进化之旅，它利用了一种遗传密码来描述感知-运动系统的神经线路和形态[76.5-8]。当时，实体机器人是非常复杂且昂贵的，需要特殊的编程技术和熟练的操控。直到那个时代的末期才出现了新一代具有简单生物体主要特征（鲁棒性、简单、体积小、柔性和模块化）的机器人[76.9,10]。最重要的是，这些机器人可被编程，而且操纵它们也不需要专门培训。这些技术成就，加上生物灵感在人工智能中日益增加的影响[76.11]，与第一次对实体机器人的进化实验[76.12-14]（ ▶ VIDEO 39 和 ▶ VIDEO 371 ）相吻合，最终创造了"进化机器人学"一词[76.15]。

76.1 方法

单体机器人的进化过程（图76.1）如下：首先，随机创建一个具有差异性人工染色体的种群，每种染色体包含决定一种机器人控制系统（可能还有形态学）的信息，将这些染色体解码为对应的控制器（如一个神经网络）并下载到机器人的处理器中。然后让机器人根据基因指定的控制器自由运动（行走、观察、操纵环境），同时自动评价它在执行任务中的性能。性能评价由适合度函数来完成，它可以测出机器人移动的速度和直线度，以及与障碍物相撞的频率等。对种群中的所有染色体重复这一过程，那些最适合的个体（那些获得更高适合度分值的）通过自身染色体复制，并加上由遗传算子实施的随机修正（如遗传物质的突变和交换）来繁殖。新获得的染色体种群再次被同样的机器人进行检测。这个过程被一代代地重复进行，直到一个满足使用者设定的适合度函数的个体诞生。用人工染色体编码的进化机器人控制系统通过重复选择

性繁殖、随机变异和基因重组的过程来生成，就像自然进化中发生的过程一样（ VIDEO 119 ）。

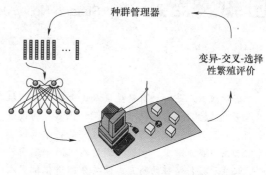

图76.1 单体机器人的进化过程

注：种群中的每一个个体被解码为一个相应的神经控制器来读取传感信息，每隔300ms向机器人发送运动指令，同时自动评价机器人的适合度，并将其存储以供繁殖选择。

76.2 第一步

在一个早期的由洛桑联邦理工学院（EPFL）进行的无人参与的机器人进化实验[76.12]中，一小型轮式机器人在迷宫中进化出导航功能（图76.2）。实验中的机器人Khepera的直径为55mm，并有两个轮子，在两个旋转方向上具有可控速度。它有8个红外传感器，一侧6个，另一侧两个。这些传感器不仅可以主动地测量与障碍物之间的距离，而且可以被动地测定环境中的（红外）光量。该机器人通过一个串行端口与台式计算机连接，以获取电能和进行数据交换（ VIDEO 39 ）。

一个简单的遗传算法[76.16]被用来进化由8个感觉神经元和两个运动神经元组成的神经网络突触的强弱变化。8个主动式红外传感器支撑8个传感单元，这8个传感器每隔300ms上传一次数据。每个运动单元接收来自传感单元和另一个运动单元的加权信号，再加上一个延时300ms的周期式连接。运动单元的净输入通过可变的阈值补偿，并通过一个逻辑挤压函数。输出信号取值在[0,1]范围内，用于控制两个电动机，当输出为1时表示向一个方向以最大速度旋转，当输出为0时则向另一个方向

图76.2 桌面机器人Khepera在环形迷宫中鸟瞰图

以最大速度旋转，当输出为0.5时则对应的轮静止。设定以0为中心的小的随机权重，然后利用这些权重初始化一个包含80个个体的种群，对每个个体都编码，以决定神经控制器的突触强度和阈值。每个个体都在实体机器人上运行80个感知—运动循环（大概24s），每个循环都用机器人自带的三个组件的测量值根据适合度函数进行评价：

$$\phi = V(1 - \sqrt{\Delta v})(1-i) \qquad (76.1)$$

式中，V 是两个轮的平均旋转速度；Δv 是不同速度值（符号为正代表一个方向，为负代表另一个方向）之差的绝对值；i 是红外传感最大响应时的正则化响应值。第一个分量的最大值取决于速度，第二个分量取决于直线运动，第三个分量取决于与障碍物的距离。在前 100 代中，平均值和最佳适应度值增长稳定，如图 76.3 所示。适合度值为 1.0，相当于机器人在开放空间中以最高速度直线行驶，图 76.2 所示的迷宫显然不适合这种情况，其中一些传感器经常处于活动状态，机器人需要多次转弯以调整行驶方向。图 76.4 所示为具有上一代最佳神经控制器的机器人轨迹。

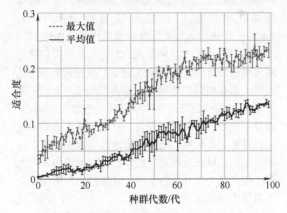

图 76.3　种群的平均适合度和每代最佳个体的适合度（误差带显示不同初始种群三次运行的标准误差）

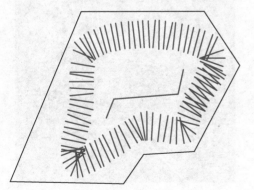

图 76.4　具有最佳神经控制器的机器人轨迹
注：线段代表两车轮间的轴。通过外置激光定位装置每隔 300ms 记录并绘制数据。

尽管适合度函数没有详细指出机器人应该向哪个方向移动（考虑它有圆形的轮子，可以朝两个方向旋转），过了几代后，所有最优的个体都向着具有最多传感器的方向移动。那些朝着可能碰壁的方向移动而不能检测到危险存在的个体会从种群中消失。进化最好的机器人的巡航速度近似为技术上可达最高速度的一半，即使进化实验延续到 200 代也没有增长。更进一步的分析显示，这种巡航速度的自我约束可以由一个合适的方程来表示。考虑感知和运动的刷新率，以及距离传感器的响应情况，速度越快越容易撞击到墙壁，因此它们逐渐地从种群中消失。

尽管它很简单，但这个实验表明，进化不仅可以发现与待完成任务需要的计算需求相匹配的解决方案，还可以发现与机器人物理环境相关的形态特性和机械特性。

在过去的大约 20 年间，越来越多的工作致力于设计各式各样的步行机器人——一个难度极大的感知-运动协调任务——进化控制器。在该领域，早期的工作集中在为简单（抽象）模仿昆虫（通常是蟑螂）而设计的进化动态网络控制器，这些昆虫机器人可以在简单环境中行走[76.17,18]。初期，Beer 等人[76.19] 基于蟑螂的研究，引进了一种用于控制运动的分布式神经网络，如图 76.5 所示。由于这项工作的引领，很快便产生出该方法的不同版本并应用于实际机器人上。在该方向上第一个取得成功的是 Lewis 等人[76.14,20]，他们设计出六足机器人的神经控制器，该控制器由连续时间、漏积分、人工神经元建立的耦合振荡器相互连接而成，所有的神经运算都在机器人上完成。该机器人的每一只腿都连接一对耦合神经元：一个神经元驱动腿的摆动，另一个负责驱动腿的升降。神经元对与对之间又交叉连接，以进行腿之间的协作，这在一定程度上与 Beer 和 Gallagher 设计的结构类似[76.18]（图 76.5）。为了加快这个过程，他们采用分段进化，第一步先进化移动腿的振荡器，然后再进化基于这些振荡器的架构，从而产生行走运动。这个机器人可在平地上高效地执行三角步态（三足同时着地的六足交错行走）。

Gallagher 等人[76.21] 所描述的神经网络控制人工昆虫运动的进化实验，被成功应用到真实的六足机器人上。这台机器人比 Lewis 等人的更复杂，它的每条腿拥有更多的自由度。在这一方法中，每条腿由一个完全连通的网络控制，该网络拥有五个连续时间的漏积分神经元，每个神经元接收从每条腿上的角度传感器传来的加权感知输入。采用最初的由图 76.5 所示的架构，设置其连接权重和神经时间为常数，倾向于遗传控制，可高效地完成在平地上

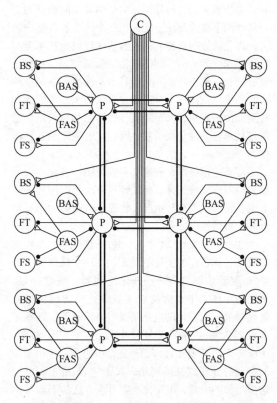

图 76.5　Beer 等人所采用的用于控制运动的
分布式神经网络

注：兴奋连接用空三角表示，抑制连接用实心圆表
示。C 表示命令神经元，P 表示起搏神经元，FT 表示
脚部运动神经元，FS 和 BS 分别表示前摆和后摆神经
元，FAS 和 BAS 分别表示向前和向后的角度传感器。

的三角步态。为了寻找范围更广的、能在不同速度
下执行的步态，以实现在更复杂的地形上行走。
另一种不同于前者的分布式架构显得更加高
效[76.22]，这种新的架构来源于竹节虫。

Galt 等人[76.23]采用遗传算法推导了 Robug Ⅲ 机
器人的最佳步态参数，这是一种八条腿、会动、行
走和攀爬的机器人，用个体基因所代表的参数来定
义每条腿的支撑周期和腿移动之间的时间关系。这
些参数被用作驱动运动的机械初始状态，以作为机
器人模式生成算法的输入。这种算法通常用于传统
的步行机器人中，因为其依赖相对简单的动态控
制，而不能用于类似在本章中所表述的基于复杂动
态神经网络结构的高级多步态协作。然而，采用该
算法的控制器成功地进化出适用于大范围环境的、
能够处理损坏和系统出错（虽然个体控制器必须针
对每种环境进行调整，但它们不能在不同条件下自

我调整）的控制网络。Gomi 和 Ide[76.24]采用 8 个相
似基因组合的基因型进化出了八足机器人的步
态（图 76.6），每个基因编码为腿的移动特性，如
腿开始移动前的延迟时间、腿的移动方向、腿的垂
直和水平摆动的停止位置，以及腿垂直和水平的角
速度。在机器人上经历一代代的进化之后，产生
了四足运动和摆动运动的综合步态。运用细胞编
码[76.25]的方法，即使用遗传编码成一个语法树，用
语法树来控制细胞分裂，生成动态递归的（Beer 及
其同事所用的）神经网络，Gruau 和
Quatramaran[76.26]开发了一个单腿神经控制器，以控
制 Gomi 和 Ide 所用的八足机器人，这一控制器产生
了一种平滑快速的四角运动步态（ ⊙▶ VIDEO 372 和
⊙▶ VIDEO 373 ）。Kodjabachian 和 Meyer[76.27]延续
这一工作，开发了更加高级的运动行为。
Jakobi[76.28]成功运用他的最小模拟技术（在第 76.3
节介绍）改进了八足机器人控制器。在今天被认为
速度很慢的计算机上模拟进化花了不到两个小时的
时间，而且能够成功转移给实体机器人。Jakobi 基
于 Beer 的连续循环再生网络设计了模块化控制器，
以控制机器人在环境中行走、避障和基于感知输入
寻找目标。该机器人能够平稳地改变步态、前后移
动，甚至可以原地转身。更多近期的工作均采用类
似上述研究人员开发的架构，以控制构型更加复杂
的机器人（如索尼机器狗)[76.29]。

图 76.6　应用于人工智能系统公司
制造的八足机器人

近年来，针对两足步行高度不稳定的动力学问
题，已经开发了耦合振子式神经控制器。Reil 和
Husbands[76.30]依靠物理软件模拟展示了精确的物理
实体运动，这可以用来制造能够成功实现双足步态

的控制器 (**▣ VIDEO 374**)。Reil 和他的同事目前在大力地推广这一技术，对其进行商业开发，如用于动画和游戏产业，对三维人物的各种行为进行实时控制（详细描述见参考文献 [76.31]）。耦合的神经振荡器已经基于物理模拟来控制水下蛇形机器人的游动模式[76.32]。

Vaughan 在另一个方向上开展了相关工作。他成功地应用进化机器人技术进化出一个三维 10 自由度双足机器人的仿真。这台机器人展示了人类运动的许多特性。通过使用被动动力学和柔顺肌腱，它可以在平坦表面上行走时节省能量。在遗传控制下，只需要描述身体形状的参数（腿段长度、髋部宽度等）和连续动态神经网络控制器的特性，它的速度和步态就可以动态调整，能够适应环境和身体结构的差异[76.33]。这台机器人一开始是在斜坡上作为一个被动的动态步行器[76.34]，然后在整个进化过程中，斜坡逐渐降低到一个平坦的表面，该机器人表现出抗干扰能力，同时保持被动动力学特性，如被动摆动腿。Wischman 和 Passemann 也采取了非常相似的方法[76.35]。Vaughan 最初的机器人没有躯干，但他也成功地将该方法应用到一个简化的二维

机器人上，该机器的躯干位于臀部上方。当推动它时，这种动态稳定的双足机器人通过向前或向后行走，足以释放施加在其上的压力；它还能够适应外部和内部扰动，以及身体大小和质量的变化[76.36]。这些两足动物的例子利用了身体形态和神经控制器的协同进化，Endo 等人[76.37] 在早期更抽象的进化两足动物运动研究中也使用了这一思想。虽然身体形态的可能变化受到了严格的限制，但这方面是重要的。这一主题将在关于进化身体的后续章节中将进行更详细的介绍，该章节还描述了在体脑协同进化的背景下行走行为的最新示例。

McHale 和 Husbands[76.38,39] 比较了双足和四足步行机器人的多种进化神经控制器。循环动态连续时间网络和气体网络（见第 76.7.3 节）在大多数情况下都具有优势。上述绝大多数研究是在相对良性的环境下进行的。通过观察我们可以得出结论，更复杂的动态神经网络结构，由于其复杂的动力学，通常会产生更大范围的步态，并产生更平滑的运动方式，与更标准地使用基于有限状态机的系统相比，该系统使用参数化规则来控制单个腿部运动的时间和协调[76.40]。

76.3 模拟与真实

在上述实验中，很少是整个过程在实体机器人上进行的，因为：

1) 进化很可能需要花费很长的时间，特别是在单台机器人上进化种群中的所有个体。

2) 实体机器人可能被破坏，因为由于随机突变，每代都会包含一些较差的执行个体（如会撞墙）。

3) 不同个体间或不同种群间在没有人的介入下将环境恢复到初始条件（如在场地中补充物体）可能并不总是可行的。

4) 没有人的介入，形态进化和在其整个生命周期中都在生长的机器人的进化在现有的技术条件下几乎是不可能实现的。

由于上述原因，研究人员通常采用模拟进化，再将进化后的控制器转移给实体机器人，但众所周知，在模拟中运行良好的程序真实环境中可能无法正常运行，因为在感知、驱动和机器人与环境的动态交互中存在差异[76.41]。这一模拟与真实的鸿沟在实践自适应性方法时更加明显，如进化机器人，其控制系统和形态学逐渐随着机器人和环境间的反复

交互而变化。因此，机器人通过进化去满足模拟中的特性，而这些特性与真实环境是不同的。尽管这些问题清楚地排除了任何基于网格环境或纯运动学的模拟，但经过近 10 年模拟技术的巨大发展，产生了很多的软件，能很好地模仿动力学特性，如摩擦、碰撞、质量、重力和惯性[76.42]。这些软件工具允许人们模拟可变形态的关节机器人及其环境，速度与计算机的实时速度一样快，甚至更快。

尽管如此，即使是基于实体的模拟也有小的差异，而这些小差异会随着时间不断积累，最后得到与现实完全不同的行为（如机器人在模拟中撞到了墙壁，而在现实中却没有或相反）。同样，基于实体的模拟不能描述实体机器人的各个传感器、电动机和传动装置的不同响应特性。至少有以下几种方法可以克服上述问题，从而改善从模拟到现实的转换质量：

1) 广泛采用的方法是向模型提供的传感器加入独立的噪声，然后再模拟计算出机器人的位置[76.43]。一些软件库允许在模拟的多个级别引入噪声这可以防止进化得出的解是基于特定的模拟模

型；也可以对处于不同角度、不同距离（距不同纹理的物体）的实际传感器值进行采样，并将其存储在一个查询表中，再根据机器人在环境中的位置加入噪声进行检索[76.44]。这一方法用于产生从模拟平稳过渡为现实的控制器是十分有效的，但这种采样方法的一个缺点是，它不能更好地扩展到更高维度的传感器（如视觉）或几何形状更复杂的对象。

2）另外一种方法是只对那些与期望行为相关的机器人及环境特征进行建模，这种方法也被称为最小模拟[76.45]。这些被称为基本集合的特征在模拟过程中必须进行精确建模，而那些被称为执行集合的其他特征，应在同一个体的多次不同的实验中随机变化，以使个体进化不依赖于执行集合，而只依赖于基本集合特征。基本集合特征在进化实验中也要在一定程度发生变化，以使个体在进化过程中具有一定的鲁棒性，但这种变化幅度不能太大，以防止那些依赖于基本集合特征的自适应控制器根本不能进行进化。这种方法适用于复杂的机器人环境情况下的快速进化，如第76.2.1节中所描绘的六足步行示例。最小模拟的缺点是，对应于期望行为的基本集合特征并不总是能那么容易确定。

3）还有一种方法包含机器人控制和/或形态学与模拟器参数的协同进化，这些参数很可能与真实环境不同，这就使得仿真与现实之间转化的质量大打折扣[76.46]。这种方法包含协同进化的两个种群，其中一个带有关于机器人特征的遗传密码，另一个带有关于模拟器参数的遗传密码。协同进化在几个通道中包含两个阶段的过程：在第一阶段，一个随机产生的机器人种群在默认模拟体中进行进化，并且最好的模拟个体将被在实体机器人上进行测试，

同时记录传感器数值的时间序列；在第二阶段，模拟器的种群被进化，以减小由实体机器人获得的时间序列与由模拟器获得的时间序列之间的差异。进化最优的仿真器被用在第一阶段，同时新随机产生的种群被进化，产生的最优个体被用在实体机器人上进行测试，以为第二阶段的模拟进化提供时间序列。这种两阶段协同进化过程被重复多次，直到模拟与实体机器人的行为差异最小。结果显示，大约20通道的两阶段进化过程足以产生一个良好的控制系统，再转移到关节机器人上。在这种情况下，实体机器人只用于测试20个个体。

4）最近的一种方法是通过使用ER的多目标公式来解决模拟到现实的转移问题，其中两个主要目标通过基于Pareto的多目标进化算法进行优化：①适合度；②转移性[76.47]。为了评估可转移性，根据任何给定控制器的模拟与现实之间的行为差异，定义了模拟到现实的差异度量。该测量方法对种群中的每个成员都是近似的，并且该方法已成功地用于步行行为[76.47]。

5）最后，还有一种方法是对机器人控制系统学习规则进行进化，并对其进行遗传编码，而不再对参数（如连接强度）进行进化。解码控制系统的参数在个体生命的最开始被初始化为小随机数，并必须通过学习规则来进行自组织[76.48]。这种方法阻止进化过程获得满足模拟模型特性的控制参数，并鼓励生成对部分未知环境保持适应性的控制系统。当这样的个体被转移到实体机器人上时，它能根据遗传进化的学习规则在线进化其控制参数，并将物理环境的因素考虑在内。这种方法在关于学习进化的76.7.2节中有详细描述。

76.4 一个复杂适应系统的行为

行为是通过作用者的控制系统、身体和环境之间（以很高的频率发生）的非线性交互而产生的一种动态过程[76.49,50]。在任意时间步，环境和作用者-环境关系影响作用者身体与其运动反应，后者同时反过来影响环境和/或作用者-环境关系（图76.7）。一系列的这种交互导致了一种动态过程，其中不同方面（即机器人控制系统、机器人本体与环境）是不可分割的。这表明，即使具有关于因素控制交互的完整知识，也不能通过交互来理解行为是怎样产生的[76.51,52]。

进化机器人学的一个有趣特性是，它能够综合

显示某种行为能力的机器人，而无须指定实现这种能力的方式和/或应产生的基本行为的组合，以实现所需的总体能力，这使得进化中的机器人能够发现和利用机器人控制系统、机器人本体和环境之间的交互和/或先前开发的行为能力之间的交互产生的行为[76.52]。反过来，对涌现特性的综合和利用通常使进化中的机器人能够发现依赖于相对精简的控制策略和/或身体结构的解决方案。

例如，进化中的机器人如何基于简单的控制策略来解决自适应任务，得益于利用来自代理/环境交互的属性，让我们考虑一个放置在由墙壁包围的

对感知模式进行详细分析表明，机器人对两类障碍物的区分不是一件容易的事情，这是由于机器人识别到的墙壁和柱体的传感信号会重叠在一起，但对于进化机器人，它进化出了一种能力，即能够借助一种不需要对两类物体进行清晰区分的策略来完成任务[76.53]。该解决方案（ ▶ VIDEO 116 ）包括对感知状态做出反应，以便机器人/环境动力学在圆柱形物体附近收敛为极限环，在极限环中，机器人保持前后左右移动，而不是靠近墙壁（图76.9）。

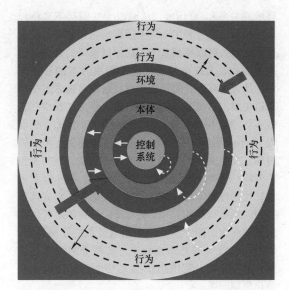

图 76.7 描述了行为是如何从所代理的控制系统，在其本体与环境之间以较高速率发生若干非线性交互中产生的；该行为可以显示一个多层次的组织，其中机器人与环境的交互，以及较低层次行为之间的交互，会产生更高层次的行为，这些行为随后会影响其产生的交互

竞技场中的机器人 Khepar 的情况（图 76.8），这将进化出一种通过发现并保持靠近食物（即圆柱形物体）来觅食的能力[76.53]。该机器人配有 8 个红外传感器和两个电动机，控制两个相应车轮的期望速度。从外部观察者的角度来看，解决此问题需要机器人能够：

1）对环境进行探测，直到发现障碍物。
2）判断被发现的障碍物是墙还是圆柱形物体。
3）根据障碍物的性质决定接近还是绕开。

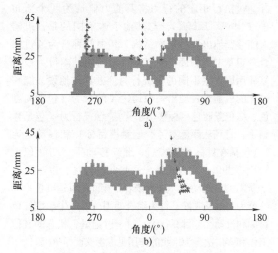

图 76.9 进化机器人靠近墙壁及圆柱体时的角度轨迹
a）靠近墙壁 b）靠近圆柱体
注：这幅图的获得是通过将机器人放置在环境中的一个随机位置上，让它自由地运动 500 个周期，并记录它相对于两种物体距离小于 45mm 时的相对运动。为了清楚起见，箭头被用来指示相对方向，而不是运动的幅度。

对这些紧急行为的发现与利用可能使得进化中的机器人通过某种计算的方式来找到一种解决复杂问题的简单方法。事实上，上述觅食任务可以通过配备简单反应控制器的机器人 Khepera 来解决（即具有 8 个感觉神经元的前馈神经网络，对直接连接到两个运动神经元的相应红外传感器的状态进行编码，这两个神经元设置了两个车轮的期望速度）。

76.4.1 行为重组与再利用

进化中的机器人可以重新组合和重复使用获得的基本行为能力，以产生更高层次的行为。这一点已经在一系列模拟实验中得到了证明，其中一组具有关节臂、摄像头和手掌上的触觉传感器的仿人机

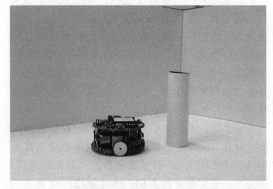

图 76.8 机器人与环境
注：环境由一个 60×35cm 的区域组成，可容纳可随机放置的一个圆柱形物体位置。

器人，已经进化为能够执行由三个动作和三个目标词（到达、触摸、移动、红色目标、绿色目标和蓝色目标）组合而成的祈使句命令，这些命令由六个相应的二进制传感器编码[76.54]。

在进化过程中，通过执行七种相应的行为，评估机器人理解九个可能句子中的七个的能力（这些句子可以由三个动作和三个目标词组合而成）；然后，这些机器人还对进化过程中没有经历过的另外两句话进行了后评估。

一些经过进化的机器人能够发展所需的技能，并通过执行相应的行为将其能力概括为两个新句子（ VIDEO 41 ）。与其他个体不同的是，机器人能够归纳出一种层次结构，其中九种行为通过组合一组基本行为而产生，并且相同的基本行为被重复使用以产生不同的高级行为。更具体地说，能够进化的机器人表现出一种到达 X 的行为（包括向红色、绿色或蓝色目标移动手臂）、触摸行为（包括移动手，直到从颜色不经意地触摸目标）和移动行为[这包括在目标被触摸后，继续移动手（与颜色无关）]，并以合成方式组合这些低级行为，以产生九个所需的高级动作。这意味着，相同的到达红色目标的行为与触摸或推动行为组合使用，以产生触摸红色目标和推动红色目标行为。对于讨论紧急状态的其他工作和多层次行为组织的作用见参考文献 [76.52]。

76.4.2　感知-运动协调

通过动作，机器人不可避免地会改变机器人与环境的关系和/或环境，从而改变它们接下来将经历的刺激。通过利用动作主动影响感知刺激的可能性，机器人可以找到基于简约控制策略的自适应解决方案。人工进化是发现这类解决方案的有效方法，从人类观察者的角度来看，这类解决方案往往难以想象。事实上，在进化机器人学的文献中，有很多巧妙运用感知-运动协调的例子。例如，机器人 Khepera 被赋予红外和车轮速度传感器，可以通过靠近大型圆柱形物体（食物）来觅食，同时避免小的圆柱形物体（危险）[76.55]。从被动的角度来看，这并没有考虑机器人可以通过动作来自我选择有用的刺激（脂肪），在小大圆柱形物体附近体验的感知刺激的能力需要一个相对复杂的控制策略，因为在机器人的感知空间中，这两类刺激强烈重叠；另一方面，利用感知-运动协调可以使机器人简化辨别问题。

事实上，进化中的机器人往往会收敛于一个相当简单的解决方案，即在感知到一个物体后，就立即围绕该物体旋转，并利用在执行物体旋转行为期间感知到的左右车轮的速度差来决定是否继续围绕该物体旋转（在小速度差的情况下）或放弃该物体（在大速度差的情况下）。事实上，物体旋转行为的执行允许机器人在车轮传感器上体验感知刺激，而车轮传感器能很好地区分大小物体，这反过来又允许机器人用一种相当简单但可靠的控制策略来解决物体辨别问题。其他示例见参考文献 [76.53, 56, 57]。

76.5　进化体

大多数进化机器人实验，以及大多数机器人实验都假设机器人本体规划已经设计完成优化方法只用于改进控制策略（术语"本体规划"在这里表示机器人设计的所有方面而非其控制策略。这种设计考虑包括机器人的机械布局和材料性能，以及其传感器和运动分布）。这种强调违背了机器人学领域的一个假设，即控制策略设计是非直观的，因此应该是自动化的，而选择合适的机器人本体规划是直观的，因此可以手动设计。

然而，研究表明，机器人本体的精心设计会对其最终行为产生显著的影响。例如，双足机器人足底的适当曲率（以及其他设置）可以允许它在完全没有控制策略的情况下沿着倾斜平面行走[76.58]，或者对仿人机器人臂和手的结构修改可以促进主动分类感知的进化[76.59]（当机器人或动物主动与感兴趣的对象交互时，会产生主动分类感知，这种物理交互产生的感觉刺激可以对这些对象进行分类）。这些结果符合具体行为的观点，如图 76.7 所示。由于行为产生于机器人本体与其环境之间的相互作用，因此对机器人本体的改变将改变产生的行为。

这表明，不仅自动改进机器人的控制策略有效，而且自动改进机器人的本体规划也是非常有用的。进化算法是一种非常适合这项任务的工具，因为与许多学习方法不同，进化算法不会对正在优化的系统结构做出假设：机器人腿的长度或腿的数量——可以像人工神经网络中突触连接的强度一样易于进化。

76.5.1 共同进化的本体和大脑

Sussex 小组是第一个证明机器人形态进化的小组：他们在实体机器人上进化了传感器放置[76.15]，尽管机器人本体规划的其他方面保持不变。一年后，Sims[76.61] 演示了一种进化算法，改进了机器人本体规划和控制策略的结构和参数。尽管 Sim 的生物是虚拟的，并在模拟环境中操作，但机器人展示了一系列直观和非直观的本体规划，允许他们游泳、步行或与有限的资源竞争[76.62]。

Funes 和 Pollack[76.63]表明，在模拟中可以进化出三维的形式，在现实中构建它们，并使实体结构的行为与最初进化的模拟结构类似。随后是同一组的工作，其中在模拟中进化的机器人使用 3D 打印技术制造成实体机器人[76.60]（图 76.10）。尽管只打印了机器人的塑料框架，并且必须手动添加电子设备和电池，但这表明，机器人设计原则上可以使用进化算法实现自动化，机器人制造可以使用快速成型实现自动化[76.64]。

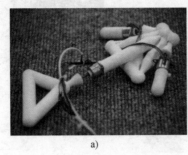
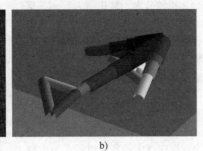

a)   b)

图 76.10 从 GOLEM 项目中进化的机器人[76.60]

a) 最初在模拟环境中进化的虚拟机器人   b) 真实机器人由一个 3D 打印的塑料框架和手动添加的电子设备构成

从那时起，许多研究小组为了不同的目的同时开展了机器人本体规划和控制策略的研究，一些研究人员已经将这种方法用于研究生物学问题。例如，Long 等人[76.65]已经进化出了可以附着在泳动机器人上的人工尾巴的刚度：具有不同刚度尾巴的机器人具有不同的游泳或转身能力，这为研究脊骨最初是如何在早期脊椎动物中进化提供了一个独特的实验工具。Clark 等人[76.66]也进化了机器人鱼部分的材料特性，但在本例中，重点是在模拟中进化鳍的刚度和形状。这个项目有一个工程目标：进化出的鱼鳍需要被制造出来，并在一条机器鱼身上进行测试，结果发现它们有助于理想的游泳行为。

进化算法可用于探索可能的机器人本体规划的空间，也可用于探索其变形，或者机器人的本体规划的空间在其生命周期内可能如何变化。在最近的研究中，Bongard[76.67] 比较了进化直立腿式机器人行走行为的两种方法（▶ VIDEO 771 ）。在第一种方法中，直立腿式机器人一直进化到成功行走；在第二种方法中，运动最初是为无腿、成鳗状的机器人进化而来的，这些机器人在移动时逐渐长出了腿。随着第二种方法的进化，后来的机器人逐渐失去了这个初代机的无腿本体规划，取而代之的是直立、有腿的本体规划。研究发现，在第二种方法

中，直立腿式机器人的行走进化速度更快，进化后的控制器更具鲁棒性。对这一结果的解释是，无腿机器人提供了一种可以加速搜索的支架形式：进化更容易为无腿机器人提供运动，因为有了鳗形的本体规划，机器人就不会摔倒（支架是教师在学习者的环境中引入某些方面，帮助学习者掌握一个概念，然后在拆除支架后完善该概念的现象[76.68]，支架的典型例子是自行车的训练轮）。这种移动策略随后通过进化加以改进，以成功地控制直立和有腿（因此不稳定）的机器人。

机器人本体规划和控制策略的同时进化为研究本体、大脑和环境之间的关系提供了其他途径。在参考文献［76.69］中人们发现，当进化为在崎岖地形上行走时，比在平坦地形上行走时产生了更复杂形状的机器人（▶ VIDEO 772 ）。这是因为当机器人在崎岖不平的地形中进化时，进化出附肢和钩子，拉动或推动自己前进。

最近，Hiller 和 Lipson[76.70] 展示了软体机器人的进化：这不仅需要进化机器人的控制策略及其实际形状，还需要进化构成机器人每个体素的材料属性，这使得在整个机器人中的软材料和硬材料形成复杂的三维图案，进化可以利用这些图案产生运动[76.71]。软体机器人是展示进化算法力量的理想工

具，这种机器的设计和控制是高度非直观的，使得人工设计极其困难。

76.5.2 自建模

机器人本体规划的进化不仅对机器人设计有用，而且在设计和部署实体机器人后，还可以提高其适应性。例如，在参考文献［76.72］中显示，一个实体机器人可以配备一个车载模拟器，机器人可以使用该模拟器不断进化自身模型，这些自身模型反映了机器人的机械结构。该方法对可能承受意外损伤（如腿部机械分离）的机器人有用：机器人诊断损伤；然后，进化出一个模拟受损机器人，精确反映物理损伤，它利用模拟的受损机器人在内部进化出一种补偿控制策略；最后，实体机器人使用内部进化的补偿控制策略，使其在受损的情况下仍能继续移动。图 76.11 所示为自建模方法。

参考文献［76.73］展示了一种将其推广到集群机器人的方法。集群中的每个机器人都有自己的自建模引擎，但会定期向群中的其他机器人输出自己的最佳自身模型和控制策略。这样做的结果是，如果一个机器人受损并恢复，第二个遭受类似损伤的机器人恢复得更快。

最后，机器人可以在其附近创建另一个机器人的模型，而不是对自身建模。更妙的是，机器人可以进化出另一个机器人意图的模型，并使用该信息帮助或阻止另一个机器人的行为，如参考文献［76.74］所述。尽管这些机器人没有为彼此的本体规划建模，但这种为他人建模的能力通常被称为心理理论。人们可以想象，这种嵌入式读心术的不断重复，会给日益智能化的机器带来持续的进化压力。

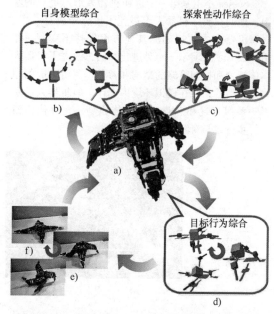

图 76.11 自建模方法

注：机器开始执行随机动作，并收集产生的传感器-电动机数据 a）；进化算法进化出一批模拟机器人，当它们移动时，产生与实体机器 b）相似的传感器-电动机数据。另一种算法搜索实体机器人要执行的新动作 c）；实体机器人执行新动作，并重新进化自模型，以解释第一个动作和新动作的结果 a）；在这种自建模的几个周期后，使用最佳自模型来进化新的行为 d）；最后实体机器人执行这些新进化的行为 e）、f）。

76.6 光识别

76.6.1 光识别概述

早先的视觉引导进化行为实验是由英国萨赛克斯大学[76.75]通过一个特殊设计的龙门机器人（图 76.12，VIDEO 371）完成的。离散时间动态递归神经网络与视觉采样形态学同时进化：大脑与视觉传感器同步发展[76.13,76.77]。该机器人的设计旨在通过具有非车载电源和处理功能来实现在真实环境中的进化，以便机器人可以长时间运行，同时受到自动适应度评估函数的监控。如图 76.12 所示，电荷耦合器件（CCD）摄像头指向 45°角的镜子。镜子可以绕垂直于摄像头图像平面的轴旋转。摄像头悬在门架上，可以在 X、Y、Z 维度上运动。当只有 X、Y 两个维度被使用时，相当于具备前向摄像头的轮式机器人；另外一个维度可用于研究飞行行为。

该设备最初的使用方式类似于第 76.2 节中描述的微型移动机器人在环形迷宫中导航的真实实验，成功地实现了许多视觉导航行为，包括绕障碍物导航、跟踪运动目标和区分不同对象[76.76]。进化过程是渐进的，区分两个不同目标的能力是在发现单一目标行为的基础上发展起来的。染色体具有动态长度，因此神经控制器在结构上通过进化得到进一步发展，以完成新任务（增加了神经元和连接）。在图 76.12 和图 76.13 中，从随机位置和方

图 76.12 用于视觉识别任务的龙门机器人

注：机顶盒内的摄像头向下指向一个倾斜的镜子，镜子可以被底部的步进电动机驱动。下部的塑料盘悬挂在操纵杆上，用于检测与障碍物的碰撞。

向开始，机器人必须移动到三角形而不是矩形。无论形状的相对位置如何，在非常嘈杂的照明条件下都必须实现这一点。递归神经网络控制器与视觉采样形态学一起进化，只使用来自相机图像基因指定的补丁（根据基因指定连接到输入神经元），图像的其余部分被扔掉了，这使得系统仅使用 2~3 个像素的视觉信息，但仍然能够在高度可变的照明条件下可靠地执行任务[76.13,76]。

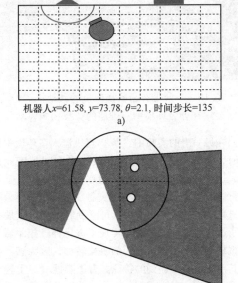

机器人 x=61.58, y=73.78, θ=2.1, 时间步长=135

a)

b)

图 76.13 形状识别任务

a）机器人在场地中的位置，表示的是三角形前面的目标区域　b）机器人摄像头视角表示了由感知输入的进化而选取的可视区域

这是另一个阶段或增量进化示例，目的是获得能够解决问题的控制系统，这些问题要么过于复杂，要么可能受益于发现、保存并构建解决方案子组件的进化方法。对于能明确解决这个问题的进化方法，有兴趣的读者可以参考文献［76.78］。为了获得更加复杂的机器人系统，阶段进化仍然是进化机器人学中一个探索较少的领域，值得进一步研究和更具原则性的方法[76.79]。

76.6.2　主动视觉与特征选择的协同进化

尽管计算机功能强大，而今天的机器视觉还是无法与生物视觉相提并论。机器视觉和生物视觉之间存在一个明显而又经常被忽略的差异：计算机通常需要在指定的极短时间内处理整个图像，并且产生一个即时的应答；而动物则需要时间来探索图像、搜索特征，并随着时间的推移动态整合信息。

主动视觉是选择和分析视觉场景片段的顺序和交互式过程[76.80-82]，特征选择是对出现在视觉场景的相应特征建立敏感度，系统会选择性地响应这些特征[76.83]。在机器视觉中，这两种均被研究和采用过，但主动视觉和特征选择的结合鲜有研究。一个有趣的假设是，主动视觉和特征选择的协同进化可以通过相互促进，大大降低基于视觉行为的计算复杂性。

一系列实验已经用于这一假设的研究[76.84]。这些实验均是基于装备行为系统来研究主动视觉和特征选择的（图 76.14），这些系统有一个初始的移动视网膜和一个刻意的简单神经结构。神经结构由一个人工视网膜和两套输出单元组成，其中一套输出单元决定视网膜的移动和放缩因子，另一套输出单元决定系统行为，包括模式识别系统的响应、机器人的控制参数或汽车驾驶人的行为。神经网络嵌于行为系统中，当计算适合度时，其输入/输出值每 300ms 更新一次。因此，该网络的突触权重既负责系统行为所基于的视觉特征，也负责搜索这些特性所必需的运动动作。

在第一组实验中，将神经网络嵌入模拟的云台相机内，用于识别不同大小的三角形和正方形，它们可能出现在屏幕上的任何位置（图 76.15a），这是一项类似于上述龙门机器人实现类似的任务。视觉系统可以在 60s 内自由探索图像，并且连续判断当前屏幕上的形状是三角形还是正方形。适合度正比于这 60s 内正确的响应量，而响应量是根据屏幕上两种形状的不同实例计算的。进化系统能够在数

76

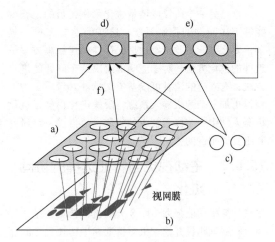

图 76.14　主动视觉系统的神经架构及其子系统
a)～f) 组成（每个子系统中的神经元数量可以
根据实验设置而变化）
a) 具有非重叠感受野的视觉神经元网格　b) 视觉图像
c) 一组本体感觉神经元，提供有关视觉系统运动的
信息　d) 一组决定系统行为（模式识别、汽车驾驶、
机器人导航）的输出神经元　e) 一组决定视觉系统
行为的输出神经元　f) 一组可进化的突触连接

秒内以 100% 的准确度判定形状的类型，虽然识别
问题不是线性可分割的，神经网络也没有隐藏单
元（在理论上，这些单元是解决非线性可分割问题
所必不可少的）。实际上，即使有同样图像集进行
同样的检测学习训练，如果不允许主动探测场景，
同一神经网络仍然无法解决问题。进化后的主动视
觉对垂直边、定向边和角落区域敏感，并用其移动
来搜索这些特征，以确定形状是三角形还是正方
形。这些特征在几乎所有动物的早期视觉系统中都
被发现过，它们独立于大小和位置。

在第二组实验中，神经网络被嵌入一辆模拟汽
车内，沿山路行驶（图 76.15b），该模拟器是一款
赛车电子游戏的改进版本。神经网络可以在驾驶人
位置的风窗玻璃上移动视网膜，控制汽车的转向、
加速和制动。适合度反比于完成环路而不离开道路
所用的时间。进化网络完成这些环路所用时间，几
乎可以与训练有素的学生用操纵杆控制汽车的时间
相提并论。进化网络始于搜索道路的边缘，根据风
窗玻璃边缘跟踪其相对位置，以控制转向和速度。
这些行为由于定向边敏感度的形成得以实现。

在第三组实验中，神经网络被嵌入了一个带
有云台摄像机的真实移动机器人中，该机器人被
要求在一个位于办公环境中的低墙方形竞技场中
导航（图 76.16）。适合度与 2min 内测量的直线运

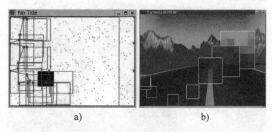

图 76.15　主动视觉实验
a) 进化的个体在屏幕中探索和识别形状
b) 搜索山路的边缘

动量成正比。因为观察人或办公室其他不相关的
特征而撞到墙壁的机器人比那些能走长直路和避
开竞技场墙壁的机器人的适应性差。进化后的机
器人倾向于固定场地地板和墙壁之间的边缘，当
其视网膜投影的大小超过阈值时，机器人会离开
墙壁（ VIDEO 36 ）。在一些昆虫和鸟类的视觉
回路中也发现了这种对定向边缘和隐现的敏感性。

图 76.16　一台带有云台摄像机的移动机器人被
要求在办公环境中有围墙的竞技场内移动

在另一组的实验中[76.85]，当机器人在环境中移
动时，神经网络的视觉路径被一组中间神经元放
大，这些神经元的突触重量可以通过 Hebbian 学习
进行修改[76.86]。所有其他的突触重量都是遗传编码
和进化的。研究结果表明，可感受野的终身发展提
升了进化机器人的性能，实现了进化神经控制器从
模拟机器人到实体机器人的鲁棒转移，因为感受野
对其出生环境中遇到的特征具有敏感性（见上述关
于模拟与现实的部分）。此外，结果还表明，与被
动暴露于同一采样图像集相比，主动视觉显著地影
响了视觉感受野的形成。换言之，装备有主动视觉
的机器人对环境中较小的特征子集具有敏感性，并
且主动跟踪这些特征，以维持稳定的行为。

76.7　计算神经行为学

进化机器人学也被用于研究神经科学和认知科学领域的开放性问题[76.87-90]，因为它提供了一个行为系统与环境交互的有利视角[76.91]。尽管与实际生物系统进行类比时，结果需要慎重对待，但进化机器人学可以生成并测试这些假设。当然，这些假设需要利用主流的神经科学方法进行深入的探讨。

例如，前面提到的具有 Hebbian 可塑性的主动视觉系统就被用于解决 20 世纪 60 年代 Held 和 Hein[76.92] 提出的一个问题。作者设计的实验如图 76.17 所示：第一只小猫（主动小猫）的自由移动被传递给吊厢中的第二只小猫（被动小猫）。第二只小猫的头部可以移动，但脚不能触地。结果，这两只小猫受到几乎完全一样的视觉刺激，但仅有一只是依靠身体的自身移动来接受的。数天之后，在设计的几个视觉导引任务中，只有主动小猫呈现出了正常的行为。因此作者认为，即从行为中产生的，反映本体感知的运动信息对于正常的视觉导引行为是必要的。

图 76.17　小猫实验

注：参考文献 [76.92] 中的原始装置，其中一只小猫几乎可以自由移动的动作被传递给另一只小猫（该小猫被装在吊厢中）。两只小猫都允许移动头部。由于墙壁和装置中心柱上的不变图案，它们受到了基本相同的视觉刺激（参考文献 [76.93]）。

小猫实验被用于进化机器人控制器。研究者克隆了一个进化机器人，并随机初始化了两个机器人

自适应视觉路径的突触值。研究者设定一个克隆机器人可以在一个矩形区域内自由运动，而另外一个克隆机器人的运动却限制在一个特定的路径上，但它可以自由地控制摄像头的位置，就像那个被动的小猫[76.94]。实验结果表明，被动机器人在视觉感受野和行为方面与主动机器人表现出了显著的不同。另外，那些被动机器人即使后来可以自由移动，但再也没有正确躲避障碍物的能力了。研究者对神经激活与机器人行为的关系，以及神经元在主动机器人和转移机器人之间转移特性做了一个全面分析，结果表明，被动机器人表现很差是因为它们无法选择视觉特征。因此，被动机器人对功能不正常的特性产生了敏感性，在视觉领域干扰了其他主要特征。这个解释是否也适用于自然界的动物还有待进一步深入研究，但至少这些实验表明，运动反馈对于解释动物和机器人中观察到的病理行为模式是不必要的。

76.7.1　位置细胞的出现

现在让我们来思考这样一种情况：一个动物外出去探测环境并周期性地返回巢穴进食。研究者推测，这样的情况需要具备一种再现环境空间的能力，以便可以让动物找到自己的巢穴[76.95]，而且人们已经提出了具有不同复杂度和生物学细节的神经模型，可以提供这种能力[76.96,97]。

一个进化了的机器人在相似的生存条件下是否具有空间环境再现的能力？这样的再现类型具体是什么？应用相同的机器人 Khepera 和第 76.2 节描述的机器人在一个环形迷宫里导航方向的进化方法论，对空间环境再现的问题进行了研究。实验环境是一个方形区域，在一个角落放着一个小灯罩，机器人可以随时在那里（模拟）充电（图 76.18）。另外，实验在一个黑暗的房间内进行，只有充电区上方有一座小型灯塔。

机器人的传感器系统包括八个距离传感器、两个光敏传感器（一边一个）、一个检查地板颜色的传感器和一个检测电池电量的传感器。电池只能坚持 20s 且呈线性放电。进化神经网络是五个全连通的感觉神经元和运动神经元。实验使用了第 76.2 节中用来表述机器人在环形迷宫中导航的适应度函数，仅差一个用来激励直线导航的适应度函数的中

图76.18　在充电区装有灯塔的实验
环境俯视图和机器人 Khepera

越过在充电区激活地图上清晰可见的两道门墙；当
机器人背对光源时，机器人的轨迹却与充电区呈有
梯度的正交，这种梯度变化其实指示了机器人与充
电区的实际距离。有趣的是，这些不同的运动模式
没有明显地受到电池电量的影响。

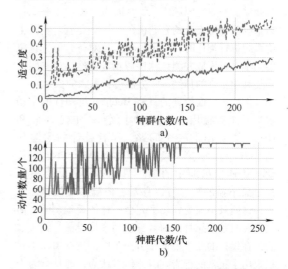

图76.19　进化后机器人的适合度和生命周期
a）平均种群适合度（实线）和最优个体适合度（虚线）
b）以感知运动周期或动作数量衡量最优机器人
生命周期。一个机器人从一个满电量开始
不充电的话可以持续50个动作（20s），
生命周期最长为150个动作

间项，并且在机器人的生命周期内，适合度值每
300ms计算一次并不断累加。这样一来，发现充电
器所在位置的机器人就可以生存得长一些，而且可
以积累更多的适合度值去探测环境（为了限制实验
时间，机器人的生存周期超过60s就自动结束）。

　　同样的实验也用在实体机器人上，这些机器人
进化了十天十夜，它们的适合度和生命周期都在不
断增长（图76.19）。经过大约200代的进化，机器
人具有了在环境中导航的能力：它们可以行走很长
的距离，同时可以躲开墙壁和充电区
（ⓐ VIDEO 118）。当电池快没电时，机器人马上开
始以直线导航冲向充电区，而充电完成后机器人会
马上离开充电区开始新的导航。进化最好的那些机
器人常会在完全没电的前一两秒到达充电区。这表
明机器人可根据发生问题的位置，通过某种方式校
正它们返航的时间和路径。

　　为了理解怎样才可能产生这种行为，研究者使
用了一系列神经行为学的方法：利用激光定位装置
每隔300ms提供一次机器人的精确位置和方向。对
那些正处于自由移动状态的进化机器人，研究者给
予它们实时的内部神经元刺激，并通过关联它们的
位置和行为，看到了这样结果：有些神经元擅长反
应性行为，如避障、向前运动和电池监测，而另一
些机器人却表现出更复杂的激活模式，这取决于它
们的初始方向是正对光源的还是背对光源
（图76.20）。在机器人正对光源的情况下，激活模
式反映了机器人在探测和返航期间通常遵循的环境
区域和路径，如机器人去往充电区的轨迹从来没有

正对光源　　　　　　　背对光源

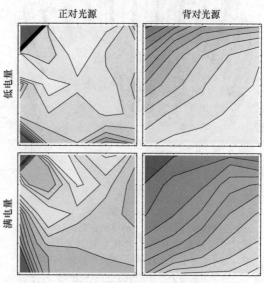

图76.20　一个内部神经元的激活等级
（与亮度成正比）
注：充电区位于每张图的左上角。

神经元的这个功能使我们想起了关于鼠脑中海马体的经典发现：大脑中的一些神经元（也称为位置细胞）在环境中某些特定区域会变得活跃[76.98]。另外，在进化机器人上测得的特定定位模型的神经激活模式让我们想起了在鼠脑海马体中的那些所谓的头部方向神经元，它们位于位置细胞附近。当海马体的头对着一个环境地标时，它们就活跃起来了[76.99]。虽然进化机器人的大脑和生物体的大脑不能作太表面的类比，但这些实验结果依然表明了这两个组织确实有功能上相似的神经策略，而处理这种情况的策略可能会比没有依赖环境再现策略更为有效（环境再现只对像随机运动、趋光运动和航位推测法这样的反应性策略有效）。

76.7.2 尖峰神经元

绝大多数生物神经元使用称为尖峰的自传播电脉冲进行通信，但从信息论的角度来看，目前尚不清楚信息是如何在尖峰序列中编码的。连接论模型[76.100]是目前应用最广泛的模型，它假设重要的是神经元的发放频率，即神经元在相对较长的时间窗口内（如超过 100ms）发出的平均尖峰数量。或者，重要的是一小群神经元在给定点上的平均尖峰数。在这些模型中，人工神经元的实值输出代表了发放频率，可能相对于可达到的最大值进行归一化。相反，尖峰模型[76.101]基于以下假设：触发时间，即单个尖峰发射的精确时间，可能传递的重要信息[76.102]。脉冲神经元模型的突触和膜整合动力学稍微复杂一些。根据一个人对什么是真正重要的理论，可以使用连接论或尖峰模型。

但是，设计一个能够实现预设功能的尖峰神经元电路仍然是一项具有挑战性的工作。在机器人领域，到现在最成功的应用集中在初次感觉处理和相对简单的运动控制[76.103,104]。尽管有这些成功实现，但现在还没有尖峰电路能够通过与实际环境的自主交互来实现最简单的认知功能和学习行为能力。

人工进化描绘了一种很有前途的方法，能够产生具有特定功能的尖峰电路网格；然后测试这些进化的网格，以检测机器人使用了何种交流形态，以及其与观察到的机器人行为之间有什么联系。

Floreano 和 Mattiussi[76.105] 进化出一个全连通的尖峰神经元网络，用于在一个白色背景上涂有大小不同黑色条纹的竞技场中驱动基于视觉的机器人（图 76.21）。实验用的是机器人 Khepera，并配有一个视觉转台，该转台由能够生成 36°视角的一个灰度感光器线性阵列组成。一组局部对比度检测

过滤器的输出值在尖峰时被转化（对比度越强，每秒尖峰数量就越多），并发给十个全连通的尖峰神经元[76.106]。这些神经元子集的尖峰序列转化为运动指令（每秒脉冲越多，车轮的转动就越快）。适应度函数是在 2min 内测得的机器人向前平移量。因此，那些经常在原地转弯或撞墙的机器人比那些走直线只在躲避墙时转弯的机器人的适合度低。这些机器人的基因组是一个已编码的代表神经元和突触连接存在性的比特串。如果突触有关联就设置为 1，且在机器人的整个生命周期内不能改变。

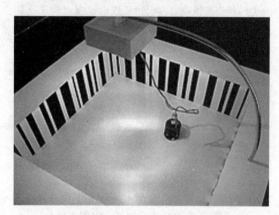

图 76.21 进化出一个尖峰神经元网络以驱动竞技场中基于视觉的机器人（旋转触点下方的光线保证机器人可以日夜不停地进化）

机器人进化了大约 20 代，可靠稳定地发现了非常鲁棒的尖峰控制器（实际机器人大约需要 30h 的进化，见 VIDEO 37）。经过进化的机器人能躲避墙壁和其他任何在它前面的物体。通过对进化最好的控制器的详细分析表明，神经元没有利用尖峰时间差（曾经有人预料神经元使用了光学流动性能来探测墙壁和机器人的距离）。相反，它们只是利用传入的尖峰数量（发放频率）作为何时转向的标志。当机器人感知到强烈的对比度时，它就直行，而当机器人感知的对比度低于某个阈值时（表明它正在接近障碍物），它就开始转弯。对于基于视觉的行为，这个极其有效和简单的结果与昆虫光流检测理论形成对比，可能值得考虑作为一个备选的假设。

结果表明，尖峰神经元网络比连接模型有更好的进化性能（至少在这个任务上）。一个可能的原因是尖峰神经元具有亚阈值的动力学，这在一定程度上使它在受到突变的影响时并不会立即影响网络的输出。

这个鲁棒的结果和简洁的基因编码激励作者使

用一个更加简单的尖峰神经元模型，这样整个神经网络可以被映射到一个小于50B的内存中，相应的进化算法也减少到了几行代码，整个系统就可以在一个可编程智能计算机（PIC）微控制器内实现，而无须任何外部计算机来存储数据。这个系统用于糖块机器人（图76.22），该机器人可以在1h内自主稳定地提高它在一个迷宫里导航的能力[76.107]。有趣的是，进化的尖峰控制器开发了一种连接模式，其中，尖峰神经元从一个小的邻近传感器接收连接信号，但不是来自其他传感器，并且只与邻近的尖峰神经元连接。在生物系统中也观察到了这种连接的模式，并鼓励神经元对感觉特征进行专门化。

图76.22　糖块和机器人Alice配备了尖峰神经网络，在PIC微控制器中实现进化

76.7.3　神经气体网络

本节介绍另一种类型的人工神经网络，它是受强调实际神经系统的复杂电化学性质的当代神经科学启发而来，它们实际上类似于体积信号，通过体积信号，神经递质自由地扩散进神经细胞外围的相对大的空间中，这很可能会影响很多其他神经元[76.108,109]。这种奇异的神经信号不满足于脑机制的通常情况，它迫使我们重新考虑现有的理论[76.110-113]。这一类的人工神经网络被用于探索人工体积信号，即神经气体网络（GasNet）[76.114]。这些本质上是增加了包含扩散虚拟气体的化学信号系统的标准的神经网络，虚拟气体能够调整其他神经元的响应。现实神经网络的不同方面激发了大量GasNet的变体，这些变体被应用于进化机器人，以构建移动自主机器人的人工神经系统。与应用于各种机器人任务和行为的其他形式的神经网络相比，GasNet的进化速度要快得多[76.38,114-116]，它们可以发展成潜在有用的工程工具，或者作为生物系统的分析工具[76.112,117-119]。

类似于生物神经元网络，GasNet包括两种不同的信号机制，即电信号和化学信号。底层的电

网络是拥有可变数量节点的离散时间步长递归神经网络。这些节点通过兴奋或抑制环节连在一起（图76.23）。

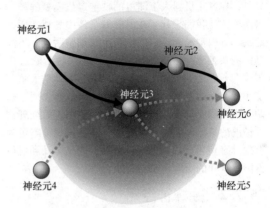

神经元3产生了气体，并调节神经元2，但两者之间没有突触连接

图76.23　GasNet

注：正（实线）和负（虚线）电连接，以及扩散的虚拟气体产生一种化学梯度。

除了这种正负信号在单元中流动的潜在网络，还存在着一种抽象的过程，类似于气体控制器释放气体。一些单元可以释放虚拟气体，而这些气体能够通过改变它们的输出来调节其他单元的行为。这种网络适用于二维空间，其释放过程意味着节点的相对定位对于网络功能的影响是十分关键的。在空间上，气体浓度随从发射气体的节点向外扩展的距离呈反指数变化，这一距离扩展受参数r限制。当距离大于r时，气体浓度设为零。一个节点处的气体浓度是由其他所有放射气体的节点所放出的气体到该节点的气体浓度之和所决定的。

为了计算方便，最初的GasNet有两种气体，一种用于增加传递函数增益参数，另一种用于减小传递函数增益参数。因此，气体不会直接改变网络中的电活动，而是通过连续地改变个体节点的输入输出映射，或者直接通过刺激更多虚拟气体的生成来发生作用。气体扩散的一般形式是基于（现实）单源神经元的特性，这些特性由Philippides等人[76.112,117]建模。调节的选择是由称为神经元突触的NO调节效应激发的[76.120]，详见参考文献[76.114]。

现在已经产生了基本GasNet的各种变体，其中有两种是受当代神经科学启发得来的。神经丛模型直接受哺乳动物大脑皮层信号传导模式的启发，其中NO信号是通过许多产生NO的纤维的共同行为产生的，从而远离神经丛散发的神经元目标

云[76.118]。在神经丛 GasNet 中（它在抽象级别对这种类型的信号进行建模），气体浓度的空间分布在影响范围内一致。这种气体扩散云的中心是由基因控制的，能够远离控制节点（控制节点类似于神经丛的源）[76.116]。这些模型的其他细节与前面描述的基本 GasNet 相同。受体 GasNet 包括一部分生物神经网络，它不同于大多数分子人工神经网络。虽然神经科学还不能完全理解受体机制，但已经有众多的系统级思想的说法。

受体变体的细节与基本的 GasNet 相似，只是现在只有一种虚拟气体，而且网络中的每一个节点可以拥有三个离散数量（零、中等值、最大值）中的一个可能的受体。漫射神经递质对某一个神经元的调控取决于存在何种受体。每个节点的调控强度与这个节点的气体浓度和相关受体数量的乘积成正比。在最初的 GasNet 中，任意一个位于漫射发射器路径上的节点都是以一种固定的方式调控的。受体模型决定了该处的调控形式，包括无调控（无受体）和单点多重调控（更多细节见参考文献[76.116]）。

尽管本节介绍的大多数 GasNet 变体都已经在一系列的机器人任务中得到了成功应用，但它们的可进化性和其他性能在第 76.6 节描述的（龙门）机器人视觉识别任务中进行了详尽的比较（ VIDEO 375 ）。该网络的所有方面都处于基因控制下：节点的数量、连通性，以及 GasNet 的所有体积信号参数（包括节点的位置和它们是否为虚拟气体释放器）。视觉取样形态学也处于进化控制之下。人们发现，最初的基本 GasNet 的进化性，远远强于各种其他类型的连接神经网络，以及无法实现体积信号的 GasNet。成功应用于该任务的 GasNet 控制器从节点和连接的数量来讲都倾向于最小化，同时能够实现复杂的动态控制[76.114]。后续的将基本 GasNet 与神经丛和受体变体进行比较的实验显示，后两者比前者具有更为强大的进化性，受体 GasNet 尤为成功[76.116]。上文提到的 GasNet 实验表明，通过人工体积信号机制得以实现的复杂网络动态控制，可以轻易地用来实现独立个体的自适应行为。这些实验也抛出了这样一些问题，如为什么 GasNet 比许多其他形式的 ANN 具有更强的进化性？为什么各种 GasNet 变体的可进化性又存在差异？为了深入了解 GasNet 可进化性中最重要的因素，研究了其他几种类型的 GasNet，包括非空间 GasNet，其中扩散过程被具有复杂动力学的显式气体连接所取代，并具有其他形式的调制和扩散[76.119]。使用上述视觉识别任务[76.116,119]对这些变体之间，以及与其他形式的 ANN 进行了详细的比较研究。

对比研究表明，气体引入的丰富动力学和额外的时间尺度在增强可进化性方面发挥了重要作用，但并非全部原因[76.116,119]。特殊形式的调制也很重要，如乘法或指数调制（以传递函数变化的形式）被发现是有效的，但加法调制则不是。前一种调制方式通过允许节点在不同环境中对不同范围的输入（内部和感觉）敏感而赋予进化优势。网络的空间嵌入似乎也在两个不同的信号过程（电和化学）之间产生最有效的耦合作用。通过利用两个过程之间的松散、灵活耦合，可以显著减少它们之间的破坏性干扰，允许一个过程对另一个过程进行调谐，同时寻找良好的解决方案[76.115,116,121]。类似的力量可能在尖峰神经网络中发挥作用，其中亚阈值和尖峰动力学相互作用，尽管尚不能与 GasNet 相比，但已证明比连接网络更具进化性。对 GasNet 变体中耦合度与进化速度的测量支持了这一观点[76.116]；受体 GasNet 是迄今为止最具进化性的[76.116]，其进化搜索过程对信号过程之间的耦合度具有最直接的控制，并且偏向于松散耦合。

对 GasNet 解决方案的分析通常揭示出高度的退化性，功能等效子网络以多种不同形式出现，有些涉及气体，有些不涉及[76.121]。它们的基因型-表型映射（表型是机器人行为）也高度退化，有许多不同的方式可以实现相同的效果（如移动节点位置、改变气体扩散参数或添加新连接都可以产生相同的效果）。当使用可变长度基因型在可变维度的搜索空间中有效地塑造解决方案时，尤其如此。简并性的水平通常比使用连接网络时要高得多，这些特性在一定程度上解释了 GasNet 在嘈杂环境中的鲁棒性和适应性，也是其进化性的另一个重要因素（有许多途径可以达到相同的表型结果，降低致命突变的概率）[76.119,122]。在最成功的 GasNet 中，多尺度动力学、调制和空间嵌入协同作用，产生了高度进化的简并网络。

这些和正在进行的研究表明，专门针对神经系统电化学性质的研究很有可能成为能够产生丰硕成果的研究领域，无论是对于进化机器人学还是对于神经科学的研究都是如此，这也可能迫使我们不断地去拓展对行为产生机制未来发展面貌的理解。

由于具有探索整条未指定模型的能力，进化机器人学（ER）被越来越多地用于开发或探索神经模型，以回答神经科学中的特定问题[76.88-90]，或者探索关于可能的神经机制的新理论[76.90]。最近一个有趣的假设是，大脑所依赖的可塑性形式之一本身就是一种通过神经组织内的自然选择进行进化的形式[76.123,124]。在这种情况下，选择的单位是神经元组之间复制的活动和连接模式。不管它是否发生在自然界（也可能发生），这种机制都可以应用于一种全新的进化机器人。

76.8　进化与学习

进化与学习（或者系统发育和人体发育适应性）是两种在空间和时间上不同的生物适应性。进化是一个繁殖和替换的过程，这个过程基于存在一个可以在基因水平上展示其多样性的种群，而学习是一系列的修正，这些修正是针对个体的，它产生于每个独立个体的生命周期。进化与学习运行在不同的时间尺度上，进化是一种适应性形式，这种适应性能够捕捉相对缓慢的环境变化，而这种变化可能需要经历几代的繁殖（如一个特定物种对食物源的感知特性）；相应地，学习是个体在代际水平上去适应不可预测的环境的变化。学习可能包括多种能够在个体生命周期内产生自适应变化的机制，如身体发育、神经成熟、神经元之间的连通性变化和突触可塑性等。最后，其实进化运行于基因型，学习只是影响表型，而表型的改变不会影响基因型。

研究人员已经结合了进化技术和学习技术（有监督或无监督的学习算法，如强化学习或 Hebbian 学习，在参考文献［76.125］中可以找到）。这些研究有两个目的：

1）从提高机器人鲁棒性和效率的角度来确定结合这两种方法的潜在优势。

2）理解在自然中学习和进化的交互作用。

从进化的角度，学习有几种不同的适应功能：第一，学习让个体能够适应那些对于进化无法跟踪的快速变化[76.126]；第二，学习允许机器人在与环境的交互过程中通过使用信息提取来提高它们的适应能力，这样既不必通过遗传变异来发现这些特性，也不用把这些特性编码到它的基因组中。为了理解进化与学习之间关系的重要性，我们可以认为进化适应是基于一个简单明了的目的，即一个机器人应付环境的能力——机器人的适合度值，而个体发育适应是基于极为丰富的环境信息——当机器人与环境交互时各种传感器的状态信息。这些大量信息的输入不能直接反映出个体在它生命周期的不同阶段表现有多好，也不知道如何提高其适合度函数来改进自己的行为，但进化机器人已经具备了在它们的生命周期内利用这些信息产生适应性变化的能力，可能在无意中就可以提高适应特性，从而基于原来较差的基因型产生更为复杂的表型。最后，学习对进化是有帮助和引导作用的。在学习过程中尽管有表型的物理变化，如突触的强化，但这些无法重新写入基因型中。Baldwin[76.127] 和 Waddington[76.128]认为，学习确实可能以一种微妙但高效的方式影响进化过程。Baldwin 认为，学习可以加速进化，因为次优个体可以在它们生命周期中获得生存所需要的特征并传给下一代，但连续世代的变异可能会发现某些遗传特质，从而产生以前学习中已经获得的相同特征。Baldwin 的第二个观点，即已学到的遗传特性的间接同化，后来被科学证据证实了，并且被 Waddington[76.128] 定义为［表型］限渠道化效应。

另外，学习也是需要付出代价的：①为了得到适合度，能力在时间上发生了延时（个体发育过程中需要提高适应行为）；②在个体发育过程中，提高某种特定能力的可能性受到机器人与环境交互中部分不可预测特性的影响，增加了学习的不可靠性[76.129]。在接下来的两个小节中，我们将描述两个实验，展示结合进化和学习的一些潜在优势。

76.8.1　学习适应快速的环境变化

考虑这样一种情况：机器人 Khepera 在一个方形竞技场，其周围是黑白条纹相间的墙，机器人 Khepera 去探索它周围的环境并到达任意一个指定位置的目标[76.126]。进化机器人拥有八个用来给相应红外传感器编码的感觉神经元和两个控制两个轮子期望速度的运动神经元。因为墙的颜色不仅改变每一代机器人，而且非常明显地影响红外传感器的响应强度，所以进化机器人应该具备这样一种判断能力：在它们的生命周期内，判断它们在具有黑白条纹相间的墙的环境中的位置和学习改变行为的能力。这就是说，机器人不仅应该在白墙的竞技场（红外传感器充分起作用时）避免撞墙，同时应该在机器人位于黑墙的竞技场（此时红外传感器基本不起作用）也能避免撞墙。

机器人配备了一个神经控制器（图 76.24），包括四个感觉神经元，对四个相应红外传感器的状态进行编码；两个运动神经元，对两个车轮的期望速度进行编码；两个教学神经元对教学值进行编码，用于在机器人的生命周期内修改从感觉神经元到运动神经元的连接权重。这种特殊的结构允许进化中的机器人将机器人一生中经历的感觉状态转换为教学信号，从而可能导致机器人一生中的适应性变化。对进化后的机器人的分析表明，它们发展出两种不同的行为，适应于它们出生的特定领域（被白色或黑色的墙壁包围）。进化中的机器人并没有继承有效行为的能力，而是学习行为的倾向。这种学习倾向涉及几个方面，如体验有用的学习经验的倾向、通过学习获得有用的适应性特征的倾向，以及在不同环境条件下向不同方向引导变化的倾向[76.126]。

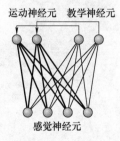

图 76.24　自学网络

注：两个教学神经元的输出作为两个运动神经元的教学值，教学神经元和感觉神经元的权重在机器人生命周期内不发生改变，而运动神经元和感觉神经元的权重依据误差校正算法而改变。

76.8.2　学习进化

在前面的例子中，采用标准学习规则的进化神经网络可应用于所有的突触连接。Floreano 和 Mondada[76.130]探索了对学习规则进行遗传编码和进化的可行性，这些学习规则和嵌入实体机器人神经网络中的不同突触连接相关。这项研究工作的主要动机是进化出能够适应部分未知环境的机器人，而不是在进化过程中看到的适应环境的机器人。为了防止神经网络的进化协调到一个特殊的进化环境中（限制不同环境之间的转换或从模拟到真实的转换），突触权重值并没有采用遗传编码，而网络中的每个突触连接用三个基因来定义它的标号、学习规则和学习率（图 76.25）。每次将基因组编码到一个神经网络并下载到机器人中，突触强度被初始化为小的任意值，并且在机器人与环境交互的过程中随遗传指定的规则和速率而变化。这种方法的

变体包括一个更紧凑的遗传编码，学习特性都关联一个神经元而不是一个突触。所有传入神经元的突触都使用其基因指定的规则和速率。基因可以对四种 Hebbian 学习类型进行编码，它们根据神经心理学数据进行建模，并且可以相互补充[76.131]。

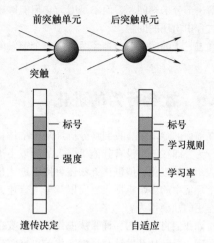

图 76.25　遗传编码突触连接的两种方法

注：遗传决定的突触在机器人的生命周期内不会改变。自适应突触随机初始化，并且可以在机器人的生命周期内随基因组指定的学习规则和学习率而变化。

图 76.26 所示的实验结果表明，这种方法在没有学习能力的情况下进化突触强度方面有很多明显的优势[76.48]（ VIDEO 40 ）。机器人进化越快，越能获得更好的适合度值。此外，进化行为的定性研究是不同的，尤其是在它们没有利用最小解与环境达到一致时（如朝一边转动，或者沿进化竞技场转圈）。最重要的是，这些进化后的机器人表现出卓越的适应能力。最佳的进化个体应满足：①完美

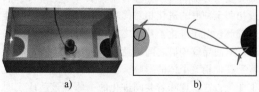

图 76.26　学习进化的实验结果

a）装有视觉模块的移动机器人 Khepera 可以在灯光打开时获取灰色区域标定的目标点。一般情况下，灯光是关闭的，但当机器人穿过竞技场黑色区域时，灯光将被打开。该机器人可以识别周围光线和墙壁的颜色，但不能识别地板的颜色　b）通过学习规则的遗传编码在模拟中进化的个体行为

地实现从模拟机器人到实体机器人的转换；②在光线和反射特性发生变化的环境中完成任务；③当环境的关键标志和目标区域发生位移时完成任务；④可以在不同形态的机器人平台之间顺利切换。换句话说，选择这些机器人是因为它们能够通过动态适应来解决部分未知问题，而不是因为它们能够解决进化过程中出现的问题。

在进一步的实验中，神经网络中每个突触的遗传密码都包含一个基因，这个基因使得其他基因能够代表连接强度或学习规则和速率。80%的突触都选择学习，使得这种遗传策略具有强的适应能力[76.131]。这种方法也可以用于神经控制形态的进化，因为突触是在运行过程中产生的，所以它们的强度在遗传上不能被细化[76.132]。近期，进化尖峰神经元的机器人控制领域也证实了这种自适应遗传编码方法的自适应特性[76.133]。

76.9　社会行为的进化

在前面的章节中，我们将分析局限于个体机器人的行为，即在一个没有其他机器人的环境中进行机器人个体的进化，但进化方法还可用于进化位于同一个环境中的多个机器人之间以竞争或合作方式相互作用的社会行为。

正如我们将看到的那样，从进化综合更复杂能力的角度，以及从开发针对环境变化的鲁棒解决方案的角度来看，竞争性的协同进化尤其有趣。相反，协作进化对于解决那些由于物理约束或有限的行为能力而无法由单个机器人来处理或开发鲁棒的解决方案来说，尤其有趣[76.134]。

76.9.1　捕食者与猎物机器人的共同进化

竞争性共同进化，如捕食者和猎物机器人两个种群的共同进化反映了两种能力，即捕食者追捕猎物，而猎物逃避捕食者追捕，这恰好反映了进化机器人的两个特点：第一，具有不同兴趣种群之间的竞争会很自然地加速个体进化过程，那么个体将面临更复杂的挑战（虽然这种情况很少发生）。的确，最初两个种群的进化相对简单，因为对手的平均能力较低，但在进化了几代之后，种群的平均能力提升，从而导致种群之间的竞争难度增大。第二，环境受其他相关个体的影响，会随着种群的进化而发生变化，这就意味着共同进化的个体应该适应实时变化的环境，并根据不同的环境发展鲁棒性强的行为[76.135]。

机器人在强竞争性共同进化中表现出的潜在优势已经通过一系列实验得以证实。Floreano 和 Nolfi[76.136,137]对两个机器人种群的捕食和猎物的进化行为进行了实验（图76.27），并得出了上述结论。

结果表明，捕食者和猎物机器人在没有收敛的

图 76.27　实验装置

注：捕食者和猎物机器人（从左到右）被放置在一个四周被围墙包围的竞技场中，并且允许它们之间在一些从随机生成的不同方向开始的实验中可以相互作用。捕食者以在实验中能够捕捉到（如触碰）猎物的比例为基础，猎物则以在实验中能够避开（如不被触碰）捕食者的比例为基础。捕食者拥有视觉系统，猎物仅具有小范围的距离传感器，但它比捕食者的运动速度快两倍。两个机器人间的碰撞可以由机器人底部的导电带进行检测。

情况下，都倾向于在世代之间改变其行为。在每一代中个体所表现出的行为往往与同一代对手所展示出的对应策略相适应（ VIDEO 38 ）。这一动态进化过程并不会导致持久的进步，因为在经历最初的进化阶段后，共同进化过程导致了一个极限环动力学，其中同样少量的行为策略在各代中不断重复循环[76.137]。这种极限环动力学可以这样理解，即机器人猎物为了与捕食者具有不同方向，趋于改变它们的行为方式，但与此同时，针对机器人猎物展示出的这种行为策略，捕食者变得高效了。

然而，在实验[76.138]中，机器人可以基于无人监管的 Hebbian 学习规则改变它们的行为，这表明共同进化机器人能够产生真实的进化过程，但进化的阶段可要长得多，而且进化后的捕食者展示出一种有效地适应猎物不同行为策略的能力，即使猎物的行为策略已经根据捕食者的行为进行了适当调整，而猎物反而趋向于通过一种不可预见的变化模式来展示它们的行为。

进一步的实验表明，竞争性共同进化可以解决单一种群的进化所不能解决的问题。Nolfi 和 Floreano[76.137]证明，如果之前的捕食者和猎物已经在同一时间共同完成了进化，要使捕食者具备捕捉虽不变但已提前进化的猎物的能力，尝试进化捕食者的行为确实使捕食者产生了较低的性能。

76.9.2 进化中的合作行为

正如社会性昆虫所证明的那样，简单合作个体的群体能够表现出非凡的能力，并表现出自组织行为，其中在系统层面观察到的时空模式来自个体机器人之间的众多交互。另一方面，由于期望的群体行为与单个机器人的特征之间存在间接关系，因此设计此类集群机器人系统是一个难题。通过对整个机器人系统进行评估（即根据大量机器人/环境和机器人/机器人交互产生的全局行为选择机器人），进化机器人学为发现有效的行为解决方案和简单而鲁棒的控制策略提供了一种手段[76.139]。

近期研究表明，进化的机器人团队能够：
1）发展鲁棒性和有效的协调行为[76.140,141]。
2）发挥互补作用进行合作[76.141,142]（ VIDEO 376 ）。
3）显示自组织属性[76.143]。
4）开发和使用交流能力[76.144-146]。

此外，该领域进行的一些研究表明，进化机器人学实验如何有助于模拟生物现象，如识别导致合作交流行为出现的进化条件[76.146]或促进有效分工策略进化的机制[76.147]。

这里我们简要回顾了一系列实验，其中 Swarm-bot[76.148]，即一组能够通过物理连接进行组装的自主机器人被进化为具有显示协调运动的能力（ VIDEO 115 ）。每个单独的机器人由一个主平台（底盘）和能够相互主动旋转的转台组成（图 76.28）。底盘包括用于在崎岖和平坦地形上导航的带齿车轮的轨道，以及指向地面的红外传感器；转台包括一个夹持器、分布在车身周围的 16 个光传感器、一个扬声器、三个传声器，以及一个位于转台和底盘之间的牵引力传感器，用于检测转台施加在底盘上的牵引力的方向和强度。Swarm-bot 由多个配备相同神经控制器的机器人组成，并组装在一起形成一个单一的物理实体。

图 76.28 单独机器人（s-bot）和由 4 个 s-bot 组成链型的模拟机器人（Swarm-bot）

通过进化这些 Swarm-bot 的神经控制器，Baldassare 等人[76.140]展示了机器人如何显示出强大而有效的协同能力，使个体能够在一致的方向上进行协商和聚合，并通过补偿运动过程中产生的不一致来保持沿着该方向移动。这样的行为能力足够强大，允许从模拟到现实的平稳过渡，并允许机器人将其能力推广到崎岖的地形。在一项扩展实验中，s-bot 还配备了红外传感器、扬声器和传声器，进化出的 Swarm-bot 还显示出一旦一个 s-bot 检测到一个洞时通过协调改变方向来规避危险的能力[76.149]。

进化的 Swarm-bot 在不同条件下进行测试时（例如，当它们被组装成更多的群体和/或不同的拓扑结构时，或者当它们还必须以协同的方式推拉重物时），也可以概括其协调运动能力。最后，当置于新的环境条件下（如在有障碍物和墙壁的环境中），Swarm-bot 会自发地表现出新的行为技能（与获得的技能相关），如合作避开障碍物的能力，而无须进一步适应。这种在新的行为条件下显示新的相关行为的能力，是由相同机器人与新的环境条件相互作用的动力学过程的结果[76.142,150]。

76.9.3 沟通的进化

沟通是集体行为的一个关键因素。进化机器人学的最新研究表明，复杂的沟通能力是如何在为执行需要协调和/或合作的任务而选择的机器人群体中产生和发展的。

对这些实验的分析表明，沟通通常是由于线索而产生的，这些线索为其他机器人提供了有用的信息，是在执行特定行为时无意中产生的[76.146,151]。这些线索的存在为发展以自适应方式对其做出反应的能力奠定了基础，从而导致建立自适应的交互，机器人在其中产生信号并自适应地对检测到的信号做出反应。这些交互形式的建立为信号和响应策略的共同进化创造了适应条件[76.152]（◉ VIDEO 117）。

由此产生的沟通系统的可靠性和稳定性取决于机器人之间的关联程度（即遗传相似性）和选择它们的程度[76.146]。基因高度相关的机器人或根据群体表现出的行为选择的机器人进化出可靠的信号和稳定的沟通约定。相比之下，当机器人之间的关联度较低且选择在个体层面起作用时，进化过程可能会导致出现不稳定、无效，以及在某些情况下具有欺骗性的沟通形式[76.153,154]。

沟通的进化与其他行为能力的进化密切相关[76.155]。事实上，毕竟机器人需要发展适当的行为来访问和/或生成要沟通的信息和/或对检测到的信号做出适当的反应。行为和沟通技能的共同适应可能会导致创新阶段延长，在此阶段，行为能力的发展为沟通能力的发展创造适应条件，反之亦然[76.151,152]。此外，行为能力和沟通能力的共同适应往往会导致高度偶然的进化过程。在这一过程中，种群在某一进化阶段所拥有的能力会强烈影响后续阶段的结果[76.152,156]（◉ VIDEO 117）。

76.10　硬件的进化

近些年，技术发展使研究人员可以探索电子电路的进化。在本节中，我们简要地总结了在这一方向上的一些基础性工作。

我们以上讨论的大部分工作，以软件实现的某种形式的遗传指定神经网络已经成为机器人控制系统的核心。将控制系统直接进化到硬件的相关方法可以追溯到 20 世纪 90 年代中期 Thompson 的研究工作[76.157]。与设计或编程为遵循定义良好的指令序列的硬件控制器不同，进化用的硬件控制器通过进化直接配置，然后根据半导体物理实时运行。通过消除标准的电子设计约束，可以利用物理学产生高度非标准、通常非常高效且最小的系统[76.158]。

Thompson 利用人工进化为一个两轮自主移动机器人设计了一种车载硬件控制器，使机器人在一个空旷的竞技场中完成简单的避障行为。从靠近墙壁的位置以随机方向出发，要求机器人利用受限的感知输入移动到场地的中心并停留在那里（图 76.29）。驱动轮子的直流电动机不允许倒退，机器人唯一的传感器是一对固定在机器人上分别指向左和右的飞行时间声呐。

Thompson 的研究方法使用了所谓的动态状态机（DSM）——一种泛化的有限状态机只读存储器（ROM）实现，其中输入信号严格同步的常用限制和状态转换都处于自由状态（实际上是处于进化控制之下）。这个系统有机会采用一个全球计时器，其频率受基因控制，因此进化过程决定了是否每个信号都与这个计时器同步，或者可以非同步化运行，这就使进化中的 DSM 与机器人和环境之间的交互动力学紧密耦合，并且使进化过程能够实现更广泛的系统动力学。在机器人内部，这个过程是以一种虚拟现实的方式进行的，即真正进化的硬件

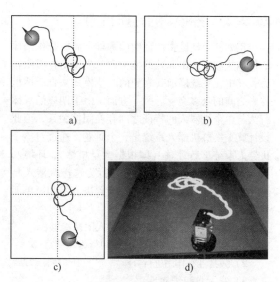

图 76.29　携带进化硬件控制器的
机器人的避障行为
a）~c）虚拟现实　d）现实环境

控制真正的电动机，而轮子仅在空中旋转。如果轮子确实起到支撑作用，则机器人实际要执行的动作就被模拟出来，机器人预期接收的声呐回波信号就实时传达给硬件 DSM。经过 35 代进化之后，就可以达到很好的效果，实现从虚拟环境到真实环境的良好转换（图 76.29）。

在这项研究完成后不久，特殊类型的、适用于进化性应用的现场可编程门阵列（FPGA）就问世了。FPGA 是可以重新设定的系统，允许用基本逻辑元件创建电路。Thompson 利用它们的性能直接在芯片中演示进化过程。通过再次放松标准限制，如将所有元件同步到一个中心计时器，就能够开发出

非常新型的功能电路，包括用于机器人 Khepera 的红外线传感器来躲避障碍物的控制器。

继 Thompson 的开创性工作之后，Keymeulen 等人进化出了一种机器人控制系统，使用以门级可进化硬件为基础的布尔函数方法[76.160]。该系统作为一个可移动机器人的导航系统，使它能够定位并拾取彩球，同时躲避障碍物。这个机器人配备了红外线传感器和视觉系统，可以检测目标的方位和距离。使用可编程逻辑器件（PLD）以析取形式实现布尔函数。这项工作表明，这样的门级可进化硬件可以充分利用输入状态的相关性，并且展示出有用的泛能力，因而使在模拟中进化的鲁棒行为能够很好地转换到现实环境中。

Ritter 等人采用了一个完全不同的研究方法，使用机载进化算法的 FPGA 开发了一种六足机器人的控制器[76.161]。Roggen 等人设计了一种能够实现进化、自我修复和自适应的多细胞可重构电路[76.162]，并将其作为轮式移动机器人尖峰脉冲控制器进化的基础[76.163]。尽管进化硬件控制器还没有广泛应用于进化机器人，但它已经展现出一些很有发展前途的特性，如对故障的鲁棒性，这使得它们在极端状况下的应用（如空间机器人）就显得很有意义。

76.11 结论

进化机器人学是用于开发无人交互机器人的一种还处于萌芽状态的综合方法，其设备的变化和适应是根据与环境之间的交互来完成的。尽管起初受到了众多机器人领域的实践者和专家们的质疑[76.164]，但随着这几年该领域的持续发展，已经可以用新的方法和技术去开发更复杂、高效甚至令人吃惊的机器人系统。在某些领域，如形态学和自装配，进化机器人学仍然是应用最广泛和功能最强大的方法。

进化机器人学不仅是一种开发仿生自主机器人的方法，也是研究生物学中有关进化、发育和大脑动力学开放性问题的工具。它令我们相信，这个方法将朝着创造具有自进化能力的新物种的方向继续发展和前进。

为了获得实用知识，感兴趣的读者可以使用软件库，如自主机器人仿真与分析框架（FAR-SA）[76.165]，这是一种开放式软件工具，允许基于各种机器人平台进行进化机器人学实验，并复制和改变本章所述的一些实验[76.166]。

视频文献

VIDEO 36 Visual navigation of mobile robot with pan-tilt camera
available from http://handbookofrobotics.org/view-chapter/76/videodetails/36
VIDEO 37 Visual navigation with collision avoidance
available from http://handbookofrobotics.org/view-chapter/76/videodetails/37
VIDEO 38 Coevolved predator and prey robots
available from http://handbookofrobotics.org/view-chapter/76/videodetails/38
VIDEO 39 Evolution of collision-free navigation
available from http://handbookofrobotics.org/view-chapter/76/videodetails/39
VIDEO 40 Online learning to adapt to fast environmental variations
available from http://handbookofrobotics.org/view-chapter/76/videodetails/40
VIDEO 41 iCub language comprehension
available from http://handbookofrobotics.org/view-chapter/76/videodetails/41
VIDEO 114 Resilent machines through continuous self-modeling
available from http://handbookofrobotics.org/view-chapter/76/videodetails/114
VIDEO 115 A swarm-bot of eight robots displaying coordinated motion
available from http://handbookofrobotics.org/view-chapter/76/videodetails/115
VIDEO 116 Discrimination of objects through sensory-motor coordination
available from http://handbookofrobotics.org/view-chapter/76/videodetails/116
VIDEO 117 Evolution of cooperative and communicative behaviors
available from http://handbookofrobotics.org/view-chapter/76/videodetails/117
VIDEO 118 Exploration and homing for battery recharge
available from http://handbookofrobotics.org/view-chapter/76/videodetails/118

▸ VIDEO 119	Introduction to evolutionary robotics at EPFL
	available from http://handbookofrobotics.org/view-chapter/76/videodetails/119
▸ VIDEO 371	Evolution of visually guided behavior on Sussex gantry robot
	available from http://handbookofrobotics.org/view-chapter/76/videodetails/371
▸ VIDEO 372	Evolved walking in an Octpod
	available from http://handbookofrobotics.org/view-chapter/76/videodetails/372
▸ VIDEO 373	Evolved homing walk on rough ground
	available from http://handbookofrobotics.org/view-chapter/76/videodetails/373
▸ VIDEO 374	Evolved bipedal walking
	available from http://handbookofrobotics.org/view-chapter/76/videodetails/374
▸ VIDEO 375	Evolved GasNet visualization
	available from http://handbookofrobotics.org/view-chapter/76/videodetails/375
▸ VIDEO 376	Evolved group coordination
	available from http://handbookofrobotics.org/view-chapter/76/videodetails/376
▸ VIDEO 771	Morphological change in an autonomous robot
	available from http://handbookofrobotics.org/view-chapter/76/videodetails/771
▸ VIDEO 772	More complex robots evolve in more complex environments
	available from http://handbookofrobotics.org/view-chapter/76/videodetails/772

76 参考文献

76.1　S. Nolfi, D. Floreano: *Evolutionary Robotics: The Biology, Intelligence, and Technology of Self-Organizing Machines* (MIT/Bradford, Cambridge 2000)

76.2　J.H. Holland: *Adaptation in Natural and Artificial Systems* (Univ. of Michigan Press, Ann Arbor 1975)

76.3　A.M. Turing: Computing machinery and intelligence, Mind **LIX 236**, 433–460 (1950)

76.4　V. Braitenberg: *Vehicles. Experiments in Synthetic Psychology* (MIT, Cambridge 1984)

76.5　R.D. Beer: *Intelligence as Adaptive Behavior: An Experiment in Computational Neuroethology* (Academic, Boston 1990)

76.6　D. Parisi, F. Cecconi, S. Nolfi: Econets: Neural networks that learn in an environment, Network **1**, 149–168 (1990)

76.7　P. Husbands, I. Harvey: Evolution versus design: Controlling autonomous robots, Integrating Percept. Plan. Action, Proc. 3rd IEEE Annu. Conf. Artif. Intell. Simul. Plan. (1992) pp. 139–146

76.8　D. Floreano, O. Miglino, D. Parisi: Emergent complex behaviors in ecosystems of neural networks. In: *Parallel Architectures and Neural Networks*, ed. by E. Caianiello (World Scientific, Singapore 1991)

76.9　R.A. Brooks: Intelligence without representation, Artif. Intell. **47**, 139–159 (1991)

76.10　F. Mondada, E. Franzi, P. Ienne: Mobile robot miniaturization: A tool for investigation in control algorithms, Proc. 3rd Int. Symp. Exp. Robotics, Tokyo, ed. by T. Yoshikawa, F. Miyazaki (1993) pp. 501–513

76.11　L. Steels (Ed.): *The Biology and Technology of Intelligent Autonomous Agents*, NATO ASI (Springer, Berlin, Heidelberg 1995)

76.12　D. Floreano, F. Mondada: Automatic creation of an autonomous agent: Genetic evolution of a neural-network driven robot, Proc. 3rd Int. Conf. Simul. Adapt. Behav.: Anim. Animat. 3, ed. by D. Cliff, P. Husbands, J.A. Meyer,

S.W. Wilsonpages (MIT, Cambridge 1994) pp. 402–410

76.13　I. Harvey, P. Husbands, D.T. Cliff: Seeing the light: Artificial evolution, real vision, Proc. 3rd Int. Conf. Simul. Adapt. Behav.: Anim. Animat. 3, ed. by D.T. Cliff, P. Husbands, J.-A. Meyer, S. Wilson (MIT, Cambridge 1994) pp. 392–401

76.14　M.A. Lewis, A.H. Fagg, A. Solidum: Genetic programming approach to the construction of a neural network for a walking robot, Proc. IEEE Int. Conf. Robotics Autom. (ICRA) (1992) pp. 2618–2623

76.15　D. Cliff, I. Harvey, P. Husbands: Explorations in evolutionary robotics, Adapt. Behav. **2**, 73–110 (1993)

76.16　D.E. Goldberg: *Genetic Algorithms in Search, Optimization and Machine Learning* (Addison-Wesley, Reading City 1989)

76.17　H. de Garis: Genetic programming: Evolution of time dependent neural network modules which teach a pair of stick legs to walk, Proc. 9th Eur. Conf. Artif. Intell. (ECAI), Stock. (1990) pp. 204–206

76.18　R.D. Beer, J.C. Gallagher: Evolving dynamical neural networks for adaptive behavior, Adapt. Behav. **1**, 94–110 (1992)

76.19　R.D. Beer, H.J. Chiel, L.S. Sterling: Heterogeneous neural networks for adaptive behavior in dynamic environments. In: *Neural Information Processing Systems*, Vol. 1, ed. by D. Touretzky (Morgan Kauffman, San Mateo 1989) pp. 577–585

76.20　M.A. Lewis, A.H. Fagg, G. Bekey: Genetic algorithms for gait synthesis in a hexapod robot. In: *Recent Trends in Mobile Robots*, ed. by Y. Zheng (World Scientific, Singapore 1994) pp. 317–331

76.21　J. Gallagher, R. Beer, M. Espenschiel, R. Quinn: Application of evolved locomotion controllers to a hexapod robot, Robotics Auton. Syst. **19**(1), 95–103 (1996)

76.22　R.D. Beer, R.D. Quinn, H.J. Chiel, R.E. Ritzmann: Biologically inspired approaches to robotics, Commun. ACM **40**, 31–38 (1997)

76.23   S. Galt, B.L. Luk, A.A. Collie: Evolution of smooth and efficient walking motions for an 8-legged robot, Proc. 6th Eur. Workshop Learn. Robots, Brighton (1997)

76.24   T. Gomi, K. Ide: Emergence of gaits of a legged robot by collaboration through evolution, IEEE World Congr. Comput. Intell. (IEEE Press, New York 1998)

76.25   F. Gruau: Automatic definition of modular neural networks, Adapt. Behav. 3(2), 151–183 (1995)

76.26   F. Gruau, K. Quatramaran: Cellular encoding for interactive evolutionary robotics, Proc. 4th Eur. Conf. Artif. Life, ed. by P. Husbands, I. Harvey (MIT, Cambridge 1997) pp. 368–377

76.27   J. Kodjabachian, J.A. Meyer: Evolution and development of neural networks controlling locomotion, gradient following and obstacle avoidance in artificial insects, IEEE Trans. Neural Netw. 9, 796–812 (1998)

76.28   N. Jakobi: Running across the reality gap: Octopod locomotion evolved in a minimal simulation, Lect. Notes Comput. Sci. 1468, 39–58 (1998)

76.29   R. Téllez, C. Angulo, D. Pardo: Evolving the walking behavior of a 12 DOF quadruped using a distributed neural architecture, Lect. Notes Comput. Sci. 3853, 5–19 (2006)

76.30   T. Reil, P. Husbands: Evolution of central pattern generators for bipedal walking in real-time physics environments, IEEE Trans. Evol. Comput. 6(2), 10–21 (2002)

76.31   NaturalMotion: http://www.naturalmotion.com

76.32   B. von Haller, A.J. Ijspeert, D. Floreano: Co-evolution of structures and controllers for Neubot underwater modular robots, Lect. Notes Comput. Sci. 3630, 189–199 (2005)

76.33   E. Vaughan, E.A. Di Paolo, I. Harvey: The evolution of control and adaptation in a 3D powered passive dynamic walker, Proc. 9th Int. Conf. Simul. Synth. Living Syst. Artif. Life IX, ed. by J. Pollack, M. Bedau, P. Husbands, T. Ikegami, R. Watson (MIT, Cambridge 2004) pp. 139–145

76.34   T. McGeer: Passive walking with knees, Proc. IEEE Conf. Robotics Autom. (ICRA) (1990) pp. 1640–1645

76.35   S. Wischmann, F. Passeman: From passive to active dynamic 3D bipedal walking – An evolutionary approach, Proc. 7th Int. Conf. Climbing Walk. Robots (CLAWAR 2004), ed. by M. Armada, P. González de Santos (Springer, Berlin, Heidelberg 2005) pp. 737–744

76.36   E. Vaughan, E.A. Di Paolo, I. Harvey: The tango of a load balancing biped, Proc. 7th Int. Conf. Climbing Walk. Robots (CLAWAR), ed. by M. Armada, P. González de Santos (2005)

76.37   K. Endo, F. Yamasaki, T. Maeno, H. Kitano: A method for co-evolving morphology and walking pattern of biped humanoid robot, Proc. IEEE Int. Conf. Robotics Autom. (ICRA) (2002) pp. 2775–2780

76.38   G. McHale, P. Husbands: Quadrupedal locomotion: Gasnets, CTRNNs and hybrid CTRNN/PNNs compared, Proc. 9th Int. Conf. Simul. Synth. Living Syst. (Artif. Life IX), ed. by J. Pollack, M. Bedau, P. Husbands, T. Ikegami, R. Watson (MIT, Cambridge 2004) pp. 106–112

76.39   G. McHale, P. Husbands: GasNets and other evolv-able neural networks applied to bipedal locomotion, Proc. 8th Int. Conf. Simul. Adapt. Behav.: Anim. Animat. 8, ed. by S. Schaal (MIT, Cambridge 2004) pp. 163–172

76.40   J.F. Laszlo, M. van de Panne, E. Fiume: Limit cycle control and its application to the animation of balancing and walking, Proc. 23rd Annu. Conf. Comp. Graph. Interact. Tech., ACM (1996) pp. 155–162

76.41   R.A. Brooks: Artificial life and real robots, Proc. 1st Eur. Conf. Artif. Life., Toward a Pract. Auton. Syst., ed. by F.J. Varela, P. Bourgine (MIT, Cambridge 1992) pp. 3–10

76.42   R. Featherstone, D. Orin: Robot dynamics: Equations and algorithms, Proc. IEEE Int. Conf. Robotics Autom. (ICRA) (2000) pp. 826–834

76.43   N. Jakobi, P. Husbands, I. Harvey: Noise and the reality gap: The use of simulation in evolutionary robotics, Lect. Notes Comput. Sci. 929, 704–720 (1995)

76.44   O. Miglino, H.H. Lund, S. Nolfi: Evolving mobile robots in simulated and real environments, Artif. Life 2, 417–434 (1996)

76.45   N. Jakobi: Half-baked, ad-hoc and noisy: Minimal simulations for evolutionary robotics, Proc. 4th Eur. Conf. Art. Life, ed. by P. Husbands, I. Harvey (MIT, Cambridge 1997) pp. 348–357

76.46   J.C. Bongard, H. Lipson: Nonlinear system identification using coevolution of models and tests, IEEE Trans. Evol. Comput. 9(4), 361–384 (2005)

76.47   S. Koos, J. Mouret, S. Doncieux: Crossing the reality gap in evolutionary robotics by promoting transferable controllers, Proc. 12th Annu. Conf. Genetic Evol. Comput. ACM (2010) pp. 119–126

76.48   J. Urzelai, D. Floreano: Evolution of adaptive synapses: Robots with fast adaptive behavior in new environments, Evol. Comput. 9, 495–524 (2001)

76.49   H.R. Maturana, F.J. Varela: Autopoiesis and Cognition: The Realization of the Living (Reidel, Dordrecht 1980)

76.50   R.D. Beer: A dynamical systems perspective on agent-environment interaction, Artif. Intell. 72, 173–215 (1995)

76.51   P. Funes, B. Orme, E. Bonabeau: Evolving emergent group behaviors for simple humans agents, Proc. 7th Eur. Conf. Artif. Life, ed. by J. Dittrich, T. Kim (Springer, Berlin, Heidelberg 2003) pp. 76–89

76.52   S. Nolfi: Behavior and cognition as a complex adaptive system: Insights from robotic experiments. In: Philosophy of Complex Systems, ed. by C. Hooker (Elsevier, Amsterdam 2009) pp. 443–466

76.53   S. Nolfi: Power and limits of reactive agents, Neurocomputing 42, 119–145 (2002)

76.54   E. Tuci, T. Ferrauto, A. Zeschel, G. Massera, S. Nolfi: An Experiment on behaviour generalisation and the emergence of linguistic compositionality in evolving robots, IEEE Trans. Auton. Mental Dev. 3, 176–189 (2011)

76.55   C. Scheier, R. Pfeifer, Y. Kunyioshi: Embedded neural networks: Exploiting constraints, Neural Netw. 11, 1551–1596 (1998)

76.56   S. Nolfi, D. Marocco: Active perception: A sensori-

76

motor account of object categorization, Proc. 7th Int. Conf. Simul. Adapt. Behav.: Anim. Animat. 7, ed. by B. Hallam, D. Floreano, J. Hallam, G. Hayes, J.-A. Meyer (MIT, Cambridge, MA 2002) pp. 266–271

76.57　E. Tuci, G. Massera, S. Nolfi: Active categorical perception of object shapes in a simulated anthropomorphic robotic arm, IEEE Trans. Evol. Comput. **14**, 885–899 (2010)

76.58　S. Collins, A. Ruina, R. Tedrake, M. Wisse: Efficient bipedal robots based on passive-dynamic walkers, Science **307**(5712), 1082–1085 (2005)

76.59　J.C. Bongard: Innocent until proven guilty: Reducing robot shaping from polynomial to linear time, IEEE Trans. Evol. Comput. **15**(4), 571–585 (2011)

76.60　H. Lipson, J.B. Pollack: Automatic design and manufacture of artificial lifeforms, Nature **406**, 974–978 (2000)

76.61　K. Sims: Evolving 3D morphology and behaviour by competition, Artif. Life **1**(4), 28–39 (1994)

76.62　Karl Sims: Evolved virtual creatures, evolution simulation, https://www.youtube.com/watch?v=JBgG_VSP7f8 (1994)

76.63　P. Funes, J. Pollack: Evolutionary body building: Adaptive physical designs for robots, Artif. Life **4**(4), 337–357 (1998)

76.64　Golem Evolutionary Robotics: https://www.youtube.com/watch?v=sLtXXFw_q8c&playnext=1&list=PL396A15596535B451&feature=results_video

76.65　J. Long: *Darwin's devices: What evolving robots can teach us about the history of life and the future of technology* (Basic Books, New York 2012)

76.66　A.J. Clark, J.M. Moore, J. Wang, X. Tan, P.K. McKinley: Evolutionary design and experimental validation of a flexible caudal fin for robotic fish, Artif. Life **13**, 325–332 (2012)

76.67　J. Bongard: Morphological change in machines accelerates the evolution of robust behavior, Proc. Natl. Acad. Sci. **108**(4), 1234–1239 (2011)

76.68　M. Dorigo, M. Colombetti: *Robot shaping: An experiment in behavior engineering* (MIT, Cambridge 1997)

76.69　J.E. Auerbach, J.C. Bongard: On the relationship between environmental and morphological complexity in evolved robots, Proc. 14th Int. Conf. Genetic Evol. Comput. Conf., ACM (2012) pp. 521–528

76.70　J. Hiller, H. Lipson: Automatic design and manufacture of soft robots, IEEE Trans. Robotics **28**(2), 457–466 (2012)

76.71　Evolved Soft Robots: https://www.youtube.com/watch?v=RrgZoo1-z_Y

76.72　J. Bongard, V. Zykov, H. Lipson: Resilient machines through continuous self-modeling, Science **314**(5802), 1118–1121 (2006)

76.73　J.C. Bongard: Accelerating self-modeling in cooperative robot teams, IEEE Trans. Evol. Comput. **13**(2), 321–332 (2009)

76.74　K.J. Kim, H. Lipson: Towards a theory of mind in simulated robots, Proc. 11th Annual Conf. Companion Genetic Evol. Comput. Conf. Late Break. Pap. ACM (2009) pp. 2071–2076

76.75　I. Harvey, P. Husbands, D.T. Cliff, A. Thompson, N. Jakobi: Evolutionary robotics: The Sussex approach, Robotics Auton. Syst. **20**, 205–224 (1997)

76.76　P. Husbands, I. Harvey, D. Cliff, G. Miller: Artificial evolution: A new path for AI?, Brain Cogn. **34**, 130–159 (1997)

76.77　N. Jakobi: Evolutionary robotics and the radical envelope of noise hypothesis, Adapt. Behav. **6**, 325–368 (1998)

76.78　K.O. Stanley, R. Miikkulainen: Evolving neural networks through augmenting topologies, Evol. Comput. **10**(2), 99–127 (2002)

76.79　M.A. Arbib: Self-reproducing automata – Some implications for theoretical biology. In: *Towards a Theoretical Biology*, 2nd edn., ed. by C.H. Waddington (Edinburgh Univ. Press, Edinburgh 1969) pp. 204–226

76.80　J. Aloimonos, I. Weiss, A. Bandopadhay: Active vision, Int. J. Comput. Vis. **1**(4), 333–356 (1987)

76.81　R. Bajcsy: Active perception, Proc. IEEE **76**(8), 996–1005 (1988)

76.82　D.H. Ballard: Animate vision, Artif. Intell. **48**(1), 57–86 (1991)

76.83　P.J. Hancock, R.J. Baddeley, L.S. Smith: The principal components of natural images, Network **3**, 61–70 (1992)

76.84　D. Floreano, T. Kato, D. Marocco, E. Sauser: Coevolution of active vision and feature selection, Biol. Cybern. **90**(3), 218–228 (2004)

76.85　D. Floreano, M. Suzuki, C. Mattiussi: Active vision and receptive field development in evolutionary robots, Evol. Comput. **13**(4), 527–544 (2005)

76.86　T.D. Sanger: Optimal unsupervised learning in a single-layer feedforward neural network, Neural Netw. **2**, 459–473 (1989)

76.87　I. Harvey, E.A. Di Paolo, R. Wood, M. Quinn, E. Tuci: Evolutionary robotics: A new scientific tool for studying cognition, Artif. Life **11**(1-2), 79–98 (2005)

76.88　A. Seth: Causal connectivity of evolved neural networks during Behaviour, Netw. Comput. Neural Syst. **16**(1), 35–54 (2005)

76.89　E. Izquierdo, S. Lockery: Evolution and analysis of minimal neural circuits for klinotaxis in Caenorhabditis elegans, J. Neurosci. **30**, 12908–12917 (2010)

76.90　P. Husbands, R.C. Moioli, Y. Shim, A. Philippides, P.A. Vargas, M. O'Shea: Evolutionary robotics and neuroscience. In: *The Horizons of Evolutionary Robotics*, ed. by P.A. Vargas, E.A. Di Paolo, I. Harvey, P. Husbands (MIT, Cambridge 2013) pp. 17–64

76.91　D.T. Cliff: Computational neuroethology: A provisional manifesto, Proc. 1st Int. Conf. Simul. Adapt. Behav.: Anim. Animat., ed. by J.-A. Meyer, S.W. Wilson (MIT, Cambridge 1991) pp. 29–39

76.92　R. Held, A. Hein: Movement-produced stimulation in the development of visually guided behavior, J. Comp. Physiol. Psychol. **56**(5), 872–876 (1963)

76.93　R. Held: Plasticity in sensory-motor systems, Sci. Am. **213**(5), 84–94 (1965)

76.94　M. Suzuki, D. Floreano, E.A. Di Paolo: The contribution of active body movement to visual development in evolutionary robots, Neural Netw. **18**(5/6), 656–665 (2005)

76.95　S. Healy (Ed.): *Spatial Representations in Animals* (Oxford Univ. Press, Oxford 1998)

76.96 N.A. Schmajuk, H.T. Blair: Place learning and the dynamics of spatial navigation: A neural network approach, Adapt. Behav. **1**, 353–385 (1993)

76.97 N. Burgess, J.G. Donnett, K.J. Jeffery, J. O'Keefe: Robotic and neuronal simulation of the hippocampus and rat navigation, Philos. Trans. R. Soc. **352**, 1535–1543 (1997)

76.98 J. O'Keefe, L. Nadel: *The Hippocampus as a Cognitive Map* (Clarendon, Oxford 1978)

76.99 J.S. Taube, R.U. Muller, J.B. Ranck Jr.: Head-direction cells recorded from the postsubiculum in freely moving rats. I. Description and quantitative analysis, J. Neurosci. **10**, 420–435 (1990)

76.100 D.E. Rumelhart, J. McClelland, P.D.P. Group: *Parallel Distributed Processing: Explorations in the Microstructure of Cognition* (MIT, Cambridge 1986)

76.101 W. Maas, C.M. Bishop (Eds.): *Pulsed Neural Networks* (MIT, Cambridge 1999)

76.102 F. Rieke, D. Warland, R. van Steveninck, W. Bialek: *Spikes:: Exploring the Neural Code* (MIT, Cambridge 1997)

76.103 G. Indiveri, P. Verschure: Autonomous vehicle guidance using analog VLSI neuromorphic sensors, Lect. Notes Comput. Sci. **1327**, 811–816 (1997)

76.104 M.A. Lewis, R. Etienne-Cummings, A.H. Cohen, M. Hartmann: Toward biomorphic control using custom aVLSI CPG chips, Proc. IEEE Int. Conf. Robotics Autom. (ICRA) (2000) pp. 494–500

76.105 D. Floreano, C. Mattiussi: Evolution of spiking neural controllers for autonomous vision-based robots. In: *Evolutionary Robotics. From Intelligent Robotics to Artificial Life*, ed. by T. Gomi (Springer, Tokyo 2001) pp. 38–61

76.106 W. Gerstner, J.L. van Hemmen, J.D. Cowan: What matters in neuronal locking?, Neural Comput. **8**, 1653–1676 (1996)

76.107 D. Floreano, Y. Epars, J.C. Zufferey, C. Mattiussi: Evolution of spiking neural circuits in autonomous mobile robots, Int. J. Intell. Syst. **21**(9), 1005–1024 (2006)

76.108 J.A. Gally, P.R. Montague, G.N. Reeke, G.M. Edelman: The NO hypothesis: Possible effects of a short-lived, rapidly diffusible signal in the development and function of the nervous system, Proc. Natl. Acad. Sci. **87**(9), 3547–3551 (1990)

76.109 J. Wood, J. Garthwaite: Models of the diffusional spread of nitric oxide: Implications for neural nitric oxide signaling and its pharmacological properties, Neuropharmacology **33**, 1235–1244 (1994)

76.110 T.M. Dawson, S.N. Snyder: Gases as biological messengers: Nitric oxide and carbon monoxide in the brain, J. Neurosci. **14**(9), 5147–5159 (1994)

76.111 J. Garthwaite, C.L. Boulton: Nitric oxide signaling in the central nervous system, Annu. Rev. Physiol. **57**, 683–706 (1995)

76.112 A.O. Philippides, P. Husbands, M. O'Shea: Four-dimensional neuronal signaling by nitric oxide: A computational analysis, J. Neurosci. **20**(3), 1199–1207 (2000)

76.113 C. Hölscher: Nitric oxide, the enigmatic neuronal messenger: Its role in synaptic plasticity, Trends Neurosci. **20**, 298–303 (1997)

76.114 P. Husbands, T. Smith, N. Jakobi, M. O'Shea: Better living through chemistry: Evolving GasNets for robot control, Connect. Sci. **10**(4), 185–210 (1998)

76.115 T.M.C. Smith, P. Husbands, M. O'Shea: Local evolvability, neutrality, and search difficulty in evolutionary robotics, Biosystems **69**, 223–243 (2003)

76.116 A.O. Philippides, P. Husbands, T. Smith, M. O'Shea: Flexible couplings: Diffusing neuromodulators and adaptive robotics, Artif. Life **11**(1-2), 139–160 (2005)

76.117 A.O. Philippides, P. Husbands, T. Smith, M. O'Shea: Structure based models of NO diffusion in the nervous system. In: *Computational Neuroscience: A Comprehensive Approach*, ed. by J. Feng (CRC, Boca Raton 2004) pp. 97–130

76.118 A.O. Philippides, S.R. Ott, P. Husbands, T. Lovick, M. O'Shea: Modeling co-operative volume signaling in a plexus of nitric oxide synthase-expressing neurons, J. Neurosci. **25**(28), 6520–6532 (2005)

76.119 P. Husbands, A. Philippides, P. Vargas, C. Buckley, P. Fine, E.A. Di Paolo, M. O'Shea: Spatial, temporal and modulatory factors affecting GasNet evolvability in a visually guided robotics task, Complexity **16**(2), 35–44 (2010)

76.120 D. Barañano, C. Ferris, S. Snyder: A typical neural messenger, Trends Neurosci. **24**(2), 99–106 (2001)

76.121 T.M.C. Smith, P. Husbands, A. Philippides, M. O'Shea: Neuronal plasticity and temporal adaptivity: Gasnet robot control networks, Adapt. Behav. **10**(3/4), 161–184 (2002)

76.122 G. Edelman, J. Gally: Degeneracy and complexity in biological systems, Proc Natl. Acad. Sci. USA **98**, 13763–13768 (2001)

76.123 C. Fernando, K. Karishma, E. Szathmáry: Copying and evolution of neuronal topology, PLoS ONE **3**(11), e3775 (2008)

76.124 C. Fernando, E. Szathmáry, P. Husbands: Selectionist and evolutionary approaches to brain function: A critical appraisal, Front. Comput. Neurosci. **6**, 24 (2012)

76.125 S. Nolfi, D. Floreano: Learning and evolution, Auton. Robots **7**, 89–113 (1999)

76.126 S. Nolfi, D. Parisi: Learning to adapt to changing environments in evolving neural networks, Adapt. Behav. **1**, 75–98 (1997)

76.127 J.M. Baldwin: A new factor in evolution, Am. Nat. **30**, 441–451 (1896)

76.128 C.H. Waddington: Canalization of development and the inheritance of acquired characters, Nature **150**, 563–565 (1942)

76.129 G. Mayley: Landscapes, learning costs, and genetic assimilation, Evol. Comput. **4**, 213–234 (1997)

76.130 D. Floreano, F. Mondada: Evolution of plastic neurocontrollers for situated agents, Proc. 4th Int. Conf. Simul. Adapt. Behav.: Anim. Animat. 4, ed. by P. Maes, M. Matarić, J.A. Meyer, J. Pollack, H. Roitblat, S. Wilson (MIT, Cambridge 1996) pp. 402–410

76.131 D. Floreano, J. Urzelai: Evolutionary robots with online self-organization and behavioral fitness, Neural Netw. **13**, 431–443 (2000)

76.132 D. Floreano, J. Urzelai: Neural morphogenesis, synaptic plasticity, and evolution, Theory Biosci. **120**(3-4), 225–240 (2001)

76

76

76.133　E. Di Paolo: Evolving spike-timing-dependent plasticity for single-trial learning in robots, Philos. Trans. R. Soc. Lond. **361**, 2299–2319 (2003)

76.134　Y.U. Cao, A.S. Fukunaga, A. Kahng: Cooperative mobile robotics: Antecedents and directions, Auton. Robots **4**, 7–27 (1997)

76.135　S. Nolfi: Co-evolving predator and prey robots, Adapt. Behav. **20**, 10–15 (2012)

76.136　D. Floreano, S. Nolfi: God save the red queen! Competition in co-evolutionary robotics, Proc. 2nd Conf. Genetic Program., ed. by J.R. Koza, K. Deb, M. Dorigo, D. Foegel, B. Garzon, H. Iba, R.L. Riolo (Morgan Kaufmann, San Francisco, CA 1997) pp. 398–406

76.137　S. Nolfi, D. Floreano: Co-evolving predator and prey robots: Do *arm races* arise in artificial evolution?, Artif. Life **4**(4), 311–335 (1998)

76.138　D. Floreano, S. Nolfi: Evolution versus design: Controlling autonomous robots, Proc. 4th Eur. Conf. Artif. Life, ed. by P. Husbands, I. Harvey (MIT, Cambridge 1997) pp. 378–387

76.139　V. Trianni, S. Nolfi: Evolving collective control, cooperation and distributed cognition. In: *Handbook of Collective Robotics – Fundamentals and Challenges*, ed. by S. Kernbach (CRC, Boca Raton 2012) pp. 246–276

76.140　G. Baldassarre, V. Trianni, M. Bonani, F. Mondada, M. Dorigo, S. Nolfi: Self-organised coordinated motion in groups of physically connected robots, IEEE Trans. Syst. Man Cybern. **37**, 224–239 (2007)

76.141　M. Quinn, L. Smith, G. Mayley, P. Husbands: Evolving controllers for a homogeneous system of physical robots: Structured cooperation with minimal sensors, Philos. Trans. R. Soc. Lond. **361**, 2321–2344 (2003)

76.142　G. Baldassarre, D. Parisi, S. Nolfi: Coordination and behavior integration in cooperating simulated robots, Proc. 8th Int. Conf. Simul. Adapt. Behav.: Anim. Animat. 8 (MIT, Cambridge 2003) pp. 385–394

76.143　V. Sperati, V. Trianni, S. Nolfi: Self-organised path formation in a swarm of robots, Swarm Intell. **5**, 97–119 (2011)

76.144　M. Quinn: Evolving communication without dedicated communication channels, Proc. 6th Eur. Conf. Artif. Life, ed. by J. Kelemen, P. Sosik (Springer, Berlin, Heidelberg 2001) pp. 357–366

76.145　D. Marocco, S. Nolfi: Self-organization of communication in evolving robots, Proc. 10th Int. Conf. Artif. Life, ed. by L. Rocha, L. Yeager, M. Bedau, D. Floreano, R. Goldstone, A. Vespignani (MIT, Cambridge 2006) pp. 178–184

76.146　D. Floreano, S. Mitri, S. Magnenat, L. Keller: Evolutionary conditions for the emergence of communication in robots, Curr. Biol. **17**, 514–519 (2007)

76.147　M. Waibel, D. Floreano, S. Magnenat, L. Keller: Division of labour and colony efficiency in social insects: Effects of interactions between genetic architecture, colony kin structure and rate of perturbations, Proc. Royal Soc. B Biol. Sci. **273**, 1815–1823 (2006)

76.148　F. Mondada, G. Pettinaro, A. Guignard, I. Kwee, D. Floreano, J.L. Deneubourg, S. Nolfi, L.M. Gambardella, M. Dorigo: Swarm-bot: A new distributed robotic concept, Auton. Robots **17**, 193–221 (2004)

76.149　V. Trianni, S. Nolfi, M. Dorigo: Cooperative hole-avoidance in a swarm-bot, Robotics Auton. Syst. **54**, 97–103 (2006)

76.150　G. Baldassarre, S. Nolfi, D. Parisi: Evolving mobile robots able to display collective behavior, Artif. Life **9**, 255–267 (2003)

76.151　S. Nolfi: Evolution of communication and language in evolving robots. In: *Current Perspective on the origin of language*, ed. by C. Lefebvre, B. Comrie, H. Cohen (Cambridge Univ. Press, Cambridge 2013)

76.152　J. De Greef, S. Nolfi: Evolution of implicit and explicit communication in a group of mobile robots. In: *Evolution of Communication and Language in Embodied Agents*, ed. by S. Nolfi, M. Mirolli (Springer, Berlin, Heidelberg 2010) pp. 179–214

76.153　S. Mitri, D. Floreano, L. Keller: The evolution of information suppression in communicating robots with conflicting interests, Proc. Natl. Acad. Sci. **106**, 15786–15790 (2009)

76.154　S. Mitri, D. Floreano, L. Keller: Relatedness influences signal reliability in evolving robots, Proc. Royal Soc. B Biol. Sci. **278**, 378–383 (2011)

76.155　S. Nolfi: Emergence of communication in embodied agents: Co-adapting communicative and non-communicative behaviours, Connect. Sci. **3-4**, 231–248 (2005)

76.156　S. Wischmmanna, D. Floreano, L. Keller: Historical contingency affects signaling strategies and competitive abilities in evolving populations of simulated robots, Proc. Natl. Acad. Sci. **109**, 864–868 (2011)

76.157　A. Thompson: Evolving electronic robot controllers that exploit hardware resources, Lect. Notes Artif. Intell. **929**, 640–656 (1995)

76.158　A. Thompson: *Hardware Evolution: Automatic Design of Electronic Circuits in Reconfigurable Hardware by Artificial Evolution*, Distinguished Dissertation Series (Springer, Berlin, Heidelberg 1998)

76.159　A. Thompson: Artificial evolution in the physical world. In: *Evolutionary Robotics. From Intelligent Robots to Artificial Life (ER'97)*, ed. by T. Gomi (AAI Books, Ottawa 1997) pp. 101–125

76.160　D. Keymeulen, M. Durantez, M. Konaka, Y. Kuniyoshi, T. Higuchi: An evolutionary robot navigation system using a gate-level evolvable hardware, Lect. Notes Comput. Sci. **1259**, 193–209 (1996)

76.161　G. Ritter, J.-M. Puiatti, E. Sanchez: Leonardo and discipulus simplex: An autonomous, evolvable six-legged walking robot, Lect. Notes Comput. Sci. **1586**, 688–696 (1999)

76.162　D. Roggen, D. Floreano, C. Mattiussi: A morphogenetic evolutionary system: Phylogenesis of the POETIC circuit, Lect. Notes Comput. Sci. **2606**, 153–164 (2003)

76.163　D. Roggen, S. Hofmann, Y. Thoma, D. Floreano: Hardware spiking neural network with run-time reconfigurable connectivity in an autonomous robot, NASA/DoD Conf. Evolv. Hardw., ed. by J. Lohn, R. Zebulum, J. Steincamp, D. Keymeulen,

A. Stoica, M.I. Fergusonpages (2003) pp. 189–198

76.164 M. Mataríc, D. Cliff: Challenges in evolving controllers for physical robots, Robotics Auton. Syst. **19**(1), 67–83 (1996)

76.165 G. Massera, T. Ferrauto, O. Gigliotta, S. Nolfi: FARSA: An open software tool for embodied cognitive science, Proc. 12th Eur. Conf. Artif. Life, ed. by P. Lio, O. Miglino, G. Nicosia, S. Nolfi, M. Pavone (MIT, Cambridge 2013) pp. 454–538

76.166 Framework for Autonomous Robotics Simulation and Analysis: http://laral.istc.cnr.it/farsa

76

第 77 章
神经机器人学：从视觉到动作

Patrick van der Smagt，Michael A. Arbib，Giorgio Metta

在外行人眼里，机器人就是一种机械式的人，因此机器人学一直都被激励着去尝试效仿生物。在本章中，我们把这种来源于人类的生物激励扩展到更广泛的动物，但重点在中枢神经系统，而不是这些动物的整个机体，同时我们特别研究了在执行复杂行为中的感知-运动环。本章一些小节主要采取的是案例研究，在这些案例中，视觉提供了关键的感知数据。神经行为学是研究动物行为背后的潜在脑部机理，因此第 77.2 节将用实例说明机器人学可以从一些动物行为中借鉴经验，如通过观察蜜蜂视觉神经里的光流、青蛙的视觉引导和老鼠的导航，进而理解行为协调与视觉注意力的作用。大脑是由不同的子系统组成的，其中很多是与机器人学相关的，但我们只选取哺乳动物脑部的两个区域进行深入分析，第 77.3 节将介绍小脑。虽然我们人类在没有小脑的情况下可以规划和执行动作，但动作将不再优雅，而且变得不协调。我们揭示了小脑如何在一个自适应控制系统中扮演重要角色，调节运动模式内部和之间的参数。第 77.4 节介绍了镜像系统，它提供了一种共享的描述，即搭建了一座将执行某种动作和观察其他人执行同样动作联系起来的桥梁。我们针对手部运动建立了一个神经生物学模型，研究如何通过学习来塑造镜像神经元，为此提供了一种贝叶斯机器人镜像系统；为了支持机器人的模仿功能，我们讨论了镜像系统中必须添加的元素。总之，我们要强调的结论是，神经科学能够激发出新颖的机器人设计，但机器人本身也能够被设计成一个物化的试验平台，以分析脑部模型。

目　录

77.1　定义与研究历程

神经机器人学可以定义为：

在人类或动物的神经系统研究启发下进行的有关机器人计算结构的设计。

我们注意到，在机器人的视觉系统和控制器中，人工神经网络作为并行自适应计算的媒介，在应用上取得了成功。它由相互连接的简单计算单元组成，其中的链接可随着经验改变，但这里我们强调的神经网络是源自对特定神经生物学系统的研

77

究。研究神经机器人学有双重目的，即利用自然神经计算原理，创造更好的机器，以及通过仿生机器人的研究来提高我们对脑功能的理解。第 75 章介绍了仿生机器人，基于对相关生物的研究来设计机器人控制器与执行系统，这些对机器人本体设计的工作与本章对脑部设计的研究相辅相成。

长期以来，科学一直在映射生物行为的技术复制品。Walter[77.1] 描述了两种仿生机器人，即机电乌龟 M. speculatrix 和 M. docilis（每个都只有轮子，没有腿）。M. speculatrix 有一个可转向的光电管，使它对光敏感，还有一个电触头，使它能够在碰到障碍时做出反应。光受体不停旋转，直到寻找到中等强度的光，这时机电乌龟将自身方向对准光源并靠近它，但机电乌龟会排斥非常强的光、物体障碍和陡坡。后者的刺激将会把光电放大器转化为振荡器，这将导致可供选择的运动，如撞击和撤退。因此，机电乌龟可以推开小的障碍，绕过大的障碍，以及避开陡坡。机电乌龟有一个窝，里面有一个灯，当电池电量充足时，这个灯将变得很亮，令机电乌龟厌恶；当电池电量不足时，这个灯将变得有吸引力，直到把机电乌龟吸引进窝里。在窝里，机电乌龟的电路将暂时关闭，直到电池充电完毕。此刻，窝里的灯又变亮了，高强度的光会驱使机电乌龟离开。第二个机器人 M. docilis 是在 M. speculatrix 基础上加工而成的，其中的一个电路用于构建条件反射。在一个实验中，Walter 把这个电路连接到 M. speculatrix 的避障训练过程中，即在碰到贝壳前吹一声口哨。

虽然 Walter 的控制器非常简单，也没有基于神经分析，但这些控制器试图从寻求最简单的神经机制中获得灵感，从而产生一类有趣的仿生机器人行为，并且显示了不同的附加机制如何产生一系列更加丰富的行为。Braitenberg 的书[77.2] 中有很多类似的想法，已成为神经机器人学的经典。虽然他们的工作为这里调查的研究提供了历史背景，但我们强调的是受计算神经科学启发的研究，这些研究是关于人类和动物大脑中服务于视觉和动作的机制。我们将行为与大脑内部工作的分析①联系起来，在相对较高的层次上描述特定大脑区域（或称为图式的功能分析单元，第 77.2.4 节）的功能作用，以及它们之间相互作用产生的行为；②在与神经解剖学和神经生理学数据相关的神经回路模型的更详细层面寻求经验。神经机器人学可以从对单个神经元的生物物理学和突触可塑性的神经化学进行更精细的分析中吸取教训，但这些都超出了本章的范围（有关计算神经科学的入门知识分别参见 Segev、London[77.3] 和 Fregnac[77.4]）。

本章内容安排如下：我们将首先解释基于视觉的规划和导航在生物学中如何实现更高层次的认知功能，以及这与机器人系统的关系（第 77.2 节）；然后我们解释了脊椎动物运动产生本身，并提出了小脑在调节和协调行动中所起作用的理论（第 77.3 节）；接下来是关于镜像系统及其在动作识别和模仿中的作用（第 77.4 节）。最后本书将邀请读者探索神经机器人学从神经科学到新型机器人设计开发的许多其他领域。接下来的内容可以被视为对机器人行为与动物和人类行为之间持续对话的贡献，其中特别强调对视觉、视觉引导动作和小脑控制的神经学基础的探索。

77.2 视觉方面的案例

在我们转向脊椎动物的大脑之前，我们先选取一些文献来增进我们对神经机器人学的了解。关于昆虫的研究文献非常丰富，Werner Reichardt 的实验室在 Tübingen 上发表了一系列报告，它将飞行物大脑的精细解剖与飞行控制所需的视觉数据的提取联系起来。40 多年前，Reichardt[77.5] 发表了一个运动检测模型，一直是神经科学和机器人文献中有关视觉运动讨论的核心。Borst 和 Dickinson[77.6] 最近提供了一项关于果蝇视觉轨迹控制的持续生物学研究。这样的工作激发了大量的机器人研究，包括 van der Smagt 和 Groen[77.7]、van der Smagt[77.8]、Liu Usseglio-Viretta[77.9]、Ruffier 等人[77.10] 及 Reiser 和 Dickinson[77.11]。

77.2.1 蜜蜂与机器人中的光流

在这里，我们对蜜蜂进行了更详细的研究。Srinivasan 等人[77.15] 延续了这一传统，研究蜜蜂如何利用光流（由相对于环境的运动诱发的穿过眼球的模式流）来引导运动和导航。他们分析了蜜蜂如何在一个平坦的表面上进行平滑着陆：当接近表面时，成像速度保持不变，从而自动确保着陆时飞行速度接近零。这样就不需要了解飞行速度或离地高度。这个着陆策略随后在一个机器人龙门机架上进行了测试，它适用于自主航空飞行器。Barron 和 Srinivasan[77.14] 研究了地面速度受逆风影响的程度。蜜蜂被训练进入一个隧道觅食，蔗糖送料器放置在其远端（图77.1a）。使用的蜜蜂视觉显示，蜜蜂使用视觉线索来维持它们的地面速度，通过调整空速来维持恒定的光流速率，即使逆风速度是蜜蜂最大记录的前进速度的50%的情况下也是如此。

Vladusich 等人[77.16] 研究了添加目标标识的效果。蜜蜂被训练在一个光流丰富、有地标的隧道中觅食。他们收集了很多数据，发现同时有里程表和地标的搜索比只有里程计的情况要准确得多。当两个线索源设置冲突时，在隧道测试中改变地标的位置，蜜蜂绝大多数使用地标线索，而不是里程计。再加上其他类似的实验表明，蜜蜂可以用比以前设想的更灵活和动态的方式利用里程计和地标线索。在早期关于蜜蜂沿隧道飞行的研究中，Srinivasan 和 Zhang[77.17] 在隧道左边和右边的墙上放置了不同的图案。他们发现蜜蜂能平衡左右视觉的成像速度。这一策略确保蜜蜂在隧道中间飞行，而不撞到侧墙，使它们可以通过狭窄通道之间的障碍。这一策略已应用于走廊跟踪机器人（图77.1c）。当蜜蜂飞过一条狭窄的通道时，通过保持两只眼睛在飞行过程中看到的平均图像速度不变，蜜蜂可以避免潜在的碰撞。这些不同行为背后的运动敏感机制在定

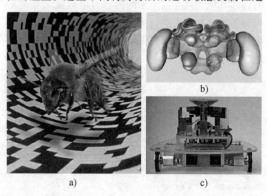

a)

b)

c)

图 77.1 蜜蜂与机器人中的光流

a）通过观察蜜蜂在视觉纹理隧道中的飞行轨迹，可以了解蜜蜂如何利用光流线索来调节飞行速度和估计飞行距离，并平衡两只眼睛光流，从而安全地飞过狭窄的缝隙（图像由 Srinivasan 等人提供[77.12]），这个信息已被用于制造自主导航机器人　b）蜜蜂大脑示意图，在1mm³ 大约有100万个神经元[77.13]
c）基于光流算法的移动机器人[77.14]

性和定量上都不同于那些介导视觉运动反应的机制（如转向跟踪移动条纹的模式），后者曾是 Reichardt 实验室最初的研究目标。机器人控制的经验是，飞行似乎是由许多视觉运动系统协调作用的，同样的经验也适用于一系列必须将视觉转化为行为的任务。当然，视觉只是昆虫行为中发挥重要作用的感官系统之一。Webb[77.18] 对机器人的设计灵感来自于蟋蟀的听觉控制行为，以确定机器人能在多大程度上提供良好的动物行为模型。

77.2.2　青蛙和机器人的视觉引导行为

Lettvin 等人[77.19] 从行为学的角度研究了青蛙的视觉系统，分析了电路与动物生态位的关系，以表明在视网膜和视觉中脑区域（称为顶盖）的不同细胞是专门用来探测捕食者和猎物的。然而，在视觉引导行为中，动物不会对单一刺激做出反应，而是对整体的某些属性做出反应。因此，我们转向这样一个问题：青蛙的眼睛告诉了它什么？身体神经系统采用的是一种行动导向的知觉观。例如，当青蛙面对一个或多个类似苍蝇的刺激物时，它们会发出声响。Ingle[77.20] 发现，当类似苍蝇的刺激物飞入一个在青蛙中线指向的特定受限区域时才会引起捕捉行为，也就是说，青蛙转过身，让它的中线指向刺激物，然后向前冲，用它的舌头捕捉猎物。有一个更大的区域，青蛙只指向目标，超出该区域，刺激根本不会引起任何反应。当遇到有两只苍蝇都在捕捉区域时，青蛙会表现出三种反应中的一种：捕捉其中的一只、根本不捕捉，或者以苍蝇的平均速度在两者之间捕捉。Didday[77.21] 为这种选择行为提供了一个简单的模型，可以被视为赢家通吃（WTA）模型的原型，该模型接收各种输入，并且（在理想的情况下）抑制除某种输入的其他所有输入的表示，剩下的赢家将在后续处理中发挥决定性作用。这就是 Rana 计算矩阵的开始（见 Arbib[77.22,23] 概述）。

对青蛙大脑和行为的研究启发了将势场成功应用于机器人的导航策略。关于青蛙在避开静态障碍物时捕获猎物的策略数据（Collett[77.24]）为 Arbib 和 House[77.25] 的模型奠定了基础，该模型将深度感知系统与创建猎物和障碍物的空间地图联系起来。在他们模型的一个版本中，有代表猎物、墙壁的势场，这些势场产生了一个区域，它可以引导青蛙迂回绕过障碍捕捉猎物。Corbacho 和 Arbib[77.26] 后来探讨了学习在这种行为中可能的作用。他们的模型在确定不同势场之间的权重中加入了学习，以适应

在真实动物身上观察到的试验。模型成功表明，青蛙在向目标移动时使用反应策略来避开障碍物，而不是使用规划或认知系统。Cobas 和 Arbib[77.27] 的另一项工作研究了青蛙捕捉猎物和躲避障碍的能力是如何与逃脱捕食者的能力相结合的。这些模型强调了顶盖与其他大脑区域的相互作用，如前顶盖（用于探测捕食者）和被盖（用于执行接近或躲避的运动命令）。

Arkin[77.28] 演示了如何将计算机视觉系统与受青蛙启发的势场控制器结合起来，为移动机器人创建了一个控制系统，该系统可以成功地在一个结构化的环境中使用相机输入来导航。由此产生的系统丰富了势场在操作臂和移动机器人的路径规划和避障方面的其他相似的应用（Khatib[77.29]、Krogh 和 Thorpe[77.30]）。Rana computatrix 的工作在两个层面上进行，一个是生物学上的现实神经网络，另一个是被称为模式（schemas）的功能单元，它们通过竞争和合作来决定行为。第 77.2.4 节将展示更多的一般性行为是如何做到产生于知觉和运动模式的竞争和合作，以及更抽象的协调模式。当然，这些想法是由许多作者独立提出的，其中最著名的可能是 Brooks 的包容式架构[77.31] 和 Braitenberg 的上述理念，而 Arkin 的想法[77.32] 植根于模式理论。Arkin 等人[77.33] 提出了一个机器人和动物行为学之间持续交互的最新示例，提供了一种系统行为方法（即基于动物行为的模式级模型，而不是分析动物大脑中的生物回路），创建了用于机器人系统的高保真动物行为模型，并描述了如何用索尼娱乐机器人 AIBO 实现家犬的行为模型。

77.2.3 老鼠和机器人的导航

顶盖是中脑的视觉系统，它决定了青蛙如何将整个身体转向猎物或定向以躲避捕食者（第 77.2.2 节），与哺乳动物中脑上丘同源。老鼠上丘已经被证明能够像青蛙一样调节接近和回避（Dean 等[77.34]），而猫、猴子和人类的上丘最受关注的作用是控制扫视，快速的眼球运动以获得视觉目标。此外，上丘可以将听觉和躯体感觉信息整合到其视觉框架中（Stein 和 Meredith[77.35]），这启发了 Strosslin 等人[77.36] 使用基于上丘神经元特性的生物启发方法来学习在移动机器人平台控制中视觉和触觉信息之间的关系。更一般地说，对哺乳动物大脑的比较研究取得了丰富多样的计算模型。在本节中，我们将进一步介绍对哺乳动物神经机器人的研究，以及对老鼠大脑空间导航机制的研究。

青蛙的绕道行为是 O'Keefe 和 Nadel[77.37] 所称的分类单元（行为取向）系统的一个例子（如在 Braitenberg[77.38] 中，趋向性是一个有机体对刺激的反应，即朝着特定的方向移动）。他们的这个结论来自一个基于地图的导航系统，并提出后者驻留在海马体中，尽管 Guazzelli 等人[77.39] 对这一断言进行了限定，表明海马体是如何成为认知地图一部分的。分类单元与地图的区别类似于反应性控制和商议性控制的区别（Arkin 等人[77.33]）。将趋向性与功能可供性（Gibson[77.40] 的概念）联系起来是很有用的，功能可供性是与行动相关的物体或环境的特征。例如，当捡起一个苹果或一个球时，物体的身份可能无关紧要，但物体的大小是至关重要的；同样，如果我们想推动一辆玩具车，识别玩具车的复杂机构是没用的，而从车轮位置提取容易推动汽车行驶的方向是至关重要的。就像老鼠可能对接近食物或避开明亮的光线有基本的趋性一样，它对可能的行为也有更广泛的功能可供性，这些行为与对环境的即时感知有关。这些可供性包括直接向前看走廊，躲在黑洞里，吃一般感觉到的食物，喝类似的饮料，以及各种转弯，如看到走廊尽头；它还充分利用嗅觉线索。同样，机器人的行为也依赖于在执行规划时对环境的反应，如知道它一定会走到走廊的尽头，尽管如此，它会仍然使用局部视觉线索来避免撞上障碍物，或者决定何时转多大的角度以到达走廊的拐弯处。

正常的老鼠和海马体受损的老鼠都可以通过学习来解决一个简单的 T 形迷宫问题（如学习是否向左转或向右转以寻找食物）。除了 T 形迷宫，环境线索均一致。如果有什么区别的话，那就是受损的动物比正常动物更快地学会了这个问题。在达到标准后，采用八臂径向迷宫的探针试验与常规 T 形试验穿插进行，两组动物都一致选择了它们接受 T 形迷宫训练的那一边。然而，许多老鼠并没有选择 90° 臂，而是选择 45° 或 135° 臂，这表明老鼠最终通过在大约 90° 的选择点学习以自我为中心的定向系统旋转来解决 T 形迷宫问题。这就引出了一个假设，即在动物的大脑中存储了一个方向矢量，但并没有告诉我们这个方向矢量存储在哪里或如何存储。在细胞的线性阵列中，一个可能的模型是采用粗编码，将对从 $-180°$ 到 $180°$ 的转换进行编码。从行为来看，人们可能会认为，只有靠近首选行为方向的细胞才会兴奋，学习会将这个峰值从旧的首选方向推到新的首选方向。例如，要忘记 $-90°$，数组必须减少那里的峰值，同时在 90° 的新方向上建立一个新的峰值。若旧的峰值有质量 $p(t)$，则新的

峰值有质量 $q(t)$，则随着 $p(t)$ 下降到 0，而 $q(t)$ 从 0 开始稳定增加，质心将从 $-90°$ 向 $90°$ 移动，这符合行为的数据。

运动方向的确定采用青蛙迂回行为的 Arbib 和 House 模型的鼠化模型。在那里，猎物被粗略编码为一种兴奋信号，而障碍是一种抑制信号，抑制的程度与每个障碍的视网膜范围相匹配。激励的总和经过一个"赢家通吃"回路来产生运动方向的选择。因此，青蛙最初的移动往往选择最接近猎物空隙的方向，而不是猎物本身的方向。当我们将猎物（青蛙）的方向替换为方向矢量（老鼠）的方向时，同样的模型也适用于行为方向，而障碍对应的是墙壁而不是小径。

为了探讨认知地图是如何扩展功能可供性系统的能力的，Guazzelli 等人[77.39]扩展了 Lieblich 和 Arbib[77.41]的方法，将认知地图构建为环境图，这是由相互连接的边形成的节点集合组成的，其中的节点表示已识别的位置，而边代表了从一个节点到另一个节点的路径。在不同的环境中遇到的一个地方可能由多个节点表示，但当这些环境之间的相似性被识别时，这些节点可能被合并。他们根据动物当前的驱动状态（饥饿、口渴、恐惧等），模拟动物决定下一步行动的过程。它强调的是引导运动进入不一定是当前可见区域的空间地图，而不是直接可见空间的视网膜定位表示，并在不引入明确探索驱动的情况下产生探索和潜在的学习。模型显示：

1) 如何选择一条可能有许多步骤的路线以达到预期的目标。

2) 如何选择捷径。

3) 通过它对节点合并，解释了为什么在开放区域放置细胞的发射似乎不依赖于方向。

TAM-WG 模型的总体结构和一般操作模式如图 77.2 所示。它不仅通过研究哺乳动物大脑的特定系统，而且通过研究它们大规模交互的模式，生动地展示了需要学习的课程。这个模型只是受关于海马体和其他区域在老鼠导航中作用的数据启发而得出的众多模型之一。在这里，我们只是提到 Girard 等人[77.42]和 Meyer 等人[77.43]的论文，它们是 Psikharpax 项目的一部分，该项目对老鼠的研究与 Rana computatrix 对青蛙和蟾蜍的研究一样。

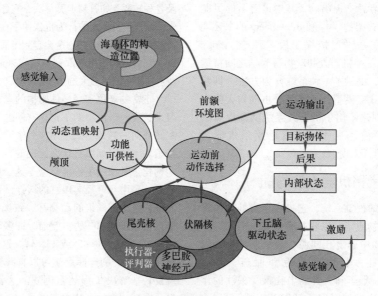

图 77.2　TAM-WG 模型的总体结构和一般操作模式

注：TAM-WG 模型的基础是一个系统，TAM（分类单元功能可供性模型）用于开发功能可供性，这是由一个 WG（环境图）系统精心设计的，它可以使用认知地图来规划通往当前不可见目标的路径。注意，该模型处理两种不同的感知输入。右下方是那些与下丘脑进食和饮水相关的系统，它可以为动物的行为提供激励和奖励，促进行为选择，并强化某些行为模式；伏隔核和尾壳核介导了一种基于多巴胺系统下丘脑驱动的执行器-评判器强化学习。左上方的感觉输入是那些允许动物感知其与外部环境的关系，决定它的位置（海马体位置系统），以及动作的功能可供性（顶叶对功能可供性的识别可以塑造动作的运动前选择）。TAM 模型主要研究顶叶-运动前对即时功能可供性的反应；WG 模型将行动选择置于更广泛的认知地图背景下（Guazzelli 等人[77.39]）。

77.2.4 显著性和视觉注意

在讨论动物（或机器人）如何抓取物体时，假设动物或机器人正在关注相关的物体。因此，无论标准的和镜像的抓握系统处理过程有多么微妙，它的成功取决于视觉系统与眼动控制系统耦合的可用性。该系统将中央凹视觉作用于物体，以设置成功交互所需的参数。事实上，一般的观点是，注意力大大减轻了动物和机器人的处理负荷。当然，问题在于，减轻计算负荷是一种代价高昂的胜利，除非移动的注意力捕获了与当前任务相关的行为，或者支持必要的优先级中断。事实上，恰当地引导注意力是一个有大量神经生理学数据和机器人应用的主题（Deco 和 Rolls[77.44] 和 Choi 等人[77.45]）。

Itti 和 Koch[77.46] 在灵长类动物注意力自下而上引导的神经形态模型中，将输入视频流在 6 个空间尺度上分解为 8 个特征通道。在环绕抑制后，每个地图中只有稀疏数量的位置保持活跃，所有地图合并成一个唯一的显著图。通过赢家通吃机制（选择最显著的位置）和抑制返回机制（暂时抑制显著性图中最近出现的位置）之间的交互作用，集中注意力焦点来扫描这张地图，从而降低显著性。因为它包含了一个详细的低层次视觉前端，该模型不仅被应用于实验室刺激，而且还被应用于各种各样的自然场景，预测了来自心理物理实验的大量数据。

当搜索特定对象时，低层次视觉处理可能会因主旨（如室外郊区场景）和该对象的特征而产生偏差。这种将自底向上修正为自顶向下的处理方式能够引导搜索感兴趣的目标（Wolfe[77.47]）。任务会影响眼球运动（Yarbus[77.48]），训练和一般技能也是

如此。Navalpakkam 和 Itti[77.49] 提出了一种计算模型，强调了生物视觉中 4 个重要方面：确定一个实体的任务相关性，对期望目标低层次视觉特征的注意偏置，使用相同的低层次特征识别这些目标，以及在每个场景位置逐步构建任务相关性的视觉地图。它关注场景中最显著的位置，并试图通过与长期记忆中存储的对象表示进行分层匹配来识别所关注的对象。它利用被识别实体的任务相关性更新工作记忆，并利用被识别实体的位置和相关性更新任务相关性的地形图。例如，在一项任务中，该模型根据在高速公路上行驶时拍摄的视频剪辑形成了汽车可能位置的地图。这些工作说明了基于视觉神经生理学和人类心理物理学的模型之间持续的相互作用，并解决了实际机器人应用的问题。

Orabona 等人[77.5] 在具有移动眼球的仿人机器人上实现了 Itti-Koch 模型的扩展，使用了 Sandini 和 Tagliasco[77.51] 中的对数视觉，并通过考虑原始对象元素（斑点状结构而不是边缘）来改变特征构建金字塔。抑制返回机制需要考虑一个移动的参照系，中央凹的分辨率与视野周边的分辨率有很大的不同，头部和身体的运动需要稳定。因此，运动控制可能与注意系统的结构和发展有关。Rizzolatti 等人[77.52] 提出了从运动前皮层到顶叶的反馈投影的作用，假设它们形成一个调谐信号，动态地改变视觉感知。在实践中，这可以被看作是一个内隐注意力系统，它在准备动作并随后执行时选择感觉信息（Flanagan 和 Johansson[77.53]、Flanagan 等人[77.54]、Mataric 和 Pomplun[77.55]）。许多运动前神经元和顶叶神经元在动作开始前的早期反应表明，注意力的运动前机制值得在神经机器人学中进一步探索。

77.3 脊椎动物的运动控制

当然，有关灵长类动物运动控制的文献非常广泛，但对其背后的原理却给出了许多零零散散的观点。要清楚了解肢体和全身控制功能是很困难的，而且关于运动控制的现有观点是否正确也没有明确的证据。

但对人类中枢和外周神经系统的一些观察可以得出明确的结论。第一个观察结果是神经通信延迟的存在。这个系统如何知道肢体的位置，主要有两种方法：①通过本体感知信号，由肌梭和高尔基腱器（GO）或神经腱梭组成；②通过皮肤信息。然而，来自肌梭和 GO 的信息不太可能精确到足以编

码肢体位置。肌腱器官对串联运动单元的力是敏感的，而且没有生理证据表明高尔基腱器向肌肉长度发出信号（力随肌肉长度而变化，所以在运动过程中发现了相关性）。还有一个关于肢体位置的问题，这对于手指来说尤其明显：柔韧性和手指位置与肌肉力量之间的非线性关系，再加上不精确的受体，使得 GO/纺锤体数据与手指位置之间的关系过于复杂和多变，不可能成为编码手指位置的候选数据。毕竟，传感器在前臂而不是在手指上，而且在肌肉运动或肌腱力方面，无法获得手指位置的信息。此外，肌梭数据是有噪声的[77.57]。相反，研究表

明[77.58,59]，毛发皮肤中的受体编码信息与手指的位置有关；此外，膝关节也有类似的数据[77.60]。表 77.1 列出了肌肉感觉纤维的类型和传输速度。

表 77.1 肌肉感觉纤维的类型和传输速度[77.56]

类型	受体	轴突直径 /μm	传输速度 /(m/s)	敏感因素
Ia	初级梭形末梢	12 ~ 20	60 ~ 100	肌肉长度和变化率
Ib	高尔基腱器	12 ~ 20	60 ~ 100	肌肉张力
II	次级梭形末梢	6 ~ 12	30 ~ 70	肌肉长度
III	游离神经末梢	2 ~ 6	10 ~ 30	皮肤信号

由于神经细胞只存在于脊髓和大脑中，因此对于手部皮肤，信号传递到脊椎的延迟时间为 30 ~ 100ms。因此，基于皮肤数据信号的双向肌肉激活约为 70ms[77.61]，而基于纺锤体信号的双向肌肉激活约为 25ms。通过测量相应的肌电图（EMG）信号来测量手的皮肤反射，以验证这些延迟，并发现双向延迟约为 75ms，在 25ms 左右测量到了基于纺锤体的手腕反馈。

当然，当一个感知信号必须在大脑中处理时，相应的延迟时间会更长。无论如何，纠错反馈控制有几十毫秒的延迟；基于这种延迟的反馈控制无法在人类获得可接受的准确性。这意味着我们的大部分运动，在 100ms 或更短的时间窗口中需要开环控制。

第二个重要的观察结果是我们的泛化能力。以主打快速准确的运动，如乒乓球为例，在比赛中，我们获得视觉、知觉和触觉的感官数据，要得分就要做到准确的运动以击到球。即使一个没有受过多少训练的球员也可以相当准确地做到这一点，在球飞行 200 ~ 500ms 的时间内，大脑没有花太多的时间通过各种感觉状态来规划全身的准确运动，但我们通常是能够做到回球的。训练可以帮助我们，但我们不需要在非常高维的传感器空间中穷尽所有状态来达到学习效果。

泛化只能通过传感器/运动行为的精确模型来完成，但我们的运动系统模型很难获得，包括有效载荷、穿着厚重衣服、肌肉疲劳等的变化不会对我们的准确性造成很大影响。

77.3.1 神经控制的扁平层次

开环运动是如何产生的？本文主要研究脊椎动物的自主运动控制；任何动物拥有大脑的唯一目的是服务于运动的生成。此外，尽管大脑结构不同，但在整个动物王国中，无论是否存在皮质结构或小脑，运动模式都有很大的对应关系。大脑的哪些部分直接参与运动？

大脑皮层的主要作用似乎是建立感知模式和运动模式之间关系的非监督学习[77.62]。新大脑皮层只存在于哺乳动物中；对去皮质猫的实验[77.63]清楚地表明，产生运动并不需要大脑皮层，而很可能是运动皮层对运动进行建模和衡量，然后据此做出决定。

基底神经节的主要作用似乎是通过强化学习过滤掉不必要的动作[77.62]，它们在运动生成或运动模式生成的过滤中起着主导作用。帕金森病（无法开始运动）和亨廷顿病的影响（无法防止不必要的运动）对基底神经节的影响是众所周知的，它们的致病机理我们也是清楚的。

小脑的主要作用似乎是监督学习运动模式[77.62]。此外，切除小脑并不会导致运动能力的完全丧失。有小脑病变的人可以成功地移动手臂到达一个目标，并成功地调整手以适应物体的大小，但动作不能迅速而准确地进行，并且缺乏协调两个子动作时间的能力。这种行为能够分解运动——首先移动手，直到拇指触摸到物体，然后才会形成适当的形状来抓住物体[77.64]。

机器人控制通常倾向于严格的分级控制。一个典型的机器人是这样工作的：在最低等级，一个非常快的电流（约 100μs）控制回路控制直流电动机的旋转，在此之外，扭矩控制器（通常以 1kHz 的频率运行）控制所有的关节扭矩，并由阻抗或位置控制器轮流控制。最重要的是，笛卡儿路径规划器会形成最慢的循环，这些元件中的任何一个错误都将使机器人失效。

对神经控制进化发展的研究表明，严格的分级方法在神经控制中是不可行的。尽管上述任何大脑区域在运动控制中都是很重要的，但我们发现，当任何脊椎动物上述大脑区域受损时，会导致运动退化而不是运动能力的损失。当然，脊髓受损（结合并传递控制到肌肉以执行）就不是这样了。此外，神经系统的发展表明，动物总是能够做到运动与大脑结构无关。然而，在分析脊椎动物的运动时，小脑通常是最重要的。大脑的各个部分是如何协作以控制身体朝着目标平稳运动的？

将小脑的功能置于回路中，一个正常的区别是把小脑看作表示从运动指令到运动输出路径的正向或直接模型，或者运动函数的逆向模型，即从一个期望的运动结果到一组可能实现它的运动命令。正如我们刚才提到的，运动规划就像前馈或开环时的实际参数情况匹配存储的参数，而一个反馈组件被用来抵消干扰（当前反馈）和从错误中学习（从反馈学习）。这是通过依赖一个正向模型来获得的，该模型可以实时预测运动的结果。正向模型的准确性可以通过比较系统产生的输出与感觉反馈的信号来评估（Miall 等人[77.65]）。此外，必须考虑延迟，以处理传递动作的预测和实际结果的神经通路的不同传播时间。注意，这种情况下的正向模型相对简单，只需要提前预测运动的输出；因为运动指令是在内部生成的，很容易就能得到这些信号的预测值（称为推断副本）。另一方面，逆向模型要复杂得多，因为它把感知反馈（如视觉）映射回运动模型中。

我们建议采用一个更简单的方法来研究脊椎动物控制系统，但让我们先看看较低层次器官，如肌肉、脊髓和小脑的功能。

77.3.2 关于脊髓和肌肉

运动生成的关键元素有两个组成部分，即肌肉和脊髓。肌肉行为呈强非线性，施加的力随速度非线性减小（图 77.3），并且随长度非线性变化（图 77.4）。

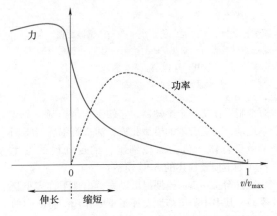

图 77.3　肌肉的力/速度和功率/速度关系[77.56]

然而，肢体运动是由复杂的肌肉引起的，如人类的手臂仅在肘部和肩部的平面运动中就使用了 19 个肌肉群，这些肌肉群都具有高度非线性动力学（Nijhof 和 Kouwenhoven[77.67]），在没有反馈误差控制的情况下如何控制这么多的驱动器？

这个概念很简单，首先由 Bernstein 提出[77.68]：骨骼肌总是被群体调用，这产生了运动的协同作用。神经信号不是独立地激活肌肉，而是控制执行

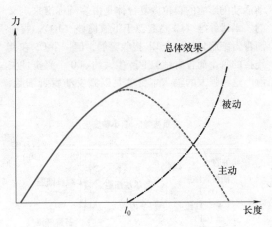

图 77.4　肌肉的力/长度关系[77.56]

某一动作的肌肉群。线性降维方法[77.69]［如主成分分析（PCA）、独立成分分析（ICA）或非负矩阵分解（NMF）］已被用于建立 EMG 数据中的协同效应，并可使用这种方法[77.70]在肌电空间中将单指运动与全手运动线性结合。因此，我们不能控制单个肌肉（即连贯的肌肉纤维群），而是控制肌肉群，这些肌肉群的线性组合可用来跨越我们相当一部分的随意运动。

关于运动协同效应的本质，目前仍有一些悬而未决的问题：有多少协同效应是由肌肉和肌腱的生物力学结构定义的？有多少分布在脊髓？它的哪一部分是在高级运动控制区域学习的？

77.3.3 小脑控制模型

小脑可分为两部分，即皮层和深核。有两种纤维系统将信息输入大脑皮层和大脑核，即苔藓纤维和攀缘纤维。小脑核唯一的输出来自被称为浦肯野细胞的细胞，它们只投射到小脑核，在那里它们的作用是受抑制的。这种抑制作用可以通过调节脊髓、中脑或大脑皮层的活动来抑制核的输出（效果因核而异）。现在我们转向明确利用小脑皮层细胞结构的模型（Eccles 等人[77.71]和 Ito[77.72]，图 77.5a）。人类小脑有 7 万～1400 万个浦肯野细胞（PC），每个细胞接收大约 20 万个突触。苔藓纤维（MF）起源于脊髓和脑干，它们与颗粒细胞和小脑核深处的突触相连。颗粒细胞有轴突，每一个轴突延伸形成一个 T 细胞，T 细胞的横杆形成平行纤维（PF），每个 PF 突触在大约 200 个浦肯野细胞上。浦肯野细胞被分成微区，抑制深层细胞核。浦肯野细胞与小脑核中的靶细胞以微复合体的形式聚集在一起[77.72]。作为分析小脑对特定类型运

动活动的影响的单位微复合体是由多种标准来定义的。攀缘纤维（CF）起源于下橄榄核（IO）。每个浦肯野细胞只从一个 CF 接收突触，但一个 CF 在其连接的每个浦肯野细胞上产生大约 300 个兴奋性突触。这种强大的输入本身就足以激发浦肯野细胞，

尽管大多数浦肯野细胞的激发依赖于 PF 活动的微妙模式。小脑皮层也含有多种抑制性中间神经元。篮状细胞被 PF 传入激活，并在浦肯野细胞上形成抑制性突触。高尔基细胞接受来自 PF、MF 和 CF 的输入，并抑制颗粒细胞。

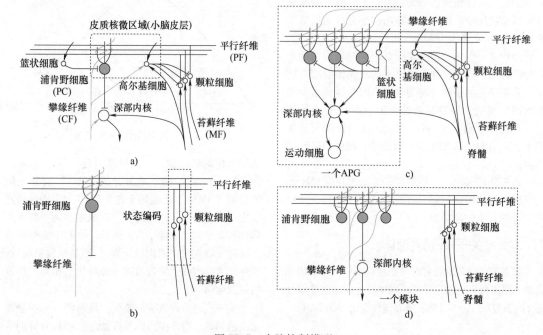

图 77.5 小脑控制模型

a）小脑主要细胞　b）Marr-Albus 模型中的细胞。颗粒细胞是状态编码器，将系统状态和传感器数据输入浦肯野细胞（PC）。PC/PF 突触使用 Widrow-Hoff 规则进行调整。输出 PC 的控制信号是机器人系统的转向信号　c）APG 模型，使用与 b 相同的状态编码器　d）MPFIM 模型。单个模块对应一组浦肯野细胞，即预测器、控制器和责任估计器。颗粒细胞生成原始信息的必要基函数[77.66]

1. Marr-Albus 模型

在 Marr-Albus 模型（Marr[77.73] 和 Albus[77.74]）中，小脑作为通过 MF 接收的感知模式和运动模式的分类器。当浦肯野细胞被激活时，只有一小部分平行纤维（PF）被激活，从而影响运动神经元。Marr 和 Albus 都假设，为了改善浦肯野细胞对 PF 的反应而产生的错误信号，MF 输入是由攀缘纤维（CF）提供的，因为只有一个 CF 影响给定的浦肯野细胞。然而，Marr 假设 CF 活动会利用 Widrow-Hoff 学习法则增强活跃的 PF/PC 突触，而 Albus 假设 CF 活动会削弱它们，这是计算建模启发重要实验的一个重要例子。最终，Masao Ito 证明了 Albus 是正确的——现在已知活跃突触的减弱涉及一个被称为长期抑制的过程[77.72]，但突触减弱的规律仍被称为 Marr-Albus 模型，仍是研究小脑皮层突触可塑性的参考模型。然而，Marr 与 Albus 都把每个浦肯

野细胞看作是一个感知器，它的工作是控制一个基本运动，与更合理的模型相比，浦肯野细胞用于调节微复合体（包括深核细胞）的运动模式发生器（如下面要描述的 APG 模型）。

自 Marr-Albus 模型提出以来，出现了许多小脑模型，其中小脑可塑性发挥了重要作用。将我们的概述局限于计算模型，这里重点介绍：

1）CMAC（小脑模型关节控制器）。

2）可调模式发生器（APG）。

3）Schweighofer-Arbib 模型。

4）多重成对的正逆模型[77.75,76]。

2. 小脑模型关节控制器（CMAC）

第一个广为人知的小脑计算模型是 CMAC（Albus[77.77]；图 77.5b）。该算法基于 Albus 对小脑的理解，但这并不是一个在生物学上可行的模型。这个想法起源于 BOXES 方法，对于 n 个变量，一个 n

维超立方体将函数值存储在一个查找表中。盒子遭受了维度诅咒：如果每个变量都可以离散成 D 个不同的步骤，那么超立方体就必须将 D^n 函数值存储在内存中。Albus 假设苔藓纤维提供离散化的函数值，如果苔藓纤维上的信号处于特定颗粒细胞的感受野，它就会发射到平行纤维上。这种输入到二进制输出变量的映射通常被认为是 CMAC 中的泛化机制，而学习信号由攀缘纤维提供。

Albus 的 CMAC 可以用大量重叠的、具有有限边界的多维感受野来描述。每个输入向量都在某个局部感受野的范围内。CMAC 对给定输入的响应是由该输入激发的感受野响应的平均值决定的。类似地，对于给定输入向量的训练只影响被激发的感受野的参数。

具有二维输入空间的典型 Albus-CMAC 的感受野的组织可以描述如下：重叠的感受野集合被分成 C 个子集，通常称为层。任何输入向量都会刺激一个感受野，对于任何输入，总共有 C 个受激的感受野。感受野的重叠产生输入泛化，而感受野相邻层的偏移产生输入量化。对于输入空间的所有维度，每个感受野（输入泛化）的宽度与相邻感受野层（输入量化）之间的偏移量的比值必须等于 C。这种感受野的组织保证了任何输入都只能激发固定数量 C 的感受野。

如果一个感受野被激发，它的反应等于该感受野特定的单个可调权重的大小。CMAC 的输出是兴奋感受野权重的平均值。如果在输入空间附近的点刺激相同的感受野，它们产生相同的输出值。只有当输入跨越一个感受野边界时，输出才会改变。因此，Albus-CMAC 产生分段恒定输出。学习就是这样发生的。

从工业机器人和手眼系统的 PID（比例-积分-微分）控制参数的自适应机器人，到两足步行机器人（如 Sabourin 和 Bruneau[77.79]），CMAC 神经网络已经应用于各种控制情况（Miller[77.78]）。

3. 可调模式发生器（APG）

APG 模型（Houk 等人[77.80]）得名于该模型可以生成强度和持续时间可调的突发命令。APG 是基于同样理解苔藓纤维—颗粒细胞-平行纤维结构，与 CMAC 相同，使用相同状态编码器，但其关键区别（图 77.5c）在于细胞核的作用至关重要。在 APG 模型中，每个核细胞通过反馈电路与一个运动细胞相连；然后环路中的活动被浦肯野细胞抑制，这是 Arbib 等人提出的一种建模思想[77.81]。

学习算法决定哪一个 PF-PC 突触将被更新以改

善运动性能。这是一个传统的信用分配问题：哪个突触结构性信用分配必须根据（时间信用分配）发出的响应进行更新。前者是由 CF 解决的，CF 被认为是二进制信号，而后者的合格性被跟踪突触引入，作为近期活动的记忆，以确定哪些突触符合条件更新。这个合格性信号的动机是：浦肯野细胞的每一次激发都需要一段时间来影响动物的运动，在 CF 发出信号表明浦肯野细胞参与的运动出现错误之前，将会出现进一步的延迟。因此，错误信号不应该影响那些目前处于活跃状态的 PF-PC 突触，而应作用于那些影响当前正在记录错误的活动的突触。

4. Schweighofer-Arbib 模型

Schweighofer[77.82] 引入了 Schweighofer-Arbib 模型，它没有使用 CMAC 状态编码器，但试图复制小脑的解剖结构，包括图 77.5a 中所有的细胞、纤维和轴突，并提出了以下几个假设：

1）苔藓纤维有两种类型，一种类型反映受控植物的期望状态，另一种类型携带当前状态的信息。一根苔藓纤维大约分成 16 个分支。

2）颗粒细胞平均有 4 个树突，每个树突通过一种称为肾小球的突触结构接收来自不同苔藓纤维的输入。

3）3 个高尔基细胞突触通过颗粒细胞和肾小球，其影响强度取决于肾小球和高尔基细胞之间的模拟几何距离。

4）忽略核细胞和细胞核深处的攀缘纤维连接。

在这个模型中的学习依赖于来自下橄榄核（IO）的攀缘纤维提供的定向误差信息。在这里，当 IO 发放频率为一个合格的突触提供错误信号时，就会出现长期抑制，而当没有错误信号时，突触强度会出现代偿性但较慢的增加。Schweighofer 应用该模型解释了几个公认的小脑系统功能：

1）眼跳运动。

2）双连杆肢体运动控制（Schweighofer 等人[77.83,84]）。

3）棱镜适应（Arbib 等人[77.85]）。

此外，还演示了对模拟人手臂的控制。

5. 多重成对的正逆模型（MPFIM）

基于小脑建模的悠久历史，Wolpert 和 Kawato[77.86] 提出了一个小脑功能模型，采用多重耦合预测器和经过训练的控制器进行控制，每个预测器和控制器负责一个小的状态空间区域。MPFIM 模型基于 Kawato 的间接/直接模型方法，同时也基于微复杂理论。我们之前注意到，微区是一组浦肯野细胞，而微复合体将微区浦肯野细胞与小脑核中的靶细胞结合在一起。在 MPFIM 中，微区由一组控制相同自由度的模块组成，仅由一根特定的攀缘纤维学习。这个微区中的模块相互竞争以控制这种特殊的协同作用。在这样一个模块中，有三种类型的浦肯野细胞，它们执行正向模型、逆向模型或责任预测器的计算，但都接收相同的输入。单个内部模型 i 被认为是一个控制器，它生成一个运动命令 τ_i 和一个预测当前加速度的预测器。每个预测器是一个受控系统的正向模型，而每个控制器都包含一个系统在专门化区域内的逆向模型。责任信号对该模型微区整体输出的贡献进行加权。事实上，MPFIM 进一步假设每个微区包含控制任务中发生情况的 n 个内部模型。模型 i 生成运动指令 τ_i，并估计自己的责任 r_i。前馈运动指令 τ_{ff} 仅由多个责任信号之和调整后的单个型号输出组成，即 $\tau_{ff}=\sum r_i\tau_i/\sum r_i$。

浦肯野细胞被认为是大致线性的。MF 输入携带所有必要的信息，包括状态信息、最后一个运动命令的引用副本，以及期望的状态。颗粒细胞和抑制性中间神经元通过 PF 对状态信息进行非线性转换，以提供一系列丰富的基函数。攀缘纤维携带一个错误的标量信号，而每个浦肯野细胞编码一个标量输出，即责任、预测和控制器输出都是一维值。MPFIM 引入了不同的学习方法：首先是梯度下降法，然后采用期望最大化（EM）批量学习和隐马尔可夫链学习等。

6. 模型比较

综上所述，我们可以对小脑模型 CMAC、APG、Schweighofer-Arbib 和 MPFIM 进行比较。

1）状态编码器驱动模型：这种模型假设颗粒细胞是开关型分割状态空间的实体，最适合于简单的函数逼近，但却饱受"维度的诅咒"之苦。

2）细胞水平模型：显然是在细胞水平上进行的最真实的模拟。遗憾的是，仅对少数浦肯野细胞建模就很考验计算能力，但从生物学的角度来看，这种模型是最重要的，因为它允许在细胞水平上获得小脑功能。Schweighofer-Arbib 模型在这方面迈出了第一步。

3）功能模型：从计算机科学的角度来看，最有趣的模型是基于对细胞功能的理解。在这种情况下，我们只得到了部分函数的基本参数，并将其应用于粗略的近似。这种方法是非常有前途的，它强调使用责任信号来适当地组合模型，并提供了一个有趣的例子。

本体感知反馈用于调整运动程序，以及更新储存在小脑中的正向模型。然而，Schweighofer-Arbib 模型基于这样的观点，即小脑与其说是骨骼肌系统的整体正向模型，不如说是大脑皮层运动规划回路可用的骨骼肌系统初始模型之间差异的正向模型，更复杂的骨骼肌系统的参数化正向模型需要以最少的反馈支持快速、优雅的动作。由于骨骼肌系统正向模型的质量较差，小脑损伤并不会阻止运动，而是大大降低了运动的质量，这一事实进一步证实了这一假设。

77.3.4 小脑模型和机器人

从前面的讨论中可以清楚地看出，一个流行的观点是，小脑在运动控制回路中的功能是代表骨骼肌系统的正向模型，但这些模型如何用于控制？

我们的假设是，小脑存储运动的初始关系，可以通过某种状态（即传感器加大脑定向目标）的输入来调用，这些运动基元执行某些协调的运动（协同），如用网球拍接球。然而，由脊柱控制的肌肉骨骼系统的一个关键特性是，可以很容易地在脊髓的控制范围内插入任意运动。因此，在相关传感器区域附近的两个运动基元的组合可以得到一个良好的预测。一种可能的解释是，以脊髓为基础的肌肉系统控制是通过内部模型近似线性化的[77.87]，它允许小脑存储或回忆任何粒度级别的动作，并在未学习的领域获得足够好的结果。已有多篇论文部分证实了这一理论（如 Osu 和 Gomi 证明了肌肉激活与关节刚度之间的线性关系[77.88]，而 Höppner 等人证明了夹持力与刚度之间的线性关系[77.89]）。

对人类控制系统的理解会对机器人学有帮助吗？生物控制算法当然是缓慢反馈回路和驱动器灵活性的结果。有人可能会说，随着机器人系统向其生物对应系统靠拢，控制方法可以或必须做同样的事情。对前者的研究有多种思路（第 11、75 章）。需要注意的是，用于移动关节的驱动原理并不一定对外部控制回路产生重大影响。无论是 McKibben 肌肉（本质上是柔韧的，但体积较大）（van der Smagt 等人[77.90]）、低动态的聚合物线性驱动器，还是带有主轴和附加弹性组件的直流（DC）电动机，都不会影响小脑水平的控制方法，但最重要的是系统的动态特性。当然，这些特性受其驱动器的影响。就像我们在生物学中发现的那样，低水平的线性控制系统是我们努力追求的目标。技术系统可以从先进的建模方法中获益，并且可以获得同样好的结果，但代价是更复杂的感知、计算和较少的通用性。

77.4 镜像系统的作用

当猴子执行一个特定的手动动作时，触发运动前皮层的 F5 区（额叶 5 区）的神经元，如一个神经元可能会触发去执行精确的抓握，而另一个神经元可能会执行用力抓握。在讨论神经机器人学时，似乎没有必要详细解释这里描述的 F5、AIP（前顶内沟）和 STS（颞上沟）等区域，它们将作为功能系统的标签，如想要详细了解，请参见 Rizzolatti 等人的研究[77.91,92]。

77.4.1 镜像神经元与识别手的动作

这些神经元的一个子集，即所谓的镜像神经元，也会在猴子观察到实验者做出有意义的手部动作时产生放电，这与那些与神经元放电相关的动作类似。相反，典型神经元属于互补的、解剖上分离的抓握相关 F5 神经元亚群，当猴子执行一个特定的动作时，以及当它看到一个物体可能是这样一个动作的目标时，这些神经元就会触发，但当猴子看到另一只猴子或人执行这个动作时，它就不会触发。最后，F5 包含了大量的运动神经元，当猴子抓住一个物体时（无论是用手还是用嘴），这些神经元都很活跃，但没有任何视觉反应。F5 显然是一个运动区域，尽管肌肉激活的细节被提取出来——F5 神经元可以与反应无关。相比之下，初级运动皮层（F1）为较低的运动区域和运动神经元制定神经指令。

此外，猴子通过镜像神经元编码传递行为，当猴子看到手的运动时不会触发运动，除非它同时看到了物体，或者更微妙地说，如果物体是不可见的，但由于它最近一段时间被放置在某个表面上，然后被实验者看到后面的一个屏幕挡住了，因而记忆中的物体和这个表面被锚定在一起（Umiltà 等人[77.93]）。所有镜像神经元都会表现出视觉泛化，即当观察到无论动作器械（通常是手）是大是小，是远离还是接近猴子，它们都会触发运动。即使动作器械的形状与人类或猴子的手不同，它们也可能会触发运动。有些神经元甚至在用嘴抓住物体时也会做出反应。当天真的猴子第一次看到用钳子抓住的小物体时，镜像神经元没有反应，但经过广泛的训练，一些精确的捏镜像神经元确实表现出活动，也与这种新的抓取类型有关[77.94]。

在猴子大脑的顶叶区域也发现了用于抓握的镜像神经元，最近的研究表明，顶叶镜像神经元对观察到的动作环境很敏感，可以作为环境线索来预测结果。例如，一些与抓取相关的顶叶镜像神经元可能会在吃掉被抓取的物体之前触发抓取，而另一些则会在将物体放入容器之前触发抓取（Fogassi 等人[77.95]）。在实际中，顶叶-额叶电路似乎通过考虑大量潜在的备选行动来编码动作执行，以及同时进行动作识别，这是根据一系列线索选择的，如执行器与物体的关系，以及与任务相关的视觉、某些声音等。此外，反馈连接（额叶到顶叶）被认为是刺激选择过程的一部分，通过关注与正在进行的动作相关的刺激来改善感知处理（Rizzolatti 等人[77.52]，可以回忆一下 77.2.4 节中的讨论）。在没有明显运动的情况下，同样的电路也会被激活以支持识别。

我们通过简单介绍 F5 神经元的 FARS 模型和 F5 镜像神经元的 MNS 模型来阐明这些观点。在每一种情况下，F5 神经元的有效功能只是因为 F5 与其他广泛区域的相互作用。我们强调（第 77.2.3 节），要认识一个对象的范畴与认识其功能可供性之间的区别。顶叶区域 AIP 处理视觉信息以提取其功能可供性，在这种情况下，属性与抓取物体相关（Taira 等人[77.96]）。AIP 和 F5 是相互连接的，AIP 更具视觉性，F5 更具运动性。

Fagg-Arbib-Rizzolatti-Sakata（FARS）模型（Fagg、Arbib[77.97]；图 77.6）将 F5 正则神经元嵌入一个更大的系统中。背侧通道（通过 AIP）只能将对象分析为一组可能的功能可供性，而腹侧通道（通过下颞皮质，IT）能够识别对象是什么。后一种信息被传递到前额叶皮层（PFC），然后可以根据生物体当前的目标，偏向选择适合手头任务的功能可供性。神经解剖学数据（Rizzolatti 和 Luppino 分析[77.98]）表明，PFC 和 IT 可能在顶叶皮层水平调节动作选择。图 77.6 所示为更新后的 FARS 模型的部分视图，以显示修改后的路径。AIP 选择的功能可供性激活了 F5 神经元，一旦它们从前额叶皮层的另一个区域（F6）接收到"执行"的信号，就会发出适当的抓握力指令；F5 还接受来自其他 PFC 区域的信号，以响应工作记忆和指示刺激，在可用的功能可供性中进行选择。需要注意的是，同样的路径也可能涉及工具的使用，引入语义知识和感知属性来指导背侧系统（Johnson-Frey[77.99]）。

77

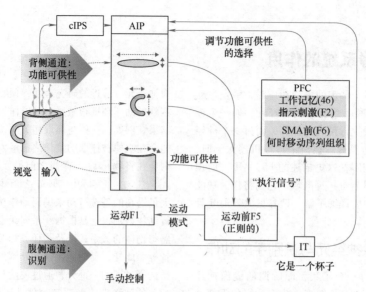

图 77.6 更新后的 FARS 模型的部分视图（Fagg 和 Arbib[77.42]）
（以显示 PFC 作用于 AIP 而不是 F5）

注：这个想法是，前额叶皮层使用 IT 识别对象，配合任务分析和工作记忆，以帮助 AIP
从菜单中选择适当的功能可供性。

在此基础上，我们转向镜像系统。由于抓取复杂物体需要仔细注意物体的运动，如指尖相对于物体的运动，我们认为镜像系统的主要进化动力是促进灵巧运动的反馈控制。现在，我们将展示与这种反馈相关的参数是如何在使猴子将它正在做的事情的视觉反馈与手头的任务联系起来的。关键的副作用是，这种反馈服务的自我识别是如此的结构化，以至于当别人执行动作时，也支持对动作的识别，而正是这种对他人动作的识别引起了人们对镜像神经元和系统的极大兴趣。

Oztop 和 Arbib[77.101] 的 MNS 模型提供了一些对解剖学方面的见解，其任务是确定手的形状及其轨迹，用一个已知的动作抓住一个观察到的对象。该模型的组织思想是 AIP→F5$_{canonical}$ 途径（图 77.6）由另一种途径 7b→F5$_{mirror}$ 替代，如图 77.7 所示（中间对角线）。AIP 对目标特征进行处理，提取抓取功能可供性；这些信号会被发送到 F5 的正则神经元，这些神经元会选择一个合适的抓握动作。识别物体的位置（对角线上端）为运动编程区 F4 提供了参数，F4 负责计算到达距离。运动皮层 M1（= F1）负责控制手和手臂的伸展和抓取信息。图中的其余组件可以学习和应用镜像神经元激活的关键标准，以及找到适合目标的手的形状，并让操作手在一个合适的轨迹上移动。通过关键性地利用来自颞上沟的输入（Perrett 等人[77.102] 和 Carey 等

人[77.103]），左下方的模式可以识别观察到的手的形状，以及手是如何移动的；其他模式实现手与物体空间关系的分析，并检查物体功能可供性与手状态之间的关系；最后一个模式（位于顶叶区 7b）与 F5 正则神经元一起为 F5 镜像神经元提供输入。

在 MNS 模型中，手的状态被定义为一个向量，其分量分别表示手腕相对于物体位置的运动，以及手的形状相对于物体功能可供性的运动。Oztop 和 Arbib 表明，与 PF 和 F5 镜像对应的人工神经网络可以通过训练从手的状态轨迹中识别抓取类型，在手到达目标之前，通常可以很好地实现正确的分类，使用 F5 正则神经元的活动来控制抓取，作为视觉识别的训练信号，这基本上表明存在因果关系。至关重要的是，这种训练使 F5 镜像神经元响应手与物体关系的轨迹，因为手的状态是基于其运动视图而不是物体，因此只能间接地看到手和物体的视网膜输入做出反应，这在观察自我和他人时可能会有很大的不同。Bonaiuto 等人[77.104] 开发了 MNS2，这是 MNS 模型的一个新版本，用于处理视听镜像神经元的数据，这些神经元对动作的视觉和声音做出反应，如撕纸和敲坚果等特征声音（Kohler 等人[77.93]），以及当目标物体近期可见但当前被隐藏时镜像神经元的反应（Umiltà 等人[77.93]）。这样的学习模型及其所涉及的数据清楚地表明：

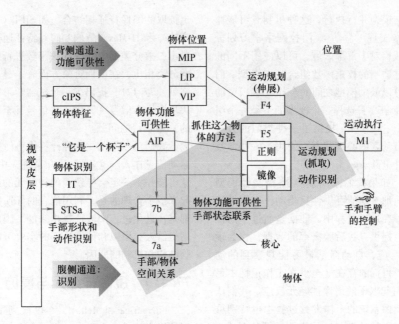

图 77.7　镜像神经元系统（MNS）模型（Oztop 和 Arbib[77.100]）

注：这个用于抓取的基本镜像系统将 STS 的视觉过程与顶叶区域（7b）和运动前区（F5）联系起来，这些区域包含用于手动操作的镜像神经元。

镜像神经元并不局限于识别先天的一系列动作，而是可以被用来识别和编码一系列不断扩展的新动作。

本节的讨论为了避免模仿，不会提及任何参考文献（第 77.4.3 节）。另一方面，即使不考虑模仿，镜像神经元也为解决机器人感知问题提供了一个全新的视角，将动作（和运动信息）整合到一个貌似合理的识别过程中。额叶-顶叶系统在关联功能可供性、规划和执行方面的作用显示了运动信息和具体化的重要作用。我们认为，这为神经机器人学提供了这样的经验：运动系统的丰富性应该强烈影响机器人的学习能力，通过探索环境的过程自主进行，而不是过度依赖类似逻辑形式主义的中介。当识别利用了动作的能力时，运动空间的广度就变得对机器人感知的精度、质量和鲁棒性至关重要。

77.4.2　计算模型

机器人学对镜像神经元的发现，以及人类神经系统中所谓的与模仿有关的联系很感兴趣，因为它们可以相对容易地帮助机器人完成新任务。有关这一主题的文献从猴子（非模仿）动作识别系统模型（Oztop 和 Arbib[77.101]）延伸到镜像系统在模仿中的假定角色模型（Demiris、Johnson[77.105] 和 Arbib等人[77.106]），以及在真实和虚拟机器人中（Schaal

等人[77.107]）。Oztop 等人[77.108] 提出了一种用于识别和模仿镜像系统模型的分类方法，有趣的是，现在作为镜像系统模型的计算方法十分不同，包括具有参数偏差的递归神经网络（Tani 等人[77.109]）、基于行为的模块化网络（Demiris 和 Johnson[77.105]）、基于联想记忆的方法（Kuniyoshi 等人[77.110]），以及在 MOSAIC 架构中使用的多个正逆模型（Wolpert等人[77.111]；第 77.3.3 节的多重成对的正逆模型）。接下来，我们可以展示一些已有的成果。

根据参考文献 [77.112]，我们可以将许多关于镜像系统的已知信息转化为一个控制器-预测器模型[77.65,113]，并将得到的模型作为贝叶斯分类器进行分析。由 FARS 模型可以看出，抓取行为的决策是通过在 F5 区域收敛多个因素（包括环境信息和物体相关信息）来实现的；同样，许多因素会影响动作的识别。所有这些都依赖于学习正向模型（从决策到执行动作）和逆向模型（从观察一个动作到激活一个可能产生这个动作的运动指令）。类似的程序在计算电动机控制文献中都很有名[77.114,115]。通过对不同物体的不同部位应用不同动作的结果进行学习，也可以自主地学习物体与抓取有关的功能可供性。

但是，如何决定将观察到的行为分为一个动作或另一个动作的实例？当一个动作主动被激活时，

77

许多比较可以与模型并行执行，这种机制有可能通过一个门控网络实现[77.105,116]。门控网络学习划分输入空间的区域；对于每个区域，可以应用不同的模型，或者通过适当的权重函数组合一组模型。门控网络的设计可以鼓励模型之间的合作（如模型的线性组合）或竞争（只选择一个模型而不是一个组合）。参考文献［77.117］提供了一种类似的方法来估计被观察行动者的心理状态，使用了一些涉及额叶皮层的额外电路。

另一方面，如果我们采用预测器-控制器模型的贝叶斯观点，那么功能可供性只是动作识别过程中的先验知识。在这一过程中，证据是通过手的视觉信息传递的，提供寻找后验概率的数据，作为镜像神经元样的反应，自动激活最可能观察到的动作。回想一下，目标的存在（至少在工作记忆中是这样的）需要引起猴子的镜像神经元反应。我们认为，这在人类镜像系统的个体发育过程中也特别重要。例如，参考文献［77.118］表明，即使是在 9个月大的时候，如果一个动作指向一个新的物体，而不仅仅是一个不同的动作，婴儿也会认为这个动作是新的，这表明目标比制定的轨迹更基本。当观察到的结果（或目标）在这两种情况下被识别为相似时，规范反应（对象-动作）和镜像反应（包括视觉）之间的关联就形成了。相似性可以根据从运动学到社会后果的标准进行评估。

在一个类似的实验中，Lopes 等人[77.119]比较了在以下情况下的动作识别的性能：①在训练阶段使用反向视觉-运动模型的输出，从而使用运动特征来辅助分类；②只有视觉数据可用于识别。总的来说，他们对结果的解释是，通过逆向模型向运动空间映射，他们允许分类器选择更适合执行识别动作任务的最佳特征，这反过来又有利于泛化。当纯粹在视觉空间中使用通用的视觉特征进行识别时，情况就不一样了，因为给定的动作是从不同的角度查看的。人们可以将其与 MNS 模型中采用的视点不变的手状态进行比较，MNS 模型的缺点是它本身就有，而不是从训练中显现出来的。

同样，Gijsberts 等人的研究[77.120]包括了源自运动的功能可供性信息，这是用一个基于数据手套的系统和一组摄像机记录的。在这种情况下，运动信息并不是用来识别动作的，而是用来模拟 F5 的正则神经元的反应，方法是通过数据手套记录的一组随时间变化的姿势生成离散的抓取类型。训练结束后，初始运动信息被移除，仅使用逆向模型重建。此外，这种运动信息与从图像中模拟大脑腹侧通道提取的图像特征相结合，如 SIFT（尺度不变特征变换）和 H-Max。背侧和腹侧特征通过一个简单的最小二乘分类器中的特殊核函数进行组合，与纯视觉分类相比，在识别对象方面有了显著改善。参考文献［77.121］提出了一个机器学习框架，用于解决从多模态信号（其中一些信号甚至可能是间歇性的）中学习的问题。

我们可以推测，这种计算优势使得混合感觉和运动信息在大脑（额叶-顶叶系统）中具有吸引力，这可能并不一定会导致镜像神经元的产生，尽管看起来似乎合理的是，利用信息的任何明显优势最终都是在进化过程中被选择出来的。因此，这就是使用机器人、模拟和计算论证的实验可以解释某些大脑结构和机制的原因。

77.4.3 镜像神经元与模仿

Fitzpatrick 和 Metta[77.122]也谈到了对解释观察到的行为的进一步要求。当观察自己的行为时，机器人将它们从物体上的影响中识别出来，然后它可以回溯并推导出在给定物体上复制特定观测效果所需的动作类型。因此，可以通过模仿来确定观察到的动作和机器人运动指令中各种可能动作之间的共同目标。在参考文献［77.122］中，机器人在观察自己的手和一个人的手时使用了相同的视觉处理算法（尽管它们在外观上是不同的）。人们可能会认为，仅凭观察就可以学习，而不是必须依赖主动地探索物体和行动。这可能是真的，在某种程度上，被动的视觉就是可靠的，而动作并不是必要的。对机器人来说，主动方法的优点是它允许控制信息在视觉传感器上的数量，如控制速度和动作类型。考虑人工感知系统的局限性，这种策略可能特别有用。因此，观察结果可以被转换为解释的行为，对观察对象所产生的影响最接近观察结果的行为（我们可能会将其转化为目标）被选择为最合理的解释。最重要的是，简化了对目标的简单运动学和行动后果的解释，而不是理解人手的复杂运动学。机器人只能在一定程度上被认为是已经学会了动作。有人可能会注意到，一个更精致的模型可能包括从操作臂的外观到解释过程的视觉线索。事实上，作为Oztop-Arbib 模型核心的手部状态是基于手部轨迹在一个坐标系中以对象为中心的视图，该坐标系基于对象的功能可供性。最后一个要解决的问题是机器人能否模仿运动的目标。这一步的确很小，因为大多数复杂性实际上都在对观察结果的解释。模仿可以通过利用运动生成的许多近似方法中的一种来复制最新观察到的人类相对于对象的运动，如混合高斯[77.123]动态运动原语[77.124]或强化学习[77.125]。更一般地，根据 Schaal 等人[77.107]和 Oztop 等人[77.108]的工作，我们可以提出一组产生模仿所需的模式：

1）决定要模仿的内容，推断出示范者的目标。

2）建立模仿指标（对应关系，见 Nehaniv[77.126]）。

3）建立不同物体之间的映射。

4）模仿行为形成。

Nehaniv 和 Dautenhahn 也对此进行了更详细的讨论[77.127]。在实践中，计算和机器人实现通过不同的方法解决了这些问题，并强调了整体的不同部分或特定的子问题，如在 Demiris 和 Hayes 的工作[77.128]中各种动作的复述（类似于前面提到的运动感知理论）被用来产生假设，并与实际的感觉输入进行比较。与实际的人类经颅磁刺激（TMS）数据相比，这种范式的改进方法得到了应用。

Ito 等人[77.129]（不是因小脑出名的 Masao Ito）采用了一种动态系统方法，使用带有参数偏差的递归神经网络（RNNPB）来教仿人机器人操纵某些物体。在这种方法中，参数偏差（PB）编码（标签）某些感知运动轨迹。一旦学习完成，神经网络可以通过外部设置 PB 或仅为感官数据提供输入来回忆给定的轨迹，并观察 PB 向量，在这种情况下，PB 向量表示仅基于感觉输入的情况识别（没有可用的运动信息）。将这两种情况解释为镜像神经元模型中的运动生成和观察是相对容易的。

Nehaniv 和 Dautenhahn[77.127]解决了在不同身体之间建立有用映射的问题（想象一个人模仿一只鸟扇动翅膀），其中描述了模仿的代数框架，并解决了对应问题。任何实现模仿的系统都应该清楚地提供不同物体之间的映射，甚至在相似物体的情况下，运动学或动力学根据模仿动作的环境不同，也应提供映射。

Sauser 和 Billard[77.130]模仿了意念运动原理（ideomotor principle），根据该原理，观察他人的行为会影响我们自己的表现。意念运动原理直接指向镜像系统的核心问题之一，即观察他人的行为会改变观察者的活动，从而促进特定的神经通路。该研究还提出了一个基于神经场的模型（Sauser 和 Billard[77.130]），并试图解释模仿皮层通路和行为形成。

77.4.4 镜像系统与言语

早在 20 世纪 60 年代，Liberman 等人[77.130]就开始讨论言语的产生和感知之间可能的联系，即言语清晰度对话语感知的贡献，后来他评论道[77.130]：

所有情况下的结果都是，首先不存在对近端模式的认知表征，即总的模态表征，然后是对特定的远端属性进行翻译；相反，对远端属性的感知是即时的，即该模块已经完成了所有的艰苦工作。

Liberman 辩称，不存在模态特定表征这样的事，然后作为一种特定发声器的翻译效果而成为言语；相反，他声称对言语的感知是直接的，并且受同一言语模块的影响；言语仍然是一个运动事实。最近，由于镜像神经元的发现，运动参与言语感知的理论获得了很多支持。据推测，人类的镜像系统共同控制言语的产生和感知，因此言语中的动作是话语中适当片段的表达[77.133]。

我们在下面[77.133]回顾这条推理路线。

1）镜像神经元（或镜像系统）存在于人类[77.134]。

2）人类的镜像系统位于布罗卡区（Broca's area），这是猴子大脑 F5 区的细胞结构同源物。

3）言语清晰度是由人类镜像系统（Broca's）的区域编码/控制的[77.135]。

4）由于镜像机制，听者对说话者意图的识别是真正交流的第一媒介（通过口面部手势）[77.133]。

5）F5/Broca 的组合特性和对执行器的精确控制是产生言语的必要条件（进化上更原始的动物的叫声过于单一，无法赋予这种最终导致正确言语的灵活性）[77.136]。

然而，要证实这一点，还需要更多的经验证据。最近，两个实验提高了言语感知镜像神经元理论的可信性。在第一个经颅磁刺激实验中，Fadiga 和他的同事[77.137]建立了舌肌中的 MEP（运动诱发电位），与感知特定声音（意大利语中为 rr 和 ff）的高度特异性直接相关。听者被给予 TMS（单脉冲），观察到的 MEP 振幅与舌肌对 rr 音或 ff 音的不同使用有关（rr 音在意大利语中需要强有力的舌头运动）。尽管这个实验令人信服，但仍然留下了特异性的问题，因为它仍然可能是布罗卡区弥漫/泛型激活的情况。

在 Fadiga 等人[77.137]的第二个实验中，TMS 被传递到初级运动皮层，目的是建立对不同声音/电话知觉的特定运动参与。初级运动皮层的两个区域分别负责嘴唇和舌头的运动（如 p/b 音与 t/d 音）。数据显示了一种双重解离模式，即当嘴唇运动区受到刺激时，受试者感知 p/b（唇音）的反应时间（RT）减少，反之，感知 t/d（齿音）的反应时间增加。当舌头运动区受到刺激时，情况正好相反。这个实验清楚地将初级运动皮层的一个特定区域与特定声音的感知联系起来。

显然，这只是故事的一部分；更为复杂的是，与单词语义内容相关的动作（如踢、挑、舔）会激活两者运动和运动前大脑区域；相反，物体特征、气味等被证明也会在相应的皮层中产生反应。有关这些结果和其他结果的回顾，请参见参考文献[77.136]。

运动控制知觉理论（PACT）[77.138]等理论和模型的解释较为温和，既包括运动成分，也包括知觉塑造，即由于纯粹的知觉特征（如元音共振峰的分离）而过滤某些语言组合。在 PACT 中，假设运动系统在不利条件下更容易激活，而在良好的信噪比条件下，正常的言语理解可能处于阈值以下。

事实上，我们可以识别带有外国口音的言语，然后识别正在说话的内容与能够清楚地表达它是如何说出来的——但这两种可能性都是可用的。这导致了镜像系统与其他系统整合的新观点[77.139]，它淡化了言语感知的运动理论，同时保留了 Rizzolatti 和 Arbib 镜像系统假设[77.133]的许多其他特征。

根据这些结果，Castellini 和他的同事[77.140]进行了一项计算实验，模仿了 D'Ausilio 等人[77.141]的一些 TMS 结果。所有的处理都使用了一个同步记录意大利语使用者的数据库，包括声学、发音仪、摄像机、超声和电声门图数据[77.142]。实验中仅将发音仪和电声门信号与语音一起使用。除了激活声带（发声信号），这些仪器还能实时识别舌头和牙齿相对于嘴唇的位置（200Hz）。所有实验和学习的概念模式都遵循了 Metta 等人[77.112]的一些前期工作，如图 77.8 所示。与 PACT 模型相似，加入一个纯声学分类器非常有用，声学特征是具有与传统自动语音识别（ASR）的参数和频带相似的标准 Mel 倒谱系数。

图 77.8 实验中使用的分类器的概念模式

从声学数据到运动数据的映射使用人工神经网络，或者在具有不可区分结果的情况下使用支持向量机。该分类器始终采用高斯核支持向量机，通过网格搜索优化参数。

为了与 TMS 实验进行比较，音素分为两类，b/p 和 t/d，分别代表双唇音和牙齿音（舌头向牙齿移动）。通过随机分割数据或从不同参与者中选择

数据（如训练 1~5 名参与者，测试 1~5 名参与者），对所有结果进行 5 倍交叉验证。在刺激中加入高斯白噪声（从 0 增加到 150%），以复制经颅磁刺激的条件。

图 77.9 显示了这些结果。基线实验表明，无论是真实电动机特性还是联合使用电动机和声学特性，性能都得到了改善。当采用重构的电动机特性时，系统中没有增加新的信息，因此音频与关节特征的比较具有统计学意义（$p < 0.01$）。通过图 77.8 的音频-电动机图（AMM）对运动特征进行重构，并复制了以往对手势[77.119]或笔迹[77.143]的分类结果。

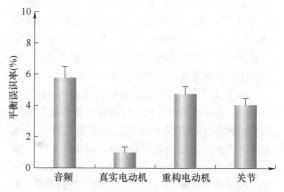

图 77.9 声学数据与电动机数据性能基线
实验结果（b/p 与 d/t）

第二个实验来自于同样的工作。Castellini 和他的同事[77.140]展示了同一系统在不同困难条件下的行为，如让没有训练过的人进行协同发音。图 77.10 显示了一些变异形式，其中 N 对 M 表示在给定数据库大小（6 人）的情况下，有 N 个人用于训练，而有 M 个人用于测试。尽管数据库中可识别的例子数量较少，但 5 名说话人也进行了协同发音的实验。

在最后的实验中，对被高斯白噪声污染的声学数据进行了分类器测试。结果显示，随着噪声水平的增加（达到语音标准差的 150%），运动信息增益的提高是一致的，如图 77.11 所示。

最近，一个完整的音素分类器采用相似的原理[77.144]，结合了深度信念网络（DBN）和更标准的隐马尔科夫模型（HMM）。研究结果表明，相对于最先进的技术，该模型的改进延续了神经机器人学的传统，并使模型非常接近于机器人的具体应用，这些机器人在嘈杂环境中具有与人类语音识别性能相似的优异表现。

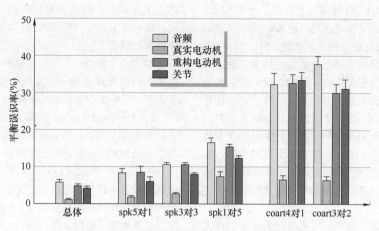

图 77.10　不同条件下的比较（$p<0.01$）。

spk5 对 1—有 5 名说话人用于训练，1 名用于测试，余同　coart—协同发音

注：在除 coart4 对 1 的所有情况下，运动特征的使用可提高分类统计的显著性

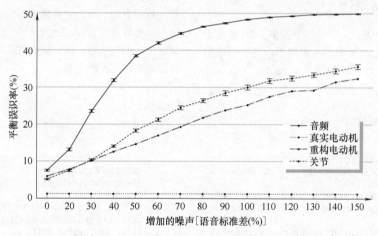

图 77.11　在增加高斯白噪声的情况下，对先前
实验中相同分类器的声学和运动特征进行比较

77.5　结论与延展阅读

77.5.1　结论

　　如上所述，机器人学可以从神经科学中学习很多东西，也可以传授很多神经科学知识。神经机器人学可以学习不同生物的大脑和身体特征，以适应不同生态环境，因为计算神经行为学有助于我们理解生物的大脑是如何进化为面向动作导向的感知服务的，以及随之而来的学习、记忆、规划和社会交互的过程。

　　我们只在少数动物身上选取了几个子系统（包

括功能和结构）的设计样本：蜜蜂的光流，青蛙和蟾蜍的接近、逃逸和躲避障碍，老鼠的导航，以及视觉注意力中眼球运动的控制，哺乳动物的小脑在处理柔性运动系统的非线性和时间延迟方面的作用，灵长类动物动作识别和人类模仿的镜像系统。机器人专家可以学习的生物比我们在这里选取的要多得多。

　　此外，如果我们只关注人类的大脑，本章至少提到了 7a、7b、AIP、外侧，内侧和腹侧顶叶内沟（LIP、MIP、VIP）、46 区、基底神经节、尾核、

小脑、F2、F4、F5、海马体、下丘脑、下颞皮质、运动皮层、伏隔核、顶叶皮层、前额叶皮层、运动前皮层、SMA前皮层（F6）、脊髓、STS。对于每个区域而言，显然还需要理解更多的细节，更多的区域交互为机器人专家提供了经验。我们这么说不是为了让读者感到沮丧，而是为了鼓励读者对计算神经科学文献的进一步探索。需要注意的是，与神经机器人学的交叉是双向的：神经科学可以激发出新颖的机器人设计；相反，机器人可以用来测试大脑模型在从无实体的计算机模拟过渡到迎接新挑战，引导物理实体系统与复杂环境交互时是否仍然有效。

尽管如此，对脊髓及其对肌肉行为影响的深入研究，可能是一个对脊椎动物运动的某些功能感兴趣的机器人学专家想要着手研究的主题。

77.5.2 延展阅读

1）Arbib（2006）[77.145]：该书提供了16篇关于镜像系统的文章，由不同的专家撰写。与本章特别相关的是关于动力系统的文章：大脑、身体和模仿；注意和最小的子场景；抓取与镜像系统的发展；以及开发人类和机器人的目标导向的模仿，对象操纵和语言。

2）Bell（1996）[77.146]：这期稍早的BBS特刊提供了当时相当权威的关于小脑的文章，包括Houk等人在一篇论文中对模型的概述。

3）van der Smagt和Bullock（2002）[77.147]：这个特刊重点介绍了小脑等模型在机器人任务中的应用，并且列出了一些成功的应用和不成功的应用。

4）Gallese等人（1996）[77.148]：本文对镜像神经元的神经生理学证据进行了详细描述。通过对镜像神经元作用的进一步解释，得到的真实数据是完整的、准确的。虽然这是一篇技术论文，但普通读者很容易阅读。

5）Fadiga等人（2002）[77.149]：这项工作将镜像系统的概念以一个有趣的视角扩展到语言中。这篇文章很有趣，因为它提供了人类实验的证据（上面的其他参考文献都是关于猴子实验的）。在这种情况下，研究表明，语言倾听有助于激活与所听的特定音素相匹配的舌肌。

参考文献

77.1　W. G. Walter: *The Living Brain* (Duckworth, London 1953), reprinted by Pelican Books, Harmondsworth, 1961

77.2　V. Braitenberg: *Vehicles: Experiments in Synthetic Psychology* (Bradford Books/The MIT, Cambridge 1984)

77.3　I. Segev, M. London: Dendritic processing. In: *The Handbook of Brain Theory and Neural Networks*, 2nd edn., ed. by M.A. Arbib (Bradford Books/MIT Press, Cambridge 2003) pp. 324–332

77.4　Y. Fregnac: Hebbian synaptic plasticity. In: *The Handbook of Brain Theory and Neural Networks*, 2nd edn., ed. by M.A. Arbib (Bradford Books/MIT Press, Cambridge 2003) pp. 515–522

77.5　W. Reichardt: Autocorrelation, a principle for the evaluation of sensory information by the central nervous system. In: *Sensory Communication*, ed. by W.A. Rosenblith (MIT Press/Wiley, New York, London 1961) pp. 303–317

77.6　A. Borst, M. Dickinson: Visual course control in flies. In: *The Handbook of Brain Theory and Neural Networks*, 2nd edn., ed. by M.A. Arbib (Bradford Books/MIT Press, Cambridge 2003) pp. 1205–1210

77.7　P. van der Smagt, F. Groen: Visual feedback in motion. In: *Neural Systems for Robotics*, ed. by O. Omidvar, P. van der Smagt (Morgan Kaufmann, San Francisco 1997) pp. 37–73

77.8　P. van der Smagt: Teaching a robot to see how it moves. In: *Neural Network Perspectives on Cognition and Adaptive Robotics*, ed. by A. Browne (Institute of Physics Publishing, Bristol 1997) pp. 195–219

77.9　S.C. Liu, A. Usseglio-Viretta: Fly-like visuomotor responses of a robot using aVLSI motion-sensitive chips, Biol. Cybern. **85**(6), 449–457 (2001)

77.10　F. Ruffier, S. Viollet, S. Amic, N. Franceschini: Bio-inspired optical flow circuits for the visual guidance of micro air vehicles, Int. Symp. Circuits Syst. (ISCAS) 2003, Vol. 3 (2003)

77.11　M.B. Reiser, M.H. Dickinson: A test bed for insect-inspired robotic control, Philos. Trans. Math. Phys. Eng. Sci. **361**(1811), 2267–2285 (2003)

77.12　M. V. Srinivasan, S. W. Zhang, M. Altwein, J. TAUTZ: Honeybee navigation: Nature and calibration of the odometer, Science **287**, 851–853 (2000)

77.13　S. Funke: *Virtual atlas of the honeybee brain* (see Univ. Berlin, Institute of Biology – Neurobiology, Berlin 2015), http://www.neurobiologie.fu-berlin.de/beebrain/Bee/VRML/SnapshotCosmoall.jpg

77.14　A. Barron, M.V. Srinivasan: Visual regulation of ground speed and headwind compensation in freely flying honey bees, *Apis mellifera L*, J. Exp. Bio. **209**(5), 978–984 (2006)

77.15　M.V. Srinivasan, S. Zhang, J.S. Chahl: Landing

strategies in honeybees, and possible applications to autonomous airborne vehicles, Biol. Bull. **200**(2), 216–221 (2001)

77.16 T. Vladusic, J.M. Hemmi, M.V. Srinivasan, J. Zeil: Interactions of visual odometry and landmark guidance during food search in honeybees, J. Exp. Biol. **208**, 4123–4135 (2005)

77.17 M.V. Srinivasan, S.W. Zhang: Visual control of honeybee flight. In: *Orientation and Communication in Arthropods*, Experientia Supplementum, Vol. 84, ed. by M. Lehres (Birkhäuser, Basel 1997) pp. 95–113

77.18 B. Webb: Can robots make good models of biological behavior?, Behav. Brain Sci. **24**, 1033–1094 (2001)

77.19 J.Y. Lettvin, H. Maturana, W.S. McCulloch, W.H. Pitts: What the frog's eye tells the frog brain, Proc. IRE **47**, 1940–1951 (1959)

77.20 D. Ingle: Visual releasers of prey catching behavior in frogs and toads, Brain Behav. Evol. **1**, 500–518 (1968)

77.21 R.L. Didday: A model of visuomotor mechanisms in the frog optic tectum, Math. Biosci. **30**, 169–180 (1976)

77.22 M.A. Arbib: Levels of modeling of visually guided behavior, Behav. Brain Sci. **10**, 407–465 (1987)

77.23 M.A. Arbib: Visuomotor coordination: Neural models and perceptual robotics. In: *Visuomotor Coordination: Amphibians, Comparisons, Models, and Robots*, 2nd edn., ed. by J.P. Ewert, M.A. Arbib (Plenum, New York 1989) pp. 121–171

77.24 T. Collett: Do toads plan routes? A study of detour behavior of *B. viridis*, J. Comp. Physiol. **146**, 261–271 (1982)

77.25 M.A. Arbib, D.H. House: Depth and detours: An essay on visually guided behavior. In: *Vision, Brain and Cooperative Computation*, ed. by M.A. Arbib, A.R. Hanson (Bradford Books/MIT Press, Cambridge 1987) pp. 129–163

77.26 F.J. Corbacho, M.A. Arbib: Learning to detour, Adapt. Behav. **4**, 419–468 (1995)

77.27 A. Cobas, M.A. Arbib: Prey-catching and predator-avoidance in frog and toad: Defining the schemas, J. Theor. Biol. **157**, 271–304 (1992)

77.28 R.C. Arkin: Motor schema-based mobile robot navigation, Int. J. Robot. Res. **8**, 92–112 (1989)

77.29 O. Khatib: Real-time obstacle avoidance for manipulators and mobile robots, Int. J. Robot. Res. **5**, 90–98 (1986)

77.30 B.H. Krogh, C.E. Thorpe: Integrated path planning and dynamic steering control for autonomous vehicles, Proc. IEEE Int. Conf. Robot. Autom. San Francisco (1986) pp. 1664–1669

77.31 R.A. Brooks, C.L. Breazeal, M. Marjanović, B. Scassellati: The COG project: Building a humanoid robot, Lect. Notes Comput. Sci. **1562**, 52–87 (1999)

77.32 R.C. Arkin: *Behavior-Based Robotics* (MIT Press, Cambridge 1998)

77.33 R.C. Arkin, M. Fujita, T. Takagi, R. Hasegawa: An ethological and emotional basis for human-robot interaction, Robot. Auton. Syst. **42**(3/4), 191–201 (2003)

77.34 P. Dean, P. Redgrave, G.W.M. Westby: Event or emergency? Two response systems in the mammalian superior colliculus, Trends Neurosci. **12**,

138–147 (1989)

77.35 B.E. Stein, M.A. Meredith: *The Merging of the Senses* (MIT Press, Cambridge 1993)

77.36 T. Strosslin, C. Krebser, A. Arleo, W. Gerstner: Combining multimodal sensory input for spatial learning, artificial neural networks – ICANN 2002, Lect. Notes Comput. Sci. **2415**, 87–92 (2002)

77.37 J. O'Keefe, L. Nadel: *The Hippocampus as a Cognitive Map* (Clarendon, Oxford 1978)

77.38 V. Braitenberg: Taxis, kinesis, decussation, Progr. Brain Res. **17**, 210–222 (1965)

77.39 A. Guazzelli, F.J. Corbacho, M. Bota, M.A. Arbib: Affordances, motivation, and the world graph theory, Adapt. Behav. **6**, 435–471 (1998)

77.40 J.J. Gibson: *The Senses Considered as Perceptual Systems* (Allen and Unwin, London 1966)

77.41 I. Lieblich, M.A. Arbib: Multiple representations of space underlying behavior, Behav. Brain Sci. **5**, 627–659 (1982)

77.42 B. Girard, D. Filliat, J.A. Meyer, A. Berthoz, A. Guillot: Integration of navigation and action selection functionalities in a computational model of cortico-basal-ganglia-thalamo-cortical loops, Adapt. Behav. **13**(2), 115–130 (2005)

77.43 J.A. Meyer, A. Guillot, B. Girard, M. Khamassi, P. Pirim, A. Berthoz: The Psikharpax project: Towards building an artificial rat, Robot. Auton. Syst. **50**(4), 211–223 (2005)

77.44 G. Deco, E.T. Rolls: Attention and working memory: A dynamical model of neuronal activity in the prefrontal cortex, Eur. J. Neurosci. **18**(8), 2374–2390 (2003)

77.45 S.B. Choi, S.W. Ban, M. Lee: Biologically motivated visual attention system using bottom-up saliency map and top-down inhibition, Neural Inf. Proc. – Lett. Rev. **2**(1), 19–25 (2004)

77.46 L. Itti, C. Koch: A saliency-based search mechanism for overt and covert shifts of visual attention, Vis. Res. **40**, 1489–1506 (2000)

77.47 J.M. Wolfe: Guided search 2.0: A revised model of visual search, Psychon. Bull. Rev. **1**, 202–238 (1994)

77.48 A. Yarbus: *Eye Movements and Vision* (Plenum, New York 1967)

77.49 V. Navalpakkam, L. Itti: Modeling the influence of task on attention, Vis. Res. **45**, 205–231 (2005)

77.50 F. Orabona, G. Metta, G. Sandini: Object-based visual attention: A model for a behaving robot, Conf. Comput. Vis. Pattern Recogn. (2005) pp. 89–89

77.51 G. Sandini, V. Tagliasco: An anthropomorphic retina-like structure for scene analysis, Comput. Vis. Gr. Image Proc. **14**(3), 365–372 (1980)

77.52 G. Rizzolatti, L. Riggio, I. Dascola, C. Umiltá: Reorienting attention across the horizontal and vertical meridians: Evidence in favor of a premotor theory of attention, Neuropsychologia **25**, 31–40 (1987)

77.53 J.R. Flanagan, R.S. Johansson: Action plans used in action observation, Nature **424**, 769–771 (2003)

77.54 J.R. Flanagan, P. Vetter, R.S. Johansson, D.M. Wolpert: Prediction precedes control in motor learning, Curr. Biol. **13**, 146–150 (2003)

77.55 J.M. Mataric, M. Pomplun: Fixation behavior in observation and imitation of human movement,

77

Brain Res. Cogn. Brain Res. **7**, 191–202 (1998)

77.56   E. Kandel, J. Schwartz, T. Jessell: *Principles of Neural Science*, 5th edn. (McGraw-Hill, Columbus 2000)

77.57   J. Fallon, R. Carr, D. Morgan: Stochastic resonance in muscle receptors, J. Neurophysiol. **91**, 2429–2436 (2004)

77.58   B. Edin: Quantitative analyses of dynamic strain sensitivity in human skin mechanoreceptors, J. Neurophysiol. **92**(6), 3233–3243 (2004)

77.59   K.O. Johnson: Closing in on the neural mechanisms of finger joint angle sense. Focus on quantitative analysis of dynamic strain sensitivity in human skin mechanoreceptors, J. Neurophysiol. **92**(6), 3167–3168 (2004)

77.60   B. Edin: Cutaneous afferents provide information about knee joint movements in humans, J. Physiol. **531**(1), 289–297 (2001)

77.61   B. Edin, J. Westlin: Independent control of human finger-tip forces at individual digits using precision lifting, J. Physiol. **450**, 547–567 (1992)

77.62   K. Doya: Complementary roles of basal ganglia and cerebellum in learning and motor control, Curr. Opin. Neurobiol. **10**(6), 732–739 (2000)

77.63   L.M. Bjursten, K. Norrsell, U. Norrsell: Behavioural repertory of cats without cerebral cortex from infancy, Exp. Brain Res. **25**(2), 115–130 (1976)

77.64   G. Holmes: The cerebellum of man, Brain **62**, 1–30 (1939)

77.65   R.C. Miall, D.J. Weir, D.M. Wolpert, J.F. Stein: Is the cerebellum a Smith predictor?, J. Motor Behav. **25**, 203–216 (1993)

77.66   J. Peters, P. van der Smagt: Searching a scalable approach to cerebellar based control, Appl. Intell. **17**, 11–33 (2002)

77.67   E.J. Nijhof, E. Kouwenhoven: Simulation of multijoint arm movements. In: *Biomechanics and Neural Control of Posture and Movement*, ed. by J.M. Winters, P.E. Crago (Springer, New York 2002) pp. 363–372

77.68   N. Bernstein: *The Coordination and Regulation of Movements* (Pergamon, Oxford 1967)

77.69   M.C. Tresch, V.C.K. Cheung, A. d'Avella: Matrix factorization algorithms for the identification of muscle synergies: Evaluation on simulated and experimental data sets, J. Neurophysiol. **95**(4), 2199–2212 (2006)

77.70   C. Castellini, P. van der Smagt: Evidence of muscle synergies during human grasping, Biol. Cybern. **107**(2), 233–245 (2013)

77.71   J.C. Eccles, M. Ito, J. Szentágothai: *The Cerebellum as a Neuronal Machine* (Springer, New York 1967)

77.72   M. Ito: *The Cerebellum and Neural Control* (Raven, New York 1984)

77.73   D.A. Marr: A theory of cerebellar cortex, J. Physiol. **202**, 437–470 (1969)

77.74   J.S. Albus: A theory of cerebellar function, Math. Biosci. **10**, 25–61 (1971)

77.75   P. van der Smagt: Cerebellar control of robot arms, Connect. Sci. **10**, 301–320 (1998)

77.76   P. van der Smagt: Benchmarking cerebellar control, Robot. Auton. Syst. **32**, 237–251 (2000)

77.77   J.S. Albus: Data storage in the cerebellar model articulation controller (CMAC), J. Dyn. Syst. Meas. Control ASME **3**, 228–233 (1975)

77.78   W.T. Miller: Real-time application of neural networks for sensor-based control of robots with vision, IEEE Trans. Syst. Man Cybern. **19**, 825–831 (1994)

77.79   C. Sabourin, O. Bruneau: Robustness of the dynamic walk of a biped robot subjected to disturbing external forces by using CMAC neural networks, Robot. Auton. Syst. **51**, 81–99 (2005)

77.80   J.C. Houk, J.T. Buckingham, A.G. Barto: Models of the cerebellum and motor learning, Behav. Brain Sci. **19**(3), 368–383 (1996)

77.81   M.A. Arbib, C.C. Boylls, P. Dev: Neural models of spatial perception and the control of movement. In: *Cybernetics and Bionics*, ed. by W.D. Keidel, W. Handles, M. Spreng (Oldenbourg, Munich 1974) pp. 216–231

77.82   N. Schweighofer: Computational Models of the Cerebellum in the Adaptive Control of Movements, Ph.D. Thesis (University of Southern California, Los Angeles 1995)

77.83   N. Schweighofer, M.A. Arbib, M. Kawato: Role of the cerebellum in reaching quickly and accurately: I. A functional anatomical model of dynamics control, Eur. J. Neurosci. **10**, 86–94 (1998)

77.84   N. Schweighofer, J. Spoelstra, M.A. Arbib, M. Kawato: Role of the cerebellum in reaching quickly and accurately: II. A neural model of the intermediate cerebellum, Eur. J. Neurosci. **10**, 95–105 (1998)

77.85   M.A. Arbib, N. Schweighofer, W.T. Thach: Modeling the cerebellum: From adaptation to coordination. In: *Motor Control and Sensory-Motor Integration: Issues and Directions*, ed. by D.J. Glencross, J.P. Piek (North-Holland Elsevier Science, Amsterdam 1995) pp. 11–36

77.86   D. Wolpert, M. Kawato: Multiple paired forward and inverse models for motor control, Neural Netw. **11**, 1317–1329 (1998)

77.87   O. Donchin, J.T. Francis, R. Shadmehr: Quantifying generalization from trial-by-trial behavior of adaptive systems that learn with basis functions: Theory and experiments in human motor control, J. Neurosci. **23**(27), 9032–9045 (2003)

77.88   R. Osu, H. Gomi: Multijoint muscle regulation mechanisms examined by measured human arm stiffness and EMG signals, J. Neurophysiol. **81**(4), 1458–1468 (1999)

77.89   H. Höppner, J. McIntyre, S.P. der van: Task dependency of grip stiffness – A study of human grip force and grip stiffness dependency during two different tasks with same grip forces, PLOS ONE **8**(12), e80889 (2013)

77.90   P. van der Smagt, F. Groen, K. Schulten: Analysis and control of a rubbertuator robot arm, Biol. Cybern. **75**(4), 433–440 (1996)

77.91   G. Rizzolatti, G. Luppino, M. Matelli: The organization of the cortical motor system: New concepts, Electroencephalogr. Clin. Neurophysiol. **106**, 283–296 (1998)

77.92   G. Rizzolatti, L. Fogassi, V. Gallese: Neurophysiological mechanisms underlying the understanding and imitation of action, Nat. Rev. Neurosci. **2**, 661–670 (2001)

77.93   M.A. Umiltà, E. Kohler, V. Gallese, L. Fogassi,

L. Fadiga, C. Keysers, G. Rizzolatti: I know what you are doing: A neurophysiological study, Neuron **31**(1), 155–165 (2001)

77.94 P.F. Ferrari, S. Rozzi, L. Fogassi: Mirror neurons responding to observation of actions made with tools in monkey ventral premotor cortex, J. Cogn. Neurosci. **17**, 212–226 (2005)

77.95 L. Fogassi, P.F. Ferrari, B. Gesierich, S. Rozzi, F. Chersi, G. Rizzolatti: Parietal lobe: From action organization to intention understanding, Science **308**(4), 662–667 (2005)

77.96 M. Taira, S. Mine, A.P. Georgopoulos, A. Murata, H. Sakata: Parietal cortex neurons of the monkey related to the visual guidance of hand movement, Exp. Brain Res. **83**, 29–36 (1990)

77.97 A.H. Fagg, M.A. Arbib: Modeling parietal–premotor interactions in primate control of grasping, Neural Netw. **11**, 1277–1303 (1998)

77.98 G. Rizzolatti, G. Luppino: Grasping movements: Visuomotor transformations. In: *The Handbook of Brain Theory and Neural Networks*, 2nd edn., ed. by M.A. Arbib (Bradford Books/MIT Press, Cambridge 2003) pp. 501–504

77.99 S.H. Johnson-Frey: The neural bases of complex tool use in humans, Trends Cogn. Sci. **8**, 71–78 (2004)

77.100 G. Rizzolatti, L. Fadiga, V. Gallese, L. Fogassi: Premotor cortex and the recognition of motor actions, Cogn. Brain Res. **3**, 131–141 (1995)

77.101 E. Oztop, M.A. Arbib: Schema design and implementation of the grasp-related mirror neuron system, Biol. Cybern. **87**(2), 116–140 (2002)

77.102 D.I. Perrett, J.K. Hietanen, M.W. Oram, P.J. Benson: Organization and functions of cells in the macaque temporal cortex, Philos. Trans. R. Soc. B **335**, 23–50 (1992)

77.103 D.P. Carey, D.I. Perrett, M.W. Oram: Recognizing, understanding and producing action. In: *Handbook of Neuropsychology: Action and Cognition*, Vol. 11, ed. by M. Jeannerod, J. Grafman (Elsevier, Amsterdam 1997) pp. 111–130

77.104 B. Bonaiuto, E. Rosta, M.A. Arbib: Extending the mirror neuron system model, I. Audible actions and invisible grasps, Biol. Cybern. **96**(1), 9–38 (2006)

77.105 Y. Demiris, M.H. Johnson: Distributed, predictive perception of actions: A biologically inspired robotics architecture for imitation and learning, Connect. Sci. **15**(4), 231–243 (2003)

77.106 M.A. Arbib, A. Billard, M. Iacoboni, E. Oztop: Synthetic brain imaging: Grasping, mirror neurons and imitation, Neural Netw. **13**(8/9), 975–997 (2000)

77.107 S. Schaal, A.J. Ijspeert, A. Billard: Computational approaches to motor learning by imitation, Philos. Trans. R. Soc. Biol. Sci. **358**(1431), 537–547 (2003)

77.108 E. Oztop, M. Kawato, M.A. Arbib: Mirror neurons and imitation: A computationally guided review, Neural Netw. **19**(3), 254–271 (2006)

77.109 J. Tani, M. Ito, Y. Sugita: Self-organization of distributedly represented multiple behavior schemata in a mirror system: Reviews of robot experiments using RNNPB, Neural Netw. **17**(8/9), 1273–1289 (2004)

77.110 Y. Kuniyoshi, Y. Yorozu, M. Inaba, H. Inoue: From visuomotor self learning to visual imitation – a neural architecture for humanoid learning, IEEE Int. Conf. Robot. Autom. (ICRA), Vol. 3 (2003) pp. 3132–3139

77.111 D.M. Wolpert, K. Doya, M. Kawato: A unifying computational framework for motor control and social interaction, Philos. Trans. R. Soc. Biol. Sci. **358**(1431), 593–602 (2003)

77.112 G. Metta, G. Sandini, L. Natale, L. Craighero, L. Fadiga: Understanding mirror neurons: A biorobotic approach, Interact. Stud. **7**(2), 197–232 (2006) special issue on epigenetic robotics

77.113 D.M. Wolpert, Z. Ghahramani, R.J. Flanagan: Perspectives and problems in motor learning, Cogn. Sci. **5**(11), 487–494 (2001)

77.114 M.I. Jordan, D.E. Rumelhart: Forward models: Supervised learning with a distal teacher, Cogn. Sci. **16**(3), 307–354 (2006)

77.115 M. Kawato, K. Furukawa, R. Suzuki: A hierarchical neural network model for control and learning of voluntary movement, Biol. Cybern. **57**, 169–185 (1987)

77.116 M. Haruno, D.M. Wolpert, M. Kawato: MOSAIC model for sensorimotor learning and control, Neural Comput. **13**, 2201–2220 (2001)

77.117 E. Oztop, D.M. Wolpert, M. Kawato: Mental state inference using visual control parameters, Cogn. Brain Res. **22**, 129–151 (2005)

77.118 A.L. Woodward: Infant selectively encode the goal object of an actor's reach, Cognition **69**, 1–34 (1998)

77.119 M. Lopas, J. Santos-Victor: Visual learning by imitation with motor representations, IEEE Trans. Syst. Man Cybern. B **35**(3), 438–449 (2005)

77.120 A. Gijsberts, T. Tommasi, G. Metta, B. Caputo: Object recognition using visuo-affordance maps, IEEE/RSJ Int. Conf. Intell. Robot. Syst. (IROS2010) Taipei, Taiwan (2010) pp. 1572–1578

77.121 N. Noceti, B. Caputo, C. Castellini, L. Baldassarre, A. Barla, L. Rosasco, F. Odone, G. Sandini: Towards a theoretical framework for learning multi-modal patterns for embodied agents, ICIAP-09, 15th, Int. Conf. Image Anal. Process. (2009)

77.122 P. Fitzpatrick, G. Metta: Grounding vision through experimental manipulation, Philos. Trans. R. Soc. Math. Phys. Eng. Sci. **361**(1811), 2165–2185 (2003)

77.123 S.M. Khansari Zadeh, A. Billard: Learning stable non-linear dynamical systems with Gaussian mixture models, IEEE Trans. Robotics **27**(5), 943–957 (2011)

77.124 A. Ude, A. Gams, T. Asfour, J. Morimoto: Task-specific generalization of discrete and periodic dynamic movement primitives, IEEE Trans. Robotics **26**(5), 800–815 (2010)

77.125 E.A. Theodorou, J. Buchli, S. Schaal: A generalized path integral control approach to reinforcement learning, J. Mach. Learn. Res. **11**, 3137–3181 (2010)

77.126 C.L. Nehaniv: Nine billion correspondence problems. In: *Imitation and Social Learning in Robots, Humans, and Animals: Behavioural, Social and Communicative Dimensions*, ed. by C.L. Nehaniv, K. Dautenhahn (Cambridge Univ. Press, Cambridge 2006)

77

77

77.127　C.L. Nehaniv, K. Dautenhahn: Mapping between dissimilar bodies: Affordances and the algebraic foundations of imitation, Eur. Workshop Learn. Robots (EWRL-7) Edinburgh (1998)

77.128　Y. Demiris, G. Hayes: Imitation as a dual-route process featuring predictive and learning components: A biologically-plausible computational model. In: *Imitation in Animals and Artifacts*, ed. by K. Dautenhahn, C. Nehaniv (MIT Press, Cambridge 2002)

77.129　M. Ito, K. Noda, Y. Hoshino, J. Tani: Dynamic and interactive generation of object handling behaviors by a small humanoid robot using a dynamic neural network model, Neural Netw **19**(3), 323–337 (2006)

77.130　E.L. Sauser, A. Billard: Parallel and distributed neural models of the ideomotor principle: An investigation of imitative cortical pathways, Neural Netw. **19**, 285–298 (2006)

77.131　A.M. Liberman, F.S. Cooper, D.P. Shankweiler, M. Studdert-Kennedy: Perception of the speech code, Psychol. Rev. **74**, 431–461 (1967)

77.132　A.M. Liberman, I.G. Mattingly: The motor theory of speech perception revised, Cognition **21**, 1–36 (1985)

77.133　G. Rizzolatti, M.A. Arbib: Language within our grasp, Trends Neurosci. **21**(5), 188–194 (1998)

77.134　L. Fadiga, L. Fogassi, G. Pavesi, G. Rizzolatti: Motor facilitation during action observation: A magnetic stimulation study, J. Neurophys. **73**(6), 2608–2611 (1995)

77.135　M. Gentilucci, L. Fogassi, G. Luppino, M. Matelli, R. Camarda, G. Rizzolatti: Functional organization of inferior area 6 in the macaque monkey. I. Somatotopy and the control of proximal movements, Exp. Brain Res. **71**(3), 475–490 (1988)

77.136　F. Pulvermüller, L. Fadiga: Active perception: sensorimotor circuits as a cortical basis for language, Nat. Rev. Neurosci. **11**(5), 351–360 (2010)

77.137　L. Fadiga, L. Craighero, G. Buccino, G. Rizzolatti: Speech listening specifically modulates the excitability of tongue muscles: A TMS study. Eur. J, Neurosci. **15**(2), 399–402 (2002)

77.138　J.-L. Schwartz, A. Basirat, L. Ménard, M. Sato: The Perception-for-Action-Control Theory (PACT): A perceptuo-motor theory of speech perception, J. Neurolinguist **25**(5), 336–354 (2012)

77.139　C. Moulin-Frier, M.A. Arbib: Recognizing speech in a novel accent: The motor theory of speech perception reframed, Biol Cybern. **107**(4), 421–447 (2013)

77.140　C. Castellini, L. Badino, G. Metta, G. Sandini, M. Tavella, M. Grimaldi, L. Fadiga: The use of phonetic motor invariants can improve automatic phoneme discrimination, PLoS ONE **6**(9), e24055 (2011)

77.141　A. D'Ausilio, F. Pulvermüller, P. Salmas, I. Bufalari, C. Begliomini, L. Fadiga: The motor somatotopy of speech perception, Curr. Biol. **19**(5), 381–385 (2009)

77.142　M. Grimaldi, F.B. Gili, F. Sigona, M. Tavella, P. Fitzpatrick, L. Craighero, L. Fadiga, G. Sandini, G. Metta: New technologies for simultaneous acquisition of speech articulatory data: Ultrasound, 3-D articulograph and electroglottograph, Poster, LangTech Conference, Roma (2008)

77.143　G.E. Hinton, V. Nair: Inferring motor programs from images of handwritten digits, Adv. Neural Inform. Proces. Syst., Vol. 18 (2004) pp. 515–522

77.144　L. Badino, C. Canevari, L. Fadiga, G. Metta: Deep-level acoustic-to-articulatory mapping for DBN-HMM based phone recognition, Spoken Language Technology Workshop (SLT) (2012) pp. 370–375

77.145　M.A. Arbib (Ed.): *From Action to Language Via the Mirror System* (Cambridge Univ. Press, Cambridge 2006)

77.146　C. Bell, P. Cordo, S. Harnad: Controversies in neuroscience IV: Motor learning and plasticity in the cerebellum, Behav. Brain Sci. **19**(3), v–vi (1996)

77.147　P. van der Smagt, D. Bullock: Applied intelligence, Scalable Appl. Neural Netw. Robotics **17**(1), 7–10 (2002)

77.148　V. Gallese, L. Fadiga, L. Fogassi, G. Rizzolatti: Action recognition in the premotor cortex, Brain **119**, 593–609 (1996)

77.149　L. Fadiga, L. Craighero, G. Buccino, G. Rizzolatti: Speech listening specifically modulates the excitability of tongue muscles: A TMS study, Eur. J. Neurosci. **15**(2), 399–402 (2002)

第78章
感知机器人

Heinrich Bülthoff，Christian Wallraven，Martin A. Giese

当机器人与人在同一环境中工作时，需要有识别用户、识别并操作物体、执行复杂的导航任务，理解人类情感和交流手势并做出反应的能力。然而，在这些感知能力方面，人类大脑远远领先机器人系统。因此，学习人类大脑处理复杂感知任务的方式，会有助于设计更好的机器人。同样，当机器人与人交互时，它的行为和反应也由人来评判——机器人的动作应该流畅优雅，与用户交互时不应该让人有一种怪异的感觉。在本章中，我们将介绍感知机器人，这是一个基于感知研究和神经科学的机器人研究领域，我们将为机器人系统构建更好的感知能力，并验证机器人系统对用户感知的影响。

78.1　概述

感知功能的技术实现是机器人应用中的一个核心问题。机器人要通过感知实现在空间中的导航，以及对目标物体的定位与识别，如机器人操作（第7、8、32、33、36～38、47、67章）。社交机器人必须能够理解人的手势、行为甚至情感（第69、71、72章），以便与用户进行较为自然的交互。仿人机器人所需的复杂感知、行为功能编程的一种重要方法是模仿学习（第75章和第77章）。模仿学习要求机器人能够感知使用者的复杂行为，并能够映射到一个有效的表示形式，以适合在一个可行的平台上进行运动合成。本章主要介绍基于生物感知系统的复杂形状构建及运动原理，此处的生物感知系统主要是学习灵长类动物视觉皮层的基本功能。

在机器人技术系统的设计和计算机视觉技术中，这些原理对于如何设计技术系统来识别对象、形状和人脸，识别并合成复杂的运动与行为等均有重要启示。由于篇幅所限，我们将重点讲述视觉感知及其相关技术应用。在机器人学的范畴中，许多其他类型的感知也很重要，如触觉感知、听觉感知、多传感器信息融合、视觉识别与运动控制程序之间的配合，如抓取过程。

下面，我们将首先阐明几种与形式和运动表征相关的生物学原理，特别是在视觉系统中。一方面，我们将描述利用神经机制来实现这些原理的技术系统，这些神经机制的灵感来自于大脑的基本架构；另一方面，我们还将讨论如何在更抽象的层面上实现这些生物学原理，以及采用何种机制代替神经网络来开发更高效的算法，以实现生物学相关功能。这些系统中有许多是在计算机视觉领域中衍生出来的，基于现代数字计算机的优点和局限性，能更有效地实现信息处理的生物学原理。

我们在不同层面上建立生物感知和机器人系统之间关系的方法，反映了 David Marr 提出的经典多层次特征理论，该理论是为了分析视觉系统而开发的[78.1]：机器人系统在执行层面可以模仿生物系统，也就是说，我们可以尝试建立机器人的神经机制来模拟生物体的中枢神经系统的功能。这种技术系统和生物系统之间的相似性与第 77 章中给出的"神经机器人学"的定义一致。从生物感知系统到机器人的转换原理也可以在计算和算法这种更抽象的层面上完成。计算层面是由需要被感知系统所解决的计算问题的抽象理论表达形式所定义的，如目标对象的识别或分类，或者人类手势的识别。Marr 的算法层面规定了解决这些问题的计算方法，独立于底层的特定硬件和架构。例如，一个物体既可以用它的完整三维结构来描述（如参数化的三维形状模型），也可以用一组二维范例视图来描述。这些范例视图既可以用神经网络描述，以建立一种在执行层面上对人脑的模拟，也可以用更有效的计算方法来描述，如一组经恰当对象图片和干扰模式训练过的分类器的支持向量。在这两种情况下，机器人系统都实现了源于生物系统感知的机制。

Marr 提出的多层次特征理论只是用来描述多层次复杂系统的方法之一。还有其他方法，特别是与机器人相关的方法，如包容结构法和基于行为的方法，它们将机器人系统分解为一个包含多个简单行为模式的系统。另一个例子是机器人动力系统方法[78.2-4]，它基于生物激励思想，即行为可以映射到（非线性）动力系统或递归神经网络。个体的行为是整个系统层面集体稳定模式下的自组织演化的结果，这些可以通过引入适当的集体变量来描述和分析。有趣的是，这种受机器人学激发的方法已经成功用于人类导航行为的建模[78.5]。

接下来，我们将用"感知机器人学"（Perceptual Robotics）这个术语来表示在 Marr 理论中所有三个层面上基于人类感知原理而进行的机器人设计，这包括神经回路的具体实现，以及把抽象的生物学启发策略转换为相关的计算方法。机器人学与感知研究之间的直接交互对这两个学科的发展都有促进作用。一方面，目前关于人类感知和基础计算原理的

认识可以帮助我们构建更高效的机器人架构，使其能够继承生物感知的特征，如处理器的高效性和鲁棒性或复杂的动态灵活性，这样的架构将是创造一个真正智能、认知机器人的必要前提（第 13、71、74、75 章）；另一方面，感知科学经常将机器人作为测试平台，以加深对计算过程的理解，特别是测试在真实环境条件下特定方案的计算能力。例如，一个孩子是如何学习拿住一个新见到的物体的？是什么让我们能够从几个样本中学会对数以千计的对象进行视觉分类？感知机器人平台配备了各种传感输入，并在不同的虚拟结构或真实环境下运行，为研究此类问题提供了很多有用的工具。

最后，感知机器人学不仅意味着从感知中获得灵感来制造更高效的机器人，它还封装了机器人系统的感知验证功能。随着机器人在人类社会中的参与度越来越高，根据人类的标准来评估它们的功效和有效性变得更加重要。此处的评估，并不是指它们的社会接受程度，而是指人类对它们的外观、动作和交互能力的评价。例如，如果一个机器人展示出不稳定的运动，但它仍可以成功地抓住并操纵一个物体时，人类观察者会敏锐地注意到"异常"，并可能会干预机器人的操作。早在 20 世纪 70 年代初，一位日本机器人学家就已经在一篇关于"恐怖谷"的著名论文中预见到了这种怪异的现象[78.6]。Mori 预言，随着机器人与人越来越相似，人类对机器人的熟悉程度将会增加，直到某个时候（当机器人在外观或行为上与人类非常相似时），人类会突然对机器人感到非常陌生。随着机器人与人的相似性进一步增加，人类将再次感到机器人令人熟悉、具有吸引力。

Mori 还认为，这种恐怖谷不只适用于机器人静态的外观，在机器人运动过程中的体现会更加明显。在过去的几十年里，人类对开发仿人机器人的兴趣越来越高，了解仿人机器人的感知判断成为仿人机器人开发中的一个关键组成部分。由于对仿人机器人的外观和动作的评估由感知过程驱动，因此使用感知研究的标准来评估和调整它们的有效性也很有意义。在这样的实验中，机器人的性能通常是从用户的普遍接受性、表情的可识别性、运动的平滑度，以及交互的易用性、持续时间和质量等方面来评估的。重要的是，实验不应当只是简单地打分"机器人有多好"，而应该在预期的任务环境中实际测试机器人，或者使用其他间接的有效性衡量标准来测试。关于设计和分析感知实验、用户研究的内

容超出了本章的范围,有兴趣的读者可参阅介绍性文本,如参考文献 [78.7,8]。在本章中,我们将集中讨论与机器人感知相关的两个重要主题,即面部动作和身体运动的感知处理。

78.2　对象表征的感知机制

对象识别是一项基本的视觉功能,在机器人的许多应用中都至关重要。操纵与抓取(第 36 ~ 38 章)需要目标对象形状的精确数据,这些信息通常由视觉传感器获得;对对象的有向运动进行模仿(第 77 章)需要关于目标对象的数据;社交机器人和集群机器人都需要对参与当前任务的其他个体和对象进行可靠的识别(第 71、72 章);对象和形状识别在其他应用性机器人系统,如建造和装配机器人、智能车(第 54 章)等中的重要性也是显而易见的。

78.2.1　对象表征的感知与计算基础

在神经生理学及认知研究中,理解人类如何在各种各样的视觉条件下学习、展示和识别对象,是一个巨大的挑战。对人类识别过程中惊人的鲁棒性,以及人类如何表示对象解释的理论框架大致可分为两种类型,即基于模型的表示方法和基于范例的表示方法。在基于模型的表示方法中,视网膜上的一幅图像可以解析产生对象的三维部分(见第 32 章),这些图元会立即与内部三维对象模型进行匹配(图 78.1 的底部)。基于范例的表示方法假设内部存储由对象的二维、类似快照的表示组成,这些表示将直接与经过简单图像处理后的视觉输入数据进行比较。下面,我们将简要介绍这两种方法的基本特性,以及它们在解释人类识别性能方面可信程度的感知证据。

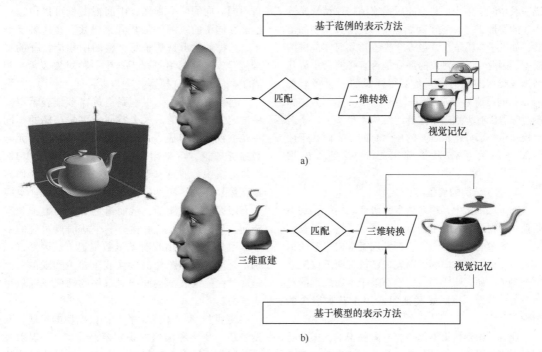

图 78.1　基于范例和基于模型的表示方法

a)基于范例的表示方法　是通过直接将存储的模板或范例图像与茶壶的当前图片进行比较来完成的

b)基于模型的表示方法　假设大脑从视觉图像中提取出三维部分,然后与茶壶内部的三维模型进行匹配

1. 结构化描述模型

结构化描述模型的基本思想是对象识别及分类基于结构化表示。它定义为一组由基本对象部分组成的结构,也被认为是形状图元[78.9]。结构化描述模型旨在提供抽象的和命题式的对象描述,同时忽略不相关的空间信息。因此,结构化描述模型经典

78

地预测了识别效果在发生空间变换时不会发生改变。Biederman 的成分识别（RBC）模型和几何体结构描述（GSD）模型被认为是结构化描述模型中发展得最好的样例[78.10]。根据这个模型，对象被表示为一组基本的三维初始部分的位形，称为几何体。这些几何体的生成基于图元的非偶然属性（NAP），即不太可能是偶然出现的，并且在较大的视野范围内或多或少是不变的，如直线与曲线、对称与非对称、平行与非平行的属性被视为NAP（NAP 最初是在 Lowe[78.11] 基于图像的方法中提出的）。根据该模型，几何体及其空间结构被组合成一个结构化的形式，称为 GSD，各部分间的空间关系用一种分类方式描述，如使用类似上面、下面等关系。与其他结构描述模型一样，Biederman 的模型预测了位置、大小和深度方向的不变性，前提是对象没有任何部分被遮挡。

一个值得注意的问题是，是否所有对象都可以被分解成几何体。有人认为，Biederman 的 RBC 模型不能被应用到生物应激的全部领域[78.12]，或者说一般情况下生物形状不能用描述结构模型来充分描述的情形[78.13]。这个问题也延伸到了人工制品范畴，如鞋子、帽子、背包等一些超越几何体范围的模型。因此，所有对象的部分是否有必要表示成几何体或类似的几何图元是值得怀疑的（更多有关RBC 的问题请见参考文献［78.14, 15]），但这并不意味着没有类别表示这样的结构。事实上，不是对象表示的部分结构本身的概念有问题，而在于使用部分和关系作为基础来推导不变的识别性能[78.15]。

2. 基于范例的模型

在近二十年中，越来越多的研究表明，识别不是独立于视图的。对于新奇的物体[78.16,17]，以及常见的、熟悉的物体[78.18,19]，都发现了方向依赖的识别效应。依赖于方向的识别表现已被证明不仅限于单个对象，如人脸[78.20,21]，也不限于下属级别的对象分类[78.16,22]，也同样被证明适用于基本层次的识别[78.19,23]。

此外，识别效果不仅会受方向的影响，还会受刺激大小的影响。结果非常类似：反应时间（RT）和错误率取决于变换的程度，这些变换是为了使记忆和激励一致所必需的。反应时间会随着（认知）大小的变化而单调递增（详见 Ashbridge 和 Perrett[78.24] 的综述），一些研究甚至给出了变换量与识别性能之间的关系：无论是对常见对象[78.26]还是对非常见对象[78.25]，两个现有的视觉刺激之间位移的

增加会导致识别性能的下降。总的来说，视图独立模型很难与这些发现相一致，这些发现表明，识别性能系统地依赖于不同的空间转换。

接下来，我们将简要回顾三种基于范例的模型，它们通过不同的计算机制和过程（包括标定、插值及池化/阈值）来解释心理物理学实验中发现的转换依赖现象。

在对齐模型中，Ullman[78.12,27] 提出的三维对齐模型和 Lowe[78.11] 提出的 SCERPO 模型可能是最典型的例子。这两种模型都是通过存储对象的三维模型来工作的，这些模型通过相应特征（对象上的边缘或特征点）的透视投影与图像对齐。Ullman 和 Basri[78.28] 提出了一个基于二维视图的对齐模型，此模型可以替代基于三维表示的 Ullman 模型[78.27]。在这个模型中，通过存储少量的二维范例图像线性组合建立了一个内部的对象模型。因此，对齐不是通过空间补偿，而是通过图像的线性组合完成的。线性组合方法背后的直观含义可以简单地解释为：假设存储了同一个三维对象来自不同方向的两个视图，中间视图就可以由这些已经存储了的视图的加权和来描述。在这种情况下，这样的表示是基于每个视图中相应特征的二维位置，使视图集更接近产生一种对象表示，相当于存储一个 3D 模型。

在插值模型中，识别是通过在多维表示空间中的定位来实现的，这个空间由事先存储的不同视角的视图所组成[78.29]。该插值模型基于多元函数逼近理论，可采用径向基函数（RBF）实现。在该方案中，通过有限数量的径向基函数（如高斯函数）序列，每个径向基函数在高维特征空间的有限区域内被激活，从而逼近对象的整个观察空间。目标识别意味着检查一个新的点对应的实际刺激是否可以由现有基函数集逼近。因此，识别不是通过内部图像的转换或重建来实现的，而是通过在高维表征空间中对范例的插值或近似来实现的。

20 世纪 90 年代末，作为插值模型的扩展，开发了基于池化和阈值的识别模型[78.30-33]。识别是基于细胞的行为来解释的，细胞有选择地以依赖视图（和大小）的方式调整到特定的图像特征（片段或整体形状）。视图特定单元格输出的分层池提供了查看条件的泛化[78.30]。Riesenhuber 和Poggio[78.31] 也提出了类似的建议。阈值模型[78.34]也解释了识别延迟与旋转量（和大小缩放）之间的关系。对象识别的速度取决于特定观察环境所

诱发的对对象有选择性的神经元的活动积累速率。对于一个熟悉的对象，在最频繁呈现的视图中，更多调整过的单元格将被激活，因此可以快速达到给定的证据水平（阈值）。当对象以不同寻常的视角出现时，反应的单元会更少，而对对象外观进行选择的单元群的活动会积累更慢。因此，这些阈值模型解释了方向依赖性，而不需要假设变换或插值过程。

在最近的一篇论文中，人们尝试使用视图依赖和视图独立的方法来处理对象[78.35]。通过结合结构属性（零件数量）和度量属性（零件厚度、尺寸），对新对象的视图依赖关系进行了仔细研究，发现在对象识别中，视图依赖和视图独立处理似乎是相结合的。因此，与其采取基于视图和视图不变处理的极端立场，人们可以设想一个视觉处理框架，特征根据当前任务选择，其中最优、效率及功能参数都依赖于这个特定任务中视觉体验量。

一些旨在建模和解释人类识别性能对其复杂空间变换相关的计算模型已经提出。所有这些模型都依赖于存储范例（最简单的形式是对象的二维视图），并通过不同的计算方法将视网膜图像与存储的范例进行匹配。后来的认知模型的灵感来自于最近关于人脑视觉功能组成部分的生理学研究。因此，下面我们将简要回顾大脑中视觉信息的神经处理，这是我们识别对象能力的基础。

78.2.2 对象识别中的神经表征

从功能上讲，大脑中的视觉信息流可以分为两条主要路径，即背侧通路被认为处理运动或动作相关的视觉信息，而腹侧通路通常与物体识别任务有关。腹侧通路的结构是分层组织的，由一系列相互关联的阶段组成，它们从视网膜开始，通过外侧膝状体核（LGN）到初级视觉皮层（V1）和纹状体外视区 V2、V4 和 IT。下颞皮质（IT）向前额皮质（PFC）提供信息输入，前额皮质在视觉刺激的识别和分类中起着重要的作用。此外，顶叶皮层的记录[78.36]表明，尤其在抓握和操纵对象时，背侧区域也可能在可操纵对象及其功能支持的识别中起中枢作用（关于更详细的讨论见第 77 章）。

Hubel 和 Wiesel[78.37]在猫（后来在猴子）视觉皮层方面开展了开创性工作，首先建立了视觉处理的层次组织的概念。他们在初级视觉皮层（V1 区）中发现了所谓的简单细胞，这些细胞对视野中特定方向和位置的条状刺激反应最好。这些细胞的反应模式可以用 Gabor 型函数模拟为一个感受野。在随后的处理过程中，他们发现了所谓的"复杂细胞"，即在视野中任何地方的特定方向上对条状刺激反应最好的细胞，这种细胞已经部分成为位置不变的细胞。这种对刺激特性随加工过程后期增加的不变性已经在进一步的生理学研究中得到了证实。一般来说，人们发现神经元的感受野增加了，它所反应的刺激的复杂性也会增加。一项关于 IT 区功能作用的关键研究调查了被麻醉猴子的神经元对真实对象的反应[78.38]（参见 Tanaka[78.39]的研究）。虽然部分神经元对简单的条形刺激反应最大，但在后下颞皮质（PIT）的大部分神经元更倾向于复杂的物体，如星形或有突出元素的圆形。有趣的是，神经元对这些物体的微小变化高度敏感，如元素的相对方向或厚度。另一方面，神经元对一些刺激的变化，如大小、对比度或视网膜位置相当不敏感。这些研究结果表明，使用中等复杂的视觉元素可能是表征对象的策略之一，这些视觉元素的共同激活模式编码刺激的视觉外观。此外，Wang 等人[78.38]发现，前下颞皮质（AIT）的神经元对人脸或汽车等整体物体的图像反应最大，这表明 IT 中可能已经存在特定对象的编码。其他几项研究也发现，该区域的神经元与面部、部分面部及身体各部位都有关[78.40]。

在另一组实验中，Logothetis 等人[78.41]发现，AIT 神经元对 Bülthoff 和 Edelman[78.16]研究中使用的相同刺激显示出强烈的基于视图的行为，而它们对刺激的大小和位置保持不变。他们的发现提供了强有力的证据，表明基于视图的对象编码的神经实现是可能的，而且似乎确实可用于识别。除了视觉选择性和大小不变性，研究也发现细胞对整体刺激具有最大的选择性，而不是其组成部分。这一发现表明，这些细胞可能编码早期 PIT 细胞的共激活模式，从而形成视觉调谐的识别单元。在这种情况下，有必要强调的是，像祖母神经元这样的抽象概念，只编码一个刺激似乎是不合理的。相反，在这个实验和其他实验中，大多数神经反应显示出对许多刺激的选择性。对这一发现的一个合理解释是，对象不是由单个神经元编码的，而是由包含大量神经元的群体编码的，这大大增加了表征的鲁棒性[78.33]。

这一研究领域的发现可以概括为一个简单的功能架构：从视觉处理的早期阶段到后期阶段，以前馈的方式，特征的复杂性从简单的边缘检测器增加到视觉调整、复杂的对象细胞和对刺激变化的不变性增加。这种功能架构不仅反映在前面讨论的对象识别框架中，而且还为计算视觉系统提供了动力，这些系统在过去几十年已经发展起来，我们将在下面讨论。

78.2.3 对象识别：来自计算机视觉的经验

计算机视觉始于 20 世纪 60 年代，作为人工智能的一个分支领域。Roberts[78.42]早期对场景理解的研究显示了计算机如何解析由立方体、金字塔等简单几何对象组成的世界。在接下来的几十年中，计算机视觉系统的主要方向是建立从图像重建三维世界的算法——Marr 非常有影响力的视觉三维重建理论进一步推动了这一发展[78.1]。该理论建立在可以从数学上描述为广义柱面的图像中提取几何图元的基础上。虽然这种方法的数学精确性非常吸引人，但计算实现被证明有很大的局限性。提取鲁棒特征是建立三维图像重建的必要前提，但由于光照、深度旋转、噪声、遮挡等因素的变化会导致图像发生巨大的变化，因此在真实环境中很难找到鲁棒特征。

与人类心理物理学和生理学的范式转变并行的是，基于范例的计算系统开始出现，它首次在更大范围的观察条件下显示出良好的识别性能。这些识别系统基于像素值的直方图[78.43]、局部特征检测器[78.44,45]或基于使用主成分分析的图像直接像素表示[78.46]。所有这些识别系统都依赖于一个标记范例图像的数据库，一种从这些图像中提取特征的算法，以及一种适合于比较图像特征集的分类方法。

回到人类视觉建模的讨论，下面我们提供了三种基于功能上可信、基于范例架构的神经形态识别系统的示例性回顾：它们是 SpikeNET[78.48]、LeNet[78.49]和 Serreet 等人[78.50]的框架。第一个系统的动机是发现人类在分类包含动物或人脸的图像时速度惊人[78.51]。这项任务有如此之短的典型响应时间（100ms）的视觉信号，只为一个前馈通过大脑视觉区域（图 78.2）的时间，任何重复反馈处理必然会延迟决策，因此会导致更长的响应时间。基于这一发现，设计了一种神经网络架构[78.48]，利用神经元反应（峰值）的时间，使用"谁先触发"的策略编码视觉信号。这与传统神经网络的不同之处在于使用的是时间而不是发射强度。因此，该系统中的一个对象将由一组神经元表示，这些神经元代表来自早期低水平特征提取

神经元的尖峰响应模式。在它们的执行过程中，这些低水平的神经元由标准的 Gabor 型感受野组成，这些感受野与猫的视觉皮层的感受野相似[78.37]。这种尖峰时间编码允许非常快的处理视觉刺激，并已被证明提供鲁棒的识别结果。LeNet[78.49]由一个神经网络组成，该神经网络使用多层可训练卷积和空间子采样，以及非线性滤波来提取越来越大的感受野、越来越复杂和越来越鲁棒性的特征。使用广泛的、监督全层次的训练，这样的网络为许多视觉识别任务提供了一个非常有效、稀疏的特征集。最后，Serre 等人[78.50]的网络体系结构采用类似的层次结构的特征复杂性和不变性，依次增加了线性和非线性池——其低层次特征探测器，在一种无监督方式训练自然图像的大型数据库，产生了大量的检测器，优化调整到自然图像统计。此外，这个模型在识别任务中的表现被证明是非常好的，与生理学和心理物理实验的比较表明，这个框架也能够模拟这些实验的人类结果。

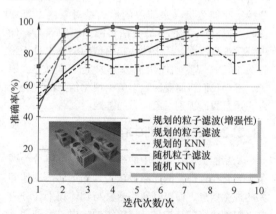

图 78.2　使用主动视图选择的手持识别系统对 4 个高度相似对象（如图片所示）的识别性能[78.47]

KNN—最近邻域

注：五种方法在规划内和规划外对机器人手中对象探索进行了对比。x 轴为迭代次数，y 轴为识别准确率（%）。随着时间（或迭代次数）的推移，规划的方法明显超过了随机探索。此外，利用粒子滤波的概率法对对象进行识别也提供了一种识别改进。最后显示了一个系统的性能，该系统提高了在粒子过滤框架中给定当前视觉证据的对象的可能性——这种方法的整体效果最好。这些结果表明，主动视图选择提升了机器人在真实环境中学习和识别对象的能力。

最近的研究主要集中在两个方面：自动提取最优视觉特征以实现有效的识别和分类，以及扩展框

架，以提供不变性，应对观察条件的变化（如深度旋转、缩放、平移、光照和遮挡，如 DiCarlo 等人[78.52]、Rolls[78.53]，用于讨论神经形态结构的不变性）。在最近的一篇参考文献［78.54］中，这两个问题已经在人脸识别任务中得到了解决，该任务是在不受控制的环境中对复杂的人脸数据库进行识别。通过使用 GPU 加速算法评估大量潜在的视觉特征组合来选择最优特征。不变性问题是通过使用一个分层、多层模型来解决的，其中每一层包括线性和非线性池化操作，用于编码输入图像。该组合系统与其他标准特征提取方法和一个扁平的、非层次的单层模型进行了基准测试。这两个特性都提高了数据库识别性能，优于其他最先进的基准方法。此外，该系统还增强了对视觉变化的鲁棒性，包括姿态、位置、尺度和背景杂波。

总之，神经形态结构现在已经达到了一个成熟的阶段，可以使它们甚至领先于复杂的、最先进的计算机视觉框架。学习和调整特征集，以适应条件的能力，以及增强视觉条件的鲁棒性，使得此类架构成为构建感知机器人视觉学习和识别系统的良好候选。

78.2.4 感知机器人的对象学习和识别

总的来说，感知启发识别系统的成功可以被视为数据驱动的、基于范例的识别方法可行性的一个强有力的指标。然而，有三个问题到目前为止还没有在这些视觉系统中得到解决，这对于在感知机器人应用中实现人类在一般识别任务中的表现，以及对人类对象识别过程的全面理解都很重要。

首先，上面提到的所有系统都是前馈的——几乎没有反馈，在其架构中实现了循环处理，这使得它们在某种意义上非常类似于第 77 章中讨论的更简单的类似青蛙或蜜蜂的神经系统。虽然有证据表明，人类解决一些识别任务很少使用反馈（如 Thorpe 等人[78.51]、DiCarlo 等人[78.52]），尽管如此，它仍然是视觉驱动的一个重要组成部分，如注意力集中、环境意识，以及记忆和推理过程——基本上是构成视觉智能的所有内容。第 77 章回顾了与机器人系统相关的一些视觉注意模型。

其次，当今大多数人工识别系统的一个严重局限性是，它们仅仅专注于对象识别的静态领域。然而，视网膜上的视觉输入包括由于物体和自我运动引起的动态变化、物体的非刚性变形、铰接物体运动，以及场景变化，如照明、遮挡和消失物体的变

化组成，在任何给定的时间点，这几个变化都可以交互。一些心理物理实验表明，动态信息在对象的学习和识别中发挥着重要作用[78.55-58]。这些结果要求扩展当前的对象识别框架与时间组件，以达到真正的时空对象表示。Wallraven 和 Bülthoff[78.59,60] 结合了来自计算机视觉、心理物理学和机器学习的方法，开发了一个框架来满足这一要求，并从图像序列中学习时空、基于范例的对象表示。更具体地说，视觉输入的时空特征被集成到一个基于跟踪局部特征的连接视图表示中。为了提供鲁棒的分类性能，机器学习技术被用来设计有效的方法，将支持向量分类方案与这些局部特征表示相结合[78.61]。在一些研究中我们发现，该框架在高度控制的数据库和真实数据上都取得了很好的识别结果。时空信息的整合通过视图与判别特征的二维图像运动的连接，提供了动态视觉输入的特征信息。除了提供良好的识别性能，该框架还能够模拟人脸和对象识别的心理物理实验结果。Kietzmann 等人[78.62] 提出了一个类似的模型，使用了集成时间维度的神经形态结构。

第三个问题——在我们看来——对于设计和实现高效的感知机器人至关重要，它包括我们感知系统的多感觉特性。例如，人类的视觉系统和触觉系统之间有一个紧密的耦合——当对象被操纵时，触摸可以提供大量关于对象的互补信息，如它的纹理、形状，它在空间中相对于我们身体的位置等。在一系列的心理物理实验中[78.63]，参与者必须学习 4 个由堆叠的玩具砖组成的简单三维物体的触觉模态（当他们被蒙上眼睛时）或视觉模态（不能触摸它们）；随后，他们在同一模态内和跨模态进行了测试。识别结果表明，跨模态识别是可能的，远高于偶然性。毫不奇怪，在模态内条件下，旋转对象的识别受两种模态旋转的严重影响。这表明，视觉识别不仅高度依赖于视图，而且触觉识别性能直接受不同视觉参数的影响。这一实验结果也支持基于范例的过程也介导触觉识别的观点。

结合上述关键帧框架，这种跨模态迁移可能是人类对象识别优异视觉表现的一个重要原因——毕竟，众所周知，婴儿通过主动抓取和触摸物体进行广泛学习，因此可以为视觉识别提供一个对象表示的数据库[78.64]。将这一基本感知原理作为动机[78.60]，已在在线机器人场景中应用了关键帧框架的扩展，以有效地学习和识别多感觉对象表示。更具体地说，我们开发了一个框架来整合来自机器人

78

手部触觉传感器的本体感知信息和来自机器人摄像机的视觉信息。为此，机器人将对其手中的一个对象进行探索性运动（如转动它并从各个角度观察它），并从生成的图像序列中学习使用关键帧框架的时空、基于视图的表示，但这种表示的每个视图都与当前的本体感知状态（即在那个时间点上手的关节角度）有关，因此提供了一个以手为中心的三维空间，这样就产生了一个连接感知和行动的表示。本体感知信息可以作为对象学习和对象识别的附加约束，与单独的视觉匹配相比，本体感知信息具有更高的鲁棒性。该框架也被用作最近工作的基础，其中一个仿人机器人（iCub）执行主动的在手对象识别，搜索最佳视图，使其消除目前持有的对象与其他以前看到的对象之间的歧义[78.47]。同样，将探索性动作（转动手）与视觉数据联系起来，能够更快更可靠地识别对象。图78.2显示了规划外和规划内困难对象识别的范例数据对比（ **VIDEO 569** ）。

这些方法为将识别视为一个主动的、多感知的过程铺平了道路。在这个过程中，丰富的、可扩展的对象表示形式可以形成，并在机器人的整个生命周期内得到改进。

78.3 行动表征的知觉机制

复杂运动和动作的识别是机器人许多应用的基础，如通过观察来模仿学习。交互式机器人需要分析用户的动作，以便以自然的方式对用户的社交和情感行为做出反应（第72章）。下面的部分回顾了关于大脑中的运动和动作识别的已知知识，并试图突出一些已经或可能成功地应用于机器人和计算机视觉的生物学方面。

78.3.1 灵长类动物皮层对复杂运动和动作的识别

对复杂运动和动作的识别是高等动物，特别是灵长类动物的一个基本问题。虽然简单的运动模式足以引起简单脊椎动物的典型捕食行为[78.65]（第77章），但高等动物利用更复杂的运动模式，如识别同种动物或捕食者，或者通过面部动作、手势或身体表达进行交流。人类对身体运动模式的感知是非常有效的，即使是在极其贫乏的刺激下。Johnson[78.66]在经典实验中证明了这一点，他表明，即使是由少量像人类演员的关节一样移动的点组成的显示屏，也可以识别出复杂的动态动作。随后的研究表明，人类可以从这种聚光灯显示中提取高度特定的信息，如性别或身份。据我们所知，迄今为止还没有一种运动识别技术系统实现了相当水平的鲁棒性。虽然更多的神经科学研究致力于对象识别（第78.1.2节），但一些研究试图揭示视觉运动识别的神经[78.67-70]和计算原理[78.71-73]。其中一些原理已经转移到计算机视觉和机器人系统的构建中。

神经生理学和脑成像研究表明，面部和身体运动的识别涉及腹侧和背侧视觉通路，这说明在视觉皮层对动作刺激的形成过程中，可能的形状信息与光流信息是相结合的。腹侧通路是专门负责形状信息处理的，这已经在第78.2.2节中讨论过。就像腹侧通路一样，背侧通路也是分层结构，并且神经元感受野的大小随着分层结构的增加而增加。部分皮质区域是背侧通路的一部分，如图78.3所示。颞内侧（MT）区包含对简单局部运动和相干运动有选择性的神经元。在背侧通路的更高层次上，如在颞上沟（STS），已经在猴子体内发现了对手和身体运动以及面部表情有选择性的神经元[78.69]；在人类大脑中，这些刺激也会激活类似的结构。此外，对人体形状的选择性区域，如外纹状体部分区域（EBA），可能有助于动作的识别[78.74]，其中形状和运动特征的信息似乎在更高的处理水平上被整合[78.73]。

对于目标导向动作的识别，如伸手或抓握，以及视觉皮层之外的皮层结构，如顶叶和运动前皮层，似乎发挥了关键作用。这些结构在动作识别中的作用已经在镜像神经元系统研究的背景下进行了分析[78.75]。镜像神经元是一种感知-动作神经元，它在动作观察过程中结合了视觉调节和选择性运动调节。顶叶皮层的区域，如前叶，可能与动作相关对象的识别及其与运动效应器的关系相关[78.36]。关于镜像神经元系统的研究影响了整个一代仿生机器人的构建（第77章）。指导性假说认为，对动作的视觉识别和理解是通过将观察到的身体动作映射到与执行相同类型的动作相关的运动表征来完成的。

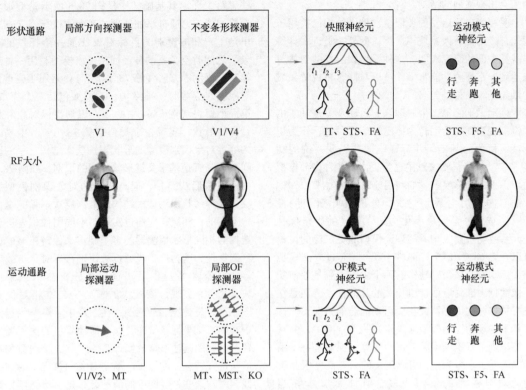

图 78.3　基于范例的神经模型集成了腹侧和背侧视觉通路形式和
运动特征的处理（Giese 和 Poggio[78.73]）

78.3.2　与计算机视觉和机器人相关的生物学原理

我们将讨论以下两个主要原理，它们是从生物系统中的动作识别分析中衍生出来的，已经转移到计算机视觉和机器人应用中。

灵长类动物皮层运动识别的第一个原理是特征检测器的层次结构，它通过检测相关运动和形状特征的时间序列来完成动作识别。这种检测并不一定需要重建三维的面部或身体形状，也不需要对潜在运动的动力学进行精确模拟，相反，它可以通过更简单的计算机制来完成。与对象识别一样，复杂运动模式的识别也强烈依赖于方向和视图。这一特性在 STS 的单个神经元水平上被观察到，并用于激活人类皮层的生物运动选择区域[78.69]，以及更高区域，如运动前皮层中的动作选择神经元[78.76]。从潜在学习的范例视图或关键帧（快照），以及动作特有的瞬时光流模式来看，视图和方向依赖性似乎与视觉感知运动的编码兼容[78.67,73]。虽然对特定特征可能存在先天偏好[78.77]，但心理物理学和功能性磁共振成像（fMRI）实验表明，学习在视觉运动识别中发挥着重要作用[78.78-80]。例如，受试者可以很容易地学习识别个别特定的身体和面部动作[78.81,82]。基于学习的理论模型，利用类似于神经对象识别模型的原理，解释了生物系统中动作识别的各种实验数据[78.73,83,84]，也支持学习的中心作用。

作为这种基于学习的构建方法的一个示例，图 78.3 展示了复杂身体运动识别的层次模型[78.73]。它由两个层次流组成，分别模拟腹侧和背侧视觉通路，其中包含特定运动和形状特征的探测器。该模型的形状通路类似于第 78.2.2 节中描述的对象识别模型；模型的运动通路包含具有不同复杂程度的特定于动作光流特征的探测器。与所描述的对象识别模型一样，位置和尺度不变性是通过沿层次的不同空间和尺度选择性探测器的响应进行适当的非线性池来实现的。此外，该模型还包含递归神经回路，使识别神经元的反应有时间顺序的选择性。通过这种方式，模型只响应那些按照正确的时间顺序执行的动作，同时也具有近似正确的速度。潜在的网络动态可以解释为马尔可夫模型的神经实现，其中以当前已识别的模式预测未来可能的模式（第 68 章）。只有当刺激序列与这些预测相匹配时，网络中才会出现强烈的活动。

受视觉皮层启发的类似层次神经结构已被用于镜像神经元机器人系统[78.85,86]。此外，最近在计算机视觉方面的研究表明，这种受生物启发的架构可以达到非常高的性能水平，可以与计算机视觉领域的最先进算法相媲美[78.87-89]。

运动识别的第二个原理认为运动观测是基于内部模拟观察到的运动行为，已被广泛讨论，作为识别特定行为的基础，并解释镜像神经元系统的功能[78.75]。神经科学文献中已经提出了各种内部模拟动作识别的计算模型，如利用前馈控制器[78.90]、耦合的前向和后向模型[78.91]、分层贝叶斯预测模型[78.92]或自由能量最小化框架[78.93]（关于镜像神经元系统与机器人相关的理论模型的更广泛的讨论可以在第68章和第77章中找到）。通过内部模拟相关运动行为来识别动作的一个主要困难是如何从图像数据中准确地估计出相关的几何量，特别是在没有特殊深度传感器或在线运动捕获的情况下。许多基本的运动控制模型被限定在关节空间中，并且鲁棒识别单目视频中关节角的计算机视觉是一个困难的问题。迄今为止，可以解决的只有高度限制类的运动与强大的学习先验，但计算成本相当高[78.94,95]。这就引出了一个问题，即用更简单的计算方法来识别目标导向的行为，这可以解释生物学数据，并可能在技术应用中引起人们的兴趣。

图78.4所示为最近开发的一个目标导向手部动作识别的生理启发模型。该模型在皮层中遵循这些思路[78.96]，其基础结构是图78.3所示模型形状通路的延伸，通过添加处理被观察的执行器（在这里是手）和被识别的目标对象（如一个抓住的对象）之间时空关系的神经回路。该模型利用一种纯粹基于范例的方法（第78.1.1节），无须明确重建对象或效应器的三维结构。该模型包括三个模块：第一个模块（图78.4中的A）识别目标对象和执行器的形状，实现一个类似于第78.1.3节中描述的标准对象识别模型的形状识别层次结构。手的时间变形分析是基于关键形状序列的识别，如图78.3中模型的形状路径，但与标准的对象识别模型相反，这种形状识别层次结构的最高层次不是完全位置不变的；相反，它通过实现对不同图像位置进行选择的相同形状检测器的多个副本来保持粗略的位置选择性，这为进一步分析被识别目标对象与效应器的时空关系提供了可能。该分析在第二个模块（B）中实现，该模块的核心是二维相对位置图。这些是神经活动地图，在图像中以对象位置为中心的二维坐标系中，作为活动峰值的执行器位置。这些图是通过增益场计算的[78.97]，该增益场将形状选择神经元的输出活动与对象和执行器的选择性相乘。这些神经图中的活动分布是由功能可见性神经元分析的，这些神经元只有在手和对象形状匹配时才会被激活，并且处于适合成功抓握的空间关系中。通过适当地汇集运动能量探测器的响应，接收来自相对位置图的输入，可以构建相对运动神经元，其活动表征了执行器与对象之间的相对运

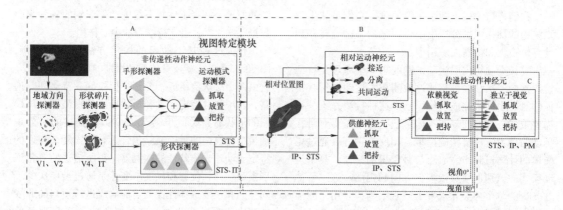

图78.4 目标导向手部动作识别的生理启发模型

注：形状识别A识别目标对象的形状和单个手姿态的形状，保留一些路线位置信息。模块B通过计算表示手和对象在图像坐标中的相对位置的地图，将手和对象的信息关联起来。从这些地图可以计算出手和对象的空间匹配，以及它们的相对运动。最高层次的模块C包含模型神经元，它们对不同类型的目标导向行动具有选择性。在这个层次上，模型以视图依赖的方式识别动作，并且只有在最高层次（视图独立传递动作神经元）上，模型通过集成视图特定模块的输出来实现视图独立（由Fleischer等人提供[78.96]）。

动（如接近对象的手）。功能可供性输出和相对运动神经元整合在第三个模块（C）中，其中只包含对视觉观察到的目标导向动作有选择性的神经元。这种信息集成首先以一种纯粹特定于视图的方式完成。视图独立性直到包含视图独立动作选择神经元的模型的最后一个层次层才被建立。在大脑皮层层次结构中建立视觉依赖的想法似乎是反直觉的，并且与已经建立的若干动作识别计算模型不一致，但在研究运动前皮层镜像神经元的电生理学实验中，这种以范例为基础的表征直到非常高水平的皮质加工层次都能被观察到[78.76]。在这

个传统上与运动规划有关的结构中，大多数镜像神经元是基于视觉的，只有少数是与视觉无关的。该模型能够从灰度级视频中识别手部动作，它可以通过整合视差或深度特征，以及适当的注意力控制机制而得到增强，这将使它能够更有效地处理包含多个相关对象的混乱场景。在技术系统中，类似的体系结构对于目标导向行为的鲁棒视觉识别是否具有优势仍有待研究。最近的研究表明，这种由学习特征探测器组成的分层深度架构，在实际计算机视觉基准上的动作检测性能优于经典的技术解决方案[78.98]。

78.4 机器人感知验证

当机器人提供与人机交互兼容的交互通路时，成功的人机交互可能是最容易的[78.99]。在这种情况下，最重要的交互渠道是面部的言语和非言语交流。重要的是，在人际交往中，使用面部表情的非言语交流占交流内容的30%。面部表情不仅是用于表达人的情绪和情感[78.100]，还被用于交流环境中表示理解（点头）、修正所说的（眉毛的提高）和控制会话流程（困惑的表情可能会让说话者重复所说的话）。因此，许多仿人机器人都有复杂的头部，能够产生类似人类的面部表情和动作。传统上，这是通过使用机电耦合实现的驱动器直接驱动的面部特征（如 Lee 和 Breazeal 的 MDS 机器人[78.101]），或者在更复杂的安卓机器人实现模拟人体肌肉运动，然后使用变形人造皮肤[78.102-104]。其他系统使用 LED 显示简单、多变的面部特征（如 iCub 平台[78.105]）。

78.4.1 机器人的逼真面孔

随着机器人系统的多样化，也需要对它们的感知评估和交互能力进行研究（参考文献[78.106]在计算机图形学的面部动画背景下进行此类研究）。事实上，仿人机器人系统的一个特殊问题是，它们很容易受到恐怖谷效应的影响，因为驱动器和/或控制框架不能轻易地再现人类面部表情的平滑度。例如，一项关于非人类机器人脸部和高度逼真的机器人头部的变形图像的研究清楚地显示了恐怖谷效应的证据[78.107]——一项关于移动机器人脸部的类似研究得出了更复杂的结果，但仍然显示，最逼真的机器人面孔被清楚地感知为不同于说话的人类面孔[78.108]。一个解决方案是改变机器人的外观，使

其远离与人类相似的外观，但用不同的面部特征或不同的面部拓扑结构来传递人类交流信号也可能存在问题；另一个解决方案是避免使用机械解决方案，而是诉诸计算机图形的面部动画。Delaunay 等人[78.109]提出了这样一个系统的案例，其中面部动画被投射到一个刚性面具上。由于面部动画技术在很多方面都更先进，这样的系统允许在人机交互中进行更真实和灵活的交互。微妙的线索，如眼睛凝视、皱纹和其他非刚性面部变形可以通过一个先进的面部动画引擎投影显示。用这种系统进行的最初知觉实验[78.109,110]已经取得了有希望的结果，但还需要做更多的研究，以评估在这些和其他面部显示实现中人机交互的特性。

78.4.2 机器人身体运动的知觉和神经处理

仿人机器人研究的最终目的是优化生成的机器人运动的感知自然性或与人的相似性，因为从长远来看，这将增加仿人机器人在社会环境中的接受度。然而，目前的仿人平台通常有大量的限制，仍然无法实现复杂的真正仿人运动。由于维持动平衡等困难问题，在双足机器人上实现行为的情况更是如此（第67章）。因此，目前的仿人机器人所实现的大部分身体动作仍与人类动作有许多不同之处，这使得这些运动的真实度量化目前不像计算机图形学领域那样紧迫，因为在计算机图形学领域，验证计算机动画方法的真实性和质量的心理物理学研究同时也是一项标准[78.112-114]。然而，心理物理学和神经科学的研究已经开始调查人类和机器人运动在知觉处理之间的差异，并获得了一些有趣的结果，

即定位皮质子系统可能是区分人类和非人类机器人运动的关键。这些研究中的一个典型问题是，哪些关键属性决定了视觉刺激是否会产生运动共振，或者是动作选择性神经结构的激活。这些研究的结果并不完全一致，因为一些研究发现机器人的动作选择网络激活减少[78.115-118]，而另一些研究没有发现这种差异[78.119]。初级视觉处理区域对机器人运动的响应有时比正常情况更多[78.111,117]。

这类研究的问题是，许多因素可能会影响动作选择领域的知觉和神经信号，如形状、运动学和光流模式。通常情况下，对这些参数进行单独控制是非常困难的。此外，观察者对特定机器人的学习经验也可能起到重要作用[78.120]。Saygin 等人最近的一项研究[78.111]通过比较三种不同刺激（图 78.5）驱动下的功能性磁共振成像信号（使用适应范式），阐述了区分机器人外观（形状）和运动学的影响：一个真人（作为构建机器

人的模型）、一个看起来像人的机器人（android），以及一个没有皮肤和表面部件的机器人，使其看起来像人（导致非常类似于整个机器人的运动）。在视觉区域（如外纹体区域），人类和仿人机器人的刺激会导致非常相似的活动，但对于作为镜像神经元网络一部分的顶叶皮层来说，情况并非如此。这一区域显示了仿人机器人与其他两种情况之间的巨大差异，潜在地反映了神经处理资源的增加，以处理由这个刺激所呈现的形状与运动学信息之间的矛盾。与此相反，非仿人机器人使其预期的运动也不是仿人的，因此不会引起这样的冲突。未来需要进行类似的研究，控制动作处理的不同信息通路（第 78.2.2 节），以及依赖于先前学习的此类刺激的可预测性，潜在地结合定量神经建模，以真正理解不同因素是如何集成在机器人运动的神经处理中，以及这如何导致不同程度的感知人类相似性。

a)　　　　　　　　　　b)　　　　　　　　　　c)

图 78.5　在研究人类和机器人运动观察的功能性磁共振成像相关性实验中使用的刺激

a）机器人　b）仿人机器人　c）人类

注：将真人对运动的神经反应与仿人机器人（Android）和非仿人机器人引起的神经反应进行比较（Saygin 等人[78.111]）。

78.5　结论与延展阅读

在本章中，我们介绍了从人类大脑的高级视觉认知处理中衍生出来的几个原理，这些原理对机器人学和计算机视觉系统的发展卓有成效。对形状和复杂运动、动作的识别是机器人应用中的一个重要问题。我们已经讨论了来自神经科学的各种结果，结果表明，这些大脑功能很可能是通过基于范例的表示方法实现的。我们已经讨论了这种表现的神经实现，部分已在技术应用环境中成功地进行了测试，并且受到真实皮质神经结构的强烈启发。此外，我们提出了一些新的计算原理，似乎是从最近关于目标导向行动表示的实验结果中产生的。最后，我们讨论了试图使用心理物理学和神经科学方法来验证仿人机器人的外观和运动，以及研究潜在的神经机制的工作。

基于范例的对象和运动识别机制考虑了复杂模式的不变识别，但它们不能自动提取对象几何、位置和复杂轨迹在绝对坐标系中的空间参数等度量信息。对于机器人中的某些任务，如抓取、操纵或避障，这些信息是必需的（第 36~38、47 章）。对于这样的任务，基于范例的识别必须与提取相关度量信息的方法相融合。在机器人学中，这些信息可以通过立体视觉或使用激光测距仪等特殊传感器来提取。在大脑中，这种空间信息和对象信息的融合可能发生在顶叶内，如前顶叶间区（AIP）[78.121]，但关于对象的信息是否仅以二维示例视图表示还不清楚。相反，似乎还可能对某种形式的三维信息进行了编码，可能是以基于范例的方式进行的。此外，

关于对象形状的触觉和视觉信息可能会在大脑的高级区域合并，如顶叶和梭形区域[78.122]。在第 32 章和第 77 章中进一步讨论了生物启发模型，用于在抓取和操作环境中提取与动作相关的几何信息。

随着技术的进一步发展，仿人机器人与人类的相似性将进一步提高，对仿人机器人的相似性与情感的感知验证可能会变得越来越重要。同样，采用感知科学的方法来定量地测试机器人与人类在情感上交互的质量也会变得越来越重要。我们希望在这个领域中，心理学可以为工程学提供定量测试的方法，能够超越主观、定性演示的水平，而目前这一部分仍为仿人机器人领域研究的内容。

视频文献

VIDEO 569 Active in-hand object recognition
available from http://handbookofrobotics.org/view-chapter/78/videodetails/569

参考文献

78.1 D. Marr: *Vision* (Freeman, San Francisco 1982)

78.2 J.A.S. Kelso: *Dynamic Patterns: The Self-Organization of Brain and Behaviour* (MIT, Cambridge 1995)

78.3 G. Schöner, M. Dose, C. Engels: Dynamics of behavior: Theory and applications for autonomous robot architectures, Robotics Auton. Syst. **16**, 213–245 (1997)

78.4 J. Tani, M. Ito: Self-organization of behavioral primitives as multiple attractor dynamics: A robot experiment, IEEE Trans. Syst. Man Cybern. A **33**(4), 481–488 (2003)

78.5 W.H. Warren: The dynamics of perception and action, Psychol. Rev. **113**, 358–389 (2006)

78.6 M. Mori: The uncanny valley, Energy **7**(4), 33–35 (1970), in Japanese

78.7 D.W. Cunningham, C. Wallraven: *Experimental Design: From User Studies to Psychophysics* (CRC, Boca Raton 2011)

78.8 A. Field, G. Hole: *How to Design and Report Experiments* (Sage, London 2011)

78.9 D. Marr, H. Nishihara: Representation and recognition of the spatial organization of three-dimensional shapes, Proc. R. Soc. B **200**, 269–294 (1978)

78.10 I. Biederman: Recognition-by-components: A theory of human image understanding, Psychol. Rev. **94**, 115–147 (1987)

78.11 D. Lowe: *Perceptual Organization and Visual Recognition* (Kluwer, Boston 1985)

78.12 S. Ullman: *High-Level Vision. Object Recognition and Visual Cognition* (MIT, Cambridge 1996)

78.13 M.A. Kurbat: Structural description theories: Is RBC/JIM a general-purpose theory of human entry-level object recognition?, Perception **23**, 1339–1368 (1994)

78.14 S. Edelman: *Representation and Recognition in Vision* (MIT, Cambridge 1999)

78.15 M. Graf, W. Schneider: Structural descriptions in HIT – A problematic commitment, Behav. Brain Sci. **24**, 483–484 (2001)

78.16 H.H. Bülthoff, S. Edelman: Psychophysical support for a two-dimensional view interpolation theory of object recognition, Proc. Natl. Acad. Sci. USA **89**, 60–64 (1992)

78.17 M.J. Tarr, S. Pinker: Mental orientation and orientation-dependence in shape recognition, Cogn. Psychol. **21**, 233–282 (1989)

78.18 W.G. Hayward, M.J. Tarr: Testing conditions for viewpoint invariance in object recognition, J. Exp. Psychol. **23**, 1511–1521 (1997)

78.19 S.E. Palmer, E. Rosch, P. Chase: Canonical perspective and the perception of objects. In: *Attention and Performance IX*, ed. by J. Long, A. Baddeley (Erlbaum, Hillsdale 1981) pp. 135–151

78.20 H. Hill, P.G. Schyns, S. Akamatsu: Information and viewpoint dependence in face recognition, Cognition **62**, 201–222 (1997)

78.21 C. Wallraven, A. Schwaninger, S. Schuhmacher, H.H. Bülthoff: View-based recognition of faces in man and machine: Re-visiting inter-extra-ortho, Lect. Notes Comput. Sci. **2525**, 651–660 (2002)

78.22 M.J. Tarr: Rotating objects to recognize them: A case study on the role of viewpoint dependency in the recognition of three-dimensional objects, Psychon. Bull. Rev. **2**, 55–82 (1995)

78.23 R. Lawson, G.W. Humphreys: View-specific effects of depth rotation and foreshortening on the initial recognition and priming of familiar objects, Percep. Psychophys. **60**, 1052–1066 (1998)

78.24 E. Ashbridge, D.I. Perrett: Generalizing across object orientation and size. In: *Perceptual Constancy. Why Things Look as They Do*, ed. by V. Walsh, J. Kulikowski (Cambridge Univ. Press, Cambridge 1998) pp. 192–209

78.25 M. Dill, S. Edelman: Imperfect invariance to object translation in the discrimination of complex shapes, Perception **30**, 707–724 (2001)

78.26 K.R. Cave, S. Pinker, L. Giorgi, C.E. Thomas, L.M. Heller, J.M. Wolfe, H. Lin: The representation of location in visual images, Cogn. Psychol. **26**, 1–32 (1994)

78.27 S. Ullman: Aligning pictorial descriptions: An approach to object recognition, Cognition **32**, 193–254 (1989)

78.28 S. Ullman, R. Basri: Recognition by linear combinations of models, IEEE Trans. Pattern Anal. Mach. Intell. **13**, 992–1006 (1991)

78.29 T. Poggio, S. Edelman: A network that learns to recognize three-dimensional objects, Nature **343**,

263–266 (1990)

78.30 D. Perrett, W.M. Oram: Visual recognition based on temporal cortex cells: Viewer-centred processing of pattern configurations, Z. Naturforsch. C **53**, 518–541 (1998)

78.31 M. Riesenhuber, T. Poggio: Hierarchical models of object recognition in cortex, Nat. Neurosci. **2**, 1019–1025 (1999)

78.32 E.T. Rolls, T. Milward: A model of invariant object recognition in the visual system: Learning rules, activation functions, lateral inhibition, and information-based performance measures, Neural Comput. **2**(11), 2547–2572 (2000)

78.33 G. Wallis, H.H. Bülthoff: Learning to recognize objects, Trends Cogn. Sci. **3**, 22–31 (1999)

78.34 D. Perrett, W.M. Oram, E. Ashbridge: Evidence accumulation in cell populations responsive to faces: An account of generalization of recognition without mental transformations, Cognition **67**, 111–145 (1998)

78.35 D.H. Foster, S.J. Gilson: Recognizing novel three-dimensional objects by summing signals from parts and views, Proc. R. Soc. B **269**, 1939–1947 (2002)

78.36 H. Sakata: The role of the parietal cortex in grasping, Adv. Neurol. **93**, 121–139 (2003)

78.37 D.H. Hubel, T.N. Wiesel: Receptive fields, binocular interaction and functional architecture in the cat's visual cortex, J. Physiol. (Lond.) **160**, 106–154 (1962)

78.38 G. Wang, M. Tanifuji, K. Tanaka: Functional architecture in monkey inferotemporal cortex revealed by in vivo optical imaging, Neurosci. Res. **32**, 33–46 (1998)

78.39 K. Tanaka: Representation of visual feature objects in the inferotemporal cortex, Neural Netw. **9**(8), 1459–1475 (1996)

78.40 K. Grill-Spector, R. Malach: The human visual cortex, Annu. Rev. Neurosci. **27**, 649–677 (2004)

78.41 N.K. Logothetis, J. Pauls, H.H. Bülthoff, T. Poggio: View-dependent object recognition by monkeys, Curr. Biol. **4**, 401–414 (1994)

78.42 L. Roberts: Machine perception of three-dimensional solids. In: *Optical and Electro-Optical Information Processing*, ed. by J.T. Tippet (MIT, Cambridge 1965) pp. 159–197

78.43 M. Swain, D. Ballard: Color indexing, Int. J. Comput. Vis. **7**, 11–32 (1991)

78.44 C. Schmid, R. Mohr: Local greyvalue invariants for image retrieval, IEEE Trans. Pattern Mach. Intell. **19**, 530–535 (1997)

78.45 D. Lowe: Distinctive image features from scale invariant keypoints, Int. J. Comput. Vis. **60**(2), 90–110 (2004)

78.46 M. Kirby, L. Sirovich: Applications of the Karhunen-Loeve procedure for the characterization of human faces, IEEE Trans. Pattern Mach. Intell. **12**, 103–108 (1990)

78.47 B. Browatzki, V. Tikhanoff, G. Metta, H.H. Bülthoff, C. Wallraven: Active in-hand object recognition on a humanoid robot, IEEE Trans. Robotics **30**(5), 1260–1269 (2014)

78.48 A. Delorme, S. Thorpe: SpikeNET: An event-driven simulation package for modeling large networks of spiking neurons, Netw. Comput. Neural Syst. **14**,

613–627 (2003)

78.49 Y. LeCun, F. Huang, L. Bottou: Learning methods for generic object recognition with invariance to pose and lighting, Proc. 2004 IEEE Comput. Soc. Conf. Comput. Vis. Pattern Recogn. (2004)

78.50 T. Serre, L. Wolf, T. Poggio: Object recognition with features inspired by visual cortex, Proc. 2005 IEEE Comput. Soc. Conf. Comput. Vis. Pattern Recogn. (2005)

78.51 S. Thorpe, D. Fize, C. Marlot: Speed of processing in the human visual system, Nature **381**(6582), 520–522 (1996)

78.52 J.J. DiCarlo, D. Zoccolan, N.C. Rust: How does the brain solve visual object recognition?, Neuron **73**(3), 415–434 (2012)

78.53 E.T. Rolls: Invariant visual object and face recognition: Neural and computational bases, and a model, VisNet. Front. Comput. Neurosci. **6**(35), (2012)

78.54 N. Pinto, D. Cox: High-throughput-derived biologically-inspired features for unconstrained face recognition, Image Vis. Comput. **30**(3), 159–168 (2012)

78.55 G. Wallis, H.H. Bülthoff: Effects of temporal association on recognition memory, Proc. Natl. Acad. Sci. USA **98**, 4800–4804 (2001)

78.56 J.V. Stone: Object recognition using spatio-temporal signatures, Vis. Res. **38**(7), 947–951 (1998)

78.57 J.V. Stone: Object recognition: View-specificity and motion-specificity, Vis. Res. **39**(24), 4032–4044 (1999)

78.58 Q.C. Voung, M.J. Tarr: Rotation direction affects object recognition, Vis. Res. **44**(14), 1717–1730 (2004)

78.59 C. Wallraven, H.H. Bülthoff: Automatic acquisition of exemplar-based representations for recognition from image sequences, CVPR 2001 – Workshop Models vs. Ex. (2001)

78.60 C. Wallraven, H.H. Bülthoff: Object recognition in humans and machines. In: *Object Recognition, Attention and Action*, ed. by N. Osaka, I. Rentschler, I. Biederman (Springer, Tokyo 2007) pp. 89–104

78.61 C. Wallraven, B. Caputo, A.B.A. Graf: Recognition with local features: The kernel recipe, Proc. Int. Conf. Comput. Vis., Vol. 2 (2003) pp. 257–264

78.62 T.C. Kietzmann, S. Lange, M. Riedmiller: Computational object recognition: A biologically motivated approach, Biol. Cybern. **100**, 59–79 (2009)

78.63 F.N. Newell, M.O. Ernst, B.S. Tjan, H.H. Bülthoff: Viewpoint dependence in visual and haptic object recognition, Psychol. Sci. **12**, 37–42 (2001)

78.64 H. Lee, C. Wallraven: Exploiting object constancy: Effects of active exploration and shape morphing on similarity judgments of novel objects, Exp. Brain Res. **225**(2), 277–289 (2012)

78.65 J.-P. Ewert: Neural mechanisms of prey-catching and avoidance behavior in the toad *Bufo bufo* L, Brain Behav. Evol. **3**, 36–56 (1970)

78.66 G. Johansson: Visual perception of biological motion and a model for its analysis, Percept. Psychophys. **14**, 201–211 (1973)

78.67 K. Verfaillie: Perceiving human locomotion: Priming effects in direction discrimination, Brain

Cogn. **44**, 192–213 (2000)

78.68 A.J. O'Toole, D.A. Roark, H.H. Abdi: Recognizing moving faces: A psychological and neural synthesis, Trends Cogn. Sci. **6**, 261–266 (2002)

78.69 D. Perrett, A. Puce: Electrophysiology and brain imaging of biological motion, Philos. Trans. R. Soc. B **358**, 435–445 (2003)

78.70 R. Blake, M. Shiffrar: Perception of human motion, Annu. Rev. Psychol. **58**, 47–73 (2007)

78.71 D.D. Hoffman, B.E. Flinchbaugh: The interpretation of biological motion, Biol. Cybern. **42**, 195–204 (1982)

78.72 J.A. Webb, J.K. Aggarwal: Structure from motion of rigid and jointed objects, Artif. Intell. **19**, 107–130 (1982)

78.73 M.A. Giese, T.T. Poggio: Neural mechanisms for the recognition of biological movements, Nat. Rev. Neurosci. **4**, 179–192 (2003)

78.74 J. Jastorff, G.A. Orban: Human functional magnetic resonance imaging reveals separation and integration of shape and motion cues in biological motion processing, J. Neurosci. **29**(22), 7315–7329 (2009)

78.75 G. Rizzolatti, L. Craighero: The mirror-neuron system, Annu. Rev. Neurosci. **27**, 169–192 (2004)

78.76 V. Caggiano, L. Fogassi, G. Rizzolatti, J.K. Pomper, P. Thier, M.A. Giese, A. Casile: View-based encoding of actions in mirror neurons of area f5 in macaque premotor cortex, Curr. Biol. **21**(2), 144–148 (2011)

78.77 F. Simion, E. Di Giorgio, I. Leo, L. Bardi: The processing of social stimuli in early infancy: From faces to biological motion perception, Prog. Brain Res. **189**, 173–193 (2011)

78.78 E.D. Grossman, R. Blake, C.Y. Kim: Learning to see biological motion: Brain activity parallels behavior, J. Cogn. Neurosci. **16**, 1669–1679 (2004)

78.79 J. Jastorff, Z. Kourtzi, M.A. Giese: Learning to discriminate complex movements: Biological versus artificial trajectories, J. Vis. **6**, 791–804 (2006)

78.80 J. Jastorff, Z. Kourtzi, M.A. Giese: Visual learning shapes the processing of complex movement stimuli in the human brain, J. Neurosci. **29**(44), 14026–14038 (2009)

78.81 H. Hill, F.E. Pollick: Exaggerating temporal differences enhances recognition of individuals from point light displays, Psychol. Sci. **11**, 223–228 (2000)

78.82 B. Knappmeyer, I.M. Thornton, H.H. Bülthoff: The use of facial motion and facial form during the processing of identity, Vis. Res. **43**, 1921–1936 (2003)

78.83 J. Lee, W. Wong: A stochastic model of coherent motion detection, Biol. Cybern. **91**, 306–314 (2004)

78.84 J. Lange, M. Lappe: A model of biological motion perception from configural form cues, J. Neurosci. **26**(11), 2894–2906 (2006)

78.85 G. Tessitore, F. Donnarumma, R. Prevete: An action-tuned neural network architecture for hand pose estimation, Proc. Int. Conf. Fuzzy Comput. Int. Conf. Neural Comput. Valencia (2010) pp. 358–363

78.86 G. Metta, G. Sandini, L. Natale, L. Craighero, L. Fadiga: Understanding mirror neurons – A biorobotic approach, Interact. Stud. **7**, 197–232

(2006)

78.87 H. Jhuang, T. Serre, L. Wolf, T. Poggio: A biologically inspired system for action recognition, IEEE Int. Conf. Comput. Vis. (ICCV) (2007) pp. 1–18

78.88 M.J. Escobar, G.S. Masson, T. Vieville, P. Kornprobst: Action recognition using a bio-inspired feedforward spiking network, Int. J. Comput. Vis. **82**(3), 284–301 (2009)

78.89 H. Jhuang, E. Garrote, J. Mutch, T. Poggio, A. Steele, T. Serre: Automated home-cage behavioral phenotyping of mice, Nat. Commun. **1**(86), 1–9 (2010)

78.90 D.M. Wolpert, K. Doya, M. Kawato: A unifying computational framework for motor control and social interaction, Philos. Trans. R. Soc. B **358**, 593–602 (2003)

78.91 Y. Demiris, M. Johnson: Distributed, predictive perception of actions: A biologically inspired robotics architecture for imitation and learning, Connect. Sci. **15**(4), 231–243 (2003)

78.92 J.M. Kilner, K.J. Friston, C.D. Frith: The mirror-neuron system: A Bayesian perspective, Neuroreport **18**, 619–623 (2007)

78.93 K. Friston, J. Mattout, J. Kilner: Action understanding and active inference, Biol. Cybern. **104**(1/2), 137–160 (2011)

78.94 R. Li, T.P. Tian, S. Sclaroff, M.H. Yang: 3D human motion tracking with a coordinated mixture of factor analyzers, Int. J. Comput. Vis. **87**, 170–190 (2010)

78.95 D.R. Weinland, R. Ronfard, E. Boyer: A survey of vision-based methods for action representation. Segmentation and recognition, Comput. Vis. Image Underst. **115**(2), 224–241 (2011)

78.96 F. Fleischer, V. Caggiano, P. Thier, M.A. Giese: Physiologically inspired model for the visual recognition of transitive hand actions, J. Neurosci. **33**, 6563–6580 (2013)

78.97 E. Salinas, L.F. Abbott: Transfer of coded information from sensory to motor networks, J. Neurosci. **15**, 6461–6474 (1995)

78.98 A. Karpathy, G. Toderici, S. Shetty, T. Leung, R. Sukthankar, L. Fei-Fei: Large-scale video classification with convolutional neural networks, Proc. 2014 IEEE Conf. Computer Vision and Pattern Recognition, New York (2014) pp. 1725–1732

78.99 C. Breazeal: *Designing Sociable Robots* (MIT Press, Cambridge 2002)

78.100 M. Nusseck, D.W. Cunningham, C. Wallraven, H.H. Bülthoff: The contribution of different facial regions to the recognition of conversational expressions, J. Vis. **8**(8), 1 (2008)

78.101 J.K. Lee, C. Breazeal: Human social response toward humanoid robot's head and facial features, Proc. CHI 2010 (2010) pp. 4237–4242

78.102 D. Hanson: Exploring the aesthetic range for humanoid robots, CogSci-2006 Workshop: Toward Soc. Mech. Android Sci. (2006)

78.103 H. Ishiguro: Understanding humans by building androids, Proc. SIGDIAL Conf. (2010)

78.104 P. Jaeckel, N. Campbell, C. Melhuish: Facial behaviour mapping - From video footage to a robot head, Robotics Auton. Syst. **56**(12), 1042–1049 (2008)

78.105　G. Metta, G. Sandini, D. Vernon, L. Natale, F. Nori: The iCub humanoid robot: An open platform for research in embodied cognition, Proc. 8th Workshop Perform. Metr. Intell. Syst. (2008) pp. 50–56

78.106　C. Wallraven, M. Breidt, D.W. Cunningham, H.H. Bülthoff: Evaluating the perceptual realism of animated facial expressions, ACM Trans. Appl. Percept. **4**(4), 1–20 (2008)

78.107　K.F. MacDorman: Subjective ratings of robot video clips for human likeness, familiarity, and eeriness: An exploration of the uncanny valley, ICCS/CogSci-2006 Symp. Toward Soc. Mech. Android Sci. (2006) pp. 26–29

78.108　C. Ho, K.F. MacDorman, Z.A.D. Pramono: Human emotion and the uncanny valley: A GLM, MDS, and isomap analysis of robot video ratings, Proc. HRI 2008 (2008) pp. 169–176

78.109　F. Delaunay, J. de Greeff, T. Belpaeme: Towards retro-projected robot faces: An alternative to mechatronic and android faces, Proc. 18th IEEE Int. Symp. Robot Human Interact. Commun. RO-MAN (2009) pp. 306–311

78.110　T. Kuratate, M. Riley, B. Pierce, G. Cheng: Gender identification bias induced with texture images on a life size retro-projected face screen, Proc. 21st IEEE Int. Symp. Robot Human Interact. Commun. RO-MAN 2012 (2012) pp. 43–48

78.111　A.P. Saygin, T. Chaminade, H. Ishiguro, J. Driver, C. Frith: The thing that should not be: Predictive coding and the uncanny valley in perceiving human and humanoid robot actions, Soc. Cogn. Affect. Neurosci. **7**(4), 413–422 (2012)

78.112　P.S.A. Reitsma, N.S. Pollard: Perceptual metrics for character animation: Sensitivity to errors in ballistic motion, ACM SIGGRAPH 2003 Papers (SIGGRAPH '03) (ACM, New York 2003) pp. 537–542

78.113　T. Ezzat, G. Geiger, T. Poggio: Trainable videorealistic speech animation, Proc. 29th Annu. Conf. Comput. Gr. Interact. Techn. (SIGGRAPH '02) (ACM, New York 2002) pp. 388–398

78.114　J. Wang, B. Bodenheimer: Synthesis and evaluation of linear motion transitions, ACM Trans. Graph. **27**(1), Article 1 (2008)

78.115　M. Candidi, C. Urgesi, S. Ionta, S.M. Aglioti: Virtual lesion of ventral premotor cortex impairs visual perception of biomechanically possible but not impossible actions, Soc. Neurosci. **3**(3/4), 388–400 (2008)

78.116　T. Chaminade, J. Hodgins, M. Kawato: Anthropomorphism influences perception of computer-animated characters' actions, Soc. Cogn. Affect. Neurosci. **2**(3), 206–216 (2007)

78.117　T. Chaminade, M. Zecca, S.J. Blakemore, A. Takanishi, C.D. Frith, S. Micera, P. Dario, G. Rizzolatti, V. Gallese, M.A. Umiltà: Brain response to a humanoid robot in areas implicated in the perception of human emotional gestures, PLoS ONE **5**(7), e11577 (2010)

78.118　Y.F. Tai, C. Scherfler, D.J. Brooks, N. Sawamoto, U. Castiello: The human premotor cortex is 'mirror' only for biological actions, Curr. Biol. **14**, 117–120 (2004)

78.119　L.M. Oberman, J.P. McCleery, V.S. Ramachandran, J.A. Pineda: EEG evidence for mirror neuron activity during the observation of human and robot actions: Toward an analysis of the human qualities of interactive robots, Neurocomput. **70**, 2194–2203 (2007)

78.120　C. Press, H. Gillmeister, C. Heyes: Sensorimotor experience enhances automatic imitation of robotic action, Proc. Biol. Sci. **274**(1625), 2509–2514 (2007)

78.121　C.L. Colby: Action-oriented spatial reference frames in cortex, Neuron **20**, 15–24 (1998)

78.122　A.R. Kilgour, R. Kitada, P. Servos, T.W. James, S.J. Lederman: Haptic face identification activates ventral occipital and temporal areas: An fMRI study, Brain Cogn. **59**, 246–257 (2005)

第 79 章

教育机器人

David P. Miller，Illah Nourbakhsh

教育机器人项目在大多数发达国家都很流行，在发展中国家也越来越普遍。机器人被用来教授接受不同等级教育的学生，教授内容包括解决问题、编程、设计、物理、数学，甚至音乐和艺术。本章概述了一些基于机器人平台的主要教育机器人项目和通常使用的编程环境。就像用于研究的机器人系统一样，硬件和软件也在不断进化和升级，因此本章简要介绍了目前正在应用的技术，最后回顾了评价策略，这些策略可以用来确定一个特定的机器人项目是否以预期的方式使学生受益。

目　录

79.1　教育机器人的角色 ···················· 644
79.2　教育机器人竞赛 ······················ 644
　　79.2.1　概述 ······················· 645
　　79.2.2　起源 ······················· 646
　　79.2.3　机器人竞赛的分类 ············ 646
　　79.2.4　娱乐环节 ··················· 646
　　79.2.5　教育竞赛 ··················· 647
79.3　机器人教育平台 ······················ 647
　　79.3.1　地面机器人 ················· 648
　　79.3.2　水下机器人 ················· 649
　　79.3.3　空中机器人 ················· 650
79.4　教育机器人的控制器与编程环境 ······· 650
　　79.4.1　机器人控制器 ··············· 650
　　79.4.2　教育机器人的编程环境 ········ 652
79.5　帮助学生学习的机器人技术 ··········· 653
　　79.5.1　机器人学的跨学科集成 ········ 653
　　79.5.2　面向计算思维能力培养的
　　　　　　机器人学 ··················· 654
　　79.5.3　早期的机器人学 ············· 654
79.6　机器人教育的项目评价 ··············· 655
　　79.6.1　设计性评价 ················· 655
　　79.6.2　形成性评价与总结性评价 ······ 655
79.7　结论与延展阅读 ······················ 656
视频文献 ································· 657
参考文献 ································· 657

近年来，机器人已经渗透到教育市场，既作为工具来激励学生探索科学技术、工程和数学（STEM）等科目，也作为类似具体用来充当教学内容的课程资源，尤其在数学、物理、计算机科学或工程领域。最新的教育机器人有一个显著的特点，即与公众进行人机交互。与太空探索机器人和核废料清除机器人不同，这些最新的机器人并不仅仅与训练有素的专业人士一起工作，而且还要与个人和团体互动，目的是激励各个年龄段的学生学习。

本章概述了教育机器人成功的关键因素。与教育机器人进行公众互动的一个非常流行的方式是机器人竞赛。第 79.2 节提供了一个非常受欢迎的以机器人为主题竞赛的全球范围调查，这已经影响了成千上万的学生在不同的地区和年龄段的组别界限[79.1-5]。

为了使教育机器人取得成功，就必须把技术的鲁棒性和标准化提高到一个新的水平。在过去的十年中，这方面已经取得了显著的进展。教育机器人设备由硬件（预装的作为套件或部件）和软件（作为源代码和编程环境）组成。第 79.3 节讨论了已经取得显著成功的机器人教育平台，而第 79.4 节描述了将这些平台与高级计算连接起来的低级控制器和高级编程环境。这两个领域的技术迅速发展，不仅受到了教育需求的驱动，也受到了蓬勃发展的业余爱好者市场的推动。

最后，在教育机器人系统的研究和实施过程中，一个重要的工具是正式评价机器人系统在教育背景下发挥功效的能力。许多来自人-计算机交互、认知心理学和教育学的工具都证明了在这方面的作用。第79.6节概述了哪些传统分析工具可用于评价非传统教育项目，这些项目将机器人技术作为学习工具，适用于不同年龄及正式和非正式学习场合。

79.1　教育机器人的角色

教育是机器人技术的一个广泛应用领域，其丰富的历史始于 Seymour Papert 和其他人提出的主动学习概念[79.6]。在许多介绍编程的课程中，机器人 Karel 仍然是一个具体活动的隐喻。Karel 仅仅是一个二维机器人环境的屏幕模拟，而在教育环境中，机器人所扮演的三个角色的第一个角色就是机器人编程项目。机器人系统是分配问题的焦点，是一门用来创造具体物理表现的计算机编程艺术。大量研究表明，编程入门（CS1）等课程的参与度和留存率统计数据较差，往往是因为学生无法看到他们所学的技能如何对他们所关心的事情，即物质世界和朋友、家人产生具体影响。实体机器人编程项目可以将编程问题投射到真实世界中，让这些技能都被同一个人习得，从而达到一定程度的重要性与参与度，而在计算机屏幕上计算的斐波那契序列是无法激发的[79.7-15]。

教育机器人的第二个角色是将机器人作为学习焦点。机电一体化课程可以把创建和使用实体机器人作为一个目标。机器人通过激发学生对科学、技术和工程的普遍兴趣来做到这一点，从而向学生们展示，他们可以在塑造未来的技术方面发挥积极作用。在以应用为导向的学习中，这样的课程有很大的好处，并且在团队合作、解决问题和以技术为中心的职业自我认同等领域展示了显著的终身学习成果[79.6,16-20]。美国国家工程院发现，技术素养呈下降趋势是一个令人不安的现象。将学生与复杂机电系统重新联系起来的计划，为终身与科技产品的积极关系提供了自我授权，是阻止这些危险趋势的一种可能途径，使其远离完全依赖社会的技术产品知识。在教育分析中展示的学习主题包括：

1) 对科学和工程感兴趣。对机器人学的研究会得到很有效的、智能的、具有情感的回报，从而产生对科学和工程后续研究的普遍热情。一些教育机器人项目有望提高女学生的比重[79.21,22]，因为她们在以技术为重点的领域中代表性不足。

2) 团队合作。基于团队和项目的机器人建造经验的一个重要结果是，那些在技术能力、团队合作技能和沟通技巧方面缺乏自信的人能找回自信，以便使他们在高科技企业团队中工作时不再恐惧[79.18,20]。

3) 解决问题。对系统工程现象（一个复杂的机器人系统）的研究提供了层次性、风险缓解、规划和诊断等方面的经验教训，这远远超过了孤岛驱动、单一主题调试和问题分析探索带来的好处，由此产生的问题解决和分解技能对任何复杂系统都具有终身的适应性[79.6]。

教育机器人的第三个角色是机器人作为学习合作者。在这种情况下，学生们不是在设计机器人而是在进行探究。在此期间，高性能的机器人可以充当四季的伴侣、助手、甚至智力陪衬[79.23,24]。具有社交能力的机器人在这方面非常适合，这是一个应用潜力远远超过迄今为止所做事情的领域。机器人在教育中扮演这样的社会角色有两个原因，一是因为它们的新奇，机器人能激发学习的奉献精神，就像上述的两个角色一样；二是学生对机器人的行为没有什么先入为主的期望。在治疗案例中，如患有孤独症谱系障碍（ASD）的学生，机器人可以发挥重要作用，因为研究表明，这些学生对机械系统有特殊的兴趣[79.23,25]。在所有情况下，互动本身可以是一种发现和参与的形式，与传统的刻板的教育方式截然不同，因此这甚至可以接近娱乐机器人的应用领域。

79.2　教育机器人竞赛

竞技竞赛吸引人们的注意力，并且使人们想要参与其中，这在绝大多数领域都是如此。在教育领域，从拼字蜜蜂到科学博览会的竞赛都是司空见惯的。在过去的20年里，机器人竞赛也开始了，获得了以前几乎只关注更传统运动的学生、教师和家长的关注。

在本节中，我们将简要介绍机器人竞赛的历史，看看一些当前流行的竞赛，并概述它们是如何被用来补充标准教育课程的。

79.2.1 概述

诸如 AAAI（人工智能促进协会）、IEEE（电气电子工程师学会）等专业组织经常在其主要会议上为学生成员举办竞赛。对于这些组织来说，竞赛的目的是吸引学生参加会议，并在组织中保持活跃。创建机器人活动也提高了学生的技能，使他们对与该组织有关的技术和业务产生兴趣，并激励他们攻读相关学位[79.26]。本章的重点是针对中小学教育学生的设备和活动。虽然存在重叠，但以大学研究为导向的平台和程序在其他章节中都有涉及。

许多大学和学院将机器人竞赛作为其课程的一部分。有些人创建班级竞赛（MIT6.270）或使用标准游戏，如 KIPR Open（KISS 实用机器人研究所）[79.27]，都是以此为目的分配的，其他人使用表 79.1 中提到的一些竞赛作为课程项目[79.28]。

表 79.1　不同类型的机器人竞赛示例

竞赛名称	网站	自主权	支持/反对	属性	备　注
BEST	[79.33]	无线电控制	反对	全新	
Botball	[79.1]	自主控制	支持与反对	全新	每个入口有多个机器人
FIRST	[79.5]	主要是遥控	反对	全新	学生与工程师合作
Micro Maze	[79.36]	无线电自主控制	支持	修复	厘米级机器人
Seaperch	[79.37]	自主控制	支持	全新	水下遥操作航行器（ROV）
Sumo	[79.35]	无线电自主控制	反对	修复	基于权重和自主权的设备
RoboCup	[79.38]	自主控制	反对	修复	机器人团队
RoboCup Jr. Dance	[79.3]	自主控制	支持	不适用	自由项目
TCFFHRC	[79.34]	自主控制	支持	修复	火焰随机分布
VEX	[79.39]	主要是遥控	反对	全新	

大型机器人竞赛是针对初中生和高中生的。其目的与其说是教授学生详细的技能，不如说是激发他们的创造力，同时强调基本概念和学生对科学、技术、教育和数学基础的爱好[79.29]。一些竞赛增加了一些活动，如文档、演示、报告，甚至测试[79.30]，以加强和扩展这些基础知识（图 79.1）。

为了帮助教育工作者指导学生，许多竞赛都有与他们活动相关的课程资源。美国国家航空航天局（NASA）收集了许多这些资源的链接，并发布在互联网上[79.31]。评价这些资源和方案在实现其教育目标方面的有效性是本章的一个主题（见第79.6 节）。

 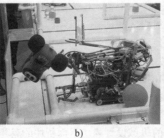 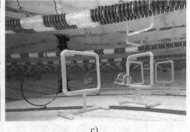

a)　　　　　　　　　　　b)　　　　　　　　　　　c)

图 79.1　大型机器人锦标赛活动
a）中学生在全球教育机器人会议上发表他们的论文　b）他们的自主机器视觉引导的
Botball 机器人在竞赛中得分　c）Seaperch 水下机器人竞赛

79.2.2 起源

1970 年，H. H. Richardson 教授在机械工程系采用了麻省理工学院的设计入门课程（课程 2.70），并将其转变为一场设计竞赛。他让学生们组成团队，设计和创造由学生们操作的机器。随着课程多年的发展，在新导师的指导下，它变得既受欢迎又名声在外。

麻省理工学院电气工程和计算机科学系的几名学生嫉妒机械工程专业的这一入门（ME）课程，决定创建他们自己的、更自主的课程和竞赛版本。自 1987 年以来，麻省理工学院的学生在秋季和春季学期开办课程 6.270。虽然最初是在模拟中完成的，但到 1991 年，竞赛是由无约束的自主机器人参加了淘汰赛[79.32]。虽然这两门课程只对麻省理工学院的学生开放，除了偶尔的纪录片，宣传很少，但这门课程已经成为世界各地许多遥操作机器竞赛和机器人竞赛的范本。

79.2.3 机器人竞赛的分类

有许多可能的方法来区分通常被归类在一起的活动，如机器人竞赛。为达到我们的目的，在这里我们将根据以下特质进行分类。

1. 自主权

机器人在竞赛中表现出的自主行动水平差别很大。有些竞赛完全受无线电控制，如提高工程科学技术（BEST）[79.33]，竞赛中机器人没有采取独立的行动或决策。在其他竞赛中，机器被遥操作——仍然由操作员实时控制，但对命令进行一些处理，有时混合来自机载传感器的反馈，如 FIRST（用于科学技术的灵感和识别）[79.5]。自主机器人竞赛（如 Botball[79.1]）中几乎没有机器人操作员的互动，但即使是在完全自主的机器人竞赛中，也有一个范围。一些自主机器人只是简单地重复一组固定的动作——完全开环操作。其他人根据机载传感器的反馈来控制自己所有的动作，而其他人则继续学习，不仅修改自己的动作，而且修改自己的内部编程。关于机器人竞赛和教育可以做出一个概括：更自主的竞赛通常在软件/编程领域有更多的教育内容，而很少或没有自主的竞赛则强调机器人的机械设计和物理实现方面。

2. 性能还是对手

一些机器人竞赛是基于机器人的绝对性能与课程进行排名的，其他竞赛的选手会根据他们战胜一系列特定的对手进行排名。在后一种情况下，获胜的机器人在给定一轮中的表现有多好并不重要，只要它在那一轮中的表现比对手好即可。三一学院的消防机器人竞赛（TCFFHRC）[79.34]根据任务执行速度（定位和熄灭蜡烛）对团队进行排名，这是基于表现的竞赛的一个实例。RoboCup Jr.[79.3]的评分更为主观，但仍然是基于个人表现的绝对标准。相扑竞赛[79.35]是基于对手的竞赛，有时也被称为面对面的竞赛。基于性能的竞赛允许机器人设计师实施更复杂的策略，因为环境比机器人对手在竞赛运行时更容易预测；在基于对手的竞赛中，机器人必须被设计来应对对手的动作。这两种类型的竞赛都有各自的优点，每种竞赛都允许详细地解决问题。理论上，大多数人发现面对面的竞赛更令人兴奋和有趣，但与传统的人类相扑一样，面对面的竞赛往往涉及面对面的碰撞，然后是漫长而不那么令人兴奋的过程，机器人试图将自己从对手的束缚中解脱出来。

3. 传统：每年固定的游戏和新的游戏

对学生来说，研究其他人如何试图解决问题，然后在此基础上创建自己的增量解决方案，是否更有教育意义？或者学生在没有广泛先验知识的情况下去处理新的问题会更好吗？教育界没有一个明确的答案，但可以用不同的机器人竞赛来支持教育方法的选择。像 RoboCup[79.38]这样的竞赛是高遗产竞赛的典型例子。除了游戏和规则（源自足球）基本保持不变，还有许多年度出版物[79.40]详细介绍了当年竞赛中成功的机器人及其技术。RoboCup 是一项稳定增量改进的研究。其他的竞赛，如 Botball 机器人竞赛，每年都使用不同的游戏规则。这样做的动机之一是为了让已建立的团队与新团队同时获得游戏规则——所以无论有没有经验，每个人都必须为新任务构建一个新的系统，并且用相同的时间来准备[79.4]。与所有这些维度一样，这种方法与另一种方法相比没有明显的优势。一些教育工作者更喜欢每年都有一项新的活动来帮助他们保持自己和学生的参与，另一些人更喜欢每年都有同样的游戏，伴随而来的是丰富的经验教训和操作指南。

表 79.1 列出了一些使用分类法已建立的机器人竞赛。此表不是一个完整的列表。有兴趣了解更多关于特定竞赛信息的读者可参考被引用的网站。下面所述的竞赛都是针对学生的——尽管竞赛的年龄和成人参与程度差别很大。

79.2.4 娱乐环节

使用竞赛（而不是课程作业或演示），部分原因是它们的娱乐价值。一场竞赛希望能吸引参与者和观众，但一场竞赛的娱乐价值可能与机器人的技术复杂性无关。格斗机器人及其变体作为大众市场娱乐已经非常成功。AAAI 移动机器人竞赛[79.41]通常有计算上高度复杂的机器人，但这种复杂程度通常会导致娱乐价值的下降。AAAI 机器人努力做人类日常容易做的事情——去特定的地方，操纵家用物品、说话、回答问题，但机器人执行这些活动的速度要慢得多。格斗机器人会做人类不允许做的事情——使用电动工具和钝器来摧毁对手。在机器人竞赛中，与电影行业一样，暴力往往比展示智力和人类活动更有趣。

79.2.5 教育竞赛

所有的机器人竞赛都可以具有教育性，但这并不一定是活动的重点。有些项目的设计目的比教育项目更鼓舞人心。FIRST[79.5] 将学校与专业工程师团队配对，但没有定义如何将工作分配给专业人员和学生。在一些团队中，学生主要作为观察者，可以看到专业人员设计专业质量的机器人；其他团队让学生发挥更积极甚至主导作用——尽管在竞赛中这些不同的方法没有区别。

其他项目，如 Boball[79.1] 和 RoboCup Jr.[79.3]，要求设计、建造和编程都由学生完成。在这两个项目中，学生们所能做的事情都是很重要的。RoboCup Jr. 由三类不同的竞赛组成，即救援、舞蹈和足球，各队将在三项竞赛中选择一个。这三项竞赛都对要使用的具体技术进行开放。在现成的硬件和软件的大小、功率和可接受水平上都有限制，但潜在的选择仍然非常多。这样做的好处是允许团队使用他们在学校已经拥有的设备，或者可以很容易地购买的，并用他们在课堂上学习的语言进行编程，但这确实使创建一个详细的课程或甚至定义参与者的学习目标变得更加困难。

Boball 项目指定了要使用什么设备，并为团队，特别是新团队提供了详细的课程，以确保可能达到某些学习目标。指定设备要求团队承担一定的费用，但却消除了从以前的活动中储存了设备或拥有大量财务资源的团队的许多优势——所有参与者都只被允许从同一组硬件中构建他们的参赛作品——不允许使用额外的设备。由于标准化的工具包，课程计划和教程可以是程序的一部分。Boball 团队会在构建周期指定的日期提交文档，以展示某些技能，并帮助团队保持正常的工作记录。

当机器人竞赛被作为一个以教育为导向的会议的一部分时，它的教育职能可以大大提升。这些可以有很多种形式。机器人挑战赛[79.42]是一年一度的多日国际会议，将举办 15 场不同的机器人竞赛。虽然它不包含一个特定的教育项目，但不同的挑战加上所有机器人领域的机器人爱好者，使其成为一个对所有参与者受益的活动。

微型机器人迷宫竞赛（MAZE）[79.36]是在日本名古屋举行的年度竞赛，与微机电和人类科学（MHS）国际研究会同时举行。在几轮竞赛中，与会者举办了技术讲座，让参加竞赛的学生接触到微机电领域的顶尖研究人员。

全球教育机器人会议（GCER）[79.43, 44]及其欧洲同行 ECER[79.45]是为期多日的会议，分别举办全球和地区 Botball 竞赛、其他机器人竞赛和各种技术活动。与 MAZE 活动一样，学生与会者也会通过一系列的主题演讲来接触到机器人领域的顶尖研究人员；此外，学生与会者还进行几次技术讲座，讨论他们自己与竞赛活动有关或独立的研究（图 79.1）；教师和教育研究人员就教育问题和教学技术做了专题讲座。这些活动不仅让学生接触到各种各样的技术问题，而且也让学生有机会发表和展示他们自己在机器人方面的研究成果。

不同的竞赛和围绕着许多竞赛的会议活动为机器人学生提供了丰富的选择和机会。与大多数事情一样，学生可以从他们的机器人竞赛经验中获得他们愿意投入的东西。

79.3 机器人教育平台

非工业机器人平台在过去十年中经历了根本性的变化。虽然许多研究机构和大学继续开发定制平台（如本田的 Asimo[79.46]）或低产量研究平台（如 iCub[79.47] 或 Willow Garage 的 PR2[79.48]），但关键在于提供相对低成本的套件和平台的可用性，其能力挑战了几年前昂贵的研究型机器人。这些平台和套件（下文将对其进行讨论）正在全世界小学、中学和高等教育中广泛使用。

套件平台价格低廉、数量众多，并广泛用于学校和爱好者。今天的大多数机器人套件要么假定添加了单独的处理单元（如个人计算机）或专业机器人控制器，要么建立了在两个机器人微控制器家

79

Parallax Stamp/Propeller 或 Arduino 之一上。本节的其他部分将讨论当前使用的流行套件和移动平台。最近，空中和水下机器人以一种低成本的方式出现，这为大规模的教育应用提供了可能性，我们还会讨论这些领域的一些新平台。

79.3.1 地面机器人

教育机器人很早就有了自己的发展，20世纪80年代初，Heathkit Hero-1 问世（图 79.2a），该机器人都是成套出售的，为了降低价格，鼓励用户学习机器人是如何制造的。然而，虽然详细的装配说明包括其中，但并没有阐述背后的理论或原则：这些套件本身并不能提供令人满意的教育体验。遗憾的是，无论是机器人 Hero-1，还是20世纪80年代推出的其他几个大小和价格相似的个体机器人，都因功能和易用性问题没能吸引有购买力的客户群。因此，Heathkit 和其他公司已经倒闭了。

a)   b)

图 79.2 机器人 Hero-1 和 Hemisson
a) Hero-1 b) Hemisson

K-Team 是少数几家专门为教育市场生产低成本机器人平台的研究型机器人公司之一。Hemission（图 79.2b）是一个低成本、不那么袖珍的版本，是 K-Team 的 Khepera 研究型机器人。与大多数研究型机器人相比，它降低了计算能力，只有很少的传感器，但它是为中学及大学定制和设计的

机器人课程。

2007年，iRobot 公司发布了机器人 Create，这是一个基于其 Roomba 系列机器人的教育平台——真空吸尘器。Create 是一个坚固的移动平台，具有 TTL 串行连接，便于操作和控制外部处理器，并具有少量的内存，允许简单的脚本下载并由平台本身直接执行。Create 包含一个差速驱动系统，每个车轮上都有编码器、两个装有仪表保险杠、四个反射悬崖传感器、一个侧面反射传感器和许多其他内部传感器，以及一些数字和模拟输入输出（I/O）；平台上也有一些安装点，便于其他结构的螺栓连接（图 79.3）。

另一个教育平台，Scribbler S2[79.49] 有着与 Create 类似的功能，但其软件包更小。S2 的设计不是构建式的，而是为了进行初始实验，并且包含一个笔孔，可以让人联想到海龟标志的绘图功能[79.50]。

Boe-bot 是一套移动机器人套件，可以组合或切换成轮式、脚踏和步行机器人（图 79.4）。Boe-bot 与 S2 一样，使用基于视差系列的处理器，但 Arduino 控制器也可与 Boe-bot 套件一起使用。

除了设置机器人套件和预制底盘，最常见的教育用移动机器人平台是由一组机械部件组成的系统。包括 VEX、KIPR 和 Lego 在内的制造商制造了金属和塑料的组合部件，以及电动机和传感器，从而可以制造各种移动和固定机器人系统。这些制造商也生产专门的机器人控制器，尽管大多数机械元件独立于所使用的控制器。

Lynxmotion、Dagu 和 Bioloid 等公司也是如此，他们生产的组件可以将小型伺服电动机连接在一起。Lynxmotion 和 Dagu 部件是专门为操作臂的构造而设计，Bioloid 套件可用于将大量的伺服电动机组合在一起，以形成小型但功能强大的仿人机器人，同时具有十几个或更多的自由度（图 79.5）。

a)   b)   c)

图 79.3 机器人 Create
a) Create b) 安装了夹持器的 Create c) Scribbler S2

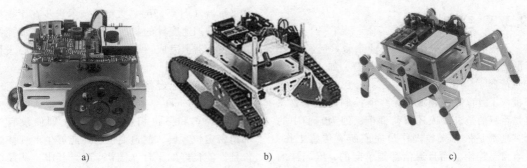

图 79.4 不同配置的 Boe-bot 系列机器人套件
a）轮子 b）履带 c）腿

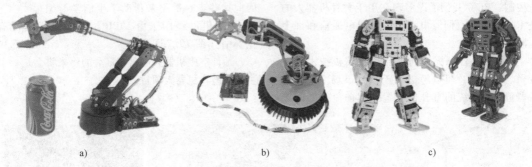

图 79.5 a）Lynxmotion 和 b）Dagu 设计的机器人手臂和操作臂，
以及由 c）Bioloid 套件构建的仿人机器人

79.3.2 水下机器人

虽然绝大多数教育机器人都是陆基移动和/或操作臂机器人系统，但水下机器人和 ROV 正在成为教授机器人学以及气候变化和生物多样性等 STEM 相关主题的流行方式。

大多数水下机器人都是精密的研究设备，用于研究海洋生物学[79.51]，进行水下考古[79.52]或监视海洋健康[79.53]。

然而，MBARI（蒙特雷湾水族馆研究所）发布了建造自己的 ROV 的说明[79.54]。Seaperch 组织[79.37]还发布了一套水下 ROV 套件，其中包含建造 ROV 所需的所有部件。这些航行器使用低成本的材料，如图 79.6 所示的聚氯乙烯（PVC）管道固定装置[79.55]。它们还用柔索提供驱动和进行控制，简化了设计。虽然缺乏研究型机器人的复杂性，但这些相对简单的 ROV 可用作教育机器人的许多方面，如浮力和流体流动的问题——这些重要的物理主题在大多数机器人教育中是缺失的。这些是由 Seaperch 和 Mate 制造的水下机器人竞赛中的设备类型[79.56]。

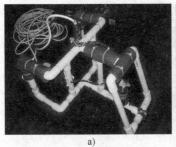
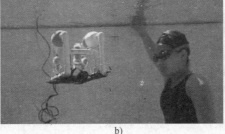

图 79.6 a）MBARI、b）Seaperch 和 c）Mate 提供的水下机器人套件

79

79.3.3 空中机器人

无线电控制飞机作为一个业余爱好已经有 75 年的历史了[79.57]。各种各样的竞赛，如"设计建造飞行器[79.58]和速度竞赛[79.59]"，已经把这种爱好带入了教育课程领域。无线电控制的固定翼飞机是否真的是机器人还有待商榷，因为它们中的大多是都是依靠人类操作员完成所有传感工作，没有自主控制，而且通信都是单向的，但同样的情况也适用于一些地面机器人竞赛和许多水下机器人。无论这些飞机是不是真正的机器人，无线电控制（RC）开创了许多现在用于教育机器人的技术，包括小型伺服电动机、无线电通信和许多控制接口。

近年来，各种配置的半自动旋翼机技术已经变得足够便宜，可以考虑用于教育市场，这些飞行器范围从传统的直升机配置到目前流行的四旋翼飞行器（图 79.7b）。关键的技术进步在于小型陀螺仪和加速度计的集成，使大部分的精细控制能在飞行器上完成，从而使操作人员只关心飞行器的总体运动。

研究员们已经将这些惯性传感器和精密定位系统（如 Vicon）相结合，使用空中技巧的能力可以与蜂鸟和昆虫相媲美[79.60,61]。即使没有外部精密定位系统，制造商也已经能够生产一些廉价且性能良好的平台（图 79.7）。其中一些系统的通信通过标准 WiFi 数据包或红外线编码命令中断，让计算机与这些平台进行对话相对容易，因此这些工具被用来帮助学生们学习编程[79.62]。AR 无人机已经用于由 KIPR 组织的自主飞行器竞赛中（图 79.7c）。

预计空中机器人平台在不久的将来将会是一个主要的教育机器人项目。

a) b) c)

图 79.7 空中机器人

a）Syma107 陀螺稳定直升机 b）WiFi 控制的四旋翼 AR 无人机 c）在 2012 年 KIPR 公开赛上，
一架无人机击落了地面机器人可以收集得分的物品

79.4 教育机器人的控制器与编程环境

机器人学中的教育和娱乐活动有时会产生矛盾。为了娱乐，我们希望机器人是活跃的，非常容易使用和控制。Lego Minelstorms 等产品既提供了机器人控制器，也提供了符合这些标准的编程环境。

然而，当谈及机器人教育时，重要的是要记住，在大多数情况下，我们是在用机器人来启发和激励学生学习——学习许多东西，机器人只是其中之一。机器人教育者，尤其是 K-12 的教育者，希望教授学生一般的科学、编程、数学和工程技术，而在一些产品中使用的玩具编程环境可能不适合执行此任务。

本节概述了一些流行的机器人控制器和编程环境。通常两者都是相互联系的，但也有一些环境可以使用不同的控制器，反之亦然。

正如第 79.2 节中描述的机器人竞赛一样，许多竞赛爱好者使用的机器人控制器及其专业的编程环境可以追溯到麻省理工学院的 6.270 课程[79.32]。在更多的层面上，大多数机器人控制器的起源都始于 68HC11 处理器。

79.4.1 机器人控制器

久负盛名的 HC11 是一个单芯片处理器，带有少量板载闪存和 RAM（随机存储器），它也有一些输入输出（I/O）与定时端口，使它相对容易地连接传感器和外部设备。8 位 HC11 使用与摩托罗拉 6800 系列处理器相同的指令集，这些处理器以一种或其他形式存在了 30 多年。

1991 年，Anita Flynn 和 Joe Jones 在麻省理工学院机器人才艺秀中的一个展板上使用了 HC11，由此衍生出了 Book Board、麻省理工学院 6.270 展板[79.63] 和 Fred Martin 的 Handyboard。最后，在 20 世纪 90 年代的大部分时间里，最后一款都成为业余爱好者和自主机器人竞赛中事实上的高端机器人控制器。

Handyboard（图 79.8）可以为 4 个直流电动机提供脉宽调制（PWM）控制，读取 8 个数字和 8 个模拟传感器数据，控制一对发光二极管（LED），并具有 32 个字符的显示屏。随着扩展板的发展，也增加了 8 行 DIO 和 6 个 RC 伺服控制器。Handyboard 可以使用 6811 汇编语言和其他几种语言，包括 Java 和 C 语言进行编程。

图 79.8 Handyboard 的扩展版与 BASIC Stamp

另一种在 20 世纪 90 年代广泛使用的低成本商用机器人控制器是 BASIC Stamp[79.64]（图 79.8）。这种基于图形的控制器可以用 BASIC 语言的特殊版本进行编程。虽然内存很小，并且大多数的传感器和驱动器通常需要灵活的电子元件，但由于其成本低和灵活性，Stamp 非常受欢迎。

20 世纪 90 年代末，在很大程度上是由于人们对机器人竞赛的兴趣日益增长，机器人控制器硬件的复兴开始使许多控制器从先进的 PIC 到成熟的 PC 都可以使用。研究机器人控制器的两种方法及其环境似乎在教育上占主导地位。

第一种方法是使用一个微控制器，它使用 PC 编程，并在 PC 上编译程序，然后下载到可以运行该程序的微控制器上。此外，几乎没有其他方法，直到新的软件下载到它之上。这遵循了最初在 6.270 课程中使用的以 Handy-board 为代表的模型，但机器人处理器的 Arduino 家族完善了此模型。

Arduino 是一个开源项目，于 2005 年在意大利启动[79.65]。有超过 12 个不同尺寸的 Arduino 板，较小的只有大约 1 欧元硬币大小。大多数是基于 AT-Mega 系列的处理器，但一些最新的是使用 ARM 处理器[79.66]。大多数 Arduino 板都包含一些数字输入和输出引脚，以及模拟输入并产生 PWM 信号，以控制直流电动机和伺服系统。Arduino 是辅助板，可以用来增加各种功能，并且增加了测试板和实验接口（图 79.9）。

a)   b)   c)

图 79.9 一个小型 Arduino

a) Digispark   b) Arduino Duemilanove   c) 与 Duemilanove 兼容的防护罩

与 Arduino 系列控制器相比，KIPR Link[79.67] 及其直接前身 CBC2[79.68,69] 代表了不同风格的机器人控制器。Arduino 价格便宜，体积小，而且非常简单。用户需要提供电源、外壳和补充电路，这取决于所连接的机电一体化设备的类型。Arduino 最初是针对业余爱好者和机器人爱好者的，实际上，它们在小学和中学教育的主要作用是为了自我激励和

学生使用它们的额外课程项目，或者与第三方组合在一起的套件。

另一方面，Link 和 CBC2 是不需要工具就可以与各种硬件接口连接的单元（图 79.10）。这些控制器实际上是运行 Linux 的功能齐全的计算机，但具有图形用户界面（GUI）前端和内置触摸屏，如果需要，它们可以作为独立设备使用。这些控制器

79

有千兆字节的闪存和主机标准文件系统，多个程序可以下载加载到这个 Link，文件浏览器可以用来选择要运行的程序。事实上，这些控制器的程序是使用标准的 Linux 工具链在控制器本身上编译和链接的，这允许控制器以各种各样的语言运行程序，并根据需要添加新的语言。虽然 CBC2 和 Link 可以通过通用串行总线（USB）设备连接到笔记本计算机或台式计算机但它们本身可作为其他 USB 设备（包括网络摄像头）的主机。Link 使用 Open CV 等标准库来处理网络摄像头生成的图像，以进行对象识别、颜色跟踪、二维码解码和其他标准的计算机视觉处理。

图 79.10　CBC2 和 KIPR Link 基于 Linux 的机器人控制器

Link 库、触摸屏和 GUI 允许用户以前所未有的方式轻松地进行交互和探索机器人传感器和执行器。

图形小部件（图 79.11）允许用户设置伺服位置、电动机速度、使用内置示波器模式读取传感器值，并通过触摸屏幕上的图像来选择视觉目标，甚至新手程序员也可以让他们的机器人做出复杂的动作。

Link 和 Arduino 系列控制器的成功和功能在很大程度上归功于其硬件和软件的开源特性。所有感兴趣的人都可以获得控制板的完整原理图，以及库和编程环境代码。现在有几个专业的 Arduino 兼容板，每个都有其独特的功能。Link 系统的强大功能很大程度上来自于它利用 Open CV 等开源库，以及用户社区创造的库和工具。

图 79.11　KIPR 上的触摸屏小部件 Link 用于操作伺服或选择色调饱和度和使用相机追踪的对象的值（当羽毛球的红尖出现在屏幕上时，这些数字会自动填充）

79.4.2　教育机器人的编程环境

Arduino 板使用 IDE 编程，基于处理和布线 IDE[79.70,71]。最初开发的目的是帮助艺术家完成需要编码的图形和其他创造性项目。IDE 是用 Java 程序编写的，可以在 Windows、macOS 和 linux 平台上运行。Arduino 的主要编程语言是 C++，典型的程序使用两个特殊的函数 setup 和 loop，setup 函数用于初始化变量和端口，loop 函数被反复调用，根据当前传感器输入改变板的输出方式，该模型适用于许多机器人应用（图 79.12）。

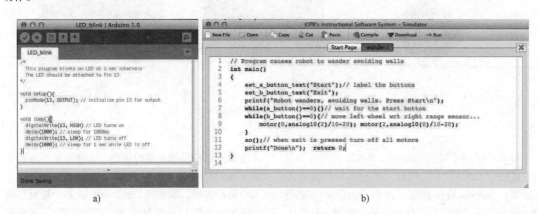

图 79.12　Arduino 和 KISS 的编程环境
a）Arduino 板 LED 灯的一个简单程序　b）KISS 编辑器中一个防止机器人撞墙的程序

Link 机器人控制器通常使用 KISS 编程环境进行编程。由于 Link 是在板上编译它的程序，而且代码可以通过网络或 USB 驱动器加载，甚至可以通过连接键盘直接输入，许多其他编程环境的选项都是可选的。KISS IDE 由一个编辑器、目标选择器和各种模拟目标和硬件目标组成。这个编辑器是一个通用的对语言敏感的编辑器，可以帮助用户根据自己的语言（C、C++、Java、Python 等）来突出显示和格式化代码；然后每个程序都可以与一个或多个目标相关联，如特定 Link、Link 模拟器或运行 KISS 的计算机；最后一个目标的选择使 KISS 成为一个通用 IDE，适合编写可以在 MacOS、Windows 和 Linux 机器上重新编译的应用程序，并包含跨平台的图形、相机和串行库。Link 模拟器（图 79.13）使用与 Link 本身相同的库，因此可用于解决语法错误和许多逻辑错误。调用 Link 上的视觉例程，激活运行模拟器的笔记本计算机上的网络摄像头，允许对模拟器上的机器人逻辑进行更彻底的测试，而通常不运行大型（特别是新手用户友好型）模拟器，如 Gazebo。

就像硬件一样，Arduino 和 KISS 编程平台是开源的。库函数、开发环境和文档展示都是由不断增长的用户社区进行改进的。

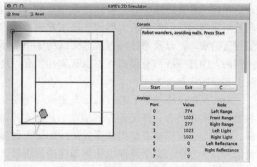

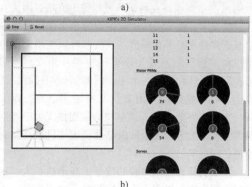

图 79.13 图 79.12b 中所示运行程序的 Link 模拟器
a）在模拟器上显示的控制台和传感器值
b）显示运动状态的模拟器

79.5 帮助学生学习的机器人技术

面向机器人的正式学习课程正在全球范围内面临着严峻的挑战：尽管各国都承认信息通信技术（ICT）是所有学习者在 21 世纪的一门重要课程，但持续的教育预算削减使各教育机构的能力建设重新集中在数学和语言艺术基础学科的教师身上，剩下的有限资源用于计算机科学，甚至更少用于教育机器人等新领域。此外，许多国家关注的一个主要问题涉及不同人群之间的成就差距，高度集中的机器人学课程在吸引和保持最早熟的未来工程师兴趣方面尤其有效，但却无法赢得更多左脑的学生，通过自我选择的自然过程进一步强化和加剧了成就差距。

79.5.1 机器人学的跨学科集成

为了解决这些问题，传统学校正在重新考虑跨学科和情境学习的作用，即同时利用多学科专业知识，教授横向思维，在理想的情况下，通过呈现引人注目的途径激励学科学习过程，由此获得的知识将对解决手头问题产生重大的意义[79.72]。

在教育机器人技术方面，许多工作都集中在跨年龄段的多学科课程上，而这些新方向可能有许多是未来的趋势，将教育、交互式机器人技术融入学校，渗透到教学体验中，而不是学习更狭窄的类别。

机器人技术因为其固有的多样性而特别适合于集成学习：机器人具有物理形态和设计考虑、计算方面，可以测量和可视化真实环境的传感器、效应器和机械方面的考虑，甚至是数字和物理世界的桥梁。因此，机器人学本身就是一种跨学科的媒介，而这一特性正被机器人研究人员用来设计和践行这样的综合类课程。ArtBotics 是将创造性表达与机器人技术相结合的众多程序之一，创造性表达同时使用先进的传感器和执行器技术，使机器人成为一种技术上有益的体验[79.73,74]。这种创造力和技术的结

79

合，在传统教育思维中通常被认为是相反的，通过向艺术家展示他们的创造力如何在技术发明方面取得显著的成功，以及通过向有技术头脑的学生展示他们的发明过程既富有创造性，也有理性，有可能吸引和鼓励这两类人才。

Arts & Bots 将基于工艺的机器人建造与中学生熟悉的材料相结合，并配有 USB 驱动的机器人控制板，该控制板使用具有适当计算复杂性的标志性编程语言，为复杂的中学课程设计物理建造的机器人木偶[79.75]。该项目在科学领域取得了成功，因为在这种情况下，使学习解剖学课程的学生能够建立一个基于弹性带的手臂模型，该模型可以使用伺服电动机和传感器演示人类手臂的主要自由度。反过来，完全设计和实现一个工作的解剖臂的过程，既吸引了技术熟练的学习者，又推动了研究，以实现一个解决方案[79.76]，该解决方案提供了关于解剖肌肉组织的细节和关于伺服电动机工作机理特别有价值的深度学习。

集成机器人技术体验的数量正在迅速扩大，这反过来保证教育机器人将会广泛融入通识教育，不是通过设计和实现新课程，而是通过更真实的参与，增加现有的学习经验，吸引更多的学习者融入每一个学科。

79.5.2 面向计算思维能力培养的机器人学

在过去的十年里，计算思维能力已经被认为是21世纪的一项重要技能，它使学习者可以有效地、有创造性地使用在将来会遍及社会的技术[79.77]。计算思维本身是一种理解范畴，它包括理解序列性、阈值、系统行为、数字价值，以及决策和行动的过程，这对于设计新的方法，如数字嵌入系统非常重要。计算机编程和数据可视化是两个重要的被充分理解的研究领域，所以一个大的趋势一直是鼓励计算机编程的教学，无论是使用标志性语言还是词汇性语言[79.78]。最成功的语言包括 Scratch、Alice、Processing、Snap 和 LabVIEW 变体，所有这些语言都将标志性程序和电路含义相结合，可以对6岁以下的学习者产生直观的吸引力，这显著增加了专门用于计算思维课程的市场机会[79.79-81]。

机器人学在这一学习领域有特别的价值，因为机器人具有实时动作组件：在真实环境中表现出噪声的传感器、具有不确定性效应的电动机和可以直接编程的处理器。此外，所有最流行的标志性编程语言最近都可以通过社区程序进行修改，因此支持

直接编程和控制机器人平台的补丁程序都很容易，而且是正在进行中。例如，达·芬奇发明的教育机器人现在可以用16种不同的语言进行编程，这都要归功于无偿志愿者的努力[79.82,83]。

机器人学非常适合积极参与计算思维，通过市场上最好的标志性语言，越来越多的机器人平台具有可编程性。机器人将成为从传感、测量、设计行为到计算过程最大的实验市场。

79.5.3 早期的机器人学

今天，教育机器人和交互得以重要的变化领域是儿童学习，即从三岁到幼儿园的学前教育和适合九岁儿童的小学早期教育。由于交互式屏幕媒体的迅速发展，儿童早期的体验已经发生了巨大的变化，这反过来又导致了几个大洲关于交互媒体在儿童生活中应该扮演什么样的角色的重要讨论。从英国广播公司（BBC）到最近的新增机构，许多教育特许组织已经开始发布有关新媒体和幼儿的重要指导方针和理论，美国国家幼儿教育协会和 Fred Rogers 幼儿教育中心在美国发表了关于数字媒体标准的联合声明[79.84]。

当前课堂上关于新媒体的讨论集中在交互式屏幕媒体的作用上，这意味着在许多情况下，交互式技术很大程度上仅限于传统计算机、谷歌图书和平板式设备的屏幕。在这种背景下，目前许多研究都在探讨数字视频游戏在学习中的作用，评论游戏化的发展及其对学习的积极和消极影响[79.85]。

与此形成对比的是，大量的研究人员已经开始探索机器人和交互式电子设备作为有形设备的作用，它们可以支持实现技术交流的过程，而不是简单地增加年轻人的技术素养。沿着这些思路的基本理由是，教导孩子们如何在平板计算机上使用设计好的应用程序，以让其成为技术产品自信的消费者，但事实上，基于工艺和工程设计的调查、创建和实验心理状态，与机器人交互的经验有可能让孩子变成更有能力、自信的生产者，而不仅仅是消费者。

其中一个实验是儿童创新项目，该项目由 Clarion 大学的 Jeremy Boyle 和宾夕法尼亚大学匹兹堡市传统学区的 Melissa Butler 共同领导（www.cippgh.org）。该项目研究不仅专注于创造新的人工制品，还专注于探索技术制品的过程，引入实实在在的教具，既有物理形态和传感器，又有课程流程的调查、反复仔细检查、观察和记录远高于成品工件的创建。该项目甚至向学生展示了来自 Goodwill 商店的电子玩

具（这些不是玩具，而是作为电子原材料的容器）。五岁的学生学习打开塑料玩具，取出并识别组件，然后将这些组件与定制的有形设备一起使用，创造出全新的行为。

儿童早期学习的新媒体无疑是一个充满资金和投机的领域[79.86]。随着儿童早期有形设备的研究探索，许多项目（如 CIP）将改变教育机器人和幼儿园课堂的关系，把围绕数字媒体的话语变成互动讨论和探索的方式，从而更有效地连接数字和物理领域。反过来，未来的学生将熟练地掌握技术，这将是最好的几代人。

79.6 机器人教育的项目评价

除了技术评价，评价的一个重要的方面是教育评价：人与机器人交互是如何改变学习模式和身份与技术的关系；如何以适当的教育方式做到这一点？我们发现，一些技术适用于教育项目的以下每个阶段。

1）设计性评价：教育机器人系统的创建阶段。

2）形成性评价：在教育机器人程序执行期间。

3）总结性评价：完成一项教育课程后的评价。

本节将确定我们从人机交互社区和学习科学社区中可借鉴的设计性、形成性和总结性评价的相关工具。这些工具非常适合帮助研究人员测量、量化和交流教育机器人如何影响课堂学习，以及在课堂之外的一些非正式学习场所（博物馆、课后研讨会）的学习。

79.6.1 设计性评价

人-计算机交互（HCI）领域提供了形式化和启发式的技术来解决人与技术之间的交互[79.87]。当前的 HCI 往往关注以用户为中心的设计，这表明理解用户和整个任务可以帮助我们成为更好的设计师。一种特定的 HCI 技术，情景查询和设计对非正式和正式的学习场所特别适用，在这些场所，机器人将作为用户直接与学生进行沟通。情境查询指导收集关于在纳入新的、将要设计的机器人技术之前发生交互的背景数据，通常通过收集和分析直接访谈和观察来实现。这个过程包括识别和调查教育环境中的各种利益相关者，从整个课堂到个别的教育工作者与导师。

第二项 HCI 活动，包括建模、指导和创建图形化流程图，识别教育机器人技术将被使用的环境的最重要特征。工作流程描述了交流所必须的课堂活动类型，包括课堂中各种活动所需的实际活动顺序，工件捕获成功执行活动所需的现有工具之间的关系。最后，物理模型确定了空间是如何使用的。值得注意的是，移动机器人的空间通常不是为它们设计的，如传统的实验室，甚至更糟糕的是普通的演讲厅。

在学习科学的传统中，创建最佳课程的一项重要指标是定位设计，即教育课程中与之匹配的评价工具也将被使用[79.88]。这种设计时间的匹配形式是强大的，因为学生的经验和学习衡量方式可以适应课堂环境，并且相互适应，与结合标准化的评价指标相比有更好的结果。同样的道理，在机器人技术中，我们可以在调整硬件、编程接口、课堂评估的路上走得更远，这要感谢在硬件原型环境下和开始快速软件开发中的设计。当机器人硬件、软件、课堂课程和评价工具都被同时设计和校准，以产生可能的最佳教育机器人学习生态时，对教育机器人的研究探索已经显示出显著的进步[79.89]。

设计性评价和联合设计是理解和响应现有环境的主要方式。这反过来也促进了设计时对添加新技术（如交互式机器人）最佳方式的判断，同时最大限度地提高了该技术获得真正成功的机会，但实施阶段持续的评价循环才是取得积极成效的关键。总的来说，设计时的数据收集和评价有助于设定阶段和控制预期。对持续的设计过程进行形成性评价和反馈有助于使工程保持在成功的道路上。

79.6.2 形成性评价与总结性评价

传统的基于学校的学习评价，如课程调查或考试成绩，可以作为粗分辨率数据收集设备，但还没有提供足够的细节来构建学习是如何在技术中变化的，或者尽管技术变化，也没有提供进一步的技术变化如何改善学习模型。此外，特别是在博物馆等非正式场所，以学校为基础的评价甚至更不合适。在这样的设置中，有效的学习结果来自于交流。当参观者或学生团队使用和谈论博物馆展览或项目挑战时，他们对挑战的内容和背景形成了共同的理解。教育界有一项杰出的工作

79

就是关注这种形式的对话和学习。参考文献 [79.90-93] 是很好的起点。将这种学习策略应用到教育机器人中，可以对机器人如何在课堂和非正式学习环境（如博物馆、俱乐部和公园）中的对话进行非常丰富的分析[79.94]。

在教育学习阶段，工具包括用于定性、定量构建整个课堂学习模型的广泛评价工具，以及用于研究特定的以交流为导向的机制学习的深入、重点突出的工具，这些工具可以为学生和团队内部的变化和探索模式提供信息。就广泛的工具而言，学生调查是一项有用的数据收集工具。将线性、定量查询（称为 Likert 量表）与开放式的论文问题相结合，如你这周学到的最重要的概念是什么？邀请学生对原始结果进行统计分析，并对自我报告的挑战和成功之处进行专题分析。对学生的访谈记录，无论是单独的还是团队的，都能提供更丰富的信息，因为你可以问复杂的问题，如"你学到了什么？"，适合开放式分析的问题，同样是在主题内容方面。民族志是一个深度、专注的工具，在分析资源方面很昂贵，但会产生非常有用的信息。例如，一个训练有素的观察者会花费一个星期跟踪两个团队在课堂上的一切活动，包括在团队间、团队成员和其他学生之间的对话，以及团队、课程讲师和助教之间的交流[79.95,96]。民族志的目的是在每一分钟的基础上详细描述课堂上的学习和解决问题的过程。

总体而言，上述收集到的数据可以根据主题内容进行分析，如第 79.1 节所列的主题。统计显著性和相关性测试可应用于定量地计算所有此类信息的编码结果，以得出对话中出现学习主题的频率是如何增加或减少的，以及特定主题是如何在学习对话中变得更加精细或具体的信息。

许多项目（如 FIRST Lego League 和 RoboCup Jr.）都是大型项目，但都是在地方层面上实施的，因此学生的体验在不同地区可能存在巨大差异。比较标准化的项目（如 Botball 和 FIRST）有不同的教育模式。FIRST 使用了一个鼓舞人心的模型，让学生与专业工程师一起工作；Botball 项目遵循的是一种更传统的高中教育模式，教师接受技术和原理方面的培训，这样他们就可以在更高的水平上指导学生，但所有的工作（包括设计和实现）都是由学生完成的。

因为机器人学可以作为许多学生在这样的课程和项目中不熟悉的工具，评价这个不熟悉的且潜在丰富的交互式工具如何影响学生的学习和知觉的兴趣水平，是教育机器人评价的共同焦点。这种趋势进一步加剧了，因为这些项目涉及数万甚至数十万学生，是由非营利性公司和志愿者实施的，他们缺乏正式评价所需的具体的资金和培训。由于这些原因，项目的正式评价往往基于学生和/或教师的调查，而不是严格的测试，评价通常集中在特定的问题（如技术教育中的性别问题）。

随着教育机器人变得越来越主流，我们可以预期，评价将从对 STEM 学习的一般热情的有效性转变为特定的学习优势，这些学习优势来自于此类机器人包含的跨学科的后续课程，如生物、物理和计算机科学。在美国，一个重要的新趋势为更广泛适用的教育机器人设计带来了希望。迄今为止，非常成功的机器人课程往往在规模方面受到阻碍，因为美国的学习标准是在州一级制定的，这使得几乎不可能在所有 50 个州全面证明新技术课程的合理性。美国目前发布的新《共同核心标准》已覆盖全国 40 个州，为全国统一提供了机会。此外，新的共同核心包括学习的主要类别，特别适合教育机器人应用的以项目为中心的综合学习体验，如学习精度、学习持久性、学习创新、数据解释、数据表示、几何计量测量、统计使用和定性功能分析。

79.7 结论与延展阅读

本章概述了许多但并不是全部目前可用的教育机器人硬件和程序。像 robots.net，robotevents.com 这些网站尝试维护快速发展的教育机器人竞赛列表。对最新的硬件和软件工具的跟踪更不确定。这些主题的一些其他资源，以及本章涉及的其他资源包括 Druin 和 Hendler 编辑的《儿童机器人》[79.97]、Martin 的著作《机器人探索》[79.98]、Dourish 的著作《行动在哪里：实体化交互的基础》[79.99]、Wadsworth 的著作《Piaget 的认知发展理论》[79.100] 和 Laurel 的著作《把电脑当作剧场》[79.101] 等。

视频文献

VIDEO 239　Hampton robotics club
available from http://handbookofrobotics.org/view-chapter/79/videodetails/239

VIDEO 240　Elementary robotics challenge: Soldier Creek Elementary
available from http://handbookofrobotics.org/view-chapter/79/videodetails/240

VIDEO 241　Global Conference on Educational Robotics & International Botball Tournament
available from http://handbookofrobotics.org/view-chapter/79/videodetails/241

VIDEO 633　Autonomous aerial vehicle carrier landing contest (2001)
available from http://handbookofrobotics.org/view-chapter/79/videodetails/633

VIDEO 634　SeaPerch Challenge 2014 'The Heist'
available from http://handbookofrobotics.org/view-chapter/79/videodetails/634

VIDEO 635　New Mexico elementary botball 2014 – Teagan's first ever run
available from http://handbookofrobotics.org/view-chapter/79/videodetails/635

VIDEO 636　Robotics summer camps – PRIA
available from http://handbookofrobotics.org/view-chapter/79/videodetails/636

VIDEO 637　World robot olympiad Japan 2014
available from http://handbookofrobotics.org/view-chapter/79/videodetails/637

参考文献

79.1　KIPR: Botball robotics education, http://www.botball.org (2009)

79.2　R. Manseur: Hardware competitions in engineering education, Front. Educ. Conf., Vol. 2 (2000), pp. F3C/5–F3C/8

79.3　Robo Cup Junior: http://rcj.robocup.org (2013)

79.4　C. Stein: Botball: Autonomous students engineering autonomous robots, Comput. Educ. J. **13**(2), 72–80 (2003)

79.5　FIRST: FIRST, http://www.usfirst.org/ (2006)

79.6　R. Siegwart: Grasping the interdisciplinarity of mechatronics, IEEE Robotics Autom. Mag. **8**(2), 27–34 (2001)

79.7　R.D. Beer, H.J. Chiel, R.F. Drushel: Using autonomous robotics to teach science and engineering, Communication ACM **42**(6), 85–92 (1999)

79.8　A. Billard: Robota, clever toy and educational tool, Robotics Auton. Syst. **42**, 259–269 (2003)

79.9　P. Coppin: Eventscope: A telescience interface for internet-based education, Proc. SPIE Telemanipulator Telepresence Technol., Vol. 8 (2002)

79.10　B. Fagin: Ada/mindstorms 3.0, IEEE Robotics Autom. Mag. **10**(2), 19–24 (2003)

79.11　R.S. Hobson: The changing face of classroom instructional methods: service learning and design in a robotics course, IEEE Front. Educ. Conf., Kansas City, Vol. 2 (2000), pp. F3C/20–F3C/25

79.12　D. Kumar, L. Meeden: A robot laboratory for teaching artificial intelligence, ACM SIGCSE Bull. **30**(1), 341–344 (1998)

79.13　J. Schumacher, D. Welch, D. Raymod: Teaching introductory programming, problem solving and information technology with robots at West Point, Proc. IEEE 31st Front. Educ. Conf., Vol. 2 (2001)

79.14　E. Wang: Teaching freshmen design, creativity and programming with legos and labview, IEEE Front. Educ. Conf. (2001), pp. F3G–11–15

79.15　U. Wolz: Teaching design and project management with lego RCX robots, ACM SIGCSE Bull. **33**(1), 95–99 (2001)

79.16　J.K. Archibald, R.W. Beard: Goal! robot soccer for undergraduate students, IEEE Robotics Autom. Mag. **11**(1), 70–75 (2004)

79.17　A. Gage, R.R. Murphy: Principles and experiences in using legos to teach behavioural robotics, IEEE 33rd Front. Educ. Conf., Sarasota, Vol. 2 (2003)

79.18　E. Kolberg, N. Orlev: Robotics learning as a tool for integrating science technology curriculum in K-12 schools, IEEE Front. Educ. Conf., Vol. 1 (2001), pp. T2E–12–13

79.19　B.A. Maxwell, L. Meeden: Integrating robotics research with undergraduate education, IEEE Intell. Syst. **15**(6), 22–27 (2000)

79.20　A. Nagchaudhuri, G. Singh, M. Kaur, S. George: Lego robotics products boost student creativity in precollege programs at UMES, Front. Educ. Conf. (2002) p. 3,S4D–1–S4D–6

79.21　C. Stein, K. Nickerson: Botball robotics and gender differences in middle school teams, Proc. ASEE Annu. Conf., Salt Lake City (2004)

79.22　J.B. Weinberg, J.C. Pettibone, S.L. Thomas, M.L. Stephen, C. Stein: The impact of robot projects on girls' attitudes toward science and engineering, Proc. RSS Robotics Educ. Workshop, Atlanta (2007)

79.23　T. Fong, I. Nourbakhsh, K. Dautenhahn: A survey of socially interactive robots, Robotics Autom. Syst. **42**(3), 143–166 (2003)

79.24　F. Martin, B. Mikhak, M. Resnick, B. Silverman, R. Berg: To mindstorms and beyond: Evolution of a construction kit for magical machines. In: *Robots for Kids*, ed. by A. Druin, J. Hendler (Morgan Kaufmann, San Francisco 2000) pp. 10–32

79

79.25　M. Cooper, D. Keating, W. Harwin, K. Dautenhahn: *Robots in the Classroom – Tools for Accessible Education* (IOS, Amsterdam 1999)

79.26　C. Pomalaza-Raez, B.H. Groff: Retention 101: Where robots go ... students follow, J. Eng. Educ. **92**(1), 85–90 (2003)

79.27　KIPR: Open autonomous robotics game, http://www.kipr.org/kipr-open (2013)

79.28　R.R. Murphy: Using robot competitions to promote intellectual development, AI Magazine **21**(1), 77–90 (2000)

79.29　D.P. Miller, C. Stein: So that's what Pi is for! And other Educational Epiphanies from Hands-on Robotics. In: *Robots for Kids*, ed. by A. Druin, J. Hendler (Morgan Kaufmann, San Francisco 2000) pp. 219–243

79.30　I. Vernor, D. Ahlgren, D.P. Miller: Olympiads: A new means to integrate theory and practice in robotics, Proc. ASEE Natl. Conf. (2006)

79.31　NASA Robotics Alliance Project: Education matrix, http://robotics.nasa.gov/edu/matrix.php (2006)

79.32　6.270 Organizers: The history of 6.270 – MIT's autonomous robot design competition, http://web.mit.edu/6.270/www/about/history.html (MIT, Cambridge 2005)

79.33　BEST Robotics: Middle and high school robotics competition, http://www.bestinc.org/MVC/ (BEST Robotics Inc., Auburn 2006)

79.34　D. Ahlgren: Trinity college fire fighting home robot contest, http://www.trincoll.edu/events/robot/ (Trinity College, Hartford 2006)

79.35　Fuji Soft ABC, Inc.: Fsi-all japan robot-sumo tournament, http://www.fsi.co.jp/sumo-e/ (2006)

79.36　IMRMC Organizers: International micro robot maze contest, http://imd.eng.kagawa-u.ac.jp/maze/ (2012)

79.37　Seaperch: http://www.seaperch.org/

79.38　RoboCup Federation: http://www.robocup.org/

79.39　Robotics Education & Competition Foundation: http://www.roboticseducation.org/vex-robotics-competitionvrc/ (2012)

79.40　D. Nardi, M. Riedmiller, C. Sammut, J. Santos-Victor (Eds.): *RoboCup 2004: Robot Soccer World Cup VIII*, Lecture Notes in Computer Science, Vol. 3276 (Springer, Berlin, Heidelberg 2005)

79.41　R. Tucker: Balch, Holly A. Yanco: Ten years of the AAAI mobile robot competition and exhibition, AI Magazine **23**(1), 13–22 (2002)

79.42　Robot Challenge: http://www.robotchallenge.org (2013)

79.43　KIPR: Global conference on educational robotics, http://kipr.org/gcer (2013)

79.44　D.P. Miller: Robot contests at GCER 2011, IEEE Robotics Autom. Mag. **18**(4), 10–12 (2011)

79.45　PRIA: European conference on educational robotics, http://ecer13.pria.at (2013)

79.46　Honda: Asimo: The world's most advanced humanoid robot, http://asimo.honda.com

79.47　iCub.org: An open source cognitive humanoid robotics platform, http://www.icub.org

79.48　Willow arage: Pr2 overview, http://www.willowgarage.com/pages/pr2/overview

79.49　Parallax Inc.: The scribbler 2, http://www.parallax.com/go/s2 (2012)

79.50　LOGO Foundation: A logo primer or what's with the turtle, http://el.media.mit.edu/logo-foundation/logo/turtle.html (2000)

79.51　V. Asper, W. Smith, C. Lee, J. Gobat, K. Heywood, B. Queste, M. Dinniman: Using gliders to study a phytoplankton bloom in the ross sea, antarctica, IEEE OCEANS (2011) pp. 1–7

79.52　C.M. Clark, C.S. Olstad, K. Buhagiar, T. Gambin: Archaeology via underwater robots: Mapping and localization within maltese cistern systems, IEEE 10th Int. Conf. Control Autom. Robotics Vis. (ICARCV) (2008) pp. 662–667

79.53　M. Theberge, G. Dudek: Gone swimmin' (seagoing robots), IEEE Spectrum **43**(6), 38–43 (2006)

79.54　MBARI: Build your own ROV, http://www.mbari.org/education/rov/

79.55　S.W. Moore, H. Bohm, V. Jensen: *Underwater Robotics: Science, Design & Fabrication* (MATEU, Monterey 2010)

79.56　Marine Tech: Marine tech – ROV competition, http://www.marinetech.org/rov-competition/ (2013)

79.57　F. Gudaitis: The first days of RC, Model Airplane News, April (2011)

79.58　AIAA: Student design-build-fly competition, http://www.aiaadbf.org (2013)

79.59　Speedfest: http://speedfest.okstate.edu (2013)

79.60　R. Mahony, V. Kumar, P. Corke: Multirotor aerial vehicles: Modeling, estimation, and control of quadrotor, IEEE Robotics Autom. Mag. **19**(3), 20–32 (2012)

79.61　S. Lupashin, A. Schöllig, M. Sherback, R. D'Andrea: A simple learning strategy for high-speed quadrocopter multi-flips, IEEE Int. Conf. Robotics Autom. (ICRA) (2010), pp 1642–1648

79.62　J. Meyer: A low cost, vision based micro helicopter system for education and control experiments, Master's Thesis (Univ. of Oklahoma School of Aerospace & Mechanical Engineering, Norman 2014)

79.63　J.L. Jones, A.M. Flynn: *Mobile Robots: Inspiration to Implementation* (Peters, Natick 1993)

79.64　Parallax Inc.: BASIC stamps, http://www.parallax.com/html_pages/products/basicstamps/basic_stamps.asp

79.65　J. Lahart: Taking an open-source approach to hardware, The Wall Street Journal, November 27 (2009)

79.66　C. Anderson: The future of arduino, http://diydrones.com/profiles/blogs/the-future-of-arduino

79.67　KIPR: Link, http://www.kipr.org/products/link (2013)

79.68　D.P. Miller, M. Oelke, M.J. Roman, J. Villatoro, C.N. Winton: The cbc: A linux-based low-cost mobile robot controller, Proc. IEEE Int. Conf. Robotics Autom. (ICRA) (2010)

79.69　G. Mitsuoka: CBC v2 controller: Brings ease of use as well as speed, power and vision to small robots, Robot Mag. **29**, 82–85 (2011)

79.70　D. Shiffman: Interview with Casey Reas and Ben Fry, http://rhizome.org/editorial/2009/sep/23/interview-with-casey-reas-and-ben-fry/ (2009)

79.71　H. Barragán, B. Hagman, A. Brevig: Wiring, http://wiring.org.co (2011)

79.72　B.J. Duch, S.E. Groh, D.E. Allen: Why problem-based learning. In: *The Power of Problem-Based Learning*, ed. by B.J. Duch, S.E. Groh, D.E. Allen (Wiley, New York 2011) pp. 3–11

79.73　H.A. Yanco, H.J. Kim, F. Martin, L. Silka: Artbotics: Combining art and robotics to broaden participation in computing, Proc. AAAI Spring Symp. Robots Robot Venues, Stanford (2007)

79.74　F. Martin, G. Greher, J. Heines, J. Jeffers, H.J. Kim, S. Kuhn, K. Roehr, N. Selleck, L. Silka, H. Yanco: Joining computing and the arts at a mid-size university, J. Comput. Sci. Coll. **24**(6), 87–94 (2009)

79.75　E. Hamner, T. Lauwers, D. Bernstein, I. Nourbakhsh, C. DiSalvo: Robot diaries: Broadening participation in the computer science pipeline through social technical exploration, AAAI Spring Symp. Using AI to Motiv. Gt. Particip. Comput. Sci. (2008)

79.76　A. Renkl: Worked-out examples: Instructional explanations support learning by self-explanations, Learn. Instr. **12**(5), 529–556 (2002)

79.77　J.M. Wing: Computational thinking, Communication ACM **49**(3), 33–35 (2006)

79.78　J. Countryman, A. Feldman, L. Kekelis, E. Spertus: Developing a hardware and programming curriculum for middle school girls, ACM SIGCSE Bull. **34**(2), 44–47 (2002)

79.79　M. Resnick, J. Maloney, A. Monroy-Hernández, N. Rusk, E. Eastmond, K. Brennan, A. Millner, E. Rosenbaum, J. Silver, B. Silverman, Y. Kafai: Scratch: Programming for all, Communication ACM **52**(11), 60–67 (2009)

79.80　J. Mönig, B. Harvey: *Build your own blocks* (Univ. of California, Berkeley 2010)

79.81　W.P. Dann, S. Cooper, R. Pausch: *Learning to Program with Alice* (Prentice Hall, Upper Saddle River 2011)

79.82　T. Lauwers, I. Nourbakhsh: Designing the finch: Creating a robot aligned to computer science concepts, AAAI 1st Symp. Educ. Adv. Artif. Intell. (2010)

79.83　T. Lauwers, E. Hamner, I. Nourbakhsh: A strategy for collaborative outreach: Lessons from the csbots project, Proc. 41st ACM Tech. Symp. Comput. Sci. Educ. (2010) pp. 315–319

79.84　E.A. Vandewater, V.J. Rideout, E.A. Wartella, X. Huang, J.H. Lee, M. Shim: Digital childhood: Electronic media and technology use among infants, toddlers, and preschoolers, Pediatrics **119**(5), e1006–e1015 (2007)

79.85　C. Renaud, B. Wagoner: The gamification of learning, Princ. Leadersh. **12**(1), 56–59 (2011)

79.86　R. Zevenbergen: Digital natives come to preschool: Implications for early childhood practice, Contemp. Issues Early Child. **8**(1), 19–29 (2007)

79.87　J. Nielsen: Heuristic evaluation, Usability Insp. Methods **24**, 413 (1994)

79.88　S.A. Cohen: Instructional alignment: Searching for a magic bullet, Educ. Res. **16**(8), 16–20 (1987)

79.89　T. Lauwwers: Aligning Capabilities of Interactive Educational Tools to Learner Goals, Ph.D. Thesis (Carnegie Mellon Univ., Pittsburgh 2010)

79.90　S. Allen: Looking for learning in visitor talk: A methodological exploration. In: *Learning Conversations in Museums*, ed. by G. Leinhardt, K. Crowley, K. Knutson (Lawrence Erlbaum, Mahwah 2002) pp. 59–303

79.91　K. Crowley, M. Callanan: Describing and supporting collaborative scientific thinking in parent-child interactions, J. Mus. Educ. **23**(1), 12–17 (1998)

79.92　K. Crowley, M.A. Callanan, J.L. Jipson, J. Galco, K. Topping, J. Shrager: Shared scientific thinking in everyday parent-child activity, Sci. Educ. **85**(6), 712–732 (2001)

79.93　G. Leinhardt, K. Crowley: Objects of learning, objects of talk: Changing minds in museums. In: *Perspectives on Object-Centered Learning in Museums*, ed. by S.G. Paris (Lawrence Erlbaum, Mahwah 2002) pp. 301–324

79.94　I. Nourbakhsh, E. Hamner, E. Ayoob, E. Porter, B. Dunlavey, D. Bernstein, K. Crowley, M. Lotter, S. Shelly, T. Hsiu, E. Porter, B. Dunlavey, D. Clancy: The personal exploration rover: Educational assessment of a robotic exhibit for informal learning venues, Int. J. Eng. Educ. **22**(4), 777–791 (2006)

79.95　M.U. Bers, A.B. Ettinger: Programming robots in kindergarten to express identity: An ethnographic analysis. In: *Robots in K-12 Education*, ed. by B.S. Barker (Information Science Refernce, Hershey 2012) p. 168

79.96　I.R. Nourbakhsh, K. Crowley, A. Bhave, E. Hamner, T. Hsiu, A. Perez-Bergquist, S. Richards, K. Wilkinson: The robotic autonomy mobile robotics course, Auton. Robots **18**(1), 103–127 (2005)

79.97　A. Druin, J. Hendler (Eds.): *Robots for Kids: Exploring New Technologies for Learning* (Morgan Kaufmann, Boston 2000)

79.98　F.G. Martin: *Robotic Explorations: A Hands-on Introduction to Engineering* (Prentice Hall, Upper Saddle River 2000)

79.99　P. Dourish: *Where the Action Is: The Foundations of Embodied Interaction* (MIT Press, Cambridge 2004)

79.100　B.J. Wadsworth: *Piaget's theory of Cognitive and Affective Development: Foundations of Constructivism* (Longman, New York 1996)

79.101　B. Laurel: *Computers as Theatre* (Addison-Wesley, Reading 2013)

第 80 章
机器人伦理学：社会与伦理的内涵

Gianmarco Veruggio，Fiorella Operto，George Bekey

在世界范围内，围绕机器人伦理、法律和社会方面的应用伦理学的讨论已经持续了 9 年，本章概述了已经展开的机器人伦理学的主要进展。如今，机器人伦理学不仅统计了数千名网友的意见，还统计了绝大多数与机器人应用相关的重要文献，以及数以百计的丰富的项目、研讨会和会议的议题。人们对机器人伦理学日益增长的兴趣（有时甚至是激烈辩论）表达了科学家、制造商和用户对机器人之于社会的专业指导方针及伦理标准的看法和需求。

本章的部分内容对工程师来说是众所周知的，但对于人文学者来说则是陌生甚至从未接触过的，另一部分则相反。此外，由于本章主题复杂，涉及的多个学科之间相互关联且常常被曲解，因此我们对一些与科技伦理相关的基本概念进行了回顾和澄清。

本章介绍了机器人伦理学敏感部分的详细分类。此分类是由科学家和学者基于机器人伦理学路线图（Euron Roboethics Roadmap），经过多年研究得到的。这种分类法确定了机器人主要应用领域中最明显/紧急/敏感的伦理问题，而更深入的分析则留待将来的研究。

"人类与自主机器人之间的关系"这个主题，早已在世界各国文学作品中出现，最早是一些传说和神话，后来的一些科技和伦理文章也提到了这一点。在早期神话中，古人表达了对机器强大破坏力的担忧：当这些被我们赋予生命的人造生物学会了我们的一切知识，了解到它们比我们更强大，会不会试图主宰我们呢？

在近 25 万年的时间里，人类创造了很多工具和机器来增强自身的力量，避免繁重的体力劳动和不必要的苦差。自工业革命和机械化经济出现以来，这已经成为经济发展的关键因素之一，尤其是 20 世纪引入计算机和自动化机械后则变得更为关键[80.1]。如今，随着计算机科学和远程通信领域的发展，我们已经能够赋予机器人足够的智能，使它们实现自主行为。21 世纪的人类将要与我们接触到的第一种"外星智慧体"——机器人共处。

在未来的几十年里，机器人将占据更多的领域，这也就意味着更多的应用领域将要实现自动化。2013 年，以《即将改变生活、商业和全球经济的进步》为题的 McKinsey 报告提出了 5 种颠覆性科技，并将先进机器人技术涵盖其中。

实际上，我们正处在专业和个人服务机器人技术领域研究及应用的快速发展时期，这标志着机器人隔离时代已经结束。尽管社交机器人还没有显示出引人注目的销售数据，但已经为消费者提供了标准化的市场产品。我们可以预见，在市场需求和机器人研究者面临的丰富且充满挑战的科技问题的驱动下，研究和应用将朝着人与机器人交互的方向发展。如今的老龄化社会需要且已开放使用安全、可靠的自动化自主机器来帮助人类或与人类合作。

小说 *Frankenstein* 在 19 世纪发表。与那时不同的是，如今，有关机器人的爱与恐惧、利与弊多是基于科学、技术和人文的。与生命伦理学、计算机伦理学等一些其他应用伦理学一样，在机器人伦理学领域中，机器人伦理、法律和社会层面的争论一直在持续。

继 2004 年第一届国际机器人伦理学研讨会之后，在世界范围内开启了关于机器人伦理学的大讨论[80.2]。在此会议之前，"机器人伦理学"一词不存在于任何百科全书中，也没有在网络上出现过。如今，网络上已经有几千条条目，这些条目已成为绝大多数机器人应用，以及上百个丰富的项目、研讨会和会议的重要参考资料。人们对机器人伦理学的兴趣日益增长，有时甚至会引发激烈的争论，这恰恰表达了科学家、制造商及用户对机器人之于社会的专业指导方针和伦理标准的看法和需求。

在我们的生活中，一些部分已经依赖复杂的机器，但在医疗、人文关怀或战场等某些特定情况下，机器人被赋予生命，由于缺乏关于软件代理和有学习能力的机器责任归属的法律准则，伦理和监管的缺口逐渐显现出来。标准和伦理规则的缺乏与机器人的特殊性及所有具有学习能力的机器有关。

最近，机器人的研究及其应用程序的开发主要围绕与人合作这一主题进行，因此对机器人及软件代理的学习和决策能力有更高的要求。与此同时，人们还提出了许多理论和实践案例，其中有学习能力的机器人在道德和法律方面的责任归咎可能很快成为一个亟待解决的问题[80.3]。

面对日益强大的计算机和各种各样的仿人机器人，一些学者和科学家对科技的无节制应用所带来的危害，尤其是对设计制造智能生物的狂热追求发出了警告[80.4,5]。

这种担心被围绕生物工程和生命伦理学展开的严苛讨论放大了。一些观点不那么激烈的人则指出了在科技应用中引入伦理规则的必要性，特别是在智能机器的行为方面。面对这种情况，最实际的问题是，"机器人入侵"的文学含义和社会含义是什么？机器人会以哪种方式危害人类吗？

80.1 方法概念

本章内容与本手册中其余部分虽然是一脉相承的，却有着本质的不同。在本章中，不仅涉及事物本身所固有的科学技术问题，也涉及人类社会引入机器人后所带来的敏感的文化和道德问题。

机器人已经刺激到人类一些原则性问题，这件事已经得到公认，这意味着简单的回答并不足以服众。探寻人类智力和自我意识的起源与本质这件事，与挑战统一的物理力量或研究宇宙的起源一样困难和复杂。过分简单化的回答可能导致严重的错误，而当错误的问题被提出时，我们无法得到正确的答案。与以往我们所搭建的机器相比，机器人与人的相似度更高，因此一方面使机器人采用人类语言变得容易，另一方面也使人类使用机器语言变得容易。基于此，作者认为有必要提前声明：

1）本手册，尤其是本章所面对的读者，不仅是机器人学家和机器人学专业的学生，也包括非机器人学家，以及伦理学、哲学、社会学、法律等各专业的学生和学者。因此，本章阐述的一些内容可能是一部分读者非常熟悉但另一部分读者非常陌生的，而另一些内容则相反。尽管如此，鉴于这些问题相当复杂且经常被曲解，作者认为有必要重新阐述与科学技术和伦理相关的一些基本概念。

2）机器人伦理学是一门关于科学和伦理（S&TS，即科学与技术研究、科学技术与公共政策、专业应用伦理学）研究工作的应用伦理学，是由这些研究工作衍生出来的。事实上，机器人伦理学不是无根之木，它的基本原则是由全球范围内普遍采用的应用伦理学指导原则衍生出来的，这也是这部分内容占据了本章很大一部分笔墨的原因；在本章的最后，特别讨论了机器人伦理学的一些敏感话题。

3）机器人伦理学的许多问题已经包含在计算

80

机伦理学、生命伦理学或神经伦理学等应用伦理学
中了。例如，在机器人伦理学中出现的可靠性、技
术成瘾、数字鸿沟、人类认同感和诚信度的保持、
预防原则的应用、经济和社会歧视、人工系统的自
主性和问责制、与战争应用（很可能是无意的）责
任相关的问题，还包括人机关系的认知和情感纽带
给个人和社会带来的性质和影响等，所有这些问题
都早已成为计算机伦理学和生命伦理学的研究
课题。

在本章中，一般我们仅强调机器人学的特殊
之处。随后，在分类学中，我们仔细考察了一些
仅仅与机器人学相关的特殊伦理问题。这里，机
器人伦理学的分类不是像本书索引那样基于科技
领域或学科领域的相关性进行的，而是基于机器
人应用的相关性，以及应用程序中人机交互的固
有特性之上。

就时间跨度而言，在与机器人相关的伦理问题
方面，我们已经考虑了 20 年。在此时间框架中，
基于目前最新的机器人技术，我们能合理地定位和
推断机器人伦理学领域可预见的发展。

出于这个原因，我们认为仅仅是有迹象表明未
来机器人可能出现的一些人类品质，如感觉、自由
意志、自我意识、尊严感、情感等，现在谈论还为
时尚早。基于同样的原因，我们没有研究一些其他
论文和文章中提出的，如"不要像对待奴隶那样对
待机器人"或"需要保证机器人享有与人类工作者
相同的尊重、权利和尊严"这样的问题。

同样，这里所谈论的机器人伦理学的对象不是
机器人及其人工伦理，而是机器人的设计者、制造
商和用户的人类伦理。

尽管知道一些论文提到了把伦理归因于机器人
决策的必要性和可能性，也知道未来机器人可能会
成为像人类一样或基于人类的道德实体，但作者仍
然选择研究与机器人设计、制造、使用相关的人类
的伦理问题。

作者认为，机器人在军事领域的应用，如将军
用机器人用于对抗不具备这种先进技术的人群、机
器人恐怖主义、仿生机器人、植入和增强人类躯体
等问题是最为迫切和严重的，需要予以特殊关注和
研究。很明显，如果没有一个植根于社会的机器人
伦理学体系，那么在机器人控制系统内实现人工伦
理的前提将不复存在。

80.2　机器人学的特殊性

机器人学起源于以下学科，即力学、自动化、
电子学、计算机科学、控制论、人工智能。

此外，机器人学还借鉴了其他几个学科，即物
理/数学、逻辑学/语言学、神经科学/心理学、生
物学/生理学、人类学/哲学、艺术/工业设计。

机器人学是一门新的科学吗？

一方面，机器人学往往被认为是智能、自主机
器的一个工程分支。从这一角度而言，它可以共享
其他学科的经验，某种程度上是这些学科知识的线
性总和。事实上，"机器人学"很少作为关键词出
现在机构项目中，而是主要出现在信息通信技
术（简称 ICT）集群中，或者隐藏在不同的首字母
缩写中。

一些人在机器人学的早期发展阶段将其视为新
科学。事实上，这是人类有史以来第一次试图挑战
开发自主智能实体。被赋予了这个非同寻常的使
命，机器人学成为融合科学（硬科学）和人
文（软科学）科学的特殊平台，而这本身也是一次
试验[80.6]。实际上，我们有理由预测机器人学将成
为一门拥有自己的理论、原理、定理、证明和数学
语言的新的科学。如今我们正处在科学发展的前
夕，很难设想其未来。机器人学将来也许会并入其
他科学，也可能像红矮星一样，爆炸成许多其他的
科学后再与其相邻领域交汇而生。

80.3　机器人接受度的文化差异

当分析机器人现在和未来在社会中的作用时，
我们必须了解影响社会团体及个人与这些机器之间
关系的一些基本原则和模式。

不同的文化和宗教对人类的生殖、神经疗法、
植入、隐私等敏感领域的干预方式迥然不同，这些
差异源于对人类生殖、生存和死亡这些基本价值观
的文化特异性。

在不同的文化、民族和宗教中，"生命"和

"人的生命"有着不同的含义，首先是关于人的生命的内在性和超越性。在某些文化中，妇女和儿童权利比成年男性少（甚至没有人身保护权），而在另外一些文化中，对伦理进行的辩论已经涉及从后人类地位合法化到机器人权利的范围。因此，机器人伦理学的不同方式涉及不同方面的权利（性别、种族、少数民族），以及对人类自由和动物权益的定义。由这些概念衍生出伦理的特定问题，如隐私，以及隐私与行为可追溯性之间的边界。文化差异也体现在如何看待"自然"与"人工"上：想想不同的人对外科植入或器官移植的不同态度，以及如何看待人种改良。

生命伦理学开展了如下重要的讨论：正直的人品是如何界定的？什么是人的感知？最后，重要的一点是，智力、人类、人工的概念在不同的领域有着不同的解释，仅在人工智能（AI）和机器人领域就存在争议。由此可以想象，在专家内部圈子之外的争论会有多么激烈。

80.4　文学中的机器人伦理学

文学是社会表达自我的工具，它可以摆脱死板的约束、模拟未来的社会发展。有时候，通过文学的方式，人们可以构想或预言出一些重要和前瞻性的科学问题。

一些经典的欧洲文学作品的主题是关于人造体带来的威胁（如 *the rebellions of automata*、*Frankenstein myth*、*the Golem*），还有一些是关于工业产品的滥用和恶意使用（如 *the myth of Dedalus*）。但并不是所有的文化都是这样，如在日本文化里就不存在这样的例子。相反，在日本文化中，机器（和一般的人类产品）总是对人类有益和友好的。

1942 年，创造了"机器人"这个词的杰出科幻小说家 Asimov 在他的小说 *Runaround*[80.7] 中提出了著名的 Asimov 机器人三定律。

第一定律：机器人不得伤害人类，或者看到人类受到伤害时袖手旁观。

第二定律：在不违反第一定律的前提下，机器人必须绝对服从人类的命令。

第三定律：在不违反第一及第二定律的前提下，机器人必须尽力保护自己。

到了 1983 年，Asimov 增加了第 4 条定律（第零定律）。

第零定律：机器人不得伤害人类的整体利益，或者不能无视人类的整体利益受到伤害。

在过去的几十年中，科技的发展推动了机器人学前沿的发展，因此那些若干年前看起来似乎只是理论上存在的问题，或者只是在文学和科幻小说中出现的问题，逐渐变得真实甚至紧迫起来。其中一些问题已经给机器人学界提出了警告：对机器人的设计、制造和使用的一些原则展开讨论是有必要的。

这些"定律"真的能成为机器人的伦理准则吗？答案当然是否定的。Asimov 通过三定律传递给我们一个美好的愿景，但这毕竟是在文学作品中应用其普遍原则对机器人技术打了个比方，是一种艺术表达，却不失为一种灵感来源，但这些定律并不足以涵盖机器人学在其各个分支及社会应用中的复杂性。

80.5　真实机器人的表达

2004 年 1 月，在意大利圣雷莫，机器人学院与机器人学家、哲学家和人文学者合作，举办了第一届国际机器人伦理学研讨会，"机器人伦理学"这个词首次被正式提出（图 80.1）。

在这次会议上，IEEE 国际机器人与自动化协会成立了机器人伦理学技术委员会（TC），旨在为 IEEE 国际机器人与自动化协会提供一个分析机器人学研究相关伦理的框架，促进研究人员、哲学家、伦理学家和制造商之间的讨论，而且支持建立共享工具来管理与机器人伦理相关的道德问题。TC 推动了许多关于机器人伦理学的活动、研讨会和研究的进行。

2005 年，欧洲机器人研究网络（EURON）资助了一个名为"EURON 机器人伦理学工作室"的项目，旨在规划出第一份机器人伦理学的蓝图。2006 年，在意大利热那亚，人文学者与工程师及机器人学家展开了为期 3 天的会晤，制定了 EURON 机器人伦理学路线图[80.8]。

80

图 80.1　机器人伦理学标志

注：由意大利著名艺术家伊曼纽尔·卢扎蒂（1920—2007）绘制的机器人伦理学标志由一个微笑的年轻女孩从一个侠义的仿人机器人手中接过一朵花来表示。

继第一届国际机器人伦理学研讨会之后，机器人伦理学领域第一件要做的事就是选择一种识别和分析机器人技术伦理问题的方法。据我们所知，有 3 个欧洲项目是该领域最具结构化努力的代表，这 3 个项目得益于国际专家的参与，以及对信息和计算机伦理和生命伦理方面的背景研究，它们分别是，2006 年成立的 EURON 机器人伦理学工作室；2006—2008 年间的人类与通信、仿生和机器人系统相互作用的新兴技术伦理学（ETHICBOTS）项目，以及 2008 年成立的欧洲机器人协作行动（CARE）项目。

设计者对"机器人伦理学"是这样定义的[80.2]：

机器人伦理学是一种应用伦理学，其目标是开发可以被不同社会群体和信仰共享的科学/文化/技术工具。这些工具旨在促进和鼓励机器人学的发展，以促进人类社会和个体的进步，同时帮助防止机器人被滥用与人类对抗。

根据其定义，机器人伦理学不是针对机器人的伦理或人工伦理，而是针对机器人设计者、制造商和用户的人类伦理。

自 2004 年以来，出现了 3 个不同的机器人伦理学定义，这 3 个定义都是作者根据自身的认识和道德观念提出的，并与 3 个不同的词——对应[80.9]。

第一个定义采用的是伦理学理论，主要依托哲学的伦理学或道德分支发展起来，其主要研究对象是人的行为、道德评价，以及人类对于善与恶、是与非、正义与非正义等方面的观念。就我们的情况而言，一个通用或基本的伦理思考直接与机器人应用程序的开发及其在社会中的传播所产生的特定问题相关。这是"机器人伦理学"一个恰当的概念，旨在使应用伦理学像生命伦理学那样，努力解答特定科学技术领域发展过程中产生的新问题。在这一定义中更新了很多观点，如有关人的尊严和诚信、个人的基本权利，以及所涉及的社会、心理和法律方面的各种观点。机器人伦理学的发展目标是：①找出并分析当前和未来机器人应用中出现的伦理问题；②对以上提出的一般指导方针进行合理定义。从更广泛的意义上讲，机器人伦理学不仅适用于对某些行为的禁止和/或预防，而且还指出了机器人研究和发展的趋势，这些趋势增强了被视为人权的行为（对某些行为的鼓励）：机器人技术在提升和加强人类在健康、教育、医疗、食品、居住和就业方面的人权的研究及应用。

第二个定义，目前称为机器人伦理或机器伦理，是设计师在机器人 AI 中实施的行为准则。这意味着一种人工伦理，能够保证自主机器人在与人类交互的所有情况下，或者当它们的行为可能对人类或环境产生负面影响时，表现出伦理上允许的行为。显然，定义什么是"伦理上允许"并实施的准则是上述机器人伦理学领域的产物。事实上，机器人是机器，是对其开发者所做出的无意识选择的工具，因此开发者应该对机器人的行为（无论好坏）承担道德责任。

最后，还有第三个定义，我们也许可以将其定义为"机器人的伦理"，因为它是根据一个假想机器人的主观道德所产生的伦理，假设这个机器人具有良知，并且能在充分理解其意义和后果的基础上自由选择自身的行为。只有在这种情况下，机器人才可以被视为道德行为者，并且可能涉及机器人的责任或权利。显然，目前这只是推测性的，超出了本手册的范围。

80.6　科技伦理

在本研究中，我们给出了"伦理学"在现代背景下的多种含义。传统上，伦理学是一门哲学或神学学科，目的是研究人类行为，以及人类行为和选择的评价标准。现代伦理学从古代哲学中的各种观点延伸而来。过去的几十年，在以科技发展为特征的高度复杂的社会中，道德和实际责任的归属变得越来越困难，其主要原因是由无法确定的决策（集体决策、复杂的行政组织、责任分配、计算机化操作）产生行为的无意或间接结果。通常来讲，将最终责任归咎于个人或定义上的社会个体是不可能的。在缺乏定义且缺乏对责任链进行精确分析的情况下，技术先进的社会已将问题转移到风险评估的概念上，从而将价值归因于看似缺乏责任的个体所造成的损害。在我们的案例中，问题是：谁对自主机器人可能造成的损害负责？是设计者、制造商、程序员还是最终用户？这个问题的答案通常难以获得。

从伦理理论的角度来看，可以看出个体具有常规意义上的伦理，并从道德方面指导其从小事到非常重要的人生决策。这不仅影响了我们的日常生活，还影响了我们在组织严密的社会关系中的行为。不同个体经常会采用不同的伦理理论：功利主义者在某些情况下或在某些时刻，通常按照他们的教养、习惯、传统和宗教（描述性伦理）来做决定。这对他们来说似乎足够了。

然而，作为社会人物或处于各自职业中，我们面临着复杂的问题。当我们的行为可能会产生多种难以遵循和预测的后果时，或者当我们的常识遇到如生命伦理的困境这种我们以前从未遇到过的问题时，这种思路就会达到极限。在这些情况下，常规意义上的伦理导致了很多矛盾：我们发现自己没有任何概念资源，而且处于必须做出判断的困难境地。这时，我们需要一套合乎逻辑的伦理学（批判伦理）：①揭示我们常规意义上的和旧时伦理理论基础中隐含的、也许从未被揭示的假设；②分析原因、利弊并确定它们的起源。不可避免地——我们甚至可能没有意识到——我们诉诸规范的伦理学和伦理理论。

在实践中，当面对普通和复杂的问题时，我们可能会参考所面临的困境涉及的基本的、相关的价值观；我们可以坚持更加适应我们问题的且更加先进的道德品行，或者我们试着从普适性的方法升级到新的伦理前沿。规范性伦理理论是对道德行为原则的发展和论证，是伦理理论和相关的指导原则，而这些反过来代表了包含伦理原则的一般思想，以达到内在和系统的一致性。为捍卫伦理原则，伦理哲学家或隐或显地提到伦理理论。

20 世纪，由传统伦理理论的局限——Kant 的功利主义和义务论——所引起的不满，伦理学分化为权力伦理学、美德伦理学、女权主义伦理学和应用伦理学[80.10]。

根据德目伦理——它与单一行为关系不大，而更多地与不同的生活方式和行为方式有关——最重要的道德义务是我们个人与行为或非行为的关系。在制造或使用机器人时，根据德目伦理，我们会分析机器人对美好和幸福概念的影响：哪些机器人对人类的幸福、全面和完整的生活质量贡献最大？在另一个例子[80.11]中，考虑需要解释作为集体良知一部分的价值观，所谓的权利伦理将人权视为文化和道德多元化体系中最相关的共同要素，并且被合理地认为是普世伦理的最终表现。

一些思想家，对传统伦理理论的挑战之一，是将道德考虑因素限制在人类及其人类社会的关系中，而忽略了其他生物和环境。因此，要求伦理理论，特别是新的应用伦理理论在分析过程中考虑非人类实体（动物伦理、环境伦理、行星伦理，即 Gaia 理论），以及人类产出物（生物文化、计算机伦理、机器人伦理）。应用的各种伦理理论反过来又与包括法律、社会学（描述性伦理学）、经济学等各种科学领域在内的其他学科相互联系和交织。

应用伦理学的核心主题之一是责任概念，这是一个道德概念。法律责任决定了相关预先存在的规范伦理的规则，即社会或群体所采取的一系列命令和禁令，也定义了职业道德。在本章中，为了分析人与机器人的关系，我们将考虑"责任"一词的两个主要含义：

1) 分析某些行为的动因及其影响的代理人身份（功利主义、结果主义或目的论）。

2) 一种动机的表达，引导代理人以某种方式（义务伦理学或 Kant 伦理学）行动，根据这种方式，个人评估其行为的后果。

我们知道，在 20 世纪，"我们到底要对什么机构或这样的道德标准负责？是国家法律，还是上帝？"这个问题将许多答案（功利主义的或义务论）推至风口浪尖。通常来讲，个体的道德响应和社会的道德演变会导致对国家、教会或社会机构等传统角色责任的反对（Weber 的意图伦理或个人良知伦理）[80.12]。

与第二次世界大战相关的一些严重事件改变了责任的概念和角色的区别（即工程师处理工程、医生处理医学、士兵服从上级命令等）；还有一些著名的法律案件：如阿道夫·艾希曼的审判，在此案件中，艾希曼为自己辩护说，他是在履行行政职责的前提下下的命令，他没有决定，也没有意识到整个计划将导致犹太人的灭绝；再如 1945 年广岛/长崎事件之后的讨论。

此外，在不同的情况下，我们的个人道德与我们生活的社会所采用和强加的道德，以及与我们所依据的法律发生冲突。例如，死刑（虽然受到内部潮水般的争议，但在美国多个州生效）、动物权利、堕胎或安乐死就是如此。在这些情况下，国家法律中隐含的道德哲学与其社会中许多群体的情感并不一致，导致了种种冲突。

因此，我们观察到，在当代社会中，责任的概念不仅限于对人或事的道德考虑，它也不仅仅涉及行为和一系列职责的必要一致性（因此，后果分析不那么具有决定性）。在当今社会，复杂性和技术统治的要素可能导致被称为目标异质性的现象发生，根据这一现象，我们的行为可能会产生非常难以估计的结果，甚至可能与我们的意图相反。根据 Morin 的行为生态学[80.13]，一旦行为脱离个体，就会自行发展，并将自身与环境条件（其他个体的社会模式、行为和反应）结合起来，最终结果会超出该个体的预测能力。

对于个人责任归属中的这一空缺，在无法确定或确定个人责任毫无用处的情况下，一些研究人员试图确定集体分担责任。在科学研究的情况下，科学技术研究（S&TS）专家 von Schomberg[80.14] 提出采用基于前瞻与知识的评价体系。作者坚持认为，由于无意的后果、不确定性或忽视结果而非事后确定道德责任，责任的定义在科学领域中尤其艰难，

因此有必要事先建立不同领域之间知识重叠部分的伦理（协同作用：科学家、政治家等），因为知识的质量将决定随后应用的伦理价值。与此同时，人们必须不断地确保预测的最大精确性，以识别研究和相关应用的健全性，以及潜在的伦理问题。

其他作者则强调避免伦理问题与技术解决方案之间的重叠；在后者中，计算机伦理专家 Mowshowitz 在他名为 *Technology as excuse for questionable ethics* 的书中指出[80.15]：

看似永恒的社会问题是真实存在的，但在技术或自主技术上寻找原因是错误的，也是有害的。我们不应该把人类的失败归咎于技术……自主技术有助于人们相信技术决定论，即强化了人们对于自己无法在生活中做出重大选择的信念。这将注意力从权力持有者转移到具体化的集体体系上。法律比社会科学更巧妙——例如，它将公司定义为一个虚构的"人"，目的在于分配责任，而不是免除主要执行者的责任。机构应该被视为有助于解释个人决定和行动的虚拟事物……只有人类的行为会离间或去人性化。技术的物化使得将责任从人非法转移到虚构的社会结构成为可能，同时也阻碍了我们应对技术使用所带来的真正道德挑战的能力。

综上，我们可以看出，在机器人伦理学中，道德责任的定义，以及由此产生的责任概念——这是人与机器人关系的核心所在——可能会随着有意或无意采用的哲学假设的不同而不同，这些假设无论是有意还是无意——都已被采纳。

80.7 信息通信技术领域的伦理问题

在近代历史中，科技领域伦理问题的重要性逐渐彰显。三个前沿领域——核物理、生物工程和计算机科学在应用过程中都遇到一系列问题，引起此类问题的原因在于一些戏剧化事件带来的压力和公众的广泛关注。

智能机器的引入给我们的日常生活带来了全球性的社会和伦理问题，包括：

1）技术的两面性（任何技术都可以正确或错误地使用）。

2）科技产品的拟人化（众所周知，人们将意图、目标、情感和个性赋予即使最简单的具有生命般运动或形式的机器）。

3）人/机器关系的拟人化（与机器的意识和情感的结合）。

4）技术成瘾。

5）数字鸿沟和社会技术差距（不同年龄层、社会阶层和地区）。

6）技术资源获得的公平性。

7）技术对全球财富和权力分配的影响。

8）技术对环境的影响。

由于机器人的跨学科性，机器人伦理学具有与其他应用伦理学，如计算机伦理学、信息伦理学、生物伦理学、技术伦理学和神经伦理学等同样的问题和解决方案。

计算机伦理学（CE）是由 Walter Maner 在 20 世纪 70 年代中期提出的术语，用于研究由计算机技术加剧、转变或创造出的伦理问题[80.16]。

伦理学与计算机科学的第一次接触或许发生在

20 世纪 40 年代，当时麻省理工学院教授、计算机科学创始人之一的 Norbert Wiener 表达了他对自己开发的技术所产生的社会影响的担忧。1948 年，在他的著作 *Cybernetics*：*or Control and Communication in the Animal and the Machine*[80.17] 和 *The Human Use of Human Beings* 中指出了核战争的危险性，以及 1947 年广岛事件不久后科学家在武器开发中扮演的角色[80.18]。虽然他没有使用"计算机伦理学"这个名词，但他为计算机伦理学研究和分析奠定了广泛的基础。Wiener 建立的计算机伦理学基础远远领先于名词本身的提出。

直到 1968 年，Wiener 的担忧变成了现实。当时，斯坦福研究所（SRI）著名科学家 Donn Parker 开始研究计算机从业人员使用计算机时的不道德和不合法行为。据 Bynum 的所述，Parker 当时表示，当人们步入计算机中心时，他们似乎就把道德丢到了门外[80.19]。

1968 年，Parker 出版了专著 *Rules of Ethics in Information Processing*[80.20]，并且推动了计算机械协会（ACM）第一部职业行为规范的制定，该准则于 1973 年被计算机械协会采用。

20 世纪 60 年代末，精神病学专家们为计算机程序 Eliza 的设计者 Joseph Weizenbaum 在这个简单程序中投入的感情所震惊，表达了他对学术界乃至普通公众在人类信息处理模型中一个正在进行并继续加强的趋势（即把人类简单地看成机器）的担忧。Weizenbaum 在他的 *Computer Power and Human Reason* 一书中表达了他深刻的伦理哲学[80.21]。

20 世纪 70 年代末，美国弗吉尼亚奥多明尼昂大学的 Walter Maner 首次采用了计算机伦理学这一名称，以定义与计算机技术加剧、转变、造成的伦理问题相关的研究。1985 年，达特茅斯学院的 Moor 发表了题为 *What is computer ethics?*[80.16] 的文章，伦斯勒理工学院的 Johnson 出版了她的著作 *Computer Ethics*[80.22]，这是该领域的第一本教科书，也是此后十多年来该领域的经典教科书。1983 年，计算机社会责任专家联盟（CPSR）在帕洛阿尔托成立，这是一个促进计算机技术使用的国际性组织。CPSR 成立于 1983 年（1981 年开始讨论和组织），是第一个在广泛问题层面上以教育政策制定者和公众为使命的国际协会。1991 年，计算机伦理学正式被纳入美国计算机科学系的课程中。

20 世纪 90 年代，多名研究人员（特别是 Floridi 领导的牛津大学团队）提出了信息伦理学（IE）的概念，当时他们认为计算机伦理学的核心问题并不在于特定的技术，而在于其操纵的原材料（数据/信息）[80.23]。

生命伦理学是研究医疗保健和生命科学所引起的伦理、社会、法律、哲学和其他相关问题的学科（国际生命伦理学协会，IAB）。

1970 年，Van Rensselaer Potter 提出了"生命伦理学（bioethics）"这一名词。他是美国生物化学家、威斯康星大学麦迪逊分校麦卡德尔癌症研究实验室肿瘤学教授。这一名词首次出现在他所著的 *Bioethics*，*Bridge to the Future* 一书中[80.24]。他用几个月的时间试图找到一个合适的词语来表达平衡医学的科学性和人类价值观的必要性，然后创造了这个词汇。

Potter 最初的想法是将生物学与人类的生存法则结合起来，用一个新的生命伦理学作为科学和人文之间的桥梁。逐渐地，他觉得有必要将他所意识到的已成为主流的生命医学伦理学与环境伦理学相结合。在其职业生涯中，Potter 持续完善着"生命伦理学"这一概念，以使之与主流观点的生命医学伦理学区别开来。他最终选择"全球生命伦理学"这一术语，这也就成了他的第二本书的书名，书中对生命伦理学有了新的定义[80.25]：

生物学与多种人文知识相结合形成了一门科学，为可接受的生存确定了医疗和环境优先体系。

生命伦理学领域正处于关键的发展阶段。生命伦理学项目的开发已经过去了 30 年，现在正处于一个专业化的阶段，作为临床和工业生物伦理框架的参考和下一阶段的学术组织，已作为一个院系和博士课程。

技术伦理学（Technoethics）是一个最近的源自基督教神学的定义[80.26]：

作为一些实现了伦理参照系统的想法的总结，用来判断技术深刻复杂的一面，作为达成人类最终完美的核心元素。

神经伦理学（Neuroethics）涉及神经科学的伦理、法律和社会政策含义，以及神经科学研究本身的各个方面[80.27]。神经伦理学涵盖了来自临床神经科学（神经学、精神病学、精神药理学）和基础神经科学（认知神经科学、情感神经科学）不同分支中的一系列广泛的伦理问题。

综上所述，我们可以从应用伦理学的研究中总结出以下先进机器人学中的伦理问题：

1）一项技术在什么条件下被认为是可接受的？（预防原则）

2）在什么情况下这种技术的发展是可接受的？

3）我们如何衡量一项先进技术的成本/效益比？

4）我们如何衡量风险评估？

5）功能补偿或修复与增强的道德比值是多少？

6）是否存在这样的情况，即特定类型的技术本身应被视为不可接受，即使它具有补偿和增强的潜力？

7）如果机器人技术的应用造成了危害，应确定原因和分配责任的问题[80.28]。

80.8 人类的原则和权利

在本研究中，作者受到了美国道德和政治哲学家 Rawls 的论文及其反思平衡的启发[80.29]。根据 Rawls 的说法，尽管章程和条约在将最多的参与者联系在一起方面取得了进展，并且在努力将权利扩大到尽可能多的成员和职能方面值得赞扬，但它们既不能满足积极发展的可能性，也不能提供机器人的整个犯罪用途。在机器人伦理学中，学者们正走向一片未知的，在那里应该创造出新的、原创的解决方案的领域。尽管正在寻找新的解决方案，但与法律哲学的一致性规定，任何新的伦理学形式都不能贬低以前的伦理学所获得的权利[80.30]：

任何新的伦理都必须处理与旧的角色责任伦理相同的内容，即限制或界定人类行为的价值观和规范，从而支持或指导制定传统决策。

这意味着"机器人伦理学（roboethics）"和"机器人的伦理（robot ethics）"应该与普遍共享的规则相一致。

国际公认的机构，如联合国、世界卫生组织、粮农组织、联合国教科文组织/世界科学知识与技术伦理委员会（COMEST）、国际劳工组织（ILO）、世界医学协会和信息社会世界首脑会议，都表达了普适的规则。此外，欧盟确定了被世界上大多数国家、文化和人民采用的一般道德原则，国际科学界、司法界、经济界和监管界在许多场合都建议将世界伦理原则统一（普遍接受的、标准化的）应用于科学和技术，特别是在这些原则涉及生命、人类生殖、人类尊严和自由等敏感问题的情况下。

例如，科技伦理计划是教科文组织社会科学和人文科学部门科学和技术伦理司的一部分，COMEST 是由 18 名独立专家组成的教科文组织咨询机构，已提议在生命伦理学制定一个关于生命伦理学普遍准则宣言的建议。2003 年 12 月，在里约热内卢，COMEST 组织了一次关于科学家全体伦理宣言问题的国际会议。因为科学技术中的伦理学不仅限于道义学或职业伦理学，而且涉及基本信念和道德原则的更广泛问题，其结果和结论也成为职业日常生活中的行为准则。

从社会和伦理的角度来看，当决定一项新技术的设计、开发和应用时，设计师、制造商和最终用户都应该遵守所有人类都需要遵守的规则：

1）人的尊严和人权。

2）平等、公正和公平。

3）利与弊。

4）尊重文化多样性和多元化。

5）非歧视和非污名化。

6）自主权和个人责任。

7）知情同意。

8）隐私与保密。

9）团结与合作。

10）社会责任感。

11）利益分享。

12）对生物圈的责任。

13）强制性成本效益分析（是否将伦理问题作为适当的成本效益分析的一部分）。

14）利用公众讨论的潜力[80.31]。

计算机和信息伦理已经制定了一个名为 PAPA（隐私、准确性、知识产权和访问权限）的伦理规范，可为机器人技术采用：

1）隐私：一个人在什么条件和什么保护措施下可以向他人透露必要的关于自己或联系人的信息？什么事情是人们可以保密而不被迫向他人透露的？

2）准确性：谁对信息的真实性、保真度和准确性负责？同样，谁应该对信息中的错误负责，以及如何保证受害方周全？

3）财产：谁拥有信息？其交易的公平价格是多少？谁拥有传播信息，尤其是广播的频道？如何分配这些稀缺资源？

4）访问权限：个人或组织在什么条件下，在什么保障措施下，有什么权利或特权获得哪些信息？

对技术的授权和责任问题是我们所有人日常生活中的常见问题。今天，我们把安全、健康和救生等重要方面的责任交给了机器。

建议专业人士在执行敏感技术时应用预防性原则[80.32]：

当一项活动对人类健康或环境造成危害威胁时，即使某些因果关系没有完全科学地建立起来，也应采取预防措施。

根据预防原则，可衍生出一些其他规则，例如：

1）非工具化。
2）非歧视。
3）知情同意与公平。
4）互惠意识。
5）数据保护。

在世界各地，工程师协会和工程师们在研究和实践中采用了伦理准则来指导他们负责任的行为。在这种情况下，安全和可靠性是最重要的行为伦理准则。

其他重要建议如下：

1）在履行其专业职责时，将公众的安全、健康和福利置于首位。
2）仅在其全权限范围内提供服务。
3）仅以客观、真实的方式发布公开声明。
4）作为忠实的代理人或受托人，为每个客户处理专业事务。
5）避免不当招揽专业业务[80.33]。

80.9 机器人技术中的法律问题

由于机器人日益增长的自主性和拟人化特征，它们与其他人造设备和系统有着本质的不同，因此需要开发新的法律架构，以便在社会中运行（并落实运作）。目前，还没有明确的法律框架来补充与自主智能机器人的行为有关的问题，以及它们与人类行为有什么区别的问题。由于机器人的智能功能是由他们的机载计算机提供的，他们也需要新的法律框架。例如，大约 15 年前，Kurzweil 写道，到 2029 年，关于计算机的法律权利和构成人类的要素的讨论将越来越多。此外，他还指出，机器会"宣称"自己是有意识的，这些说法将在很大程度上被接受[80.34]。无论我们是否接受这一预测，它都说明了一个事实，即我们目前的法律架构没有关于处理自主机器的规定[80.35]。此外，由于社会依靠法律来实施其伦理基础，本章前面讨论的许多伦理问题都需要法律支持来实施。社会上关于机器人的一些主要法律问题包括责任、义务、归属、代理和隐私。在本节中，我们简要地（和浅显地）考虑这些方面。这些问题的主要解决方法由 Asaro[80.36,37]、Moon 和 Nass[80.38]、Dennett[80.39]、Calo[80.40]、Denning[80.41] 和 Sharkey[80.42] 等人提出。

80.9.1 责任

在现有技术水平下，我们可以说，由于设计糟糕、编程错误或构造不良，愚蠢甚至半自主的机器人很容易违反法律。这意味着我们需要将不当或非法行为的责任归咎于机器的所有者、设计者和/或制造者。随着机器人自主化程度的提高，并且能够通过学习和经验来改变其行为，由于行为将不再完全基于初始设计，责任问题变得越来越复杂。当然，可以把习得的行为归因于人工智能程序的设计者，即二度归因，这是法律制定者未来制定法律的另一个问题。人类违法的后果可能是惩罚，如支付罚款或在监狱里服刑。这样的惩罚对于机器人并不适用，除非机器人的行为被归咎于有邪恶意图的人类，此时后果将由相应责任人承担。

一个与之相关的问题是代理问题，这是一个法律术语，意味着一个人代表另一个人行事，他/她是该人的代理人。例如，在房地产交易中，销售人员可能是我的代理人，代表我与我的潜在买家进行洽谈。如果一个机器人可以被认为是某个人的代理人，那么责任的归属就变得明确和直接。即便如此，还是会有难以处理的法律问题：假设 A 先生是机器人的所有人，但该机器人是 B 先生的代理人，如果 B 是黑客，并且已经获取了对机器人的计算机控制，这种情况可能会出现法律纠纷。

80.9.2 义务

义务是责任的法律后果。如果我的机器人破坏了你的财产，即使是偶然的，我也要负责，这是民事责任。如果能证明我的机器人由于我在设计、编程或制造方面的疏忽对某人造成了伤害，我可能要承担刑事责任。义务是美国法律诉讼的主要原因之一，它为许多律师提供了收入，并且过于复杂，本章无法全面阐述。然而，我们可以这样说，有时可以将义务部分分配给设计者、部分分配给制造商、部分分配给用户，尤其是如果后者修改了机器人的硬件或软件。甚至像 RoboSapien 这样的玩具机

80

器人，也催生了发布指导黑客入侵机器人软件和修改其行为内容的网站。

80.9.3　隐私

隐私权受到各种法律的保护，但很明显，机器人技术的最新发展将挑战这一领域的法律和习惯。我们知道，无人机（自主飞行器）携带的新相机具有惊人的分辨力，可以从几千米的高度分辨出 1m 大小的物体[80.43]。这意味着无人驾驶飞行器可以在自己的后院监视公民，产生可用于敲诈或其他非法目的的图片。更严重的是，最近开发的小型飞行机器人，只有几厘米长，能够进出窗口、栖息在树上或建筑物的屋顶上，利用视觉和其他一些能够记录声音和气味的传感器收集信息。目前，法律体系还不具备处理这种监视方法的相应条款。还有一种由

Calo[80.40] 和 Denning[80.41] 论述的更微妙的侵犯隐私的方法。想想我们家里越来越多的个体机器人，如吸尘器、窗户清洗器、儿童看护及老人和残疾人助手，所有这些机器都可能是间谍，尤其是被第三方黑客入侵时。最近在美国，有人发现一些具有全球定位系统（GPS）传感器的智能手机制造商已将自己的机器编程为将用户的地理位置发送到公司的计算机，引起了争议。这可以理解为另一种侵犯隐私的行为。

从本节的简要总结中可以明显看出，机器人技术当前和未来的发展将对许多国家的法律体系带来越来越大的挑战。我们认为，各国政府、法律界、机器人设计师和制造商的代表在因重大事故或故意违反法律的事件而被迫进行对话之前，现在就采取行动是至关重要的。

80.10　机器人伦理学分类

当然，为不同分支的机器人分类并非一件容易的事情。同样，为机器人技术/伦理问题领域建立模型也是一项复杂的工作。我们试图根据应用领域的相似性来对这些主题进行分类。此外，在目前的分类法中，我们选择了机器人学中最明显/紧迫/敏感的伦理问题，把更复杂的问题留给其他时间和进一步研究。

80.10.1　工业机器人

国际标准化组织（ISO）将工业机器人正式定义为"自动控制的可重复编程的多功能操作臂"。工业机器人的典型应用包括焊接、涂漆、变薄拉延、组装、取放、码垛、产品检验和测试，所有这些都以高耐久性、高速度和高精度完成。

工业机器人的复杂性可以从简单的单个机器人到非常复杂的多机器人系统：

1）机器人手臂。

2）机器人工作单元。

3）装配线。

从社会和经济的角度来看，这些机器人的好处是惊人的。它们可以将人类从繁重、危险和烦琐的工作中解放出来。未来，我们可以想象完全由机器人管理的机器人工厂。在工业化国家，由于人口老龄化，劳动力短缺迫在眉睫，工厂里的机器人可以削减成本。工业机器人提高了生产率（更快的速度，更好的耐力）和质量（精度、清洁度、耐久

性），使高度小型化的设备成为可能。

工厂引进机器人带来的社会问题一方面是就业减少和失业；另一方面，机器人也带来了新的就业机会，创造了财富，并且创造了新的产业和工作场所，便于国家制定新技能的教育方案，以及进行工人的再转化。

80.10.2　服务机器人

服务机器人有多种形状和尺寸（轮式、腿式、仿人机器人），配备有不同种类的传感系统（人工视觉系统、超声波、无线电）和操作系统（夹持器、手、工具、探针），可支持和帮助人类操作员，也是机器人技术发展最快的领域之一，但也引发了大量伦理问题。根据 2014 年国际机器人联合会（IFR）《世界机器人报告》[80.44]，2012 年销售的专业级服务机器人约 6067 台，IFR 预测，2013—2016 年，个人/家用服务机器人数量为 220 万台。

首先考虑用于个人服务的机器人。除了上面列出的应用，在世界范围内还有大量的研究机器人应用于家庭中的项目。在未来十年里，更多的机器人将出现在我们家中，帮助我们完成家务、洗衣服、熨烫衣服和照顾儿童等工作。这种将机器人作为家庭成员的趋势始于 2002 年美国引进的真空吸尘机器人。从那以后，这类设备已经售出数百万台，瑞典、韩国、日本等国家已经开发出一些其他类型的

真空吸尘器。服务机器人进入我们生活的能力在某种程度上取决于它们的沟通技巧和与人相处的能力。仿人机器人是一种特殊的服务机器人，有许多与其他服务机器人不同的伦理、法律和社会（ELS）方面，需要单独处理。

80.10.3 仿人机器人

机器人学最雄心勃勃的目标之一是设计一种自主机器人，它能在部分未知、不断变化和不可预知的环境中达到甚至超越人类的智力和性能。人工智能将带领机器人完成终端用户要求的任务。为了实现这一目标，在过去的几十年里，科学家们对人工智能的许多领域开展了研究，其中包括：

1）人工视觉。

2）环境感知与分析。

3）自然语言处理。

4）人机交互。

5）认知系统。

6）机器学习和行为。

7）神经网络。

在此背景下，机器人的一个重要方面是它们的学习能力：学习周围环境的特征，即物理环境及在该环境中栖息的生物。这意味着，在特定环境下工作的机器人必须能够区分人与其他物体。除了学习周围的环境，机器人还必须通过自我反思的过程来学习自己的行为。它们必须从经验中学习，以某种方式复制生物智能的自然进化进程（合成过程、经验和教训、边做边学等）。

人类设计者不可避免地倾向于将他们对智能的理解强加给机器人。这样，前者又融入机器人的控制算法中。机器人智能是一种学习智能，集合了由设计者上传给它的各类模型。这是一种自我开发的智能，是通过机器人在其动作的学习效果所获得的经验进化而来的。机器人智能还包括对机器人各项活动进行评价和判断的能力。

所有这些过程都体现在机器人身上，产生了一种具有表达一定自主性的智能机器。由此可见，在某些情况下，机器人的行为方式对于其人类设计者来说是不可预测的。本质上，机器人自主性的提高可能会导致不可预测的行为。所以，不必想象那些机器人被赋予意识、自由意志和情感的科幻场景。从工程学的角度来说，几年后，我们将与具有自我认知和自主性的机器人生活在同一个世界。

仿人机器人是本体结构与人类相似的机器人，它们实现了人类的一个古老的梦想，不仅源自理性、工程或功利目的，也来自心理和人类学的目的。仿人机器人是欧洲文化的需求之一，即人类创造出某种人形机械生物。在日本文化中，人们需要对自然界的各种形式进行细致的复制，这是一项非常困难且要求很高的事业，是一个登月任务级别的项目。然而，正是由于作为一个人类梦想的特点，其投资大且进展速度快。有人预测，在不久的将来，我们将与仿人机器人共存，这将使其有可能在某些情况下与人类混为一谈。仿人机器人将在人类社会中协助人类操作者、取代人类且在许多方面与人合作。

由于仿人机器人的高成本和精致性，它们可能被用于需要人体形状的任务和环境中，也就是说，在医疗保健、儿童/残障人士/老人协助、婴儿看护、办公室职员、博物馆导游、艺人、性机器人等情况下，人与机器人的交互更为重要，或者它们将被用作商业产品的见证者。仿人机器人能完成多方面的特殊任务，它是一种适应性强、灵活性强的机器人，可以帮助人类执行非常困难的任务，并在很多方面表现得像真实可靠的伙伴。它们的形状和复杂的人-机器人交互在需要人体形状的情况下非常有用。

在世界各地仿人机器人实验室进行的研究将产生一个副产品，即开发一个研究人体的平台，用于训练、触觉测试和培训，并且在医疗保健、教育、娱乐等方面取得非凡的成果。面对人口老龄化，日本社会认为仿人机器人是一种能够使人们在晚年继续过着积极而富有成就感、不会成为其他人负担的生活方式。

从使用仿人机器人安全性的角度出发，同时考虑在不久的将来它们将作为人类的伙伴，仿人机器人可能会产生与其内部评估系统的可靠性及其行为不可预测性相关的严重问题[80.41]。因此，设计者应该保证评估/操作程序的可追溯性，以及机器人身份的可识别性。

安全方面，需要强调的是仿人机器人的错误行为可能对生物和环境造成危害。从安全的角度来看，这种情况可能发生在当机器人由具有恶意的人控制，并且他们恶意修改机器人行为的情况下。因为仿人机器人几乎具有机器人的全部特征，其应用意味着会出现我们下面要研究的几乎所有问题，尤其是将它们引入人类环境、工作场所、家庭、学校、医院、公共场所、办公场所等，将深刻且显著地改变我们的社会。

对于人类与仿人机器人共存的影响，已经有

80

了一份重要且有充分证据的文献，这些问题包括从人类的更迭（经济问题、失业、可信赖性等）到心理问题（情感偏差、依恋问题、儿童问题的混乱、恐惧、恐慌、事实与人工之间的混淆、对机器人的从属感[80.45]等）；另一组问题出现在仿人机器人的形状上，即让机器人具有个性是正确的吗？让机器人能表达情感是正确的吗？心理学家担忧的是，在进化成为有意识的代理人之前，仿人机器人可能成为一种用来控制人类的非凡工具。

复杂的仿人机器人可能引发如下一些伦理问题：

1）如果允许机器人自由进入家中的所有房间，人类将失去隐私。

2）机器人识别功能的命令可能导致不道德行为（如偷邻居的相机或手机）。

3）机器人的权利和责任，如我们是否应该像对待人类一样尊重他们？

4）情感关系，如当机器人把一盘食物扔在地板上时，应该如何把机器人与人类的愤怒联系起来？换句话说，对机器人大喊大叫合乎道德吗？机器人是否可以或应该因行为不端而受到惩罚？如果是，应该如何处罚？

5）机器人应该如何响应同时来自不同人的多个指令？如当孩子叫它来玩耍，而母亲叫它来洗碗时。

6）是否有机器人的计算机被黑客访问，然后它监视并把家里的照片传给潜在窃贼的可能性？

我们认为，在仿人个人服务机器人普及之前，这些问题需要解决。

80.10.4 医疗保健与生活质量

医疗保健也是服务机器人中机器人与人之间的交互发展迅速的一个领域，包括护理、外科手术、物理治疗，以及治疗和康复期间的非接触式协助。随着机器人意外动作对人类的潜在危险减少，这些发展成为可能。机器人在这一领域的发展非常迅速，在这里我们只能给出一些典型的应用。

从社会和伦理的角度来看，这是机器人学中安全和伦理问题最为敏感的领域之一；从技术角度来看，研究手术机器人的科学家重点关心的问题包括灵活性、工作空间、感觉输入的降低，以及由于机器人系统崩溃造成的致命故障。体积、成本和功能也是手术、触觉和辅助机器人有待解决的问题。

在辅助技术方面，关于患者和医疗机构之间的关系问题经常被提出。我们应使医院机械化而使得

患者缺乏人文关怀吗？我们应该让机器人护士照顾患者，从而改善我们的健康结构吗？我们会不会造成新的心理和生理依赖性？我们应该认识到，昂贵的机器人系统在医疗领域中的应用可能会扩大发达国家与发展中国家之间，以及不同阶层之间的数字鸿沟。

植入领域引起了人们的关注，因为直接的大脑接口可能会引发关于人类功能增强方面的伦理问题。

1. 辅助机器人

辅助技术将帮助许多人过上更加独立的生活。

护理工作通常是患者和护理人员之间的一对一关系。因此，它是医疗保健中一个昂贵的部分，许多实验室正在开发我们可以称之为护理助理的机器人。这种机器人最早的一种是轮式辅助机器人（HelpMate），目前由一家名为Pyxis的公司销售。HelpMate协助护士和其他医务工作者将药品、实验室标本、设备和用品、膳食、病历及放射学胶片在支持部门、护理楼层和病房之间来回平稳地传送，它能够在医院走廊导航，避免与人碰撞，召唤电梯，并定位特定患者的房间。卡内基梅隆大学（Carnegie Mellon University）和匹兹堡大学（University of Pittsburgh）开发了一种名为Pearl的护理员机器人（nurse-bot）[80.46]，它可担任一名助手的工作，在病房里探访老年患者、提供信息、提醒患者服药、接收信息并指导住院实习医生。这类机器人通常是在轮子上搭建直立的结构，有一个看上去比较像人的头部，里面装有摄像头和用于通信的语音合成软件。它们通常在头部或胸部有一个数字显示器，用来显示信息。在欧洲，已经有（现在仍有）很多这方面的项目，如2010年在德国斯图加特弗劳恩霍夫研究所开发的Care-o-Bot，它有一只手臂，用于协助拾取和放置操作。在日本、韩国等其他国家也有类似的项目。机器人在医疗保健中的另一种方法是使用一种由医生远程控制的移动远程机器人，这种机器人可以在医院内四处走动，访问患者。医生的脸出现在大屏幕上，使得他（或她）可以与患者互动。机器人上的摄像头可以让医生看到患者，并且可以进行口头交流。这种机器人可以减少医生亲自探视患者的需要，而不会降低患者与医生的互动。名为RP-VITA的机器人是由机器人公司iRobot和InTouch Health的合资企业于2012年发布的，InTouch Health是医疗应用远程机器人领域的先驱。

与辅助机器人相关的一系列项目是为脑卒中、

脊椎损伤后康复的人们提供语音指导、鼓励和互动，并为患有孤独症谱系障碍的儿童提供陪伴。这些机器人不与受试者进行任何身体接触，而是通过声音和演示引导他们进行锻炼和活动[80.47]。

三菱公司在 2010 年生产的仿人机器人 Wakamaru 被设计成与人类共同生活，被称为老年和残疾人的伴侣机器人。它高约 4ft（约 120cm），头部有一双大眼睛，手臂可移动，但没有腿；它在轮子上移动，因此被限制在相对平坦的位置。它能识别大约 1 万个单词，能打电话，可以通过互联网交流；它带有一个摄像头，联网后能将摄像头捕捉的图像显示给访问者，它能识别 10 张脸，并可以通过编程对每张脸做出适当的反应；它可以读取用户的电子邮件、浏览新闻，通过语音传递信息；它通过言语和手势进行交流，它具有双目视觉、听觉、触觉和其他传感器，可以通过语音、手势识别和家庭安全导航与人类进行交互。三菱公司最初制造了 100 台这种机器人，并且在日本提供租赁服务，但这款机器人从 2012 年起停产了。

当使用这类辅助机器人和护理机器人时，潜在的伦理问题有：

1）患者可能会对机器人产生情感上的依赖，因此任何试图撤回机器人的举动都可能会引起患者重大的痛苦。

2）除非求助于人类，这些机器人将无法对患者的愤怒和沮丧做出反应。例如，患者可能拒绝服用机器人提供的药物，将其扔在地板上，甚至试图攻击机器人。

3）同一个机器人可能会被多个用户调用，并且没有对请求进行优先排序的能力，从而导致愤怒和挫败感。

在 Bekey 和 Abney[80.48]、Bekey[80.49] 的工作中可以找到对以上话题更加完整的讨论。

2. 外科手术机器人

外科手术机器人能够完成微创手术，可以缩短患者的恢复时间。机器人系统提高了显微外科手术的精确度，并提高了复杂疗法的性能。外科手术机器人还原了外科医生的灵活性。机器人手术适用于非常精细的神经外科手术，如果没有机器人的协助，这些手术几乎是不可能完成的。

在外科和计算机技术显著进步的推动下，外科手术领域正进入一个巨大变化的时代。计算机控制的诊断仪器已经在手术室中使用多年，通过超声波、计算机辅助断层扫描（CAT）和其他成像技术帮助提供重要信息。最近，机器人系统作为提高手术灵活性的外科助手和外科规划者进入了手术室，以满足外科医生克服微创腹腔镜手术局限性的需求。微创腹腔镜手术是 20 世纪 80 年代发展起来的一种技术。2000 年 7 月 11 日，美国食品和药物管理局（FDA）批准了第一台完整的机器人手术装置。

典型的应用包括：

1）机器人远程手术工作站。

2）腔内手术机器人装置。

3）应用于诊断的机器人系统（CAT、NMR、PET）。

4）应用于治疗的机器人（激光眼科治疗、靶向核治疗、超声手术）。

5）用于训练和增强外科手术的虚拟环境。

6）用于外科手术/理疗训练的触觉界面。

3. 生物机器人与生物机电工程

生物机器人在提高疾病或事故后生活质量的同时，提供了研究生物行为和大脑功能的工具，是研究和评估生物算法和建模的试验平台。

根据 Dario 的定义[80.50]：

生物机器人学是一个具有独特跨学科特性的新兴科技领域。它的方法主要来自机器人学和生物医学工程领域，但也包括来自工程、基础和应用科学（特别是医学、神经科学、经济学、法律、生物/纳米技术），甚至人文学科（哲学、心理学、伦理学）的知识，并提供有效的应用。生物机器人学为工程师提供了一个新的范式。工程师不再只是与神经科学家合作，而是为发现使他们的工作更容易的基本生物学原理而成为科学家。

目前正在设计和制造用于许多不同潜在应用的新型、高性能仿生机器和系统，这意味着开发（纳米、微观、宏观）用于诊断、手术、修复、康复和个人帮助的新设备，以及用于生物医学应用的设备（如微创手术和神经康复）。

生物机器人可用于人体假肢的运动、操作、视觉、传感等其他功能：

1）假肢（腿、手臂）。

2）人工内脏（心脏、肾脏）。

3）人工感官（眼睛、耳朵等）。

4）人体增强（外骨骼）。

该领域与神经科学有着重要的联系，旨在开发神经接口和感知-运动协调系统，以便将这些仿生设备集成到人体/大脑中。

80.10.5　分布式机器人系统

无线系统的快速增长，使得将所有的机器人连接到网络及机器人之间的通信成为可能。云系统的开发允许控制网络上任何地方的任何可寻址设备，并且网络上的每种设备可以相互连接，从而创建智能机器人组。

云或网络机器人将允许远程人-机器人交互，实现遥操作和接入。此外，机器人与机器人之间的交互还可以用于数据共享、协作工作和学习。当网络速度与机器人内部网络的速度相当时，机器将分布在网络上，成为专门的分布式系统。

复杂的机器人系统也将被开发出来，这种系统由一组通过 ICT 和云技术连接的机器人代理/组件团队组成：

1）网络化知识系统。

2）网络化智能系统。

3）多机器人系统。

多机器人系统是由大量异构团队成员组成的自组织机器人团队。机器人团队或小组中的组织需要在中央控制由于距离较远、缺乏本地信息、信号传输的时间而无法实现时，执行需要在全球和地方层面自动分配和协调的特定任务。

一个完整的生态机器人团队将在安全、监测、监督、园艺和制药等应用领域具有巨大的价值。此外，机器人异构团队之间的协调在规划、合作和先进制造系统的使用方面也具有重要价值。机器人团队的好处是多方面的，包括在执行复杂任务时效率的提高，并有能力管理大规模的应用；它们还提供了丰富的、可替换的、可交换的代理，提高了机器人的可靠性，因为机器人团队在损失大部分单体时仍可以继续工作。

另一方面，科学家应该意识到应用机器人团队的一些风险，如增加了对复杂系统主要服务的依赖、不可预测的机器人团队行为等。从犯罪角度分析，不当行为和犯罪的责任分配、黑客的脆弱性和对隐私的顾虑等是值得考虑的重点。

80.10.6 户外机器人

户外机器人是一种可以探索、开发、保护和供给地球及其外部世界的智能机器。该类机器人可以用于放置炸药、爆破后进入地下以稳定矿井顶部，以及在人类无法工作甚至无法生存的地区采矿等危险工作。

户外机器人可能的工作环境有以下几种。

1. 陆地

1）采矿业（自动装载、牵引、卸货车，机器人钻爆设备）。

2）货物装卸（起重机及其他货物升降的自动化技术）。

3）农业（自动拖拉机、播种机和收割机、化肥施药器和虫害防治器）。

4）道路车辆（自动驾驶车辆或货物运输车辆）。

5）救援机器人（机器人可在灾害发生第一时间做出反应）。

6）人道主义排雷（机器人探测、定位和排除地雷）。

7）环境保护（机器人清理污染和有害植物）。

2. 海洋

1）研究，用于海洋学、海洋生物学、地质学的海洋机器人。

2）近海，包括水下机器人进行检查、维护、修理和监视深海的油气设施。

3）搜索和救援，水下机器人第一时间参与海洋事故的救援，如潜水艇的搁浅。

3. 天空

无人机用于天气预报、环境监测、道路交通管制、大范围勘测、巡逻的自主飞机。

4. 太空

1）太空探索（深空飞行器、着陆模块、漫游机器人）。

2）空间站（自主实验室、控制和通信设施）。

3）遥操作（自主或受控的灵巧机械臂和操作臂）。

移动机器人在灾后城市救援任务中非常有价值，如地震、爆炸或气体泄漏事故，甚至是日常事故（如火灾和交通事故）。机器人可用于检查倒塌的建筑物，以评估形势、搜寻和定位受害者。这种机器人的好处还包括可提高对自然资源开发的效率，从而增加粮食产量。

很明显，以当前的知识和技术为基础，空间机器人可以成为我们在太空旅行和探索太阳系及其遥远行星任务中的先驱。

在社会方面，对室外机器人的无限制利用可能会导致对地球的过度开采，从而可能对地球上其他生物和其他形式的生命造成威胁。作为机器人学的另一个分支，人工智能则可能导致技术成瘾。此外，鉴于这些机器人具有多种功能，它们可能由民用转变成军用或滥用（恐怖主义、污染）。

80.10.7 军用机器人

在 20 世纪（及更早）出现了关于作战机器人

80

的许多科幻小说故事，这些故事在 21 世纪已经变成了现实。在美国广泛使用军事机器人的同时，其他一些国家也在开发机器人武器。遗憾的是，世界还没有就使用此类系统而产生的伦理问题达成一致。

人类从智人最早出现在地球上时就卷入了战争。几年前，一位著名的心理学家出版了题为 The Terrible Love of War 一书[80.51]，从书名即可看出对该问题的总结。对战争的狂热导致了对武器的狂热，这是杀死敌人的有效方法。此外，许多武器的开发都致力于寻找远程致死的方法，以避免攻击方受到伤害。用棍棒攻击敌人时被攻击方可以反击，但用弓箭攻击时攻击方可以在远处杀死敌人。显然，枪炮的发明使射程越来越远，这种趋势仍然存在于军用机器人领域。如今，已经有许多种具有武器装备的机器人车辆，每种系统都可以远程控制，从而使车辆的所有方远离危险。

（1）智能武器　该领域包括所有在传统的军事系统使用机器人技术（自动化、人工智能等）开发的设备。

1）综合防御系统：用于监视、侦察和控制武器与飞行器能力的人工智能系统。

2）无人驾驶地面车辆（UGV）：自动坦克、携带武器和/或战术有效载荷的装甲车。

3）智能炸弹和导弹。

4）无人机（UAV）：也称自动飞行器（AFV）。无人侦察机和遥控轰炸机。

5）自主水下航行器（AUV）：智能鱼雷和自动潜艇。

（2）机器人士兵　仿人机器人最终可被用来代替人类在人类居住的环境中执行敏感任务。使用仿人机器人的主要原因是方便一对一地替换，而无须修改环境或既定规则。在保障人的生命被认为具有最高优先级的情况下，可能需要这样做：

1）城市地形作战。

2）室内安全操作。

3）巡逻。

4）监测。

户外安全机器人可以通过互联网连接远程控制系统进行夜间巡视，甚至可以追捕罪犯，也可以通过自己的人工智能系统自主移动。

（3）超人　有几个项目试图开发超人士兵。的确，人类在执行任务时的力量、速度和耐力均无法与机器人相比。机器增强技术可实现与穿戴式机器外骨骼类似的性能，实现超人的力量、速度和耐力：

1）人工传感器系统。

2）增强现实。

3）外骨骼。

1. 无人机

在具有杀伤力的机器人设备中，最具代表性的是装备有制导导弹的半自主飞行机器人，这种机器人能够长距离飞行到由 GPS 坐标识别的目标。这些飞行器被称为自主战斗飞行器（ACFV），更常见的称为无人机。虽然这种飞行器在飞行方面是自主机器人（包括起飞和着陆），但它们只能通过人类指令发射致命武器。在阿富汗上空或非洲的各种目标上空飞行的无人机都是由克里奇空军基地（拉斯维加斯附近）或新墨西哥州的一个基地控制的，这些基地距离无人机本身有数千公里。无人机配有超高分辨率的摄像头，将图像传送给操控人员，操控人员可以操纵飞机，使目标处于机载导弹的十字线内，激活并释放武器。在美国，目前没有飞行机器人能在无人监督的情况下自主释放武器。2013 年初，美国军火库中估计有 7500 架无人机，其中许多用于美国中央情报局的秘密任务中。

在最近的书籍和其他出版物中已经详细讨论了无人机（以及陆地上或水下的其他机器人飞行器）。其中最具影响力的作家包括英国谢菲尔德大学的 Sharkey、华盛顿布鲁金斯学会研究员 Singer 和佐治亚理工学院的 Arkin。Sharkey 著有多部该领域的著作[80.42,52-54]；Singer 是一位多产的作家，出版了非常有影响力的著作（Wired for War）[80.43]；Arkin 与美国陆军合作，为杀手机器人开发了一个"道德监管者"，并将其纳入他们的软件系统中[80.55]。关于军用机器人的完整描述可以在 Ramo 的 Let Robots Do the Dying[80.56]一书中找到。10 年前，美国是唯一拥有 AFV 的国家，而 2012 年，估计有 70 个国家拥有 AFV 项目规划，但其中只有 15 个国家拥有军用无人机。

无人机的使用引发的伦理问题包括：

1）无辜非战斗人员的意外伤亡（通常称为附带损害）。虽然无人机发射的导弹能够非常精确地指向目标，但附近的百姓仍经常被无辜杀害。

2）事实上，释放武器的人类控制员在很远的距离之外，因此他们不会直接看到鲜血和破坏，只能从无人机返回的影像中看到，这意味着对于他们中的一些人来说，这些活动更像是电子游戏，而不是对人类的杀戮和破坏。

3）无人机被用来攻击那些官方没有发动战争

80

的国家的恐怖分子。因此，它们被用于未经宣布的战争中。这可能违反了国际法，且无疑会引发伦理问题。有人提出，由于这种军用机器人的存在能使本国公民不会处于危险之中，因此一个国家更容易发动战争。

2. 其他军用机器人

目前，机器人被用作运载装置，可帮助士兵携带重型装备，如波士顿动力公司（Boston Dynamics）生产的四足机器人"大狗（Big Dog）"，可以在崎岖的地形上负重[80.57]。军方还设计了一些用于营救受伤士兵，并将其运送到安全的地方接受医疗救助的机器人，以及其他各种特殊用途的专用机器人。最后，美国和日本也有为人类士兵提供外骨骼的项目，使士兵能够在没有外在帮助的情况下携带更大的配重。

总的来说，军用机器人的优点：

1）战术/作战力量优势。

2）无情绪化的行为。

3）机器人军队化可降低人类的伤亡。

4）超人具有比人类士兵更优的性能。

可能产生的问题：

1）对敌方非结构化的复杂情况应对能力不足。

2）机器行为的不可预测性。

3）不当行为或犯罪的责任分配。

4）像电子游戏一样的战争方式使伤亡人数降低，从而增加了发动战争的风险。

在人-机器人混合团队中，人类可能会面临在机器人中识别人的实践上和心理上的问题。超人士兵可以解决压力过大和非人性化的问题。

很明显，军用机器人已经存在，并且极大地改变了战争的性质，但目前还没有国际条约或管理其使用的协议，这引起了严重的伦理问题。越来越多的军用机器人（无人机、移动机器人、外骨骼）被部署到多场战争，特别是反恐战争中，这已经引发了一场致力于制止机器人杀戮的运动。同样，一些机器人学家也坚决反对自主机器人有杀人权，因为根据他们的判断，人类生命的责任应该始终落在另一个人身上[80.58]。正如各军事技术都应由国际公约或协定加以管制，军用机器人技术也一样应由专门的国际组织进行彻底审查。

80.10.8　教育机器人套件

将机器人应用于教育的益处众所周知且有据可查。机器人技术是一种很好的技术（以及许多其他学科的）教学工具，始终与现实紧密相连。机器人是在空间中实时移动的真实的三维物体，并能模仿人类/动物的行为。与电子游戏不同，它们是具有物理形态的真实机器，当学生能够与具体的物体而不是公式和抽象的概念进行互动时，学习将变得更加高效和容易。

在电子、计算机和网络时代，不仅要有现代化的教学内容和教学工具，还需要现代化的教育方法。同样重要的是，要考虑年轻人的生活方式，以及他们闲暇时的沟通工具也发生了变化。如今，年轻人通过互联网和移动电话，用电子邮件、短信或聊天室进行交流，这使他们能够一直与一个没有地域和时间限制的全球社区联系在一起。

年轻人花更多时间玩电子游戏、玩手机或从互联网下载文件。这些活动为他们适应当前最先进的技术提供了经验。这一切在很大程度上加快了生活节奏，以至于成果和体验的消费既真实又虚幻。事实上，我们正在进入网络化空间的时代，它不会取代正常的人际关系，但肯定会改变其特性。

在这方面，我们需要考虑的是，与年轻人每天接触的大众媒介相比，传统的教学方法和工具（书籍、纪录片）将越来越不适应未来的发展。因此，我们需要挖掘新技术和新方法在教学方面的潜力。

学习机器人学是重要的，不仅对于那些想要成为机器人技术工程师和科学家的学生，对于每一名学生而言都是如此，因为它提供了强大的推理方法和征服世界的有力工具。机器人学几乎囊括了设计和建造机器（机械、电工、电子）、计算机、软件、通信系统和网络所需的所有能力。机器人的特性提高了学生的创造力、沟通能力、合作意识和团队精神。学习机器人技术促进了学生学习传统基础学科（数学、物理、工程制图）的决心和兴趣。机器人套件包含某个加工品的物理构建和程序，可促进新思维方式的发展，鼓励对以下关系的新思考：

1）生活与科技。

2）科学及其实验工具。

3）机器人的设计、价值和特性[80.59]。

80.10.9　娱乐机器人与艺术

娱乐机器人已经被用于展示和宣传公司的徽标、产品和活动，这些是制造商在特殊场合展示的营销工具。机器人玩具属于同一类，它们可专门用于激发儿童的创造力和智力的发展，可以成为孩子的伙伴。对于独生子女来说，还可以扮演朋友、兄弟或传统意义上想象中的恶魔的角色。它们可以用于孤独症儿童的教学辅助。

该技术的负面影响是机器人玩具可能会导致如下心理问题：

1）失去与现实世界的接触。

2）混淆自然和人工。

3）混淆虚拟与现实。

4）技术成瘾。

一些娱乐机器人可以构建一个真实的环境，即可以完美（或缩放）复现现有环境，也可以重建几百或几千年前存在的环境，还可以在其中填入真实或虚构的动物。机器人和机器人技术使模拟自然现象和生物过程，甚至残酷的生物过程成为可能，但可以不涉及任何生物。在这样的环境中，用户/观众可以现场互动体验，这是"真实"的，而不仅是"虚拟"的。作为非凡的戏剧化机器，机器人将开发更加真实的特殊效果。

在此框架内，我们也应该考虑性机器人，这将是一个重要市场。从社会角度看，在许多领域它们可以被用来作为性伴侣，用于治疗或性交易。一些作者提出，性机器人的使用可减少对妇女和儿童的性侵犯[80.60]。这也引起了与亲密/依恋、安全和可靠性相关的问题。

机器人在当代艺术中的应用，以及所有交互类型的艺术表现形式（远程通信和交互装置），越来越被重视并取得成功。艺术家们正在运用先进技术来创造艺术环境和艺术作品，利用驱动器和传感器让他们的机器人相应地对观众做出反应和改变。

艺术机器人将继续得以传播，是因为：

1）它唤起了（和灵感来自）各种文化中的神话传统。这些传统中有许多神奇的合成生物。

2）机器人对普通大众有一种特殊的魅力。

3）机器人可以作为工具，使艺术表达在更短的时间内得以建立，从而丰富了人的创造力。

4）机器人还可以作为演员来进行现场艺术表演。

艺术机器人可能产生的社会和个人问题，一方面是错误信息的传播（与技术相关的错误信息可以通过艺术传播）；另一方面，技术可能影响创造力。

80.11 机器人伦理的实施：从理想到规则

在总结分类且分析了机器人伦理学的主要准则后，我们不得不问自己，机器人伦理学的概念和愿景如何能够成为法律、规则和标准？以下这些问题则更为普遍：伦理原则在由宗教人士、神学家、道德领袖提出，相关科学家团体逐渐发展，公众关注、警告事件的重申，并不断经过跨学科会议讨论后，是如何被纳入法律和个人权利的？如何在不施加不合理的限制情况下，在研发活动中体现伦理推动力，从而剥夺科学家的思想自由？

在科学和技术数千年的发展历程中，社会已经建立了表达伦理所关切的方式，包括以下内容：职业誓言是一个新入职者在职业生涯中所表达的一种声明或承诺，以忠实于他/她正在进入的职业秩序的传统价值观。古老的 Hippocratic 誓言是为大部分科学家，尤其是特定领域科学家制定和实施行为准则的其他举措的反复例证。

宣言是通常由私人组织或政府发布的意图、意见、目标或动机的公开声明。例如，1955 年的罗素-爱因斯坦宣言就是一项反对战争和大规模毁灭性武器进一步开发的公开宣言。

可以使用陈述或声明来强调给定的主题。因此，它既可以是弱的，也可以是强的，并且在道德或法律上具有约束力。例如，在日本福冈举行的世界机器人大会上，与会者发布了一份由三部分组成的关于新一代机器人的预期清单，这份清单于 2004 年 2 月 25 日发布，被称为《世界机器人宣言》。该宣言指出：

1）新一代机器人将成为与人类共存的伙伴。

2）新一代机器人将在身体和心理上帮助人类。

3）新一代机器人将有助于安全与和平社会的真正实现。

建议虽然有助于引起接受或好感，但它只是一种较弱的提供建议的方式，是一种既不具有法律约束力，也不具有道德约束力的规范性建议。更有说服力的是上诉，是用于请愿、恳求或辩护的一种热切的请求。

决议是正式组织、立法机构或其他团体（通常是在投票表决后）的意见或意图的正式表达。

在过去的 50 年里，许多专业协会都通过了一份为道德行为提供法律、法规、指南、规则、指令或原则的书面文本。研究伦理规范的指导原则是不渎职和仁慈，体现了在各种各样的学术关系和活动

80

中对他人权利的尊重。不渎职是不让或不允许官员渎职的原则。从最广泛的意义上说，这是无害的原则。仁慈要求为他人的利益和福祉服务，包括尊重他人的权利。从最广泛的意义上讲，这是做好工作的原则。

宪章是一种古老的协议形式。《联合国宪章》就是一个例子。宪章具有法律性质，原则上在没有被适当履行的情况下与制裁有关。在科学和技术领域，贯彻伦理关注的其他方法是公约、协议或合同的形式，以及大众普遍同意建立的惯例。

从技术角度来看，为了确保机器人和机器人设备遵守既定的现行伦理原则，必须建立标准。一般来说，这些标准的制定是专业委员会的工作，由专业管理机构给出。在国家层面，有 ANSI（美国）或 DIN（德国）等委员会，在国际层面有 ISO。ISO 内部致力于建立工业和服务机器人的技术标准（TC184/SC2 机器人和机器人设备）。该委员会由若干小组委员会组成：WG1 为术语，用于编制所有涉及机器人标准的术语和定义；WG3 为工业安全，用于确保机器人设计和制造的安全性，以及机器人运行期间对人员的保护；WG7 为个人护理，用于制定个人护理机器人的安全标准；WG8 为服务机器人，用于制定服务机器人的安全标准。

最后，为了使所有以前的实例和应用的伦理原则都可执行，应将其制定为国家法律。各国政府必须将这些原则和标准纳入本国立法，制定实施所需的技术标准，并制定适当的违规处罚条例。

80.12　结论与延展阅读

我们正在目睹公众对机器人兴趣的逐渐增长，他们往往比业内人士更兴奋，他们的情感在文化冷漠与政治、工业外部压力下的行为之间进行摇摆。我们也注意到，计算机科学领域在 20 世纪 70 年代已经发生了现代化变革：机器人从研究平台和工作工具转变为消费品和娱乐品。面向高中生的机器人竞赛不断增加就是一个迹象。今天手里拿着机器人套件玩耍的少年将是未来的机器人专家和消费者。

在国际专业协会和组织中，对机器人学社会影响的兴趣不断增长，并延伸到计算机伦理学和生命伦理学等相关领域。当然，机器人伦理学还远未成为完善的应用伦理学，这里的"完善"指的是其应表现出两种特质：一是机器人伦理学应该被普遍接受和标准化，或者至少被一些团体采用，用于与规模和政治/经济/文化影响相关的方面；二是机器人伦理学应该体现在机器人的设计、生产和使用中。

事实上，历史上两类广泛应用的伦理学——生命伦理学、计算机和信息伦理学[80.61]，被广泛研究并达到一定的有机统一。我们承认，经过 30 多年的发展，它们跨越了各种矛盾、裂痕和曲解，但它们都还远不是一个多领域共享的合适的伦理标准。这两种伦理学都诞生在政策和立法的真空期，随着技术的变化超过了伦理学的发展，带来了无法预料的问题[80.16]。

机器人伦理学的标准化需要在文化和体制上完成一些基本的步骤。从通用的角度来看，它要求机器人技术在人类环境，特别是人类生活的敏感领域中的应用被大多数文化接受，正如电力和计算机等其他科技创新的使用中发生的情况一样（互联网的无限制接入在很多国家仍然遭到质疑）。

如果能达到这样的水平，机器人伦理学便已经通过了调整以适应不同的答案和情况的阶段，已经被修改到能够适应不同观点的程度。不同的文化和宗教对人类生殖、神经疗法、移植和隐私等敏感领域的介入有不同的看法，这些差异源于基本问题的文化特殊性。例如，人与半机械人之间的界限、自然与人工的分隔[80.62]、人与人工智能的区别、隐私与可追溯性行动的边界、整体的概念和个体的概念，以及对多样性（性别、种族、民族等）的接受程度，人体增强与可替换范围等。这些都是定义基本范式的里程碑，这些范式反过来又影响大众的日常行为。

从 30 多年来在生命伦理学和信息伦理学领域的讨论和争论中获得的经验来看，我们知道，在科学和伦理学领域中，没有任何成就是容易得到或微不足道的。对于那些希望深入研究科学哲学、科学与伦理学的历史、科学与工程伦理学、应用于科学与技术中的法律的人，我们现在为其提供一些基本步骤。

在与科学技术相关的道德理论领域，肯尼迪伦理学研究所（Kennedy Institute of Ethics）的 Beauchamp[80.63] 和哈佛大学科学与技术研究项目（Harvard University Program on Science and Technology Studies）的 Jasanoff[80.64] 做了大量工作。计算机哲学的两个重要年度会议，CEPE（计算机伦理学哲学调查）和 IACAP（国际计算机与哲学协会）最近将机器人伦理学作为其主要议题之一。

此外，关注有权处理科学和伦理问题的监管机构的活动是非常有益的。按照本章第 80.6~80.8 节所述，个人兴趣应该从被各国广泛接受（至少在名义上是这样）的一般原则开始，并归结到我们领域的具体应用。

由应用伦理学处理的市场对科学和研发的影响和压力问题，称为商务伦理学。在此框架内，企业的社会责任是一个使企业可以巩固伦理原则和价值观的方法。这种观点 15 年前被引入美国（特别是在医疗保健领域），目前仍在运行。此外，研究负责行为（RCR）的培训已经为美国采用并沿用至今。RCR 培训领域不仅包括与人类主体相关研究的伦理层面，还包括在研究的规划、执行、分析和报告中负责行为的每个复杂层面，但由于资源较少，造成资源分配上的困难。这方面可参见经济合作与发展组织（OECD）关于跨国企业准则的伦理条款。

关于伦理学和机器人学的问题在哲学和认识论方面，对机器人伦理学感兴趣的人们将不得不解决的一个主要问题是，对人类与人工智能（在本体论，尤其是语言学方面）之间，以及其他适用于人与机器人的感知、自我意识、情感等基本概念之间的持续混淆。必须澄清的是，当代机器人伦理学是人类伦理学，但适用于被视为非人的机器人。人类机器人伦理学需要一个强大的基础来负责任地回答这样一个目前无人能回答问题：机器人能成为人吗[80.65]？

对智力、知识、良心、自主、自由、自我意志等概念需要进行认真和彻底的研究。事实上，由不同专家组成的团体经常会导致无休止的有关词语含义的讨论，而不是讨论大量紧迫的需要面对的内容。

因此，国际机器人界必须成为其自身命运的掌控者，以便直接面对一些尚未定义与界定的难题，同时与哲学、法学领域的学者，以及人类科学、伦理学、社会学方面的众多专家合作，将现有的研究和探索应用到这些难题中。他们也不应该被置于仅仅是技术科学的角色，将道德方面的思考和行动委托给他人。另一方面，鉴于在机器人领域大部分正

在进行的研究的跨学科性质，不开放的态度会损害机器人学的发展。

从这个角度来看，机器人伦理学一定会对机器人产生有益的影响，使研究与最终用户和社会紧密相连，从而避免了其他敏感领域目前面临的许多问题。如果工程师的学习课程中不包括科学哲学、科学史、法律和科学政治等（已经在一些高等理工院校开设），所有这一切，以及更多的想法，都将是一厢情愿。我们必须再次说明，更深入地研究科学史，特别是 19 世纪和 20 世纪的科学史，可以帮助我们更好地理解机器人学这一复杂的科学。即使是控制论和计算机科学的有限知识，从 Wiener 到 von Neumann 再到 Weizenbaum，也会立即直接地证明，这些科学家们都直接关注着有关伦理和社会方面的问题，这标志着计算机和机器人领域的开始。

例如，2012 年，一些年轻工程师启动了一个名为开放式机器人伦理倡议（ORI）的项目[80.66]。他们说道：

开放式机器人伦理是这样一个理念，就像 Web 允许我们通过大规模协作来创作和维护维基百科的内容和 Linux 的软件设计一样，也许对机器人伦理的讨论和机器人的设计可以从大规模协作中受益。

他们正在创建一个中央 Web 空间，政策决策者、工程师/设计师、用户和该技术的其他利益相关者可以自由共享和访问与机器人伦理相关的内容，他们希望借此加速机器人伦理讨论，并为机器人设计提供信息。

同时，那些不参与机器人技术研究的人有必要及时了解该领域的真实和科学上可预测的发展，以便将讨论建立在技术和科学现实所支持的数据上，而不是建立在科幻小说的表象或情感上。特别值得一提的是，除了这本手册，人们还必须参考由公认的科学协会出版的严谨读物，而不要依赖于那些标题模棱两可、耸人听闻的无稽之谈。

伦理学是一门有着千年历史的人文科学，有着引人注目的文学作品和文献。尽管 Hippocratic 誓言等先例表明其起源极其古老，但它在科学技术领域的应用无疑是近期才出现的。机器人技术的研究揭示了科学和人文领域的诸多问题，这无疑为伦理学的研究和应用开辟了一个新的、意想不到的领域。

80

视频文献

VIDEO 773 Roboethics: Introduction
available from http://handbookofrobotics.org/view-chapter/80/videodetails/773

VIDEO 774 Roboethics: Prosthesis
available from http://handbookofrobotics.org/view-chapter/80/videodetails/774

VIDEO 775 Roboethics: Military robotics
available from http://handbookofrobotics.org/view-chapter/80/videodetails/775

参考文献

80.1 D.S. Landes: *The Unbound Prometheus: Technological Change and Industrial Development in Western Europe from 1750 to the Present* (Cambridge Univ. Press, Cambridge 2003)

80.2 G. Veruggio: A proposal for a roboethics, 1st Int. Symp. Roboethics Ethics Soc. Humanit. Ecol. Asp. Robotics, Sanremo (2004)

80.3 M. Santoro, D. Marino, G. Tamburrini: Learning robots interacting with humans: From epistemic risk to responsibility, AI Society **22**(3), 301–314B (2008)

80.4 B. Joy: Why the future doesn't need us. In: *Nanoethics*, ed. by F. Allhoff, P. Lin, J. Moon, J. Weckert (Wiley, Hoboken 2000) pp. 17–39

80.5 J. Rotblat: A Hippocratic oath for scientists, Science **286**(5444), 1475 (1999)

80.6 G. Veruggio: The birth of roboethics, Proc. IEEE Int. Conf. Robotics Automation (ICRA), Workshop Roboethics, Barcelona (2005)

80.7 I. Asimov: Runaround. In: *I, Robot* (Bantam Dell, New York 2004)

80.8 G. Veruggio: The roboethics roadmap, Proc. IEEE Int. Conf. Robotics Autom. (ICRA), Workshop Roboethics, Rome (2007)

80.9 G. Veruggio, K. Abney: Roboethics: The applied ethics for a new science in robot ethics. In: *Robot Ethics: The Ethical and Social Implications of Robotics*, ed. by P. Lin, K. Abney, G.A. Bekey (MIT Press, Cambridge 2012) pp. 347–363

80.10 A. Fabris: *Ethicbots: Ethics and Robotics* (Edizioni ETS, Pisa 2007)

80.11 M. Nussbaum, A. Sen: *The Quality of Life* (Clarendon, Oxford 1993)

80.12 M. Weber: Politics as a vocation. In: *The Vocation Lectures*, ed. by D.S. Owen, T.B. Strong, R. Livingstone (Hackett, Indianapolis 2003)

80.13 E. Morin: *La Methode. Etique* (Edition Du Seuil, Paris 2004)

80.14 R. von Schomberg: *From the Ethics of Technology Towards an Ethics of Knowledge Policy and Knowledge Assessment* (Publ. Eur. Commun., Luxembourg 2007)

80.15 A. Mowshowitz: Technology as excuse for questionable ethics, AI Society **22**(23), 271–282 (2008)

80.16 J. Moor: What is computer ethics? In: *Computer and Ethics*, ed. by T.W. Bynum (Blackwell, Oxford 1985)

80.17 N. Wiener: *Cybernetics, or the Control and Communication in the Animal and the Machine* (MIT Press, Cambridge 1948)

80.18 N. Wiener: *The Human Use of Human Beings: Cybernetics and Society* (Doubleday, Garden City 1954)

80.19 T. W. Bynum: Computer ethics: Basic concepts and historical overview, The Stanford Encyclopedia of Philosophy (Winter 2001 Edition), http://plato.stanford.edu/archives/win2001/entries/ethics-computer/

80.20 D. Parker: Rules of ethics in information processes, Communication ACM **11**(3), 198–201 (1968)

80.21 J. Weizenbaum: *Computer Power and Human Reason: From Judgment to Calculation* (Freeman, San Francisco 1976)

80.22 D. Johnson: *Computer Ethics* (Prentice Hall, Upper Saddle River 2001)

80.23 L. Floridi: Information ethics: On the philosophical foundation of computer ethics, Ethics Inf. Technol. **1**(1), 33–52 (1999)

80.24 V.R. Potter: *Bioethics: Bridge to the Future* (Prentice Hall, Eaglewood Cliffs 1971)

80.25 V.R. Potter: *Global Bioethics. Building on the Leopold Legacy* (Michigan State Univ. Press, East Lansing 1988)

80.26 J.M. Galvan: On technoethics, IEEE/RAS Magazine **10**, 58–63 (2003)

80.27 J. Illes, S.J. Bird: Neuroethics: A modern context for ethics in neuroscience, Trends Neurosci. **29**(9), 511–517 (2006)

80.28 J.J. Wagner, D.M. Cannon, M.M. Van der Loos: Cross-cultural considerations in establishing roboethics for neuro-robot applications rehabilitation, IEEE Int. Conf. Rehabil. Robotics (ICORR) (2005)

80.29 J.J. Rawls: *A Theory of Justice* (Harvard Univ. Press, Cambridge 1971)

80.30 R. von Schomberg: *From the Ethics of Technology Towards an Ethics of Knowledge Policy: Implications for Robotics, AI and Society* (Springer, London 2008)

80.31 European Union: *Charter of Fundamental Rights of the European Union* (2000IC 364101) (EU, Brussels 2000)

80.32 Wingspread Conference on the Precautionary Principle: The Wingspread consensus statement on the precautionary principle, http://www.sehn.org/wing.html (1998)

80.33 American Council of Engineering Companies Ethical Guidelines: http://www.acec.org/about/ethics/

80.34 R. Kurzweil: *The Age of Spiritual Machines: When Computers Exceed Human Intelligence* (Viking, New York 1999)

80

80.35 G.A. Bekey: *Autonomous Robots, from Biological Inspiration to Implementation and Control* (MIT Press, Cambridge 2005)

80.36 P. Asaro: Remote-control crimes, IEEE Robotics Autom. Mag. **18**(1), 68–71 (2011)

80.37 P. Asaro: On banning autonomous weapon systems: Human rights, automation, and the dehumanization of lethal decision-making, Int. Rev. Red Cross **94**(886), 687–709 (2012)

80.38 Y. Moon, C. Nass: Are computers scapegoats? Attributions of responsibility in human–computer interaction, Int. J. Hum.-Comput. Stud. **49**(1), 79–94 (1998)

80.39 D. Denneh: When HAL kills, Who's to blame? In: *HAL's Legacy: Legacy: 2001's Computer as Dream and Reality*, ed. by A.C. Clarke (MIT Press, Cambridge 1997)

80.40 R. Calo: Robots and privacy. In: *Robot Ethics: The Ethical and Social Implications of Robotics*, ed. by P. Lin, K. Abney, G.A. Bekey (MIT Press, Cambridge 2012)

80.41 D.E. Denning: Barriers to entry: Are they lower for cyber warfare?, IO Journal **1**(1), 6–10 (2009)

80.42 N. Sharkey: Cassandra or false prophet of doom: AI robots and war, IEEE Intell. Syst. **23**(4), 14–17 (2008)

80.43 P.W. Singer: *Wired for War: The Robotics Revolution and Conflict in the 21st Century* (Penguin, New York 2009)

80.44 AAVV: *World Robotics report 2014*, (International Federation of Robotics, Frankfurt 2014)

80.45 B. Reeves, C. Nass: *The Media Equation: How People Treat Computers, Television, and New Media Like Real People and Places* (Cambridge Univ. Press, Cambridge 1966)

80.46 R. Calo: The drone as privacy catalyst, Stanf. Law Rev. Online **64**, 29–33 (2011)

80.47 D. Feil-Seifer, M.J. Matarić: Defining socially assistive robotics, IEEE Int. Conf. Rehabil. Robotics (ICORR) (2005) pp. 465–468

80.48 G. Bekey, L. Abney: Ethical implications of intelligent robots. In: *Neuromorphic and Brain-Based Robots: Trends and Perspectives*, ed. by J.L. Krichmar, H. Wagatsuma (Cambridge Univ. Press, Cambridge 2011)

80.49 G. Bekey: Current trends in robotics: Technology and ethics. In: *Robot Ethics, The Ethical and Social Implications of Robotics*, ed. by R. Lin, K. Abney, G.A. Bekey (MIT Press, Cambridge 2012) pp. 17–34

80.50 P. Dario: Biorobotics science and engineering: From bio-inspiration to bio-application, FET Conf. Sci. Beyond Fiction, Prague (2009)

80.51 J. Hillman: *A Terrible Love of War* (Penguin, New York 2004)

80.52 N. Sharkey: The ethical frontiers of robotics, Science **322**, 1800–1801 (2008)

80.53 N. Sharkey: Death strikes from the sky: The calculus of proportionality, IEEE Technol. Soc. Mag. **28**(1), 16–19 (2009)

80.54 N. Sharkey: Killing made easy. In: *Robot Ethics: The Ethical and Social Implications of Robotics*, ed. by P. Lin, K. Abney, G. Bekey (MIT Press, Cambridge 2012)

80.55 R.C. Arkin: *Governing Lethal Behavior in Autonomous Robots* (CR, Boca Raton 2009)

80.56 S. Ramo: *Let Robots Do the Dying* (Figueroa, Los Angeles 2001)

80.57 M. Raibert: BigDog, the rough-terrain quaduped robot, Proc. 17th World Congr. Autom. Control (2009)

80.58 G. Veruggio: Roboethics applied to military robotics, The 3rd Sci. Peace World Conf., Milan (2011)

80.59 E. Micheli, M. Avidano, F. Operto: Semantic and epistemological continuity in educational robots programming languages, Int. Conf. Simul. Model. Program. Auton. Robots (SIMPAR) (2008)

80.60 D. Levy: *Love and Sex with Robots: The Evolution of Human-Robot Relationships* (HarperCollins, New York 2007)

80.61 T.W. Bynum, S. Rogerson: *Computer Ethics and Professional Responsibility* (Blackwell, New York 2004)

80.62 G.O. Longo: Body and technology: Continuity or discontinuity? In: *Mediating the Human Body: Technology, Communication, and Fashion*, ed. by L. Fortunati, E. Katz, R. Riccini (Lawrence Erlbaum, Mahwah 2003) pp. 23–29

80.63 T. Beauchamp, J. Childress: *Principles of Biomedical Ethics* (Oxford Univ. Press, Oxford 2001)

80.64 S. Jasanoff: *Designs on Nature: Science and Democracy in Europe and the United States* (Princeton Univ. Press, Princeton 2005)

80.65 F. Operto: Ethics in advanced robotics, IEEE Robotics Autom. Mag. **18**(1), 72–78 (2008)

80.66 ORI, Open roboethics initiative: http://www.openroboethics.org/